Impulse Physik

Mittelstufe

für Gymnasien

von
Wilhelm Bredthauer
Klaus Gerd Bruns
Gunter Klar
Wieland Müller
Martin Schmidt
Peter Wessels

Ernst Klett Verlag
Stuttgart Düsseldorf Leipzig

Dieses Unterrichtswerk
Impulse Physik, Mittelstufe
wurde auf der Grundlage der
Ausgabe Impulse Physik 1 (Klett-Nr.7723)
von
Wilhelm Bredthauer, Klaus Gerd Bruns, Prof. Dr. Wieland Müller, Gunter Klar, Martin Schmidt und Peter Wessels entwickelt
sowie in Zusammenarbeit und Beratung mit Ute Schlobinski-Voigt, Manfred Grote, Klaus Niemann, Jürgen Reimers, Prof. Dr. Werner Theis und Peter Wojke verfasst.

Die Ausgabe Impulse Physik 1 (Klett-Nr.7723) wurde von Wilhelm Bredthauer, Gunter Klar, Prof. Dr. Michael Lichtfeldt †, Jürgen Reimers, Martin Schmidt und Peter Wessels entwickelt, sowie in Zusammenarbeit und Beratung mit Reinhard Bayer, Wolfgang Berndt, Heinz Bolender, Klaus Gerd Bruns, Rolf von Dwingelo-Lütten †, Klaus Graeff, Erich Messner, Wolfgang Miletzki, Detlef Müller, Prof. Dr. Wieland Müller, Marga Pfeffer, Ute Schlobinski-Voigt, Dr. Andreas Seltmann, Rudolf Windecker, Jurina Wessels und Klaus Zippel verfasst.

9 783127 724448

1. Auflage A 1 5 4 3 2 1 | 2006 2005 2004 2003 2002

Alle Drucke dieser Auflage können im Unterricht nebeneinander benutzt werden, sie sind untereinander unverändert. Die letzte Zahl bezeichnet das Jahr dieses Druckes.

Internetadresse: http://www.klett-verlag.de

Einbandgestaltung und Grafiken: Alfred Marzell, Schwäbisch Gmünd.
Reproduktion: Meyle + Müller, Medien-Management, Pforzheim.
Druck: SCHNITZER DRUCK GmbH, 71404 Korb. Printed in Germany.

ISBN 3-12-772444-6

Hinweise zur Gliederung des Buches

Dieses Buch soll Schüler und Lehrer durch den Physikunterricht begleiten. Es will den Unterricht mit seinen Experimenten nicht ersetzen, doch bietet es die Möglichkeit, den Lernstoff selbständig nachzuarbeiten. Ferner enthält es interessante Zusatzinformationen und gibt zahlreiche Anregungen, um selbst zu forschen.

Die Seiten im Buch sind so gestaltet worden, dass ein rascher Überblick über deren Inhalt und den Gedankengang möglich ist. Dabei werden die Informationen nur mit den notwendigen Begriffen angeboten, um unnötige Schwierigkeiten zu vermeiden. Auf ein Mitdenken des Lesers kann dabei aber nicht verzichtet werden.

Gliederungskennzeichen im Buch

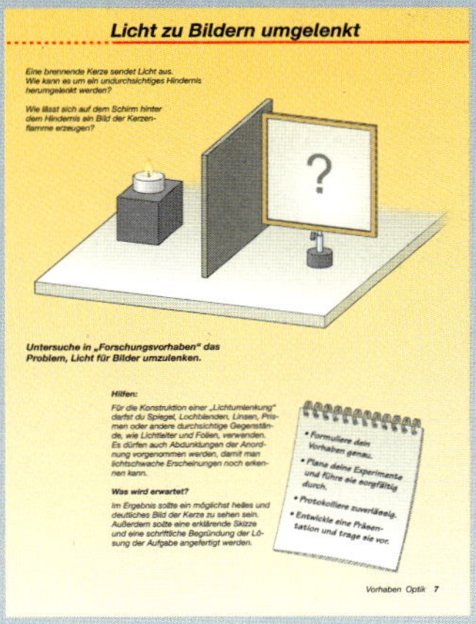

Vorhaben

Das Buch ordnet den Stoff in fünf Themenbereiche, denen projektartige Fragestellungen vorangestellt werden. Mit ihnen kann der Stoff selbständig, etwa in Arbeitsgruppen, erarbeitet werden. Die Stoffreihenfolge wird dann von den Anforderungen beim Lösen bestimmt.

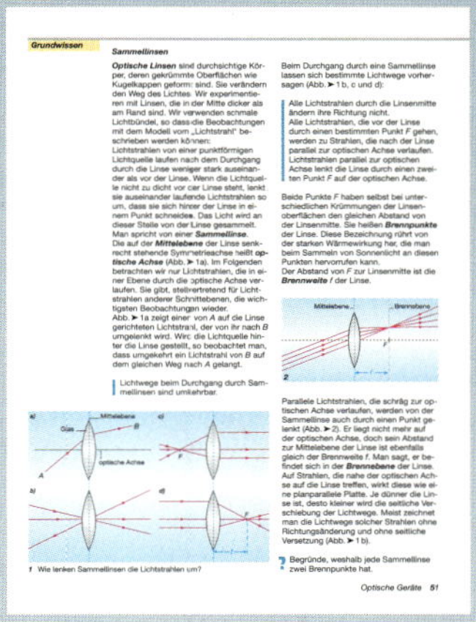

Grundwissen

„Fahne" in Kapitelfarbe zur Kennzeichnung des grundlegenden Lehrtextes im Buch mit gekennzeichneten Merksätzen und Fragen.

Inhalt:
Problemgeschichte mit Begriffsdefinitionen, Erklärungen und Folgerungen aus Experimenten (unabhängig von speziellen Versuchsanordnungen).

Kapitelbeginn

Überschrift mit Kennfarbe des Themenbereiches (siehe Inhaltsverzeichnis); die Überschrift wird auf jeder der folgenden Seiten unten bei der Seitenzahl wiederholt.

Inhalt:
Verschiedene Probleme, die auf den folgenden Stoff hinführen.

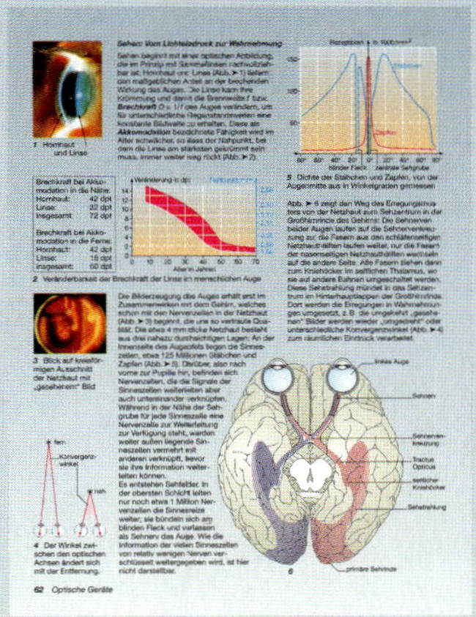

Ergänzungen

Abschnitte oder ganze Seiten auf grauem oder braunem Hintergrund; die Schrift ist kleiner als beim Grundwissen.

Inhalt:
Weiterführender Stoff sowie Zusatzinformationen für Kontexte aus Umwelt, Medizin und Naturwissenschaften, Technik und Geschichte.

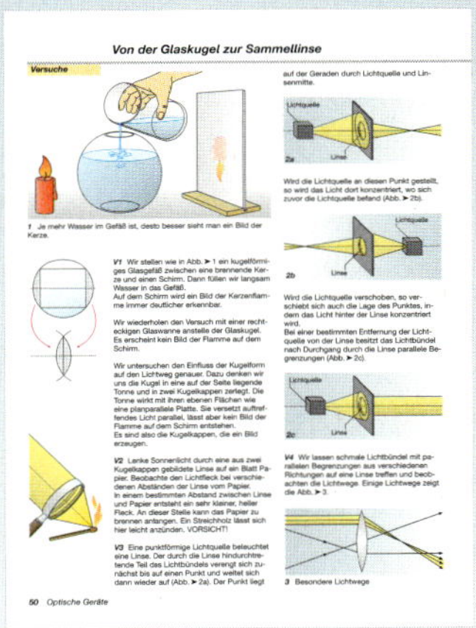

Versuche

„Fahne" in Kapitelfarbe zur Kennzeichnung der Versuche, die zu Beginn eines Paragraphens vorangestellt werden.

Inhalt:
Beschreibung der grundlegenden Versuche, Beobachtungen und Messergebnisse zur weiteren Auswertung und Erklärung.

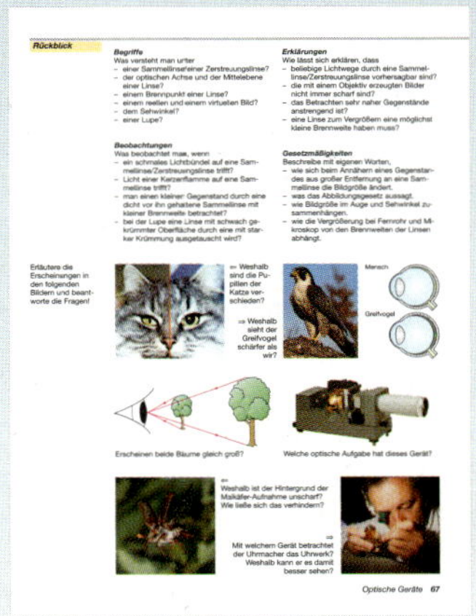

Abschluss mit Rückblick und Aufgaben

Am Ende eines Kapitels befinden sich, mit „Fahnen" gekennzeichnet, zusammenfassend

- Fragen zum Merkwissen als Rückblick auf die wichtigsten Inhalte zum Selbstprüfen,
- Lösungsbeispiele von Musteraufgaben,
- Heimversuche
- Aufgaben zu verschiedenen Stoffgebieten.

Inhaltsverzeichnis

Inhalts-verzeichnis

Allgemeiner Gefahrenhinweis

Sämtliche **Versuche** dürfen nur vom Lehrer oder unter seiner Aufsicht durchgeführt werden.
Auch die Heimversuche dürfen nur im Beisein eines Erwachsenen gemacht werden.
Fehlende Gefahrenhinweise bedeuten nicht, dass der Versuch immer gefahrlos ist.

Naturwissenschaftliche Methoden

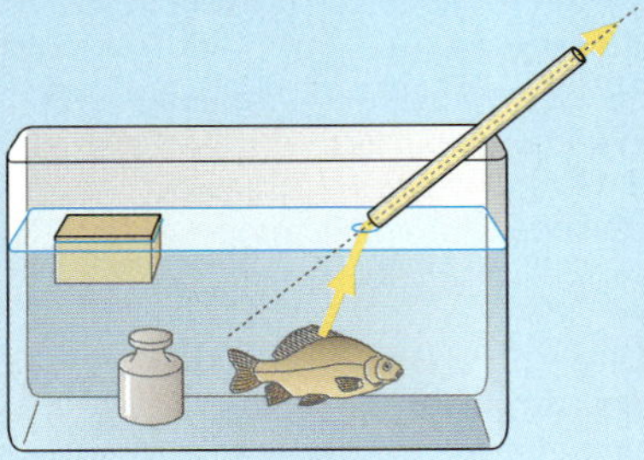

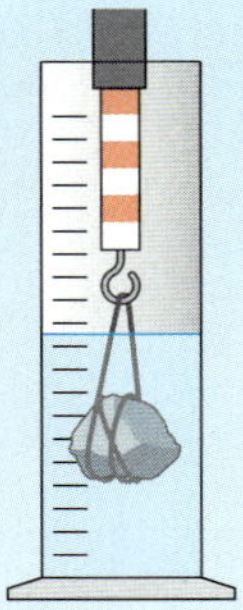

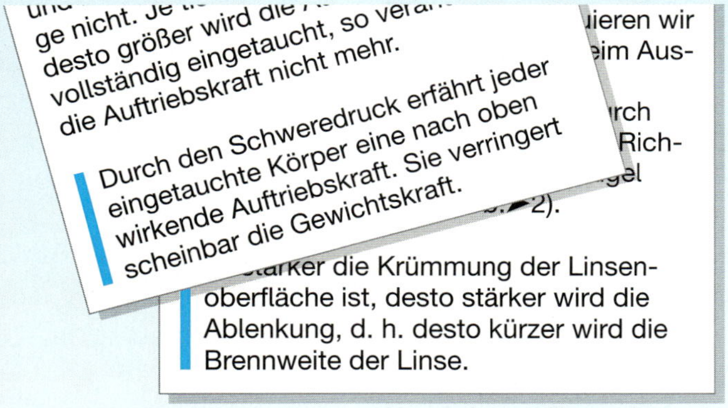

Wir ***beobachten*** unsere Umwelt und fragen nach den Ursachen der ***Erscheinungen***.

Wir suchen nach einer Erklärung der Erscheinungen. Wir ***vermuten*** bestimmte ***Zusammenhänge*** zwischen ihnen.

Wir ***überprüfen*** unsere Vermutungen mit ***Experimenten***. Dabei beobachten wir die Erscheinungen genau. ***Messen*** heißt vergleichen mit einer allgemeingültigen Einheit.

Bestätigen die Experimente unsere Vermutungen ***nicht***, dann müssen wir wieder neu beobachten und nachdenken.

Bestätigen die Experimente unsere Vermutungen, dann können wir die Vermutungen als eine ***Gesetzmäßigkeit*** ansehen.

Kennen wir Gesetze, dann können wir andere Beobachtungen ***erklären***. Mit Hilfe der Gesetze lassen sich bestimmte Erscheinungen ***vorhersagen*** und in technischen Anwendungen ***nutzen***.

Licht zu Bildern umgelenkt

Eine brennende Kerze sendet Licht aus. Wie kann es um ein undurchsichtiges Hindernis herumgelenkt werden?

Wie lässt sich auf dem Schirm hinter dem Hindernis ein Bild der Kerzenflamme erzeugen?

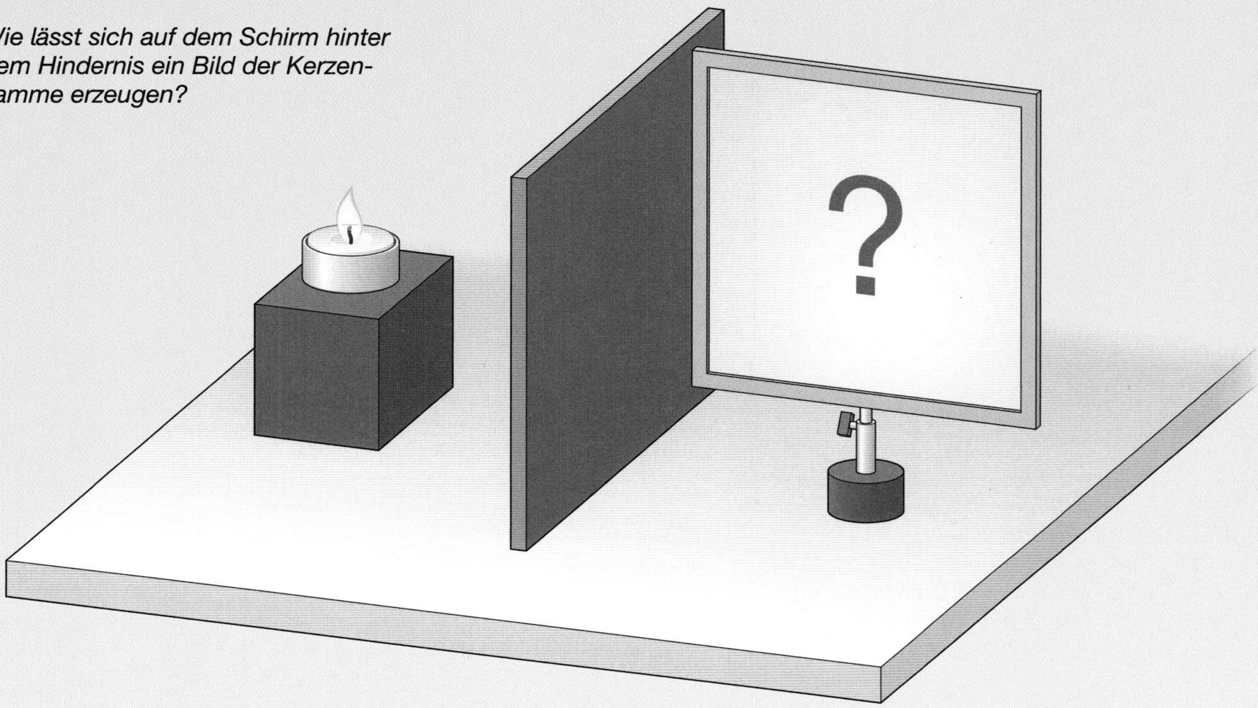

Untersuche in „Forschungsvorhaben“ das Problem, Licht für Bilder umzulenken.

Hilfen:

Für die Konstruktion einer „Lichtumlenkung“ darfst du Spiegel, Lochblenden, Linsen, Prismen oder andere durchsichtige Gegenstände, wie Lichtleiter und Folien, verwenden. Es dürfen auch Abdunklungen der Anordnung vorgenommen werden, damit man lichtschwache Erscheinungen noch erkennen kann.

Was wird erwartet?

Im Ergebnis sollte ein möglichst helles und deutliches Bild der Kerze zu sehen sein. Außerdem sollte eine erklärende Skizze und eine schriftliche Begründung der Lösung der Aufgabe angefertigt werden.

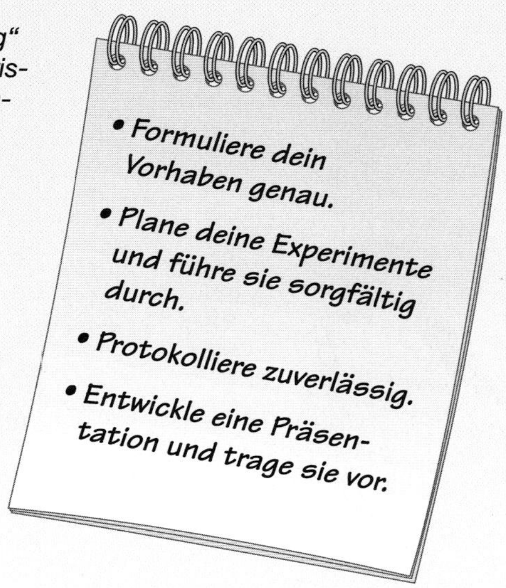

Wichtige Kenntnisse zur Lösung

Wie breitet sich Licht aus?
Wann sehen wir ein Bild von einem Gegenstand?
Was leisten folgende optische Gegenstände?
- *Lochkamera,*
- *Spiegel,*
- *Prisma,*
- *Linsen,*
- *Lichtleiter.*

Trage möglichst viele Informationen zu diesen Themen aus Lexika, Lehrbuch, Internet und sonstigen Quellen zusammen.

Wichtige Untersuchungen

- *Untersuche Bilder einer Lochkamera mit mehreren Öffnungen; ändere auch Form und Größe der Öffnungen.*
- *Beleuchte eine Seite eines Prismas mit einer Taschenlampe. Beschreibe deine Beobachtungen. Wie lässt sich die Erscheinung rückgängig machen?*
- *Fülle ein zylinderförmiges Wasserglas und ein kugelförmiges Weinglas langsam mit Wasser und erzeuge damit Bilder von einer Kerzenflamme.*
- *Halte eine Sammellinse in das Licht einer vor einem Schirm brennenden Kerze und ändere ihren Abstand.*

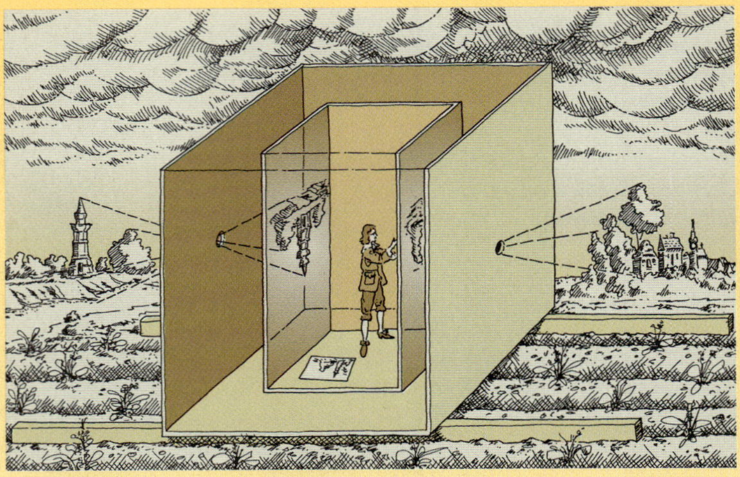

Diese Anordnung wurde schon im 11. Jahrhundert von Ibn Al-Haitham beschrieben. In Europa erhielt sie die lateinische Bezeichnung „camera obscura“ (d. h. dunkle Kammer). Sie diente Malern besonders in der Landschaftsmalerei als Hilfsmittel.

Schlussfolgerungen

Vergleiche verschiedene Konstruktionen in deiner Klasse unter folgenden Gesichtspunkten:
1. *Wer erzeugt das klarste (hellste, größte, am wenigsten verzerrte) Bild auf dem Schirm?*
2. *Wer erzeugt ein aufrechtes, wer ein umgekehrtes Bild?*
3. *Wer benötigt die wenigsten Bauteile zur Konstruktion?*
4. *Welche Möglichkeiten zur Änderung des Lichtweges kannst du aufzählen?*

Zum weiteren Nachdenken:
- Versuche die von einer Lochkamera mit mehreren Öffnungen erzeugten Bilder mit einer Linse zu vereinigen.
- Wie entstehen Bilder auf dem Bildschirm eines Fernsehers?
- Wie erzeugen Digitalkameras Bilder?

Wie kommt es zu den beiden unten stehenden Bildern?

Ausbreitung des Lichtes

Licht erhellt das Dunkel einer Stadt

Obwohl es Nacht ist, können wir auf dem Bild das große Gebäude sehen, es ist das älteste Museumsgebäude Europas. Es steht in Kassel. Wir vermuten, dass irgendwo Lichtquellen versteckt sind, die den Bau anleuchten. Wir erkennen das Licht einiger Straßenlampen sowie zahlreiche kleinere und größere Lichtquellen im Hintergrund. Am auffallendsten sind die beiden Laserlichtbündel, die in den Nachthimmel stechen.
Beschreibe die unterschiedlichen Leuchterscheinungen.

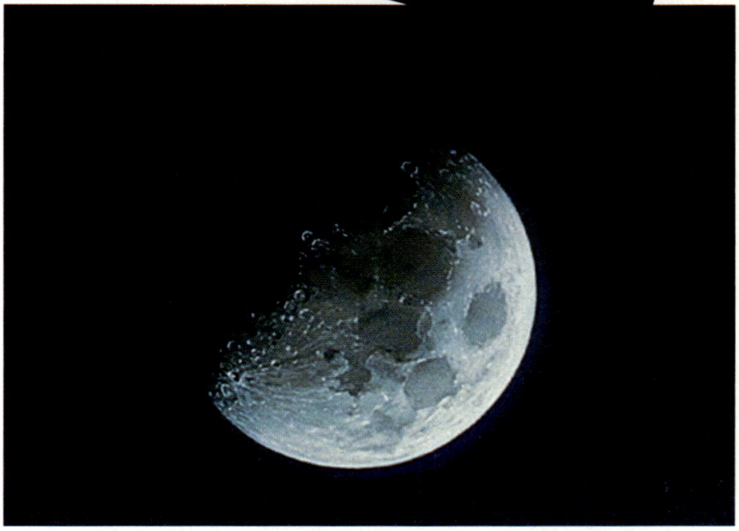

Der Mond zeigt sich in vielen Formen

Das Aussehen des Mondes ändert sich täglich. Beobachte ihn mehrere Tage lang hintereinander, zeichne seine Form und notiere das zugehörige Datum.
Nach welcher Zeit wiederholen sich die Bilder?
Betrachtest du den Mond mit dem Fernglas, so enthüllt es interessante Einzelheiten: Mondkrater und dunkle Gebiete, die Maria (Einzahl „Mare“, das Meer).

Bilder der Sonne

Wenn wir die Sonne darstellen möchten, kann dies mit ganz verschiedenen Bildern geschehen.
Für Wissenschaftler ist das Sonnenfoto rechts im Röntgenlicht interessant.
Wie würdest du die Sonne malen?
Vergleiche die Bilder!

Lichtstrahlen

Versuche

V1 Wir bohren in eine leere Konservenbüchse seitlich ein kleines Loch und stülpen die Dose über eine Glühlampe. Die Lampe kann von außen ein- und ausgeschaltet werden, wobei der Schalter nicht sichtbar sein soll. Nicht aus jeder Blickrichtung ist zu erkennen, ob die Lampe leuchtet oder nicht.
Wir drehen die Dose und untersuchen für verschiedene Stellungen, wo das Licht aus dem Loch der Dose zu sehen ist.

V2 Wir ordnen wie in (Abb. ➤ 1) eine Experimentierleuchte und mehrere Platten mit runden Öffnungen in einer Reihe an, so dass wir einen geraden Stab durch alle Öffnungen schieben können. Wir halten ein Stück weißes Papier als Lichtanzeiger an verschiedene Stellen. Wenn wir Rauch oder Kreidestaub zwischen die Platten bringen, erkennen wir von der Seite ein Lichtbündel.

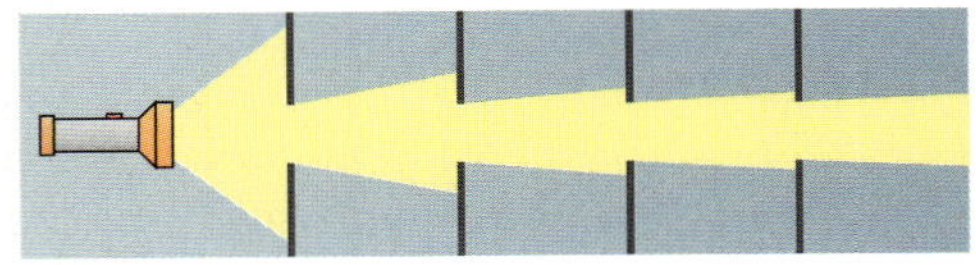

1 Die Blenden erzeugen ein Lichtbündel.

Grundwissen

Wir beschreiben die Ausbreitung des Lichtes

Kerze, Sonne, Glühlampe oder Laser erzeugen Licht, sie sind ***Lichtquellen***. Auge, Fotofilm oder CCD-Bildwandler registrieren Licht, sie heißen ***Lichtempfänger***. Sie stellen Licht erst fest, wenn es direkt auf sie trifft. Auch Gegenstände, die selbst kein Licht erzeugen, sehen wir nur, wenn sie Licht einer Lichtquelle in unser Auge umlenken (Abb. ➤ 2). Wir halten sie dann ebenfalls für Lichtquellen.

> Wir unterscheiden Gegenstände danach, ob sie Lichtquellen sind, Licht umlenken oder Lichtempfänger sind.

Kerze, Sonne und Glühlampe senden Licht nach allen Seiten in den Raum. Gegenstände, die kein Licht durchlassen, verhindern die weitere Ausbreitung des Lichtes. Durch eine Öffnung in ihnen tritt nur ein Lichtbündel aus. Gegenstände, die speziell zur Erzeugung solcher Lichtbündel gedacht sind, heißen Blenden. Werden mehrere ***Blenden*** mit gleicher Öffnung hintereinander gestellt, so gelangt Licht nur hindurch, wenn die Öffnungen aller Blenden auf einer Geraden liegen. Vom Laser geht stets nur ein schmales Lichtbündel aus.

> Licht breitet sich geradlinig aus.

Die Ausbreitung des Lichtes kann deshalb mit Hilfe von geraden Linien, mit Strahlen (Abb. ➤ 3) beschrieben werden. Der Anfangspunkt eines Strahles ist ein Punkt der Lichtquelle. Die gezeichneten Strahlen heißen ***Lichtstrahlen***. Mit diesem ***Modell*** aus der Geometrie werden Richtung und Weg des Lichtes angegeben. Bei Versuchen verwenden wir ganz schmale Lichtbündel.

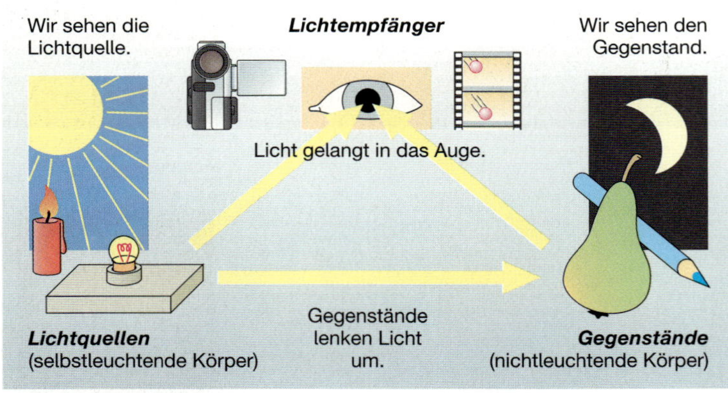

2 Wann sehen wir etwas?

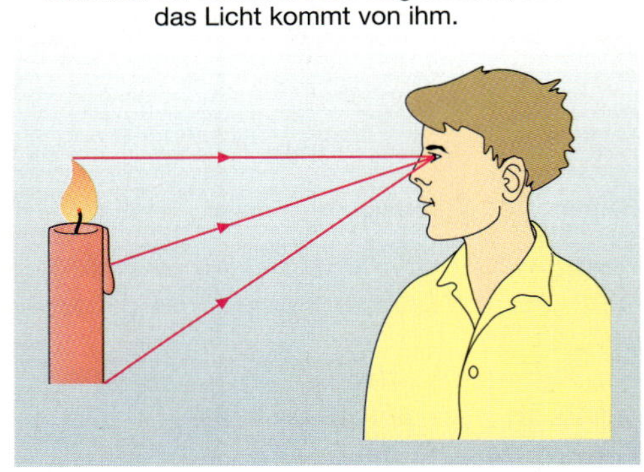

3 Strahlen, die den Lichtweg beschreiben.

Licht trifft auf Gegenstände

Trifft Licht auf einen Gegenstand, so kann es von ihm ins Auge umgelenkt werden. Man sieht den Gegenstand (Abb. ➤ 1a). Licht kann auch durch einen Gegenstand hindurchgehen. Allerdings hängt dieses Durchdringen von der Länge des Lichtweges im Gegenstand ab. Je länger der Weg ist, umso mehr wird es geschwächt. So dringt Licht in eine Wasserschicht ein, gelangt aber kaum hindurch, wenn sie zu dick ist. Man sagt, das Licht wird von der Schicht ***absorbiert***. Je nachdem gibt es mehr oder weniger durchsichtige bzw. undurchsichtige Gegenstände (Abb. ➤ 1b, d).

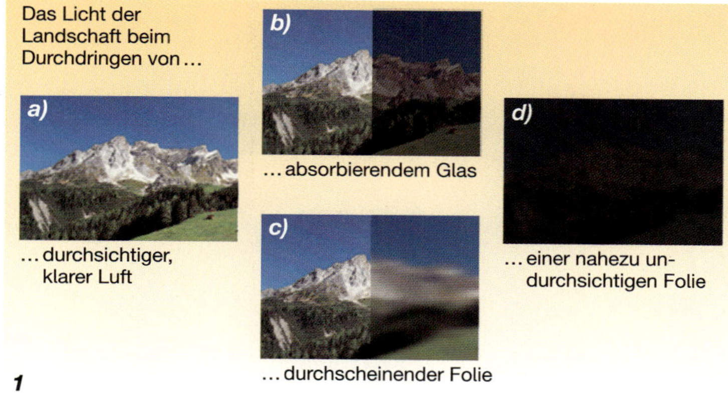

1

Durchdringt ein Lichtbündel glasklare Gegenstände, so behält das Licht seine Richtung bei und die Ränder eines Lichtbündels bleiben scharf. Bei trüben, lichtdurchlässigen Gegenständen wird an jeder Stelle etwas Licht umgelenkt, so dass die Grenzen des Lichtbündels unscharf werden und Licht auch von außerhalb des Lichtbündels herzukommen scheint. Man sagt, das Licht wird ***gestreut***. Der Gegenstand ist zwar noch lichtdurchlässig, aber die ursprüngliche Richtung des Lichtbündels geht verloren. Der Gegenstand ist nur noch ***durchscheinend*** (Abb. ➤ 1c).

? Worauf beruht das „Anvisieren" eines Gegenstandes?

? Warum nehmen Taucher auch bei hellem Sonnenlicht eine Lampe mit?

Aus der Geschichte der Lichtquellen

Früher konnte man nur mit Hilfe eines Feuers Licht erzeugen. Die Verbrennung geeigneter Stoffe liefert aber vor allem Wärme.
1854 brachte Heinrich Göbel mit elektrischem Strom einen verkohlten Faden in einer luftleeren Glasflasche zum Leuchten.
1879 stellte der Erfinder Thomas Edison Kohlefadenlampen her, die mehrere hundert Stunden leuchten konnten. Als man 1900 Metallfäden einsetzte, stand eine alltagsgerechte künstliche Lichtquelle zur Verfügung, die ihr Licht nicht durch Verbrennen erzeugt.

Neben der Glühlampe kennen wir heute als Lichtquellen noch Leuchtstoffröhren, Leuchtdioden und Laser. Ihr Bau ist erst mit Hilfe der Physik des 20. Jahrhunderts möglich geworden.
In normalen Glühlampen wird nur etwa 5 % der zugeführten Energie in Licht umgesetzt, der Rest erwärmt die Umgebung. Bei elektronisch geregelten Energiesparlampen beträgt die Lichtausbeute 40 % der aufgewandten Energie. Ob sich diese teureren Lampen lohnen, ist in Anbetracht der Energieknappheit, der Umweltbelastung und Entsorgung nicht nur eine Geldfrage.

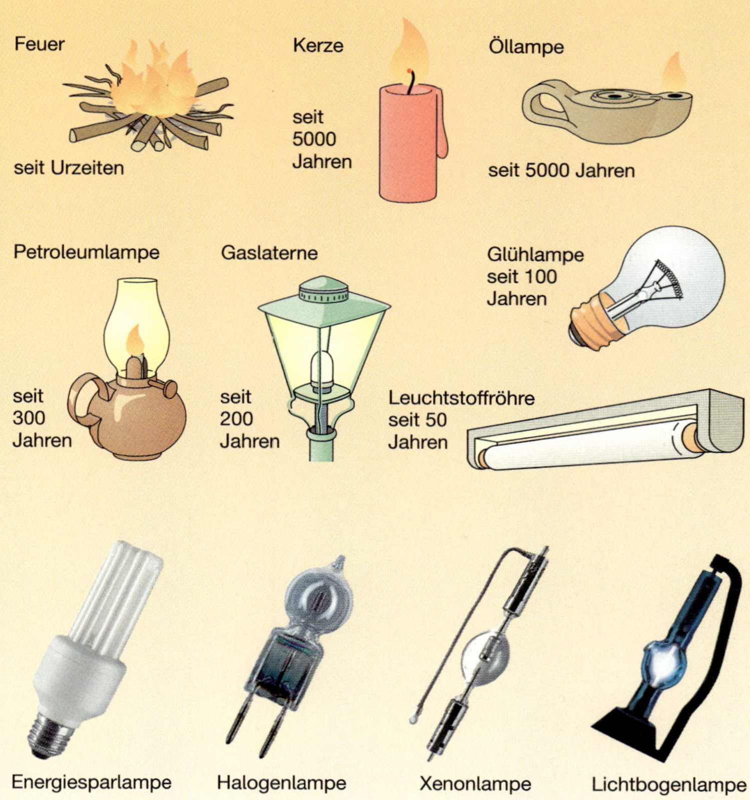

Licht und Schatten

Versuche

V1 Wir beleuchten eine Wand mit einer Glühlampe, deren Glühwendel kurz ist. Zwischen dieser Lichtquelle und der Wand steht ein Schüler. Wir sehen einen scharf begrenzten Schatten des Schülers. Nun stellen wir neben die erste Glühlampe eine zweite und verändern den Abstand zwischen beiden. Wir sehen jetzt zwei Schatten, die sich überschneiden können (Abb. ➤ 1).
Wir ersetzen die Glühlampen durch eine Neonröhre. Der Schatten ist jetzt verschwommen. Wir beobachten die Schatten verschieden geformter Gegenstände und drehen sie. Nur bei einer Kugel ändert sich der Schatten nicht.

1

V2 Wir wiederholen den Versuch 1 mit nur einer Glühlampe und verändern die Entfernungen zwischen Lichtquelle, Gegenstand und Schirm. Wir stellen fest, dass die Schattengröße von den Entfernungen abhängt.

Grundwissen

Wie entsteht ein Schatten?

Wird ein undurchsichtiger Gegenstand beleuchtet, so entsteht hinter ihm ein Bereich, in den kein Licht gelangt. Dieser Bereich ist der Schattenraum des Gegenstandes. Auf einem Schirm ist der Gegenstand oft an den Umrissen seines Schattenbildes zu erkennen. Beides bezeichnen wir als ***Schatten*** des Gegenstandes. Einen scharfen Rand hat der Schatten nur, wenn die Lichtquelle sehr klein ist (Abb. ➤ 2a). Wir sprechen dann von einer ***punktförmigen Lichtquelle***.

> Wird die Ausbreitung des Lichtes einer punktförmigen Lichtquelle durch einen Gegenstand verhindert, so entsteht ein unbeleuchteter Bereich, der Schatten.

Das Modell des Lichtstrahles bewährt sich bei der Konstruktion von Schattenbildern.

Wir zeichnen Lichtstrahlen für den Lichtweg beim Schattenwurf und finden: Die Größe des Schattenbildes auf dem Schirm hängt von der Größe des schattenwerfenden Gegenstandes sowie von den Abständen des Gegenstandes zur Lichtquelle *L* und zum Schattenbild ab.

Zwei punktförmige Lichtquellen erzeugen drei Schattenbereiche (Abb. ➤ 2b). In den dunkleren, den ***Kernschatten***, gelangt kein Licht von beiden Lichtquellen. Die beiden helleren Bereiche, die ***Halbschatten***, erhalten nur von je einer Quelle Licht. Eine ausgedehnte Lichtquelle denken wir uns aus vielen punktförmigen Lichtquellen zusammengesetzt. Sie erzeugen gegeneinander versetzte Schattenbilder des Gegenstandes. Die Überschneidung der Schattenbilder ergibt einen ***Übergangsschatten*** mit verschiedenen Helligkeitsstufen auf dem Schirm (Abb. ➤ 2c).

? Gibt es von Staubkörnern Schatten?

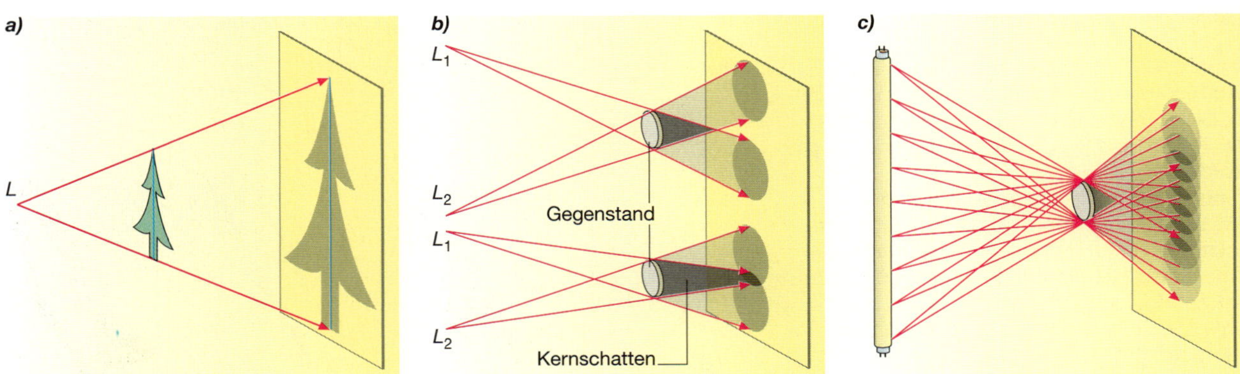

2 Lichtstrahlen begrenzen den Schatten.

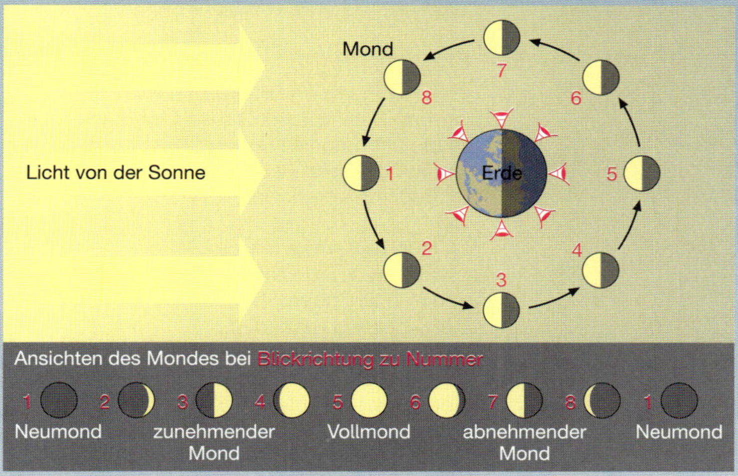

1 Die verschiedenen Mondphasen im Laufe des Monats

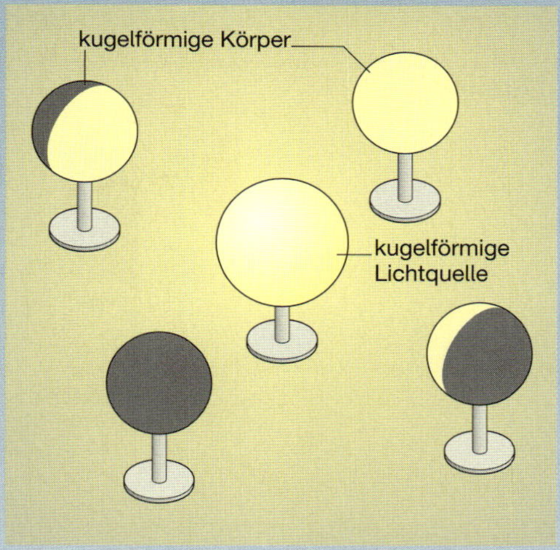

2 Versuch zu verschiedenen Mondansichten

Teilweise und totale Sonnenfinsternis

Sonne, Mond und Finsternisse

Die Sonne ist eine Lichtquelle, der Mond ist ein nicht-selbstleuchtender Gegenstand, der von der Sonne beschienen wird. Der Mond sieht während eines Monats unterschiedlich aus. Man spricht von ***Mondphasen*** (Abb. ➤ 1). Eine Hälfte des Mondes wird von der Sonne beschienen, die von der Sonne abgewandte Seite erhält kein Licht. Bei seinem Umlauf um die Erde sehen wir den Mond aus verschiedenen Richtungen beleuchtet. Wir sehen daher manchmal mehr, manchmal weniger von seiner beleuchteten Seite. Ein Versuch macht dies deutlich: Beleuchten wir eine Kugel von der Seite aus (Abb. ➤ 2), so sieht die beleuchtete Oberfläche aus verschiedenen Richtungen wie der Mond aus. Die Grenze zwischen „hell" und „dunkel" erscheint uns wegen der Kugelgestalt nicht immer geradlinig.
Gelegentlich verfinstern sich für kurze Zeit der Mond und – seltener – die Sonne.
Der Mond bewegt sich in einer anderen Ebene um die Erde als die Erde um die Sonne (Abb. ➤ 3a). Deshalb befindet sich der Mond meistens ober- oder unterhalb der Erdbahnebene. Bei Vollmond wird er dann von der Sonne an der Erde vorbei voll beleuchtet. Bei seinem Umlauf um die Erde kann er dennoch manchmal in den Schatten der Erde geraten, da sich die Lage seiner Bahnebene im Weltraum nicht ändert. Alle Menschen auf der Nachtseite der Erde, die einen Vollmond erwarten, beobachten dann eine ***Mondfinsternis*** (Abb. ➤ 3b).

Bei Neumond ist es möglich, dass der Schatten des Mondes auf die Erde fällt (Abb. ➤ 3b). Im Kernschatten sieht man dann die Sonne nicht mehr, man beobachtet eine ***Sonnenfinsternis***. Da der Kernschatten des Mondes bloß ein kleines Gebiet verdunkelt, findet eine Sonnenfinsternis für einen bestimmten Ort auf der Erde selten statt. Weil sich die Erde um sich selbst dreht, wandert das Schattengebiet als schmaler Streifen über die Erde.

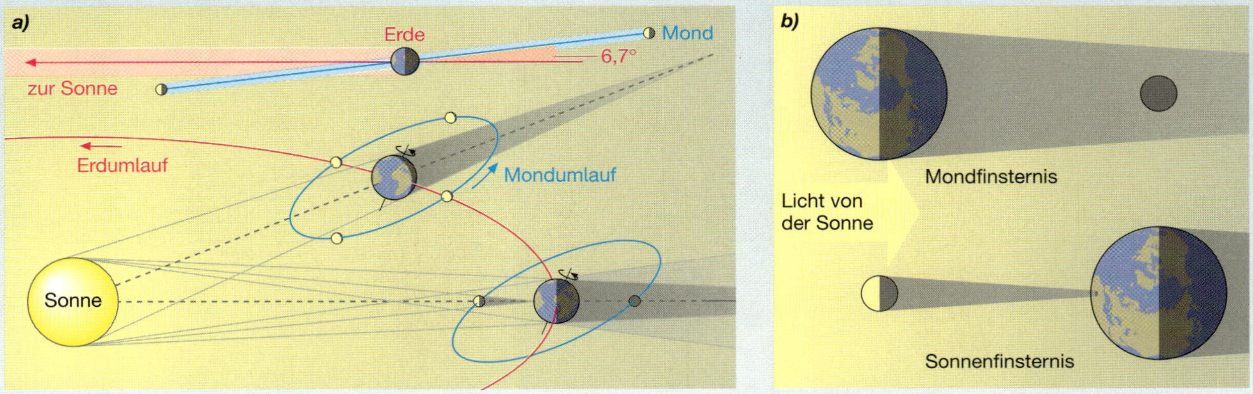

3a) Bahnebenen von Erde und Mond, ***b)*** Die Kernschatten von Erde und Mond ermöglichen Mond- und Sonnenfinsternis.

Abbildungen

Versuche

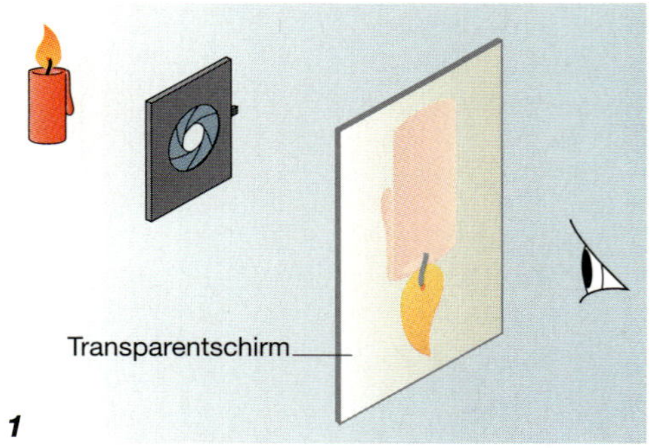

1

V1 Zwischen eine Kerze und einen durchscheinenden Schirm stellen wir eine Blende mit veränderbarer Öffnung (Abb. ➤ 1). Bei großer Öffnung der Blende beobachten wir auf dem Schirm einen hellen Lichtfleck. Wenn wir die Öffnung verkleinern, wird der Fleck dunkler. Bei sehr kleiner Öffnung wird ein Bild der Flamme erkennbar.

V2 Nun verändern wir die Entfernung zwischen Kerze und Blende sowie zwischen Blende und Schirm. Dabei verändert sich die Größe des Kerzenbildes.

V3 Wir ersetzen die Kerze durch eine Anordnung verschiedenfarbiger, punktförmiger Lampen. Auf dem Schirm erzeugt jede Lampe einen Lichtfleck, der sich mit der Blendenöffnung verkleinert.
Die Lichtflecke ergeben ein umgekehrtes Bild der Lampenanordnung.

Grundwissen

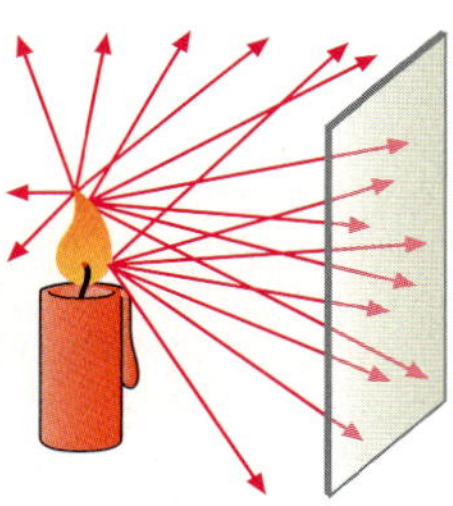

Ohne Blende trifft auf jeden Punkt des Schirms Licht von jedem Punkt der Flamme. Wir erkennen kein Bild.

Bilder aus Lichtflecken

Gelangt Licht von einem hellen Gegenstand durch eine kleine Öffnung einer Blende auf einen Schirm, so ist darauf ein ***Bild*** des Gegenstandes zu erkennen. Das Bild ist, verglichen mit dem Gegenstand, ***umgekehrt***, es steht auf dem Kopf und ist seitenverkehrt. Die Größe des Bildes hängt vom Abstand zwischen Gegenstand und Blende und vom Abstand zwischen Blende und Schirm ab.

Abb. ➤ 2 zeigt, wie ein Bild entsteht. Mit dem Modell „Lichtstrahl" verdeutlichen wir uns das für verschiedene Punkte einer Kerzenflamme. Jede dieser punktförmigen Lichtquellen ruft einen kleinen Lichtfleck auf dem Schirm hervor. Benachbarte Punkte ergeben benachbarte Flecke, so dass alle Lichtflecke zusammen ein Bild der Kerzenflamme entstehen lassen.

Das mit einer Blende erzeugte Bild eines Gegenstandes besteht aus Lichtflecken.

Bilder in diesem Buch oder im Fernsehgerät bestehen ebenfalls aus einer großen Zahl von winzigen Lichtflecken.
Bei großer Öffnung der Blende entstehen große Lichtflecke, die sich auch überlappen (Abb. ➤ 3). Das Bild ist unscharf und der Gegenstand ist im Bild kaum zu erkennen. Bei kleiner Öffnung der Blende werden die Lichtflecke kleiner. Das Bild wird schärfer, jedoch weniger hell.

Ein scharfes Bild entsteht nur, wenn die Lichtflecke ausreichend klein sind.

? Weshalb entsteht ohne Blende kein Bild der Lichtquelle auf dem Schirm?

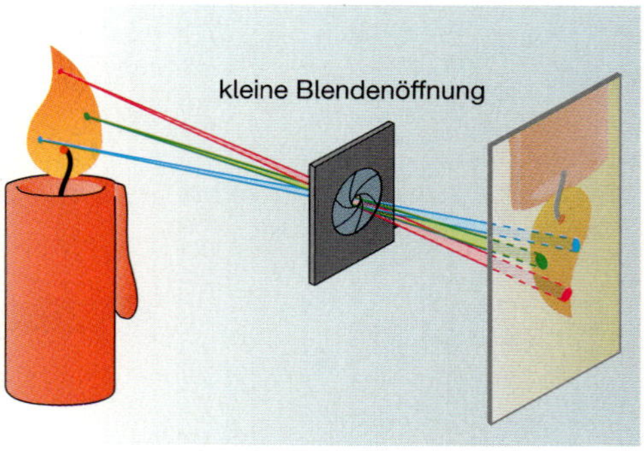

2 Schmale Lichtbündel – scharfe Bilder

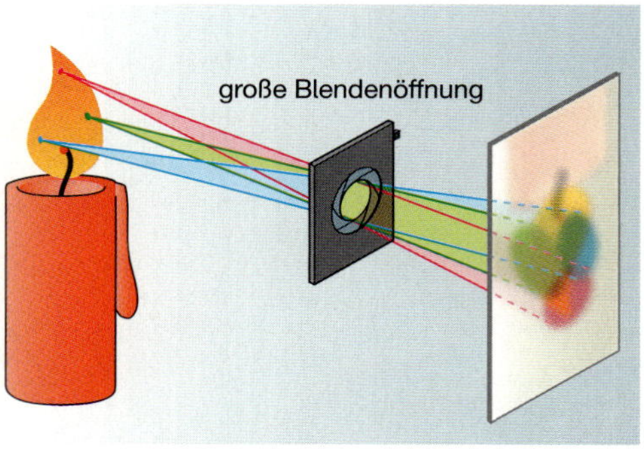

3 Breite Lichtbündel – große Lichtflecke

Das Abbildungsgesetz

Ein Gegenstand und sein Schattenbild unterscheiden sich häufig in ihrer Größe. Der Quotient $A = B/G$ aus Bildgröße B und Gegenstandsgröße G heißt ***Abbildungsmaßstab*** (Abb. ➤ 1). Ist $A > 1$, so liegt eine Vergrößerung vor, bei $A < 1$ eine Verkleinerung, die nur bei nicht-punktförmigen Lichtquellen entstehen kann. $A = 1$ bedeutet, dass Gegenstand und Bild gleich groß sind. Auch bei der ***Lochkamera*** (Abb. ➤ 2), die Bilder durch eine kleine Blende hervorruft, gibt der Quotient $A = B/G$ den Abbildungsmaßstab an. Stehen Gegenstand und Schirm wie in Abb. ➤ 1 und ➤ 2 parallel, so hängt der Abbildungsmaßstab A auch vom Verhältnis b/g der Entfernung b des Bildes und der Entfernung g des Gegenstandes von der Lichtquelle oder Lochblende ab.

Bei der Erzeugung von Bildern durch punktförmige Lichtquellen oder kleine Blenden gilt das Abbildungsgesetz:

$$A = \frac{B}{G} = \frac{b}{g}$$

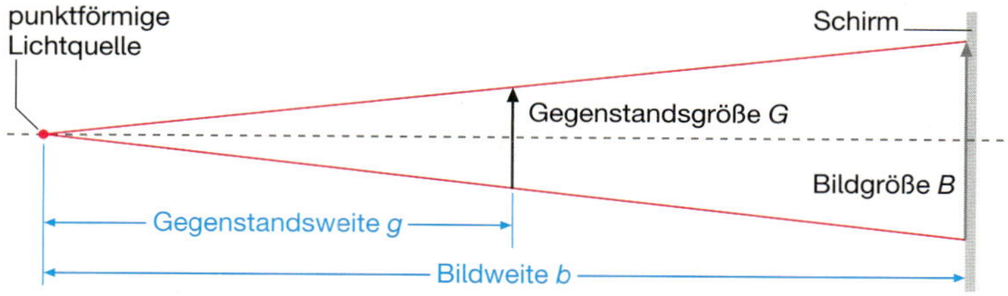

1 Größen und Abstände beim Schattenbild eines Gegenstandes durch eine punktförmige Lichtquelle.

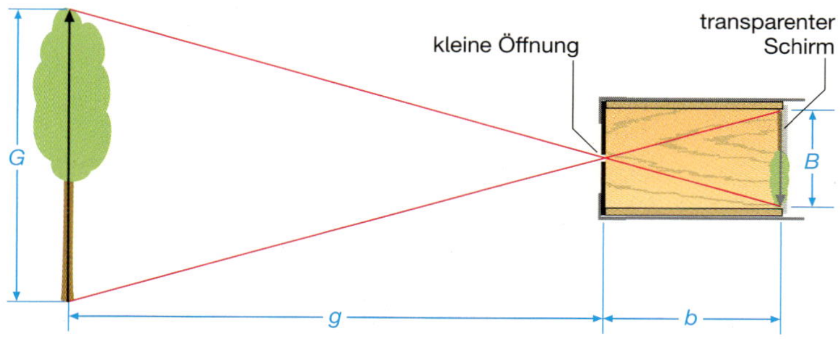

2 Größen und Abstände beim Bild mit der Lochkamera.

Die Geschwindigkeit des Lichtes

Im Alltag merkt man nicht, dass Licht Zeit braucht, um von einem Ort zu einem entfernten anderen zu gelangen.
Galileo Galilei (1564 – 1642) vermutete als erster, dass das doch der Fall sein könnte. Mit seinen Versuchen über mehrere Kilometer Entfernung hinweg gelang ihm aber kein Beweis seiner Vermutung.
Der dänische Astronom ***Olaf Römer*** (1644 – 1710) beobachtete den Umlauf des Jupitermondes Io (Abb. ➤ 3). Er versuchte, die Umlaufszeit von Io zu bestimmen. Über mehrere Jahre hinweg notierte er den Zeitpunkt für das Austreten des Mondes Io aus dem Jupiterschatten. Dabei bemerkte er, dass diese Zeitpunkte von Mal zu Mal immer früher als erwartet eintraten, wenn sich die Erde auf ihrer Bahn dem Jupiter näherte, z. B. auf dem Weg von A nach B. Umgekehrt verspätete sich der Zeitpunkt immer mehr, wenn sich die Erde vom Jupiter entfernte, z. B. von C nach D. Olaf Römer deutete dies so:
Das Licht, das vom Austreten von Io aus dem Jupiterschatten stammt, legt zum Beobachtungspunkt B einen kürzeren Weg zurück als zu A. Deshalb kommt es in B früher als in A an, d. h. der Zeitpunkt für den Aufgang von Io tritt immer früher ein. Bei der Bewegung der Erde von C nach D ergibt sich eine entsprechende Verlängerung des Lichtweges. Io geht immer später auf. Römer bestimmte auf diese Weise den Zeitbedarf des Lichtes, um den Durchmesser der Erdbahn zu durchlaufen. Daraus berechnete er die ***Lichtgeschwindigkeit***. Heute misst man sie anders. Licht legt 300 000 km (genau: 299 792,458 km) in einer Sekunde zurück.

Ein ***Lichtjahr*** ist die Strecke, die das Licht in einem Jahr zurücklegt. Der Polarstern ist etwa 600 Lichtjahre entfernt. Das Licht, das uns heute von dort erreicht, ist schon seit 600 Jahren unterwegs. Ein Blick zu den Sternen ist ein Blick in die Vergangenheit!

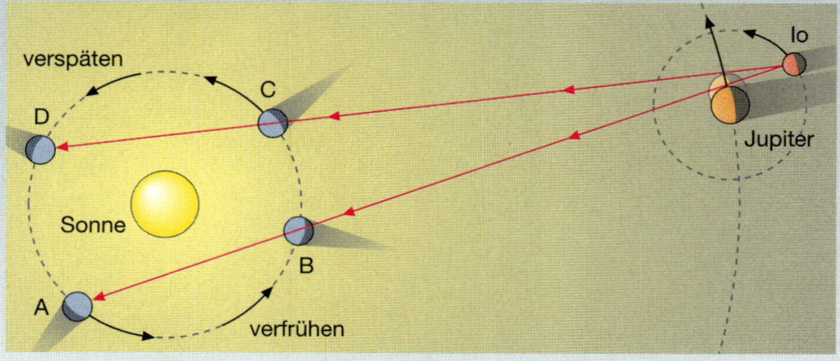

3

Licht im Verkehr

Abb. ➤1 zeigt, welche Bedeutung Licht im Straßenverkehr hat: Straßenlampen oder Autoscheinwerfer machen den Straßenverlauf, Verkehrsschilder und andere Verkehrsteilnehmer sichtbar; Ampeln regeln den Verkehr; Rücklichter warnen den nachfolgenden Verkehr usw. Leider gibt es auch störende Spiegelungen auf einer nassen Fahrbahn!
Nicht nur im Straßenverkehr ist Licht wichtig – auch Flugzeuge und Schiffe, U-Bahnen und Fernschnellzüge sind auf Licht und Lichtsignale angewiesen.
Ein ***Scheinwerfer*** beleuchtet Teile der Straße, die Straßenbegrenzung und nahe liegende Hindernisse. Von ihnen wird das Licht umgelenkt, so dass es zum Teil in unsere Augen gelangt. Das ist das Licht, durch das wir diese Gegenstände sehen.
Der Autoscheinwerfer in Abb. ➤2 erfasst zwar beide Fußgänger, aber die dunkle Kleidung des rechten Fußgängers absorbiert beinahe alles Licht. Er wird spät erkannt! Durch die helle Kleidung und die reflektierende Armbinde ist der linke Fußgänger dagegen schon von weitem sichtbar: Man muss nicht nur selbst gut sehen, sondern auch von anderen gut gesehen werden!
Viele Lichtsignale wie Ampeln und Bremslichter, von Reflektoren und Kleidungsstücken umgelenktes Licht dienen der Sicherheit und der Verkehrsregelung. Zu schwache Lichtsignale können bei vielen anderen Lichtquellen leicht übersehen werden.

1 Lichtquellen ermöglichen den Straßenverkehr auch nachts.

2 Lebenswichtig: Gut sehen und gut gesehen werden!

> Lichtquellen im Verkehr sollen hell leuchten, dürfen aber nicht blenden oder verwirren.

Daraus folgt für Radfahrer:

- die Beleuchtung nicht erst dann einschalten, wenn es richtig dunkel wird! Ebenso wichtig ist, dass ein Autofahrer einen Radfahrer schon von weitem durch das umgelenkte Licht erkennen kann.
- Das Licht des Scheinwerfers muss die Straße weit genug ausleuchten. Der Scheinwerfer darf aber nicht zu hoch eingestellt sein, sonst blendet er andere Verkehrsteilnehmer.
- Ein ***Rücklicht*** schützt davor, von Verkehrsteilnehmern übersehen zu werden. An mehreren Stellen müssen ***Reflektoren*** angebracht sein, die möglichst viel von dem auftreffenden Licht zurücklenken. Beim Scheinwerfer sollte ein weißer, über dem Rücklicht ein roter Reflektor und an Speichen und Pedalen sollten mehrere gelbe Reflektoren angebracht sein. Scheinwerfer, Rücklicht und Reflektoren sind nur wirksam, wenn sie nicht verschmutzt sind (Abb. ➤3)!

Überprüfe daher ständig die Beleuchtungsanlage und die Reflektoren deines Fahrrades, zur eigenen Sicherheit.

3 Lichtquellen und Reflektoren am Fahrrad

Rückblick

Begriffe

Was versteht man unter
- einer Lichtquelle?
- einem Lichtbündel?
- einem Lichtstrahl?
- einer Blende?
- einem Schatten?
- einem optischen Bild?

Beobachtungen

Was beobachtet man, wenn
- Licht durch mehrere, hintereinander in gleicher Höhe stehende, gleich große Blenden hindurchtritt?
- ein vor einem Schirm stehender lichtundurchlässiger Gegenstand von einer punktförmigen Lichtquelle beleuchtet wird?
- der Mond mit Erde und Sonne ein rechtwinkliges Dreieck bildet?

Erklärungen

Wie lässt sich erklären, dass
- man einen beleuchteten Gegenstand sieht?
- es Sonnen- und Mondfinsternisse gibt?
- eine ausgedehnte Lichtquelle kein scharfes Schattenbild erzeugt?
- eine kleine Blende von einem Gegenstand auf dem Schirm ein deutliches Bild erzeugt?

Gesetzmäßigkeiten

Beschreibe mit eigenen Worten, wie
- sich Licht in einem Raum mit Gegenständen ausbreitet.
- das Abbildungsgesetz lautet.
- eine Größenänderung der Bilder von Gegenständen zu erzielen ist, die mit kleinen Blenden auf einem Schirm erzeugt wurden.

Heimversuche

1. Schatten groß und klein

Nimm ein Heft als Schattenkörper. Halte es in verschiedenen Abständen in den Lichtkegel einer Taschenlampe vor eine helle Wand. Überprüfe mit einer Messreihe die Beziehung zwischen Schattengröße und Abstand.

2. Schattenbilder

Mit den Händen und dem Licht einer Glühlampe kannst du Schattenbilder erzeugen. Erfinde weitere Figuren und zeichne sie in dein Heft. Geht es auch mit zwei Glühlampen?

3. Das sichtbar gemachte Küken im Ei

Schneide aus Pappe den Umriss eines Kükens aus, der etwas kleiner als ein Ei sein soll. Stelle das Küken und das Ei nebeneinander etwa 20 cm vor einen Schirm. Wie kann man mit Hilfe von zwei Kerzen erreichen, dass der Schatten des Kükens im Schatten des Eis erscheint?

Weshalb ist es sinnvoll – um die Erscheinung besonders effektvoll vorzuführen –, den Schirm nicht zu breit zu machen?

4. Das im Raum schwebende Bild

Bewege im abgedunkelten Raum einen Zeigestock im Lichtkegel eines Projektors, der ein Dia enthält, rasch auf und ab. Im Raum erscheint ein Bild, welches dort ohne schnell bewegten Stock nicht zu sehen ist.
Finde eine Erklärung für das Entstehen des Bildes.

5. Untersuchungen mit der Lochkamera

Wie sieht das Bild aus, wenn das kleine Loch der Kamera nicht rund, sondern eckig ist? Verwende Blenden mit unterschiedlichen Formen der Öffnungen.
Stelle zwei Kerzen nebeneinander und erzeuge mit einer Lochkamera ein Bild davon. Nimm eine Kerze weg und erzeuge das gleiche Bild wie vorher mit zwei Kerzen. Was musst du an der Kamera verändern?

6. Absorbieren von Licht

Beleuchte im abgedunkelten Raum ein Blatt Papier mit der Taschenlampe. Halte dann eine, zwei, viele Klarsichtfolien vor die Lampe. Erkläre die Veränderungen auf dem Papier.

7. Wir bauen einen Helligkeitsmesser

Ein Fettfleck auf durchscheinendem Papier erscheint heller als das Papier, wenn man den Fleck gegen das Licht betrachtet. Ist die Helligkeit auf beiden Seiten des Fettflecks gleich, so ist der Fleck nicht mehr zu sehen. Das nutzen wir, um die Helligkeit auf der einen Seite des Papiers mit der auf der anderen Seite zu vergleichen.
Stelle je eine Kerze im gleichen Abstand vor und hinter den Helligkeitsmesser. Vergrößere nun den Abstand einer Kerze auf das Doppelte. Wie viele gleiche Kerzen musst du hinzufügen, um auf beiden Seiten des Flecks wieder gleiche Helligkeit zu bekommen?

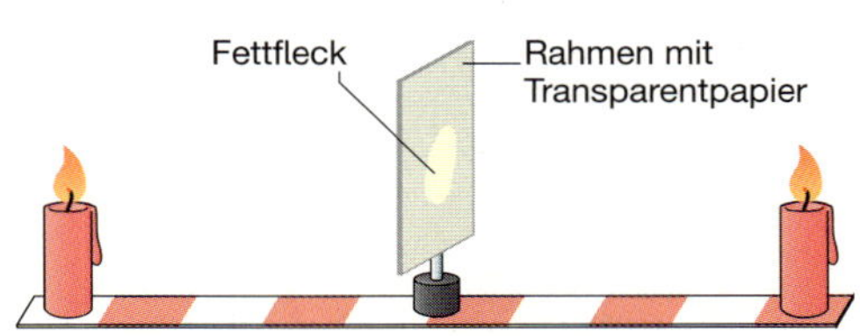

Fragen

Zur Ausbreitung des Lichtes

1 Um gerade Linien im Gelände festzulegen, peilen Landvermesser mit einem kleinen Fernrohr auf eine von einem Helfer gehaltene rot-weiß gestrichene Stange. Welche Eigenschaft des Lichtes nutzen sie dabei?

2 Die Zeitnehmer beim 100 m-Lauf sollen ihre Uhr starten, wenn sie die Rauchwolke aus der Startpistole sehen und nicht, wenn sie den Knall hören. Gib einen physikalischen Grund dafür an.

3 „Undurchdringliche Finsternis", ein „stechender Blick", sie „wirft einen Blick zurück". Welche Vorstellung vom Sehen kommt in diesen Worten zum Ausdruck?
Sammle ähnliche Aussagen.

4 Welche der Punkte *A*, *B*, *C*, *D* werden von der Lichtquelle nicht beleuchtet?

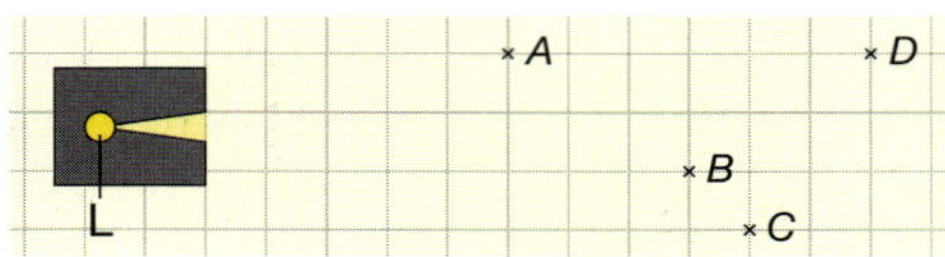

5 Du wirst gefragt, wie weit das Licht einer Taschenlampe maximal reicht. Welche Antwort gibst du?

6 Weshalb herrscht auch am Tag in mehr als 100 m Wassertiefe völlige Dunkelheit?

7 Nenne Beispiele für durchscheinende, durchsichtige und undurchsichtige Körper.

8 Warum haben Krankenwagen hinten Milchglasscheiben ?

Schatten und Finsternisse

9 Zu verschiedenen Tageszeiten ist dein Schatten im Sonnenlicht verschieden lang. Wann ist er besonders lang/kurz?

10 Wie stehen Sonne, Mond und Erde zueinander, wenn der Mond tagsüber sichtbar ist?

11 Konstruiere die Schatten für die folgenden Anordnungen von Lichtquelle (L), Gegenstand (G) und Schirm (S). Was ist auf dem Schirm zu sehen? Formuliere ein Ergebnis.

Wann erscheint uns der Mond so?

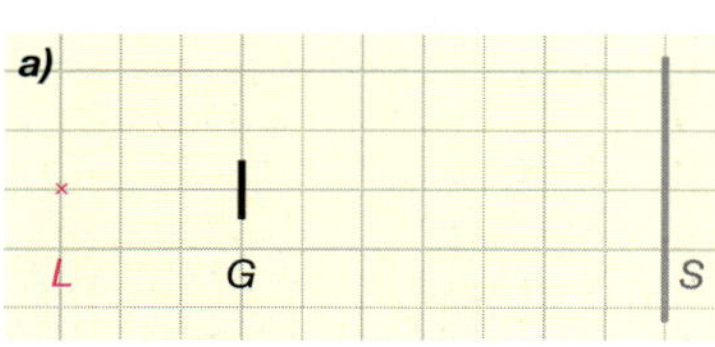

12 Wie lassen sich mit Kerzen und einer Kugel als Schattenspender die folgenden Schattenbilder auf dem Schirm erzeugen?
Zeichne die Lichtbündel für ***b)*** und ***d)***.

13 Bei einem Fußballspiel unter Flutlicht haben die Spieler manchmal mehrere Schatten. Wie kommt das?

14 Paul ist 140 cm, seine Schwester Friederike 90 cm groß. Sie beobachten, dass ihre Schatten im Licht einer Straßenlaterne gleich lang sind. Zeige anhand einer maßstäblichen Zeichnung, wie dies möglich ist.

15 ***a)*** Erkläre mit einer Skizze, wie es zu einer Mondfinsternis kommen kann.
b) Zeichne die Stellung von Sonne, Mond und Erde bei Halbmond von oben aus gesehen.

16 Bei einer Mondfinsternis beobachtet man, dass der Schatten der Erde immer einen kreisförmigen Rand hat. Was kann man daraus schließen?

Abbildungen und Lochkamera

17 Weshalb sollten die Lichtquelle bzw. die Öffnung der Blende möglichst klein sein?

18 Mit einer Lochblende wird ein Bild auf einer Mattscheibe erzeugt. Was geschieht, wenn man die Mattscheibe durch eine saubere Glasscheibe ersetzt?

19 Ein „Passfoto" mit der Lochkamera soll $B = 5$ cm groß werden. Der Kopf der Person sei $G = 30$ cm groß. In welcher Entfernung muss sich der Kopf befinden, wenn die Lochkamera $b = 12$ cm lang ist?

20 Berechne die fehlenden Angaben bei den Abbildungen mit der Lochkamera:

	G in m	*g* in m	*B* in m	*b* in m	*A*
a)	1,20	1,50	0,12	……	……
b)	……	0,50	0,10	0,20	……
c)	0,20	……	0,05	0,20	……
d)	0,01	0,20	……	……	2,0

Zwei Schlösser?

Du klebst deine Fotos vom letzten Ausflug in ein Album. Nur das Foto mit dem Schloss macht Probleme. Du fragst dich: Wie herum muss ich das Bild einkleben?

SCHMAL und BREIT

Auf dem Festplatz gibt es oft ein Spiegelkabinett mit verschiedenen Spiegeln. Einer macht schlank, ein anderer macht breit, ein dritter groß. Anders als bei einem normalen Wandspiegel sind diese Spiegel alle gekrümmt.
Zu Hause kannst du es selbst überprüfen: Betrachte dein Spiegelbild an einer spiegelnden Metallfläche, zum Beispiel an einer Kuchenplatte.
Wölbe die Fläche ein wenig mit deinen Händen nach innen oder außen – VORSICHT! Nicht verbiegen! – und drehe sie dabei auch.
Beim Kosmetikspiegel ist es anders. Vergleiche seine Krümmung mit der der Kuchenplatte!

Zauberwasser

Stellst du ein leeres Glas auf eine Schrift, so kannst du sie von der Seite aus unverändert lesen.
Füllst du das Glas halb mit Wasser, so verschwindet die Schrift unter dem Glas.
Füllst du das Glas weiter auf, so taucht die Schrift oben wieder auf, steht aber auf dem Kopf.Findest du eine Erklärung?

Die Reflexion des Lichtes

Versuche

1 Zur Reflexion an verschiedenen Flächen

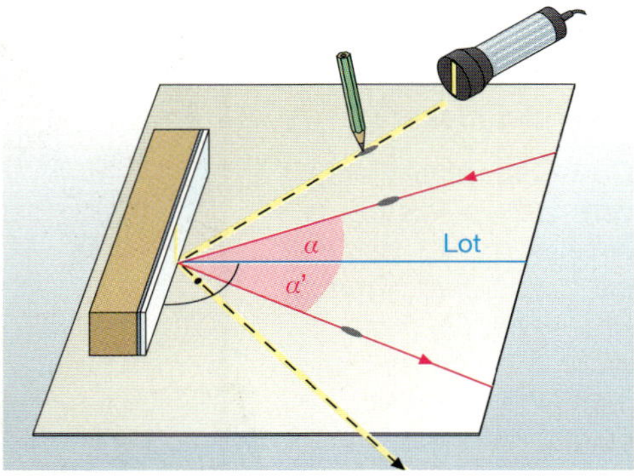

2 Wir messen die Winkel zum Lot.

V1 Wir legen einen Spiegel, ein Stück leicht zerknitterte Aluminiumfolie und ein weißes Blatt Papier auf einen dunklen Karton. Im verdunkelten Klassenzimmer beleuchten wir sie von der Seite mit einer Experimentierleuchte (Abb. ➤ 1).
Aus allen Richtungen sieht man das weiße Papier gleich hell. Der Spiegel dagegen erscheint – für die meisten Betrachter – dunkel, ebenso große Teile der Aluminiumfolie. Drehen wir die Folie, so leuchtet sie an anderen Stellen.

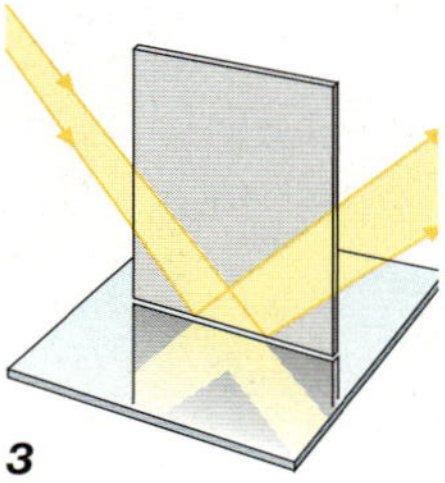

3

V2 Wir untersuchen, in welche Richtung reflektiertes Licht einen Spiegel verlässt. Auf dem Tisch liegt ein ebener Spiegel, auf den wir ein schmales Lichtbündel richten. Es wird vom Spiegel umgelenkt und trifft irgendwo auf die Wand oder die Decke. Senkrecht auf den Spiegel stellen wir eine helle Pappe so, dass das Lichtbündel die Pappe streift.
Wir beobachten, dass das reflektierte Lichtbündel ebenfalls die Pappe streift. Beide Lichtbündel verlaufen in einer Ebene senkrecht zum Spiegel (Abb. ➤ 3).

V3 Auf ein Blatt Papier zeichnen wir eine Gerade und dazu eine Senkrechte, ein Lot. Längs der Strecke stellen wir einen kleinen ebenen Spiegel auf. Dann lassen wir ein schmales Lichtbündel streifend über das Blatt zum Fußpunkt des Lotes auf den Spiegel fallen. Auf dem Blatt kennzeichnen wir das einfallende und das reflektierte Lichtbündel (Abb. ➤ 2).
Wir kennzeichnen ebenso die Lichtwege für Lichtbündel, die unter anderen Winkeln zum Lot auf den Spiegel treffen.
In allen Fällen messen wir die zueinander gehörenden Winkel des einfallenden und des reflektierten Lichtbündels zum Lot und vergleichen.

Grundwissen

Ungerichtete und gerichtete Reflexion

Weißes Papier ist nur sichtbar, wenn von ihm Licht ausgeht. Wir können das Papier aus allen Richtungen sehen, denn es lenkt das Licht einer Lichtquelle in alle Richtungen um (Abb. ➤ 4a).

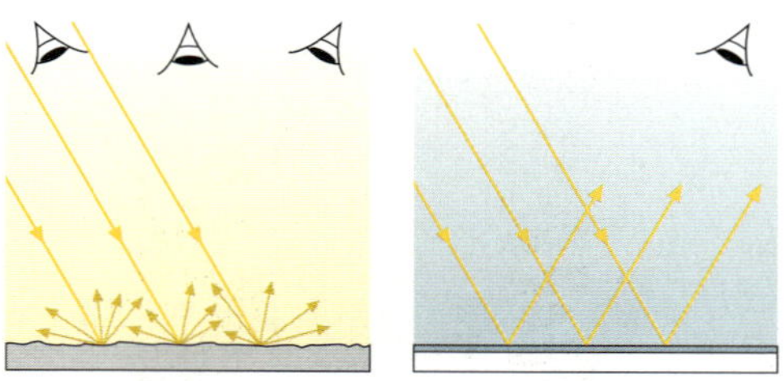

a) Papier ***b)*** Spiegel

4 Papier reflektiert Licht aus einer Richtung in alle Richtungen, der Spiegel nur in eine.

Man sagt, das Licht wird vom Papier ***ungerichtet reflektiert*** (lat. reflectere = zurückbiegen).
Von einem Spiegel wird ein Lichtbündel vollständig in eine bestimmte Richtung umgelenkt. Man sagt, es wird ***gerichtet reflektiert***. Aus anderen Richtungen betrachtet bleibt die Spiegelfläche dunkel (Abb. ➤ 4b).
Von einem zerknitterten Stück einer Aluminiumfolie glitzern daher nur die Flächenstückchen, die Licht in Augenrichtung reflektieren.

> Trifft Licht auf einen Gegenstand, so wird der nicht absorbierte Anteil umgelenkt, reflektiert. Man unterscheidet gerichtete und ungerichtete Reflexion.

Das Reflexionsgesetz

Wir untersuchen die gerichtete Reflexion am ebenen Spiegel genauer. Dazu verwenden wir schmale Lichtbündel, so dass man den Lichtweg mit Strahlen zeichnen kann (Abb. ➤ 1).
Steht der Spiegel wie in Abb. ➤ 1 senkrecht auf der Scheibe und streift das einfallende Lichtbündel die Scheibe, so streift auch das reflektierte Lichtbündel die Scheibe in gleicher Weise. Das Licht verläuft also nach der Reflexion in derselben Ebene weiter!
Das Lot auf der Spiegelfläche im Auftreffpunkt sowie der einfallende und reflektierte Strahl legen diese Ebene fest.
Den Winkel zwischen einfallendem Strahl und Lot nennt man ***Einfallswinkel*** α. Den Winkel zwischen Lot und reflektiertem Strahl nennt man ***Reflexionswinkel*** α'.
Messungen führen zu folgenden Ergebnissen:

α	18°	24°	42°	67°	80°
α'	18°	23°	41°	67°	81°

Die Winkel α und α' sind im Rahmen unserer Messgenauigkeit gleich groß. Ein senkrecht einfallender Strahl ($\alpha = 0°$), wird in sich selbst reflektiert.
Parallele Begrenzungslinien von Lichtbündeln bleiben nach der Reflexion weiter parallel.
Fällt das Licht aus der Richtung des reflektierten Strahls ein, so wird der bisherige Reflexionswinkel zum Einfallswinkel und der bisherige Einfallswinkel zum Reflexionswinkel. Der Lichtweg bleibt gleich, nur die Durchlaufrichtung ist umgekehrt.

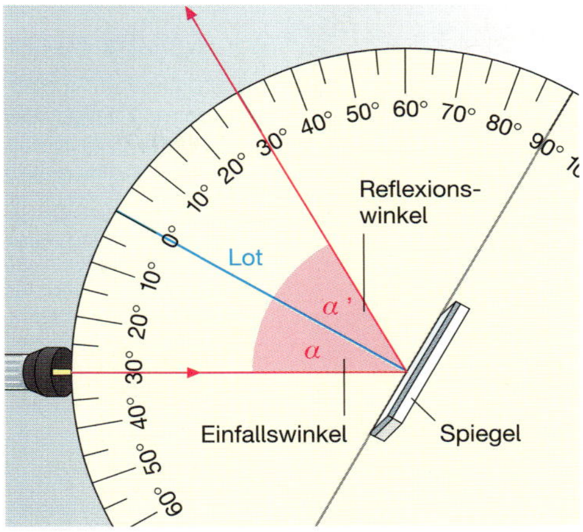

1 Zum Reflexionsgesetz

Diese Beobachtungen bei der Reflexion des Lichtes am ebenen Spiegel fasst man als ***Reflexionsgesetz*** zusammen:

1. Einfallender Strahl, Lot und reflektierter Strahl liegen in einer Ebene.
2. Einfallswinkel und Reflexionswinkel sind gleich groß.
3. Bei der Reflexion ist der Lichtweg umkehrbar.

? Weshalb scheint auf nasser Straße das Scheinwerferlicht schwächer zu leuchten als auf trockener Straße?

? Wie kommt es, dass Fensterscheiben in der Abendsonne aus den meisten Blickrichtungen dunkel sind und nur in einer bestimmten Richtung glänzen?

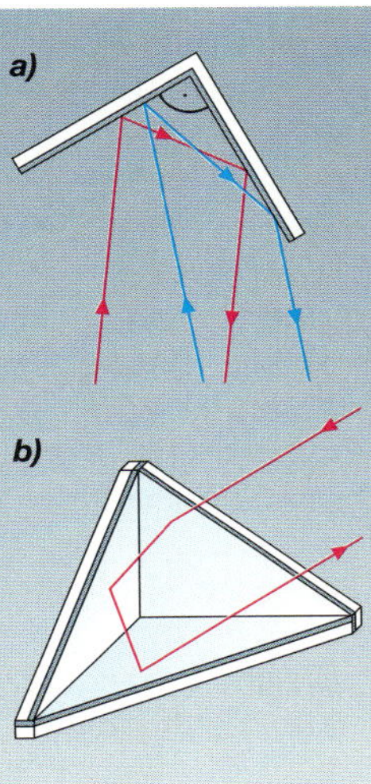

Besondere Winkelspiegel

Stellt man zwei Spiegel senkrecht aneinander, so kann ein schräg auf den ersten Spiegel fallender Lichtstrahl auch vom zweiten Spiegel reflektiert werden. Strahlen, die in einer Ebene verlaufen, die senkrecht auf beiden Spiegelflächen steht, wie etwa die Zeichenebene von Abb. ➤ 2a, werden stets parallel zur Einfallsrichtung reflektiert.
Ein aus drei senkrecht zueinander angeordneten Spiegeln heißt Tripelspiegel (Abb. ➤ 2b). Er lenkt Lichtstrahlen aus jeder Richtung kommend parallel dazu zurück.
Solche Spiegel werden auch als Glaskörper hergestellt, wobei das Licht innen an den Seitenflächen des Glaskörpers reflektiert wird.

Man findet solche Tripelspiegel in Rückstrahlern und Warnschildern. Gleichgültig, aus welcher Richtung das Licht eines Autoscheinwerfers auftrifft, die spiegelnden Glaskörper reflektieren es immer in die Richtung, aus der das Licht kommt: der reflektierende Gegenstand ist vom Autofahrer gut zu sehen.
Die Astronauten von Apollo 11 brachten 1969 einen Spiegel auf den Mond. Er bestand aus 100 kleinen Tripelspiegeln. Das von der Erde ausgesandte Laserlicht wurde von diesem Spiegel zur selben Stelle zurückgesandt.
Aus der Laufzeit lässt sich die Entfernung zum Mond bis auf wenige Zentimeter genau bestimmen.

Spiegelbilder

Versuche

V1 Schneide mehrere große Buchstaben aus und färbe ihre Vorder- und Rückseiten verschieden. Stelle sie vor einen ebenen Spiegel und vergleiche jeweils Abstand, Lage, Farbe und Größe von Gegenstand und Spiegelbild (Abb. ➤ 1). Ersetze den Spiegel durch eine Glasscheibe, um die Abstände zu messen.

1 Gegenstände und ihr Spiegelbild

V2 Zwischen zwei gleichen Kerzen steht eine Glasscheibe. Die vordere Kerze brennt. Wir sehen ein Spiegelbild der Flamme.
Die zweite Kerze, die nicht brennt, schieben wir hinter der Scheibe „unter" das Spiegelbild der Flamme. So entsteht der Eindruck, dass beide Kerzen brennen (Abb. ➤ 2). Wie Zauberei wirkt es, wenn wir die hintere Kerze in ein Becherglas stellen und Wasser einfüllen.
Wo muss sich die zweite Kerze befinden? Auf einem Blatt Papier kennzeichnen wir die Lage der Scheibe und der beiden Kerzen. Dann zeichnen wir die Verbindungsstrecke der beiden Kerzen und bestimmen so ihre Abstände zur Scheibe. Sie sind gleich groß.

2 Brennt die Kerze hinter der Scheibe?

Grundwissen

Die Entstehung von Spiegelbildern

Wird ein vor einem ebenen Spiegel stehender Gegenstand betrachtet, so sieht man auch dessen Spiegelbild. Die vom Punkt P des Gegenstandes ausgehenden Lichtbündel (Abb. ➤ 3) werden vom Spiegel nach dem Reflexionsgesetz umgelenkt. Für das Auge scheint das Lichtbündel nicht vom Punkt P, sondern von einem Punkt P' hinter dem Spiegel auszugehen. Dieser Teil des Lichtbündels ist gestrichelt gezeichnet. Das Bild P' heißt ***Spiegelpunkt*** von P.
Diese Überlegung trifft für jeden Punkt eines Gegenstandes zu.
Der Spiegelpunkt P' befindet sich für verschiedene Betrachter an derselben Stelle, denn die Verlängerungen aller reflektierten Lichtbündel treffen sich immer im selben Punkt P'. Wir stellen fest:

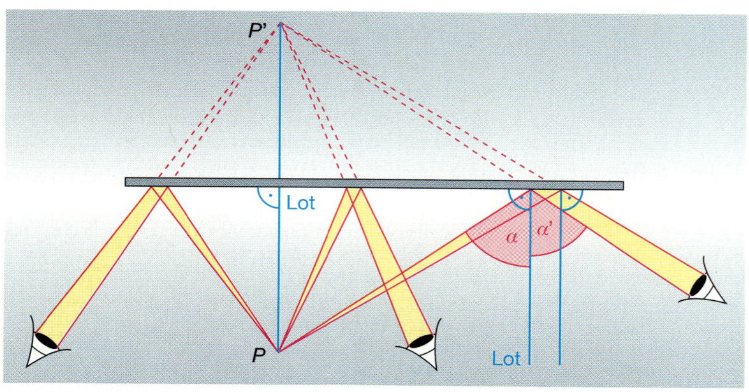

3 Alle reflektierten Strahlen scheinen von P' auszugehen.

1. Das Spiegelbild eines Gegenstandes liegt hinter dem ebenen Spiegel.
2. Gegenstandspunkt und Spiegelpunkt sind gleich weit vom Spiegel entfernt.
3. Die Verbindungslinie vom Gegenstandspunkt zum Spiegelpunkt steht senkrecht auf der Spiegelebene.

? Warum können viele Personen ein Spiegelbild gleichzeitig sehen?

? Nenne Unterschiede zwischen Spiegelbild und dem Bild mit einer Lochkamera.

Seitenvertauscht – und doch lesbar?

Von jedem Punkt des Gegenstandes, dessen Licht direkt zum Spiegel gelangt, gibt es im gleichen Abstand zur Spiegelfläche einen Bildpunkt. Alle Bildpunkte zusammen ergeben ein Spiegelbild des Gegenstandes.
Nicht nur beim Spiegel, auch bei einer Glasscheibe ist am Ort des Spiegelbildes kein Licht dafür vorhanden. Stellt man vor die Scheibe eine brennende Kerze, so gibt ein Schirm an der Stelle, an der man ihr Spiegelbild zu sehen glaubt, kein Bild der Flamme wieder, er bleibt dunkel. Anders als das reelle Bild der Flamme, das man mit einer kleinen Öffnung einer Blende auf einem Schirm erzeugen kann, lassen sich die Bildpunkte der Flamme hinter der Scheibe nicht auf einem Schirm oder einem Film auffangen. Man sagt, das Spiegelbild ist ***virtuell*** (virtuell bedeutet scheinbar).

Spiegelbilder sind virtuelle Bilder. Man kann sie am Ort, wo sie zu sein scheinen, nicht mit dem Schirm auffangen.

Vom Spiegelbild zum Gegenstand

Licht einer Lichtquelle trifft auf einen Spiegel und erzeugt nach Reflexion einen hellen Fleck an der Wand. Wo befinden sich die Lichtquelle L und ihr virtuelles Bild L'?

Werden die Verlängerungen der Randstrahlen des am Spiegel reflektierten Lichtbündels (Abb. ➤ 2) gezeichnet, so schneiden sie sich im Ort des virtuellen Spiegelbildes L'. Die Lichtquelle L findet man, wenn man das Lot von L' auf die vom Spiegel festgelegte Ebene zeichnet. Im gleichen Abstand zur Spiegelebene wie L' befindet sich die Lichtquelle L. Diese Konstruktion ist auch dann korrekt, wenn das Lot gar nicht auf den Spiegel selbst trifft.

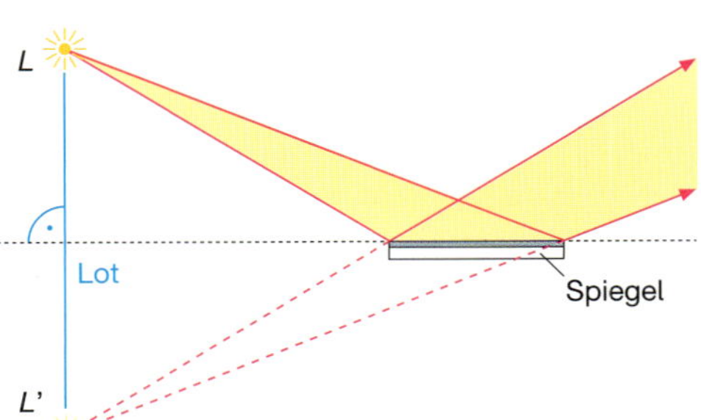

2

1 Das Spiegelbild existiert nur für einen Betrachter vor dem Spiegel.

Die Blickrichtung im Spiegelbild

Ein Fahrzeug, das wie in Abb. ➤ 1 nach rechts fährt, bewegt sich im Spiegelbild in dieselbe Richtung. Das Fahrerhaus des Lastwagens befindet sich auch im Spiegelbild rechts von seinem Kranausleger. Darauf beruht der große Nutzen von Spiegeln im Verkehr.
Ein Blick in den Spiegel zeigt, dass die Blickrichtung deines Spiegelbildes der eigenen Blickrichtung entgegengesetzt ist. Die Richtungen für vorne – hinten bzw. links – rechts haben sich für die Person im Spiegel mitgedreht. Denn hebt man die linke Hand, dann hebt das Spiegelbild seine rechte Hand. Die linke Gesichtshälfte wird im Spiegelbild zur rechten und umgekehrt. Deshalb ist das eigene Gesicht im Spiegel nicht das Gesicht, das andere von einem sehen! Die Seiten des Spiegelbildes, das ein Betrachter im Spiegel von sich und seiner Umgebung wahrnimmt, sind miteinander vertauscht.

Der Buchstabe F in Abb. ➤ 1 zeigt, wie die Umkehr der Blickrichtung die Seiten im Spiegelbild vertauscht. Der Lastwagenfahrer in Abb. ➤ 1 wird sein Spiegelbild ebenfalls als seitenvertauscht ansehen, denn seine linke, gelbe Wagenhälfte ist dem Spiegel näher und liegt im Spiegelbild vorn, ist also nun im Bild zur rechten Fahrzeugseite geworden.

Beim ebenen Spiegel wird gegenüber dem Gegenstand die Blickrichtung umgedreht, so dass im Spiegelbild linke und rechte Seite vertauscht sind.

? Wie kommt es zum lesbaren Schriftzug auf dem Rettungswagen links oben?

Gekrümmte Spiegel

Versuche

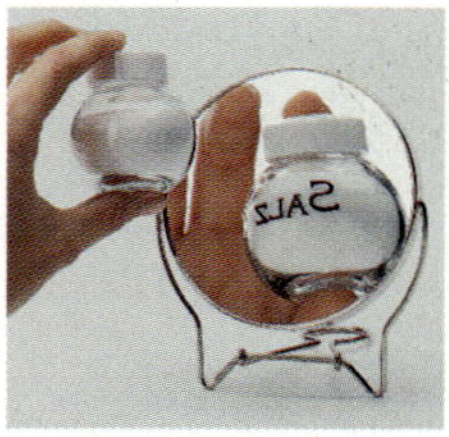

Der Hohlspiegel (z. B. ein Kosmetikspiegel) vergrößert.

V1 Lassen wir ein Lichtbündel mit parallelen Randstrahlen auf einen ebenen Spiegel fallen, so ist das reflektierte Lichtbündel wieder parallel begrenzt.
Nehmen wir einen gekrümmten Spiegel, so sind die Randstrahlen nach der Reflexion nicht mehr parallel (Abb. ➤ 1).

V2 VORSICHT – es wird heiß!
Wir stellen einen Hohlspiegel ins Sonnenlicht oder in ein parallel begrenztes Lichtbündel einer starken Lampe (Abb. ➤ 2). Halten wir nun einen schmalen Pappstreifen vor den Spiegel, so erkennen wir darauf einen Lichtfleck.
Je nach Abstand vom Spiegel wird der Fleck größer oder kleiner. Wir messen die Entfernung zum Spiegel, wenn der Lichtfleck am kleinsten ist.

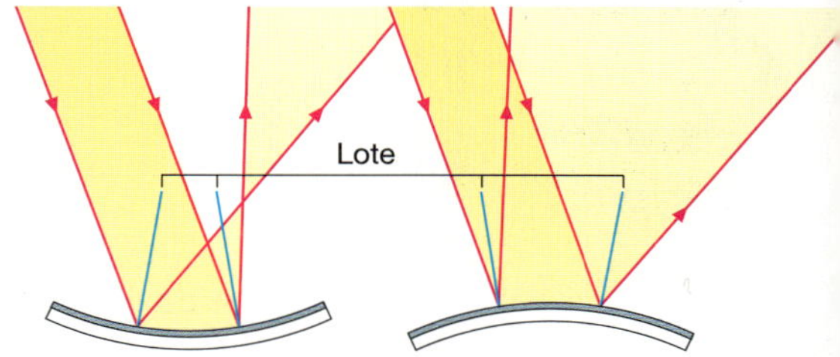

1 a) Hohlspiegel ***b)*** Wölbspiegel

V3 Stelle wie in Abb. ➤ 3 eine Kerze in einiger Entfernung vor einen weißen Schirm. Verschiebe einen Hohlspiegel so lange, bis du ein deutliches Bild der Kerze auf dem Schirm siehst. Wiederhole den Versuch für verschiedene Entfernungen der Kerze vom Schirm. Beschreibe deine Beobachtungen.

Der Wölbspiegel erweitert das Blickfeld und verkleinert.

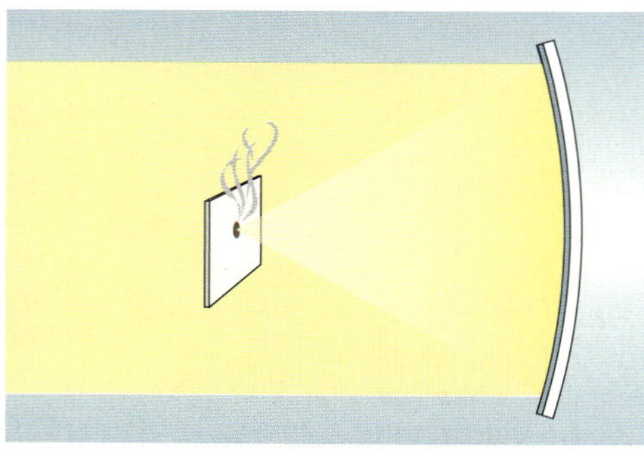

2 In einem Punkt wird es sehr heiß.

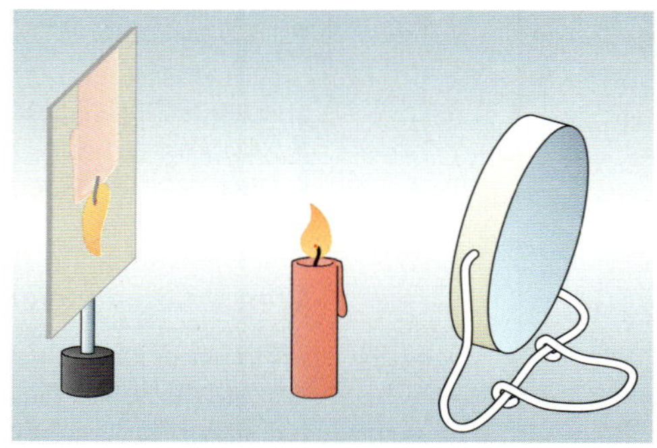

3 Hohlspiegel können Bilder erzeugen.

Grundwissen

Hohlspiegel und Wölbspiegel

Im Alltag begegnen wir häufig reflektierenden Flächen, die nicht eben, sondern gekrümmt sind: Topfdeckel, Radkappen, Metallrohre usw. Die von ihnen erzeugten Spiegelbilder sind infolge starker und ungleichmäßiger Krümmungen der spiegelnden Flächen verzerrt. Je nach Krümmung unterschiedet man zwei Grundformen (Abb. ➤ 1):
Hohlspiegel sind in der Mitte der Spiegelfläche weiter vom Gegenstand entfernt als mit dem Rand. Bei ***Wölbspiegeln*** ist die Mitte dem Gegenstand näher als der Rand.
Befindet sich ein Gegenstand in großer Entfernung vor einem Hohlspiegel mit geringer Krümmung, so sieht man ein ***reelles*** umgekehrtes, verkleinertes Bild, das sich auf einem Schirm auffangen lässt. Rückt der Gegenstand dem Spiegel näher, so wird sein Bild immer größer (Abb. ➤ 3), bis es plötzlich verschwindet. Das kurz vor dem Verschwinden erzeugte Bild ist reell. Wird der Gegenstand dem Hohlspiegel noch mehr genähert, so sieht man wieder ein Bild. Es ist vergrößert, steht jedoch jetzt aufrecht. Dieses Bild kann auf einem Schirm nicht aufgefangen werden, es ist ***virtuell***.
Bei Wölbspiegeln gibt es nur virtuelle Bilder; sie alle sind aufrecht und immer kleiner als der Gegenstand.

Ein Bild heißt ***umgekehrt***, wenn es im Vergleich zum Gegenstand auf dem Kopf steht und die Seiten (links und rechts) vertauscht sind.

> Hohlspiegel erzeugen reelle, umgekehrte Bilder, wenn der Gegenstand weit genug entfernt ist. Von nahen Gegenständen sieht man ein vergrößertes, virtuelles Bild. Wölbspiegel liefern nur virtuelle, verkleinerte Bilder.

? Nenne Möglichkeiten zur Unterscheidung von Hohl- und Wölbspiegeln.

Der Strahlengang beim Hohlspiegel

Wir zeichnen das Schnittbild eines Spiegels, dessen Fläche wie eine Kugeloberfläche gekrümmt ist (Abb. ➤ 1). Die Schnittlinie ist eine Kreislinie mit dem Mittelpunkt M. Die Symmetrieachse des Spiegels durch den Mittelpunkt M heißt ***optische Achse***.
Wir betrachten einen Strahl, der parallel zur optischen Achse verläuft und den Spiegel im Punkt A_1 trifft. An dieser Stelle denken wir uns den gekrümmten Spiegel durch einen kleinen ebenen Spiegel ersetzt. Er berührt den Kreisbogen in A_1 und steht senkrecht auf dem Radius MA_1 des Kreises. Nach dem Reflexionsgesetz wird der einfallende Strahl so reflektiert, dass der Einfallswinkel α gleich dem Reflexionswinkel α' ist. Auf dieselbe Weise lassen sich auch die bei A_2, A_3 und A_4 reflektierten Strahlen finden. Dabei stellt man fest, dass sie ziemlich genau durch den Punkt F auf der optischen Achse laufen. Dieser Punkt halbiert den Radius. Er heißt ***Brennpunkt*** F (von lat. focus) des Hohlspiegels.
Ein Lichtbündel, das in der Nähe und parallel zur optischen Achse verlaufend auf den Spiegel trifft, wird im Brennpunkt auf einen Punkt eingeschnürt. Stammt das Lichtbündel vom intensiven Sonnenlicht, so kann sich in diesem Punkt ein Gegenstand entzünden. Daher kommt der Name Brennpunkt.
Ein Strahl, der weiter am Rand des Spiegels, etwa in A_5 auftrifft, wird allerdings nicht mehr durch den Brennpunkt reflektiert. Die Schnittpunkte der reflektierten Strahlen eines breiten Lichtbündels bilden eine Fläche mit einer charakteristischen Randkurve (Abb. ➤ 1 rechts).

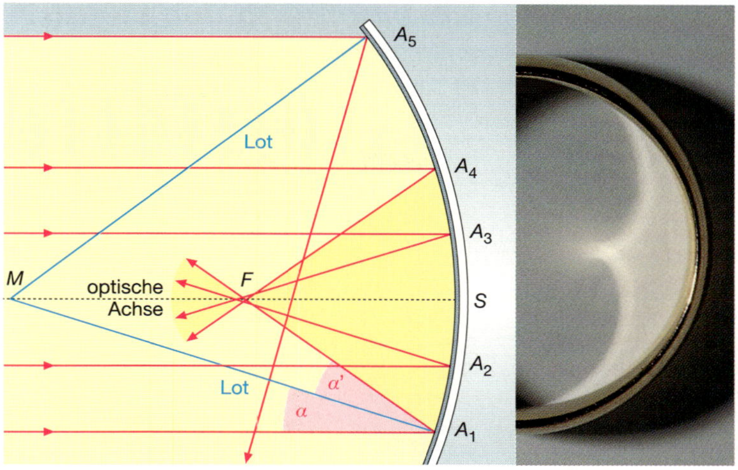

1 Nicht alle Strahlen gehen nach der Reflexion durch F.

> Treffen Strahlen parallel zur optischen Achse auf einen Hohlspiegel, so laufen achsennahe Strahlen nach der Reflexion durch den Brennpunkt.

Sollen alle reflektierten Strahlen, auch achsenferne, durch den Brennpunkt gehen, so darf die Schnittlinie des Spiegels kein Kreisbogen sein, sondern sie muss Parabelform haben. Umgekehrt verlassen Lichtbündel, die aus dem Brennpunkt kommen, einen parabelförmigen Spiegel parallel zur optischen Achse. ***Reflektoren*** von Scheinwerfern sind parabelförmig, in ihrem Brennpunkt befindet sich der Glühfaden der Lampe (Abb. ➤ 2). So wird das meiste Licht in eine Richtung gestrahlt.

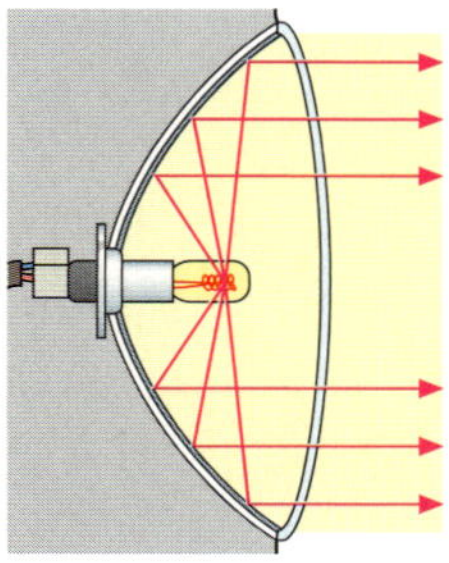

2 Scheinwerfer mit Parabolspiegel

? Wie kann man mit Sonnenlicht Feuer machen?

? Welchen Vorteil gegenüber Kugelspiegeln haben Parabolspiegel?

Das Spiegelteleskop

Bei Spiegelteleskopen erzeugt ein Hohlspiegel ein reelles Bild. Da das Licht weit entfernter Sterne parallel einfällt, entstehen die Bildpunkte in einer Ebene durch den Brennpunkt. Um das Teleskop zu verkleinern, reflektiert der Hauptspiegel das Licht auf einen kleinen Spiegel in der Frontscheibe. Von dort wird es zur Seite oder durch eine kleine Öffnung im Hauptspiegel zum Betrachten oder Belichten eines Films nach außen gelenkt. Die große Öffnung des Spiegels fängt breite Lichtbündel ein, so dass auch lichtschwache Himmelsobjekte beobachtbar werden (Abb. ➤ 3).

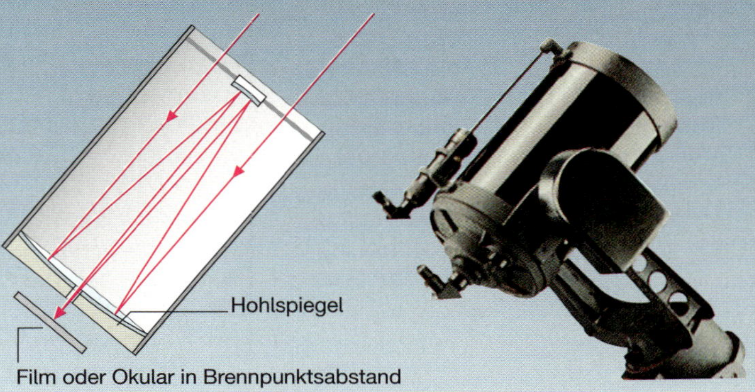

3

Die Brechung des Lichtes

Versuche

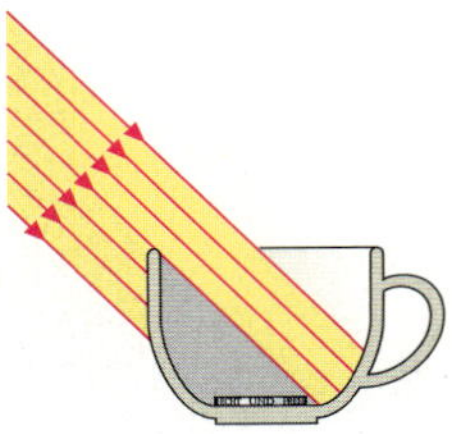

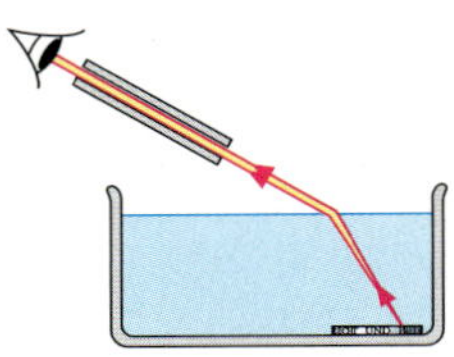

V1 Lege eine Münze in eine Kaffeetasse. Stelle die Tasse so unter eine Lampe, dass die Münze im Schatten der Tassenwand liegt. Fülle nun die Tasse mit Wasser.
Du stellst fest, dass die Münze nicht mehr im Schatten ist.

V2 Auf dem Boden einer mit Wasser gefüllten Glaswanne liegt eine Münze. Wir blicken durch ein Glasrohr auf die Münze.
Schieben wir eine Stricknadel durch das Rohr, so trifft sie die Münze nicht. Ein Lichtbündel, das durch das Rohr geht, beleuchtet dagegen die Münze.
Wir beobachten, dass das Lichtbündel einen Knick an der Wasseroberfläche hat.

V3 Lege einen Spiegel in eine leere Glaswanne und richte ein Lichtbündel schräg auf ihn. Gieße Wasser in die Wanne und beobachte den Lichtweg (Abb. ➤ 1).

V4 Auf einer mit einer Winkelteilung versehenen Scheibe ist ein Halbzylinder aus Glas befestigt. Trifft ein Lichtbündel im Kreismittelpunkt auf die ebene Glasfläche, so dringt ein Teil des Lichtes in das Glas ein, ein Teil wird reflektiert (Abb. ➤ 3). An der runden Seite verlässt es den Glaskörper ohne Richtungsänderung, so dass der nach dem schrägen Auftreffen im Glas entstandene Winkel außerhalb des Glases gemessen werden kann.
Wir messen die zu verschiedenen Einfallswinkeln gehörigen Winkel des Lichtes im Glas.

V5 Lege eine dicke rechteckige Glasscheibe auf ein weißes Blatt Papier und zeichne ihren Umriss. Richte ein das Papier streifendes Lichtbündel auf eine Seite der Scheibe. Markiere den Lichtweg vor und hinter der Scheibe (Abb. ➤ 2).
Führe dies für verschiedene Einfallswinkel durch.

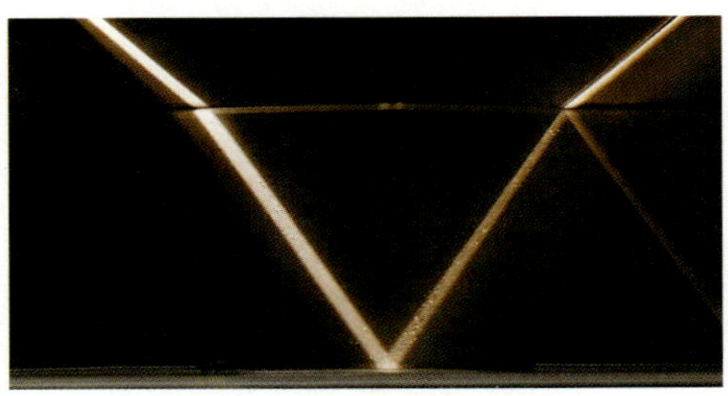

1

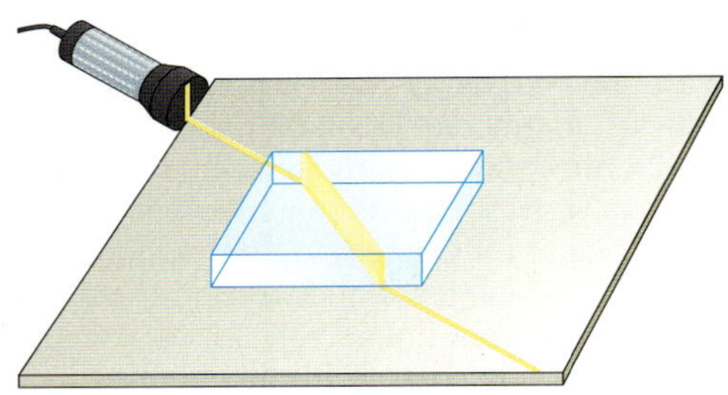

2

Grundwissen

Licht wird gebrochen

Trifft ein schmales Lichtbündel aus der Luft kommend schräg auf einen durchsichtigen Körper, so wird ein Teil des Lichtes reflektiert. Der andere Teil dringt in den durchsichtigen Körper ein und ändert zugleich seine Richtung. Man sagt, das Licht wird ***gebrochen***. Die Erscheinung heißt ***Lichtbrechung***.

> Lichtbrechung bedeutet, dass sich die Richtung eines Lichtstrahles beim Übergang in einen anderen durchsichtigen Körper ändert.

Wird der zum Lot gemessene Winkel des einfallenden Strahles vergrößert, so nimmt auch der Winkel für den gebrochenen Strahl zu (Abb. ➤ 3). Trifft das Licht senkrecht auf, so ändert sich seine Richtung nicht. Innerhalb des Körpers breitet es sich geradlinig aus. Man stellt fest:

> Einfallender, reflektierter und gebrochener Lichtstrahl liegen in einer Ebene.

Wird ein weißes Lichtbündel gebrochen, so bekommt es farbige Ränder. Sie entstehen, weil sich weißes Licht durch Brechung auch – wie wir später sehen werden – in farbiges Licht zerlegen lässt.

3 Reflexion und Brechung

Wir untersuchen den Lichtweg

Brechung beobachtet man bei schrägem Lichteinfall an Grenzflächen zwischen verschiedenen durchsichtigen Stoffen. Wir verwenden schmale Lichtbündel und können so den Weg mit Lichtstrahlen beschreiben. Die Neigung des einfallenden Lichtstrahles gibt man durch den Winkel zum Lot auf der Grenzfläche an. Er heißt ***Einfallswinkel*** α. Der Winkel zwischen gebrochenem Lichtstrahl und Lot heißt ***Brechungswinkel*** β (Abb. ➤ 1).
Beim Übergang von Luft in Glas oder von Luft in Wasser ist der Einfallswinkel stets größer als der Brechungswinkel. Der Lichtstrahl wird zum Lot hin gebrochen.

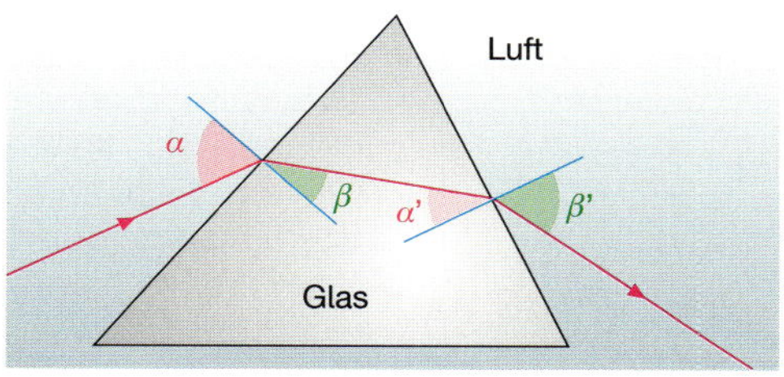

1

Nur bei senkrechtem Einfall, wenn also $\alpha = 0°$ ist, verläuft der Lichtstrahl ohne Richtungsänderung weiter.
Umgekehrt beobachtet man beim Übergang des Lichtstrahles von Glas oder Wasser in Luft, dass er vom Lot weggebrochen wird. Der Einfallswinkel, der hier im Glas oder Wasser gemessen wird, ist kleiner als der Brechungswinkel in der Luft (Abb. ➤ 1).
Sieht man von dem an beiden Grenzflächen reflektierten Licht ab, so breitet sich das Licht in beiden Richtungen auf dem gleichen Weg aus.
Der Stoff, in dem der zum Lot gemessene Winkel des Lichtstrahles kleiner ist als der Winkel im anderen Stoff, heißt ***optisch dichter*** als der andere Stoff, der als ***optisch dünner*** bezeichnet wird.
Die vielen verschiedenen Ergebnisse werden als Gesetz zusammengefasst:

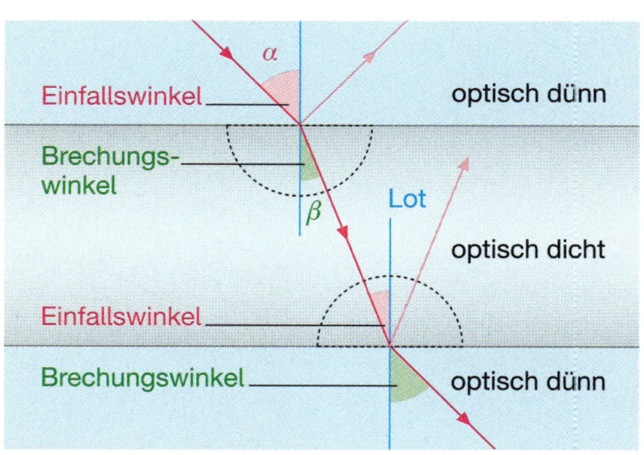

2 Einfalls- und Brechungswinkel

Versetzung eines Bleistiftabschnittes durch eine planparallele Platte

Das Brechungsgesetz

1. Trifft ein Lichtstrahl auf die Grenzfläche zwischen zwei Stoffen, so dringt meist ein Teil des Lichtes mit geänderter Richtung in den zweiten Stoff ein. Einfallender, reflektierter und gebrochener Strahl liegen in einer Ebene durch das Lot auf die Grenzfläche.
2. Nimmt der Einfallswinkel zu, so wächst auch der Brechungswinkel.
3. Trifft ein Lichtstrahl senkrecht auf eine Grenzfläche, so ändert er seine Richtung im zweiten Stoff nicht.
4. Der Lichtweg für einfallenden und gebrochenen Strahl ist auch in umgekehrter Richtung derselbe.
5. Ein Teil des Lichtes wird stets an der Grenzfläche reflektiert.
6. Der Brechungswinkel hängt vom Stoff ab.

Die planparallele Platte

Trifft ein Lichtbündel schräg auf eine dicke Glasscheibe mit parallelen Grenzflächen, so wird es beim Eintritt und beim Austritt gebrochen (Abb. ➤ 2). Der Brechungswinkel an der ersten Grenzfläche ist gleichzeitig der Einfallswinkel an der zweiten Grenzfläche, denn sie sind Wechselwinkel an geschnittenen Parallelen (Abb. ➤ 2).

Wegen der Umkehrbarkeit des Lichtweges folgt, dass das Lichtbündel unter demselben Winkel aus der Platte austritt, unter dem es aufgetroffen ist. Das Lichtbündel wird bei seinem Durchgang durch die Platte lediglich parallel verschoben. Die Verschiebung ist umso größer, je größer der Einfallswinkel und je dicker die Platte ist. Blickt man schräg durch eine planparallele Platte, so erscheinen alle Gegenstände versetzt.

? Unter welchen Umständen wird Licht gebrochen?

? Muss man über oder unter einen Fisch zielen, wenn man ihn vom Boot aus harpunieren will?

Grundwissen

Wie unterscheiden sich die Stoffe?

Aus Messungen in Versuchen mit Lichtbrechung erhält man für verschiedene Stoffpaare zueinander gehörende Einfalls- und Brechungswinkel. Für Luft/Glas bzw. Luft/Wasser ergeben sich z. B. die Werte in Tabelle ➤ 1. Das Diagramm in Abb. ➤ 2 enthält zusätzlich noch eine Kurve für Luft/Diamant. Man findet:

> Einfalls- und Brechungswinkel verändern sich typisch für jedes Stoffpaar.

Das Licht geht über von Luft	in Glas	in Wasser
Einfallswinkel α	Brechungswinkel β	
0°	0°	0°
20°	13°	15°
40°	25°	29°
60°	35°	40°
80°	40°	47°
89°	41°	48°

1 Brechungswinkel für Luft/Glas, Luft/Wasser

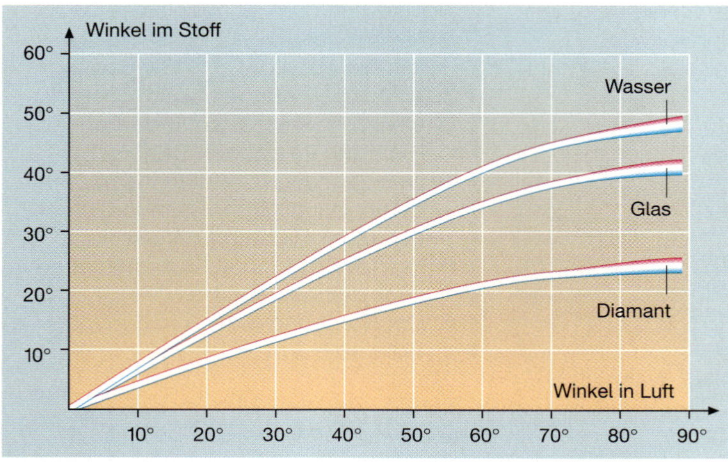

2 Einfallswinkel in Luft / Brechungswinkel in verschiedenen Stoffen

Bei einem in der Luft von 0° bis nahe 90° wachsenden Einfallswinkel α wächst auch der Brechungswinkel β an. Die Zunahme von β wird jedoch immer geringer. Verwendet man statt weißem rotes oder blaues Licht, so zeigt ein Vergleich, dass das rote Licht immer etwas weniger stark als das blaue gebrochen wird. Dies ist der Grund, dass bei der Brechung von weißen Lichtbündeln farbige Ränder entstehen.

> Blaues Licht wird stärker als grünes, dieses stärker als rotes Licht gebrochen. Glas bricht Licht stärker als Wasser.

? Welche Messkurve (Abb. ➤ 2) ist für „hochbrechendes" Glas zu erwarten?

Die Brechzahl

Die gemessenen Einfalls- und Brechungswinkel eines Stoffpaares lassen keinen einfachen mathematischen Zusammenhang zwischen ihnen erkennen. Die Kurve der Messwerte im Diagramm ➤ 2 ist gekrümmt.
Eine Gesetzmäßigkeit ergibt sich erst, wenn statt der Winkel entsprechende Strecken verglichen werden. Dazu zeichnet man einen Kreis mit beliebigem Radius *r* so, dass sein Mittelpunkt *M* auf der Grenzfläche liegt. Den Mittelpunkt wählt man als Auftreffpunkt des Lichtstrahles. Werden nun nach Abb. ➤ 3 die Sehnenhälften s_1 – als Maß für den Einfallswinkel – und s_2 – als Maß für den Brechungswinkel – gemessen, so gilt:

> Unabhängig vom Kreisradius ist der Quotient s_1/s_2 der Sehnenhälften bei allen Einfallswinkeln für jedes Stoffpaar eine Konstante. Ihr Wert heißt ***Brechzahl*** *n*.
>
> $n = \frac{s_1}{s_2}$

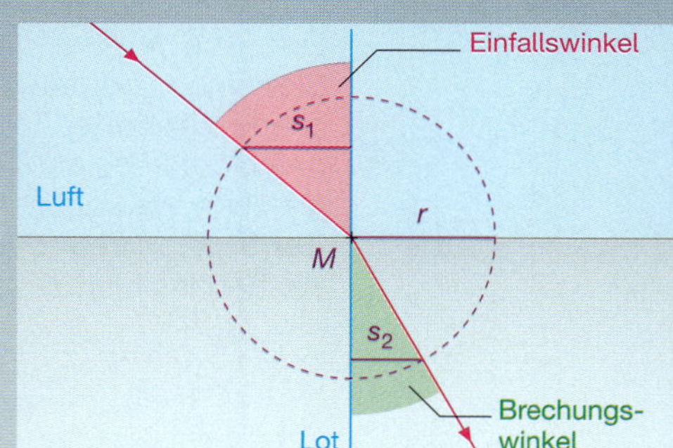

Bei Einfall in Luft	Bei Brechung in Glas		Wasser	
s_1 in cm	s_2 in cm	n_G	s_2 in cm	n_W
1,0	0,7	1,4	0,8	1,3
2,0	1,3	1,5	1,5	1,3
3,0	2,0	1,5	2,3	1,3
4,0	2,6	1,5	3,0	1,3

3 Messergebnisse für r = 5 cm

Brechung in der Atmosphäre

1 Die ovale Sonne

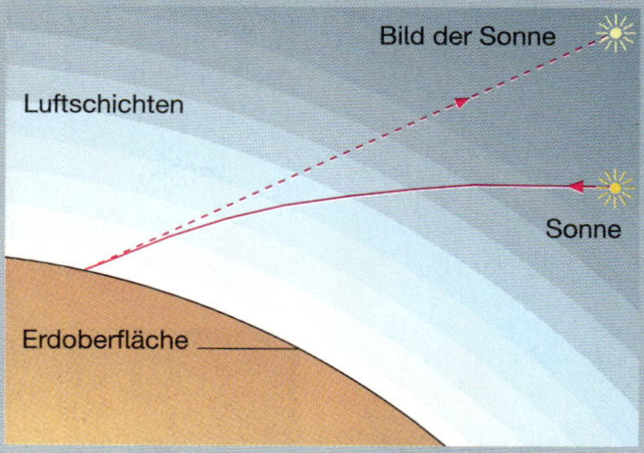

2 Der gekrümmte Lichtweg

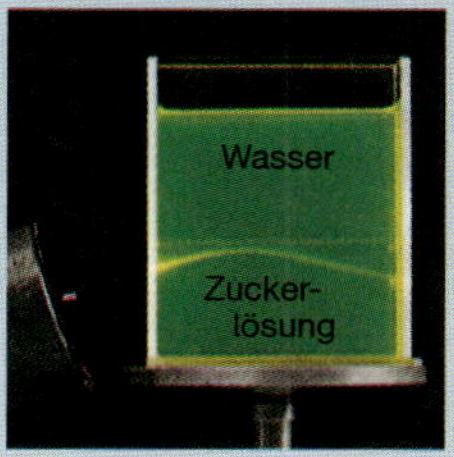

In einer Zuckerlösung befindet sich nach einiger Zeit oben weniger gelöster Zucker als unten. Die Lösung ist dann unten optisch dichter als oben – ein Lichtstrahl krümmt sich wie in der Atmosphäre.

In Abb. ➤ 1 sieht man eine Sonne, die nicht mehr kreisrund ist, sondern eine ovale Form hat. Diese Abplattung der Sonne hat ihre Ursache in der Lichtbrechung durch die Lufthülle der Erde.
In großer Höhe ist die Luft sehr dünn. Je näher man aber der Erdoberfläche kommt, umso dichter wird sie, weil auf ihr immer mehr darüber befindliche Luft lastet, die sie zusammenpresst. Die optische Dichte der Luft hängt mit der stofflichen Dichte zusammen. Die optische Dichte der Luft wächst deshalb ebenfalls, je näher man der Erdoberfläche kommt.
Das von der Sonne schräg auf die Lufthülle der Erde einfallende Licht wird an den optisch immer dichter werdenden Luftschichten immer mehr zum Lot hin gebrochen. Der Lichtweg ist deshalb immer steiler auf die Erdoberfläche zu gekrümmt. Die Sonne steht deshalb nicht so hoch über dem Horizont, wie es unsere Blickrichtung erscheinen lässt (Abb. ➤ 2).
Infolgedessen sehen wir morgens die Sonne schon, wenn sie sich noch um etwa 0,5° unter dem Horizont befindet. Abends steht sie schon 0,5° unter dem Horizont, wenn wir sie erst untergehen sehen. Die längere Sichtbarkeit ergibt eine Verlängerung des Tageslichtes von 2 mal 2 Minuten.
Beim Auf- und beim Untergang treffen die Sonnenstrahlen mit einem sehr großen Einfallswinkel auf die Lufthülle. Die Brechung ist besonders groß. Das Licht vom unteren Sonnenrand wird wegen des größeren Einfallswinkels stärker angehoben als das vom oberen Rand. Daher erscheint die Sonne nach unten immer mehr verkürzt, abgeplattet.

Der Knick im Bleistift

Steht ein Bleistift in einem mit Wasser gefüllten Glas, so scheint er an der Eintauchstelle geknickt zu sein. Diese optische Täuschung lässt sich mit der Brechung des Lichtes erklären (Abb. ➤ 3).
Lichtbündel, die von der Bleistiftspitze *P* ausgehen, werden beim Übergang von Wasser in Luft vom Lot weg gebrochen. Wählt man z. B. einen Lichtstrahl, der im Wasser den Einfallswinkel 30° hat, so lesen wir aus dem Diagramm den zugehörigen Brechungswinkel von 42° in Luft ab. Für einen Betrachter *A* in Luft verlaufen die Lichtstrahlen so, als kämen sie vom Punkt *P'* her. Wird dagegen die Bleistiftspitze *P* vom Ort des Beobachters *B* betrachtet, so scheint die Spitze bei *P"* zu liegen. Der Ort der Bleistiftspitze ändert sich mit der Blickrichtung.
Für einen Beobachter am selben Ort treffen die Lichtstrahlen von Punkten des Bleistiftes, die von der Spitze her immer näher zur Wasseroberfläche liegen, mit immer größeren Einfallswinkeln auf die Grenzfläche zur Luft. Ihre Brechungswinkel ändern sich noch stärker, die Lichtstrahlen treten immer flacher aus. Dadurch scheint der im Wasser befindliche Teil des Bleistiftes angehoben zu sein und näher zu liegen, als er es im Wasser tatsächlich ist. Daher der Knick!

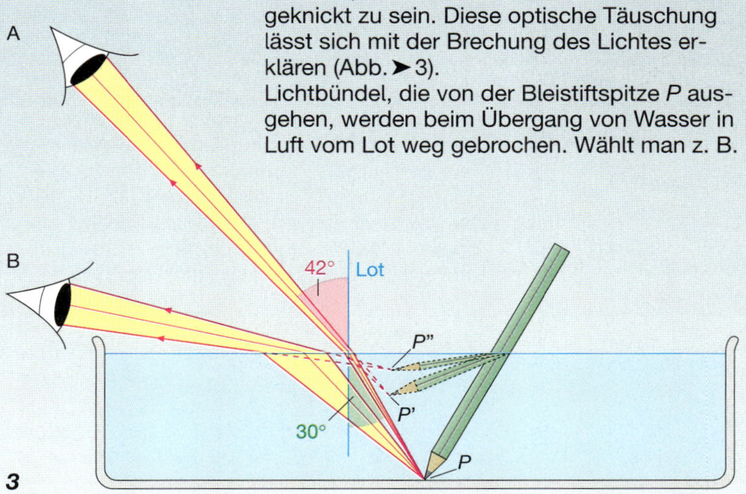

3

Die Totalreflexion

Grundwissen

In dem links auf dem Rand gezeigten Versuch erscheint der Schriftzug am Boden des Gefäßes deutlich auf der Oberfläche des Wassers. Das von unten kommende Licht wird vollständig an der Innenseite des Gefäßes nach oben reflektiert.

1 Nicht alle Lichtbündel werden gebrochen.

Stoffpaar	Grenzwinkel
Wasser / Luft	49°
Glas / Luft	41°
Rubin / Luft	34°
Diamant / Luft	24°

Geht ein Lichtbündel vom optisch dichteren zum optisch dünneren Stoff über, so wird es vom Lot weg gebrochen. Das geschieht z. B. beim Übergang von Glas in Luft oder von Wasser in Luft. Immer wird dabei auch ein Teil des Lichtbündels an der Grenzfläche reflektiert. Bei großen Einfallswinkeln beobachtet man jedoch, dass nur noch ein reflektiertes Lichtbündel vorhanden ist. Abb. ➤ 1 zeigt dies für den Übergang des Lichtes von Wasser in Luft. Das in die Luft gebrochene Lichtbündel wird mit wachsendem Einfallswinkel im Wasser immer schwächer. Bei einem bestimmten Einfallswinkel wird der Brechungswinkel nahezu 90°. Nach der Brechung streift das Lichtbündel auf der Wasseroberfläche entlang.

Wählt man einen noch größeren Einfallswinkel, so gibt es keinen gebrochenen Lichtanteil mehr. Das Lichtbündel wird vollständig an der Grenzfläche reflektiert. Man spricht deshalb von einer ***Totalreflexion*** des Lichtes.

Der Einfallswinkel, der zum Brechungswinkel von nahezu 90° gehört, heißt ***Grenzwinkel***. Ein solcher Grenzwinkel existiert nur für den Lichtweg vom optisch dichteren zum optisch dünneren Stoff.

Überschreitet der Einfallswinkel den Grenzwinkel, so entsteht Totalreflexion.

Es gibt Glasprismen, die eintretendes Licht total reflektieren. Solche Prismen können einen Spiegel ersetzen. Die Lichtbündel haben im Glas nur Einfallswinkel, die größer als der Grenzwinkel sind (Abb. ➤ 2).

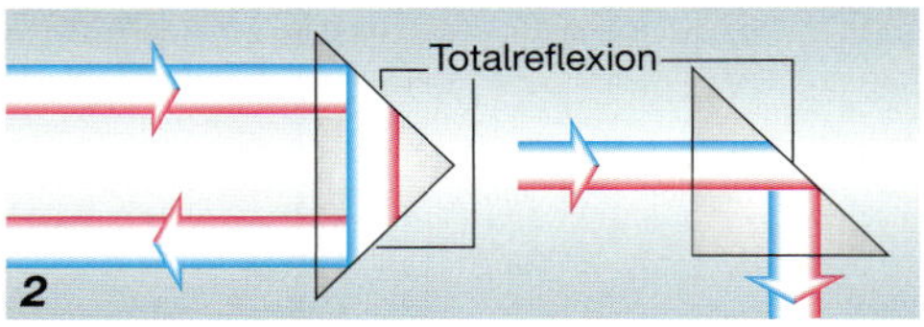

2

Luftspiegelungen

Die Luftdichte ändert sich mit der Temperatur. Warme Luft ist nicht nur leichter, sondern auch optisch dünner als kalte Luft. In der Senke zwischen Sanddünen der Sahara kann sich im Laufe des Tages die Luft so stark erwärmen, dass sie optisch dünner ist als die darüber befindliche Luft. Deshalb sehen wir die Kamelreiter von gegenüber (Abb. ➤ 3) über dem in der Senke gespiegelten Himmel.

Die Luftschicht unmittelbar über einer Straße ist an heißen Tagen viel heißer als die darüber befindliche Luft. In der Ferne scheint die Straße mit Wasser bedeckt zu sein. Man sieht jedoch nur den an dieser Schicht gespiegelten Himmel. Der Einfallswinkel der Lichtbündel ist so groß, dass es zur Totalreflexion kommt.

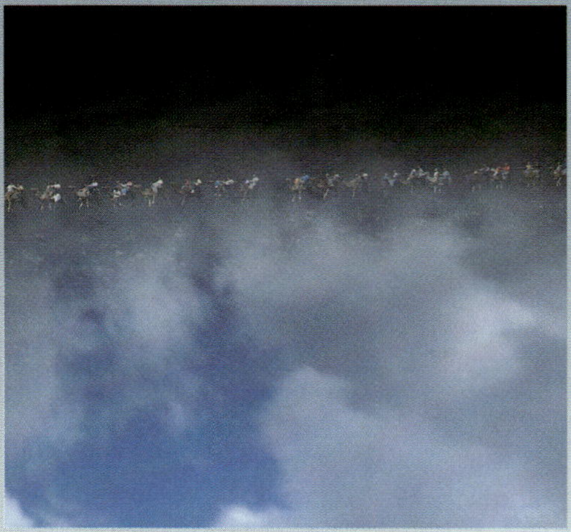

Die heiße Luft in der Senke zwischen zwei Dünen spiegelt den Himmel.

3 Luftspiegelung in der Sahara

Glasfasern

Die Glasfasertechnik nutzt die Totalreflexion aus. Zur Weiterleitung von Licht verwendet man haardünne Glasfasern. Sie sind biegsam – man kann sie ohne Schaden um den Finger wickeln – und extrem durchsichtig. Wäre das Meerwasser so durchsichtig wie die Glasfasern, würde man den Meeresboden vom Schiff bis in 10 000 m Tiefe sehen können.

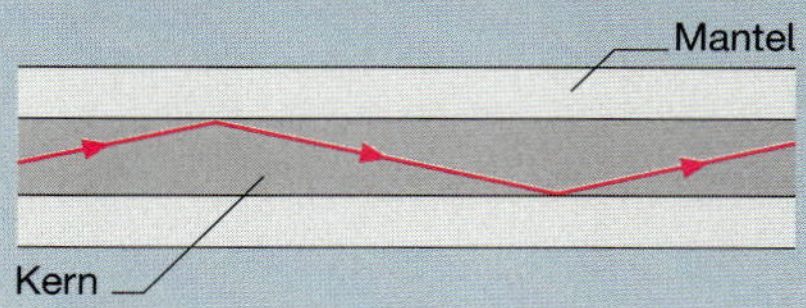

Im Glasfaserkern ist das Glas optisch dichter als im Mantel. Da das Licht nur mit einem großen Einfallswinkel auf die Grenzfläche trifft, wird es am Glasmantel total reflektiert und bleibt in der Faser. Es lässt sich damit sogar auf gekrümmten Wegen übertragen.
Beim Endoskop in der Medizin werden Bündel von Glasfasern benutzt. Sie dienen dazu, Bilder aus dem Körper auf einen Bildschirm zu übertragen. Jede Faser liefert einen Bildpunkt. Mit anderen Fasern wird Licht auf die im Körper zu betrachtende Stelle gelenkt. Durch eine Öffnung lassen sich chirurgische Instrumente einführen, die zum Operieren erforderlich sind.
Mit Glasfasern lassen sich Fernsehbilder oder Telefongespräche übertragen. Die elektrischen Signale im Fernsehen oder beim Telefon werden in optische Signale umgewandelt. Mit einem Laserlichtbündel können über 100 Millionen Signale pro Sekunde transportiert werden. Auf diese Art lassen sich Hunderttausende von Telefongesprächen oder mehrere Fernsehprogramme gleichzeitig übertragen.
Im Empfänger wird das optische Signal wieder in ein elektrisches Signal zurückverwandelt.
Glasfaserbündel können sehr detailreiche Bilder erzeugen, wie die Abbildung oben mit der Biene zeigt.

Endoskop:

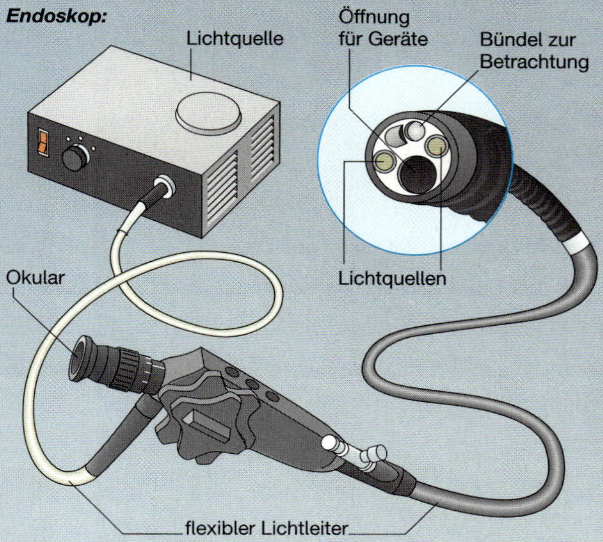

endoskopische Aufnahmen:

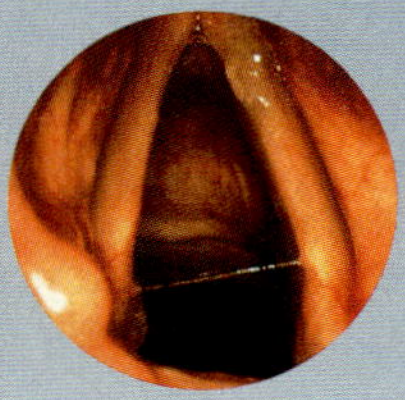
Stimmbänder

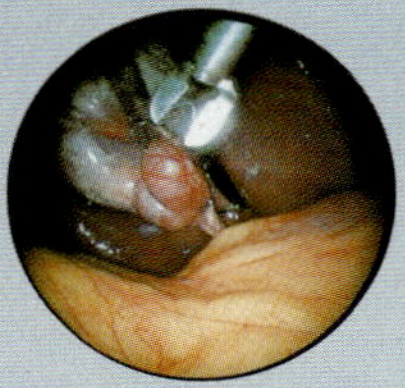
Gallenblase mit Clip-Applikator

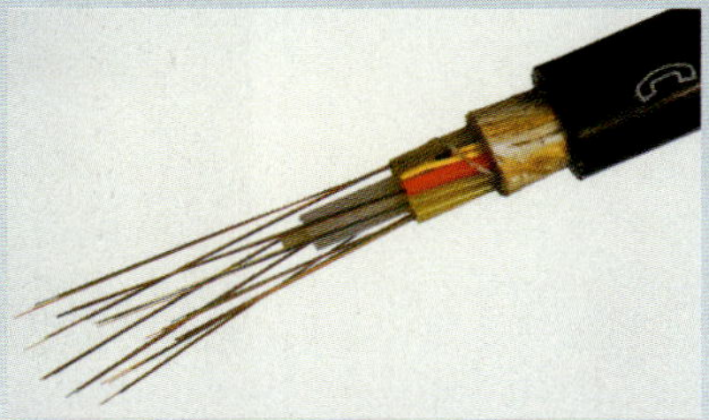

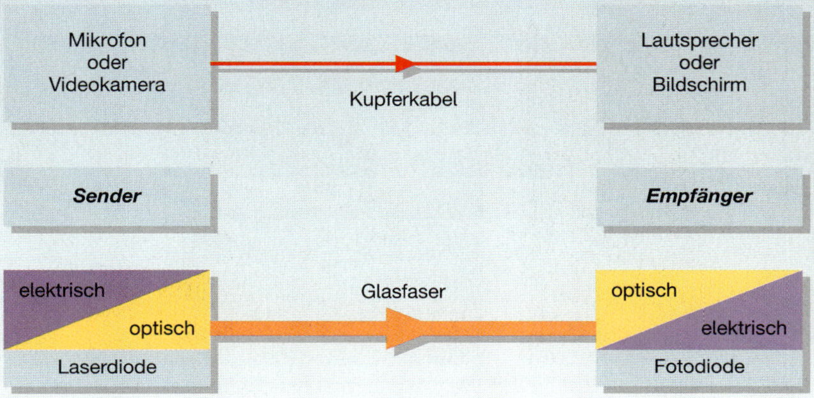

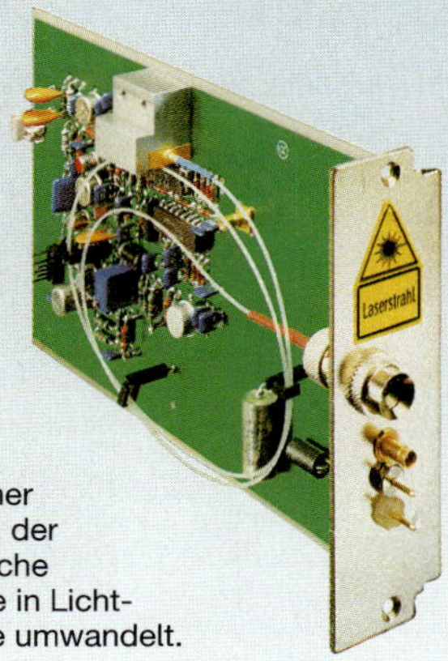
Optischer Sender, der elektrische Impulse in Lichtimpulse umwandelt.

Rückblick

Begriffe
Was versteht man unter
- Reflexion von Licht?
- Hohlspiegel?
- Brennpunkt?
- Brechung von Licht?
- Totalreflexion?
- Grenzwinkel?
- Spiegelbild?
- reellem Bild?
- virtuellem Bild?
- optisch dichterem Stoff?

Beobachtungen
Was beobachtet man, wenn
- ein Gegenstand vor einem Spiegel steht?
- Lichtbündel auf einen Hohlspiegel treffen?
- Licht auf eine Grenzfläche von Luft und Glas trifft?
- man unter Wasser schräg nach oben blickt?

Erklärungen
Wie lässt sich erklären, dass
- das Bild am ebenen Spiegel virtuell ist?
- das Bild mit einem Hohlspiegel mal größer, mal kleiner als der Gegenstand sein kann?
- eine Glasscheibe den Lichtweg versetzt?
- ein Gegenstand unter Wasser sich nicht dort befindet, wo man ihn sieht?
- Gegenstände beim Betrachten aus verschiedenen Richtungen durch ein Schaufenster ihre Größe und Lage nicht ändern?

Gesetzmäßigkeiten
Formuliere mit eigenen Worten
- das Reflexionsgesetz.
- das Brechungsgesetz.

Erläutere die Erscheinungen in den folgenden Bildern und beantworte die Fragen!

Weshalb ist der schwarze Karton sichtbar?

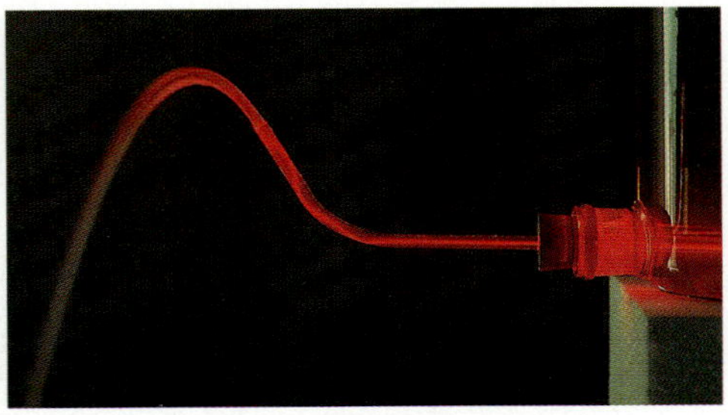
Welches Phänomen zeigt der Versuch?

Ist die Doppelung der Bäume eine Fälschung?

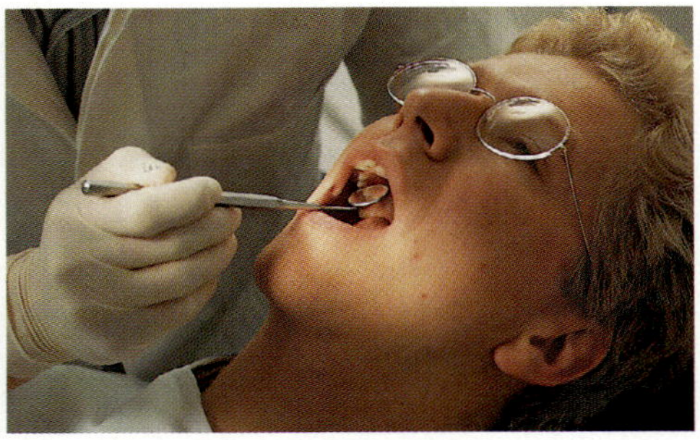
Weshalb ist der Zahn vergrößert zu sehen?

Weshalb entsteht kein Spiegelbild der Sonne?

Welchen Zweck haben die Metallschirme?

Beispiele

1. Konstruktion des Lichtweges

Ein von einer punktförmigen Lichtquelle ausgehendes, dünnes Lichtbündel trifft unter einem Winkel von 60° auf eine Glasplatte, deren Rückseite durch eine Metallschicht reflektierend wirkt. Zeichne mögliche Lichtwege!

Lösung:
An der Auftreffstelle A wird ein Teil des Lichtbündels reflektiert. Aus der Messwerte-Tabelle entnimmt man, dass der andere Teil mit dem Brechungswinkel 35° in das Glas eindringt. Er wird bis B an der Metallschicht verlängert. Dort wird das Lichtbündel reflektiert. Bei C erreicht es die Oberseite der Glasplatte unter 35° und wird zum Teil unter dem Winkel von 60° nach außen gebrochen, zum Teil zurück ins Glas reflektiert. Das bei A und C austretende Licht ist je nach Einfallswinkel und Dicke der Platte mehr oder weniger parallel versetzt.

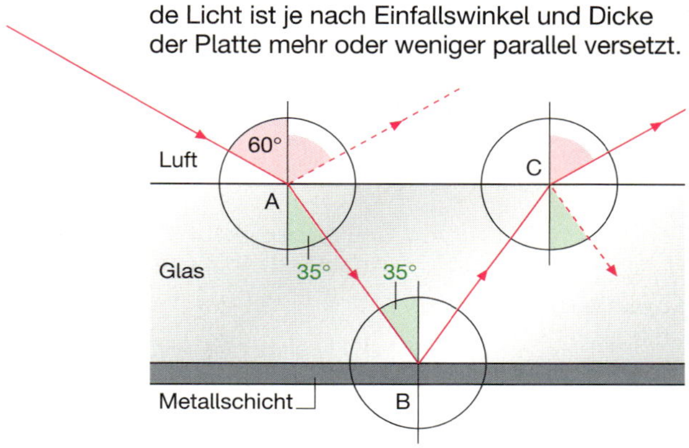

2. Das Glitzern geschliffener Diamanten

Von allen Edelsteinen ist der Diamant am kostbarsten. Er funkelt so prächtig. Woher kommt dieses Funkeln?

Lösung:
Diamant hat eine sehr große optische Dichte. Schon bei einem Einfallswinkel, der größer als 24° ist, entsteht eine Totalreflexion im Diamanten.
Diamanten werden meist so geschliffen, dass 58 Flächen entstehen. Dabei kommt es auf die richtige Lage der Flächen vom oberen zum unteren Teil des Steines an. Dann wird das von oben einfallende Licht fast vollständig an der Innenseite des Steins reflektiert, so dass es nur nach oben wieder entweichen kann. Der Diamant darf also weder zu dick noch zu dünn geraten, sonst blitzen die vielen Flächen oben nicht im reflektierten Licht auf.

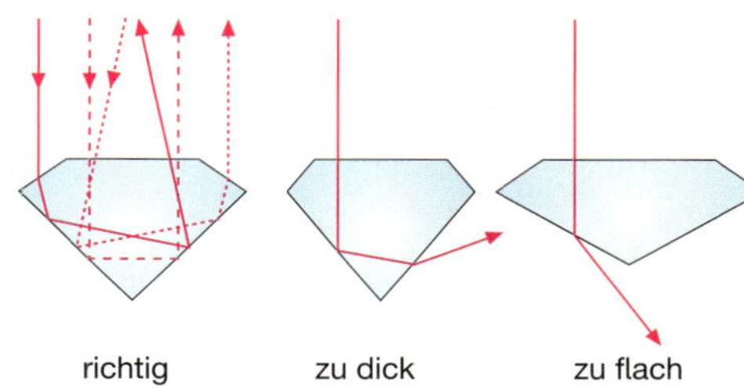

Heimversuche

1. Mehrere Spiegelbilder

Halte zwei Taschenspiegel so zusammen, dass sie einen Winkel von 90° bilden. Stelle einen kleinen Gegenstand zwischen die Spiegel. Wie viele Spiegelbilder beobachtest du? Sind alle Spiegelbilder gleich?
Wo befinden sich die Spiegelbilder?
Zeichne ein maßstabsgerechtes Schnittbild der Spiegel und des Gegenstandes. Konstruiere die Spiegelbilder, die ein Betrachter einmal vom Punkt A und einmal von B aus sieht.
Verändere den Winkel zwischen den Spiegeln. Wähle z. B. 45° und 60°.
Wie viele Spiegelbilder siehst du nun?

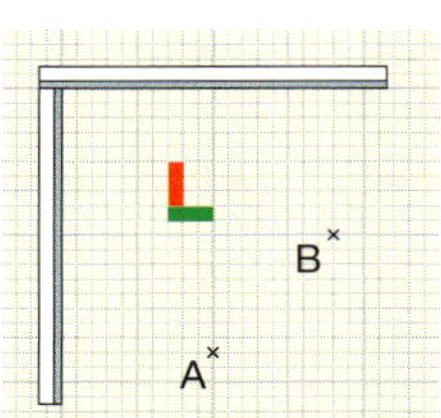

Zu Versuch 1

2. Der Löffelspiegel

Benutze Vorder- und Rückseite eines gut polierten Löffels als Spiegel. Halte ein beschriftetes Stück Papier in verschiedenen Entfernungen davor. Sieh in den Spiegel und beschreibe die Bilder.

3. Löffel werden gekürzt

Halte einen Löffel senkrecht in ein Glas und fülle das Glas ganz mit Wasser. Blicke nun flach über den Rand des Glases zum Löffel. Beschreibe und erkläre deine Beobachtung!

4. Geld verschwindet

Stelle ein mit Wasser gefülltes Glas auf eine Münze und decke es zu, z. B. mit einem Teller. Blickst du von Seite aus unter das Glas, so siehst du die Münze. Hebst du nun den Kopf etwas hoch und schaust durch das Glas nach unten zur Münze, so ist sie verschwunden. Erkläre diese Beobachtung!

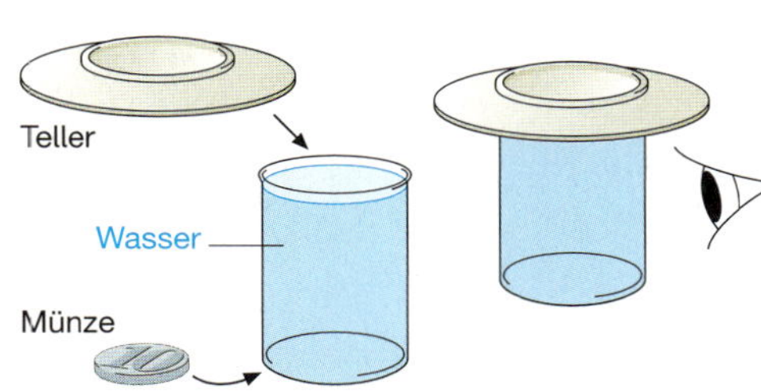

Fragen

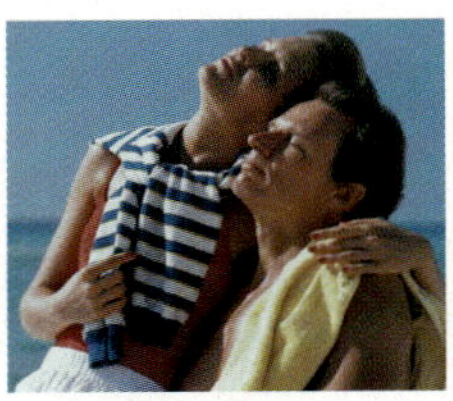

Weshalb wird man am Meeresstrand oder im Schnee besonders schnell braun?

Reflexionsgesetz – ebener Spiegel

1 a) Bei der indirekten Beleuchtung eines Zimmers richtet man das Licht der Lampe auf helle Flächen wie Decke und Wand. Wie kommt die Helligkeit im Raum zustande?
b) Warum ist diese Art der Beleuchtung fast schattenlos?

2 Warum haben die Projektionswände für Dias oder Filme eine raue und weiße Oberfläche? Warum verwendet man hierfür nicht Spiegel, die doch das Licht sehr gut reflektieren können?

3 Zeichne die beiden Abbildungen in doppelter Größe in dein Heft. Im linken Bild fehlt der reflektierte Lichtstrahl. Im rechten Bild fehlt der Spiegel. Ergänze die Zeichnungen und begründe deine Lösung.

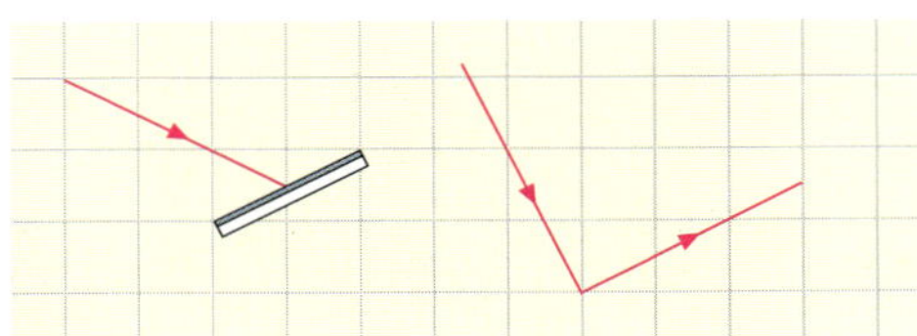

4 Ein Lichtstrahl trifft auf einen ebenen Spiegel. Um welchen Winkel dreht sich der reflektierte Lichtstrahl, wenn der Spiegel um den Winkel 30° gedreht wird? Fertige dazu eine Zeichnung an.
Verallgemeinere: Um welchen Winkel wird der reflektierte Lichtstrahl gedreht, wenn der Spiegel um einen beliebigen Winkel gedreht wird?

Spiegelbilder

5 a) Beschreibe mit Hilfe des Reflexionsgesetzes, wie es zu einem Spiegelbild kommt.
b) Nenne die Eigenschaften eines Spiegelbildes am ebenen Spiegel.
c) Weshalb befindet sich das Spiegelbild eines Gegenstandes für alle vor einem Spiegel stehenden Betrachter an derselben Stelle?

6 Zeichne die folgenden Abbildungen in dein Heft und löse die Aufgaben:
(Maßstab 1 cm im Buch ≙ 2 cm im Heft)
a) Konstruiere das Spiegelbild der punktförmigen Lichtquelle *P* in Abb. ➤ 1.
b) Wo muss in Abb. ➤ 2 auf dem Tisch ein Spiegel liegen, und wie groß muss er mindestens sein, damit ein von ihm reflektiertes Lichtbündel der Lichtquelle *L* die Fläche *A* an der Wand voll ausleuchtet?
c) Konstruiere in Abb. ➤ 3 einen Lichtstrahl der Lichtquelle *L*, der ins Auge gelangt.

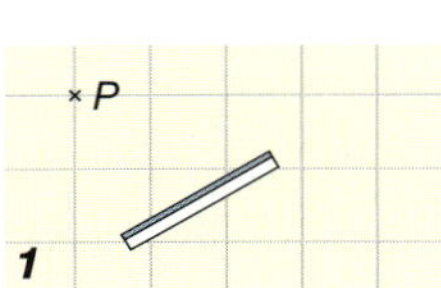

1

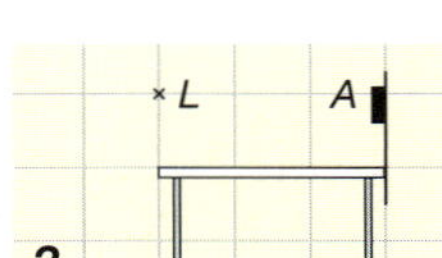

2

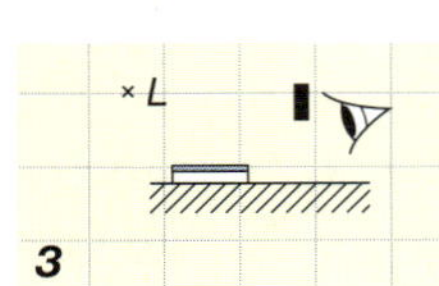

3

7 Zeichne die Großbuchstaben A, K, N und O in Druckschrift und ihre Spiegelbilder, wenn sie vor einem senkrecht stehenden Spiegel liegen und wenn sie davor stehen.

8 Jemand vergleicht sein Foto mit seinem Spiegelbild und ist enttäuscht. Andere sagen, dass er auf dem Bild gut getroffen sei. Wie kommt es zu dieser unterschiedlichen Auffassung?

9 Herr und Frau S. stehen vor einem Spiegel. Wo sieht Frau S. ihren Mann im Spiegel, wo sieht Herr S. seine Frau im Spiegel?

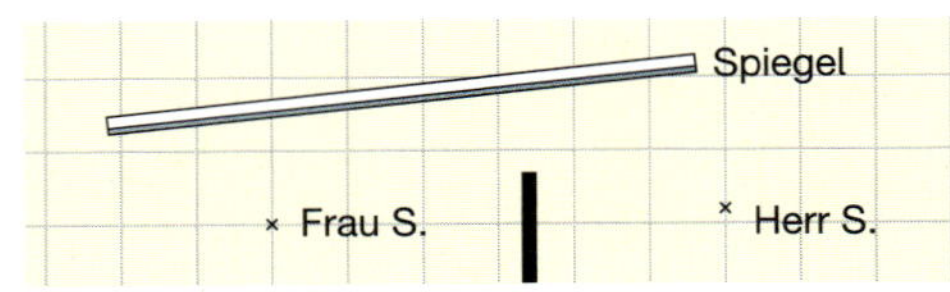

Übertrage die Abbildung in doppelter Größe in dein Heft und löse die Aufgabe durch eine Zeichnung.

10 Du siehst im Teich vor dir das Spiegelbild eines Baumes. Von der Stelle auf der Wasseroberfläche, die die Spitze des Baumes spiegelt, bist du 2 m entfernt. Wie weit ist der Baum von dir entfernt, wenn sich die Baumspitze 10 m und deine Augen 2 m über dem Wasserspiegel befinden?
Übertrage die Angaben maßstabsgetreu in dein Heft und ermittle den Abstand!

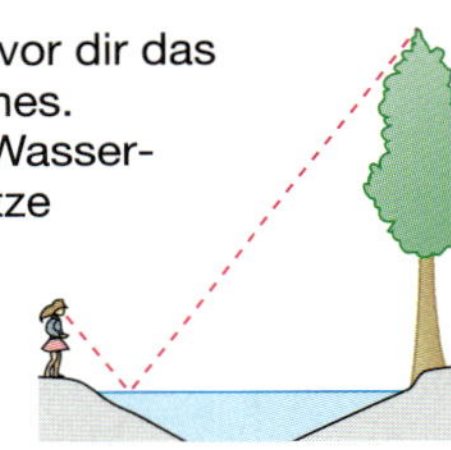

11 a) Wie groß muss ein Spiegel sein, damit man sich in 1 m Entfernung vollständig darin betrachten kann?
b) Wie hoch muss der Spiegel an der Wand aufgehängt werden? (Die Augen sollen 10 cm unterhalb des Scheitels sein.)
c) Würde sich etwas an der Lösung ändern, wenn man sich weiter vom Spiegel entfernt?

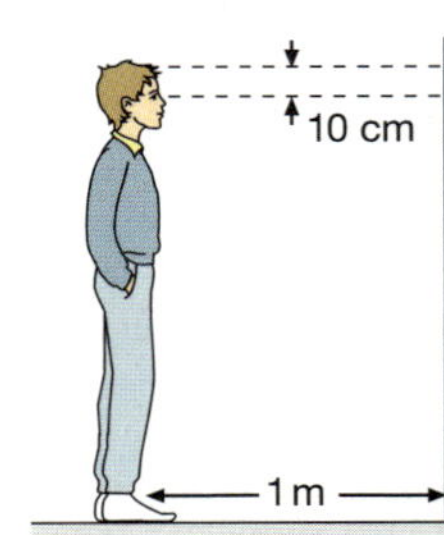

12 a) Weshalb erscheint ein Spiegelbild stets hinter dem ebenen Spiegel?
b) Was meint man mit der Aussage, dass Spiegelbilder stets virtuell sind?

13 Der folgende Text lässt sich lesbar machen, wenn man eine Glasscheibe zur Hand hat. Wie muss die Scheibe aufgestellt werden und welche Eigenschaft des Glases wird genutzt?

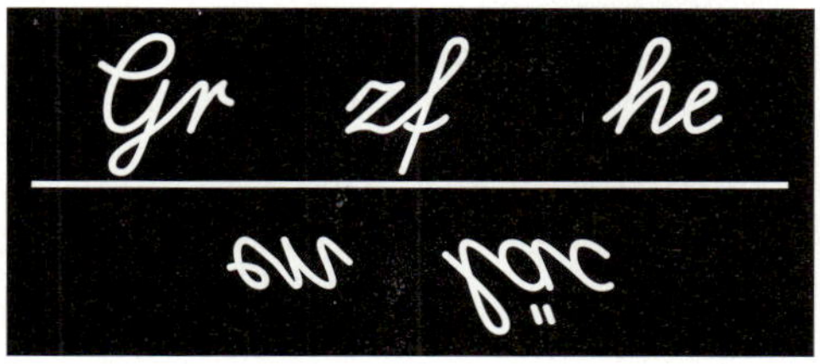

14 Warum verwendet man beim Auto leicht gewölbte Spiegel als Außenspiegel?

15 Das Glas einer Armbanduhr wird von der Sonne beschienen und erzeugt einen Lichtfleck an der Decke. Beim Drehen der Uhr bewegt sich der Fleck sehr schnell. Weshalb?

Erkläre den großen Blickwinkel an Hand der Randstrahlen im Vergleich zu denen am ebenen Spiegel!

Gekrümmte Spiegel

16 a) Woran erkennt man Wölbspiegel? Wodurch unterscheiden sie sich gegenüber Hohlspiegeln?
b) Nenne jeweils zwei Beispiele für ihre Anwendung.

17 Auf der optischen Achse kugelförmig gekrümmter Spiegel befinden sich drei Punkte mit besonderen Eigenschaften für ihr Reflexionsverhalten. Kopiere die folgende Zeichnung und konstruiere mit Hilfe des Reflexionsgesetzes die reflektierten Lichtstrahlen. Beschreibe die Bedeutung der drei Punkte.

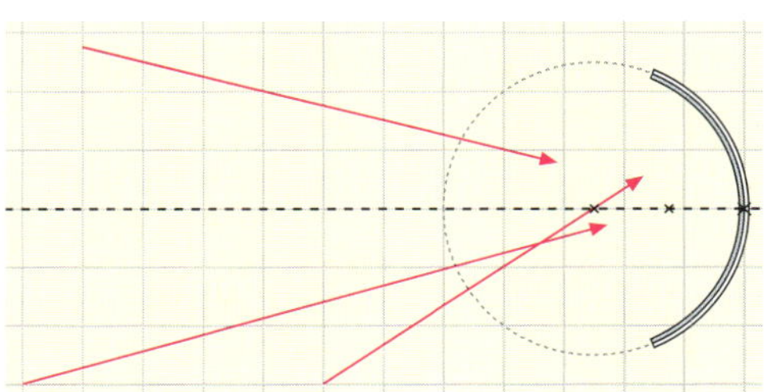

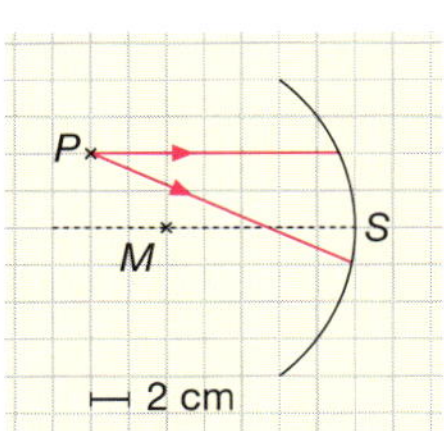

Zu Aufgabe 18

18 a) Zeichne die Abbildung links maßstäblich in dein Heft und konstruiere die reflektierten Lichtstrahlen!
Wo befindet sich das Spiegelbild von *P*?
b) Wo befindet sich das Spiegelbild eines Punktes *P'*, der zu *P* symmetrisch zur optischen Achse liegt?

19 In Stabtaschenlampen befindet sich ein Hohlspiegel, der sich gegenüber der feststehenden Glühlampe verschieben lässt.
Wie ändert sich das Lichtbündel, wenn man den Spiegel erst ganz vorzieht und dann langsam nach hinten schiebt?

20 Warum sind die Bilder bei spiegelnden Christbaumkugeln so stark verzerrt?

21 Welche Form muss ein Spiegel haben, damit das Spiegelbild einer davor stehenden Person ganz dünn (ganz dick) ist?

22 a) Ein kugelförmiger Hohlspiegel reflektiert nicht alle parallelen Strahlen durch einen Punkt. Um welche handelt es sich?
b) Gibt es Spiegel ohne diesen Nachteil?

23 Weshalb kommt es den Astronomen darauf an, den Durchmesser ihrer Spiegelteleskope so groß wie möglich zu machen?

24 a) Wann entstehen am Hohlspiegel verkleinerte, wann vergrößerte Bilder?
b) Weshalb entstehen bei einem Wölbspiegel immer nur virtuelle Bilder?

Brechung und Totalreflexion

25 Unter welchen Bedingungen nimmt der Brechungswinkel stärker als der Einfallswinkel zu? Begründe deine Antwort.

26 Welche Größe wird beeinflusst, wenn statt eines optisch dünneren ein optisch dichterer Stoff verwendet wird?

27 Von Indianern und Eskimos erzählt man sich, dass sie mit Speeren oder Pfeilen aus Booten heraus Fische jagen. Verfügen diese Jäger über eine große Geschicklichkeit oder verlangt das Fischejagen von Booten aus keine besondere Erfahrung?
Was sagt die Physik dazu?

28 Weshalb beobachtet man Totalreflexion nur, wenn das Licht vom optisch dichteren zum optisch dünneren Stoff übergeht?

29 Mit einem Versuch soll festgestellt werden, welcher von zwei verschiedenen durchsichtigen Stoffen der optisch dichtere ist.
a) Skizziere einen möglichen Versuchsaufbau, der diese Frage beantwortet.
b) Beschreibe die Versuchsdurchführung.

30 Ein schmales Lichtbündel trifft auf die Grenzfläche zweier Stoffe.
Übertrage die Abbildung in dein Heft.
a) Von welcher Seite der Grenzfläche kommt das Licht?
b) Kennzeichne Einfalls-, Brechungs- und Reflexionswinkel.
c) Auf welcher Seite der Grenzfläche ist der optisch dichtere Stoff?

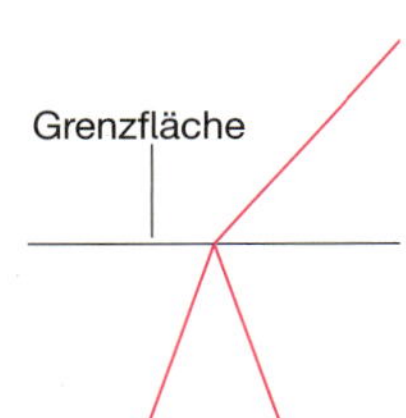

Fragen

31 Erläutere das Entstehen der folgenden Erscheinung am Horizont.

32 In einem Versuch geht ein schmales Lichtbündel von Wasser in Glas über. Die Messwerte verschiedener Einfallswinkel α und Brechungswinkel β sind in der folgenden Tabelle festgehalten:

α	10°	20°	40°	60°	70°	80°
β	9°	17°	34°	49°	55°	59°

a) Beschreibe den Versuchsaufbau, mit dem man die Messungen durchführen kann.
b) Zeichne die Messwerte in ein Diagramm und bestimme den Grenzwinkel.
c) Ein schmales Lichtbündel trifft mit dem Einfallswinkel 45° die Grenzfläche von Wasser zu Glas. Wie groß ist der Brechungswinkel?

33 Zeichne die folgenden Abb. ➤ 1 bis 4 maßstäblich in dein Heft und konstruiere den weiteren Lichtweg (gelbe Farbe bedeutet Luft). Benutze dazu das Diagramm mit den Brechungswinkeln vorne im Buch.

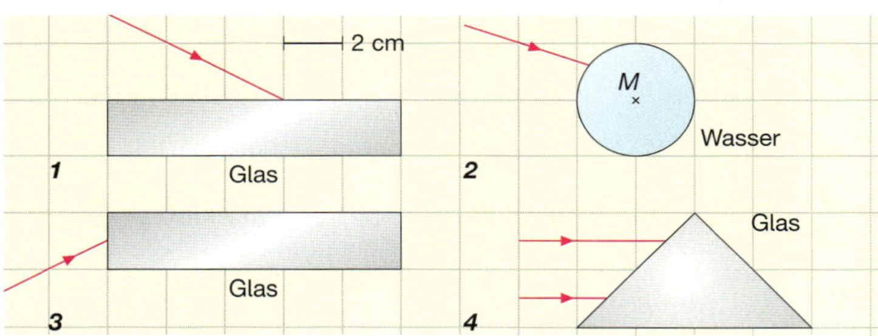

34 Baue die Bühne mit Glasscheibe und Beleuchtung nach und erkläre, wie ein Zauberer damit eine „Jungfrau" zum Schweben bringt.

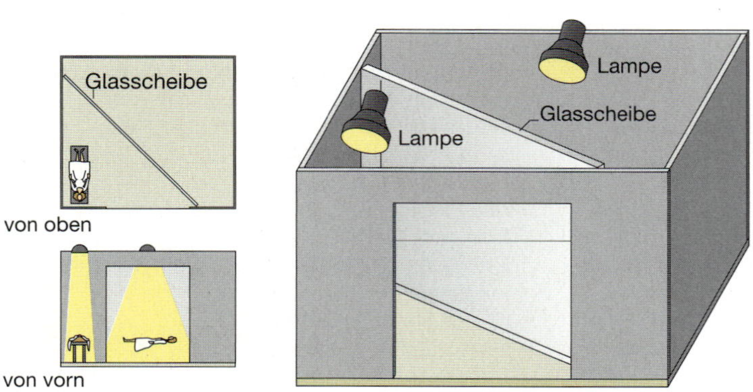

35 Glasprismen, bei denen zwei Seitenflächen einen rechten Winkel bilden, können einfallende Lichtbündel nahezu ungeschwächt reflektieren. Weshalb ist das der Fall?
a) Zeichne ein solches Prisma als rechtwinkliges Dreieck und gib den Weg eines senkrecht auf eine der Seitenflächen einfallenden Lichtbündels an.
b) Wie ändert sich durch die Reflexion die Lage eines zweiten, rechts vom ersten auftreffenden Lichtbündels?
c) Was geschieht, wenn die Lichtbündel nicht senkrecht auftreffen?

36 a) Wie kommt es, das sich Lichtbündel in dünnen Glasfasern über große Strecken weiter leiten lassen? Welchen Vorzug haben die dünnen Glasfasern?
b) Wie gelingt es, mit Glasfasern ganze Bilder zu übertragen? Wodurch wird die Schärfe des Bildes bestimmt?
c) Warum kann man die folgenden Glasfaserbilder 1 bis 4 immer besser erkennen?

37 In der Medizin verwendet man Endoskope. Welchen Nutzen haben sie, welche Mängel vermeiden sie gegenüber anderen chirurgischen Beobachtungsmethoden?

38 a) Wodurch entsteht der Eindruck, dass die Sonne morgens oder abends nicht rund, sondern abgeplattet ist?
b) Astronomen müssen meist den Ort eines Sternes nach unten korrigieren. Weshalb?

39 Ein Taucher befinde sich 1 m unter einer glatten Wasseroberfläche.
a) Weshalb erscheinen ihm große Bereiche der Grenzfläche zur Luft undurchsichtig?
b) Wie sieht der Bereich aus, durch den er aus dem Wasser herausschauen kann?
c) Welchen Bereich außerhalb des Wassers kann er von dort aus überblicken?

40 a) Ein schmales Bündel aus weißem Licht wird durch ein Glasprisma gelenkt.
Gib durch farbige Ränder am Lichtbündel an, wie sich die Farberscheinung bemerkbar macht.
b) Ist die Brechzahl für rotes Licht größer oder kleiner als die für blaues Licht?

Farbiges Licht

Der Regenbogen

Sicherlich hast du schon oft einen Regenbogen gesehen. In seiner Größe und Farbenpracht ist er sehr beeindruckend. Hast du auch schon zwei Regenbogen übereinander gesehen? Weißt du, wo beim Betrachten eines Regenbogens die Sonne steht?

Wo bleiben die Farben?

In dem gelben Licht mancher Straßenlaternen sind Gegenstände zwar gut sichtbar, aber ihre Farben sind nur schwer zu unterscheiden.

Bunt und Weiß

Teile eine Pappscheibe von 10 cm Durchmesser in 3 gleiche Sektoren und färbe sie blau, gelb und rot. Bohre nahe der Mitte zwei kleine Löcher. Ziehe einen Faden so durch die Löcher, wie es die Abbildung zeigt. Halte die Enden in deinen Händen und verdrille durch Drehen der Scheibe den Faden.
Durch rhythmisches Ziehen und Entspannen an den Enden kannst du die Pappscheibe schnell rotieren lassen. Beobachte die Farbflächen!

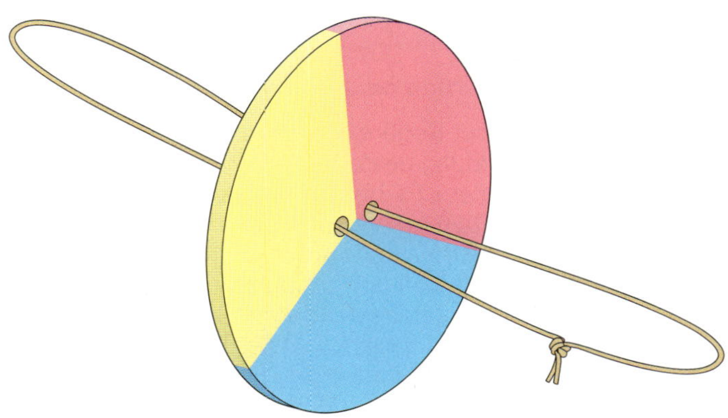

Woher kommen die Farben?

Versuche

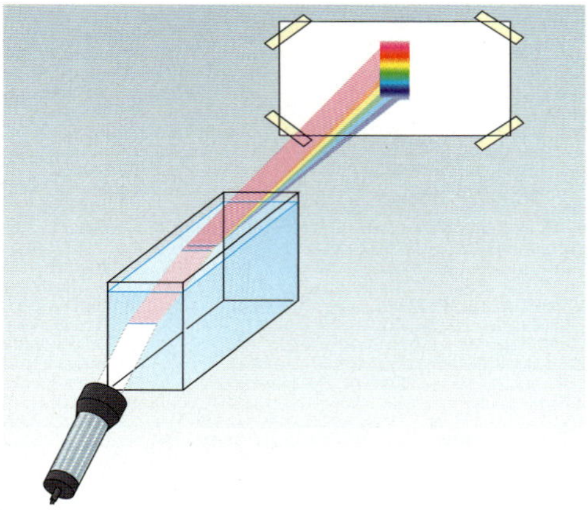

1 Farbiges Licht entsteht.

Ein optisches **Prisma** ist ein Glaskörper, der mit einem dreieckförmigen Querschnitt in den Lichtweg gestellt wird.

V1 Ein schmales Bündel weißen Lichtes trifft schräg auf eine ganz mit Wasser gefüllte Wanne. Von der Seite beobachtest du, dass das Licht zweimal seine Richtung ändert. An der Wand entsteht ein bunter Lichtfleck mit den Farben des Regenbogens, Rot oben, Blau unten (Abb. ➤ 1).
Wir wiederholen den Versuch mit rotem und danach mit blauem Licht. Du beobachtest wieder die zweifache Brechung, aber es erscheinen keine weiteren Farben.
Das blaue Licht wird stärker gebrochen als das rote Licht.

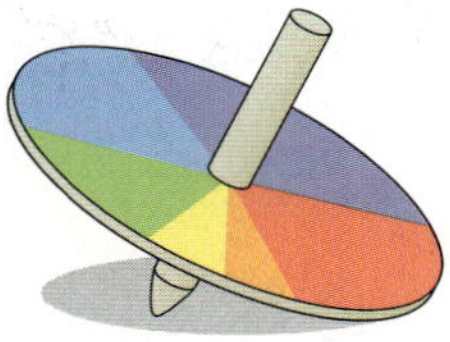

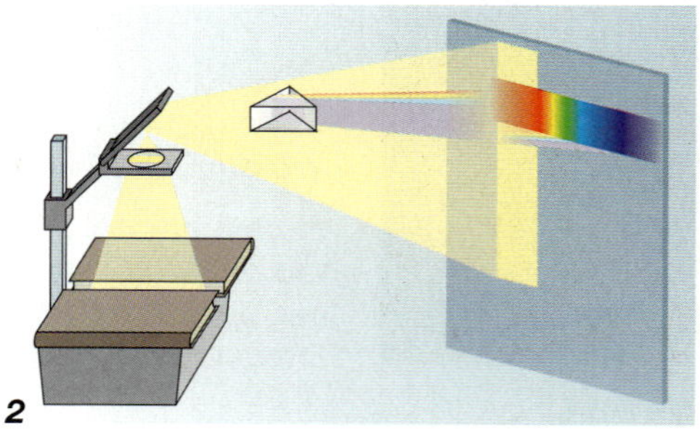

2

V2 Erster Newton'scher Versuch:

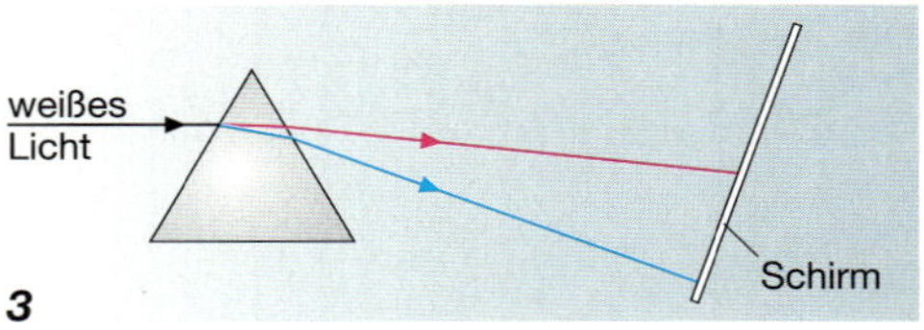

3

Ein Bündel weißen Lichtes trifft auf ein Prisma aus Glas (Abb. ➤ 3). Auf der Wand siehst du verschiedene Farben. Kommt das Licht vom Tageslicht-Projektor, so wird die Farberscheinung auf der Wand sehr groß (Abb. ➤ 2).

V3 Zweiter Newton'scher Versuch:

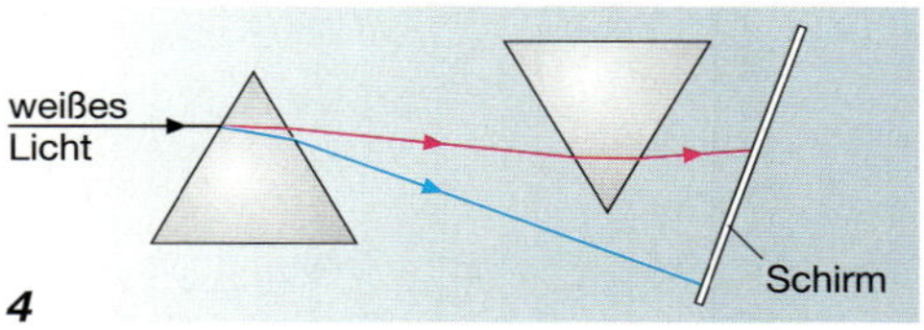

4

Hält man ein zweites Prisma dicht vor der Wand in das Licht einer Farbe, so entstehen keine zusätzlichen Farben.

V4 Dritter Newton'scher Versuch:

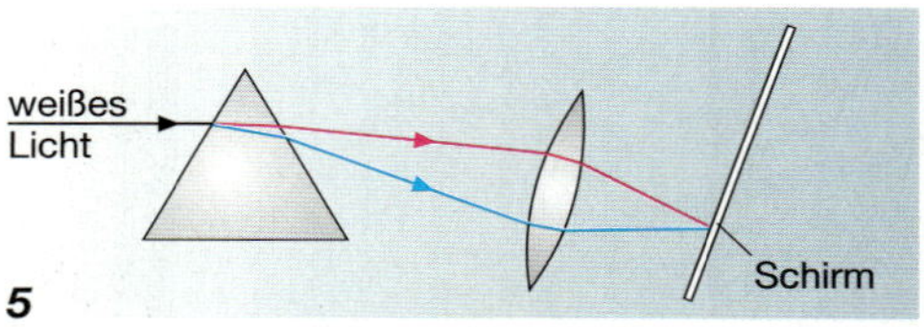

5

Hält man eine Linse so in den Strahlengang nach dem Prisma, dass das farbige Licht auf einen Fleck an der Wand zusammenläuft, so verschwinden die Farben. Der Fleck ist weiß.

V5 Ein Kreisel wird mit den Farben des Regenbogens bemalt. Bei schneller Drehung verschwinden die Farben, er wird grau.

Grundwissen

Farben beim Prisma

Der Regenbogen wird von Menschen häufig bestaunt. Wie kann Sonnenlicht diese Farbenvielfalt hervorbringen?
1666 untersuchte der englische Physiker ***Isaac Newton*** das Licht der Sonne. Er ließ Sonnenlicht durch ein kleines Loch in der Jalousie auf ein Prisma treffen. An der Wand beobachtete er Farben wie bei einem Regenbogen. Entsprechend seinen Versuchen finden wir:

Trifft farbiges Licht schräg von Luft auf Wasser oder auf Glas, so wird es gebrochen. Blaues Licht wird stärker gebrochen als gelbes Licht und gelbes Licht stärker als rotes Licht. Diese unterschiedlich starke Brechung von farbigem Licht heißt ***Dispersion***.
Tritt Licht wie in Abb. ➤ 1 auf der anderen Seite aus dem Wasser oder dem Glas in die Luft wieder aus, so wird es an der

zweiten Grenzfläche ein zweites Mal gebrochen. Dadurch verstärkt sich die unterschiedliche Ablenkung verschiedener Farben des Lichtes. Hält man ein Prisma in ein schmales Bündel weißen Lichtes, so entsteht auf dem weißen Schirm eine Farbenvielfalt wie im Regenbogen. Nacheinander sind die Farben Violett, Blau, Grün, Gelb, Orange, Rot zu sehen.
Die aus dem weißen Licht entstandene Farberscheinung wird nach Newton als das ***Spektrum*** des weißen Lichtes bezeichnet. Neben den genannten Farben sind auch alle Zwischentöne vorhanden. Einfarbiges Licht aus diesem Spektrum ist Licht einer ***Spektralfarbe***. Licht einer Spektralfarbe lässt sich durch ein zweites Prisma nicht in andere Farben zerlegen.

> Weißes Licht ist ein Gemisch aus Licht verschiedener Farben.
> Das Licht einer Spektralfarbe kann nicht weiter zerlegt werden.

Wird das Licht des Spektrums von weißem Licht mit einer Sammellinse auf eine Stelle auf dem Schirm vereinigt, so entsteht wieder weißes Licht.
Ein in den Farben des Spektrums von weißem Licht angemalter Kreisel sieht grau-weiß aus, wenn er sich schnell dreht. Das Grau zeigt an, dass die so auf einen Fleck „vereinigten" Farben des Kreisels nicht hell genug leuchten, um „richtiges" Weiß zu ergeben. Je schwächer ein Licht leuchtet, umso „grauer" erscheint es, seine Farbe ändert sich nicht.

> Das Licht eines Spektrums, das von weißem Licht stammt, lässt sich wieder zu weißem Licht vereinigen.

? Wo kann man beobachten, dass aus weißem Licht verschiedene Spektralfarben entstehen?

? Wie kann man prüfen, ob ein farbiges Licht eine Spektralfarbe ist?

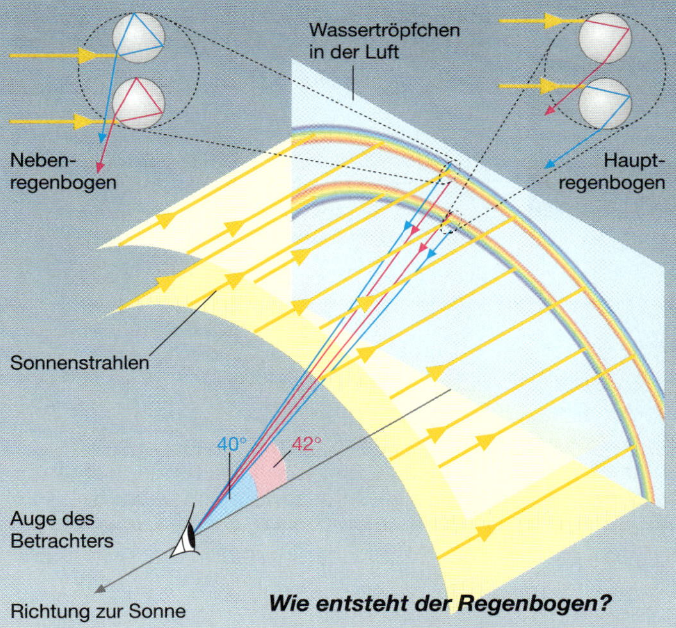

1

Wie entsteht der Regenbogen?

Einen Regenbogen sehen wir nur mit der Sonne im Rücken und wenn sich vor uns in der Luft sehr viele Wassertröpfchen befinden. Dringt das Sonnenlicht in einen Wassertropfen ein, so wird es gebrochen. Ein Teil des Lichtes verlässt den Tropfen mit einer erneuten Brechung an dessen Rückseite, ein Teil wird an der Innenseite des Tropfens reflektiert. Licht, das nun den Tropfen mit einer zweiten Brechung nach vorne wieder verlässt, kann vom Betrachter gesehen werden.

Bei jeder Brechung kommt es zur Dispersion. Da blaues Licht stärker als rotes gebrochen wird, verlassen die entstandenen verschiedenfarbigen Lichtbündel den Tropfen in unterschiedlichen Richtungen.
Beim ***Hauptregenbogen*** wird das Licht im Tropfen einmal reflektiert. Der blaue Lichtanteil tritt – gemessen an der Richtung des einfallenden Sonnenlichtes – mit einem kleineren Winkel aus den Tropfen als der rote (Abb. ➤ 1). Beim Betrachten sieht man rot leuchtende Tropfen aus einer Gegend, die über der blau leuchtenden liegt. Der Hauptregenbogen erscheint dem Auge unter einem Winkel von etwa 40° bis 42° gegenüber dem einfallenden Sonnenlicht.
Befinden sich genügend Wassertropfen über dem Hauptregenbogen, so kann man dort einen zweiten, den ***Nebenregenbogen***, beobachten (Abb. ➤ 1). Er erscheint unter dem Winkel von etwa 50° bis 53° gegenüber dem einfallenden Sonnenlicht. Sein Licht wurde zweimal im Tropfen reflektiert, bevor es zum Betrachter gelangt. Die Reihenfolge der Farben des Nebenregenbogens ist gegenüber dem Hauptregenbogen umgekehrt.
Von verschiedenen Orten erscheint derselbe Wassertropfen in unterschiedlichen Farben, da jede Farbe den Tropfen nur unter einem ganz bestimmten Winkel verlässt. Der Mittelpunkt des Regenbogenkreises befindet sich jedoch stets auf der von Sonne und Auge gebildeten Geraden. Den unteren Kreisbogen kann man z. B. vom Flugzeug oder einem Berg aus sehen.

Verschiedene Spektren

Versuche

V1 In einem abgedunkelten Raum trifft das Licht einer Glühlampe durch einen schmalen Spalt auf ein Prisma. Auf dem Schirm erkennt man das aus dem schmalen Lichtbündel entstandene Spektrum.

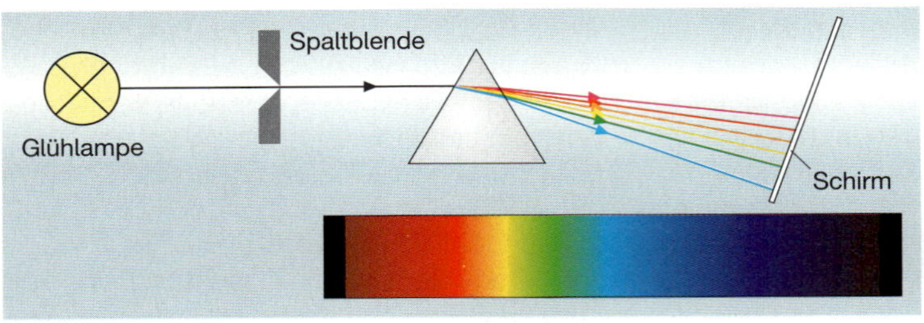

1

V3 Wir färben in einem kleinen Glasgefäß Wasser mit Chlorophyll. Ein von einem hellen Spalt kommendes Lichtbündel durchdringt das Gefäß mit der Flüssigkeit und trifft auf ein Prisma.

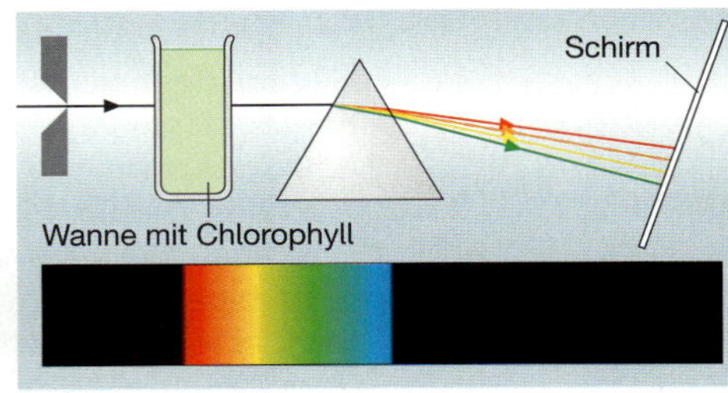

3

VORSICHT!
Laserlicht ist gefährlich!
Niemals direkt in den Laserstrahl blicken!

VORSICHT!
Sonnenlicht ist gefährlich!
Niemals direkt in ungeschwächtes Sonnenlicht blicken!

V2 Der erste Versuch wird mit einer Natriumdampflampe, dann mit einer Quecksilberdampflampe und dann mit einem Helium-Laser (VORSICHT!) wiederholt.

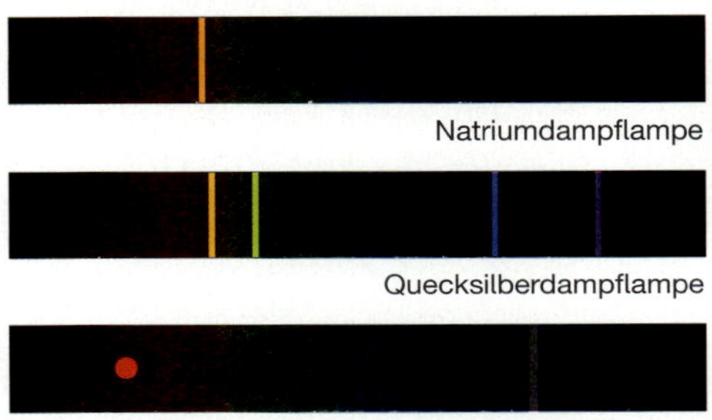

2

Auf dem Schirm sieht man ein durch das Chlorophyll verändertes Spektrum.

V4 Wir wiederholen den dritten Versuch, ersetzen jedoch das Gefäß mit der Flüssigkeit durch ein Farbfilter.

4 Spektrum durch ein Gelbfilter gesehen

V5 Betrachte den hellen Himmel mit einem Taschenspektrometer. (VORSICHT, niemals ins Sonnenlicht schauen!).
Du siehst ein Spektrum, das durch viele feine schwarze Linien unterbrochen ist.

Grundwissen

Spektren kennzeichnen Stoffe

Vom weißen Licht eines mit der Glühlampe beleuchteten Spaltes erzeugt ein Prisma ein lückenlos über alle Spektralfarben verlaufendes Spektrum. Dagegen besteht das Spektrum aus dem orange-gelben Licht einer Natriumdampflampe nur aus einem schmalen orange-gelben Bereich. Auch das Spektrum des weißen Lichtes einer Quecksilberdampflampe besteht nur aus mehreren schmalen Linien verschiedener Farbe. Die Linien sind Lichtstreifen in den Spektralfarben, die das Prisma aus dem spaltförmigen Licht erzeugt. Man spricht von einem ***Linienspektrum***.
Wird als Lichtquelle die Sonne oder eine Glühlampe verwendet, so entstehen mit dem Spalt viele einander überlappende Spektrallinien, so dass man ein ***kontinuierliches Spektrum*** erhält.

Schickt man ein schmales weißes Lichtbündel durch ein Gas, so sind im kontinuierlichen Spektrum schmale schwarze Streifen zu erkennen. An diesen Stellen fehlt Licht. Man spricht vom ***Absorptionsspektrum*** des Gases, im Gegensatz zum ***Emissionsspektrum***, das vom Licht des leuchtenden Gases erzeugt wird.
Das Absorptionsspektrum ist kennzeichnend für den Stoff, den das weiße Licht passiert hat. Das Linienspektrum des gleichen Stoffes zeigt die Spektralfarben, die in seinem Absorptionsspektrum als dunkle Stellen fehlen.

Emissionsspektren kennzeichnen den lichtaussendenden Stoff.
Absorptionsspektren kennzeichnen den vom Licht durchdrungenen Stoff.

Spektralanalyse

1 Stoffe färben die Flamme.

Die Untersuchung von Spektren zum Nachweis von Stoffen nennt man Spektralanalyse. Sie ist eine sehr wichtige Untersuchungsmethode für Chemiker, Biologen und Mediziner. Entwickelt wurde sie 1859 von dem Chemiker ***Wilhelm Bunsen*** und dem Physiker ***Robert Kirchhoff***.
Werden einige Körnchen Kochsalz in einer Flamme verdampft (Abb. ➤ 1), so färbt sich die Flamme orange-gelb. Ein ***Spektrometer***, das im Prinzip das Licht wie ein Prisma zerlegt und die Position der Spektrallinien zu messen gestattet, zeigt ein Linienspektrum, das dem der Natriumdampflampe entspricht. Das Natrium im Kochsalz verrät sich durch diese typische Flammenfärbung.

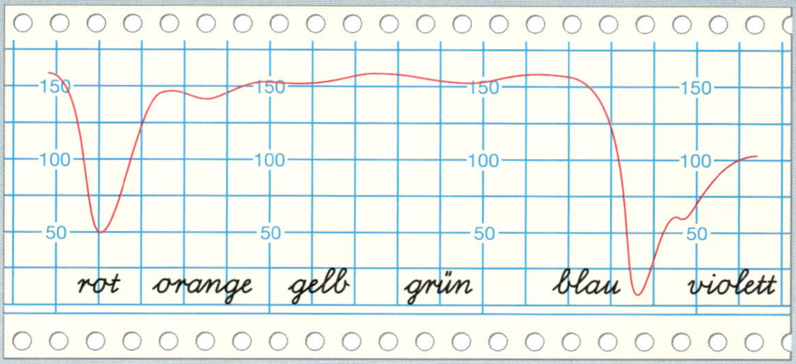

2 Absorptionsspektrum des Chlorophylls in Laborwerten. Chlorophyll absorbiert vorwiegend rotes und blaues Licht.

3 Sonnenspektrum mit Fraunhofer'schen Linien

In modernen Spektrometern wird die zu untersuchende Substanz verdampft, verglüht oder in Flüssigkeit gelöst. Die Aufzeichnung des Spektrums erfolgt über Fotozellen, die für jede Farbe die Helligkeit messen (Abb. ➤ 2). Die Messwerte werden registriert und mit denen bekannter Stoffe verglichen.

Der deutsche Physiker ***Joseph Fraunhofer*** entdeckte 1819 dunkle Linien im Sonnenspektrum (Abb. ➤ 3). Er konnte die Linien verschiedenen Stoffen (Elementen) zuordnen, die das Sonnenlicht – es wird in einer nur etwa 400 km dicken äußeren Gasschicht der Sonne, der Photosphäre erzeugt – bereits auf der Sonne absorbieren. Bis heute wurden auf diese Weise 57 irdische Elemente im Sonnenspektrum nachgewiesen.
1868 wurde durch die Deutung einiger Fraunhofer'scher Linien Helium als neues Element im Sonnenspektrum entdeckt. Es erhielt seinen Namen von „helios" (griech. Sonne).
Mit dieser Methode wird auch das Licht anderer Fixsterne auf ihre Zusammensetzung hin untersucht. Sie bestehen im Wesentlichen aus Wasserstoff und Helium.

Das Sonnenlicht enthält mehr, als wir sehen können

4

Sicher hast du schon bei einem heißen Ofen oder bei einer heißen elektrischen Kochplatte eine Strahlung gespürt, die dich erwärmt hat. Diese Strahlung verhält sich wie das sichtbare Licht: Man kann sie z. B. mit einer Metallwand reflektieren. Mit einem empfindlichen Thermometer lässt sich diese Strahlung auch im Spektrum der Sonne oder einer Glühlampe nachweisen. Sie ist unsichtbar und grenzt im Spektrum an das rote Licht. Diese Strahlung wird ***Infrarot-Strahlung*** genannt und mit ***IR*** abgekürzt (Abb. ➤ 4).
Die Abkühlung bei Nacht entsteht, weil die Erde infrarotes Licht ins Weltall abstrahlt, ohne dass die Sonne den entsprechenden Energieverlust, wie tagsüber, ausgleicht. Die verringerte Einstrahlung im Winter durch die niedriger stehende Sonne zeigt, wie lebenswichtig ihre Infrarot-Strahlung ist.
Über das andere Ende des sichtbaren Spektrums hinaus, jenseits des Violetts, existiert ebenfalls eine unsichtbare Strahlung. Sie wird ***Ultraviolett-Strahlung*** genannt und mit ***UV*** abgekürzt (Abb. ➤ 4).

Diese UV-Strahlung lässt sich mit fluoreszierenden Schirmen nachweisen. UV-Strahlung bewirkt in der Haut des Menschen die Herstellung des lebensnotwendigen Vitamins D. Auch in den Blättern der Pflanzen löst die UV-Strahlung wichtige chemische Prozesse aus. Andererseits ist ein Zuviel an UV-Strahlung gefährlich. Unsere Haut schützt sich bei zu intensiver UV-Strahlung mit einer Pigmentierung. Wir sagen dazu „braun werden". Zu starke Bestrahlung schädigt die Haut, ein Sonnenbrand ist dabei die harmloseste Verletzung, denn die UV-Strahlung kann Hautkrebs erzeugen.
Der UV-Anteil des Sonnenlichts ist sehr hoch. Unsere Atmosphäre sorgt aber in den oberen Luftschichten für eine starke Abschwächung durch das Ozon. In den letzten Jahren hat die UV-Strahlung am Erdboden zugenommen, weil die schützende Ozon-Schicht in der Höhe immer geringer wird; es enstehen „Ozonlöcher". Stoffe aus den Abgasen der Autos, der Flugzeuge und der Industrie sowie Treibmittel aus Spraydosen tragen dazu bei.

Neue Farben entstehen

Versuche

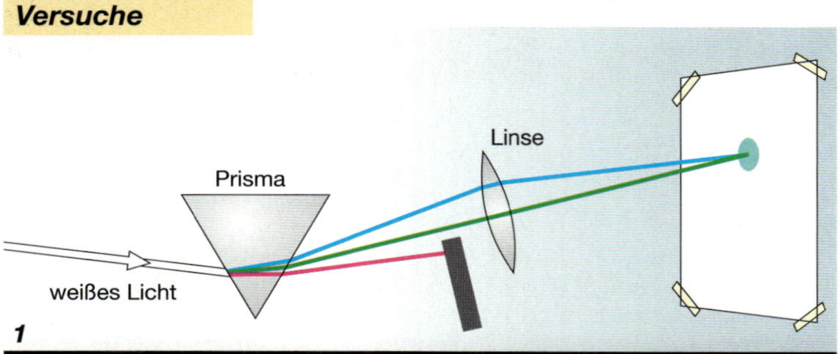

1

2

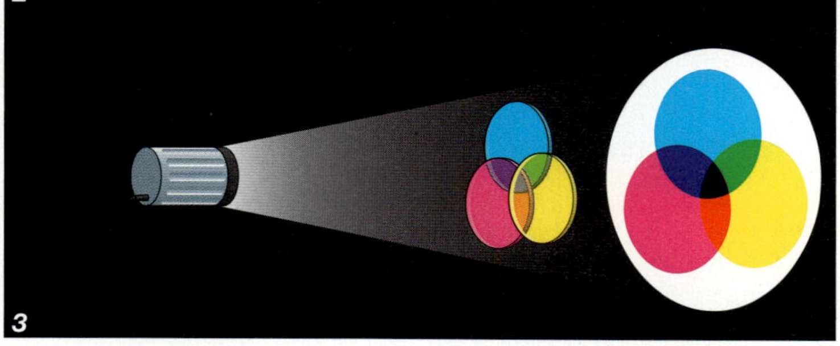
3

V1 Wir lassen weißes Licht auf ein Prisma treffen und erzeugen ein kontinuierliches Spektrum. Wir blenden das rote Licht aus und vereinigen mit einer Sammellinse das restliche Licht auf einen Fleck. Dieser erscheint grün (Abb. ➤ 1).
Blenden wir das gelbe Licht aus, so entsteht ein blauvioletter Fleck.

V2 Wir nehmen farbige Folien oder Gläser und verwenden sie als Farbfilter. Erscheint weißes Licht in der Durchsicht z. B. rot, so sagen wir dazu Rotfilter. Mit Farbfiltern vor drei Lichtquellen erzeugen wir nun rotes, grünes und blaues Licht. Die drei Lichtbündel richten wir so auf einen weißen Schirm, dass sie sich teilweise überlappen (Abb. ➤ 2).
Das rote und das grüne Licht ergeben gelbes Licht, während das blaue und das grüne Licht hellblaues Licht erzeugen.
Das blaue und das rote Licht ergeben Purpur. Alle drei Farben ergeben in der Mitte zusammen weißes Licht!

V3 Vor ein Gelbfilter halten wir zusätzlich ein Blaufilter und sehen wieder hindurch. Jetzt sehen wir durch die beiden Filter, dass das weiße Licht an der Wand grün ist.

Nehmen wir noch ein Rotfilter hinzu, wird überhaupt kein Licht mehr hindurchgelassen. Verschieben wir die Filter etwas gegeneinander, so können wir Farbkombinationen beobachten, wie sie in Abb. ➤ 3 zu sehen sind.

Grundwissen

Mischungen von Farben

Weißes Licht kann in seine Spektralfarben zerlegt und umgekehrt kann das Spektrum wieder zu weißem Licht vereinigt werden. Richten wir zwei Lichtbündel unterschiedlicher Farbe so auf eine weiße Wand, dass sie sich teilweise überdecken, dann sieht man in diesem Bereich eine neue Farbe (Abb. ➤ 2).

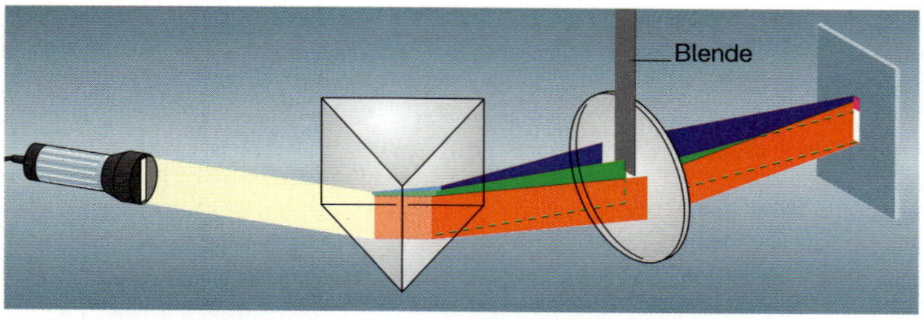

4 Die Spektralfarben werden auf dem Schirm addiert.

Dieses Übereinanderstrahlen verschiedener Lichtfarben nennt man ***Farbaddition***. Wird z. B. grünes Licht aus dem Spektrum des weißen Lichtes ausgeblendet, dann ergibt die Farbaddition des Restes purpurrotes Licht (Abb. ➤ 4). Fügt man das ausgeblendete grüne Licht dem purpurroten Licht hinzu, dann ergibt die Farbaddition wieder weißes Licht.
Die aus dem Spektrum des weißen Lichtes ausgeblendete Farbe und die durch Mischung entstandene Farbe des Restes heißen ***Komplementärfarben***.

Zwei Komplementärfarben ergeben bei Farbaddition Weiß.

? Wie lassen sich Komplementärfarben erzeugen?

1 Einige Paare von Komplementärfarben

Abb. ➤ 1 gibt einige Paare von Komplementärfarben wieder.
Versuche zur Farbaddition zeigen, dass man mit den drei Farben ***Rot***, ***Grün*** und ***Blau*** alle anderen Farben des Spektrums erzeugen kann. Bei der Addition von violettem und rotem Licht entsteht sogar eine Farbe, die es im Spektrum nicht gibt: ***Purpur***.
Im ***Farbenkreis*** (Abb. ➤ 2) sind die Farben des Spektrums in einem Kreis angeordnet. Zwischen Rot und Violett ist Purpur eingefügt. Mit dieser Anordnung der Farben lässt sich sagen:

1. Alle Farben des Farbenkreises lassen sich durch Farbaddition aus den Farben Rot, Grün, Blau erzeugen.
2. Im Farbenkreis gegenüberliegende Farben ergeben bei Addition Weiß.
3. Jede Farbe des Farbenkreises lässt sich durch Farbaddition aus ihren benachbarten Farben erzeugen.

Unser Auge unterscheidet nicht, ob z. B. ein gelbes Licht durch Ausblenden der Spektralfarbe oder durch Farbaddition von Rot und Grün entstanden ist.

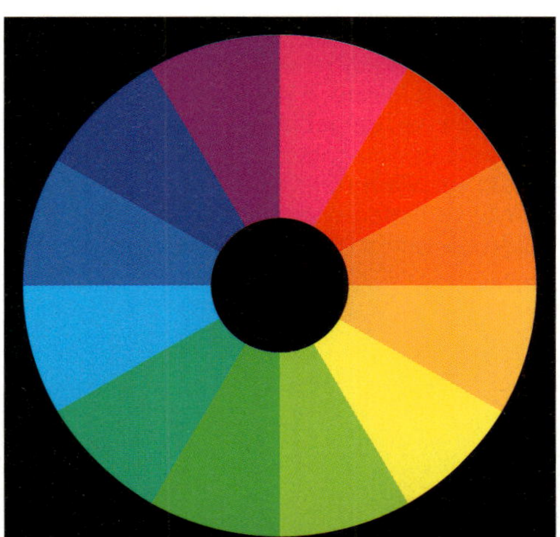

2 Farbenkreis

Hält man farbige Folien oder Farbgläser in den Strahlengang des Lichtes, so wird damit Licht bestimmter Farben ausgeblendet. Solche Folien oder Gläser heißen ***Farbfilter***.
Betrachten wir ein Spektrum durch eine gelbe Folie wie in Abb. ➤ 3, so stellen wir fest, dass der gelbe Teil sehr gut, aber auch noch einige rote und grüne Anteile des Spektrums zu sehen sind (Abb. ➤ 4). Dagegen fehlt der blaue und der violette Anteil des Spektrums. Ein solches Herausfiltern von Farben wird ***Farbsubtraktion*** genannt.
Wird über die gelbe Folie noch eine blaue Folie gelegt, so sieht man grünes Licht. Die blaue Folie filtert den von der gelben Folie durchgelassenen roten und gelben Lichtanteil völlig heraus. Für das grüne Licht ist sie aber noch in einem bestimmten Maße durchlässig. Das blaue Licht aus dem Spektrum wurde durch die gelbe Folie bereits herausgefiltert. Durch ein Gelbfilter und ein Blaufilter zusammen gelangt also nur Licht der Farbe hindurch, bei der beide Filter durchlässig sind.

Farbfilter lassen nur Licht mit bestimmter Farbe durch (Farbsubtraktion).
Legt man mehrere Filter übereinander, so gelangen nur die Farben hindurch, für die alle Filter durchlässig sind.

Verwenden wir als Schirm keinen weißen, sondern einen farbigen Karton, so sehen die Spektren anders aus. Auf einem gelben Karton sehen wir das Spektrum nur von Rot-Orange bis Grün (Abb. ➤ 5). Licht mit anderen Farben wird vom Karton nicht reflektiert, sondern absorbiert. Beleuchten wir einen blauen Karton mit gelbem Licht, so erscheint er schwarz. Das gelbe Licht wird nicht reflektiert. Eine farbige Oberfläche wirkt bei der Reflexion wie ein Filter, das nur für bestimmte Farben Licht reflektieren kann.

Die Farbe, in der wir einen Körper sehen, hängt von der Farbe des Lichtes, das ihn bestrahlt, und seiner Fähigkeit zur Absorption einzelner Farben ab.

? In welcher Farbe erscheint ein grüner Pullover im roten Licht?

? Wasserfarben auf weißem Papier wirken wie Farbfilter. Wie entsteht die grüne Farbe einer Mischung aus blau und gelb?

3 Normales Spektrum

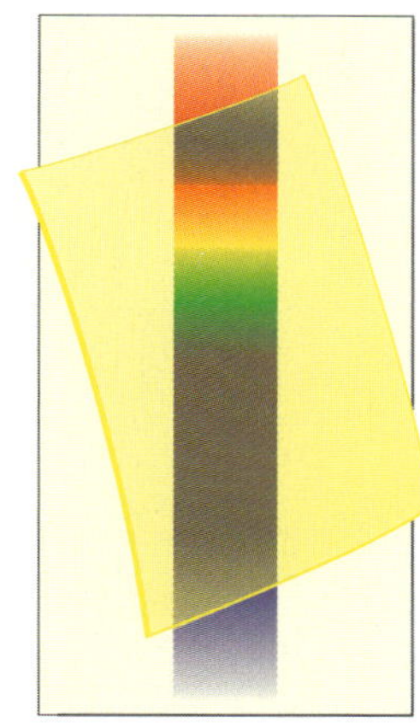

4 Spektrum mit gelber Folie betrachtet

5 Spektrum auf gelbem Karton als Schirm

Farbensehen – das Gehirn spielt mit!

Beim Farbensehen kann man oft Merkwürdiges beobachten, denn „Sehen" ist nicht allein ein optischer Vorgang, sondern auch untrennbar mit einer Umsetzung der Sinneseindrücke im Gehirn verbunden.
Auch bei schwachem Dämmerlicht sind die Formen der farbigen Figuren in Abb. ➤1 zu erkennen. Ihre Farben wahrzunehmen, fällt viel schwerer. Bei sehr wenig Licht sieht man die Farben nur in unterschiedlichen Graustufen. Dies hat biologische Gründe. In der Netzhaut gibt es zwei unterschiedliche Empfänger für Lichtsignale (Abb. ➤2):
Eine Sorte ist für die Helligkeit des Gesehenen zuständig. Diese Empfänger, die wegen ihrer Form auch als ***Stäbchen*** bezeichnet werden, sind sehr lichtempfindlich. Die für Farbempfindungen zuständigen Empfänger, sie werden ***Zapfen*** genannt, sind weniger empfindlich. Das bedeutet, dass bei schwachem Licht Farben nicht mehr erkannt werden. Es ist sinnvoll, dass die Empfänger für Helligkeit empfindlicher sind, denn bei Dunkelheit ist es wichtiger zu erkennen, ob und wie ein Gegenstand im Weg liegt, anstatt zu wissen, ob er rot oder blau ist.

1 Test für die Empfindlichkeit des Farbensehens

Erstaunlich ist, dass z. B. die Farbe gelb auf ganz unterschiedliche Art gesehen werden kann: Einmal als Spektralfarbe, das andere Mal als Mischfarbe, die unser Gehirn durch Farbaddition wahrnimmt. Zur Erklärung wird angenommen, dass unser Auge Lichtempfänger für drei Farben hat, deren Signale dann im Gehirn, je nach Intensität ihrer einzelnen Erregung, als gleiche oder verschiedene Farben erkannt werden (Abb. ➤2).

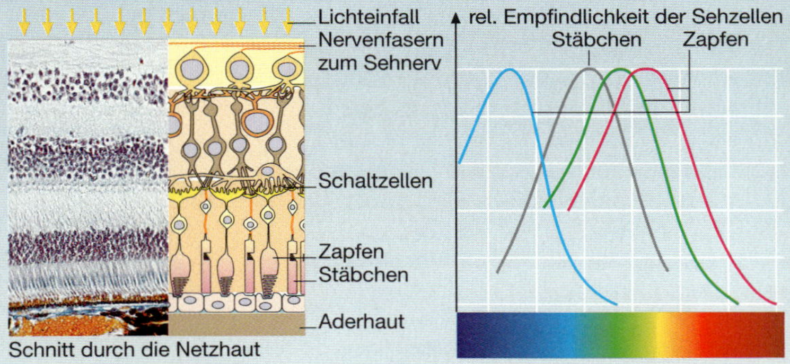

2 Lichtsinneszellen und ihre relativen Empfindlichkeiten

Wird das gelbe Feld in Abb. ➤3 längere Zeit fixiert und dann der Blick auf das weiße Feld daneben gewechselt, so erscheint dieses Feld violett. Man erklärt dies damit, dass die Sehzellen für gelbes Licht durch die längere Betrachtung „weniger empfindlich" gemacht werden; im folgenden weißen Licht nehmen sie dann den gelben Anteil nicht mehr so intensiv wahr. Das Gehirn macht daher eine Farbsubtraktion: Weiß – Gelb = Violett.

Solche Experimente lassen sich gut mit verschiedenfarbigen Pappstreifen durchführen. ***Johann Wolfgang von Goethe*** (1749 – 1832) hat als erster in seiner Farbenlehre Versuche mit solchen ***Kontrastfarben*** beschrieben. Auf ihn geht auch die folgende, zum Nachmachen geeignete Beobachtung zurück:

„Man setze bei Dämmerung auf ein weißes Papier eine niedrig brennende Kerze; zwischen sie und das abnehmende Tageslicht stelle man einen Bleistift aufrecht, so daß der Schatten, welchen die Kerze wirft, von dem schwachen Tageslicht erhellt, aber nicht aufgehoben werden kann, und der Schatten wird von dem schönsten Blau erscheinen."

Werden sehr kleine weiße Flächen wie die Kreuzungen in Abb. ➤4 von großen gleichfarbigen Flächen umgeben, so erscheinen sie in der Farbe der umgebenden Flächen. Man spricht von ***Simultanfarben***. Ob Kontrast- oder Simultanfarben auftreten, hängt von der Größe der betrachteten Farbfelder ab.

Unser Gehirn ist weit mehr als ein Mess- und Recheninstrument, das stets zu gleichen Ergebnissen kommt. In Abb. ➤5 rechts ist das kleine Quadrat in beiden Teilbildern in der exakt gleichen Farbe gedruckt. Das Auge kommt aber, abhängig von der Umgebung, zu unterschiedlichen Ergebnissen.

Farbfernsehen – drei Bilder in einem!

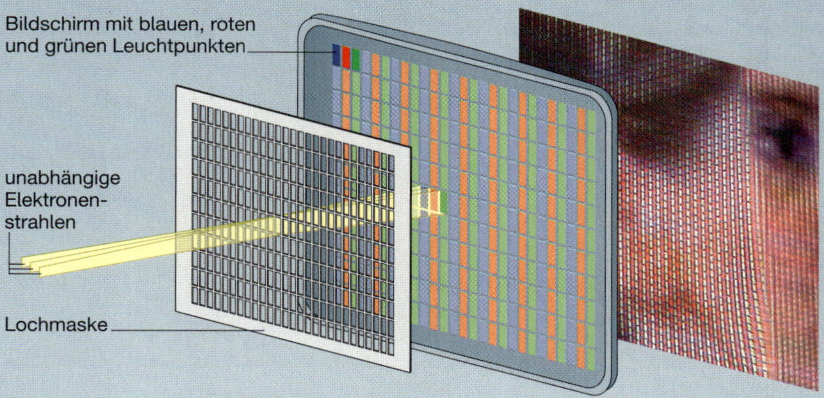

Betrachtet man den Bildschirm eines Farbfernsehers durch eine Lupe, so sieht man lauter kleine Leuchtpunkte oder Leuchtstreifen in den drei Farben Rot, Grün und Blau, aus denen sich die Bilder zusammensetzen. Die Leuchtpunkte oder -streifchen werden von drei getrennten Elektronenstrahlen auf der Bildschirminnenseite erzeugt. Je nach Farbe des Bildes an dieser Stelle treffen sie auf die entsprechend leuchtenden Punkte oder Streifchen. Ihr Licht addiert sich zu Licht einer Farbe, da unser Auge die verschiedenen, nahe beieinander liegenden Lichtquellen aus der Entfernung nicht mehr voneinander unterscheiden kann.
Leuchten alle drei Leuchtpunkte oder -streifchen auf, so erscheint der Bildpunkt weiß; werden sie alle drei nicht zum Leuchten gebracht, bleibt die Stelle auf dem Schirm schwarz. Durch Abschwächen einzelner Farbanteile lassen sich noch weitere, im Farbenkreis nicht enthaltene Farben erzeugen (z. B. Braun aus Rot, etwas Blau und Grün).

Farben gedruckter Bilder

Auch gedruckte Farbbilder bestehen aus winzig kleinen Farbpunkten, die man mit den Druckfarben Blaugrün, Gelb, Purpur (und Schwarz) erzeugt. Da die durchscheinenden Farben auch übereinander gedruckt werden, muss man ihre Wirkung zusätzlich mit der ***Farbsubtraktion*** erklären.

Den optischen Aufhellern auf der Spur

„Das besondere Weiß!" Mit solchen und ähnlichen Werbesprüchen locken Hersteller von Waschmitteln zum Kauf ihrer Produkte. Weiße Wäsche wird im Laufe der Zeit gelblich, auch wenn sie sauber ist! Weiß wird sie wieder durch sogenannte „optische Aufheller". Diese machen sich im UV-Licht bemerkbar, wie das linke Häufchen Waschpulver im Bild zeigt. Die Weißmacher wandeln die unsichtbare UV-Strahlung in sichtbares, blaues Licht um. Durch die Farbaddition des gelben Lichtes der Wäsche mit dem blauen Licht des Weißmachers sehen wir Weiß. Weiße Wäsche ist damit nicht nur eine Frage der Sauberkeit, sondern auch eine der Wahrnehmung von Weiß.

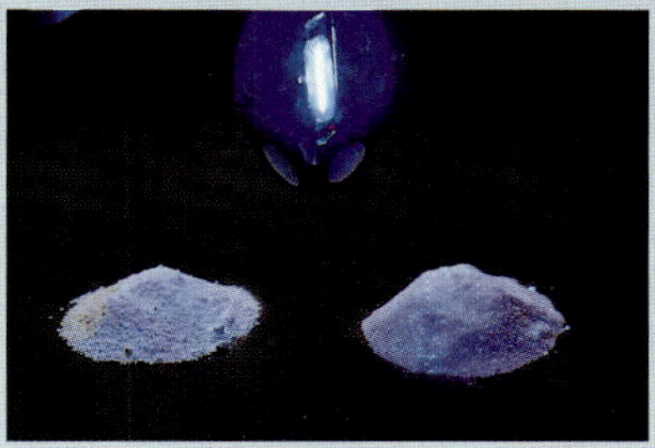

Diskotheken haben oft Lichtquellen mit hohem UV-Anteil. Das sogenannte „Schwarzlicht" schimmert für uns schwach violett. Auch hier wird das UV-Licht in Licht des sichtbaren Bereiches umgewandelt. Besondere Schminke und Schmuckbänder leuchten nun hell auf.

Falsche Zähne erkennt man bei diesem Licht besonders gut:
Je nach Weißmacheranteil erscheint der falsche Zahn dunkler oder heller als die anderen Zähne, was sonst nie auffallen würde.

Mit Wärme sehen – die Thermographie

Zur Erzeugung von Bildern mit der IR-Strahlung gibt es hierfür besonders geeignete Fotofilme und elektronische Halbleiterbauteile, Fotozellen. Es entstehen Bilder, die wir so nicht sehen.
Das Haus erscheint farbig: Dazu wurden mehrere Aufnahmen mit unterschiedlicher Temperaturempfindlichkeit gemacht, diese dann verschieden gefärbt und zu einem Bild zusammengesetzt. Die Anzeige reicht von gelb für hohe Temperatur über rot, orange, grün, blau zu schwarz für tiefe Temperatur.

Deutlich sind die „Schwachstellen" in der Wärmeisolierung des Wohnhauses zu sehen.
Auch in der Nacht lassen sich mit solchen Filmen Aufnahmen machen: Jeder Körper mit höherer Temperatur hebt sich vor einer kühleren Umgebung hell und deutlich ab.
Menschen sind so wegen ihrer Körpertemperatur leicht zu erkennen. Darauf beruhen die Bewegungsmelder, die die IR-Strahlung des Menschen auch im Dunkeln registrieren und zum Beispiel eine Lampe einschalten.

Rückblick

Begriffe
Was versteht man unter
- Farbe?
- Spektrum?
- Linienspektrum?
- Farbaddition?
- Komplementärfarbe?
- Dispersion?
- Spektralfarbe?
- IR-/UV-Strahlung?
- Farbsubtraktion?
- Farbenkreis?

Beobachtungen
Was beobachtet man, wenn
- ein weißes Lichtbündel schräg auf ein optisches Prisma trifft?
- man das Spektrum weißen Lichtes mit einer Sammellinse vereinigt?
- von farbigen Lichtquellen ein Spektrum erzeugt wird?
- zwei Farben gemischt werden?

Erklärungen
Wie lässt sich erklären, dass
- aus weißem Licht durch ein Prisma ein Spektrum erzeugt wird?
- ein Regenbogen bei Sonnenschein entsteht?
- man Stoffe auf Grund ihres Spektrums identifizieren kann?
- ein Körper farbig erscheinen kann?

Gesetzmäßigkeiten
Beschreibe mit eigenen Worten
- die Aussagen der Newton'schen Versuche.
- das Zusammenwirken von Komplementärfarben.
- die Wirkung eines Gelbfilters auf den Anblick eines blauen Körpers bei Tageslicht.

Erläutere die Erscheinungen in den folgenden Bildern und beantworte die Fragen!

Aus welcher Richtung scheint die Sonne?

Weshalb hat derselbe Blumenstrauß im rechten Bild andere Farben erhalten?

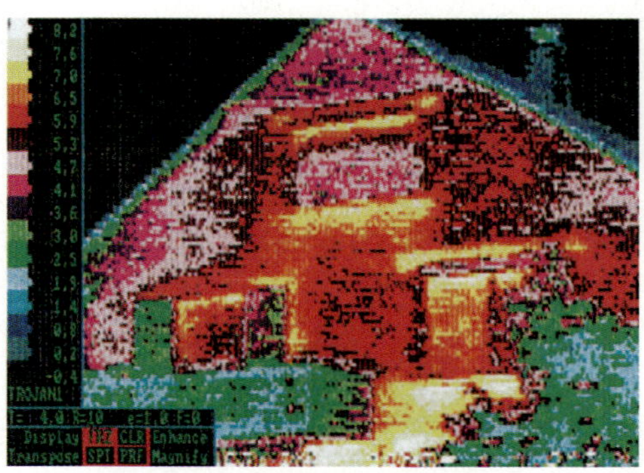

Wie lässt sich diese IR-Aufnahme deuten?

Wie entstehen diese Farben auf einem weißen Schirm?

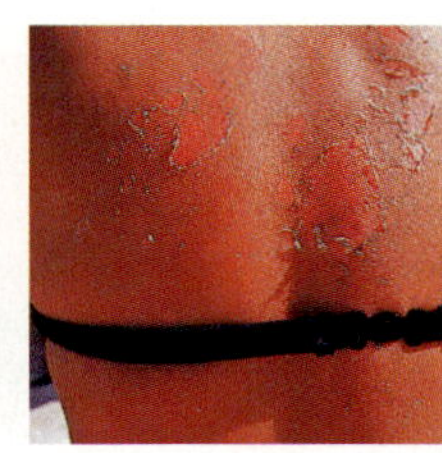

Welche Eigenschaft des Sonnenlichtes zeigt dieser Rücken?

Wie können die schwarzen Linien in diesem Spektrum des Sonnenlichtes entstanden sein?

Betrachtet man etwa eine halbe Minute lang das Zentrum des roten Dreiecks mit einem Auge und blickt dann rasch in das weiße Dreieck, so sieht man dieses in Farbe. Um welche Farbe handelt es sich? Versuche, diese Farberscheinung zu erklären.

Beispiel

Farbränder mit der planparallelen Platte

Auf eine dicke Glasscheibe, die die Form einer planparallelen Platte hat, fällt ein weißes Lichtbündel mit parallelen Randstrahlen. Hinter der Scheibe hat das Bündel farbige Ränder.

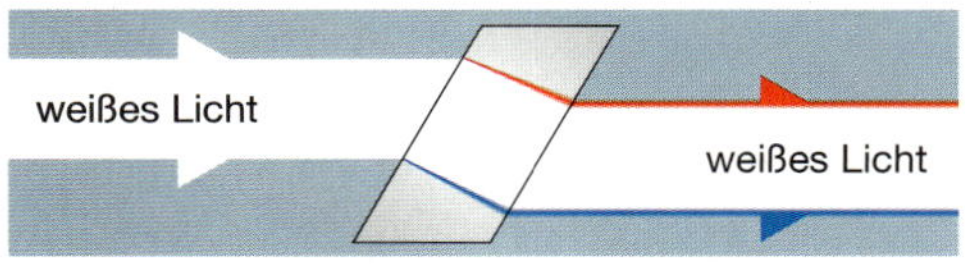

Warum zeigt das Bündel nur einfarbige Ränder? Wo sind die restlichen Farben des Lichts? Warum ist am oberen Rand das rote und am unteren Rand das blaue Licht zu sehen?

Lösung:
Das parallele Lichtbündel trifft schräg auf die Glasplatte. Denkt man sich dieses Bündel aus vielen schmalen Lichtbündeln zusammengesetzt, so wird jedes von ihnen gleich gebrochen. Bei jedem dieser schmalen Lichtbündel macht sich Dispersion bemerkbar, das heißt, dass für jedes dieser schmalen Lichtbündel der blaue Lichtanteil stärker als der rote gebrochen wird.

Im Innenbereich des gesamten Lichtbündels addieren sich die Farben der schmalen Lichtbündel alle wieder zu Weiß. Nur am unteren Rand des Lichtbündels ist die stärkere Brechung des blauen Lichtes, am oberen Rand die schwächere Brechung des roten Lichtes zu bemerken.

An der zweiten Grenzfläche ändert sich erneut die Richtung der Lichtwege gleichsinnig. Die Dispersion des weißen Lichtbündels führt dazu, dass im Innenbereich durch Farbaddition das Licht weiß bleibt, während die äußeren Farbanteile der schmalen Lichtbündel im Randbereich des Lichtbündels farbig bleiben.

Heimversuche

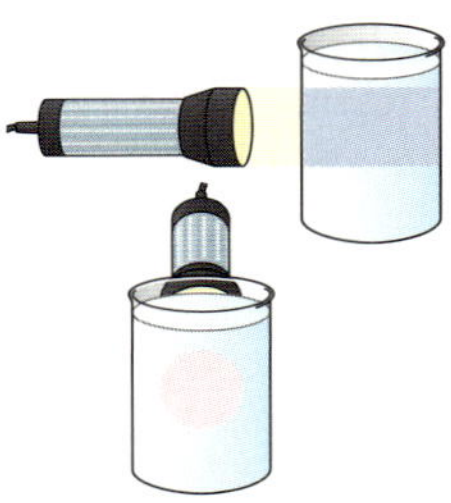

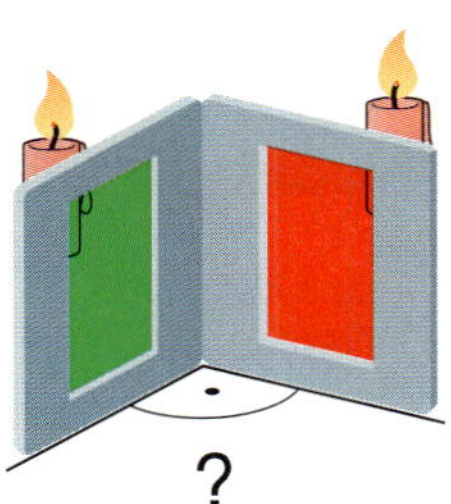

Zu Versuch 6

1. Blauer Himmel und Abendrot

Fülle einen glatten Glasbecher mit Wasser. Gib einen Esslöffel Milch dazu, so dass eine bläulich-weiße Flüssigkeit entsteht. Strahle mit dem gebündelten Licht einer Taschenlampe durch diese Flüssigkeit. Von oben gesehen erscheint das Lichtbündel in der Milch bläulich. Dem Lichtbündel von der Seite entgegengeblickt siehst du rötliches Licht. Die Milch wirkt wie ein Rotfilter, weil es den roten Teil besser hindurchtreten lässt als den blauen, der stärker zur Seite gestreut wird.

2. Farbig wird's beim Kreiseln

Schneide eine kleine, kreisrunde Scheibe aus Pappe aus und bemale die eine Hälfte mit blauer und die andere Hälfte mit gelber Farbe aus dem Wasserfarbenkasten. Spieße die Scheibe in der Mitte auf einen kurzen, spitzen Bleistift und drehe ihn als Kreisel.
Welche Farbe hat die sich drehende Scheibe? Nimm eine rot/grüne Scheibe (oder andere Farbkombinationen) und vergleiche!

3. Tuschen mit Physik

Nimm ein weißes Blatt Papier und mische darauf jeweils die gleichen Wasserfarben-Kombinationen, die du beim zweiten Heimversuch mit dem Kreisel verwendet hast. Beschreibe deine Ergebnisse und erkläre sie!

4. Echte Farben?

Schneide aus saugfähigem Küchenpapier einen 10 bis 15 cm langen und 6 cm breiten Streifen. Male auf einer schmalen Seite etwa 2 cm vom Rand entfernt mit Filzstiften mehrere farbige Punkte. Knicke das Papier am oberen Rand über einen Bleistift und lege diesen auf ein Glas mit Wasser so, dass der Papierstreifen etwa 1 cm ins Wasser taucht. Beschreibe und erläutere deine Beobachtungen.

5. Geheimnisvolle Farbbilder

Betrachte mit Hilfe einer Lupe farbige Bilder in Zeitschriften, Zeitungen und Büchern. Manche sind aus vielen kleinen, farbigen Pünktchen zusammengesetzt, andere aber nicht. Vergleiche und erkläre deine Beobachtungen!

6. Wir addieren farbiges Licht

Nimm mehrere Diarähmchen und lege Folien mit verschiedenen Farben hinein. Stelle sie im rechten Winkel zueinander auf (siehe links am Rand). Lasse das Licht einer Kerze durch jeweils eine Folie scheinen.
Stelle auch die Farbe des Lichtes fest, die sich durch Hintereinandersetzen von zwei Folien ergibt!

7. Wasser färbt schwarze Balken

Nimm ein Wasserglas und fülle es mit sehr wenig Wasser. Kippe das Glas ein bisschen und betrachte den hier gedruckten schwarzen Balken durch den Boden des Glases. Warum werden die schwarzen Balkenränder auf einmal farbig?

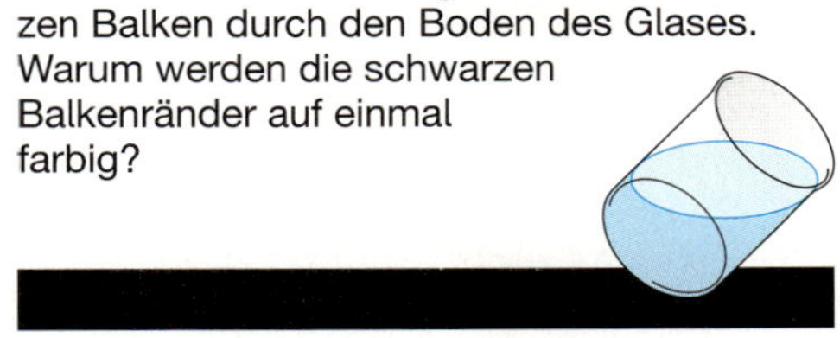

Fragen

Spektrum und Farbentstehung

1 *a)* Ordne die Farben Orange, Violett, Rot, Blau, Grün, Gelb in der Reihenfolge des Farbspektrums.
b) Warum fehlen Weiß und Schwarz?
c) Nenne Farben, die im Spektrum fehlen.

2 Skizziere eine Versuchsanordnung, mit der man nachweisen kann, dass sich Spektralfarben nicht weiter zerlegen lassen.

3 *a)* Skizziere den Strahlengang des weißen Lichtes durch das Prisma.

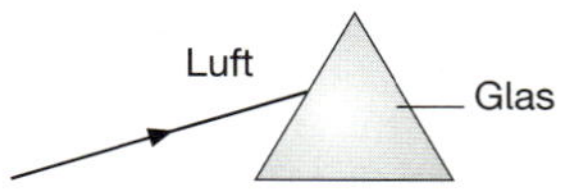

b) Beschreibe die Lichterscheinung auf dem Schirm, der hinter dem Prisma steht.
c) Wie ließe sich die Lichterscheinung von ***b)*** wieder rückgängig machen?

Zu Aufgabe 6

4 Um die Dispersion eines weißen Lichtbündels durch ein Prisma rückgängig zu machen, wird ein zweites, gleiches Prisma umgekehrt an das erste angefügt.

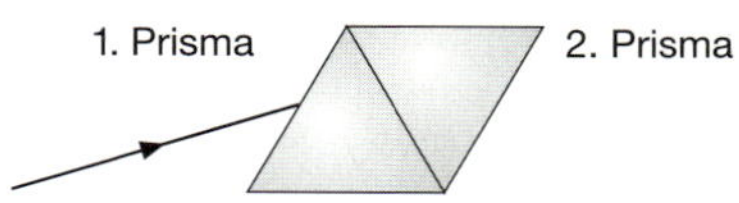

Beschreibe, was zu beobachten ist und erkläre die Erscheinung.

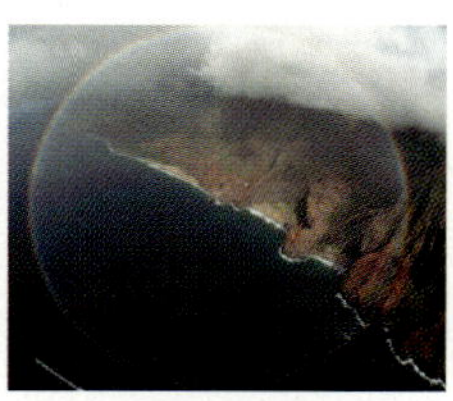

Unter welchen Bedingungen ist ein Regenbogen so zu sehen?

5 Weshalb haben Gegenstände, die man durch die Scheibe eines Schaufensters betrachtet, keine farbigen Ränder?

6 Beschreibe das Zustandekommen eines Regenbogens. Wo muss sich der Beobachter befinden, wo entstehen für ihn die Farben?

7 Was kann man beobachten, wenn man die Spektren verschiedener, farbig leuchtender Stoffe vergleicht?

8 Licht wird oft als „Fingerabdruck" der Stoffe bezeichnet. Erkläre diese Aussage!

9 Wie erhält man Kenntnis über die Elemente, aus denen Sterne zusammengesetzt sind?

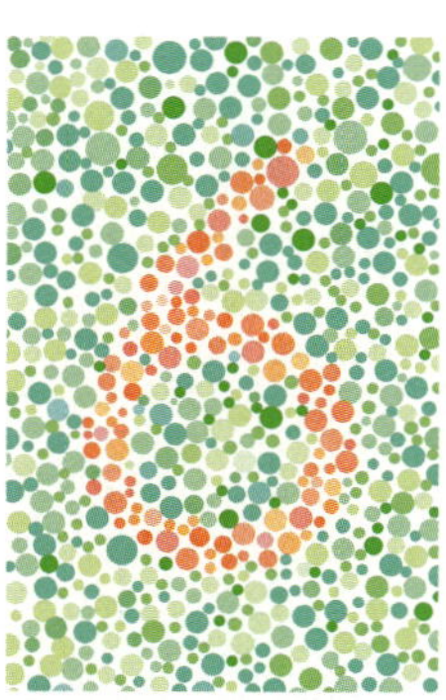

Zu Aufgabe 20

Farbmischungen

10 Welche Farbe ist Komplementärfarbe zu ***a)*** Rot, ***b)*** Grün, ***c)*** Blau, ***d)*** Gelb?

11 Gib mit Hilfe des Farbenkreises an, welche Mischfarbe die Addition von ***a)*** Grün + Rot, ***b)*** Rot + Blau, ***c)*** Violett + Grün ergibt.

12 Welche Wirkung hat ein grünes Farbfilter auf ein Lichtbündel, das durch Addition von rotem und grünem Licht entstanden ist?

13 Ein kontinuierliches Spektrum durch ein blaues Farbglas (Blaufilter) betrachtet, zeigt blau sehr hell, grün schwach, violett gerade noch. Mit einem grünen Farbglas betrachtet, ist grün sehr hell, blau schwach, gelb gerade noch zu sehen. Was sieht man, wenn beide Farbgläser übereinander liegen? Welche Farbe hätte ein entsprechendes Farbglas?

14 Welche Farbe zeigt gelbe Kleidung, wenn sie bei Tageslicht, in gelbem, in rotem, in blauem Licht betrachtet wird?

Schwierigere Probleme

15 Eine Schauspielerin wird auf der Bühne gleichzeitig mit einem grünen und mit einem roten Scheinwerfer angestrahlt.
a) Welche Farbe zeigt ihre weiße Bluse?
b) Welche Farben haben ihre Schatten auf dem Boden?

16 Ein Gegenstand wirft wie im folgenden Bild durch Beleuchten mit rotem und grünem Licht zwei Schatten. Erkläre, wie es zu den Farben im Schattenbereich kommt.

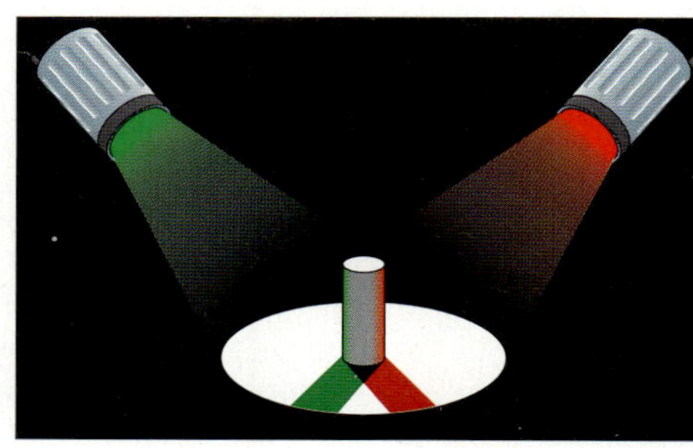

17 Der Regisseur möchte, dass das Kleid einer Schauspielerin auf der Bühne zunächst in strahlendem Gelb leuchtet, dann aber plötzlich schwarz wird. Fällt dir eine Lösung für die richtige Farbe der Bekleidung und für die Beleuchtung ein?

18 Wie würde der Regenbogen aussehen, wenn die Sonne nicht weiß, sondern einfarbig grün leuchten würde?

19 Braun kommt als Farbe weder im Farbenkreis noch bei den Komplementärfarben vor. Wie entsteht nun diese Farbe?

20 Bei „Rot-Grün-Schwäche" sind Rot und Grün nicht zu unterscheiden. Erkläre die Farbwahl für die Punkte im Testbild am Rand.

Ein merkwürdiges Klassenfoto

Immer wieder will irgend jemand von dir wissen, wie eine Klassenkameradin oder ein Klassenkamerad eigentlich aussieht. Da hilft ein Foto!
Also rufst du alle herbei. Damit jeder gut zu erkennen ist, dauert es eine Weile, bis alle richtig stehen.

Betrachte das Foto!
Warum sind nur die Personen in der Bildmitte klar zu erkennen?
Ist dir das beim Fotografieren auch schon passiert?

Hygiene mit der Lupe

Noch vor 200 Jahren wusch man sich selten. „Feine Leute" überdeckten ihren Körpergeruch mit Duftwasser und Puder. Auch das Reinigen der Wäsche, der Kleidung und der Wohnräume geschah nur gelegentlich.
Für Ungeziefer wie Flöhe waren das herrliche Zeiten. Sie konnten sich in der schmutzigen Kleidung verstecken und in den Ritzen der Fußböden im Schmutz vermehren. Sie plagten die Menschen, ob reich oder arm, und übertrugen viele Krankheiten.

Die „Flohlupe" – ein kleines Metallrohr mit einer Linse an einem Ende – war ein notwendiger Gebrauchsgegenstand. Selbst in adeligen Kreisen verstieß es nicht gegen die guten Sitten, sich in aller Öffentlichkeit mit der Lupe untersuchen zu lassen. Warum ließen sich die Plagegeister damit leichter finden?

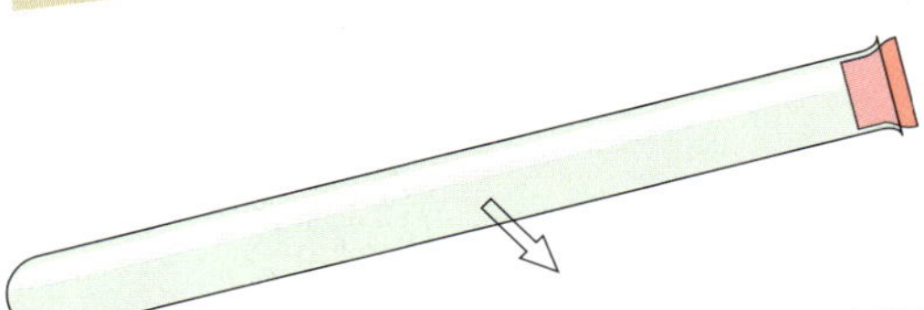

ICH KOCHE DIE NUDELN GAR

Zauberei?

Fülle ein Reagenzglas mit Wasser und verschließe es mit einem Stopfen.
Hältst du das Glas in kurzem Abstand über die Schriftzeile, die hier abgedruckt ist, dann beobachtest du etwas Merkwürdiges:
Warum lassen sich die schwarzen Worte immer noch gut lesen, die roten aber nicht?

Von der Glaskugel zur Sammellinse

Versuche

1 Je mehr Wasser im Gefäß ist, desto besser sieht man ein Bild der Kerze.

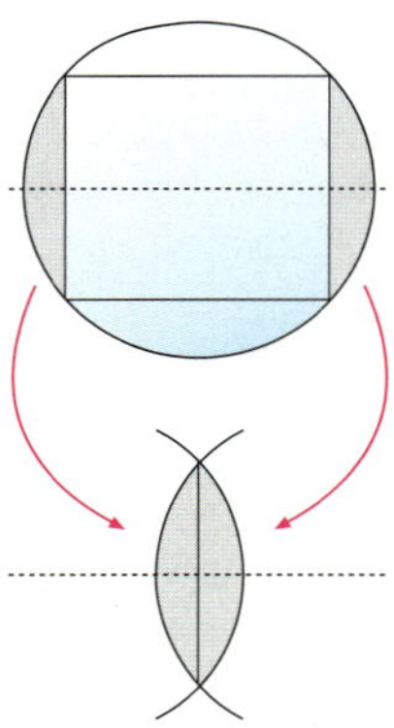

V1 Wir stellen wie in Abb. ➤ 1 ein kugelförmiges Glasgefäß zwischen eine brennende Kerze und einen Schirm. Dann füllen wir langsam Wasser in das Gefäß.
Auf dem Schirm wird ein Bild der Kerzenflamme immer deutlicher erkennbar.

Wir wiederholen den Versuch mit einer rechteckigen Glaswanne anstelle der Glaskugel. Es erscheint kein Bild der Flamme auf dem Schirm.

Wir untersuchen den Einfluss der Kugelform auf den Lichtweg genauer. Dazu denken wir uns die Kugel in eine auf der Seite liegende Tonne und in zwei Kugelkappen zerlegt. Die Tonne wirkt mit ihren ebenen Flächen wie eine planparallele Platte. Sie versetzt auftreffendes Licht parallel, lässt aber kein Bild der Flamme auf dem Schirm entstehen.
Es sind also die Kugelkappen, die ein Bild erzeugen.

V2 Lenke Sonnenlicht durch eine aus zwei Kugelkappen gebildete Linse auf ein Blatt Papier. Beobachte den Lichtfleck bei verschiedenen Abständen der Linse vom Papier.
In einem bestimmten Abstand zwischen Linse und Papier entsteht ein sehr kleiner, heller Fleck. An dieser Stelle kann das Papier zu brennen anfangen. Ein Streichholz lässt sich hier leicht anzünden. VORSICHT!

V3 Eine punktförmige Lichtquelle beleuchtet eine Linse. Der durch die Linse hindurchtretende Teil des Lichtbündels verengt sich zunächst bis auf einen Punkt und weitet sich dann wieder auf (Abb. ➤ 2a). Der Punkt liegt auf der Geraden durch Lichtquelle und Linsenmitte.

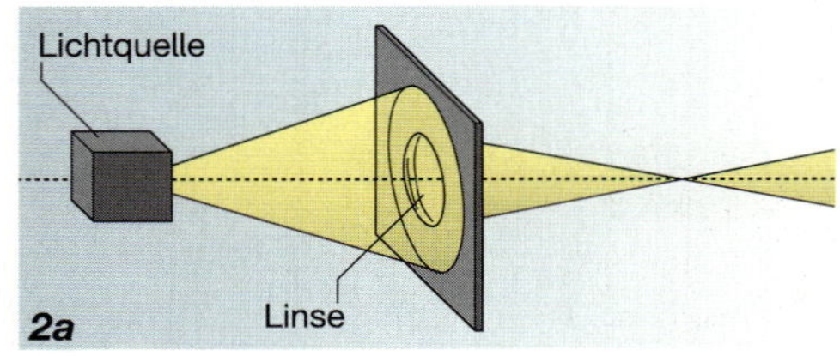

Wird die Lichtquelle an diesen Punkt gestellt, so wird das Licht dort konzentriert, wo sich zuvor die Lichtquelle befand (Abb. ➤ 2b).

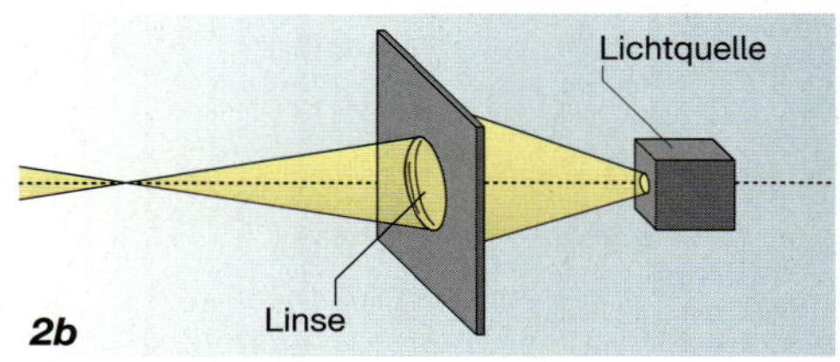

Wird die Lichtquelle verschoben, so verschiebt sich auch die Lage des Punktes, indem das Licht hinter der Linse konzentriert wird.
Bei einer bestimmten Entfernung der Lichtquelle von der Linse besitzt das Lichtbündel nach Durchgang durch die Linse parallele Begrenzungen (Abb. ➤ 2c).

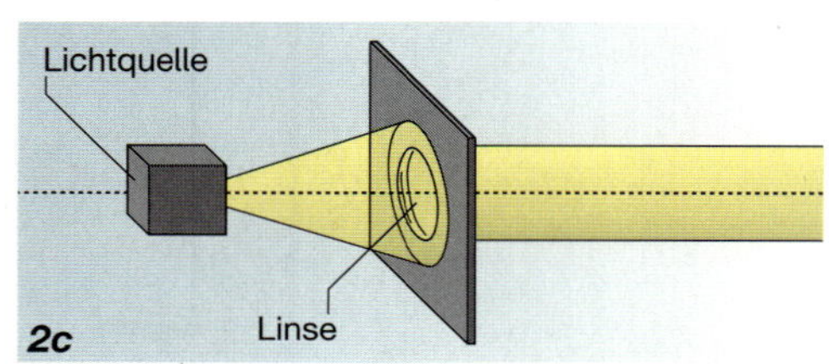

V4 Wir lassen schmale Lichtbündel mit parallelen Begrenzungen aus verschiedenen Richtungen auf eine Linse treffen und beobachten die Lichtwege. Einige Lichtwege zeigt die Abb. ➤ 3.

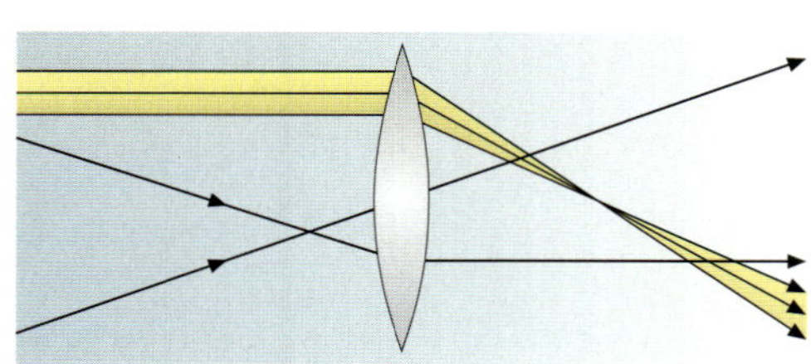

3 Besondere Lichtwege

Grundwissen

Sammellinsen

Optische Linsen sind durchsichtige Körper, deren gekrümmte Oberflächen wie Kugelkappen geformt sind. Sie verändern den Weg des Lichtes. Wir experimentieren mit Linsen, die in der Mitte dicker als am Rand sind. Wir verwenden schmale Lichtbündel, so dass die Beobachtungen mit dem Modell vom „Lichtstrahl“ beschrieben werden können:
Lichtstrahlen von einer punktförmigen Lichtquelle laufen nach dem Durchgang durch die Linse weniger stark auseinander als vor der Linse. Wenn die Lichtquelle nicht zu dicht vor der Linse steht, lenkt sie auseinander laufende Lichtstrahlen so um, dass sie sich hinter der Linse in einem Punkt schneiden. Das Licht wird an dieser Stelle von der Linse gesammelt. Man spricht von einer ***Sammellinse***.
Die auf der ***Mittelebene*** der Linse senkrecht stehende Symmetrieachse heißt ***optische Achse*** (Abb. ➤ 1a). Im Folgenden betrachten wir nur Lichtstrahlen, die in einer Ebene durch die optische Achse verlaufen. Sie gibt, stellvertretend für Lichtstrahlen anderer Schnittebenen, die wichtigsten Beobachtungen wieder.
Abb. ➤ 1a zeigt einen von *A* auf die Linse gerichteten Lichtstrahl, der von ihr nach *B* umgelenkt wird. Wird die Lichtquelle hinter die Linse gestellt, so beobachtet man, dass umgekehrt ein Lichtstrahl von *B* auf dem gleichen Weg nach *A* gelangt.

Lichtwege beim Durchgang durch Sammellinsen sind umkehrbar.

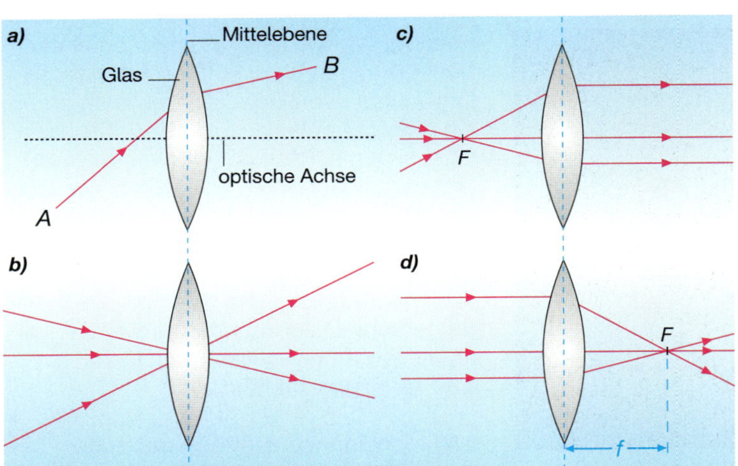

1 Wie lenken Sammellinsen die Lichtstrahlen um?

Beim Durchgang durch eine Sammellinse lassen sich bestimmte Lichtwege vorhersagen (Abb. ➤ 1 b, c und d):

Alle Lichtstrahlen durch die Linsenmitte ändern ihre Richtung nicht.
Alle Lichtstrahlen, die vor der Linse durch einen bestimmten Punkt *F* gehen, werden zu Strahlen, die nach der Linse parallel zur optischen Achse verlaufen.
Lichtstrahlen parallel zur optischen Achse lenkt die Linse durch einen zweiten Punkt *F* auf der optischen Achse.

Beide Punkte *F* haben selbst bei unterschiedlichen Krümmungen der Linsenoberflächen den gleichen Abstand von der Linsenmitte. Sie heißen ***Brennpunkte*** der Linse. Diese Bezeichnung rührt von der starken Wärmewirkung her, die man beim Sammeln von Sonnenlicht an diesen Punkten hervorrufen kann.
Der Abstand von *F* zur Linsenmitte ist die ***Brennweite*** *f* der Linse.

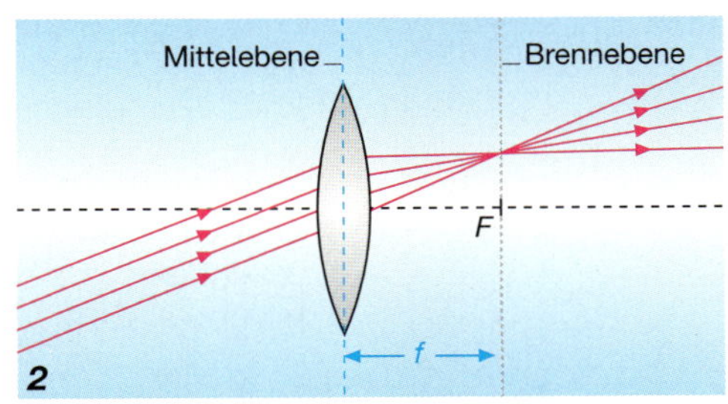

2

Parallele Lichtstrahlen, die schräg zur optischen Achse verlaufen, werden von der Sammellinse auch durch einen Punkt gelenkt (Abb. ➤ 2). Er liegt nicht mehr auf der optischen Achse, doch sein Abstand zur Mittelebene der Linse ist ebenfalls gleich der Brennweite *f*. Man sagt, er befindet sich in der ***Brennebene*** der Linse.
Auf Strahlen, die nahe der optischen Achse auf die Linse treffen, wirkt diese wie eine planparallele Platte. Je dünner die Linse ist, desto kleiner wird die seitliche Verschiebung der Lichtwege. Meist zeichnet man die Lichtwege solcher Strahlen ohne Richtungsänderung und ohne seitliche Versetzung (Abb. ➤ 1 b).

? Begründe, weshalb jede Sammellinse zwei Brennpunkte hat.

Die Brechung des Lichtes erklärt den Strahlengang bei Linsen

Wir betrachten einen Lichtstrahl, der auf eine Glaskugel trifft (Abb. ➤ 1).

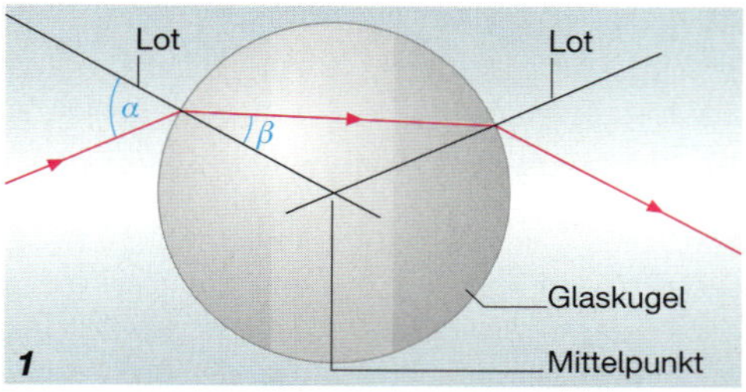

1

Beim Übergang aus der Luft in die Kugel kommt es zur Brechung des Lichtes. Wir konstruieren an der Grenzfläche das Lot, messen den Einfallswinkel α und konstruieren den gebrochenen Lichtstrahl.
In der Kugel geht der Lichtstrahl geradlinig bis zur zweiten Grenzfläche auf der anderen Seite der Kugel weiter. Mit Hilfe des Lotes an dieser Stelle konstruieren wir wieder den gebrochenen Strahl beim Austritt in die Luft.
Die Ablenkung des Lichtstrahles durch zweimalige Brechung in die gleiche Richtung ist bei Linsen wie bei einer Kugel deutlich zu erkennen (Abb. ➤ 2).

> Je stärker die Krümmung der Linsenoberfläche ist, desto stärker wird die Ablenkung, d. h. desto kürzer wird die Brennweite der Linse.

Auch bei Linsen mit zwei unterschiedlich gekrümmten Oberflächen ändern die beiden Brechungen den Lichtweg stets so, dass es gleichgültig ist, welche Seite der Linse vom Licht zuerst getroffen wird. Daher ist die Brennweite auf beiden Seiten der Linse gleich.
Wenn eine Linse im Verhältnis zum Durchmesser dünn ist, kann man beim Konstruieren des Lichtweges die zweimalige Brechung durch eine Umlenkung in der Mittelebene der Linse ersetzen.
Beim genauen Betrachten von Abb. ➤ 2 erkennt man, dass die Lichtstrahlen, die parallel zur optischen Achse verlaufen, von der Linse nicht immer genau durch einen Punkt umgelenkt werden. Dies ist einer der Gründe, weshalb bei der Abbildung mit Linsen unscharfe Bilder entstehen können. Nur für dünne Linsen und achsennahe Strahlen erhält man fast einen Punkt, den Brennpunkt der Linse.

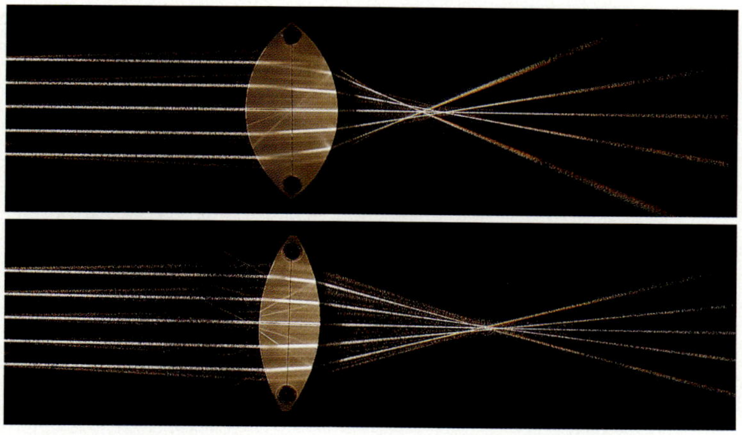
2 Unterschiede in der Brennweite von verschieden dicken Linsen. Beachte die Unschärfe der Brennpunkte!

Konstruktion des Lichtweges bei einer Sammellinse

Eine punktförmige Lichtquelle beleuchtet durch eine Blende eine Sammellinse mit bekannter Brennweite. Finde den weiteren Lichtweg!

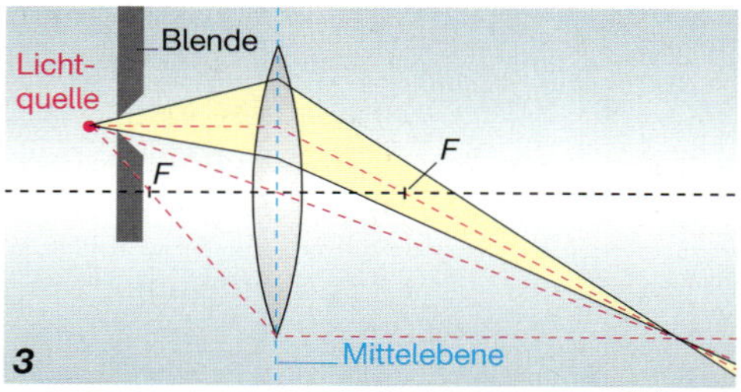

3

Lösung: Wir wissen, dass ein von einer punktförmigen Lichtquelle ausgehendes Lichtbündel von einer Sammellinse durch einen Punkt gelenkt wird. Dieser Punkt lässt sich mit Strahlen finden, deren Verlauf vorhersagbar ist, weil dieser nur von der Brennweite der Linse bestimmt ist. Im Lichtbündel ohne Blende sind dies die rot gezeichneten Strahlen (Abb. ➤ 3), die sich in einem Punkt treffen. Das von der Blende begrenzte Lichtbündel wird ebenfalls an diesem Punkt gesammelt. Danach wird es wieder breiter.

? Wie beeinflusst die Krümmung der Linsenoberfläche die Brennweite der Linse?

Zerstreuungslinsen

Es gibt Linsen, die anders als Sammellinsen auseinander strebende Lichtstrahlen noch stärker auseinander laufen lassen. Solche Linsen heißen ***Zerstreuungslinsen***. Sie sind in der Mitte stets dünner als am Rand (Abb. ➤ 1).
Die Untersuchung der Lichtwege bei Zerstreuungslinsen zeigt, dass es wie bei den Sammellinsen auf jeder Seite der Linse einen ausgezeichneten Punkt *F* auf der optischen Achse gibt. Nur verlaufen hier nicht die Strahlen selbst, sondern ihre rückwärtigen Verlängerungen vom Auftreffpunkt in der Mittelebene der Linse durch *F* hindurch (Abb. ➤ 2a).

> Alle Lichtstrahlen, die parallel zur optischen Achse auf eine Zerstreuungslinse treffen, werden von ihr so umgelenkt, als ob sie vom selben Punkt *F* vor der Zerstreuungslinse kämen.

Auf der anderen Seite der Linse existiert ebenfalls ein Punkt *F* im gleichen Abstand von der Linsenmitte, auf den die Strahlen zulaufen müssen, damit sie anschließend die Linse parallel zur optischen Achse verlassen (Abb. ➤ 2b).
Strahlen, die durch die Mitte einer Zerstreuungslinse gehen, ändern ihre Richtung nicht (Abb. ➤ 2c).
Bei Zerstreuungslinsen spricht man ebenfalls von ***Brennpunkten*** *F*, obwohl sie keine „Brennwirkung" haben. Die für das Zeichnen des Strahlenganges maßgeblichen Brennpunkte sind gegenüber der Sammellinse vertauscht. Die ***Brennweite*** *f* erhält ein negatives Vorzeichen.

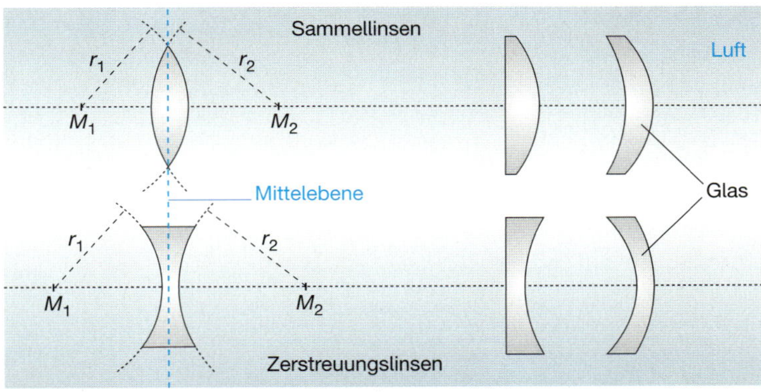

1 Sammellinsen und Zerstreuungslinsen

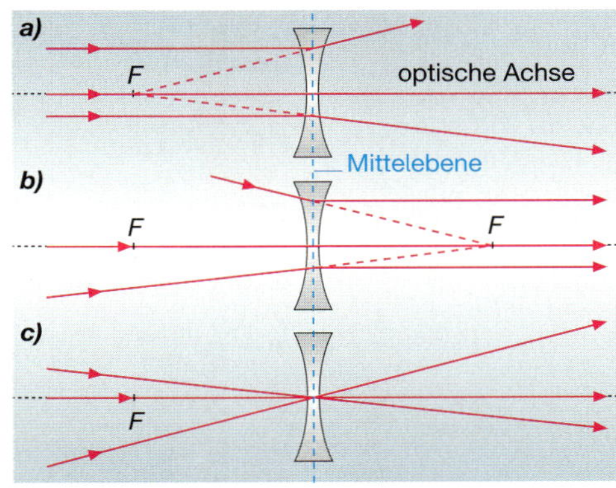

2 Wie ändert die Zerstreuungslinse Lichtwege?

Linsen – früher und heute

Sammellinsen aus glasartigen Steinen oder Harzen kennen die Menschen schon lange.

In den über dreitausend Jahre alten Ruinen von Ninive am Tigris fand man z. B. einen Bergkristall, der als Brennglas verwendet wurde.
Obwohl man schon im Altertum Glas künstlich herstellte, waren Glaslinsen sehr selten. Das Glas war nicht farblos genug und durch Sprünge und Einschlüsse trüb. Als Sehhilfen waren diese Gläser ungeeignet.

Erst im 13. Jahrhundert ließ sich klares und farbloses Glas herstellen. Glasschleifer fingen an, Glaslinsen für Brillen herzustellen.
Heute gibt es Linsen in allen Formen und Größen

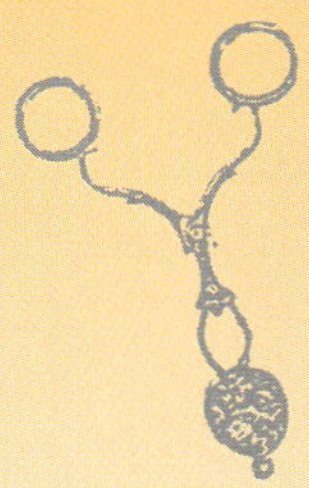

und nicht nur aus Glas.
Besonders bei kompliziert geformten oder großen Linsen verwendet man leichteren und einfacher zu bearbeitenden Kunststoff. Die optische Qualität von Glas ist nach wie vor unübertroffen.

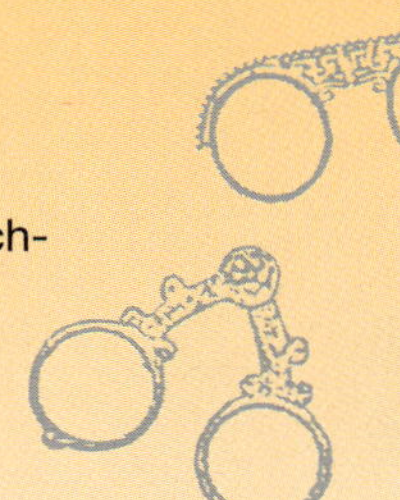

Die größte Glaslinse der Welt mit 1,02 m Durchmesser befindet sich in einem astronomischen Fernrohr des Yerkes Observatoriums in USA.
Die kleinste Glaslinse mit 0,9 mm Durchmesser befindet sich in einem Forschungsmikroskop.

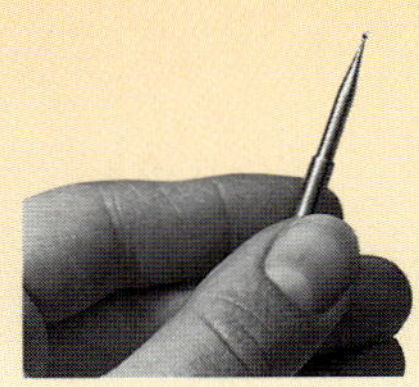

Abbildungen mit Linsen

Versuche

V1 Wir halten eine Sammellinse gegenüber einem sonnenbeschienenen Fenster vor eine weiße Wand. In einer bestimmten Entfernung zur Wand sehen wir auf der Wand ein deutliches, verkleinertes Bild der Fensteröffnung. Alles steht auf dem Kopf! Das Bild wird undeutlicher, wenn wir den Abstand der Linse etwas ändern.

V2 Mit einer Linse bilden wir einen hellen, großen Gegenstand, z. B. das Fenster des Klassenraumes, scharf ab. Dann wird die obere Hälfte der Linse mit einem undurchsichtigen Gegenstand abgedeckt. Das Bild bleibt in seiner Größe unverändert, es wird nur dunkler.

V3 Mit einer Sammellinse erzeugen wir wie in Abb. ➤1 das Bild einer brennenden Kerze. Wird die Kerze aus großer Entfernung der Linse genähert, so muss gleichzeitig der Schirm von der Linse entfernt werden, um ein deutliches Bild der Kerze zu erhalten. Zunächst entsteht ein verkleinertes Bild, das immer größer wird, bis es gleich groß und dann sogar größer als die Kerze ist. Ab einer bestimmten Entfernung der Kerze zur Linse ist auf dem Schirm kein Bild mehr beobachtbar.

Das Bild der Kerze existiert auch ohne Schirm! Entfernt man den Schirm und blickt von hinten in Richtung Linse, so sieht man das Bild an der Stelle, wo der Schirm vorher war, im Raum schweben. Staub oder Rauch an dieser Stelle lassen das Bild besser erkennen.

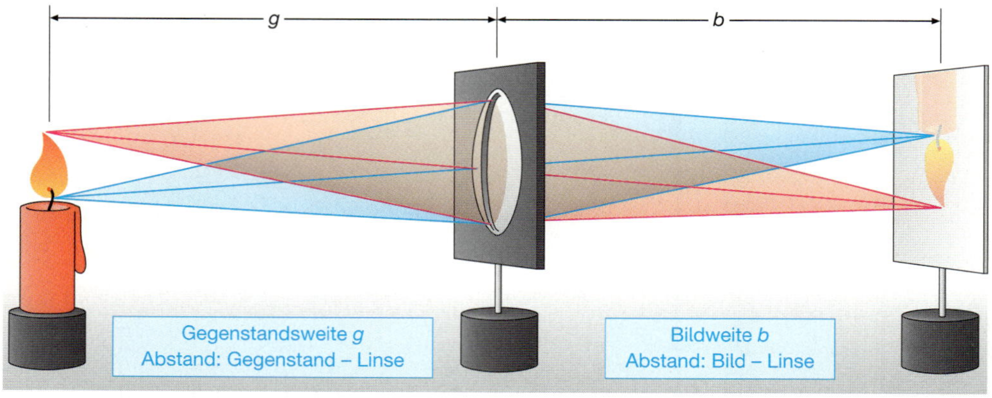

1 Wir fangen ein Bild mit dem Schirm auf und messen die Abstände.

Grundwissen

Bilder bei Sammellinsen

Linsen sind wichtige Bauteile optischer Geräte. Sie können von jedem Gegenstandspunkt einen Bildpunkt erzeugen. Beim Fotoapparat entsteht dabei auf dem Film ein verkleinertes Bild des Gegenstandes. Der Diaprojektor erzeugt vom Dia, dem Gegenstand, ein vergrößertes Bild. Mit den Bezeichnungen der Abstände wie in Abb. ➤1 stellt man fest:

- Zu jeder Gegenstandsweite gehört eine bestimmte Bildweite.
- Ist die Entfernung des Gegenstandes größer als die Brennweite, so entsteht ein umgekehrtes reelles Bild. Das Bild wird umso größer, je mehr der Gegenstand an den Brennpunkt heranrückt.
- Steht der Gegenstand zwischen Brennpunkt und Linse, so ist kein Bild auf dem Schirm zu sehen. Blickt man aber durch die Linse in die Richtung zum Gegenstand, so sieht man sein Bild aufrecht und vergrößert.

Im Gegensatz zum ***reellen*** Bild, das sich auf einem Schirm auffangen lässt, spricht man im zweiten Fall von einem ***virtuellen*** Bild. Das virtuelle Bild wird kleiner, wenn man den Gegenstand der Linse nähert.

> Größe und Lage der mit einer Sammellinse erzeugten Bilder hängen von der Entfernung des Gegenstandes zur Linse ab. Ist sie größer als die Brennweite, so sind die Bilder reell, andernfalls virtuell.

Zur ***Bildkonstruktion*** reichen zwei der drei Strahlen mit vorhersagbarem Verlauf:

- Lichtstrahlen durch die Linsenmitte; sie ändern ihre Richtung nicht,
- Lichtstrahlen, die parallel zur optischen Achse verlaufen; sie laufen hinter der Linse durch den Brennpunkt,
- Lichtstrahlen, die durch den Brennpunkt vor der Linse gehen; sie verlaufen hinter der Linse parallel zur optischen Achse.

Der Gegenstand ist weiter als der Brennpunkt von der Linse entfernt.

Alle von einem Punkt des Gegenstandes ausgehenden und von der Linse durchgelassenen Strahlen treffen sich wieder in einem Punkt. Verschiedene Gegenstandspunkte liefern verschiedene ***Bildpunkte***. Die Anordnung der Bildpunkte entspricht der Anordnung ihrer Gegenstandspunkte (Abb. ➤ 1).

Der Gegenstand steht in der Brennebene, das heißt, es ist g = f.

Alle von einem Punkt *P* kommenden Lichtstrahlen verlassen die Linse parallel. Dies gilt für alle Punkte des Gegenstandes. Es entsteht kein Bild auf einem Schirm.

Der Gegenstand steht zwischen Brennpunkt und Linse.

Von einem Punkt *P* des Gegenstandes ausgehende Lichtstrahlen werden so gebrochen, dass sie hinter der Linse auseinander laufen (Abb. ➤ 2). Sie schneiden sich nicht. Dies gilt für alle Punkte des Gegenstandes. Trotzdem ist, wenn man durch die Linse blickt, ein Bild von *P* zu sehen: Die aus der Linse austretenden Lichtstrahlen verlaufen so, als kämen sie von *P'*. Dies gilt entsprechend für alle Punkte des Gegenstandes. Das Bild steht aufrecht und ist größer als der Gegenstand. In dieser Entfernung des Gegenstandes kann die Sammellinse als Lupe zum vergrößernden Betrachten des Gegenstandes benutzt werden.
Tabelle ➤ 3 und Abb. ➤ 4 fassen die Beobachtungen über Lage und Größe des Bildes mit der Sammellinse zusammen.

Wichtiger Sonderfall:
Ist g sehr viel größer als $2f$, dann ist b fast genau gleich f. Die Strahlen aller Gegenstandspunkte treffen dann nahezu parallel auf die Linse, so dass alle Bildpunkte in der Brennebene liegen.

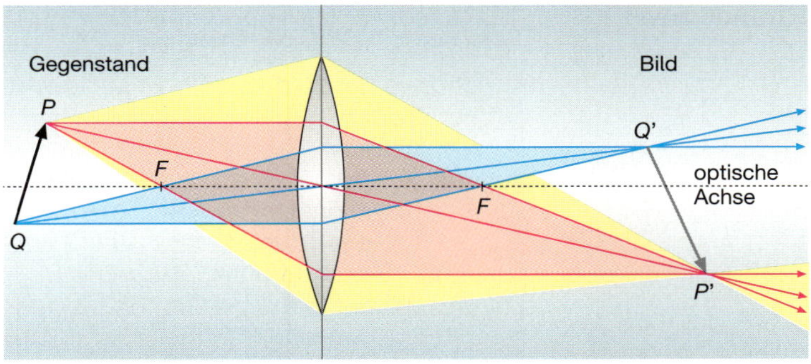

1 So lässt sich ein Bild konstruieren; beachte die Lage der Pfeile!

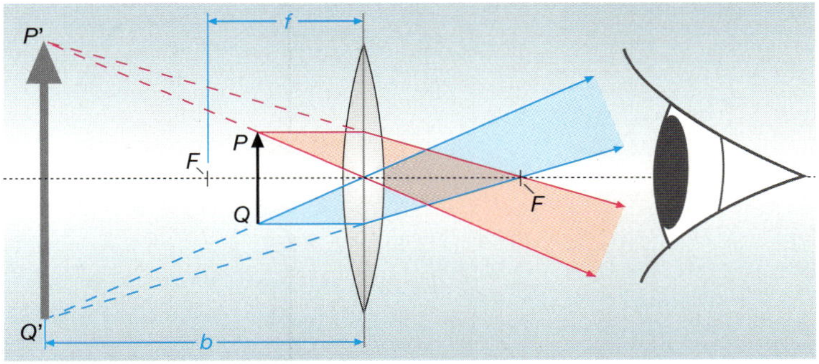

2 Die Sammellinse erzeugt jetzt ein virtuelles Bild.

Gegenstandsweite g	Bildweite b	Eigenschaften des Bildes
$g > 2f$	$f < b < 2f$	reell, umgekehrt, verkleinert
$g = 2f$	$b = 2f$	reell, umgekehrt, gleich groß
$f < g < 2f$	$b > 2f$	reell, umgekehrt, vergrößert
$g = f$	—	kein Bild auf dem Schirm
$g < f$	$b > g$	virtuell, aufrecht, vergrößert

3 Zusammenhang von Gegenstands- und Bildweite bei Sammellinsen

Mit Strahlen, deren Verlauf vorhersagbar ist, kann man die mit Linsen erzeugten Bilder konstruieren.

? Was ändert sich am Bild, wenn die Mitte einer Sammellinse abgedeckt wird?

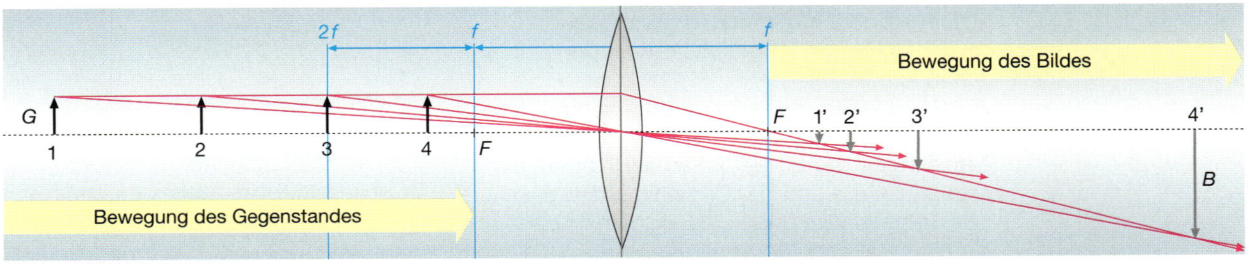

4 Zusammenhang von Gegenstandsweite und Bildgröße, wenn der Gegenstand der Linse immer näher kommt.

Grundwissen

Beispiel zur Bildkonstruktion

Konstruiere das Bild von einem senkrecht auf der optischen Achse stehenden Pfeil (Abb. ➤ 1). Es ist

gegeben: Sammellinse mit $f = 3$ cm,
Gegenstandsweite $g = 8$ cm,
Gegenstandsgröße $G = 3$ cm.

gesucht: Bildweite b und Bildgröße B.

Zuerst zeichnet man eine Gerade als optische Achse und eine Sammellinse. Wichtig ist der Schnittpunkt der Mittelebene der Linse mit der Achse, denn er ist maßgebend für alle Abstände. Man wählt in diesem Beispiel den Maßstab so, dass 1 cm in der Zeichnung 1 cm in der Wirklichkeit entspricht. Dann zeichnet man den Gegenstand in der richtigen Entfernung und Größe ein und markiert die Brennpunkte der Linse.

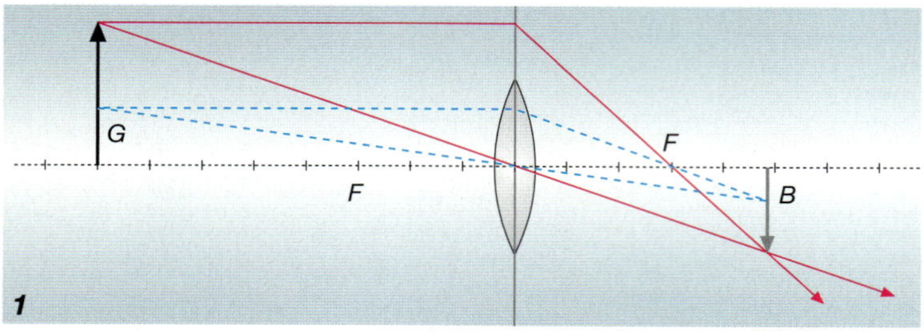

1

Nun wird von der Pfeilspitze ein Strahl durch den Linsenmittelpunkt – er geht unverändert weiter – und ein parallel zur optischen Achse laufender Strahl zur Linse – er geht durch den Brennpunkt auf der anderen Seite – gezeichnet.
Der Schnittpunkt der beiden Strahlen ist das Bild der Pfeilspitze. Der Fußpunkt des Pfeils befindet sich auf der optischen Achse darüber.
Der Zeichnung entnehmen wir die Werte für $b = 4{,}8$ cm für $B = 1{,}8$ cm.

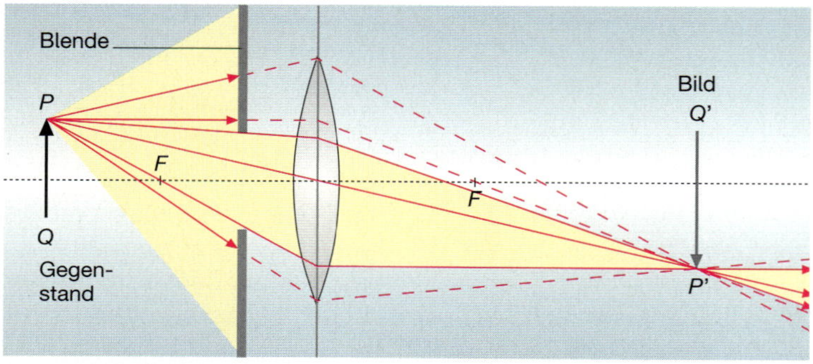

2 Lage und Größe des Bildes sind unabhängig davon, wie groß der Durchmesser der Lichtbündel ist.

Die Wirkung einer Blende

Deckt man einen Teil der Linse ab, z. B. mit einer Blende, dann wird das bilderzeugende Lichtbündel schmaler, es gelangt weniger Licht vom Gegenstand zur Linse (Abb. ➤ 2). Das Bild wird dunkler, bleibt aber vollständig, weil immer noch von jedem Punkt des Gegenstandes ein Lichtbündel durch die Linse hindurch tritt und der zugehörige Bildpunkt wie bei offener Blende erzeugt wird. Zur Bildkonstruktion darf man deshalb auch Lichtstrahlen verwenden, die in Wirklichkeit gar nicht durch die Linse gehen würden.

Der Abbildungsmaßstab

Bei der Abbildung mit Linsen haben die Bilder im Allgemeinen eine andere Größe als der Gegenstand. Der Quotient aus der Bildgröße B und der Gegenstandsgröße G, also $B : G$, heißt ***Abbildungsmaßstab*** A. Der Abbildungsmaßstab gibt an, wie groß das Bild im Vergleich zum Gegenstand ist.
$B : G = 3$ heißt, das Bild ist dreimal so groß wie der Gegenstand.
Messungen der Bildgröße B, der Gegenstandsweite g und der Bildweite b bei einer Sammellinse mit $f = 15{,}0$ cm ergeben für einen Gegenstand mit $G = 6{,}0$ cm die Werte in Tabelle ➤ 3.

b in cm	20,2	23,7	30,0	37,5	59,0
g in cm	60,0	40,0	30,0	25,0	20,0
B in cm	2,1	3,5	6,0	9,1	17,5
$b : g$	0,34	0,59	1,00	1,50	2,95
$B : G$	0,35	0,58	1,00	1,51	2,91

3 Messwerte zum Abbildungsgesetz

Ein Vergleich der Quotienten $b : g$ und $B : G$ zeigt, dass beide etwa gleich sind. Es gilt das ***Abbildungsgesetz***:

$$\frac{B}{G} = \frac{b}{g} = A$$

Es ist der gleiche Zusammenhang, wie er für Lochkamera- und Spiegelbilder gilt.

Auch mit einer Zerstreuungslinse sind Bilder zu sehen

Werden die Abbildungseigenschaften einer Zerstreuungslinse in gleicher Weise wie bei der Sammellinse untersucht, so beobachtet man, dass mit einer Zerstreuungslinse – gleichgültig in welcher Entfernung sich der Gegenstand zu ihr befindet – keine reellen Bilder auf dem Schirm zu erzeugen sind. Die Lichtstrahlen der Gegenstandspunkte schneiden sich nie in Bildpunkten hinter der Linse.

Ein Betrachter sieht allerdings beim Blick durch die Linse ***virtuelle*** Bilder, die sich innerhalb der Brennweite auf der Seite des Gegenstandes befinden. Sie entstehen beim Betrachten durch Verlängerung der Lichtstrahlen, die die Linse verlassen. Die Aufweitung der Lichtbündel durch die Zerstreuungslinse liefert stets verkleinerte Bilder des Gegenstandes in gleicher Lage (Abb. ➤ 1).

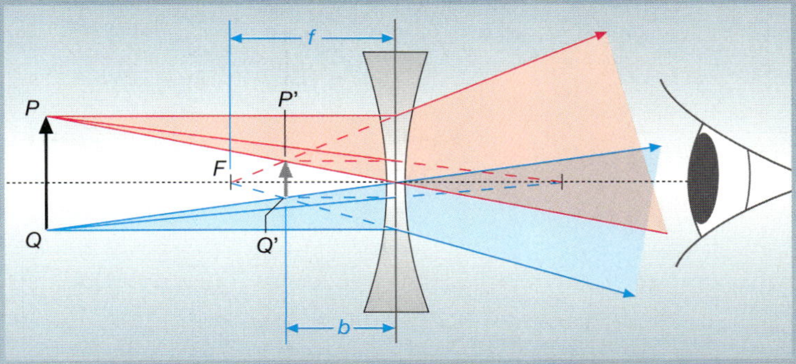

1 Bei der Zerstreuungslinse entsteht das virtuelle Bild durch Lichtbündel, die von Punkten vor der Linse herzukommen scheinen.

Zerstreuungslinsen erzeugen virtuelle, aufrechte, verkleinerte Bilder der Gegenstände.

Das Linsengesetz

Die zum Diagramm der Abb. ➤ 3 verwendeten Messwerte von Tabelle ➤ 1 der vorherigen Seite lassen keinen Zusammenhang zwischen g, b und f erkennen. Werden nicht g und b, sondern $g - f$ und $b - f$, also die Abstände von Gegenstand bzw. Bild zum Brennpunkt betrachtet (Tabelle ➤ 2), so folgt mit denselben Messwerten die nach ihrem Entdecker als ***Newton'sches Linsengesetz*** bezeichnete Beziehung:

$$(g - f) \cdot (b - f) = f^2$$

g in cm	60,0	40,0	30,0	25,0	20,0
$g - f$ in cm	45,0	25,0	15,0	10,0	5,0
$b - f$ in cm	5,2	8,7	15,0	22,5	44,0
$(g - f) \cdot (b - f)$ in cm^2	234	218	225	225	220
f^2 in cm^2	225	225	225	225	225

2 Zum Newton'schen Linsengesetz

Werden in Abb. ➤ 3 die Koordinatenachsen um $f = 15{,}0$ cm verschoben, also $b - f$ als Funktion von $g - f$ dargestellt, so ergibt sich ein antiproportionaler Zusammenhang.
Aus dem Newton'schen Linsengesetz erhalten wir durch Ausmultiplizieren:

$$g \cdot b - g \cdot f - f \cdot b + f^2 = f^2$$

Daraus ergibt sich: $g \cdot b = f \cdot b + g \cdot f$
Wird diese Gleichung durch $g \cdot b \cdot f$ dividiert, so erhält man das ***Linsengesetz*** in der heute üblichen Schreibweise:

$$\frac{1}{f} = \frac{1}{g} + \frac{1}{b}$$

Obwohl wir von reellen Bildern ausgegangen sind, gelten die Formeln auch für virtuelle Bilder. Allerdings muss man dann bei Sammellinsen die Bildweite b, bei Zerstreuungslinsen neben der Bildweite b auch die Brennweite f mit negativen Werten einsetzen.

Beispiel:
Es sei $f = 20$ cm und $g = 45$ cm. Berechne mit dem Linsengesetz die Bildweite b.
Durch Umformen erhält man: $1/b = 1/f - 1/g$:

$$\frac{1}{b} = \frac{1}{20\,\text{cm}} - \frac{1}{45\,\text{cm}} = \frac{9}{180\,\text{cm}} - \frac{4}{180\,\text{cm}}$$

$$\frac{1}{b} = \frac{5}{180\,\text{cm}}, \text{ also } b = \frac{180\,\text{cm}}{5} = 36\,\text{cm}$$

Die Bildweite beträgt $b = 36$ cm.

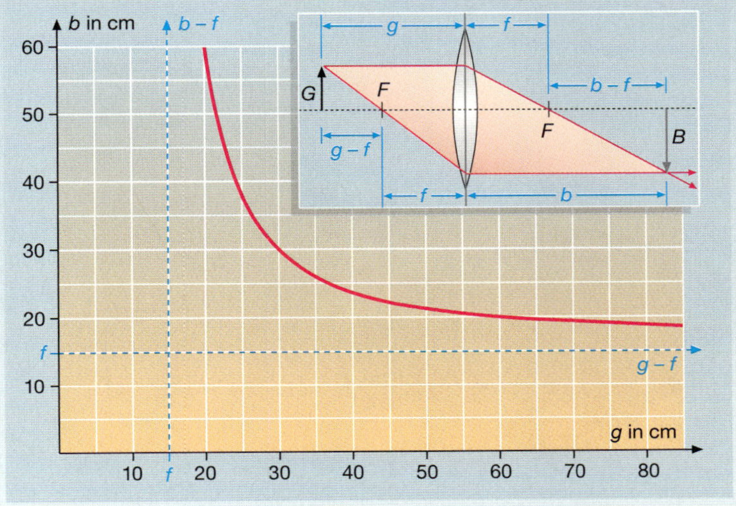

3 Kurve der Messwerte und Bezeichnungen für das Linsengesetz

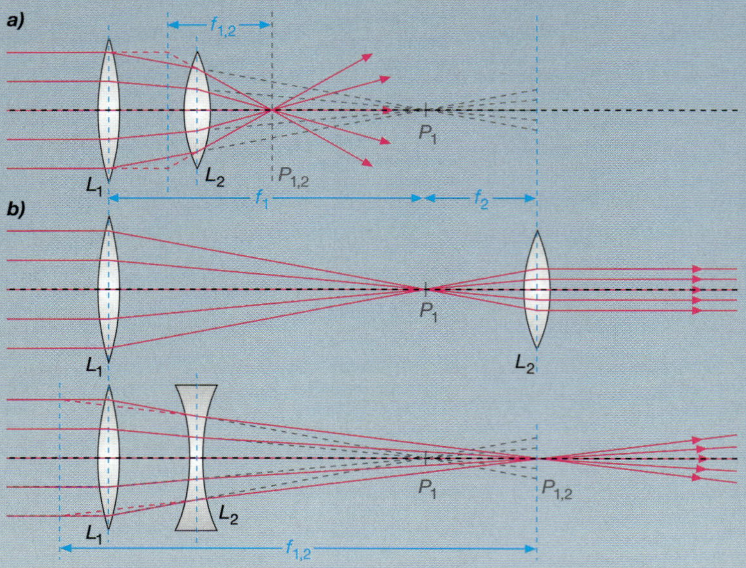

1 Befindet sich eine zweite Sammellinse innerhalb der Brennweite der ersten Linse, verstärkt sie deren Lichtumlenkung.
Eine Zerstreuungslinse verringert dagegen die Lichtumlenkung.
Beide Linsen wirken zusammen mit der Brennweite $f_{1,2}$.

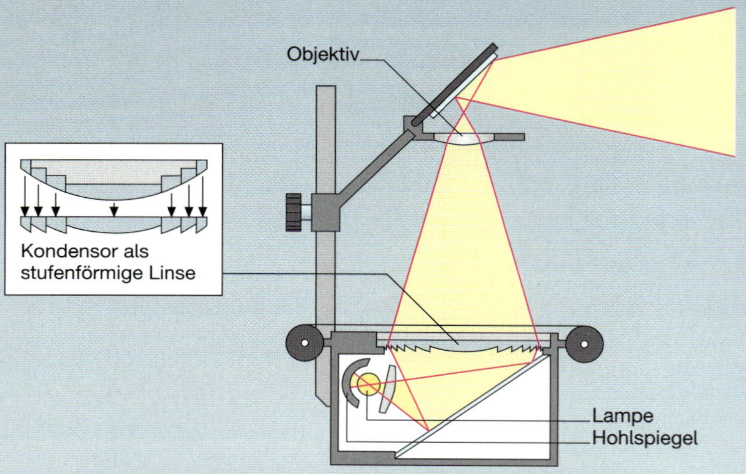

2 Strahlengang beim Tageslichtprojektor mit stufenförmiger Linse

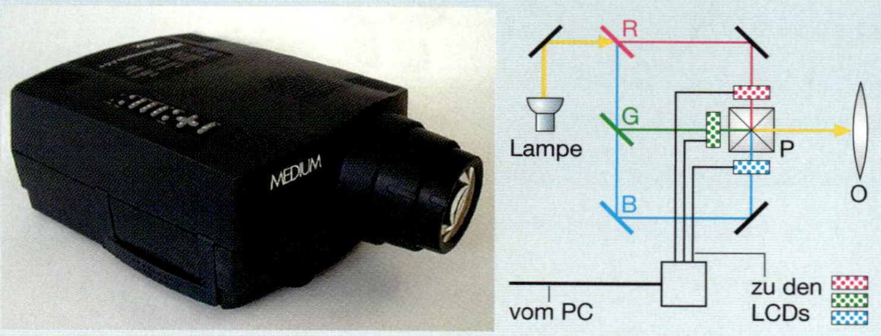

3 Beamer (Strahler) zur direkten Projektion von Bildern aus dem Computer und das Prinzip der Bilderzeugung.

Das Zusammenwirken mehrerer Linsen

In optischen Geräten werden oft mehrere Linsen, die zusammen wie eine einzige Linse wirken, zur Erzeugung von Bildern verwendet. Man spricht von ***Linsensystemen***. Die Objektive der meisten optischen Geräte bestehen aus solchen Linsensystemen.
In Abb. ➤ 1a fallen parallele Lichtstrahlen auf die Linse L_1. Ohne die Linse L_2 träfen sich die Lichtstrahlen im Punkt P_1.
P_1 ist der Brennpunkt von L_1.
Die zweite Linse L_2 bündelt die Strahlen zusätzlich, so dass sie sich schon vorher in $P_{1,2}$ treffen. $P_{1,2}$ ist der Brennpunkt des Linsensystems, welches aus den Linsen L_1 und L_2 gebildet wird. Die Brennweite $f_{1,2}$ dieses Systems ist daher kleiner als die Summe der einzelnen Brennweiten.
Beim Zusammenwirken von Linsen kommt es jedoch nicht nur auf die Brennweiten der einzelnen Linsen (Abb. ➤ 1b), sondern auch auf ihren gegenseitigen Abstand an. Indem man diesen Abstand ändert, lassen sich wie bei Zoom-Objektiven verschiedene Brennweiten des Systems erzeugen.

Projektoren (Abb. ➤ 2 und Abb. ➤ 3)

Beim ***Tageslicht-Projektor*** wird das Bild auf einer durchscheinenden Folie mit einem Objektiv vergrößert auf eine Wand abgebildet. Da die Folie eben ist, befinden sich alle Punkte in der gleichen Gegenstandsweite, die etwas größer als die Brennweite des Objektivs ist. Dadurch entsteht ein reelles Bild, das mit zunehmender Entfernung zur Wand größer wird. Durch leichtes Verschieben des Objektivs wird das Bild scharf eingestellt.
Die Folie muss mit einer starken Lampe beleuchtet werden. Ein Hohlspiegel sorgt dafür, dass auch nach rückwärts gehendes Licht der Lampe genutzt wird. Um die Folie gleichmäßig auszuleuchten, ist eine ***Kondensorlinse*** nötig, die größer als die Folie ist. Als normale Linse würde sie sehr dick und schwer sein. Stattdessen verwendet man eine dünne, stufenförmige Linse, die nur aus den dünnen Ringen einer in gleicher Weise gekrümmten Linsenoberfläche besteht.
Bilder, die ein Computer erzeugt, können mit einem ***Beamer*** projiziert werden. In diesem Gerät wird weißes Licht einer starken Lampe mit Hilfe spezieller Spiegel, die nur rotes, grünes oder blaues Licht reflektieren bzw. hindurchtreten lassen, zerlegt. Mit den roten, grünen und blauen Strahlen werden Flüssigkristallanzeigen (LCDs) von den drei entsprechenden Farbanteilen des Computerbildes beleuchet. Je nach „Schwärzung" lassen sie das farbige Licht hindurchtreten. Über Prismen P werden die farbigen Bildteile vereinigt und vom Objektiv O auf die Wand abgebildet.

Die Kamera

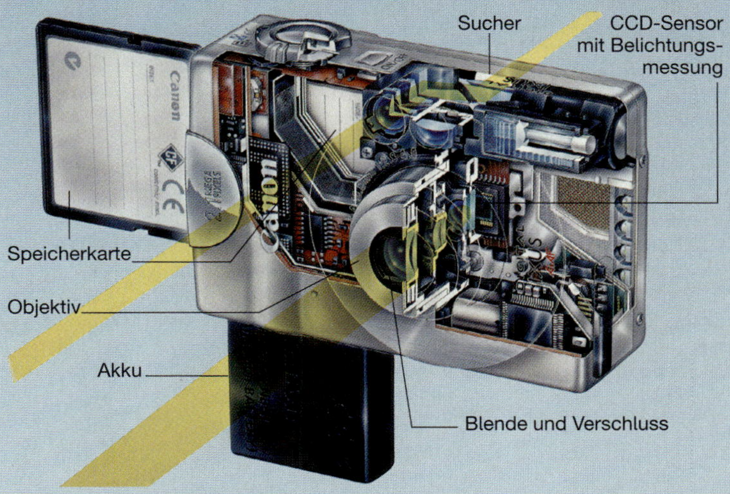

1 Schnitt durch eine Digitalkamera

Bei Fotoapparaten, Video- oder Digitalkameras (Abb. ➤ 1) erzeugt ein Linsensystem, das Objektiv, von einem Gegenstand ein Bild auf einem Fotofilm oder einem Chip mit Fotozellen. Diese enthalten lichtempfindliche ***Sensoren***, die die Bildpunkte in ihrer Lage, Farbe und Helligkeit speichern. Beim Film sind dies körnige, silberhaltige Schichten. Der Chip gibt die Informationen als elektrische Signale zur digitalen Speicherung weiter.
Da die Bildweite von der Gegenstandsweite abhängt, ist eine Entfernungseinstellung erforderlich. Dazu wird das Objektiv in einem Gewinde hinein- oder herausgedreht, damit sich sein Abstand zur Ebene mit den Sensoren, die Bildweite, ändert.

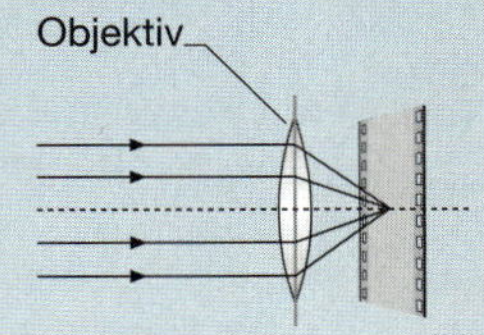

unendlich $b = f$

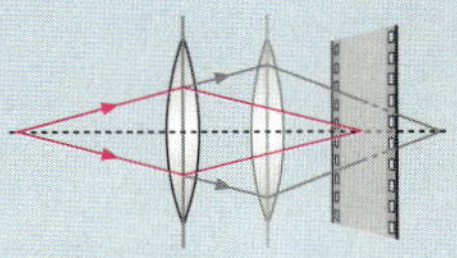

nah $b > f$

Von weit entfernten Gegenständen erzeugt das Objektiv ein Bild, das ziemlich genau in der Brennebene liegt. Die Einstellung des Objektivs auf „Unendlich: ∞ " gilt etwa bis zum 100fachen der Brennweite. Liegt der Gegenstand näher, wird die Bildweite deutlich größer als die Brennweite. Da die Bildweite nicht größer als die Länge der Kamera sein kann, gibt es zur Einstellung der ***Entfernung*** eine untere Grenze.
Je größer die Brennweite eines Objektivs ist, desto weiter muss der Gegenstand entfernt sein, um die gleiche Bildgröße zu haben. Das bedeutet, dass ein Teleobjektiv (große Brennweite) gegenüber einem Weitwinkelobjektiv (kleine Brennweite) nur einen Ausschnitt desselben Gegenstandes abbildet (Abb. ➤ 2).

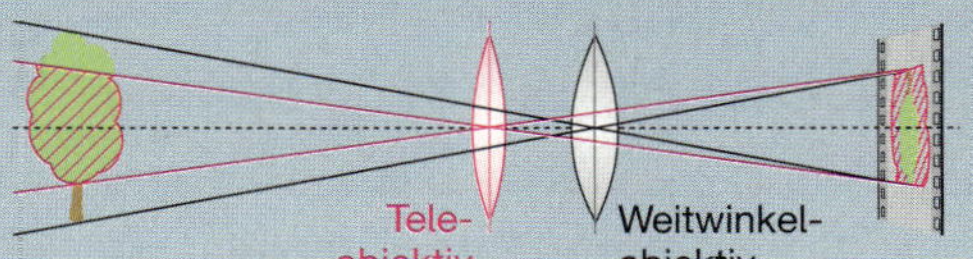

2

Gegenstände, die eine größere oder kleinere Entfernung als die gerade eingestellte Gegenstandsweite haben, werden unscharf abgebildet. Die von ihnen kommenden Lichtbündel ergeben auf der bildaufnehmenden Ebene keine Bildpunkte, sondern kreisförmige Bildflecke (Abb. ➤ 3). Sind die Kreise kleiner als 0,02 mm, bemerkt unser Auge die Unschärfe beim Betrachten nicht. Deshalb gibt es um die eingestellte Entfernung einen Bereich, die ***Schärfentiefe***, in dem Gegenstände scharf abgebildet erscheinen.
Die Bildflecke werden durch Verkleinern der Lichtbündel mit der ***Blende*** kleiner (Abb. ➤ 3). Das Bild wird schärfer, aber auch dunkler.
Für ein richtig belichtetes Bild wird eine bestimmte Lichtmenge benötigt. Da die Sensoren das Licht ansammeln können, lässt sich die Lichtmenge nicht nur durch die Blendenöffnung, sondern auch durch die Zeit des Lichteinfalls steuern. Diese ***Belichtungszeit*** wird durch den ***Verschluss*** bestimmt.
Die Blendenöffnung wird durch ***Blendenzahlen*** beschrieben. Eine Halbierung der Blendenzahl führt zur vierfachen Lichtmenge. Die folgende Tabelle zeigt Einstellungen, die alle die gleiche Lichtmenge auf der Ebene liefern, in der die Bilder entstehen:

Blendenzahl	2,8	4	5,6	8	11	16	22
Belichtungszeit	$\frac{1}{500}$ s	$\frac{1}{250}$ s	$\frac{1}{125}$ s	$\frac{1}{60}$ s	$\frac{1}{30}$ s	$\frac{1}{15}$ s	$\frac{1}{8}$ s

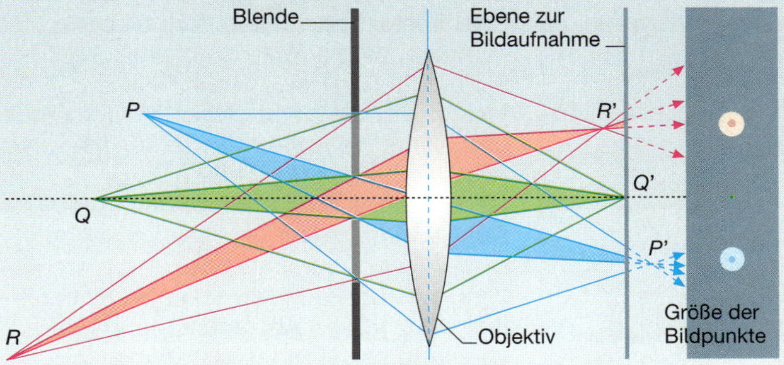

3 Breite Lichtbündel – große Bildflecke – unscharfes Bild

Bei der ***Digitalkamera*** (Abb. ➤ 1) betrachtet man das Objekt durch einen Sucher oder auf einem LC-Display und kann so Bildausschnitt und Bildhelligkeit prüfen.
Der Sucher ist ein kleines Fernrohr, das Display ist eine Wiedergabe des digital umgesetzten Bildes.

Unser Auge, ein optisches Instrument

Versuche

V1 Wir verdunkeln den Physikraum und schalten die elektrische Beleuchtung ein. Wird sie nach einiger Zeit ausgeschaltet, so erkennen wir erst allmählich Personen und Gegenstände im schwachen, restlichen Licht.

Nun wird das Licht plötzlich wieder eingeschaltet. Wir können beobachten, dass die Pupillen der Mitschüler kleiner werden.

V2 Gleich große Gegenstände, wie z. B. Strommasten, Straßenlampen, erscheinen in unterschiedlicher Entfernung verschieden groß. Andererseits sehen wir Sonne und Mond gleich groß, obwohl die Sonne 400-mal größer als der Mond ist. Woran liegt dies?

V3 Betrachte einen weit entfernten Gegenstand genau. Schaue dann ganz rasch auf diese Buchseite. Erst nach kurzer Zeit sind die Buchstaben deutlich zu erkennen. Teste auch einmal deine Eltern und Großeltern.

V4 Halte das linke Auge zu und betrachte mit dem rechten Auge die Katze über der grauen Linie. Du wirst dabei nicht nur die Katze, sondern auch die Maus rechts davon gleichzeitig sehen. Führe nun das Buch langsam an das Auge heran und wieder weg, blicke dabei aber weiter fest auf die Katze.
In einem ganz bestimmten Abstand ist die Maus nicht mehr zu sehen!
Wiederhole den Versuch, mit dem linken Auge!

Grundwissen

Die optische Abbildung mit dem Auge

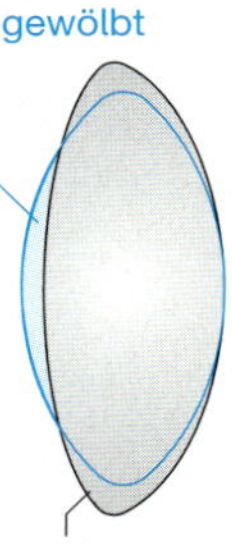

Das Auge erzeugt, ähnlich wie eine Kamera, Bilder auf einer lichtempfindlichen Schicht, der Netzhaut. Der Augapfel hat einen Durchmesser von etwa 25 mm und kann in der Augenhöhle durch 6 Muskeln bewegt werden. Die Linse bildet zusammen mit der Hornhaut, der Flüssigkeit in der vorderen Augenkammer und dem Glaskörper das optische System des Auges (Abb. ➤ 1). Der Anteil der Linse an der Lichtbrechung im Auge liegt bei etwa einem Drittel.
Die von der farbigen Iris umgebene Pupille begrenzt die Helligkeit auf der Netzhaut, indem sie den Durchmesser der Lichtbündel von 64 mm² bei wenig Licht auf 4 mm² bei viel Licht ändern kann.

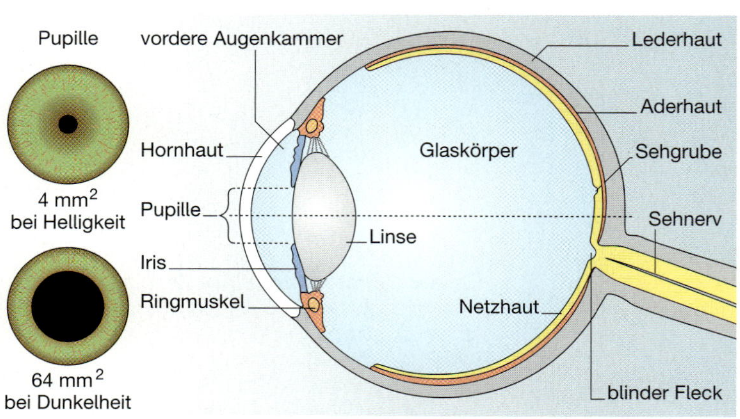

1 Horizontalschnitt (also Blick von oben) durch das rechte Auge

Diese Anpassung an die Lichtverhältnisse nennt man ***Adaption***.
Die Brennweite des optischen Systems beträgt etwa 20 mm. Die Netzhaut befindet sich also zwischen der einfachen und doppelten Brennweite. Es entsteht ein reelles, verkleinertes und umgekehrtes Bild. Ein unbewusstes Zusammenwirken von Auge und Gehirn lässt uns die Umwelt lagerichtig wahrnehmen. Das Bild entsteht auf der Netzhaut mit über 130 Millionen Sehzellen, die einen Abstand von etwa 0,007 mm haben. Am Ausgang der Sehnerven sind im Auge keine Sinneszellen vorhanden. Man bezeichnet diese Stelle als ***blinden Fleck***.
Entfernen oder nähern sich Gegenstände, so muss wegen der konstanten Bildweite im Auge die Brennweite durch die ***elastische Augenlinse*** verändert werden. Sie wird von einem Ringmuskel in gestreckter Form festgehalten. Zieht sich dieser zusammen, so krümmt sich die Linse stärker und die Brennweite wird kleiner. Sie kann auf diese Weise zwischen 19 mm und 23 mm verändert werden. Diese Anpassung heißt ***Akkommodation***.
Gegenstände in 25 cm Entfernung lassen sich besonders klar und deutlich erkennen. Völlig entspannt ist das Auge, wenn die Lichtstrahlen nahezu parallel eintreffen. Unter 10 cm Abstand kann ein Gegenstand selbst mit Anstrengung nicht mehr deutlich gesehen werden.

Der Sehwinkel

Mit einer Münze am ausgestreckten Arm lässt sich die Vollmondscheibe völlig verdecken. Das Flugzeug in Abb. ➤ 1 scheint größer zu sein als die Sonne. Wenn wir einen Gegenstand genau betrachten wollen, dann bringen wir ihn näher ans Auge. Die Bildgröße auf der Netzhaut ist durch den ***Sehwinkel*** bestimmt (Abb. ➤ 2), unter dem man den Gegenstand sieht.

> Der Sehwinkel bestimmt die Bildgröße. Je größer der Sehwinkel, desto größer wird das Bild auf der Netzhaut.

Der Sehwinkel hängt sowohl von der Gegenstandsgröße als auch von der Gegenstandsweite ab. Unsere Entfernungs- oder Größenschätzung beruht auf dem Sehwinkel. Sie versagt, wenn wir über die tatsächliche Gegenstandsgröße oder Entfernung (wie etwa der Sonne in Abb. ➤ 1) keinen Vergleich oder Anhaltspunkt haben.

> Bei gleich bleibender Gegenstandsgröße wird der Sehwinkel mit wachsender Gegenstandsweite (Entfernung) kleiner.

Erscheinen zwei entfernte, verschieden große Gegenstände unter gleichem Sehwinkel, so sind die jeweiligen Quotienten von Gegenstandsgröße G zu Gegenstandsweite g gleich. Es gilt:
$G_1 : g_1 = G_2 : g_2 = \ldots$

> Für kleine Sehwinkel sind Gegenstandsgröße und Gegenstandsweite annähernd proportional.

? Weshalb kann der kleine Mond die riesige Sonne gerade eben total verfinstern?

1 Großes Flugzeug vor kleiner Sonne?

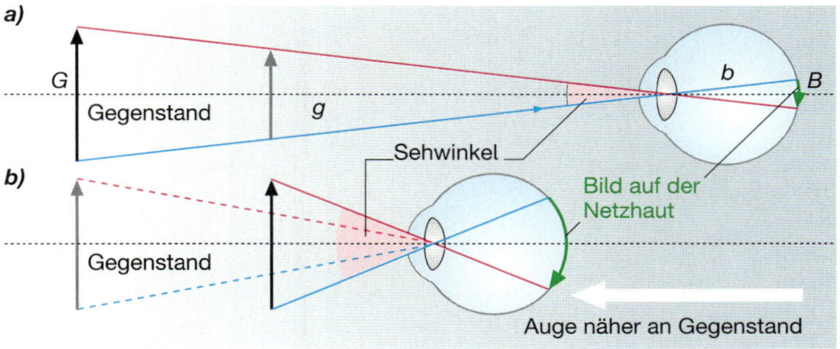

2 Zum Sehwinkel

Fehlsichtigkeit

Durch Akkommodation können Gegenstände aus unterschiedlichen Entfernungen scharf auf der Netzhaut abgebildet werden. Oft gelingt dies nicht, weil die Strahlen nicht hinreichend stark gebrochen werden oder der Augapfel zu kurz ist, so dass ein Bildpunkt erst hinter der Netzhaut entstehen würde. Das Bild auf der Netzhaut wird unscharf. Dieser Sehfehler heißt ***Weitsichtigkeit*** (Abb. ➤ 3a). Eine als Brillenglas dicht vor das Auge gehaltene Sammellinse verkürzt durch zusätzliche Brechung die Bildweite, so dass eine scharfe Abbildung auf der Netzhaut entsteht. Im Alter lässt sich die Brennweite des Auges oft nicht mehr genügend verringern, so dass auch hier eine Sammellinse als Brille erforderlich wird. Man spricht dann von ***Altersweitsichtigkeit***. Es kommt auch vor, dass die Strahlen im Auge zu stark gebrochen werden oder dass der Augapfel zu lang geraten ist (Abb. ➤ 3b). Dann liegt der Bildpunkt vor der Netzhaut. Diesen Sehfehler nennt man ***Kurzsichtigkeit***. Hier lässt sich die Gesamtbrechung durch Brillen mit Zerstreuungslinsen abschwächen. Bei Brillengläsern gibt man meist nicht die Brennweite f, sondern die ***Brechkraft*** $D = 1/f$ an. D wird in Dioptrien (dpt) gemessen.
Es ist 1 Dioptrie = 1 dpt = 1/m.

Beispiel:
Ein kurzsichtiges Auge braucht eine Zerstreuungslinse mit
$f = -0{,}25$ m
$= -1/4$ m.
Es ist
$D = 1/f = -4$ dpt.

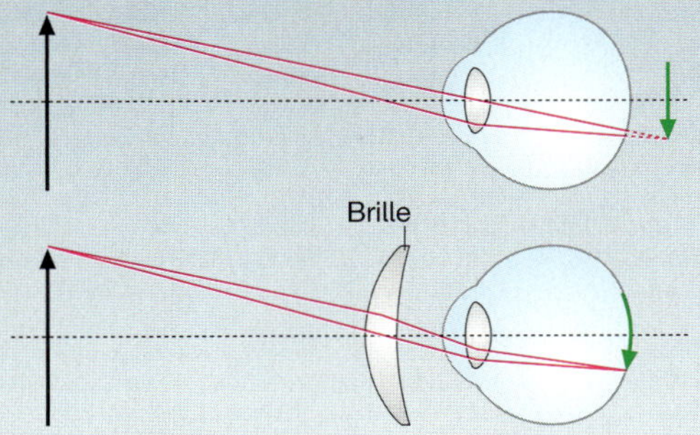

3a) Weitsichtiges Auge

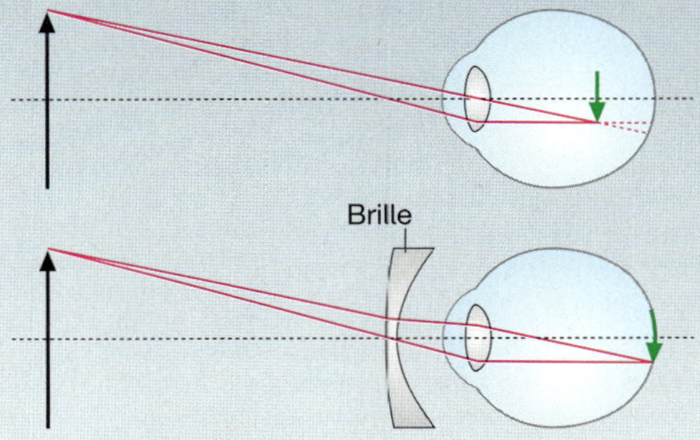

3b) Kurzsichtiges Auge

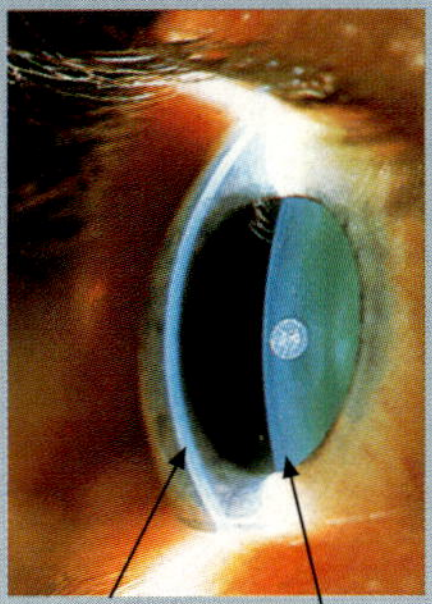

1 Hornhaut und Linse

Sehen: Vom Lichteindruck zur Wahrnehmung

Sehen beginnt mit einer optischen Abbildung, die im Prinzip mit Sammellinsen nachvollziehbar ist. Hornhaut und Linse (Abb. ➤ 1) liefern den maßgeblichen Anteil an der brechenden Wirkung des Auges. Die Linse kann ihre Krümmung und damit die Brennweite f bzw. ***Brechkraft*** $D = 1/f$ des Auges verändern, um für unterschiedliche Gegenstandsweiten eine konstante Bildweite zu erhalten. Diese als ***Akkommodation*** bezeichnete Fähigkeit wird im Alter schwächer, so dass der Nahpunkt, bei dem die Linse am stärksten gekrümmt sein muss, immer weiter weg rückt (Abb. ➤ 2).

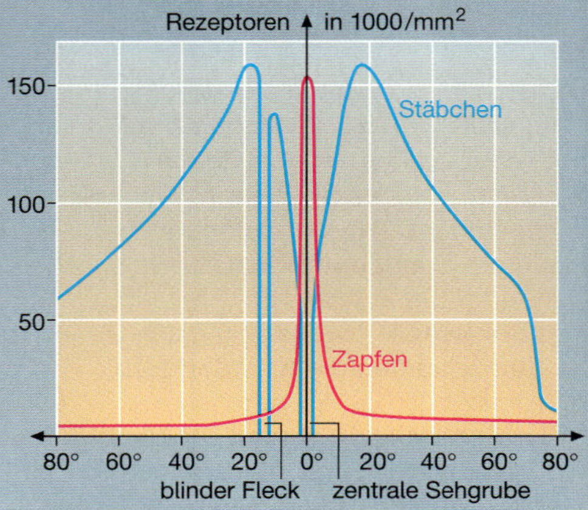

5 Dichte der Stäbchen und Zapfen, von der Augenmitte aus in Winkelgraden gemessen

Brechkraft bei Akkommodation in die Nähe:	
Hornhaut:	42 dpt
Linse:	32 dpt
insgesamt:	72 dpt
Brechkraft bei Akkommodation in die Ferne:	
Hornhaut:	42 dpt
Linse:	18 dpt
insgesamt:	60 dpt

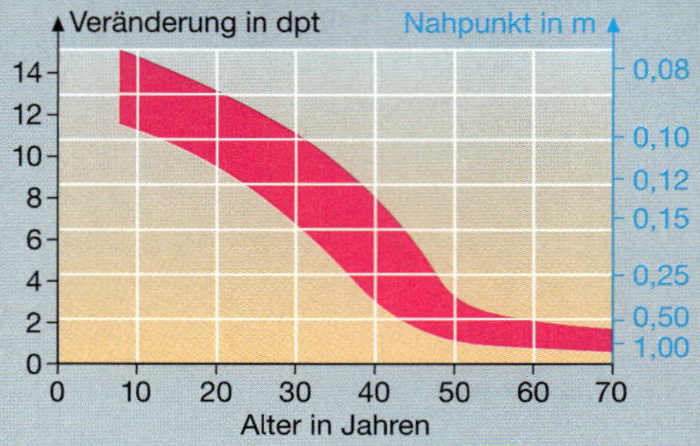

2 Veränderbarkeit der Brechkraft der Linse im menschlichen Auge

Abb. ➤ 6 zeigt den Weg des Erregungsmusters von der Netzhaut zum Sehzentrum in der Großhirnrinde des Gehirns: Die Sehnerven beider Augen laufen auf die Sehnervenkreuzung zu; die Fasern aus den schläfenseitigen Netzhauthälften laufen weiter, nur die Fasern der nasenseitigen Netzhauthälften wechseln auf die andere Seite. Alle Fasern ziehen dann zum Kniehöcker im seitlichen Thalamus, wo sie auf andere Bahnen umgeschaltet werden. Diese Sehstrahlung mündet in das Sehzentrum im Hinterhauptlappen der Großhirnrinde. Dort werden die Erregungen in Wahrnehmungen umgesetzt, z. B. die umgekehrt „gesehenen“ Bilder wieder „umgedreht“ oder unterschiedliche Konvergenzwinkel (Abb. ➤ 4) zum räumlichen Eindruck verarbeitet.

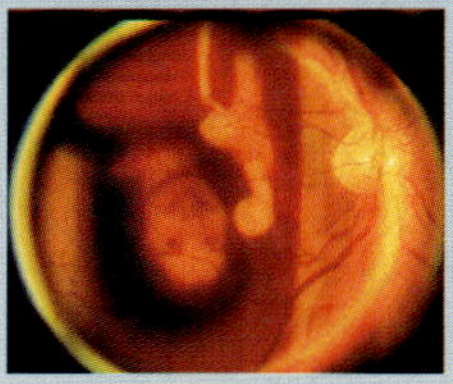

3 Blick auf kreisförmigen Ausschnitt der Netzhaut mit „gesehenem“ Bild

Die Bilderzeugung des Auges erhält erst im Zusammenwirken mit dem Gehirn, welches schon mit den Nervenzellen in der Netzhaut (Abb. ➤ 3) beginnt, die uns so vertraute Qualität. Die etwa 4 mm dicke Netzhaut besteht aus drei nahezu durchsichtigen Lagen: An der Innenseite des Augapfels liegen die Sinneszellen, etwa 125 Millionen Stäbchen und Zapfen (Abb. ➤ 5). Darüber, also nach vorne zur Pupille hin, befinden sich Nervenzellen, die die Signale der Sinneszellen weiterleiten aber auch untereinander verknüpfen. Während in der Nähe der Sehgrube für jede Sinneszelle eine Nervenzelle zur Weiterleitung zur Verfügung steht, werden weiter außen liegende Sinneszellen vermehrt mit anderen verknüpft, bevor sie ihre Information weiterleiten können.
Es entstehen Sehfelder. In der obersten Schicht leiten nur noch etwa 1 Million Nervenzellen die Sinnesreize weiter; sie bündeln sich am blinden Fleck und verlassen als Sehnerv das Auge. Wie die Information der vielen Sinneszellen von relativ wenigen Nerven verschlüsselt weitergegeben wird, ist hier nicht darstellbar.

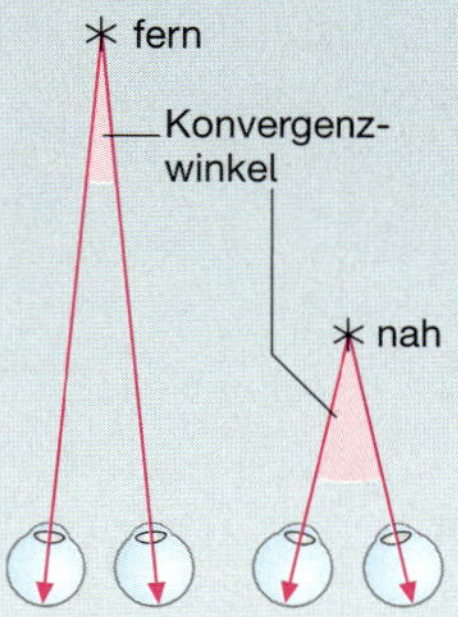

4 Der Winkel zwischen den optischen Achsen ändert sich mit der Entfernung.

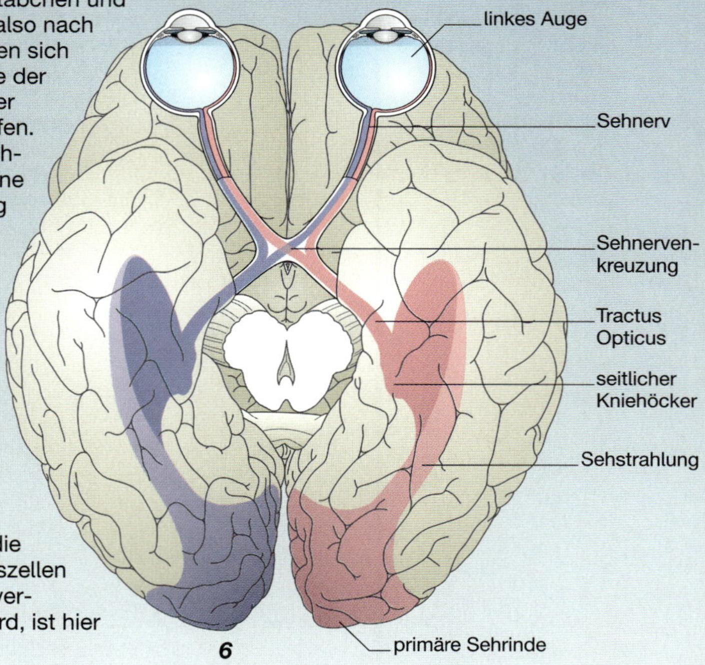

6

Linsen vergrößern

Versuche

Sehr kleine Gegenstände können wir oft mit bloßem Auge nicht gut erkennen. Dann benutzen wir eine Lupe. Wir untersuchen ihre Wirkungsweise:

V1 Wir halten eine Sammellinse mit 5 cm Brennweite dicht vor das Auge und betrachten eine farbige Abbildung in diesem Buch. Wir können uns dem Bild bis auf 5 cm Abstand nähern und erkennen, dass es aus einzelnen Farbpunkten zusammengesetzt ist. Die Linse vergrößert.

V2 Wir wiederholen den Versuch und verwenden jetzt eine Lupe mit der Aufschrift „8 x“. Nun müssen wir uns der Abbildung bis auf etwa 3 cm Entfernung nähern, um scharf zu sehen.

Durch einen kleinen Zusatzversuch stellen wir fest, dass diese Lupe die Brennweite $f = 3$ cm hat:
Ein schmales Lichtbündel, das parallel zur optischen Achse auf die Linse trifft, wird 3 cm hinter der Lupe im Brennpunkt gesammelt.

Grundwissen

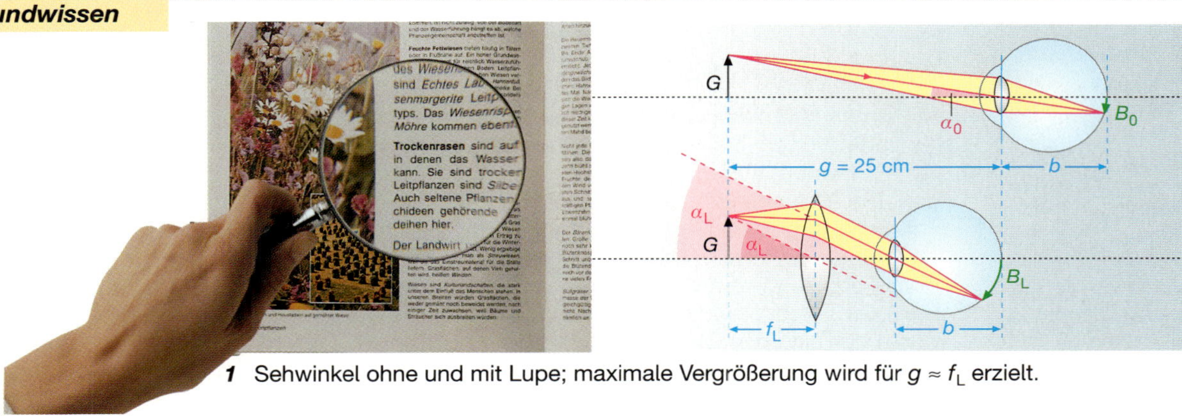

1 Sehwinkel ohne und mit Lupe; maximale Vergrößerung wird für $g \approx f_L$ erzielt.

Die Lupe

Will man sich einen kleinen Gegenstand genauer ansehen, hält man ihn möglichst dicht vor das Auge. So vergrößert sich das Bild auf der Netzhaut. Ein kleinerer Abstand als 10 cm ist nicht möglich, weil dann die Grenzen der Akkommodation erreicht sind. Mit einer Sammellinse kann man ein virtuelles Bild des Gegenstandes betrachten. Der Sehwinkel α ist vergrößert (Abb. ➤ 1). Es ist sehr günstig, wenn der Gegenstand fast in der Brennebene der Linse steht, denn dann treffen die Lichtstrahlen nahezu parallel ins Auge, so dass sich der Gegenstand mit entspanntem Auge betrachten lässt.
Je kleiner die Brennweite f_L der Linse ist, desto näher kann die Linse dem Gegenstand kommen. Der Sehwinkel und das Bild B_L auf der Netzhaut werden größer. Verwendet man eine einzelne Sammellinse zum vergrößernden Betrachten, so spricht man von einer Lupe.

Man hat festgelegt: Die ***Vergrößerung*** V_L einer Lupe ist das Verhältnis der Bildgröße B_L mit Lupe zur Bildgröße B_0 beim Betrachten des Gegenstandes mit bloßem Auge aus $g = 25$ cm Entfernung:

$$V_L = \frac{B_L}{B_0}$$

Hält man die Lupe so nahe an den Gegenstand (Abb. ➤ 1), dass er sich fast in ihrem Brennpunkt befindet, dann lässt sich die Vergrößerung V_L aus den entsprechenden Sehwinkeln α_L mit Lupe und α_0 ohne Lupe ermitteln. Diese Sehwinkel können bei der gewählten Anordnung durch die Quotienten G/f_L und $G/25\,\text{cm}$ ersetzt werden. Damit gilt:

$$V_L = \frac{B_L}{B_0} = \frac{\alpha_L}{\alpha_0} = \frac{G/f_L}{G/25\,\text{cm}} = \frac{25\,\text{cm}}{f_L}$$

Die Vergrößerung V_L einer Lupe der Brennweite f_L beträgt im Vergleich zum Betrachten mit bloßem Auge aus 25 cm Entfernung $V_L = 25\,\text{cm}/f_L$.

? Wie beeinflusst eine Sammellinse vor dem Auge die Bildgröße im Auge?

Das Mikroskop

Versuche

Manche Gegenstände sind so winzig, dass selbst eine Lupe nicht ausreicht, um Einzelheiten zu erkennen. Ein Mikroskop schafft die notwendige Vergrößerung!

V1 Wir bauen ein Mikroskopmodell (Abb. ➤ 1). Mit einer Sammellinse der Brennweite $f_{Obj} = 5\,cm$ erzeugen wir auf einem transparenten Schirm ein vergrößertes Bild der schwach leuchtenden Glühwendel einer Lampe.
Man erhält z. B. für $g = 5{,}5\,cm$ die Bildweite $b = 55\,cm$ und damit ein Bild, das 10-mal so groß ist wie der Gegenstand, die Glühwendel.

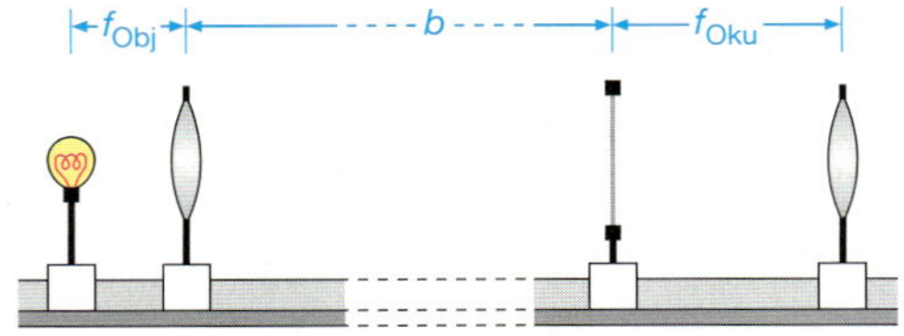

1 Optische Bank mit Mikroskopmodell

Wir nehmen eine zweite Sammellinse mit der Brennweite $f_{Oku} = 10\,cm$ als Lupe und betrachten damit das Bild der Glühwendel. Die Lupe stellen wir so auf, dass sich das Bild der Glühwendel fast in ihrer Brennebene befindet.

Grundwissen

Beispiel:
Auf dem Objektiv steht 20x.
Auf dem Okular steht 3x.
Da $V_M = V_{Obj} \cdot V_{Oku}$ ist, vergrößert das Mikroskop 60 fach.

Wie arbeitet das Mikroskop?

Mit einem Mikroskop kann man starke Vergrößerungen (bis zu 1600fach) erzielen. Es besteht aus mindestens zwei Linsen. Die eine befindet sich im ***Objektiv*** (lat. objectum, dem Gegenstand zugewandt), die andere im ***Okular*** (lat. oculus, dem Auge zugewandt).
Wird der Gegenstand nahe an den Brennpunkt der Linse im Objektiv gebracht, so entsteht ein umgekehrtes, vergrößertes, reelles Bild. Dieses Zwischenbild B_Z wird durch eine zweite Linse im Okular wie mit einer Lupe betrachtet (Abb. ➤ 2). Auf der Netzhaut entsteht ein stark vergrößertes, gegenüber dem Sehen mit bloßem Auge umgekehrtes Bild.
Die durch das Objektiv erzielte Vergrößerung V_{Obj} steht meist auf der Fassung des Objektivs. Sie ergibt sich aus dem Verhältnis der Größe des Zwischenbildes zur Gegenstandsgröße:

$$V_{Obj} = \frac{B_Z}{G}$$

Für Sammellinsen gilt nach dem Abbildungsgesetz $B/G = b/g$. Da sich der Gegenstand nahe am Brennpunkt des Objektivs befindet, ist $g \approx f_{Obj}$ (f_{Obj} beträgt nur einige mm). Daher folgt mit $B = B_Z$:

$$B_Z = \frac{G \cdot b}{g} = \frac{G \cdot b}{f_{Obj}}$$

Für die Objektivvergrößerung gilt somit:

$$V_{Obj} = \frac{b}{f_{Obj}}$$

Das Okular wirkt als Lupe; sie vergrößert das Zwischenbild nochmals um den Faktor $V_{Oku} = 25\,cm / f_{Oku}$.
Je kleiner die Brennweiten von Objektiv und Okular sind, desto höher wird ihre Vergrößerung.

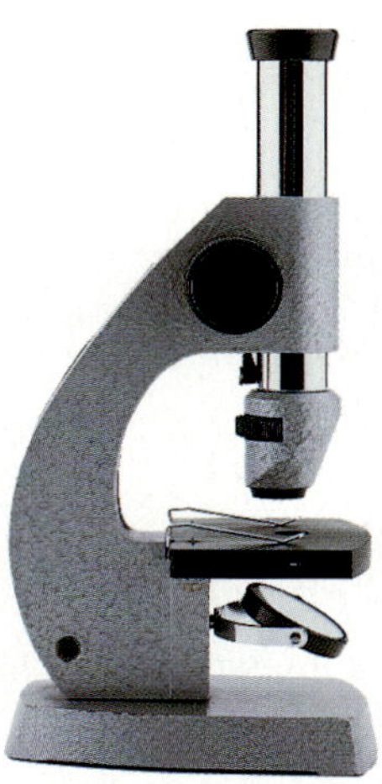

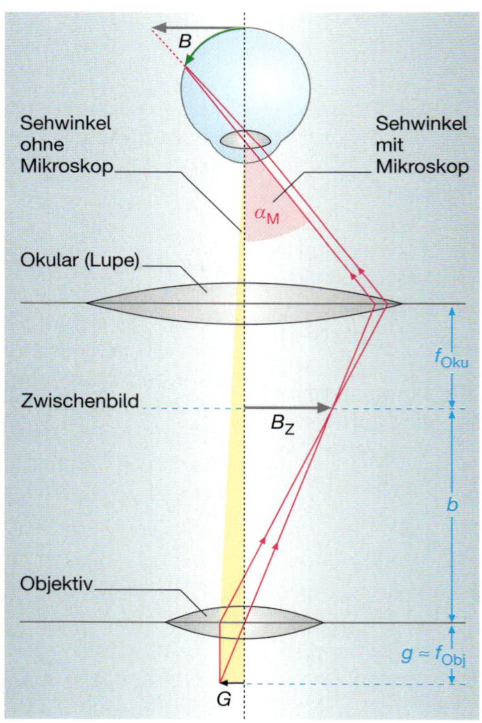

2 Mikroskop: Der Strahlengang gibt nur das Prinzip wieder; meistens befindet sich vor dem Zwischenbild noch eine dritte Linse, die die Strahlen in die in Wirklichkeit sehr kleine Okularlinse umlenkt.

> Die Vergrößerung V_M des Mikroskopes ist das Produkt aus Objektiv- und Okularvergrößerung:
>
> $$V_M = V_{Obj} \cdot V_{Oku} = \frac{b \cdot 25\,cm}{f_{Obj} \cdot f_{Oku}}$$

Die ersten Mikroskope

So sah Leeuwenhoek als erster Mensch Schimmelpilze.

Es steht nicht fest, wann und von wem das erste Mikroskop gebaut wurde. Ziemlich sicher ist jedoch, dass holländische Brillenmacher um 1590 damit begannen, Linsen mit sehr kurzen Brennweiten herzustellen. Bei diesen Linsen handelte es sich meist um kleine Glaskügelchen.

Zu jener Zeit war es üblich, dass die Gerätehersteller auch selbst die Natur mit ihren Geräten erforschten. Einer der berühmtesten von ihnen war ***Anthony van Leeuwenhoek*** (1632 – 1723) aus Delft in Holland. Er baute sich einfache „Mikroskope", die nur aus einer Linse bestanden.
Diese „Lupen" schliff Leeuwenhoek aus kleinen Glastropfen. Von den über 400 Linsen, die er hierfür im Laufe seines Lebens anfertigte, hatte die mit der stärksten Vergrößerung (250fach!) 1,5 mm Durchmesser und 0,9 mm Brennweite.

Leeuwenhoeks Mikroskope bestanden aus zwei miteinander verschraubten Metallplatten (aus Messing, Silber oder Gold), zwischen die in einer passenden Bohrung die Linse eingeklemmt wurde. Die zu beobachtenden Gegenstände wurden auf einem durch Schrauben in verschiedene Richtungen verstellbaren Tragstachel vor der Linse befestigt. Das Mikroskop wurde dann vor das Auge gegen das Licht gehalten.

Mikroskop von 1876

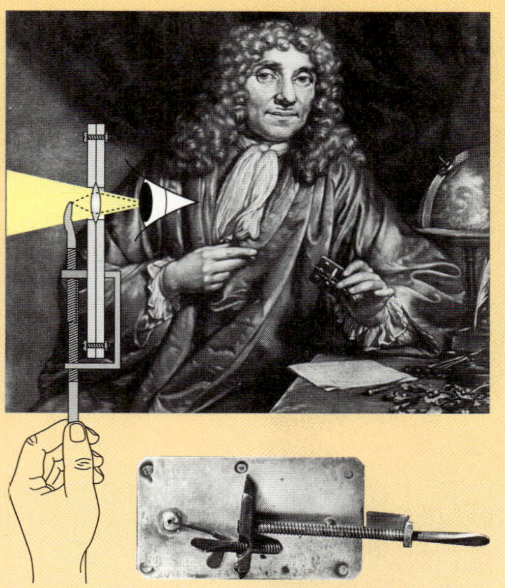

Leeuwenhoek und sein Mikroskop – damit fand er sogar Bakterien.

Die von Leeuwenhoek gemachten Beobachtungen waren sehr bedeutend. Doch seine Kenntnisse über die Herstellung der Linsen mit sehr kleiner Brennweite behielt er als Geheimnis für sich.

Seit 1590 kannte man auch das zusammengesetzte Mikroskop, das eine Objektiv- und eine Okularlinse enthielt. Seine Leistungsfähigkeit war jedoch – obwohl mit ihm theoretisch eine stärkere Vergrößung zu erzielen ist – dem einlinsigen Mikroskop lange Zeit unterlegen: Unreinheiten im Glas und nicht ausreichend exakte Form verstärkten sich beim Betrachten durch zwei Linsen. Beide Mikroskopformen befanden sich daher fast 100 Jahre lang in einem Wettbewerb zueinander.

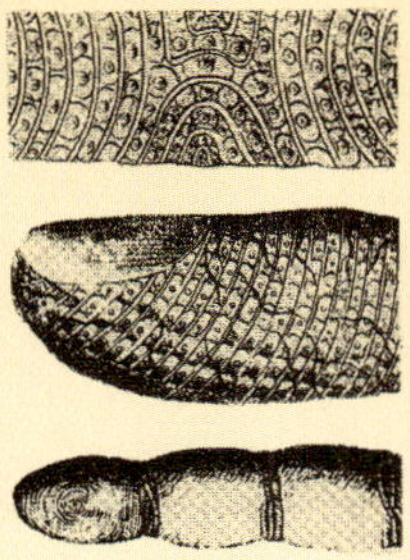

Mikroskop von 1770 von Robert Hooke mit Beleuchtungseinrichtung.

Er entdeckte damit die Poren der Haut.

Der englische Physiker ***Robert Hooke*** (1635 – 1703) entwickelte ein Mikroskop, das dem heutigen in vielem ähnelt. Die optische und mechanische Präzision war aber so schlecht, dass eine richtige Einstellung der Schärfe kaum möglich war. Das Mikroskop war zudem sehr lichtschwach. Deshalb erfand er eine Beleuchtungseinrichtung mit einer mit Wasser gefüllten Glaskugel, die das Licht einer Öllampe auf das zu betrachtende Objekt konzentrierte.
Erst ab Mitte des 18. Jahrhunderts gewannen die zweilinsigen Mikroskope, vor allem die Geräte des Engländers John Cuff (1708 – 1772), die Oberhand. Mit solchen Instrumenten sind die grundlegenden Entdeckungen über die Zellen und Mikroorganismen gemacht worden.

Das Fernrohr

Grundwissen

Wegen ihrer großen Entfernung ist das Bild der Sterne auch bei stärkster Vergrößerung ein Punkt. Nur bei den Planeten und ihren Monden kann man mit dem Fernrohr Einzelheiten erkennen.

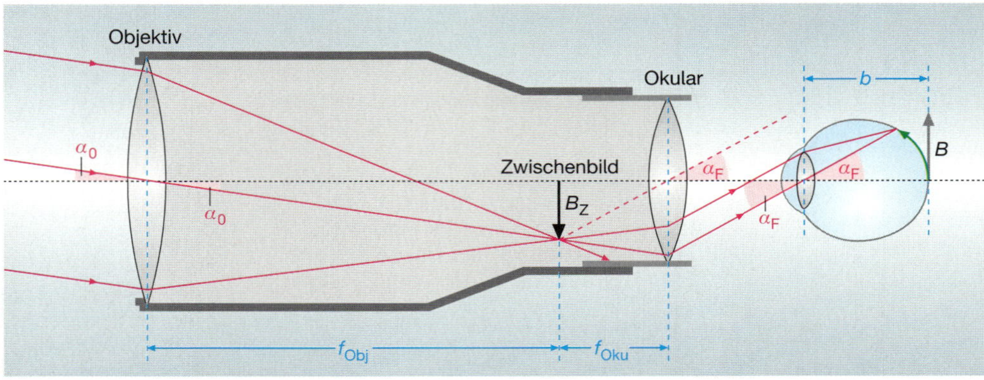

1 Strahlengang beim Fernrohr. Das verkleinerte Zwischenbild wird mit dem Okular vergrößert. Die Größenverhältnisse sind – aus Gründen der Übersichtlichkeit – nicht maßstäblich.

Entfernte Gegenstände erscheinen uns unter einem kleinen Sehwinkel. Zum Vergrößern benutzt man ***Fernrohre***.
Wie beim Mikroskop wird zunächst mit einer Sammellinse als Objektiv ein Zwischenbild erzeugt. Weil die Gegenstandsweite sehr groß ist, kann das Bild – anders als beim Mikroskop – nur ein verkleinertes sein. Das Objektiv hat hier die Aufgabe, ein reelles Bild des Gegenstandes in die Nähe des Betrachters zu bringen. Es wird dann wie beim Mikroskop mit einer Lupe vergrößert.
Weil der Gegenstand meist nicht erreichbar ist, sind Gegenstandsgröße und -weite zur Berechnung der Vergrößerung V_F nicht bekannt. Aus den Sehwinkeln α_F mit Fernrohr und α_0 ohne Fernrohr (Abb. ➤ 1) kann sie jedoch ermittelt werden. Diese Sehwinkel können bei der gewählten Anordnung durch die zugehörigen Quotienten B_Z/f_{Oku} bzw. B_Z/f_{Obj} ersetzt werden. Damit gilt:

$$V_F = \frac{\alpha_F}{\alpha_0} = \frac{B_Z/f_{Oku}}{B_Z/f_{Obj}} = \frac{f_{Obj}}{f_{Oku}}$$

Die Vergrößerung des Fernrohres beträgt: $V_F = V_{Obj} \cdot V_{Oku} = f_{Obj}/f_{Oku}$.

? Wie lang ist ein Fernrohr mindestens?

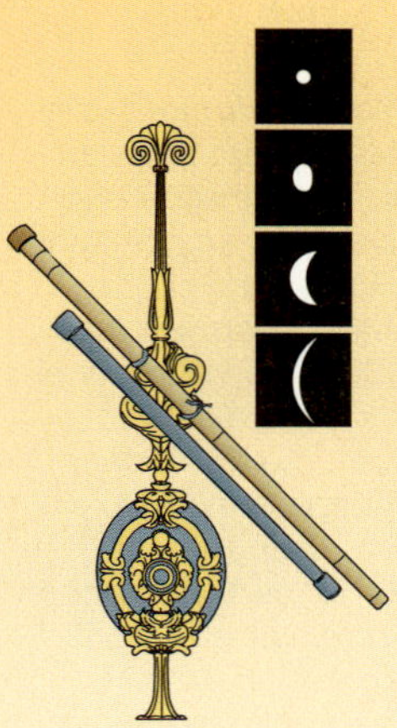

Phasen der Venus, von Galilei mit diesem Fernrohr entdeckt.

Von Perspektivgläsern und anderen Fernrohren

Noch vor der Erfindung des Mikroskopes gelang es Glasschleifern schon, große Linsen mit langen Brennweiten herzustellen. Besonders die Brillenmacher ***Johannes Lippershey*** (1570 – 1619) und sein Sohn Zacharias aus Middelburg in Holland waren für ihre guten Linsen berühmt.
Einer Legende zufolge hat Lippershey seine „Perspektivgläser" (franz. perspective, das Fernrohr) beim prüfenden Durchblicken durch zwei hintereinander gehaltene Linsen entdeckt. Sein Fernrohr bestand aus einer Sammellinse (Objektiv) und einer Zerstreuungslinse (Okular). Beim Betrachten des Zwischenbildes mit einer Zerstreuungslinse wird dessen Bild im Auge nicht umgekehrt, dafür sorgt erst der „Sehvorgang". Für Beobachtungen auf der Erde ist dies ein sehr großer Vorteil.

Der italienische Physiker ***Galileo Galilei*** (1564 – 1642) beschaffte sich 1609 eines der neuen Fernrohre aus Holland. Damit machte er seine berühmten Entdeckungen von den Mondkratern, den Sonnenflecken, der Sichelgestalt der Venus und den vier größeren Jupitermonden.

Unabhängig von Galilei befasste sich der deutsche Astronom und Mathematiker ***Johannes Kepler*** (1571 – 1630) mit dem Fernrohr.
In seinem Lehrbuch „Dioptrice" von 1611 konstruierte er den Strahlengang für ein Fernrohr mit zwei Sammellinsen. Das Kepler'sche Fernrohr wird noch heute in der Astronomie verwendet; hier stört die Umkehrung des Bildes nicht.

Rückblick

Begriffe
Was versteht man unter
- einer Sammellinse/einer Zerstreuungslinse?
- der optischen Achse und der Mittelebene einer Linse?
- einem Brennpunkt einer Linse?
- einem reellen und einem virtuellen Bild?
- dem Sehwinkel?
- einer Lupe?

Beobachtungen
Was beobachtet man, wenn
- ein schmales Lichtbündel auf eine Sammellinse/Zerstreuungslinse trifft?
- Licht einer Kerzenflamme auf eine Sammellinse trifft?
- man einen kleinen Gegenstand durch eine dicht vor ihn gehaltene Sammellinse mit kleiner Brennweite betrachtet?
- bei der Lupe eine Linse mit schwach gekrümmter Oberfläche durch eine mit starker Krümmung ausgetauscht wird?

Erklärungen
Wie lässt sich erklären, dass
- beliebige Lichtwege durch eine Sammellinse/Zerstreuungslinse vorhersagbar sind?
- die mit einem Objektiv erzeugten Bilder nicht immer scharf sind?
- das Betrachten sehr naher Gegenstände anstrengend ist?
- eine Linse zum Vergrößern eine möglichst kleine Brennweite haben muss?

Gesetzmäßigkeiten
Beschreibe mit eigenen Worten,
- wie sich beim Annähern eines Gegenstandes aus großer Entfernung an eine Sammellinse die Bildgröße ändert.
- was das Abbildungsgesetz aussagt.
- wie Bildgröße im Auge und Sehwinkel zusammenhängen.
- wie die Vergrößerung bei Fernrohr und Mikroskop von den Brennweiten der Linsen abhängt.

Erläutere die Erscheinungen in den folgenden Bildern und beantworte die Fragen!

⇐ Weshalb sind die Pupillen der Katze verschieden?

⇒ Weshalb sieht der Greifvogel schärfer als wir?

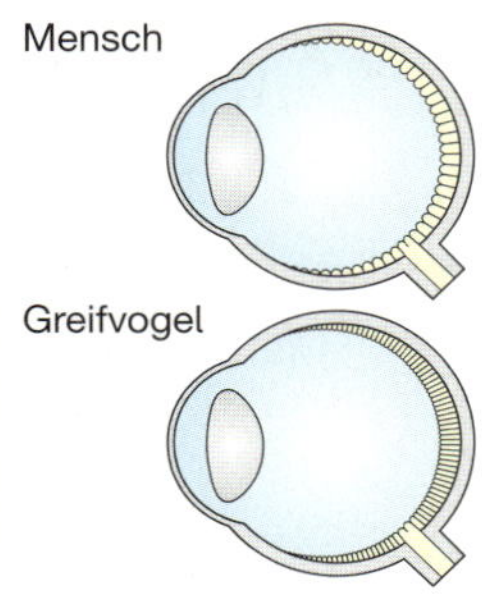

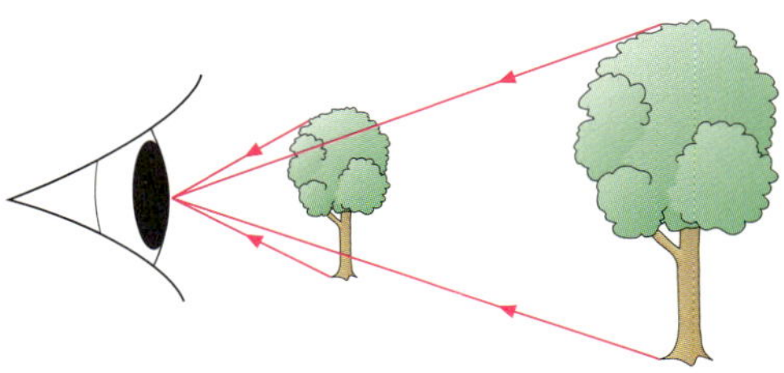

Erscheinen beide Bäume gleich groß?

Welche optische Aufgabe hat dieses Gerät?

⇐
Weshalb ist der Hintergrund der Maikäfer-Aufnahme unscharf? Wie ließe sich das verhindern?

⇒
Mit welchem Gerät betrachtet der Uhrmacher das Uhrwerk? Weshalb kann er es damit besser sehen?

Heimversuche

1. Wasserlupen

Welche Brennweite hat ein Wassertropfen? Tauche ein Ende eines Strohhalms in Wasser, verschließe mit einem Finger das andere Ende und ziehe den Strohhalm vorsichtig aus dem Wasser. Am unteren Ende des Strohhalms hat sich ein Wassertropfen gebildet. Halte den Tropfen vor ein Stück Papier in das Licht einer Lampe. Verändere den Abstand des Wassertropfens zum Papier so lange, bis ein scharfes Bild des Glühfadens entsteht.

Wie weit ist der Brennpunkt vom Wassertropfen entfernt? Halte deine Beobachtungen in einem Protokoll fest!
Bringe einen Wassertropfen in die Drahtschleife einer Büroklammer. Betrachte durch diese Wasserlinse einen gedruckten Text. Schätze die Vergrößerung und die Brennweite der Wasserlinse!

2. Brennweite einer Lupe

Halte einen Kamm im Sonnenlicht vor ein Blatt Papier. Du siehst die Schatten der Zähne des Kammes. Bringe jetzt eine Lupe zwischen Kamm und Papier. Was beobachtest du, wenn du den Abstand zwischen Kamm und Lupe änderst?

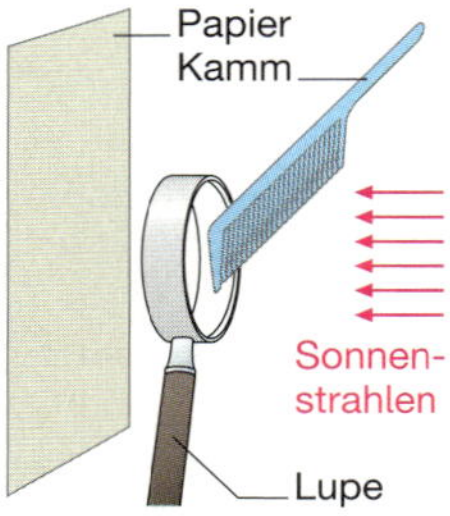

Kannst du so die Brennweite der Lupe messen? Begründe deine Antwort!

3. Messen der deutlichen Sehweite

Nimm ein Blatt Papier mit einem geraden Strich, einen Bleistift und ein Lineal. Betrachte den Strich wie rechts gezeigt mit einem Auge.

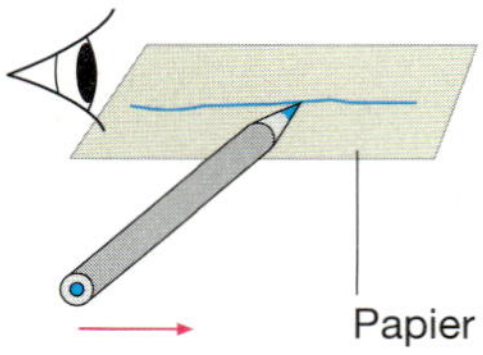

Bewege nun, unmittelbar vor dem Auge beginnend, den Bleistift langsam vom Auge weg. Miss die Entfernung des Punktes, bei dem du die Bleistiftspitze ohne Anstrengung deutlich siehst! Bestimme diesen Punkt auch für das andere Auge! Wiederhole den Versuch zu verschiedenen Tageszeiten! Lass auch Eltern und Großeltern den Versuch durchführen! Fertige eine Tabelle deiner Messergebnisse an und fasse das Experiment in einem Protokoll zusammen!

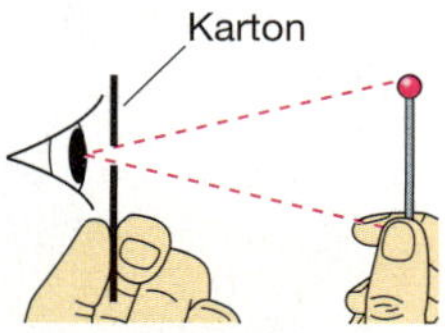

Zu Versuch 4

4. Bestimmung eines Sehwinkels

Stich mit einer Stecknadel ein nicht zu kleines Loch in einen schwarzen Karton. Halte die Pappe vor das Auge. Das Loch muss so groß sein, dass du gerade eben gut durchblicken kannst. Halte nun die Stecknadel vor diese Lochblende so, dass du sie durch das Loch in ihrer ganzen Länge sehen kannst. Miss dann den Abstand Lochblende - Stecknadel! Wiederhole den Versuch dreimal und stelle eine Tabelle der Messwerte auf!
Bestimme in allen Fällen den Sehwinkel der Stecknadel als Quotienten aus Gegenstandsgröße und Abstand Lochblende – Stecknadel! Hat der Quotient den Wert 0,1, so entspricht das dem Winkel von 5,73°; hat er den Wert 0,01, so beträgt der Sehwinkel 0,573°, usw.

5. Der kleinste Sehwinkel

Zeichne eine Reihe von parallelen schwarzen Linien, die jeweils 1 mm dick sind und jeweils 1 mm Abstand voneinander haben, auf weißes Papier.

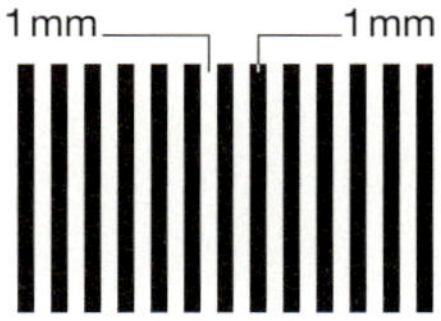

Nimm den Papierbogen mit den Linien und befestige ihn in Augenhöhe an einer Wand. Bestimme die Entfernung von der Wand, aus der du gerade eben noch die einzelnen parallelen Linien unterscheiden kannst.
Bestimme den Sehwinkel, indem du den Abstand 1 mm durch die Entfernung (in mm) teilst. Der Sehwinkel ist dann in Grad das 57,3fache des Quotienten (der kleinste Sehwinkel sollte etwa 0,02° betragen).

6. Brillentest

Besorge dir verschiedene Brillen und stelle fest, ob sie Sammel- oder Zerstreuungslinsen sind. Beschreibe deine Testmethode!

7. Ein Vergrößerungsglas

Nimm eine Röhre, z. B. einen Joghurt- oder Sahnebecher, dem du die Bodenfläche abgeschnitten hast, und stülpe eine Klarsichtfolie über eines der Enden. Befestige sie mit einem Gummiband. Lege eine Münze in eine Schale mit Wasser, setze die Röhre mit dem Folienende auf die Wasseroberfläche und drücke sie etwas nach unten. Betrachte nun die Münze durch die Röhre. Beschreibe und erkläre deine Beobachtungen!

Beispiele

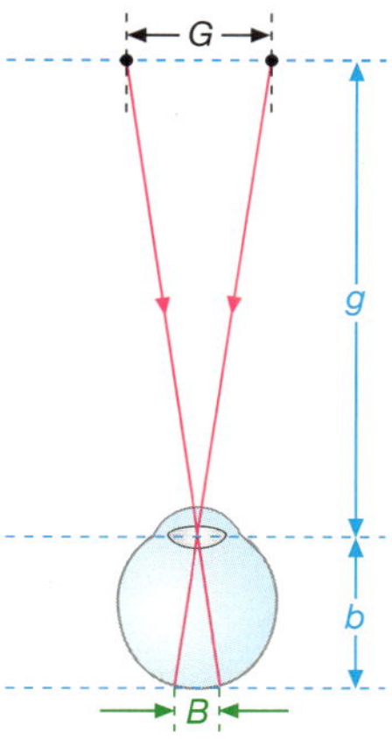

1. Kleinster Abstand zweier Bildpunkte auf der Netzhaut

Der Abstand der Sinneszellen begrenzt das Erkennen sehr kleiner Details. Bestimme den kleinsten noch wahrnehmbaren Abstand.

Lösung:
Mit Versuchen lässt sich feststellen, in welcher Entfernung zwei nebeneinander befindliche Stecknadeln gerade noch getrennt wahrgenommen werden können, weil ihre Bildpunkte benachbarte Sehzellen reizen.
Messungen ergeben z. B. für einen
Abstand der Nadeln: $G = 3$ mm
eine maximale Entfernung: $g = 9800$ mm.
Die Bildweite b ist näherungsweise gleich der Brennweite $f = 17$ mm des Auges. Aus dem Abbildungsgesetz $B/G = b/g$ folgt dann:

$$B = \frac{b \cdot G}{g} = \frac{17\,\text{mm} \cdot 3\,\text{mm}}{9800\,\text{mm}} = 0{,}005\,\text{mm}$$

Anatomische Untersuchungen ergeben einen kleinsten Abstand von 0,002 mm.

2. Berechnung der Brennweite einer Linse mit dem Linsengesetz

Von einer Linse sei bekannt, dass sie von einem $g = 50$ cm entfernten Gegenstand ein virtuelles Bild im Abstand $b = -10$ cm erzeugt. Welche Brennweite hat die Linse?

Lösung:
Nach dem Linsengesetz ist:

$$\frac{1}{f} = \frac{1}{g} + \frac{1}{b}$$

Setzt man die für g und b gegebenen Werte ein, so ist:

$$\frac{1}{f} = \frac{1}{50\,\text{cm}} - \frac{1}{10\,\text{cm}} = \frac{1-5}{50\,\text{cm}} = \frac{-4}{50\,\text{cm}}$$

$$f = \frac{-50}{4}\,\text{cm} = -12{,}5\,\text{cm}$$

Eine Brennweite mit negativem Vorzeichen ist ein Merkmal für eine Zerstreuungslinse. Für diese Zerstreuungslinse ist $f = -12{,}5$ cm.

Fragen

Zum Strahlengang durch Linsen

1 Welche der im Schnitt gezeichneten Linsen sind Sammel-, welche Zerstreuungslinsen?

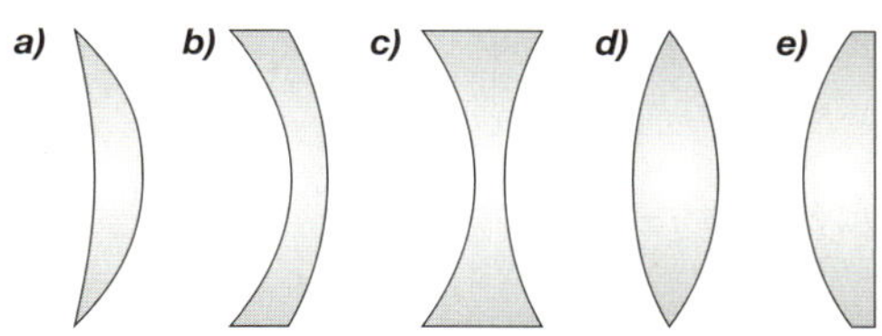

2 a) Wie beeinflusst die Krümmung der Linsenoberfläche die Brennweite einer Sammellinse?
b) Wie ändert sich die Brennweite gleich geformter Linsen, wenn eine Glassorte, die das Licht stärker bricht, verwendet wird?

3 Weshalb setzen wir bei der Konstruktion von Strahlengängen stillschweigend voraus, dass die Linsen dünn und die Strahlen möglichst achsennah verlaufen sollen?

4 Welche Lichtstrahlen eignen sich zur einfachen Konstruktion des Strahlenganges bei Linsen? Begründe!

5 Die folgende Abbildung zeigt den Strahlengang von Licht durch eine verdeckte Linse. Um welche Linsenart handelt es sich jeweils? Begründe deine Antwort!

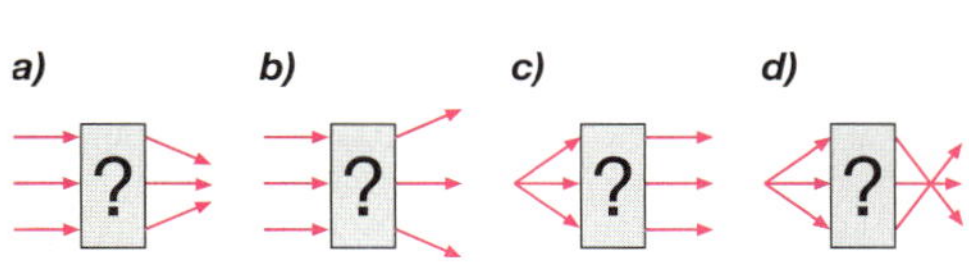

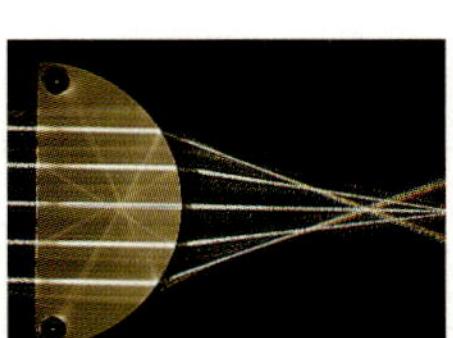

Zu Aufgabe 7

6 Übertrage die folgenden Skizzen mit dünnen Linsen in dein Heft und vervollständige die begonnenen Lichtwege.

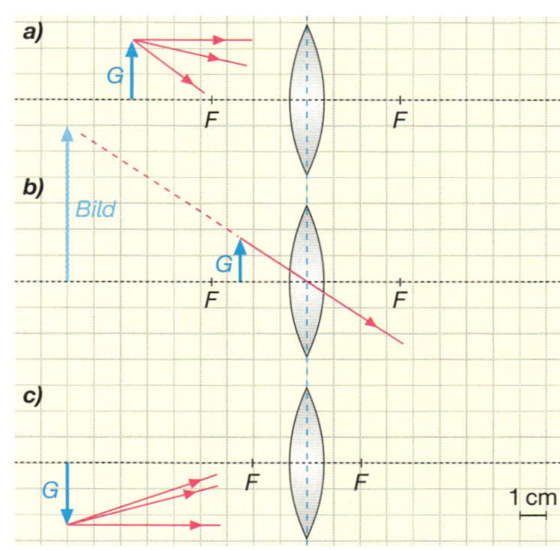

7 Die Abbildung links außen zeigt einen Verlauf von Lichtstrahlen durch eine – in der Dicke stark übertriebene – Sammellinse. Beschreibe, was gegenüber dem idealen Strahlengang zu beobachten ist!

8 Wo ungefähr liegen bei einer Sammellinse die Bilder von weit entfernten Gegenständen?

9 Ein 2 cm hoher Gegenstand steht in 2 cm Abstand von der Linsenmitte senkrecht auf der optischen Achse einer Sammellinse. Die Linse habe die Brennweite $f = 5$ cm. Konstruiere das Bild!

Fragen

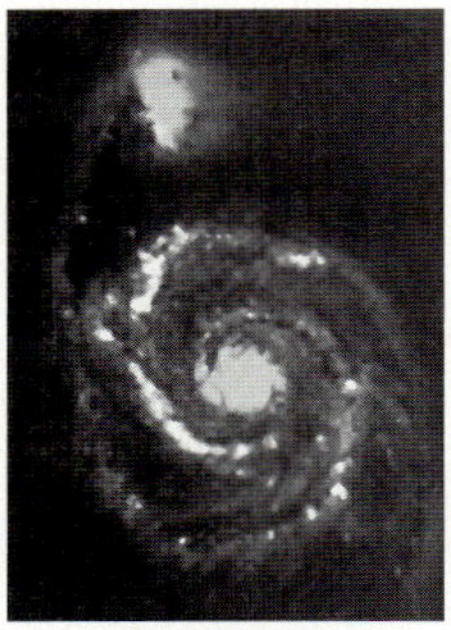

Weshalb sieht man diese „Milchstraße“ (Galaxie) wohl nur mit dem Fernrohr?

Demonstriere mit Skizzen:

Beim Mikroskop erzeugt das Objektiv ein vergrößertes Zwischenbild des sehr nahen Gegenstandes, welches mit der Lupe vergrößernd betrachtet wird.

Beim Fernrohr erzeugt das Objektiv ein verkleinertes Bild des fernen Gegenstandes, welches aus der Nähe mit dem Okular vergrößernd betrachtet werden kann.

10 Ein Gegenstand wird mit einer Sammellinse abgebildet. Die Messtabelle enthält die Bildweite *b* in Abhängigkeit von der Gegenstandsweite *g*.

g in cm	13,0	15,0	25,0	35,0	50,0
b in cm	43,2	30,5	16,7	13,8	12,7

a) Übertrage die Messwerte in ein Achsenkreuz und zeichne das zugehörige Diagramm.
b) Entnimm dem Diagramm ohne weitere Rechnung die Brennweite der Linse. Begründe deinen Lösungsweg!
c) Lies aus dem Diagramm die Bildweite ab, wenn sich der Gegenstand 20 cm vor der Linse befindet. Beschreibe das Bild!

11 a) Vor einer Sammellinse mit $f = 10\,\text{cm}$ steht ein $G = 15\,\text{cm}$ hoher Gegenstand. Er ist $g = 45\,\text{cm}$ entfernt. Konstruiere sein Bild im passenden Maßstab!
Gib an, um was für ein Bild es sich handelt! Wie groß ist das Bild und welche Entfernung hat es von der Linsenmitte?
b) Ergänze die folgende Tabelle durch Konstruktion und überprüfe durch Rechnung:

f	*G*	*g*	*b*	*B*
30 cm	20 cm	60 cm	.....	.....
5 cm	4 cm	8 cm	.....	.....
12 cm	3,5 cm	1,5 cm	.....	.....
5 mm	2 mm	4 mm	.....	.....

12 a) Ein Gegenstand mit $G = 2{,}0\,\text{cm}$ befindet sich $g = 8{,}0\,\text{cm}$ von einer Zerstreuungslinse mit der Brennweite $f = -6{,}0\,\text{cm}$ entfernt. Konstruiere sein Bild im passenden Maßstab! Wie groß ist es und wo befindet es sich?
b) Konstruiere und berechne Bildweite *b* und Bildgröße *B*, wenn für *G*, *g* und *f* gilt:
$G =$ 6 cm (0,5 cm; 2 mm; 20 mm),
$g =$ 24 cm (4,0 cm; 2 mm; 24 mm).
$f =$ –12 cm (–3,0 cm; –5 mm; –25 mm),

Zum Auge, zur Vergrößerung mit Geräten

13 a) Beschreibe die Wirkungsweise des menschlichen Auges!
b) Weshalb kann man bei geringer Helligkeit keine Farben unterscheiden?
c) Wo befindet sich der Blinde Fleck und warum heißt er so?
d) Schaut man einen Gegenstand nur mit einem und danach mit dem anderen Auge an, so springen die Bilder vor dem Hintergrund. Weshalb?

14 Wie gelingt es dem Auge, Gegenstände trotz unterschiedlicher Gegenstandsweite scharf auf die Netzhaut abzubilden?

15 a) Wie lassen sich Sehfehler infolge einer zu kleinen bzw. zu großen Bildweite des Auges korrigieren?
b) Bei welchem Sehfehler erkennt man nur sich in der Nähe befindende Gegenstände gut?

16 a) Was ist eine Lupe?
b) Wie entsteht damit eine Vergrößerung?
c) Wie berechnet man ihre Vergrößerung?

17 Das folgende Bild zeigt den Gegenstand und sein Bild mit der Lupe. Bestimme mit Hilfe der Sehwinkel die Vergrößerung der Lupe.

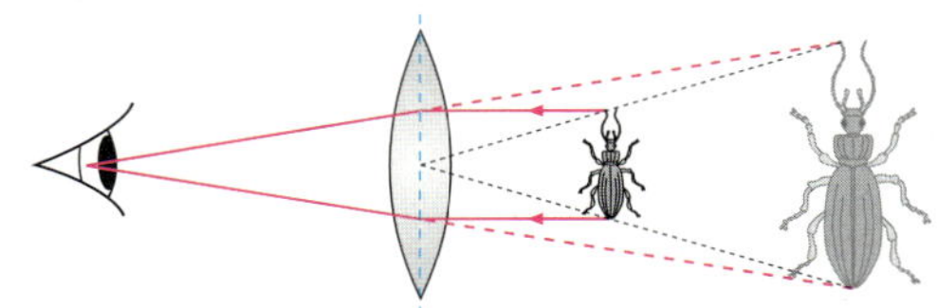

18 Das Zwischenbild in einem Mikroskop liegt $b = 15{,}0\,\text{cm}$ vom Objektiv entfernt. Das Objektiv hat eine Brennweite von 5 mm, das Okular eine von 10 mm. Welche Vergrößerung hat das Mikroskop?

19 Ein 10 m entferntes Objekt wird mit einer Kamera (Objektivbrennweite $f = 50\,\text{mm}$) fotografiert. Danach wird es aus 1 m Entfernung aufgenommen. Um welche Strecke muss das Objektiv in der Kamera verschoben werden, damit das Bild scharf wird?

20 Welche Brennweite hat ein Okular mit der Beschriftung: 10 x?

21 Was bewirkt die Blende im Fotoapparat?

Schwierigere Probleme

22 Begründe, weshalb eine Linse zwei Brennpunkte in gleichem Abstand haben muss! (Wende die Linse und denke an die Umkehrbarkeit des Lichtweges!)

23 Wie wirkt eine Luftblase im Wasser auf Lichtstrahlen, wenn sie wie eine Sammellinse aus Glas geformt ist? Wie müsste unsere Definition von Sammel- bzw. Zerstreuungslinsen ergänzt werden?

24 Worin unterscheidet sich das mit einer Lochkamera erzeugte Bild von dem Bild, das mit einer Linse entsteht?

25 Das Bild eines Gegenstandes soll auf dem 30 cm von der Linse entfernten Schirm doppelt so groß sein. Wo muss der Gegenstand stehen? Welche Brennweite muss die Linse haben? Konstruiere und berechne!

26 Von einer Linse mit $f = 1\,\text{m}$ Brennweite wird die 150 Millionen km entfernte Sonne in der Brennebene als eine rund 1 cm große Scheibe abgebildet. Wie groß ist die Sonne?

Dynamo – Kraftwerk oder Motor

Will man verstehen, wie es kommt, dass ein Dynamo eine Lampe am Fahrrad zum Leuchten bringt, so muss man ihn zur Untersuchung zerlegen.

Zerlege einen Dynamo und untersuche die Bauteile.

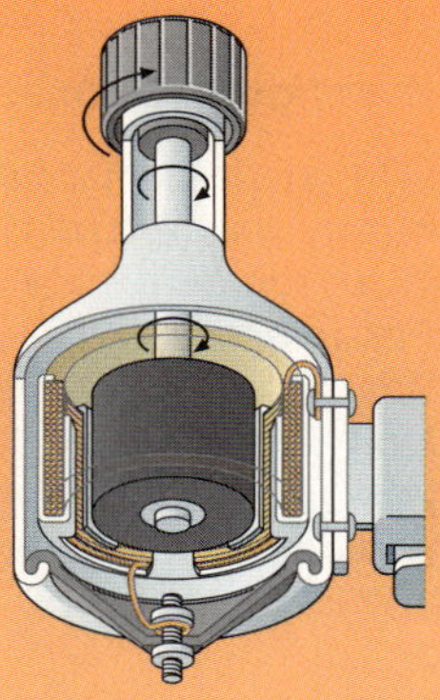

Untersuche die Umgebung des Dynamos mit einer Magnetnadel.

Baue den Stromkreis eines Fahrrades nach und fertige davon einen Schaltplan an.

Überlege, wie man den Dynamo als Motor einsetzen kann. Welche Quelle eignet sich dazu?

Beobachte ein am Dynamo angeschlossenes Lämpchen bei unterschiedlichen Drehgeschwindigkeiten.

Untersuche, ob sich ein Dynamo als Tachometer verwenden lässt. Beschreibe eine geeignete Versuchsanordnung.

Bildet in der Klasse Arbeitsgruppen, die jeweils einzelne Punkte genauer untersuchen.

Hilfen:
Beschafft euch möglichst mehrere baugleiche Fahrrad-Dynamos, die sich einfach zerlegen lassen. Seid vorsichtig beim Anschließen des Dynamos an eine elektrische Quelle. Hier muss vorher immer der Lehrer gefragt werden, weil Dynamos bei falscher Wahl der Quelle leicht zerstört werden können. Tauscht untereinander eure Beobachtungen und Erklärungen aus.

Was wird erwartet?

Beantwortet die Fragen zur Funktionsweise des Dynamos und zur Verwendungsmöglichkeit als Motor. Am Ende sollte eine gemeinsam formulierte, schriftliche Darstellung mit Skizzen angefertigt werden.

- Formuliere dein Vorhaben genau.
- Plane deine Experimente und führe sie sorgfältig durch.
- Protokolliere zuverlässig.
- Entwickle eine Präsentation und trage sie vor.

Wichtige Kenntnisse zur Lösung

Was versteht man unter einem elektrischen Strom und welche Wirkungen zeigt er?
Wodurch unterscheiden sich Reihen- und Parallelschaltung?
Wie lassen sich Spannung und Stromstärke messen?
Wie hängt der Widerstand eines Drahtes von dessen Länge und Querschnittsfläche ab?

Informiere dich im Lehrbuch über:
- *Magnetismus,*
- *Elektromagnete,*
- *Gleich- und Wechselstrom,*
- *Widerstand und Leistung.*

Trage möglichst viele Informationen zu diesen Themen auch aus Lexika, dem Internet und anderen Quellen (Prospekte) zusammen.

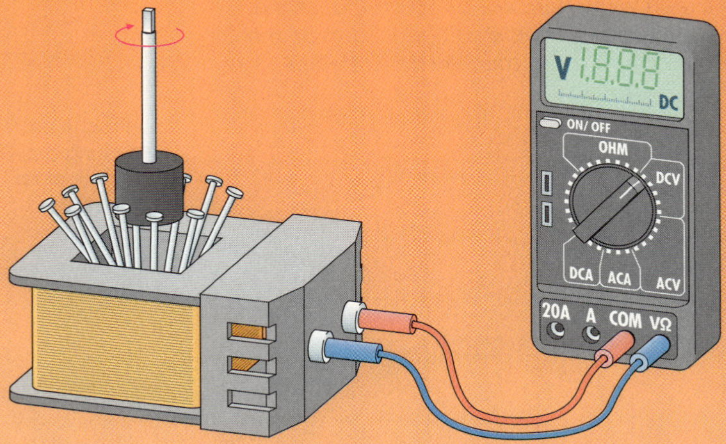

Untersuchungen zum Aufbau eines Dynamos.
Drehe den Magnetkern eines Dynamos zwischen Eisennägeln, die schräg in der Öffnung einer Experimentierspule stehen.
Beobachte dabei das an der Spule angeschlossene Messgerät.

Wichtige Untersuchungen

- *Untersuche den zeitlichen Verlauf der Spannung bei einem angetriebenen Dynamo.*
- *Bewege eine mit einem Kabel gebildete Schleife in der Nähe eines Magneten und beobachte die Anzeige eines an den Kabelenden angeschlossenen Messgerätes für die Spannung.*
- *Nimm die Spule des Fahrraddynamos und setze sie mit einer Experimentierspule auf einen gemeinsamen Eisenkern. Schließe die Spule an eine Quelle mit 6 V Wechselspannung an. Erkläre deine Beobachtungen.*

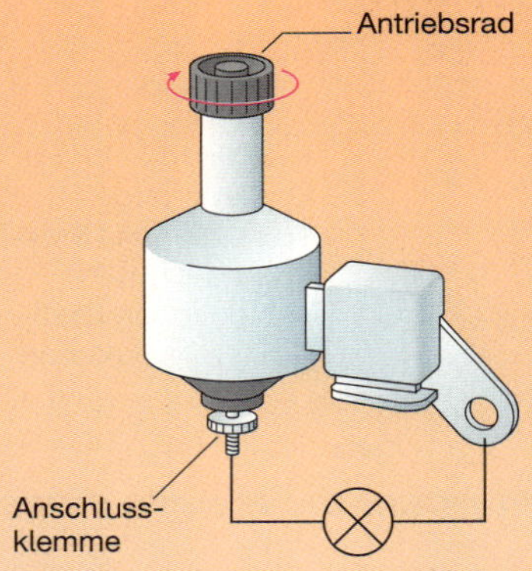

Untersuchung der Spannung am Dynamo

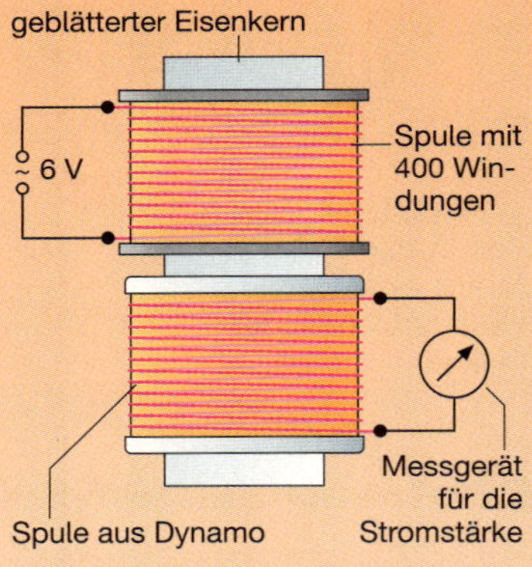

Untersuchung zur Verwendung der Spule im Transformator

Schlussfolgerungen

1. *Ein Dynamo erzeugt mit Hilfe elektromagnetischer Induktion Spannung.*
2. *Mit Hilfe einer Quelle kann der Magnet in der Spule des Dynamos zum Drehen gebracht werden.*

Die Arbeitsgruppen sollten vortragen, wie sich der Dynamo als
- *Tachometer nutzen lässt;*
- *Elektromotor verwenden lässt.*

Versuche nun das nebenstehende Zitat aus der StZVO zu erläutern.

Zitat aus der Straßenverkehrs-Zulassungsordnung (StVZO)

Fahrrad-Lichtmaschinen
(1) Vor der Prüfung ist die Wicklung der Lichtmaschine im Leerlauf bei einer Drehzahl, die einer Geschwindigkeit von 15 km/h entspricht, bei 23 °C wenigstens fünfmal mindestens je 0,1 s lang kurzzuschließen.
(2) Die Leistungskennlinie muss bei konstantem Widerstand von 12 Ω folgende Spannungen anzeigen: bei 5 km/h mindestens 3 V, bei 15 km/h mindestens 5,7 V, bei 30 km/h höchstens 7 V. Der Widerstand des Spannungsmessers ist mit einzubeziehen.
(3) Werden die Lampen von Scheinwerfer (2,4 W) und Rücklicht (0,6 W) an getrennten Wicklungen angeschlossen, so sind diese gleichzeitig mit Widerständen entsprechend den Leistungen bei Nennspannung (laut DIN 49 848) zu belasten.

Alter Kompass und Karte
von William Gilbert (um das Jahr 1600)
mit Richtungspfeilen einer Magnetnadel

Der Name „Magnetismus“

Über den Ursprung des Namens „Magnetismus“ gibt es verschiedene Legenden. Eine besagt, er soll von der griechischen Stadt Magnesia herrühren, in deren Umgebung magnetische Steine gefunden wurden.
Eine andere Legende berichtet von einem Mann namens Magnes, dem vom magnetischen Erdboden die Eisennägel aus den Schuhsohlen gezogen wurden.
Magnetismus ist für viele Menschen noch heute geheimnisvoll, obwohl wir durch einfache Experimente seine Eigenschaften erkennen und beschreiben können.

Der Kompass und die Seefahrt

Der Magnetismus ist in China schon seit dem 4. Jahrhundert vor Christus bekannt. Damals wurde auch der Kompass erfunden und bei Seereisen benutzt.
In Europa wurde der Kompass erst im 11. Jahrhundert nach Christus bekannt. Vorher konnten die Seefahrer ihren Kurs auf dem offenen Meer nur ungenau nach dem Stand der Sonne oder der Sterne richten. Bei bedecktem Himmel war es unmöglich, die Richtung der Fahrt zu bestimmen. Reisen auf offenem Meer wurden deshalb vermieden. Wie kommt es, dass ein Kompass die Orientierung erleichtert?

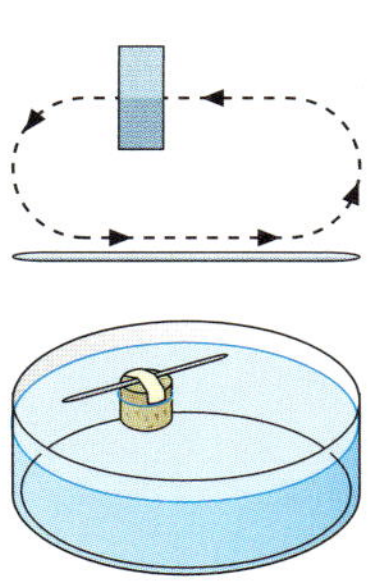

Ein einfacher Kompass zum Nachbauen

Bestreiche mehrfach eine Eisennadel der Länge nach mit einem Magnet. Sie wird dadurch magnetisiert. Befestige die Nadel auf einer Korkscheibe und lege sie auf eine Wasseroberfläche.
Langsam dreht sich die Korkscheibe und die Nadel stellt sich nach einiger Zeit in Nord-Süd-Richtung ein.
Auch wenn du die Nadel aus dieser Lage auslenkst, kehrt sie wieder zur Nord-Süd-Lage zurück. Sie zeigt diese Richtung wie ein Kompass an.

Magnete und ihre Wirkungen

Versuche

V1 Prüfe die Wirkung eines Magneten auf verschiedene Gegenstände aus Metall, aus Plastik, aus Holz oder aus Papier.
Gegenstände aus Eisen werden angezogen, solche aus Plastik, Holz oder Papier nicht.

V2 Lege einen Stabmagnet auf kleine Eisennägel und hebe ihn dann hoch (Abb. ➤ 1).
Du beobachtest, dass die Nägel am Magnet haften bleiben, besonders gut an seinen Enden. Außerdem hängen die Nägel nun aneinander wie Teile einer Kette.

1

2

V3 Lege einen Stabmagnet auf zwei Rundhölzer. Nähere ihm zuerst das eine, dann das andere Ende eines zweiten Stabmagneten. Wiederhole den Versuch mit einem Eisenstab auf den Rollen (Abb. ➤ 2).
Der bewegliche Magnet bewegt sich bei einem Ende des zweiten Stabmagneten auf ihn zu und beim anderen von ihm weg. Der Eisenstab wird von jedem Magnetende angezogen.

V4 Zwei Stabmagnete mit verschieden farbigen Hälften werden dicht nebeneinander gehalten und so einem Eisenstück genähert. Sind die nebeneinander befindlichen Enden unterschiedlich gefärbt, dann zeigt sich kaum eine Wirkung auf das Eisen.

Grundwissen

Beobachtungen mit Magneten

Magnete (Abb. ➤ 3) enthalten im Wesentlichen Eisen. Es gibt aber auch Magnete, die ganz oder teilweise aus Nickel, Cobalt oder besonderen Metall-Legierungen bestehen.
Je nach dem Zweck, für den die Magnete verwendet werden, besitzen sie unterschiedliche Bauformen (Abb. ➤ 1).
Magnete können andere Magnete anziehen oder abstoßen; eisenhaltige Gegenstände ziehen sie an. Die wirkenden Kräfte heißen ***magnetische Kräfte***.

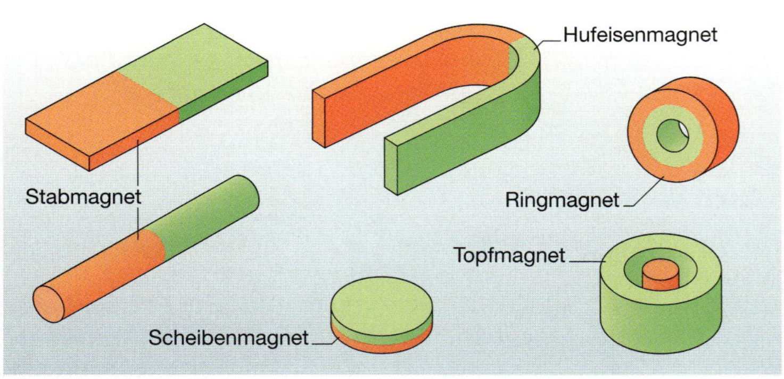

3 Verschiedene Formen von Magneten

Magnete üben auch auf Gegenstände, die keine Magnete sind, Kräfte aus, wenn die Gegenstände Eisen, Nickel oder Cobalt enthalten. Man bezeichnet deshalb diese Stoffe als ***magnetisierbare Stoffe***.
Dauermagnete sind Magnete, deren magnetische Wirkung lange Zeit anhält.

Die magnetische Kraft wirkt ohne Berührung. Ihr Betrag hängt vom Abstand zwischen Magnet und Körper ab. Je größer der Abstand zwischen ihnen ist, desto geringer ist die Kraft.
Ein Gegenstand, der kein Magnet ist, aber aus magnetisierbaren Stoffen besteht, wird von einem Magnet stets angezogen und nie abgestoßen. Dabei wirkt der Gegenstand seinerseits mit einer gleich großen, anziehenden Kraft auf den Magnet zurück.

> Ein Magnet wirkt auf Gegenstände aus magnetisierbaren Stoffen. Der Betrag der magnetischen Kraft hängt vom Abstand zwischen Körper und Magnet ab.

? Woran erkennt man einen Magnet?

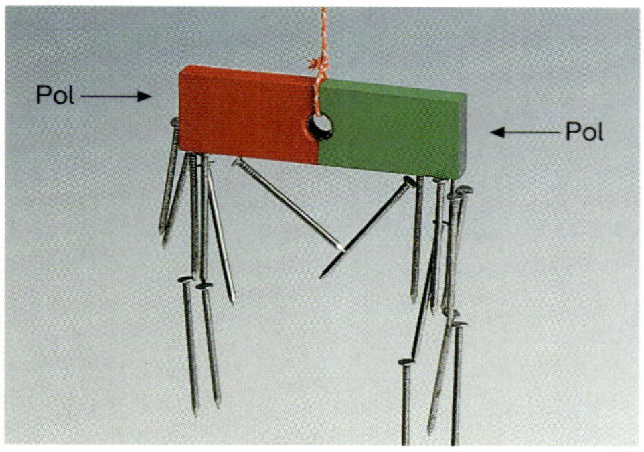

1 An den Enden des Magneten befinden sich die Bereiche mit der größten Kraft.

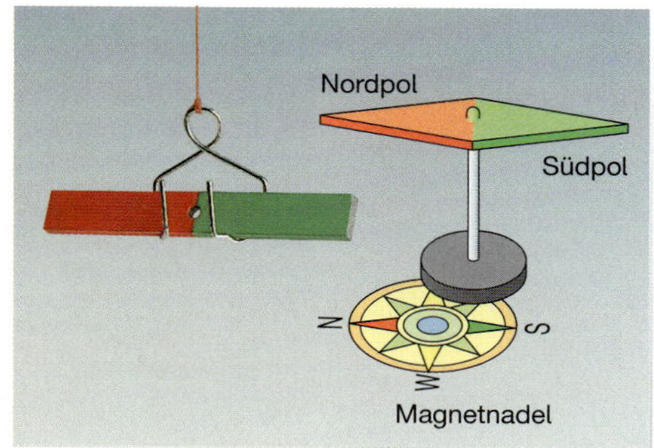

4 Ein horizontal frei drehbarer Stabmagnet zeigt immer in dieselbe Richtung.

Magnetpole

Die Kraft, die ein Magnet ausüben kann, ist an manchen Stellen des Magneten größer als an anderen. Wird z. B. ein Stabmagnet in eine Schachtel mit vielen Eisennägeln gelegt, so bleiben die meisten Nägel im Bereich der Enden hängen. In der Mitte werden die Nägel dagegen kaum angezogen. An den Enden des Stabmagneten beobachten wir die größten Wirkungen (Abb. ➤ 1). Diese Stellen heißen ***Pole*** des Magneten.

> Bereiche mit größter magnetischer Wirkung heißen Pole des Magneten.

Jeder Magnet hat zwei Pole. Nähert man einen Pol eines Magneten einem Pol eines anderen Magneten, so ziehen sie sich entweder an oder stoßen sich ab. Das hängt davon ab, welche Pole sich jeweils gegenüberstehen (Abb. ➤ 2). Dreht man einen Magnet um, so zeigt sich die entgegengerichtete Wirkung. Ein Magnet besitzt also zwei verschiedene Pole, einen mit anziehender und einen mit abstoßender Kraft, bezogen auf denselben Pol eines zweiten Magneten.

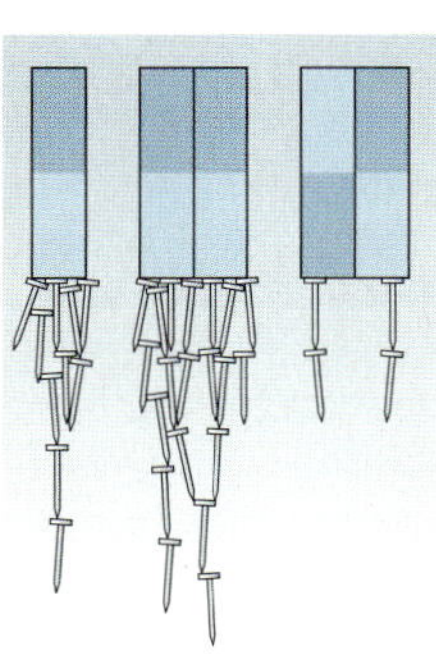

3 Magnetbündel

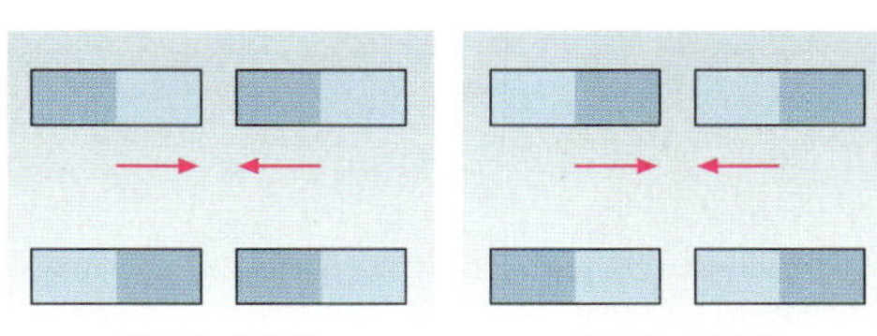

2 Anziehung und Abstoßung von Magneten

Bündelt man zwei Magnete (Abb. ➤ 3), so erhöht sich die magnetische Wirkung ihrer Pole, wenn sich gleichartige nebeneinander befinden; liegen ungleichartige Pole nebeneinander, so schwächen sich diese gegenseitig.
Ein um die Mitte drehbar gelagerter Stabmagnet (Abb. ➤ 4) reagiert schon auf kleinste magnetische Kräfte. Das ist besonders bei einer kleinen ***Magnetnadel*** zu sehen. Sie richtet sich sogleich nach einer magnetischen Kraft aus.
Aber auch wenn sich kein Magnet in der Nähe einer Magnetnadel befindet, stellt sie sich stets wie ein ***Kompass*** in Nord-Süd-Richtung ein. Diese Eigenschaft der Magnetnadel nutzt man zur Benennung der beiden Pole:

> Der nach Norden weisende Pol einer Magnetnadel heißt Nordpol, der andere Pol heißt Südpol.

Dieselbe Benennung erhalten auch die Pole aller anderen Magnete. Ein Pol ist ein Nordpol, wenn er den Südpol der Nadel anzieht oder ihren Nordpol abstößt. Die Beobachtungen zur Kraftrichtung zwischen verschiedenen Polen fassen wir zusammen:

> Gleichnamige Pole stoßen einander ab, ungleichnamige Pole ziehen sich an.

Es gibt besonders geformte Magnete, die mehr als einen Nord- oder einen Südpol haben können. Es gibt jedoch keinen Magneten, der nur einen Magnetpol hat.

? Oft ist der Nordpol rot, der Südpol grün gefärbt. Wie kann man mit einer Magnetnadel den Nord- und den Südpol eines ungefärbten Magneten finden?

Das magnetische Feld

Versuche

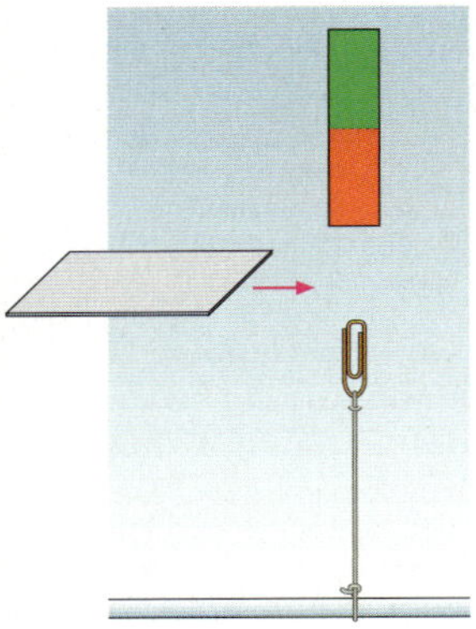

1

V1 Eine an einem Faden befestigte Büroklammer aus Eisendraht wird von einem Magnet so angezogen, dass sie mit gespanntem Faden vor ihm schwebt (Abb. ➤ 1). Wird zwischen Magnet und Büroklammer ein Stück Pappe, Holz oder eine Plastikfolie gehalten, so ändert sich dadurch nichts. Wird stattdessen ein Eisenblech verwendet, so fällt die Klammer nach unten.

V2 Lege eine Glasscheibe oder ein Blatt Papier auf einen Stabmagnet. Streue vorsichtig Eisenspäne darauf und klopfe dabei leicht an die Glasscheibe oder das Papier (Abb. ➤ 2). Wiederhole den Versuch mit einem Hufeisenmagnet. Die Eisenspäne ordnen sich je nach Magnet in einem bestimmten Muster an.

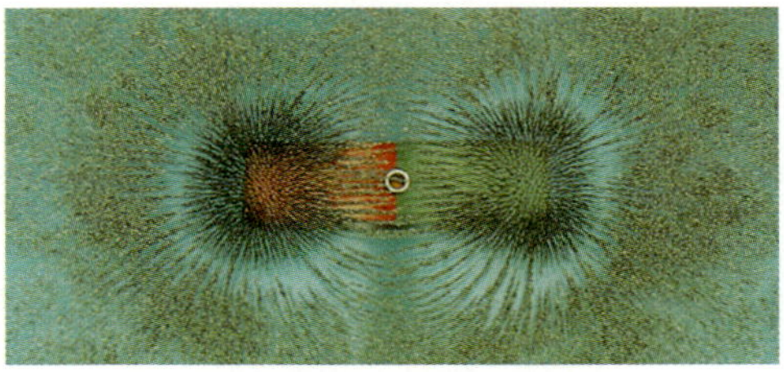

2

V3 Streiche wie in Abb. ➤ 3 mit einem Magnet mehrmals in einer Richtung über einen dicken Eisendraht. Bringe ihn danach in die Nähe von eisernen Stecknadeln. Es wirken Kräfte auf die Nadeln.
Bringe den Draht mit dem Bunsenbrenner zum Glühen und nähere ihn danach erneut den Stecknadeln. Es wirken keine Kräfte mehr.

V4 Stelle wie in Versuch 3 einen magnetisierten Eisendraht her. Teile ihn mit einer Kneifzange in zwei Teile und prüfe ihre magnetische Wirkung. Fahre fort mit dem Teilen und Prüfen der Teile. Sie bleiben Magnete.

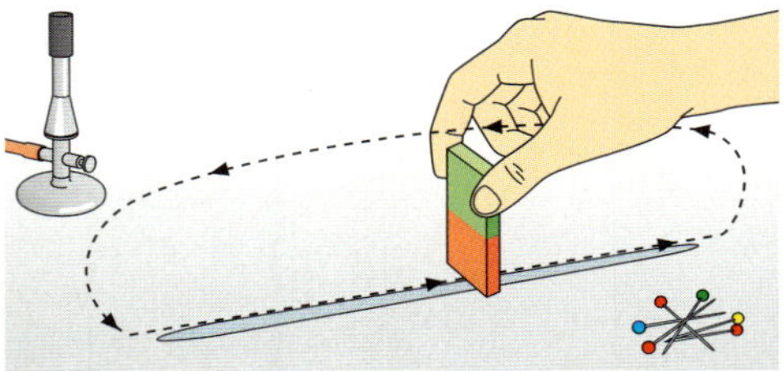

3

V5 Fülle ein Reagenzglas ganz mit Eisenfeilspänen, verschließe es und bestreiche es der Länge nach wie den Eisendraht in Versuch 4 mit einem Magnet.
Mit einer Magnetnadel lassen sich an den Enden des Reagenzglases Magnetpole feststellen. Wird das Glas geschüttelt, sind die Pole verschwunden.

Grundwissen

Wechselwirkung durch den Raum

Magnete üben Kräfte aufeinander aus, ohne dass sie sich berühren. Die Kraft nimmt mit der Entfernung der Magnete ab. Wir nehmen an, dass Magnete ihre Umgebung so verändern, dass auf andere Magnete Kräfte ausgeübt werden. Diesen Wirkungsbereich nennen wir ***magnetisches Feld***.
Befindet sich statt Luft leerer Raum (Vakuum) zwischen zwei Magneten, so ändert sich die Kraft zwischen ihnen nicht. Ebenfalls verändern Stoffe, die nicht magnetisierbar sind, diese Kraft nicht. Nur Gegenstände aus magnetisierbaren Stoffen, die sich zwischen den Magneten befinden, verringern sie.

> Der Wirkungsbereich eines Magneten, sein Magnetfeld, wird weder durch Vakuum und Luft, noch durch andere, nichtmagnetisierbare Stoffe verändert.

Bringt man mehrere kleine Magnetnadeln wie in Abb. ➤ 1 auf der nächsten Seite in die Nähe eines Magneten, so ordnen sie sich zu einem Linienmuster an. Da sich die Ausrichtung der Nadeln in immer gleicher Weise wiederholt, benutzt man die Linien zur Beschreibung des Magnetfeldes eines Magneten. Man nennt sie ***magnetische Feldlinien***. Die Pfeilspitzen an den Feldlinien geben dabei die Richtung der Kraft am Ort der Feldlinie auf den Nordpol eines zweiten Magneten an.

> Magnetische Feldlinien zeigen die Ausrichtung von Magnetnadeln im Feld eines Magneten. Die Orientierung der Feldlinien gibt die Kraftrichtung an, die auf den Nordpol der Magnetnadel wirkt.

? Welche Eigenschaften eines Magneten geben magnetische Feldlinien wieder?

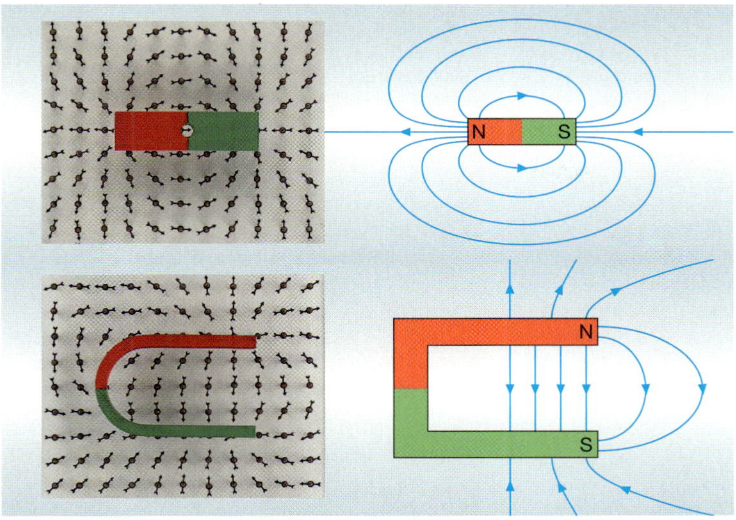

1 Kleine Magnetnadeln zeigen die Kraftrichtungen an. Daraus leitet man ein Feldlinienbild ab.

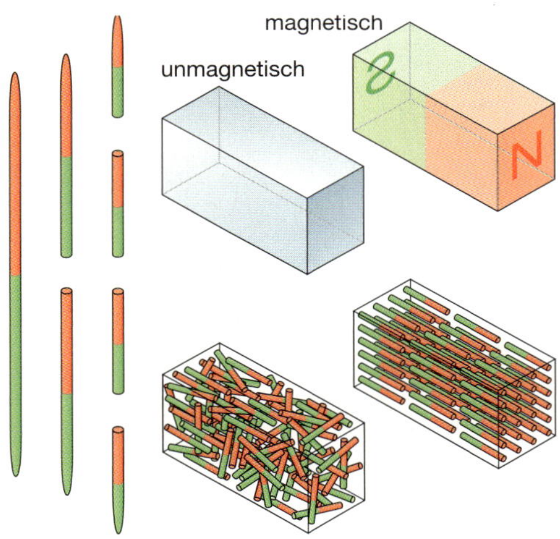

2 Ein großer Magnet lässt sich aus vielen kleinen Magneten zusammengesetzt denken.

Feldlinienbilder

Jede Feldlinie verläuft vom Nordpol zum Südpol. Feldlinien kreuzen sich nie, da dies zweierlei Kraftrichtungen gleichzeitig bedeuten würde. Durch das Zeichnen vieler Feldlinien entsteht ein Feldlinienbild (Abb. ➤ 1), das die Umgebung eines Magneten beschreibt. Man erkennt, dass an den Magnetpolen verhältnismäßig viele Linien auf engem Raum zusammenlaufen. Dort ist die Kraft größer als da, wo nur wenige Linien in einem gleich großen Gebiet verlaufen.

Der innere Aufbau von Magneten

Teilt man eine Magnetnadel, so entstehen zwei Magnete. An der vorher unmagnetisch erscheinenden Mitte der Nadel sind zwei verschiedene Magnetpole entstanden. Zerteilt man weiter, so entstehen immer neue Magnete mit Polen an den Enden der Bruchstücke. Es sieht so aus, als ob die Nadel schon vorher aus lauter aneinandergereihten Magneten bestanden hätte (Abb. ➤ 2). Darauf beruht eine Vorstellung über den Aufbau von Magneten, das Modell der ***Elementarmagnete***:

> Alle magnetisierbaren Stoffe bestehen aus winzigen Bereichen, die sich wie kleine Magnete verhalten und ordnen.

Sind die Elementarmagnete ungeordnet, so heben sich ihre Wirkungen außerhalb des Körpers auf. Der Körper ist kein Magnet. Ist dagegen die Mehrzahl der Elementarmagnete in eine Richtung ausgerichtet, so wirkt der Körper als Magnet.

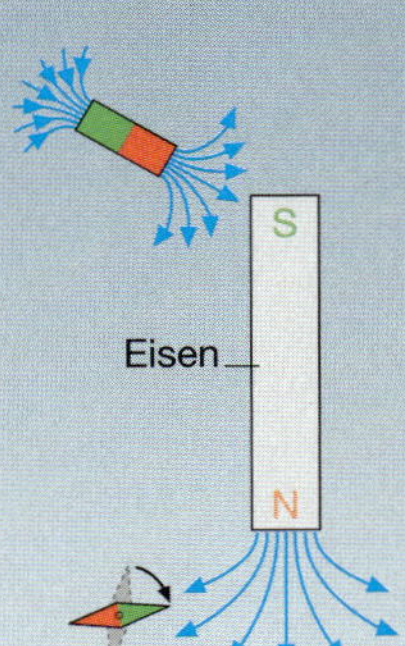

3 Influenz eines Eisenstabes

Die magnetische Influenz

Mit dem Modell von den Elementarmagneten können wir erklären, weshalb ein Stück Eisen selbst zum Magneten wird, sobald es sich im Magnetfeld eines anderen Magneten befindet (Abb. ➤ 3):
Die Elementarmagnete des Eisenklotzes werden von den Kräften, die im Feld auf sie wirken, teilweise gleichgerichtet, so dass sie gemeinsam als ein Magnet wirken. Diese Magnetisierung durch ein Feld heißt ***magnetische Influenz*** (lat. Beeinflussung).
Lassen sich in einem magnetisierbaren Stoff die Elementarmagnete leicht ausrichten, so heißt der Stoff magnetisch weich. Ohne äußeres Magnetfeld geht die Ausrichtung der Elementarmagnete aber leicht wieder verloren. Solche Stoffe eignen sich gut zum ***Abschirmen*** von Magnetfeldern. Umgekehrt sind magnetisch harte Stoffe solche mit schwer veränderbaren Elementarmagneten. Aus ihnen stellt man ***Dauermagnete*** her.
Die einheitliche Ausrichtung der Elementarmagnete geht jedoch immer verloren, wenn man den Magnet stark erhitzt (über 600 °C) oder starken Erschütterungen (z. B. durch Hämmern) aussetzt.

Das Magnetfeld der Erde

Drehbare Magnete richten sich auf der Erde in Nord-Süd-Richtung aus. Daraus schließt man, dass sich um die Erde ein Magnetfeld befindet, in dem sich diese Magnete ausrichten. Das Magnetfeld der Erde lässt sich mit Feldlinien beschreiben (Abb. ➤ 3). Die Pole des Erdmagneten liegen nicht auf der Drehachse der Erde, eine Magnetnadel zeigt also nicht genau die Nord-Süd-Richtung an (Abb. ➤ 2). Die Abweichung heißt ***Missweisung*** des Kompasses; für Orte auf der Linie Stralsund-Leipzig-Chiemsee ist die Missweisung zurzeit Null, westlich davon ist sie nach Westen, östlich davon nach Osten gerichtet. Die Nulllinie wandert jährlich um 15 km nach Westen. Die Feldlinien des Erdmagnetfeldes sind gegenüber der Horizontalen geneigt. Eine Magnetnadel (Abb. ➤ 1) mit waagerechter Drehachse zeigt an, dass sie mit 63° im Süden und 69° im Norden Deutschlands gegenüber der Horizontalen in den Boden „tauchen“. Der nach Norden weisende Pol der Magnetnadel heißt Nordpol. Daraus folgt:

> In der Nähe des geografischen Nordpols der Erde liegt ein magnetischer Südpol, der magnetische Nordpol befindet sich in der Nähe des geografischen Südpols der Erde.

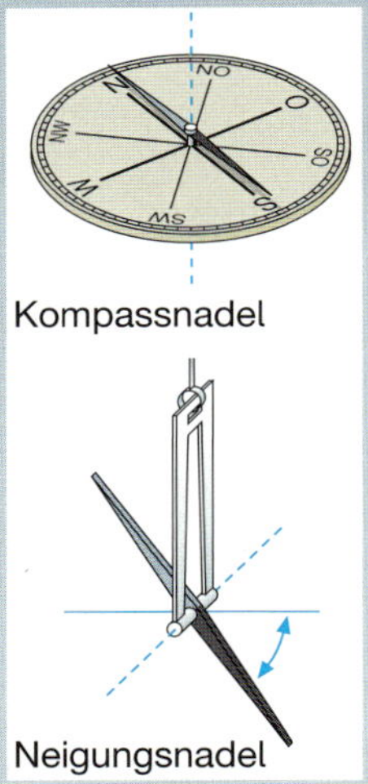

1 Magnetnadeln zur Messung von horizontaler und vertikaler Richtung des Magnetfeldes

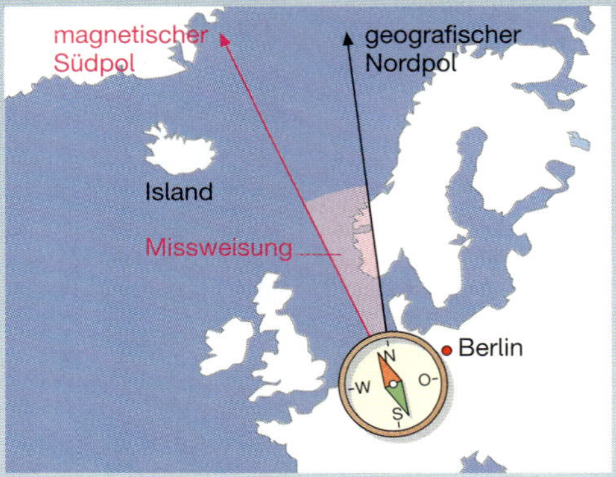

2 Missweisung durch das Erdmagnetfeld

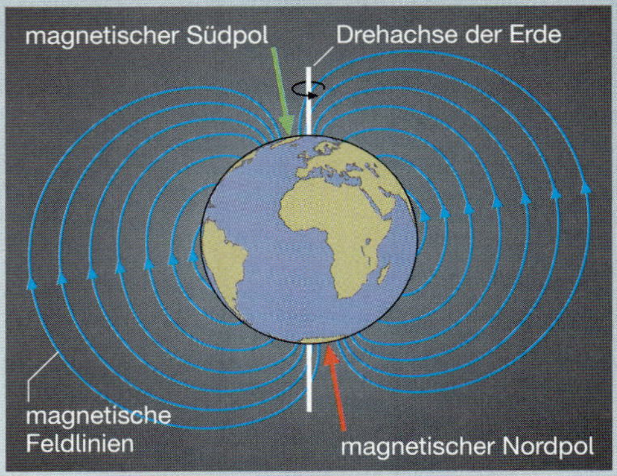

3 Das Erdmagnetfeld

Das Erdmagnetfeld ändert sich (Abb. ➤ 4)

Messungen zeigen, dass der Südpol des Erdmagneten im Norden Kanadas liegt und etwa 1140 km vom geografischen Nordpol entfernt ist. Er wandert jährlich etwa 7,5 km in nördliche Richtung. Der magnetische Nordpol in der Antarktis wandert jährlich etwa 10 km in nordwestliche Richtung. Würde das Erdmagnetfeld durch einen Stabmagneten erzeugt, so wäre dessen Achse um 11,4° gegen die Rotationsachse der Erde geneigt.
Zurzeit nimmt die Stärke des Magnetfeldes der Erde um 7,5 ‰ jährlich ab. Es variiert auch täglich, ja von Sekunde zu Sekunde.

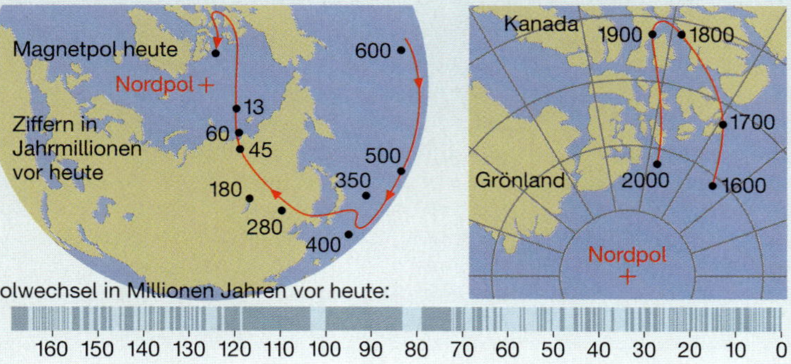

4

Das Magnetfeld entsteht vermutlich durch elektrische Ströme im flüssigen Erdkern in mehr als 2900 km Tiefe, man spricht vom Geodynamo. Langsame Veränderungen des Erdmagnetfeldes zeigen, dass der Dynamoprozess nicht stabil ist. Einen kleinen Beitrag leistet auch die Hochatmosphäre durch elektrisch geladene Teilchen aus dem Sonnenwind. Schwankungen der Sonnenaktivität sind vor allem Ursache für die kurzzeitige Variation des Magnetfeldes der Erde.
Kühlt sich flüssige Lava nach einem Vulkanausbruch ab, so entstehen im Basalt eisenhaltige Kristalle. Beim Abkühlen werden diese Kristalle durch das gerade vorhandene Erdmagnetfeld magnetisiert. Ihre magnetische Ausrichtung bleibt im Basalt über Millionen Jahre hinweg erhalten. Sie können somit Auskunft über die Richtung des Erdmagnetfeldes vergangener Zeiten geben. Dabei zeigt sich, dass sich die Polung des Erdmagnetfeldes in den letzten 100 Millionen Jahren mindestens 170-mal geändert hat. Der Wechsel geschieht innerhalb von 5000 Jahren! Die letzte Umpolung war vor etwa 730000 Jahren. Es ist zu vermuten, dass sich das Erdmagnetfeld damals nicht zum letzten Mal umgepolt hat.

Rückblick

Begriffe
Was versteht man unter
- einem Magnet?
- einem Magnetpol?
- einem magnetisierbaren Stoff?
- einer Magnetnadel?
- einem Kompass?
- einem Magnetfeld?
- einer Feldlinie?
- einem Elementarmagnet?

Beobachtungen
Was beobachtet man, wenn man
- einen Dauermagnet in eine Schachtel mit Eisennägeln taucht und wieder herauszieht?
- einen Magnet einem zweiten, beweglichen Magnet nähert?
- Eisenfeilspäne auf eine Glasplatte über einem Magnet streut und auf die Platte klopft?
- eine magnetische Nadel zerbricht und die Teile untersucht?

Erklärungen
Wie lässt sich begründen, dass
- die Pole eines Magneten Nord- und Südpol heißen?
- ein Magnet Kräfte auf einen entfernten anderen Magnet ausüben kann?
- eisenhaltige Körper in der Nähe von Magneten selbst zu Magneten werden?
- sich eine frei drehbare Magnetnadel stets in Nord-Süd-Richtung einstellt?

Gesetzmäßigkeiten
Beschreibe mit eigenen Worten
- die Regel für die Kraftrichtung zwischen zwei Magnetpolen.
- die Bedeutung der Feldlinien.
- die Kraftwirkung eines Magneten auf eisenhaltige Gegenstände.
- das Magnetfeld der Erde.

Erläutere die Erscheinungen in den folgenden Bildern und beantworte die Fragen!

⇐ Weshalb wird der Magnet einmal hochgezogen, das andere Mal nicht?

⇒ Welches Gerät ist das und wie funktioniert es?

⇐ Was zeigt das Bild mit den Eisenfeilspänen?

⇒ Weshalb befindet sich dieses Etikett auf Disketten?

Heimversuche

1. Der Datenkiller
Nimm eine alte Tonbandkassette und spiele einen kurzen Teil davon ab. Lasse das Band wieder zurücklaufen. Überstreiche den nach außen ragenden Teil des Bandes mit einem kleinen Magnet, während du den vorher abgehörten Abschnitt des Bandes mehrmals darunter hin- und her ziehst (etwa mit einem Bleistift vor und zurück spulen).
Höre das so behandelte Tonband ab. Notiere und deute deine Beobachtungen.

2. Ein Magnettester
Nimm zwei runde, äußerlich gleich aussehende Eisenstäbe; magnetisiere einen davon. Gehe zu einem Mitschüler und lass ihn die Stäbe T-förmig hinlegen. Weshalb kann man beim Wegziehen des einen Stabes feststellen, wer von beiden der Magnet ist?

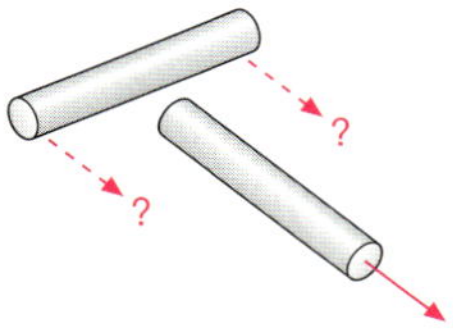

Zu Versuch 2

3. Starke und schwache Magnete
Verwende verschiedene Magnete und untersuche sie daraufhin, wie viele Eisennägel maximal als Kette an einem Pol angehängt werden können.
Weshalb ist es sinnvoll, die Länge der längstmöglichen Kette und nicht die Gesamtzahl möglichst vieler am Magnet hängender Nägel als ein Maß für die Stärke des Magneten heranzuziehen?

4. Schwindende Magnetwirkung
Magnetisiere einen Nagel und prüfe die Magnetwirkung mit einem anderen Nagel.
a) Schlage den Nagel mehrfach mit dem Hammer und prüfe die Magnetwirkung.
b) Halte den magnetisierten Nagel mit einer Holzzange über eine Kerzenflamme. Überprüfe die magnetische Wirkung des Nagels.

Fragen

Magnete und ihre Wirkungen

1 Zwei Paare von Stabmagneten stehen sich wie im folgenden Bild gegenüber. Welcher der Sätze beschreibt die Situation jeweils richtig:
- Magnet 1 übt auf Magnet 2 eine Kraft aus.
- Magnet 2 übt auf Magnet 1 eine Kraft aus.
- Beide Magnete üben wechselseitig Kräfte aufeinander aus.

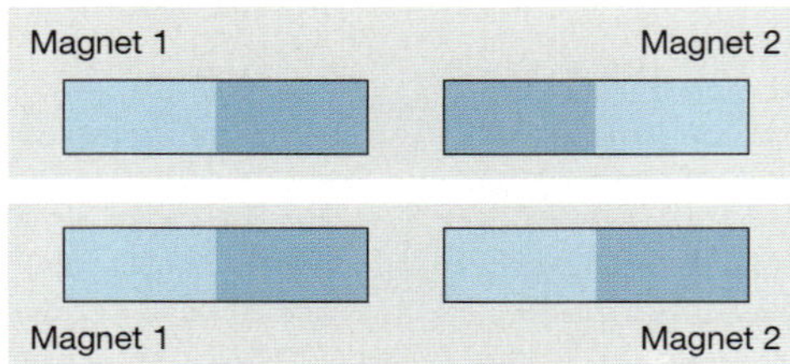

2 Wie kann man die Pole eines nicht gekennzeichneten Magneten finden und identifizieren? Nenne mehrere Möglichkeiten.

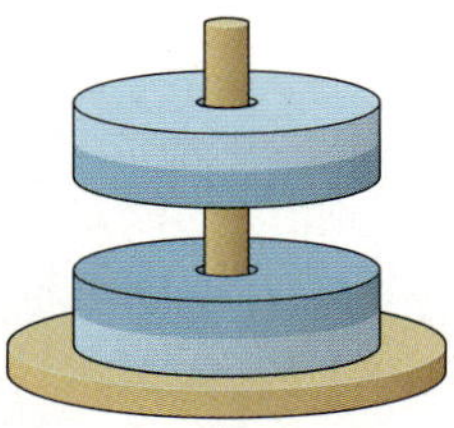
Zu Aufgabe 3

3 Erläutere den links im Bild gezeigten Versuch, in dem ein durchbohrter Scheibenmagnet über einem anderen schwebt.
Würde der Versuch auch gelingen, wenn der untere Scheibenmagnet umgedreht wird?

Das magnetische Feld

4 Wie lässt sich die Richtung der Feldlinien eines Magnetfeldes feststellen?

5 Das folgende Bild zeigt eine Feldlinie eines Stabmagneten. Übertrage die Zeichnung in dein Heft und füge den Pfeil für die Richtung der Feldlinie ein. Zeichne weitere Feldlinien.

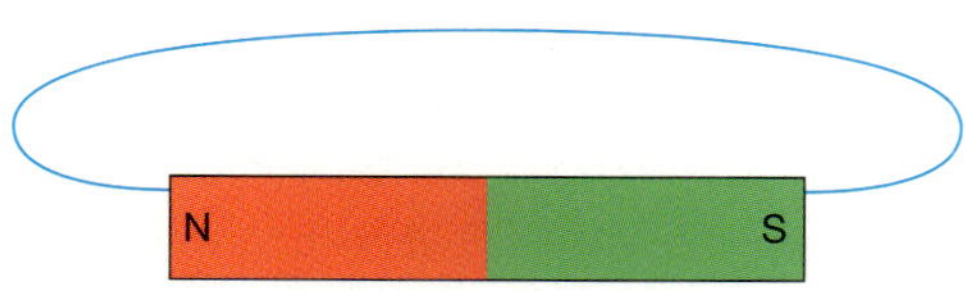

6 Übertrage das folgende Bild in dein Heft und kennzeichne die Pole des Magneten.

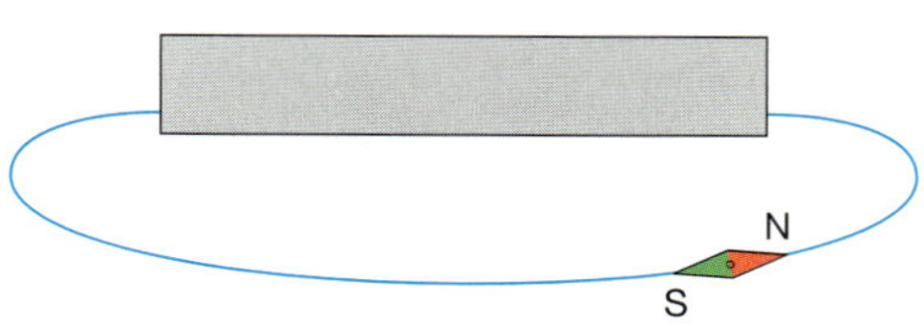

7a) Zwei gleich starke Stabmagnete stehen sich mit ihren Nordpolen gegenüber. Zeichne das Feldlinienbild.
b) Zeichne das Feldlinienbild, wenn sich im gleichen Abstand wie in ***a)*** ein Nord- und ein Südpol gegenüberstehen.

8 Mit welchem Magnetpol weist eine Magnetnadel nach Norden, wenn man sich auf der südlichen Hälfte der Erde befindet?

9 Das Gehäuse eines Kompasses besteht meist aus Kunststoff. Warum wohl?

10a) Warum kann man unter Umständen in Gebäuden die Himmelsrichtung mit Hilfe eines Kompasses nicht richtig bestimmen?
b) Auch im Freien gibt es Orte, an denen ein Kompass zur Orientierung nichts nützt. Wo befinden sich diese Orte?

11 Skizziere ein Feldlinienbild der Erde und bezeichne die zugehörigen Magnetpole.

Elementarmagnete und Influenz

12 Erkläre mit dem Modell der Elementarmagnete, wieso ein Eisenstück im Magnetfeld magnetisch und ohne Magnetfeld wieder unmagnetisch werden kann.

13 Erkläre mit Hilfe der Vorstellung von Elementarmagneten, weshalb ein Eisenstück bei Annäherung eines Magneten sowohl von dessen Nord- als auch von dessen Südpol angezogen wird.

14 Warum soll man Dauermagnete nicht auf den harten Boden fallen lassen?

15 Erläutere, wie der Verlauf der Feldlinien im folgenden Bild zustande kommt.

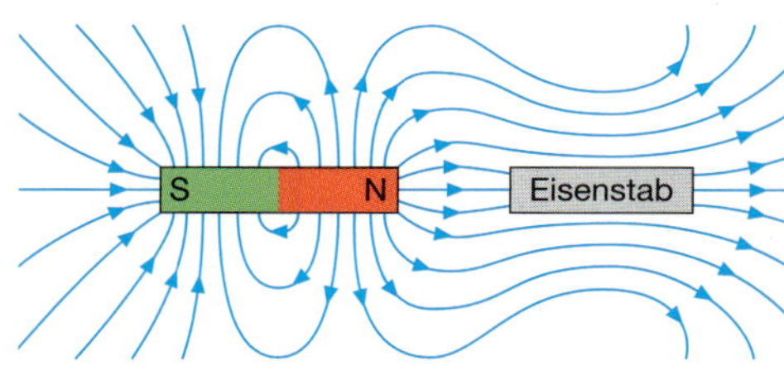

16a) Beschreibe das Versuchsfoto mit einem Hufeisenmagnet und einem Eisenring und erläutere, mit welchen Vorstellungen daraus die grafische Darstellung des Magnetfeldes entstanden ist.
b) Welche Eigenschaft des Ringes wird technisch genutzt?

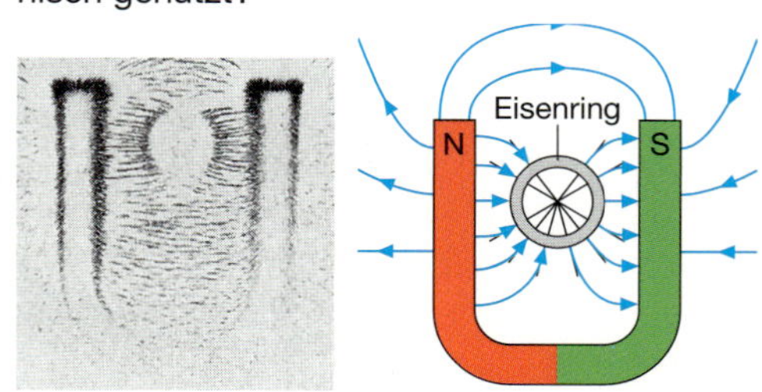

Ladung und Strom

Der Blitz

Der Blitz hat etwas mit Elektrizität zu tun. Du hast dich sicher auch schon gefragt:
Was ist ein Blitz und wie entsteht er? Warum richtet ein Blitzschlag oft großen Schaden an? Wie kann man sich gegen Blitze schützen?
Das Bild wurde in einem Labor aufgenommen, das den Schutz von Metallkäfigen vor Blitzen untersucht. Ist es nicht erstaunlich, dass der Blitz der Versuchsperson in dem Metallkäfig keinen Schaden zufügt?

Elektrisieren durch Reibung

Otto von Guericke baute 1660 eine Elektrisiermaschine, um Adelige zu unterhalten. Er benutzte dazu eine durchbohrte Schwefelkugel, die in Drehung gebracht, mit der Hand gerieben und so elektrisch geladen wurde. Hielt jemand mit der einen Hand einen Draht, der die Kugel berührte, so konnte er mit der anderen Hand durch Funken Schießpulver entzünden.

Geheimnisvolle Anziehung

Stelle einige kleine Papierschnitzel her (z. B. mit einem Locher). Reibe dann deinen Kugelschreiber oder Füllhalter aus Kunststoff kräftig an deinem Pullover und halte ihn danach über die kleinen Papierstückchen. Was stellst du fest?
Wiederhole den Versuch mit anderen kleinen Gegenständen. Geht es auch mit einem Bleistift statt eines Kugelschreibers?

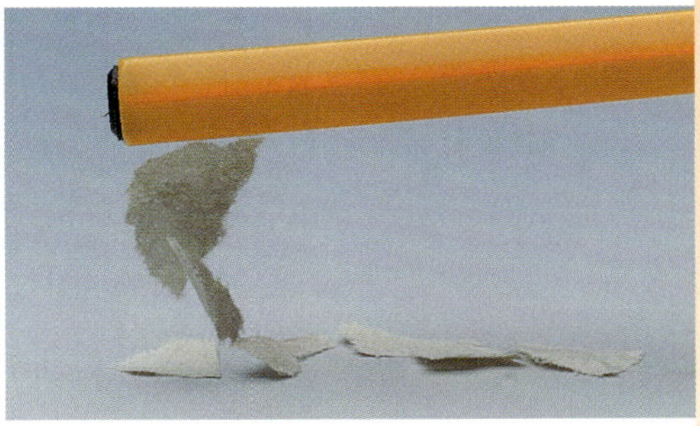

Betrieb elektrischer Geräte

Versuche

V1 Die Anschlüsse einer Solarzelle werden mit den Anschlüssen einer Lampe verbunden (Abb. ➤ 1). Scheint Sonnenlicht auf die Solarzelle, so leuchtet die Glühbirne, wird ein Anschluss zur Lampe unterbrochen, so erlischt diese. Wird die Solarzelle abgedeckt, dann erlischt die Lampe ebenfalls.

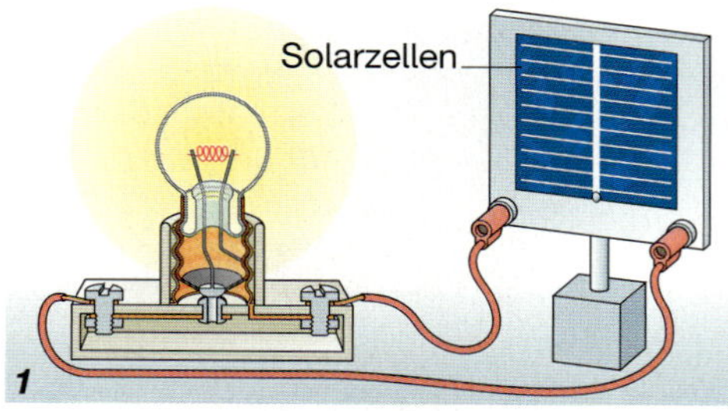

1

V2 Baue die Schaltung von Abb. ➤ 2 nach und betätige den Schalter. Entferne danach den Schalter und füge ihn bei der anderen Verbindungsleitung ein. In allen Zuleitungen kann mit einem Schalter das Glühlämpchen ein- und ausgeschaltet werden.

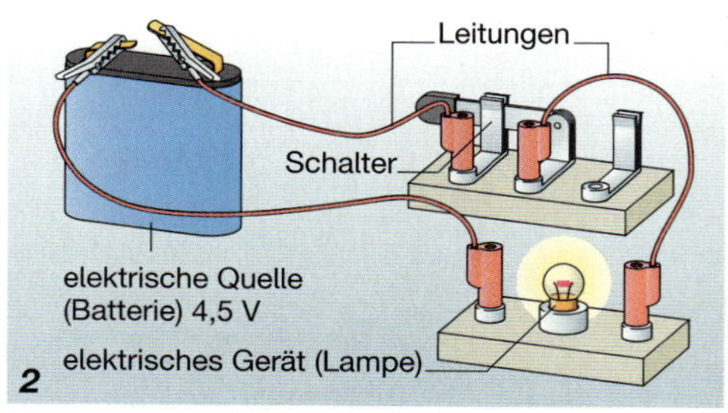

2

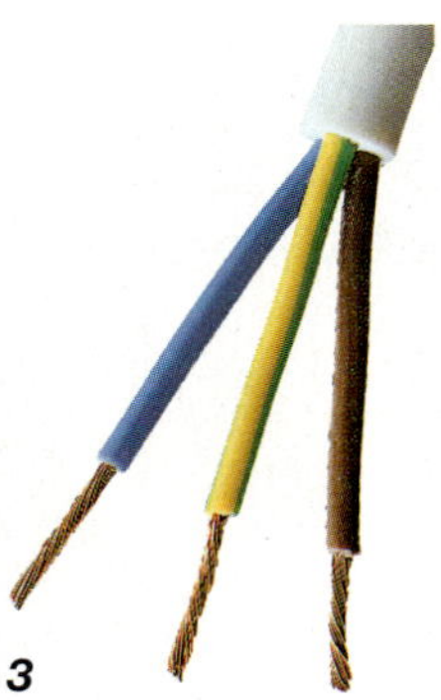
3

V3 Schneide ein Stück eines Elektrokabels auf. Untersuche seinen Aufbau (Abb. ➤ 3). Es besteht meist aus Kupferdrähten, die von Kunststoff umhüllt sind.

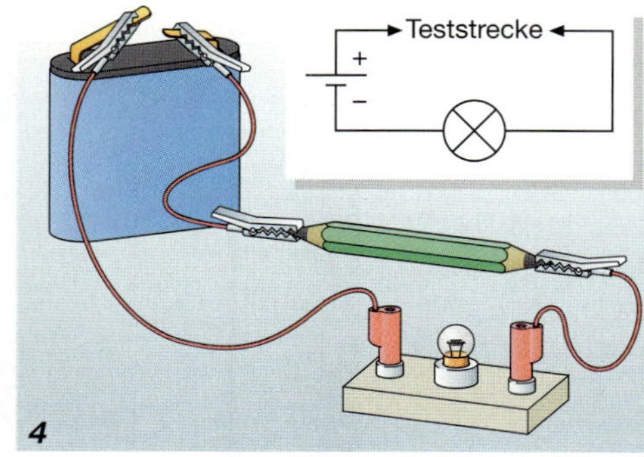

4

V4 Ersetze – wie in Abb. ➤ 4 dargestellt – ein Stück des Kabels zwischen Batterie und Lämpchen durch einen Wollfaden, ein Plastiklineal, eine Bleistiftmine, einen Metalllöffel, einen Holzstift oder einen Radiergummi.
Nur bei der Bleistiftmine und dem Metalllöffel leuchtet das Lämpchen.

V5 Untersuche wie in Abb. ➤ 5, ob Salzwasser, destilliertes Wasser oder verdünnter Zitronensaft die Glühlampe leuchten lässt.

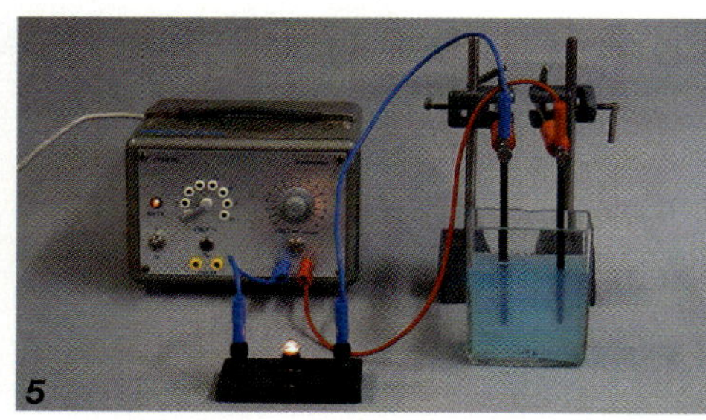
5

Grundwissen

Der geschlossene Stromkreis

Zum Betreiben eines elektrischen Gerätes braucht man eine ***elektrische Quelle***. Solche Quellen sind z. B. Batterien, beleuchtete Solarzellen, Netzgeräte und Steckdosen. Sie sorgen für elektrischen Strom. Gerät und Quelle haben jeweils zwei Anschlussstellen. Das Gerät funktioniert nur, wenn je eine Anschlussstelle des Gerätes mit je einer der Quellen verbunden ist. Man spricht dann von einem geschlossenen ***Stromkreis***. Die Verbindungen zwischen Quelle und Gerät bezeichnet man als ***Leitungen***. Die Anschlussstellen der Quelle heißen ***Pole***.

Zum Betrieb eines elektrischen Gerätes sind eine Quelle und ein geschlossener Stromkreis erforderlich.

Eine Flachbatterie eignet sich nicht zum Betrieb einer Waschmaschine, die Steckdose im Haushalt zerstört die Birne einer Taschenlampe. Quellen und Geräte müssen deshalb in einer noch näher darzulegenden Weise zusammen passen.

? Wo sind Quelle, Lampe und Leitungen der Beleuchtungsanlage deines Fahrrades? Skizziere den Stromkreis.

gut leitend
Silber
Kupfer, Gold
Aluminium, Eisen
Graphit, Beton
Säuren, Laugen
Salzlösungen
Leitungswasser
Erde, Marmor
Luft
Benzin, Öl
Papier, Textilien
Glas
PVC
Porzellan
schlecht leitend

Leiter und Nichtleiter

Elektrische Leitungen können nicht aus allen Stoffen hergestellt werden. Stoffe und Gegenstände, mit denen Stromkreise geschlossen werden können, nennt man ***Leiter***, die anderen ***Nichtleiter***.
Metalle eignen sich zum Schließen von Stromkreisen besonders gut, sie sind gute Leiter. Deshalb werden bei Kabeln Metalldrähte und in den Platinen elektronischer Geräte hauchdünne Streifen aus Metall verwendet. Ebenso sind manche Flüssigkeiten, vor allen Dingen wässrige Lösungen von Salzen, Säuren und Laugen, elektrische Leiter.
Gase sind normalerweise Nichtleiter. Unter bestimmten Bedingungen, wie bei der Glimmlampe, der Neonröhre oder beim Blitz im Gewitter, können Gase aber auch zu Leitern werden. Mit Nichtleitern werden Leitungen umgeben, man ***isoliert*** sie, so dass ein Kontakt verhindert wird.

Stoffe taugen unterschiedlich gut zur Verbindung von Quelle und Gerät. Man unterscheidet gute und schlechte Leiter.

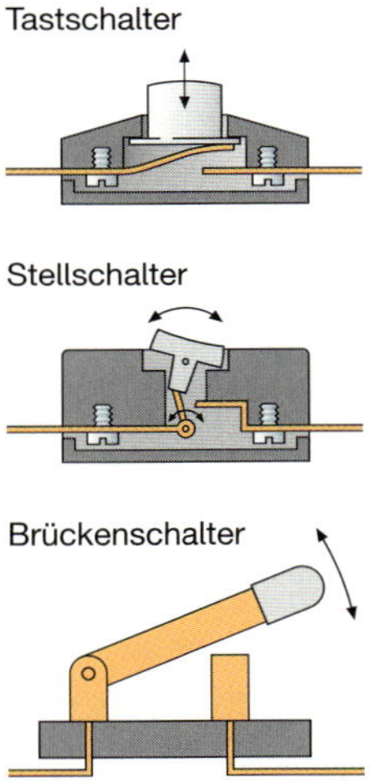

1 Verschiedene Schaltertypen

Schalter

Um elektrische Stromkreise in einfacher und wiederholbarer Weise zu öffnen, das heißt zu unterbrechen, oder zu schließen, benutzt man Schalter. Sie werden in einer der Anschlussleitungen oder in dem Elektrogerät selbst eingebaut. Dabei ist es gleichgültig, welche Leitung gewählt wird. Je nach Bauart (Abb. ➤ 1) wird ein Hebel oder Knopf, eine Taste oder Platte betätigt. Bei allen Schaltern kommt man nicht direkt über Leiter mit Teilen in Berührung, die als leitende Verbindungen zwischen Quelle und Gerät dienen.

Zum sicheren Öffnen oder Schließen von Stromkreisen verwendet man Schalter.

Schaltzeichen und Schaltpläne

Konstruktion, Untersuchung oder Reparatur von elektrischen Quellen oder Geräten wäre sehr mühsam, müsste man beim Wiedergeben der Stromkreise jedes Mal die wirkliche Form und Lage der Bauteile und Leitungen mitzeichnen. Deshalb werden hierfür international genormte ***Schaltzeichen*** verwendet (Abb. ➤ 2).

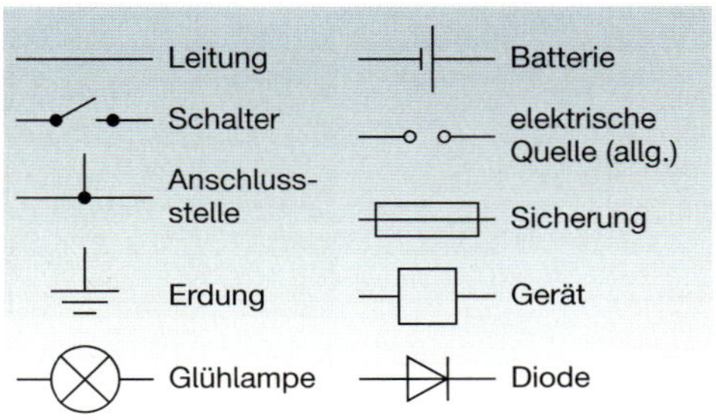

2 Schaltzeichen

Die einzelnen Schaltzeichen werden durch parallel oder rechtwinklig zueinander verlaufende gerade Linien miteinander verbunden. Sie stellen die leitenden Verbindungen zu den jeweiligen Bauteilen dar. Auf diese Weise erhält man schnell einen Überblick über den elektrischen Stromkreis. Man nennt solche Zeichnungen ***Schaltpläne*** (Abb. ➤ 3).

Ein Schaltplan gibt eine Übersicht darüber, welche einzelnen Bauteile und wie sie in einer elektrischen Schaltung miteinander verbunden sind.

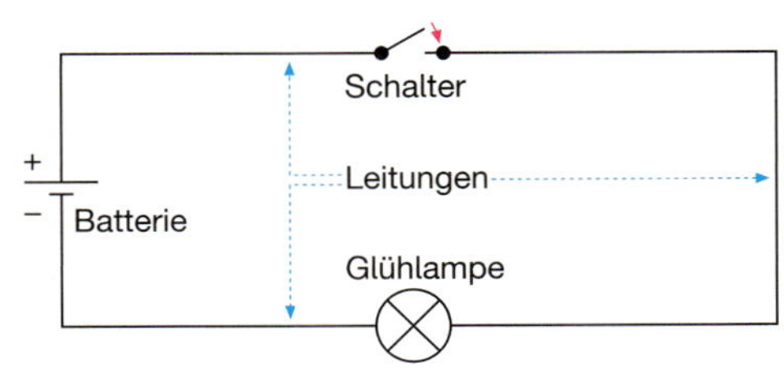

3 Schaltplan

Die Gefahren des elektrischen Stromes

Elektrischer Strom ist hilfreich für unser tägliches Leben. Er birgt aber auch Gefahren:

Unsachgemäßer Umgang mit elektrischem Strom kann zu Verbrennungen, Lähmungen, ja sogar zum Tode führen.

Beachte daher stets die folgenden Sicherheitshinweise:

1. Experimentiere nie alleine und folge den Anweisungen des Lehrers genau!
2. Benutze als elektrische Quellen nur Batterien oder spezielle Stromversorgungsgeräte der Schule.
   Schalte stets am Ende des Versuches die elektrische Quelle ab.
3. Vermeide blanke Leitungen und Stecker und berühre nur isolierte Bauteile.

Stromkreise

Versuche

V1 VORSICHT! Schaltet man eine Glimmlampe (Abb. ➤ 1) in einen Stromkreis mit einer geeigneten elektrischen Quelle, so leuchtet sie, obwohl die Drahtenden in ihrem Inneren nicht verbunden sind und sich dazwischen Gas befindet. Das Leuchten erscheint nur an einem Drahtende in der Glimmlampe. Vertauscht man die Anschlüsse zur Quelle, leuchtet das andere Drahtende.

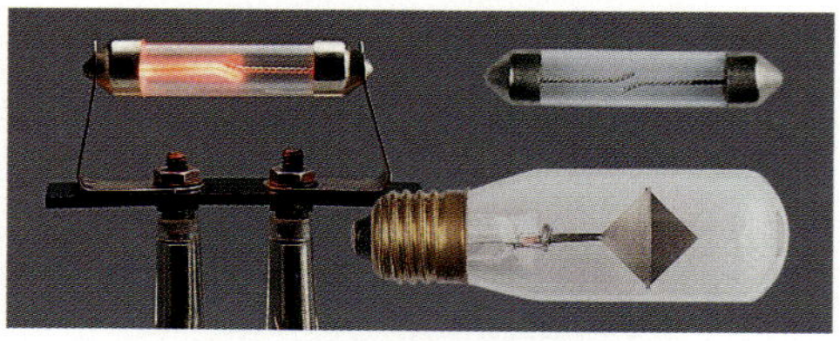

1 Stab- und Dreiecksglimmlampe

V2 VORSICHT, Lehrerversuch! Eine Glimmlampe wird an eine Steckdose angeschlossen.

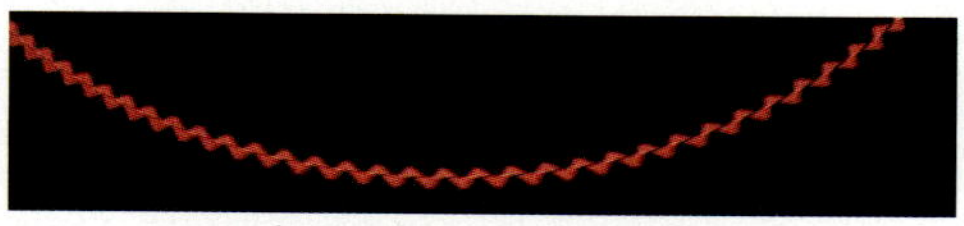

2 Abwechselndes Leuchten an den Enden

Sie leuchtet an beiden Enden. Wird sie dabei etwa wie ein Pendel bewegt, erkennt man, dass das Gas in der Glimmlampe abwechselnd an den Enden leuchtet (Abb. ➤ 2).

V3 Die Halbleiter-Diode ist ein in der Elektronik häufig verwendetes Bauteil. Seine Funktionsweise lässt sich mit folgender Schaltung (Abb. ➤ 3) erkennen:

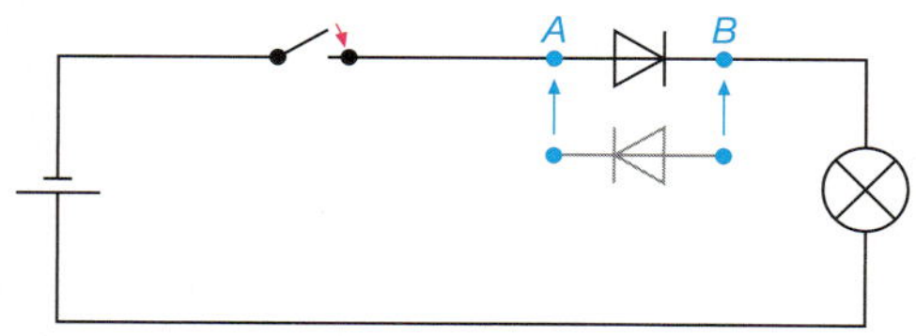

3 Schaltkreis mit Diode

Beim Schließen des Schalters bleibt die Lampe dunkel. Werden die Anschlüsse der Diode aber bei *A* und *B* vertauscht, so leuchtet sie.

V4 Wird in Versuch 2 zusätzlich eine Diode in den Stromkreis eingebaut, so leuchtet nur eine Seite der Glimmlampe. In der Zeit, in der die andere Seite aufleuchten würde, bleibt die Glimmlampe dunkel.

Grundwissen

Elektrische Pole

In der Glimmlampe leuchtet nur ein Drahtende. Vertauscht man die Anschlüsse der Lampe an der Quelle, so leuchtet das andere Ende. Die Anschlussstellen an der Quelle sind verschieden. Sie heißen ***Minuspol*** und ***Pluspol***. Man hat vereinbart:

> Bei der Glimmlampe leuchtet das Gas immer an dem Drahtende, das mit dem Minuspol der Quelle verbunden ist.

Bei manchen Quellen leuchten beide Enden der Glimmlampe, jedoch nie gleichzeitig, sondern abwechselnd. Daraus erkennt man, dass diese Quellen ihre Pole ständig tauschen. Solche Quellen liefern Wechselstrom, im Gegensatz zum Gleichstrom bei unveränderlichen Polen.

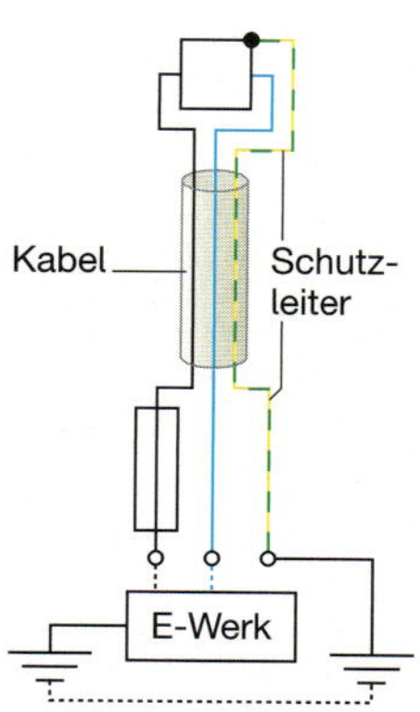

4 Der Schutzleiter

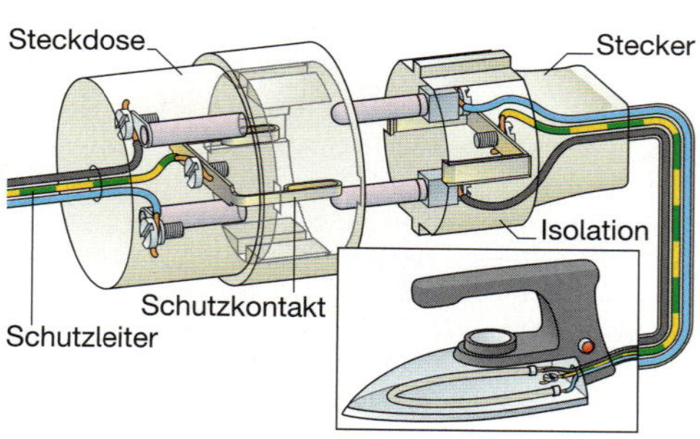

Schutzleiter im Haus

Das Berühren eines Metallteiles im Stromkreis kann lebensgefährlich sein. Es entsteht über den Körper ein geschlossener Stromkreis mit der Quelle und der gut leitenden Erde, wenn ein Pol der Quelle, wie das beim Hausanschluss bzw. beim Elektrizitätswerk der Fall ist, mit der Erde verbunden ist. Zum Schutz werden daher Geräte oft in Kunststoffgehäusen geliefert; bei metallischen Gehäusen enthalten die Kabel drei Leitungen; zwei bilden mit der Quelle den „normalen" Stromkreis.
Die dritte Leitung (Abb. ➤ 4), der ***Schutzleiter***, verbindet das Gehäuse mit der Erde. Sobald durch einen Schaden eine Verbindung zwischen Quelle und Gehäuse entsteht, löst der Strom über diesen Schutzleiter die Sicherung aus, die den Stromkreis mit der Quelle öffnet.

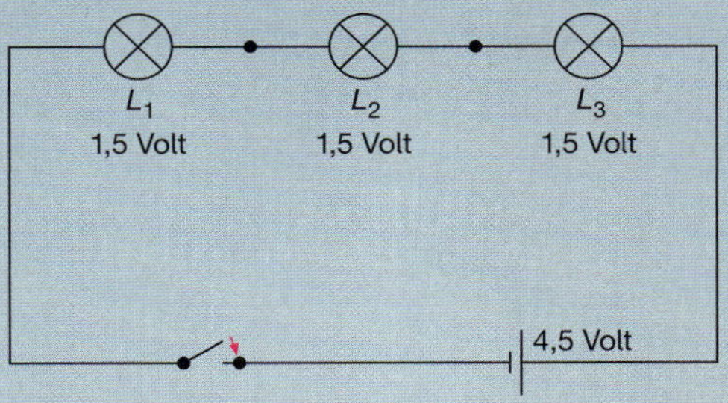

1 Drei Lämpchen in Reihe im Stromkreis

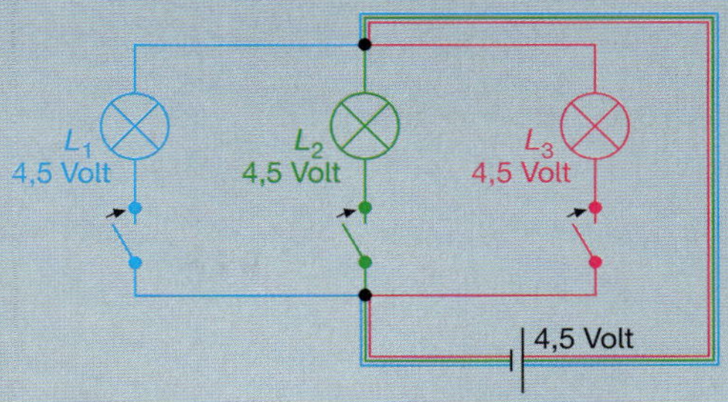

2 Drei Lämpchen parallel im Stromkreis

Reihenschaltung

Die einfachste Möglichkeit, mehrere elektrische Geräte mit einer Quelle zu betreiben, ist, sie wie in einer Kette mit Leitungen hintereinander zu verbinden. Mit einem Schalter im Stromkreis lassen sie sich dann alle gleichzeitig ein- und ausschalten. In Abb. ➤ 1 sind auf diese Weise drei Lämpchen im gleichen Stromkreis nacheinander eingebaut. Eine solche Schaltung wird als ***Reihenschaltung*** bezeichnet.
Ist ein Lämpchen defekt oder wird es aus der Fassung gedreht, so ist der Stromkreis unterbrochen und es leuchtet kein einziges der Lämpchen mehr.

Damit alle Lämpchen richtig hell leuchten, muss auf der Quelle die Voltangabe ungefähr so groß wie die Summe der Voltangaben auf den einzelnen Lämpchen sein. Steht wie in Abb. ➤ 1 auf jedem der Lämpchen 1,5 Volt, so muss die Quelle zum korrekten Betrieb aller Lämpchen die Angabe 4,5 Volt tragen.

> Bei der Reihenschaltung liegen alle Geräte in einem einzigen Stromkreis.
> Schaltet man eines der Geräte aus, so werden alle mit ausgeschaltet, denn der gemeinsame Stromkreis ist unterbrochen.

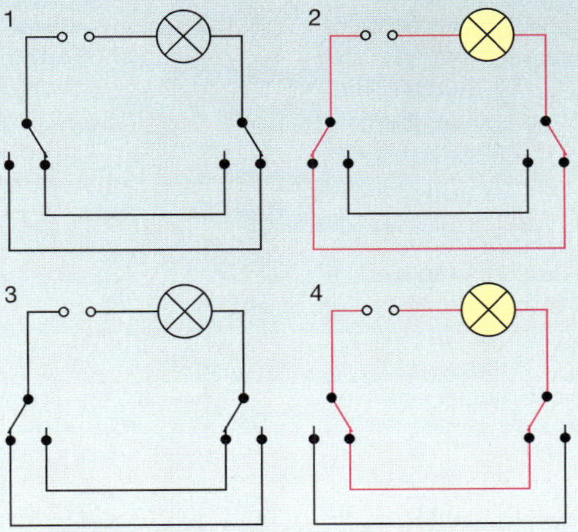

4 Die vier möglichen Schalterstellungen bei der Wechselschaltung

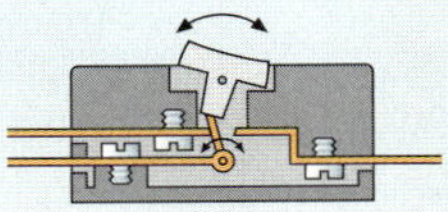

3 Umschalter

Parallelschaltung

Oft ist es erforderlich, dass einzelne Geräte unabhängig voneinander ein- bzw. ausgeschaltet werden können, obwohl sie von der selben Quelle versorgt werden.
In Abb. ➤ 2 befindet sich jedes Lämpchen in einem von den anderen Lämpchen getrennten Teilstück des Stromkreises mit der Quelle. Die Lämpchen lassen sich unabhängig voneinander mit Schaltern ein- und ausschalten. Die Stromkreise liegen bis zum gemeinsamen Anschluss an die Quelle nebeneinander. Deshalb spricht man von einer ***Parallelschaltung***. Sie findet im Haus bei Lampen und Steckdosen Anwendung.
Zum richtigen Betrieb müssen die Voltangaben auf Quelle und Lämpchen übereinstimmen. Nachteilig wirkt sich der größere Kabelverbrauch für die parallelen Teile aus. Um zu sparen, vereinigt man sie soweit, dass nur die Geräte parallel zueinander geschaltet sind.

> Bei der Parallelschaltung bildet jedes Gerät einen eigenen Stromkreis mit der Quelle. Jedes Gerät kann unabhängig von den anderen ein- und ausgeschaltet werden.

Schaltungen mit Umschalter

Mit einem ***Umschalter*** (Abb. ➤ 3) kann man zwei getrennte Stromkreise abwechselnd öffnen oder schließen. Wenn er betätigt wird, bildet er mit dem gewünschten Gerät einen geschlossenen Stromkreis. Mit einer solchen Schaltung kann z. B. eine Fußgängerampel gesteuert werden.
Umschalter können auch andere Aufgaben erfüllen. In großen Räumen oder Treppenhäusern ist es günstig, wenn man von zwei Stellen aus eine Lampe ein- oder ausschalten kann. Dazu benutzt man häufig eine ***Wechselschaltung***. In ihr sind zwei Umschalter durch zwei Leitungen miteinander verbunden. Abb. ➤ 4 zeigt: die Lampe wechselt von „Ein" nach „Aus" oder umgekehrt, wenn einer der beiden Umschalter betätigt wird.

> Mit der Wechselschaltung kann man dasselbe Gerät mit zwei Schaltern ein- und ausschalten.

Versuche

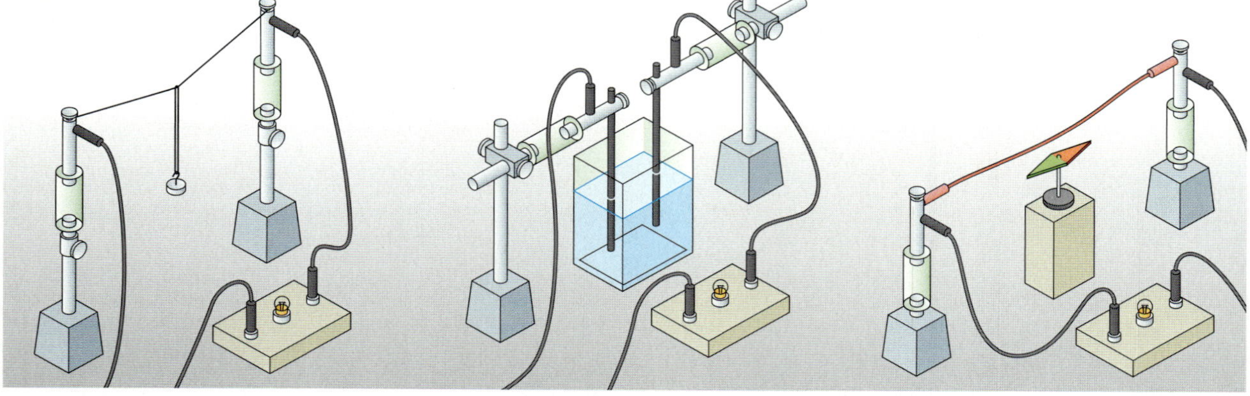

1 Wir untersuchen verschiedene Wirkungen des elektrischen Stromes.

Elektrischen Strom kann man nicht sehen. Er ruft jedoch Wirkungen hervor, die wir beobachten können.

V1 Zwischen zwei Isolierklemmen spannen wir einen dünnen Eisendraht. Die beiden Klemmen verbinden wir mit einer elektrischen Quelle.
Beim Einschalten erwärmt sich der Draht bis zum Glühen; er kann sogar durchbrennen.

Wir wiederholen den Versuch mit einem dünnen Draht, der durch ein angehängtes Gewichtsstück gespannt wird (Abb. ➤ 1a).
Bei geschlossenem Stromkreis sinkt das Gewichtsstück.
Die Kabel von der Quelle zu den Klemmen werden bei dem Versuch nicht heiß! Liegt dies daran, dass die Drähte in den Kabeln dick sind? Wir wiederholen den Versuch deshalb mit verschieden dicken Drähten.

V2 In einem Glasgefäß befindet sich Wasser, das mit etwas Schwefelsäure leitend gemacht wurde (Abb. ➤ 1b). In das Gefäß tauchen wir zwei Kohlestäbe als Elektroden.
Verbinden wir sie mit einer elektrischen Quelle, so steigen Gasblasen auf.

Wird das Experiment mit einer Apparatur wie in Abb. ➤ 2 durchgeführt, so sammeln sich die entstehenden Gase in jeweils einer der Glasröhren. Skalen an den Röhren gestatten es jeweils, das Volumen der Gase abzulesen. Bei Wasser entstehen zwei verschiedene Gase, wobei am Minuspol doppelt so viel Gas wie am Pluspol entsteht.

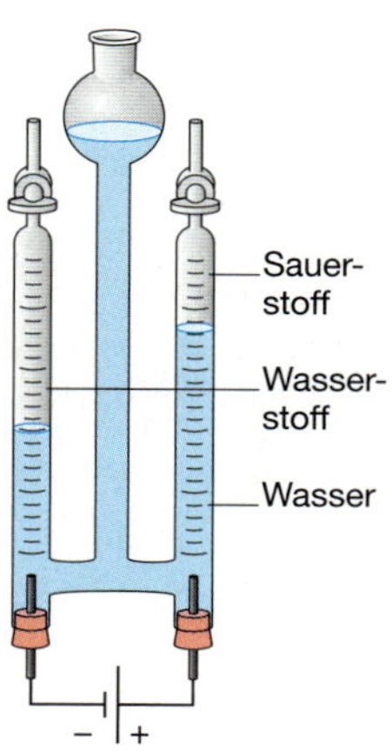

2

V3 Wir wiederholen den Versuch nach Abb. ➤ 1b mit einer Kupfersulfatlösung und ersetzen die Kohlestäbe durch ein Kupferblech und eine Geldmünze. Das Blech verbinden wir mit dem Pluspol, die Geldmünze mit dem Minuspol der Quelle. Wir beobachten, dass sich die Münze nach einiger Zeit verfärbt.

V4 Wir stellen eine Magnetnadel in Nord-Süd-Richtung auf und spannen in der gleichen Richtung über die Magnetnadel einen Leiter (Abb. ➤ 1c). Schließen wir mit ihm den Stromkreis, so dreht sich die Nadel aus ihrer Nord-Süd-Richtung heraus.

V5 Ein dicker Bleistift wird mit einem isolierten Kupferdraht umwickelt. Die Drahtenden verbinden wir mit einer elektrischen Quelle. Wir halten den Bleistift mit dem Draht in die Nähe einer Magnetnadel. Sie wird ausgelenkt.

V6 Wir führen einen geraden Draht durch ein Loch in einer senkrecht zu ihm angebrachten Glas- oder Plexiglasplatte. Auf diese Platte stellen wir viele kleine Magnetnadeln. Dann schließen wir den Draht an eine elektrische Quelle an (Abb. ➤ 3a).
Statt des geraden Drahtes nehmen wir eine Spule, deren Windungen durch eine Plexiglasplatte geführt sind (Abb. ➤ 3b).
Wir beobachten, dass sich die Nadeln in bestimmten Mustern ausrichten.

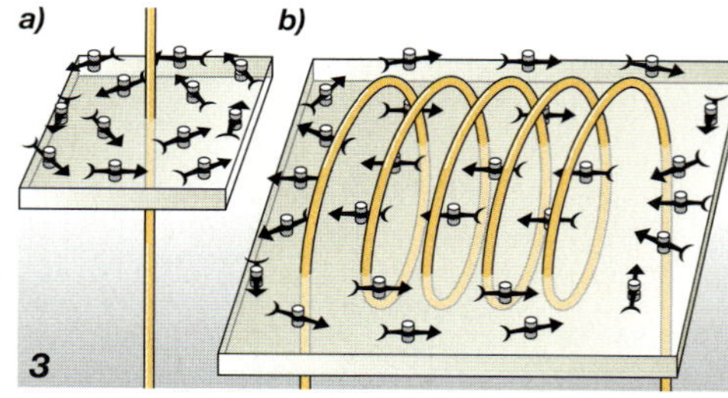

1 Glühende Heizdrähte beim Elektroherd

Die Wärmewirkung des Stromes

Im Elektroherd (Abb. ➤ 1), im Haarföhn, im Bügeleisen und in Glühlampen wird die Wärmewirkung des Stromes genutzt. Die Temperatur eines Leiters kann so weit steigen, dass er zu glühen anfängt. Welche Temperatur erreicht wird, hängt neben den Eigenschaften der elektrischen Quelle von der Länge, der Dicke und vom Stoff des Leiters ab. Infolge der Temperaturerhöhung dehnen sich die Leitungen auch aus.

Elektrischer Strom erwärmt Leiter.

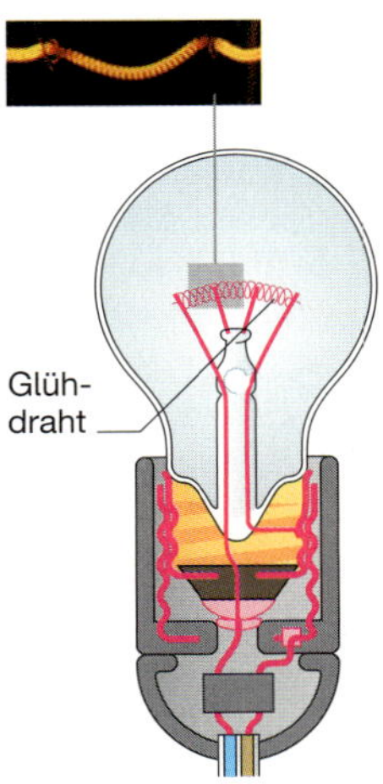

2 Die Glühlampe leuchtet wegen der Erwärmung des Glühdrahts.

Bei der ***Glühlampe*** (Abb. ➤ 2) erwärmt der elektrische Strom einen sehr dünnen Draht so stark, dass er leuchtet. Je heißer er wird, umso heller und weißer ist sein Licht. Glühdrähte aus den Metallen Osmium oder Wolfram lassen sich auf über 2500 °C erhitzen, ohne zu schmelzen. Dadurch leuchten sie sehr hell mit weißem Licht. Um den Draht vor Berührung und vor dem Verbrennen in Luft zu schützen, befindet er sich in sauerstofffreier Umgebung in einem Glaskolben.

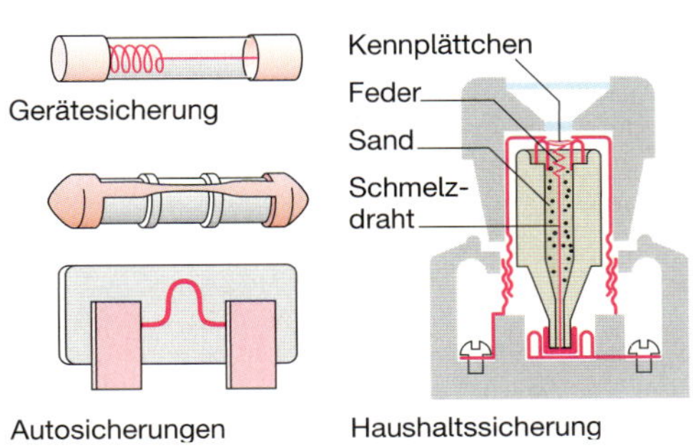

3 Schmelzsicherungen

In ***Schmelzsicherungen*** (Abb. ➤ 3) nutzt man das Durchschmelzen von Drähten aus, um einen Stromkreis zu unterbrechen, bevor die Erwärmung durch den Strom ein Gerät zerstören kann. Um diesen Schutz zu erhalten, dürfen Sicherungen niemals durch einfache Leitungen ersetzt werden!

Die chemische Wirkung des Stromes

Säuren, Laugen und Lösungen von Salzen in Wasser leiten den elektrischen Strom. Dabei laufen chemische Reaktionen ab (Abb. ➤ 4), wie man an der Entstehung von Gasen oder anderen stofflichen Veränderungen feststellen kann. Diese Vorgänge in der Flüssigkeit bezeichnet man als ***Elektrolyse***. Das mit dem Pluspol der Quelle verbundene Leiterende heißt ***Anode***, das andere ***Kathode***.

Elektrischer Strom in flüssigen, nichtmetallischen Leitern ist mit chemischen Reaktionen verbunden.

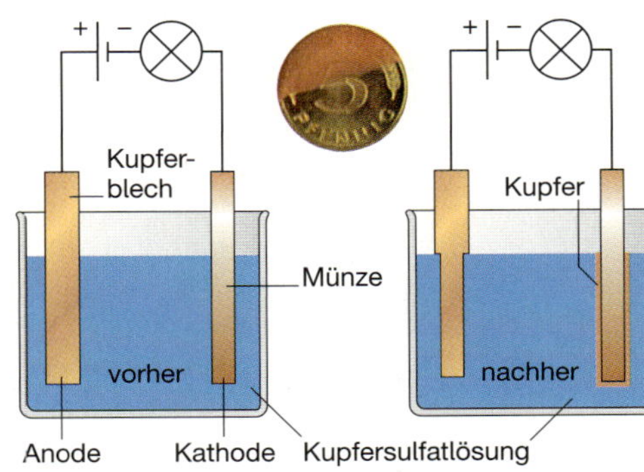

4 Eine Elektrolyse mit Stofftransport

Befindet sich im Gefäß Wasser, das mit etwas Schwefelsäure leitend gemacht wurde, so steigen Gasblasen auf, wenn der Stromkreis durch diese Flüssigkeit geschlossen wird. Das Gasvolumen an der Kathode ist doppelt so groß wie an der Anode. An der Kathode entsteht Wasserstoff, an der Anode Sauerstoff.

Mit elektrischem Strom kann Wasser in elementare Bestandteile zerlegt werden.

? Was ist zu erwarten, wenn der Versuch in Abb. ➤ 4 sehr lange läuft?

? Wie funktioniert eine Schmelzsicherung?

1 Hubmagnet auf einem Schrottplatz

Die magnetische Wirkung

Hubmagnete (Abb. ➤ 1) nutzen die magnetische Wirkung des elektrischen Stromes. Sie wurde von ***Hans Christian Oersted*** (1777–1851) entdeckt: Eine Magnetnadel erfährt in der Nähe eines elektrischen Stromes eine Kraft. Strom ist also von einem Magnetfeld umgeben, das mit dem Strom entsteht und nach dem Ausschalten des Stromes wieder verschwindet.

> Jeder elektrische Strom ist von einem Magnetfeld umgeben.

Das Magnetfeld kann mit Magnetnadeln untersucht werden. Sie zeigen an:
Die magnetischen Feldlinien eines elektrischen Stromes in einem geraden Leiter bilden Kreise, sie haben weder Anfang noch Ende (Abb. ➤ 2). Der Leiter geht durch den gemeinsamen Mittelpunkt dieser Kreise und steht senkrecht zu den Kreisflächen.

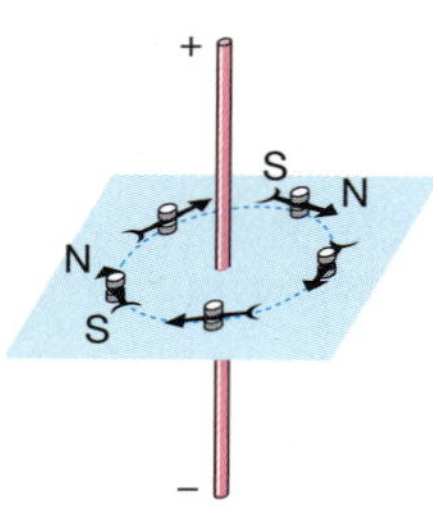

2 Magnetnadeln richten sich bei einem Strom im Draht aus.

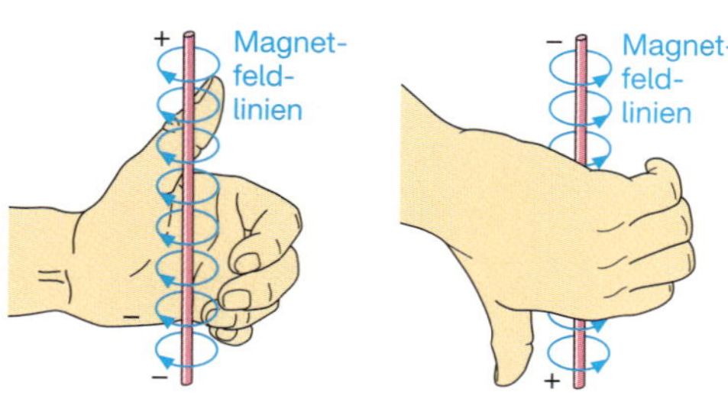

3 Linke-Hand-Regel: Der Daumen zeigt am Leiter in die Richtung, die vom Minus- zum Pluspol der Quelle weist.

Werden die Anschlüsse des Leiters an der Quelle vertauscht, so zeigen die Nadeln in die entgegengesetzte Richtung (Abb. ➤ 3). Die Feldlinienrichtung ist von der Polung der Anschlüsse an der elektrischen Quelle abhängig. Aus diesen Beobachtungen folgt eine ***Linke-Hand-Regel*** :

> Wird der Leiter so mit der linken Hand umfasst, dass der ausgestreckte Daumen in die Richtung zum Pluspol zeigt, so geben die gekrümmten Finger die Richtung der Feldlinien an.

Das Magnetfeld bei einer Spule

Wird ein Leiter wie in Abb. ➤ 4a zu einer ***Leiterschleife*** gebogen, so ändert sich das Magnetfeld des Stromes durch die veränderte Lage der Leiterstücke. Zum Mittelpunkt der Schleife hin werden die ursprünglich kreisförmig umlaufenden Feldlinien „gestreckt". Sie umlaufen den Leiter außen im größeren Abstand als innen. Die Richtung der Feldlinien ergibt sich mit der Linken-Hand-Regel.
Ein schraubenförmig gewundener Leiter kann als Folge mehrerer Leiterschleifen aufgefasst werden (Abb. ➤ 4b). Die Feldlinien im Inneren der Schleifen verlaufen auf engem Raum nebeneinander. Solche Leiteranordnungen heißen ***Spulen***.
Wird eine lange Spule mit vielen, eng gewickelten Schleifen an eine elektrische Quelle angeschlossen, so entsteht ein

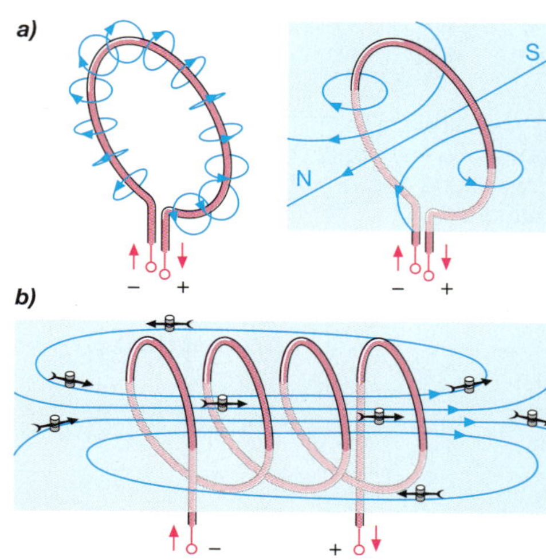

4 Das Magnetfeld eines Stromes durch
(a) eine Leiterschleife und
(b) mehrere Leiterschleifen.

Magnetfeld, dessen Feldlinien innerhalb der Spule annähernd parallel verlaufen (Abb. ➤ 1). Dort wirken gleich gerichtete und gleich große magnetische Kräfte. Ein solches Feld heißt ***homogen***.
An einem Ende treten die Feldlinien aus der Spule heraus und laufen außerhalb der Spule zum anderen Ende zurück. Die Feldlinien sind geschlossen. Außerhalb der Spule ähnelt das Magnetfeld dem eines Stabmagneten. Die Seite, an der die Feldlinien aus der Spule hinausweisen, wirkt wie ein Nordpol. Die Seite, an der die Feldlinien in die Spule hineinweisen, wirkt wie ein Südpol (Abb. ➤ 2).

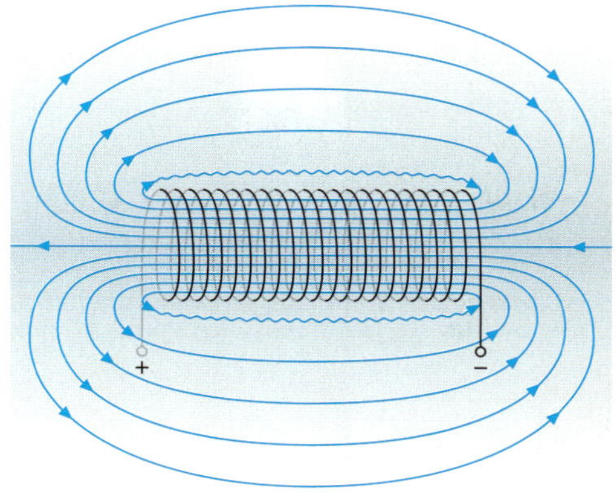

1 Das äußere Magnetfeld einer langen Spule gleicht dem eines Stabmagneten.

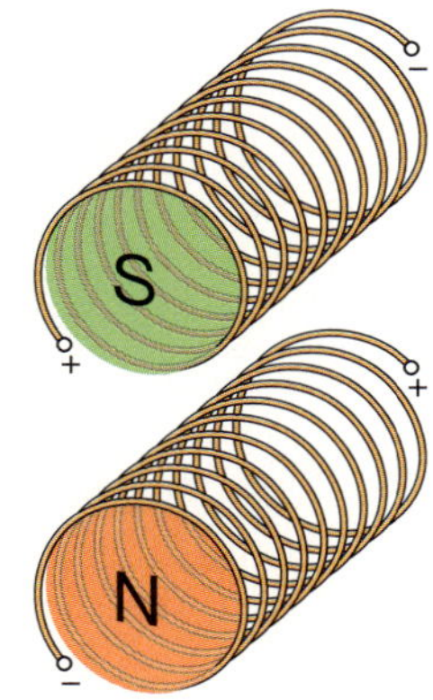

2 Magnetpole der Spule

> Das äußere Magnetfeld des Stromes in einer Spule gleicht dem eines Stabmagneten.

Ein Eisenkern im Inneren einer Spule verstärkt ihre magnetische Wirkung erheblich. Das Eisen wird durch das Feld der Spule magnetisiert und macht den Eisenkern zu einem starken Magnet. Wird der Strom ausgeschaltet, so verliert die Spule ihr Magnetfeld und das des Eisenkerns verschwindet ebenfalls. Wegen der Erzeugung des Magnetfeldes durch elektrischen Strom bezeichnet man die Spule auch als ***Elektromagnet***. Ihr Feld lässt sich, anders als das der Dauermagnete, mit dem Strom ein- und ausschalten.

> Strom macht eine Spule zum Elektromagnet. Seine Wirkung verstärkt sich durch einen Eisenkern erheblich.

? Was geschieht mit Magnetnadeln, die sich in der Nähe einer Leitung befinden, wenn der Strom zunächst aus- und dann wieder eingeschaltet wird?

? Wie lässt sich die Richtung der magnetischen Feldlinien einer Spule ändern?

Relais und Sicherungsautomat

Beim ***Relais*** wird ein Elektromagnet benutzt, um in einem anderen Stromkreis einen Schalter zu betätigen (Abb. ➤ 3).
Schließen wir den Schalter für die Spule, so wird der Eisenstreifen vom Elektromagnet angezogen, so dass der Kontakt den Stromkreis mit der Lampe schließt. In Beleuchtungsanlagen von Treppenhäusern und beim Starten von Automotoren wird der Stromkreis mit einem Relais geschlossen oder wieder geöffnet.

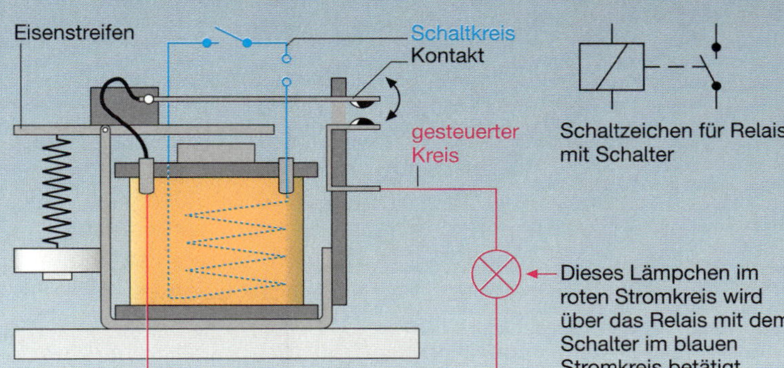

3 Das Relais – ein ferngesteuerter Schalter

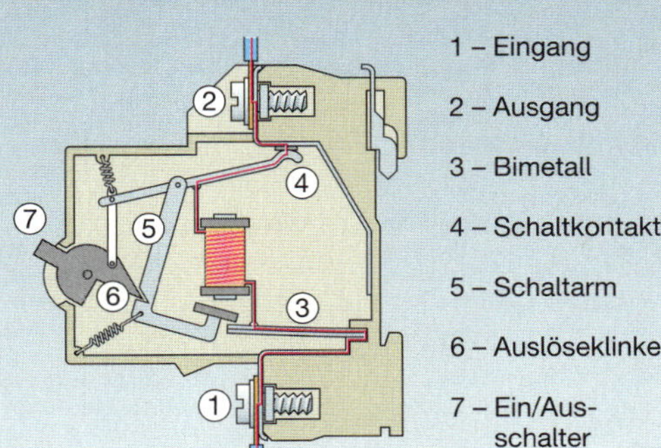

4 Sicherungsautomat im Haushalt

Sicherungsautomaten (Abb. ➤ 4) sind Sicherungen, die nicht zerstört werden, wenn sie einen Stromkreis unterbrechen. In der Sicherung befindet sich ein Schalthebel, der von einem Elektromagnet angezogen oder durch einen Bimetallstreifen bewegt wird, sobald dies zum Schutz der Geräte im Stromkreis erforderlich wird.

Die elektrische Stromstärke

Versuche

V1 Wir schließen wie in Abb. ➤ 1 verschiedene Versuchsgeräte an eine veränderbare elektrische Quelle an:
- eine Glühlampe,
- die in leitend gemachtes Wasser (Elektrolyt) eingetauchten Elektroden,
- eine zwischen den Polen eines Magneten befindliche, gegen Federn drehbare, Spule.

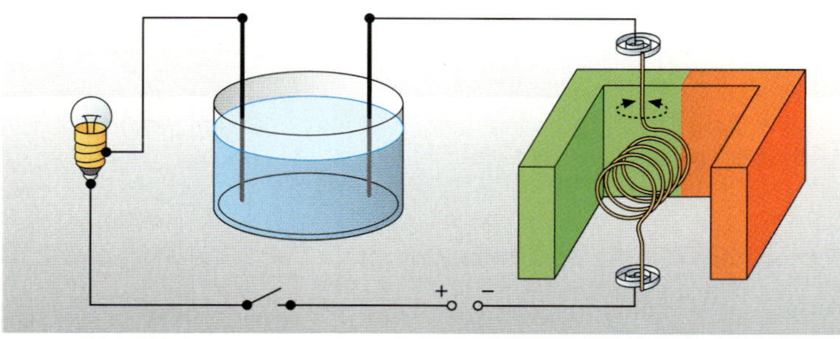

1 Wir beobachten verschiedene Wirkungen des elektrischen Stromes in einem Stromkreis gleichzeitig.

Wir verändern die Quelle und beobachten, dass bei hellerem Leuchten der Lampe auch die Gasentwicklung im Wasser stärker wird und die Spule sich weiter aus ihrer Anfangsstellung heraus verdreht.

V2 Wir wiederholen den ersten Versuch, indem wir die Lampe im Stromkreis durch eine größere, heller leuchtende Lampe ersetzen.

Die Spule dreht sich im Hufeisenmagnet bei unterschiedlichen Lampen verschieden weit. Manchmal dreht sie sich schon, ohne dass die Lampe erkennbar leuchtet.

V3 Wir schließen drei gleiche Glühlampen wie in Abb. ➤ 2 an eine elektrische Quelle an. Alle drei Lampen leuchten gleich hell.

2

V4 In einem Stromkreis werden nacheinander verschiedene Glühlampen eingefügt (Abb. ➤ 3). Wir beobachten die Gasentwicklung im Elektrolyten für jeweils drei Minuten.

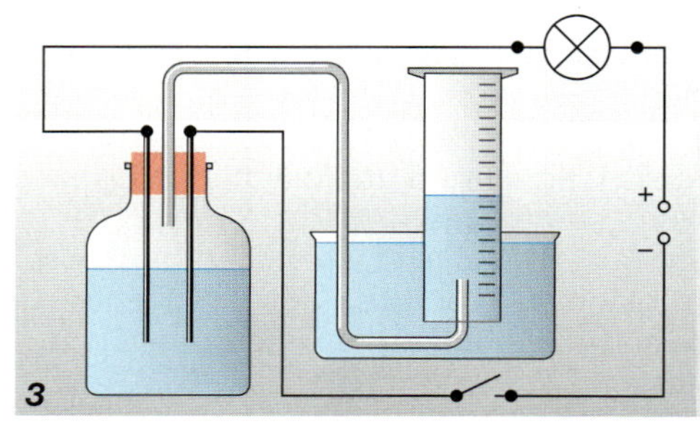

3

Für verschiedene Lampen entstehen in derselben Zeit verschieden große Gasmengen.

Grundwissen

Wir vergleichen elektrische Ströme

Der Mensch hat kein Sinnesorgan, das ihn unmittelbar das Vorhandensein von Elektrizität erkennen lässt. Erhalten wir beim unvorsichtigen Umgang mit Elektrizität einen Schlag oder erleiden gar Verbrennungen, so sind dies keine elektrischen Empfindungen, sondern solche von den Wirkungen des Stromes.

> Wir erkennen elektrischen Strom daran, dass in einem Stromkreis bestimmte Wirkungen auftreten.

Wir beobachten und vergleichen daher verschiedene elektrische Ströme auf Grund ihrer Wirkungen:
Beim Betrieb einer Glühlampe in einer Schaltung wie in Abb. ➤ 1 beobachten wir die Wärmewirkung, die chemische Wirkung und die magnetische Wirkung zugleich.

Bei unterschiedlichen Quellen leuchtet die Glühlampe verschieden hell (Wärmewirkung). Bei hellerem Leuchten wird die Spule im Hufeisenmagnet stärker verdreht (magnetische Wirkung) und es entsteht im leitend gemachten Wasser, dem Elektrolyten, mehr Gas (chemische Wirkung) als bei der schwächer leuchtenden Lampe. Als Ursache für eine stärkere oder schwächere Wirkung im selben Stromkreis nehmen wir eine unterschiedliche Stärke des elektrischen Stromes an. Wir führen dazu eine neue physikalische Größe ein, die ***elektrische Stromstärke***, und beschreiben im Folgenden verschiedene Messverfahren für sie, die sich durch die verschiedenen Wirkungen anbieten.

> Die Größe „elektrische Stromstärke" lässt sich durch verschiedene Wirkungen des elektrischen Stromes erfassen.

Messverfahren für die Stromstärke

1. Angabe von Messverfahren, die die Stromstärke als Messgröße erfassen lassen.

Die Größe „elektrische Stromstärke“ kann etwa so messbar gemacht werden:

1. Ein elektrischer Strom ist umso stärker,
- je mehr Gas er in einem Elektrolyten innerhalb einer bestimmten Zeitspanne, z. B. in drei Minuten, entstehen lässt,
- je stärker die magnetische Wirkung einer Spule wird,
- je stärker die Wärmewirkung bei einem bestimmten Draht ist.

2. Angabe zur Gleichheit von Stromstärken bei verschiedenen Wirkungen

2. Elektrische Ströme sind gleich, wenn
- sie bei gleichen Elektrolyten in gleicher Zeit gleiche Gasmengen erzeugen,
- sie in der gleichen Spule die gleiche magnetische Wirkung haben,
- sie in einem Draht unter gleichen Bedingungen die gleiche Wärmewirkung hervorrufen.

3. Angabe einer möglichen Zählweise von Vielfachen der Stromstärke

3. Ein elektrischer Strom hat gegenüber einem anderen die doppelte, die dreifache, ... Stromstärke, wenn
- im gleichen Elektrolyten in gleichen Zeiten die doppelte, dreifache, ... Gasmenge entsteht,
- bei der gleichen Anordnung die doppelte, dreifache, ... magnetische Wirkung hervorgerufen wird,
- in einem Draht unter gleichen Bedingungen eine entsprechend größere Wärmewirkung hervorgerufen wird.

4. Festlegen einer Maßeinheit

4. Für den Vergleich verschieden starker Ströme benötigt man eine Maßeinheit der Stromstärke. Dieses Maß ist international über die magnetische Wirkung des Stromes festgelegt. In einem komplizierten Verfahren wird bestimmt, wann ein Strom die Einheit der Stromstärke, ***1 Ampere***, hat. Die Kurzbezeichnung hierfür ist 1 A.

Der Name für die Einheit wurde zu Ehren des französischen Physikers ***André Marie Ampère*** (1775 – 1836) gewählt.

Die Einheit der elektrischen Stromstärke heißt 1 Ampere (1 A).

Teile und Vielfache der Einheit sind etwa:
1 mA = 0,001 A und 1 kA = 1000 A
Gleichheit und Vielfache von Stromstärken ergeben sich durch entsprechende Gleichheit und Vielfache der Wirkungen.

Der Vergleich unterschiedlicher Stromstärken beruht auf einem Vergleich ihrer verschieden starken Wirkungen.

Stromstärken lassen sich z. B. mit den drei ausgewählten Verfahren messen. Die Wirkungsweise der entsprechenden ***Messgeräte*** für die elektrische Stromstärke kennen wir im Prinzip (Abb. ➤ 1). Bestimmt man die Stromstärke an verschiedenen Stellen des Stromkreises, so ergibt sich kein Unterschied. Die Stromstärke ist in beiden Leitungen, die zu den Anschlüssen des Gerätes führen, gleich. Zur Messung der Stromstärke im Gerät genügt es, wenn das Messgerät im selben Stromkreis wie das Gerät angeschlossen ist.

Wir messen die Stromstärke in einem Stromkreis, indem wir das Messgerät irgendwo zwischen Gerät und Quelle in den Stromkreis einfügen.

? Beschreibe die Messverfahren der elektrischen Stromstärke mit den Begriffen Volumen, Zeit, magnetische Kraft, Drehwinkel, Temperatur, Längenänderung.

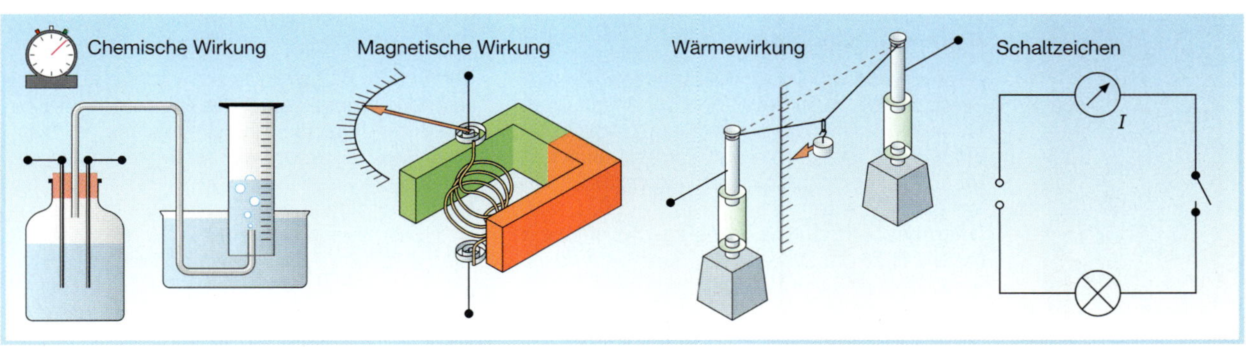

1 Messungen der elektrischen Stromstärke entsprechend den drei Wirkungen des elektrischen Stromes

Das Weicheiseninstrument

Im Innenraum einer Spule befinden sich zwei runde Eisenstäbe (Abb. ➤ 1a), deren Magnetisierung beim Ausschalten des Stromes völlig verschwindet.

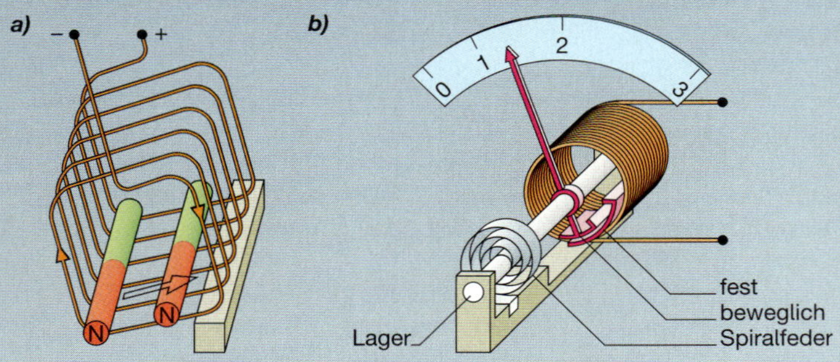

1 ***a)*** Wirkungsprinzip und ***b)*** Weicheiseninstrument

Sobald der Stromkreis geschlossen ist, werden beide Stäbe magnetisiert. Ihre Magnetpole liegen bei gleicher Ausrichtung nebeneinander. Daher stoßen sich die Stäbe ab. Diese Kraft ist umso größer, je größer die Stromstärke und damit die Wirkung des Magnetfeldes in der Spule ist.
Wird ein Stab an der Spule befestigt und der zweite Stab mit einem Zeiger versehen und drehbar gelagert, so entsteht ein Messgerät (Abb. ➤ 1b) für die Stromstärke.
Vertauscht man die Anschlüsse der Spule an der Quelle, so ändert sich auch die Magnetisierungsrichtung beider Stäbe gleichzeitig. Sie stoßen sich wiederum ab. Die Geräte zeigen daher Stromstärken unabhängig von der Polung im Stromkreis an.
Weicheiseninstrumente haben keine lineare Skala. Sie werden heute kaum noch benutzt.

Das Drehspulinstrument

2 ***a)*** Die Drehspule

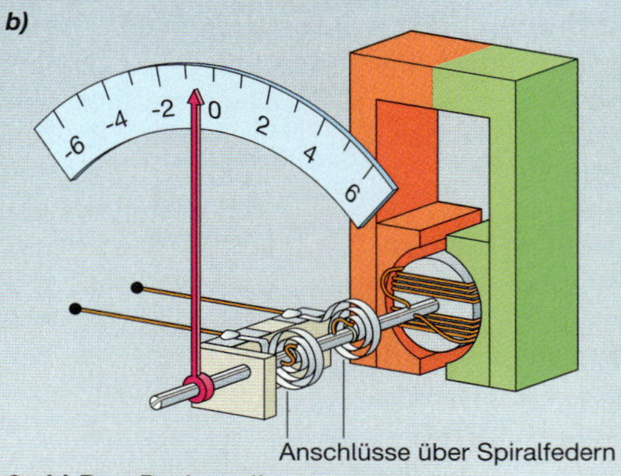

2 ***b)*** Das Drehspulinstrument

Elektromagnete und Dauermagnete üben Kräfte aufeinander aus. Bei geschlossenem Stromkreis richtet sich eine bewegliche Spule im Feld eines Dauermagneten wie ein Stabmagnet aus (Abb. ➤ 2a). Die Spule dreht sich dabei so weit, bis magnetische Kraft und Rückstellkraft der Spiralfeder gleich groß sind.

Da die magnetische Kraft von der Stromstärke in der Spule abhängt und die Rückstellkraft der Federn proportional zum Drehwinkel ist, lässt sich so die Stromstärke messen.

Zur Verstärkung der magnetischen Wirkung befindet sich im Messgerät (Abb. ➤ 2b) ein Eisenkern in der Spule. So können auch ganz schwache Ströme gemessen werden. Die Pole des Dauermagneten sind der runden Form der Spule angepasst. Die Spule verdrillt über eine Achse zwei Spiralfedern, die gleichzeitig die Stromzuführungen der Spule sind.
Vertauscht man die Anschlüsse der Spule an der Quelle, so ändert sich die Richtung des Magnetfeldes in der Spule. Sie dreht sich nun in die andere Richtung. Das Messgerät unterscheidet die Polungen der Anschlüsse. Wechseln die Pole der Quelle sehr schnell, wie z. B. bei der Steckdose, so kann sich die Spule nicht schnell genug mitdrehen. Sie zeigt keinen Strom an, obwohl einer vorhanden ist!

Drehspulinstrumente zeigen die Messwerte auf einer linearen Skala an.

3 Digitales Messinstrument

Digitale Messgeräte

Heute werden meist digitale Messgeräte eingesetzt (Abb. ➤ 3). Sie geben das Messergebnis nicht mehr analog, mit einem Zeiger auf einer Skala, sondern durch Zahlen, also digital, an. Zahlenangaben verhindern „Messfehler" beim Ablesen.
Hauptbestandteil ist ein Analog-Digital-Wandler: Mit Hilfe der Batterie des Gerätes wird eine konstante Vergleichseinheit hergestellt und diese, je nach Typ, 8- bzw. 16-mal fortgesetzt halbiert, so dass von der Einheit die Teile 1/2, 1/4, 1/8, ... usw. zur Verfügung stehen.

Die Schaltung „subtrahiert" von der zu messenden Stromstärke diese Bruchteile, beginnend mit dem größten. Ist er kleiner als der Messwert, so wird die Ziffer 1 gesetzt, ist er größer, die Ziffer 0. Danach wird der Rest mit dem nächst kleineren Bruchteil verglichen. Auf diese Weise entsteht für die Messgröße eine 8- bzw. 16-stellige Zahlenfolge aus Einsen bzw. Nullen, eine binäre Zahl. Die Elektronik wandelt sie in eine Dezimalzahl für die Anzeige um, sie kann aber auch direkt in einen Computer weitergeleitet werden.

Luigi Galvani (1737 – 1798)

Vom Froschschenkel zur elektrischen Quelle

In der Via Ugo Bassi in Bologna wurde im Jahre 1858 am Balkon des Hauses Nr. 29 eine Gedenktafel folgenden Inhalts enthüllt:

> *„In den ersten Tagen des Septembers des Jahres 1786, während die Sonne unterging, beobachtete Luigi Galvani zum ersten Male die Bewegungen der an den Eisenstäben dieses Geländers aufgehängten toten Frösche."*

Alessandro Volta (1745 – 1827)

Luigi Galvani wurde in Bologna geboren und wirkte dort als praktischer Arzt und später als Professor für Anatomie. Über die Elektrizität bei der Muskelbewegung berichtet er:
„Die Sache fing so an. Ich sezierte einen Frosch und präparierte ihn, so dass die Froschschenkel ihrer Haut beraubt und die Nerven bloß gelegt sind. Sie stehen mit einem kurzen Stück des Rückgrats in Verbindung.
Ich legte ihn, ohne etwas zu vermuten, auf einen Tisch, auf dem eine Elektrisiermaschine stand, die ganz von ihrem Konduktor getrennt und weit davon entfernt war.
(Konduktor ist die alte Bezeichnung für einen isolierten Leiter, an dem die Elektrisiermaschine als Quelle angeschlossen wurde; den zweiten Anschluss über die Erde erkannte er noch nicht.)
Wie nun der eine von meinen Helfern mit der Spitze des Skalpellmessers die inneren Schenkelnerven des Frosches zufällig berührte, schienen sich alle Muskeln an den Gelenken wiederholt derart zusammenzuziehen, als wären sie von heftigen Krämpfen befallen. Ein anderer Helfer aber glaubte bemerkt zu haben, dass sich das ereignet hätte, während dem Konduktor der Maschine ein Funke entlockt wurde. Verwundert über diese neue Erscheinung, machte er mich, der ich etwas gänzlich Anderes vor hatte und in Gedanken versunken war, darauf aufmerksam. Daraufhin wurde ich von einem unglaublichen Eifer und Begehren entflammt, dasselbe zu erproben und das, was darunter verborgen wäre, ans Licht zu ziehen . . ."

Dies soll am 6. November 1780 geschehen sein. Galvani wiederholte die Versuche und untersuchte auch den Einfluss von Blitzen auf die Muskelbewegungen der Froschschenkel. Im September des Jahres 1786 machte er die auf der Gedenktafel angegebene Entdeckung, die aber zu seinem Erstaunen nicht nur beim Blitz, sondern auch bei heiterem Himmel auftrat. Er zog daraus aber den falschen Schluss, dass „den Tieren selbst Elektrizität innewohne".

Die richtige Deutung verdanken wir Alessandro Volta. Er erkannte, dass die eigentliche Ursache für das Entstehen des elektrischen Stromes in der Berührung der Froschschenkelnerven mit zwei verschiedenen Metallen liegt.

Nach zahlreichen Versuchen mit präparierten Froschschenkeln benutzte er den nur durch eine dünne Haut geschützten Muskel der menschlichen Zunge. Er legte auf die Zungenspitze ein glattes Stück Zinn und auf die Mitte der Zunge eine Gold- oder Silbermünze, so dass sich beide berührten. Die Zunge zuckte aber nicht zusammen, sondern an ihrer Spitze verspürte er einen eigenartigen säuerlichen Geschmack, gleich jenem, den ein aufgeladener Konduktor erzeugt und der solange anhielt, wie sich die beiden Metalle berührten.

Volta folgerte daraus, dass man mit Hilfe zweier verbundener Metalle und angesäuertem Wasser eine elektrische Quelle bauen kann.
Mit dem Volta-Becher und der Volta'schen Säule begann die Entwicklung elektrischer Quellen auf Grund chemischer Vorgänge.

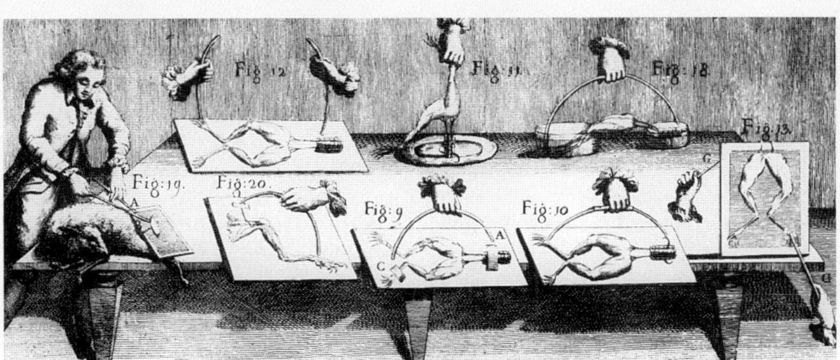

Die elektrische Ladung

Versuche

V1 Wir legen ein Stück Aluminiumfolie unter die Kunststofffolie eines Schnellhefters und pressen die Folien fest aufeinander. Berühren wir die Folien mit einer Glimmlampe, so leuchtet sie nicht.
Nun ziehen wir die Kunststofffolie hoch, ohne dabei die Aluminiumfolie anzufassen. Berühren wir die Kunststofffolie an verschiedenen Stellen mit der Glimmlampe (Abb. ➤1), so leuchtet diese mehrmals auf.
Halten wir die Glimmlampe an die Aluminiumfolie, so leuchtet sie nur beim ersten Berühren auf, allerdings am anderen Ende als vorher.

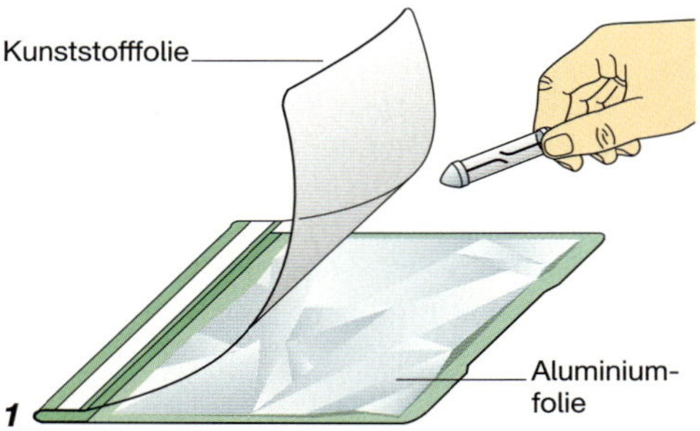

1

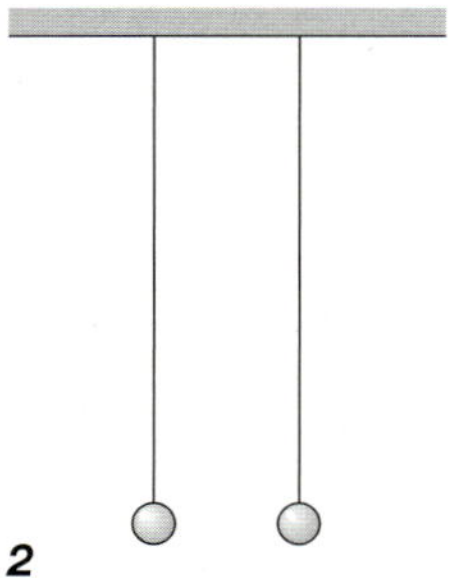
2

V2 Zwei leichte, mit einer Metallschicht überzogene Kugeln hängen an langen Fäden (Abb. ➤2). Reiben wir einen Hartgummistab mit einem weichen Tuch und berühren dann mit dem Stab beide Kugeln, so stoßen sich diese ab.
Berühren wir beide Kugeln mit einem Glasstab, den wir vorher mit einem Ledertuch gerieben haben, so beobachten wir wieder eine Abstoßung. Berühren wir dagegen die eine Kugel mit dem Glasstab, die andere mit dem Hartgummistab, so ziehen sie sich an.

V3 Wir wiederholen Versuch 2 mit einer geeigneten Quelle, wobei wir beide Kugeln kurz mit den Polen der Quelle verbinden. Die Kugeln stoßen sich ab, wenn sie mit dem gleichen Pol, und ziehen sich an, wenn sie mit verschiedenen Polen in Berührung waren.

V4 Wir berühren mit einer Experimentierkugel den Pluspol der Quelle aus Versuch 3 und danach die Platte eines Blättchen-Elektroskopes (Abb. ➤3). Die Blättchen stoßen sich ab. Berühren wir das Elektroskop mit der Hand, so geht der Ausschlag zurück. Wir wiederholen den Versuch mit dem Minuspol der Quelle und beobachten denselben Ausschlag. Laden wir zwei gleich große Kugeln, die eine am Plus- und die andere am Minuspol der Quelle und berühren sie miteinander, so zeigt das Elektroskop anschließend bei keiner der beiden Kugeln einen Ausschlag.

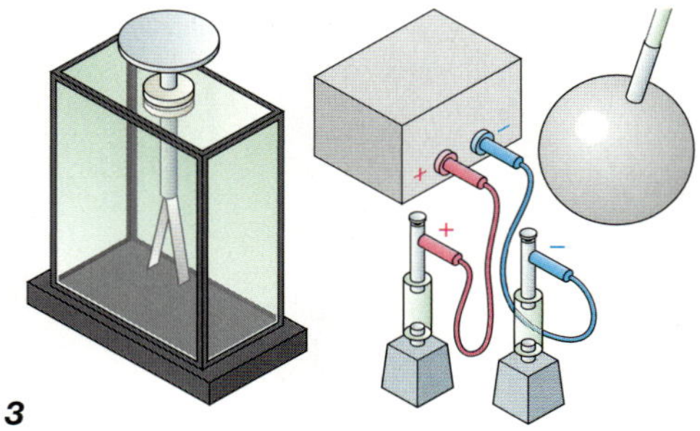

3

Grundwissen

Leiter und Nichtleiter lassen sich elektrisch laden

Wenn wir bei trockenem Winterwetter einen Pullover ausziehen, so knistert es häufig und die Haare auf unserem Kopf stehen ab. In der Dunkelheit können wir dabei sogar Funken sehen. Manchmal erhalten wir einen elektrischen Schlag beim Berühren von Metallteilen. Wir sagen, wir sind ***elektrisch geladen*** oder haben ***elektrische Ladung*** erhalten.
Genauso ist es, wenn ein Kunststoffstab mit einem Lappen gerieben wird. Streift man dann an dem Stab mit einer Glimmlampe entlang, so leuchtet diese mehrmals auf. Man sagt, der Kunststoffstab, ein Nichtleiter, ist durch Reiben geladen worden und wird über die Glimmlampe entladen.

Durch Reiben lassen sich Nichtleiter elektrisch laden. Das Aufleuchten einer Glimmlampe weist Ladung nach.

Berührt man mit einer am Isoliergriff gehaltenen Experimentierkugel kurz einen Pol einer geeigneten Quelle und danach eine Glimmlampe, so leuchtet die Glimmlampe ebenfalls auf, aber nur einmal. Offenbar kann sich die Ladung im Metall zur Berührungsstelle bewegen, so dass die einmalige Berührung zur völligen Entladung führt. Das weist auf die Abgabe von elektrischer Ladung der Quelle hin.

Die Pole einer elektrischen Quelle können elektrische Ladung abgeben.

Es gibt zwei Sorten von Ladung

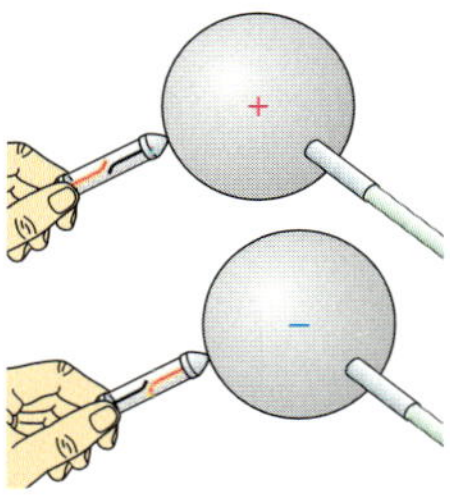

Wird eine Kugel am Pluspol einer Quelle geladen und über eine Glimmlampe entladen, so leuchtet die Glimmlampe nur an der der Kugel abgewandten Seite auf. Wird sie am Minuspol geladen, so leuchtet beim Entladen die andere Seite der Glimmlampe. Die Kugel erhält also von den Polen der Quelle verschiedenartige Ladung. Berührt die Kugel den Minuspol, sagt man, sie wird ***negativ geladen***. Am Pluspol wird sie ***positiv geladen***.

Kräfte zwischen geladenen Körpern

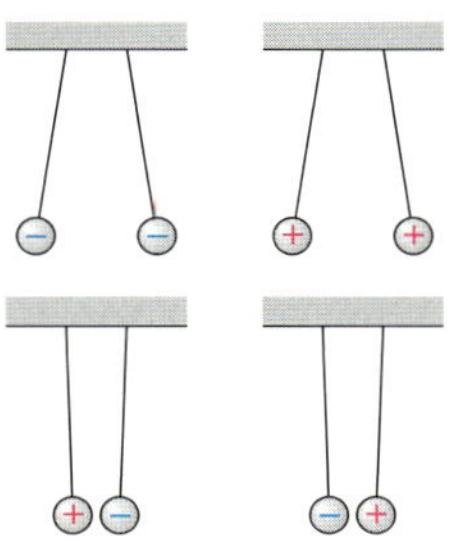

Körper, die elektrisch geladen sind, üben Kräfte aufeinander aus. Dies erkennt man, wenn leicht bewegliche Körper, wie etwa an Fäden hängende Kugeln, elektrisch geladen werden. Die Richtung dieser Kräfte ist von der Art der Ladung abhängig.

> Gleichartig geladene Körper stoßen sich gegenseitig ab. Verschiedenartig geladene Körper ziehen sich an.

Beim ***Elektroskop*** (Abb. ➤ 1) wird die Abstoßung gleichartig geladener Körper zur Ladungsmessung genutzt. Das Zeiger-Elektroskop besteht aus einem Metallstab, an dem ein leichter Zeiger aus

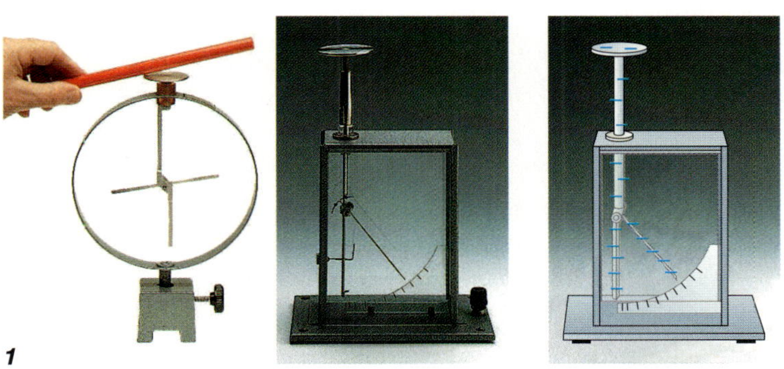

1

Metall drehbar befestigt ist. Der Stab mit dem Zeiger ist gegenüber dem Gehäuse isoliert. Wird der Metallstab geladen, so verteilt sich die Ladung über alle Metallteile, die mit dem Stab leitend verbunden sind. Der Zeiger ist damit gleichartig geladen wie der Stab und wird deshalb von ihm abgestoßen.

? Wie kommt man dazu, von zwei Ladungsarten zu sprechen?

Neutralisation und Ladungstrennung

Zwei gleiche Metallkugeln erhalten an den Polen einer Quelle verschiedenartige Ladung. Bei jeder Kugel zeigt ein Elektroskop den gleichen Ausschlag, man kann nicht erkennen, welche Ladungsart ihn hervorruft. Berührt man das Elektroskop mit der einen Kugel und anschließend mit der anderen, so geht der Ausschlag ganz zurück. Berühren sich beide Kugeln vor dem Kontakt mit dem Elektroskop, so ruft keine von ihnen mehr einen Ausschlag hervor. Die Wirkung positiver und negativer Ladung hebt sich offenbar auf, sie ***neutralisiert*** sich.

> Positive und negative Ladung neutralisiert sich gegenseitig.

Manche Gegenstände aus verschiedenen Stoffen werden elektrisch geladen, wenn man sie aneinander reibt oder sie voneinander trennt. Insbesondere schlechte Leiter, wie Kunststoffe, Textilien, Papier, Glas, aber auch Wassertröpfchen in Wolken zeigen diese Aufladung. Reibt man einen Kunststoffstab an einem Tuch, so wird er negativ geladen, wie eine Glimmlampe zeigt. Auch das Tuch wird beim Reiben geladen, allerdings positiv. Daraus ergibt sich eine Vorstellung, ein ***Modell***, über die elektrische Ladung in Körpern:
In allen Körpern ist elektrische Ladung vorhanden. Bei nicht geladenen Körpern ist die Menge positiver und negativer Ladung gleich. Sie neutralisiert sich daher. Reibt man Körper aneinander, so kann der eine Körper vom anderen einen Teil der Ladung abstreifen. Damit entsteht auf beiden Körpern ein Überschuss einer Ladungsart. Negativ geladene Körper haben einen Überschuss an negativer Ladung. Im positiv geladenen Körper besteht ein Mangel an negativer Ladung (Abb. ➤ 2).

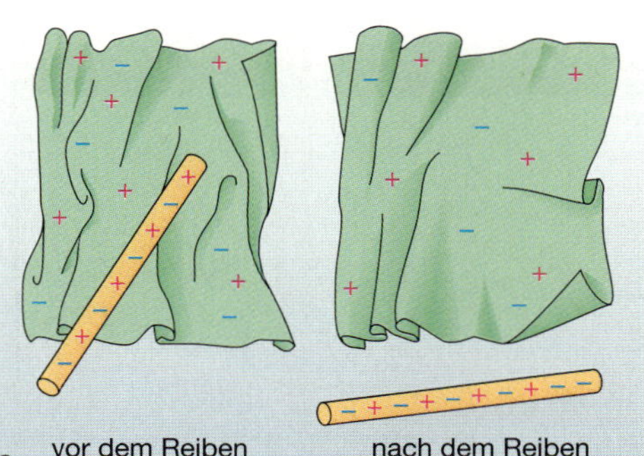

2

Das elektrische Feld

Versuche

1

V1 Wir nähern einem ungeladenen Elektroskop eine geladene Kugel, ohne es zu berühren. Der Zeiger schlägt aus.
Wir stellen das Elektroskop unter einen Drahtkäfig und nähern ihm wieder die geladene Kugel. Der Zeiger ändert seine Stellung nicht.

V2 Wir klemmen eine feine Metallspitze auf einen Isolierstiel und verbinden sie mit dem Pluspol einer geeigneten elektrischen Quelle. Vor die Spitze halten wir eine Kerzenflamme (Abb. ➤ 1).
Die Flamme wird abgestoßen.

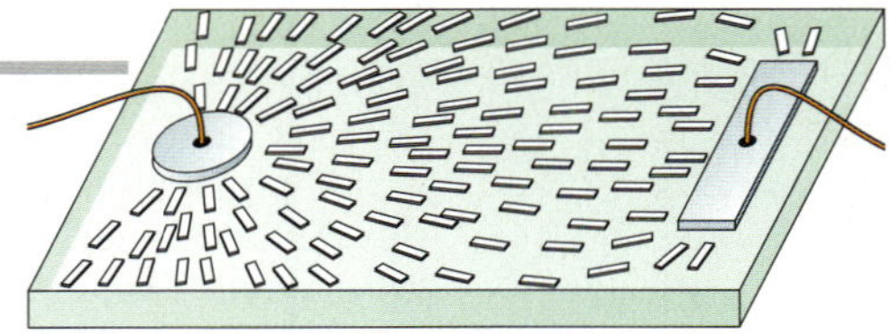

2

V3 Auf eine Glasplatte mit aufgeklebten Elektroden streuen wir Kunststoffspäne. Die Elektroden sind mit einer geeigneten elektrischen Quelle verbunden (Abb. ➤ 2).
Die Kunststoffspäne ordnen sich zu bestimmten Linienbildern.

Grundwissen

Die Umgebung geladener Körper

Geladene Körper üben Kräfte aufeinander aus, ohne sich zu berühren. Die Kraftwirkung nimmt mit der Entfernung der Körper ab. Wir nehmen an, dass geladene Körper ihre Umgebung so verändern, dass auf andere geladene Körper Kräfte ausgeübt werden. Diesen Wirkungsbereich nennen wir ***elektrisches Feld***.

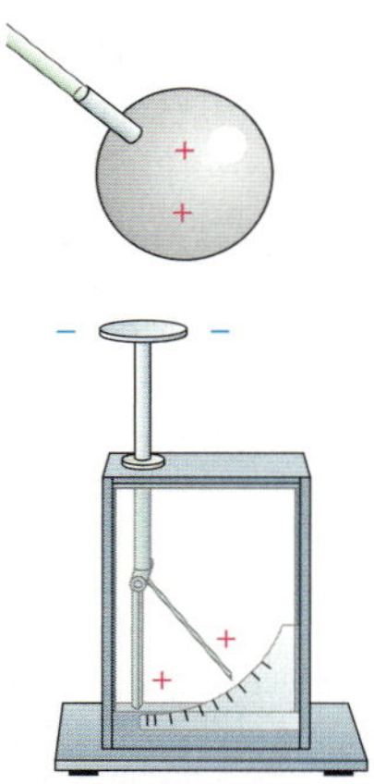

3 Influenz

> Geladene Körper erzeugen in ihrer Umgebung elektrische Felder, in denen andere geladene Körper Kräfte erfahren.

Bringen wir eine geladene Kugel in die Nähe eines Elektroskopes, so schlägt der Zeiger aus. Entfernen wir die Kugel, so geht der Zeigerausschlag wieder zurück. Wir erklären uns das so:
Durch das elektrische Feld der Kugel wird Ladung im Elektroskop getrennt. Ist die Kugel z. B. positiv geladen, so wird von ihrem Feld negative Ladung im Elektroskop zur Kugel hingezogen (Abb. ➤ 3). In dem weiter von der Kugel entfernten Stab und Zeiger des Elektroskops überwiegt nun positive Ladung. Sie wird durch einen Zeigerausschlag angezeigt. Man spricht von einer ***Influenz*** durch das Feld.

> Bei der Influenz werden in einem Leiter durch ein elektrisches Feld positive und negative Ladung getrennt.

In ***Leitern*** lässt sich Ladung durch ein elektrisches Feld leicht verschieben, so dass sich positive bzw. negative Ladung an entfernten Stellen des Leiters getrennt ansammeln können.
Bei ***Nichtleitern*** ist durch Influenz keine Ladungstrennung möglich, denn ihre Ladung ist nicht beweglich. In einem elektrischen Feld erfolgt nur eine Ladungsverschiebung innerhalb kleiner Bereiche des Nichtleiters. Dadurch kommt es im elektrischen Feld jedoch zur Ausrichtung von Kunststoffspänen oder Grießkörnern (Abb. ➤ 4), ähnlich der von kleinen Magneten im Magnetfeld.
Man veranschaulicht das elektrische Feld eines geladenen Körpers durch gedachte ***Feldlinien***, die die Richtung der Kraft auf positiv geladene Körper anzeigen sollen.

> Das elektrische Feld lässt sich durch Feldlinien darstellen. Die Richtung der Feldlinie gibt die Richtung der Kraft auf einen positiv geladenen Körper an.

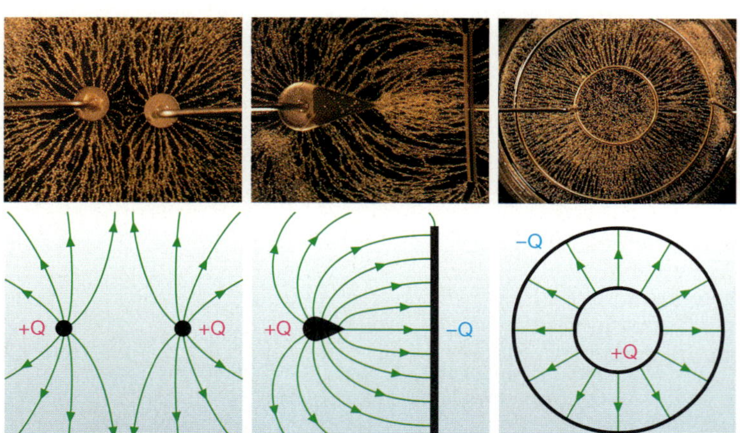

4 Elektrische Felder bei verschiedenen Anordnungen der Ladung

? Woran erkennt man, dass ein Körper durch Influenz geladen worden ist?

Kabelabschirmung

Schutz vor elektrischen Feldern

Befindet sich ein Elektroskop unter einem Metallkäfig, so schlägt es nicht aus, wenn wir ihm einen geladenen Körper nähern. Der Drahtkäfig schirmt das elektrische Feld aller Ladungen ab, die sich außerhalb befinden. Deshalb ist man auch im Inneren eines Autos (Abb. ➤ 1) oder eines Drahtkäfigs vor Blitzen geschützt.

Der englische Forscher ***Michael Faraday*** setzte sich 1836 als erster in einen solchen ***Faraday-Käfig*** und demonstrierte seine abschirmende Wirkung. Übertragungskabel für elektronische Messgeräte, Antennen und Computer sind mit einem Drahtgeflecht umgeben. Dadurch werden Störungen durch äußere elektrische Felder abgeschirmt.

1 Sicher vor Blitzschlag im Faraday-Käfig

Rauchgasreinigung im elektrischen Feld

Die Abgase von Verbrennungskraftwerken enthalten viele Verunreinigungen. In elektrischen Luftreinigern (Abb. ➤ 2) werden bis zu 99,75 % der Rauchteilchen herausgefiltert.

Die Abgase müssen dabei, bevor sie aus dem Schornstein ins Freie gelangen, in einem vielfach gewundenen Weg durch ein Filter strömen. In diesem besteht ein sehr starkes elektrisches Feld zwischen Sprüh- und Niederschlagselektroden. Die Rauchteilchen werden dabei elektrisch so geladen, dass sie von den Niederschlagselektroden angezogen werden. Dort geben sie ihre Ladung wieder ab und fallen als Staubteilchen herunter.

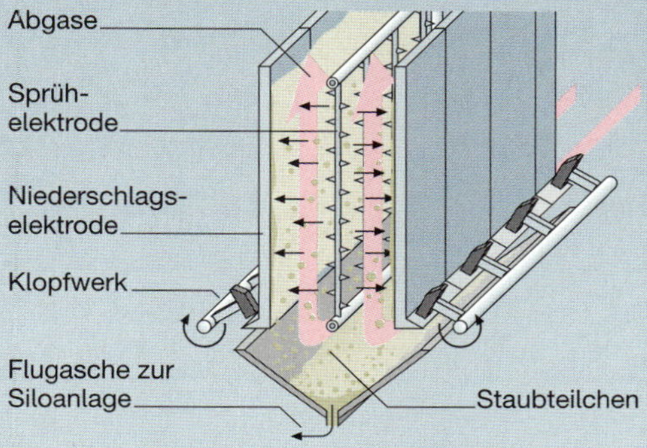

2 Elektrische Reinigung von Rauchgas; es entsteht Staub, der zu Asche verdichtet wird.

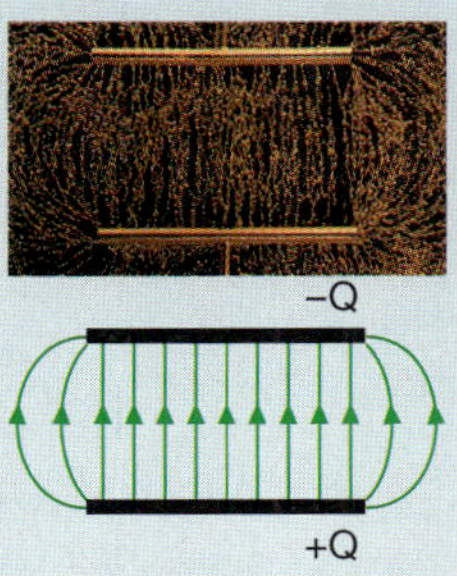

Feld des Plattenkondensators

Der Kondensator als Ladungsspeicher

Im 18. Jahrhundert nahm man Glasflaschen, die mit Wasser, Quecksilber oder Bleikugeln gefüllt waren, um darin elektrische Ladung zu speichern. Man erkannte aber bald, dass die Füllung der Flaschen wenig Einfluss hatte. Am besten ließ sich Ladung in dünnwandigen Flaschen speichern, die innen und außen mit einer Metallfolie beschichtet waren. Nach ihrer ersten Herkunft um 1746 aus Leiden in Holland heißen sie ***Leidener Flaschen***.

Heute benutzt man zum Experimentieren oft einen ***Plattenkondensator***. Er besteht aus zwei Metallplatten, die gegeneinander isoliert sind und sich in geringem Abstand gegenüberstehen. Schließt man die beiden Platten an eine elektrische Quelle an, so werden beide Platten gleich stark, aber verschiedenartig geladen. So lässt sich auf einem Kondensator Ladung speichern. Verschiedene Bauformen von Kondensatoren zeigt Abb. ➤ 3.

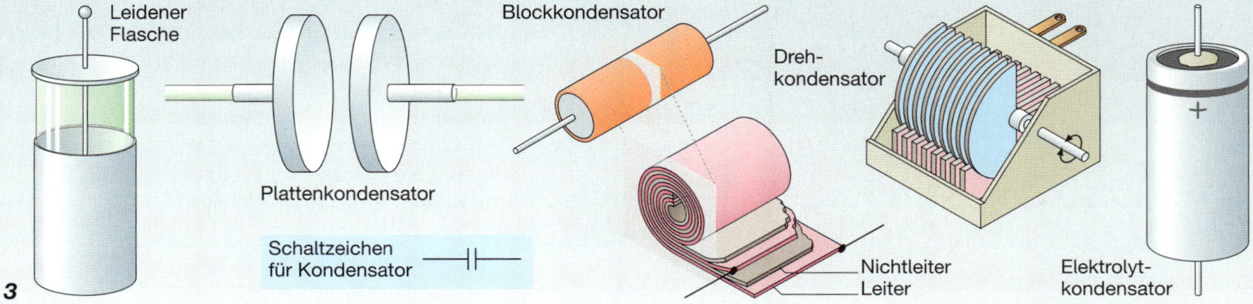

3

Bewegte Ladung

Versuche

V1 Der Stromkreis mit den Glimmlampen in Abb. ➤ 1 ist zwischen den Platten unterbrochen. Berühren wir abwechselnd die Platten mit einer Metallkugel, so leuchtet jeweils die an derselben Platte angeschlossene Glimmlampe kurz auf. Hängen wir die Kugel an einem langen Faden auf und berühren mit der Kugel kurz eine Platte, so pendelt sie selbstständig weiter von einer Platte zur anderen.

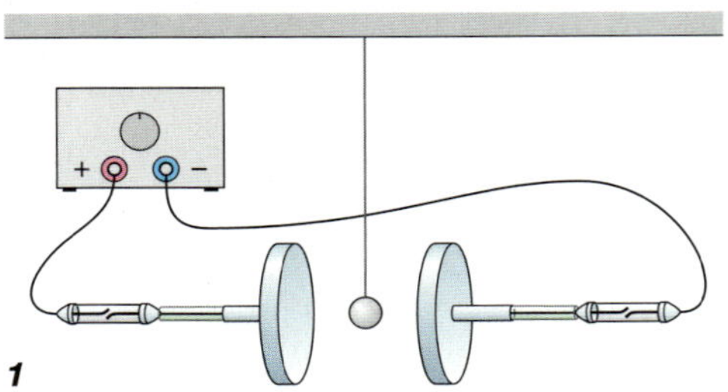

1

V2 In einem flachen Glastrog bringen wir kleine Elektroden aus Kohlestäben an (Abb. ➤ 2).

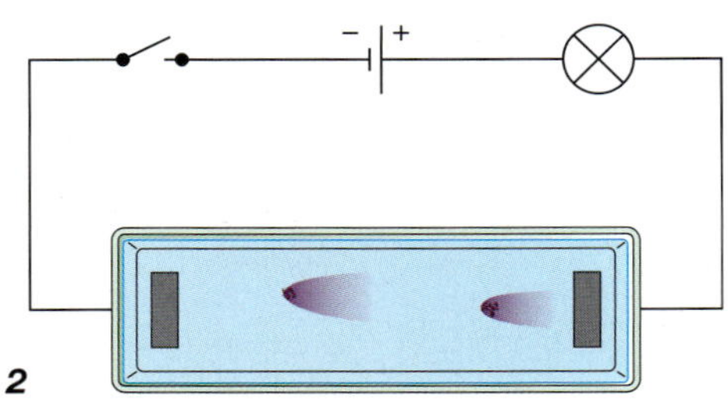

2

Den Boden des Troges bedecken wir mit einer Kochsalzlösung. Schalten wir den Trog und eine Glühlampe in einen Stromkreis, so leuchtet die Lampe, wenn der Schalter geschlossen wird. Legen wir zusätzlich einige kleine Körner von Kaliumpermanganat in die Lösung, so bilden sich um die Körner rote „Wolken". Schließen wir den Schalter, so treiben die Farbwolken zum Pluspol hin.

V3 In einem luftleer gepumpten Glaskolben sind ein Glühdraht und eine Metallplatte eingeschmolzen. Diese haben Anschlüsse nach außen. Wir verbinden die Metallplatte mit einem Elektroskop und laden dieses positiv auf (Abb. ➤ 3).
Danach erhitzen wir den Glühdraht und beobachten das Elektroskop. Es entlädt sich.

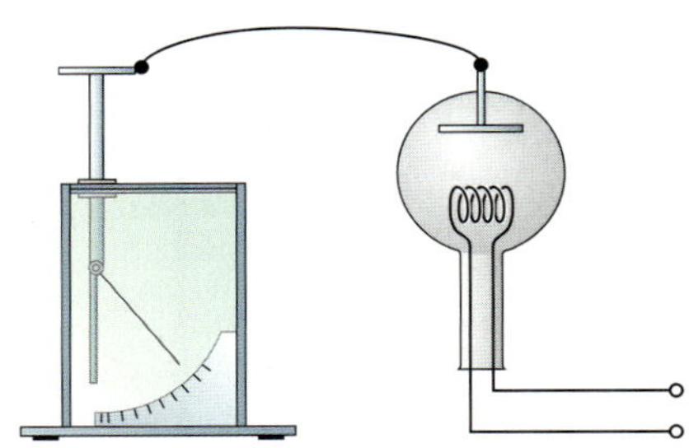
3

V4 Wir wiederholen den Versuch, laden aber das Elektroskop negativ auf. Diesmal entlädt sich das Elektroskop nicht.

Grundwissen

Elektrischer Strom ist bewegte Ladung

Eine Glimmlampe wird mit einem Pol einer geeigneten elektrischen Quelle verbunden (Abb. ➤ 4). Wird das freie Ende der Glimmlampe mit einer am Isoliergriff gehaltenen Metallkugel berührt, dann leuchtet die Glimmlampe kurz auf und zeigt so einen elektrischen Strom an.

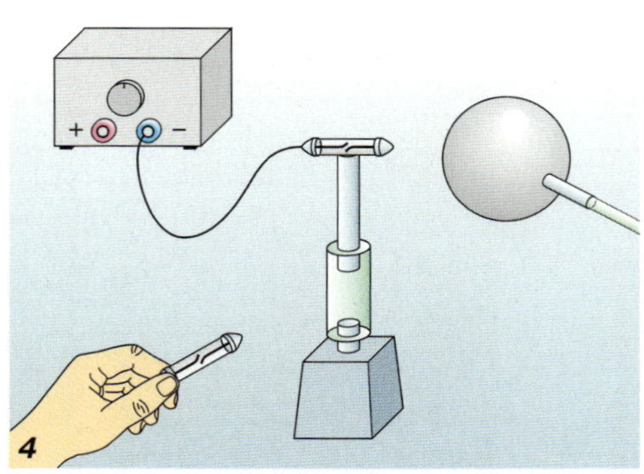

4

Wird die Glimmlampe noch einmal mit der Kugel berührt, so leuchtet sie nicht mehr auf. Eine andere in der Hand gehaltene Glimmlampe leuchtet jedoch beim Berühren der Kugel kurz auf.
Beim Kontakt mit dem Pol der Quelle wird die Kugel elektrisch geladen, bis sie keine weitere Ladung mehr aufnehmen kann. So lange leuchtet die Glimmlampe. Die Kugel kann die ***Ladung*** an einen anderen Körper abgeben. Den Übergang der Ladung von der Quelle zur Kugel bzw. von dort zur Hand zeigen die Glimmlampen an. Könnten wir die Kugel sehr schnell zwischen den Glimmlampen hin- und herbewegen, so würden sie dauernd leuchten. Der Strom ergibt sich durch die Bewegung geladener Körper.

Beim elektrischen Strom wird elektrische Ladung transportiert.

Bewegte Ladung bei der Elektrolyse

Bei der Elektrolyse beobachtet man, dass sich an Anode und Kathode, den ***Elektroden***, ein Niederschlag bilden kann oder dass dort Gase aufsteigen. In der Lösung ist keine Bewegung zu sehen. Mit farbigen Salzen lässt sich in der Lösung jedoch eine Bewegung sichtbar machen. Wird z. B. ein Körnchen Kaliumpermanganat in die Lösung gebracht, so färbt sie sich in der Umgebung des Körnchens dunkelrot-violett. Der farbige Teil der Lösung wandert zur Anode, er wird also elektrisch geladen sein.

Bei der Elektrolyse ist elektrischer Strom mit einem Stofftransport verbunden.

Wir stellen uns vor, dass sich in der Salzlösung geladene Stoffteilchen befinden. Sie heißen ***Ionen*** (griech. ion, der Wandernde). Es gibt positive und negative Ionen. Als Strom in der Flüssigkeit bewegen sich die positiven und negativen Ionen in entgegengesetzter Richtung zu den jeweils umgekehrt geladenen Elektroden. Dort werden sie beim Auftreffen neutralisiert.

Der glühelektrische Effekt

In einem luftleeren Glaskolben befindet sich eine feste Metallplatte und ihr gegenüber ein dünner Draht, den man durch elektrischen Strom zum Glühen bringen kann. Eine solche Vorrichtung wird ***Diode*** genannt.
Glüht der Draht, kann beobachtet werden, dass ein mit der Metallplatte verbundenes, positiv geladenes Elektroskop entladen wird. Ein negativ geladenes Elektroskop wird dagegen nicht entladen. Der Draht muss also Teilchen mit negativer Ladung abgeben, die durch den leeren Raum zur positiv geladenen Platte gelangen. Diese Teilchen heißen ***Elektronen***. Ihre Masse muss sehr klein sein, denn es wird kein Massetransport beobachtet. Da die Elektronen durch Glühen aus dem Metall austreten, spricht man vom ***glühelektrischen Effekt***.

Eine Diode

Beim glühelektrischen Effekt treten negativ geladene Teilchen, die Elektronen, aus dem Glühdraht aus.

Wird eine Diode wie in Abb. ➤1 so in einen Stromkreis eingefügt, dass ihr Glühdraht mit dem Minuspol, die Metallplatte mit dem Pluspol der Quelle verbunden ist, dann zeigt eine Glimmlampe einen Strom an. Die Glimmlampe leuchtet jedoch nicht, wenn der Glühdraht mit dem Pluspol verbunden wird. Diese Versuchsergebnisse lassen sich deuten,

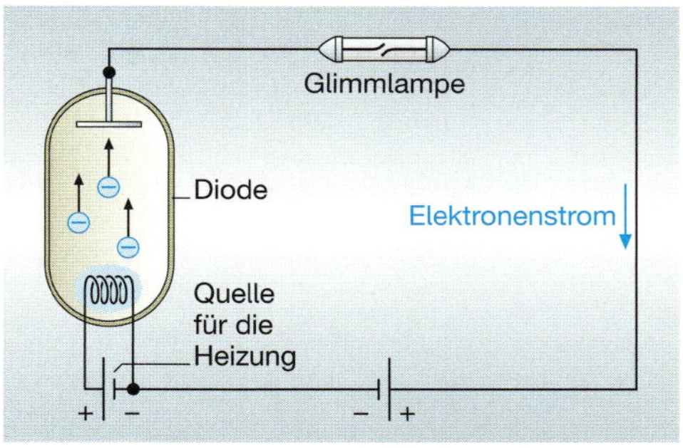

1 Die elektrische Quelle bewegt Elektronen in den Leitungen.

wenn wir annehmen, dass nur Elektronen den Transport von Ladung im geschlossenen Stromkreis bewirken.

Für ***Metalle*** trifft diese Annahme auch zu. Im Inneren des Drahtes befindet sich stets gleich viel positive und negative Ladung. Der Draht ist daher insgesamt neutral. Die positive Ladung ist in den Metallen fest an ihren Platz gebunden und lässt sich nicht durch die Leitungen bewegen. Zwischen dieser positiven Ladung bewegt sich die negative mit den Elektronen (Abb. ➤2).

Im geschlossenen Stromkreis bewegen sich in Metallen nur die Elektronen vom Minuspol zum Pluspol der Quelle. Es erfolgt kein Stofftransport.

Diese Bewegungsrichtung wird als die ***Elektronenstrom-Richtung*** bezeichnet. Auf sie bezieht sich die Linke-Hand-Regel, um die Richtung des Magnetfeldes eines Stromes zu bestimmen.

? Wie folgert man aus dem glühelektrischen Effekt auf einen Elektronenstrom?

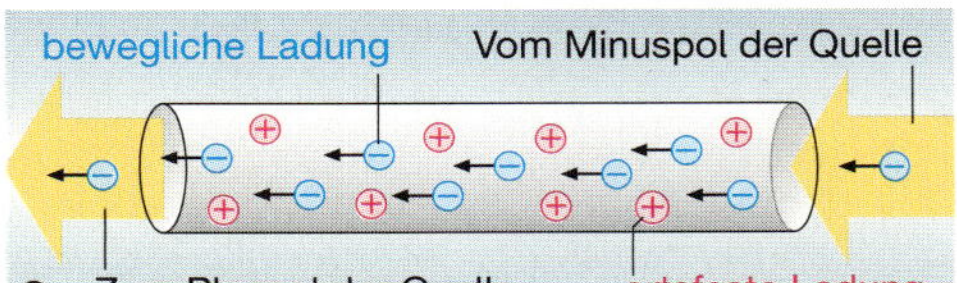

2

Die Braun'sche Röhre

Die Braun'sche Röhre heißt so nach ihrem Erfinder, dem deutschen Physiker ***Karl Ferdinand Braun*** (1850 – 1918). Im Prinzip handelt es sich um eine Diode, deren Metallplatte in der Mitte ein Loch hat. Die Metallplatte bezeichnet man als ***Anode***, den Glühdraht wegen seiner gegenüber der Anode negativen Ladung als ***Glühkathode*** (Abb. ➤ 1).
Die aus der Kathode austretenden Elektronen werden auf die Anode zu beschleunigt. In dem negativ geladenen Zylinder werden sie mehr oder weniger stark zu einem Strahl gebündelt. Durch ein Loch in der Anode hindurch gelangen die Elektronen als feiner Elektronenstrahl auf einen Leuchtschirm, wo sie die entsprechende Stelle zum Leuchten bringen. Mit Hilfe von zwei um 90° gegeneinander versetzten Plattenpaaren mit entgegengesetzter Ladung kann dieser Elektronenstrahl sowohl vertikal als auch horizontal abgelenkt werden. Die Braun'sche Röhre wird in Oszilloskopen für Messzwecke verwendet.

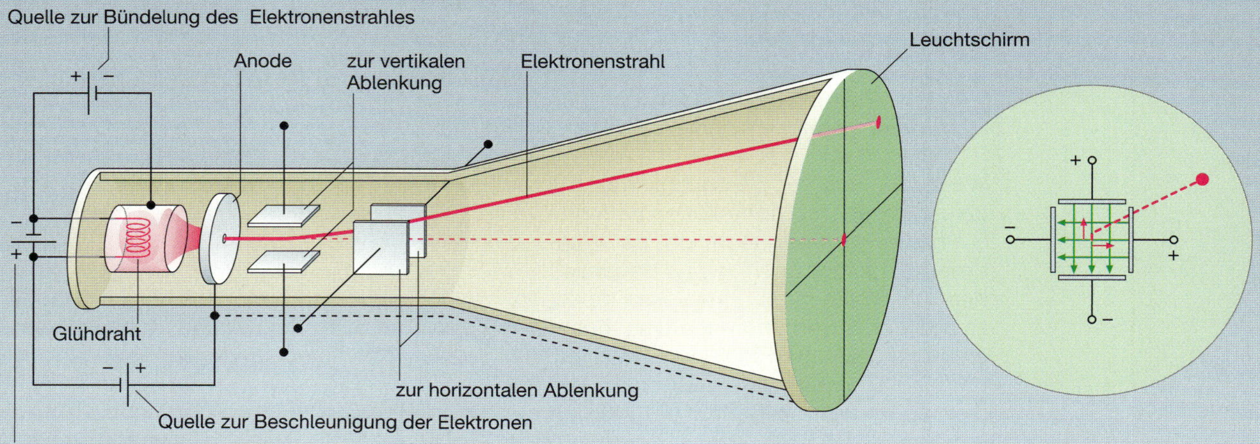

1 Braun'sche Röhre mit zwei Paar Ablenkplatten zur Steuerung des Elektronenstrahls auf dem Leuchtschirm

Vorstellungen über Elektronen und Atome

Wie ist es möglich, dass sich Elektronen in Metallen bewegen können?
Schon in der Antike glaubte man, dass alle Stoffe aus kleinsten unteilbaren Teilchen, den Atomen (griech. atomos, unteilbar) bestehen. Erst gegen Ende des 19. Jahrhunderts fand man bei Experimenten Anzeichen dafür, dass diese Vorstellung über die Zusammensetzung der Materie auch tatsächlich zutrifft.

Im Jahre 1911 entwickelte der englische Physiker ***Ernest Rutherford*** (1871 – 1937) das folgende Atommodell (Abb. ➤ 2):

1. Alle Stoffe sind aus Atomen zusammengesetzt.
2. Die Atome bestehen aus einem elektrisch positiv geladenen Kern und einer elektrisch negativ geladenen Hülle. Die positive und die negative Ladung ist jeweils gleich groß, so dass das Atom insgesamt elektrisch neutral ist.
3. Die Masse der Atome ist fast vollständig auf den im Vergleich zur Hülle sehr kleinen Kern konzentriert.
4. Die Hülle wird von Elektronen gebildet. Die Elektronen sind in allen Stoffen gleich.

2 Ernest Rutherford und das Atommodell, mit dem wir uns den Ladungstransport erklären.

Mit diesem Atommodell lässt sich, unter der plausiblen Annahme, dass in festen Körpern die Atome unverrückbar und dicht nebeneinander angeordnet sind, Folgendes über das elektrische Verhalten dieser Körper aussagen:

Bei ***Nichtleitern*** sind die Elektronen fest in den Atomen gebunden. Nur an der Oberfläche kann man einigen Atomen durch Reiben Elektronen entreißen oder hinzufügen. Der Nichtleiter wird dadurch positiv oder negativ geladen.

In ***Leitern*** dagegen gibt es viele Elektronen, die nicht fest zu einem bestimmten Atom gehören. Diese Elektronen können sich zwischen den „Atomrümpfen" frei bewegen, wenn an ihre Stelle andere Elektronen treten.

Im ***Stromkreis*** werden Elektronen von der Quelle durch den Draht bewegt. Dabei bewegen sie sich an den positiv geladenen, ortsfesten „Atomrümpfen" vorbei.
Da sich stets gleich viele Elektronen in den Leiter hineinbewegen wie am anderen Ende heraus, bleibt der Leiter ungeladen.

1 Gewitter über einer Großstadt mit mehreren Blitzen zur gleichen Zeit; die Wolke leuchtet im roten Widerschein.

2 Hier schlug der Blitz ein!

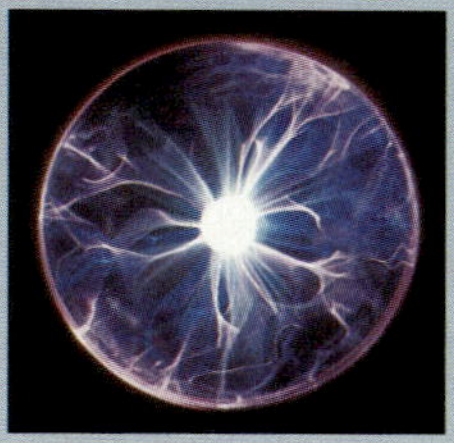

3 Blitze in einer Glaskugel

Blitze

Gewitter mit Blitz und Donner beeindrucken uns zugleich in ihrer Schönheit und Gefahr. Früher glaubte man, dass ihre Ursache übernatürliche Kräfte sein müssten! So dachten die Germanen, dass der Donnergott Donar im Zorn Speere zur Erde schleudert, wenn Blitze zucken. Noch bis zur Mitte des 18. Jahrhunderts glaubte man, durch Läuten von Kirchenglocken Gewitter zu vertreiben. Innerhalb von 33 Jahren wurden deshalb damals 103 Glöckner durch Blitzschlag getötet.
1752 bestätigte Benjamin Franklin durch ein Experiment die Vermutung, dass Blitze elektrische Entladungen sind. Er ließ dazu einen an einem Draht befestigten Drachen steigen. Während eines Gewitters konnte er damit einen Kondensator (Leidener Flasche) laden.

Beim Gewitter hat man den Eindruck, dass Blitze vom Himmel zur Erde zucken. Wir wissen heute, dass dieser Eindruck nicht richtig ist. Abb. ➤ 1 zeigt, dass ein Blitz ein kompliziertes Gebilde ist, bestehend aus vielen kurzen, fast geradlinigen Abschnitten und vielen Verzweigungen. Es bildet sich zunächst ein unsichtbarer Vorblitz aus, der innerhalb weniger tausendstel Sekunden in Schritten von 50 bis 100 m Länge in der Gewitterwolke nach unten wandert. Er macht die Luft in einem Kanal leitend. Vom Boden kommt diesem Vorblitz ebenfalls ein Vorblitz entgegen. Sobald sich beide treffen, wird der sichtbare Hauptblitz ausgelöst. In dem wenige Zentimeter breiten Entladungskanal wird die Luft so stark erhitzt, dass sie sich explosionsartig ausdehnt: es donnert.
Die Stromstärke kann bis zu 20 000 A betragen und es werden bis zu 300 kWh Energie umgesetzt. Ein vom Blitz getroffener Baum platzt (Abb. ➤ 2), weil das Wasser in ihm schlagartig verdampft.
Ein Blitzschlag besteht aus mehreren Stromstößen, die in Abständen von einigen hundertstel Sekunden jeweils etwa vier zehntausendstel Sekunden lang dauern. Insgesamt dauert ein Blitz maximal eine Sekunde, was aber wegen der Blendwirkung länger erscheint.
Es ist auch heute noch nicht genau bekannt, wie es zur Aufladung von Wolken kommt. Man weiß, dass eine Gewitterwolke drei unterschiedlich geladene Bereiche umfasst. Die Verteilung der Ladung mit der Höhe und der Temperatur zeigt schematisch Abb. ➤ 4. Wahrscheinlich erfolgt die Aufladung durch Reibung zwischen Graupeln und kleinen Eiskristallen, die mit unterschiedlicher Geschwindigkeit fallen und wieder nach oben gerissen werden. Mit den Luftströmungen entstehen Bereiche verschiedener Ladung. Die meisten Blitze bleiben in der Wolke.

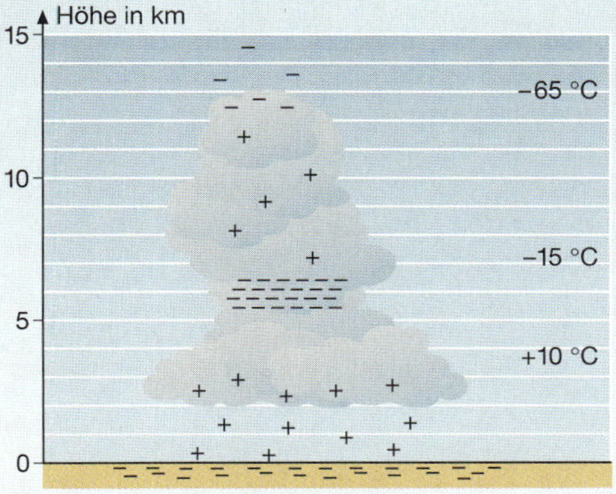

4 Schema einer Gewitterwolke

Achtung!
Niemals bei Gewitter Drachen steigen lassen! Es besteht ***Lebensgefahr!***

Ladungsmessung und Ladungseinheit

Versuche

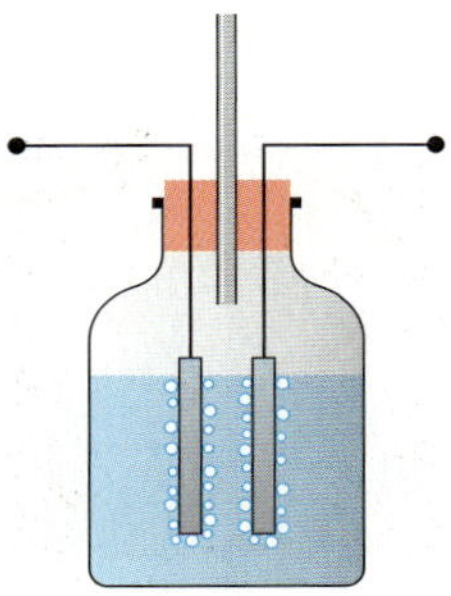

Eine einfache Knallgaszelle

Will man Ladungen vergleichen, so braucht man ein Messverfahren zum Bestimmen von Ladung. Wir nehmen dazu eine Knallgaszelle. Durch Elektrolyse bildet der Strom in ihr aus Wasser ein explosives Gemisch aus Wasserstoff und Sauerstoff, das Knallgas.

V1 Wir verbinden eine Knallgaszelle mit einer elektrischen Quelle und messen die vom Strom während einer bestimmten Zeit gebildete Knallgasmenge. Wir verdoppeln und verdreifachen die Zeitspanne und stellen die zugehörigen Knallgasmengen fest. Die Gasmenge wächst proportional mit der Zeit.

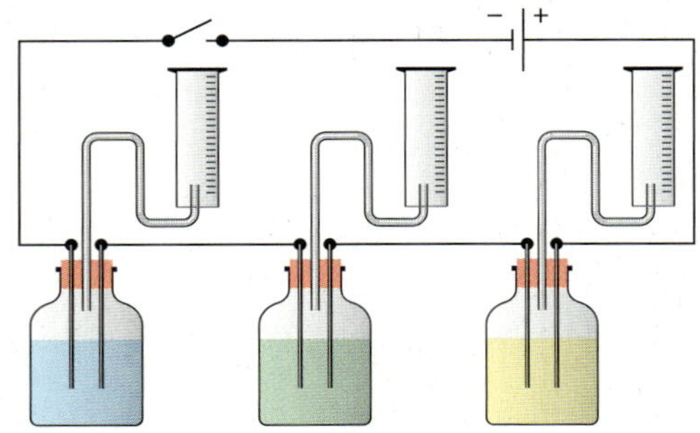

1 Messung der Ladungsmengen

V2 In Abb. ➤ 1 sind drei baugleiche Knallgaszellen hintereinander geschaltet. Sowohl die Lösungen als auch die Elektroden in ihnen sind unterschiedlich. Wir lassen den Strom einige Zeit eingeschaltet und vergleichen dann die Knallgasmengen. Sie sind alle gleich.

Grundwissen

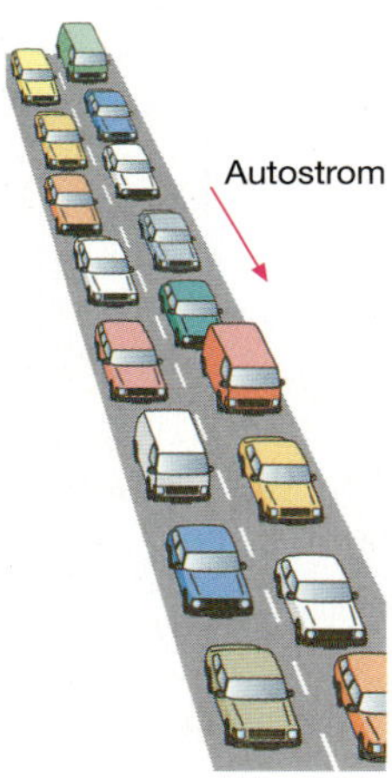

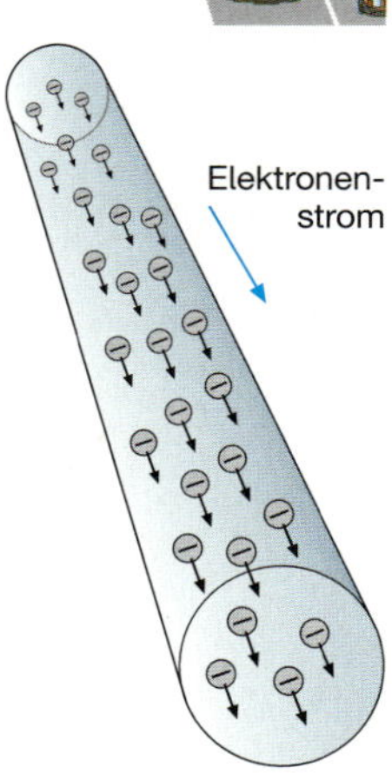

Lassen sich Elektronen zählen?

An einer Autobahn wird eine Verkehrszählung durchgeführt. Dabei zählt man natürlich nicht alle Fahrzeuge, die sich insgesamt gerade auf diesem Autobahnstück befinden, sondern nur die, die an einer Messstelle vorbeifahren.

Bei Ladungsmessungen geht man genauso vor: Man „zählt" die Elektronen, die an einer „Messstelle" im Stromkreis vorbeikommen. Da Elektronen nicht einmal im Mikroskop sichtbar sind, ist es unmöglich, sie direkt zu zählen. Man misst sie indirekt mit einer Knallgaszelle über die chemische Wirkung des elektrischen Stromes. Das Volumen des erzeugten Knallgases ist der durch die Zelle bewegten Ladung proportional. Dabei findet man Folgendes:

1. Fügt man eine Knallgaszelle in einen Stromkreis ein, so werden in gleichen Zeiten gleiche Knallgasmengen abgeschieden.
2. Es ist gleichgültig, an welcher Stelle im Stromkreis gemessen wird.
3. Die Knallgasmenge hängt bei gleicher Stromstärke und gleicher Zeit weder von der Stärke der Lösung noch von der Beschaffenheit der Zelle und dem Elektrodenmaterial ab.

Die erzeugte Knallgasmenge ist ein Maß für die transportierte Ladung.

Das Formelzeichen für elektrische Ladung ist Q. Als Einheit der elektrischen Ladung hat man festgelegt:

> Die Einheit der elektrischen Ladung heißt ***1 Coulomb*** (1 C).
> Die Ladung $Q = 1$ C bildet in einer Knallgaszelle (bei 20 °C und Normaldruck 1013 hPa) 0,19 cm³ Knallgas.

Der Einheitenname wurde zu Ehren des Franzosen ***Charles Augustin de Coulomb*** (1736 – 1806) gewählt. Er entdeckte viele Gesetzmäßigkeiten zur Ladung, Reibung und Festigkeit der Körper.

Die Elementarladung

Zur Erzeugung von 0,19 cm³ Knallgas wird die unvorstellbar große Zahl von $6{,}24 \cdot 10^{18}$ (6,24 Trillionen) Elektronen benötigt. Diese Menge an Elektronen hat die Ladung 1 Coulomb. Umgekehrt folgt daraus, dass die Ladung eines einzelnen Elektrons verschwindend klein ist. Eine kleinere Ladung als die Ladung des Elektrons kommt nicht vor. Sie heißt deshalb ***Elementarladung***.

> Die Ladung eines einzelnen Elektrons heißt Elementarladung und sie beträgt $1{,}6 \cdot 10^{-19}$ C.

1 C ≈ 6 241 510 000 000 000 000 Elementarladungen

? Welche Ladung wurde bei der Erzeugung von 6 cm³ Knallgas transportiert?

Ladung und Stromstärke

Versuche

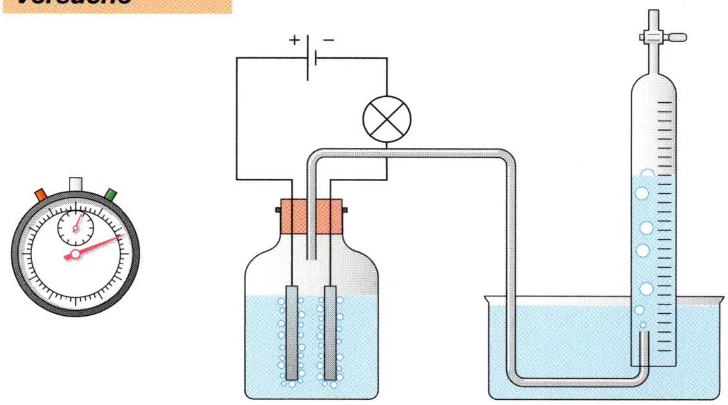

1 Welche Knallgasmenge entsteht in einer bestimmten Zeit?

V1 Wir bauen den Versuch nach Abb. ➤ 1 auf. Wir stellen den Strom so ein, dass die Lampe mit unveränderter Helligkeit leuchtet. Für verschiedene Zeitspannen bestimmen wir die erzeugte Knallgasmenge.
Die Zeitspanne mit den zugehörigen Gasmengen halten wir in einer Tabelle fest.

V2 Wir wiederholen den Versuch mit derselben Lampe, aber mit einer anderen elektrischen Quelle, die deutlich mehr Gas in der Zelle entstehen lässt, als die erste elektrische Quelle.

Das hellere Leuchten der Glühlampe zeigt uns den veränderten Strom ebenfalls an.

Grundwissen

Wie stark ist ein elektrischer Strom?

Die Aussage, die „Verkehrsstromstärke" beträgt 3600 Fahrzeuge, ist unvollständig, da nicht angegeben ist, in welcher Zeit die Fahrzeuge gezählt wurden.
Ebenso braucht man für die Angabe der Stärke eines elektrischen Stromes neben der Angabe der Ladung, die an der Messstelle vorbeigeflossen ist, auch die Angabe der Zeit, in der diese Ladung gemessen wurde.
In Versuchen bestimmen wir die während der Zeit t in einer Knallgaszelle entwickelte Gasmenge V. Daraus berechnen wir die Ladung Q nach der Festsetzung, dass 0,19 cm³ Gas der Ladung $Q = 1\,\text{C}$ entspricht. Wir finden z. B. Werte wie in der Tabelle ➤ 2:

	Quelle 1				Quelle 2			
t in s	20	40	60	80	20	40	60	80
V in cm³	3,3	6,5	9,9	13,1	5,1	10,1	15,1	20,4
Q in C	17,4	34,2	52,1	68,9	26,8	53,2	79,5	107,4
Q/t in C/s	0,87	0,86	0,87	0,86	1,34	1,33	1,32	1,34

2

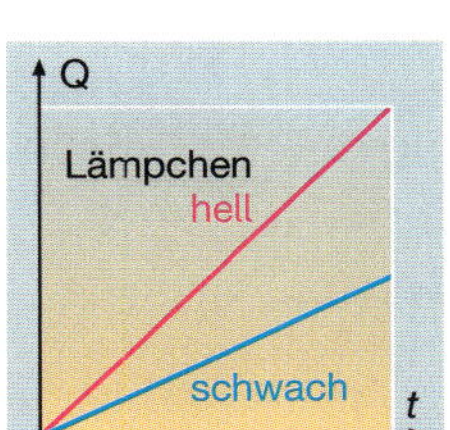

Aus den Messungen folgt:

1. In einem Stromkreis mit konstantem Strom ist die Ladung, die durch den Leiterquerschnitt fließt, proportional zur Zeit.
Der Quotient Q/t ist daher konstant.

2. Der Quotient Q/t ist umso größer, je stärker die Wirkung des Stromes ist.

Der Quotient Q/t ist daher ein Maß für die Stromstärke. Sie wird so festgelegt:

> Die elektrische Stromstärke ist der Quotient aus der Ladung Q, die durch einen Leiterquerschnitt fließt, und der dafür benötigten Zeit t.

Das Formelzeichen der Stromstärke ist der Buchstabe I.

$$\text{Stromstärke} = \frac{\text{Ladung}}{\text{Zeit}}; \quad I = \frac{Q}{t}$$

Die Einheit der elektrischen Stromstärke ist 1 Ampere (1 A). Für einen Strom der Stärke 1 A hat man entsprechend der Beziehung zwischen Ladung und Stromstärke festgelegt:

> Die Stromstärke beträgt 1 A, wenn in 1 s durch den Leiterquerschnitt die Ladung 1 C bewegt wird:
> 1 A = 1 C/s.

Daraus folgt umgekehrt die Festlegung:
1 C = 1 As (Amperesekunde).

Die Einheit 1 A ist im Gesetz über Einheiten im Messwesen jedoch nicht über die Größe Ladung pro Zeit mit 1 C/s definiert, sondern unabhängig davon über die magnetische Wirkung:

> 1 A ist diejenige Stromstärke, bei der zwei parallele, unendlich lange Leiter mit kreisförmigem Querschnitt im Abstand 1 m im Vakuum die Kraft $2 \cdot 10^{-7}$ N je Meter Leiterlänge aufeinander ausüben.

Rückblick

Begriffe
Was versteht man unter
- einem elektrischen Stromkreis?
- elektrischem Leiter und Nichtleiter?
- der magnetischen/chemischen/thermischen Wirkung des elektrischen Stromes?
- einem elektrischen Strom?
- der elektrischen Stromstärke?
- einem geladenen Gegenstand?
- einem elektrischen Feld?
- elektrischer Influenz?
- einem Elektroskop?

Beobachtungen
Was beobachtet man, wenn
- eine Glimmlampe mit einer elektrischen Quelle verbunden wird?
- eine Glimmlampe einen mit einem Tuch geriebenen Hartgummistab berührt?
- ein geladener Körper einem ungeladenen Elektroskop genähert wird?
- eine Flüssigkeit elektrischen Strom leitet?
- man einen Kompass neben einen Leiter hält, in dem ein Strom besteht?

Erklärungen
Wie lässt sich begründen, dass
- ein geöffneter Schalter keinen elektrischen Strom im Stromkreis entstehen lässt?
- eine Schmelzsicherung vor einer zu großen Stromstärke im Stromkreis schützen kann?
- die elektrische Stromstärke in einer Reihenschaltung überall gleich groß ist?
- ein Stab nach dem Reiben mit einem Tuch elektrisch geladen ist?
- eine ungeladene Metallkugel von einer geladenen Kugel angezogen wird?
- bei einem Strom in Metalldrähten nur negative Ladung bewegt wird?

Gesetzmäßigkeiten
Beschreibe mit eigenen Worten, wie
- man die Richtung des Magnetfeldes eines Stromes durch eine Spule bestimmen kann.
- man zur Vorstellung eines elektrischen Feldes kommt.
- die elektrische Stromstärke und die in einer Knallgaszelle in einer bestimmten Zeit entstandene Gasmenge zusammenhängen.

Erläutere die Erscheinungen in den folgenden Bildern und beantworte die Fragen!

Wie sieht die Schaltung der Lichterkette aus, wenn sie keine Reihenschaltung ist?

Wie kommt es, dass die Drähte glühen?

Welchen Stoff enthält das Schüttgut?

Weshalb überlebten die Fahrzeuginsassen?

Weshalb braucht der Bus zwei Drähte?

Weshalb stehen ihr die Haare hoch?

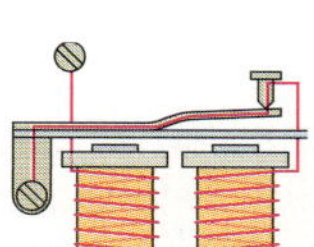

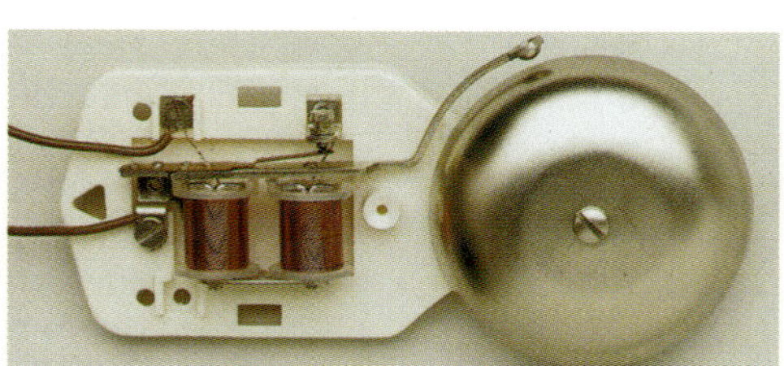
Wie funktioniert diese Klingel?

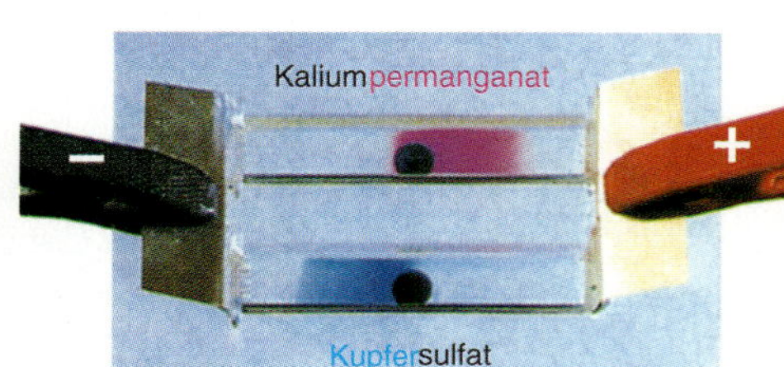

Was zeigt dieser Leitungsvorgang im Wasser?

Beispiele

1. Bestimmung der Ladungsart einer geladenen Metallkugel

Wie lässt sich feststellen, ob eine isoliert stehende Metallkugel positiv oder negativ geladen ist? Die Ladung auf der Kugel soll nicht verändert werden.

Lösung:
Man lädt ein Elektroskop mit einer elektrischen Quelle negativ und nähert ihm dann die geladene Metallkugel von oben.
Geht der Zeigerausschlag des Elektroskops zurück, so werden die Elektronen im Zeiger und im Gestänge durch das elektrische Feld zur Kugel hingezogen. Die Ladungen auf dem Elektroskop und der Kugel haben verschiedene Vorzeichen.
Die Kugel ist also positiv geladen.
Nimmt der Zeigerausschlag zu, dann ist die Kugel negativ geladen.

Dürfte man die Ladung der Kugel verändern, so könnte man sie über eine Glimmlampe entladen und feststellen, welches Ende in der Lampe leuchtet.

Merke:
Eine Glimmlampe leuchtet mit dem Ende, das mit dem Minuspol der Quelle verbunden ist.

2. Messung der Stromstärke mit Hilfe einer Ladungsmessung

Mit einer Knallgaszelle soll die Stromstärke in einem Stromkreis mit Glühlampe gemessen werden. Es werden in 5 Minuten 8,60 cm^3 Knallgas erzeugt.
Berechne die Stromstärke während der Versuchsdauer.

Lösung:
0,19 cm^3 werden für 1 C abgeschieden.
8,60 cm^3 Knallgas entsprechen dann der Ladung

$$Q = \frac{8{,}60\ \text{cm}^3}{0{,}19\ \text{cm}^3/\text{C}} = 45{,}3\ \text{C}.$$

Die Ladung ist in t = 300 s durch die Flüssigkeit transportiert worden. Wir nehmen an, dass sich die Stromstärke während der Versuchsdauer nicht ändert. Damit gilt für die Stromstärke I:

$$I = \frac{Q}{t} = \frac{45{,}3\ \text{C}}{300\ \text{s}} \approx 0{,}15\ \text{A} = 150\ \text{mA}.$$

Die Stromstärke beträgt 150 mA.

Heimversuche

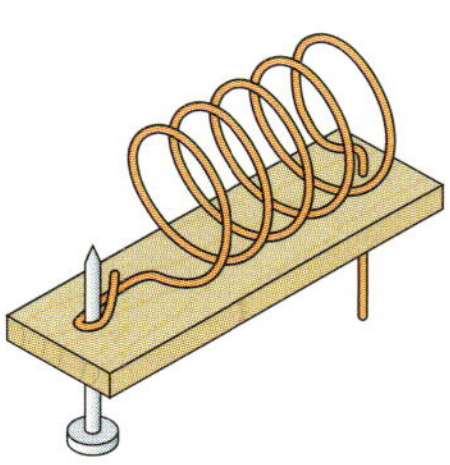

Zu Versuch 1

1. Der schwimmende Kompass

Durchbohre ein leichtes Holzbrettchen an zwei Enden. Stecke durch die eine Bohrung einen Eisennagel, durch die andere einen langen Kupferdraht, so dass beide einige cm nach unten aus dem Brettchen ragen. Wickle dann das freie Ende des Kupferdrahtes mit Hilfe eines runden Stabes zu einer Spule. Das freie Drahtende verbindest du auf der Oberseite leitend mit dem Nagel.
Schwimmt das Brettchen auf einer Salzlösung, so richtet es sich nach einiger Zeit stets so aus, dass die Spule in Nord-Süd-Richtung zeigt.
Warum entsteht in der Spule ein Strom? Beachte die unterschiedlichen Materialien!
Warum richtet sich die Spule aus?

2. Das Lametta-Elektroskop

Bohre in ein trockenes Brettchen ein Loch, durch das genau ein Nagel passt. In diese Bohrung steckst du zunächst zwei oder mehr Lamettafäden von etwa 8 cm Länge. Mit dem Nagel werden die Fäden in der Bohrung festgeklemmt.

Näherst du dem Nagel einen geladenen Gegenstand, so spreizen sich die Lamettafäden auseinander. Erkläre dies!

Fragen

Leiter/Nichtleiter und Stromkreis

1 Aus welchen Teilen und wie ist der Stromkreis deiner Taschenlampe aufgebaut?

2 Warum kann die Fahrradlampe leuchten, obwohl sie mit dem Dynamo nur durch einen Draht verbunden ist?

3a) Kabel sind mit Kunststoff ummantelt. Welche Aufgabe hat der Kunststoff?
b) Weshalb haben Überlandleitungen keine Ummantelung?

4 Untersuche eine Glühlampe auf leitende und nichtleitende Bauteile. Vergleiche die Dicke der leitenden Teile.

5 Weshalb sind nasse Hände beim Umgang mit elektrischem Strom besonders gefährlich?

6 Wie kann man mit einer Glimmlampe ermitteln, ob eine Quelle Gleichstrom oder Wechselstrom liefert?

Fragen

Wirkungen des elektrischen Stromes

7 Beschlagene oder vereiste Heckscheiben eines Autos lassen sich mit Hilfe von dünnen Drähten verhindern. Wie geht das?

8 Wie funktioniert eine Schmelzdrahtsicherung? Warum ist es gefährlich und deshalb auch streng verboten, durchgebrannte Sicherungen mit einem Draht zu flicken?

9 Wie kann man die Pole einer elektrischen Quelle mit Hilfe der chemischen Wirkung unterscheiden?

10 Was würde geschehen, wenn man zum Versilbern einer Münze Wechselstrom verwenden würde?

11 Nenne Geräte, in denen Elektromagnete Verwendung finden!

12 a) Weshalb verstärkt ein Eisenkern das Magnetfeld einer Spule?
b) Weche Vorteile hat ein Elektromagnet gegenüber einem Dauermagnet?

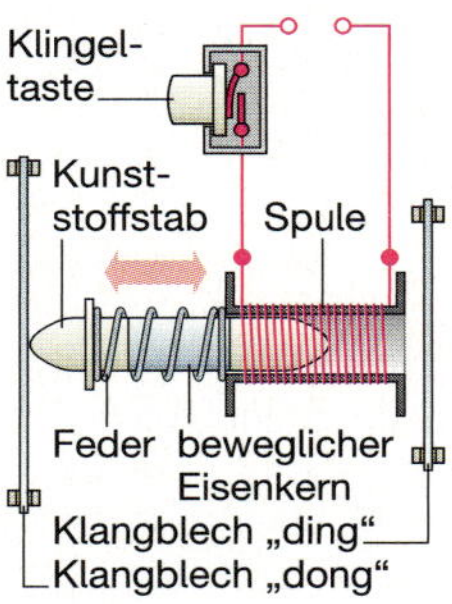

Zu Aufgabe 14

13 Manche Fährschiffe legen mit Hilfe eines Elektromagneten an. Erkläre, wie das funktioniert. Welche Vorrichtung muss der Anlegesteg hierfür zur Verfügung stellen?

14 Die Abbildung am Rand zeigt einen Hausgong. Drückt man auf den Klingelknopf, ertönt ein hoher Ton. Lässt man den Knopf los, ertönt ein tiefer Ton. Erkläre!

15 Erkläre die Wirkungsweise der beiden alten Messgeräte. Kann man damit auch bei Wechselstrom die Stromstärke messen?

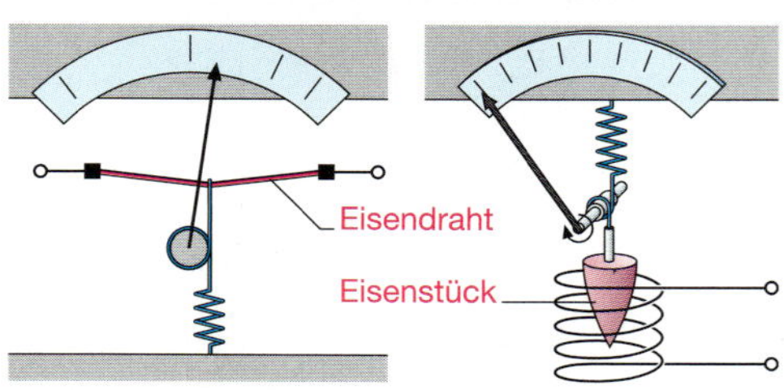

16 Beschreibe Aufbau und Funktionsweise eines Drehspulmessgerätes!

17 Nenne Beispiele für die Anwendung eines Relais und erkläre seine Wirkungsweise.

18 Zeichne das Feldlinienbild eines Stromes durch eine Spule. Kennzeichne die Richtung des Stromes und ermittle daraus die Richtung der Feldlinien.

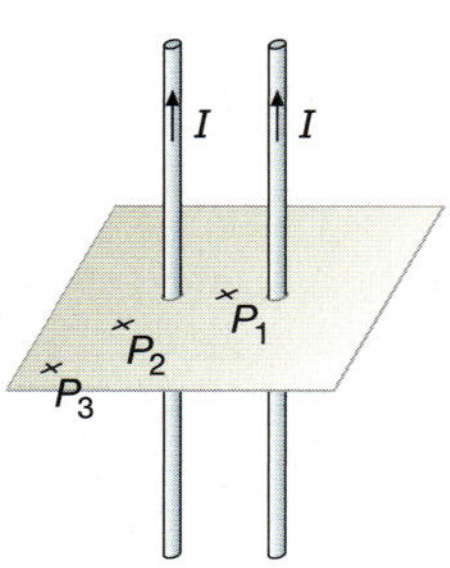

Zu Aufgabe 19

19 Wie wird sich eine Magnetnadel im Bild links an den Punkten P_1, P_2, P_3 einstellen?

20 Ergänze in den folgenden Bildern die Polung der elektrischen Anschlüsse.

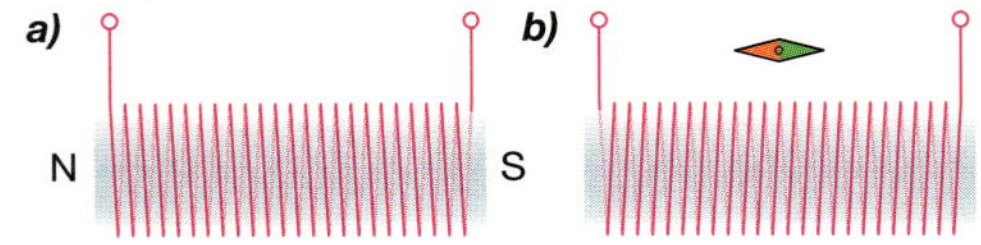

21 Was kannst du über den Inhalt der „black box“ sagen?

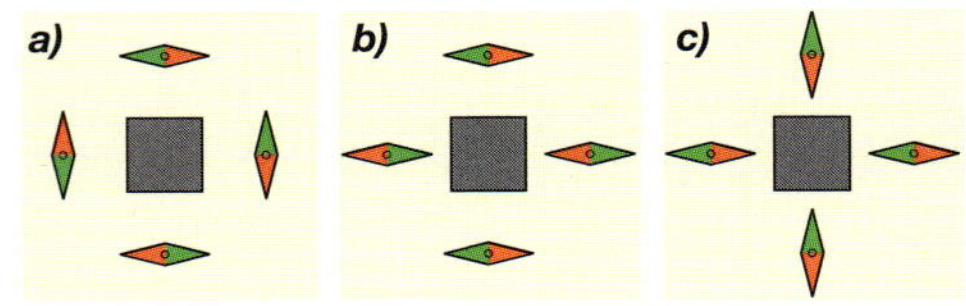

Ladung und elektrisches Feld

22 Drei verschiedene Stoffe A, B, C werden gerieben. Sie verhalten sich zueinander so, wie es die Abbildung zeigt: Was lässt sich über ihre elektrische Ladung sagen?

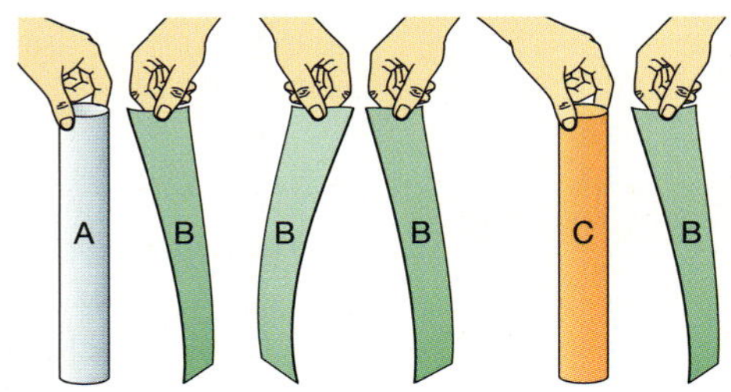

23 Eine CD wird mit einem weichen Tuch gerieben und über Papierstückchen gehalten, die auf einem Tisch liegen. Die Papierstückchen hüpfen einige Male auf und ab. Erkläre!

24 Warum ordnen sich Grießkörner in starken elektrischen Feldern zu Ketten?

25 Durch eine unten positiv geladene Gewitterwolke wird im Blitzableiter Ladung verschoben. Skizziere das zugehörige Feld.

Elektrische Ladung und Stromstärke

26 Warum ist es falsch zu sagen, in einer elektrischen Quelle sei „Strom drin“?

27 Welche Vorstellung über den elektrischen Strom in Metallen ergibt sich aus dem glühelektrischen Effekt?

28 Welche physikalische Größe misst man mit einer Knallgaszelle? Funktioniert diese Messung auch bei Wechselstrom?

29 Auf einer Autobatterie steht die Angabe „50 Ah“. Begründe, warum damit die Ladung der Batterie beschrieben wird. Wie viele Coulomb sind das?

Elektrischer Strom – jederzeit für alle

Für uns ist es selbstverständlich, dass überall da, wo wir sind, elektrischer Strom zur Verfügung steht. Bei dem Wirrwarr an Leitungen zur allgemeinen Stromversorgung muss man sich fragen, wie es gelingt, den Überblick zu wahren und genau zu bestimmen, dass die Stromstärken in einzelnen Leitungen nicht beliebig anwachsen.

Strompfade

Im Radio, Fernsehgerät, Kassettenrekorder oder Computer werden heute die elektronischen Bauteile meist auf Platinen angebracht. Auf der Rückseite solcher Platinen sieht man metallische Bahnen in komplizierten Mustern. Diese Bahnen verbinden die Bauteile auf der Vorderseite miteinander.
Die Ströme in diesen Stromkreisen folgen bestimmten Gesetzen.

Die verstopfte Leitung

Eine Kabeltrommel dient der Verlängerung der Anschlüsse für elektrische Geräte. Nimm eine Glühlampe (6 V/5 A) und prüfe mit einer passenden Batterie nach, ob sie leuchtet. Schalte nun das Kabel einer Kabeltrommel zwischen Glühlampe und Batterie in den Stromkreis.
Die Glühlampe leuchtet nur ganz schwach.

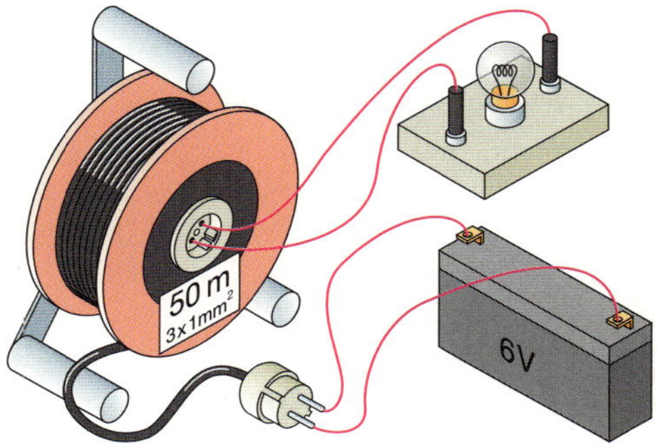

Verzweigungen in Stromkreisen

Versuche

Brennt im Haushalt eine Glühlampe durch, so sind davon in der Regel nicht alle anderen elektrischen Geräte betroffen.
Fällt beim Rad fahren der vordere Scheinwerfer aus, so leuchtet das Rücklicht weiter. Scheinwerfer und Rücklicht sind unabhängig voneinander.

V1 Wir befestigen einen Fahrradscheinwerfer, einen Dynamo und ein Rücklicht an der Stativstange. Beide Lampen werden jeweils mit einem Kabel an den Dynamo angeschlossen. Diese Schaltung entspricht im Prinzip der Anlage beim Fahrrad (Abb. ➤ 1).

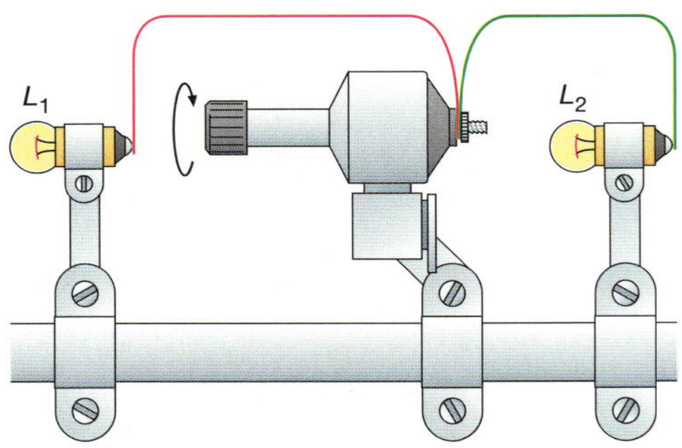

1

Drehen wir kräftig am Rad des Dynamos, so leuchten beide Lampen auf.
Unterbrechen wir den Stromkreis durch Herausschrauben einer Lampe aus ihrer Fassung, dann leuchtet die andere Lampe trotzdem weiter.

Wir bauen den Stromkreis des ersten Versuches mit zwei Lämpchen L_1 und L_2 und einer Batterie nach. Wir ordnen dabei die Lämpchen nebeneinander an (Abb. ➤ 2).

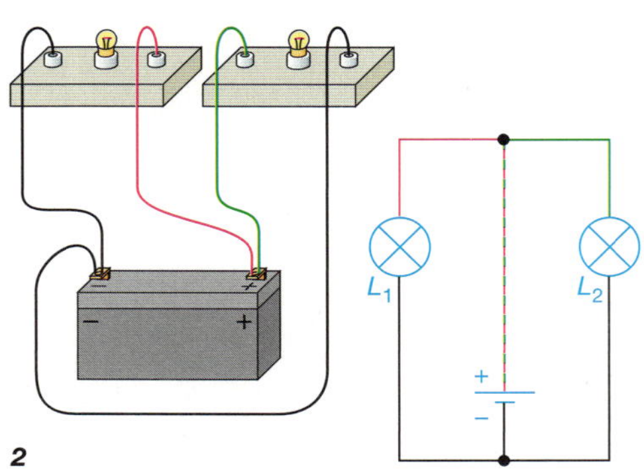

2

V2 In einem Stromkreis mit zwei nebeneinander angeordneten Lämpchen (Abb. ➤ 3) untersuchen wir die Stromstärken. Dazu schalten wir mehrere Messgeräte in den Stromkreis ein.

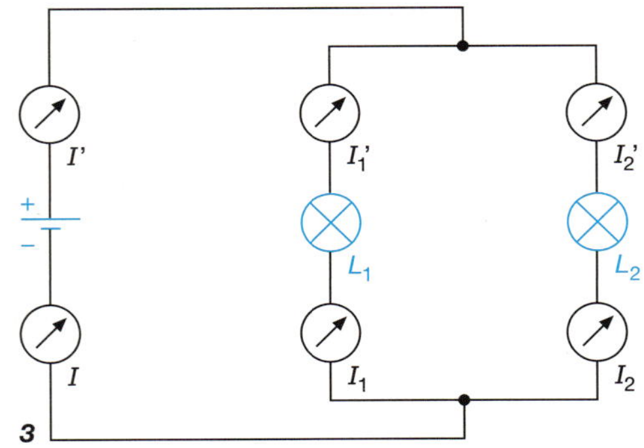

3

Wir verwenden für L_1 und L_2 einmal zwei gleiche Lämpchen, ein anderes Mal zwei verschiedene Lämpchen.
Bei jeder Messung gilt für die Stromstärken:

$I = I'$,
$I_1 = I_1'$,
$I_2 = I_2'$.

Die Messungen für I_1, I_2 und I halten wir in einer Tabelle fest:

	L_1 und L_2 gleich	L_1 und L_2 verschieden
I_1 in A	0,25	0,27
I_2 in A	0,25	0,07
I in A	0,51	0,35

V3 Es gibt eine zweite Möglichkeit, zwei Lämpchen an einer elektrischen Quelle zum Leuchten zu bringen (Abb. ➤ 4):

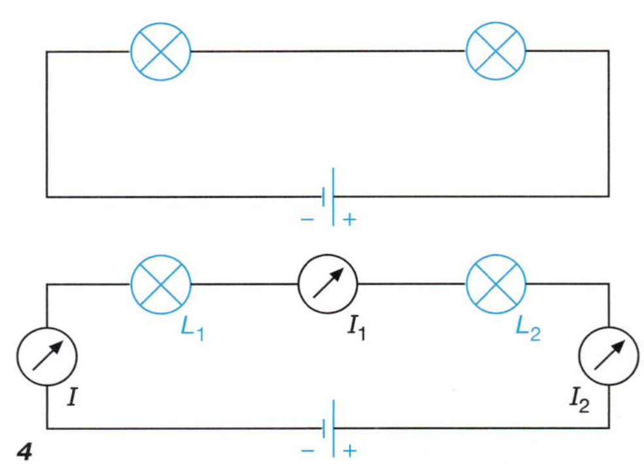

4

Beim Herausdrehen einer Lampe aus der Fassung erlischt bei dieser Schaltung auch die andere.

Wir untersuchen wiederum, welche Stromstärken an einzelnen Stellen des Stromkreises vorhanden sind. Wir finden:

$I = I_1 = I_2$

Grundwissen

Welchen Weg nimmt der Strom?

Nur in einem geschlossenen Stromkreis gibt es einen Strom. Wie ist es beim Fahrrad? Dort sind die Lämpchen im Scheinwerfer und Rücklicht jeweils nur über ein Kabel mit dem Dynamo verbunden. Die zweite Verbindung zum Dynamo wird durch den Rahmen des Fahrrades gebildet (Abb. ➤ 1).
Der Rahmen des Fahrrades ist für beide Lämpchen gleichzeitig Teil ihres Stromkreises. Unterbricht man den Stromkreis eines Lämpchens außerhalb dieses gemeinsamen Teiles, so wirkt sich das nur auf das eine Lämpchen aus. Das andere leuchtet weiter.

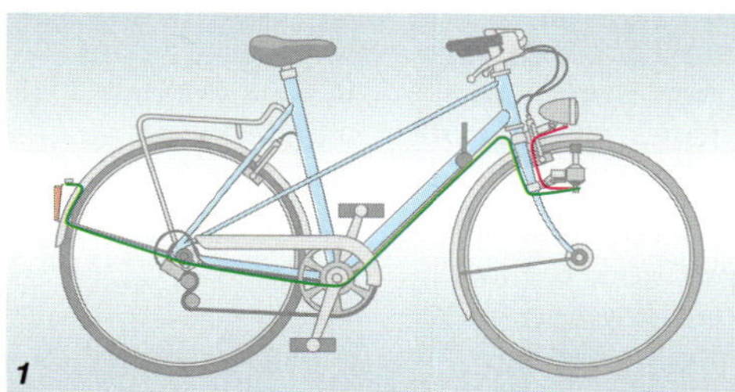
1

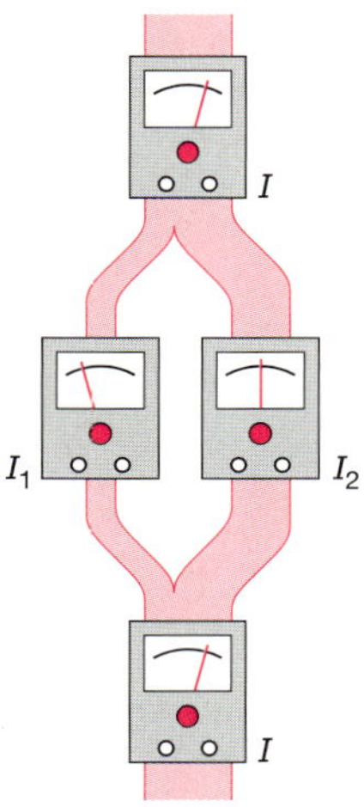

Parallelschaltung

In diesem Stromkreis kann die von der Quelle abgegebene Ladung auf zwei verschiedenen Wegen zurück zur Quelle gelangen. Die verschiedenen Wege heißen ***Zweige*** der Schaltung. Eine Schaltung mit mehreren Zweigen heißt ***Parallelschaltung***. Scheinwerfer und Rücklicht sind beim Fahrrad parallel geschaltet. Die geschlossenen Stromkreise mit dem Dynamo als Quelle bestehen aus verschiedenen Zweigen (Abb. ➤ 1).
Misst man die Stromstärke in den einzelnen Zweigen und in den gemeinsamen Teilen der Stromkreise beider Lämpchen (Abb. ➤ 2), so stellt man zunächst fest:
In den gemeinsamen Teilen ist die Stromstärke dieselbe.

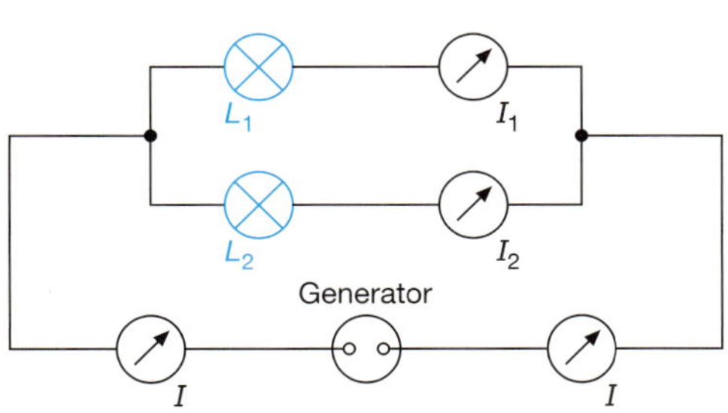

2 Schaltbild für die Fahrradbeleuchtung mit Messgeräten

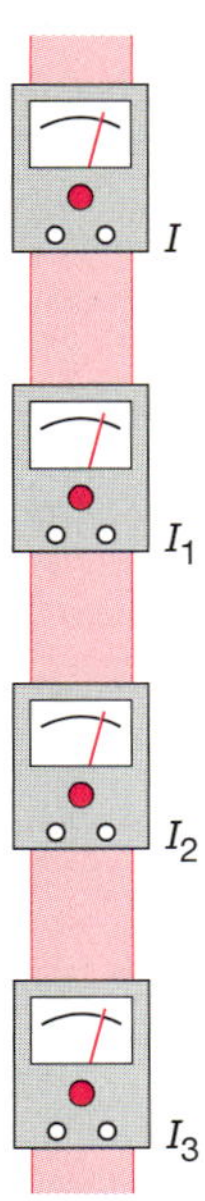

Reihenschaltung

Messungen zeigen weiter, dass sich in den Zweigen die Stromstärke aufteilt.

> Die Stromstärke in den gemeinsamen Teilen des Stromkreises einer Parallelschaltung ist gleich der Summe der Stromstärken in den Zweigen:
> $I = I_1 + I_2$

Die im Stromkreis bewegte Ladung teilt sich vollständig auf die verschiedenen Zweige auf (siehe Bild am Rand).
Eine Parallelschaltung erkennt man daran, dass sich die Geräte voneinander unabhängig ein- und ausschalten lassen. Wird ein Zweig in der Parallelschaltung unterbrochen, so bleibt der Stromkreis über den anderen Zweig immer noch geschlossen.

Ganz anders verhält es sich bei einer Schaltung wie in Abb. ➤ 3. Hier sind mehrere Lämpchen in einen Zweig geschaltet. Es genügt bereits die Unterbrechung an einer Stelle, um alle Lämpchen auszulöschen. Eine Schaltung mit mehreren Geräten in einem Zweig des Stromkreises heißt ***Reihenschaltung***.

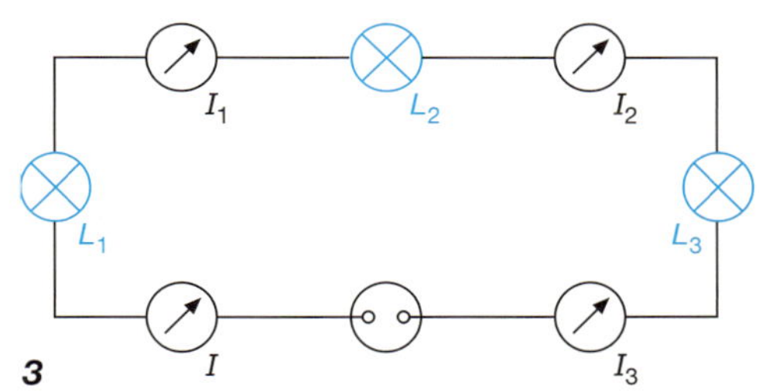

3

In einer Reihenschaltung gibt es für den Strom nur einen Weg von der Quelle über die Geräte zurück zur Quelle.
Messungen der Stromstärke in einem solchen Stromkreis zeigen:

> Die Stromstärke in einer Reihenschaltung ist überall gleich:
> $I = I_1 = I_2 = I_3$

An jeder Stelle des Stromkreises ist die in 1 s vorbeibewegte Ladung gleich groß.

? Woran erkennt man, ob eine Reihen- oder eine Parallelschaltung vorliegt?

Grundwissen

Modelle des elektrischen Stromkreises

Wir können in einen Stromkreis nicht hineinsehen. Unser Wissen über den elektrischen Strom beruht allein auf seinen Wirkungen. Man benötigt Modelle, um sich ein anschauliches Bild vom Strom im Stromkreis zu machen.

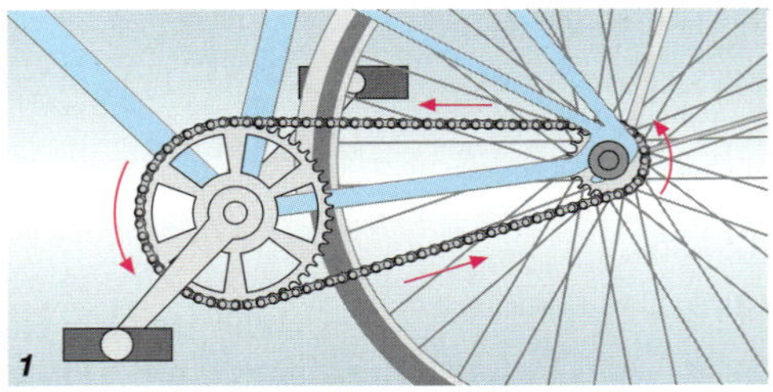
1

Im ***Fahrradketten-Modell*** (Abb. ➤ 1) vergleicht man den elektrischen Stromkreis mit einer geschlossenen Kette. Die Kettenglieder stellen bewegte, geladene Körper, also Elektronen oder Ionen, dar. Das vordere Kettenrad entspricht der elektrischen Quelle. Das hintere Kettenrad treibt das Rad an, es entspricht einem elektrischen Gerät. Dieses Modell beschreibt den Stromkreis in einer Reihenschaltung. Kettenglieder und geladene Körper befinden sich in einem geschlossenen Kreislauf, ohne dass Kettenglieder, also Elektronen bzw. Ionen, verloren gehen.

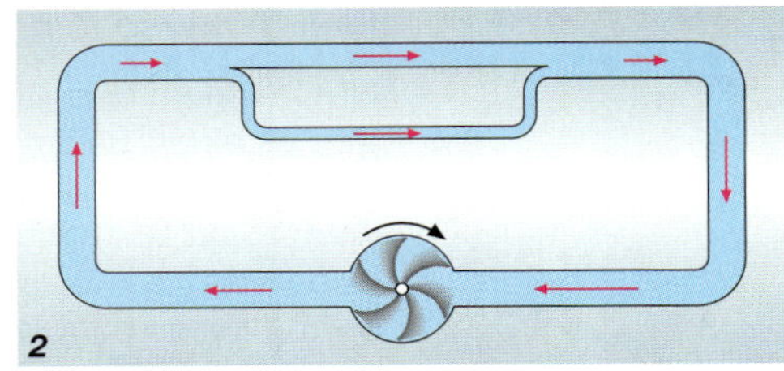
2

Ein weiteres Modell für den Stromkreis ist das ***Wasser-Modell*** (Abb. ➤ 2). Hier treibt eine Pumpe das Wasser durch einen geschlossenen Kreis von Wasserleitungen. Verengungen der Leitungen oder eingebaute Wasserräder entsprechen angeschlossenen Geräten. Baut man eine Zweigleitung ein, dann verteilt sich der Wasserfluss auf die beiden Zweige des Wasserkreises. Dabei geht kein Wasser verloren. Mit diesem Modell lassen sich die Beobachtungen über die Stromstärken in Parallel- und Reihenschaltungen darstellen.

Das Verhalten des elektrischen Stromes lässt sich mit einem Ketten- oder einem Wassermodell deuten.

? Welchen Vorteil hat das Wassermodell gegenüber dem Kettenmodell?

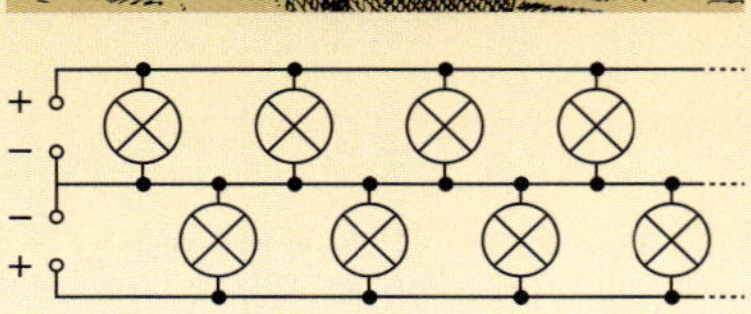

Der Siegeszug der elektrischen Beleuchtung

Als die ersten Astronauten die Nachtseite der Erde sahen, waren sie sehr erstaunt: An vielen Stellen sahen sie den Schein der Beleuchtungsanlagen in den Städten.

Vor gut 100 Jahren war das noch nicht so! Nur in wenigen Großstädten wie Paris oder London gab es im Stadtzentrum Gaslampen, und nur sehr wohlhabende Bürger verfügten über Bogenlampen, die Licht durch eine elektrische Entladung zwischen zwei Kohleelektroden erzeugten. Als Quellen dienten Batterien, die nur für wenige Stunden den Betrieb der Lampen ermöglichten.
1878 entwickelte der amerikanische Erfinder ***Thomas Alva Edison*** (1847–1931) aus Menlo Park in New Jersey (USA) für New York eine Beleuchtungsanlage. Sie sollte „weicheres" Licht als die grellen Bogenlampen liefern und vor allem viele Lichtquellen anschließen lassen. Um sein Konzept zu realisieren, erfand er eine Glühlampe mit haltbarem Metallfaden, baute ein Elektrizitätswerk und verlegte ein Leitungssystem für viele Anschlussstellen.
Um bei den teuren Kupferkabeln zu sparen, bestand sein Stromkreis für die linke und die rechte Straßenseite nur aus insgesamt drei Leitungen.
Ab 1884 war es soweit: Ganze Straßenzüge von New York erstrahlten im Licht vieler Lampen. Zur Demonstration der Vorzüge seiner Anlage ließ Edison Männer mit Glühlampen auf den Helmen durch die Straßen laufen. Sie waren alle über ein gemeinsames Kabel mit einem Generator verbunden, der zusammen mit einer Dampfmaschine auf einem Wagen mittransportiert wurde. Die Lampen auf den Helmen waren parallel geschaltet.

Die elektrische Spannung

Versuche

Ein Bügeleisen wird nicht warm, wenn man es an eine Monozelle anschließt. Dagegen würde das Lämpchen einer Taschenlampe durchbrennen, wenn es an eine Autobatterie angeschlossen würde.
Nicht jedes elektrische Gerät lässt sich mit jeder Quelle betreiben.

V1 Schließe eine kleine Glühlampe für eine Stabtaschenlampe an eine Monozelle an. Die Lampe leuchtet nur ganz schwach. Wird dieselbe Lampe an eine Flachbatterie angeschlossen, so leuchtet sie heller auf.
Wir messen die Stromstärke und finden:
Je heller die Lampe leuchtet, desto größer ist die Stromstärke.

V2 Unterschiedliche Lämpchen werden jeweils einzeln in einer Reihenschaltung mit einem Messgerät für die Stromstärke an eine Flachbatterie angeschlossen.
Die Stromstärken sind verschieden.

V3 Bringe ein Lämpchen (12 V/1,5 A) mit drei Flachbatterien zum Leuchten. Dies funktioniert nur, wenn die Batterien so geschaltet werden, dass der Pluspol der ersten mit dem Minuspol der zweiten, der Pluspol der zweiten mit dem Minuspol der dritten Quelle und der Minuspol der ersten über die Lampe mit dem Pluspol der dritten Batterie verbunden werden (Abb. ➤ 1).

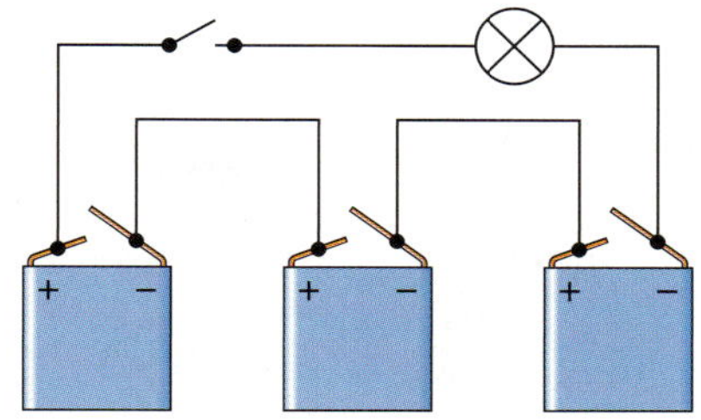

1

V4 Bei einem Walkman muss man mehrere Batterien in einer ganz bestimmten Anordnung einsetzen, sonst läuft er nicht. Auch im Akkumulator sind oft mehrere Zellen zusammengeschlossen.
Wir schalten zwei gleiche Batterien in Reihe. Es gibt drei Möglichkeiten (Abb. ➤ 2), sie miteinander zu verbinden:

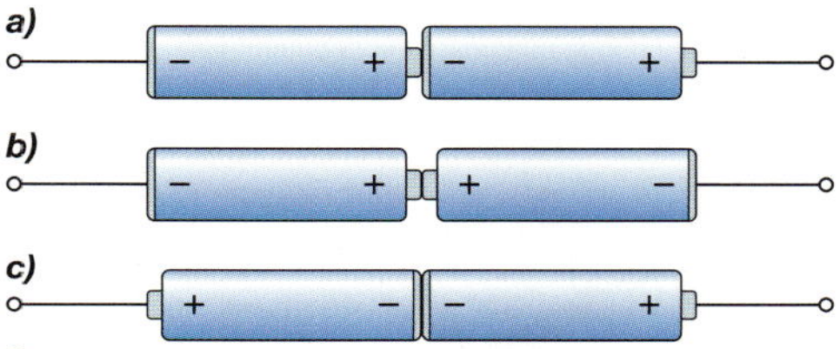

2

Wir schließen ein geeignetes Lämpchen an diese zusammengesetzten Quellen an. Im Fall ***a)*** leuchtet es hell, in den Fällen ***b)*** und ***c)*** leuchtet es nicht.

Grundwissen

Kennzeichen elektrischer Quellen

Elektrische Quellen rufen in geschlossenen Stromkreisen elektrische Ströme hervor. Wird ein elektrisches Gerät an unterschiedliche Quellen angeschlossen, so ergeben sich Ströme unterschiedlicher Stromstärke. Umgekehrt führen verschiedene elektrische Quellen bei einem Gerät zu verschiedenen Stromstärken. Offensichtlich sind für die Stromstärke in einem Stromkreis sowohl die benutzten Geräte als auch die verwendete elektrische Quelle maßgebend.
Die Eigenschaft, die den Einfluss einer Quelle auf die Stromstärke im Stromkreis eines bestimmten Gerätes beschreibt, heißt ***elektrische Spannung***.

> Die elektrische Spannung ist ein Kennzeichen einer elektrischen Quelle.
> Die elektrische Spannung bestimmt, zusammen mit dem angeschlossenen Gerät, die Stromstärke im Stromkreis.

Das Formelzeichen für die elektrische Spannung ist *U*.
Die Einheit der elektrischen Spannung ist ***1 Volt***. Das Zeichen für den Einheitnamen Volt ist V.
Die Bezeichnung Volt hat man zu Ehren des italienischen Physikers ***Alessandro Volta*** (1745 – 1827) gewählt, der als einer der ersten elektrische Quellen untersuchte.
Für besonders große und kleine Spannungen gibt es weitere Einheiten:
0,001 V = 1 mV (1 Millivolt)
1000 V = 1 kV (1 Kilovolt)
1000 kV = 1 MV (1 Megavolt)
Nervenreize erzeugen z. B. Spannungen von einigen Millivolt; die Fernsehröhre wird mit einigen Kilovolt betrieben; für einen Blitz sind mehrere Megavolt nötig.

? Was geschieht mit einer 4 V-Glühlampe bei doppelter Spannung?

Grundwissen

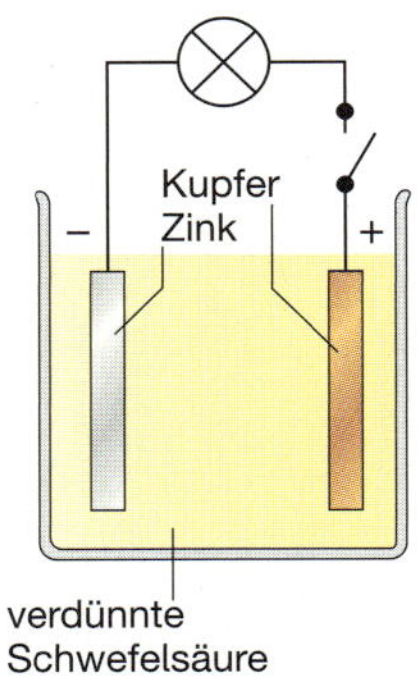

Das Volta-Element hat die Spannung 0,89 V.

Das Messen von Spannungen

Wie bestimmt man den Wert der Spannung einer Quelle? Hierfür wird ein Maß für die ***Einheit 1 Volt*** benötigt. Früher hat man bestimmte Batterien verwendet, deren Spannung die Einheit 1 Volt festlegte. Diese Batterien wurden Normalelemente genannt. Heute wird die Einheit 1 Volt durch ihre Beziehung mit anderen Größen, die wir noch kennenlernen werden, festgelegt. Vielfache und Teile der Einheit ergeben sich daraus entsprechend. Die nächste Seite weist darauf schon hin.
Die Spannung tritt zwischen den Anschlüssen der Quelle auf. Deshalb gilt:

> Messgeräte für die Spannung schaltet man parallel zur elektrischen Quelle.

Solarzelle	0,5 V
Knopfzelle	1,35 V
Mignonzelle	1,5 V
Monozelle	1,5 V
Stabbatterie	3,0 V
Flachbatterie	4,5 V
Fahrraddynamo	6 V
Blockbatterie	9 V
Autobatterie	12 V
Haushaltssteckdose	230 V
Kraftsteckdose	400 V
Straßenbahn	500 V
Zündkerze beim Auto	15 000 V
Eisenbahnfahrdraht	15 000 V
geriebene Folie	bis zu 30 000 V
Hochspannungsleitung	380 000 V
Blitz	einige Millionen V

Tabelle 2: Verschiedene Spannungen

Abb. ➤ 1 zeigt ein Messgerät für die Spannung, an dem man verschiedene Messbereiche einstellen kann. Die Schaltskizze daneben zeigt das Schaltzeichen für solche Messgeräte. Beim Anschluss des Spannungsmessgerätes an die Quelle (Abb. ➤ 1) müssen die Polbezeichnungen von Messgerät und Quelle an den Anschlussstellen übereinstimmen.
Ebenso, wie sich die Stromrichtung im Stromkreis mit dem Vertauschen der Anschlüsse an die Quelle ändert, ändert sich auch der Ausschlag des Spannungsmessgerätes beim Umpolen.

> Beim Messen der Spannung einer Quelle muss die mit Plus bezeichnete Anschlussstelle des Messgerätes mit dem Pluspol der Quelle, die mit Minus bezeichnete Anschlussstelle mit dem Minuspol der Quelle verbunden werden.

Beginne die Messung stets mit dem größten Messbereich.

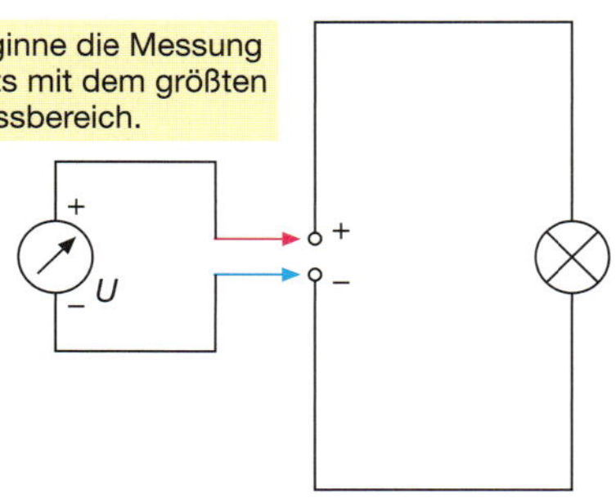

1 Messgerät mit Messbereichsschalter

Elektrische Fische – natürliche Quellen mit hoher und gefährlicher Spannung

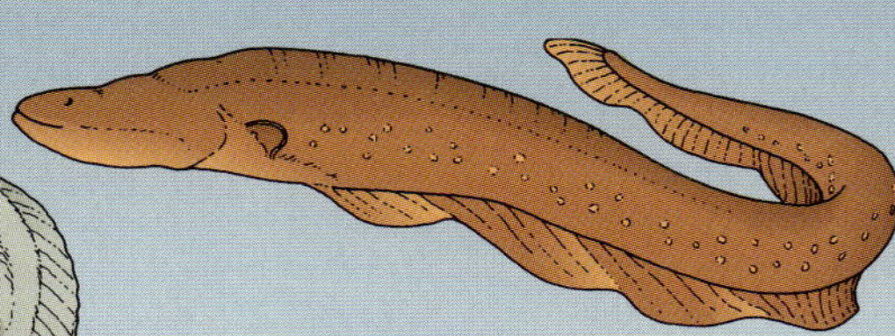

Die elektrischen Organe des Zitteraals ziehen sich über 4/5 seiner Länge.

Zitteraal

Zitterrochen

Der Zitteraal kommt nur im Süßwasser vor, im Gegensatz zum Zitterrochen, den es auch im Meer gibt.

Es gibt etwa 200 Arten von elektrischen Fischen. Zitterrochen, Zitteraal und Zitterwels haben besondere Organe, die Spannungen bis zu 800 Volt und Ströme von 2- bis 3tausendstel Sekunden Dauer erzeugen können. Die Stromstärke ist für Menschen lebensgefährlich.
Andere elektrische Fische, wie Nilhecht, Hai oder Messeraal, erzeugen Spannungen von nur einigen Millivolt. Sie rufen damit elektrische Felder hervor. Mit speziellen Sinnesorganen können sie Veränderungen des Feldes durch Gegenstände oder andere Lebewesen feststellen und sich so auch in trüben oder dunklen Gewässern orientieren.

Schaltung von drei einzelnen Zellen in der Flachbatterie

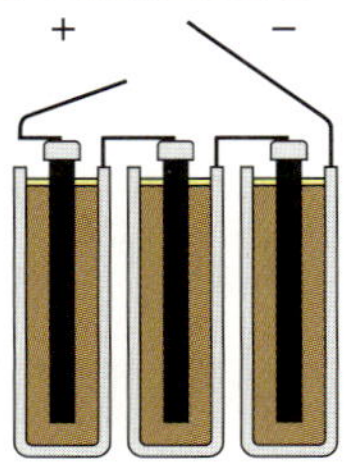

Die Schaltung von mehreren Quellen

Haben zwei Quellen die gleiche Spannung, so kann man sie so zusammenschalten, dass ihre gemeinsame Spannung entweder den doppelten Wert einer Quelle oder 0 Volt ergibt.
Der erste Fall tritt dann ein, wenn die beiden Quellen so in Reihe geschaltet werden, dass sich ihre Plus- oder Minuspole abwechseln (Abb. ➤ 1a).
Stehen sich gleichnamige Pole der Quellen gegenüber, so tritt der zweite Fall ein: die Spannung beider Quellen zusammen ist 0 Volt (Abb. ➤ 1b).
Haben die beiden Quellen nicht die gleiche Spannung, so addieren sich im ersten Fall ihre Spannungen, während im zweiten Fall die Differenz der beiden Spannungen gebildet wird.
Werden zwei Quellen wie in Abb. ➤ 1a gleichsinnig hintereinander geschaltet, so erhalten beide Spannungen U_1 und U_2 gleiches Vorzeichen. Schaltet man zwei Quellen wie in Abb. ➤ 1b gegensinnig hintereinander, so erhalten beide Spannungen U_1 und U_2 unterschiedliches Vorzeichen. Damit gilt:

> Werden zwei oder mehr Quellen in Reihe geschaltet, so addieren sich die Einzelspannungen zur Gesamtspannung.
> Es gilt: $U = U_1 + U_2 + U_3 + \dots$

Schaltet man zwei Quellen gleicher Spannung mit gleichsinniger Polung parallel zueinander (Abb. ➤ 2), dann ändert sich die Spannung der zusammengesetzten Quelle nicht.
Die Parallelschaltung von mehreren Quellen mit verschiedenen Spannungen führt zu großen Stromstärken zwischen den einzelnen Quellen. VORSICHT! Dadurch können die Quellen beschädigt werden.

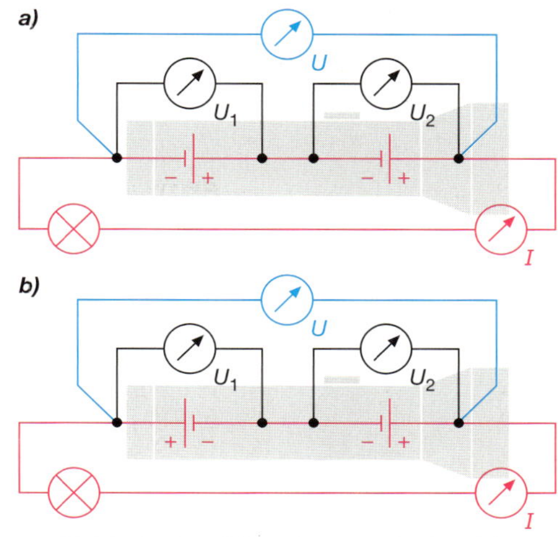

1 Gleichsinnige ***(a)*** und gegensinnige ***(b)*** Reihenschaltung elektrischer Quellen

> Werden mehrere gleiche Quellen in gleichsinniger Polung parallel geschaltet, so hat die gesamte Quelle die gleiche Spannung wie jede Einzelquelle.

? Welche Spannung erhält man maximal mit vier 1,5 V-Batterien?

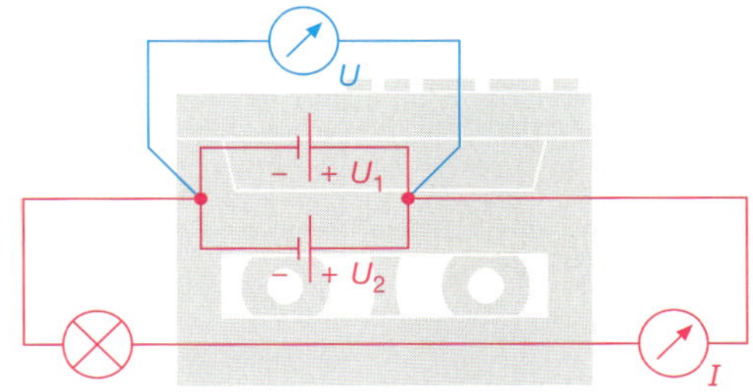

2 Parallelschaltung gleicher Quellen

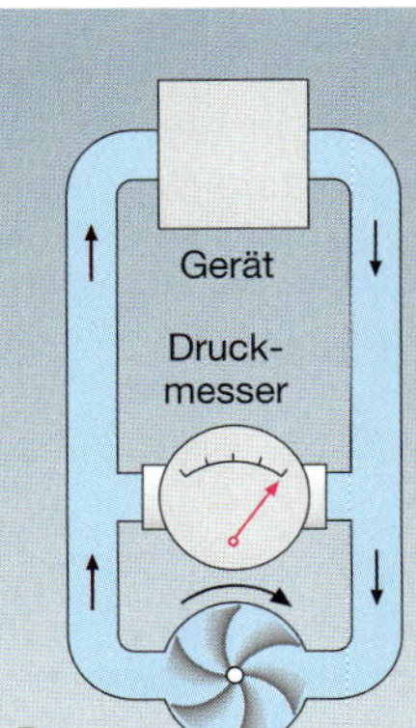

Modelle für die elektrische Spannung

Wir kennen zwei Modelle, die die Stromstärke in einem elektrischen Stromkreis veranschaulichen: Das Kettenmodell und das Wassermodell. Wie lässt sich die Spannung damit verdeutlichen?
Im ***Kettenmodell*** bestimmt die Pedalkraft auf das vordere Kettenrad die Geschwindigkeit und die Bewegungsrichtung der Kette.
Auf den Stromkreis übertragen heißt das:
Die Spannung der Quelle bestimmt die Stromstärke und die Richtung des Stromes in dem betrachteten Stromkreis.

Im ***Wassermodell*** wird der Wasserfluss durch das Gerät umso stärker sein, je größer der Druckunterschied ist, den die Pumpe im Wasserkreis erzeugt.

Wir müssen beachten: Kraft und Druck sind mechanische Größen! Die elektrische Spannung ist etwas anderes als eine Kraft oder ein Druck. Diese Größen bewirken nur im Rahmen unserer Modelle etwas, das der Wirkung der elektrischen Spannung im Stromkreis entspricht.

Zusammenhang zwischen Spannung und Stromstärke

Versuche

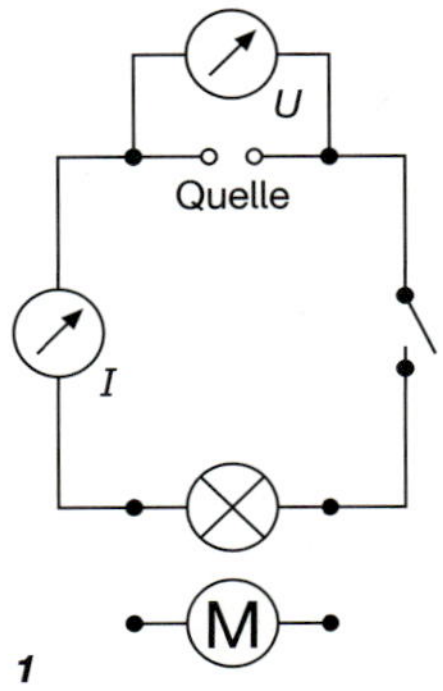

1

V1 Wir schließen nacheinander eine Glühlampe und einen kleinen Elektromotor an eine elektrische Quelle an (Abb. ➤ 1) und messen jeweils Spannung U und Stromstärke I. Bei gleicher Spannung ergeben sich verschiedene Stromstärken.
Für die Glühlampe messen wir die Stromstärke I auch für unterschiedliche Spannungen U und erhalten z. B.:

U in V	0	1,0	2,0	3,0	4,0	5,0	6,0
I in A	0	0,13	0,22	0,30	0,36	0,40	0,45

V2 Wir messen Spannung und Stromstärke bei einem Eisendraht. Wir erhitzen den Draht mit dem Bunsenbrenner (Abb. ➤ 2). Mit steigender Temperatur sinkt die Stromstärke bei gleicher Spannung.

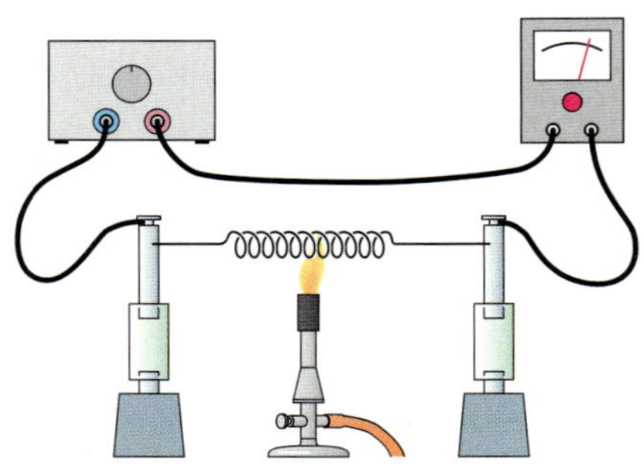
2

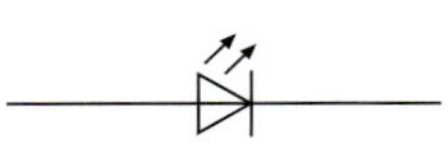

Schaltzeichen für eine Leuchtdiode (LED)

V3 Für einen Eisendraht messen wir die Stromstärke bei unterschiedlichen Spannungen. Anschließend legen wir den Draht in ein Wasserbad und wiederholen die Messungen. Durch das Wasserbad nimmt die Temperatur des Drahtes weniger zu.

U in V	0	1,0	2,0	3,0	4,0	5,0
in Luft I in A	0	0,34	0,60	0,80	0,98	1,08
in Wasser I in A	0	0,44	0,90	1,34	1,75	2,26

V4 Wir messen Stromstärke und Spannung für einen 1,6 m langen Konstantandraht mit 0,01 mm^2 Querschnittsfläche.

U in V	0	1,0	2,0	3,0	4,0	5,0	6,0
I in A	0	0,12	0,24	0,36	0,49	0,61	0,74

V5 In der Elektronik sind oft Leuchtdioden (Abb. ➤ 3) in Schaltungen zu finden.

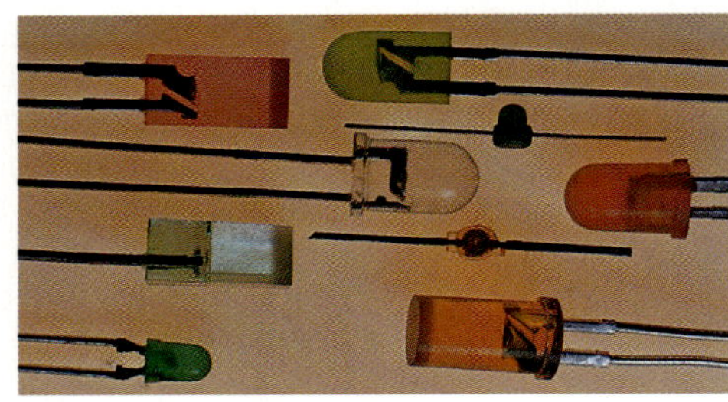
3

Die Messung von Spannung und Stromstärke an einer Diode zeigt ein unerwartetes Ergebnis. Etwa ab der Spannung von 1,4 V steigt bei richtiger Polung die Stromstärke stark an. Die Diode leuchtet.

Grundwissen

Der elektrische Widerstand

Vergleicht man bei gleicher Spannung die Stromstärke in unterschiedlichen Geräten, z. B. in einer Glühlampe, einem Motor und einem Heizdraht, so ergeben sich verschiedene Werte. Die verschiedenen Geräte leiten den Strom unterschiedlich gut. Eine höhere Stromstärke bedeutet, dass die Bewegung von Ladung im Stromkreis leichter möglich ist als in Geräten, bei denen die Stromstärke bei gleicher Spannung kleiner ist. Man sagt, das Gerät hat einen ***elektrischen Widerstand***. Geräten, die bei gleicher Spannung eine größere Stromstärke als andere Geräte zulassen, ordnen wir den kleineren Widerstand zu. Den Widerstand des Gerätes bzw. eines Leiters erfassen wir durch den Quotienten U/I. Wir legen fest:

Das Wort „Widerstand" kennzeichnet sowohl ein Bauteil als auch eine Eigenschaft des Bauteils.

Beträgt in einem Leiter bei der Spannung U die Stromstärke I, so hat er den elektrischen Widerstand R:

$$R = \frac{U}{I}$$

Die Einheit des elektrischen Widerstandes ist 1 Ohm = 1 Ω. Die Benennung der Einheit erfolgt zu Ehren des deutschen Physikers ***Georg Simon Ohm*** (1789 – 1854). Aus der Definition des Widerstandes folgt:

$$1\,\Omega = \frac{1\,\text{V}}{1\,\text{A}}$$

Häufig verwendete Vielfache von 1 Ω sind:
1 kΩ = 1 000 Ω 1 MΩ = 1 000 000 Ω
Ein „Widerstand" ist auch ein Bauteil mit einem bestimmten Widerstandswert.

Das Ohm'sche Gesetz

Der Widerstand ist ein wichtiges Kennzeichen eines Bauteils in einer elektrischen Schaltung. Entsprechend der Definition kann man ihn bestimmen, wenn man zusammengehörige Werte von Spannung und Stromstärke misst. Berechnet man den Quotienten U/I, so ergibt sich für jedes Wertepaar der Widerstand R. Bei einem Konstantandraht erhält man stets den gleichen Wert, für einen Eisendraht gilt dies nur, wenn man seine Temperatur – etwa durch ein Wasserbad – konstant hält. Wenn der Quotient zweier Größen, die voneinander abhängen, konstant ist, so sind sie ***proportional*** zueinander. Die Messpunkte proportionaler Größen liegen in einem U-I-Diagramm auf einer Geraden durch den Ursprung (Abb. ➤ 1). Für solche Fälle hat Georg Simon Ohm ein nach ihm benanntes Gesetz formuliert:

> Ohm'sches Gesetz: Stromstärke und Spannung sind zueinander proportional.

Beim Eisendraht ist die Stromstärke für jeden Wert der Spannung größer als beim Konstantandraht, der Widerstand $R = U/I$ des Eisendrahtes ist also kleiner als der des Konstantandrahtes. Die steilere Gerade im U-I-Diagramm zeigt einen geringeren Widerstand an. Gekrümmte Kurven weisen darauf hin, dass der Widerstand des entsprechenden Bauteils (Leiters) nicht konstant ist. Hierfür gilt das Ohm'sche Gesetz nicht. Die Kurve im U-I-Diagramm kennzeichnet das Bauteil und heißt daher auch ***Kennlinie***.
Der Widerstand ist meist temperaturabhängig. Mit der Spannung steigt die Stromstärke und damit die Temperatur. Für metallische Leiter gilt das Ohm'sche Gesetz nur, wenn ihre Temperatur konstant bleibt. Bei Glühlampe und Eisendraht wächst der Widerstand mit zunehmender Spannung, beim Graphitstab nimmt er dagegen ab. Ein U-R-Diagramm (Abb. ➤ 2) verdeutlicht dies.

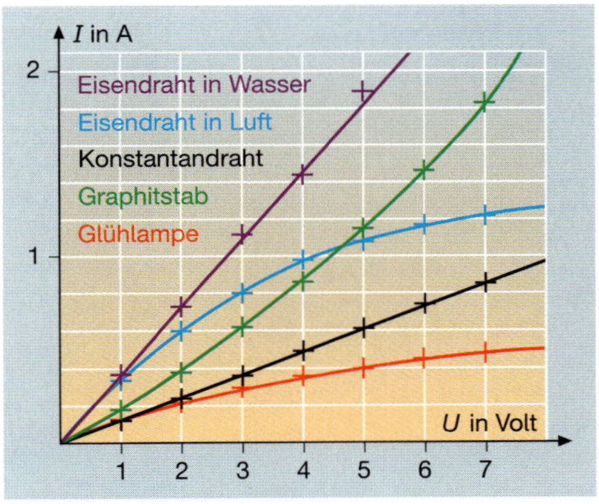

1 U-I-Kennlinie verschiedener Drähte

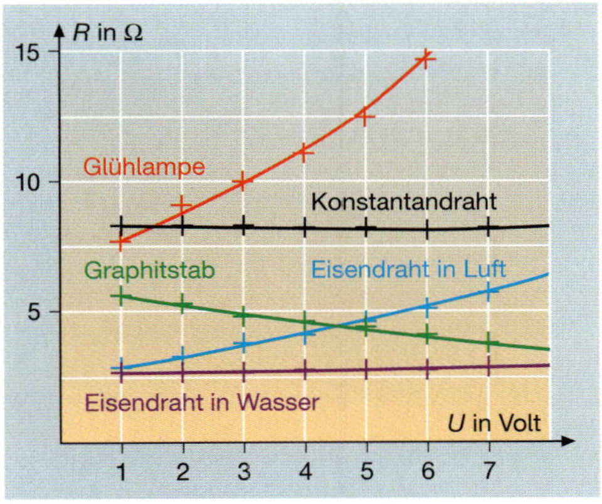

2 U-R-Kennlinie verschiedener Drähte

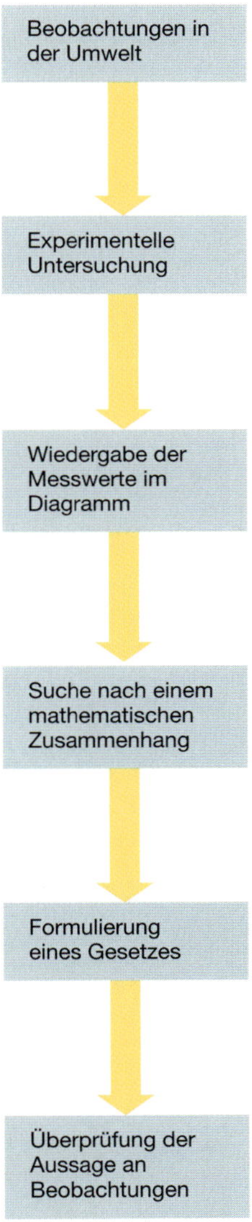

Ein Lehrer wird berühmt

Georg Simon Ohm wurde 1789 in Erlangen geboren. Sein Vater war Schlossermeister. Mit 16 Jahren ging Ohm zur Universität, um Lehrer zu werden. Als Oberlehrer am Gymnasium in Köln untersuchte er den Zusammenhang von Stromstärke und Spannung bei verschiedenen Drähten. Zuerst musste er eine zuverlässige elektrische Quelle und ein Messgerät für die Stromstärke erfinden.
1826 schrieb er: „... Ich hatte mir 8 verschiedene Leiter vorgerichtet, die 2, 4, 8, 10, 18, 34, 66, 130 Zoll lang, 7/8 Linie dick und insgesamt aus einem Stück sogenannten platirtem Kupferdraht geschnitten waren. ..."

Aus seinen Messreihen ließ sich die heute nach ihm benannte Gesetzmäßigkeit ableiten. Seine Entdeckung wurde jedoch nicht beachtet, denn der Bericht darüber erschien in einer Zeitschrift, die zwar von Mathematikern, nicht aber von Physikern gelesen wurde. Außerdem war Ohm unbekannt und die von ihm untersuchte Fragestellung galt als außerordentlich kompliziert.
Erst 1842 erhielt Georg Simon Ohm aus England eine goldene Medaille, die dem heutigen Nobelpreis vergleichbar ist. Sie brachte ihm auch in Deutschland Anerkennung. Er wurde daraufhin Professor in München.

Georg Simon Ohm

Widerstand und Temperatur

Wird die Stromstärke in einem gewickelten Eisendraht (Abb. ➤ 1) gemessen, so zeigt sich, dass die Stromstärke abnimmt, wenn der Draht mit einer Gasflamme erhitzt wird. Da sich die Spannung der Quelle nicht verändert hat, muss sich der Widerstand des Eisendrahtes infolge der höheren Temperatur vergrößert haben.

Wird derselbe gewickelte Eisendraht stattdessen in eine kalte Eis-Salz-Mischung getaucht, so nimmt die Stromstärke leicht zu. Der Widerstand des Drahtes muss sich infolge der niedrigeren Temperatur verringert haben, da die Spannung unverändert geblieben ist.

Bei konstanter Spannung kann die Stromstärke als Maß für die Temperatur des Eisendrahtes angesehen werden. Aus einem Messgerät für die Stromstärke wird ein Thermometer! Nicht nur Eisen, sondern auch viele andere Metalle (z. B. Kupfer, Aluminium) verhalten sich so.

Bei vielen metallischen Leitern nimmt der Widerstand mit der Temperatur zu.

? Warum erfüllt ein Eisendraht im Wasser das Ohm'sche Gesetz, in Luft aber nicht?

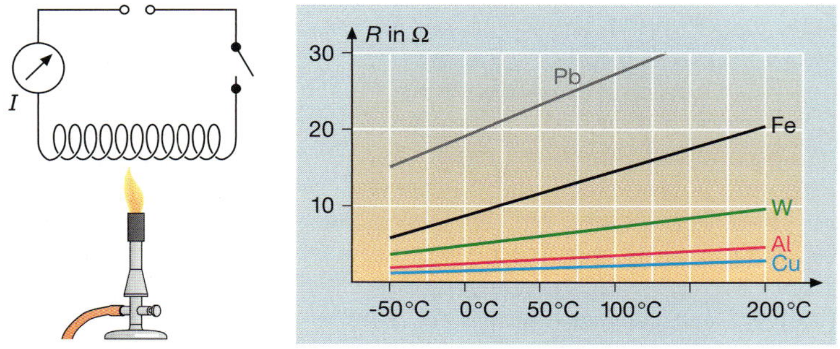

1 Widerstand bei 100 m Länge und 1 mm² Querschnittsfläche

Temperaturabhängige Widerstände

Bei reinen Metallen nimmt der Widerstand mit steigender Temperatur deutlich zu. Erwärmt man z. B. einen Kupferdraht von 20 °C auf 120 °C, so erhöht sich sein elektrischer Widerstand auf das Vierfache. Metalle gehören zu den Leitern, die im kalten Zustand besser leiten als im erwärmten. Sie gehören zu den ***Kaltleitern*** (Abb. ➤ 2) oder PTC-Widerständen. PTC bedeutet ***p****ositiver* ***T****emperatur****c****oeffizient*, d. h. mit steigender Temperatur erhöht sich der Widerstand.

Es gibt auch Metall-Legierungen, wie Konstantan (60 % Kupfer, 40 % Nickel), bei denen der Widerstand des Drahtes fast gleich bleibt, auch wenn die Temperatur steigt.

Viele der heute in der Elektronik verwendeten Halbleiter gehören zur Gruppe der ***Heißleiter***. Ihr Widerstand ist im warmen Zustand kleiner als im kalten (Abb. ➤ 2). Man nennt sie NTC-Widerstände. NTC bedeutet ***n****egativer* ***T****emperatur****c****oeffizient*, d. h. mit steigender Temperatur vermindert sich der Widerstand.
Der mit zunehmender Stromstärke abnehmende Widerstand dieser Bauteile kann mit PTC-Widerständen ausgeglichen werden. Eine zu große Stromstärke könnte z. B. die Bauteile zerstören: Die Erwärmung hätte eine höhere Stromstärke zur Folge, die zu einer noch größeren Erwärmung führte, welche die Stromstärke weiter wachsen ließe, usw.
In der Technik werden sowohl PTC- als auch NTC-Widerstände (Abb. ➤ 3) verwendet, um als Temperaturfühler für elektrische Thermometer die Temperatur von Kleinanlagen, Heiz- und Backgeräten, Kühlanlagen und Kühlschränken zu regeln. Mit ihrer Hilfe lassen sich auch temperaturabhängige Vorgänge steuern und elektronische Schaltungen gegenüber Temperaturänderungen unempfindlich machen.

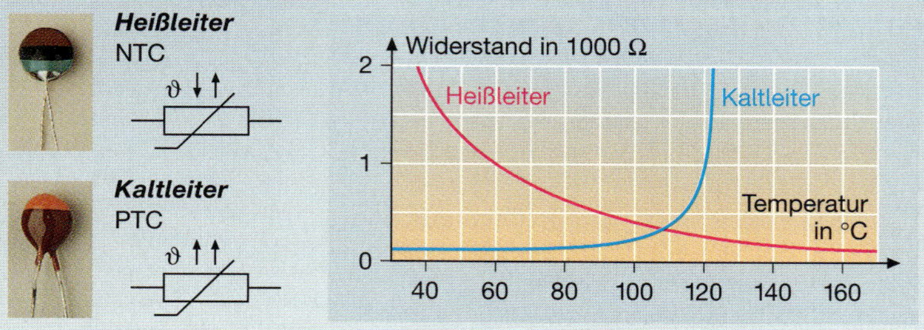

2 *T-R*-Diagramm von Widerständen

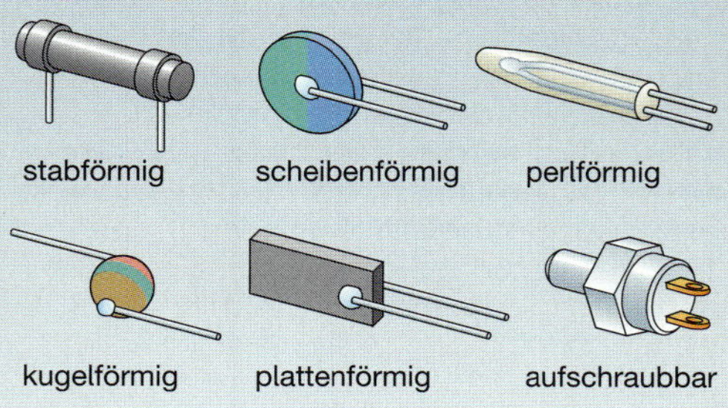

Technische Widerstände

In der Elektronik werden häufig Bauteile benötigt, die die Stromstärke begrenzen. Hierzu benutzt man Widerstände in unterschiedlichen Bauformen.
Bei ***Drahtwiderständen*** ist ein isolierter Draht auf einen Zylinder gewickelt. Besteht mit Hilfe eines Schiebers die Möglichkeit (Abb. ➤ 1), verschieden lange Teile des Drahtes in den

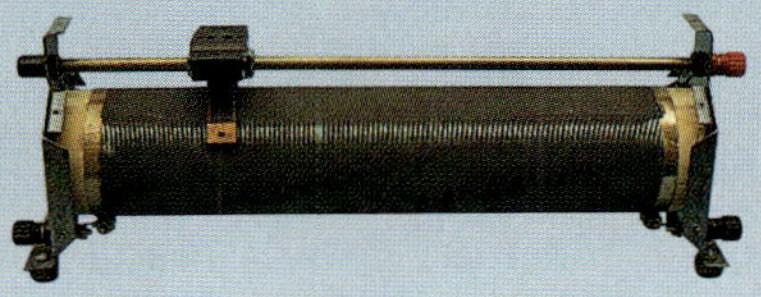

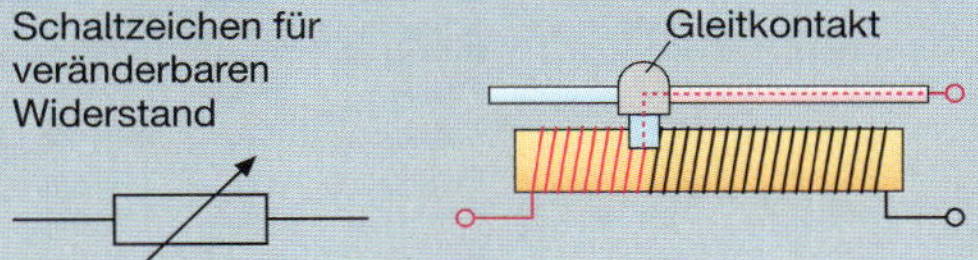

1 Schiebewiderstand

Stromkreis einzubauen, so ändert sich mit der Länge der Widerstand, man erhält einen Widerstand veränderbarer Größe *R*.
Elektronische Geräte enthalten viele ***Schichtwiderstände*** (Abb. ➤ 2). Sie bestehen aus einem Keramikröhrchen, auf das eine dünne Kohle- oder Metallschicht als Leiter aufgedampft ist. Schichtwiderstände werden meist nur bei kleinen Stromstärken verwendet.

Auf diesen Widerständen befinden sich vier farbige Ringe, mit deren Hilfe man nach einem festgelegten Farbcode den Widerstand ablesen kann (Abb. ➤ 3):

Die ersten beiden Ringe bestimmen die ersten beiden Ziffern, der dritte Ring die Anzahl der an diese beiden Ziffern anzuhängenden Nullen. Auf diese Art wird der Widerstand in Ohm angegeben.

Die Farbe des vierten Ringes informiert über die mögliche Abweichung des Widerstandes vom angegebenen Wert. Fehlt der vierte Ring, bedeutet dies meist eine mögliche Abweichung von ±20 %.

Schaltzeichen für Draht- und Schichtwiderstand

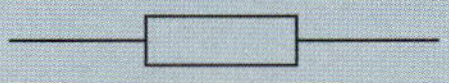

2 Schichtwiderstand

Farbcode für Kohleschicht-Widerstände

Ringfarbe	1. Ring 1. Ziffer	2. Ring 2. Ziffer	3. Ring	4. Ring
	0	0	x 1 Ω	
	1	1	x 10 Ω	± 1%
	2	2	x 100 Ω	± 2%
	3	3	x 1 kΩ	
	4	4	x 10 kΩ	
	5	5	x 100 kΩ	
	6	6	x 1 MΩ	
	7	7	x 10 MΩ	
	8	8	x 100 MΩ	
	9	9		
			x 0,1 Ω	± 10%
			x 0,01 Ω	± 5%

3 Farbcode bei Schichtwiderständen

Beispiel:

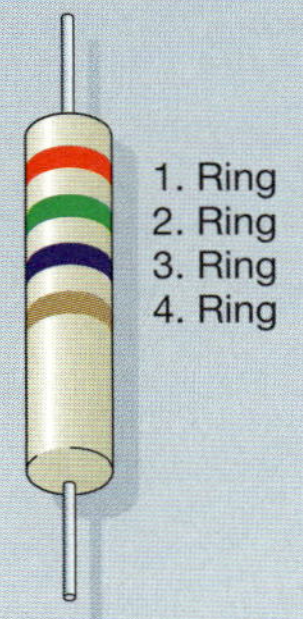

25 x 10 MΩ ± 1%
= 250 MΩ ± 1%

Supraleitung

1987 erhielten der Deutsche ***J.G. Bednorz*** und der Schweizer ***K. A. Müller*** für die Entdeckung der Hochtemperatursupraleitung den Physiknobelpreis. Die Temperaturabhängigkeit des elektrischen Widerstandes zeigt bei einigen Stoffen eine Besonderheit: Bei Abkühlung unterhalb einer bestimmten Temperatur verschwindet der Widerstand plötzlich. Es entsteht ***Supraleitung***.
Supraleitende Stoffe haben keinen Widerstand. Ein einmal in Gang gesetzter Strom im Supraleiter bleibt auch ohne angeschlossene Quelle ständig bestehen; in einem Experiment geschieht dies schon mehrere Jahre lang. Der Nachteil ist, dass man hierfür sehr niedrige Temperaturen benötigt. Vor der Entdeckung von Bednorz und Müller brauchte man flüssiges Helium (–269 °C) zum Kühlen. Für Hochtemperatur-Supraleiter (z. B. Yttrium-Barium-Kupferoxid) reicht flüssiger Stickstoff, mit einer Temperatur von –169 °C, um Supraleitung zu erzeugen.
Die Supraleitung wird heute zum Bau sehr starker Elektromagnete, z. B. für medizinische Geräte und in der Forschung, angewandt. Auch Computer mit Supraleitern werden entwickelt.

Das Bild zeigt eine mit flüssigem Stickstoff gekühlte supraleitende Probe, über der ein kleiner Scheibenmagnet schwebt. Ein Kreisstrom in ihr erzeugt ein Magnetfeld, das so gerichtet ist, dass es den Magnet abstößt. Ohne Kühlung hört der Strom wegen des entstehenden Widerstandes auf und der Magnet fällt herunter.

Durch sehr hohen Druck werden einige Stoffe schon zwischen –147 °C und –127 °C supraleitend.

Der spezifische Widerstand

Versuche

1

Für die Preisverleihung bei einem Sportfest wurden in großer Entfernung vom Verstärker Lautsprecher aufgestellt. Die erste Hörprobe war ein Misserfolg. Der Ton war kaum zu hören. Erst als dickere Kabel installiert wurden, brachten die Lautsprecher die gewohnte Leistung (Abb. ➤ 1).

V1 Wir schließen ein Glühlämpchen aus dem Scheinwerfer eines Fahrrades über zwei Kabel an eine Quelle mit 6 V an und messen die Stromstärke.

Das Lämpchen leuchtet hell und die Stromstärke beträgt etwa 0,5 A.
Wir ersetzen eines der Kabel durch einen etwa 1 m langen Draht aus Konstantan mit 0,1 mm Durchmesser.
Das Lämpchen leuchtet nicht mehr. Die Stromstärke beträgt nur 0,1 A.

V2 In einer Versuchsanordnung wie in Abb. ➤ 2 messen wir den Widerstand von verschieden langen und dicken Drähten aus unterschiedlichen Stoffen.
Bei gleichem Stoff steigt der Widerstand mit der Länge des Drahtes. Unter sonst gleichen Bedingungen beobachten wir bei größerer Dicke des Drahtes einen geringeren Widerstand.

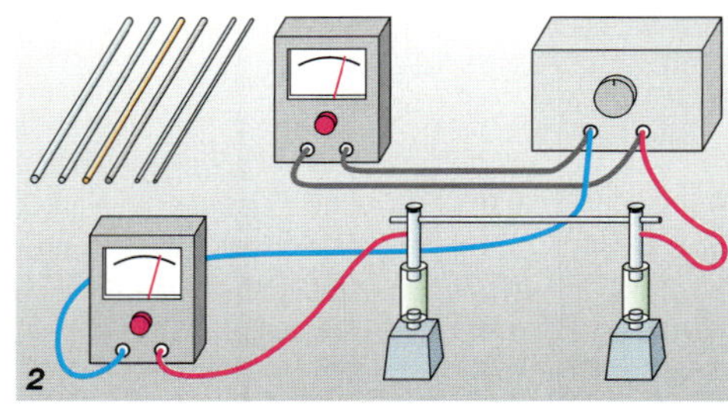

2

Grundwissen

Drähte sind Widerstände

In vielen elektrischen Geräten spielen Drähte als Bauteile eine wichtige Rolle, z. B. in Glühlampen oder in elektrischen Heizgeräten. Drähte bilden auch meistens die Leitungen in den Stromkreisen. Ihr Widerstand bestimmt die Stromstärke in den Stromkreisen mit.
Wir untersuchen, von welchen Faktoren der Widerstand eines Drahtes abhängt. Es liegt nahe zu vermuten, dass der Widerstand von den Abmessungen, also der Länge und dem Durchmesser sowie von der Stoffart des Drahtes abhängt. Dies lässt sich nur in Versuchen mit mehreren Messreihen klären:
Es muss die Abhängigkeit des Widerstandes von drei unabhängigen Eigenschaften des Leiters, der Länge, dem Durchmesser und der Stoffart untersucht werden.

Bei der ersten Messreihe wird nur eine der drei Größen, z. B. die Länge l des Drahtes verändert. Die beiden anderen Größen, der Durchmesser des Drahtes und seine Stoffart, sind jedes Mal gleich.

Entsprechend wird bei der zweiten Messreihe nur der Durchmesser des Drahtes und bei der dritten nur die Stoffart verändert.

> Die Abhängigkeit einer Größe von mehreren anderen prüfen wir, indem wir davon jeweils nur eine Größe als eindeutige Ursache ändern, die anderen dagegen unverändert lassen.

Den Widerstand des Drahtes bestimmen wir wegen $R = U/I$ durch Messen der Stromstärke I und der Spannung U. Dabei wählen wir die Stromstärke so klein, dass sich dadurch die Temperatur des Drahtes nicht ändert. Dann können wir davon ausgehen, dass sein Widerstand konstant ist.

? Erläutere das Vorgehen zur Untersuchung des Zusammenhangs mehrerer Größen für den Drahtwiderstand.

? Wie sieht die U-R-Kennlinie eines Drahtwiderstandes aus?

Gesetz zum spezifischen Widerstand

Tabelle ➤ 1 zeigt eine Messreihe, bei der der Einfluss der Länge l des Drahtes untersucht wird. Die Messpunkte liegen im Diagramm auf einer Geraden durch den Ursprung. Das bedeutet:

> Der Widerstand R eines Drahtes ist proportional zu seiner Länge l: $R \sim l$

Tabelle ➤ 2 zeigt eine Messreihe, bei der der Einfluss des Durchmessers d des Drahtes untersucht wird. An den Werten erkennt man, dass der Widerstand R mit zunehmender Dicke d des Drahtes kleiner wird. Die Messpunkte liegen jedoch nicht auf einer Geraden.
Auch das Produkt $R \cdot d$ liefert keine konstanten Werte. Wenn statt des Durchmessers d die Querschnittsfläche $A = \pi \cdot d^2/4$ des Drahtes eingesetzt wird, entsteht ein nahezu konstanter Wert für $R \cdot A$. Das heißt, es ist R proportional zu $1/A$.

> Der Widerstand R eines Drahtes ist proportional zum Kehrwert seiner Querschnittsfläche A: $R \sim 1/A$

Tabelle ➤ 3 zeigt eine dritte Messreihe, bei der nur die Stoffart der Drähte verändert wird. Man erkennt:

> Der Widerstand R eines Drahtes hängt von seiner Stoffart ab.

Die drei einzelnen Beziehungen zur Bestimmung des Widerstandes eines Drahtes lassen sich durch eine einzige Formel beschreiben:

$$R = \varrho \cdot \frac{l}{A}$$

ϱ ist ein konstanter Faktor, mit dem man den Einfluss der Stoffart erfasst. Er heißt ***spezifischer Widerstand***. Seine Einheit ergibt sich aus $\varrho = R \cdot A/l$ durch Einsetzen zu $\Omega \cdot \text{mm}^2/\text{m}$.
Im Gegensatz zu den drei einzelnen Beziehungen, die nur gelten, wenn die beiden anderen Einflussgrößen konstant gehalten werden, sind hier alle drei Größen veränderbar.
Ein Widerstand lässt sich also elektrisch aus U und I (bei konstanter Temperatur) bzw. mechanisch aus Länge und Querschnittfläche (bei bekanntem spezifischen Widerstand) bestimmen.

Messwerte für Konstantandrähte mit 0,1 mm Durchmesser

l in m	0,25	0,50	0,75	1,00
U in V	8,0	8,0	8,0	8,0
I in A	0,52	0,25	0,18	0,13
Berechnet:				
R in Ω	15,4	32,0	44,4	61,5
$\frac{R}{l}$ in $\frac{\Omega}{\text{m}}$	61,6	64,0	59,2	61,5

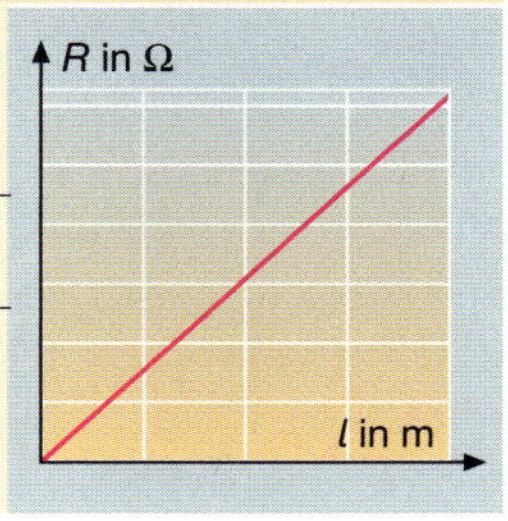

1 Wir ändern die Länge des Drahtes.

Messwerte für Konstantandrähte der Länge 1 m

d in mm	0,10	0,20	0,30	0,40
U in V	8,0	8,0	8,0	8,0
I in A	0,13	0,52	1,23	2,07
Berechnet:				
R in Ω	61,5	15,4	6,5	3,9
$R{\cdot}d$ in $\Omega{\cdot}$mm	6,15	3,08	1,95	1,56
A in mm²	0,0079	0,031	0,071	0,126
$R{\cdot}A$ in $\Omega{\cdot}$mm²	0,49	0,48	0,46	0,49

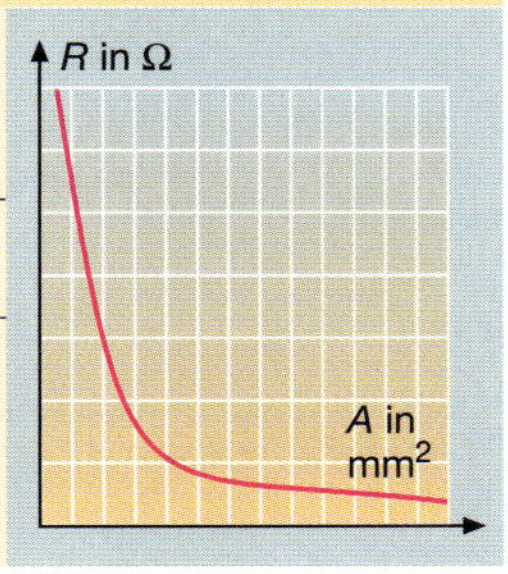

2 Wir ändern den Durchmesser des Drahtes.

Messwerte für Drähte mit 0,1 mm Durchmesser und 1 m Länge

Stoffart	Konstantan	Eisen	Kupfer	Aluminium	Silber
U in V	8,0	8,0	0,8	0,8	0,8
I in A	0,13	0,64	0,37	0,22	0,39
R in Ω	61,5	12,5	2,2	3,6	2,0

3 Wir ändern den Stoff des Drahtes.

Beispiel:
Welchen spezifischen Widerstand hat Konstantan? Wir nehmen Werte aus der zweiten Messreihe:

$l = 1$ m, $A = 0{,}071$ mm², $R = 6{,}5\ \Omega$

Aus der Formel für den Widerstand erhalten wir durch Umformen:

$$\varrho = \frac{R \cdot A}{l}$$

Setzen wir die Werte in diese Formel ein, so erhalten wir:

$$\varrho = \frac{6{,}5\ \Omega \cdot 0{,}071\ \text{mm}^2}{1\ \text{m}} = \frac{0{,}46\ \Omega \cdot \text{mm}^2}{\text{m}}$$

? Weshalb verwendet man in elektrischen Anlagen meist Leitungen aus teurem Kupfer oder Silber und nicht aus billigem Eisen?

Widerstände parallel geschaltet

Versuche

V1 Wir bauen einen Stromkreis mit zwei parallel geschalteten Widerständen wie in Abb. ➤ 1 auf. An der elektrischen Quelle messen wir die Spannung $U = 6$ V.

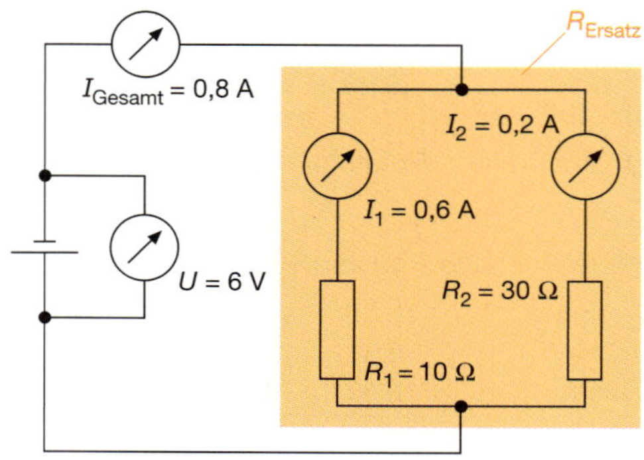

1

Die Stromstärke in den gemeinsamen Kabeln beträgt $I = 0{,}8$ A.
Mit zwei zusätzlichen Messgeräten bestimmen wir die Stromstärken in den beiden Teilkreisen für die Widerstände R_1 und R_2 (Abb. ➤ 1). Wir finden:

$I_1 = 0{,}6$ A und $I_2 = 0{,}2$ A.

V2 In der Schaltung nach Abb. ➤ 1 wird der Widerstand R_1 entfernt. Das Messgerät im gemeinsamen Kabel sowie das Messgerät im zweiten parallelen Zweig mit R_2 zeigen eine Stromstärke von 0,2 A an.

Wir fügen den Widerstand R_1 wieder in die Schaltung ein und nehmen den Widerstand R_2 heraus. An den jetzt anzeigenden Messgeräten lesen wir jeweils eine Stromstärke von 0,6 A ab.

Grundwissen

Ersatzwiderstand bei Parallelschaltung

Bestimmen wir in einer Parallelschaltung von zwei Widerständen die Stromstärken in allen Zweigen des Stromkreises, so stellen wir fest:
Die Stromstärke im unverzweigten Teil des Stromkreises ist die Summe der Stromstärken in den parallelen Zweigen:
$I_{Gesamt} = I_1 + I_2$

Dieses Gesetz entdeckte der Physiker ***Gustav Kirchhoff*** (1824 – 1887).

Aus der Stromstärke im unverzweigten Teil des Stromkreises und der Spannung der elektrischen Quelle erhalten wir ein Maß für den Widerstand, den die parallelen Widerstände zusammen bilden. Diesen Wert bezeichnen wir als ***Ersatzwiderstand*** R_{Ersatz} der Parallelschaltung.

> Der Ersatzwiderstand R_{Ersatz} von parallel geschalteten Widerständen ist:
>
> $$R_{Ersatz} = \frac{U}{I_{Gesamt}}$$

Entfernen wir bei zwei parallelen Widerständen jeweils einen aus dem Stromkreis, so können wir die Werte der einzelnen Widerstände bestimmen:

$R_1 = U : I_1$ und $R_2 = U : I_2$

Messungen an einem Stromkreis wie in Abb. ➤ 1, bei dem die Spannung U der elektrischen Quelle gleich bleibt, ergeben z. B. folgende Werte:

$U = 6$ V	$I_{Gesamt} = 0{,}8$ A	$R_{Ersatz} = 7{,}5\ \Omega$
	$I_1 = 0{,}6$ A $I_2 = 0{,}2$ A	$R_1 = 10\ \Omega$ $R_2 = 30\ \Omega$

> Bei parallel geschalteten Widerständen ist der Ersatzwiderstand kleiner als jeder einzelne Widerstand.

Einen Zusammenhang zwischen den Werten der Widerstände und dem Ersatzwiderstand leiten wir aus dem Zusammenhang $I_{Gesamt} = I_1 + I_2$ der Stromstärken ab. Dividiert man durch U und bedenkt, dass $I_1/U = 1/R_1$ und $I_2/U = 1/R_2$ ist, dann gilt für $I_{Gesamt}/U = 1/R_{Ersatz}$:

> Der Ersatzwiderstand R_{Ersatz} einer Parallelschaltung von zwei Widerständen R_1 und R_2 berechnet sich durch:
>
> $$\frac{1}{R_{Ersatz}} = \frac{1}{R_1} + \frac{1}{R_2}$$

Diese Gesetzmäßigkeit lässt sich auf beliebig viele parallel geschaltete Widerstände erweitern.

? Zwei Widerstände $R_1 = 100\ \Omega$ und $R_2 = 200\ \Omega$ werden parallel an eine Quelle mit $U = 10$ V angeschlossen. Berechne die Stromstärken.

Für Parallelschaltungen gilt:

$I_{Gesamt} = I_1 + I_2 + \ldots$

und

$$\frac{1}{R_{Ersatz}} = \frac{1}{R_1} + \frac{1}{R_2} + \ldots$$

Widerstände in Reihe geschaltet

Versuche

V1 Wir bauen wie in Abb. ➤1 einen Stromkreis mit zwei in Reihe geschalteten Widerständen auf. An der elektrischen Quelle messen wir eine Spannung $U = 6$ V.

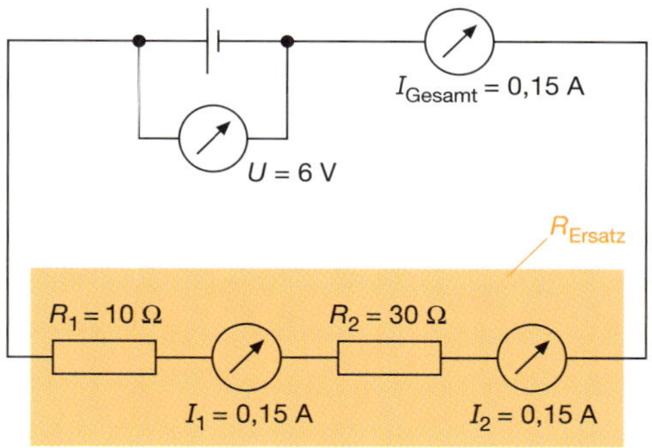

1

Die Stromstärke beträgt in beiden Leitungen zur Quelle $I_{Gesamt} = 0{,}15$ A.
Mit zusätzlichen Messgeräten bestimmen wir die Stromstärke an anderen Stellen des Stromkreises, z. B.:
Beim Widerstand R_1 ist $I_1 = 0{,}15$ A.
Beim Widerstand R_2 ist $I_2 = 0{,}15$ A.
Die Stromstärke ist überall gleich.

V2 Wir schließen die Widerstände R_1 und R_2 aus dem vorhergehenden Versuch einzeln an die elektrische Quelle mit der Spannung $U =$ 6 V an.
Wir messen:
Mit dem Widerstand R_1 ist $I_1{}^* = 0{,}6$ A.
Mit dem Widerstand R_2 ist $I_2{}^* = 0{,}2$ A.

Die Stromstärke ist je nach Widerstand verschieden.

Grundwissen

Ersatzwiderstand bei Reihenschaltung

Enthält ein Stromkreis zwei in Reihe geschaltete Widerstände und misst man die Stromstärke an verschiedenen Stellen des Stromkreises, so findet man:
Die Stromstärke im Stromkreis mit in Reihe geschalteten Widerständen ist an jeder Stelle gleich:
$I_1 = I_2 = I_{Gesamt}$

Aus der Stromstärke im gesamten Kreis und der Spannung der elektrischen Quelle erhalten wir ein Maß für den Widerstand, den die in Reihe geschalteten Widerstände zusammen bilden. Diesen Wert bezeichnen wir als ***Ersatzwiderstand*** R_{Ersatz}:

> Der Ersatzwiderstand R_{Ersatz} von in Reihe geschalteten Widerständen ist:
> $$R_{Ersatz} = \frac{U}{I_{Gesamt}}$$

Wir untersuchen nun, welchen Einfluss die einzelnen Widerstände auf den Wert des Ersatzwiderstandes haben. Dazu schließen wir die Widerstände einzeln an die elektrische Quelle an und messen die dazugehörigen Stromstärken $I_1{}^*$ und $I_2{}^*$.

Mit der Formel $R = U/I$ bestimmen wir daraus die Werte für die einzelnen Widerstände. Bei den Widerständen in Abb. ➤1 misst man zum Beispiel:

$U = 6$ V	$I_{Gesamt} = 0{,}15$ A	$R_{Ersatz} = 40\ \Omega$
	$I_1{}^* = 0{,}6$ A	$R_1 = 10\ \Omega$
	$I_2{}^* = 0{,}2$ A	$R_2 = 30\ \Omega$

> Bei in Reihe geschalteten Widerständen ist der Ersatzwiderstand größer als jeder einzelne Widerstand.

Weiterhin erkennen wir, dass sich der Ersatzwiderstand als Summe der einzelnen Widerstände ergibt. Die Schaltung von Widerständen in Reihe können wir als ein Hintereinanderfügen von Widerstandsdrähten auffassen. Der Widerstand des Drahtes ist proportional zu seiner Länge.

> Der Ersatzwiderstand für in Reihe geschaltete Widerstände ergibt sich als Summe der einzelnen Widerstände:
> $R_{Ersatz} = R_1 + R_2$

Diese Gesetzmäßigkeit lässt sich auf beliebig viele in Reihe geschaltete Widerstände übertragen. Während bei der Parallelschaltung der Ersatzwiderstand mit der Zahl der Widerstände abnimmt, steigt er bei der Reihenschaltung mit jedem weiteren Widerstand an.

? Zwei Widerstände $R_1 = 100\ \Omega$ und $R_2 = 200\ \Omega$ werden in Reihe an eine Quelle mit $U = 10$ V angeschlossen. Berechne die Stromstärke.

Für Reihenschaltungen gilt:
$I_{Gesamt} = I_1 = I_2 = \ldots$
und
$R_{Ersatz} = R_1 + R_2 + \ldots$

Teilspannungen

Versuche

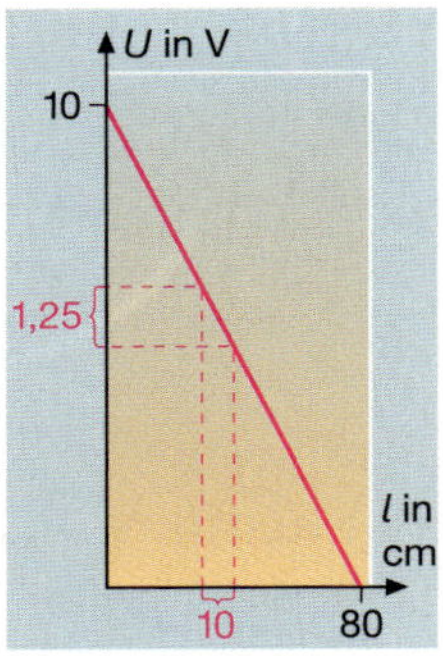

Spannungsverlauf am Draht

V1 Wir messen an einer Quelle die Spannung $U_Q = 10$ V und schließen einen 80 cm langen, dünnen Draht aus Konstantan an (Abb. ➤ 1). Wir schalten ein zweites Messgerät für die Spannung so an den Draht, dass die Kontakte 10 cm Abstand haben. Verschieben wir die Kontakte bei konstantem Abstand, so messen wir stets die Spannung $U = 1{,}25$ V.
Bei anderen Abständen messen wir z. B.:

l in cm	15,0	40,0	60,0	80,0
U in V	1,9	5,0	7,5	10,0

V2 Wir schalten wie in Abb. ➤ 2 zwei Widerstände in Reihe und messen:
die Spannung an der Quelle $U_Q = 8{,}0$ V,
an $R_1 = 100\ \Omega$ die Spannung $U_1 = 1{,}9$ V,
an $R_2 = 320\ \Omega$ die Spannung $U_2 = 6{,}1$ V.

Wir wiederholen den Versuch mit anderen Quellen und mit anderen Widerständen.

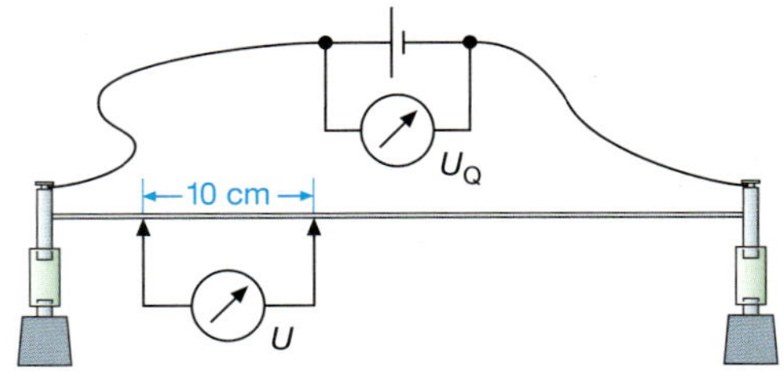

1 Spannung zwischen Punkten am Draht

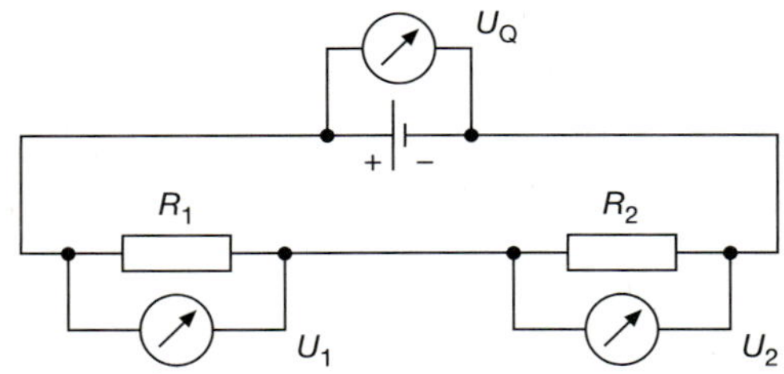

2 Spannung an Widerständen in Reihe

Grundwissen

Spannungen bei der Reihenschaltung

Die Spannung kennzeichnet eine elektrische Quelle. Entsprechend wurden Spannungen stets an den Anschlüssen der Quelle gemessen. Messgeräte zeigen aber auch zwischen zwei beliebigen Punkten des Stromkreises Spannung an. Diese Spannung nennen wir ***Teilspannung***. Sie ist kleiner als die Spannung der Quelle.

Wir betrachten eine Reihenschaltung aus zwei Widerständen R_1 und R_2. Wir vergleichen die Teilspannungen U_1 und U_2, die jeweils zwischen den Anschlüssen der einzelnen Widerstände gemessen werden, mit der Spannung U_Q der Quelle (Abb. ➤ 2).
Für jede Kombination von Widerständen gilt $U_1 + U_2 = U_Q$. Dies gilt nur, solange wir den Widerstand der Zuleitungen vernachlässigen können.
Zum selben Ergebnis führen die Gesetze der Reihenschaltung zweier Widerstände R_1 und R_2. Dort gilt:

$R_{Ersatz} = R_1 + R_2$ und $I_{Gesamt} = I_1 = I_2$

Für die Spannung U_Q der Quelle gilt:

$U_Q = R_{Ersatz} \cdot I$

Daraus folgt für die Reihenschaltung:

$U_Q = (R_1 + R_2) \cdot I = R_1 \cdot I + R_2 \cdot I$

Um im Stromkreis mit dem Widerstand R_1 die Stromstärke I zu erhalten, benötigt man die Teilspannung $U_1 = R_1 \cdot I$.
Entsprechend ist für den Widerstand R_2 die Teilspannung $U_2 = R_2 \cdot I$ erforderlich, um die Stromstärke I zu erhalten.
Damit erhält man auch $U_Q = U_1 + U_2$.

> Werden die Widerstände R_1 und R_2 in Reihe geschaltet, so ist die Summe der Teilspannungen gleich der Spannung der Quelle: $U_1 + U_2 = U_Q$

Diese Gesetzmäßigkeit lässt sich auf beliebig viele in Reihe geschaltete Widerstände übertragen.

Die Teilspannungen hängen von den einzelnen Widerständen ab. Da überall die Stromstärke gleich ist, gilt:

$$\frac{U_1}{R_1} = \frac{U_2}{R_2} = I$$

Durch Umformen erhält man daraus:

$$\frac{U_1}{U_2} = \frac{R_1}{R_2}$$

> Bei der Reihenschaltung verhalten sich die Teilspannungen zueinander wie die entsprechenden Widerstände.

? Wann entsteht eine „Teilspannung“?

Teilspannungen bei der Reihenschaltung von Widerständen.
Es gilt:

$I_1 = I_2 = I$

$U_1 + U_2 = U_Q$

$U_1 : U_2 = R_1 : R_2$

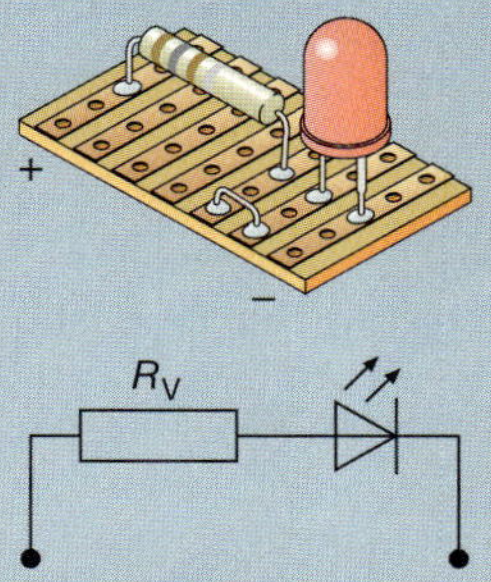

Leuchtdiode mit Vorwiderstand

Vorwiderstände schützen

Bei vielen elektrischen Geräten und Bauteilen muss die Stromstärke begrenzt werden, um sie vor Beschädigungen zu schützen. Ein Beispiel sind die Leuchtdioden (LED). Leuchtdioden haben eine besondere U-I-Kennlinie (Abb. ➤ 1).

Bis zu einer bestimmten Spannung U_S ist die Stromstärke nahezu 0 A, der Widerstand der Leuchtdioden also sehr hoch. Oberhalb von U_S steigt die Stromstärke bei geringfügiger Erhöhung der Spannung stark an, d. h. der Widerstand der Leuchtdiode nimmt stark ab. Eine zu große Stromstärke würde sie zerstören. Deshalb schaltet man die Leuchtdioden in Reihe mit einem ***Vorwiderstand*** R_V.

Auch bei sehr geringem Widerstand der Leuchtdiode kann die Stromstärke nicht über den Wert $I_{max} = U/R_V$ ansteigen.

Die Erweiterung des Messbereiches

Der Widerstand der Messwerke in Drehspulmessgeräten ist sehr klein. Sie zeigen bereits Spannungen unter 0,1 V mit einem Vollausschlag an, wenn die Stromstärke in ihnen weniger als 1 mA beträgt. Höhere Stromstärken würden das Messwerk zerstören. Um höhere Spannungen messen zu können, muss man das Messwerk mit einem Vorwiderstand versehen (Abb. ➤ 2).
Ein Messgerät zeigt z. B. bei 60 mV und 0,3 mA Vollausschlag. Will man mit demselben Gerät Spannungen bis 150 V messen, so darf dabei die Stromstärke höchstens 0,3 mA betragen. Dann ist ein Widerstand mit

$R_G = U/I = 150\ \text{V}/0{,}3\ \text{mA} = 500\,000\ \Omega$

notwendig. Das Messwerk allein hat einen Widerstand von $R_M = U_M/I = 200\ \Omega$.
Der Vorwiderstand muss daher die Differenz zu R_G liefern: $R_V = R_G - R_M = 499\,800\ \Omega$.

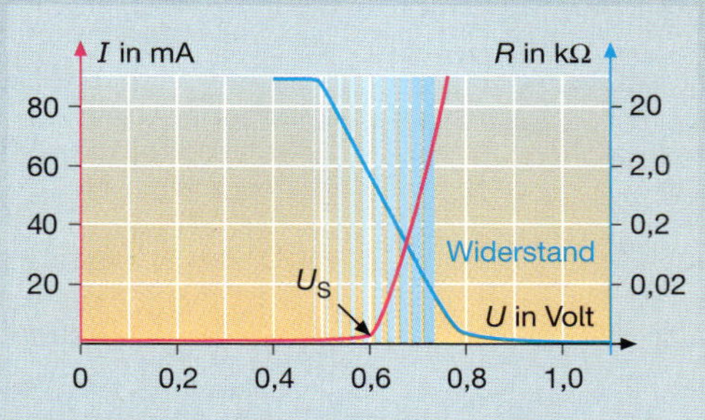

1 U-I-Kennlinie einer Leuchtdiode

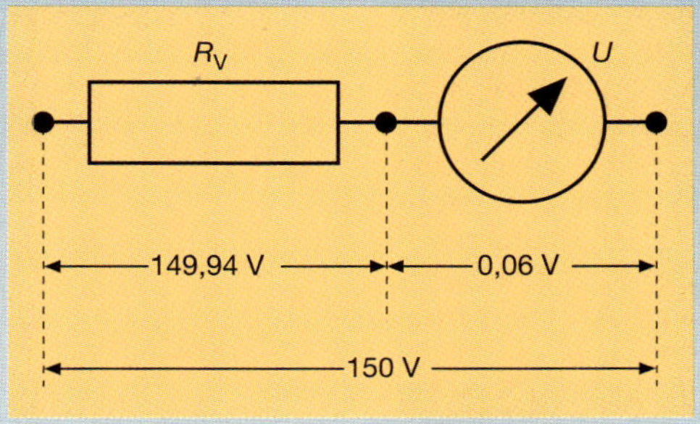

2 Vorwiderstände erweitern Messbereiche.

Der Spannungsteiler

In Experimenten und technischen Anwendungen werden häufig unterschiedlich große und auch nach Bedarf veränderbare Spannungen benötigt. Viele Quellen haben jedoch nur eine feste Spannung.
Mit einem ***Spannungsteiler***, auch ***Potentiometer*** genannt, lässt sich einer Quelle mit der Spannung U jede kleinere Spannung entnehmen. Dazu schließt man einen veränderbaren Widerstand R wie in Abb. ➤ 3 an die Quelle an. Der Gleitkontakt „unterteilt" den Widerstand R in zwei in Reihe geschaltete Widerstände R_1 und R_2.

Zwischen ihren Enden misst man die Teilspannungen U_1 bzw. U_2, deren Werte von der Stellung des Gleitkontaktes abhängen. Je nach Stellung des Gleitkontaktes ergeben sich an R_1 die Teilspannungen von $U_1 = 0$ V bis $U_1 = U$.
Schließt man an die Anschlussstellen von R_1 (Abb. ➤ 4) ein Gerät mit dem Widerstand R' an, so ergibt sich eine Parallelschaltung. Der Ersatzwiderstand von R' und R_1 ist kleiner als R_1. Die Teilspannung an R_1 sinkt auf $U' < U_1$ ab.

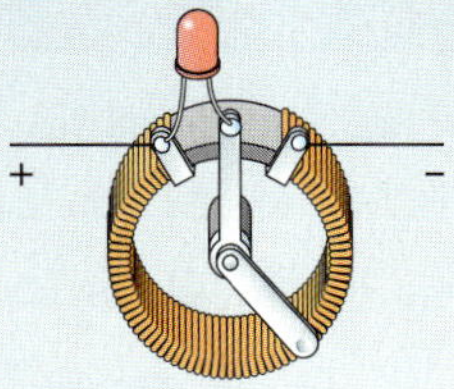

Leuchtdiode am Spannungsteiler

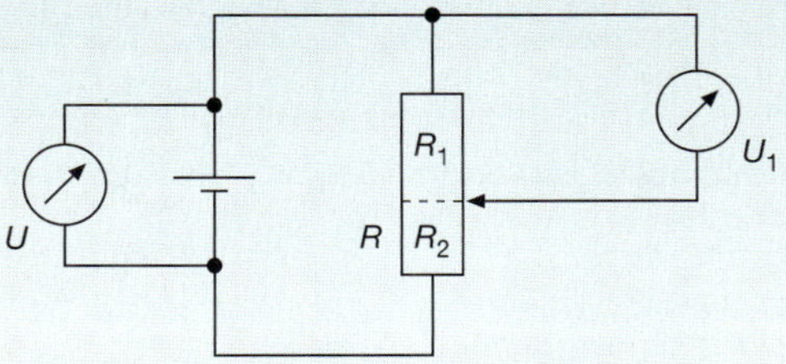

3 Teilspannung U_1 am Spannungsteiler

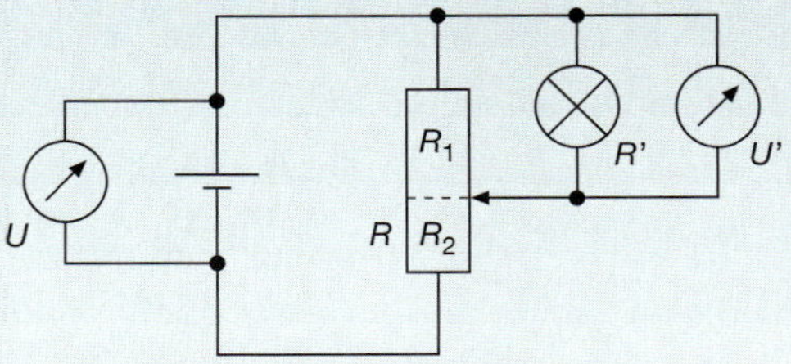

4 Belasteter Spannungsteiler

Auswerten eines Experimentes

Eine wichtige Quelle für Erkenntnisse in der Physik sind Experimente. Damit sie von jedem nachvollzogen und überprüft werden können, müssen Ablauf und Ergebnisse korrekt wiedergegeben werden. Das geschieht in einem ***Protokoll***. Es sollte Folgendes enthalten:

1. Wiedergabe der Aufgabenstellung
2. Versuchsaufbau und Durchführung
3. Wiedergabe der Messdaten
4. Auswertung, eventuell an Hand einer grafischen Darstellung der Messdaten
5. Formulierung eines Ergebnisses
6. Beurteilung des Ergebnisses im Hinblick auf Messfehler

Beispiel:

1. Aufgabe: Untersuche den Zusammenhang von Stromstärke und Spannung bei verschiedenen Drähten.

Beachte:
Wenn man nicht weiß, welchen Betrag die Messwerte haben werden, sollte man zunächst den größten Messbereich des Messgerätes wählen, damit die Gefahr durch Beschädigung vermieden wird.
Je nach Anzeigewert kann man dann den Messbereich passend verkleinern.

2. Versuchsaufbau und Durchführung: Der zu untersuchende Draht wird in einer Schaltung wie in Abb. ➤ 1 zwischen *A* und *B* eingebaut. Die Stromstärke wird mit einem digitalen Messgerät im Messbereich bis 2 A, die Spannung mit einem Zeigermessgerät im Messbereich bis 5 V gemessen.

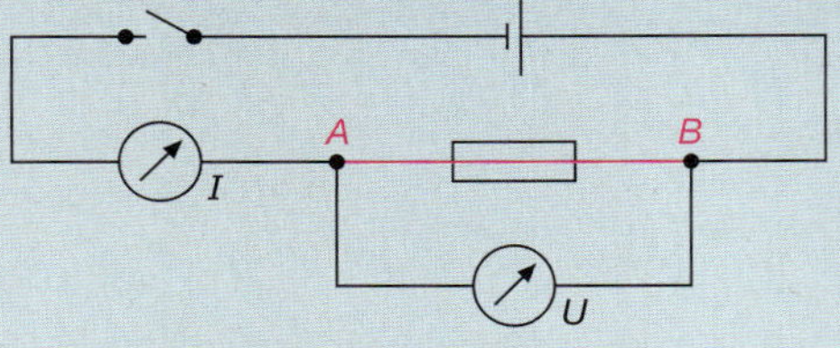

1

Die Spannung wird variiert und die zugehörige Stromstärke abgelesen.
Es werden ein Konstantandraht und ein Eisendraht verwendet, beide 1 m lang und mit einem Durchmesser von 0,2 mm.

3. Messdaten:

Beim ***Konstantandraht*** wird gemessen:

U in V	0,2	0,4	0,6	0,8	1,0	2,0	4,0
I in A	0,013	0,025	0,038	0,051	0,064	0,128	0,257

und daraus berechnet:

U/I in Ω	15,4	16,0	15,8	15,7	15,6	15,6	15,6

Beim ***Eisendraht*** wird gemessen:

U in V	0,2	0,4	0,6	0,8	1,0	2,0	4,0
I in A	0,070	0,150	0,210	0,270	0,330	0,620	0,880

und daraus berechnet:

U/I in Ω	2,9	2,7	2,9	3,0	3,0	3,3	4,6

4. Auswertung: Im Diagramm der Messwerte (Abb. ➤ 2) wird das Wertepaar (0 V | 0 A) ergänzt, denn ohne Spannung ergibt sich kein Strom. Die gemessenen Wertepaare zeigen für die beiden Drähte einen unterschiedlichen Trend: Für den Konstantandraht liegen alle Messpunkte ziemlich genau auf einer rot eingezeichneten Geraden durch den Ursprung; beim Eisendraht gilt dies nur für Messpunkte bis zur Spannung 1 V, danach passen die Werte eher zu der blau gezeichneten abflachenden Kurve.

5. Ergebnis: Eine Ursprungsgerade zeigt Proportionalität an, und so lässt sich feststellen, dass Stromstärke und Spannung beim Konstantandraht bis 4 V proportional zueinander sind, für den Eisendraht gilt dies nur eingeschränkt bis 1 V.

6. Beurteilung des Ergebnisses: Bei Proportionalität von U und I ist der Quotient U/I beider Größen konstant. Die Rechenwerte in der Messwerte-Tabelle zeigen dies an. Beim Konstantandraht schwankt der Quotient um den Mittelwert 15,57 V/A. Die größte Abweichung eines Messwertes zu ihm beträgt 0,33 V/A, also 0,33 · 100 %/15,57 = 2,1 % vom Mittelwert. Die Abweichungen führen wir auf ***Messfehler*** zurück, wie etwa das gelegentliche Springen der letzten Ziffer bei der digitalen Anzeige oder bei der Zeigeranzeige die Änderung des abgelesenen Wertes mit dem Blickwinkel.
Da die Abweichung beim Konstantandraht nur etwas mehr als 2 % beträgt, betrachten wir die Proportionalität als bestätigt.

Beim Eisendraht zeigen die Messpunkte, dass im gemessenen Bereich keine Proportionalität von U und I vorliegt. Der mit den Messwerten berechnete Quotient nimmt nach anfänglich leichtem Schwanken ständig zu. Das ist nicht auf Messfehler zurückzuführen und eine Mittelwertbildung ist nicht sinnvoll. Die Abweichungen müssen einen physikalischen Grund haben, was durch weitere Versuche geklärt werden muss.
Bis 1 V erhält man als Mittelwert von U/I den Wert 2,9 V/A, mit einer maximalen Abweichung von 7,4 %. Bis hierhin könnte man von einer Proportionalität sprechen.

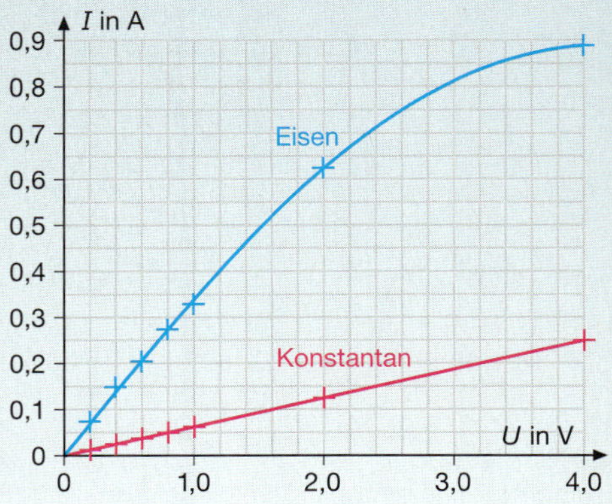

2

Rückblick

Begriffe
Was versteht man unter
- einer Reihenschaltung?
- einer Parallelschaltung?
- einer Verzweigung des Stromkreises?
- der elektrischen Spannung?
- einem elektrischen Widerstand?
- einem Ersatzwiderstand?
- einer Kennlinie?
- einer Teilspannung?

Beobachtungen
Was beobachtet man, wenn
- bei einer Reihen- bzw. einer Parallelschaltung von z. B. 10 gleichen Lampen eine weitere entsprechend hinzugefügt wird?
- ein Lämpchen an zwei gleiche, einmal in Reihe, das andere mal parallel geschaltete Batterien angeschlossen wird?
- im Stromkreis aus Lampe und Stromstärkemessgerät die Spannung verdoppelt wird?
- die Temperatur eines metallischen Leiters gesenkt wird?
- statt eines Drahtes zwei gleiche Drähte als Leitungen verwendet werden?

Erklärungen
Wie lässt sich begründen, dass
- bei einer Reihenschaltung der Defekt eines Gerätes alle anderen Geräte außer Betrieb setzt?
- der Widerstand eines metallischen Leiters mit der Spannung zunimmt?
- der Ersatzwiderstand einer Parallelschaltung kleiner als der kleinste Einzelwiderstand ist?
- eine Messung der Spannung zwischen zwei Stellen eines Stromkreises die Stromstärke möglichst wenig verändern darf?

Gesetzmäßigkeiten
Beschreibe mit eigenen Worten den Zusammenhang zwischen
- Spannung und Stromstärke in einem Draht mit konstanter Temperatur.
- Temperatur und Widerstand bei Graphit.
- Widerstand und den Abmessungen eines Drahtes.
- Teilwiderständen und Ersatzwiderstand bei einer Reihenschaltung und bei einer Parallelschaltung.

Erläutere die Erscheinungen in den folgenden Bildern und beantworte die Fragen!

Wie verläuft beim Zug der Stromkreis?

Wie ist diese „Apfel-Quelle“ geschaltet?

Welche Spannung liegt am Lämpchen?

Wie sind die Dioden geschaltet?

Weshalb können die Vögel auf den blanken Drähten sitzen, ohne getötet zu werden?

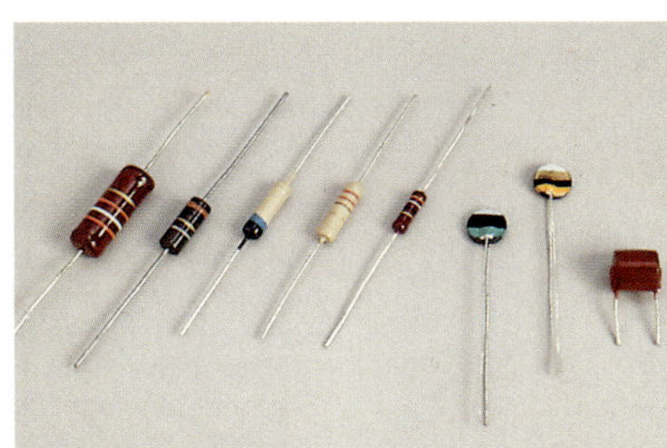

Um was für Bauteile handelt es sich hier? Welche Bedeutung haben die Farben?

Welcher Abschnitt des Drahtes, zwischen dessen Enden die Spannung 12 V beträgt, hat die Teilspannung 2 V, welcher hat 3 V?

Beispiele

1. Eine Schaltung wird berechnet

An eine elektrische Quelle mit der Spannung $U = 24$ V werden drei Widerstände angeschlossen.

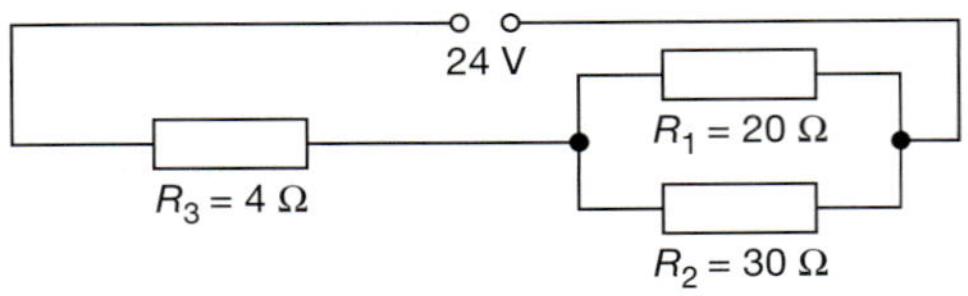

a) Berechne den Ersatzwiderstand der Schaltung.
b) Berechne die Gesamtstromstärke.
c) Berechne alle Teilspannungen und die Stromstärken in den Zweigen.

Lösung:
a) Die Schaltung ist eine Reihenschaltung aus Widerstand R_3 und Ersatzwiderstand R_P der parallelen Widerstände R_1 und R_2.
Für R_P gilt:

$$\frac{1}{R_P} = \frac{1}{20\ \Omega} + \frac{1}{30\ \Omega} = \frac{3+2}{60\ \Omega} = \frac{5}{60\ \Omega}$$

Also wird $R_P = 60\ \Omega : 5 = 12\ \Omega$.

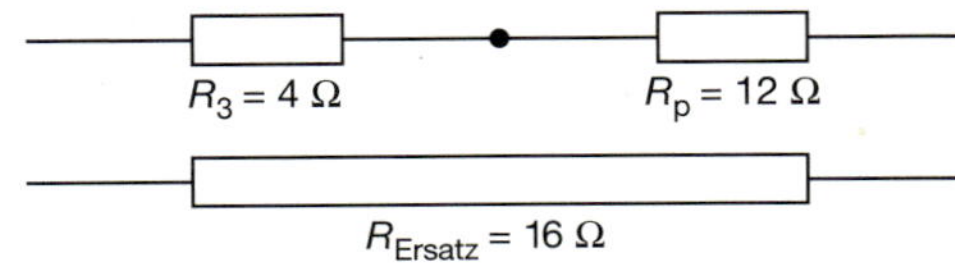

In der Reihenschaltung addieren sich die Widerstände. Als Ersatzwiderstand R_{Ersatz} von R_3 und R_P erhält man somit:

$$R_{Ersatz} = 4\ \Omega + 12\ \Omega = 16\ \Omega$$

b) Die Gesamtstromstärke beträgt also:

$$I_{Gesamt} = \frac{U}{R_{Ersatz}} = \frac{24\ V}{16\ \Omega} = 1{,}5\ A$$

c) Um die Teilströme zu berechnen, muss zunächst die Spannung an den Widerständen berechnet werden. Wir erhalten:

$$U_p = R_p \cdot I_{Gesamt} = 12\ \Omega \cdot 1{,}5\ A = 18\ V$$

Also wird $U_3 = U - U_p = 24\ V - 18\ V = 6\ V$.
Daraus folgt:

$$I_1 = \frac{U_P}{R_1} = \frac{18\ V}{20\ \Omega} = 0{,}9\ A.$$

$$I_2 = I_{Gesamt} - I_1 = 0{,}6\ A.$$

2. Der Messbereich eines Messgerätes für die Stromstärke wird geändert

Ein Messgerät für die Stromstärke mit dem Messbereich 10 mA besitzt einen Widerstand von 50 Ω. Der Messbereich soll auf Vollausschlag für 0,1 A geändert werden. Berechne den hierfür notwendigen Widerstand und fertige eine Schaltskizze an.

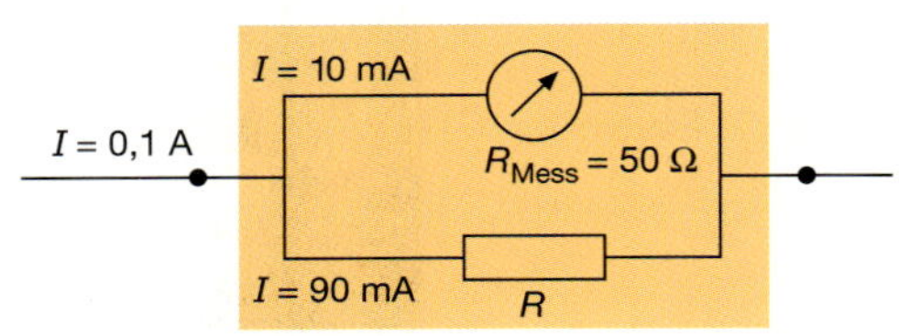

Lösung:
Die Stromstärke im Messwerk des Messgerätes darf höchstens 10 mA betragen.
Bei der Stromstärke von 0,1 A = 100 mA müssen daher 90 mA am Messwerk durch einen parallel geschalteten Widerstand vorbei geleitet werden.

Bei Vollausschlag liegt am Messwerk die Spannung $U = 50\ \Omega \cdot 0{,}01\ A = 0{,}5\ V$.
Da eine Parallelschaltung vorliegt, ist dies auch die Spannung am Widerstand R.
Damit gilt:
$R = U/I = 0{,}5\ V : 0{,}09\ A = 5{,}6\ \Omega$

Heimversuche

1. Der sanfte Lichtschalter

Baue dir mit 1 m Konstantandraht und einer Krokodilklemme einen Schiebewiderstand. Schließe ihn in Reihe mit einem passenden Glühlämpchen und einer Flachbatterie. Beginne mit einer Stellung des Schiebekontaktes, der den gesamten Widerstand in den Stromkreis schaltet.

2. Ein Feuermelder

Baue mit einem 1m langen, dünnen Eisendraht die nebenstehende Schaltung nach. Bei geschlossenem Stromkreis wird das Lämpchen aus einer Taschenlampe leuchten. Erhitze nun das Drahtknäuel mit einer Kerzenflamme. Was beobachtest du? Erkläre es!

3. Ein elektrischer Kraftmesser

Fülle eine Streichholzschachtel ganz voll mit Holzkohlekörnchen. Schiebe auf der Ober- und Unterseite je einen Aluminiumblechstreifen so in die Schachtel, dass sie die Kohlekörnchen berühren. Schließe ein passendes Lämpchen und eine Batterie an. Durch Daumendruck auf die Schachtel verändert sich seine Helligkeit.

Fragen

Parallel- und Reihenschaltung

1 a) Wie lässt sich bei einer Schaltung mehrerer Bauteile prüfen, ob eine Reihen- oder eine Parallelschaltung vorliegt?
b) Welche Gesetze gelten bei gleicher Spannung für die Stromstärken in einer Reihen- bzw. in einer Parallelschaltung? Formuliere in Worten und durch Gleichungen.

2 Für eine Festbeleuchtung sind 25 gleiche Glühlampen parallel geschaltet. Die Gesamtstromstärke beträgt 20 A.
a) Berechne die Stromstärke in jeder Lampe.
b) Wie viele Glühlampen dürfen in gleicher Weise hinzugeschaltet werden, wenn die Gesamtstromstärke 25 A nicht überschreiten darf?

3 Die Lämpchen in der folgenden Schaltung sind alle gleich. Das Messgerät Nr. 1 zeigt eine Stromstärke von 2 A an. Welche Stromstärken zeigen die anderen Messgeräte an?

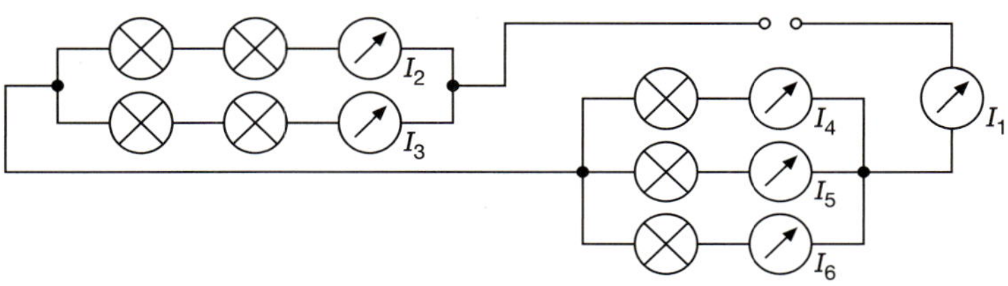

Zur Spannung

4 In einem Stromkreis soll die Spannung zwischen 2 Stellen gemessen werden. Wie muss das Messgerät geschaltet werden?

5 Jede der vier Batterien hat eine Spannung von 1,5 V. Welche Spannung erhält man mit den folgenden Schaltungen?

a)

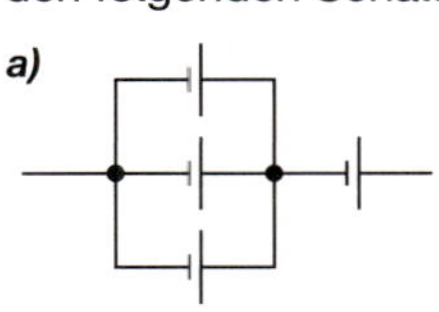

b)

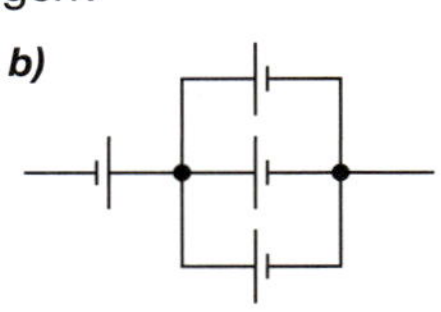

6 Mit zwei Batterien zu je 1,5 V und einer Batterie mit 9,0 V möchte man möglichst viele verschiedene Spannungen erzeugen. Welche Möglichkeiten gibt es?
Zeichne jeweils eine Schaltskizze.

Widerstand und Kennlinie

7 Welche Eigenschaft eines Leiters wird durch die Größe „Widerstand" erfasst?

8 In einem Stromkreis werden die Spannung der elektrischen Quelle und der Widerstand des Leiters verdoppelt. Wie ändert sich die Stromstärke?

9 a) Wie kann man den Widerstand eines Leiters bestimmen?
Fertige eine Schaltskizze an. Beschreibe die Versuchsdurchführung und -auswertung.
b) Wie kann man überprüfen, ob ein Leiter das Ohm'sche Gesetz erfüllt?

10 a) Was versteht man unter der Kennlinie eines Leiters?
b) Beschreibe die Kennlinie einiger Leiter.

11 Berechne die fehlenden Größen:

U	30,0 V	200 V	.....	0,5 V	.....
I	.....	.....	5,0 A	3 mA	2 mA
R	210 Ω	1,50 kΩ	10 Ω	.....	5 Ω

12 Bei einem Leiter wurde die Stromstärke in Abhängigkeit von der Spannung gemessen. Es ergaben sich folgende Werte:

U in V	1,0	2,0	3,0	4,0	5,0	6,0
I in A	0,15	0,20	0,24	0,28	0,31	0,35

a) Zeichne die Kennlinie des Leiters.
b) Aus welchem Stoff könnte er bestehen?
c) Bestimme mit Hilfe der Kennlinie die Stromstärke bei 4,5 V. Wie groß ist die Spannung, falls die Stromstärke 0,18 A beträgt?
d) Bestimme zu jedem gemessenen Wert den Widerstand des Leiters und zeichne ein I-R-Diagramm. Welche Eigenschaft hat der Widerstand des Leiters?

13 Beschreibe die Kennlinien und erläutere die Unterschiede zueinander für
- einen ungekühlten Eisendraht,
- einen gekühlten Eisendraht,
- eine Bleistiftmine?

14 Weshalb ist die Stromstärke in einer Glühlampe unmittelbar nach dem Einschalten größer als später?

15 Der Widerstand des menschlichen Körpers kann je nach Zustand der Haut unter 3 kΩ sinken.
a) Welche Stromstärke tritt beim Berühren von 230 V auf? Rechne einmal mit R = 3 kΩ (nasse Haut) und einmal mit R = 30 kΩ (trockene Haut).
b) Ströme ab einer Stärke von 1,5 mA sind gefährlich. Sicherheitshalber vermeidet man Ströme von mehr als 1 mA.
Welche Spannungen können demnach gefährlich sein?

16 Übertrage die Tabelle in dein Heft und ergänze sie unter der Annahme, dass das Ohm'sche Gesetz gilt.

U in V	20	35	.....	45
I in A	.....	0,50	1,3	.....

Fragen

Spezifischer Widerstand

17 Wie ändert sich der Widerstand eines Drahtes, wenn bei gleichem Stoff die Länge verdoppelt und die Querschnittsfläche verdreifacht wird?

18 Berechne den Widerstand eines 100 m langen Kupferdrahtes mit der Querschnittsfläche 2,0 mm².

19 Ein Schiebewiderstand von 450 Ω soll aus einem Konstantandraht gewickelt werden. Die Querschnittsfläche des Drahtes ist 0,2 mm². Wie lang muss der Draht sein?

20 Der Draht eines Heizofens ist 20 m lang, sein spezifischer Widerstand beträgt 0,60 Ω · mm²/m. Bei einer Spannung von 230 V ist die Stromstärke 4,6 A. Wie groß ist die Querschnittsfläche des Drahtes?

21 Eine Leitung aus Aluminium mit der Querschnittsfläche von 2,0 mm² soll durch eine gleich lange aus Kupfer ersetzt werden. Welche Querschnittsfläche muss sie haben, wenn sich der Widerstand nicht ändern soll?

Schaltung von Widerständen

22 Ein Widerstand von 220 Ω und ein Widerstand von unbestimmter Größe sind parallel geschaltet. Die Spannung der Quelle beträgt 115 V und die Gesamtstromstärke im Kreis 0,90 A. Berechne den Ersatzwiderstand und die Stromstärken der Teilströme.

23 Drei Widerstände von 20 Ω, 30 Ω und 50 Ω liegen in Reihe mit einer Quelle, die die Spannung 150 V hat. Berechne alle Teilspannungen und Stromstärken.

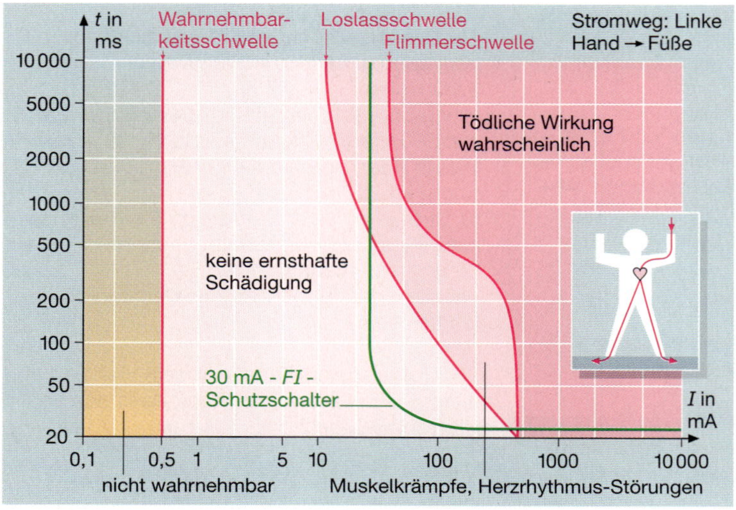

24 Eine Lampe (4 V/0,3 A) soll an eine elektrische Quelle mit der Spannung 9 V angeschlossen werden. Welcher Vorwiderstand ist zu wählen?

25 Welche Spannungen zeigen die Messgeräte in der folgenden Schaltung bei geöffnetem und beim geschlossenen Schalter an? Begründe deine Antwort.

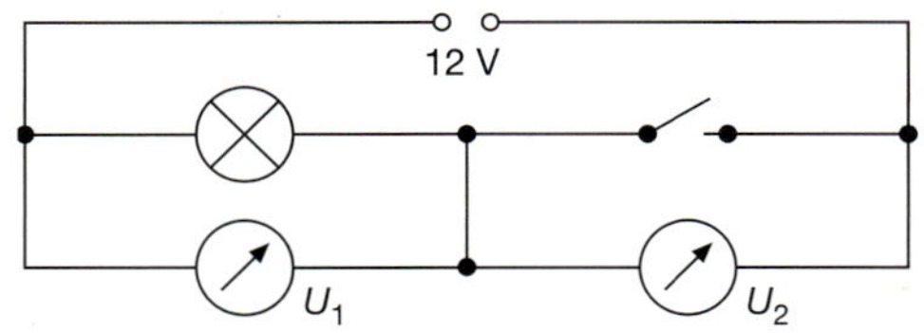

26 Berechne für die folgenden Schaltungen die Stärke des Gesamtstroms, aller Teilströme und die Teilspannungen.

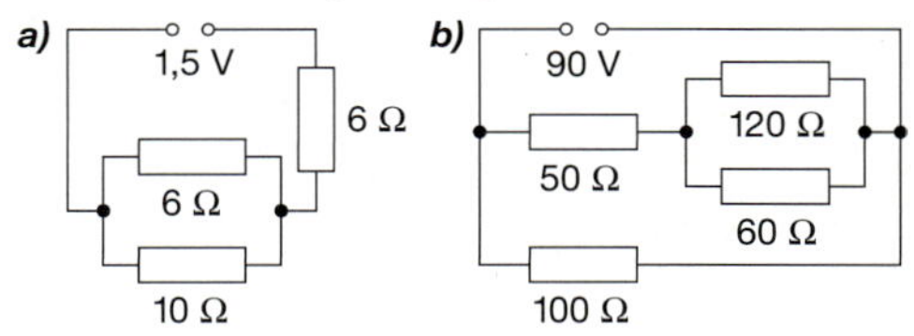

27 Ein Messgerät für die Stromstärke hat einen Widerstand von 50 Ω und einen Messbereich bis 10 mA.
a) Wie kann man den Messbereich auf 3 A erweitern? Fertige eine Schaltskizze an und berechne den notwendigen Widerstand.
b) Das Messgerät soll für die Spannungsmessung bis 30 V eingesetzt werden. Wie kann man diesen Messbereich erreichen? Fertige eine Schaltskizze an und berechne den notwendigen Widerstand.

28 a) Messgeräte für die Stromstärke werden in Reihe geschaltet. Sie sollen die Stromstärke möglichst wenig beeinflussen. Welche Anforderungen sind also an sie zu stellen?
b) Was muss man bei Messgeräten für die Spannung beachten?

Schwierigeres Problem

29 In dem Diagramm links sind die Gefahren durch elektrischen Strom in Abhängigkeit von Stromstärke und Zeitdauer dargestellt. Der Weg des Stromes verläuft dabei von einer Hand durch den Körper eines Erwachsenen zu seinen Füßen. Welche Informationen lassen sich dem Diagramm entnehmen?
Es ist auch die Kennlinie eines Fehler-Strom-(*FI*)-Schutzschalters eingetragen. Er reagiert auf Unterschiede der Stromstärke in den Verbindungen mit der Quelle. Weshalb bietet er keinen absoluten Schutz?

Elektromagnetismus

Der Dynamo – eine elektrische Quelle

1879 hat der Amerikaner Edison die Glühlampe erfunden. Sie hätte wohl nie eine so große Bedeutung erreicht, wenn es nicht gleichzeitig gelungen wäre, leistungsfähige elektrische Quellen zu entwickeln – die Generatoren.
Generatoren stehen heute in jedem Elektrizitätswerk und auch im „Kleinformat" findest du sie als Dynamo am Fahrrad.

Wie funktionieren Generatoren? Einen Hinweis darauf erhältst du, wenn du ein Messgerät, das den Nullpunkt in der Skalenmitte hat, an den Dynamo anschließt. Die Anschlüsse sind die Kontaktklemme am unteren Ende und irgendeine Stelle am Gehäuse des Dynamos.
Beobachte das Messgerät, während du langsam am Antriebsrad drehst.

Eine Schachtel als elektrische Quelle

Eine Glühlampe ist nur mit einer Spule verbunden. Diese Spule hat keine Verbindung zu einer elektrischen Quelle. Trotzdem leuchtet das Lämpchen.

Die Lösung des Rätsels verbirgt sich in der Schachtel. Wie ihr Inhalt das Lämpchen zum Leuchten bringt, erfährst du in diesem Kapitel.

Elektromotoren

Versuche

V1 Ein drehbar gelagerter Stabmagnet steht vor einem Elektromagnet. Mit einer Klingeltaste lässt sich der Strom im Elektromagnet ein- und ausschalten (Abb. ➤ 1a). Schaltet man ein, so dreht sich der Stabmagnet.

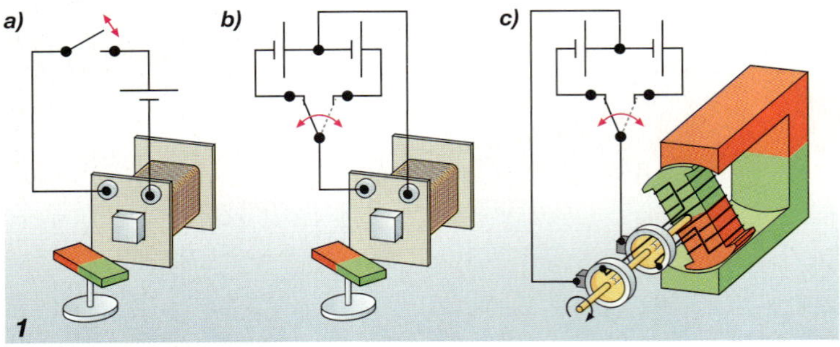

1

V2 Statt der Klingeltaste verwenden wir einen Umschalter und eine zweite Quelle (Abb. ➤ 1b). Damit lässt sich auch die Richtung des Stromes umkehren. Der Stabmagnet dreht sich, beim Schalten im richtigen Takt, fortlaufend.

Der Versuch lässt sich auch mit einem drehbar gelagerten Elektromagnet im Feld eines Dauermagneten durchführen (Abb. ➤ 1c). Die Anschlüsse zwischen Quelle und Elektromagnet werden über zwei getrennte Schleifringe hergestellt.

V3 Wird ein Ring aus zwei getrennten Hälften anstatt der zwei Schleifringe eingebaut, entfällt die Umschaltung der Richtung des Stromes mit der Hand (Abb. ➤ 2).

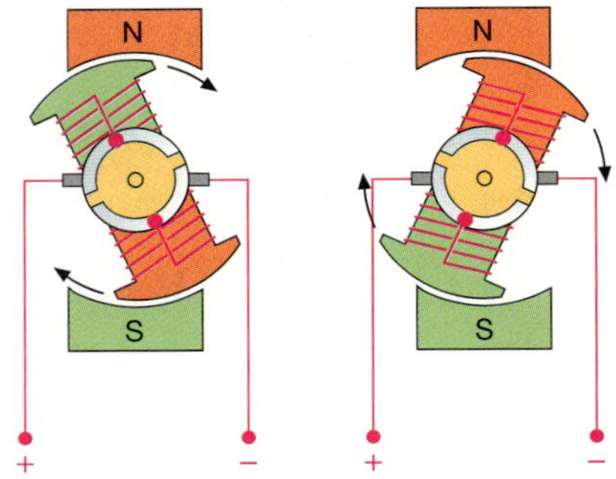

2

Grundwissen

Spule mit Kommutator

Aufbau eines Elektromotors

Ein einfacher Elektromotor besteht aus einem Dauermagnet und einem Elektromagnet, der sich im Feld des Dauermagneten dreht (Abb. ➤ 3). Der drehbare Magnet heißt ***Anker***.
Der Anker ist über zwei Schleifkontakte mit der elektrischen Quelle verbunden. Die Schleifkontakte berühren zwei gegeneinander isolierte Halbringe, die fest mit der Achse des Ankers verbunden sind. Die beiden Anschlüsse der Spule sind mit je einer Ringhälfte verbunden. Diese als Umschalter für die Richtung des Stromes wirkende Anordnung heißt ***Kommutator***.

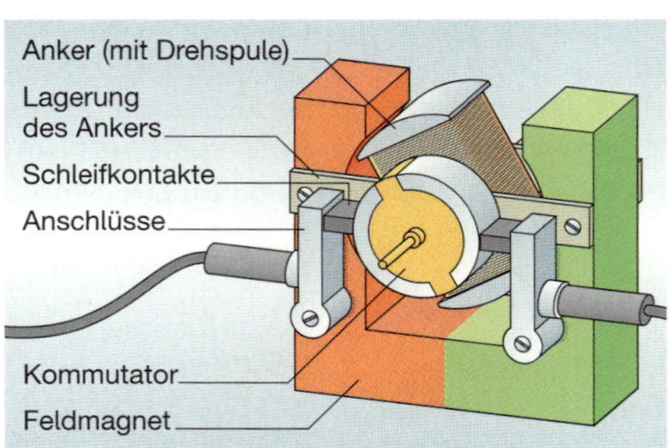

3 Hauptbestandteile eines Elektromotors

Beim Elektromotor dreht sich ein Elektromagnet im Magnetfeld eines anderen Magneten. Ein Umschalter ändert während der Drehung die Stromrichtung.

Wie arbeitet ein Elektromotor?

Wird der Anker eines Elektromotors mit einer elektrischen Quelle verbunden, so verhält er sich wie ein Stabmagnet. Welcher Magnetpol an welchem Ende des Ankers entsteht, hängt von der Stromrichtung in der Spule ab. Im Feld des Dauermagneten bewegt sich der Anker, weil sich ungleichnamige Pole von Dauermagnet und Anker anziehen und weil sich gleichnamige Pole abstoßen (siehe Abb. ➤ 1a auf der nächsten Seite).

Die Drehung müsste aufhören, wenn sich ungleichnamige Pole gegenüberstehen. Nun liegen aber in dieser Stellung die Schleifkontakte gerade auf dem Nichtleiter zwischen den Halbringen des Kommutators (Abb. ➤ 1b auf der nächsten Seite). Der Stromkreis ist unterbrochen, so dass in dieser Stellung keine Magnetkräfte mehr wirken. Der Anker dreht sich wegen

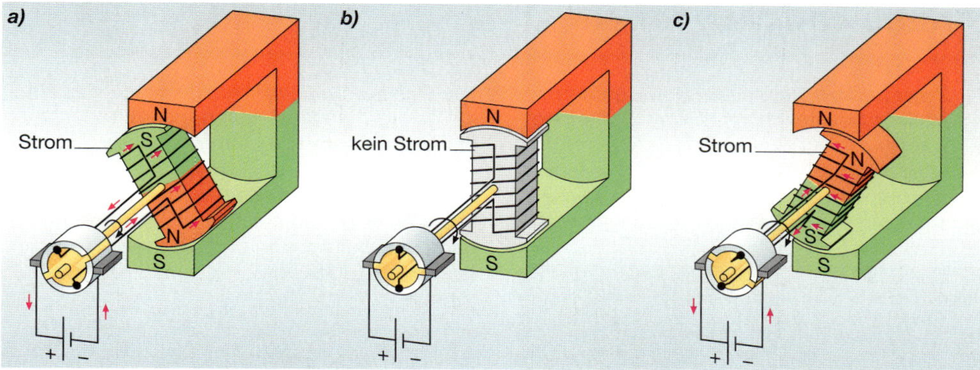

1 Zur Wirkungsweise des Kommutators

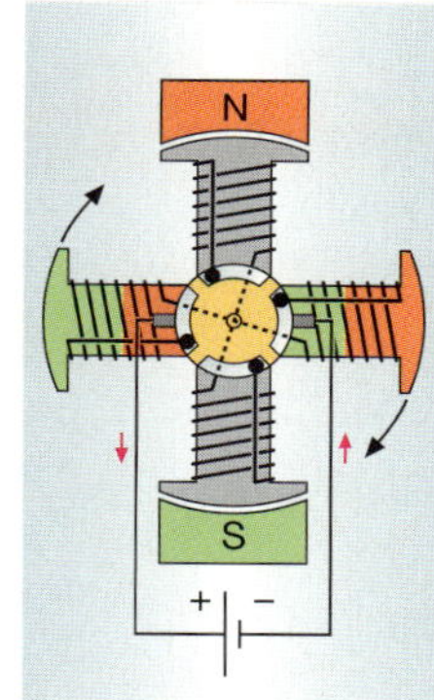

2 Vierpoliger Anker

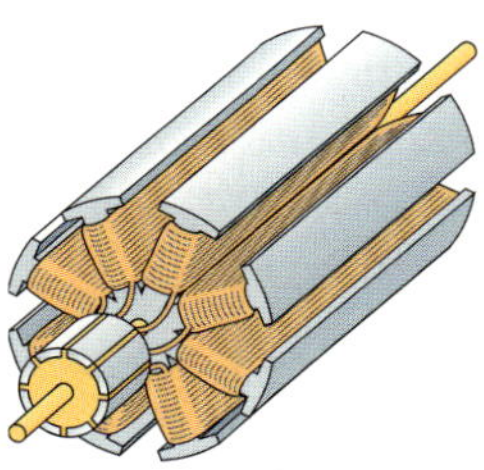

Ein Trommelanker

seiner Trägheit weiter. Dadurch berühren die Schleifkontakte jeweils die andere Hälfte des Kommutators. Der Stromkreis ist wieder geschlossen, nun aber mit umgekehrter Richtung des Stromes in der Spule. Der vorher mit dem Pluspol der Quelle verbundene Halbring ist jetzt mit dem Minuspol verbunden.
Auch der Anschluss des zweiten Halbringes hat sich verändert (Abb. ➤ 1c). Entsprechend ändern sich die Magnetpole des Ankers. Gegenüber dem Dauermagnet werden nun abstoßende Kräfte wirksam, der Anker dreht sich weiter.

Nach jeder halben Drehung ergibt sich wieder eine Lage wie in Abb. ➤ 1a. Der Vorgang beginnt von neuem. Der Anker dreht sich fortlaufend in eine Richtung. Wird bei der Stellung von Abb. ➤ 1b der Strom eingeschaltet, so läuft der Motor nicht an. Nimmt man zwei Elektromagnete und einen Kommutator mit vier Viertelringen – je zwei für einen Elektromagnet –, so läuft er auch in dieser Lage an (Abb. ➤ 2).
Je mehr Pole der Anker hat, desto besser startet und läuft er. Motoren in der Technik haben meist Anker mit wesentlich mehr als zwei Elektromagneten. Sie heißen ***Trommelanker***.

> Beim Elektromotor werden Kräfte zwischen Magnetpolen ausgenutzt. Ein drehbarer Elektromagnet wird dabei – je nach Stellung gegenüber einem festen Magnet – so gepolt, dass eine andauernde Drehbewegung entsteht.

? Wodurch wird erreicht, dass auf den Anker stets eine die Drehung in gleiche Richtung fortsetzende Kraft einwirkt?

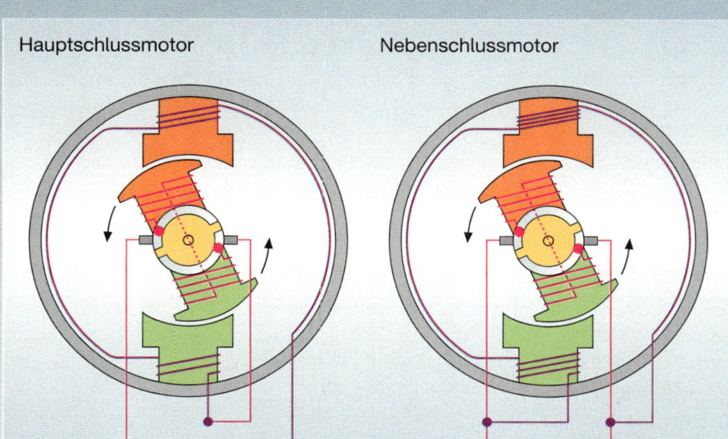

3 Reihen- und Parallelschaltung von Anker und Feldmagnet

Elektromotoren ohne Dauermagnete

Die Stärke eines Dauermagneten reicht nicht, um das Magnetfeld für große und starke Motoren zu erzeugen. Bei solchen Motoren werden statt Dauermagneten Elektromagnete als Feldmagnete verwendet. Die Spule eines solchen Feldmagneten kann mit der Spule des Ankers in Reihe oder parallel geschaltet werden (Abb. ➤ 3).
Vertauscht man die Anschlüsse zur Quelle, ändert sich die Drehrichtung der Motoren in beiden Fällen nicht: Die Pole werden beim Feldmagnete wie beim Ankermagnete gleichzeitig umgekehrt. Der Drehsinn der Motoren ist daher von der Polung der Anschlüsse unabhängig. Sie laufen also auch mit Wechselspannung und heißen deshalb ***Allstrommotoren***.

Ströme und Magnetfeld

Versuche

V1 Zwischen die Pole eines Hufeisenmagneten wird ein bewegliches Leiterstück gehängt (Abb. ➤ 1).
Bei einem Strom im Leiterstück wird dieses ausgelenkt. Vertauscht man die Pole an den Anschlüssen des Leiterstückes, so wird dieses in die entgegengesetzte Richtung ausgelenkt. Gleiches lässt sich durch Vertauschen der Magnetpole erreichen.

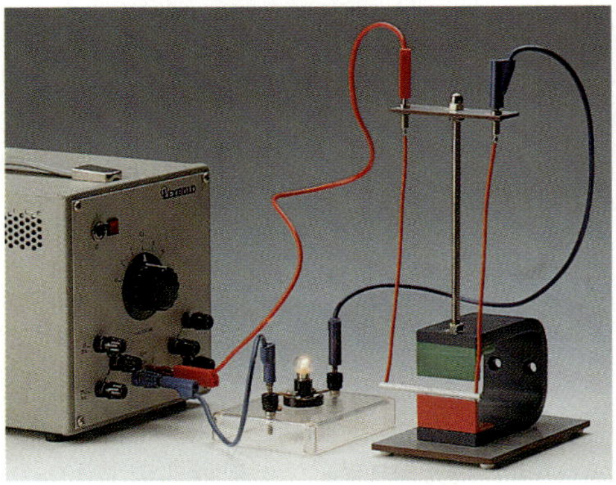

1 Kraft auf einen Leiter im Magnetfeld

V2 In einer Vakuumröhre wird ein Elektronenstrahl erzeugt und auf einem Schirm sichtbar gemacht. Bei Annäherung eines Magneten krümmt sich der zunächst geradlinige Strahl (Abb. ➤ 2).

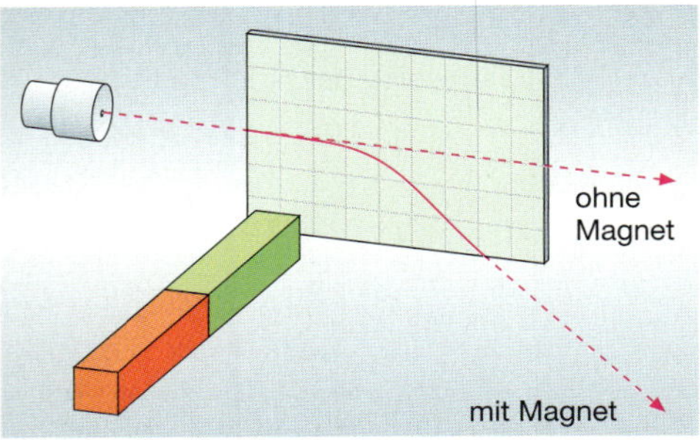

2 Ablenkung eines Elektronenstrahls

Grundwissen

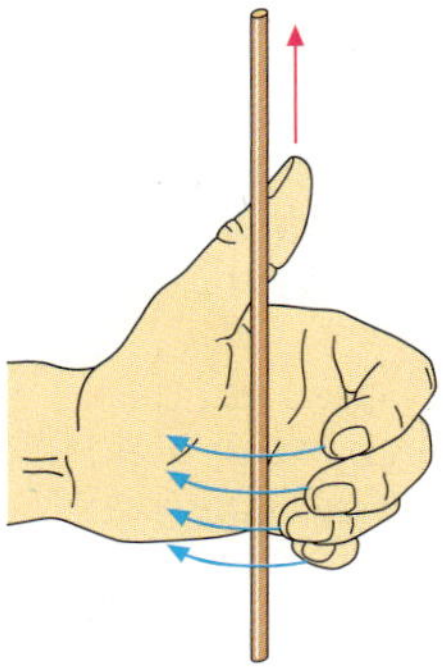

Die Drei-Finger-Regel

Zu jedem Strom in einem Leiter gehört ein Magnetfeld um den Leiter. Die Richtung der den Leiter kreisförmig umgebenden Feldlinien gibt die ***Linke-Hand-Regel*** an: Zeigt der Daumen der linken Hand in die Bewegungsrichtung der Elektronen, so geben die gekrümmten Finger die Richtung der Magnetfeldlinien an.

Befindet sich ein Leiterstück eines geschlossenen Stromkreises im Feld eines Magneten, so wirkt auf das Leiterstück eine Kraft. Die auf das Leiterstück wirkende Kraft hängt von der Stromstärke im Leiter, von der Stärke des Magnetfeldes und vom Winkel ab, den der Leiter mit dem Magnetfeld bildet.
Die Kraft ist dann am größten, wenn der Leiter senkrecht zu den Feldlinien steht. Haben Magnetfeld und Leiter die gleiche Richtung, so wirkt keine Kraft.
Eine solche Kraft ist auch bei Elektronen, die sich frei im Raum durch ein Magnetfeld bewegen, zu beobachten.
Die Kraft wirkt stets senkrecht zur Richtung des Magnetfeldes und zur Richtung der Elektronenbewegung. Mit der ***Drei-Finger-Regel*** der linken Hand lassen sich die Beobachtungen zusammenfassen (Abb. ➤ 3):

Zeigt der Daumen der linken Hand in Bewegungsrichtung der Elektronen und der Zeigefinger in Richtung des Magnetfeldes, so gibt der Mittelfinger die Richtung der wirkenden Kraft an.

Von dem Strom in der Spule des Elektromotors tragen nur die Anteile zur Drehung bei, die senkrecht zum Feld und parallel zur Drehachse der Spule gerichtet sind. Die anderen Stromrichtungen erzeugen Kräfte, die nicht zur Drehung führen.

? Wie kann die Kraft auf Elektronen im Magnetfeld bestimmt werden?

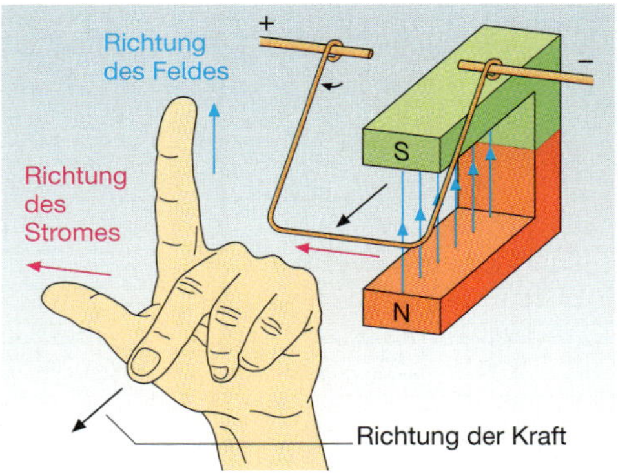

3 Drei-Finger-Regel der linken Hand

Wir wissen:
Elektronen bewegen sich in Leitern in die Richtung, die vom Minuspol der Quelle zum Pluspol weist.
Die Feldlinien eines Magnetfeldes verlaufen vom Nordpol eines Magneten zum Südpol.

Bewegte Elektronen im Magnetfeld

Auf Elektronen, die sich frei im Raum durch ein Magnetfeld bewegen, wirkt eine Kraft (Abb. ➤ 1). Sie wirkt stets senkrecht zur Bewegungsrichtung. Für die Kraftwirkung gilt dasselbe wie bei Strömen in Leitern: Die Richtung der Kraft auf die Elektronen ergibt sich nach der Drei-Finger-Regel der linken Hand.

Die Elektronen werden am stärksten abgelenkt, erfahren also die größte Kraft, wenn sie sich senkrecht zu den Feldlinien bewegen.

Sie werden nicht abgelenkt, wenn sie sich genau in Richtung der Feldlinien bewegen.

Die Grafik der Abb. ➤ 1 zeigt einen Elektronenstrahl, der senkrecht auf ein parallel zur Papierebene orientiertes Magnetfeld trifft. Die Elektronen erfahren dadurch ständig eine Kraft senkrecht zur Papierebene, so dass sie aus dieser Ebene heraustreten. Bei richtiger Wahl der Werte für Feld und Elektronengeschwindigkeit lässt sich die Elektronenbahn zu einem Kreis schließen.

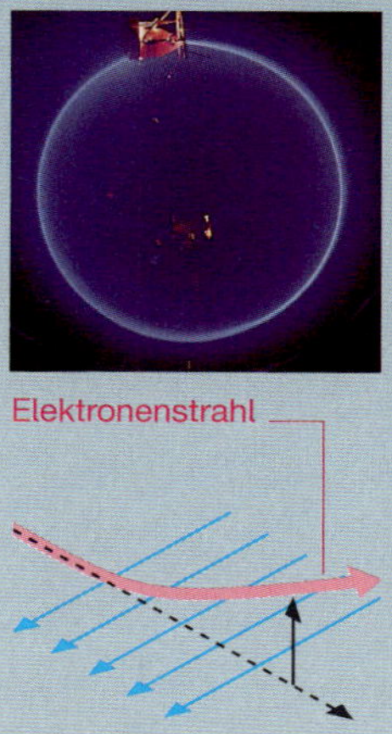

1 Ein Elektronenstrahl wird im Magnetfeld abgelenkt. Man kann ihn sogar auf eine vollständige Kreisbahn umlenken.

Die Ablenkung des Elektronenstrahles in der Fernsehröhre

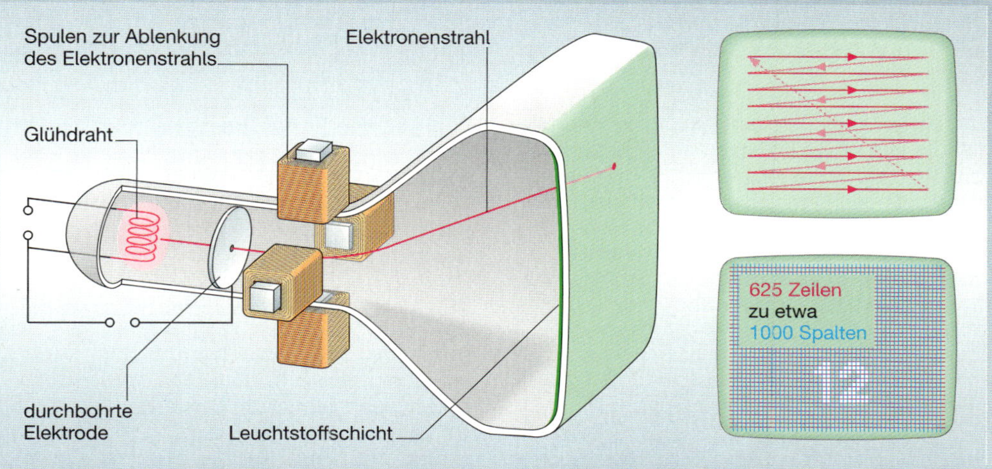

2 Die Fernsehröhre (im Farbfernsehgerät sind es drei Strahlen auf einmal).

Das Fernsehbild besteht aus vielen einzelnen Punkten. Sie werden von einem Elektronenstrahl zum Leuchten gebracht (Abb. ➤ 2).

Im Prinzip funktioniert jede Fernsehröhre so: Im hinten liegenden Teil der Fernsehröhre treten Elektronen aus einem Glühdraht aus. Durch eine sehr hohe Spannung zwischen dem Draht und einer durchbohrten Elektrode erhalten die Elektronen eine hohe Geschwindigkeit. Die durch das Loch dieser Elektrode hindurchtretenden Elektronen bewegen sich weiter durch den luftleer gepumpten Innenraum der Röhre auf den Bildschirm zu. Dort lassen sie an ihrem Auftreffpunkt die Leuchtstoffschicht aufleuchten.
Die Elektronen werden magnetisch durch zwei Spulenpaare abgelenkt. Ein Spulenpaar erzeugt ein horizontal gerichtetes Magnetfeld – damit wird der Elektronenstrahl nach oben bzw. unten abgelenkt. Das zweite Magnetfeld ist vertikal gerichtet und lenkt den Elektronenstrahl nach rechts oder links ab.
Durch Umpolen der Richtung und Verändern der Stärke der Magnetfelder lässt sich der Elektronenstrahl an jeden Punkt des Bildschirmes lenken. Die Helligkeit auf dem Bildschirm wird durch die Anzahl der pro Sekunde auftreffenden Elektronen gesteuert.
Im Fernsehgerät wird der Strahl zeilenweise über den Bildschirm geführt. Der Elektronenstrahl erzeugt ein Bild mit 625 Zeilen. In 1 Sekunde entstehen 25 Bilder. Die rasch nacheinander erzeugten Bilder unterscheiden sich nur so wenig voneinander, dass sie für den Betrachter zu einem ununterbrochenen Bewegungsablauf verschmelzen.

Beim Farbfernsehgerät werden 3 Elektronenstrahlen nebeneinander erzeugt und gemeinsam von Magnetspulen über den Bildschirm geführt. Sie lassen auf dem Bildschirm jeweils grüne, blaue und rote Farbpunkte aufleuchten. Aus diesen Farbpunkten entstehen farbige Bilder.
Moderne Farbbildschirme benutzen keine magnetische sondern eine elektrische Ablenkung wie in der Braun'schen Röhre. Das spart das Gewicht der schweren Spulen und die Röhre kann auch kürzer gebaut werden.

Die elektromagnetische Induktion

Versuche

„Gute magnetelektrische Maschinen, die billig starke Ströme erzeugen können, werden technisch außerordentlich wichtig werden und viele Industriebetriebe ganz umgestalten."
Werner von Siemens, 1889

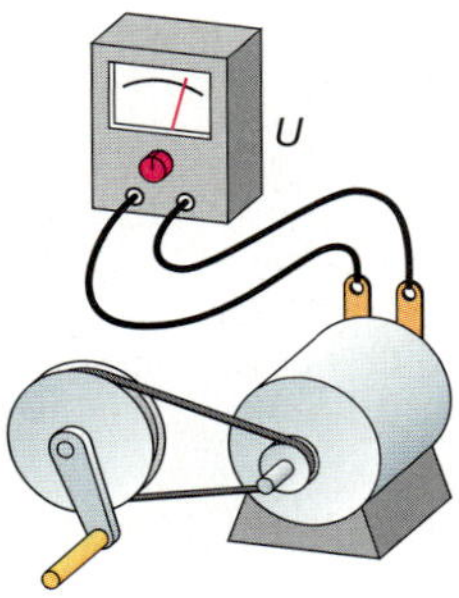

V1 Wir verbinden die Anschlüsse eines Elektromotors mit einer passenden elektrischen Quelle: Die Motorachse dreht sich.

Verbinden wir die Anschlüsse dagegen mit einer kleinen Glühlampe oder mit einem Messgerät für die Spannung und drehen schnell am Anker des Motors, so leuchtet die Glühlampe auf, das Messgerät zeigt eine Spannung an.

V2 Wir erzeugen um eine Spule ein Magnetfeld, indem wir einen Stabmagnet passender Länge in die Spule legen.
Die Spule verbinden wir mit einem empfindlichen Messgerät (Abb. ➤ 1). Das Messgerät schlägt nicht aus, obwohl umgekehrt ein elektrischer Strom in der Spule ein ähnliches Magnetfeld erzeugen würde.

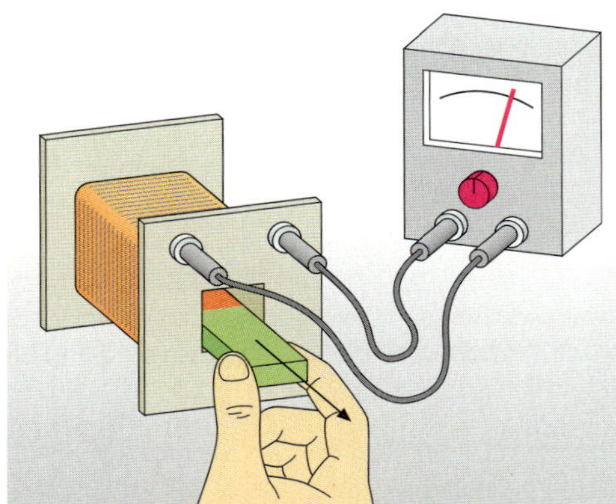

1

Dies ändert sich, sobald wir den Stabmagnet bewegen: Das Messgerät zeigt eine Spannung an, deren Polung sowohl von der Bewegungsrichtung als auch von der Lage von Nord- und Südpol des Magneten abhängt.

Es entsteht auch dann eine Spannung zwischen den Enden der Spule, wenn wir den Magnet vor der Spule in beliebiger Richtung bewegen.

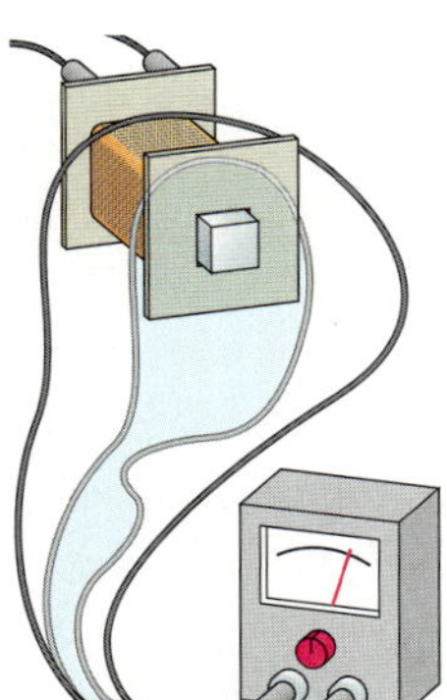

2

V3 Wir bewegen einen Elektromagnet vor einer Spule. Das Messgerät zeigt wieder eine Spannung an, gleichgültig, ob der Elektromagnet oder die Spule bewegt wird.

Die Spannung wird größer durch
- größere Geschwindigkeit beim Bewegen,
- höhere Windungszahl bei der Spule,
- ein stärkeres Magnetfeld des Elektromagneten.

V4 Ein Elektromagnet steht neben einer Spule mit Messgerät. Der Elektromagnet ist an ein regelbares Netzgerät angeschlossen.

Wird die Stromstärke im Elektromagnet erhöht oder verringert, so zeigt das Messgerät eine Spannung an. Der Betrag dieser Spannung hängt zusätzlich von der Stellung der Spule zum Elektromagnet ab. Er ist am größten, wenn die Achsen von Spule und Elektromagnet zusammenfallen.

Schließt man an das Messgerät statt der Leiterschaukel ein zu einer Schleife geformtes flexibles Kabel an und verändert dessen Querschnittsfläche im Magnetfeld des Elektromagneten, so erhält man ebenfalls eine Spannung (Abb. ➤ 2).

V5 Wir schließen ein wie eine Schaukel bewegliches Leiterstück an eine Quelle an (Abb. ➤ 3a). Der untere Teil der „Leiterschaukel" befindet sich in einem Magnetfeld. Sobald der Stromkreis geschlossen wird, wird die Leiterschaukel ausgelenkt.

Ersetzen wir die Quelle durch ein empfindliches Messgerät (Abb. ➤ 3b), so zeigt es eine Spannung an, wenn sich die Leiterschaukel bewegt. Wir beobachten, dass sich die Polung der Spannung umkehrt, wenn sich die Bewegungsrichtung der Leiterschaukel im Magnetfeld umkehrt oder wenn die Richtung des Magnetfeldes umgekehrt wird.

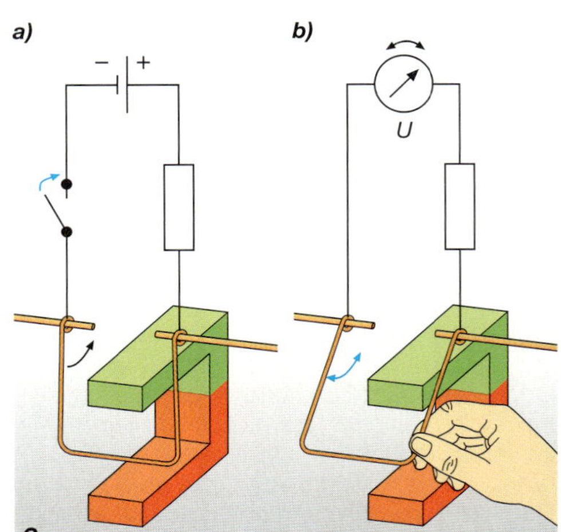

3

Spannung durch Induktion

Wird ein Magnet in einer Spule bewegt, so zeigt ein zwischen ihren Anschlüssen geschaltetes Messgerät in bestimmten Fällen eine elektrische Spannung an. Es schlägt immer dann aus, wenn sich das Magnetfeld ändert, welches die Spule durchsetzt. Dies tritt ein, wenn:
- man den Magnet vor der Spule hin oder her bewegt oder dreht.
- man stattdessen die Spule hin oder her bewegt oder dreht.
- ein Elektromagnet an Stelle des Dauermagneten bewegt wird.
  Zusätzlich misst man auch bei ruhendem Elektromagnet eine Spannung an der Spule, solange sich die Stromstärke im Elektromagnet ändert.

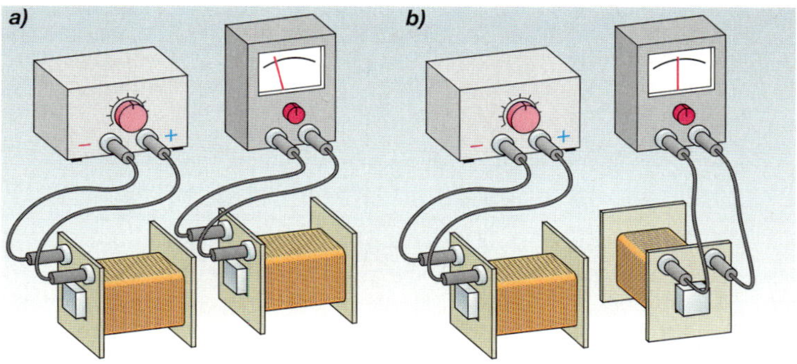

1 Wann entsteht eine Spannung durch Induktion?

Diese Spannungserzeugung heißt ***elektromagnetische Induktion***. Die entstehende Spannung heißt ***induzierte Spannung***. Wird der Elektromagnet wie in Abb. ➤1b aufgestellt, so entsteht keine Spannung. Hier verläuft das Magnetfeld parallel zur ***Windungsebene*** der Spule. Eine Spannung kann also nur dann induziert werden, wenn das Magnetfeld die Ebenen der Spulenwindungen durchsetzt!

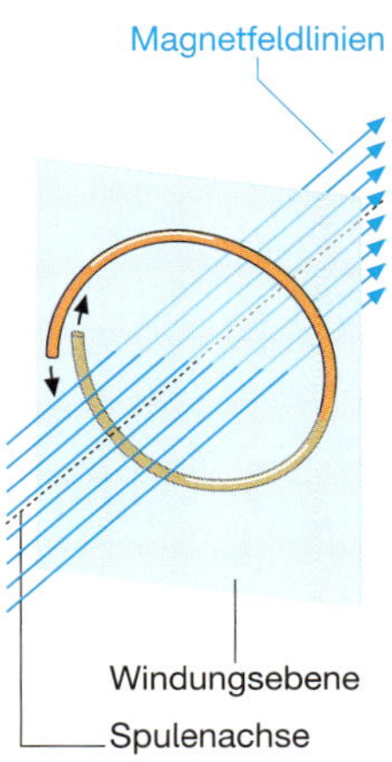

An den Enden einer Spule entsteht durch Induktion eine Spannung, wenn die Windungsebenen der Spule von einem Magnetfeld durchsetzt werden und sich dabei mindestens eine der drei Größen ändert:
- die Stärke des Magnetfeldes,
- die vom Magnetfeld durchsetzte Querschnittsfläche der Spule,
- der Winkel zwischen Spulenachse und Feldlinienrichtung.

Die induzierte Spannung wird größer, wenn die Windungszahl der Spule größer wird oder wenn die Änderung des Magnetfeldes rascher erfolgt.
Haben die Feldlinien des Magnetfeldes die umgekehrte Richtung oder bewegt man die Spule in die entgegengesetzte Richtung, so kehrt sich die Polung der induzierten Spannung um. Die Polung der induzierten Spannung ändert sich auch, sobald aus einer Verstärkung des Magnetfeldes eine Abschwächung bzw. aus einer Abschwächung eine Verstärkung wird. Bei gleichzeitiger Änderung mehrerer Größen können sich ihre Wirkungen aufheben.

Spannung durch Bewegung

Ein im Magnetfeld bewegter Leiter erscheint uns als elektrische Quelle, denn zwischen den Enden des Leiters können wir eine Spannung messen.
Viele Elektronen im Metall des Leiters sind leicht verschiebbar. Bewegt sich der Leiter in einem Magnetfeld wie in Abb. ➤2 nach vorn aus der Zeichenebene heraus, so erfahren die mit dem Leiter mitbewegten Elektronen eine Kraft. Die „Drei-Finger-Regel" der linken Hand liefert eine Kraftrichtung längs des Leiters nach rechts. Die leicht beweglichen Elektronen werden in diese Richtung verschoben. Rechts entsteht Elektronenüberschuss, links Elektronenmangel. Der Leiter erhält so zwei Pole und wird zu einer elektrischen Quelle.

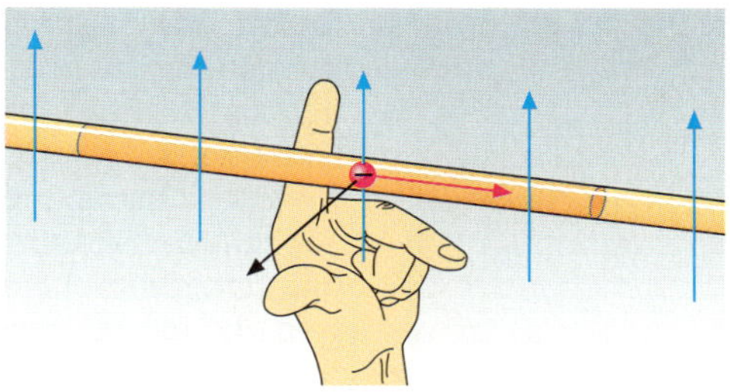
2 Kraft auf Elektronen (rot) bei der Bewegung des Leiters (schwarz) im Magnetfeld (blau)

Bewegt sich ein Leiter im Magnetfeld, so wird er zur elektrischen Quelle, außer er bewegt sich parallel zum Feld.

? Wie lässt sich mit zwei verschiedenen Magneten die gleiche Induktionsspannung erzeugen?

Generatoren

Versuche

V1 Der Fahrraddynamo ist eine elektrische Quelle. Durch das Antriebsrädchen wird in seinem Inneren ein Magnet gedreht, der wie ein Zylinder aussieht.
Zerlege einen Demonstrationsdynamo und weise mit Hilfe von Eisenfeilspänen sein Magnetfeld nach (Abb. ➤ 1). Bestimme die Lage der Pole und die Feldlinienrichtung.

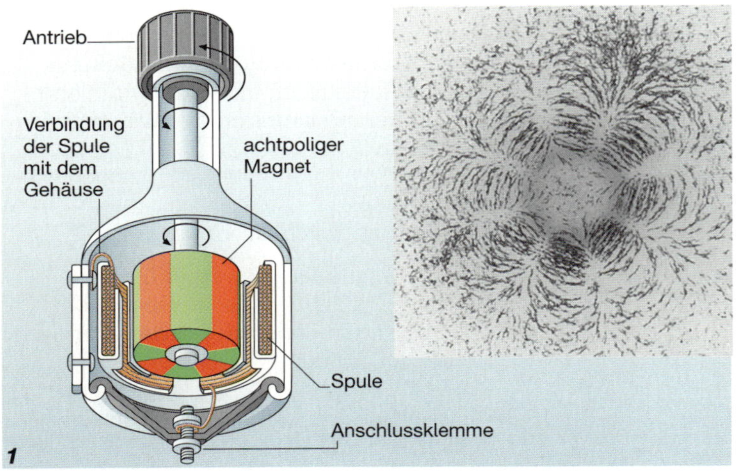

1

V2 Außer dem Magnet befindet sich im Fahrraddynamo noch eine Spule. Sie ist mit der Anschlussklemme und dem Gehäuse des Dynamos verbunden. Nimm eine solche Spule und schließe sie an ein Messgerät für die Spannung an, dessen Nullpunkt in der Skalenmitte liegt. Drehe vor dieser Spule einen Stabmagnet.
Das Messgerät zeigt eine Spannung an, deren Betrag und Polung sich ständig ändern.

V3 Wir drehen eine Spule im Magnetfeld. Der Anschluss des Messgerätes an die Spule erfolgt über zwei Schleifkontakte (Abb. ➤ 2).

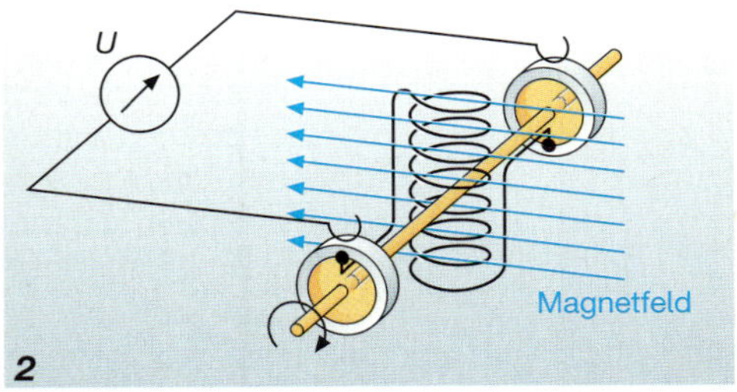

2

Das Messgerät zeigt eine Spannung an, deren Betrag und Polung sich ständig ändern.

V4 Dreht man in Versuch 2 und 3 den Magnet oder die Spule mit Hilfe eines Motors immer schneller, werden die Ausschläge des Zeigers kleiner, bis sie ganz verschwinden. Dagegen zeigt ein Messgerät für Wechselspannung weiterhin eine Spannung an, deren zeitlicher Verlauf sich mit einem Oszilloskop verfolgen lässt.

Grundwissen

Generatoren erzeugen Spannungen

Dreht sich eine Spule in einem Magnetfeld wie in Abb. ➤ 3, so entsteht an ihren Enden eine Spannung, die über Schleifkontakte an zwei Anschlüsse weitergegeben wird. Eine solche Anordnung heißt ***Generator***.
Die Spule bildet zusammen mit dem Eisenkern den ***Anker***. Während jeder Umdrehung des Ankers ändern sich der Betrag und die Polung der entstehenden Spannung. Sie heißt deshalb ***Wechselspannung***.

In einem Generator entsteht auch eine Wechselspannung, wenn die Spule fest steht und das Magnetfeld von einem sich drehenden Magnet stammt. Ein Beispiel hierfür ist der ***Dynamo*** (Abb. ➤ 1).

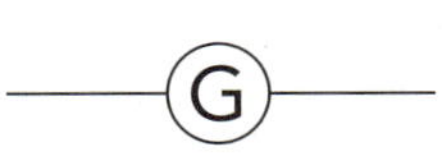

Schaltzeichen für Generatoren

> Im Generator entsteht durch Drehen einer Spule im Magnetfeld oder eines Magneten vor einer Spule eine Wechselspannung.

? Wie lässt sich unter Verwendung eines Stabmagneten eine Wechselspannung erzeugen?

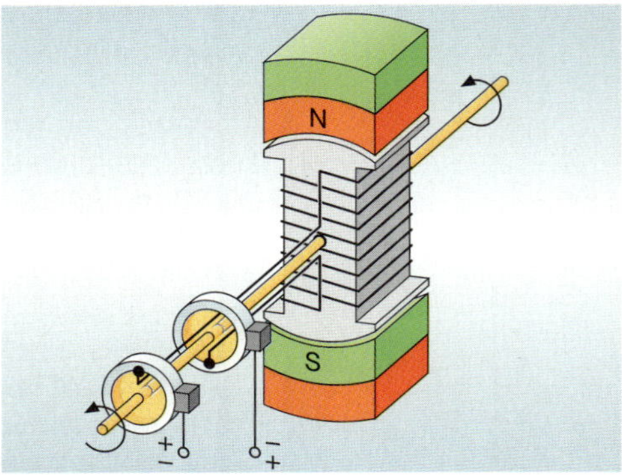

3 Ein Generator

Die Wechselspannung

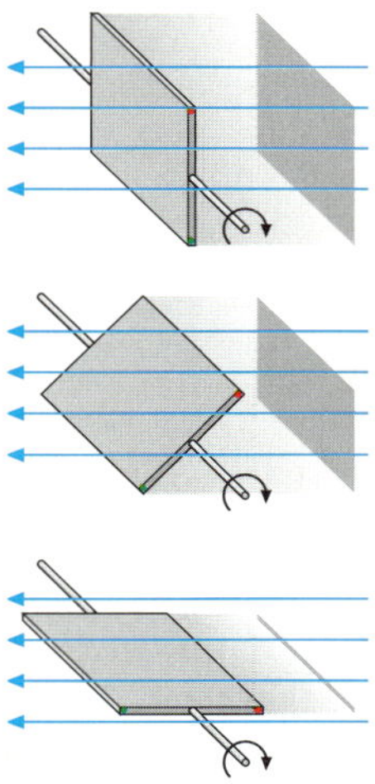

Windungsebene mit vom Magnetfeld durchsetzter Fläche

Abb. ➤ 1 zeigt den zeitlichen Verlauf einer von einem Generator erzeugten Wechselspannung, wie sie mit dem Oszilloskop zu beobachten ist.

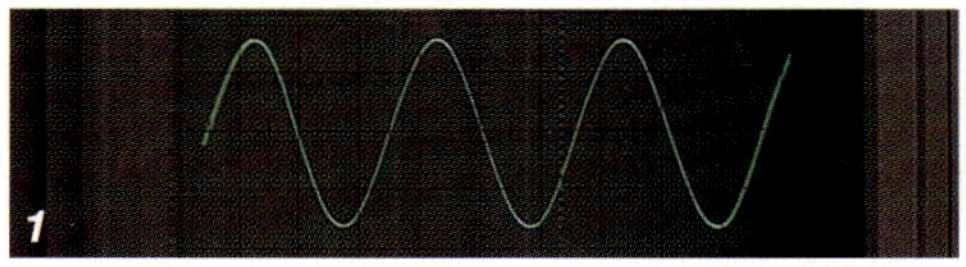

1

Entsprechend den beiden Polungen, die die Spannung an den Anschlüssen bei jeder Umdrehung hat, gibt man in Diagrammen (Abb. ➤ 2b) die Spannung mit positiven oder mit negativen Werten an.
Die Spule befindet sich im Feld eines Magneten. Bei der Drehung ändert sich ständig der Winkel zwischen der Ebene ihrer Windungen und den magnetischen Feldlinien. Entsprechend ändert sich auch der Anteil des Magnetfeldes, der die in der Windungsebene liegende Spulenfläche durchsetzt. Diese Änderung induziert eine Spannung an ihren Enden.

> Durch die Drehung des Ankers wird der Anteil des Magnetfeldes, der die Windungsebene seiner Spule durchsetzt, ständig verändert. Das induziert eine Wechselspannung zwischen den Enden der Spule.

In Abb. ➤ 2a wird der Zusammenhang zwischen der Position des Ankers, also der Drehspule, und der induzierten Spannung dargestellt. Dreht man den Anker z. B. von Stellung 1 etwas weiter, so ändert sich der Querschnitt des Magnetfeldes durch die Spule viel weniger als etwa bei Stellung 2 oder 3. Deshalb hat die induzierte Spannung ihren größten Betrag in den Stellungen 3, 7 und 11. Erstaunlich ist, dass gerade in Stellung 1 die induzierte Spannung 0 Volt beträgt, obwohl dort der größtmögliche Anteil des Magnetfeldes die Windungen der Spule durchsetzt. Entscheidend für den Betrag der induzierten Spannung ist aber nicht der Anteil des Magnetfeldes, sondern das Ausmaß seiner Änderung in der Spule (Abb. ➤ 2b)!
Die Zeiger von Messgeräten mit Skalen, die die Polung der Spannung zeigen, folgen raschen Polwechseln nicht mehr. Zum Messen solcher Wechselspannungen benutzt man ein Oszilloskop, das eine Zeit-Spannungs-Kurve wie in Abb. ➤ 1 anzeigt.
Man kann auch ein Drehspul-Messgerät für Wechselspannungen umrüsten. Es enthält einen Gleichrichter und zeigt dann nicht mehr den Höchstwert der Wechselspannung, sondern einen um den Faktor 0,7 kleineren Wert an.
Messungen zeigen, von welchen Größen die im Generator induzierte Spannung abhängt:

> Der Höchstwert der vom Generator erzeugten Wechselspannung steigt bei
> – höherer Drehgeschwindigkeit,
> – stärkerem Magnetfeld,
> – größerer Windungszahl und Querschnittsfläche der Spule im Anker.

Schaltzeichen für eine Quelle mit Wechselspannung

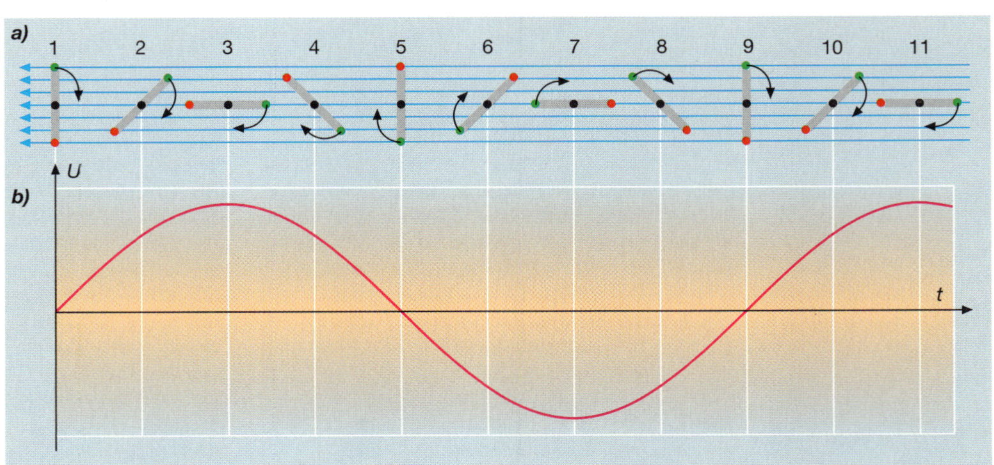

2 Stellungen des Ankers ***(a)*** und die entsprechend induzierte Spannung ***(b)***

Unter Gleichspannung versteht man eine Spannung, die ihre Polung nicht ändert.

Unter Wechselspannung versteht man eine Spannung, die ihre Polung ständig ändert.

Generatoren für Gleichspannung

Eine Glühlampe kann man ebenso gut an Gleichspannung wie an Wechselspannung anschließen. In vielen Geräten, wie Computer, Radio- oder Fernsehgeräte, wird auch Gleichspannung benötigt.

Man kann auf zwei Arten aus der Wechselspannung des Generators eine Gleichspannung herstellen: Man benutzt entweder einen Gleichrichter, der nur eine Richtung des Stromes zulässt, oder man verändert den Aufbau des Generators so, dass eine Gleichspannung an seinen Anschlüssen entsteht:

Ein Generator für Wechselspannung hat zwei getrennte Schleifringe als Anschlüsse, beim Generator für Gleichspannung werden sie durch einen Ring, der aus zwei Halbringen besteht (Abb. ➤ 1), ersetzt.
Der Schleifring aus den beiden Halbringen heißt ***Kommutator***. Er wird auch im Elektromotor verwendet. An den Anschlüssen des Kommutators entsteht statt der Wechselspannung (Abb. ➤ 2a) eine pulsierende Gleichspannung (Abb. ➤ 2b). Will man vermeiden, dass diese Spannung immer wieder auf 0 Volt absinkt, dann verwendet man Anker mit mehreren Spulen.
Bei zwei Spulen auf senkrecht zueinander angeordneten Eisenkernen (4fach-T-Anker) entstehen in den Spulen zwei zeitlich gegeneinander verschobene pulsierende Spannungen (Abb. ➤ 2c). Der Kommutator besteht aus vier Viertelringen, von denen jeweils gegenüberliegende Viertelringe zusammen mit einer Ankerspule verbunden sind.

Bei einem Anker mit sehr vielen Spulen nehmen die Schwankungen der Spannung immer weiter ab.

Generatoren wie in Abb. ➤ 3, die nur Spulen mit Eisenkernen und keine Dauermagnete enthalten, sollten eigentlich nicht funktionieren. Werner von Siemens hatte 1866 die Idee, den in den Eisenkernen stets vorhandenen geringen Dauermagnetismus zu verwenden. Er genügt, um zunächst kleine Spannungen zu induzieren, so dass die kleine Stromstärke in den Elektromagneten ein stärkeres Magnetfeld erzeugt. Das wieder führt zu höheren Spannungen und Stromstärken und so fort.

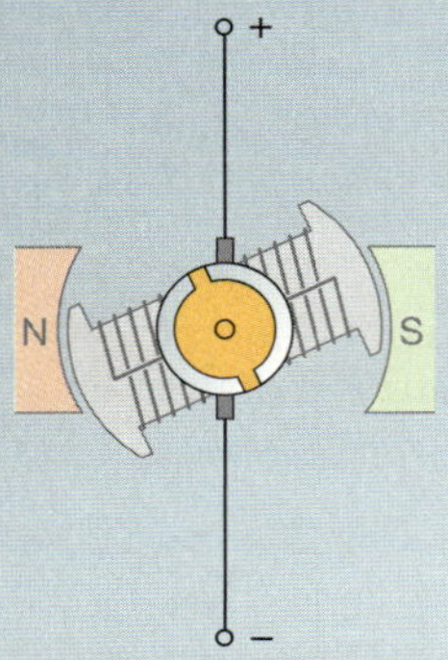

1 Kommutator für Gleichspannung

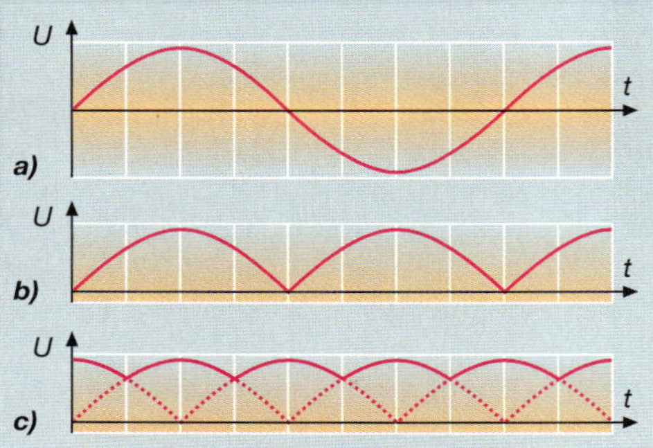

2 Wechselspannung ***(a)*** und pulsierende Gleichspannungen ***(b)*** und ***(c)***

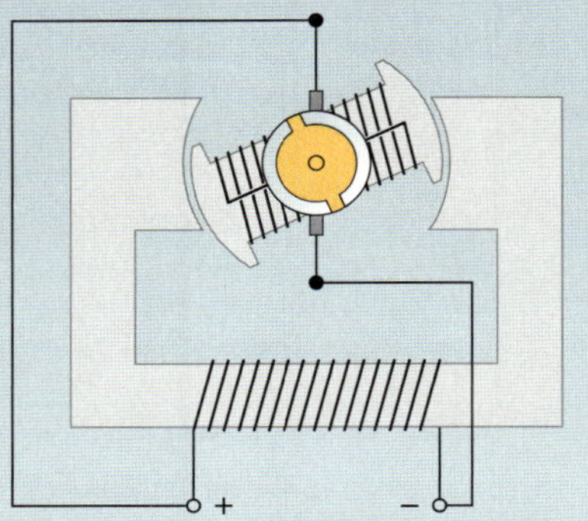

3 Selbsterregter Generator für die Gleichspannung

Die Geburt der Elektrotechnik

Michael Faraday

Gäbe es keine stärkeren elektrischen Quellen als Batterien, hätte es kein Zeitalter der Elektrotechnik gegeben. Mit Batterien allein ließen sich die unzähligen Motoren in der Industrie, im Verkehr und im Haushalt nicht betreiben.

Der englische Forscher ***Michael Faraday*** (1791 – 1867) entdeckte 1831, dass in einer im Magnetfeld bewegten Spule eine elektrische Spannung entsteht. Infolge dieser Entdeckung wurde es möglich, Maschinen zu bauen, die durch mechanischen Antrieb zu elektrischen Quellen werden. Mit Generatoren können heute Spannungen bis zu mehreren tausend Volt und Stromstärken bis zu zehntausend Ampere erzeugt werden.
Eng mit der Erfindung von Generatoren ist auch die Entwicklung von Elektromotoren verbunden. Es dauerte jedoch noch mehr als 30 Jahre, bis die technischen Probleme gelöst waren und elektrische Quellen und Motoren in großer Zahl hergestellt und verbreitet werden konnten.
Entscheidenden Anteil an der Lösung elektrotechnischer Probleme hatte ***Werner von Siemens*** (1816 – 1892). Er erfand Telegrafen, Kabelpressen, Messgeräte, die elektrische Eisenbahn, den Aufzug und die Straßenbahn.

Transformatoren

Versuche

VORSICHT! Versuche mit Transformatoren können gefährlich sein!
Das gilt auch dann, wenn die Quelle weniger als 24 V hat: Am Transformator können trotzdem viel höhere, ***lebensgefährliche Spannungen*** entstehen! Deshalb dürfen alle Versuche nur im Beisein des Lehrers durchgeführt werden.

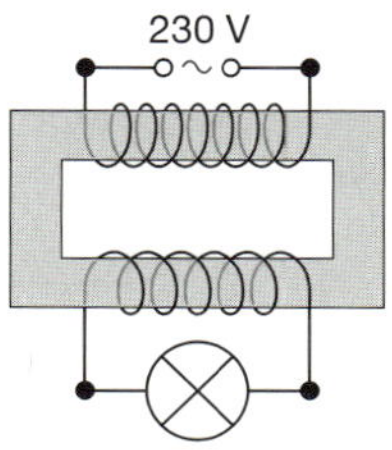

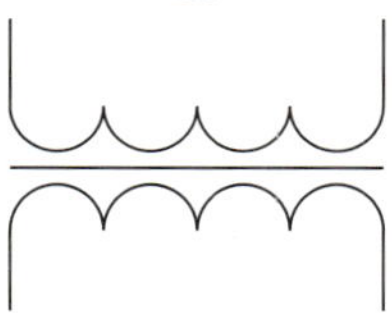

Schaltzeichen für Transformatoren

V1 Eine Spule mit Anschluss für Netzspannung (230 V) steckt auf einem geschlossenen Eisenkern. Ein isoliertes Experimentierkabel wird mit einigen Windungen um einen Schenkel des Eisenkerns gewickelt. Eine kleine Glühlampe, die an das Kabel angeschlossen ist, leuchtet auf, sobald der Stromkreis mit Anschluss zum Netz geschlossen ist. Ein Oszilloskop zeigt, dass an der Glühlampe eine Wechselspannung vorhanden ist.

V2 Wir verbinden eine Spule mit einer Quelle für Wechselspannung und eine zweite Spule mit einem Messgerät für Wechselspannung. Wir messen die Spannungen und vergleichen die Anzeigen am Messgerät für beide Spulen bei folgenden Anordnungen:

- die beiden Spulen werden einmal mit, einmal ohne Eisenkern in geringer Entfernung voneinander aufgestellt;
- eine der Spulen wird durch einen Pappkarton abgedeckt;
- eine kleine Spule wird in eine größere geschoben;
- beide Spulen werden auf einen gemeinsamen, offenen oder geschlossenen Eisenkern gesteckt;
- parallel zum Messgerät wird zusätzlich ein geeignetes Lämpchen angeschlossen.

Das Messgerät schlägt am stärksten aus, das Lämpchen leuchtet am hellsten, wenn die beiden Spulen einen gemeinsamen, geschlossenen Eisenkern haben.

Grundwissen

Die Funktionsweise des Transformators

Ein Transformator besteht aus zwei Spulen auf einem gemeinsamen, meist geschlossenen Eisenkern. Dabei gibt es weder zwischen den beiden Spulen, noch zwischen dem aufgewickelten Draht und dem Eisenkern eine elektrisch leitende Verbindung!
Die beiden Spulen können, wie beim Experimentiertransformator, nebeneinander angeordnet sein. Bei den meisten technischen Transformatoren sind sie übereinander gewickelt (Abb. ➤ 1).
Die an die Quelle für Wechselspannung angeschlossene Spule wird ***Primärspule***, die zweite Spule wird ***Sekundärspule*** genannt.

Ein Transformator kann nur mit einer Spannung betrieben werden, die sich ständig ändert.

> Ein Transformator besteht aus Primär- und Sekundärspule mit gemeinsamem Eisenkern.

Der Wechselstrom in der Primärspule erzeugt ein sich ständig änderndes Magnetfeld. Durch den geschlossenen Eisenkern wird es verstärkt und praktisch vollständig durch das Innere der Sekundärspule geführt. Die Windungsebenen der Sekundärspule werden somit von einem sich ständig ändernden Magnetfeld durchsetzt. Damit wird in der Sekundärspule eine Spannung induziert, so dass sie in einem zweiten Stromkreis als Quelle mit Wechselspannung wirken kann.

> Beim Transformator entsteht durch Wechselstrom in der Primärspule ein veränderliches Magnetfeld, das in der Sekundärspule eine Wechselspannung induziert.

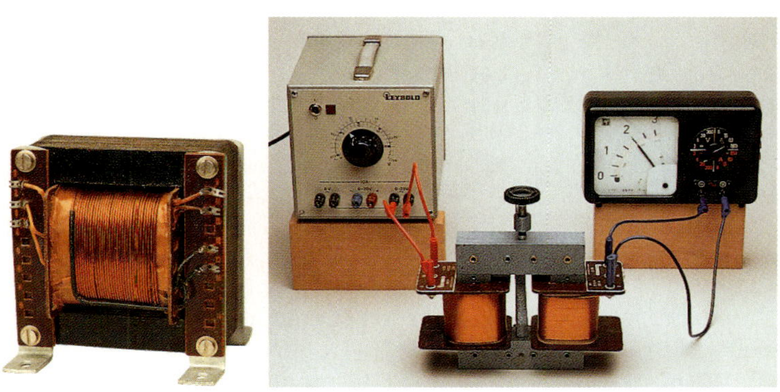

1 Technischer Transformator und Experimentiertransformator

? Weshalb funktioniert ein Transformator nur mit einer sich ständig ändernden Spannung?

Messungen am Transformator

Versuche

In den folgenden Versuchen wird ein Transformator verwendet, der aus einem geschlossenen Eisenkern und zwei auswechselbaren Spulen besteht.

V1 Wir untersuchen die Spannung U_2 an der Sekundärspule (Abb. ➤ 1a):
a) Wird die Spannung U_1 an der Primärspule erhöht, so erhöht sich auch die Spannung U_2.
b) Erhöhen wir die Anzahl n_2 der Windungen der Sekundärspule, so erhöht sich die Spannung U_2 ebenfalls.
c) Bei Erhöhung der Anzahl n_1 der Windungen der Primärspule verringert sich die Spannung U_2.

Vorsicht bei allen Versuchen mit Transformatoren!

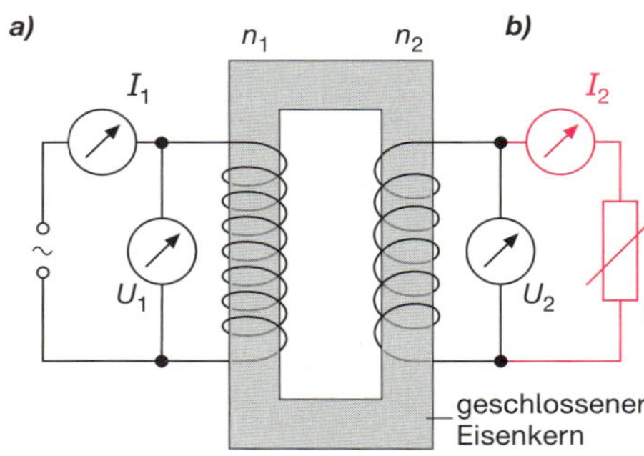

1

V2 Wir schließen an den Transformator einen veränderbaren Widerstand R an (Abb. ➤ 1b). Wird dieser verändert, so ändert sich nicht nur die Stromstärke I_2, sondern auch die Stromstärke I_1.
Wird I_2 größer, so wird auch I_1 größer.

V3 Eine Primärspule mit 500 Windungen wird mit Netzspannung betrieben. Als Sekundärspule wählen wir zuerst eine mit n_2 = 23 000 Windungen und aufgesteckten „Hörnerelektroden" (Abb. ➤ 2). Danach verwenden wir eine Spule mit n_2 = 5 Windungen und als Widerstand R einen Nagel (Abb. ➤ 3)!
Die Wirkungen sind erstaunlich verschieden!

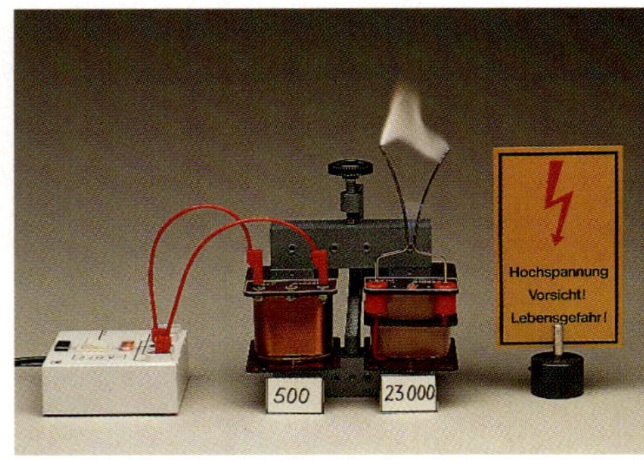

2

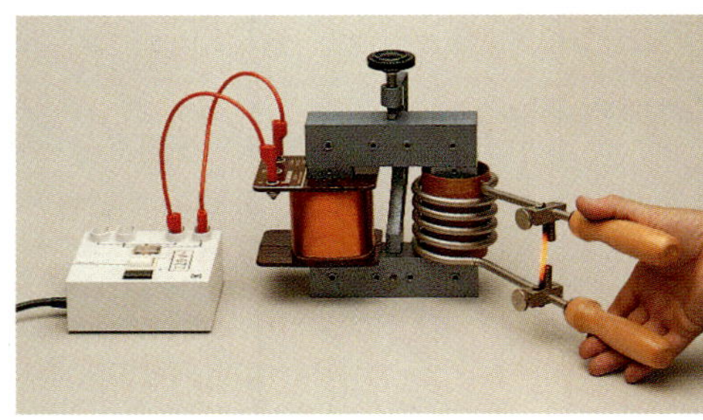

3

Grundwissen

Gesetze beim Transformator

Schließt man an die Sekundärspule eines Transformators ein elektrisches Gerät an, so ist der Transformator Bauteil von zwei Stromkreisen, die an keiner Stelle leitend miteinander verbunden sind:
Der erste Stromkreis wird von einer Quelle mit Wechselspannung (Spannung U_1) und der Primärspule gebildet. Die Sekundärspule wirkt ebenfalls als elektrische Quelle (Spannung U_2). Mit einem angeschlossenen Gerät, das den Widerstand R hat, bildet sie den zweiten Stromkreis.

Ist an der Sekundärspule nur ein Messgerät für die Spannung angeschlossen, so bezeichnet man die gemessene Spannung U_2 als ***Leerlaufspannung***.

Ein solcher Transformator ist unbelastet, die Stromstärken auf Primär- und Sekundärseite sind praktisch Null. Der Transformator ist belastet, wenn über die Sekundärspule ein Gerät mit dem Widerstand R betrieben wird. Dann sind die Stromstärken auf Primär- und Sekundärseite nicht mehr Null und die Spannung U_2 sinkt unter die Leerlaufspannung.
Zunächst untersuchen wir am unbelasteten Transformator, welchen Einfluss die Spannung U_1 an der Primärspule auf die Spannung U_2 an der Sekundärspule hat. Anschließend verändern wir die Windungszahlen n_1 und n_2 von Primär- und Sekundärspule und messen bei stets gleicher Spannung U_1 die Werte für U_2.

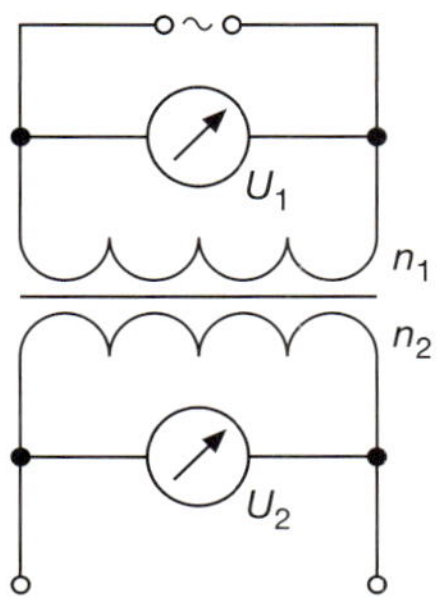

Zu Tabelle 1

Die Schaltskizze zu den Versuchen für Tabelle ➤ 1 ist am Rand wiedergegeben:

n_1	n_2	U_1	U_2	n_2/n_1	U_2/U_1
500	250	5 V	2,4 V	0,5	0,48
500	250	10 V	4,6 V	0,5	0,46
500	250	15 V	7,1 V	0,5	0,47
500	250	20 V	9,5 V	0,5	0,48
500	125	10 V	2,3 V	0,25	0,23
500	500	10 V	9,0 V	1,0	0,90
500	1000	10 V	18,0 V	2,0	1,80
250	1000	10 V	38,0 V	4,0	3,80

1

Der obere Teil der Tabelle zeigt, dass U_2 nahezu proportional zu U_1 ist. Der Quotient $U_2 : U_1$ stimmt fast mit dem Quotienten $n_2 : n_1$ überein.
Der untere Teil der Tabelle lässt erkennen, dass die Quotienten $U_2 : U_1$ und $n_2 : n_1$ auch bei Spulen mit anderen Windungszahlen nahezu übereinstimmen.

> Für die Spannungen am unbelasteten Transformator gilt näherungsweise:
> $$\frac{U_2}{U_1} = \frac{n_2}{n_1}$$

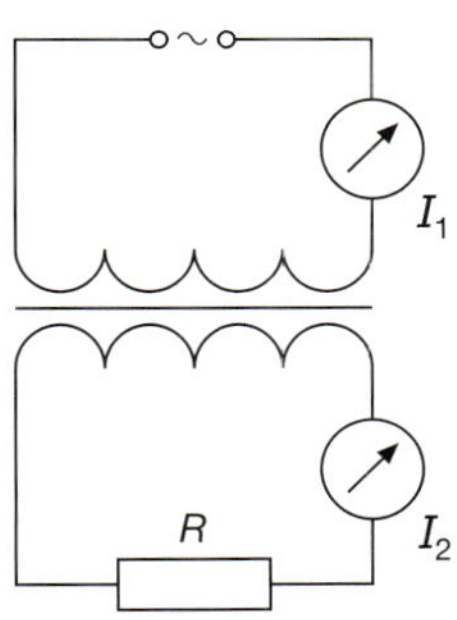

Zu Tabelle 2

Werden wie in der Schaltskizze zu Tabelle ➤ 2 an die Sekundärspule ein Widerstand R und ein Messgerät für die Stromstärke angeschlossen, so lässt sich die Stromstärke I_2 in diesem Stromkreis durch verschiedene Werte von R verändern. Dann verändert sich bei gleich bleibender Primärspannung U_1 auch die Stromstärke I_1 auf der Primärseite.
Bei der konstanten Primärspannung $U_1 = 20$ V erhält man z. B.:

n_1	n_2	I_1	I_2	n_1/n_2	I_2/I_1
500	250	0,17 A	0,30 A	2,0	1,76
500	250	0,30 A	0,56 A	2,0	1,87
500	250	0,46 A	0,89 A	2,0	1,93
250	500	0,68 A	0,30 A	0,5	0,44
250	1000	1,28 A	0,30 A	0,25	0,23
1000	250	0,08 A	0,30 A	4,0	3,75

2

Die erste Messreihe zeigt: Die Stromstärken I_2 und I_1 sind näherungsweise proportional zueinander. Die Quotienten $I_2 : I_1$ und $n_1 : n_2$ stimmen mit wachsender Belastung, das heißt, mit steigender Stromstärke I_2 immer besser überein.
Die zweite Messreihe lässt erkennen, dass $I_2 : I_1$ und $n_1 : n_2$ auch bei anderen Spulen fast übereinstimmen.

> Für die Stromstärken beim stark belasteten Transformator gilt näherungsweise:
> $$\frac{I_2}{I_1} = \frac{n_1}{n_2}$$

? Unter welchen Voraussetzungen gelten die Gesetze mit den Windungszahlen für die Spannungen bzw. Stromstärken?

? Lässt sich die Spannung einer Batterie mit dem Transformator ändern?

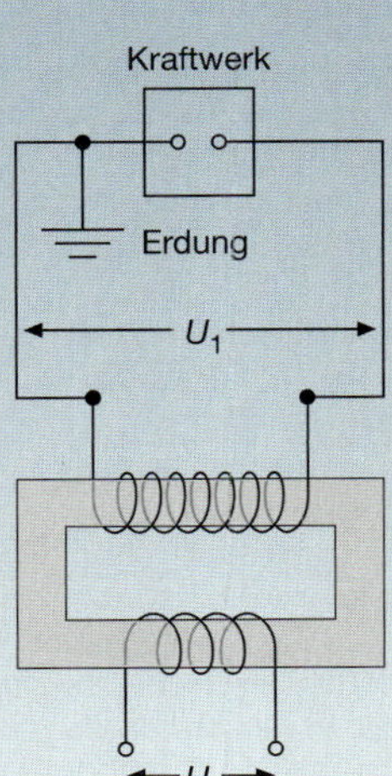

3

Anwendungen des Transformators

1. Zur Änderung der Spannung

Wechselspannungen lassen sich mit Transformatoren vergrößern oder verkleinern. Beim ***Klingeltransformator*** wird aus der Netzspannung von 230 V eine Spannung von etwa 8 V erzeugt. Hier hat die Primärspule eine wesentlich größere Windungszahl als die Sekundärspule. Auch in den Transformatoren für Spielzeuge wird die Netzspannung auf ungefährliche Werte herabgesetzt.
In Röntgengeräten oder im Elektrizitätswerk werden dagegen Transformatoren mit sehr großen Windungszahlen in den Sekundärspulen verwendet. Sie erzeugen aus etwa 6000 V Spannungen bis zu mehreren 100 000 Volt.

2. Zur Änderung der Stromstärke

Hat der Transformator auf der Sekundärseite eine kleinere Windungszahl als auf der Primärseite, so erhält man eine größere Stromstärke. Besteht die Sekundärspule nur aus wenigen Windungen eines dicken Kupferdrahtes, so kann ein Metallstück zwischen den Anschlüssen dieser Spule zum Schmelzen gebracht werden. ***Elektrische Schweißgeräte*** arbeiten mit diesen hohen Stromstärken.

3. Als Trenntransformator

Ein Transformator zwischen einem Gerät und dem Netz trennt das Gerät vom Stromkreis des Netzes ab (Abb. ➤ 3): Die Gefahr, im Sekundärkreis durch Berühren ***einer*** Leitung einen lebensgefährlichen elektrischen Schlag zu bekommen, ist nun geringer geworden. Solche Trenntransformatoren sollten z. B. immer in Badezimmern benutzt werden.

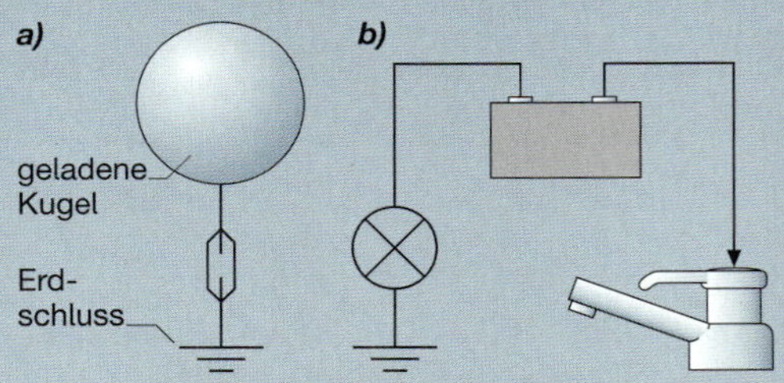

1 Ein Strom entsteht auch über die leitende Verbindung mit der Erde.

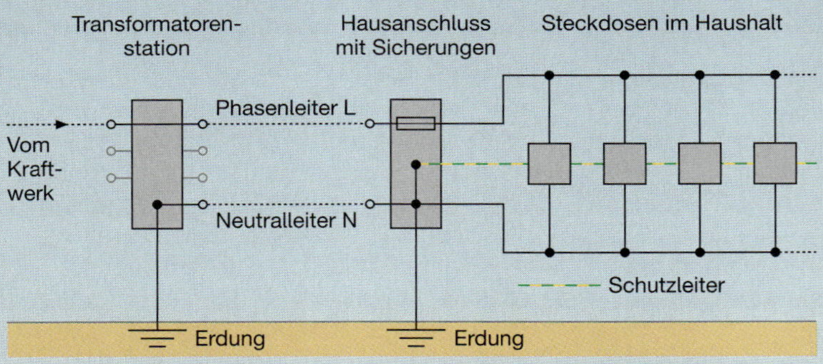

2 Von der Transformatorenstation zum Haushaltsgerät gibt es mindestens zwei Leitungen – und die leitende Erde – für einen Stromkreis.

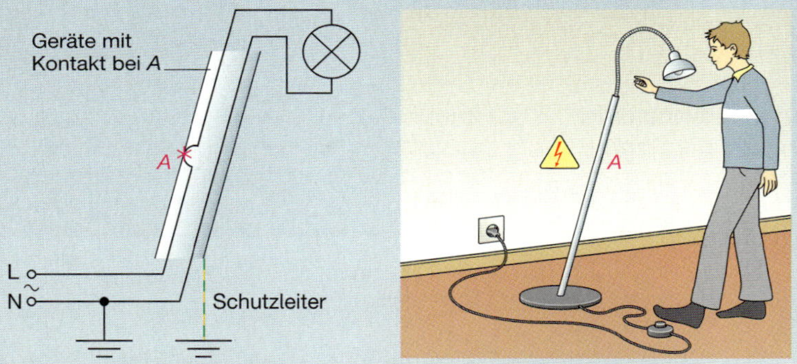

3 Die Gefahr durch einen Kontakt mit dem leitenden Außenteil an der Stelle A wird durch den Schutzleiter gebannt.

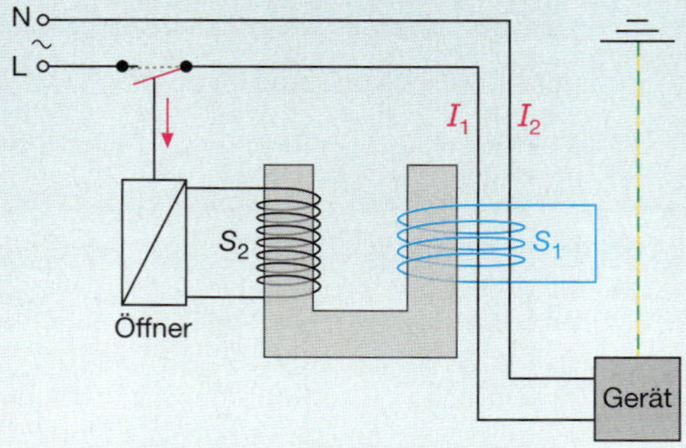

4 Der F*I*-Schalter öffnet bei einem Unterschied zwischen I_1 und I_2 den Schalter in L.

Sicherheit im Haushalt

Elektrischer Strom ist bereits bei sehr kleinen Stromstärken gefährlich, wenn er den Weg durch den Menschen nimmt. Schon 40 mA können tödlich sein. Häufig spielt der Kontakt zur Erde eine entscheidende Rolle:
In dem Versuch nach Abb. ➤ 1a leuchtet die Glimmlampe kurz auf, wenn ein Kontakt der geladenen Kugel zur Erde hergestellt wird. Die Kugel wird entladen. Im Versuch nach Abb. ➤ 1b leuchtet die Lampe auf, wenn der zweite Pol der Quelle mit der Erde über die gut leitende Wasserleitung verbunden wird. Offenbar kann die Erde Ladung wie ein Leiter aufnehmen bzw. weitergeben.
Auch die öffentliche Stromversorgung benutzt die Erde als Leiter (Abb. ➤ 2). Zwischen dem Phasenleiter L und dem Neutralleiter N besteht eine Wechselspannung von 230 V. Der Neutralleiter ist mit der Erde verbunden, ***geerdet***, damit keine gefährliche Spannung zwischen ihm und der Erde ensteht. Der Generator im Kraftwerk und die Transformatorenstation sind ebenfalls mit einem Anschluss mit der Erde verbunden, damit auch hierüber der Stromkreis geschlossen ist.
Ensteht durch einen Schaden eine direkte Verbindung zwischen Phasen- und Neutralleiter bzw. Erde, ein ***Kurzschluss***, so verhindert eine Sicherung im Phasenleiter, dass die Stromstärke zu groß wird. In Geräten, die gegenüber der Erde isoliert sind, können schadhafte Leitungen eine direkte Verbindung zwischen Phasenleiter und Gehäuse herstellen, ohne dass die Sicherung anspricht, weil der Stromkreis noch offen ist. Wird ein Metallteil des Gerätes berührt, so kann es nun über den Menschen zum Kurzschluss mit der Erde kommen (Abb. ➤ 3). Diese Gefahr beseitigt ein in den Kabeln mitgeführter dritter, geerdeter und mit den Gehäusen der Geräte verbundener Leiter, der ***Schutzleiter***. Bei Kurzschluss mit dem Gehäuse wird sofort die Sicherung im Phasenleiter ausgelöst.

Es kann vorkommen, dass durch einen Fehler eine Verbindung zur Erde besteht, die Stromstärke aber wegen der Widerstände im Kreis unter derjenigen liegt, bei der die Sicherung anspricht. So können diese Ströme unbemerkt Leitungen überhitzen und Brände entfachen. Bei solchen Fehlerströmen sind die Stromstärken im Phasen- und Neutralleiter verschieden. Ein ***FI-Schalter*** (Fehlerstrom-Schutzschalter, Abb. ➤ 4) verhindert dies; in ihm werden Phasen- und Neutralleiter durch die Primärspule eines Transformators geführt. Sind die Stromstärken gleich, hebt sich die induzierte Spannung auf, sind sie nicht gleich, weil ein Teil des Stromes über den Schutzleiter oder den Menschen zur Erde geht, löst dies über die Sekundärspule einen Schalter aus, der den Stromkreis unterbricht.

Rückblick

Begriffe
Was versteht man unter
- einem Anker?
- einem Kommutator?
- einem Elektromotor?
- einem Generator?
- elektromagnetischer Induktion?
- einer induzierten Spannung?
- einer Wechselspannung?
- einem Transformator?

Beobachtungen
Was beobachtet man, wenn
- sich Elektronen in einem Draht bewegen?
- in einer in einem Magnetfeld befindlichen drehbaren Spule ein Strom vorhanden ist?
- ein Leiter in einem Magnetfeld so bewegt wird, dass Bewegungsrichtung und Feldrichtung nicht übereinstimmen?
- eine Spule im Magnetfeld gedreht wird?
- das Magnetfeld einer Spule, die an eine Quelle für Wechselstrom angeschlossen ist, eine zweite Spule durchdringt?

Erklärungen
Wie lässt sich begründen, dass
- ein Magnetfeld Kräfte auf einen Leiter ausübt, in dem ein Strom besteht?
- sich drehbare Spulen in einem Magnetfeld fortwährend drehen können?
- Elektronen in der Fernsehröhre abgelenkt werden können?
- zwischen den Enden eines im Magnetfeld bewegten Leiters eine Spannung entsteht?
- ein Generator ohne Kommutator eine Wechselspannung erzeugt?
- ein Transformator nicht mit konstanter Spannung betrieben werden kann?

Gesetzmäßigkeiten
Beschreibe mit eigenen Worten
- die Drei-Finger-Regel der linken Hand.
- die Beziehungen für die Stromstärken bzw. die Spannungen in den Primär- und Sekundärspulen eines Transformators.

Erläutere die Erscheinungen in den folgenden Bildern und beantworte die Fragen!

Wo ist die Leiterschaukel mit dem Plus-, wo mit dem Minuspol der Quelle verbunden?

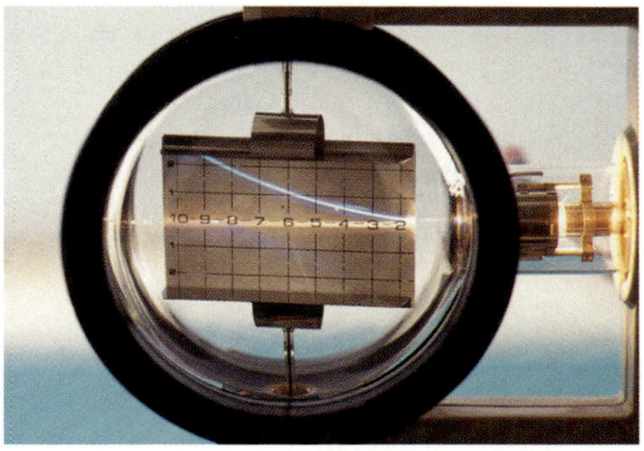
Der Elektronenstrahl kann mit einer Spule (großer Ring) oder einem Kondensator (waagerechte Bleche) abgelenkt werden.
Wie müssen jeweils das Magnetfeld bzw. die elektrischen Anschlüsse gepolt sein?

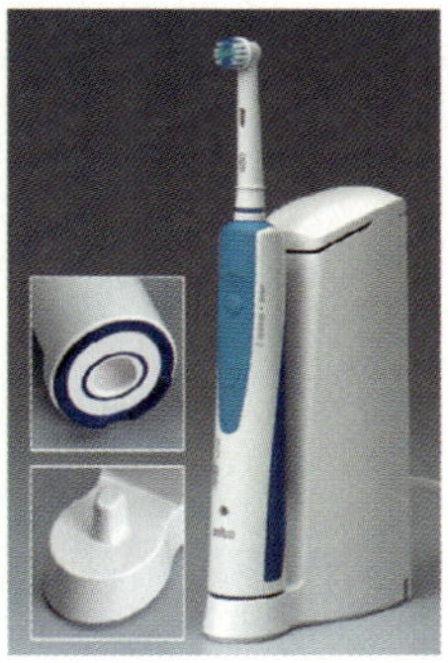
Wie wird der Akkumulator in der Zahnbürste immer wieder aufgeladen?

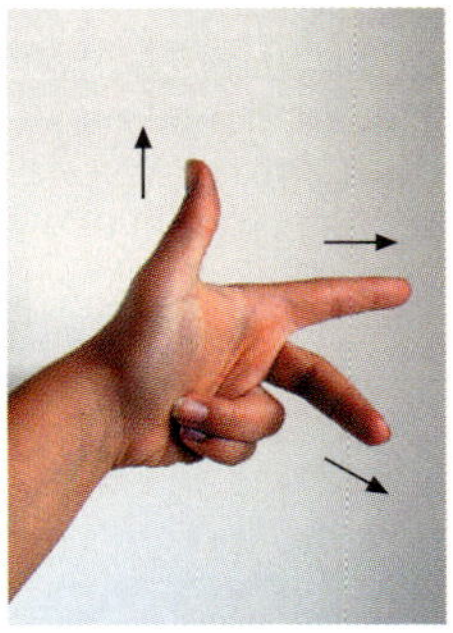
Welche Bedeutung haben die Pfeile an dieser Hand?

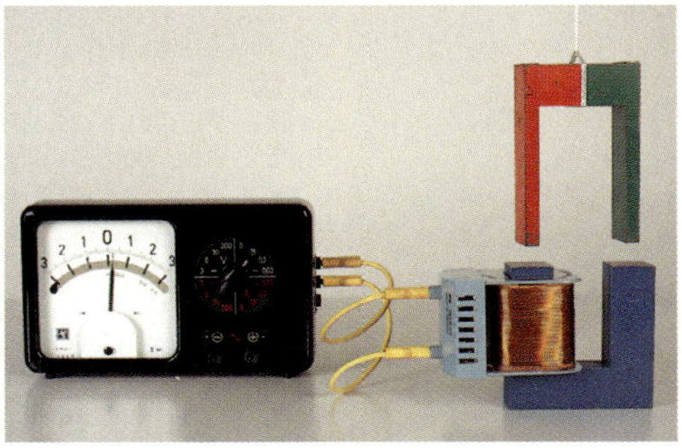
Wenn sich der Hufeisenmagnet dreht, schlägt der Zeiger des Messgerätes aus. Wie kommt das? Was geschieht, wenn sich der Magnet wieder zurückdreht?

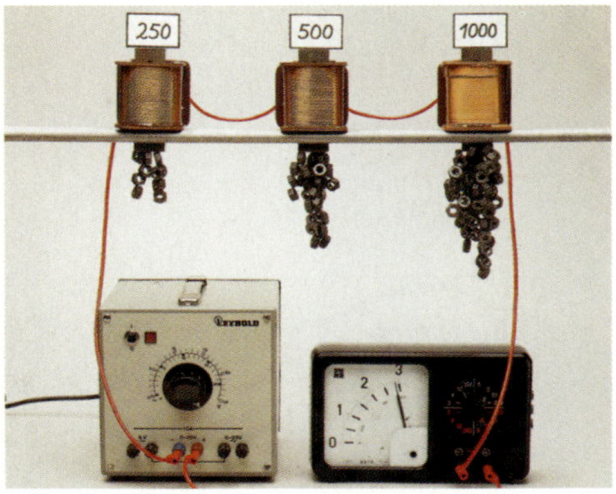

Die drei in Reihe geschalteten Spulen halten jeweils die maximale Zahl an Schrauben. Wie kommt es zu den Unterschieden?

Beispiele

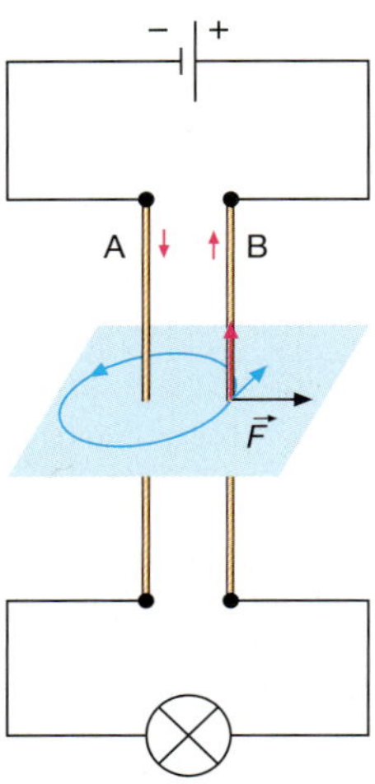

1. Kräfte zwischen Leitern im Stromkreis

Warum stoßen sich zwei parallele Leiterstücke ab, die sich in geringem Abstand nebeneinander befinden, wenn in ihnen die Ströme entgegengesetzt gerichtet sind?

Lösung:
Wir zeichnen einen Stromkreis mit den beiden Leiterstücken (siehe Rand):
Um den Leiter *A* erzeugt der Strom ein Magnetfeld, in dem sich der Leiter *B* befindet, und umgekehrt.

Wir betrachten zunächst die Kraft, die das Magnetfeld des Leiters *A* auf den Leiter *B* ausübt. Wir zeichnen eine Feldlinie, die durch *B* geht, und bestimmen ihre Richtung mit der Linken-Hand-Regel:
Weist die Stromrichtung in *A* nach unten, so läuft die Feldlinie bei *B* nach hinten.

Die Richtung der Kraft $\vec{F}$ auf den Leiter in *B* finden wir mit Hilfe der Drei-Finger-Regel der linken Hand:
Weist die Stromrichtung in *B* nach oben, so ist die Kraft von *A* weg nach rechts gerichtet.

Entsprechend findet man die Kraft auf den Leiter *A*, die aus Symmetriegründen (stelle die Skizze auf den Kopf!) nach links gerichtet ist, also ebenfalls abstoßend ist.

2. Berechnungen zum Transformator

Ein Klingeltransformator soll mit 230 V betrieben werden und auf der Sekundärseite mit 50 Windungen die Spannung 8 V zur Verfügung stellen. Ein Absinken der Sekundärspannung durch die Belastung werde vernachlässigt.
a) Wie viele Windungen muss die Primärspule haben?
b) Wie groß wird die Stromstärke in Primär- und Sekundärspule, wenn die Klingel mit 5 Ω Widerstand angeschlossen ist?

Lösung:
a) Für die Spannungen ergibt sich aus der Beziehung $n_1 : n_2 = U_1 : U_2$:

$$n_1 = \frac{n_2 \cdot U_1}{U_2} = \frac{50 \cdot 230\ \text{V}}{8\ \text{V}} = 1438$$

Die Primärspule hat 1438 Windungen.

b) Wegen der Definition von $R = U/I$ wird:

$$I = \frac{U}{R} = \frac{8\ \text{V}}{5\ \Omega} = 1{,}6\ \text{A}$$

Die Stromstärke im Sekundärkreis beträgt also 1,6 A. Im Primärkreis berechnen wir sie mit der Beziehung $I_1 : I_2 = n_2 : n_1$:

$$I_1 = \frac{n_2 \cdot I_2}{n_1} = \frac{50 \cdot 1{,}6\ \text{A}}{1438} = 0{,}056\ \text{A}$$

Die Stromstärke im Primärkreis ist 0,056 A.

Heimversuche

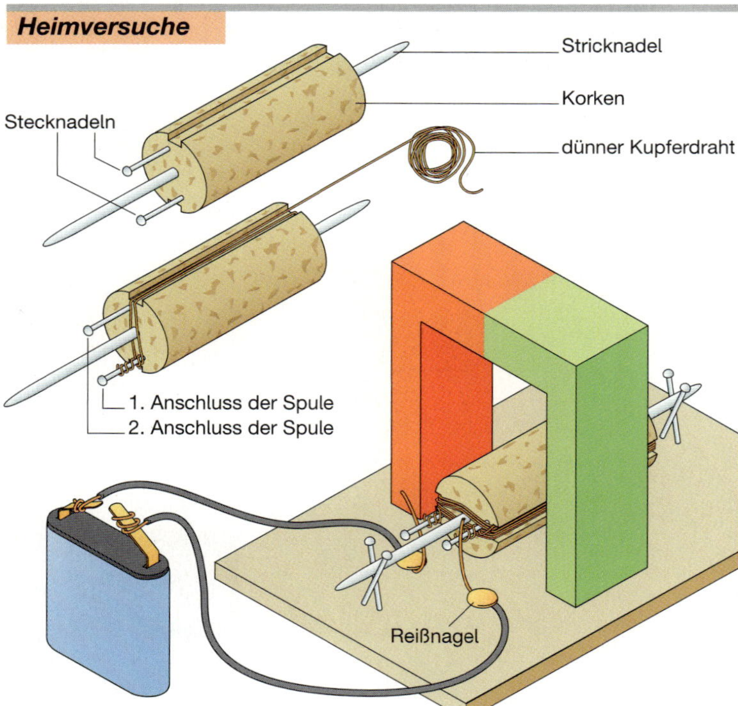

1. Wir bauen einen Elektromotor

Benötigt werden ein Brett, eine Stricknadel, vier längere Eisennägel und zwei kleine Nägel oder Stecknadeln, zwei Reißnägel, ein Korken, 3 m dünner, isolierter Kupferdraht, 2 Stückchen dicker, isolierter Kupferdraht, ein Hufeisenmagnet und eine Flachbatterie.

Der sich drehende Motorteil
Schneide in einen Korken zwei gegenüberliegende Rillen. Stecke die Stricknadel durch die Mitte des Korkens und an einem Ende neben die Stricknadel zwei Stecknadeln bzw. Nägel.
Ziehe an einem Ende des dünneren Kupferdrahtes etwa 2 cm Isolierung ab und wickle diesen Teil um eine der beiden Stecknadeln. Wickle dann den Draht etwa 30-mal in Längsrichtung in den Rillen um den Korken. Isoliere das andere Ende des Kupferdrahtes ab und befestige dieses Ende an der anderen Stecknadel.

Der feststehende Motorteil
Stecke jeweils 2 Nägel über Kreuz so in das Brett, dass die Stricknadel mit dem Korken

drehbar darauf gelagert werden kann. Isoliere die Enden der dickeren Kupferdrahtstücke ab und hefte sie mit den Reißnägeln so auf das Brett, dass die nach oben ragenden Enden gerade noch die Stecknadeln im Korken berühren.
Stelle über die Anordnung den Hufeisenmagnet und verbinde die dickeren Drähte mit einer 4,5 V-Batterie.
Versetze den Korken in eine Drehbewegung und beobachte.
Wenn du alles richtig gemacht hast, müsste der Motor nun laufen!

2. Die Magnetschrift auf dem Tonband

Nimm eine leere Tonband-Kassette und streiche mit einem Magnet über das freie Stück des Tonbandes. Drehe das Band weiter und streiche abwechselnd mit dem Nord- und dem Südpol des Magneten darüber.

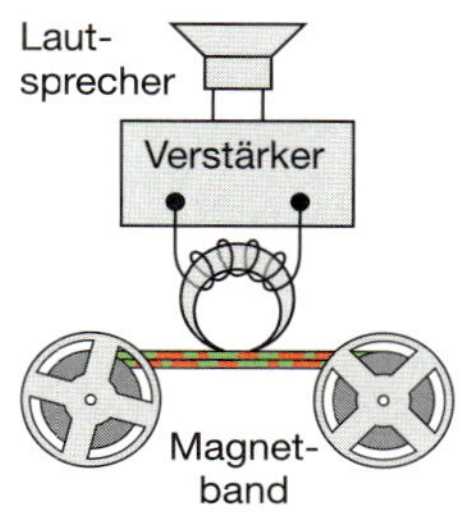

Spiele nun das Band ab, stelle die Lautstärke zunächst möglichst niedrig ein! Du kannst deine „Magnetschrift" hören. Überlege, wie das möglich ist.

3. Versuche mit dem Dynamo

a) Drehe das Antriebsrädchen am Dynamo mit der Hand. Warum lässt es sich nicht gleichmäßig drehen? Wie viele Stellen mit erhöhtem Kraftaufwand treten bei einer Umdrehung auf?
b) Schließe einen Kopfhörer an Gehäuse und Anschlusskontakt des Dynamos an. Schiebe nun das Fahrrad langsam bei laufendem Dynamo.
Wie kommt es zu den Tönen, die du im Kopfhörer hörst?

4. Wechselspannung sichtbar gemacht

Eine LED (Licht emittierende Diode) kennst du als Signallämpchen an elektronischen Geräten. Du kannst sie dir in jedem Elektronikladen besorgen. Im Unterschied zu normalen Glühlampen leuchten sie nur bei einer bestimmten Polung.
Schließe eine rote LED in Reihe mit einem Widerstand von etwa 420 Ω an einen Experimentiertransformator bei 6 V an. Bewege die LED rasch hin und her. Warum ergibt sich keine durchgehende Lichtspur?
Schließe parallel zur ersten LED eine zweite, grüne mit Widerstand an, jedoch mit umgekehrter Polung. Bewege nun beide LEDs zugleich.

Fragen

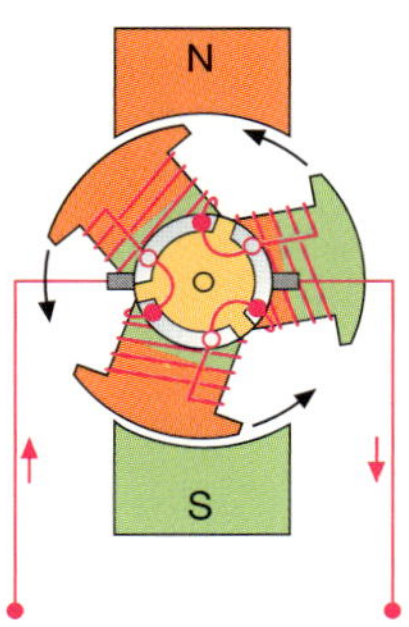

Zu Aufgabe 3

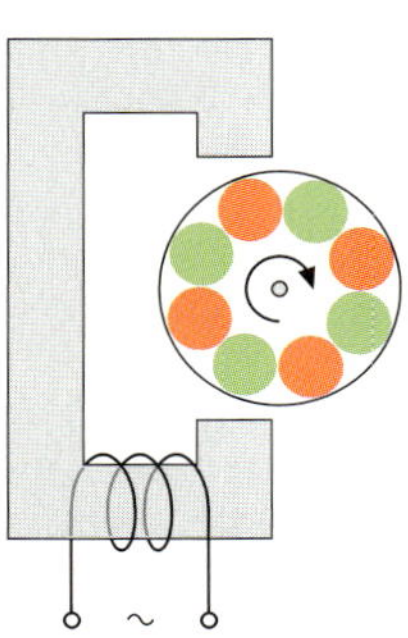

Zu Aufgabe 5

Zum Elektromotor

1 Warum wickelt man die Spule im Anker eines Motors auf einen Eisenkern?

2 Erkläre die Wirkungsweise des Kommutators im Elektromotor.

3 a) In manchen Motoren findet man auch einen Anker mit drei Spulen (s. Bild am Rand). Verfolge den Stromkreis und erläutere, wie sich dieser Anker bewegt.
b) Welchen Vorteil hat er gegenüber einem Anker mit nur zwei gegenüberliegenden Spulen?

4 Allstrommotoren haben Elektromagnete als Feldmagnete, die ihren Strom in Parallel- oder Reihenschaltung mit den Spulen im Anker erhalten. Diese Motoren behalten ihren Drehsinn bei, auch wenn die angelegte Spannung umgepolt wird. Wie lässt sich bei ihnen der Drehsinn umkehren? Fertige hierfür eine Schaltskizze an.

5 Man kann einen Dynamo mit Wechselspannung (etwa 6 V) als Motor betreiben. Das Prinzip zeigt das Bild am Rand. Erkläre diese Skizze und beantworte:
a) Warum läuft dieser Motor im Allgemeinen nur mit einer „Starthilfe" an?
b) Warum erhöht sich die Drehzahl nicht, wenn man die Spannung erhöht?
c) Wie viele Umdrehungen müsste der Motor in einer Sekunde machen, wenn der Anker ein, zwei oder vier Polpaare hätte?
(Die angelegte Wechselspannung mit 50 Hz ändert 100-mal in der Sekunde ihre Polung!)

Elektronen im Magnetfeld

6 Erkläre (wie in Beispiel 1) die Wirkung der Kräfte bei zwei parallelen Leitern mit Strömen in gleicher Richtung.

7 Überlege dir für jedes Leiterstück der abgebildeten Leiterschleifen, ob und in welcher Richtung Kräfte auftreten. Übertrage die Bilder in dein Heft und zeichne die Kraftpfeile ein.

a)

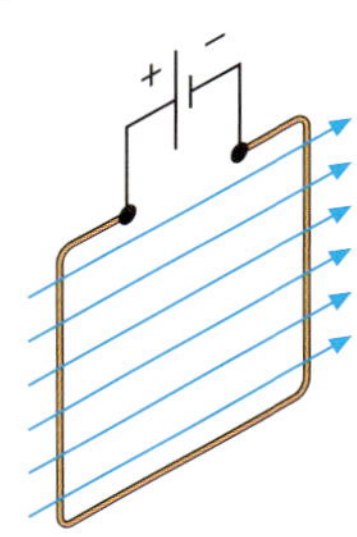

b)

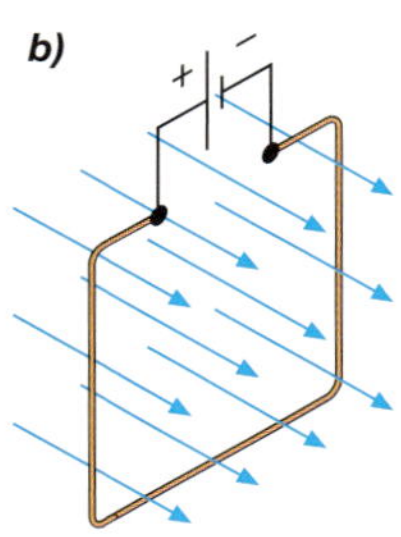

Fragen

8 Elektronen bewegen sich auf ein Magnetfeld mit parallelen Feldlinien zu. In welche Richtung werden sie abgelenkt, wenn das Magnetfeld
a) in Bewegungsrichtung bzw. in Gegenrichtung weist,
b) senkrecht zur Bewegungsrichtung nach oben bzw. nach unten gerichtet ist,
c) senkrecht zur Bewegungsrichtung nach links bzw. rechts gerichtet ist?

9 Erläutere mit Hilfe der Linken-Hand-Regel, ob und wie positiv und negativ geladene Teilchen, die als Sonnenwind zur Erde kommen, im Magnetfeld der Erde abgelenkt werden.

Elektromagnetische Induktion

10 Unter welchen Bedingungen wird in einer Spule eine Spannung induziert?

11 Weshalb wird die induzierte Spannung höher, wenn man Spulen mit Eisenkern verwendet?

12 Entsteht zwischen den Enden einer Spule, die man über beide Schenkel eines Hufeisenmagneten gleichzeitig bewegt, eine Spannung?

13 Verbindet man zwei Drehspulmessgeräte miteinander durch zwei Kabel und dreht ein Gerät herum, so zeigen beide eine Spannung an. Wie kommt das?

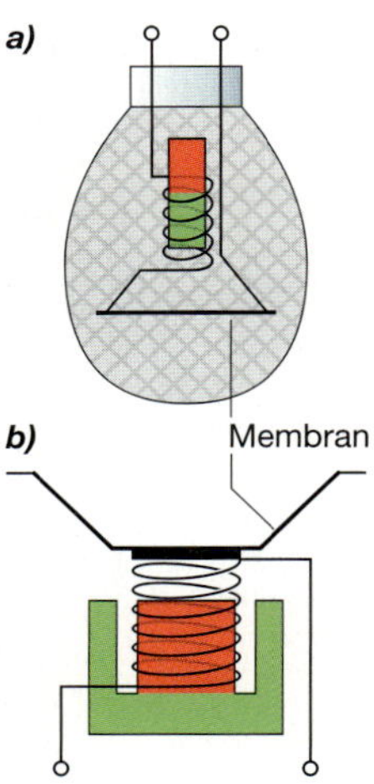

Zu Aufgabe 14

14 a) Bei vielen Mikrofonen (siehe Bild am Rand) ist eine bewegliche Membran fest mit einer Spule verbunden. Sie ragt in das Feld eines Dauermagneten hinein. Erkläre, wie der Schall, der die Membran zum Mitschwingen bringt, eine Wechselspannung zwischen den Spulenenden bewirkt.
b) Erkläre, wieso man einen Lautsprecher (siehe Bild am Rand) auch als Mikrofon benutzen könnte.

Zum Generator

15 Was versteht man unter einem Generator? Auf welche Weise funktioniert er?

16 Durch welche Maßnahmen lässt sich die von einem Generator erzeugte Spannung steigern?

17 a) Was versteht man unter einer Wechselspannung?
b) Was versteht man unter einer pulsierenden Gleichspannung? Wie kann man sie erzeugen?

18 Weshalb hat die vom Generator erzeugte Wechselspannung gerade in dem Moment ihren größten Betrag, wenn die Windungsebene der Drehspule senkrecht zum Magnetfeld steht?

19 Zeichne die Spannung U in Abhängigkeit von der Zeit t für eine Umdrehung beim Fahrraddynamo auf. Wie ändert sich das Ergebnis, wenn man die Umdrehungsgeschwindigkeit verdoppelt?

Zum Transformator

20 Beschreibe die Wirkungsweise eines Transformators.

21 Weshalb werden die Spulen eines Transformators auf einem gemeinsamen Eisenkern angeordnet?

22 Formuliere die Gesetze für die Stromstärken und für die Spannungen beim Transformator. Gib die notwendigen Voraussetzungen an.

23 Berechne die fehlenden Größen, wenn der Transformator bei den Spannungsangaben unbelastet, bei den Stromstärkeangaben belastet sein soll:

	n_1	n_2	U_1 in V	U_2 in V	I_1 in A	I_2 in A
a)	2000	50	.....	220	0,20	.....
b)	500	.....	220	6,00	.....	5,00
c)	200	.....	40,0	2000	2,0	.....
d)	.....	250	380	100	.....	0,50

24 Bei einem Ringkern-Regeltransformator sind Primär- und Sekundärspule auf einen gemeinsamen Eisenring gewickelt.

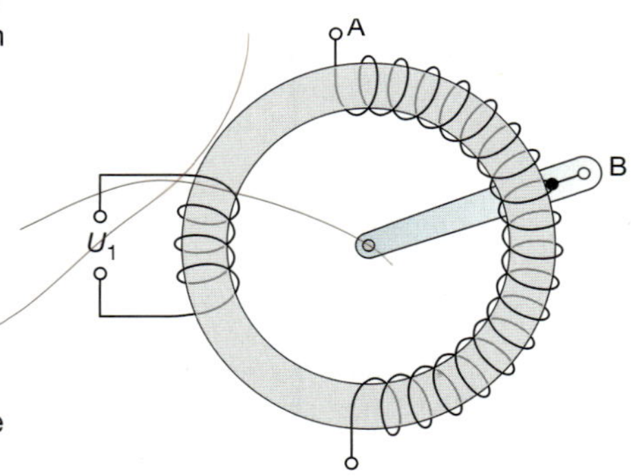

Ein Schleifkontakt B gleitet über die Windungen der Sekundärspule, die an diesen Stellen nicht isoliert sind.
Welche Spannung erhält man bei $U_1 = 220$ V, $n_1 = 1200$ und $n_2 = 120$? In welchen Stufen erhält man die Spannung U_2 zwischen dem festen Kontakt A und dem Kontakt B?
(Der Schleifkontakt kann immer nur um eine ganze Windung weitergerückt werden.)

Reibungszahlen

Kinder laufen eine „Schräge“ hinauf. Ob ihnen das gelingt, hängt von der Reibung zwischen den Schuhen und dem Untergrund ab. Physiker drücken dies durch Reibungszahlen aus. Je größer sie sind, umso weniger rutscht man.
Wie lassen sich Reibunszahlen bestimmen? Entwickle eine geeignete Messanordnung, etwa so, wie die nebenstehende:

Ein Holzklotz liegt auf einem Brett. Dieses wird an einer Seite angehoben. Zunächst bleibt der Klotz liegen – hebt man das Brett immer mehr an, so fängt der Klotz bei einer bestimmten Höhe zu rutschen an. Vergleiche diese Höhe mit der, bei der ein bereits rutschender Klotz beim Absenken des Brettes wieder anhält.

Versuche in „Forschungsvorhaben“ Reibungszahlen für verschiedene Körper und Unterlagen zu messen.

Hilfen:

Reibung bedeutet, dass eine Kraft zwischen einem Gegenstand und seiner Unterlage auftritt; also müssen Kräfte gemessen werden. Hierfür gibt es mehrere Möglichkeiten. Eine davon verwendet die schiefe Ebene. Denke dir auch andere Messmethoden aus und vergleiche ihre Vor- und Nachteile.
Wähle für die reibenden Flächen
– verschiedene Materialien,
– verschieden große Flächen des Körpers,
– Körper mit unterschiedlicher Masse.

Was wird erwartet?

Das Ergebnis sollte aus einem möglichst sorgfältigen Messprotokoll mit Auswertung bestehen. Vergleiche deine Ergebnisse mit denen, die durch andere Messmethoden gewonnen wurden. Stelle eine Tabelle der Reibungszahlen auf.
Diskutiere die Genauigkeit der Angaben und vergleiche verschiedene Messmethoden auf ihre Vor- und Nachteile.

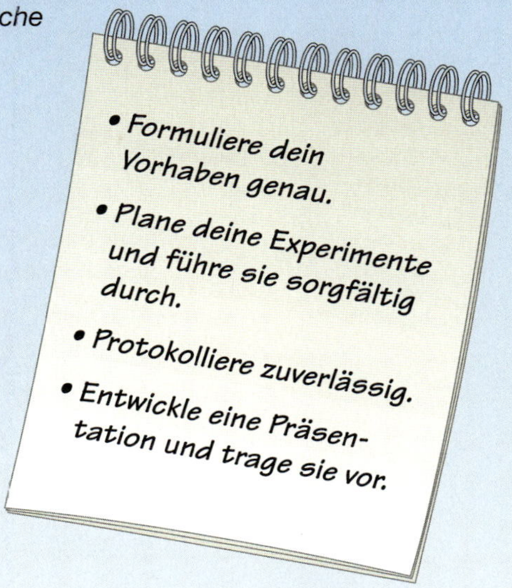

Wichtige Kenntnisse zur Lösung:

Wie bestimmt man Kräfte?
Was versteht man unter einer reibungsfreien Bewegung?
Welche Arten von Reibung unterscheidet man?
Wie sind Reibungszahlen definiert?

Informiere dich an Hand des Lehrbuches über folgende Themen:
- *Kraft und Kraftmessung,*
- *Masse und Gewichtskraft,*
- *schiefe Ebene,*
- *Zerlegung einer Kraft,*
- *Beschleunigen und Abbremsen.*

Beschreibe Situationen, in denen Reibung wichtig ist.

Die nebenstehenden Bilder sprechen Reibungsphänomene an. Beschreibe und erläutere den Zusammenhang mit der Reibungszahl!

Mattenschleifen ist anstrengend.

Korken rutschen nicht leicht weg.

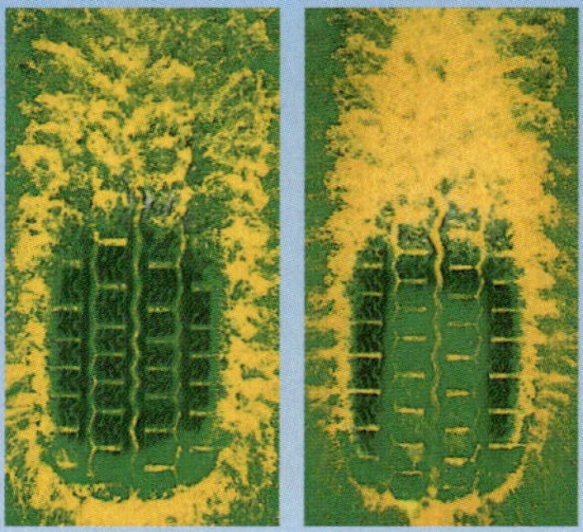

Aquaplaning ohne Profil

Rollen lassen hohes Tempo zu.

Wichtige Untersuchungen

- *Wähle für Körper und Unterlage gleiche als auch verschiedene Materialien.*
- *Prüfe, ob die Reibungskraft von der Größe der Auflagefläche des Körpers abhängt.*
- *Stelle fest, ob die Reibungskraft von der Geschwindigkeit des Körpers abhängt.*
- *Untersuche verschiedene Schmiermittel zur Minderung der Reibung.*
- *Wie lässt sich die Reibung vergrößern?*
- *Obwohl du beim Messen sehr sorgfältig bist, schwanken die Ergebnisse. Welche Fehler sind möglich? Lass andere mit deiner Messvorrichtung Werte bestimmen und bilde Mittelwerte.*

Schlussfolgerungen

Beurteile an Hand der Messwerte in deiner Klasse:
1. *Welche Materialien liefern die größte, welche die kleinste Reibungszahl? Vergleiche mit den Tabellenwerten im Buch.*
2. *Welches Messververfahren liefert die „besten“ Werte?*
3. *Wie lässt sich die Reibung erklären und welche Maßnahmen können sie beeinflussen?*
4. *Wie wirken sich Rollen/Kugeln oder Schmiermittel zwischen den gegeneinander bewegten Körpern aus?*

Zum weiteren Nachforschen:
- Versuche, Sand zu einem möglichst hohen Kegel aufzuschütten. Vergleiche verschiedene Sandarten und anderes Schüttgut.
- Wie wirken sich Unebenheiten der gegeneinander bewegten Flächen aus?

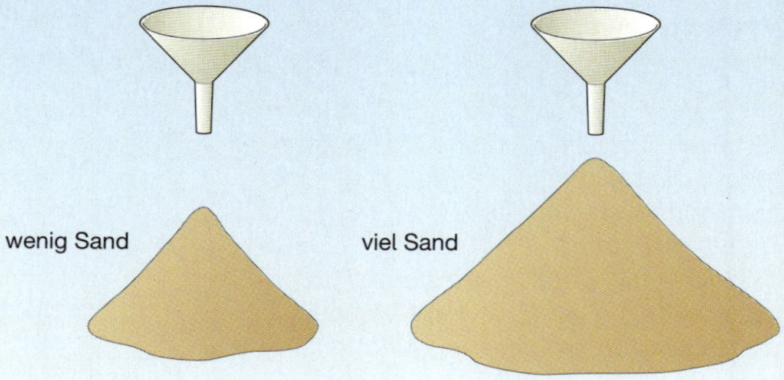

Zu untersuchen:
- nasser Sand
- grober Sand

Was bedeuten wohl
- Schüttwinkel?
- Schüttdichte?

Der 100 m-Lauf

Während eines Rennens über 100 m zwischen Carl Lewis und Leroy Burrell (beide aus den USA) wurden die Zeiten der beiden Läufer für jeweils 10 m gemessen. Verfolgt man diese Zeiten, dann lässt sich erahnen, wie spannend das Rennen gewesen sein muss.
Wie findest du heraus, wer von ihnen Sieger mit welcher Zeit wurde?

Knoten für die Geschwindigkeit

Bei Schiffen und Flugzeugen wird die Geschwindigkeit meist in Knoten angegeben. Wie kommt es dazu?
Früher hat man die Geschwindigkeit eines Schiffes mit dem Log bestimmt.
Das Log ist ein Brett, das an einer Leine befestigt ist. Es wird vom fahrenden Schiff ins Wasser geworfen. Das Brett bleibt im Wasser liegen und zieht die Leine nach.
In der Leine befinden sich in gleichen Abständen Knoten. Diese werden gezählt, während eine Sanduhr – das Logglas – abläuft.
Laufen in der Zeit z. B. 12 Knoten durch die Hand, fährt das Schiff 12 Knoten schnell.
In der Stunde legt ein Schiff bei 1 Knoten 1 Seemeile zurück.
1 Seemeile ist 1852 m lang.

Wie schnell breitet sich Schall aus?

Ein Mitschüler soll sich in genau 500 m Entfernung von dir aufstellen. Er muss einen Knall erzeugen, z. B. durch das Zusammenklatschen von zwei Brettern. In dem Augenblick, in dem du siehst, dass der Knall erzeugt wird, setzt du eine Stoppuhr in Gang; sobald du den Knall hörst, hältst du sie wieder an.

Bestimme nun die Schallgeschwindigkeit. Die Zeit, die das Licht für 500 m braucht, kannst du vernachlässigen.

Die Geschwindigkeit

Versuche

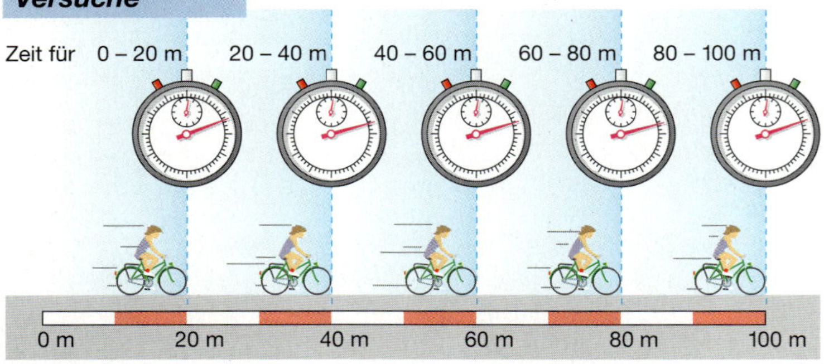

1 Bewegungen mit gleichen Zeiten für gleiche Strecken

V1 Teile eine 100 m lange Strecke in je 20 m lange Abschnitte. Durchfahre die Strecke mit dem Fahrrad, das ein Tachometer hat.
Fahre so, dass sich die Anzeige während der Fahrt möglichst nicht ändert.
Lasse alle 20 m die Zeit für diesen Streckenabschnitt messen. Wiederhole den Versuch mit anderen Tachometeranzeigen.

V2 Wiederhole Versuch 1 mit einer elektrischen Modell-Lokomotive auf einer geraden, ebenen Strecke. Da die Lokomotive keinen Tachometer hat, lässt man sie wie in Abb. ➤2 mit Hilfe eines Fadens ein Tachometer antreiben. Dessen Anzeige kann wie beim Fahrtenschreiber in Autos aufgezeichnet werden.

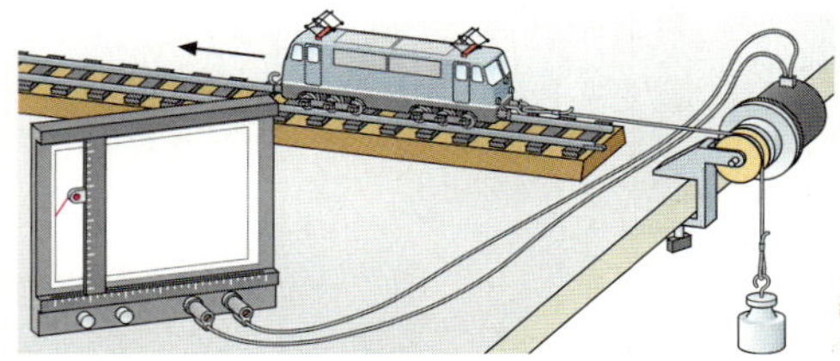

2 Aufzeichnung mit dem Fahrtenschreiber

Grundwissen

Weg und Zeit bestimmen eine Bewegung

Eine Bewegung beschreibt man, indem man ***Strecken*** für den zurückgelegten Weg und ***Zeitspannen*** für die dafür benötigte Zeit misst.

Bei einem 100 m-Lauf durchläuft der Sieger die Strecke in der kürzesten Zeit. Er hat sich am schnellsten bewegt. Die langsameren Läufer haben für die gleiche Strecke eine größere Zeitspanne benötigt.
In Abb. ➤3 sind Messwerte von Versuchen mit einer elektrischen Modell-Lokomotive wiedergegeben. Gemessen wurden der zurückgelegte Weg *s* und die dafür benötigte Zeitspanne *t* für zwei verschiedene Fahrten. Diese Werte beschreiben die Bewegung. Ihre grafische Darstellung heißt Zeit-Weg-Diagramm. Die Messpunkte liegen in diesem Beispiel für jede Fahrt recht genau auf einer Geraden durch den Ursprung. Ergibt sich in einem Zeit-Weg-(kurz: *t*-*s*)-Diagramm eine Gerade, so heißt die Bewegung ***gleichförmig***. Die Ursprungsgerade zeigt an, dass die Strecke *s* und die Zeitspanne *t* bei dieser Bewegung proportional zueinander sind.

Weg in m	0,50	1,00	1,50	2,00
schnelle Fahrt				
Zeit in s	1,6	3,1	4,6	6,1
langsame Fahrt				
Zeit in s	2,6	5,3	7,9	10,5

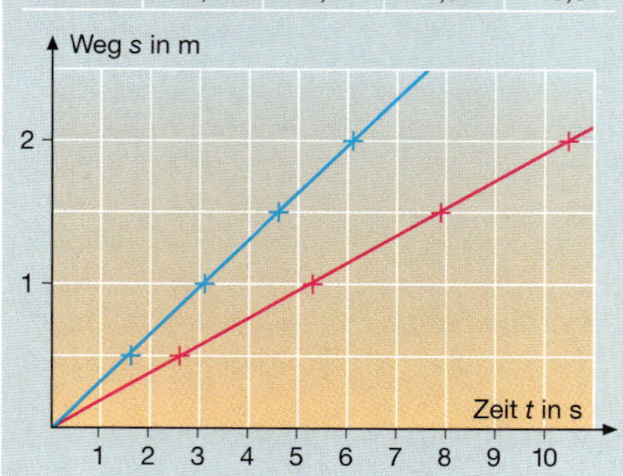

3 Messwerte und Zeit-Weg-Diagramm

> Bei der gleichförmigen Bewegung sind zurückgelegter Weg *s* und dafür benötigte Zeit *t* proportional zueinander.

Der Quotient zweier zueinander proportionaler Größen ist konstant. Mit den Werten der langsameren Fahrt (Abb. ➤3) erhält man für den Quotienten s/t:

s in m	0,50	1,00	1,50	2,00
t in s	2,6	5,3	7,9	10,5
s/t in m/s	0,19	0,19	0,19	0,19

Bei der anderen Fahrt ist die Konstante $\approx$ 0,31 m/s. Die beiden Bewegungen lassen sich durch Messung von Weg und Zeit auf zweierlei Weise unterscheiden:
- durch die unterschiedliche Steigung der Geraden im Zeit-Weg-Diagramm.
- durch den unterschiedlichen Wert des Quotienten s/t.

Bei der Bewegung, die durch die steilere Gerade im *t*-*s*-Diagramm beschrieben wird, wird die gleiche Strecke in kürzerer Zeit zurückgelegt als bei der anderen Bewegung. Sie ist die schnellere Bewegung. Der Quotient s/t ist bei ihr größer als bei der langsameren Bewegung. Dieser Quotient wird als neue Größe eingeführt und ***Geschwindigkeit*** der Bewegung genannt. Die Geschwindigkeit hat das Formelzeichen v (von velocitas, lat. Schnelligkeit):

> Der Quotient aus zurückgelegter Strecke s und dafür benötigter Zeitspanne t heißt Geschwindigkeit v.
>
> $v = \frac{s}{t}$

Einheiten der Geschwindigkeit sind:

$1\,\frac{\text{m}}{\text{s}} = 3{,}6\,\frac{\text{km}}{\text{h}}$ bzw. $1\,\frac{\text{km}}{\text{h}} = 0{,}28\,\frac{\text{m}}{\text{s}}$

Beispiel: Legt ein Fahrrad in $t = 4{,}7$ s die Strecke $s = 20$ m zurück, so beträgt seine Geschwindigkeit:

$v = \frac{s}{t} = \frac{20\text{ m}}{4{,}7}\text{ s} = 4{,}3\,\frac{\text{m}}{\text{s}} = 15{,}5\,\frac{\text{km}}{\text{h}}$

Dieser Wert wird am Tachometer angezeigt. Bei einer gleichförmigen Bewegung ändert er sich nicht.

> Bei einer gleichförmigen Bewegung ist die Geschwindigkeit konstant.

Dies wird besonders in einem Zeit-Geschwindigkeit-(kurz *t*-*v*)-Diagramm deutlich. Die gleichförmige Bewegung wird hierin durch eine Parallele zur *t*-Achse beschrieben.
Ein Fahrtenschreiber (Abb. ➤ 1) zeichnet unmittelbar das *t*-*v*-Diagramm der Bewegung auf. Man erkennt, dass die Messpunkte eine gleichförmige Bewegung anzeigen. Für die Fahrten der beiden Modell-Lokomotiven ergeben sich die Werte $v_1 = 0{,}19$ m/s bzw. $v_2 = 0{,}31$ m/s.

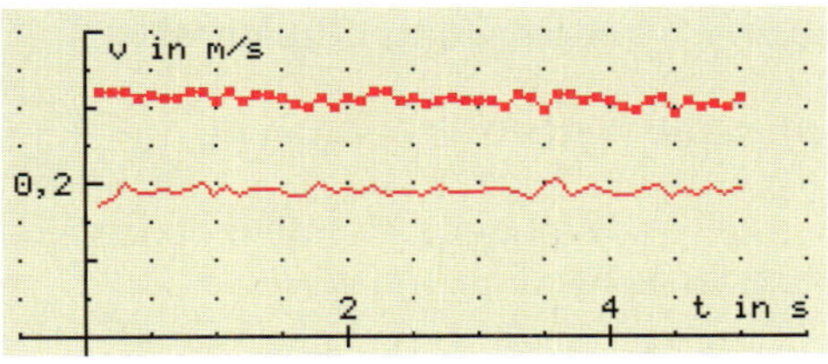

1 *t*-*v*-Diagramm bei gleichförmiger Bewegung

Haarwachstum	0,000 000 01 m/s	– km/h
Schnecke	0,002 m/s	0,007 km/h
Fußgänger	1,4 m/s	5 km/h
Radfahrer	5 m/s	18 km/h
Auto	40 m/s	144 km/h
Wanderfalke (Sturzflug)	80 m/s	290 km/h
Flugzeug	250 m/s	900 km/h
Schall in Luft	340 m/s	1 224 km/h
Mond um Erde	1 000 m/s	3 600 km/h
Schall in Wasser	1 500 m/s	5 400 km/h
Fernsehsatellit	2 600 m/s	9 360 km/h
Erdbebenwelle	5 000 m/s	18 000 km/h
Licht im Vakuum	300 000 000 m/s	1 080 000 000 km/h

2 Beispiele für Geschwindigkeiten

Manche Vorgänge sind nicht sofort als Bewegungen erkennbar. Nur durch Messungen ist zum Beispiel die Bewegung der Kontinente der Erde gegeneinander festzustellen; so nähert sich etwa Europa Nordamerika mit 2 cm pro Jahr. Auch die Tatsache, dass Licht eine Geschwindigkeit hat, ist nicht durch bloßen Augenschein zu erkennen (Tab. ➤ 2).

Messungen mit Schall

Wenn für eine Bewegung die Geschwindigkeit v und die verstrichene Zeitspanne bekannt sind, kann daraus die zurückgelegte Strecke ermittelt werden. Aus $v = s/t$ folgt $s = v \cdot t$.
Fledermäuse nutzen dies. Sie senden Ultraschallsignale aus und empfangen anschließend mit ihren großen Ohren die von Gegenständen reflektierten Signale. Schall benötigt Zeit zur Ausbreitung (die Schallgeschwindigkeit ist $v = 340$ m/s); aus der Zeitspanne zwischen Senden und Empfangen erfahren die Tiere die Entfernung des Gegenstandes. Nach diesem Prinzip arbeitet ein ***Sonarmeter***. Mit einem grafikfähigen Taschenrechner oder Computer lassen sich die Messwerte als *t*-*s*-Diagramm einer Bewegung aufzeichnen. Die Fahrten der beiden Modell-Lokomotiven ergeben erwartungsgemäß Ursprungsgeraden (Abb. ➤ 3).

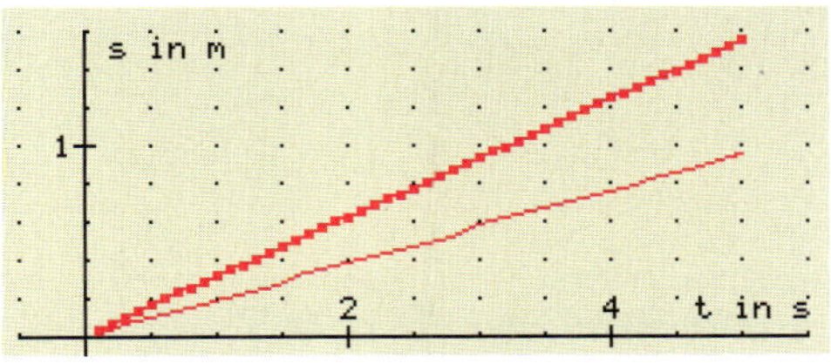

3 *t*-*s*-Diagramm zur Bewegung nach Abb. ➤ 1

Die Beschleunigung

Versuche

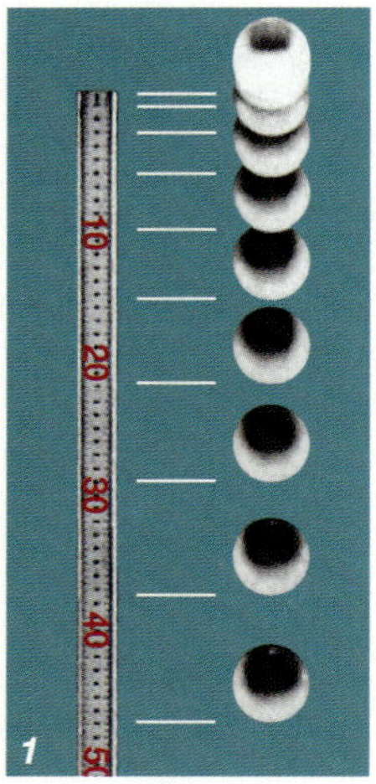

1

V1 Auf der Landstraße stehen in 50 m Abstand Begrenzungspfähle. In einem bei einem Pfahl anfahrenden Auto misst ein Mitfahrer die Zeit, die bis zum Erreichen weiterer Begrenzungspfähle vergeht und erhält z. B. folgende Messwerte:

Weg in m	0	50	100	150	200
Zeit in s	0	5,3	7,5	9,2	10,7

V2 Ein Fahrzeug, z. B. der Gleiter einer Luftkissenfahrbahn, bewegt sich auf der etwas geneigten Bahn abwärts (Abb. ➤ 2). Mit einem Fahrtenschreiber wird bei verschiedenen Neigungen ein *t*-*v*-Diagramm aufgenommen. Es ergeben sich Geraden durch den Ursprung.

V3 Abb. ➤ 1 zeigt die Stroboskop-Aufnahme einer fallenden Kugel. Ein Stroboskop ist ein Blitzlichtgerät, das seine Blitze in festen Zeitabständen aussendet. Ein Bild mit dem Fotoapparat, das den Fall der Kugel im Dunkeln mit einer Aufnahme festhält, zeigt die Kugel nur in den Augenblicken, in denen sie das Blitzlicht reflektiert. Zwischen den einzelnen Orten der Kugel ist jeweils die gleiche Zeitspanne verstrichen.
Man erkennt, dass die innerhalb dieser konstanten Zeitspanne zurückgelegten Strecken immer länger werden.

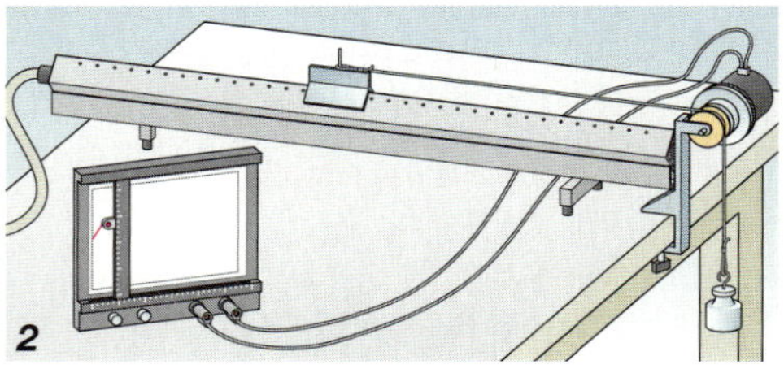
2

Grundwissen

Die veränderliche Geschwindigkeit

Abb. ➤ 3 zeigt das Zeit-Geschwindigkeit-Diagramm einer Fahrt mit dem Fahrrad. Man erkennt daran: Zunächst steigt beim Anfahren die Geschwindigkeit an und bleibt dann eine Weile fast konstant. Hier bewegt sich das Fahrrad nahezu gleichförmig. Dann sinkt die Geschwindigkeit bis auf den Wert Null. Offenbar bremst der Fahrer und hält für eine gewisse Zeit an. Dann fährt er erneut los, erreicht fast die vorherige Geschwindigkeit, um schon nach kurzer Zeit wieder bis zum Stand abzubremsen.
Solche Bewegungen, bei denen sich die Geschwindigkeit ändert, heißen ***beschleunigte Bewegungen***.
Autoprospekte enthalten meist Angaben, die die Fähigkeit des Fahrzeuges zur Änderung seiner Geschwindigkeit zu beurteilen erlauben. Zum Beispiel heißt es:

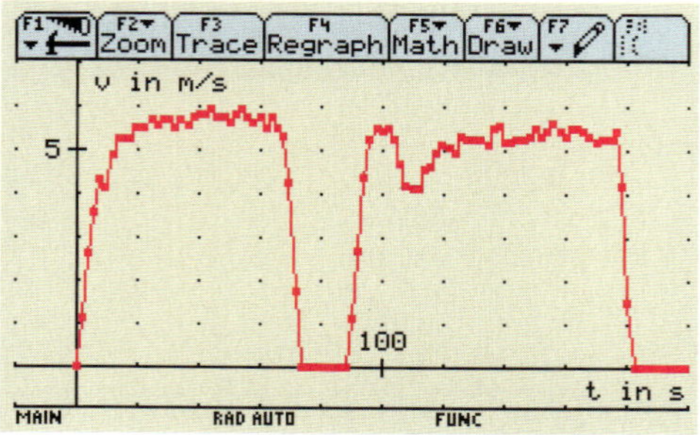

3 Das *t*-*v*-Diagramm einer Fahrt verrät viel.

Die Beschleunigung von 0 auf 100 km/h dauert 12,2 s. Bei einem anderen Fahrzeug steht: Die Beschleunigung von 0 auf 100 km/h dauert 9,8 s.
Die Beschleunigung wird hier durch eine Änderung der Geschwindigkeit von v_1 = 0 km/h auf v_2 = 100 km/h und die dafür benötigte Zeitspanne charakterisiert. Wird für die gleiche Geschwindigkeitsänderung eine kürzere Zeitspanne benötigt, so beschleunigt das Auto stärker, seine Geschwindigkeit ändert sich schneller. Die physikalische Definition der ***Beschleunigung*** *a* (engl. acceleration) lautet:

> Die Beschleunigung *a* einer Bewegung ist der Quotient aus der Geschwindigkeitsänderung $\Delta v = v_2 - v_1$ und der dafür benötigten Zeitspanne $\Delta t = t_2 - t_1$.
> $a = \frac{\Delta v}{\Delta t} = \frac{v_2 - v_1}{t_2 - t_1}$; Einheit: $1\,\frac{\text{m/s}}{\text{s}} = 1\,\frac{\text{m}}{\text{s}^2}$

Nimmt die Geschwindigkeit ab, so ist die Beschleunigung negativ, sie wird dann auch als ***Verzögerung*** bezeichnet.

Beispiel: Wird in der Zeitspanne Δt = 9,8 s die Geschwindigkeit um Δv = −100 km/h ≈ −28 m/s verringert, so bedeutet das eine konstante Verzögerung von

$$a = \frac{\Delta v}{\Delta t} = \frac{-28\text{ m/s}}{9{,}8\text{ s}} = -2{,}9\text{ m/s}^2.$$

Bewegung bei konstanter Beschleunigung

Wenn ein Fahrzeug eine schräge Bahn hinabfährt, nimmt seine Geschwindigkeit zu, es liegt eine beschleunigte Bewegung vor. Ein Fahrtenschreiber liefert Ursprungsgeraden im t-v-Diagramm einer solchen Bewegung. In Abb. ➤ 1 wird deutlich, dass sich die Geschwindigkeit in gleichen Zeitspannen Δt um gleiche Beträge Δv ändert. Dann ist der Quotient $a = \Delta v / \Delta t$ konstant, das heißt, es liegt eine Bewegung mit konstanter Beschleunigung vor.

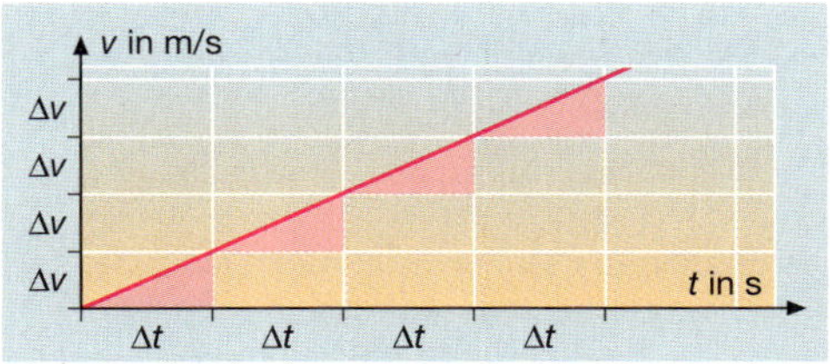

1 Eine Ursprungsgerade im t-v-Diagramm

Die Ursprungsgerade zeigt, dass v und t in diesem Fall proportional zueinander sind.

> Sind bei einer Bewegung Geschwindigkeit und Zeit proportional zueinander, dann ist die Beschleunigung konstant.

Der Quotient aus Weg und Zeit ist bei einer beschleunigten Bewegung nicht konstant. Hat ein Radfahrer 30 km in 2 Stunden zurückgelegt, so ist es unwahrscheinlich, dass die gesamte Strecke mit einer konstanten Geschwindigkeit v = 15 km/h durchfahren wurde. Dieser Wert gibt nur die ***Durchschnittsgeschwindigkeit*** an.

Die zu jedem Zeitpunkt bestehende ***Momentangeschwindigkeit*** könnte man an einem Tachometer ablesen.

Die Stroboskop-Aufnahme einer fallenden Kugel (Abb. ➤ 2) zeigt, dass die in einer bestimmten Zeitspanne zurückgelegten Wege immer länger werden. Also liegt eine beschleunigte Bewegung vor. Das t-s-Diagramm ist in diesem Fall keine Gerade (Abb. ➤ 3).

> Eine gekrümmte Kurve im t-s-Diagramm zeigt eine beschleunigte Bewegung an.

Bei kleinen Fallgeschwindigkeiten kann man die Luftreibung vernachlässigen. Für solche ***frei fallenden*** Gegenstände ergibt sich stets der gleiche Wert für die mit g als Formelbuchstaben bezeichnete Beschleunigung: $g = 9{,}81\ \text{m/s}^2$. Vom Beginn des Falls an gemessen gehört zur doppelten Zeit der vierfache, zur dreifachen der neunfache Weg, usw. Das Zeit-Weg-Gesetz der Bewegung im freien Fall lautet:

$s = \frac{1}{2}\, g \cdot t^2$

Das Schaubild in der Abb. ➤ 3 ist tatsächlich eine Parabel.

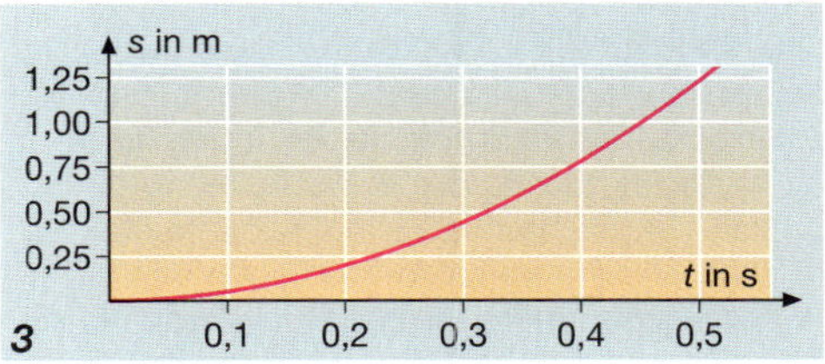

3

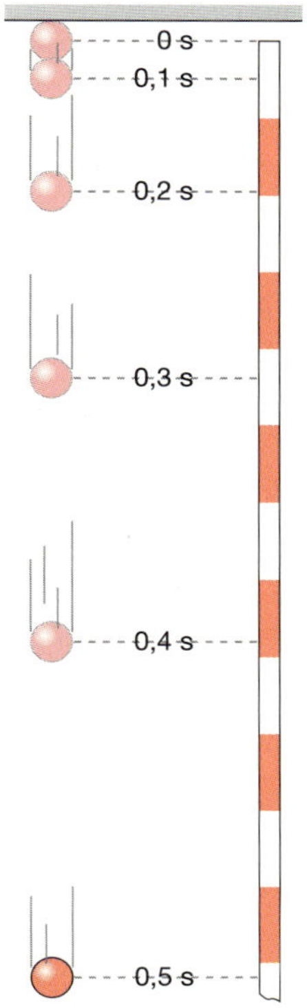

2 Frei fallende Kugel

Achtung – Unfallgefahr

Jeder Verkehrsteilnehmer darf nur so schnell fahren, dass er immer rechtzeitig anhalten kann. Der ***Anhalteweg*** wird oft unterschätzt. Ein Auto fährt z. B. mit 30 km/h in einer Spielstraße. Es legt in jeder Sekunde 8,4 m zurück. Da läuft ein Kind etwa 3 parkende Autos voraus auf die Fahrbahn; die Entfernung beträgt also etwa 20 m.

Kann der Fahrer noch rechtzeitig halten? Seine Reaktionszeit liegt bei etwa 1 s; in dieser Zeit legt das Auto ungebremst 8,4 m zurück. Dies ist der ***Reaktionsweg***.

Nun wird gebremst. In der Fahrschule lernt man: Geschwindigkeit in km/h durch 10, davon das Quadrat, das ist der ***Bremsweg*** in Metern. Bei 30 km/h beträgt er 9 m.

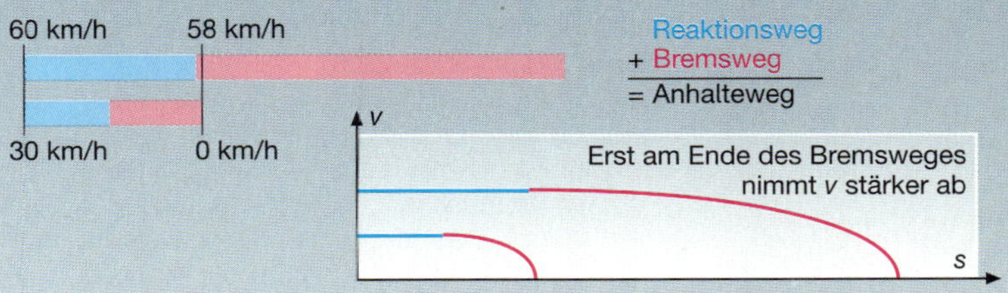

Der Anhalteweg ergibt sich aus Reaktionsweg und Bremsweg zu 17,4 m. Es reicht also.

Bei 60 km/h wäre der Reaktionsweg bereits 16,8 m, der Bremsweg 36 m und der Anhalteweg 52,8 m, also fast dreimal so lang.

Während im ersten Fall das Auto bereits nach 17,4 m steht, ist im zweiten Fall allein für die Reaktion aus den 20 m Abstand zum Kind nur noch 20 m – 16,8 m = 3,2 m zum Bremsen übrig geblieben. Das Auto trifft daher mit fast voller Geschindigkeit das Kind.

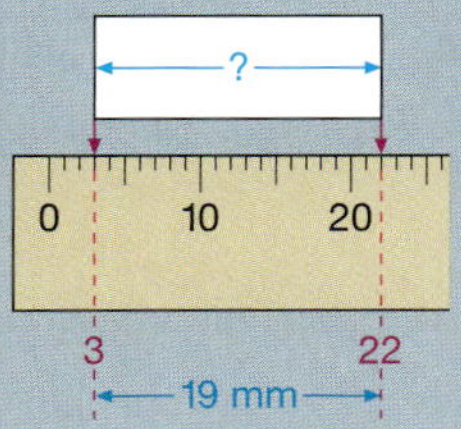

1 Messen einer Länge

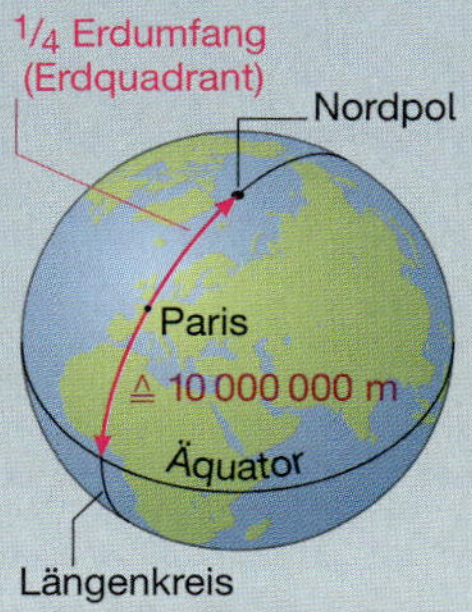

3 Das Meter als Teil des Erdumfanges und das eine Ende vom Urmeter

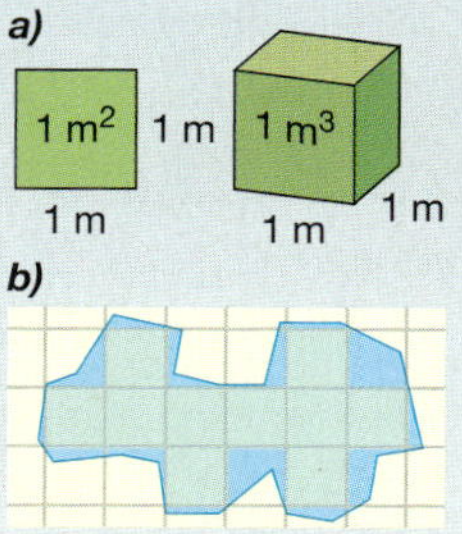

4 Flächen- und Volumeneinheit

Länge – Fläche – Volumen – Zeit

Zum Messen von Längen benutzen wir meist die Skala auf einem Lineal, Maßband oder Zollstock. Wir übertragen dazu Anfangs- und Endpunkt der zu messenden Länge auf zugehörige Punkte der Skala und berechnen aus deren Abstand die Länge. Die kleinste auf der Skala markierte Länge ist die Einheit. Das Messergebnis besteht dann aus der Angabe von Vielfachen dieser Einheit (Abb. ➤ 1).

Bei der Benutzung von Längeneinheiten gab es früher erhebliche Unsicherheiten. Jedes Königreich legte nach eigenem Gutdünken die Länge für Elle, Fuß oder Zoll fest und man musste damit rechnen, dass von Amts wegen die Längeneinheit verkleinert wurde, um zum Beispiel die Steuereinnahmen für dieselbe „Tuchmenge, gemessen in Ellen" zu erhöhen.

2 „16 man gros und klein" sorgten um 1590 für ein „gerecht gemeyn wert" für 1 Fuß.

Ein zugrunde liegendes Maß, etwa der Mittelwert der Fußlängen mehrerer Personen für 1 Fuß (Abb. ➤ 2), konnte ohne diese nirgends überprüft werden. Mit der französischen Revolution 1789 begann man deshalb, ***Naturkonstanten*** zu suchen, die jederzeit und überall mit gleichem Wert vorhanden sind. Technik und Handel forderten ebenfalls unveränderliche und über Ländergrenzen hinweg gültige Einheiten. Doch erst gegen Ende des 19. Jahrhunderts schlossen sich immer mehr Staaten einem internationalen Abkommen an, durch entsprechende nationale Gesetze für Gleichheit und Reproduzierbarkeit der Einheiten zu sorgen.
Bis in die Mitte des 20. Jahrhunderts hat man den Umfang der Erde zur Festlegung der Längeneinheit herangezogen. Der 10 millionste Teil des Erdquadranten galt als Längeneinheit 1 m (Meter). Das Messergebnis wurde durch den Abstand von zwei in einem X-förmigen Metallstab eingeritzte Strichmarken dargestellt. Jeder Staat konnte sich eine genaue Kopie dieses ***Urmeters*** beschaffen und seinerseits weitere Kopien davon anfertigen (Abb. ➤ 3). Wissenschaft und Technik zwangen mit ihrer wachsenden Anforderung dazu, ab 1960 den Metallstab durch eine im Labor jederzeit erzeugbare konstante Länge mit größerer Genauigkeit zu ersetzen.

Heute wird die Längeneinheit wegen $s = v \cdot t$ als Strecke bestimmt, in der sich ein Signal mit Lichtgeschwindigkeit $v = 299\,792\,458$ m/s in der Zeit $t = 1/299\,792\,458$ s ausgebreitet hat. Die Lichtgeschwindigkeit mit dem Zahlenwert „299 792 458" ist eine Naturkonstante.

> Die Längeneinheit 1 Meter ist durch die Lichtgeschwindigkeit und die Zeiteinheit 1 Sekunde gemäß $s = v \cdot t$ festgelegt.

Weil die Längeneinheit 1 m für viele Zwecke zu groß oder zu klein ist, sind davon auch Vielfache oder Teile mit der Zahl 10 erlaubt. Sie werden durch Buchstaben vor der Einheit angegeben, etwa (s. auch Tabelle am Ende des Buches):

1 m = 100 cm = 1000 mm;   1000 m = 1 km

Die Einheit für Flächen wird durch ein Quadrat mit 1 m Kantenlänge gebildet, die Einheit für das Volumen aus dem entsprechenden Würfel (Abb. ➤ 4a) und man schreibt dafür

$1\text{ m} \cdot 1\text{ m} = 1\text{ m}^2$ als Flächeneinheit bzw.
$1\text{ m} \cdot 1\text{ m} \cdot 1\text{m} = 1\text{ m}^3$ als Volumeneinheit.

Die Größe einer Fläche wird z. B. durch Abzählen der darin enthaltenen Einheitsquadrate (Abb. ➤ 4b), die Größe eines Volumens durch die entsprechende Anzahl darin enthaltener Einheitswürfel bestimmt.
Bei Flüssigkeiten benutzt man als Raumeinheit auch $1\text{ dm}^3 = 1000\text{ cm}^3 = 1$ l (Liter) bzw.
$1\text{ cm}^3 = 1$ ml (Milliliter).
Der Rauminhalt von Flüssigkeiten kann mit Messzylindern bestimmt werden. Eine Längenskala zeigt das Volumen an, weil die Höhe der Flüssigkeitssäule bei konstanter Querschnittsfläche zum Volumen proportional ist.

Zeiten werden mit ***Uhren*** gemessen. Diese Messgeräte zählen Vorgänge, die sich regelmäßig wiederholen, wie die Schwingungen von Pendeln oder Quarzen. Für Zeiteinheiten werden noch heute Bezeichnungen von Vorgängen benutzt, die schon im Altertum verwendet wurden: Mond und Sonne bestimmen den ständig wiederkehrenden Tageslauf, die Mondphasen und den Jahreslauf. Es gelten auch heute noch die Beziehungen:
1 d (Tag) = 24 h (Stunden)
= 1 440 min (Minuten)
= 86 400 s (Sekunden)
Die Einheit 1 a (Jahr) ist ebenfalls üblich; wegen der Schwankungen der Erdbewegung ist sie für uns nicht konstant genug. Heute werden keine Himmelserscheinungen, sondern atomphysikalische Vorgänge zur Festlegung der Zeiteinheit herangezogen:
1 s ist die Dauer für 9 192 631 770 Schwingungen bestimmter Caesium-Atome.

Messen von Bewegungen

Jeder glaubt, sich beim normalen Gehen mit konstanter Geschwindigkeit zu bewegen. Um das zu beweisen, wird ein Messversuch gemacht (Abb. ➤ 1). Eine Schülerin entfernt sich mit konstanter Geschwindigkeit von einer Wand. Um die Zeiten und Wegstrecken zu messen, trägt sie ein nach hinten zur Wand gerichtetes Sonarmeter mit sich.
Es misst mit Ultraschall in regelmäßigen Zeitintervallen den Abstand zur Wand.
Abb. ➤ 2 zeigt das Ergebnis eines solchen Experiments. Die Vorstellung, mit konstanter Geschwindigkeit zu gehen, ist also nur sehr begrenzt richtig.

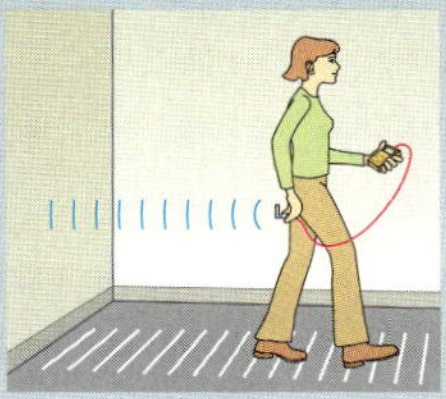

1

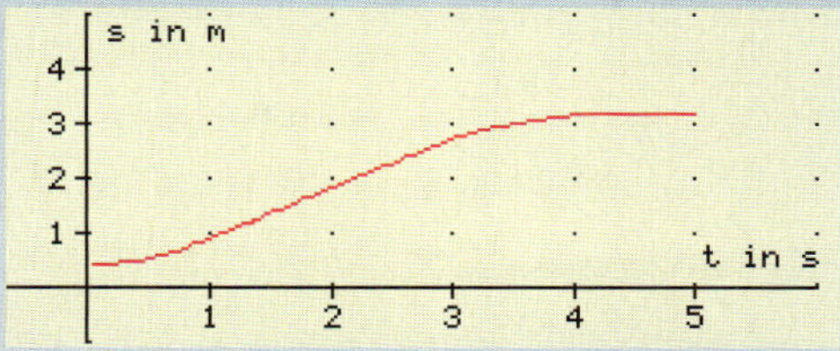

2 *t*-*s*-Diagramm der gehenden Schülerin

Aus dem Diagramm ist zu entnehmen:
Die Bewegung beginnt zur Zeit $t = 0$ im Abstand von 0,5 m zur Wand. In der ersten Sekunde zeigt das Diagramm eine Kurve mit wachsender Steigung, das heißt, die Geschwindigkeit der Schülerin nimmt zu. Das ist verständlich, wenn man bedenkt, dass sie die Messung bereits beim Losgehen startete. Sie benötigte erst eine gewisse Zeit, um gleich schnell zu gehen.
Anschließend geht die Messkurve im Diagramm in eine Gerade über. Die Schülerin bewegt sich knapp 2 Sekunden lang in gleichen Zeitabständen Δt um gleiche Weglängen Δs. Ihre Geschwindigkeit $v = \Delta s / \Delta t$ ist also konstant. Ihr Betrag ergibt sich aus der Steigung der Geraden zu 1 m/s.
Zum Ende der Bewegung wird die Kurve wieder flacher und verläuft zum Schluss parallel zur Zeitachse. Das ist ebenfalls verständlich, denn die Schülerin bremste erst eine Zeit lang ab, um zum Stillstand zu kommen. Der Kurvenverlauf parallel zur Zeitachse bedeutet, dass sie sich in diesem Zeitabschnitt der Messung nicht mehr weiter von der Wand entfernt hat.

> Im *t*-*s*-Diagramm ist ein gekrümmter Abschnitt der Kurve das Ergebnis einer beschleunigten Bewegung. Ein geradliniger Abschnitt ist das Ergebnis einer Bewegung mit konstanter Geschwindigkeit.

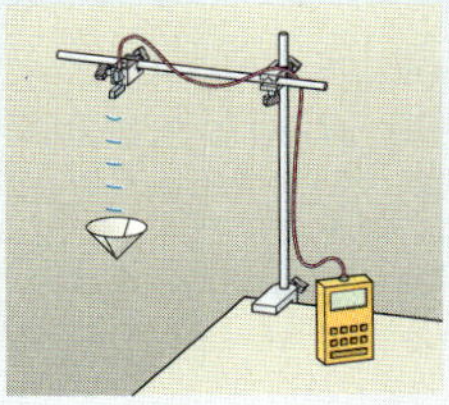

3

Die Beträge von Geschwindigkeit und Beschleunigung lassen sich aus einem *t*-*v*-Diagramm einfacher entnehmen.

Wir untersuchen die Fallbewegung eines Papierkegels (Abb. ➤ 3). Der Papierkegel wird in etwa 2 m Höhe losgelassen. Während man beobachtet, wie er „langsam" zu Boden gleitet, misst ein Sonarmeter in regelmäßigen Zeitabständen den Abstand des Kegels. Die Fallbewegung wird als *t*-*s*-Diagramm dargestellt (Abb. ➤ 4).

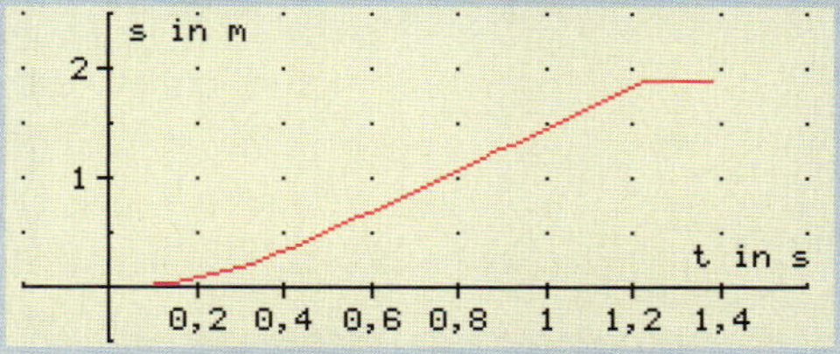

4 *t*-*s*-Diagramm des fallenden Kegels

Dem Diagramm entnimmt man, dass sich der Kegel immer schneller werdend vom Sonarmeter entfernt. Die Kurve im *t*-*s*-Diagramm ist in der Startphase gekrümmt.
Das bedeutet, dass der Kegel zu Beginn der Bewegung seine Geschwindigkeit laufend erhöht, also beschleunigt. Je länger er jedoch fällt, desto geringer wird die Beschleunigung, die Kurve ist immer geringer gekrümmt. Schließlich findet keine Beschleunigung mehr statt. Der Kegel erreicht mit konstanter Geschwindigkeit den Boden und er entfernt sich nicht weiter, die Geschwindigkeit ist Null.
Er hat eine Fallstrecke von knapp 2 m zurückgelegt.

Diese Informationen sind auch dem *t*-*v*-Diagramm (Abb. ➤ 5) zu entnehmen, das der Taschenrechner aus den Messwerten errechnet hat. Darüber hinaus ist zu erkennen, dass der Kegel bereits nach 0,6 s eine konstante Geschwindigkeit von etwa 2 m/s erreicht hat, denn die Kurve verläuft anschließend fast parallel zur *t*-Achse. So wird deutlich, dass der Luftwiderstand erst bei einer bestimmten Geschwindigkeit eine weitere Beschleunigung des Kegels verhindert.

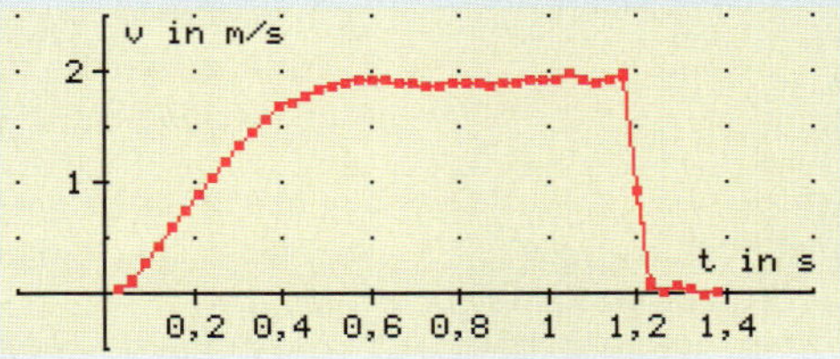

5 *t*-*v*-Diagramm des fallenden Kegels

> Steigende oder fallende Kurven zeigen im *t*-*v*-Diagramm eine beschleunigte Bewegung an. Parallelen zur *t*-Achse bedeuten konstante Geschwindigkeit.

Rückblick

Begriffe
Was versteht man unter
- der Geschwindigkeit einer Bewegung?
- der Beschleunigung einer Bewegung?
- einer gleichförmigen Bewegung?
- einer Durchschnittsgeschwindigkeit?
- der Fallbeschleunigung?
- einem Bremsweg?

Beobachtungen
Was beobachtet man, wenn sich ein Körper
- mit konstanter Geschwindigkeit bewegt?
- im freien Fall bewegt?

Erklärungen
Wie lässt sich begründen, dass
- im t-s-Diagramm größere Geschwindigkeiten steilere Geraden bedingen?
- bei einer Verzögerung die Beschleunigung negativ wird?
- der freie Fall eine beschleunigte Bewegung ist?

Gesetzmäßigkeiten
Beschreibe mit eigenen Worten
- die bei der gleichförmigen Bewegung gegebene Abhängigkeit zwischen Zeit und Weg.

Erläutere die Erscheinungen in den folgenden Bildern und beantworte die Fragen!

Welche Bewegungen zeigt das Bild?

Was für eine Bewegung liegt vor?

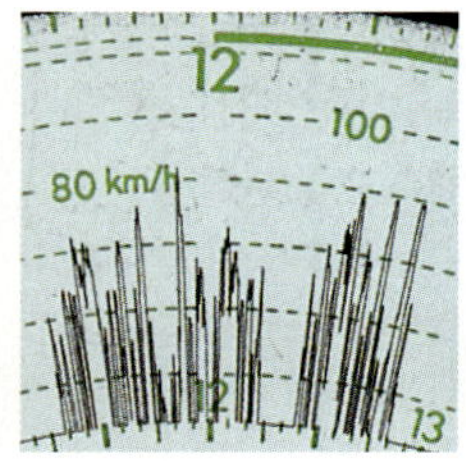

Was gibt der Fahrtenschreiber wieder?

Warum ist das kein freier Fall?

Heimversuche

1. Tachometerprüfung am Fahrrad
Suche dir eine 50 m lange Strecke. Fahre gleichmäßig schnell mit der Tacho-Anzeige 10 km/h. Miss die dafür benötigte Zeit. Geht dein Tacho richtig, so muss die Fahrzeit 18 s betragen. Prüfe diese Angabe durch eine Rechnung.

2. Die Geschwindigkeit des Flusswassers
Bestimme die Breite einer Brücke über einen Fluss oder Bach. VORSICHT im Verkehr! Miss die Zeit, die ein auf dem Wasser schwimmender Gegenstand benötigt, um unter der Brücke hindurch zu treiben. Berechne daraus seine Geschwindigkeit.

Fragen

1 Erkläre, was man mit Durchschnittsgeschwindigkeit und mit Momentangeschwindigkeit meint. Wie misst man diese Geschwindigkeiten?

2a) Zeige durch Rechnung, dass die Beziehung 1 m/s = 3,6 km/h gilt.
b) Wie viel m/s sind 20 km/h (80 km/h)?
c) Wie viel km/h sind 20 m/s (30 m/s)?

3 Ein Auto hat die Geschwindigkeit 120 km/h. Welche Strecke legt es in 10 s zurück?

4 Ein ICE durchfährt 1 km in 18 s. Welche Geschwindigkeit in km/h hat er?

5 Die Schallgeschwindigkeit in Luft beträgt 340 m/s. Wie weit ist ein Blitz – den man praktisch ohne Verzögerung sieht – entfernt, wenn der Donner 3 s später zu hören ist?

6 Ein Autofahrer fährt 504 km weit mit der Durchschnittsgeschwindigkeit 90 km/h. Er macht insgesamt 24 Minuten Pause. Wie lange ist er unterwegs?

7 Beim Start eines Radfahrers werden folgende Werte gemessen:

Zeit in s	0	1,0	2,0	3,0	4,0	5,0	6,0	7,0
Weg in m	0	1,5	5,0	9,0	14	20	26	31

a) Zeichne das Zeit-Weg-Diagramm.
b) In welchen Abschnitten ist die Geschwindigkeit konstant?
c) Berechne die Durchschnittsgeschwindigkeiten für die Strecken 0 bis 5 m und 14 m bis 26 m.

8 Schätze mit der Fahrschulregel (s. Rand) den Anhalteweg für ein Auto ab, das mit einer Geschwindigkeit von 90 km/h fährt.

9 Ein Körper legt in 5 s mit konstanter Geschwindigkeit eine Strecke von 40 cm zurück und bleibt dann plötzlich stehen. Zeichne ein t-s-Diagramm.

Fahrschulregeln
1. Bremsweg in Metern ist gleich dem Quadrat der durch 10 geteilten Geschwindigkeit in km/h.
2. Durchschnittliche Reaktionszeit 1 s.

Warum stürzen große Bauten nicht ein?

Bauwerke aus früherer Zeit zeugen von der Fähigkeit ihrer Erbauer, die aus dem Eigengewicht des Gebäudes entstehenden gewaltigen Kräfte abzufangen. Hohlräume würden in sich zusammenstürzen, wenn die Last, die von den Steinblöcken eines solchen Baues ausgeht, nicht durch Abstützungen oder Lager geschickt verteilt würde.

Solche Probleme werden heute bei jedem Bauwerk, ob Turm, Brücke oder Haus, von einem Statiker geklärt.

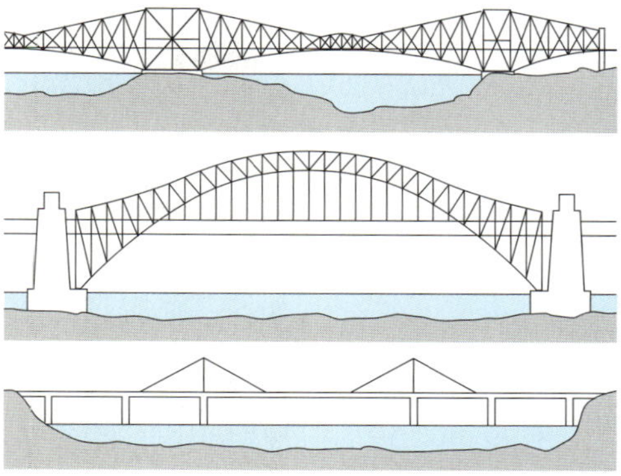

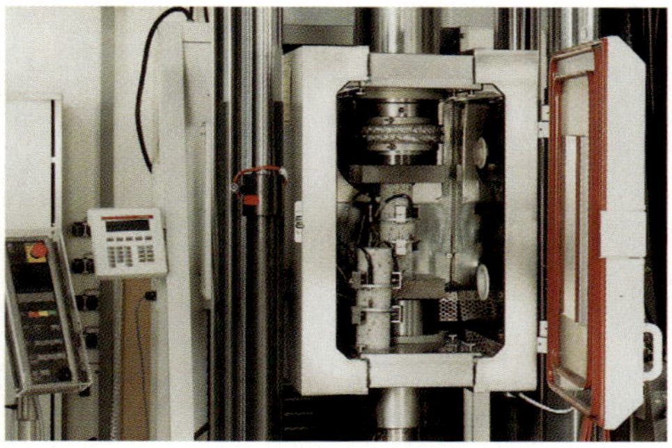

Für Bauwerke und Maschinen braucht man Stahl mit hoher Festigkeit

In der Materialprüfungsanstalt wird eine neue Stahlsorte getestet. In der Werkhalle steht ein durchsichtiger Kasten. Man sieht einen kleinen Metallstreifen, der von mächtigen Greifern gepackt und langsam auseinander gezogen wird.
Plötzlich gibt es einen Knall!

Der Metallstreifen ist zerrissen, und die Anzeige bleibt beim größten Ausschlag des Zeigers stehen.

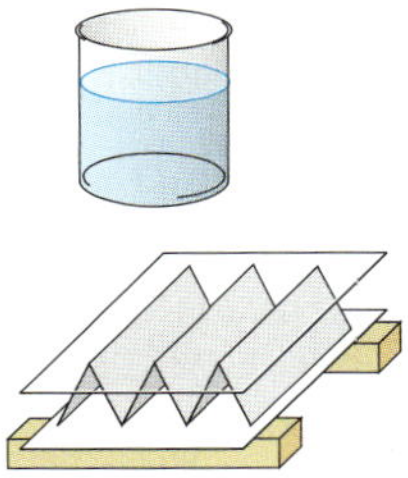

Wir testen: Wie groß ist die Belastbarkeit von Papier?

Legt man ein Stück Papier über zwei Klötze, so trägt diese „Brücke" nur ganz geringe Lasten, auch wenn man eine doppelte oder dreifache Papierschicht benutzt.
Die Belastbarkeit wächst, wenn das Papier wie bei einer Ziehharmonika gefaltet wird. Sie wird noch größer, wenn man über und unter diese Schicht jeweils ein Blatt Papier klebt.
Untersuche die Tragfähigkeit mit wenigen hohen oder vielen niedrigen Falten!
Experimentiere auch mit Schichten aus mehreren Papierrollen!
Versuche, stabile Pfeiler oder Gitter aus Papier zu bauen.

Kräfte wirken überall!

Versuche

1

Ein Kran hebt eine Last vom Boden hoch, ein Autofahrer schiebt ein Auto an, der Karatekämpfer zerschlägt einen Stapel Bretter (Abb. ➤ 1), jemand lässt das Sonnenrollo an seinem Fenster herunter, ein Möbelpacker stemmt sich gegen einen Schrank, der Besucher drückt auf den Klingelknopf, die Schrottpresse presst eine Autokarosserie zusammen, ...
Wir untersuchen diese Vorgänge genauer:

V1 Eine Blattfeder lässt sich mit der Hand, aber auch durch Aufsetzen eines Steines, oder mit einem Magnet, durchbiegen.

V2 Um einen zunächst ruhenden Wagen in Bewegung zu setzen, schieben wir ihn an. Um den Wagen wieder anzuhalten, müssen wir ihn – etwa mit der Hand – abbremsen. Wir können ihn auch gegen eine Feder rollen lassen (Abb. ➤ 2).
Die vom Wagen zusammengedrückte Feder bremst ihn ab und setzt ihn wieder in entgegengesetzter Richtung in Bewegung.

V3 Wir ziehen unterschiedlich stark an einer Schraubenfeder. Je stärker wir ziehen, desto mehr verlängert sich die Feder.

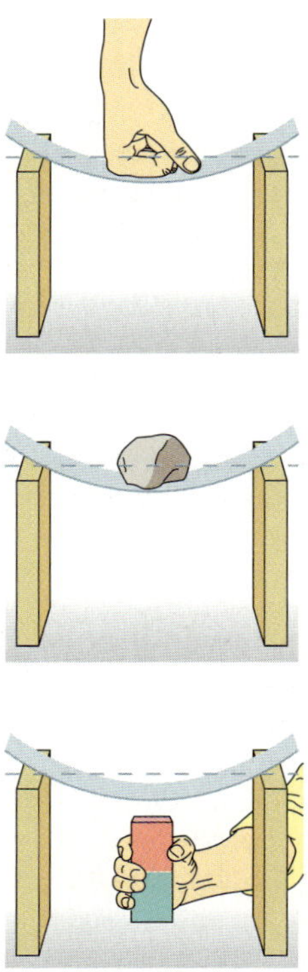

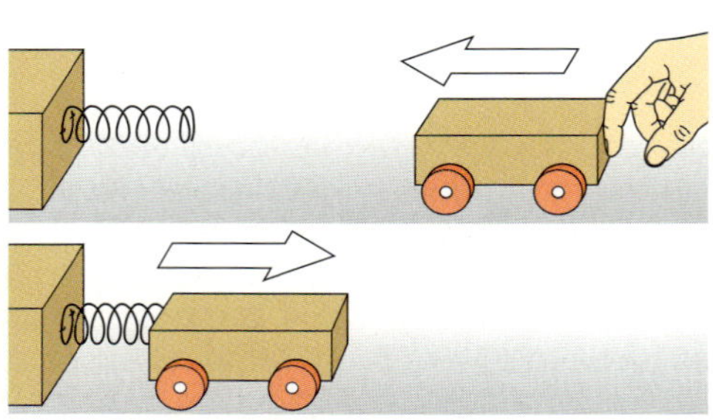

2 Kräfte verformen und verändern die Geschwindigkeit.

V4 Wir ziehen unterschiedlich stark an einem Wagen. Je stärker wir ziehen, umso schneller wächst die Geschwindigkeit des Wagens an.

V5 Wir lassen einen kleinen, relativ schweren Wagen über den Experimentiertisch fahren. Ziehen wir an einer Schnur in Fahrtrichtung, so wird der Wagen schneller. Ziehen wir entgegengesetzt zur Fahrtrichtung, so wird er langsamer. Ziehen wir aber seitwärts, so wird er aus seiner geradlinigen Bahn abgelenkt und fährt eine Kurve (Abb. ➤ 3).

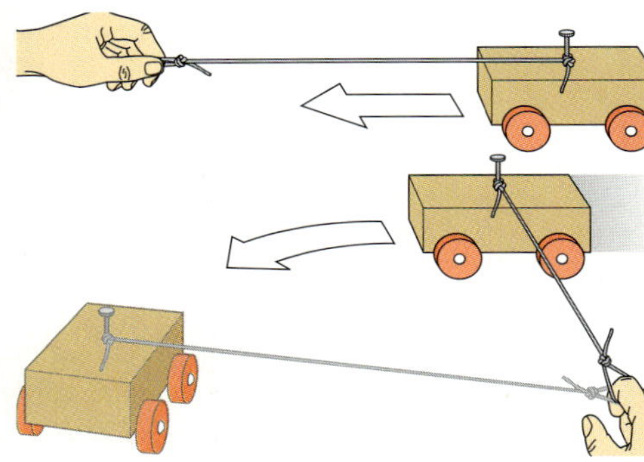

3 Verschiedene Kraftrichtungen

V6 Ein Korbballständer ist so schwer, dass du ihn alleine nur durch Ziehen wegbewegen kannst.
Obwohl der Korbballständer in Abb. ➤ 4 jedes Mal mit gleicher Kraft in die gleiche Richtung gezogen wird, ist die Wirkung verschieden: Fasst du ihn in der Mitte der Stange an, so wird er umkippen.
Greifst du ihn in der Nähe des Fußes an, so kannst du ihn aufrecht ziehen.

4 Verschiedene Angriffspunkte

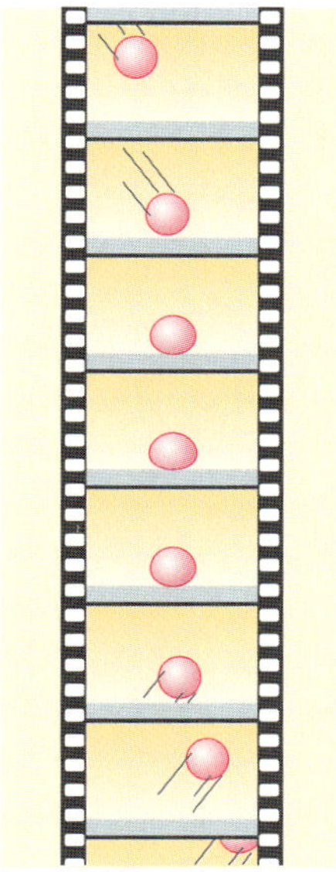

Kraftwirkungen

Trifft z. B. ein Ball auf dem Boden auf, so wird er dabei abgebremst, verformt, umgelenkt und beschleunigt. Immer dann, wenn man beobachtet, dass ein Körper verformt wird oder sich seine Geschwindigkeit verändert, weil er beschleunigt oder abgebremst wird oder eine neue Bewegungsrichtung erhält, führt man das auf das Wirken einer ***Kraft*** zurück. Man kann dabei die Kraft selbst nicht sehen, sondern erkennt sie nur an den hier beschriebenen Wirkungen, die sie hervorrufen kann. Die Kraft kann von Menschen oder Tieren, aber auch von Gegenständen kommen: Wir sprechen von der Muskelkraft, der Kraft des Windes, von der Kraft, mit der ein Körper von der Erde oder von einem Magnet angezogen wird, usw. Zusammenfassend lässt sich als physikalische Größe „Kraft" festlegen:

> Kräfte lassen sich nur durch ihre Wirkungen erkennen: Kräfte können einen Körper verformen, seine Geschwindigkeit vergrößern oder verkleinern, seine Bewegungsrichtung ändern.

Wovon hängt die Kraftwirkung ab?

Versuche zeigen, dass die Wirkung einer Kraft davon abhängt, wie groß die Kraft ist, aus welcher Richtung und wo sie an einem Körper angreift.
Um Kräfte zu vergleichen, legt man fest:
- Zwei Kräfte, die mit gleicher Richtung am gleichen Punkt eines Körpers angreifen und die gleiche Wirkung zeigen, haben den gleichen ***Betrag***.

1

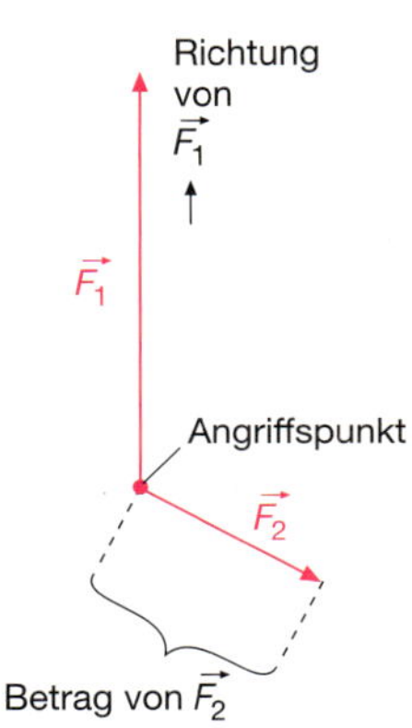

Ist der Betrag einer Kraft größer als der einer anderen, so ist ihre Wirkung auf denselben Körper größer. In Abb. ➤1 wird z. B. der Metallstreifen stärker verbogen.

- Greifen zwei Kräfte mit gleichem Betrag am selben Punkt eines Körpers an und zeigen sie die gleiche Wirkung, dann haben die Kräfte gleiche ***Richtung***.

2

Eine unterschiedliche Richtung der Kraft führt sonst, wie in Abb. ➤2, zu unterschiedlichen Wirkungen.

- Zwei Kräfte mit gleichem Betrag und gleicher Richtung erzeugen verschiedene oder unterschiedlich große Wirkungen, wenn sich ihr ***Angriffspunkt*** am Körper unterscheidet.

3

In Abb. ➤3 setzt z. B. die gleiche Kraft den Körper nicht bei jedem Angriffspunkt in Bewegung.

> Die Wirkung einer Kraft auf einen Körper hängt von ihrem Betrag, ihrer Richtung und dem Angriffspunkt ab.

Die drei Informationen über Betrag, Richtung und Angriffspunkt werden in Zeichnungen mit einem Kraftpfeil erfasst:
- Der Anfangspunkt des Pfeiles liegt im Angriffspunkt am Körper,
- die Pfeilrichtung ist die Kraftrichtung,
- die Pfeillänge gibt den Betrag der Kraft an.

Für den Betrag der Kraft benutzt man den Formelbuchstaben F (engl. force).
Mit $\vec{F}$ kennzeichnet man den Kraftpfeil.

Kräfte, die mit gleichem Betrag, gleicher Richtung und gleichem Angriffspunkt auf einen Körper wirken, verformen diesen in gleicher Weise oder ändern in gleicher Weise seinen Bewegungszustand. Solche Kräfte sind gleich.

? In einem Unfallprotokoll steht: Ein rotes Auto fuhr los; der Omnibus rutschte auf Glatteis; das Fahrzeug prallte von der Leitplanke ab; der Kotflügel wurde eingedrückt. Welche Kräfte sind gemeint?

Kraftmessung

Versuche

Sportler trainieren oft mit einem Expander (Abb. ➤ 1). Je stärker man an dem Expander zieht, umso weiter wird er gedehnt.

1

V1 Nimm einen Expander und stelle fest, wer in deiner Klasse durch Dehnen des Expanders die größte Kraft ausüben kann.
Wie kannst du die Ergebnisse verschiedener Personen so festhalten, dass nachher jeder weiß, wie stark er im Vergleich zu den anderen war?

V2 Baue einen Kraftmesser aus einer Fahrradspeiche, einer aufgebogenen Büroklammer und einem Stück Pappe zum Markieren der Auslenkungen (Abb. ➤ 2)!

Klebe die Fahrradspeiche an der Tischkante fest und markiere auf der Pappe die Stelle, an der sich das Speichenende befindet. Hänge an die Büroklammer einen Radiergummi, einen Kugelschreiber, ein Heft. Vergleiche deine Ergebnisse mit denen von Mitschülern.

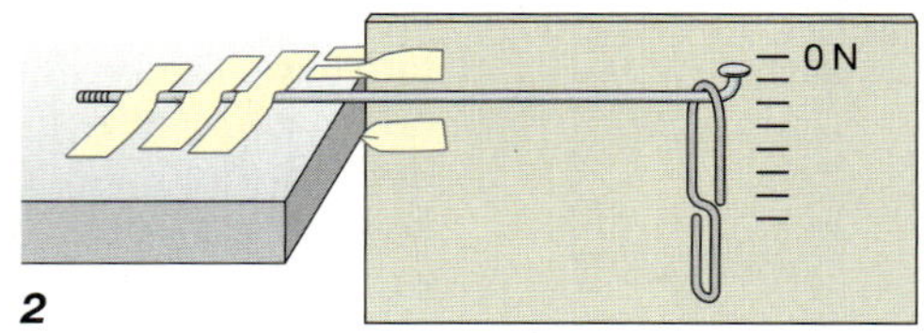

2

Grundwissen

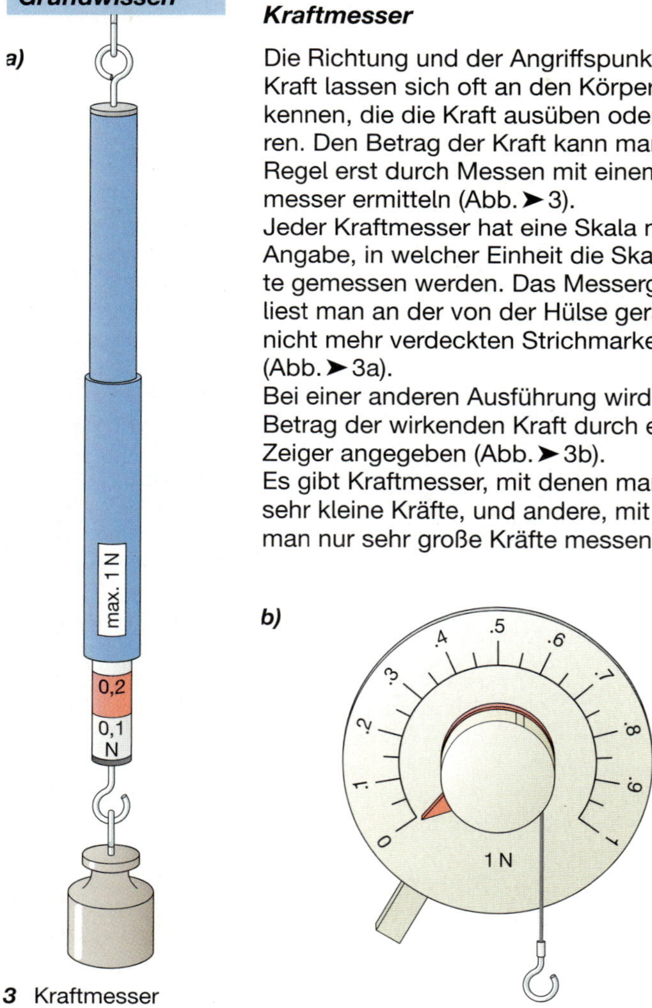

3 Kraftmesser

Kraftmesser

Die Richtung und der Angriffspunkt einer Kraft lassen sich oft an den Körpern erkennen, die die Kraft ausüben oder erfahren. Den Betrag der Kraft kann man in der Regel erst durch Messen mit einem Kraftmesser ermitteln (Abb. ➤ 3).
Jeder Kraftmesser hat eine Skala mit der Angabe, in welcher Einheit die Skalenwerte gemessen werden. Das Messergebnis liest man an der von der Hülse gerade nicht mehr verdeckten Strichmarke ab (Abb. ➤ 3a).
Bei einer anderen Ausführung wird der Betrag der wirkenden Kraft durch einen Zeiger angegeben (Abb. ➤ 3b).
Es gibt Kraftmesser, mit denen man nur sehr kleine Kräfte, und andere, mit denen man nur sehr große Kräfte messen kann.

Die Einheit der Kraft

Zum Messen mit Kraftmessern braucht man eine Einheit und eine Vorschrift über das Vergleichen von Kräften:

> Wird der gleiche Kraftmesser durch zwei Kräfte gleich weit gedehnt, so haben die Kräfte den gleichen Betrag.

Die Kraftpfeile von zwei Kräften mit gleichem Betrag sind dann gleich lang.

> Die Krafteinheit wird durch die Anzeige auf einem Normkraftmesser festgelegt.

Die Einheit der Kraft ist ***1 N (1 Newton)***.
Zum Messen kleinerer und größerer Kräfte gibt es noch die Einheiten:

1 Millinewton	= 1 mN =	0,001 N
1 Zentinewton	= 1 cN =	0,01 N
1 Kilonewton	= 1 kN =	1000 N

Eine Faustregel ist: Zum Halten einer 100 g-Tafel Schokolade ist eine Kraft von etwa 1 N erforderlich.
Die Bezeichnung der Krafteinheit mit Newton erfolgte zu Ehren von ***Isaac Newton*** (1643 – 1727). In seinem 1687 erschienenen Werk „Philosophiae Naturalis Principia Mathematica“ beschreibt er die verschiedenen Wirkungen, die eine Kraft haben kann. Er erkannte, dass Veränderungen der Bewegung eines Körpers immer durch Kräfte auf den Körper verursacht werden.

Vielfache der Krafteinheit

Kräfte, deren Beträge ein Mehrfaches oder einen Bruchteil von 1 N ausmachen, lassen sich durch folgendes Verfahren erzeugen:
Wir nehmen zwei Kraftmesser, die 1 N anzeigen und dehnen damit eine Schraubenfeder. Die Verlängerung der Schraubenfeder durch 1 N liegt jetzt eindeutig fest (Abb. ➤ 1a). Die Kraft 2 N wollen wir dadurch erzeugen, dass wir mit zwei solcher Kraftmesser so ziehen, dass beide jeweils 1 N anzeigen. Es gibt zwei Möglichkeiten: Werden beide Kraftmesser wie in Abb. ➤ 1b eingesetzt, so erhält man die gleiche Verlängerung wie für 1 N. Dagegen ergibt sich bei der Anordnung wie in Abb. ➤ 1c eine stärkere Dehnung der Feder. In dieser Anordnung wirkt eine größere Kraft als vorher.
Wir legen fest:

> Eine Kraft hat den Betrag 2 N, wenn sie dieselbe Wirkung hat wie zwei nebeneinander wirkende Kräfte von je 1 N.

Der Pfeil einer Kraft von 2 N erhält die doppelte Länge des Pfeiles für 1 N. Entsprechend können wir verfahren, um Kräfte von 3 N, 4 N, ... festzulegen. Ihre Kraftpfeile erhalten die dreifache, vierfache, ... Länge.
Dehnen zwei gleiche, parallel wirkende Kräfte die Schraubenfeder genau so weit wie die Kraft 1 N, so sagen wir, dass jede Kraft den Betrag 0,5 N hat (Abb. ➤ 1d).

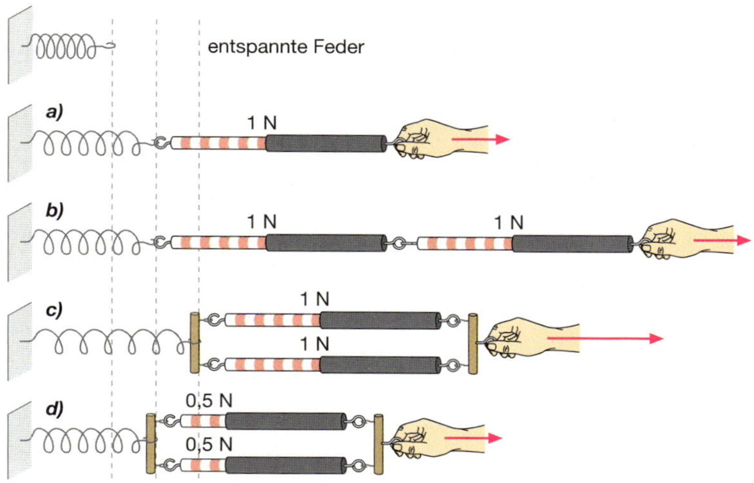

1 Vielfache und Teile der Krafteinheit

? Welche Festlegungen sind nötig, um Kräfte messen zu können?

? Wie ließe sich nach Abb. ➤ 1 eine Kraft von 3 N erzeugen?

Die gesetzliche Festlegung der Einheit 1 N

Die gesetzliche Definition der Einheit 1 N beruht darauf, dass Kräfte die Bewegung von Körpern verändern können.
Wir zeigen dies mit einem leicht beweglichen Wagen. Von einer am Wagen befestigten Metallspitze springen Funken auf die Fahrbahn über und erzeugen kleine Brandmale auf einem Metallstreifen auf der Fahrbahn. Wird der Wagen durch eine konstante Kraft angetrieben, so steigt seine Geschwindigkeit. Die in jeweils gleichen Zeitabschnitten zurückgelegten Strecken werden immer größer. Abb. ➤ 2 zeigt einen Messstreifen, bei dem jeweils nach 1/10 s ein Funken erzeugt wurde. Die Geschwindigkeit, die der Wagen erreicht, hängt von seiner Masse und vom Betrag der Antriebskraft ab. Umgekehrt ist der Betrag der Kraft durch die Masse und die Geschwindigkeitsänderung des von ihr bewegten Körpers bestimmt. Dem liegt die gesetzliche Definition der Krafteinheit zu Grunde:

> Wird ein Körper der Masse 1 kg reibungsfrei mit konstanter Kraft in 1 s aus der Ruhe auf eine Geschwindigkeit von 1 m/s beschleunigt, so hat die Kraft den Betrag 1 N.

Zwei Kräfte haben den gleichen Betrag, wenn sie denselben Körper von der Ruhe aus in gleicher Zeit auf die gleiche Geschwindigkeit beschleunigen.

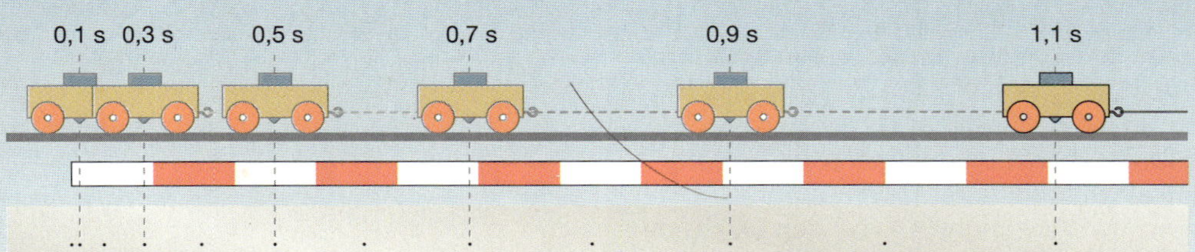

2 Verschiedene Stellungen eines mit konstanter Kraft beschleunigten Wagens.

Verformung durch Kräfte

Versuche

1

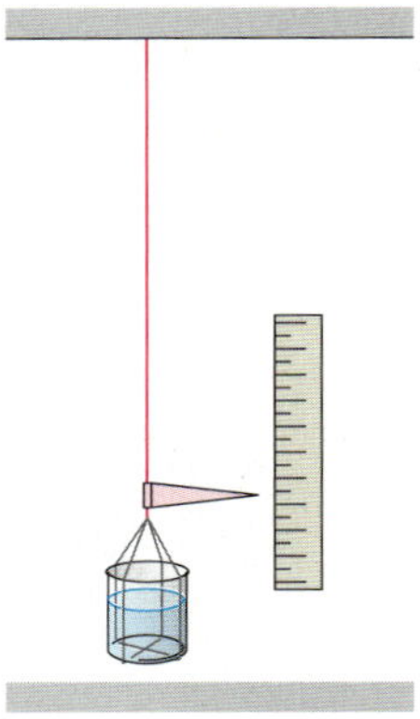

Beim Tennis treffen sich Ball und Bespannung des Schlägers oft mit hoher Geschwindigkeit (Abb. ➤ 1). Die Ballberührung dauert nur einige tausendstel Sekunden. Während dieser Zeitspanne werden Ball, Schläger und Bespannung stark verformt. Anschließend gehen sie wieder in ihre ursprüngliche Form zurück. Dabei wirkt eine große Kraft auf den Ball, abgenutzte Saiten können dadurch reißen.

V1 Wir ziehen mit unterschiedlich großen Kräften zunächst an einem Gummiband, dann an einer Schraubenfeder.
Gummiband und Schraubenfeder dehnen sich unterschiedlich weit aus. Lassen die Kräfte nach, so geht die Feder wieder auf ihre ursprüngliche Länge zurück. Bei zu großen Kräften jedoch kann sie überdehnt werden. Dann ist sie trotz Fehlens einer Kraft länger als vorher. Beim Gummiband tritt dies schon bei kleinen Kräften ein.

V2 Eine Schraubenfeder wird nacheinander durch Kräfte vom Betrag 1 N, 2 N, 3 N, ... gedehnt. Wir messen die Verlängerungen (Abb. ➤ 2) und vergleichen sie miteinander.

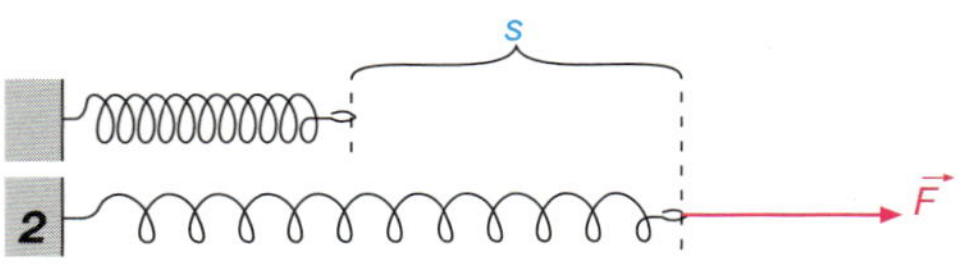

2

V3 An einen 1 m langen, dünnen Kupferdraht hängen wir ein Gefäß, das mit Wasser gefüllt wird. Wir bestimmen die Verlängerung des Drahtes bei unterschiedlichen Wassermengen.

Grundwissen

1. Beobachtungen der Umwelt zeigen ein Problem.

2. Untersuchung einer Feder – als Beispiel für andere Körper – im Experiment.

3. Messungen liefern Wertepaare von Kraft und Verlängerung.

Wie stark verformen Kräfte?

Die Äste eines Baumes werden vom Wind gebogen. Der Tennisschläger wird durch den Schlag auf den Ball verbogen und die Bespannung eingebeult. Beide nehmen in der Regel nach der Verformung ihre ursprüngliche Gestalt wieder an.
Man sagt, sie wurden von der Kraft ***elastisch*** verformt. Wäre jedoch eine Verformung zurückgeblieben, so wären sie von der Kraft ***plastisch*** verformt worden. Wir kennen dies von Knetfiguren.

Viele Körper zeigen elastisches Verhalten. Wir untersuchen dies genauer. Dazu betrachten wir die Verformung von Schraubenfedern. Die Untersuchung ist ein Beispiel für physikalisches Vorgehen. Deshalb stellen wir die einzelnen Schritte, die dabei gemacht werden, hier und auf den folgenden Seiten am Rand besonders heraus.

Wir messen die Verlängerungen *s* von zwei verschiedenen Schraubenfedern I und II in Abhängigkeit von den wirkenden Kräften *F*. Die Messergebnisse halten wir in einer Tabelle ➤ 3 fest.

Es wurden zwei Messreihen aufgenommen, eine mit ständig zunehmenden und eine mit ständig abnehmenden Kräften. Wir erkennen, dass die Verformung am Ende wieder vollständig zurückgeht. Die Schraubenfeder verhält sich in diesem Fall elastisch.

Zunehmende Kraft:

Kraft *F* in N	0	0,5	1,0	2,0	3,0	4,0
Feder I *s* in cm	0	0,8	1,5	2,9	4,4	5,8
Feder II *s* in cm	0	0,4	0,8	1,6	2,8	3,6

Abnehmende Kraft:

Kraft *F* in N	4,0	3,0	2,0	1,0	0,5	0
Feder I *s* in cm	5,8	4,4	2,9	1,4	0,7	0
Feder II *s* in cm	3,6	2,8	1,8	0,8	0,4	0

3 Kraft und Verlängerung bei zwei Schraubenfedern

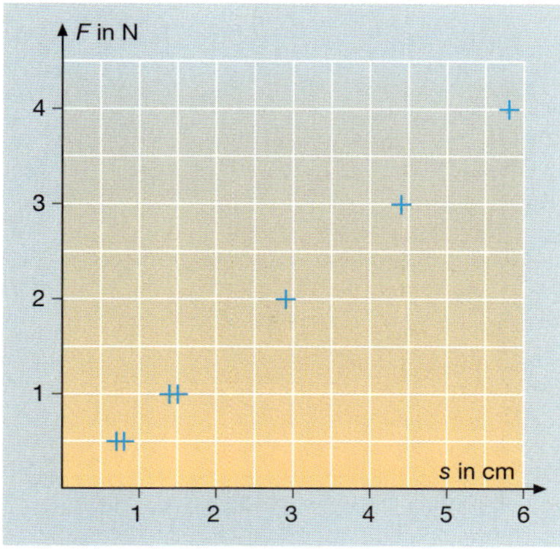

1a Kräfte und zugehörige Verlängerungen bei einer Schraubenfeder

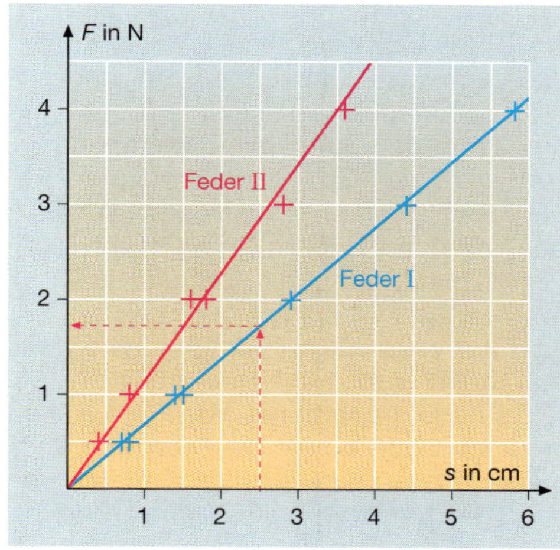

1b Zusammenhang zwischen Kräften und Verlängerungen bei zwei Federn

Grafische Auswertung:
Einen guten Überblick über alle Werte der Verlängerung *s* und der Kraft *F* gibt ein Diagramm. In Abb. ➤ 1a sind die Messwerte für die Feder I in ein Koordinatensystem eingetragen. Wir suchen einen Zusammenhang zwischen der Kraft *F* und der Verlängerung *s*. Wir stellen fest, dass die Messpunkte ziemlich genau auf einer Geraden liegen, die durch den Ursprung geht (Abb. ➤ 1b). Wenn die Feder nicht überdehnt wurde, liegen die Messpunkte auch bei abnehmender Kraft auf der gleichen Geraden. Daraus folgern wir:

Bei elastischer Verformung sind Kraft *F* und Verlängerung *s* zueinander proportional.

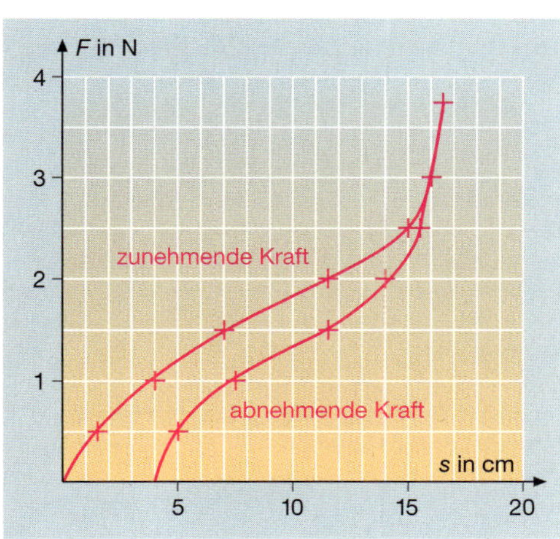

3 Kräfte und zugehörige Verlängerungen bei einem Gummiband

Rechnerische Auswertung:
Zwei Größen sind zueinander proportional, wenn die Quotienten zusammengehöriger Werte gleich sind. Das müsste dann auch für unsere Federn gelten. Wir berechnen dazu die Quotienten *F*/*s* mit den Messwerten von vorher (Tabelle ➤ 2):

Feder I

F in N	0	0,5	1,0	2,0	3,0	4,0
s in cm	0	0,8	1,5	2,9	4,4	5,8
F/*s* in N/cm	–	0,6	0,7	0,7	0,7	0,7

Feder II

F in N	0	0,5	1,0	2,0	3,0	4,0
s in cm	0	0,4	0,8	1,6	2,8	3,6
F/*s* in N/cm	–	1,3	1,3	1,3	1,1	1,1

2 Berechnung von *F*/*s*

Bei beiden Messreihen ist der Quotient nahezu konstant. Also sind Kraft *F* und Verlängerung *s* jeweils zueinander proportional. Für die Feder I ergibt sich als Quotient 0,7 N/cm, für die Feder II 1,2 N/cm. Die Quotienten sind offenbar kennzeichnend für die einzelne Feder.

Ein ganz anderes Bild ergibt sich bei Messungen mit einem Gummiband. Abb. ➤ 3 zeigt das *s*-*F*-Diagramm für ein Gummiband. Die Kraft *F* und die Verlängerung *s* sind hier nicht proportional zueinander.

4. Wiedergabe der Messwerte in Tabellen oder Diagrammen.

5. Suche nach mathematischem Zusammenhang der Messwerte.

6. Formulierung des vermuteten Zusammenhanges.

7. Überprüfen und Anwenden des Zusammenhanges.

Grundwissen

8. Bestätigter Zusammenhang, eventuell eingeschränkt durch Grenzen der Gültigkeit, wird als Gesetz formuliert.

9. Anwendung des Gesetzes.

Nach Dehnung durch eine größere Kraft zieht sich das Gummiband nicht wieder auf seine ursprüngliche Länge zusammen. Wird das Gummiband wiederholt sehr stark gedehnt, so erhält man für gleich große Kräfte verschiedene Verlängerungen. Aus diesem Grund ist ein Gummiband kein guter Kraftmesser.

Abb. ➤ 1 zeigt das s-F-Diagramm für einen Kupferdraht. Für kleine Kräfte sind F und s noch proportional. Von $F = 4{,}8$ N ab verlängert sich jedoch der Draht immer stärker. Er verformt sich bleibend. Man sagt, das Metall wird plastisch verformt. Gleiches gilt auch für Federn. Ist die Kraft zu groß, wird die Feder überdehnt und plastisch verformt.
Alle festen Körper haben einen mehr oder weniger großen Elastizitätsbereich, in dem das nach ***Robert Hooke*** (1635 – 1703), einem englischen Forscher, benannte ***Hooke'sche Gesetz*** gilt:

> Für alle Körper ist bei nicht zu großen Kräften die Zugkraft F proportional zur Verlängerung s, das heißt, der Quotient F/s ist dann eine Konstante.

Die Konstante wird mit D bezeichnet; sie ist kennzeichnend für die elastische Verformung eines Körpers. Bei Federn heißt D deshalb auch ***Federkonstante***. Das Hooke'sche Gesetz lautet damit $F = D \cdot s$.

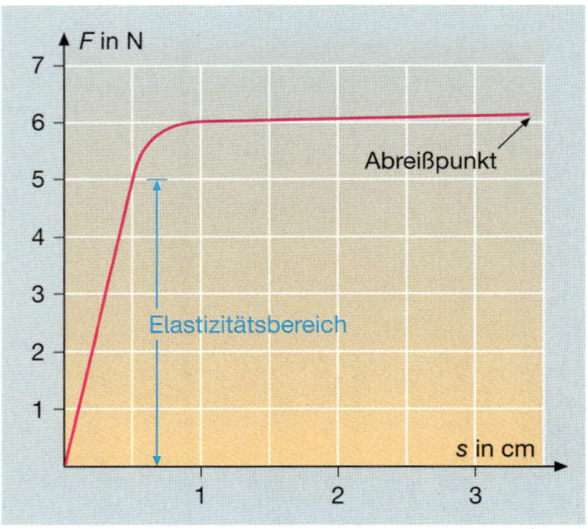

1 Kräfte und zugehörige Verlängerungen bei einem Kupferdraht

Das Gesetz gilt auch für das Zusammenpressen oder das Verdrillen von Körpern. Bei jeder Formänderung entsteht eine der Verformung entgegenwirkende Kraft.

Beispiel: Welche Kraft verlängert die Feder I um $s = 2{,}5$ cm?
Da $F/s = D_{\mathrm{I}}$ bzw. $F = D_{\mathrm{I}} \cdot s$ ist, wird also $F = 0{,}7$ (N/cm) $\cdot$ 2,5 cm = 1,8 N.
Die Gerade im Diagramm ➤ 1b auf der vorhergehenden Seite liefert bei der Feder I für $s = 2{,}5$ cm auch die Kraft $F \approx 1{,}8$ N.

? Wie stellt man fest, ob sich ein Körper nicht elastisch verformt hat?

Dehnungsmessstreifen

Wird ein Draht gedehnt, so ändern sich Länge und Querschnitt und damit sein elektrischer Widerstand. Die Änderung des Widerstandes lässt sich durch Vergleichen mit dem Widerstand des Drahtes ohne Dehnung als elektrische Spannung messen. Abb. ➤ 2 zeigt an einem Beispiel, wie sich die auf einen Draht wirkende Kraft durch Spannungswerte angeben lässt. Solche ***Kraftsensoren*** gibt es in vielen Varianten, z. B. als ***Dehnungsmessstreifen*** (Abb. ➤ 3). Ein langer, schmaler Leiter wird in gewundenen Bahnen auf ein flexibles Material aufgetragen. Schon eine Verbiegung des Streifens bewirkt eine Dehnung einzelner Leiterstücke, die als Änderung ihres Widerstandes messbar ist.

Häufig werden mehrere Dehnungsmessstreifen gemeinsam verwendet, um Unterschiede zwischen verschiedenen Messstellen zu erkennen. Die Streifen lassen sich gut auf Bauteile aufkleben. Werden sie verformt, so erhält man Auskunft über die Verformung und die wirkenden Kräfte auf das Bauteil.

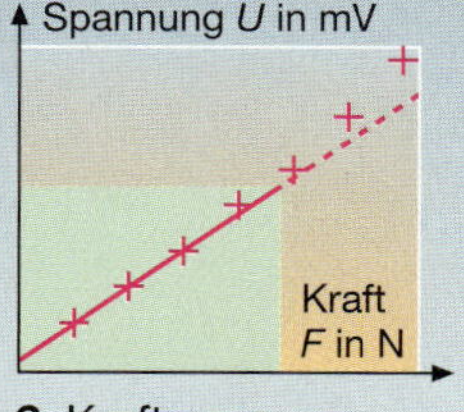

2 Kraftmessung durch Spannungsanzeige

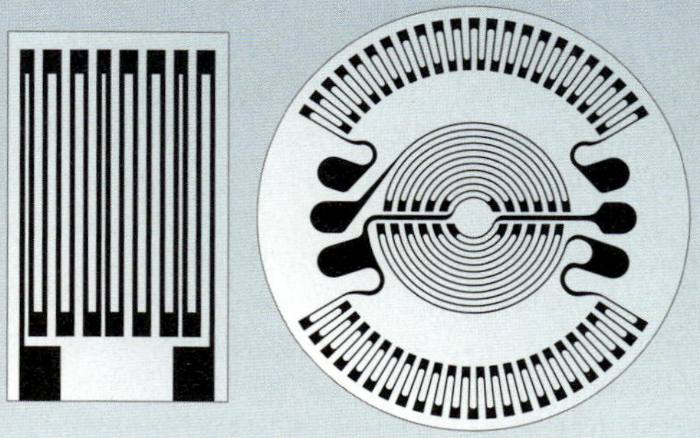

3 Verschiedene Bauformen für Kraftsensoren

Gewichtskräfte

Grundwissen

1 Astronauten auf dem Mond

Der englische Naturforscher Lord ***Henry Cavendish*** veröffentlichte 1798 Untersuchungen zur gegenseitigen Anziehung von Körpern. Dazu verwendete er eine Drehwaage. Abb. ➤2 zeigt das Prinzip des Versuchsaufbaus:

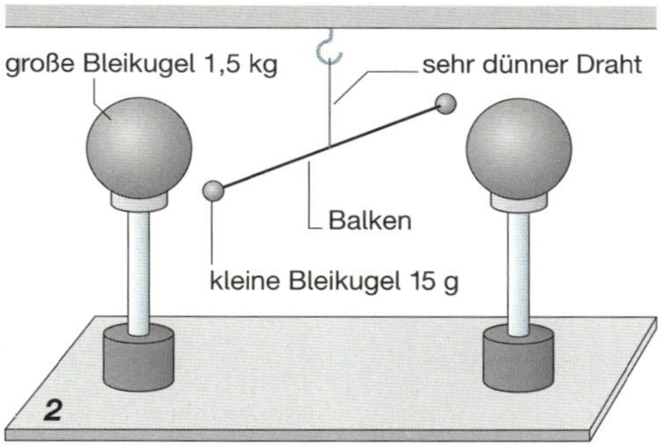

Die Astronauten Neil Armstrong und Edwin Aldrin der Raumkapsel Apollo 11 betraten am 21. 7. 1969 als erste Menschen den Mond. Sie fühlten sich dort viel leichter als auf der Erde. Trotz Raumanzügen und Rückengepäck (Abb. ➤1) reichte ihre Kraft für Sprünge von mehreren Metern. Woher kommt die „Schwere" auf Mond oder Erde?

Alle Gewichtskräfte weisen in Richtung auf den Erdmittelpunkt.
Wo ist auf der Erde oben, wo ist unten?

Hält man eine Büchertasche oder einen anderen Gegenstand hoch, so spürt man die Wirkung einer Kraft. Diese Kraft greift am Körper an und zieht ihn lotrecht nach unten, in Richtung zum Erdmittelpunkt. Man spricht von der ***Gewichtskraft*** F_G, die der Körper erfährt. Wir sagen, er ist ***schwer***. Eine Gewichtskraft erfahren alle Körper auf der Erde. Selbst die Atome in einem Gas haben eine Gewichtskraft. Bringt man einen Körper von der Erde auf den Mond, so erfährt er dort ebenfalls eine Gewichtskraft, diesmal in Richtung auf den Mondmittelpunkt. Allerdings ist die Gewichtskraft des Körpers auf dem Mond kleiner als auf der Erde. Ein Kraftmesser würde z. B. für eine Tafel Schokolade auf der Erde eine Gewichtskraft von etwa 1 N, auf dem Mond nur eine von $^1/_6$ N anzeigen. Gewichtskräfte sind Folge einer ***wechselseitigen Anziehung*** zwischen Erde und Gegenstand bzw. zwischen Mond und Gegenstand. Die Kräfte wirken in Richtung auf die Mittelpunkte der Körper, welche die Kräfte verursachen.

Ein Balken mit zwei kleinen Bleikugeln an den Enden hängt an einem dünnen Draht. Wird der Balken gedreht, so verdrillt sich der Draht. Diese Verformung erfordert eine Kraft. Die großen, fest stehenden Kugeln werden so aufgestellt, dass sich jede der kleinen Kugeln in geringer Entfernung zu einer der beiden großen Kugeln befindet. Man beobachtet, dass sich nach einiger Zeit der Abstand zwischen den kleinen und den großen Kugeln verringert. Diese Beobachtung bestätigt, dass zwischen den Kugeln gegenseitige Anziehungskräfte bestehen. Die in einer solchen Anordnung auftretenden Anziehungskräfte sind allerdings sehr klein. Sie liegen in der Größenordnung von 0,000 000 1 N. Allgemein gilt:

> Alle Gegenstände ziehen sich gegenseitig an. Die von der Erde auf den Körper ausgeübte Anziehungskraft heißt Gewichtskraft des Körpers.

Die Gewichtskraft eines Körpers nimmt mit der Höhe über dem Meeresspiegel ab. Die Anziehungskraft der Erde reicht unendlich weit in den Weltraum hinaus. Sie wird jedoch rasch schwächer.

> Die Gewichtskraft der Gegenstände auf der Erde ist von der Höhe abhängig.

? Weshalb ist auf der Erde oben und unten relativ?

Die Masse

Versuche

Ein Gedankenversuch (Abb. ➤ 1)

auf der Erde:
Ein Astronaut nimmt einen Gegenstand mit, dessen Gewichtskraft exakt gleich der des Astronauten in voller Ausrüstung ist.

auf dem Mond:
Auf dem Mond zeigt der Kraftmesser für den Gegenstand nur noch $^1/_6$ des auf der Erde gemessenen Wertes an.

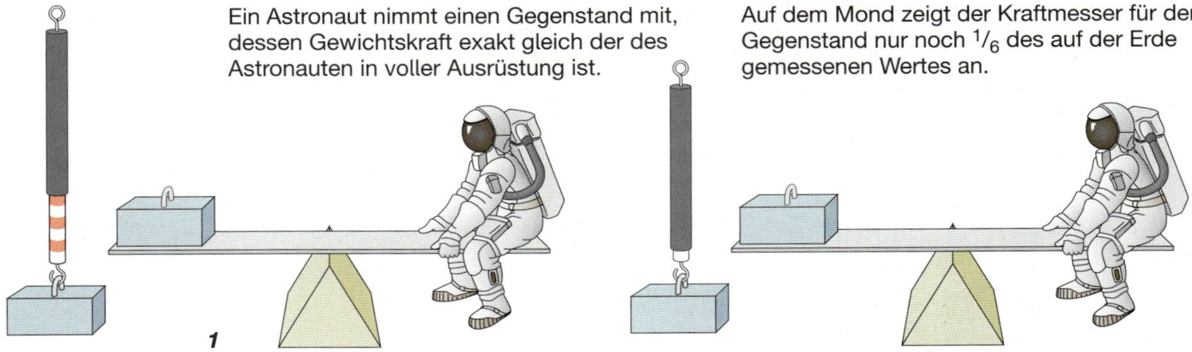

1

Befinden sich beide auf der Wippe im gleichen Abstand von der Drehachse, so ist diese im Gleichgewicht.

Eine Wippe würde auch auf dem Mond eine Gleichheit der Gewichtskräfte von Gegenstand und Astronaut bestätigen.

Grundwissen

Eine Eigenschaft aller Körper

Der Gedankenversuch oben macht deutlich: Auf verschiedenen Himmelskörpern haben Körper unterschiedliche Gewichtskräfte. Haben zwei Körper allerdings auf der Erde die gleiche Gewichtskraft, so gilt dies auch auf jedem anderen Himmelskörper. Die Gewichtskraft ändert sich mit dem Ort, an dem sich ein Körper befindet. Was sich nicht ändert, ist das Verhältnis der Gewichtskräfte verschiedener Körper. Die Suche nach überall unverändert geltenden Eigenschaften der Körper ist ein Hauptziel der Physik. Die vom Ort abhängige Gewichtskraft wird deshalb – nach den Vorstellungen der Physik – als Folge einer vom Ort unabhängigen Größe der Körper angesehen. Diese neue Größe heißt ***Masse***.

Die gegenseitige Anziehung wird von einer bisher noch nicht bekannten Eigenschaft der Körper verursacht. Die neue Eigenschaft erhält einen neuen Namen.
Um die Eigenschaft zu messen, sind erforderlich:

1. Eine Vorschrift, wie man die Eigenschaft bei zwei Körpern vergleicht.
2. Definition einer Grundeinheit mit dem Wert 1.
3. Eine Vorschrift, wie man Vielfache der Grundeinheit erzeugt.

> Die Masse ist eine Eigenschaft, die jeder Körper hat. Sie ist unabhängig vom Ort. Die Masse ist Ursache der gegenseitigen Anziehung von Körpern.

Zwei Körper gleicher Masse sind am selben Ort gleich ***schwer***.
Ein Körper hat die doppelte Masse wie ein anderer Körper, wenn er am selben Ort die gleiche Gewichtskraft wie zwei der anderen Körper zusammen erfährt. Entsprechendes gilt für andere Vielfache.
Das physikalische Formelzeichen für die Masse ist m.

Die Einheit der Masse ist ***1 Kilogramm (1 kg)***. Diese Einheit wird durch einen Normkörper, das bei Paris aufbewahrte ***Normkilogramm***, festgelegt. Andere häufig verwendete Einheiten sind:

1 Gramm:	1 g	= 0,001 kg,
1 Milligramm:	1 mg	= 0,001 g,
1 Tonne:	1 t	= 1000 kg.

Das Normkilogramm ist ein kleiner Zylinder aus Platin und Iridium.
Zum Schutz vor Verunreinigungen liegt er unter Glasglocken.

2 Ein Körper von genau 1 kg

Massen lassen sich durch Vergleichen mit genormten Massestücken eines ***Wägesatzes*** (s. Abb. ➤ 1 auf der nächsten Seite) bestimmen. Dazu wird auf einer Tafelwaage ein Gleichgewicht zwischen der Gewichtskraft der zu bestimmenden Masse und der Gewichtskraft der Massestücke hergestellt. Dieser Vergleich ist unabhängig vom Ort.

1 Messen von Massen mit  Waage und Massestücken als Wägesatz

Der Ortsfaktor

Wie unterscheiden sich die Gewichtskräfte eines Körpers an verschiedenen Orten? Wir bestimmen mit dem Kraftmesser die Gewichtskräfte F_G für die genormten Massestücke eines Wägesatzes:

m in kg	0,2	0,4	0,6	0,8	1,0	2,0
F_G in N	2,0	3,9	5,9	7,8	9,8	19,7

2 Gewichtskräfte von Massestücken eines Wägesatzes

Offensichtlich erfährt die Masse $m = 1$ kg auf der Erde eine Gewichtskraft von etwa 10 N. Die Zahlenwerte von F_G sind stets um den Faktor 10 größer als die von m, d. h. F_G und m sind proportional.
Der Proportionalitätsfaktor $F_G/m = g$ heißt ***Ortsfaktor***, denn er ist wie die Gewichtskraft von Ort zu Ort verschieden. Ein genauerer Wert für g ist
in Mitteleuropa: $g = 9{,}81$ N/kg,
am Nordpol: $g = 9{,}83$ N/kg,
am Äquator: $g = 9{,}78$ N/kg.
Himmelskörper mit einem anderen Ortsfaktor als die Erde rufen am selben Körper eine andere Gewichtskraft hervor.

> Die Gewichtskraft F_G eines Körpers ist proportional zur Masse m:
> $F_G = g \cdot m$

4 Das Mondauto in voller Fahrt

Die Trägheit

Um einen Ball in Bewegung zu versetzen, benötigt man weniger Kraft als bei einem gleich großen Stein. Wir prüfen diese Erfahrung im Versuch nach (Abb. ➤ 3):

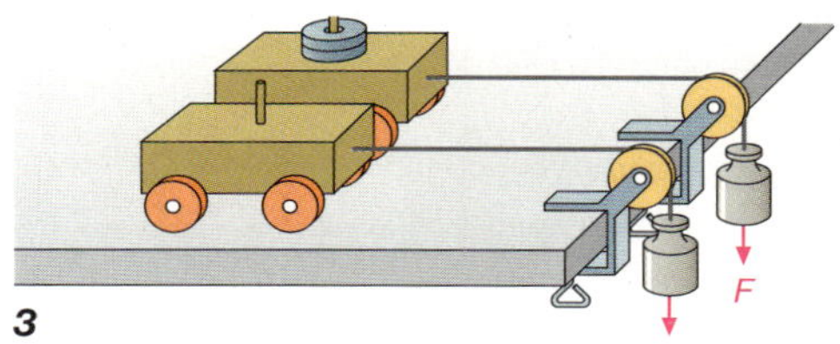

3

Auf einem Tisch stehen zwei gleiche Experimentierwagen ($m = 50$ g). Sie werden durch die Gewichtskraft eines Körpers der Masse $m = 10$ g in Bewegung versetzt.
Auf dem zweiten Wagen befinden sich zusätzlich 1, dann 2 Massestücke zu je 50 g. Er setzt sich, wird die Zugkraft nicht entsprechend vergrößert, deutlich langsamer als der erste Wagen in Bewegung.
Je größer die Masse eines Körpers ist, desto größer ist die zur gleichen Bewegungsänderung notwendige Kraft.

Wir spüren die Kraft, die der Körper bei der Bewegungsänderung auf die Hand ausübt, als Widerstand und sagen, der Körper verhält sich träge. Die ***Trägheit*** hängt nur von der Masse ab. Das Mondauto (Abb. ➤ 4) benötigt deshalb zum Anfahren oder zum Anhalten auf dem Mond genauso große Kräfte wie auf der Erde!

> Jeder Körper ist träge, d. h. zur Änderung seines Bewegungszustandes ist eine Kraft erforderlich.
> Die Trägheit wächst mit der Masse.

? Nenne Beispiele im Sport, bei denen die Trägheit des Körpers hilfreich, und andere, bei denen sie hinderlich ist.

Gewichtskraft eines Körpers der Masse 1 kg in N	Entfernungen von der Oberfläche der Erde
9,81	0 km
7,33	1 000 km
5,68	2 000 km
3,08	5 000 km
1,49	10 000 km
0,12	50 000 km
0,04	100 000 km
0,02	400 000 km (Mondabstand)

Masse äußert sich in zwei Eigenschaften:

1. Masse verursacht Anziehungskräfte, die wir z. B. als Gewichtskraft messen.
2. Masse widersetzt sich Bewegungsänderungen, was wir als Trägheit erfahren.

Trägheit im Straßenverkehr

Mit dem Auto oder dem Motorrad bewegen sich die Menschen viel schneller, als es von Natur aus vorgesehen ist. Ein Sprinter erreicht für kurze Zeit etwa 36 km/h. Auf Geschwindigkeiten in dieser Größenordnung sind die Sinnesleistungen und der Körperbau des Menschen eingestellt.
Es darf sich daher niemand wundern, dass der Straßenverkehr mit seinen hohen Geschwindigkeiten nicht nur Kinder oder ältere Menschen überfordert. Selbst die im Stadtverkehr zugelassene Höchstgeschwindigkeit von 50 km/h kann bei Unfällen katastrophale Folgen haben. Wer denkt schon daran, dass bei 50 km/h innerhalb einer „Schrecksekunde" fast 14 m zurückgelegt werden. 1 s erscheint kurz, aber 14 m sind manchmal schon zu viel!

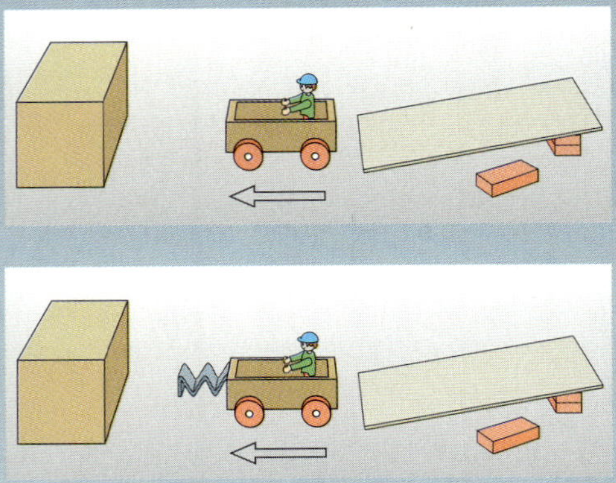

2 Die Knautschzone mildert die Stoßwirkung auf die kleine Figur.

1 Knautschzone, Sicherheitsgurt und Airbag im Test; oben ist die Zeit seit Aufprallbeginn in tausendstel Sekunden angegeben.

Fehleinschätzungen bei Fahrgeschwindigkeit und Mindestabstand zu anderen Verkehrsteilnehmern sind die häufigsten Unfallursachen. Das liegt oft daran, dass die Fahrer sich nicht bewusst sind, wie sich die Trägheit ihres Körpers und des Fahrzeuges auswirken, wenn scharf gebremst werden muss oder – wie bei einem Unfall – heftige Bewegungsänderungen und plötzlicher Stillstand eintreten.
Bei der Konstruktion von Autos wird ein hoher Aufwand betrieben, um die Insassen bei Unfällen vor größeren Schäden zu bewahren. Mit Hilfe von Crash-Tests (Abb. ➤1) wird z. B. untersucht, wie sich das Fahrzeug bei einem Aufprall verformt und welche Verzögerungen dabei entstehen.

In einem Versuch nach Abb. ➤2 können wir feststellen, wie die Geschwindigkeit die zum Abbremsen nötigen Kräfte beeinflusst:
Ein Spielzeugwagen mit einer kleinen Figur – dem Fahrer – rollt eine schiefe Ebene hinunter. Er kommt unten umso schneller an, je steiler die Ebene geneigt ist. Schon bei kleinen Geschwindigkeiten ist der „Fahrer" beim Aufprall auf einen schweren Klotz nicht zu halten. Während der Wagen schon steht, rutscht die Figur infolge ihrer Trägheit weiter nach vorne und „fliegt" aus dem Wagen.
Eine „Knautschzone" aus gefaltetem Karton, die den „Bremsweg" des Insassen verlängert und damit die abbremsende Kraft verkleinert, erlaubt eine höhere Geschwindigkeit, bei der der „Fahrer" durch das Anhalten noch nicht gefährdet wird. Deshalb sind Airbag und Sicherheitsgurt ein guter Schutz, denn sie verlängern den „sanften" Bremsweg, bevor am Ende der Insasse „hart", d. h. zusammen mit dem Fahrzeug, gestoppt werden muss.
Abb. ➤3 zeigt die Kraft in Vielfachen der Gewichtskraft, die auf die Insassen eines Autos beim Aufprall auf ein feststehendes Hindernis wirkt und den Schutz durch Sicherheitsgurte.

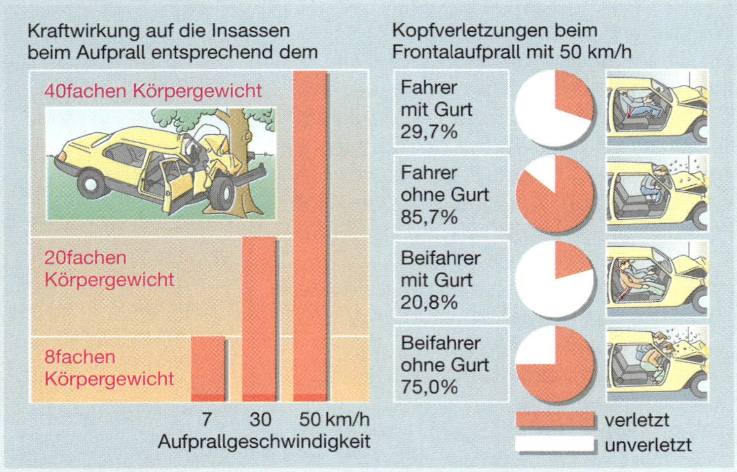

3 Wie ein Sicherheitsgurt beim Aufprall vor Verletzungen schützt.

Wechselwirkung von Kräften

Versuche

Wenn du dich mit einem Liegestütz vom Boden wegstemmst, musst du eine Kraft auf ihn ausüben. Dabei ist es nicht deine Absicht, den Boden wegzuschieben, sondern du erwartest, dass dir der Boden einen Widerstand entgegenbringt.

V1 Stelle auf eine ebene, gerade Schiene zwei Modelleisenbahnwagen. Auf einem Wagen liegt ein starker Stabmagnet, auf dem anderen ein Eisenklotz.
Wenn du die Wagen loslässt, bewegen sich beide aufeinander zu.

V2 Ersetze nun den Eisenklotz durch einen zweiten Stabmagnet so, dass sich zwei gleiche Pole gegenüberstehen. Die Wagen stoßen sich beide gegenseitig ab.

V3 Zwei Schülerinnen auf Skateboards halten wie in Abb. ➤1 ein gespanntes Seil zwischen sich. Mit Hilfe von Kraftmessern an jedem Seilende können die Beträge der Zugkräfte festgestellt werden. Zuerst soll nur die eine von ihnen ziehen, die andere sich bloß festhalten.
Beide Schülerinnen setzen sich in Bewegung und die Kraftmesser zeigen bei beiden denselben Betrag an.
Ziehen beide Schülerinnen, ändert sich daran nichts. Stets zeigen beide Kraftmesser gleiche Kraftbeträge an.

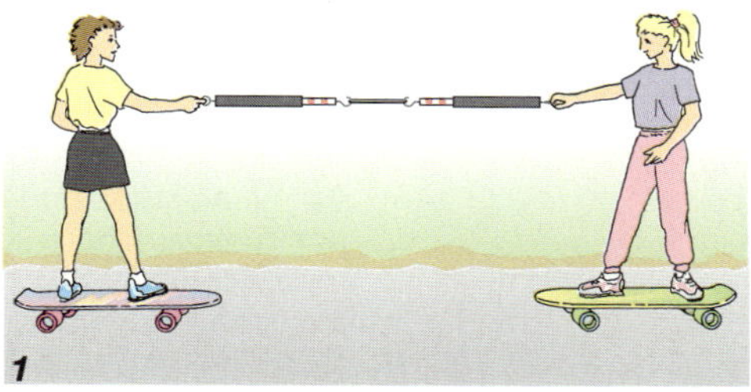

1

Grundwissen

Kraft und Gegenkraft

Übt ein frei beweglicher Körper eine anziehende Kraft auf einen anderen frei beweglichen Körper aus, so fangen beide an, sich aufeinander zuzubewegen. Also müssen auf beide Körper Kräfte wirken. Diese Kräfte sind wegen der entgegengesetzten Bewegungsrichtungen entgegengesetzt gerichtet. Kraftmesser zeigen, dass dabei die Beträge der Kräfte immer gleich groß sind.
Haben beide Körper die gleiche Masse, so rufen die Kräfte eine gleiche Bewegungsänderung hervor – die Körper treffen sich deshalb in der Mitte.
Haben beide Körper verschiedene Massen, so rufen die gleichen Kräfte unterschiedliche Bewegungsänderungen hervor. Der Körper mit der größeren Masse legt bis zum Treffpunkt mit dem Körper, der die kleinere Masse hat, die kürzere Strecke zurück.
Die Erfahrung, dass eine Kraft nur ausgeübt werden kann, wenn eine gleich große Kraft zurückwirkt, nennt man das ***Wechselwirkungsprinzip:***

> Übt ein Körper eine Kraft auf einen zweiten Körper aus, so wirkt stets gleichzeitig eine Kraft vom zweiten auf den ersten Körper. Beide Kräfte haben denselben Betrag, sind aber entgegengesetzt gerichtet und haben verschiedene Angriffspunkte.

Beispiel: Beim Tiefstart zum 100 m-Lauf (Abb. ➤2) übt der Läufer eine große Kraft nach hinten aus, damit er von einer großen Gegenkraft nach vorne beschleunigt wird. Durch Messungen hat man festgestellt, dass für kurze Zeit bis zu 1200 N an den Startblöcken angreifen.

? Ist es möglich, auf einer reibungsfreien Oberfläche zu gehen?

? Weshalb kann ein Raketenmotor auch im Weltall beschleunigen?

Isaac Newton gilt als der Entdecker des Wechselwirkungsprinzips.
In seinem lateinisch geschriebenen Werk lautet das kurz ***actio = reactio***.

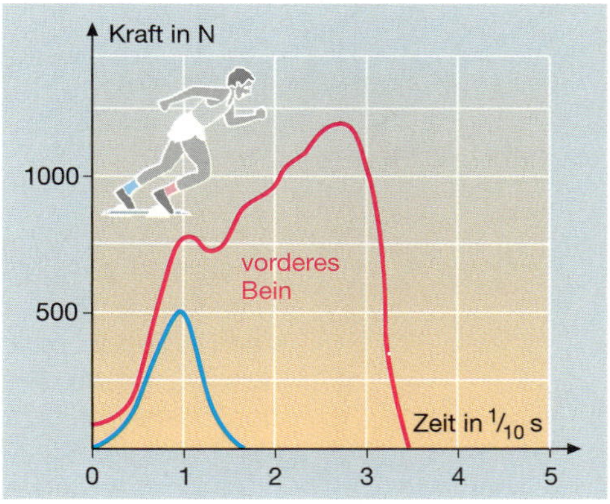

2 Kräfte zwischen Erde und Läufer beim Start

Mehrere Kräfte wirken

Versuche

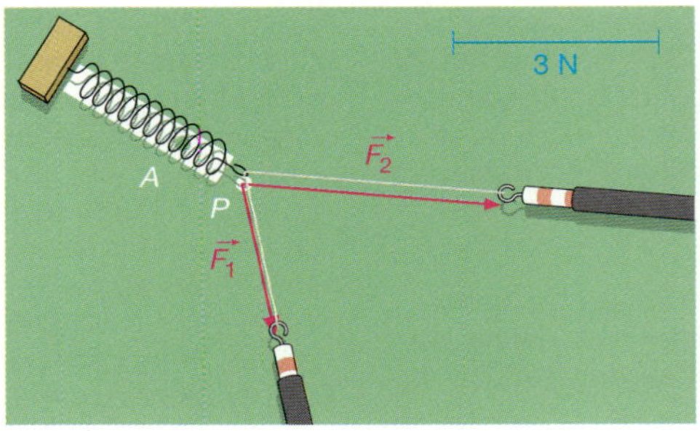

1

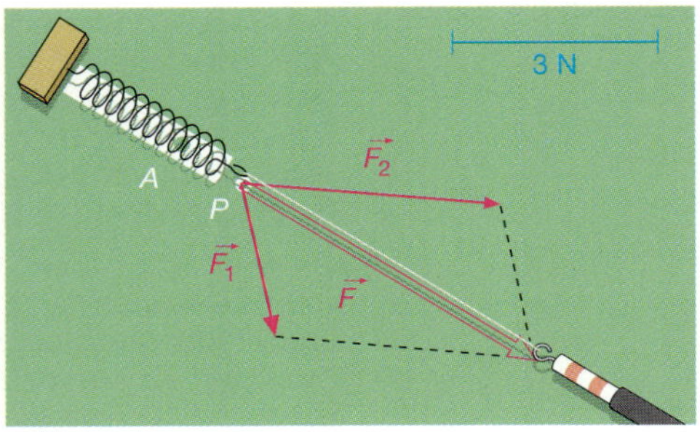

2

Was geschieht, wenn zwei Kräfte auf einmal an einem Körper ziehen?

V1 Eine entspannte Schraubenfeder endet am Punkt A. Wie in Abb. ➤ 1 dehnen wir sie mit ***zwei*** Kräften bis zum Punkt *P*.
Mit Kraftmessern messen wir ihre Beträge: $F_1 = 2{,}3$ N, $F_2 = 3{,}6$ N.
Die Feder lässt sich auch mit ***einer*** Kraft so dehnen (Abb. ➤ 2), dass die gleiche Verlängerung von *A* nach *P* entsteht. Als Betrag messen wir: $F = 4{,}8$ N.

V2 Die im ersten Versuch bestimmten Kräfte $\vec{F}_1$, $\vec{F}_2$ und $\vec{F}$ zeichnen wir genau nach Lage und Richtung als Kraftpfeile in einen Plan (Abb. ➤ 2).
Wir erkennen die geometrische Figur eines Parallelogramms.

V3 Wir ändern im vorhergehenden Versuch Betrag und Richtung der Kräfte $\vec{F}_1$ und $\vec{F}_2$ und bestimmen dazu jeweils die zugehörige Kraft $\vec{F}$. Die Form des Parallelogramms ändert sich.

Grundwissen

Zwei Kräfte wirken gleichzeitig

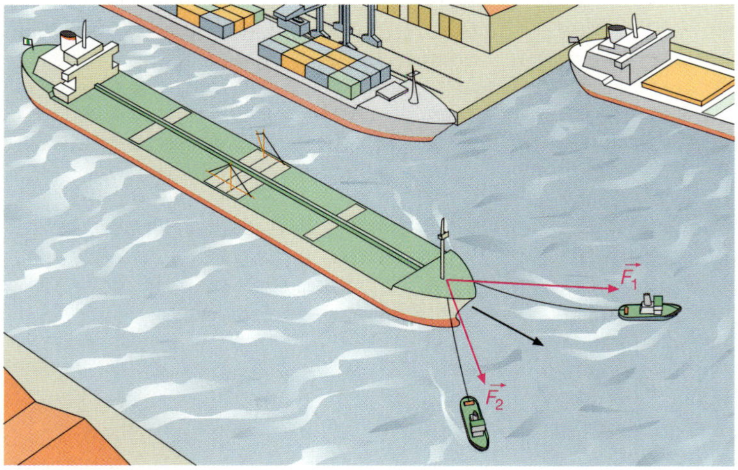

3 Wohin bewegt sich der Tanker?

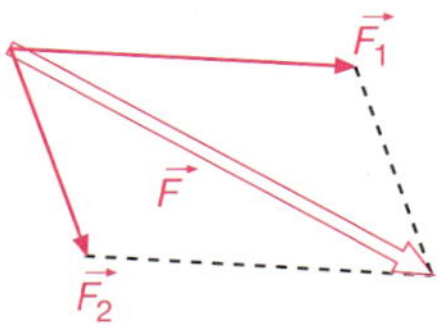

Parallelogramm der Kräfte

Der Tanker in Abb. ➤ 3 bewegt sich genau in seiner Längsrichtung, obwohl die beiden Schlepper in andere Richtungen ziehen. Die Kräfte der beiden Schlepper haben offensichtlich zusammen eine Wirkung wie eine einzelne Kraft, die in Längsrichtung des Tankers zieht. Man nennt diese Kraft ***Ersatzkraft***, weil sie die einzelnen Kräfte der Schlepper in ihrer Wirkung ersetzt. Die Kräfte der Schlepper heißen ***Teilkräfte*** der Ersatzkraft.

> Die Ersatzkraft greift im gleichen Punkt an und hat als Einzelkraft die gleiche Wirkung wie die Teilkräfte zusammen.

Durch Messen der Teilkräfte und der Ersatzkraft stellt man fest, dass die Summe der Beträge der Teilkräfte größer als der Betrag der Ersatzkraft ist. Die Richtung der Ersatzkraft liegt „zwischen" den Richtungen der Teilkräfte.

Wir konstruieren die Ersatzkraft

In Abb. ➤ 2 sind Lage und Größe der Teilkräfte und der Ersatzkraft so wiedergegeben, wie sie aus Versuchen abgeleitet werden können. Richtung und Betrag der Ersatzkraft ergeben sich demnach, wenn die Pfeile der Teilkräfte vom Angriffspunkt abgetragen und diese dann zu einem Parallelogramm ergänzt werden (siehe Rand). Der Pfeil der Ersatzkraft ist die Diagonale vom Angriffspunkt aus. Mit folgender Vorschrift lässt sich die Ersatzkraft für zwei Teilkräfte konstruieren:

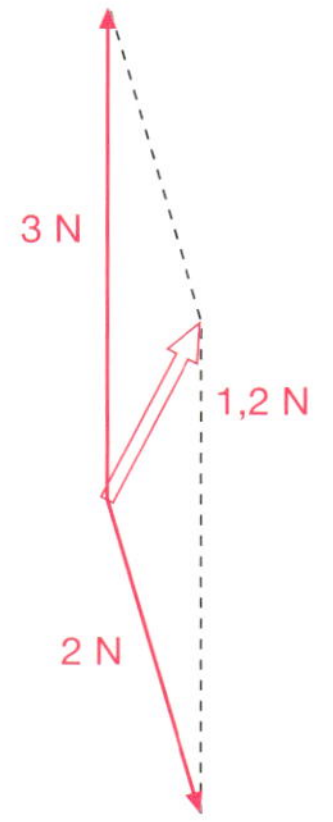

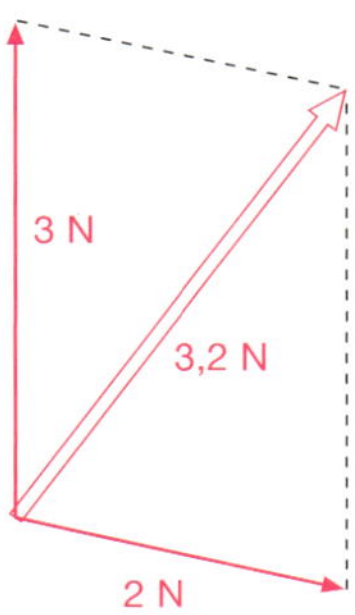

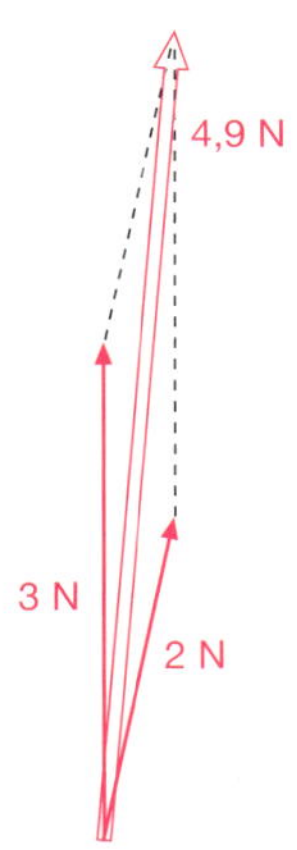

Konstruktionsvorschrift

- Lege einen Maßstab fest, z. B.: 2 cm entsprechen 1 N.
- Zeichne die beiden Kraftpfeile $\vec{F}_1$ und $\vec{F}_2$, ausgehend vom gemeinsamen Angriffspunkt.
- Ergänze die Figur zu einem Parallelogramm.
- Zeichne die vom Angriffspunkt ausgehende Diagonale als Pfeil. Sie stellt die Ersatzkraft $\vec{F}$ von $\vec{F}_1$ und $\vec{F}_2$ dar.
- Miss die Länge der Diagonale und ermittle, dem Maßstab entsprechend, den Betrag der Ersatzkraft in Newton.

Parallele Kräfte

Wird der Winkel zwischen den Teilkräften immer kleiner, so wird die Diagonale des Parallelogramms immer länger. Damit wird auch die Ersatzkraft immer größer. Fallen die Richtungen der Teilkräfte zusammen (Abb. ➤ 1), so ist der Betrag der Ersatzkraft gleich der Summe der Beträge der Teilkräfte.

1 Gleichgerichtete Kräfte

Beim Tauziehen (Abb. ➤ 2) wirken die Kräfte der beiden Mannschaften in entgegengesetzte Richtungen. Dabei liegen die Seiten des Parallelogramms auch auf einer Geraden. Obwohl die Teilkräfte sehr groß sind, ist ihre Ersatzkraft klein. Sie zeigt in Richtung der größeren der beiden Teilkräfte. Der Betrag der Ersatzkraft ist die Differenz der Beträge.

2 Tauziehen und der Kräfteplan dazu

Bei gleichgerichteten Kräften ist der Betrag der Ersatzkraft gleich der Summe der Beträge der Teilkräfte.
Bei entgegengesetzt gerichteten Kräften ist die Differenz der Beträge zu bilden. Die Richtung der Ersatzkraft ist gleich der Richtung der größeren Teilkraft.

Das Kräftegleichgewicht

Sind beim Tauziehen beide Mannschaften gleich stark, so bewegt sich die Fahne in der Mitte des Taus nicht. Die Kräfte gleichen sich aus. Der Betrag der Ersatzkraft ist 0 N.

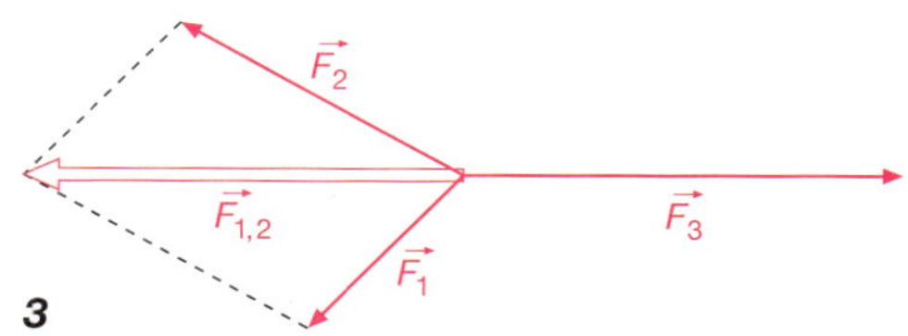

3

In Abb. ➤ 3 hat die Kraft $\vec{F}_3$ gleichen Betrag, aber entgegengesetzte Richtung wie die Ersatzkraft $\vec{F}_{1,2}$ der Teilkräfte $\vec{F}_1$ und $\vec{F}_2$. In diesem Fall gleichen sich alle drei Kraftwirkungen aus. Die Ersatzkraft für die Kräfte $\vec{F}_1$, $\vec{F}_2$ und $\vec{F}_3$ zusammen hat mithin den Betrag 0 N. Man spricht von einem ***Kräftegleichgewicht***.

Da man zwei Teilkräfte stets durch eine Ersatzkraft darstellen kann, lassen sich auf diese Weise beliebig viele Teilkräfte paarweise zusammenfassen und durch eine Ersatzkraft darstellen.

Kräftegleichgewicht zwischen mehreren Kräften äußert sich darin, dass im Ergebnis keine Ersatzkraft entsteht. Umgekehrt darf man aber daraus nicht schließen, dass beim Fehlen einer von außen erkennbaren Kraftwirkung keine Kräfte auf einen Gegenstand ausgeübt werden. Es könnten Teilkräfte vorhanden sein, die sich im Kräftegleichgewicht befinden.

Es herrscht Kräftegleichgewicht, wenn die Ersatzkraft aller Teilkräfte den Betrag 0 N hat.

? Erläutere an einem Beispiel den Unterschied zwischen „Ersatzkraft gleich Null“ und „Kraft auf Körper gleich Null“!

1 Seilkräfte tragen die Gondeln.

Wenn sich zwei oder mehr Kräfte zu einer Ersatzkraft zusammensetzen lassen, dann müsste umgekehrt eine Kraft auch in mehrere Teilkräfte zerlegbar sein. Das Problem taucht bei vielen Konstruktionen, z. B. beim Bau von Gewölben oder bei einer Seilbahn (Abb. ➤ 1) auf. Die Gondel hängt an einem Seil, das nicht in Richtung der Gewichtskraft gespannt ist. Dennoch muss das Seil auf die Gondel eine nach oben gerichtete Kraft ausüben, um ihre Gewichtskraft auszugleichen. Diese Kraft kann nur durch Teilkräfte erzeugt werden, die in Richtung des Seiles wirken. Die Beträge der Seilkräfte lassen sich ermitteln, wenn man die Konstruktion beim Zusammenwirken von Kräften umkehrt (Abb. ➤ 2):

Die Kraft $\vec{F}$ muss mit der Gewichtskraft $\vec{F}_G$ der Gondel im Gleichgewicht stehen. Sie zeigt also nach oben. $\vec{F}$ wird als Diagonale desjenigen Kräfteparallelogramms dargestellt, dessen Teilkräfte in Seilrichtung liegen. Man spricht von einer ***Kraftzerlegung***.

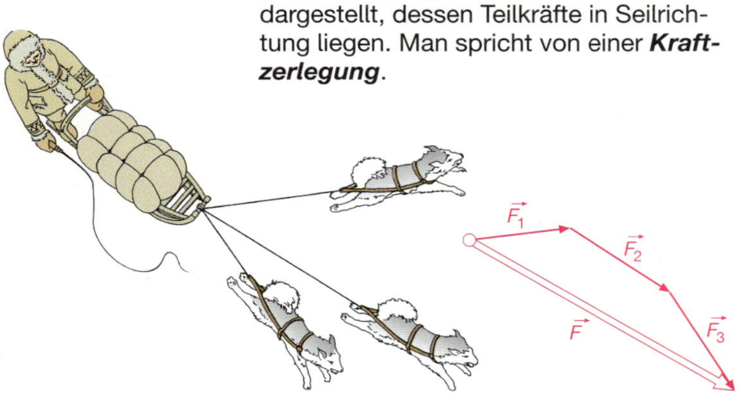

3 Wohin ziehen die drei Hunde insgesamt?

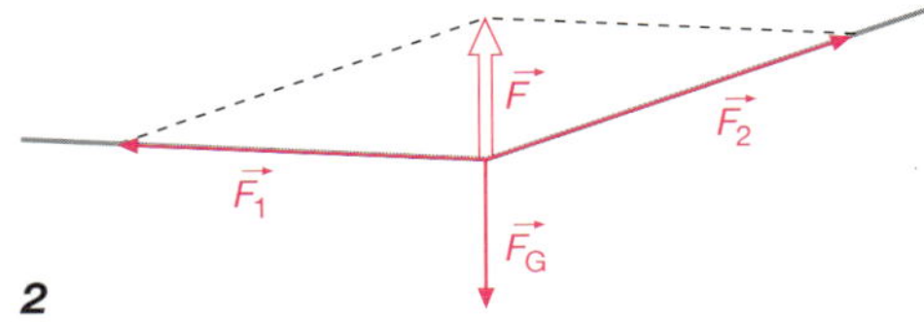

2

Konstruktionsvorschrift

- Zeichne den Pfeil der zu zerlegenden Kraft $\vec{F}$.
- Ziehe vom Angriffspunkt von $\vec{F}$ aus die Halbgeraden in den Richtungen der gesuchten Teilkräfte.
- Zeichne durch die Spitze von $\vec{F}$ die Parallelen zu den Halbgeraden.
- Die Schnittpunkte der Parallelen mit den Halbgeraden ergeben die Spitzen der vom Angriffspunkt ausgehenden Pfeile für $\vec{F}_1$ und $\vec{F}_2$.

Eine Kraft wird in zwei Teilkräfte zerlegt, indem man ein Kräfteparallelogramm mit der Kraft als Diagonale konstruiert.

Wenn mehr als zwei Kräfte wirken

Die Ersatzkraft $\vec{F}$ ergibt sich nicht nur als Diagonale im Parallelogramm, wenn man die Teilkräfte $\vec{F}_1$ und $\vec{F}_2$ gemeinsam am Angriffspunkt angreifen lässt. $\vec{F}$ ergibt sich auch, wenn die Pfeile von $\vec{F}_1$ und $\vec{F}_2$ hintereinander gesetzt werden, als ob zuerst $\vec{F}_1$ und dann erst $\vec{F}_2$ wirken würde. Man addiert also den Pfeil $\vec{F}_2$ zum Pfeil $\vec{F}_1$, indem man den Pfeil $\vec{F}_2$ parallel vom Angriffspunkt weg zur Spitze von $\vec{F}_1$ verschiebt.
Dieses Verfahren, Kraftpfeile aneinanderzusetzen, bezeichnet man als die ***Pfeil-Addition von Kräften***.

Ziehen drei Hunde wie in Abb. ➤ 3 einen Schlitten, so ist der Anfangspunkt des ersten Pfeiles auch der Anfangspunkt des Pfeiles für die Ersatzkraft. Die Spitze (der Endpunkt) des dritten Pfeiles ist die Spitze des Pfeiles für die Ersatzkraft.

Greifen an einem Punkt mehrere Kräfte gleichzeitig an, so ergibt sich die Ersatzkraft durch die Addition der Kraftpfeile.

? Weshalb brechen Brückenbögen nicht ein, wenn die Fahrbahn belastet wird?
? Wie lässt sich mit Papier stabil bauen?

Die schiefe Ebene

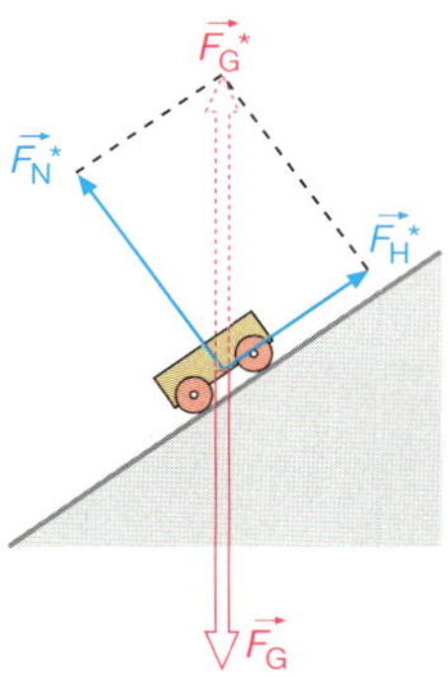

Will man einen schweren Gegenstand in eine höhere Lage bringen, so erfordert dies weniger Kraft im Vergleich zum Hochheben, wenn man ihn mit einem Wagen auf einer schrägen Unterlage, einer ***schiefen*** Ebene, nach oben zieht.
In einem Versuch nach Abb. ➤ 1 wird eine schiefe Ebene verwendet, deren Neigung verändert werden kann. Ein Maß für die Neigung ist der Quotient h/l.
Mit der Kraft $\vec{F}_H$ zieht der Wagen auf der Ebene nach unten, mit der Kraft $\vec{F}_N$ drückt er auf die Unterlage. Sie sind Teilkräfte der Gewichtskraft $\vec{F}_G$. Ihre Beträge werden mit Kraftmessern bei den entgegengesetzt gerichteten Kräften $\vec{F}_H^*$ und $\vec{F}_N^*$ für verschiedene Neigungen der Bahn bestimmt. Das Messbeispiel (Tabelle ➤ 2) zeigt, dass der Quotient h/l für die Neigung gleich dem Quotienten F_H/F_G ist:

> Bei gegebener Gewichtskraft F_G ist die auf der schiefen Ebene schräg nach unten wirkende Teilkraft F_H proportional zum Quotienten h/l der Neigung. Es gilt:
>
> $$F_H = F_G \cdot \frac{h}{l}$$

? Wie ändern sich die Teilkräfte, wenn die Ebene steiler (flacher) gemacht wird?

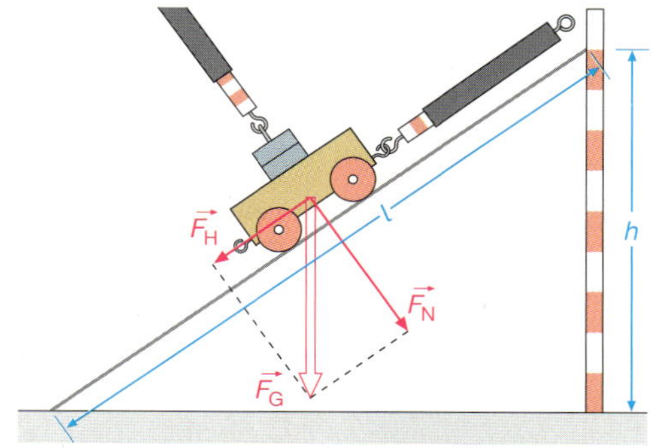

1 Kraftzerlegung durch die schiefe Ebene

Für l = 80 cm und F_G = 1,5 N wird:

h in cm	8	15	20	40
F_H in N	0,14	0,27	0,38	0,72
F_N in N	1,49	1,46	1,44	1,30

Mit diesen Werten berechnen wir:

h/l	0,10	0,19	0,25	0,50
F_H/F_G	0,09	0,18	0,25	0,48

2 Messwerte an einer schiefen Ebene

Beispiel: Rollstuhl und Fahrer haben zusammen eine Gewichtskraft von 1200 N. Welche Kraft F ist mindestens nötig, um eine Rampe mit h/l = 0,1 hochzufahren?
Aus $F \geqq F_H = F_G \cdot (h/l)$ folgt:
$F \geqq 1200\ \text{N} \cdot 0{,}1 = 120\ \text{N}$

Die Schrotleiter

Über 2000 Jahre lang benutzten die Schröter, deren Beruf der Weintransport war, eine Schrotleiter, um die schweren Weinfässer leichter auf- und abladen zu können.
Da es früher keine leistungsfähigen Pumpen gab, musste der Wein in Fässern transportiert werden. Beim Heben des Weines vom Keller auf die Straße, auf das Fuhrwerk oder in das Schiff, wurde das Fass von wenigen Männern über eine schräg angelegte Leiter gezogen. Dazu verwendeten sie entweder eine Seilwinde oder Stangen, mit denen sie das Fass an den Sprossen der Leiter hochhebelten. Diese Leiter heißt Schrotleiter.
Das Wort „schroten" stammt aus dem Mittelhochdeutschen und bedeutet so viel wie schleifen, ziehen, zerteilen.

Bau der Pyramiden

Beim Anblick der riesigen Pyramiden in Ägypten – die Cheopspyramide z. B. ist rund 140 m hoch – kann man sich kaum vorstellen, wie die Menschen vor rund 4500 Jahren viele tausend Steinquader von jeweils mehreren Tonnen Masse hinauftransportieren konnten. Man vermutet, dass die Ägypter damals riesige Erdwälle um die Pyramidenbaustelle errichteten.
Auf Baumstämmen, die als Walzen unter die Steinquader geschoben wurden, zogen dann viele hundert Sklaven die Steine eine schiefe Ebene hoch.

Die Pyramide war ursprünglich mit einer glatten Deckfläche versehen worden. Diese ist schon lange verschwunden, und man sieht wieder die darunter befindlichen, treppenförmig angeordneten Steinquader.

Rückblick

Begriffe
Was versteht man unter
- einer Kraft?
- einer Federkonstanten?
- elastischer/plastischer Verformung?
- einer Gewichtskraft?
- der Masse?
- einer Gegenkraft?
- einer Teilkraft?
- einer schiefen Ebene?
- dem Ortsfaktor?
- der Trägheit?
- einer Ersatzkraft?

Beobachtungen
Was beobachtet man, wenn
- die Bewegung eines Körpers geändert wird?
- die Kraft zur Verformung eines Körpers immer größer wird?
- ein Astronaut auf dem Mond springt?
- mehrere Kräfte am selben Punkt des Körpers zugleich angreifen?
- die Neigung einer schiefen Ebene abnimmt?

Erklärungen
Wie lässt sich begründen, dass
- alle Gegenstände auf der Erde eine Gewichtskraft haben?
- sich ein Tischtennisball nicht so kräftig wie ein Tennisball schlagen lässt?
- zum reibungsfreien Hochziehen eines Körpers auf einer schiefen Ebene weniger Kraft als zum Hochheben nötig ist?

Gesetzmäßigkeiten
Beschreibe mit eigenen Worten
- das Hooke'sche Gesetz.
- den Zusammenhang zwischen Gewichtskraft und Masse.
- das Wechselwirkungsprinzip.
- den Ersatz mehrerer Kräfte durch eine bzw.die Zerlegung einer Kraft in Teilkräfte.

Erläutere die Erscheinungen in den folgenden Bildern und beantworte die Fragen!

Warum beugen sich die Sprinter nach vorn?

Weshalb ist die starke Verformung des Vorderteils beabsichtigt?

Welchen Nutzen hat die Rampe?

Warum lügt Baron von Münchhausen?

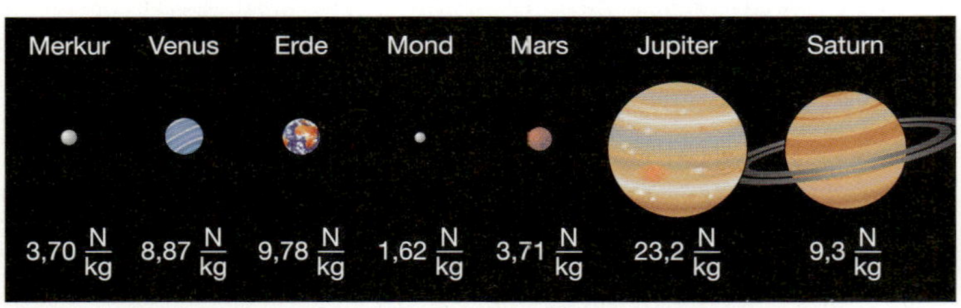

Wie lassen sich die unterschiedlichen Ortsfaktoren begründen?

Weshalb ist der Sack schwer und mit Sand gefüllt?

Weshalb hat das Seil einen Knick?

Erläutere, wieso die schwere Steinbrücke in der Mitte nicht durchbricht.

Welche Kraft beschleunigt die Pfeile?

Beispiel

Merke:
Die Wirkung zweier an einem Körper gleichzeitig angreifender Kräfte lässt sich auch durch eine Kraft erzielen. Diese Ersatzkraft wird mit dem Kräfteparallelogramm bestimmt.

Konstruktion der Ersatzkraft

In dem Punkt *P* greifen zwei Kräfte $\vec{F}_1$ und $\vec{F}_2$ an. Bestimme die Ersatzkraft $\vec{F}$ der beiden Teilkräfte $\vec{F}_1$ und $\vec{F}_2$!

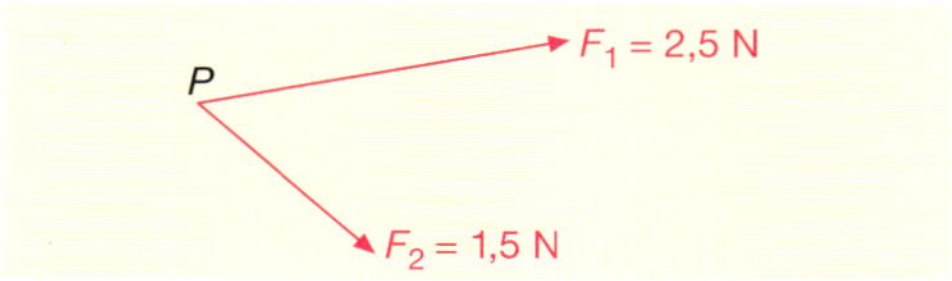

Lösung:
Übertrage die Skizze maßstabsgerecht in das Heft (1 N ≙ 1 cm).
Zeichne eine Parallele zu $\vec{F}_1$ durch die Spitze von $\vec{F}_2$. Zeichne dann eine Parallele zu $\vec{F}_2$ durch die Spitze von $\vec{F}_1$.

Verbinde den Schnittpunkt der beiden Parallelen mit dem Punkt *P*. Miss die Länge der Diagonalen in cm. Berechne mit Hilfe des Maßstabs den Betrag der Ersatzkraft $\vec{F}$.
Die Spitze des Pfeiles von $\vec{F}$ liegt im Schnittpunkt der beiden Parallelen.

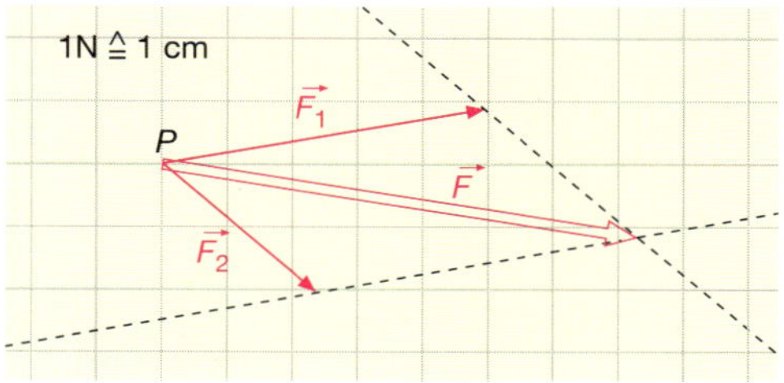

Heimversuche

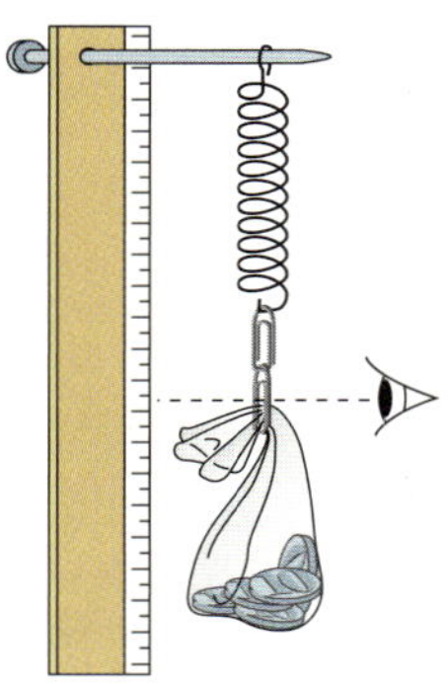

1. Untersuchung der Ausdehnung einer selbstgemachten Feder

Erforderliches Material:
30 cm Eisendraht (0,5 mm dick),
2 Büroklammern oder 2 x 20 cm Bindfaden,
ein langer Nagel, Lineal mit Loch,
Plastikfrühstücksbeutel,
15 x Zehn-Cent-Münzen.

Der Draht wird stramm über einen Bleistift gewickelt, so dass eine Feder entsteht. Das Experiment wird wie in der Skizze gezeigt aufgebaut. Belaste die Feder schrittweise durch Einfüllen von Münzen in den Beutel und entlaste ebenso. Notiere die zugehörigen Verlängerungen der Feder. Zeichne ein *s*-*F*-Diagramm (Einheit der *F*-Achse = Gewichtskraft einer Zehn-Cent-Münze). Was fällt dir auf? Gilt hier das Hooke'sche Gesetz?

2. Bestimmung der Masse von einigen Gegenständen

Erforderliches Material:
10 x Zehn-Cent-Münzen als Massensatz, eine Zehn-Cent-Münze hat die Masse $m = 4{,}1$ g,
Lineal und runder Bleistift, Radiergummi, Armbanduhr.

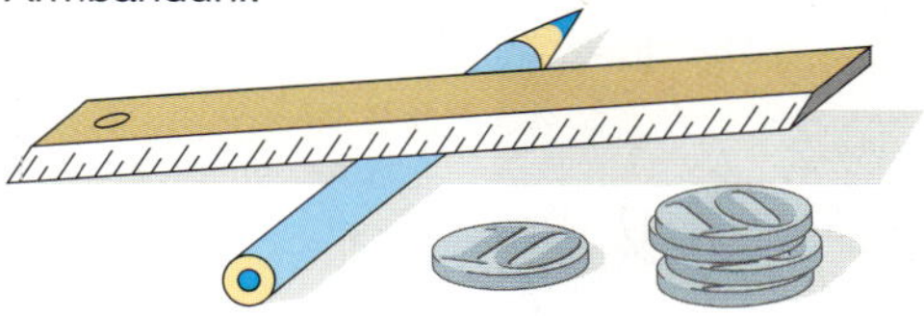

Stelle aus Bleistift und Lineal eine Waage (Wippe) her. Bestimme mit deinem Massensatz die Masse von Radiergummi und Armbanduhr! Welchen Nachteil hat dein Massensatz? Fertige ein Protokoll an!

Fragen

Zu den Kraftwirkungen

1 Gib fünf Beispiele für Kraftwirkungen an! Nenne drei Begriffe, die das Wort „Kraft" enthalten und die sich nicht auf physikalische Kräfte beziehen (etwa: der Kraftausdruck)!

2 Auf einen Körper wirkt eine Kraft ein. Welche der folgenden Angaben muss man machen, um ihre Auswirkungen auf den Körper vollständig zu erfassen?
- Betrag der Kraft – Richtung der Kraft
- Art der Kraft – Angriffspunkt der Kraft

3 Zeige mit Hilfe eines Beispiels, dass gleichzeitig $F_1 = F_2$ und $\vec{F}_1 \neq \vec{F}_2$ richtig sein kann.

4 Ein Körper wird kurz durch eine Kraft verformt. Was kann danach beobachtet werden?

5 Wie kann man mit Hilfe eines Drahtes (Metallstreifens) einen Kraftmesser bauen?

6 Eine Billardkugel rollt gegen den Rand des Billardtisches und prallt ab. Beschreibe den Vorgang mit Hilfe von Kräften!

Zum Hooke'schen Gesetz

7a) Was bedeutet es, wenn man sagt: Die Feder folgt dem Hooke'schen Gesetz?
b) Gilt bei einem Federkraftmesser das Hooke'sche Gesetz?

8 Eine Feder hat die Konstante $D = 30$ N/cm. Um wie viel wird sie gedehnt, wenn eine Kraft von 250 N auf sie wirkt?

Fragen

Hat der Mann im Weltraum keine Gewichtskraft?

Wie kommt die eckige Form des Spinnennetzes zustande?

9 a) Welche Federkonstante hat eine Schraubenfeder, wenn die Kraft 4,0 N sie um 6,0 cm verlängert?
b) Die Kraft beträgt nur 1,5 N. Wie groß ist die Verlängerung derselben Feder nun?

10 Ein Gummiband verlängert sich bei 5,0 N um 10 cm. Um wie viel würde es sich bei 6,0 N verlängern? Begründe deine Antwort!

11 Die Pufferfeder eines Eisenbahnwagens wird durch die Kraft F = 15 kN um s = 25 mm zusammengedrückt. Wie weit würde sie durch 90 kN zusammengedrückt werden?

12 Ein Metalldraht wird durch Kräfte gedehnt. Man misst folgende Werte:

F in N	2,0	4,0	6,0	8,0	10	12	14
s in cm	0,4	0,9	1,1	1,7	2,1	2,9	3,6

a) Zeichne ein s-F-Diagramm!
b) Bis zu welcher Ausdehnung gilt das Hooke'sche Gesetz? Ermittle hierfür aus dem Graphen die Konstante D!
c) Berechne mit dem in ***b)*** gefundenen Wert von D die Ausdehnung für F = 7,5 N. Vergleiche mit dem Diagramm!

Zur Gewichtskraft und Masse

13 Wie groß ist die Gewichtskraft von 1 kg Wasser, 1 t Butter, 500 g Wurst, 200 mg (1 Karat) Diamant?

14 Folgende Angaben findest du:
- 320 g Einwaage (auf Konservendosen)
- 80 t Tragkraft (beim Kran)
- 6000 t Schub (bei der Rakete)

Wo wird die betreffende Größe in der richtigen Einheit angegeben?

15 Wo trägt ein Forscher seine Ausrüstung (50 kg) leichter, am Nordpol oder auf dem Gipfel des Kilimandscharo? Begründe!

16 Kann man die Masse eines Körpers auf dem Mond messen, wenn man dort
- nur einen Kraftmesser hat,
- nur eine Balkenwaage mit Massensatz hat,
- einen Kraftmesser und einen Massensatz hat?

Zusammenwirken von Kräften

17 Was versteht man unter einem Kräftegleichgewicht?

18 Unter welchen Bedingungen kann man die Ersatzkraft zweier Kräfte verwenden?

19 Wieso kann man ein Gewölbe aus glatt behauenen Steinen ohne Mörtel bauen?

20 Was versteht man unter einem Kräfteparallelogramm?

21 Welche Kraft wird auf die Aufhängung eines Seils ausgeübt, wenn am Seil eine Last mit 200 N zieht und das Seil 100 N Gewichtskraft hat?

22 Ein Mann führt zwei Hunde spazieren. Der eine Hund zieht mit der Kraft $\vec{F_1}$, der andere senkrecht dazu mit der Kraft $\vec{F_2}$.

Mit welcher Kraft ziehen die Hunde zusammen an der Hand?

23 Übertrage die Kraftpfeile des folgenden Bildes ins Heft und bestimme die Ersatzkraft!

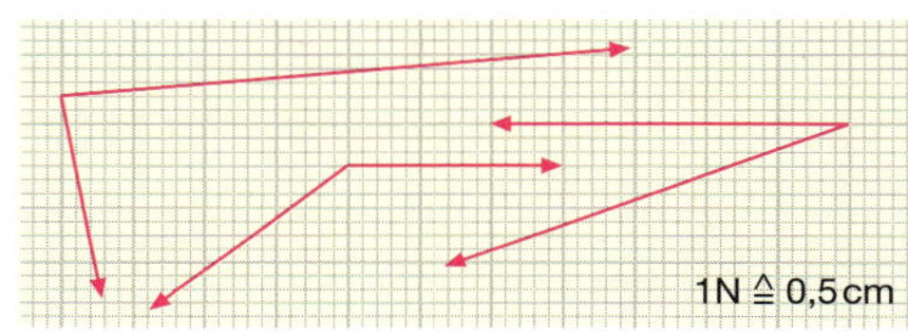

24 Bestimme die Ersatzkraft für:

F_1 in N:	2,0	5,0	6,0	8,0	12	20	24	27
F_2 in N:	1,0	4,0	5,0	9,0	15	20	12	45

Der Winkel zwischen $\vec{F_1}$ und $\vec{F_2}$ soll 45° (90°, 135°) betragen.

25 Übertrage die folgenden Skizzen in dein Heft und bestimme die Teilkräfte für $\vec{F}$ in den angegebenen Richtungen!

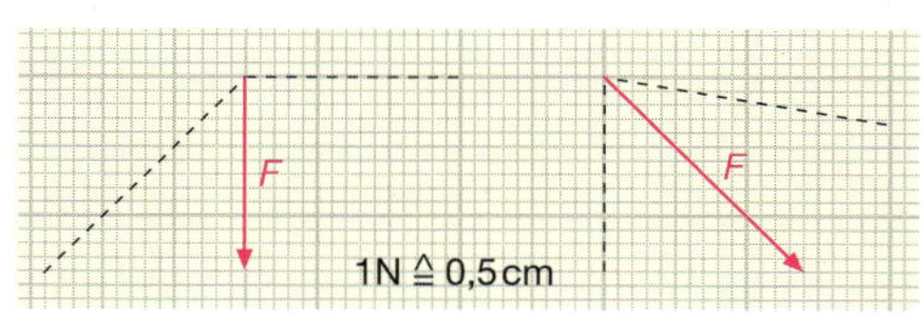

Schwierigere Probleme

26 Eine Kugel liegt auf dem Tisch und bewegt sich nicht. Wirkt auf sie keine Kraft? Wirken Kräfte, wenn sie mit konstanter Geschwindigkeit rollt?

27 Welchen Winkel müssen zwei Kräfte mit gleichem Betrag zueinander haben, damit ihre Ersatzkraft ebenfalls diesen Betrag hat?

Schwebekünstler

Seepferdchen und andere Meerestiere können ihr Volumen ändern und dadurch in beliebiger Wassertiefe schweben. Sie „machen sich klein“, wenn sie sinken und „blähen sich auf“, wenn sie steigen wollen.
Unterseeboote ändern ihre Tauchtiefe auf andere Weise, mit Hilfe spezieller Kammern: Zum Abtauchen werden die Kammern mit Wasser gefüllt, zum Auftauchen wird das Wasser wieder mit Luft herausgepresst. Dadurch wird zwar das Volumen des U-Bootes nicht verändert, aber seine Gewichtskraft wird durch die Aufnahme bzw. Abgabe von Wasser vergrößert bzw. verkleinert.

Ein überraschender Versuch

Fülle ein Trinkglas randvoll mit Wasser und lege eine Postkarte darauf. Drehe das Glas mit der Postkarte um und lasse dann die Postkarte los. Das Wasser fließt nicht heraus!

Der erfüllte Traum vom Fliegen

Vom Fliegen träumen die Menschen schon seit jeher. Das Bemühen, sich in die Lüfte zu erheben, wurde erstmals im Jahre 1783 belohnt. Von den Gebrüdern Montgolfier gebaute Heißluftballone stiegen damals zum ersten Mal mit Menschen in die Luft. Ein solcher Ballon wird von unten mit heißer Luft gefüllt. Die Luft wird mit Hilfe eines Feuers an der unteren Ballonöffnung erhitzt.

Dichte von festen Stoffen, Flüssigkeiten und Gasen

Versuche

1 Sind große Körper schwerer als kleine?

V1 Bringe auf einer Waage einen leeren Becher mit passenden Massestücken ins Gleichgewicht. Fülle den Becher mit 50 cm³, dann mit 100 cm³, 150 cm³, ... Wasser und miss jeweils die Masse des Wassers (Abb. ➤ 2).
Die Masse wächst proportional zum Volumen. Wiederhole den Versuch mit Sand.

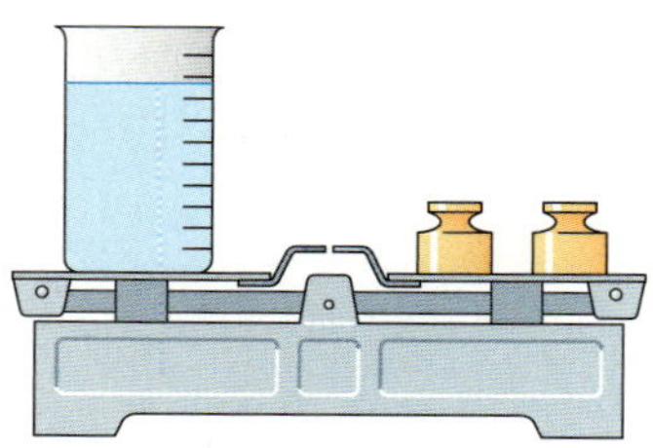

2

V2 Bestimme die Masse von unregelmäßig geformten Körpern (z. B. von Steinen oder von größeren Metallteilen). Ihr Volumen kannst du mit Überlaufgefäß und Messzylinder wie in Abb. ➤ 3 messen.
Du erhältst z. B. für einen Stein die Masse $m = 11{,}6$ g und das Volumen $V = 6{,}3$ cm³.

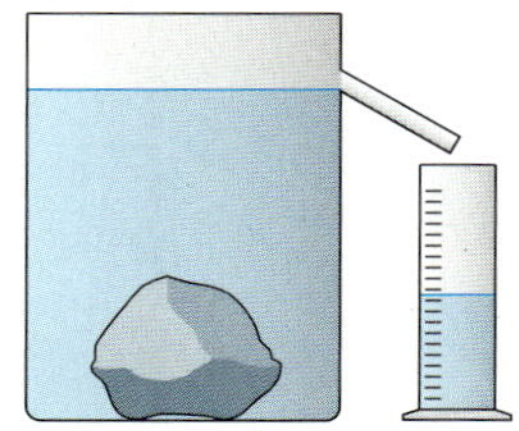

3

V3 Bestimme die Masse eines verschließbaren Rundkolbens, in dem sich nur Luft befindet, so genau wie möglich. Presse nun mit einem Kolbenprober 100 cm³ Luft zusätzlich hinein und wiederhole die Wägung.
Die Masse hat sich um 0,13 g erhöht. Diese Masse muss von der zusätzlich eingepumpten Luft stammen.

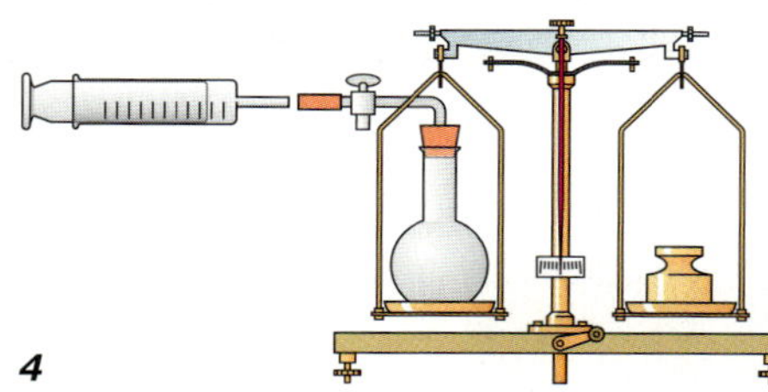

4

Grundwissen

Dichte von Stoffen bei 20 °C in g/cm³	
Benzin	0,7
Heizöl	0,8
Eis (–4 °C)	0,9
Wasser	1,0
Sand	1,5
Glas	2,5
Aluminium	2,7
Eisen, Stahl	7,9
Luft (Normaldruck)	
0 °C	0,00129
20 °C	0,00120
40 °C	0,00113
60 °C	0,00106

Die Dichte als physikalische Größe

Als Körper bezeichnet man in der Physik alle Gegenstände, die untersucht werden. Die Luft im Luftballon ist ebenso ein Körper wie ein Hammer oder die Milch in der Flasche. Alle Körper bestehen aus Stoffen, die Raum benötigen. ***Masse*** und ***Volumen*** sind zueinander proportional. Wo ein Körper ist, kann kein zweiter sein. Eine Holzkugel und eine Eisenkugel haben bei gleichem Volumen unterschiedliche Massen. Wir sagen, die Stoffe Holz und Eisen haben eine unterschiedliche ***Dichte***.

> Für Körper aus ein und demselben Stoff ist die Masse m proportional zum Volumen V. Den Quotienten
> $$\varrho = \frac{m}{V}$$
> bezeichnet man als Dichte ϱ (Rho). Sie ist von Stoff zu Stoff verschieden.

Übliche Einheiten der Dichte sind:

$$1\,\frac{\text{kg}}{\text{m}^3} \text{ oder } 1\,\frac{\text{g}}{\text{cm}^3} = 1000\,\frac{\text{kg}}{\text{m}^3}$$

Beispiel: Hat ein Körper z. B. die Masse $m = 11{,}6$ g und das Volumen $V = 6{,}3$ cm³, so beträgt die Dichte seines Stoffes:

$$\varrho = \frac{11{,}6\text{ g}}{6{,}3\text{ cm}^3} = 1{,}8\,\frac{\text{g}}{\text{cm}^3}$$

Die Dichte $\varrho = 0{,}00129$ g/cm³ von Luft bedeutet zum Beispiel, dass 1 cm³ Luft die Masse 0,00129 g bzw. 1 m³ Luft die Masse 1,29 kg hat!
Die Dichte ändert sich mit der Temperatur, da die meisten Körper dadurch auch ihr Volumen, nicht aber ihre Masse ändern.

? Erläutere: Eisen ist schwerer als Wasser, aber Schiffe aus Eisen schwimmen.

Druck in Flüssigkeiten

Versuche

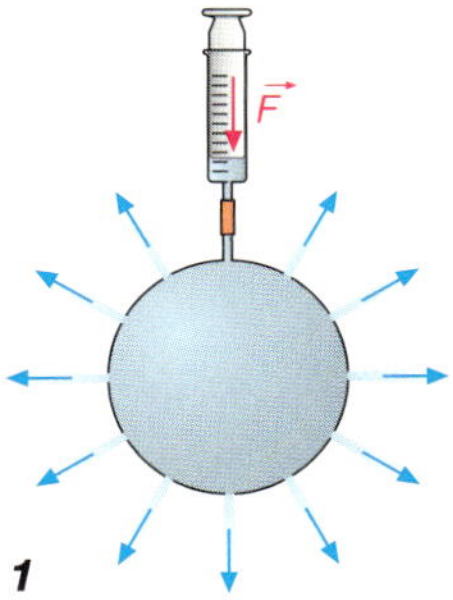

1

V1 Presse vorsichtig den Kolben einer wassergefüllten Spritzkugel. Das Wasser spritzt in alle Richtungen (Abb. ➤ 1).

V2 Mehrere Kolbenprober mit unterschiedlichen Durchmessern sind durch Schläuche miteinander verbunden und mit Wasser gefüllt (Abb. ➤ 2). Wir belasten die Kolben so, dass sie sich nicht mehr verschieben.
Für den größeren Kolben wird eine größere Kraft als für einen kleineren benötigt.

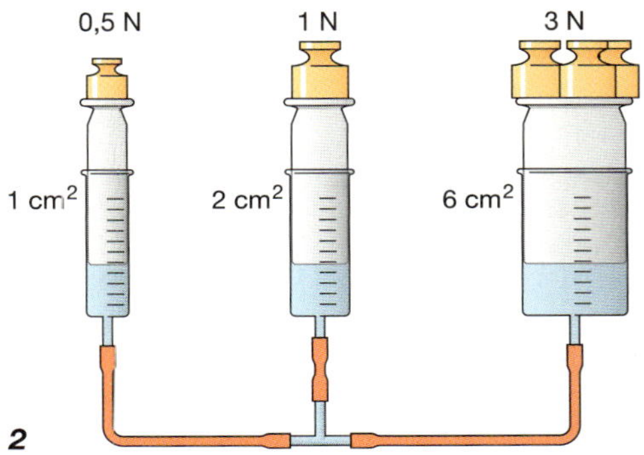

2

V3 Wir füllen eine gefärbte Flüssigkeit in ein U-Rohr und verbinden eine Öffnung über einen Schlauch mit einem Glasrohr (Abb. ➤ 3). Wir tauchen das Glasrohr in Wasser. Je nach Tiefe der Rohröffnung verschiebt sich die Flüssigkeit im U-Rohr. Dabei dringt Wasser in das Glasrohr ein.
Wird statt des Glasrohres eine Druckdose eingetaucht, so beult sich deren Membran nach innen, was ebenfalls zum Verschieben der Flüssigkeit im U-Rohr führt.

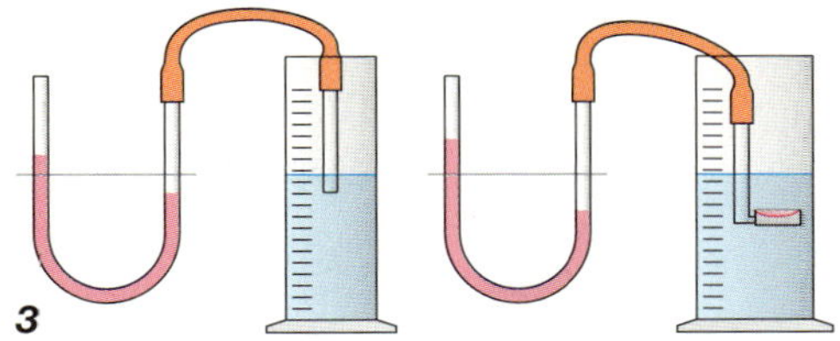
3

V4 Halte die untere Öffnung eines Glasrohres mit einem Aluminiumplättchen zu. Tauche beides zusammen in Wasser und lasse das Plättchen unter Wasser los (Abb. ➤ 4).
Es fällt nicht herunter. Fülle nun vorsichtig Wasser in den Zylinder. Erst bei fast gleicher Wasserstandshöhe zu außen fällt das Plättchen ab.

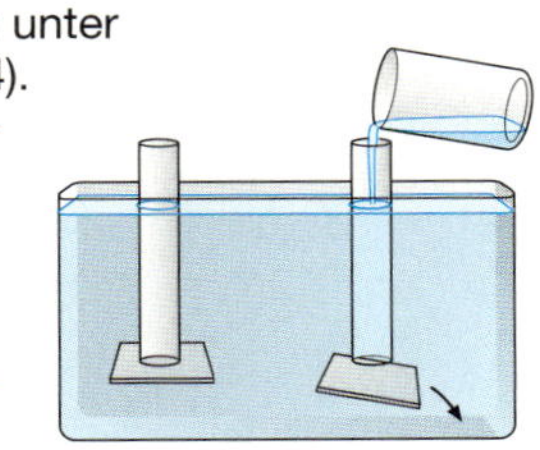
4

Grundwissen

Der Druck – ein Zustand

Mit dem Kolben eines Kolbenprobers wird auf die Flüssigkeit in einem Gefäß eine Kraft ausgeübt. Ein aufgeblasener Luftballon im Inneren der Flüssigkeit wird beim Drücken des Kolbens kleiner (Abb. ➤ 5).
Durch die Kraft, mit der die Grundfläche des Kolbens auf die Flüssigkeit wirkt, wird die Flüssigkeit in einen Zustand versetzt, durch den sie ihrerseits Kräfte auf alle ihre Begrenzungsflächen – ob an ihrem Rand oder in ihrem Inneren – ausübt. Dieser Zustand heißt ***Druck***.

Aus der unveränderten Form des Luftballons schließen wir, dass an jeder Stelle gleich starke Kräfte auf seine Oberfläche wirken. Der durch die Kraft auf den Kolben in der Flüssigkeit entstehende Druck ist überall gleich groß.
Der Druck selbst hat keine Richtung, wohl aber ruft er an jeder mit der Flüssigkeit in Berührung stehenden Begrenzungsfläche eine Kraft hervor. Diese Kraft wirkt stets senkrecht auf die Begrenzungsfläche.

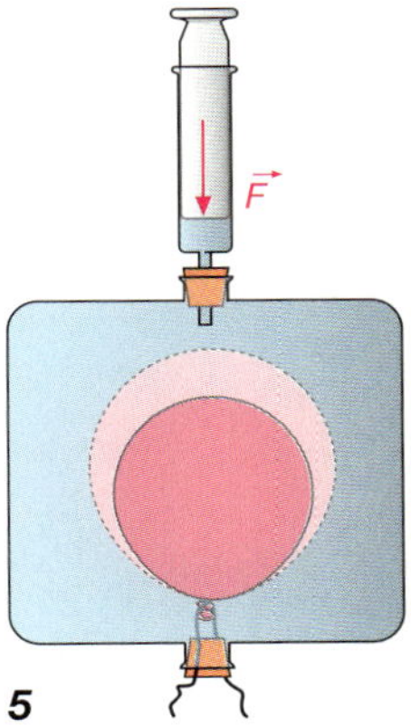

5

Druck kennzeichnet den Zustand einer Flüssigkeit. Er macht sich durch Kräfte senkrecht zu den Begrenzungsflächen der Flüssigkeit bemerkbar.

Mit einem Modell von einer Flüssigkeit, die aus sehr vielen kleinen, glatten, kugelförmigen Teilchen bestehen soll (Abb. ➤ 6), lässt sich das Entstehen eines Druckes verdeutlichen. Wird auf eine abgeschlossene Menge der dicht an dicht liegenden Kugeln eine Kraft ausgeübt, so „pflanzt" sich diese über die Berührstellen in alle Richtungen fort.

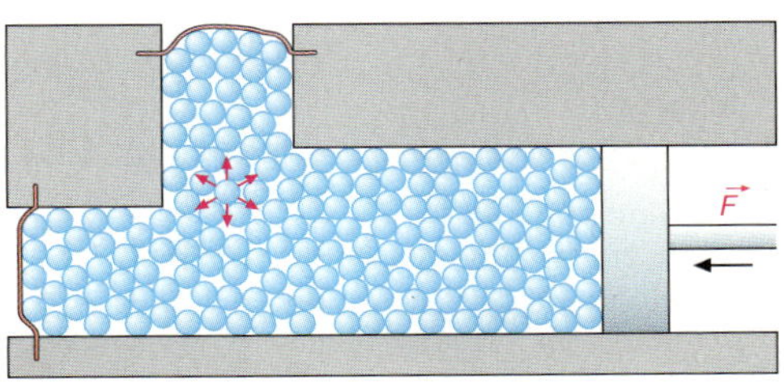

6

Grundwissen

Der Kolbendruck

Belastet man den Kolben eines mit einer Flüssigkeit gefüllten Kolbenprobers, so erzeugt dies einen Druck in der Flüssigkeit. Man spricht vom ***Kolbendruck***.

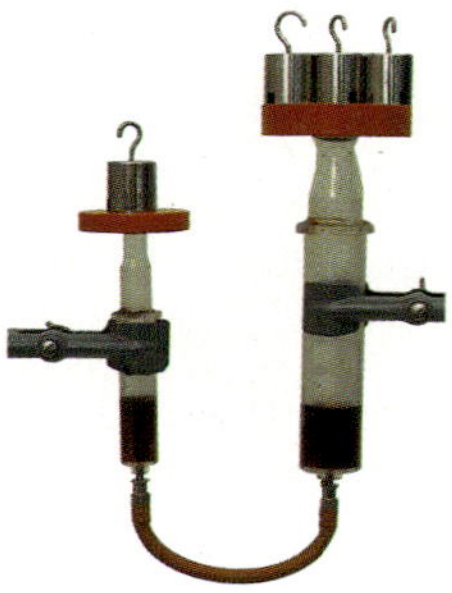

Sind zwei mit Flüssigkeit gefüllte Kolbenprober über einen Schlauch miteinander verbunden, so ruft eine Kraft auf den einen Kolben eine Kraft auf den anderen Kolben hervor. Durch Auflegen von Massestücken kann man ein Gleichgewicht zwischen den beiden Kolben herstellen. Da der Druck in der Flüssigkeit überall gleich groß ist, müssen Kräfte und Querschnittsflächen der verschiedenen, auf die Flüssigkeit wirkenden Kolbenprober so miteinander zusammenhängen, dass sie zum gleichen Druckzustand führen. Den gleichen Druck erhalten wir z. B. bei folgenden, senkrecht auf verschieden große Kolbenflächen wirkenden Kräfte:

Kraft F in N	0,5	1,0	2,0	3,0
Fläche A in cm^2	1,0	2,0	4,0	6,0

Je größer die Fläche A ist, desto größer muss auch die zum Gleichgewicht erforderliche Kraft F sein. Der Quotient aus Kraft und Fläche ist für alle Kolbenprober gleich. In unserem Messbeispiel beträgt er 0,5 N/cm^2.
Verdoppelt (verdreifacht, ...) man die Kraft auf einen Kolben, so bleibt das Gleichgewicht nur bestehen, wenn die Kraft auf den anderen Kolben ebenfalls verdoppelt (verdreifacht, ...) wird. Der Quotient aus Kraft und Fläche ist wieder gleich, nur doppelt (dreimal, ...) so groß.

Beachte:
Die für den Druck maßgebliche Kraft wirkt stets senkrecht zur betrachteten Fläche.

Der Quotient F/A ist ein Maß für den Druck p. Man definiert:

$$\text{Druck} = \frac{\text{Kraft}}{\text{Fläche}} \quad \text{bzw.} \quad p = \frac{F}{A}$$

Die gesetzliche Druckeinheit ist das ***Pascal (Pa)***. Es gilt:

$$1\ \text{Pa} = 1\ \frac{\text{N}}{\text{m}^2} \quad \text{bzw.} \quad 10\,000\ \text{Pa} = 1\ \frac{\text{N}}{\text{cm}^2}$$

Weiterhin gilt: $1\ \text{Pa} = \frac{1}{100}$ mbar ***(Millibar)***

Da 1 Pa ein sehr kleiner Druck ist, benutzt man häufig Vielfache davon:

100 Pa = 1 hPa (1 Hektopascal)
1000 Pa = 1 kPa (1 Kilopascal)

Der Druck in Autoreifen wird meist in Bar angegeben. Es gilt:

1 bar = 1000 mbar
= 100000 Pa

Der Schweredruck

In jeder Flüssigkeit lässt sich ein Druck nachweisen, der von der Tiefe in der Flüssigkeit abhängt. Der Druck wird durch die Gewichtskraft der Flüssigkeit verursacht. Deshalb spricht man vom ***Schweredruck***.
Die Kraft $F = p \cdot A$, die den Schweredruck p hervorruft, ist gleich der Gewichtskraft F_G der über der Fläche A stehenden Flüssigkeit mit der Dichte ϱ (Abb. ➤ 1).
Damit folgt mathematisch:

$$\begin{aligned} F &= F_G \\ p \cdot A &= m \cdot g \\ p \cdot A &= \varrho \cdot V \cdot g \\ p \cdot A &= \varrho \cdot A \cdot h \cdot g \\ p &= \varrho \cdot h \cdot g \end{aligned}$$

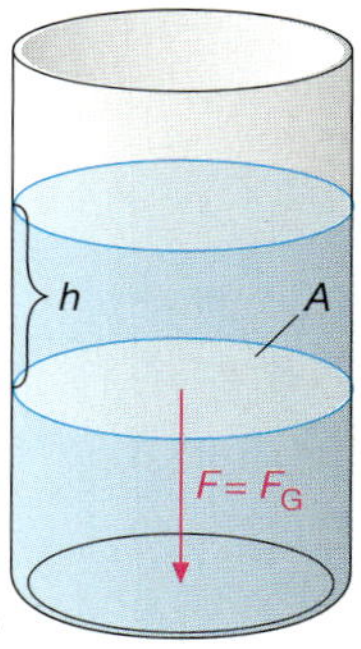

1

Der Schweredruck p in der Tiefe h einer Flüssigkeit mit der Dichte ϱ beträgt:
$p = \varrho \cdot h \cdot g$

Bei einer Wassertiefe von h = 0,3 m ist:

$$p = 1000\ \frac{\text{kg}}{\text{m}^3} \cdot 0{,}3\ \text{m} \cdot 10\ \frac{\text{N}}{\text{kg}} = 3000\ \text{Pa}$$

Eine Messung bestätigt diesen Wert.
Die Herleitung geschah ***deduktiv***, d. h. aus zwei Beziehungen für dieselbe Kraft wurde mathematisch eine Beziehung zwischen Tiefe und Druck abgeleitet. Dies ließe sich auch durch Auswerten von Messreihen und Diagrammen finden (Abb. ➤ 2). Wird, so wie wir es beim Hooke'schen Gesetz gemacht haben, von vielen Messwerten auf eine Formel geschlossen, so spricht man vom ***induktiven*** Verfahren.

? Warum sind Staumauern unten viel dicker als oben?

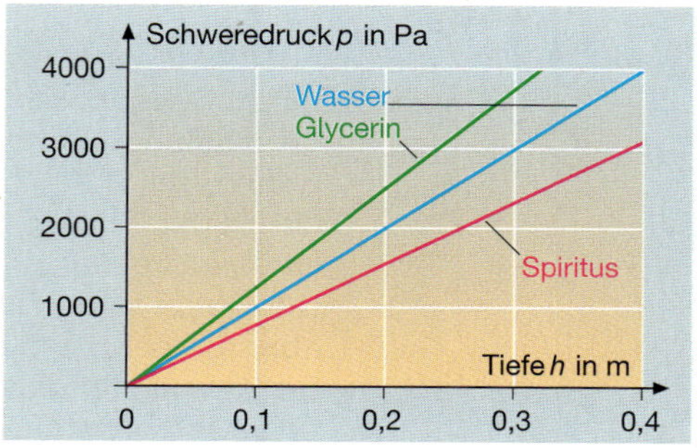

2 Der Schweredruck nimmt mit der Tiefe zu.

Das hydrostatische Paradoxon

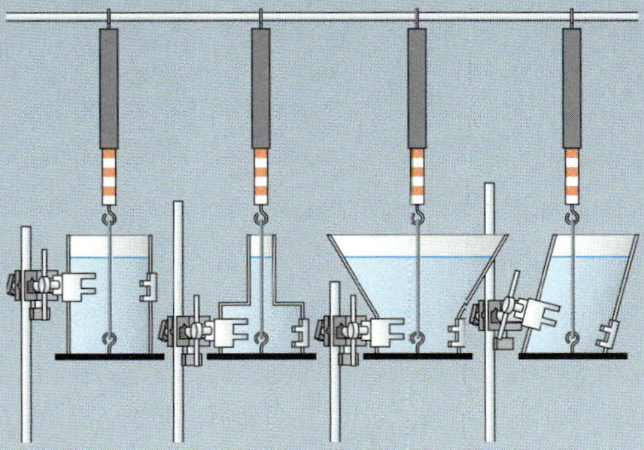

1 Gleicher Druck bei gleicher Höhe

Die losen Bodenflächen der unterschiedlich geformten Gefäße in Abb. ➤ 1 sind gleich groß. Sie werden von Kraftmessern mit gleicher Kraft nach oben gegen die Gefäßwände gezogen. Füllt man Wasser hinein, so löst sich der Boden bei allen Gefäßen bei der gleichen Höhe der Wassersäule.
Obwohl die zum Lösen des Bodens notwendige Kraft überall gleich ist, wird sie je nach Gefäßform durch verschieden viel Wasser hervorgerufen. Das liegt am Schweredruck, denn die Kraft auf die Bodenfläche hängt nur von der Höhe und Dichte der Flüssigkeit ab. Paradox (sonderbar) daran ist, dass man auf diese Weise mit einer kleinen Flüssigkeitsmenge dieselbe Kraft auf eine Fläche erzeugen kann wie mit einer großen.

Verbundene Gefäße

In miteinander verbundenen Gefäßen oder verschiedenen Teilen eines Gefäßes ist der Schweredruck in gleicher Tiefe gleich. Daher ist der Flüssigkeitsstand in allen Teilen des Gefäßes gleich (Abb. ➤ 3).

Der Versuch von Blaise Pascal

Von dem Mathematiker und Physiker ***Blaise Pascal*** (1623 – 1662), zu dessen Ehren die Druckeinheit ihren Namen hat, wird berichtet, er habe ungläubigen Zuschauern vorgeführt, wie mit wenigen Gläsern Wein ein stabiles Fass zum Platzen gebracht werden kann.
Zu diesem Zweck steckte er ein langes dünnes Rohr in ein bereits volles Fass (Abb. ➤ 2), stieg auf den Balkon eines Hauses und begann, das Rohr mit Wein zu füllen, bis das Fass plötzlich mit lautem Knall zerbarst.
Um zu erklären, dass so wenig Wein ein Fass zum Platzen bringen kann, muss man wissen, dass wegen der etwa 10-mal so hohen Flüssigkeitssäule der 10fache Druck im Weinfass herrscht.

2 Fassversuch von Pascal

Hydraulische Anlagen

Bei Hebevorrichtungen, Pressen oder Bremsanlagen von Fahrzeugen werden Kräfte mit Hilfe von Flüssigkeiten verstärkt. Das Prinzip ist am Beispiel der hydraulischen ***Hebebühne*** (Abb. ➤ 4a) erkennbar:
Mit einer kleinen Kraft F_1 auf einen Kolben, der eine kleine Querschnittsfläche A_1 hat, wird eine große Kraft F_2 an einem Kolben mit großer Querschnittsfläche A_2 hervorgerufen. Im Hydrauliköl ist der Kolbendruck überall gleich.

Aus $p_1 = p_2$ folgt: $\frac{F_1}{A_1} = \frac{F_2}{A_2}$, also ist:

$$F_1 = \frac{A_1}{A_2} \cdot F_2$$

Bei der Fußbremse im Auto (Abb. ➤ 4b) wird durch das Treten des Pedals ein großer Druck in der Bremsflüssigkeit erzeugt. Die Bremskolben pressen wegen ihrer großen Fläche die Bremsbeläge mit vergrößerter Kraft auf die Bremsscheiben.

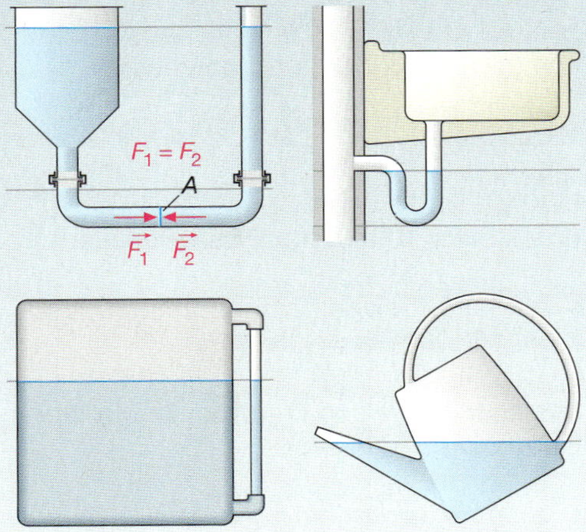

3 Flüssigkeitsniveau in verbundenen Gefäßen

a) ***b)***

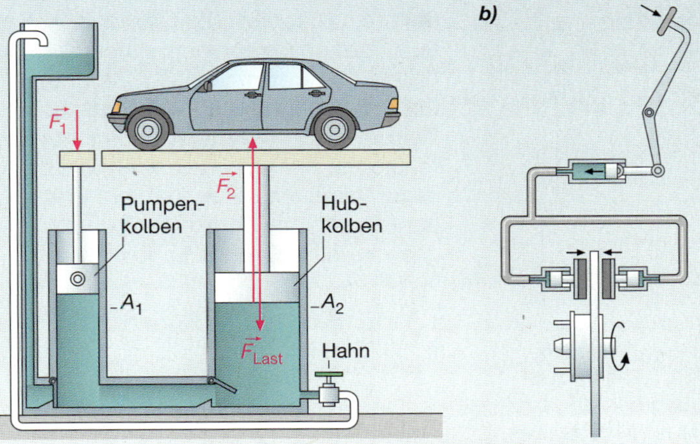

4 Hydraulische Hebebühne ***(a)*** und Bremsanlage eines Autos ***(b)***

Druck in Gasen

Versuche

V1 Verschließe mit dem Daumen die Öffnung einer Fahrradpumpe. Schiebe den Kolben hinein. Die Luft lässt sich zusammendrücken. Am Daumen spürst du eine Kraft.

V2 Wir befestigen einen Kraftmesser am Kolben eines Kolbenprobers. Der Kolben wird ganz hineingeschoben. Dann verschließen wir die Öffnung mit einem Hahn und ziehen den Kolben am Kraftmesser langsam heraus. Es geht schwer (Abb. ➤ 1).

Wir messen die Querschnittsfläche A des Kolbens. Ist $A = 7\ \text{cm}^2$, so beträgt die Kraft zum Ziehen etwa $F = 70\ \text{N}$.

V3 Legt man einen älteren Apfel unter eine Glasglocke und pumpt die Luft ab, so verliert er seine Falten.

V4 Lege einen etwa 15 m langen durchsichtigen Schlauch so in eine Wanne, dass er sich vollständig mit Wasser füllt. Verschließe ein Schlauchende und ziehe es aus dem Wasser in die Höhe. Das andere Ende bleibt unter Wasser (Abb. ➤ 2).
Ab etwa 10 m Höhenunterschied entsteht zwischen dem geschlossenen Ende und dem Wasser oben im Schlauch ein Zwischenraum. Die Wassersäule überschreitet diese Höhe bei weiterem Anheben des Schlauchendes nicht.

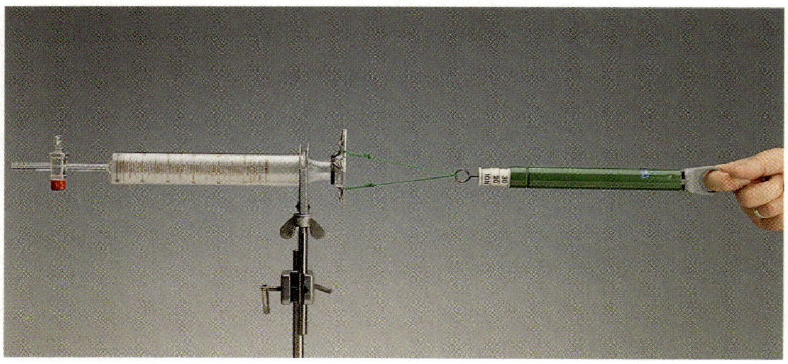

1

2

Grundwissen

Der Luftdruck

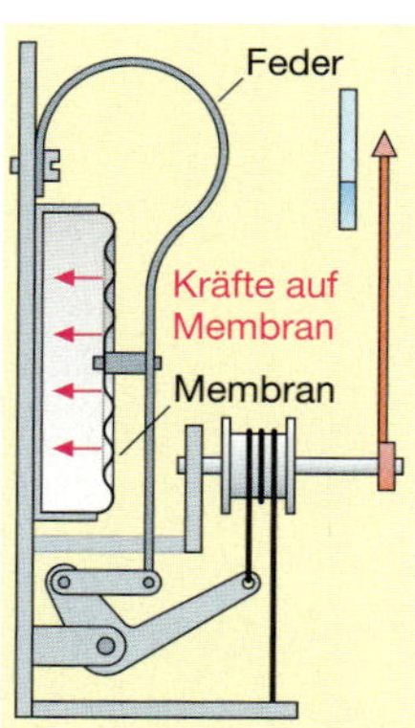

3 Im Dosenbarometer wirkt infolge des Luftdrucks auf die Membran einer luftleeren Dose eine Kraft. Die Verbiegung der Membran ist ein Maß für den Luftdruck.

Luft oder ein anderes Gas lässt sich in einem Kolbenprober, einer Spritze oder Pumpe zusammendrücken. Man sagt, Gase sind ***komprimierbar***. Deshalb ist die Dichte von Gasen – anders als bei festen Körpern oder Flüssigkeiten – leicht veränderbar.
Die Erde ist von einer Lufthülle, der Atmosphäre, umgeben. Die Gewichtskraft der Luft über uns verursacht einen Schweredruck, den ***Luftdruck***. Auf Bergen ist der Luftdruck geringer als auf Meereshöhe. Der Luftdruck nimmt jedoch nicht gleichmäßig mit der Höhe ab, wie wir dies von den Flüssigkeiten her kennen. Das liegt daran, dass die Dichte der Luft am Boden größer als in höheren Lagen ist.

> Der Luftdruck ist der Schweredruck der Lufthülle. Er nimmt mit der Höhe ab, aber immer langsamer.

Zieht man den ganz eingeschobenen Kolben einer Spritze heraus, ohne dass Luft einströmen kann, so entsteht im Inneren der Spritze ein luftleerer Raum, das ***Vakuum***. Die Kraft, die beim Herausziehen des Kolbens überwunden werden muss, stammt vom Luftdruck, der am Kolben außen herrscht.
Hat z. B. der Kolben die Querschnittsfläche $A = 7\ \text{cm}^2$, so ist zum Herausziehen die Kraft $F = 70\ \text{N}$ erforderlich. Daraus folgt, dass der Luftdruck etwa

$$p = \frac{F}{A} = \frac{70\ \text{N}}{7\ \text{cm}^2} = 10\ \frac{\text{N}}{\text{cm}^2} = 100\,000\ \text{Pa}$$

beträgt. Das entspricht dem Schweredruck einer 10 m hohen Wassersäule.

> Der Luftdruck am Erdboden beträgt etwa 100 000 Pa = 1000 hPa.

Messgeräte für den Luftdruck nennt man ***Barometer*** (Abb. ➤ 3).

? Wie funktioniert ein nach Versuch 4 konstruiertes Flüssigkeitsbarometer ?

Höhe	Luftdruck
10 km	264 hPa
9 km	307 hPa
8 km	356 hPa
7 km	411 hPa
6 km	472 hPa
5 km	540 hPa
4 km	616 hPa
3 km	701 hPa
2 km	795 hPa
1 km	899 hPa

1 Der Druck in der Atmosphäre sinkt mit der Höhe.

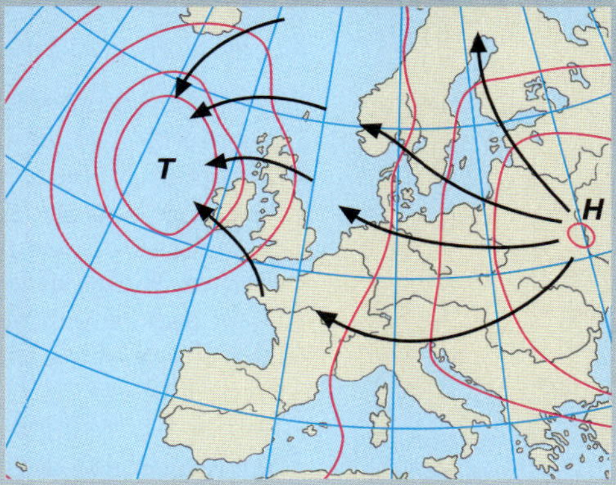

2 Aufnahme eines Wettersatelliten und daraus entwickelte Wetterkarte

Luftdruck und Höhe

In Meereshöhe beträgt der Luftdruck im Mittel 1013 hPa (***Normaldruck***). In etwa 5,5 km Höhe ist der Druck auf die Hälfte, in 11 km Höhe auf ein Viertel gesunken (Tabelle ➤ 1). Die Lufthülle geht ohne scharfe Grenze in den Weltraum über. Gemessen am Durchmesser der Erde bildet sie nur eine hauchdünne Schicht.
Da der Zusammenhang zwischen Luftdruck und Höhe bekannt ist, eignen sich Barometer zur Höhenmessung. Die Höhenmesser der Bergsteiger geben die Höhe auf etwa 20 m, die in Flugzeugen bis auf 10 m genau an. Um den Luftdruck zur „absoluten“ Höhenangabe des Messortes über Meereshöhe verwenden zu können, muss zuvor eine wetterbedingte Druckabweichung gegenüber dem Normaldruck berücksichtigt werden.

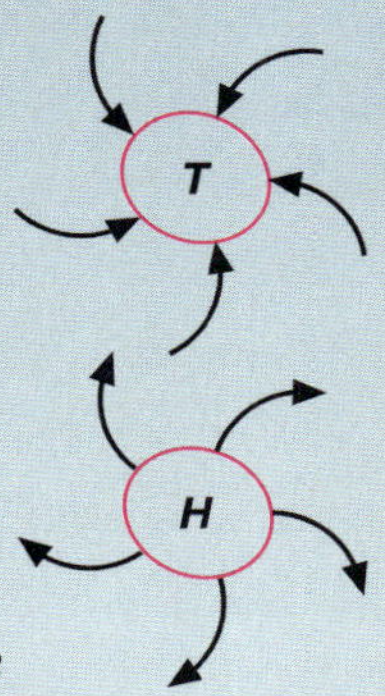

3

Luftdruck und Wind

Druckunterschiede in der Luft sind die Ursache für den Wind. Unterschiedliche klimatische Bedingungen sorgen für weiträumige Druckunterschiede. In Wetterkarten (Abb. ➤ 2) sind die Orte mit gleichem Luftdruck durch Linien (Isobaren) miteinander verbunden. Diese Linien umschließen ein Hoch- bzw. ein Tiefdruckgebiet. Meistens hat der Luftdruck – bezogen auf Meereshöhe – Werte zwischen 970 hPa und 1030 hPa.
Die Luft strömt nicht geradewegs vom Hoch- zum Tiefdruckgebiet (Abb. ➤ 3). Je nach geographischer Breite bewegt sich der Erdboden verschieden schnell. Durch Reibung wird der Wind so gebremst, dass er auf der Nordhalbkugel aus einem Hochdruckgebiet im Uhrzeigersinn heraus- und gegen den Uhrzeigersinn in ein Tiefdruckgebiet hineinströmt.

Der berühmte Versuch von Guericke

Lange Zeit war umstritten, ob es einen Raum, der nichts enthält, ein Vakuum, gibt. ***Otto von Guericke*** (1602 – 1686) ging der Frage nach und ließ aus verschiedenen Gefäßen die Luft herauspumpen.
Nach einigen erfolglosen Versuchen mit Holzfässern und Metallkugeln, die sich entweder als undicht erwiesen oder mit lautem Knall zusammengedrückt wurden, gelang ihm eine stabile Konstruktion aus glatt aufeinander liegenden kupfernen Halbkugeln. Sechzehn Pferde konnten die Halbschalen nicht auseinander reißen (Abb ➤ 4).
Guericke deutete die Kräfte als Folge des Luftdrucks gegenüber dem Vakuum und hielt damit dessen Existenz für bewiesen.

4

Gasdruck und Volumen

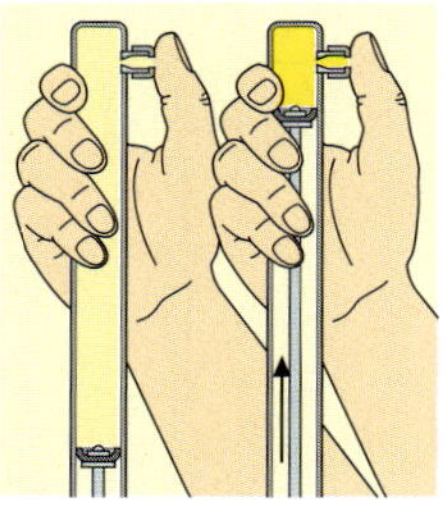

Wird das Volumen der Luft verkleinert, so erhöht sich der Druck der Luft.

Wird das Volumen, das eine bestimmte Gasmenge hat, verändert, so ändert sich der Druck im Gas. Der Druck im Gas ändert sich aber auch, wenn die Temperatur des Gases bei konstant gehaltenem Volumen verändert wird.
Den Zusammenhang zwischen Druck *p* und Volumen *V* einer Gasmenge kann man mit einer Versuchsanordnung wie in Abb. ➤ 1 untersuchen. Damit der Einfluss der Temperatur ausgeschaltet ist, muss man auf eine konstante Temperatur des Gases achten.

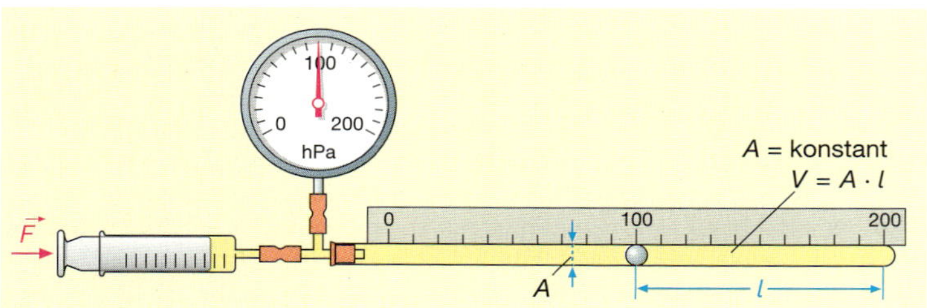

1 Messung von Druck und Volumen des Gases im Rohr

Das durch eine leicht bewegliche Kugel im rechten Teil des Rohres eingeschlossene Gas hat denselben Druck wie das Gas links davon. Wird der Druck im linken Teil des Rohres verändert, so verschiebt sich die Kugel so weit, bis auf beiden Seiten der Kugel wieder ein gleicher Druck herrscht. Messwerte von einem solchen Versuch sind in der Tabelle und in dem Diagramm von Abb. ➤ 2 aufgeführt. Sie bestätigen ein nach ***Robert Boyle*** (1627 – 1691) und ***Edmé Mariotte*** (1620 – 1684) benanntes Gesetz:

> Boyle-Mariotte'sches Gesetz:
> Für ein Gas, das in einem Behälter eingeschlossen ist, gilt bei konstanter Temperatur: Druck p und Volumen V sind antiproportional, das heißt:
> $p \cdot V = \text{konstant}$.

p in hPa	V in cm^3	$p \cdot V$ in $hPa \cdot cm^3$
1000	3,7	3700
800	4,5	3600
500	7,4	3700
400	9,5	3800
200	19,5	3900
100	38,0	3800

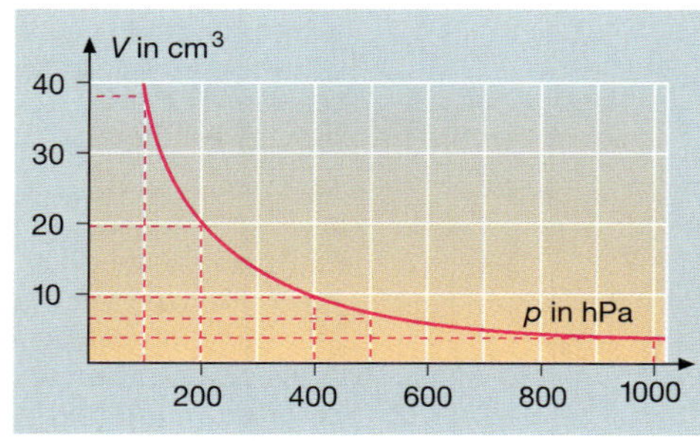

2 Messwerte für Druck und Volumen einer Gasmenge bei konstanter Temperatur

? In der Fahrradpumpe wird das Volumen auf den zwölften Teil verringert. Welcher Reifendruck ist damit erreichbar?

Vakuumpumpen

Die Kapselpumpe, in der sich ein Kolben dreht, hat eine automatische Ventilregelung.

Soll Luft aus einem Behälter gepumpt werden, so kann man wie in Abb. ➤ 3 vorgehen. Das Öffnen und Schließen der Zuleitungen geschieht mit einem Dreiwege-Hahn:

1. Durch Herausziehen des Kolbens wird das dem Gas im Behälter zur Verfügung stehende Volumen vergrößert. Wird es z. B. verdoppelt, so sinkt nach dem Gesetz von Boyle-Mariotte sein Druck auf die Hälfte.
2. Der Hahn wird nun so verstellt, dass der Behälter abgesperrt ist, die Luft im Kolben jedoch hinausgestoßen werden kann.
3. Nach dem Zurückstellen des Hahnes lässt sich das Volumen wieder vergrößern. Wird es verdoppelt, so sinkt der Druck auf den vierten Teil des Anfangsdrucks.

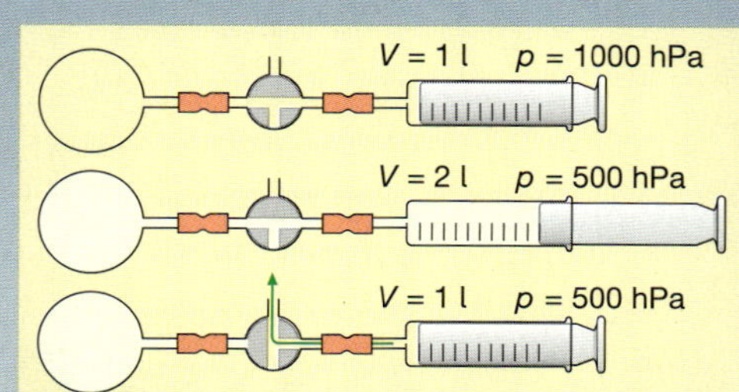

3 Prinzip einer Vakuumpumpe

Dieses Verfahren lässt sich fortsetzen und der Druck nimmt immer mehr ab. Bis auf einen winzigen Rest an Gas kommt man dem absoluten Vakuum nahe. Mit modernen Vakuumpumpen sinkt der Druck bis auf 0,001 Pa.

Auftrieb in Flüssigkeiten und Gasen

Versuche

Einen Nichtschwimmer kannst du mit einer Hand halten, wenn er sich dabei flach im Wasser ausstreckt. Außerhalb des Wassers wird dir das nicht gelingen.

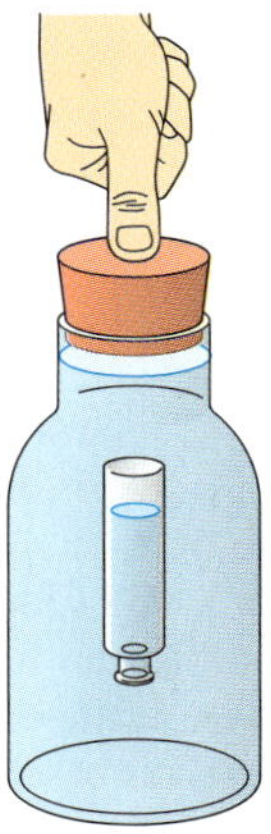

1

V1 In einer mit Wasser gefüllten Flasche soll ein teilweise mit Luft gefülltes Fläschchen, mit offenem Ende nach unten, gerade eben schwimmen (Abb. ➤ 1). Die Flasche wird mit einem Gummistopfen verschlossen. Durch Drücken des Stopfens kann das Fläschchen zum Sinken, Schweben oder Steigen gebracht werden.

V2 Miss die Gewichtskraft von Quadern gleicher Größe aus Messing, Eisen und Aluminium außerhalb von Wasser und bei ganz eingetauchtem Quader (Abb. ➤ 2).
Die Differenz der Kräfte ist für jeden dieser Körper gleich.

V3 Wiederhole den zweiten Versuch mit Knetmasse. Verforme den Körper und wiederhole die Messungen. Die Form des Körpers beeinflusst das Ergebnis nicht.

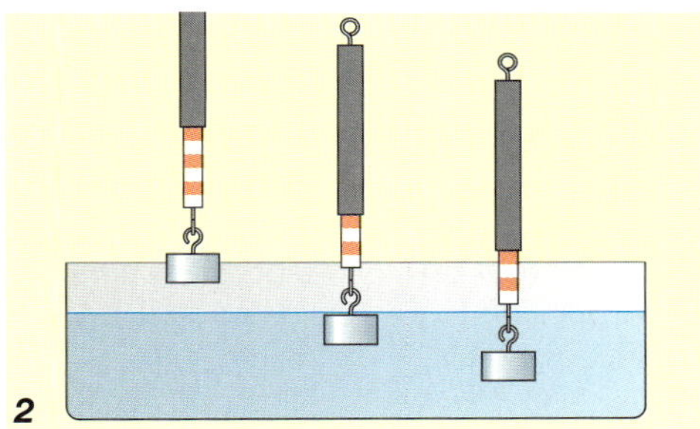

2

V4 Zwei Körper gleicher Masse, aber aus unterschiedlichem Stoff, sind an einer Balkenwaage nicht mehr im Gleichgewicht, wenn man sie in Wasser eintaucht (Abb. ➤ 3).

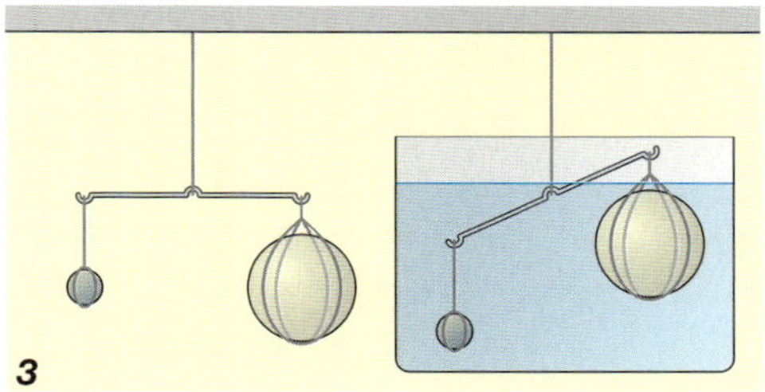

3

V5 Zwei Körper mit deutlich unterschiedlichem Volumen (Abb. ➤ 4) werden in Luft ins Gleichgewicht gebracht. Bringt man sie unter eine Glasglocke und pumpt Luft ab, so geht das Gleichgewicht verloren.

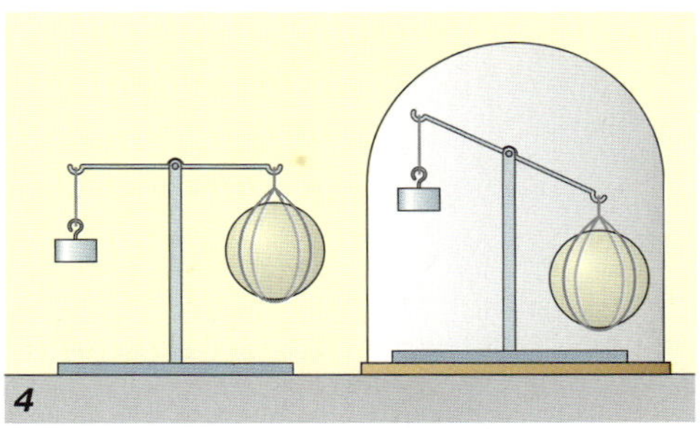

4

Grundwissen

Die Auftriebskraft

Taucht ein Körper in eine Flüssigkeit ein, so wird seine Gewichtskraft scheinbar kleiner. Diese Erscheinung nennt man ***Auftrieb***. Ursache ist der Schweredruck: Zum Verständnis betrachten wir einen Quader, der teilweise in eine Flüssigkeit eingetaucht ist (Abb. ➤ 5). Der Schweredruck p ruft an der Unterseite des Quaders eine Kraft $F = p \cdot A$ hervor. Diese Kraft ist nach oben, gegen die Gewichtskraft, gerichtet. Sie heißt ***Auftriebskraft*** F_A. Der Kraftmesser zeigt eine um den Betrag der Auftriebskraft verringerte Gewichtskraft an. Die vom Schweredruck auf die Seitenflächen des Quaders ausgeübten Kräfte heben sich paarweise auf und beeinflussen deshalb die Kraftanzeige nicht. Je tiefer der Quader eintaucht, desto größer wird die Auftriebskraft. Ist er vollständig eingetaucht, so verändert sich die Auftriebskraft nicht mehr.

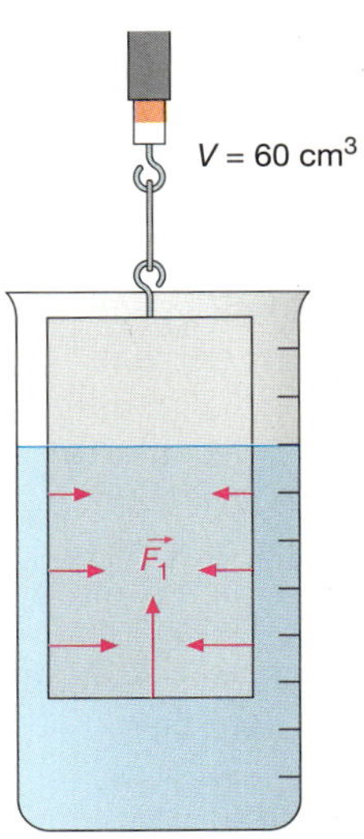

Eingetauchtes Volumen	Auftriebskraft in Wasser	Auftriebskraft in Spiritus
10 cm^3	0,1 N	0,07 N
20 cm^3	0,2 N	0,14 N
30 cm^3	0,3 N	0,21 N
40 cm^3	0,4 N	0,28 N
50 cm^3	0,5 N	0,35 N
60 cm^3	0,6 N	0,42 N

5 Zum Entstehen des Auftriebs und Messungen der Auftriebskraft

Durch den Schweredruck erfährt jeder eingetauchte Körper eine nach oben wirkende Auftriebskraft. Sie verringert scheinbar seine Gewichtskraft.

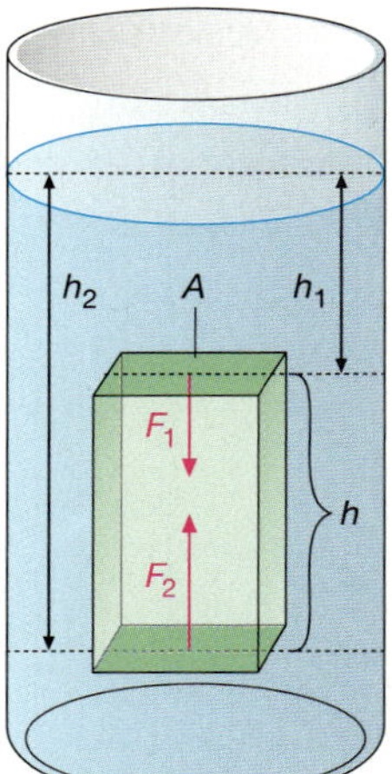

1 Bei ganz eingetauchtem Körper ist $V_{verdrängt} = V_{Kö}$

Das archimedische Gesetz

Der Schweredruck nimmt mit der Tiefe zu. Ist ein Quader vollständig in eine Flüssigkeit eingetaucht, so ist der Schweredruck p_2 an der unteren Fläche des Quaders größer als der Druck p_1 an der oberen Fläche. Für die Kräfte gilt (Abb. ➤ 1):

$F_1 = p_1 \cdot A = \varrho_{Fl} \cdot h_1 \cdot g \cdot A$ und
$F_2 = p_2 \cdot A = \varrho_{Fl} \cdot h_1 \cdot g \cdot A$

Die Differenz $F_2 - F_1$ ergibt die Auftriebskraft F_A:

$$F_A = \varrho_{Fl} \cdot (h_2 - h_1) \cdot g \cdot A$$
$$= \varrho_{Fl} \cdot h \cdot A \cdot g$$
$$= \varrho_{Fl} \cdot V_{Kö} \cdot g$$

Das Volumen $V_{Kö}$ des Körpers und das Volumen $V_{verdrängt}$ der durch den Körper verdrängten Flüssigkeit sind gleich. Die Auftriebskraft beträgt also:

$$F_A = \varrho_{Fl} \cdot V_{verdrängt} \cdot g$$

Der Faktor $\varrho_{Fl} \cdot V_{verdrängt}$ gibt die Masse m der verdrängten Flüssigkeit an. Das Produkt $m \cdot g$ ist die Gewichtskraft dieser verdrängten Flüssigkeit. Damit folgt das ***archimedische Gesetz***:

> Die Auftriebskraft hat den gleichen Betrag wie die Gewichtskraft der durch den Körper verdrängten Flüssigkeit.

Das archimedische Gesetz gilt für beliebig geformte Körper. So erfährt ein vollständig eingetauchter Klumpen Knetmasse unabhängig von seiner Form und seiner Lage in der Flüssigkeit immer die gleiche Auftriebskraft.
Auch in der Lufthülle der Erde treten Auftriebskräfte auf. Sie sind wegen der geringen Dichte der Luft wesentlich kleiner als in Flüssigkeiten.

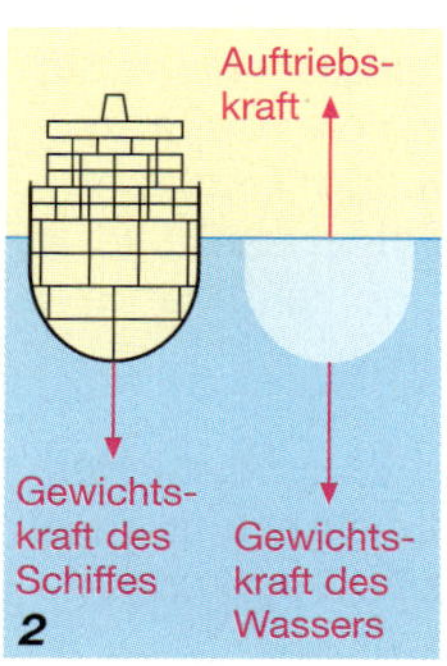

2

Sinken, Schweben, Steigen, Schwimmen

Ob ein Körper in einer Flüssigkeit sinkt, schwebt oder steigt, hängt davon ab, ob die Auftriebskraft kleiner, gleich oder größer als die Gewichtskraft des Körpers ist. Bei vollständig eingetauchten Körpern ergibt sich der Unterschied zwischen

$$F_G = \varrho_{Kö} \cdot V_{Kö} \cdot g \text{ und } F_A = \varrho_{Fl} \cdot V_{verdrängt} \cdot g$$

aus dem Unterschied zwischen $\varrho_{Kö}$ und ϱ_{Fl}. Sind die Dichten von Körper und Flüssigkeit gleich, so sind die Kräfte F_G und F_A gleich. Solche Körper schweben in der Flüssigkeit.
Ist die Dichte des Körpers größer als die der Flüssigkeit, so sinkt er.
Hat der Körper eine kleinere Dichte als die Flüssigkeit, so steigt er auf, weil die Auftriebskraft größer als die Gewichtskraft ist. Wenn er auf der Oberfläche schwimmt, dann taucht er so tief ein, bis die Auftriebskraft gerade der Gewichtskraft das Gleichgewicht hält.

Sinken	Schweben	Schwimmen
$\varrho_{Kö} > \varrho_{Fl}$	$\varrho_{Kö} = \varrho_{Fl}$	$\varrho_{Kö} < \varrho_{Fl}$

Weshalb kann aber ein ***Schiff*** aus Eisen schwimmen, obwohl die Dichte von Eisen fast 8-mal so groß wie die von Wasser ist? Der Schiffskörper besteht nicht völlig aus Eisen, sondern enthält überwiegend mit Luft gefüllte Hohlräume (Abb. ➤ 2). Dadurch wird das Volumen sehr groß. Die mittlere Dichte des Schiffes ist kleiner als die Dichte des Wassers.

Einige Meerestiere können mit Hilfe einer ***Schwimmblase*** ihr Volumen und damit ihre mittlere Dichte ändern. Sie können dadurch in beliebiger Tiefe schweben, sinken oder steigen (Abb. ➤ 3).

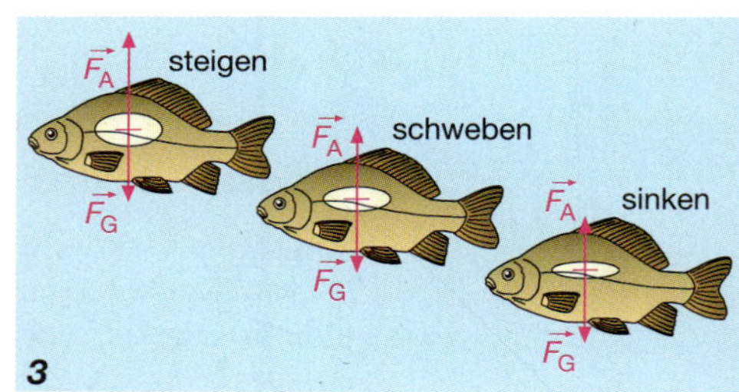

3

Entsprechende Unterschiede in der Dichte bestimmen auch das Verhalten von Körpern in Gasen. Heiße Luft hat eine kleinere Dichte als kühlere. Bestimmte Gase, wie Wasserstoff oder Helium, haben auch eine kleinere Dichte als Luft. Dieser Umstand wird bei ***Ballons*** und ***Luftschiffen*** genutzt. Die mittlere Dichte des Ballons oder des Luftschiffes (mit Ballast und Gas) ist beim Steigen geringer als die Dichte der umgebenden Luft.

? Weshalb ist die Auftriebskraft unabhängig von der Tauchtiefe?

1

Die Messung des Blutdruckes

Unter Blutdruck versteht man den Druck des vom Herzen kommenden Blutes in den Blutgefäßen (Adern). Die erste Blutdruckmessung wurde 1726 in London von Reverent Stephen Hales durchgeführt, indem er einen spitzen Gänsekiel als Kanüle in die Halsarterie eines Pferdes stach (Abb. ➤ 1). Stephen Hales beobachtete, dass das Blut in einer senkrecht gehaltenen Glasröhre acht Fuß hoch stieg.
Der Blutdruck ist ein wichtiges Kennzeichen für unsere körperliche Verfassung. Eine regelmäßige Überprüfung des Blutdruckes ist daher wichtig.
Blut kann, wie jede Flüssigkeit, nur dann durch ein Gefäß wie ein Rohr fließen, wenn zwischen Anfang und Ende ein ***Druckunterschied*** besteht. Je länger das Rohr und je kleiner sein Radius ist, desto mehr bremst die Reibung das Strömen der Flüssigkeit. Ihr Druck sinkt. Besonders deutlich macht sich dies nach engen Stellen bemerkbar. Versuche wie in Abb. ➤ 2 zeigen dies. Die Druckanzeige geschieht durch kleine senkrecht zur Strömung angeordnete Röhrchen. Je kleiner der Druck in der vorbeiströmenden Flüssigkeit ist, umso weniger steigt sie in den senkrechten Röhrchen hoch.

In der ***Medizin*** wird als Druckeinheit neben dem Pascal (Pa) die alte, vom Schweredruck einer Quecksilbersäule herrührende Bezeichnung ***Millimeter (mmHg)*** benutzt.
Es gilt:
1 mmHg ≙ 133 Pa
7,5 mmHg ≙ 1 kPa

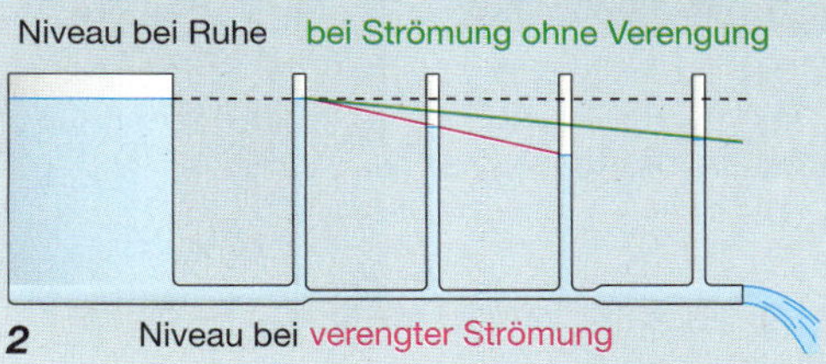

2

Das Herz pumpt das Blut stoßweise in die Arterien. Es erzeugt im Blut einen Druck von etwa 17 kPa. Dieser hohe Pumpdruck heißt ***systolischer Druck*** (Abb. ➤ 3).
Um neues Blut ins Herz einströmen zu lassen, entspannt sich der Herzmuskel. Wegen der Elastizität der Arterien sinkt der Druck dabei nicht völlig ab. Dieser niedrige Blutdruck heißt ***diastolischer Druck***. Er beträgt etwa 10 kPa. In den Venen fließt das Blut wieder zum Herzen zurück. Der Blutdruck beträgt nun nur noch 0,25 kPa.

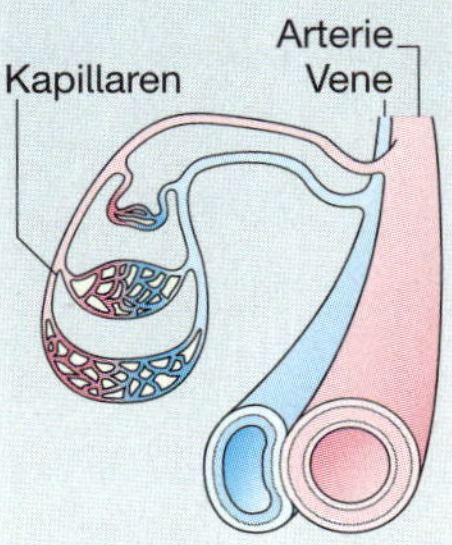

In Arterien fließt das Blut vom Herzen kommend, in Venen strömt es zurück.

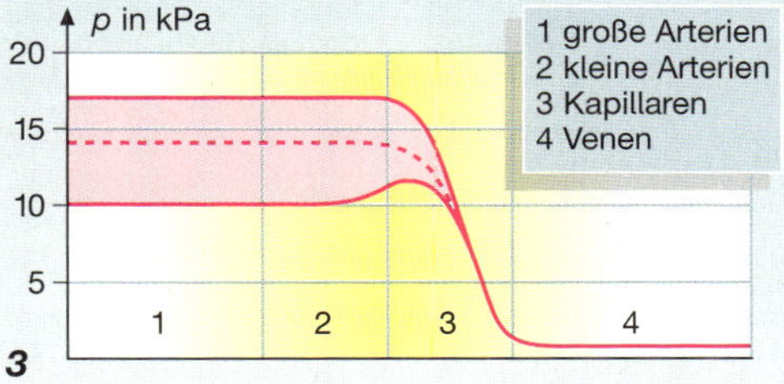

3

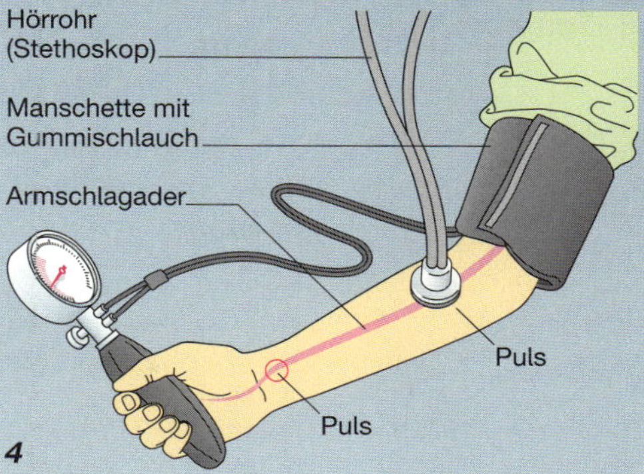

4

Übliche Blutdruckmessgeräte bestehen aus einer Gummimanschette, die an einem Druckmesser angeschlossen ist (Abb. ➤ 4). Die Manschette wird mit einem Gummiball aufgeblasen, bis sie die Oberarmarterie abdrückt. Der Blutfluss wird unterbrochen. Wird die Luft aus der Manschette langsam abgelassen, so hört man ab einem bestimmten Druck im Stethoskop ein pulsartiges Geräusch, das Blut beginnt wieder, durch die etwas geöffnete Armschlagader zu strömen. Der Blutdruck übersteigt in diesem Moment gerade den Druck in der Manschette. Dies ist der Wert für den systolischen Druck. Bei weiterer Druckminderung wird das Pulsgeräusch leiser, bis es schließlich verstummt. Der Druck entspricht nun dem diastolischen Blutdruck. Die Schlagader ist wieder frei passierbar.
Bei körperlicher Belastung und psychischer Anspannung steigt der Blutdruck; das ist ein normaler Vorgang. Tabelle ➤ 1 gibt Grenzwerte für den Ruhezustand an.

Blutdruck	systolischer	diastolischer Wert
zu niedrig	< 110	60
normal	110 – 130	60 – 85
zu hoch	≧ 140	90

1 Blutdruck in mm Hg im Ruhezustand

Sind die Blutdruckwerte an verschiedenen Tagen über den Normalwerten, so liegt ***Bluthochdruck*** (Hypertonie) vor. Dabei reicht es, wenn nur einer der beiden Werte erhöht ist. Bluthochdruck ist sehr gefährlich, weil er die Blutgefäße überlastet und auf Dauer eine Herzschwäche zur Folge hat. Die Ursache für zu hohen Blutdruck ist auch heute noch weitgehend unbekannt. Familiäre Veranlagung, Übergewicht, Nikotin- und Alkoholgenuss, Bewegungsarmut, Nebenwirkung der Anti-Baby-Pille, Nierenleiden, Arteriosklerose (Gefäßverengung) sind oft Auslöser.
Zu ***niedriger Blutdruck*** (Hypotonie) ist gesundheitlich weniger problematisch. In Folge zu schwacher Durchblutung des Gehirns kann es zu Sehstörungen, Schwindel und plötzlicher Ohnmacht kommen.

Rückblick

Begriffe
Was versteht man unter
- Volumen?
- Druck?
- Schweredruck?
- Auftriebskraft?
- Dichte?
- Kolbendruck?
- Luftdruck?

Beobachtungen
Was beobachtet man, wenn
- die Fläche, über die man eine Kraft auf eine Flüssigkeit ausübt, verringert wird?
- der Druck in verschiedenen Wassertiefen gemessen wird?
- zwei über einen Schlauch verbundene Gefäße, die mit Flüssigkeit gefüllt sind, sich in unterschiedlicher Höhe befinden?
- man Luft zusammenpresst?
- ein Körper aus dem Wasser gehoben wird?

Erklärungen
Wie lässt sich begründen, dass
- ein Skifahrer nicht so tief wie ein Fußgänger in den Schnee einsinkt?
- man mit wenig Flüssigkeit einen hohen Druck erzeugen kann?
- es beim Schweredruck nur auf die Höhe der Flüssigkeitssäule ankommt?
- die Erdatmosphäre einen Druck hat?

Gesetzmäßigkeiten
Beschreibe mit eigenen Worten
- das Druckgleichgewicht in verbundenen Gefäßen.
- das archimedische Gesetz.
- den Zusammenhang zwischen Druck und Volumen von Gasen.

Erläutere die Erscheinungen in den folgenden Bildern und beantworte die Fragen!

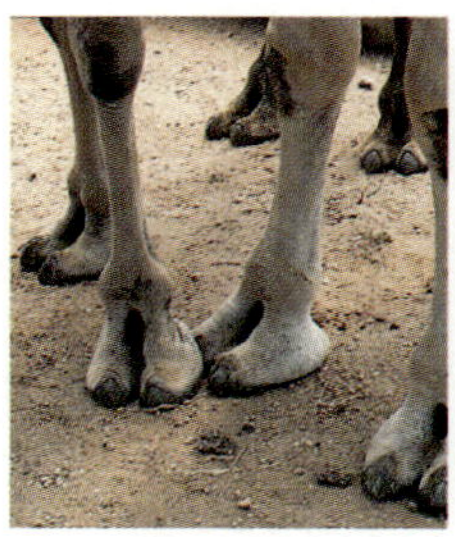
Warum hat ein Dromedar so breite Füße?

Weshalb muss sich die Ente zum Tauchen anstrengen?

Welche Erscheinung weist dieser Versuch nach?

Welche Eigenschaft der Luft nutzt dieser Indianer mit seinem Blasrohr?

Wo ist es möglich, so zu schwimmen?

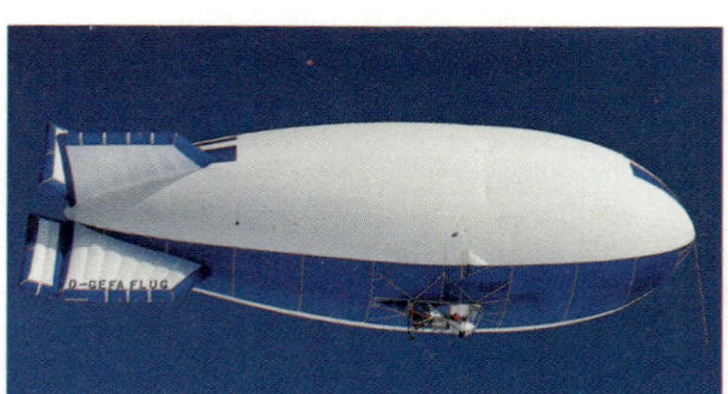
Weshalb kann das Luftschiff fliegen?

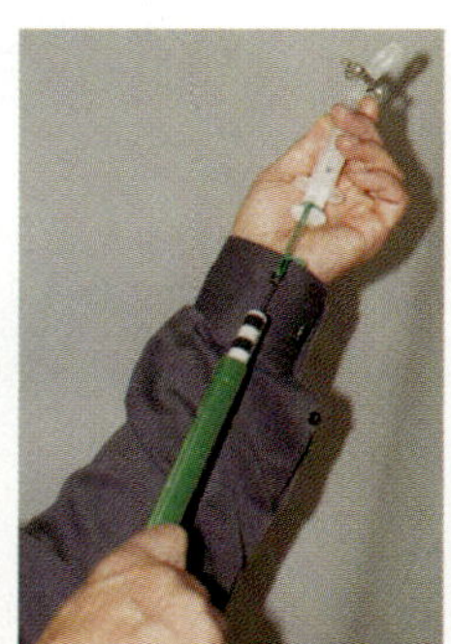
Was weist dieser Versuch mit dem luftleeren Kolben nach?

Wie kann der Saughaken fest an glatten Flächen haften?

Beispiele

1. Bestimmung von Druck und Dichte

Mit einem mit Wasser gefüllten U-Rohr wird der Druck in einer unbekannten Flüssigkeit gemessen. Bei 20 cm Eintauchtiefe entsteht im U-Rohr ein Höhenunterschied des Wasserstandes von 15 cm.
a) Wie groß ist der Schweredruck?
b) Welche Dichte hat die Flüssigkeit?

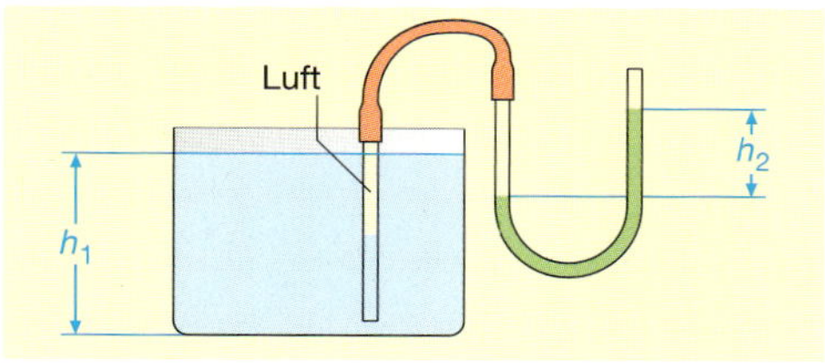

Lösung:

a) An der Wasseroberfläche im linken Teil des U-Rohres herrscht der Schweredruck der unbekannten Flüssigkeit. Infolgedessen steigt der Wasserspiegel im rechten Teil des U-Rohres gegenüber dem linken so weit, bis sein Schweredruck gleich dem in der Flüssigkeit bei 20 cm Tiefe ist:

$p = p_{\text{links}} = p_{\text{rechts}}, \; p_{\text{rechts}} = \varrho_{\text{Wasser}} \cdot g \cdot h_2$

$p = 998 \, \frac{\text{kg}}{\text{m}^3} \cdot 9{,}81 \, \frac{\text{N}}{\text{kg}} \cdot 0{,}15 \text{ m} = 1469 \text{ Pa}$

Der Schweredruck beträgt 1,5 kPa.

b) Für den (nun bekannten) Schweredruck in der unbekannten Flüssigkeit gilt:

$p = \varrho_x \cdot g \cdot h_1$, also ist: $\varrho_x = \frac{p}{g \cdot h_1}$

$\varrho_x = \frac{1469 \text{ Pa}}{9{,}81 \, \frac{\text{N}}{\text{kg}} \cdot 0{,}20 \text{ m}} = 750 \, \frac{\text{kg}}{\text{m}^3} = 0{,}75 \, \frac{\text{g}}{\text{cm}^3}$

Die Flüssigkeit hat die Dichte 0,75 g/cm³.

2. Eintauchtiefe und Tragfähigkeit

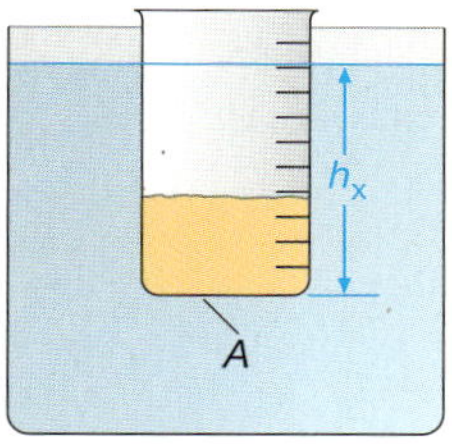

Zum 2. Beispiel

Ein zylindrischer Becher mit der Masse $m = 200$ g, der Grundfläche $A = 30 \text{ cm}^2$ und der Höhe $h = 10$ cm schwimmt in Wasser.
a) Wie tief sinkt der Becher ein?
b) Wie viel cm³ Sand der Dichte $\varrho_{\text{Sand}} = 1{,}5 \text{ g/cm}^3$ können maximal in den Becher gefüllt werden, bevor er untergeht?

Lösung:

a) Das vom schwimmenden Becher verdrängte Wasser hat das Volumen:

$V = \frac{m}{\varrho_{\text{Wasser}}} = \frac{200 \text{ g}}{0{,}998 \, \frac{\text{g}}{\text{cm}^3}} = 200 \text{ cm}^3$

Bei der Grundfläche A des Bechers und der Eintauchtiefe h_x ergibt sich das Volumen des verdrängten Wassers andererseits zu:

$V = A \cdot h_x$

Also wird $h_x = \frac{V}{A} = \frac{200 \text{ cm}^3}{30 \text{ cm}^2} = 6{,}7 \text{ cm}$

Der Becher sinkt 6,7 cm weit ein.

b) Maximal kann der Becher das Volumen $V_{\max} = A \cdot h = 30 \text{ cm}^2 \cdot 10 \text{ cm} = 300 \text{ cm}^3$ verdrängen. Das dabei verdrängte Wasser hat die maximale Masse:

$m_{\max} = \varrho_{\text{Wasser}} \cdot V_{\max}$

$m_{\max} = 0{,}998 \, \frac{\text{g}}{\text{cm}^3} \cdot 300 \text{ cm}^3 = 300 \text{ g}$

Es können also noch 100 g Sand eingefüllt werden. Dessen Volumen beträgt:

$V_{\text{Sand}} = \frac{m}{\varrho_{\text{Sand}}} = \frac{100 \text{ g}}{1{,}5 \, \frac{\text{g}}{\text{cm}^3}} = 67 \text{ cm}^3$

In den Becher können noch 67 cm³ Sand eingefüllt werden, bevor er sinkt.

Merke:
Ein schwimmender Körper verdrängt so viel Flüssigkeit, dass deren Gewichtskraft gleich der Gewichtskraft des Körpers ist.

Heimversuche

1. Messungen der Dichte

Bestimme mit Hilfe einer Küchenwaage und eines Messbechers die Dichte einer Flüssigkeit (z. B. Öl), eines Pulvers (z. B. Salz) und eines unregelmäßig geformten Körpers (z. B. Stein).

2. Die Eintauch-Waage

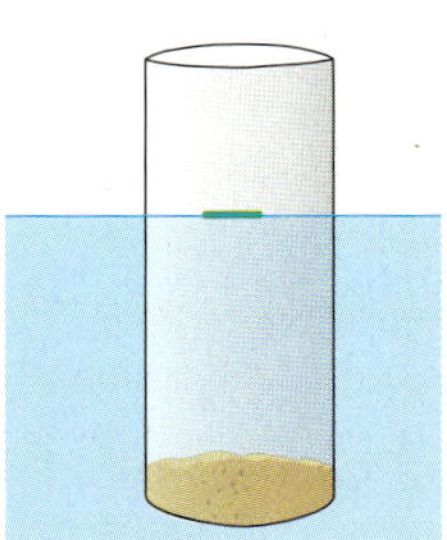
Zu Versuch 2

Nimm ein Glas mit einem schweren Boden. Bringe seitlich einen Klebestreifen an. Lass das Glas im Wasser schwimmen. Fülle mit Hilfe eines Messbechers nacheinander 20 cm³, 40 cm³, … Wasser in das Glas und markiere jeweils auf dem Klebestreifen die Eintauchtiefe. Die Markierungen entsprechen 20 g-Schritten. Trockne das Glas innen und bestimme damit die Masse anderer in das Glas gelegter Gegenstände.

3. Ein Springbrunnen

Nimm eine Glasflasche, fülle sie zur Hälfte mit Wasser und verschließe sie mit einem Gummistopfen, durch den ein längeres Kunststoffröhrchen gebohrt ist. Schiebe das Röhrchen soweit nach unten, bis das Ende einige Zentimeter in die Flüssigkeit eintaucht. Blase am anderen Ende möglichst viel Luft kräftig in die Flasche hinein. Was ist beim Loslassen zu beobachten? Erläutere deine Beobachtung.

Fragen

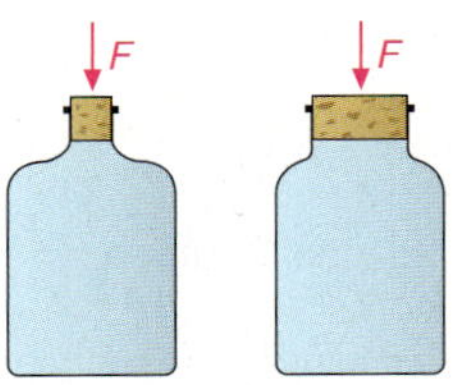

Welche Flasche platzt zuerst, wenn die Kraft F immer größer wird?

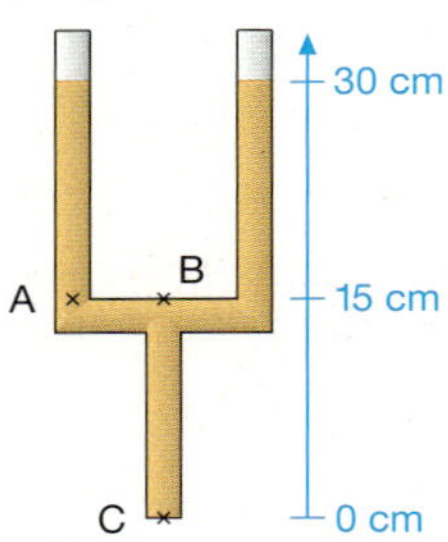

Zu Aufgabe 6 b

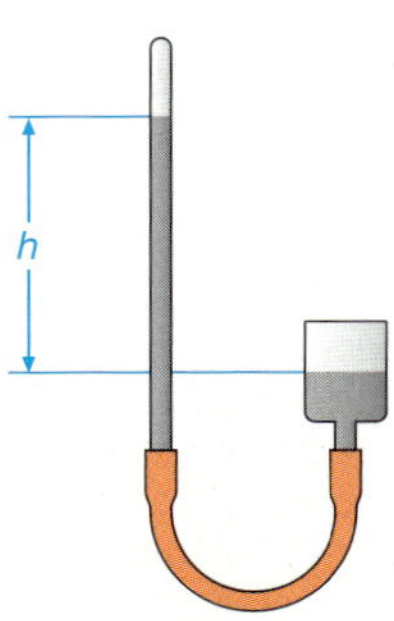

Zu Aufgabe 11

Zur Dichte

1 *a)* In einen Becher werden nacheinander 250 cm³ Wasser, Ethanol, Petroleum und Glycerin gegossen. Welche Masse hat der Inhalt des Bechers jeweils?
b) Welches Volumen an Ethanol, Petroleum und Glycerin hat jeweils die gleiche Masse wie 250 cm³ Wasser?

2 Ermittle die Massen von jeweils 30 cm³ der im Diagramm aufgeführten Stoffe 1 bis 3. Um welche Stoffe könnte es sich handeln?

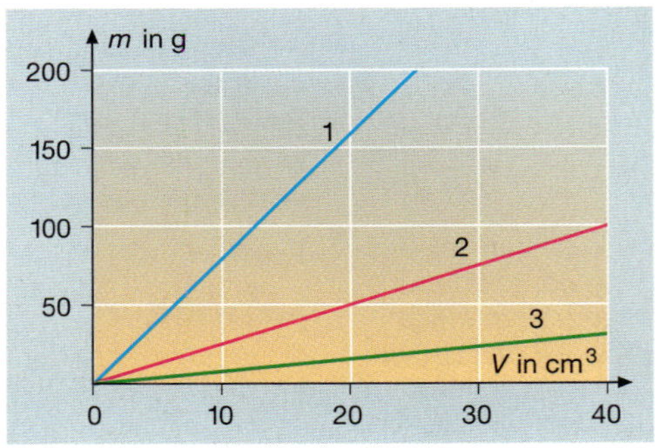

Druck in Flüssigkeiten

3 Wie groß ist der Druck in der Leitung, wenn du mit dem Daumen den geöffneten Wasserhahn (A = 2 cm²) mit der Kraft von 40 N zuhalten kannst?

4 Jacques Piccard erreichte 1962 mit dem Tauchboot „Trieste“ im Stillen Ozean eine Tauchtiefe von 10916 m.
Berechne näherungsweise den Druck in dieser Tiefe. Welche Kraft wirkte dabei auf jeden dm² der Tauchkugel?

5 Wie tief muss ein Druckmessgerät in Glycerin eintauchen, damit der Schweredruck so groß wie in 1 m Wassertiefe ist?

6 *a)* Welcher Druck herrscht am Boden eines Zylinders, wenn er 30 cm hoch mit Petroleum eingefüllt wurde?
b Berechne den Druck in dem am Rand abgebildeten Gefäß an den Stellen *A, B* und *C*, wenn es mit Petroleum gefüllt wird.

7 Mit einer hydraulischen Hebebühne soll ein Körper der Gewichtskraft F_2 = 60 kN um s_2 = 2 m angehoben werden. Die Fläche des kleinen Kolbens an der Pumpe beträgt A_1 = 5 cm², die des großen Kolbens für die Hebebühne A_2 = 400 cm².
a) Berechne den Druck in der Flüssigkeit in Pa.
b) Berechne die notwendige Kraft am Pumpenkolben.
c) Um welche Wegstrecke muss der Pumpenkolben bewegt werden?

8 Zwei Glasrohre mit den Querschnittsflächen A_1 = 40 cm² und A_2 = 20 cm² sind miteinander verbunden und teilweise mit Wasser gefüllt. In das engere Rohr wird 40 cm³ gefärbtes Petroleum geschüttet.

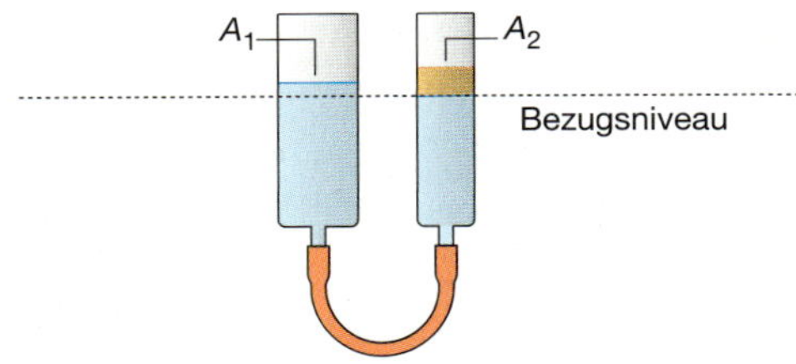

a) Berechne den Höhenunterschied der Flüssigkeitssäulen in beiden Rohren.
b) Wie viel Petroleum muss in das größere Rohr geschüttet werden, damit der Wasserspiegel im kleineren Rohr wieder die ursprüngliche Höhe einnimmt?

Zum Luftdruck

9 *a)* Mit welcher Kraft wirkt die umgebende Luft auf deine Handfläche (A = 100 cm²)? Warum wird sie nicht zerquetscht?
b) Weshalb haben große Passagierflugzeuge Druckkabinen?

10 Wasser wird mit einem Trinkhalm in eine Höhe von 20 cm gesaugt. Wie groß ist der Luftdruck in der Mundhöhle, wenn der Außendruck 1000 hPa beträgt?

11 Früher wurden häufig Quecksilberbarometer verwendet (siehe unterstes Bild in der Randspalte). Warum fließt das Quecksilber nicht aus dem Glasrohr?
Wie hoch steht die Quecksilbersäule bei einem Luftdruck von 1013 hPa?

Zum Auftrieb

12 *a)* Ein Körper hängt an einem Kraftmesser. Er zeigt in Luft 0,54 N an. Ist der Körper ganz in Wasser eingetaucht, so zeigt er 0,34 N an. Wie groß ist die Dichte des Körpers?
b) Welche Dichte hat die Flüssigkeit, wenn die Anzeige beim selben Körper 0,38 N ist?

13 *a)* Ein Styroporblock (ϱ_{Styr} = 0,02 g/cm³) wird an einen Aluminiumblock mit gleichem Volumen geklebt. Schwimmt diese Kombination auf Wasser?
b) Körper aus Styropor und Eisen werden verklebt. Wie muss das Volumenverhältnis sein, damit die Kombination in Wasser schwebt?

Der Bergkletterer

Ein Freizeitspaß für viele junge Leute ist das Fahren mit einem Mountainbike auf steilen Wegen. Diese Bergräder besitzen häufig eine 24-Gang-Schaltung, mit deren Hilfe man nach einiger Übung enorme Steigungen überwinden kann. Selbst der kräftigste Radsportler könnte da mit einem normalen Fahrrad nicht mithalten! Wie macht die Schaltung das möglich?

Ein Gleichgewichtsproblem

Kaum ein Kind kann bei einem Spaziergang an einem am Weg liegenden Baumstamm vorbeigehen, ohne darauf zu balancieren. Über einen schmalen Balken zu laufen, gelingt mit ausgestreckten Armen leichter.
Ähnlich geht es einem Akrobaten hoch unter der Zirkuskuppel, der mit einer langen Stange über ein Seil balanciert. Welche Bedeutung hat die Balancierstange?

Der „richtige" Kräftevergleich

Zwei Jungen vergleichen ihre Kräfte mit einem Mädchen. Die Jungen versuchen, die beiden Stangen auseinander zu halten, während das Mädchen am Seil zieht. Es gelingt ihnen nicht.

Wie ist das möglich? Ist die Muskelkraft des Mädchens größer als die der Jungen?

Hebel

Versuche

Zwei Kinder schaukeln auf der Wippe, ein Arbeiter hebt mit der Brechstange eine schwere Kiste an, eine Flasche wird mit dem Flaschenöffner geöffnet. Was ist allem gemeinsam?

V1 Werden Massestücke an eine drehbar gelagerte Stange (Abb. ➤ 1a) gehängt, so wird sie von deren Gewichtskraft gedreht. Wirken die Kräfte auf beiden Seiten der Drehachse, so gelingt es unter bestimmten Bedingungen, die Stange im Gleichgewicht zu halten.

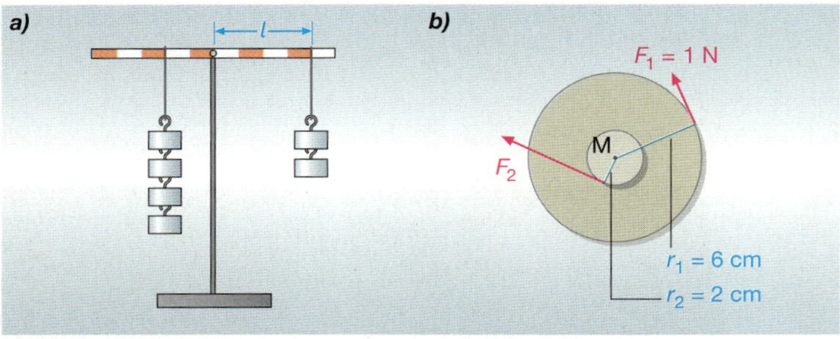

1 Gleichgewicht der Kräfte an Stange ***(a)*** und Scheibe ***(b)***

Verändere die Abstände von der Drehachse sowie die Anzahl der Massestücke. Den Abstand von der Drehachse geben wir als Länge l in cm, die Gewichtskraft F_G der Massestücke in Newton an. Bei Gleichgewicht in horizontaler Lage der Stange erhalten wir z. B. folgende Messwerte (Tabelle ➤ 2):

links:	l in cm:	30	10	20	20	10
	F_G in N:	2,0	6,0	4,0	4,0	4,0
rechts:	l in cm:	20	20	10	20	5,0
	F_G in N:	3,0	3,0	8,0	4,0	8,0

2

V2 An eine wie in Abb. ➤ 1b in M drehbar gelagerte Scheibe greifen die Kraft F_1 in 6 cm und die Kraft F_2 in 2 cm Abstand vom Mittelpunkt M an. Bestimme die Kraft F_2, bei der die Scheibe im Gleichgewicht ist, sie sich also nicht dreht, wenn die Kraft $F_1 = 1\,\text{N}$ ist. Achte darauf, dass die Kräfte senkrecht zu den Radien wirken.
Was ändert sich, wenn die Kräfte in einem anderen Winkel zu den Radien angreifen?

Grundwissen

Der Hebel ist ein Kraftwandler

Kinder können eine Wippe in der Schwebe halten, auch wenn sie verschieden schwer sind. Dazu müssen sie nur unterschiedlich weit von der Drehachse entfernt sitzen (Abb. ➤ 3).

Ein Gleichgewicht auf der Wippe wird entweder durch gleich große Kräfte, die in gleichen Entfernungen zur Drehachse angreifen, oder durch verschieden große Kräfte, die in unterschiedlichen Entfernungen zur Drehachse angreifen, erreicht.
So kann wie in Abb. ➤ 4 eine schwere Kiste am Punkt A mit Hilfe einer drehbaren Stange gehalten werden, obwohl die Kraft F_2 kleiner als die Kraft F_1 ist.

3 Gleichgewicht auf der Wippe

Archimedes
(285 – 212 v. Chr.) war einer der bedeutendsten Gelehrten der Antike. Von ihm soll der Ausspruch stammen:
Gebt mir einen festen Punkt, und ich will die Erde aus den Angeln heben.

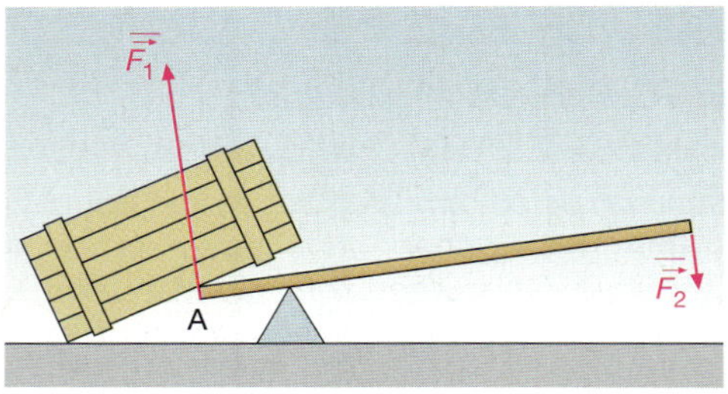

4 Anheben einer Kiste mit der Stange

Solche drehbar gelagerten Stangen heißen ***Hebel***. Im Prinzip kann jeder feste, drehbar gelagerte Körper als Hebel wirken. Mit einem Hebel lässt sich mit einer Kraft eine zweite Kraft mit einem anderen Betrag hervorrufen. Die zweite Kraft hat einen anderen Angriffspunkt als die erste. Greifen sie wie in Abb. ➤ 4 auf verschiedenen Seiten von der Lagerung an, so haben sie unterschiedliche Richtungen.

Mit Hebeln kann man Betrag, Richtung und Angriffspunkt einer Kraft ändern.

? Erläutere die am Rand wiedergegebene Aussage von Archimedes.

Die Erfahrung zeigt: Wirkt eine Kraft auf einen Hebel, so lässt sich der Hebel mit einer zweiten Kraft im ***Gleichgewicht*** halten. Die hierzu erforderliche Kraft ist umso kleiner, je größer der Abstand ihres Angriffspunktes von der Drehachse ist.

Sehen wir von der äußeren Erscheinungsform eines Hebels ab, so können wir ihn vereinfacht wie in Abb. ➤ 1 als Balken mit einer Drehachse darstellen. Als ***Hebelarm*** bezeichnet man den Abstand zwischen Drehachse des Hebels und Angriffspunkt der senkrecht am Hebel angreifenden Kraft. Bezogen auf die Drehachse kann es rechte oder linke Hebelarme geben. Ist die Kraftrichtung nicht senkrecht zum Hebel, dann verkürzt sich der Hebelarm (Abb. ➤ 1). Der Hebelarm ist dann der Abstand, d. h. die senkrechte Entfernung zwischen Drehachse und der Geraden, auf welcher der Kraftpfeil liegt. Dabei ist es gleichgültig, ob der Hebel schief steht oder die Kräfte schräg angreifen.

Beachte:
Kräfte können sowohl auf verschiedenen Seiten als auch auf derselben Seite des Hebels – bezogen auf die Drehachse – angreifen.

Werden unterschiedliche Kombinationen von Kräften und Hebelarmen gemessen, die ein Gleichgewicht am Hebel erzeugen, so lässt sich aus den Messwerten ein ***Hebelgesetz*** ableiten:

> Ein Hebel ist genau dann im Gleichgewicht, wenn die Produkte aus Betrag der Kraft und Hebelarm auf beiden Seiten der Drehachse gleich sind:
> $F_1 \cdot l_1 = F_2 \cdot l_2$

? Wie ändert sich der Hebelarm am Fahrradpedal während einer Umdrehung?

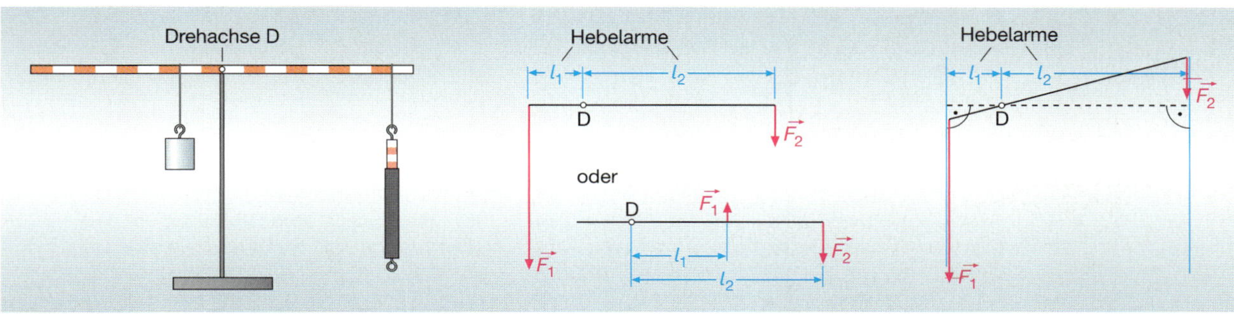

1 Die wichtigen Begriffe am Hebel

Hebel und Drehmoment

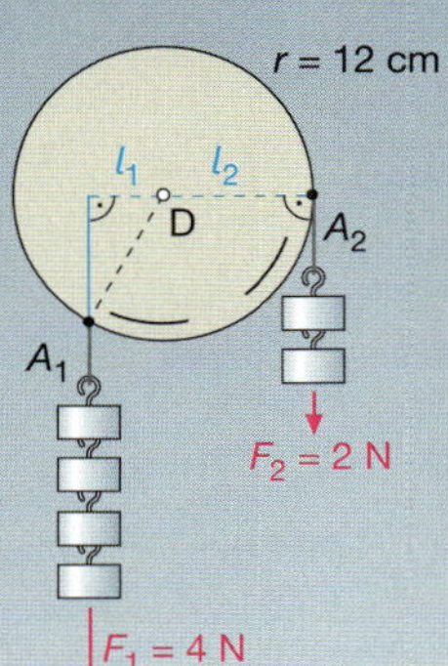

2 Gleichgewicht an der Scheibe

Handwerker benutzen oft einen Drehmomentschlüssel. Bei ihm lässt sich einstellen, wie fest eine Schraube gedreht werden soll. Die Schraube ist, ebenso wie ein Zahnrad oder eine Rolle, mit einer in der Mitte drehbar gelagerten Scheibe vergleichbar. Kräfte wirken wie an einem Hebel.
Obwohl die Angriffspunkte A_1 und A_2 im Beispiel in Abb. ➤ 2 gleich weit von der Drehachse D entfernt sind, stellt sich für die unterschiedlichen Kräfte $F_1 = 4$ N und $F_2 = 2$ N ein Gleichgewicht ein. Nimmt man als Hebelarme die durch die gestrichelten Linien angedeuteten Abstände l_1 und l_2, so ist das Hebelgesetz erfüllt:
4 N · 6 cm = 2 N · 12 cm
Auch mit anderen Kräften und Angriffspunkten erhält man Gleichgewicht an der Scheibe, wenn gilt:
$F_1 \cdot l_1 = F_2 \cdot l_2$
Damit lässt sich die im Hebelgesetz für die drehende Wirkung einer Kraft gefundene Beziehung zwischen Hebelarm und Kraft auf beliebige, drehbare Körper übertragen. Das Produkt von Kraft F und Hebelarm l, das diese Wirkung beschreibt, heißt ***Drehmoment M***:

$M = F \cdot l$

Die Einheit des Drehmoments ist 1 Nm.

Entgegengesetzt gerichtete Kräfte und Drehmomente unterscheiden sich im Vorzeichen. Je nach Richtung und Lage der Kräfte zur Drehachse gibt es linksdrehende Drehmomente ($F_1 \cdot l_1 = M_1$ in Abb. ➤ 2) und im Vorzeichen dazu abweichende rechtsdrehende Drehmomente ($F_2 \cdot l_2 = M_2$ in Abb. ➤ 2).
Rechtsdrehendes Drehmoment dreht im Uhrzeigersinn, linksdrehendes entgegengesetzt.
Das ***Hebelgesetz*** lautet dann:

> Ein Hebel befindet sich im Gleichgewicht, wenn der Betrag des linksdrehenden Drehmomentes M_1 gleich dem Betrag des rechtsdrehenden Drehmomentes M_2 ist:
> $M_1 = M_2$

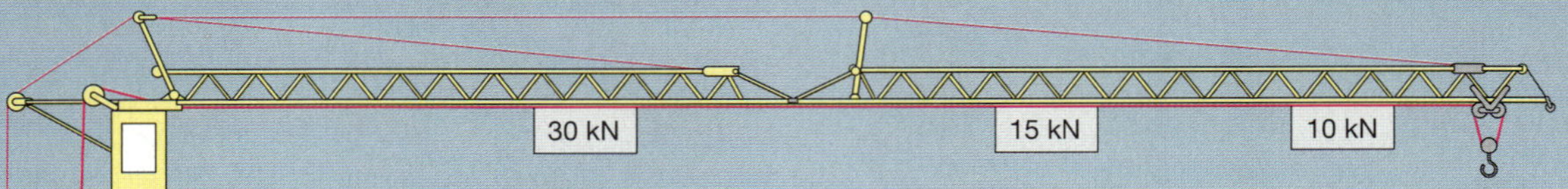

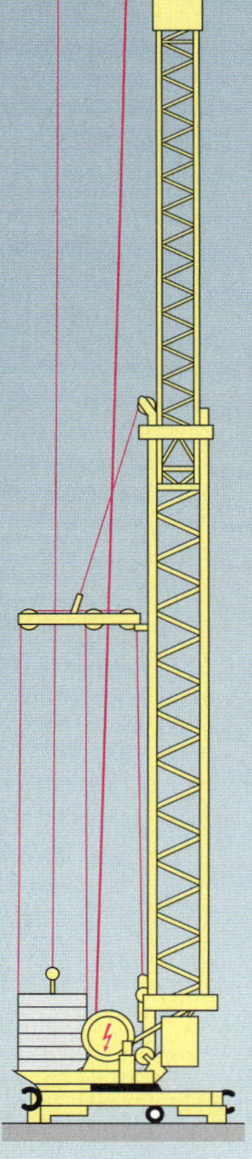

Hebel überall!

Hebel im Gleichgewicht

Waagen nutzen das Hebelgesetz. Die Balkenwaage hat zwei gleich lange Hebelarme. Bei Gleichgewicht müssen die Kräfte auf beiden Seiten gleich groß sein. Bei der ***Schnellwaage*** verschiebt man ein Schiebegewicht mit

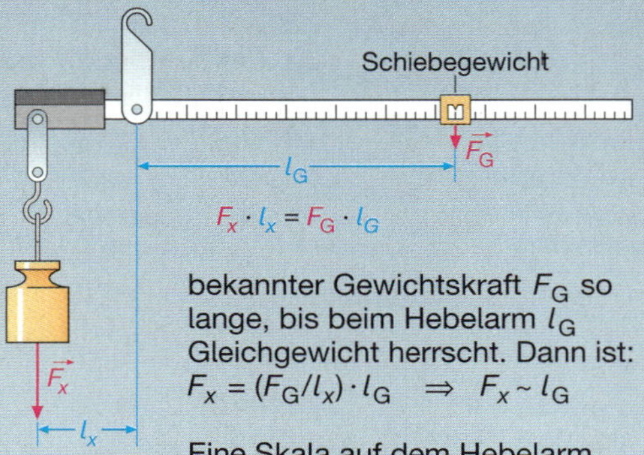

bekannter Gewichtskraft F_G so lange, bis beim Hebelarm l_G Gleichgewicht herrscht. Dann ist: $F_x = (F_G/l_x) \cdot l_G \;\Rightarrow\; F_x \sim l_G$

Eine Skala auf dem Hebelarm zeigt unmittelbar die Werte von F_x an, da der Quotient F_G/l_x eine Konstante ist.

Mit einem ***Kran*** lassen sich mit langem Arm Lasten über Hindernisse weit hinweg befördern. Am anderen, kurzen Hebelarm greift ein großes, in Bodennähe angebrachtes Gegengewicht an. Dadurch benötigt der Kran wenig Standfläche und kippt bei geringerer oder fehlender Last nicht gleich um.
Kleine Täfelchen zeigen dem Kranführer an, welche Lasten maximal bei bestimmten Ausladungen transportiert werden dürfen.

Der Turmdrehkran

Ausleger:	24 m
Höhe:	24,8 m
Gegengewicht:	140 000 N
im Abstand von:	2,5 m
Ausladung	**Last**
10 m	30 000 N
20 m	15 000 N
30 m	10 000 N

Von kleiner Kraft zu großer Kraft

In vielen Geräten werden Hebel verwendet, um mit kleiner Kraft am langen Hebelarm eine große Kraft mit kurzen Arm auszuüben.

Zum Abkneifen von Draht oder Nägeln benötigt man eine große Kraft. Die ***Kneifzange*** liefert sie. Wenn der Hebelarm l_1 dreimal so lang wie der Hebelarm l_2 ist, dann ist die Kraft F_2, die auf den Nagel wirkt, nach dem Hebelgesetz dreimal so groß wie die Kraft F_1 am Griff. Die Zangenteile, die den Nagel berühren, sind schneidenartig geformt, so dass sie den Nagel leichter durchtrennen können.

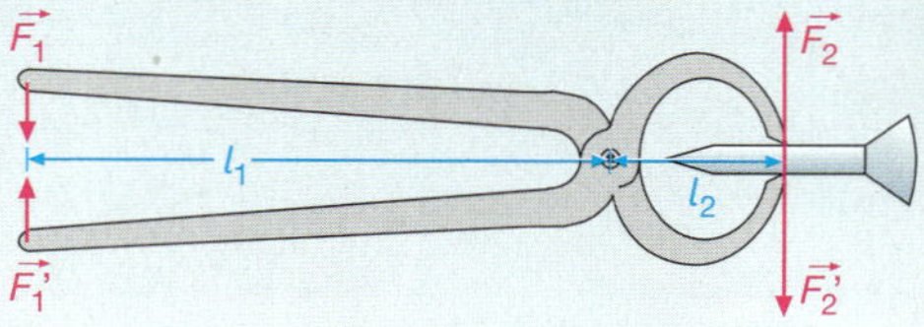

Der Transport von Lasten mit einer ***Schubkarre*** erfordert kleinere Kräfte als das Tragen. Die Kräfte greifen bei diesem Hebel auf derselben Seite – in verschiedenen Richtungen – an. Der Hebelarm l_1 ist größer als der Hebelarm l_2. Die erforderliche Muskelkraft F_1 ist daher kleiner als die Gewichtskraft F_2 der Last.

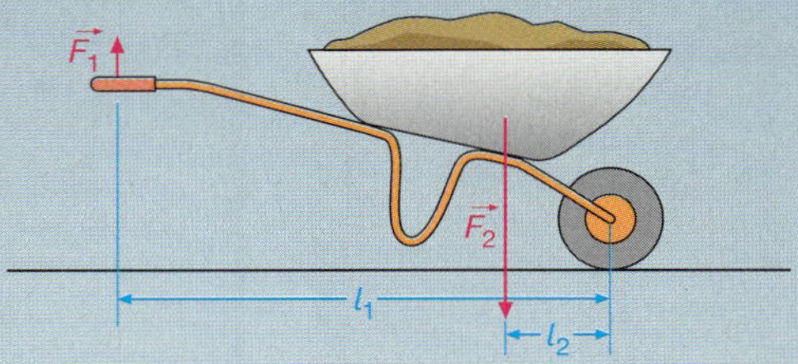

Aus kleinen Wegen große Wege machen

Beim Drehen eines Hebels legt der Angriffspunkt der Kraft am langen Arm in der gleichen Zeit einen größeren Weg als am kurzen zurück. Unser ***Arm*** nutzt diese Hebelwirkung, denn Muskeln können sich nur wenig verkürzen. Die Hebelarme vom Drehpunkt im Ellbogengelenk zum Ansatz des Bizeps bzw. der Last in der Hand als Verlängerung des Unterarmes verhalten sich wie 1 : 8. Deshalb muss der Bizeps zum Heben der Last eine mehr als 8-mal so große Kraft aufbringen, doch lässt sich die Hand am längeren Hebelarm sehr schnell bewegen.

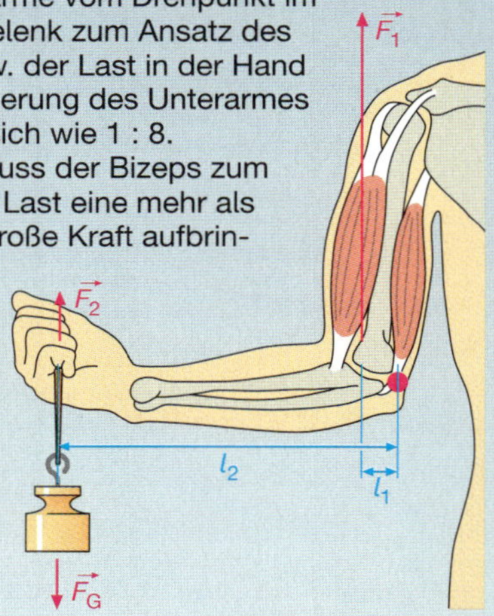

Ein Krebs bewegt seine Zange ebenfalls mit einem starken Muskel am kurzen Hebelarm. Nur der innere Teil ist wie ein Daumen beweglich.

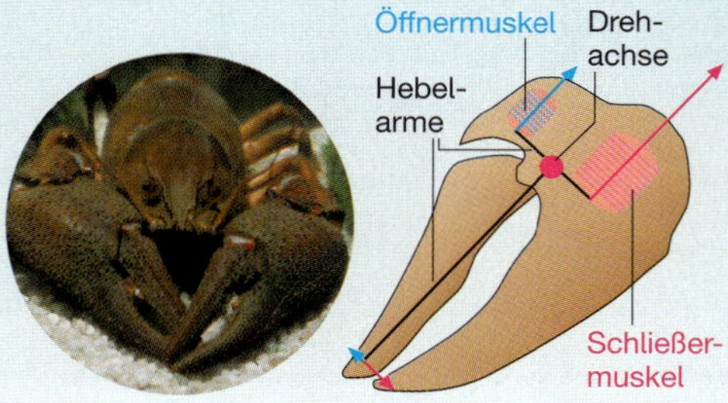

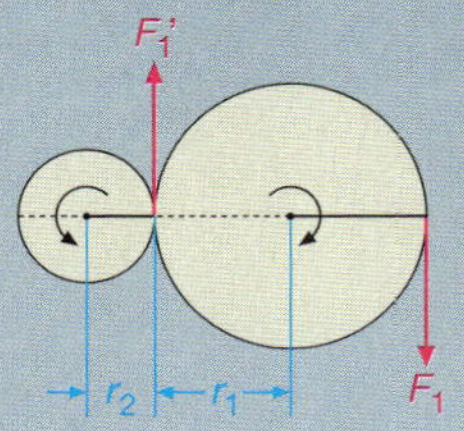

1 Hebel und Kräfte für zwei ineinander greifende Zahnräder

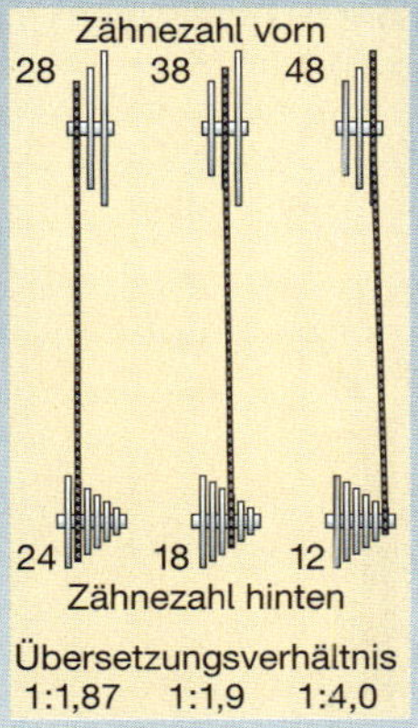

Übersetzungsverhältnisse bei einer Fahrrad-Kettenschaltung

Getriebe

Mit Hilfe mehrerer Zahnradpaare in einem Getriebe kann die Antriebskraft eines Radfahrers oder Motors für verschiedene Geschwindigkeitsbereiche genutzt werden. Beim ***Zahnradgetriebe*** greifen die Räder direkt ineinander und drehen sich in entgegengesetzter Richtung. Beim ***Kettengetriebe*** sind sie wie beim Fahrrad mit einer Kette verbunden; hier drehen sich die Räder in gleicher Richtung. In beiden Fällen wird der Betrag der Kraft unverändert von einem Zahnrad auf das zweite übertragen. Ihre Geschwindigkeit am Umfang ist gleich (Abb. ➤ 1).
Das Drehmoment ändert sich proportional zum Radius. Dies bedeutet, dass sich trotz gleicher Antriebskraft das Drehmoment halbiert, wenn der Radius des angetriebenen Rades halbiert wird. Es macht aber in der gleichen Zeit doppelt so viele Umdrehungen wie vorher. Die Anzahl der Umdrehungen pro Minute, auch ***Drehzahl*** genannt, ändert sich antiproportional zum Radius.

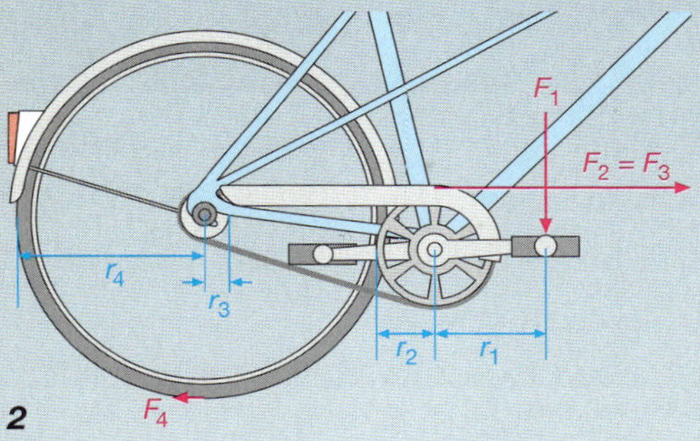

2

Beim ***Fahrrad*** (Abb. ➤ 2) bilden Tretkurbel und vorderes Kettenrad einen Hebel. Die Kraft an der Kette ist größer als am Pedal, da der Hebelarm des Kettenrades kleiner als beim Pedal ist. Das hintere Kettenrad bildet über Speichen und Felge einen Hebel mit dem Hinterrad. Da es kleiner als das Hinterrad ist, wird die von der Kette ausgeübte Kraft verkleinert. Insgesamt gesehen wirkt das Hinterrad auf den Boden mit einer kleineren Kraft als der Fuß auf das Pedal. Dafür dreht sich das Rad aber schneller.

Beispiel: Die Pedalkraft sei $F_1 = 500$ N, die Pedallänge $r_1 = 0{,}18$ m und der Radius des vorderen Kettenrades $r_2 = 0{,}09$ m.
Nach dem Hebelgesetz folgt:
$500\ \text{N} \cdot 0{,}18\ \text{m} = F_2 \cdot 0{,}09\ \text{m} \quad \Rightarrow \quad F_2 = 1000\ \text{N}$
Durch die Kette wird F_2 unverändert zum hinteren Kettenrad übertragen und wirkt dort als $F_3 = 1000$ N.
Wenn die Radien für das hintere Kettenrad $r_3 = 0{,}045$ m und das Hinterrad $r_4 = 0{,}36$ m betragen, so folgt nach dem Hebelgesetz:
$1000\ \text{N} \cdot 0{,}045 = F_4 \cdot 0{,}36\ \text{m} \quad \Rightarrow \quad F_4 = 125\ \text{N}$

Bei der ***Kettenschaltung*** kann die Kette über verschieden große Zahnkränze laufen. Je nach deren Durchmesser kann die Kraft am Reifen größer oder kleiner gemacht werden. Große Zahnkränze am Hinterrad erhöhen die Kraft. Man schaltet sie deshalb beim bergauf Fahren.

Bei einem üblichen Automotor kann sich die Motorwelle von 800 bis 6500 Umdrehungen pro Minute drehen. Das Drehmoment hat in der Regel zwischen 2000 und 3500 Umdrehungen pro Minute sein Maximum. Ein Getriebe ermöglicht es, bei kleiner Drehzahl der Antriebräder maximale Werte für Kraft und Drehmoment, andererseits für schnelle Fahrt große Drehgeschwindigkeiten zur Verfügung zu stellen. Der Quotient der Drehzahlen beim Eintritt in das Getriebe zu dem beim Ausgang wird als ***Übersetzungsverhältnis*** bezeichnet. Die Gänge des Getriebes stellen unterschiedliche Übersetzungsverhältnisse zur Verfügung.

Abb. ➤ 3 zeigt das Prinzip einer einfachen Dreigang-Schaltung. Zum Schalten müssen verschiedene Zahnräder verschoben und zum Eingriff gebracht werden. In synchronisierten Getrieben greifen ständig alle Zahnradpaare ineinander, sie drehen sich jedoch ohne feste Verbindung mit der Welle. Erst durch Einlegen eines Ganges werden zusammengehörige Zahnräder fest mit der Welle verkeilt.
Abb. ➤ 4 zeigt ein Automatikgetriebe, bei dem eine spezielle Kette zwischen je einem Paar trichterförmiger Scheiben läuft. Durch Verändern der Abstände der Trichter ändert sich das Übersetzungsverhältnis des Getriebes.

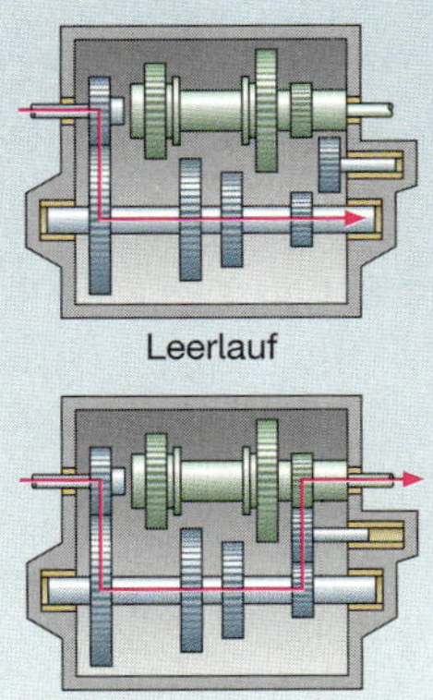

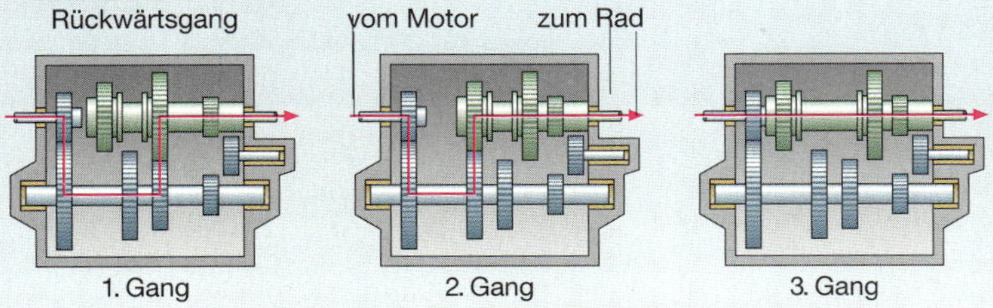

3 Einfaches 3-Gang-Getriebe mit Rückwärtsgang und Leerlauf

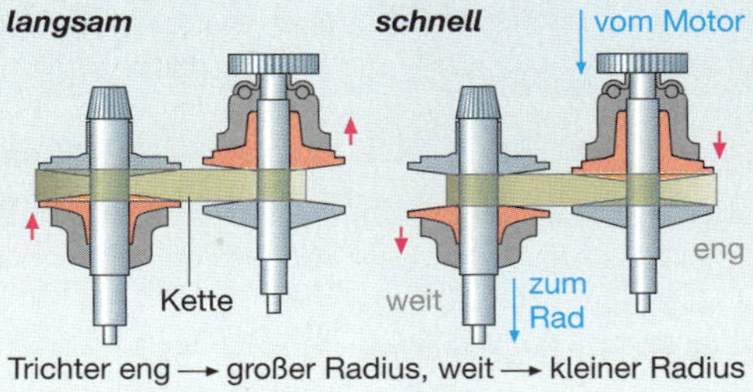

4 Stufenloses Getriebe

Schwerpunkt und Gleichgewicht

Versuche

V1 Baue eine „Kerzenschaukel“ aus zwei gleich großen Kerzen (Abb. ➤ 1). Zunächst muss sich die „Schaukel“ im Gleichgewicht befinden. Zünde dann die Kerzen an und beschreibe deine Beobachtung!
VORSICHT! Brandgefahr!

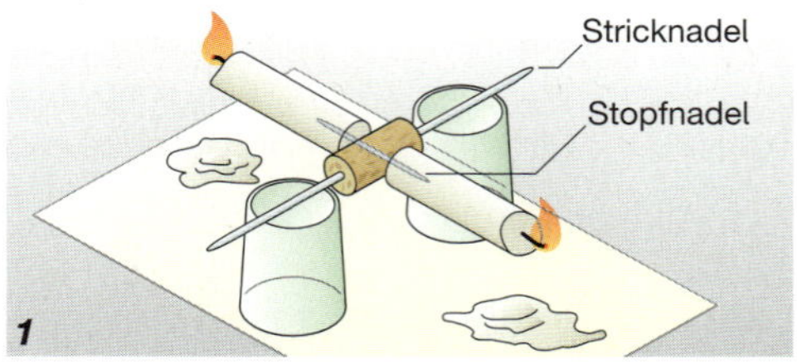

1

V2 Nimm ein Lineal und balanciere es auf einer Fingerspitze (Abb. ➤ 2). Versuche dies auch mit anderen, leichten Gegenständen. Schneide aus Zeichenkarton je ein Quadrat, einen Kreis, ein Dreieck und ein Rechteck aus. Balanciere sie auf einer Zirkelspitze.

2

V3 Bringe mit Hilfe einer gewölbten Schale (z. B. einem Uhrglas) eine Kugel in die drei in Abb. ➤ 3 gezeigten Lagen, ohne dass sie wegrollt.

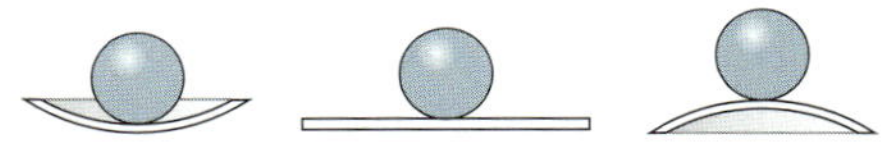
3

Schwierig wird es auf der nach oben gewölbten Schale. Schon beim kleinsten Anstoß rollt die Kugel weg.

V4 Öffne einen 2 m langen Zollstock vollständig. Knicke ihn dann in der Mitte. Stecke die Spitze eines Messers am eingeknickten Gelenk zwischen die Schenkel des Zollstocks. Stelle nun das Messer mit dem Zollstock an eine Tischecke (Abb. ➤ 4). Es fällt nicht um! VORSICHT! Verletzungsgefahr!

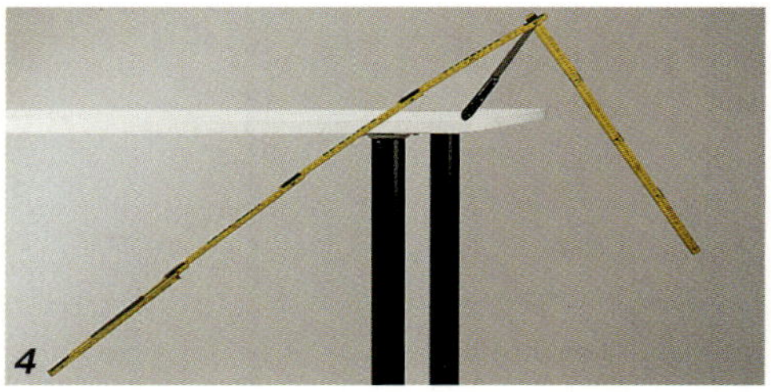
4

Grundwissen

Wie findet man den Schwerpunkt?

Man denkt sich einen drehbar gelagerten Maßstab (Abb. ➤ 5a) in kleine, gleich schwere Abschnitte unterteilt. Auf jeder Seite der Drehachse sollen sich gleich viele Abschnitte befinden. Der Maßstab befindet sich im Gleichgewicht, wenn sich die gedachten Abschnitte einander so zuordnen lassen, dass immer zwei auf entgegengesetzten Seiten den gleichen Abstand zur Drehachse besitzen.

Bringt man an einem Ende des Maßstabes ein Zusatzgewicht an, so muss man eine andere Drehachse wählen, die näher beim Zusatzgewicht liegt, damit er im Gleichgewicht bleibt (Abb. ➤ 5b).

Bei jedem Körper lassen sich beliebig viele Drehachsen finden, bei denen er, sich selbst überlassen, nicht anfängt, sich zu drehen, sondern im Gleichgewicht bleibt. Alle diese Drehachsen verlaufen durch einen gemeinsamen Punkt. Dieser Punkt heißt ***Schwerpunkt*** des Körpers.

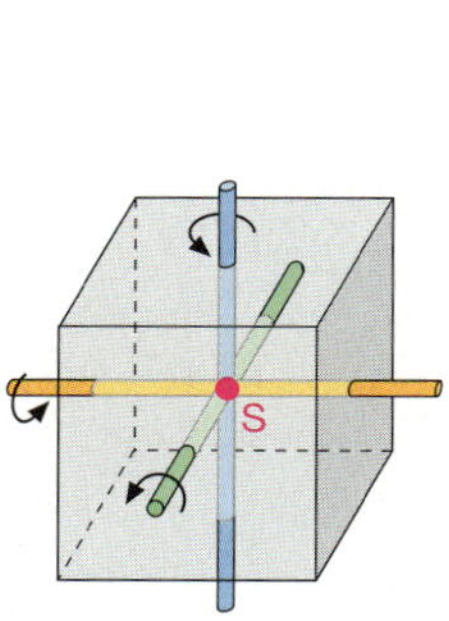

Der Schwerpunkt

Unterstützt man einen Körper in seinem Schwerpunkt, so ist er in jeder Lage im Gleichgewicht.

Bei einem Lineal, einem Kreis oder Rechteck aus Zeichenkarton stimmt der Schwerpunkt mit dem geometrischen Mittelpunkt des Körpers überein.

? Warum dreht sich ein im Schwerpunkt gelagerter Körper nicht von selbst?

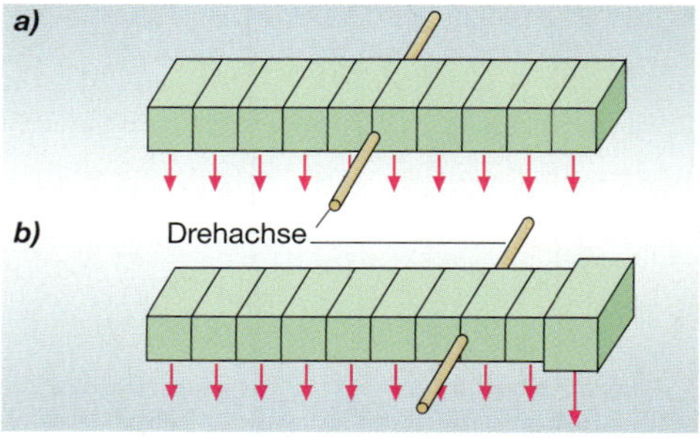

5 Drehachse durch den Schwerpunkt

Abb. ➤ 1 zeigt zwei Körper in verschiedenen Gleichgewichtslagen, d. h. sie verändern ihre Lage von selbst nicht. Mit etwas Geduld lässt sich z. B. ein Stab wie in Abb. ➤ 1a senkrecht aufstellen. Doch schon bei der kleinsten Erschütterung fällt er um. Diese Lage ist mit der einer Kugel auf einer gewölbten Schale vergleichbar. Eine kleine Verschiebung – und die Kugel rollt weg, sie verlässt die Ausgangslage. Wir sprechen von einer ***labilen Gleichgewichtslage***.
Der Stab in Abb. ➤ 1b wird im Gegensatz dazu nach einem kleinen Stoß in seine Ausgangslage zurückkehren. Dies entspricht dem Verhalten einer Kugel in einer gewölbten Schale. Die Kugel rollt nach einer kleinen Verschiebung wieder in ihre Ausgangslage zurück. Wir sprechen von einer ***stabilen Gleichgewichtslage***.
Der Stab in Abb. ➤ 1c kommt wie ein sich drehendes Rad in jeder Lage zur Ruhe. Gleiches gilt für eine Kugel auf einer waagerechten Unterlage. Benachbarte Lagen unterscheiden sich nicht in ihrem Gleichgewichtsverhalten. Wir sprechen von einer ***indifferenten Gleichgewichtslage***.

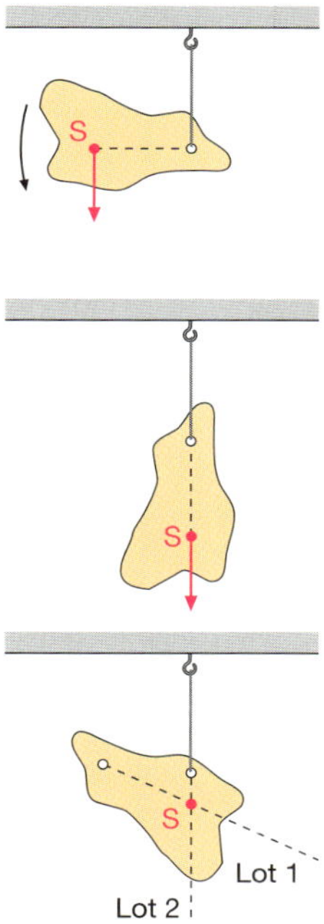

So findet man den Schwerpunkt.

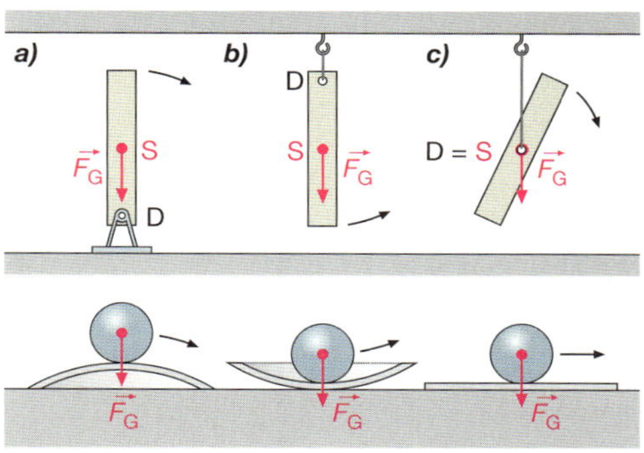

1 a) labil b) stabil c) indifferent

In allen drei Fällen kommt es auf die Lageänderung des Schwerpunktes an, die durch die Verschiebung des Körpers aus der Ruhelage entsteht. Wir stellen fest:

> Ein etwas aus der Gleichgewichtslage gebrachter Körper bewegt sich von selbst nur so weiter, dass sein Schwerpunkt eine tiefere Lage erreicht.

? Erkläre, wie man nach Abb. ➤ 1 den Schwerpunkt eines drehbar aufgehängten Körpers finden kann. Weshalb geht dies nur für flache Gegenstände?

Standfestigkeit

Die Standfestigkeit eines Gegenstandes hängt von der Lage seines Schwerpunktes zur Drehachse ab. Mögliche Drehachsen sind die Kanten der Auflagefläche (Abb. ➤ 2).

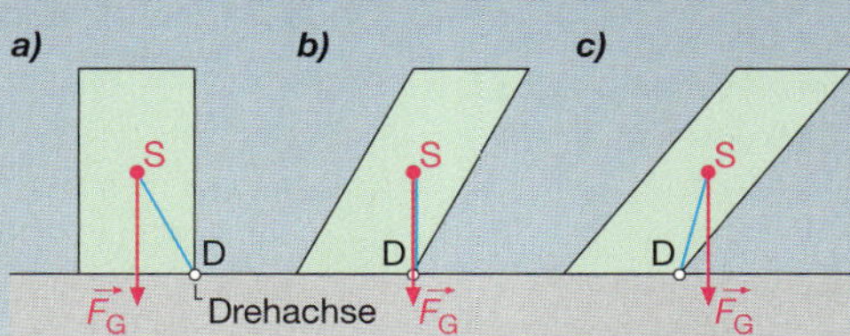

2 Hebel von Drehachse zum Schwerpunkt

Wird der schiefe Turm von Pisa kippen?

In Abb. ➤ 2a wirkt die Gewichtskraft so, dass der Körper in einer stabilen Gleichgewichtslage ruht. Ein kleiner Stoß bringt ihn nicht zum Kippen, denn die Kraft F_G dreht ihn zurück
In Abb. ➤ 2b wirkt die Gewichtskraft genau in Richtung auf die Drehachse. Der Körper befindet sich in einer labilen Gleichgewichtslage. Schon ein kleiner Stoß sorgt dafür, dass die Kraft F_G ihn umkippt.
In Abb. ➤ 2c wirkt die Gewichtskraft so, dass sich der Schwerpunkt des Körpers in eine tiefere Lage nach rechts weiter bewegt. Er kippt um, sobald die Verlängerung des Kraftpfeiles der Kraft F_G nicht mehr durch die Standfläche geht.
Breitbeiniges Stehen oder die Verbreiterung der Spur eines Autos sorgen für eine ***Vergrößerung der Standfläche***. Das erhöht die Standfestigkeit ebenso wie das ***Tieflegen des Schwerpunktes*** bei Fernsehtürmen, Stehlampen und Rennwagen.
Durch die tiefe Lage des Schwerpunktes ist die Vorführung der Hochseilartisten in Abb. ➤ 3 nicht so riskant, wie sie aussieht.

3

Seil – Rolle – Flaschenzug

Versuche

1

Zum Abschneiden hoch hängender Äste gibt es eine Baumschere, die über Seil und Rollen die Kraft zur Schere überträgt (Abb. ➤ 1).

V1 Abb. ➤ 2a zeigt eine leicht drehbare Rolle, die fest aufgehängt ist. Mit einem Seil können damit Gegenstände gehoben werden. Ein am Seilende angebrachter Kraftmesser zeigt, dass die zum Heben nötige Zugkraft gleich der Gewichtskraft ist. Auch bei unterschiedlicher Zugrichtung ändert sich daran nichts.

V2 Wird die Rolle wie in Abb. ➤ 2b benutzt, so zeigt der Kraftmesser einen kleineren Wert als in Versuch 1 an.

V3 Vereint man die beiden Rollenanordnungen (Abb. ➤ 2c), so ändert sich gegenüber dem Messergebnis von Versuch 2 nichts!

V4 Werden drei Rollen wie in Abb. ➤ 2d angeordnet, so verringert sich die Anzeige des Kraftmessers wiederum erheblich.

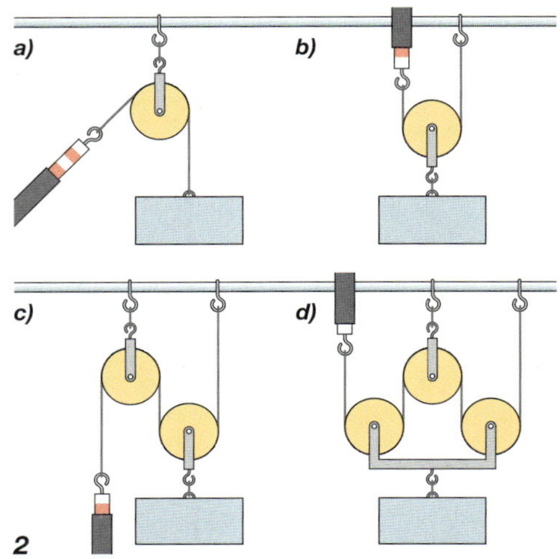

2

Grundwissen

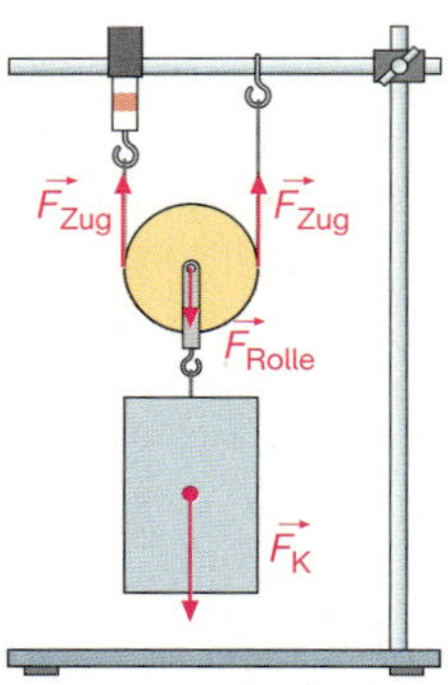

F_K = Gewichtskraft des Körpers
F_{Rolle} = Gewichtskraft der Rolle
F_{Last} = Gewichtskraft der Last
F_{Zug} = Zugkraft

Die Vorzüge von Seil und Rolle

Ein Seil dient dazu, Zugkräfte in Betrag und Richtung unverändert weiterzuleiten, so dass sie an einer anderen Stelle wirken können. Man sagt, das Seil verlagert den Angriffspunkt der Kraft. Ein Seil ist ein ***Kraftwandler***.

Mit einer Rolle wie in Abb. ➤ 2a kann die Richtung der Zugkraft verändert werden. Sie ist daher ein Kraftwandler. Man bezeichnet sie als ***feste Rolle***, weil sie fest mit dem Tragegestell verbunden ist. Beim Ziehen am Seil ändert sie ihre Lage nicht. Die zum Halten des Gegenstandes nötige Zugkraft hat den gleichen Betrag wie die Gewichtskraft der Last.

Hängt die Rolle mit dem Gegenstand am Seil (Abb. ➤ 2b), dann spricht man von einer ***losen Rolle***, weil sich ihre Lage verändern lässt. Die zum Halten erforderliche Kraft verteilt sich auf zwei Seilstücke. Damit verringert sich die Zugkraft am Seil. Allerdings muss nun auch die Rolle mit gehoben werden. Durch Messungen finden wir z. B. folgende Werte (zur Bedeutung der Bezeichnungen siehe Rand):

F_K in N	0,5	1,0	1,5	2,0
F_{Rolle} in N	0,1	0,1	0,1	0,1
$F_{Last} = F_K + F_{Rolle}$ in N	0,6	1,1	1,6	2,1
F_{Zug} in N	0,3	0,6	0,8	1,1

Ein Vergleich der Zugkraft mit der Gewichtskraft der Last zeigt:

> Mit einer losen Rolle lassen sich Angriffspunkt und Betrag der Zugkraft verändern. Es gilt: $F_{Zug} = {}^1/_2\, F_{Last}$

Dies gilt nur, wenn die Rollen reibungsfrei laufen und die Seile parallel zueinander geführt werden. Auch die Gewichtskraft des Seils bleibt unberücksichtigt.

? Inwiefern sind lose und feste Rolle Kraftwandler?

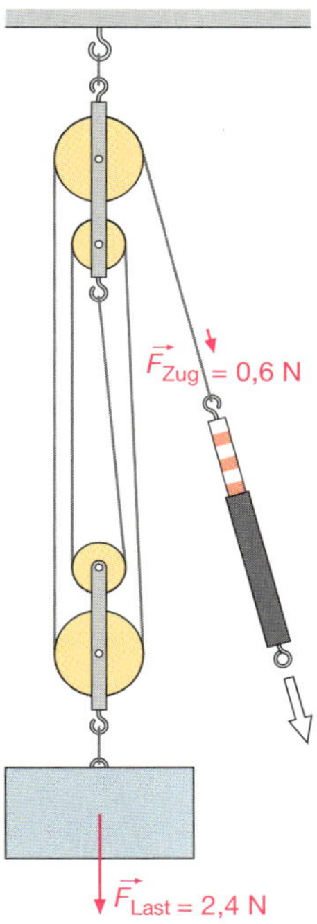

1 Ein Flaschenzug

Der Nachteil der losen Rolle

Beim Hochziehen mit der losen Rolle wirkt an jedem Seilende nur die Hälfte der Gewichtskraft von Gegenstand und Rolle. Deshalb ist am Seilende nur die halbe Kraft zum Ziehen erforderlich. Doch um die Last um dieselbe Strecke wie beim Hochziehen ohne Rolle zu heben, muss auf beiden Seiten das Seil verkürzt werden. Das heißt, man muss die doppelte Seillänge wegziehen.

Zieht man einen Gegenstand über eine lose Rolle nach oben, so wird eine kleinere Kraft benötigt als ohne Rolle. Dafür ist das Seilende für dieselbe Hubhöhe um die doppelte Länge wegzuziehen.

Der Flaschenzug

Mit Hilfe von festen Rollen gelingt es, ein Seil nacheinander um mehrere lose Rollen zu führen. Eine solche Anordnung von zwei oder mehr festen und losen Rollen nennt man Flaschenzug. Beim ***Flaschenzug*** in Abb. ➤ 1 wird die Last von vier Seilstücken getragen.
Das Ende, an dem man mit dem Kraftmesser nach unten zieht, trägt nicht mit. Die Zugkraft am Seilende hängt von der Zahl *n* der tragenden Seilstücke ab. Wenn keine Reibung die Zugkraft am Seil erhöht, gilt:

$$F_{Zug} = \frac{1}{n} \cdot F_{Last}$$

In technischen Flaschenzügen werden die losen bzw. die festen Rollen auf jeweils einer gemeinsamen Achse angebracht. Damit erhöht sich die Stabilität und der Flaschenzug wird kürzer und leichter.
Der Flaschenzug ist ein Kraftwandler mit vielen Anwendungen. So bilden z. B. die Schnürsenkel und Ösen an Schuhen einen Flaschenzug.
Auf Segelschiffen lassen sich die bei heftigem Wind auftretenden Kräfte am Segel nur noch mit Hilfe von Flaschenzügen beherrschen (Abb. ➤ 2).

? Wie sieht ein Flaschenzug mit drei Rollen aus, für den $F_{Zug} = {}^{1}/_{4}\, F_{Last}$ ist?

2 Segelschiffe verwenden Flaschenzüge.

Der Flaschenzug verteidigt Syrakus

Archimedes, in Syrakus geboren, erfand Maschinen, die Hebel und Flaschenzüge enthielten. Als die Römer 214 v. Chr. vor Syrakus standen, um die Stadt zu erobern, nutzten die Syrakuser diese Maschinen zu ihrer Verteidigung.
Der griechische Gelehrte Plutarch beschrieb die Schlacht so:

Wie denn die Römer von zwei Seiten her stürmten, kam Schrecken über Syrakus und mit verstummender Angst der Gedanke, solcher Macht und Gewalt werde nichts widerstehen. Über den Schiffen aber schoben sich plötzlich hoch auf den Mauern, wie Hörner, Balken hervor, die sie mit eisernen Händen vorn emporzogen und aufrecht auf das Hinterteil stellend hinabtauchten oder sie an die Felsenriffe unter der Mauer schmetterten, dass mitsamt der Mannschaft alles in Trümmer ging.

Dieser Bericht beruht nicht auf Tatsachen, die Kräne waren damals viel zu schwach und unbeweglich. Er demonstriert aber – neben der fantasievollen Anwendung von Flaschenzügen – die Bewunderung der Zeitgenossen für die Leistungen des Archimedes. Auf jeden Fall gelang den Römern der erste Eroberungsversuch nicht. Zwei Jahre später eroberten sie doch noch Syrakus – und Archimedes wurde dabei von einem Römer erschlagen, entgegen dem Befehl des römischen Feldherrn, ihn lebend gefangen zu nehmen!

Reibungskräfte

Versuche

V1 Lege einen Besen mit dem Stiel waagerecht auf deine Zeigefinger. Bewege sie dann langsam aufeinander zu. Abwechselnd rutscht der Besen auf dem einen und dem anderen Finger. Schließlich treffen sie sich unterhalb des Schwerpunktes des Besens.

V2 Ziehe einen Holzquader gleichmäßig über einen Tisch. Die dazu notwendige Kraft stellst du mit einem Kraftmesser fest (Abb. ➤ 2).

Nach Beginn der Bewegung sinkt der Betrag der Zugkraft und bleibt dann fast unverändert. Untersuche auch, ob sich die Zugkraft ändert, wenn man den Quader auf eine andere Seitenfläche stellt.
Die Zugkraft ist nahezu unabhängig von der Größe der Auflagefläche.

V3 Wir verändern die Kraft, mit der der Quader auf die Unterlage wirkt, indem wir verschiedene Massestücke auflegen (Abb. ➤ 2). Wir messen die Zugkraft in Abhängigkeit von der Gewichtskraft. Die Zugkraft wächst mit der auf die Unterlage wirkenden Kraft.

V4 Ein an einem Seil hängendes Massestück wird zuerst durch eine Öse, danach über eine Rolle nach oben gezogen (Abb. ➤ 1). Bei der Öse ist die Zugkraft viel größer als die Gewichtskraft des Massestückes.

V5 Den Einfluss der Oberflächenbeschaffenheit der reibenden Flächen untersuchen wir, indem wir den Quader einmal auf den glatten Tisch, dann auf Sandpapier, dann auf Öl und schließlich auf mehrere Rollen legen.

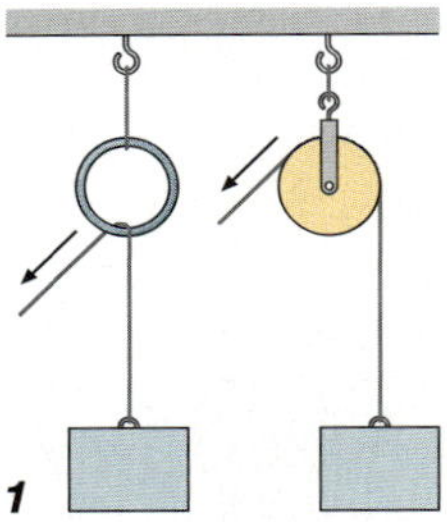

1

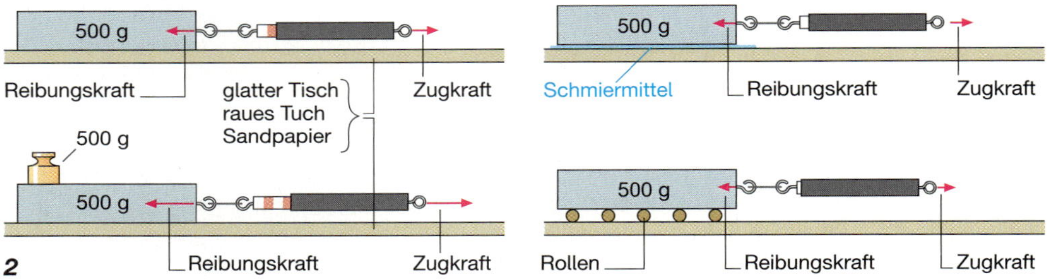

2

Grundwissen

Was sind Reibungskräfte?

Bei Glatteis dürfen die Schuhsohlen nicht zu „rutschig" sein. Beim Verschieben eines schweren Schrankes muss man kräftig zupacken, der Schrank scheint am Boden zu „kleben". In beiden Fällen wirken ***Reibungskräfte*** zwischen den sich berührenden Gegenständen. Sie bremsen oder verhindern eine Bewegung.
Wird an einem ruhenden Gegenstand mit einer langsam von Null an wachsenden Kraft gezogen, so bleibt er zunächst noch in Ruhe, er haftet an der Unterlage. Der Zugkraft wirkt eine Reibungskraft entgegen. Schließlich überwindet die Zugkraft diese Reibungskraft und der Gegenstand setzt sich in Bewegung. Kurz bevor er sich mit einem Ruck in Bewegung setzt, ist die Zugkraft und damit auch die Reibungskraft am größten. Man bezeichnet den größten Betrag der Reibungskraft bei ruhendem Gegenstand als ***Haftreibungskraft***.
Sobald der Gegenstand gleitet, wird die Reibungskraft kleiner. Nach anfänglichem „Ruckeln" verändert sie ihren Betrag bei kleinen Geschwindigkeiten kaum. Diese Kraft heißt ***Gleitreibungskraft***. Abb. ➤ 3 zeigt ein diesem Vorgang entsprechendes Diagramm, wobei beim Gleiten wachsende Zugkraft den Körper beschleunigt.

Nasses Eis ist glatt. Bei trockenem Eis verringert sich durch Druck, wie etwa bei Schlittschuhkufen, die Reibung auch. An der Eisoberfläche besteht eine nur wenige Atome dicke Schicht, die sich unter Druck wie eine Flüssigkeit leicht verschiebbar verhält.

> Die Haftreibungskraft ist größer als die Gleitreibungskraft.

? Weshalb braucht man zum Aufrechterhalten einer Bewegung dauernd Kraft?

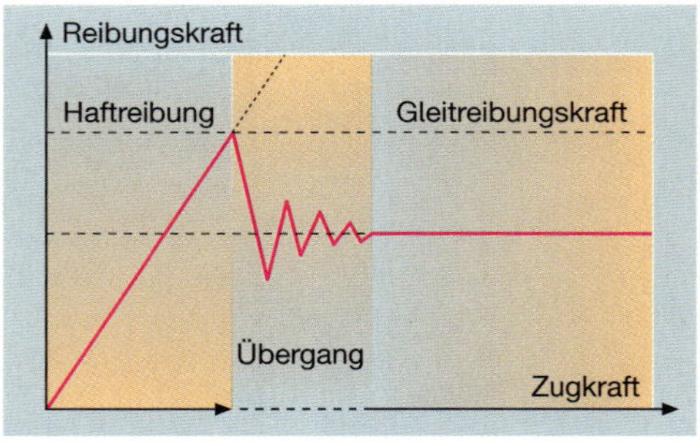

3 Kräfte zu Beginn einer Bewegung

Reibungsgesetz

Schwere Gegenstände erfahren bei gleicher Unterlage eine größere Reibungskraft als leichte. Versuche zeigen, dass sich die ***Reibungskraft*** F_R nicht ändert, wenn man denselben Gegenstand mit einer anderen Seite auf die Unterlage legt.

Die Reibungskraft nimmt zu, wenn die auf die Unterlage wirkende Kraft erhöht wird, indem man z. B. mit der Hand auf den Körper drückt oder zusätzlich Massestücke auflegt. Die Kraft, die ein Körper senkrecht auf die Auflagefläche ausübt, heißt ***Normalkraft*** F_N (Abb. ➤ 1). Bei horizontaler Lage ist die Normalkraft gleich der Gewichtskraft des Körpers; es gilt:

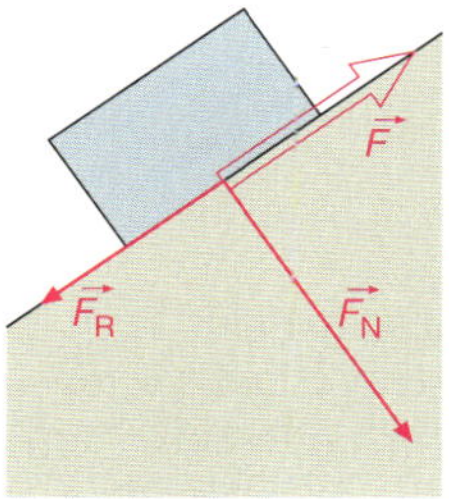

1 Es bedeutet:
F = Zugkraft
F_R = Reibungskraft
F_N = Normalkraft

> Bei unveränderter Oberflächenbeschaffenheit von Gegenstand und Unterlage ist die Reibungskraft proportional zur Normalkraft.

Aus der Proportionalität folgt:
$F_R = f \cdot F_N$ bzw. $f = F_R / F_N$

Die Konstante f heißt ***Reibungszahl***. Sie hängt von den reibenden Stoffen und ihrer Oberflächenbeschaffenheit ab. Die Reibungszahl für die Haftreibung ist größer als die für die Gleitreibung (Tab. ➤ 2).

Reibungszahl für	Haftreibung	Gleitreibung
Holz auf Metall	0,6 – 0,7	0,4 – 0,5
Holz auf Holz	0,3 – 0,6	0,2 – 0,4
Stahl auf Stahl	0,15 – 0,3	0,05
Stahl auf Eis	0,03	0,01
Autoreifen auf		
– Asphalt	0,4 – 0,8	0,3 – 0,6
– Beton	0,6 – 1	0,33 – 0,7
– Eis	0,2	0,1

2 Haft- und Gleitreibungszahlen

Beispiel:
Um einen 800 N schweren Schlitten auf Eis in Bewegung zu setzen, ist die Zugkraft

$F = 0{,}03 \cdot 800\ \text{N}$
$= 24\ \text{N}$

nötig. Um ihn in Bewegung zu halten, ist nur ein Drittel davon, also 8 N, erforderlich.

Erhöhung und Senkung der Reibung

Reiben zwei Körper aneinander, so verhaken sich Unebenheiten der reibenden Flächen (Abb. ➤ 3a). Die Reibungskraft steigt, je rauer und härter die Oberfläche der sich berührenden Körper ist. Beim Gleiten werden diese Unebenheiten unelastisch verformt oder teilweise abgerissen und es entstehen neue Stellen, die sich verhaken können. Allmählich schleifen sich so die Oberflächen ab.

Bewegt sich ein Körper auf einer Flüssigkeit, so ist die Reibungskraft sehr klein (Abb. ➤ 3b). Die Flüssigkeit ist in Bewegungsrichtung nicht starr und bremst daher die Bewegung des Körpers nur wenig. Deshalb werden Achslager mit einer Flüssigkeit geschmiert. Diese Flüssigkeit muss genügend zäh sein, damit sie nicht davonfließt. Ähnlich leicht gegeneinander beweglich sind zwei Körper, wenn sich zwischen ihnen Rollen oder Kugeln drehen (Abb. ➤ 3c). Die ***Rollreibung*** ist viel kleiner als die Haft- oder die Gleitreibung.

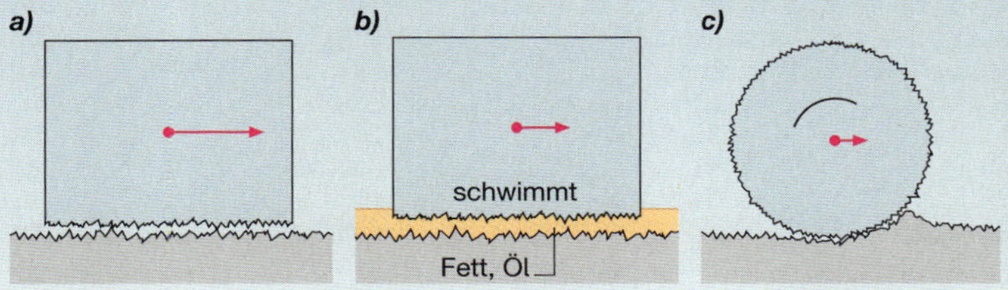

3a) Gleitreibung ***b)*** Reibung an Flüssigkeit ***c)*** Rollreibung

Reibung erwünscht und unerwünscht

Ohne Reibung hält kein Nagel in der Wand. Es gäbe keine Knoten und das Stricken eines Pullovers wäre unmöglich. Reibung ist auch zum Gehen nötig – wie man bei Glatteis feststellen kann.
In den ***Bremsen*** von Fahrzeugen wirken große Reibungskräfte. Dazu werden die Bremsbeläge gegen Bremsscheiben oder Bremstrommeln gepresst. Die Räder üben dann auf die Fahrbahn eine Kraft in Fahrtrichtung aus; die Fahrbahn übt ihrerseits eine Kraft in entgegengesetzter Richtung, also bremsend, auf das Fahrzeug aus.
Solange sich die berührenden Flächen von Rad und Fahrbahn nicht gegeneinander bewegen, wirkt die Haftreibung. Blockieren die Räder, so wirkt nur noch die kleinere Gleitreibung. Die Bremswirkung wird geringer.
Ältere Autos und Maschinen haben an vielen ***Lagern*** Schmiernippel, in die Schmierfett hineingepresst werden muss. Das Fett sorgt dafür, dass die Metallteile auf einer Fettschicht gleiten. So wird die Reibung gesenkt. Heute verwendet man Kunststoffgleitlager. Der Kunststoff hat eine so kleine Reibungszahl wie Schmierfett und nutzt sich dabei fast nicht ab.

Statt Kunststoff haben die Knochenenden in den ***Gelenken*** eine Knorpelschicht. Ist diese Schicht zerstört, reiben die Knochen aneinander. Große Schmerzen und sogar steife Gelenke können die Folge sein.

Rückblick

Begriffe
Was versteht man unter
- Hebel?
- Kraftarm?
- Gleichgewicht?
- Schwerpunkt?
- stabile/labile/indifferente Lage?
- feste/lose Rolle?
- Flaschenzug?
- Reibungskraft?
- Reibungszahl?

Beobachtungen
Was beobachtet man, wenn
- an einem Hebel zwei verschiedene Kräfte angreifen?
- ein Körper auf einer Achse durch seinen Schwerpunkt gedreht wird?
- eine Last an einer losen Rolle hängt und diese mit dem Seil über eine an der Decke befestigte Rolle hochgezogen wird?
- ein auf einer Unterlage ruhender Körper in Bewegung gesetzt wird?

Erklärungen
Wie lässt sich begründen, dass
- die Verlängerung des Hebelarms eine Vergrößerung der Kraftwirkung zur Folge hat?
- verschieden schwere Kinder auf der Wippe im Gleichgewicht sein können?
- ein Schwerpunkt die Stelle ist, bei der man sich die Gewichtskraft eines Körper angreifend denken kann?
- Reibung Bewegungen bremst?

Gesetzmäßigkeiten
Beschreibe mit eigenen Worten,
- wie das Hebelgesetz lautet.
- wie man den Schwerpunkt findet.
- wie sich mit einem Flaschenzug die Kraft zum Hochziehen einer Last verringern lässt.
- wovon die Reibungskraft zwischen zwei Körpern abhängt.

Erläutere die Erscheinungen in den folgenden Bildern und beantworte die Fragen!

Wo sind hier Hebel vorhanden? Wie wirken sie?

Weshalb bleibt der Hebel in Ruhe?

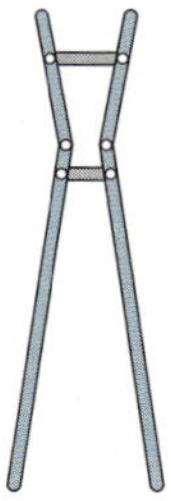

Wie entsteht die große Kraft?

Wieso lässt sich der Schuh fest schnüren?

Wozu sind die Rollen im Lager da?

Wie wirkt dieser Flachenöffner?

Weshalb macht die Rutsche erst Spaß, wenn etwas Wasser mit hinab fließt?

Weshalb sind die Rennwagen so niedrig gebaut?

Fragen

1. Die lose Rolle hilft

Erkläre, warum man mit Hilfe eines Seiles und einer losen Rolle ein Boot leichter an Land ziehen kann als nur mit einem Seil!

Lösung:
Wir zeichnen die Situation auf und fügen die Kraftpfeile $\vec{F_1}$ für die Zugkraft mit Rolle und $\vec{F_2}$ für diejenige ohne Rolle ein.

Mit einer losen Rolle spart man die Hälfte der Kraft, wenn keine Reibung vorhanden ist und die Seile parallel laufen. Laufen sie nicht parallel, muss man eine zusätzliche, seitlich wirkende Spannkraft im Seil erzeugen, die nicht zum Heranziehen des Bootes beiträgt. Wir berücksichtigen im Weiteren die Reibung und die Seilführung nicht!

Für die Kraft F_1 mit Rolle gilt dann:

$$F_1 = \frac{1}{2} F_2$$

Das Boot lässt sich also mit einer losen Rolle leichter ziehen, da nur die Hälfte der Kraft F_2 aufgewandt werden muss.

2. Anwendung des Hebelgesetzes

An einem Hebel greift in 30 cm Abstand von der Drehachse eine Kraft von 200 N an. Wie groß muss eine zweite Kraft auf der anderen Seite der Drehachse des Hebels sein, damit sie der ersten Kraft in 12 cm Abstand das Gleichgewicht hält?

Lösung:
Gegeben: $F_1 = 200$ N
$l_1 = 30$ cm
$l_2 = 12$ cm
Gesucht: F_2 in N

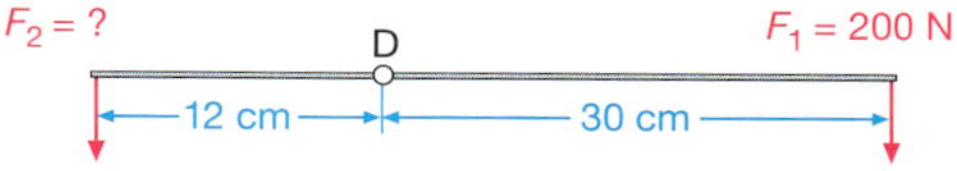

Wir können die Kraft F_2 mit Hilfe des Hebelgesetzes berechnen. Es lautet:

$$F_1 \cdot l_1 = F_2 \cdot l_2$$

Daraus folgt für die gesuchte Kraft F_2:

$$F_2 = \frac{F_1 \cdot l_1}{l_2}$$

$$F_2 = \frac{200 \text{ N} \cdot 30 \text{ cm}}{12 \text{ cm}}$$

$$F_2 = 500 \text{ N}$$

Um den Hebel im Gleichgewicht zu halten, muss auf der Gegenseite eine Kraft von 500 N angreifen.

Heimversuche

1. Je kürzer - umso fester?
Zerbrich ein Streichholz etwa in der Mitte. Wiederhole diesen Vorgang mit einem der Bruchstücke und setze dies fort, solange deine Kraft reicht.
Begründe, weshalb das Zerbrechen immer schwieriger wird, obwohl die Kraft deiner Finger die gleiche bleibt!

2. Ein Gleichgewichtsproblem
Lege ein 30 cm langes Lineal bei der 10 cm-Marke auf einen runden Bleistift. Staple bei der 0 cm-Marke drei 10-Cent-Münzen. Versuche durch Auflegen von 10-Cent-Münzen bei der 30 cm-Marke ein Gleichgewicht herzustellen. Erläutere das Versuchsergebnis!

3. Der Akrobat
Schneide aus Pappe eine Figur aus, wie sie hier am Rand gezeigt ist. Wenn du auf die Rückseite jeder Hand eine relativ schwere Schraubenmutter (oder Ähnliches) klebst, kann die Figur mit den Beinen nach oben auf einen festen Draht oder eine Stricknadel gestellt werden. Dort befindet sie sich im stabilen Gleichgewicht.
Überlege, warum das so ist!

4. Der Schwerpunkt
Bestimme näherungsweise den Schwerpunkt eines Besens und einer kreisförmigen Pappscheibe. Beschreibe jeweils, wie du vorgehst!
An welcher Stelle befindet sich der Schwerpunkt deines Fahrrades? Wie kannst du die ungefähre Lage bestimmen?

5. Der schiefe Bücherstapel
Lege einige Bücher jeweils um etwa 2 cm versetzt aufeinander, bis der Stapel umkippt.
Wie weit kann man die Bücher über den untersten Band hinausragen lassen? Erkläre dies!

Fragen

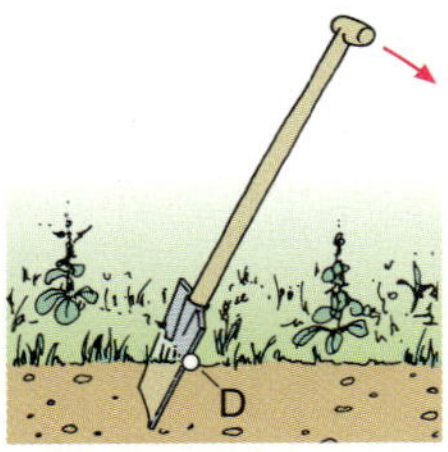

Spaten mit Drehachse

Wie funktioniert diese Waage?

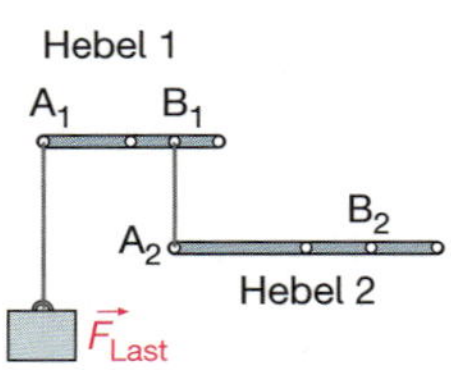

Zu Aufgabe 14

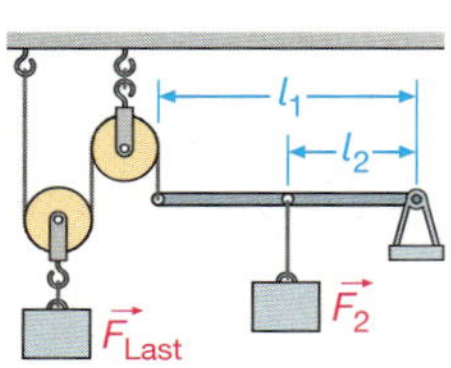

Zu Aufgabe 15

Hebel und Hebelgesetz

1 Schere, Schraubenschlüssel, Fahrradlenkstange mit Radgabel, Flaschenöffner und Eisenbahnschranke sind Hebel.
Zeichne sie und gib die Drehachsen, Hebelarme und Kraftrichtungen an!

2 Warum lässt sich dicke Pappe nicht mit der Spitze einer Schere schneiden? Wie muss man die Schere hierbei benutzen? Begründe deine Antwort!

3 Eine Steinplatte mit einer Gewichtskraft von 4,8 kN soll mit einer Brechstange flach über dem Erdboden angehoben werden. Dazu schiebt man eine 1,50 m lange Stange 30 cm unter den Stein.
Berechne die erforderliche Muskelkraft zum Anheben der Platte um einige cm!

4 In der folgenden Tabelle sind Kräfte und Lasten sowie deren Hebelarme an Hebeln genannt. Vervollständige die Tabelle so, dass sich die Hebel im Gleichgewicht befinden!

	F_1	l_1	F_2	l_2
a)	2,5 N	3,0 cm	1,5 N	. . .
b)	5,0 kN	8,0 m	. . .	3,0 m
c)	100 N	. . .	150 N	2,0 m
d)	. . .	0,85 m	2,0 kN	40 cm

Gleichgewicht und Schwerpunkt

5 Vergleicht man Rennwagen mit gewöhnlichen Personenwagen, so lässt sich feststellen, dass der Schwerpunkt bei Rennwagen tiefer liegt. Warum ist das so?

6 Von neun gleich aussehenden Kugeln sind acht genau gleich schwer, die neunte hingegen ist ein wenig schwerer als die übrigen. Durch nur zwei Wägungen mit einer Tafelwaage ist die schwerere herauszufinden. Beschreibe, wie zu verfahren ist!

Seil, Rolle, Flaschenzug

7 Ein Fahrzeug ist im morastigen Gelände stecken geblieben. Das freie Seilende einer vorn am Fahrzeug angebrachten Winde wird an einem Baum befestigt, doch die Zugkraft reicht nicht aus, um es herauszuziehen. Wie könnte sich der Fahrer helfen? Begründe!

8 Von einem Flaschenzug mit 6 tragenden Seilen wird eine Last mit der Gewichtskraft von 3500 N gehoben. Die mitzuhebenden Rollen erhöhen die Gewichtskraft um 100 N. Die Reibung erhöht die erforderliche Zugkraft um 17 %. Berechne die notwendige Zugkraft!

9 Vervollständige folgende Tabelle!

	Last	Zugkraft bei		
	Gewichtskraft-	fester Rolle	loser Rolle	Flaschenzug (n = 4)
a)	20 kN	. . .	. . .	. . .
b)	. . .	10 kN	. . .	. . .
c)	. . .	. . .	2,5 kN	. . .
d)	. . .	. . .	. . .	4 kN

10 Gib für die Flaschenzüge mit masselosen Rollen die Zugkraft F als Bruchteil von F_{Last} an! Erweitere den rechten um weitere Rollen.

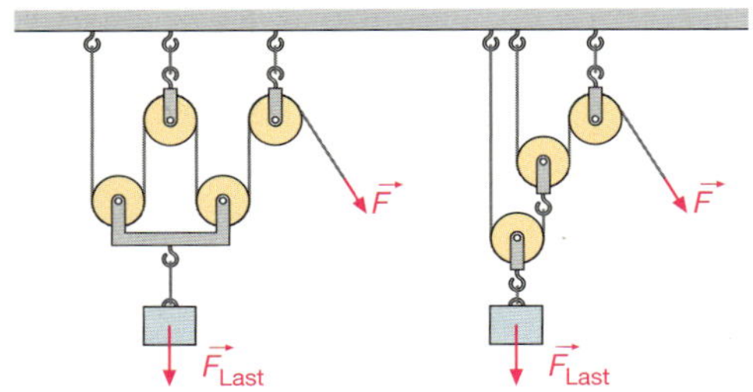

11 Welche Vorteile hat diese beim Starten von Modell-Segelflugzeugen gelegentlich verwendete Vorrichtung:

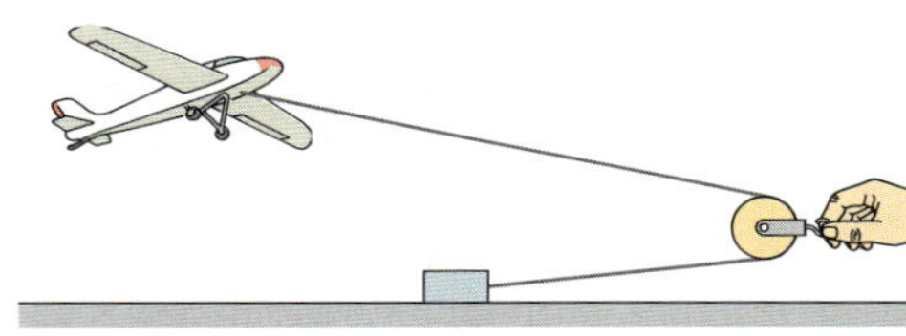

Reibungskräfte

12 Weshalb kann man auf Glatteis schlecht gehen?

13 Berechne die Haft- und die Gleitreibungskräfte eines kleinen Autos (m = 800 kg) auf Asphalt, Beton und Eis.

Schwierigere Probleme

14 Hebel 1 sei 40 cm, Hebel 2 sei 60 cm lang (siehe Randbild). Die Punkte A_1 und A_2 befinden sich jeweils am linken Hebelende. B_1 und B_2 liegen in den Mitten der rechten Hebelseiten. Die Hebel sind an den Punkten B_1 und A_2 durch eine Schnur verbunden.
In welche Richtung muss man in B_2 ziehen und welche Kraft ist erforderlich, um der in A_1 hängenden Last das Gleichgewicht zu halten?

15 Wie groß muss F_2 in der links am Rand gezeigten Kombination von Rollen und Hebeln für ein Gleichgewicht sein?
Es ist F_{Last}= 2 N , l_1 = 30 cm und l_2 = 15 cm.

Der Gummibandmotor

In einem gespannten Gummiband steckt Energie. Wie kann man diese Energie zur Drehung von Rädern nutzen?

Konstruiere einen Motor und ein dafür geeignetes Fahrzeug, mit dem die Energie des Gummibandes zum Bewegen des Fahrzeuges umgesetzt wird.

Ein Beispiel:

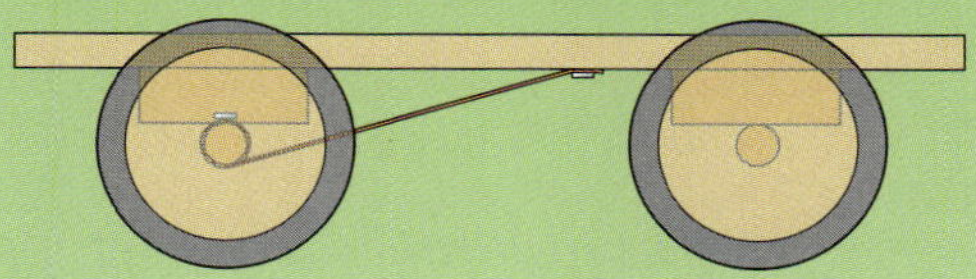

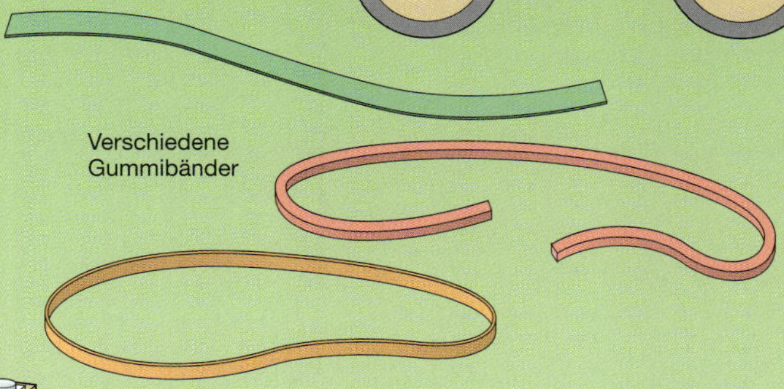

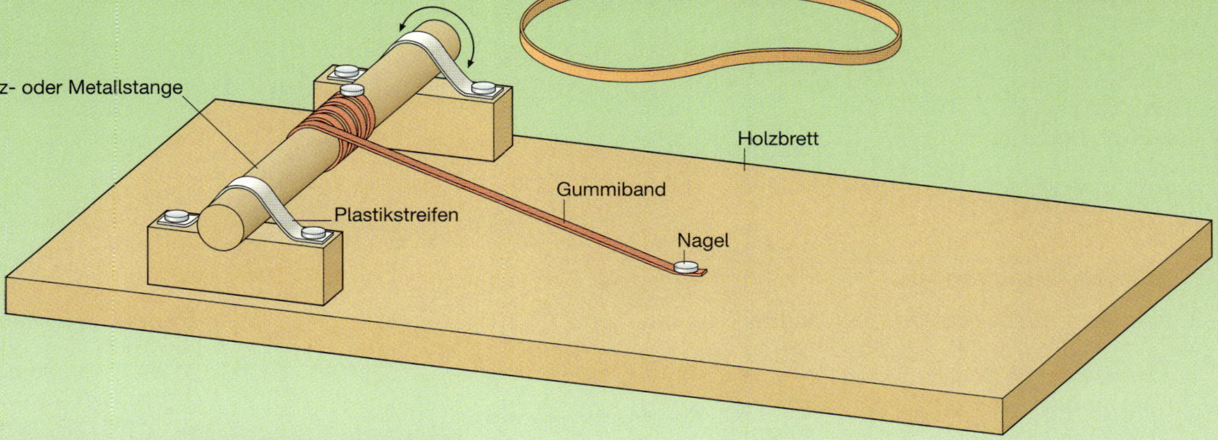

Versuche mit „Forschungsvorhaben" einen Gummibandantrieb zu bauen.

Hilfen:

Zur Konstruktion darfst du Brettchen, Achsen und Räder aus verschiedenen Materialien, Blech- und Kunststoffstreifen, Drähte und Nägel sowie verschiedene Gummibänder verwenden. Beziehe in deine Überlegungen die Möglichkeit ein, dass das Fahrzeug
– verschiedene Radgrößen verwenden kann,
– einen Motorwechsel ermöglicht,
– über leichtgängige Lager verfügt.

Was wird erwartet?

Baue ein möglichst leichtes, aber stabiles Fahrzeug, bei dem Motor und Räder einfach ausgewechselt werden können. Teste damit verschiedene Fahrzustände und Beladungen. Fertige eine erklärende Skizze und eine schriftliche Begründung der Lösung der Aufgabe an.

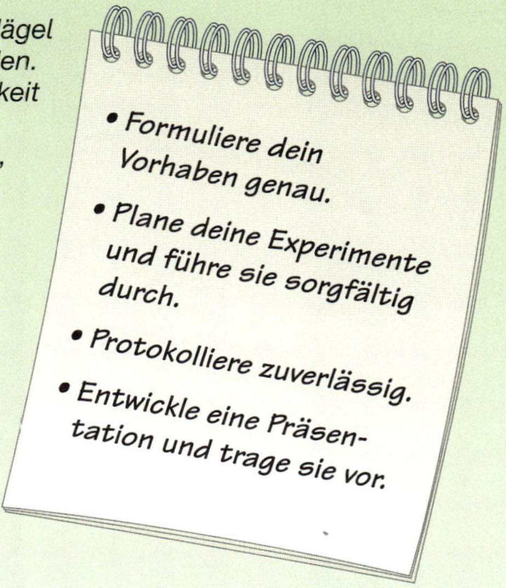

Der Gummibandmotor

Wichtige Kenntnisse zur Lösung

Wodurch wird ein Fahrzeug angetrieben?
Welches Material eignet sich für den geplanten Motor?
Welchen Einfluss hat die Größe des Fahrzeuges auf seine Bewegung?

Informiere dich über folgende Themen anhand des Lehrbuches oder eines Lexikons:
- *Geschwindigkeit, Beschleunigung;*
- *Kraft, Masse;*
- *Hebelwirkung, Übersetzung;*
- *Reibung;*
- *Arbeit und Energie.*

Wichtige Untersuchungen

- *Untersuche verschiedene Gummibänder auf ihre Brauchbarkeit. Welche Eigenschaft sollten die Bänder haben?*
- *Wickle mehrere gleiche Gummibänder einmal nebeneinander und ein anderes Mal hintereinander geknüpft auf. Was ändert sich?*
- *Welchen Einfluss auf die Bewegung hat das Gewicht des Fahrzeuges?*
- *Bestimme die erreichte Geschwindigkeit.*
- *Welche Rolle spielt die Reibung in den Lagern?*
  Wie lässt sie sich verringern?
- *Welche Steigung vermag das Fahrzeug auf einer schiefen Ebene zu erklimmen?*

Schlussfolgerungen

Vergleiche verschiedene Konstruktionen in deiner Klasse unter folgenden Gesichtspunkten:
1. *Welche Konstruktion kennzeichnet das schnellste (kleinste, größte, einfachste) Fahrzeug?*
2. *Welcher Motor liefert die größte Antriebskraft?*
3. *Welcher Motor nutzt die Energie des Gummibandes am besten zur Bewegung?*
4. *Welches Fahrzeug fährt am besten geradeaus?*

Zum weiteren Nachdenken:
- Wie ließe sich das gleiche Motorprinzip mit Federn verwirklichen?
- Welche Energieumsetzungen finden bei der Fahrt deines Fahrzeuges statt?
- Weshalb gibt es keine solchen Motoren für Autos?

Führe die Versuche entsprechend den nebenstehenden Bildern durch.

Kann man die Geschwindigkeit auch anders bestimmen?

Bildgeschichte Nummer 1

Was geschieht bei den gezeigten Vorgängen? Wie hängen sie zusammen?

Perpetuum mobile – oder ein Trick?

Schon im Altertum bemühten sich viele Naturforscher, das anstrengende Pumpen von Wasser zu erleichtern. Oft mussten Tiere eine Stange im Kreis bewegen, mit deren Hilfe dann Schöpfräder das Wasser aus dem Brunnenschacht hoben. Ein ganz findiger Mensch hat eines Tages die folgende Maschine entwickelt:
An einem großen Rad sind am Umfang in gleichen Abständen acht Kipphebel mit schweren Eisenklötzen an den äußeren Enden angebracht. Kleine Keile verhindern, dass sie auf der linken Seite senkrecht hängen bleiben; auf der rechten Seite können sie nur bis zum Anschlag ihres unteren Teils an die Speiche kippen.

Wird das Rad im Uhrzeigersinn in Drehung versetzt, so kippen die rechts befindlichen Hebel nach außen, die links befindlichen pendeln nach innen. Die Hebelwirkung der rechts befindlichen Kipphebel ist wegen des größeren Abstandes von der Drehachse stets größer als die der links befindlichen. Das Rad müsste sich von alleine weiterdrehen und sogar immer schneller werden. Dies tut es aber nicht! Wie lässt sich dies begründen?

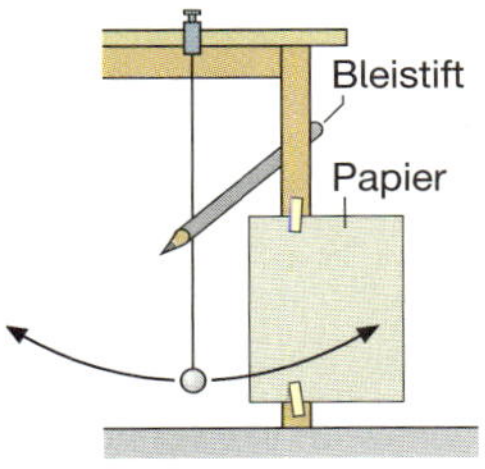

Das Pendel mit Gedächtnis

Nimm einen Faden und hänge daran in etwa 50 cm Entfernung einen kleinen, nicht zu leichten Gegenstand. Befestige das andere Ende des Fadens mit Klebeband an der Tischkante. Lass das Pendel etwa 10 cm hochschwingen. Markiere die Höhe mit einem Bleistift auf einem Blatt Papier. Halte den Bleistift in den Weg des pendelnden Fadens und bestimme die Höhe, die der Pendelkörper nun erreicht.

Mechanische Arbeit

Versuche

1

Regelmäßiges Training der Muskeln fördert die Gesundheit (Abb. ➤ 1). Hanteln, Expander, Heimtrainer oder andere Gegenstände lassen sich nur mit Kraftaufwand heben oder verformen.

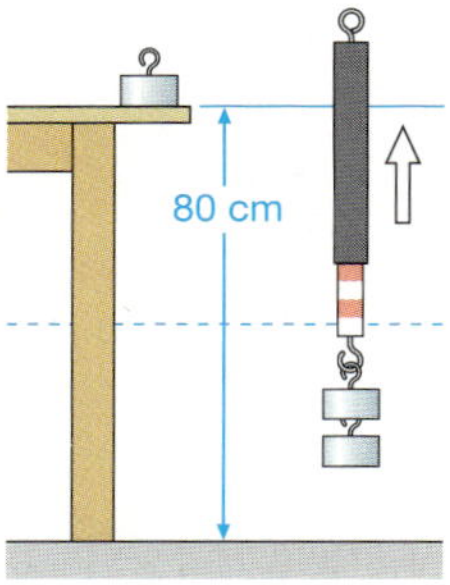

2

V1 Hebe nacheinander einen Getränkekasten einmal mit 6 und dann mit 12 vollen Flaschen vom Boden auf einen Tisch. Hebe anschließend den Kasten mit 12 Flaschen zunächst auf einen Stuhl und dann auf den Tisch. Du wirst dich dabei unterschiedlich stark anstrengen müssen.

V2 Hebe mit dem Kraftmesser ein Massenstück gleichmäßig auf eine Höhe von 80 cm und anschließend eines mit doppelter Gewichtskraft auf die gleiche Höhe (Abb. ➤ 2). Hebe anschließend ein Massenstück auf 40 cm und dann auf die doppelte Höhe. Die Anzeige der Kraftmesser bleibt bei gleichem Massenstück unverändert.

V3 Ein Wagen wird eine schiefe Ebene hochgezogen (Abb. ➤ 3). Es wird dabei eine Kraft $F = 1$ N gemessen. Die gleiche Endhöhe lässt sich unter verschiedenen Winkeln der schiefen Ebene erreichen. Ist der Weg auf der schiefen Ebene halb so lang wie vorher, so ist die Kraft zum Ziehen doppelt so groß.

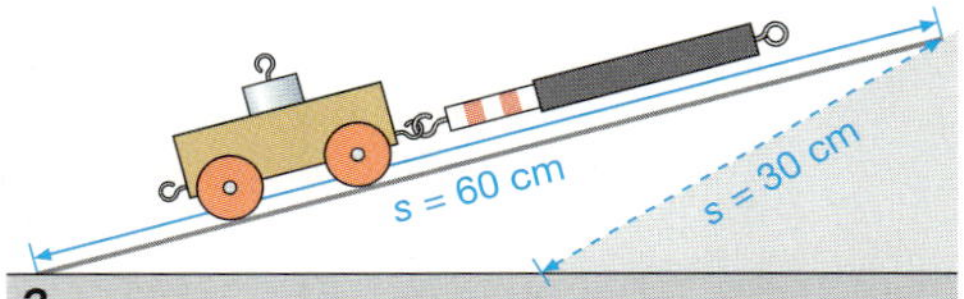

3

V4 Ziehe einen Wagen auf Schienen einmal in Schienenrichtung und einmal schräg zu den Schienen (Abb. ➤ 4). Für die gleiche Geschwindigkeit zeigt ein Kraftmesser unterschiedliche Kräfte zum Ziehen an.

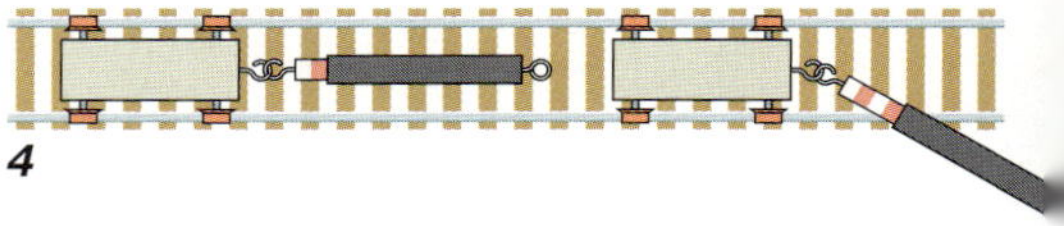

4

V5 Verforme Knete mit einem schweren Körper. Verbiege eine, dann mehrere Fahrradspeichen gemeinsam. Vergleiche mit dem Anheben von Gegenständen und dem Verformen von Federn. Beschreibe Gemeinsamkeiten und Unterschiede.

Grundwissen

Kraft und Weg

Beim Anheben einer Kiste oder beim Anschieben eines Wagens, beim Auseinanderziehen der Federn eines Expanders oder Verbiegen eines Eisenstabes verändert eine Kraft die Bewegung eines Körpers oder hebt ihn an oder verformt ihn. Der Körper muss dabei der Kraft in Richtung eines Weges folgen oder sich verformen (Abb. ➤ 5). Zu solchen Vorgängen sagt man, es wird ***Arbeit*** verrichtet.

> Mechanische Arbeit wird verrichtet, sobald ein Körper von einer längs eines Weges wirkenden Kraft bewegt oder verformt wird.

5

Zieht ein Kran ein schweres Bauteil hoch, so wickelt der Motor des Krans das Seil mit einer konstanten Kraft auf die Trommel. Das Bauteil wird mit konstanter Geschwindigkeit angehoben. Es wird Arbeit beim Heben des Körpers verrichtet. Je größer die Last oder je größer die Hubhöhe sind, desto mehr Arbeit wird verrichtet. Man hat festgelegt (Abb. ➤ 1a):

> Die Arbeit zum Heben eines Körpers ist das Produkt aus seiner Gewichtskraft F_G und der Hubhöhe h.
> $W = F_G \cdot h$

Genauso wird Arbeit verrichtet, wenn ein Gegenstand gleichmäßig auf einer ebenen Unterlage gezogen wird (Abb. ➤ 1b). Gegen die Reibungskraft F_R wirkt eine konstante Zugkraft F längs der Verschiebungsstrecke s.

> Wird ein Körper mit einer konstanten, in Wegrichtung wirkenden Kraft F um den Weg s bewegt, so wird die Arbeit mit dem Betrag $W = F \cdot s$ verrichtet.
> Arbeit = Kraft · Weg

Die ***Einheit der Arbeit*** ist 1 J (***Joule***).
Entsprechend der obigen Festlegung gilt:
1 J = 1 N · 1 m = 1 Nm (Newtonmeter).
1 kJ (1 Kilojoule) = 1 000 Nm
1 MJ (1 Megajoule) = 1 000 000 Nm

a)
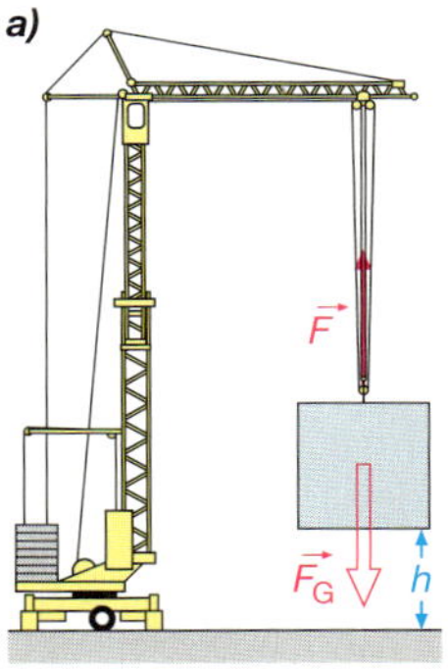

b)
c)
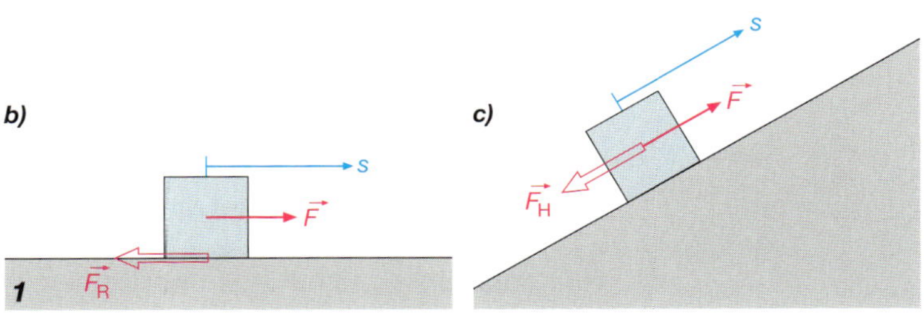

1

Die Einheit 1 Joule wird nach dem englischen Physiker französischer Abstammung ***James Prescott Joule*** (1818 – 1889) benannt.

Bewegt sich ein Wagen auf einer Luftkissenfahrbahn, so fehlt die Reibung fast vollständig. In Bewegungsrichtung wird jetzt keine Kraft benötigt. Deshalb wird auch keine Arbeit verrichtet.
Aus $F = 0$ folgt $W = 0$!
Auch beim Festhalten eines gespannten Expanders wird keine Arbeit verrichtet, denn aus $s = 0$ folgt auch $W = 0$. Allerdings verrichten einzelne Muskelfasern dabei ständig kleine Arbeiten, indem sie sich im Wechsel mit andern zusammenziehen und wieder lösen.

> Arbeit im physikalischen Sinne liegt nur vor, wenn eine Kraft in Wegrichtung wirkt und der Weg nicht null ist.

Im Alltag wird das Wort Arbeit oft verwendet: arbeitslos, Klassenarbeit, ... Um Arbeit im physikalischen Sinn handelt es sich dabei meistens nicht!

Wird ein Körper reibungsfrei eine schiefe Ebene hochgezogen, so ändert sich die Arbeit zum Erreichen derselben Endhöhe nicht, wenn man die Steigung verändert. Je steiler der Weg ist, umso größer wird zwar die Zugkraft, doch der Weg wird dabei kürzer. Das Produkt „Kraft in Wegrichtung mal Weg" bleibt gleich (Abb. ➤ 1c). Es gilt die ***Goldene Regel*** der Mechanik:

> Bei gleich großen Arbeiten erfordern kürzere Wege größere Kräfte.

? Verrichtet ein Haken, an dem ein Bild hängt, eine Arbeit?

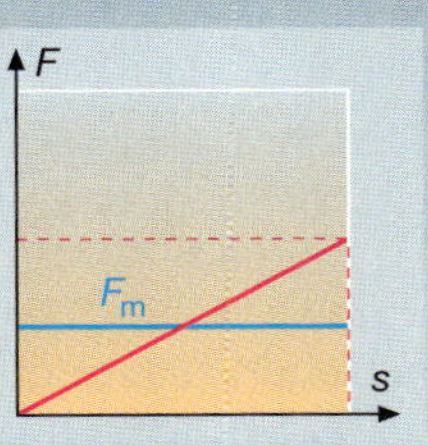

Kraft und Ausdehnung bei einer Feder

Arbeit bei veränderlichem Betrag der Kraft

Beim Verbiegen elastischer Stäbe oder beim Stauchen oder Dehnen von Federn wird Arbeit verrichtet. Hierbei ist der Betrag der Kraft jedoch nicht konstant. Je weiter z. B. ein Expander auseinander gezogen wird, desto mehr Kraft ist dafür nötig. Solche Arbeiten können deshalb mit der Gleichung $W = F \cdot s$ nicht berechnet werden.

Die ***Arbeit bei der elastischen Verformung*** einer Feder wird mit einer Formel berechnet, die die zunehmende Kraft $F = D \cdot s$ durch eine mittlere konstante Kraft F_m ersetzt. Sie ist halb so groß wie die Endkraft F:

$F_m = 1/2\, F$. Es gilt also:

$W = 1/2 \cdot F \cdot s = 1/2 \cdot D \cdot s^2$

Auch das Beschleunigen eines Gegenstandes bedeutet eine Arbeit. Wird ein Körper der Masse m aus der Ruhe auf die Geschwindigkeit v beschleunigt, so beträgt die ***Arbeit zur Beschleunigung***:

$W = 1/2 \cdot m \cdot v^2$

Mechanische Leistung

Versuche

Steilwandklettern erfordert Mut, Geschick und Kraft. Wenn zwei Sportler in der gleichen Zeit eine Kletterwand bezwingen, wird man ihnen die gleiche sportliche Leistung bescheinigen.
Hat einer der beiden Kletterer eine größere Masse als der andere, so muss er beim Hochklettern eine größere Arbeit verrichten. Kann man dann noch von gleicher sportlicher Leistung reden?

V1 Beim Stangenklettern im Sportunterricht treten zwei Mädchen gegeneinander an, die beide die gleiche Masse haben. Es wird die Zeit gemessen, bei der eine Höhe von 5 m überwunden wird. Wer hat gewonnen?
Wie lässt sich dieser Wettkampf – physikalisch gesehen – bewerten?

V2 Zwei Schüler sollen je 10 Steine 0,8 m hoch auf einen Tisch heben. Beim einen hat jeder Stein die Masse von 1 kg, beim anderen die Masse von 2,5 kg. Auch wenn die Schüler verschieden lang für diese Arbeit brauchen, wie lassen sie sich miteinander vergleichen?

V3 Mit einem kleinen Motor werden verschiedene Lasten unterschiedlich schnell über eine Schnur auf die gleiche Höhe gehoben. Es wird die Zeit zum Erreichen der Höhe bestimmt. Die Tabelle enthält Messwerte von drei Versuchen. Vergleiche sie.

	Last	Höhe	Zeit
Versuch 1	10 N	0,8 m	4 s
Versuch 2	10 N	0,8 m	8 s
Versuch 3	30 N	0,8 m	8 s

Grundwissen

Arbeit und Zeit

Maschinen übernehmen verschiedenste Arbeiten für uns Menschen. Ihr Nutzen wird oft nicht nur nach dem Betrag der Arbeit, sondern auch nach der Zeitdauer beurteilt, in der sie verrichtet wurde. Auch der Lohn für bestimmte Arbeiten richtet sich häufig nach der hierfür erforderlichen Zeit; man spricht etwa vom Stundenlohn. Um den Zusammenhang von Arbeit und dafür benötigter Zeit zu erfassen, verwendet man die Größe ***Leistung***.
Man hat vereinbart:
Wird die gleiche mechanische Arbeit in der Hälfte der Zeit verrichtet, so ist die Leistung doppelt so groß. Ebenso liegt die doppelte Leistung vor, wenn in der gleichen Zeit die doppelte Arbeit verrichtet wird. Beides wird durch die folgende Definition erfasst:

Mensch *(für die Dauer von)*		***Maschine***	
Herzschlag	1 bis 4 W	Pendeluhr	1 mW
Spazierengehen	20 W	Spielzeugmotor	12 W
Rasches Gehen	40 W	Mofa	1 000 W
Bergsteigen (4 h)	100 W	Auto (Mittelklasse)	80 kW
Tanzen (40 min)	120 W	Lastwagen	230 kW
Radfahren (2 h)	130 W	ICE-Lokomotive	5 000 kW
Hometrainer (2 min)	300 W	Passagierflugzeug	30 MW
Treppenlaufen (10 s)	500 W	Pumpspeicherkraftwerk	200 MW
Hochsprung ($^1/_{10}$ s)	1 200 W	Kanone beim Schuss	16 000 MW
Kugelstoßen ($^1/_{10}$ s)	2 000 W	Mondrakete	70 000 MW

1 Leistungen von Menschen und Maschinen

Die Leistung P ist der Quotient aus verrichteter Arbeit W und dafür benötigter Zeit t.

$$P = \frac{W}{t}$$

Die Einheit der Leistung ist 1 Watt, abgekürzt 1 W. Die Einheit wurde nach dem englischen Ingenieur ***James Watt*** (1736-1819) benannt.

Es gilt: $1\ \text{W} = 1\ \frac{\text{J}}{\text{s}} = 1\ \frac{\text{Nm}}{\text{s}}$

Übliche Vielfache und Teile sind:

1 000 W	= 1 kW	(1 Kilowatt)
1 000 000 W	= 1 MW	(1 Megawatt)
0,001 W	= 1 mW	(1 Milliwatt)

Beispiel: Ein Gewichtheber bringt eine Hantel mit der Masse von 200 kg in 2 s auf eine Höhe von 2 m. Das bedeutet eine Kraft von 2000 N und die Leistung

$$P = \frac{2000\ \text{N} \cdot 2\ \text{m}}{2\ \text{s}} = 2\ \text{kW}.$$

Dies ist eine kurzzeitige Höchstleistung. Hochleistungssportler können längere Zeit bis zu 400 W aufbringen (Tabelle ➤ 1). Die Dauerleistung eines „normalen" Menschen liegt bei etwa 100 W. Die Dauerleistung eines Pferdes kann bis zu 700 W betragen.

? Wie groß ist die Leistung, wenn du 3 m Höhenunterschied in 12 s überwindest?

Mechanische Energie

Versuche

V1 Wir lassen Körper mit unterschiedlichen Gewichtskräften aus verschiedenen Höhen auf Nägel fallen, die alle gleich weit aus einem Styroporklotz herausragen. Wir messen die jeweilige Eindringtiefe (Abb. ➤ 1). Sie ist ein Maß dafür, wie viel Arbeit die fallenden Körper beim Hineindrücken der Nägel verrichten konnten.
Die Arbeit der fallenden Körper an den Nägeln nimmt mit ihrer Gewichtskraft und Fallhöhe zu.

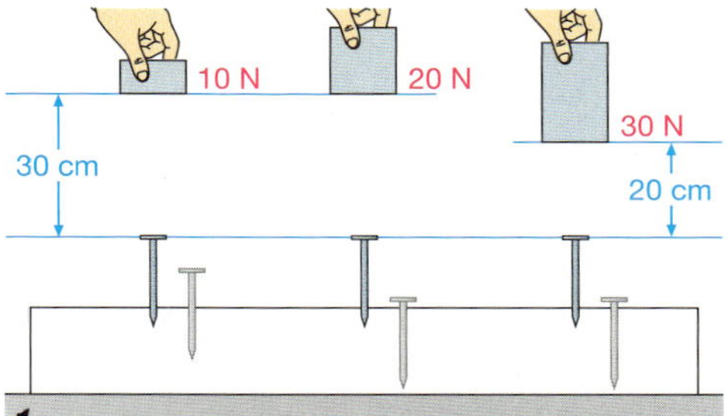

1

V2 Es gibt Spielzeugautos (Abb. ➤ 2), die von einem Schwungrad angetrieben werden. Legt man einen leichten Klotz vor das Auto, so ist es in der Lage, den Klotz längs eines Weges zu verschieben.

V3 Abb. ➤ 3 zeigt ein Spielzeugauto, das man mit einer Feder „aufziehen" kann. Die Feder kann mit einer Sperre in gespannter Form festgehalten werden. Das Auto bleibt unbewegt. Wird die Sperre gelöst, so fährt es los. Das Auto kann dabei einen über eine Schnur angehängten Gegenstand anheben. Die Feder verrichtet beim Entspannen Arbeit am Gegenstand.

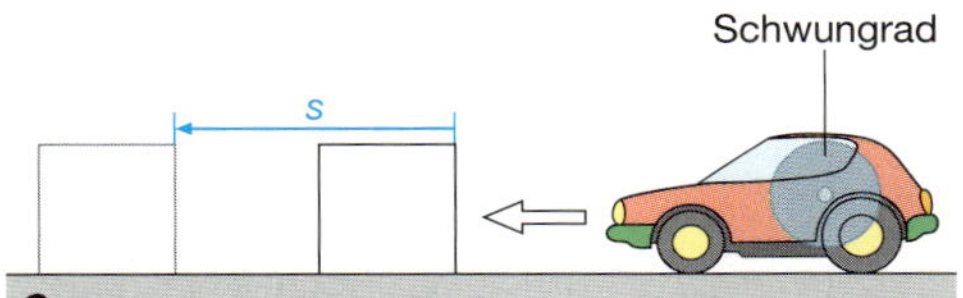

2

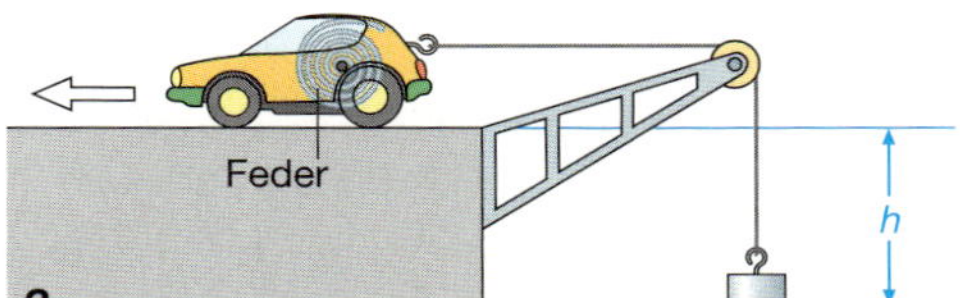

3

Grundwissen

Energie der Lage

Mit der Erfindung von Pfeil und Bogen hatten die Menschen ein Gerät zur Verfügung, das ihnen bei der Nahrungssuche und bei der Verteidigung große Hilfe leistete. Im Laufe der Zeit wurden weitere Maschinen erfunden, sie werden von Tieren, aber auch vom Wind, von Wasser oder durch Sonnenstrahlung angetrieben. Wir sagen, die Maschinen nutzen ein Arbeitsvermögen von Tieren oder Naturerscheinungen.

Wie kommt es zu diesem Arbeitsvermögen? Das oben auf dem Berg in einem See gestaute Wasser treibt Turbinen an. Die hochgezogenen Massestücke einer Wanduhr bewegen die Zeiger. Die gehobene Ramme schlägt Pfähle in den Boden. Wasser, Massestücke und Ramme haben etwas Gemeinsames – sie können auf Grund ihrer erhöhten Lage Arbeit verrichten.

> Das Arbeitsvermögen, das ein Körper auf Grund einer erhöhten Lage hat, bezeichnen wir als Energie der Lage E_L.

Je größer die Gewichtskraft des gehobenen Körpers und je größer die erreichte Höhe ist, desto mehr Arbeit kann er bei der Abwärtsbewegung verrichten. Umso größer ist auch seine Energie der Lage. Wir setzen die Energie der Lage E_L gleich der Arbeit $W = F_G \cdot h$, die nötig ist, um den Körper mit der Gewichtskraft F_G in die Höhe h zu bringen.

> Die Energie der Lage E_L ist dem Wert nach gleich der Arbeit, die zum Erreichen dieser Lage erforderlich ist:
>
> $E_L = F_G \cdot h$

Die Einheit der Energie der Lage ist dieselbe wie die der Arbeit: 1 Nm = 1 J

Von zwei Gegenständen mit gleicher Masse hat derjenige eine größere Energie der Lage, der sich gegenüber dem anderen in einer größeren Höhe befindet.
Von zwei in gleicher Höhe befindlichen Gegenständen hat der mit der größeren Masse die größere Energie der Lage.

Grundwissen

Energie der Bewegung

Eine Billardkugel stößt eine andere an, ein sich drehendes Schwungrad im Spielzeugauto lässt dieses losflitzen. Die sich bewegende Billardkugel oder das sich drehende Schwungrad können Arbeit an anderen Körpern verrichten. An einem Segel oder einem Windmühlenflügel verrichtet die sich bewegende Luft, der Wind, mechanische Arbeit. An einem Wasserrad ist es das sich bewegende Wasser. Fahrende Autos können auf Grund ihrer Bewegung sich und andere Autos bei Unfällen verformen oder deren Bewegung verändern. Das sind Beispiele dafür, dass bewegte Körper an anderen Körpern oder an sich selbst Arbeit verrichten können.

Das Arbeitsvermögen, das ein Körper infolge seiner Bewegung hat, bezeichnen wir als Energie der Bewegung E_B.

Energie der Verformung

Die gespannte Feder eines Spielzeugautos oder einer Uhr, der Bogen beim Bogenschießen, die Federn in Abb. ➤1 und im Trampolin von Abb. ➤2 können wegen ihrer Verformung Arbeit verrichten.

Das Arbeitsvermögen, das ein Körper wegen seiner Verformung hat, nennen wir Energie der Verformung E_V.

Mit Arbeit wird Energie umgesetzt

Arbeit und Energie hängen miteinander zusammen. Beim Trampolinspringen (Abb. ➤2) wird dies besonders deutlich: Befindet sich der Springer gerade in dem am stärksten verformten Trampolin, so hat es maximale Energie der Verformung, während der Springer ruht.
Das Trampolin verrichtet nun Arbeit, indem es den Springer nach oben beschleunigt. Er erhält Energie der Bewegung. Gleichzeitig nimmt seine Energie der Lage zu. Beides geschieht auf Kosten der Energie der Verformung im Trampolin.
Infolge seiner Bewegung kann der Springer Arbeit verrichten, indem er angehoben wird. Dabei nimmt die Energie der Bewegung auf Kosten der Energie der Lage ab. Sie ist null, wenn der Springer am Gipfelpunkt zur Ruhe kommt. Hier ist die Energie der Lage am größten.
Bei der folgenden Abwärtsbewegung kehren sich die einzelnen Schritte um.

Wir erkennen: Verrichtet ein Körper an einem zweiten Körper Arbeit, so nimmt die Energie des ersten Körpers ab, die des zweiten zu. Die Körper müssen nicht verschieden sein. Mechanische Energie kann im Körper verbleiben (beim hochfliegenden Trampolinspringer), oder zwischenzeitlich auf andere Körper übertragen werden (in das Trampolin).

Die an einem oder von einem Körper verrichtete mechanische Arbeit führt zu einer gleich großen Änderung der mechanischen Energie:
$W = \Delta E = E_{\text{nachher}} - E_{\text{vorher}}$

(ΔE wird als Delta E ausgesprochen; das Zeichen Δ bedeutet Differenz.)

? Beschreibe die Bildgeschichte Nr. 1 zu Beginn des Kapitels mit den Begriffen Arbeit und Energie.

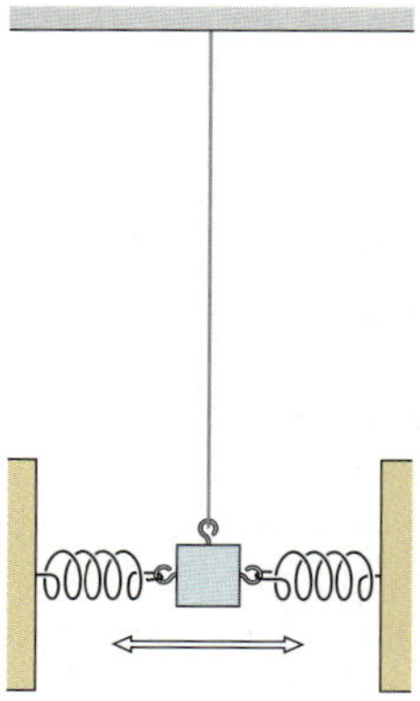

1 Federschwinger

2 Beim Trampolinspringen wird forttwährend Energie umgesetzt.

Die Erhaltung der Energie

Versuche

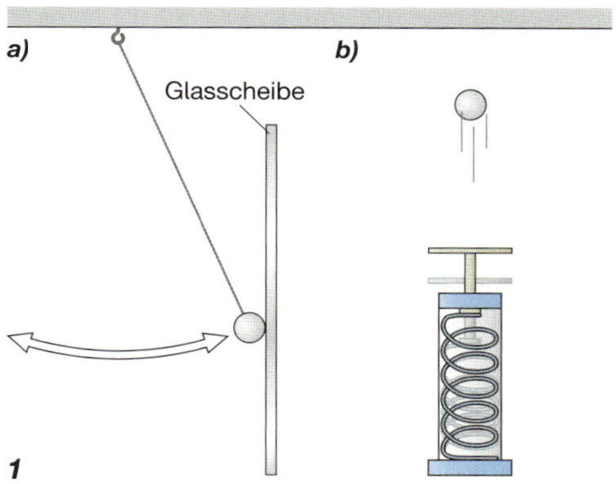

1

V1 Befestige eine Stahlkugel an einem Faden und stelle in einiger Entfernung eine Glasplatte auf (Abb. ➤ 1a).
Lenke die Kugel bis zur Glasplatte aus und lasse sie los. Die zurückschwingende Kugel berührt fast das Glas.

V2 Spanne die Feder einer Federkanone (Abb. ➤ 1b) und halte sie durch Verriegeln in diesem Zustand. Wenn du den Hebel löst, wird Energie der gespannten Feder in Energie der Lage der Kugel umgesetzt.
Kugeln unterschiedlicher Gewichtskraft erreichen unterschiedliche Höhen, z. B. bei 0,8 N die Höhe 0,8 m, bei 0,4 N die Höhe 1,6 m.

Grundwissen

Gesetz zur Umsetzung mechanischer Energie

Lässt man einen Superball, einen Tennisball und einen Medizinball aus gleicher Höhe auf den Boden fallen, so sind große Unterschiede festzustellen. Während der Superball lange hüpft und anfangs fast seine Ausgangshöhe wieder erreicht, hüpft der Tennisball (Abb. ➤ 2) nur einige Male bei schnell abnehmender Höhe, der Medizinball bleibt dagegen nach dem Aufprall liegen.
Stets wurde den Bällen vorher durch das Anheben Energie zugeführt. Beim Loslassen wird sie in Energie der Bewegung umgesetzt. Diese nimmt in dem Maße zu, wie die Energie der Lage abnimmt. Man sagt, die Energie des Balles tritt in zwei ***Energieformen*** auf.

Beim Aufprall des Balles auf dem Boden wird der Ball und unter Umständen auch der Boden verformt. Aus Energie der Bewegung wird Energie der Verformung.

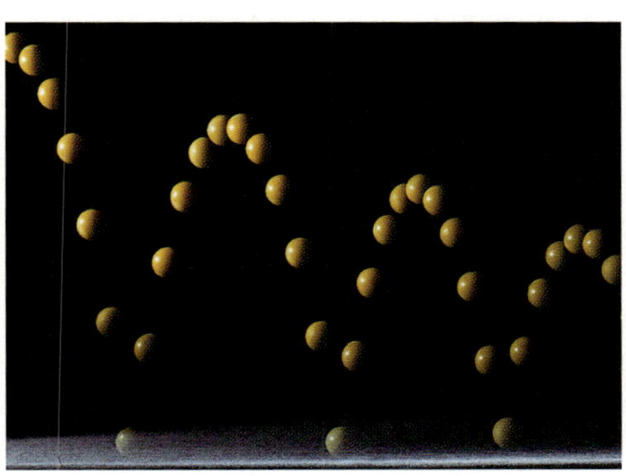

2 Energieumsetzung beim hüpfenden Ball

Bei allen beschriebenen Fällen handelt es sich um ***Energieumsetzungen***. Die Umsetzungen erfolgen durch Arbeiten, die den Betrag oder die Form der Energie des Körpers ändern.

> Verrichtet ein Körper Arbeit, so findet eine Energieumsetzung statt.

Der Medizinball verformt sich unelastisch. Das führt dazu, dass die Energie der Verformung nicht mehr für eine weitere Bewegung des Balles zur Verfügung steht. Ursache dafür sind Reibungsvorgänge im Ball. Außerdem wird die Energie der Bewegung durch Luftreibung verringert. Bleibende Verformung und Reibung entziehen dem mechanischen Vorgang Energie. Lassen sie sich vernachlässigen, so weisen sämtliche Beobachtungen auf einen ***Erhaltungssatz der Energie*** in der Mechanik hin:

> Bei reibungsfrei ablaufenden Energieumsetzungen bleibt der Betrag der mechanischen Energie E_{mech} konstant.

Mit dem Erhaltungssatz der Energie sind viele Vorgänge erklärbar: Ein Körper kann gleichzeitig Energie in verschiedener Form haben, in der Summe bleibt aber – wenn keine Reibung besteht – der Betrag von $E_{mech} = E_L + E_B + E_V$ unverändert.

? Wie müsste Abb. ➤ 2 aussehen, wenn die mechanische Energie des hüpfenden Balles konstant bliebe?

Grundwissen

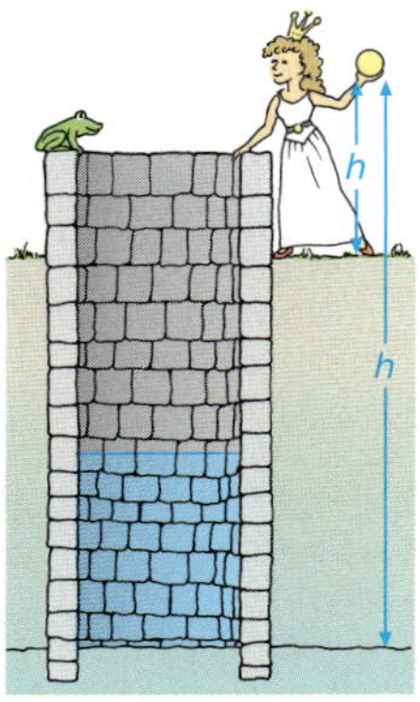

1 Wie groß ist die Energie der Lage der Goldkugel?

Der Bezugsrahmen für Energie

In dem Märchen „Der Froschkönig“ lässt die Prinzessin eine goldene Kugel in einen Brunnen fallen. Wie lässt sich die Energie der Lage $E_L = F_G \cdot h$ der goldenen Kugel in der Hand der Prinzessin berechnen, wenn man nicht weiß, welche Höhe *h* für die Kugel gemeint ist? Ist die Entfernung bis zum Boden des Brunnens oder nur die bis zur Erdoberfläche (Abb. ➤ 1) zu messen?

Um Aussagen über die Energie der Lage machen zu können, muss man eine Bezugshöhe vereinbaren, von der aus die Höhe gemessen werden soll.

Auch Energie der Bewegung lässt sich nur in einem Bezugsrahmen angeben. Ein im fahrenden Zug sitzender Fahrgast hat gegenüber einem neben ihm sitzenden Mitfahrer keine Bewegungsenergie. Wohl aber hat er Bewegungsenergie gegenüber einem neben den Bahngleisen stehenden Beobachter.
Häufig ist bei einem Vorgang nicht nur ein Körper beteiligt. Oft sind es mehrere Körper, deren Lage und Bewegung im Zusammenhang betrachtet werden müssen. Wir sprechen dann von einem ***mechanischen System.***
Der Satz von der Erhaltung der mechanischen Energie kann nur für solche Systeme ausgesprochen werden, bei denen sich die Energieumsetzungen ausschließlich zwischen den einzelnen Teilen des Systems abspielen. Man sagt:
Das ***System ist abgeschlossen***.

Zustand und Vorgang

Die physikalischen Größen „Arbeit“ und „Energie“ hängen eng zusammen. Sie haben auch beide dieselbe Einheit, doch bedeuten sie etwas Verschiedenes.
Energie ist eine abstrakte Größe, die es ermöglicht, die Bewegung, gegenseitige Lage und die Größe der elastischen Verformung von Körpern als ***Zustand*** eines Systems zu beschreiben. Ändert sich Geschwindigkeit, Lage oder Verformung eines Körpers im System, so ist dies ein ***Vorgang***, den wir durch eine Änderung von Energie erfassen können. Die Energieänderung eines einzelnen Körpers bezeichnen wir als Arbeit.
Die ***Erfahrung*** zeigt, dass kein Vorgang stattfindet, der gegen die Erhaltung der Energie des Systems verstößt. Mit der Annahme von der Erhaltung der Energie eines Systems lassen sich komplexe Abläufe in der Natur auf die Beschreibung von Energieumsetzungen in einem System reduzieren. Wir erklären Naturvorgänge mit diesem Modell. Der Energiebegriff hat sich als universell erwiesen. Beschreibungen mit dem Energiebegriff besitzen in allen Bereichen der Natur dieselbe Struktur von Zustand und Vorgang. Man kann die Energie als eine „Bilanzgröße“ und den Erhaltungssatz als „Wächter“ auffassen, der sagt, was erlaubt ist. Allerdings geschieht nicht alles, was durch ihn erlaubt ist.
Mit Hilfe der Energievorstellung lässt sich zum Beispiel der komplizierte Ablauf einer Fahrt auf der Achterbahn (Abb. ➤ 2) erfassen und verstehen.

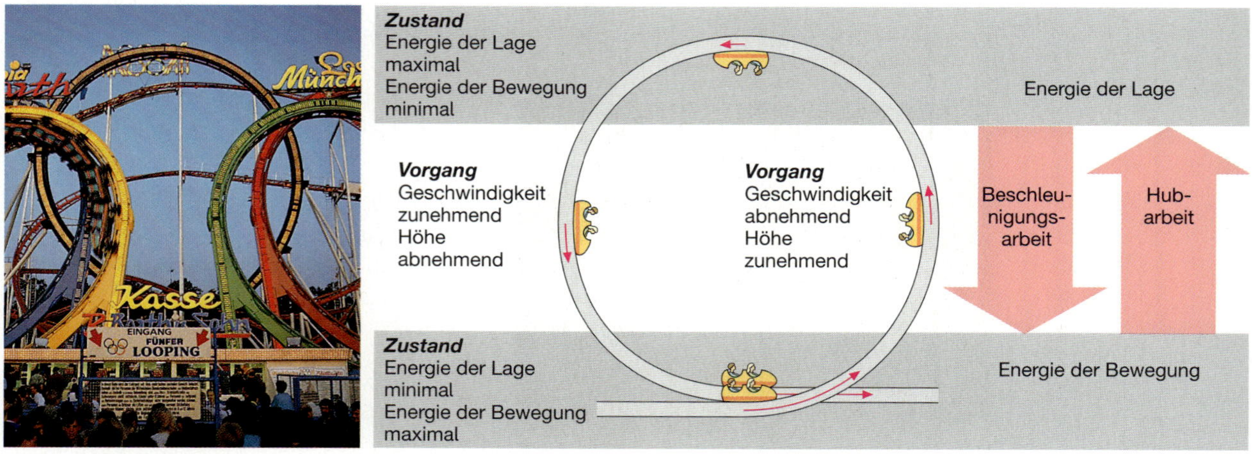

2 Energieumsetzungen des Systems „Achterbahn“; das Schema zeigt Zustand und Vorgang bei einer Schleife.

Pumpspeicher-Kraftwerk

Große Kraftwerke können ihre Leistung nur sehr langsam verändern. Die Elektrizitätswirtschaft benötigt daher für Spitzenbelastungen in den Morgen- und Abendstunden spezielle Kraftwerke, die elektrische Energie schnell zur Verfügung stellen können. Da sich elektrische Energie nicht im benötigten Umfang speichern lässt, setzt man sie in Zeiten überschüssiger Energie mit Hilfe von Pumpspeicher-Kraftwerken in mechanische Energie der Lage um. Pumpen befördern Wasser über eine Pumpleitung aus einem unteren Reservoir in ein höher gelegenes (Abb. ➤ 1). Wird nun elektrische Energie für das Versorgungsnetz benötigt, dann lässt man das Wasser aus dem höheren Becken durch eine Fallleitung in das tiefer gelegene Reservoir strömen. Die Energie, die das Wasser auf Grund seiner erhöhten Lage hat, wird in Energie der Bewegung umgesetzt und zum Antrieb von Turbinen verwendet. Die Turbinen, die in umgekehrter Richtung als Pumpen wirken können, treiben elektrische Generatoren an. Diese führen dem Netz wieder elektrische Energie zu.

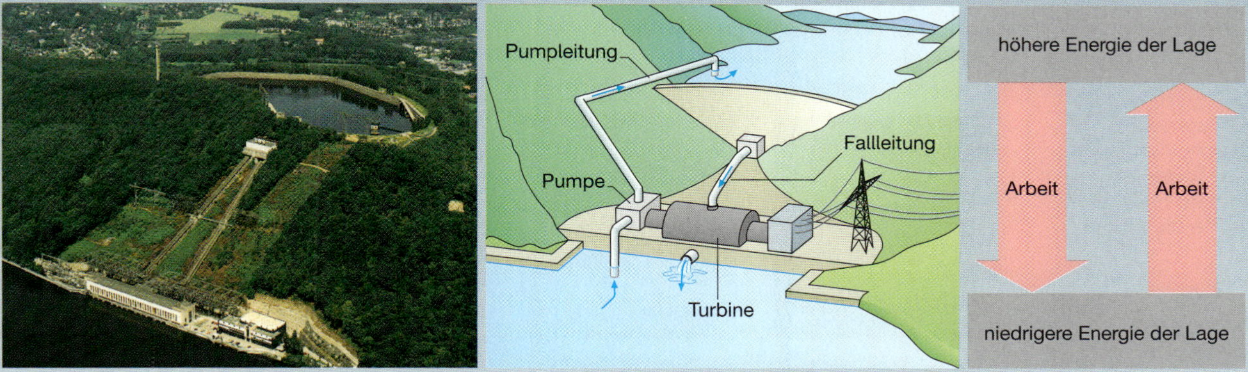

1 Ein Pumpspeicher-Kraftwerk setzt elektrische Energie in mechanische Energie und umgekehrt um.

Das Perpetuum mobile

Als „Perpetuum mobile" (lat. ewig Laufendes) bezeichnete man ursprünglich jede Maschine, die ohne Zufuhr von Energie ständig laufen würde. Heute versteht man darunter allgemein jede Vorrichtung, die ohne Zufuhr von Energie ständig arbeiten kann.

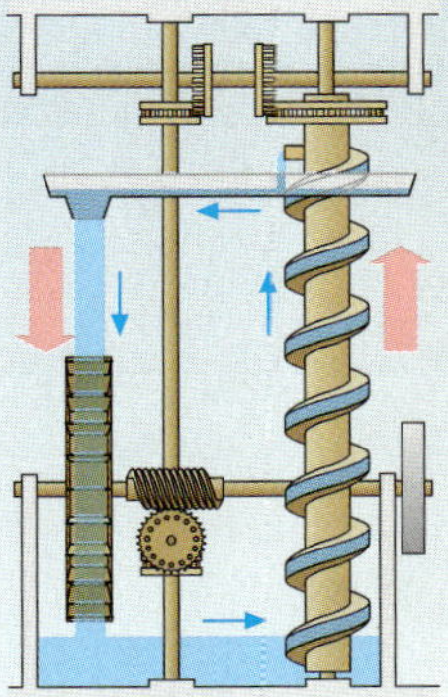

Energie der Lage und Wasserkreislauf

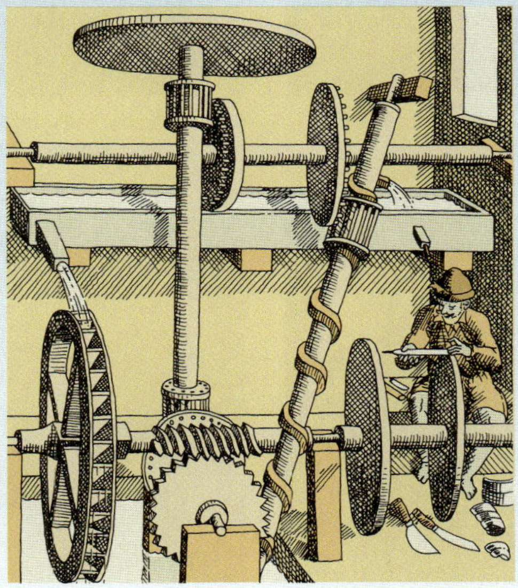

2 Perpetuum mobile mit fließendem Wasser

Abb. ➤ 2 zeigt ein im Mittelalter erdachtes Perpetuum mobile: Wasser soll aus einem Trog auf ein Wasserrad fließen und dieses drehen. Dadurch wird eine archimedische Schraube angetrieben, die das Wasser wieder nach oben in den Trog befördert. Umgesetzt wird dabei Energie der Lage in Energie der Bewegung und diese wieder in Energie der Lage. Gäbe es keine Reibung, würde dies nicht im Widerspruch zum Energieerhaltungssatz stehen. Nun soll aber noch zusätzlich ein Schleifstein angetrieben werden. Dafür steht jedoch keine Energie zur Verfügung, denn sie wird vollständig zur Wiederherstellung der Energie der Lage des Wassers im Trog benötigt.
Auch ohne Schleifstein kann es kein „perpetuum mobile" in der Realität geben, weil es keine völlig reibungsfreien Umsetzungen gibt. Vorschläge für ein perpetuum mobile entstehen meist, weil jemand die Erfahrung, dass die Energie erhalten bleibt, nicht akzeptiert.

Das Kipphebel-Modell am Kapitelanfang ist auch kein Perpetuum mobile: Bestünde es aus zwei Kipphebeln, so gäbe es eine Gleichgewichtslage, bei der das Rad stehen bliebe. Jeder zusätzliche Hebel verändert nur die Gleichgewichtslage. Jeder Klotz braucht zum Heben genau so viel Energie, wie er beim Herabsinken abgibt. Es bleibt nichts übrig.

Rückblick

Begriffe
Was versteht man unter
- Energie?
- Umsetzung von Energie?
- mechanischer Arbeit?
- Leistung?
- abgeschlossenen mechanischen Systemen?

Erklärungen
Wie lässt sich begründen, dass
- Wasserkraftwerke vorwiegend in bergigen Gegenden gebaut werden?
- ein frei pendelnder Gegenstand allmählich zur Ruhe kommt?
- es ein Perpetuum mobile nicht geben kann.

Beobachtungen
Was beobachtet man, wenn
- das Seil beim Ziehen eines Fahrzeuges nicht in Fahrtrichtung wirkt?
- die Neigung einer schiefen Ebene beim Hochziehen eines Wagens geändert wird?
- ein Pendel angestoßen wird?

Gesetzmäßigkeiten
Beschreibe mit eigenen Worten
- die goldene Regel der Mechanik.
- den Zusammenhang der von einem Körper verrichteten Arbeit und seiner Energie.
- das Prinzip der Energieerhaltung in der Mechanik.

Erläutere die Erscheinungen in den folgenden Bildern und beantworte die Fragen!

Welche Energie nutzt dieses Fahrzeug zum Fahren?

Welche Energieumsetzung soll hier genutzt werden?

Welche Energieumsetzungen finden hier statt?

Woher stammt die Energie zum Sprung aus dem Wasser?

Beschreibe den Aufprallvorgang mit Hilfe einer Energiebetrachtung.

Wie wird man entscheiden können, wer von den beiden Mädchen mehr leistete?

Wie und wann kann das Wasserrad arbeiten?

Welche Energieumsetzungen treten hier auf?

Beispiele

Merke:
Beim Flaschenzug verringert sich die Zugkraft mit der Zahl der tragenden Seilstücke. Diese Seilstücke müssen alle gleichzeitig um die Hubhöhe verkürzt werden.

1. Arbeit am Flaschenzug

Ein Flaschenzug, der 6 tragende Seilstücke hat, soll eine Last von 30 kN um 6 m heben. Die Gewichtskraft der losen Rollen soll vernachlässigt werden.
a) Wie groß muss die Zugkraft F_{Zug} am Seilende sein?
b) Berechne die mechanische Arbeit W_{Zug}, welche beim Ziehen am Seil verrichtet werden muss!
c) Vergleiche die in b) berechnete Arbeit mit der Arbeit W_{Hub}, die man ohne Flaschenzug oder andere Kraftwandler verrichten müsste!

Lösung:

Gegeben:	Gesucht:
$F_G = 30$ kN	F_{Zug} in N
$h = 6$ m	W_{Zug} in J
$n = 6$	W_{Hub} in J

a) Bei diesem Flaschenzug verteilt sich die Last auf 6 Seilstücke, so dass jedes nur 1/6 der Last zu halten hat. Die Zugkraft ist daher:
$F_{Zug} = F_G : 6 = 30 \text{ kN} : 6 = 5 \text{ kN}$

b) Die Arbeit am Seil ist Kraft · Weg; der Weg beträgt $s = 6 \cdot 6 \text{ m} = 36 \text{ m}$.
Damit wird: $W_{Zug} = 5 \text{ kN} \cdot 36 \text{ m} = 180 \text{ kJ}$

c) Wird die Last direkt gehoben, so ist:
$W_{Hub} = F_G \cdot h = 30 \text{ kN} \cdot 6 \text{ m}$
$= 180 \text{ kJ}$

In der Praxis ist W_{Zug} größer als W_{Hub}, da die auftretende Reibungskraft die Zugkraft zusätzlich vergrößert und ein Teil des Flaschenzuges mitgehoben wird.

2. Leistung eines Pkw

Die Leistung des Motors in einem Personenwagen beträgt 40 kW.
Wie groß dürfen die Reibungskräfte am Boden und in der Luft höchstens sein, damit der Pkw auf gerader Straße eine konstante Geschwindigkeit von 100 km/h fahren kann?

Lösung:

Gegeben:	Gesucht:
$P = 40$ kW	F in N
$v = 100$ km/h	

Die Leistung berechnet sich nach der Formel $P = W : t$. Für die Arbeit gilt $W = F \cdot s$, wobei F die vom Motor aufzubringende Kraft ist, um die Reibungskräfte zu überwinden.

$P = \frac{F \cdot s}{t} = F \cdot v$, also wird $F = \frac{P}{v}$

$$F = \frac{40 \text{ kW} \cdot \text{h}}{100 \text{ km}} = \frac{40 \cdot 1000 \text{ Nm} \cdot 3600 \text{ s}}{100 \cdot 10^3 \text{ m} \cdot \text{s}}$$

$F = 1440$ N

Die Kräfte dürfen höchstens 1,44 kN betragen.

Heimversuche

1. Experimente mit einem Spielzeugauto

Baue eine schiefe Ebene, auf der du ein Spielzeugauto hinabfahren lassen kannst.
Lege an das Ende eine Streichholzschachtel. Wenn du das Auto aus verschiedenen Höhen h abfahren lässt, wird seine Energie der Lage in Energie der Bewegung umgesetzt.
Suche einen Zusammenhang zwischen der Ausgangshöhe h und der Schiebestrecke s der Schachtel. Verändere auch die Neigung der Ebene.
Da du die Energie der Lage bestimmen kannst, ist es möglich, einen Zusammenhang zwischen der Geschwindigkeit des Autos und seiner Energie der Bewegung herauszufinden. Formuliere als Ergebnis einen Satz „je …, desto …“.
Begründe deine Überlegungen!

2. Musst du um deinen Kopf fürchten?

Baue ein Fadenpendel und hänge es stabil auf. Als Pendelkörper eignen sich vielerlei Gegenstände, z. B. auch eine Kartoffel. Halte den ausgelenkten Pendelkörper an deine Nase und lasse los, ohne ihn anzuschieben. Beschreibe deine Beobachtung und erkläre!

3. Jo-Jo

Übe, mit einem „Jo-Jo“ zu spielen. Beschreibe die auftretenden Änderungen der mechanischen Energie!

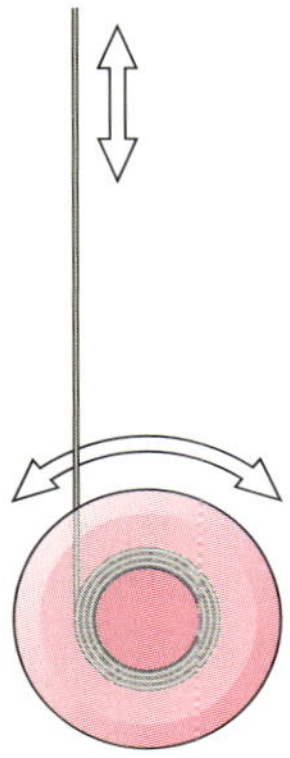
Jo-Jo

4. Wer bietet mehr?

Ermittle deine Höchstleistung beim Treppensteigen! Vergleiche sie mit der Leistung von Mitschülern. Wodurch macht sich ein „Training“ am stärksten bemerkbar?

5. Der Streit um die Arbeit

Max sagt: „Ich kann meine Büchertasche am ausgestreckten Arm halten, ohne Arbeit zu verrichten.“ Sein Freund behauptet das Gegenteil. Wer hat Recht? Stelle fest, wie lange jeder in deiner Klasse dieselbe Tasche so halten kann!

Fragen

Mechanische Arbeit

1 Ein Kran hebt eine Betonplatte der Gewichtskraft 4,5 kN um 17 m. Berechne die vom Kran verrichtete mechanische Arbeit!

2 Stefan schiebt Anja, die auf einem Fahrrad sitzt, über eine Strecke von 15 m mit einer Kraft von 108 N an. Wie groß ist die verrichtete mechanische Arbeit?

3 Du trägst einen Koffer auf einer horizontalen Straße. Welche Arbeit verrichtest du am Koffer? Begründe deine Antwort!

4 Der alte Schlossherr sagt: „Da ich von Natur aus ein fauler Mensch bin, habe ich in meinem Schloss nur steile und somit kurze Treppen einbauen lassen; denn dadurch verringert sich die beim Treppensteigen zu verrichtende Arbeit erheblich, da der Weg kürzer ist und meine Gewichtskraft eine konstante Größe ist." Was meinst du dazu?

5 Eine Last mit der Gewichtskraft $F_G = 400$ N soll um 9,0 m hochgezogen werden. Berechne die jeweils erforderliche Arbeit, wenn dazu eine feste Rolle, eine lose Rolle bzw. ein Flaschenzug ($n = 4$) zur Verfügung steht! Reibung und Gewichtskräfte von Seil und Rollen sollen vernachlässigt werden.

6 Eine entspannte Schraubenfeder wird durch die Kraft 8 N um 10 cm verlängert. Welche Arbeit wird beim Spannen verrichtet? In welche Höhe könnte die so gespannte Feder einen Körper der Masse 0,8 kg heben?

Mechanische Leistung

7 Ein Bergsteiger mit der Masse $m = 80$ kg bewältigt einen Höhenunterschied von 1200 m in 2 Stunden. Wie groß ist seine mechanische Leistung?

8 Am Niagara-Wasserfall stürzen pro Sekunde 20 000 t Wasser 50 m tief hinunter. Welche Leistung wird umgesetzt?

9 Eine Pumpe mit der Leistung $P = 4$ kW soll 3000 l Wasser 5 m hochpumpen. Wie lange dauert das?

10 Ein Motor mit der mechanischen Leistung von 1 kW hebt einen Gegenstand mit der Gewichtskraft F_G in 1 s um 2 m. Berechne die Gewichtskraft F_G!

11 Zeige durch Rechnung: Die Leistung bei einer horizontalen Bewegung mit konstanter Geschwindigkeit lässt sich auch mit der Formel $P = F \cdot v$ berechnen!

Mechanische Energie

12 Berechne die Energie der Lage, die ein Stabhochspringer mit einer Gewichtskraft von 720 N in einer Höhe von 5,75 m besitzt!

13 Welche Formen der Energie treten bei einem aufgeblasenen und dann offen losgelassenen Luftballon auf?

14 Nenne drei Beispiele, in denen die Energie der Lage technisch genutzt wird!

15 Weshalb darf man sagen, dass eine gespannte Feder Energie hat?

16 Beschreibe die Umsetzungen der Energie während der Bewegung eines Fadenpendels!

17 Beschreibe die Umsetzungen der Energie bei einer Wanduhr mit „Gewichten"!

18 Ein Spielzeugfrosch wird mit einem angebrachten Saugnapf unter Spannen einer Feder auf einem Tisch befestigt. Nach kurzer Zeit springt er in die Höhe, weil der Saugnapf nicht mehr hält. Beschreibe die verschiedenen Energieumsetzungen bei diesem Vorgang!

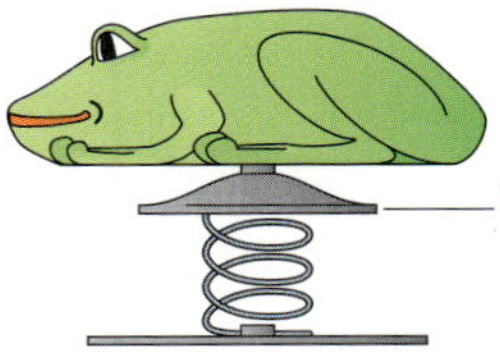

Schwierigere Probleme

19 Leite die Goldene Regel der Mechanik aus dem Satz der Erhaltung der Energie ab.

20 Warum kann man die Arbeit beim Dehnen einer Feder nicht einfach als „Kraft mal Weg" berechnen?

21 Ein Stabhochspringer mit der Masse $m = 65$ kg hat beim Absprung eine Energie der Bewegung von 2 000 J. Wie hoch kann sein Schwerpunkt mit Hilfe dieser Energie bestenfalls gehoben werden?

22 Ein Haushalt mit 4 Personen benötigt mit Heizung im Durchschnitt rund 50 kWh Energie täglich. Wie hoch müsste man ein Gewichtsstück mit der Masse $m = 1\,000$ kg heben, um diesen täglichen Energiebedarf durch das herabsinkende Gewichtsstück zu befriedigen?

23 Lege dar, weshalb es kein Perpetuum mobile geben kann.

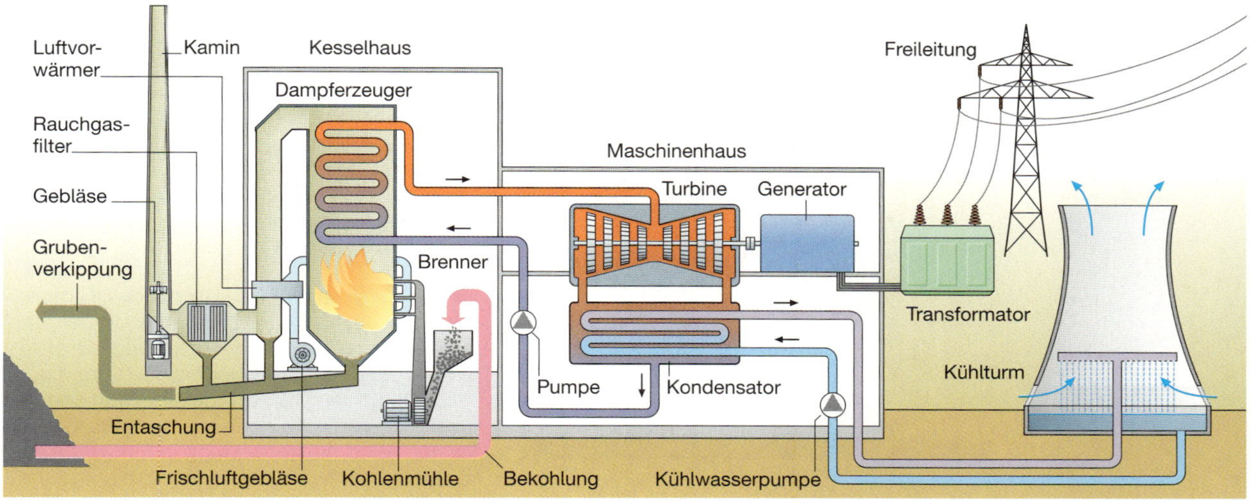

Bildgeschichte Nummer 2

Was geschieht bei den gezeigten Vorgängen? Wie hängen sie zusammen?

Perpetuum mobile – oder ein Taschenspielertrick?

Ein Metalldraht ist um ein kleines und ein großes Rad gespannt. Wird das kleine Rad in etwa 60 °C heißes Wasser getaucht, so beginnen die Räder sich zu drehen. Worin besteht das Geheimnis? Es wird gelöst, wenn du den folgenden Text mit Hilfe eines Taschenspiegels liest:

Der Draht besteht aus dem Memory-Metall Nitinol. Je nach Temperatur nimmt er eine bestimmte Form an. Im heißen Wasser hat er die Krümmung des kleinen Rades, während er in der kühleren Luft entspannt ist. Beim Eintauchen ins heiße Wasser biegt sich der Draht und schiebt den herausstretenden Teil weiter.

Das Buddelthermometer

Gieße etwas Wasser in eine klare Glasflasche. Stecke einen durchsichtigen Trinkhalm durch einen durchbohrten Korken, bis er in die Flüssigkeit eintaucht. Verschließe die Flasche dicht mit dem Korken. Hilf notfalls mit etwas Klebstoff nach. Lege eine Hand fest an die Flasche. Wie von Geisterhand steigt die Flüssigkeit im Trinkhalm empor.

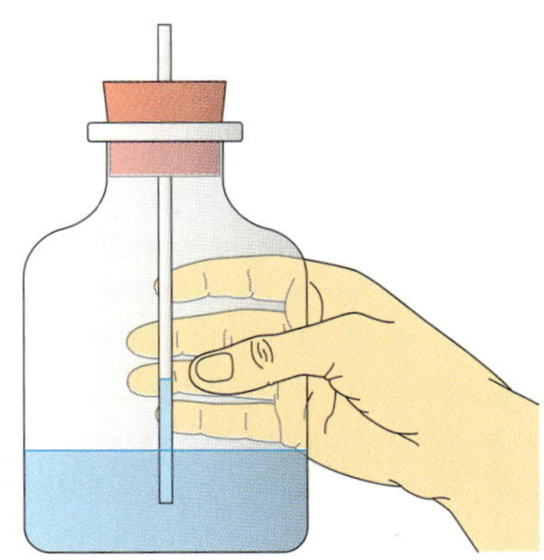

Die Temperatur

Versuche

1

V1 In je einem Gefäß ist kaltes, heißes und lauwarmes Wasser. Tauche nacheinander eine Hand ein. Du kannst die Zustände des Wassers unterscheiden. Halte jetzt längere Zeit gleichzeitig eine Hand in das heiße und die andere in das kalte Wasser (Abb. ➤ 1) und danach beide Hände in das lauwarme Wasser. Beide Hände empfinden den Zustand des lauwarmen Wassers unterschiedlich.

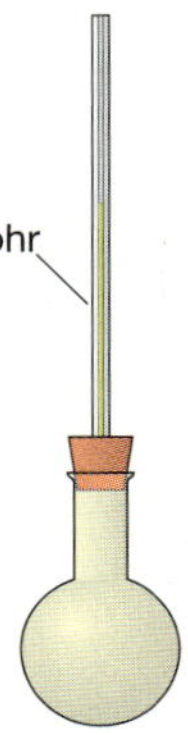

2

V2 Fülle ein kleines Glasgefäß mit sehr dünnem Steigrohr wie in Abb. ➤ 2 so weit mit Wasser, bis es einen Teil des Steigrohres füllt. Halte das Gefäß in die Wasserschüsseln vom ersten Versuch. Im heißen Wasser steigt die Wassersäule im Rohr, während sie im kalten Wasser eher noch etwas absinkt.
Mit dieser Anordnung, die die Unterschiede des Wassers in den Gefäßen unabhängig vom Temperatursinn anzeigt, lassen sich Vergleichsmessungen durchführen. Markierungen am Steigrohr helfen dabei.

V3 Ein Ende eines Eisen- und eines Kupferdrahtes werden verdrillt. Die freien Enden der Drähte werden an ein Messgerät für die elektrische Spannung angeschlossen. Wird die Verbindung der Drähte in heißes Wasser getaucht, so schlägt der Zeiger des Messgerätes aus. Wird die Verbindung in Eiswasser getaucht, so schlägt der Zeiger in die entgegengesetzte Richtung aus.

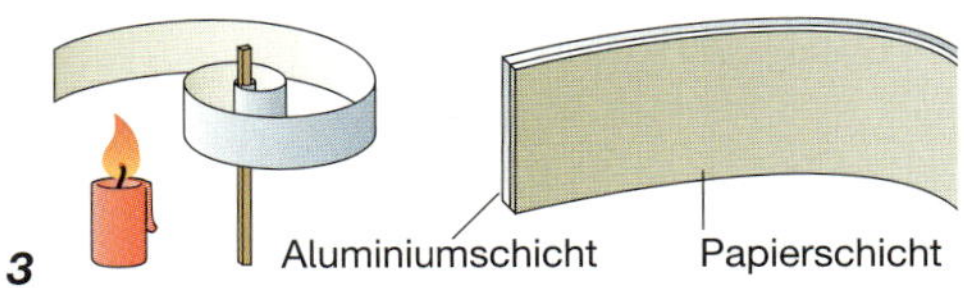

3

V4 Drehe aus einem schmalen Streifen vom Silberpapier einer Kaugummiverpackung eine Spirale. Befestige sie an einem Zahnstocher und halte sie damit wie in Abb. ➤ 3 vor eine Kerzenflamme. Langsam weitet oder verengt sich die Spirale.

Grundwissen

Der Begriff „Temperatur“

Unsere Haut ist ein Sinnesorgan, mit dem wir zwischen heißen, lauwarmen und kalten Zuständen unserer Umgebung oder von Körpern, die wir berühren, unterscheiden können. Dieses Empfinden ist ***subjektiv***, das heißt, es ist von der einzelnen Person und ihrer Erfahrung abhängig.
Mehrere Menschen können sich oft nicht einigen, ob etwas heiß oder kalt ist. Nur dann, wenn etwas abgekühlt oder erwärmt wird, weichen ihre Aussagen darüber nicht so stark voneinander ab.
Um solche Zustände unabhängig von persönlichen Empfindungen beschreiben zu können, wird eine neue physikalische Messgröße verwendet. Sie beinhaltet eine genau einzuhaltende Messvorschrift, so dass die Messgröße ***objektiv*** ist, d. h. für jedermann in gleicher Weise nachvollziehbar wird. Eine Messgröße wird mit Maßzahl und Einheit angegeben. Die Messgröße für den Zustand heiß oder kalt eines Körpers ist die ***Temperatur***.

> Mit der Angabe der Temperatur eines Körpers wird sein Zustand, heiß oder kalt oder eine Zwischenstufe davon, objektiv beschrieben.

Temperaturmessung mit Thermometern

Messgeräte für die Temperatur heißen ***Thermometer***. Sie messen die Temperatur stets indirekt, indem sie eine andere, von der Temperatur abhängige Messgröße – wie das Volumen oder den elektrischen Widerstand – messen, um eine entsprechende Temperatur anzuzeigen.
Beim ***Flüssigkeitsthermometer*** befindet sich eine Flüssigkeit in einem kleinen Gefäß mit einem dünnen Rohr (Abb. ➤ 1a). Wird der zu messende Körper mit dem Gefäß berührt, so nimmt die Flüssigkeit dessen Temperatur an, sie ändert daraufhin ihr Volumen. Das bedeutet, dass sich die Höhe der Flüssigkeitssäule im selben Verhältnis ändert: Die Höhe der Flüssigkeitssäule im Rohr ist ein Maß für die Temperatur.

Für Thermometer mit Quecksilber als Flüssigkeit schlug ***Anders Celsius*** (1701 – 1744) ein „Maßband" für Temperaturen vor, das wir heute als ***Celsius-Skala*** bezeichnen:
1. Die Temperaturen von Eiswasser und von siedendem Wasser werden willkürlich als Bezugspunkte gewählt. Eiswasser erhält die Temperatur 0 °C, siedendes Wasser 100 °C.
2. Die Länge der Quecksilbersäule zwischen den Bezugspunkten wird in hundert gleiche Teile geteilt. Dieser hundertstel Temperaturunterschied wird als Temperatureinheit gewählt und mit 1 Grad Celsius, kurz 1 °C, bezeichnet.
3. Die Gradeinteilung wird über die Temperaturen 100 °C bzw. 0 °C (mit negativen Werten) fortgesetzt.

Die Temperatur eines Körpers wird oft mit Hilfe der Celsius-Skala angegeben. Diese verwendet die Temperatur von Eiswasser und siedendem Wasser als Bezugspunkte.

Es gibt Skalen mit anderen Bezugspunkten als die Celsius-Skala, z. B. die ***Fahrenheit-Skala*** (Abb. ➤ 1b) mit der Temperatureinheit 1 °F. Sie stammt von ***Daniel Gabriel Fahrenheit*** (1686 – 1736) und wird in den USA verwendet. Bezugspunkte dieser Skala sind ein Gemisch aus Eis, Salmiak und Wasser für 0 °F und unsere normale Körpertemperatur für 100 °F.
Verschiedene Thermometer geben Temperaturen nur dann gleich an, wenn sie an denselben Bezugspunkten geeicht wurden.
Die ***Kelvin-Skala*** (Abb. ➤ 1c) mit der Temperatureinheit 1 Kelvin (1 K) hat ***Lord Kelvin*** (1834 – 1907) vorgeschlagen. Der Nullpunkt 0 K wird auf die niedrigst mögliche Temperatur bei –273 °C gesetzt, negative Temperaturen gibt es in dieser Skala nicht. Ein Temperaturunterschied von 1 K ist genauso groß wie der Unterschied von 1 °C. Der Temperatur 273 K entspricht 0 °C:
–273 °C ≙ 0 K bzw. 273 K ≙ 0 °C
Das Formelzeichen für Temperaturen in Grad Celsius ist ϑ, das für Temperaturen in Kelvin ist T. Temperaturunterschiede geben wir als $\Delta\vartheta$ oder ΔT in °C oder in K an. Der griechische Buchstabe Δ (Delta) bedeutet Differenz.

? Gib die Temperatur der Luft im Zimmer in °C und in K an.

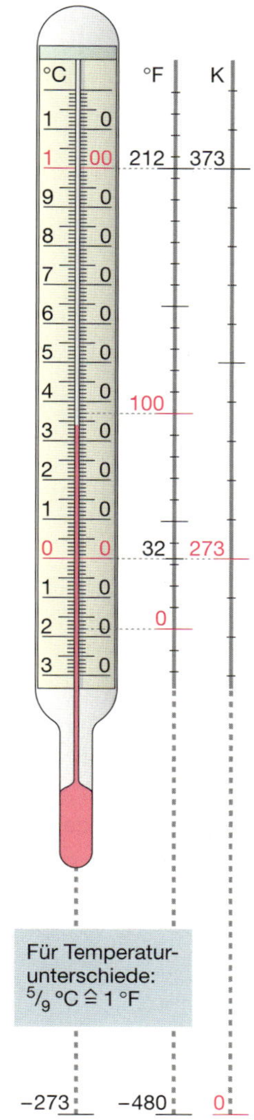

a) *b)* *c)*

1 Temperaturskalen

Verschiedene Thermometer

Die mit Wasser, Alkohol oder Quecksilber gefüllten Thermometer zeigen nur Temperaturen an, bei denen die Füllung flüssig ist. Für Temperaturen, die außerhalb dieses Bereichs liegen, braucht man Thermometer, die die Temperatur mit einer anderen Messgröße als das Volumen einer Flüssigkeit bestimmen:
Bei elektrischen Thermometern werden oft ***Thermoelemente*** verwendet (Abb. ➤ 2). Im Messfühler sind ein Ende eines Eisen- und eines Kupferdrahtes miteinander verbunden, die beiden anderen Enden sind mit den Anschlüssen eines empfindlichen Messgerätes verbunden. Je nach Temperatur im Messfühler entsteht eine elektrische Spannung zwischen den anderen Drahtenden, die das Messgerät zur Temperaturanzeige verwendet.
Bestimmte ***Flüssigkristalle*** wechseln je nach der Temperatur ihrer Umgebung ihre Farbe. So kann man von Grad zu Grad verschiedene Kristalle zu Farbänderungen bringen. Die Farbreihe mehrerer Kristalle zeigt dann die Temperatur ihrer Umgebung an (siehe vorhergehende Seite).
Beim ***Bimetallthermometer*** krümmt sich ein aus zwei verschiedenen Metallen bestehender Streifen je nach Temperatur mehr oder weniger stark. Ein daran befestigter Zeiger gibt auf einer Skala die Temperatur des Streifens und die seiner Umgebung an (Abb. ➤ 3).

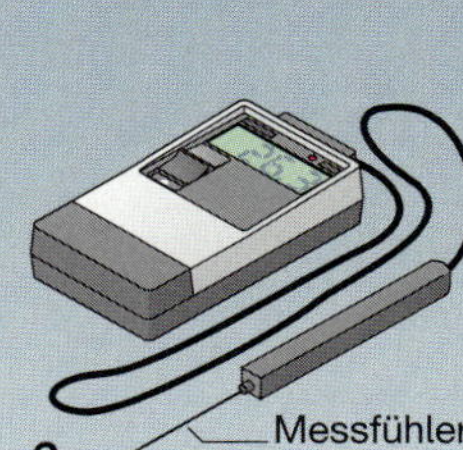

2

3

Temperatur und Arbeit

Versuche

Ein Feuer lässt sich auch ohne Streichhölzer entfachen: Durch rasches Drehen eines Holzstabes in einer mit trockenen Holzspänen gefüllten Mulde eines Brettes werden die Späne so heiß, dass sie sich entzünden (Abb. ➤ 1). Ähnliches geschieht bei einem stumpfen Bohrer einer Bohrmaschine. VORSICHT! Heiß!

V1 Klemme wie in Abb. ➤ 2 an das untere Ende eines Thermometers eine Wäscheklammer. Nach mehrmaligem Drehen der Wäscheklammer um das Thermometer stellst du ein Ansteigen der Temperatur fest. VORSICHT! Bruchgefahr!

V2 Verschließe ein mit Luft gefülltes Glasgefäß mit einem Kolbenprober. Tauche anschließend das Glasgefäß in ein heißes Wasserbad:
Langsam steigt der Glaskolben im Kolbenprober nach oben (Abb. ➤ 3).

V3 Wir halten den Kolben im Versuch 2 zunächst fest und lassen ihn erst los, wenn wir das Glasgefäß aus dem Wasserbad genommen haben. Er schnellt nach oben.
Mit einem elektrischen Thermometer kann man in diesem Moment eine Abnahme der Temperatur im Glasgefäß nachweisen.

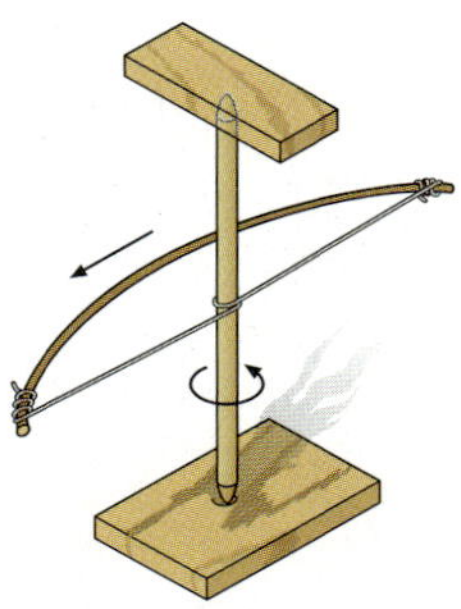

1 Feueranzünder

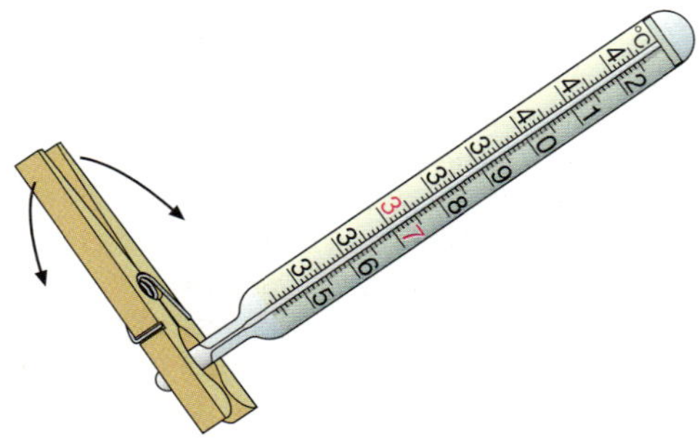

2 Erhöhung der Temperatur durch Arbeit

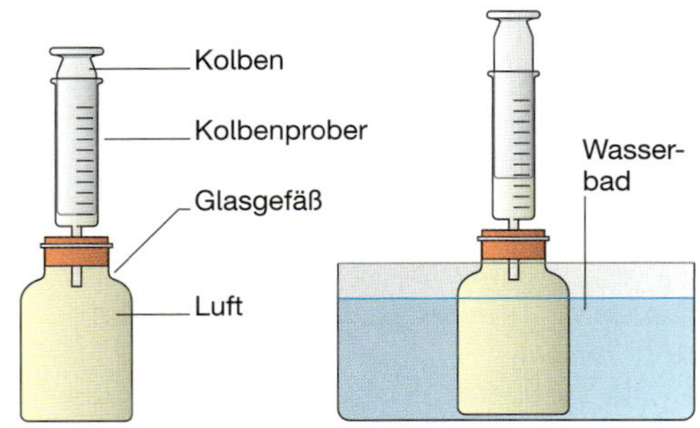

3 Der Kolben steigt nach oben.

Grundwissen

Die innere Energie der Körper

Reiben wir unsere Hände aneinander, so fühlen wir eine Erhöhung der Temperatur der Haut. Je stärker wir reiben, umso mehr erhöht sich ihre Temperatur. Wird eine Wäscheklammer reibend um das untere Ende eines Thermometers gedreht, so erhöht sich die Temperatur der Thermometerflüssigkeit. Der Temperaturanstieg ist an der langen Flüssigkeitssäule leicht zu beobachten. Zum Drehen muss Arbeit verrichtet werden. Allgemein gilt:

> Eine von außen an einem Körper verrichtete Arbeit kann eine Erhöhung der Temperatur des Körpers zur Folge haben.

In der Mechanik bewirkt jede Arbeit bei reibungsfreien Vorgängen eine gleich große Energieänderung. Beim Drehen der Klammer am Thermometer wird Reibungsarbeit verrichtet. Eine Änderung der mechanischen Energie beobachtet man nicht. Der in der Mechanik gefundene Zusammenhang zwischen Arbeit und Energie kann nur weiter bestehen, wenn man eine weitere Energieform annimmt. Sie heißt ***innere Energie***.

> Wird an einem Körper Arbeit verrichtet, so kann sich seine innere Energie erhöhen.

Von außen ist dies durch eine Änderung der Temperatur messbar.

> Die Erhöhung der Temperatur eines Körpers zeigt die Zunahme seiner inneren Energie an.

Energie ist mit Arbeitsvermögen verbunden. Wenn ein mit Luft gefülltes Glasgefäß in heißes Wasser getaucht wird, so erhöht sich die Temperatur der Luft, also auch ihre innere Energie. Die Zunahme ihrer inneren Energie hat zur Folge, dass der auf dem Glasgefäß befestigte Kolben eines Kolbenprobers nach oben steigt. Es wird Arbeit zum Heben und Arbeit zum Verschieben des Kolbens gegen den äußeren Luftdruck verrichtet. Diese Arbeit ist nur durch die innere Energie der Luft erklärbar. Innere Energie eines Körpers kann also zur Verrichtung von Arbeit genutzt werden. Die innere Energie nimmt dadurch ab. Die Abnahme der Temperatur zeigt dies an. Die beiden Diagramme in Abb. ➤ 1 veranschaulichen den Zusammenhang zwischen innerer Energie und Arbeit. Eine Veränderung der inneren Energie wird als ΔE (sprich Delta *E*) angegeben. Bei Zunahme der inneren Energie ist $\Delta E > 0$, bei Abnahme ist $\Delta E < 0$.

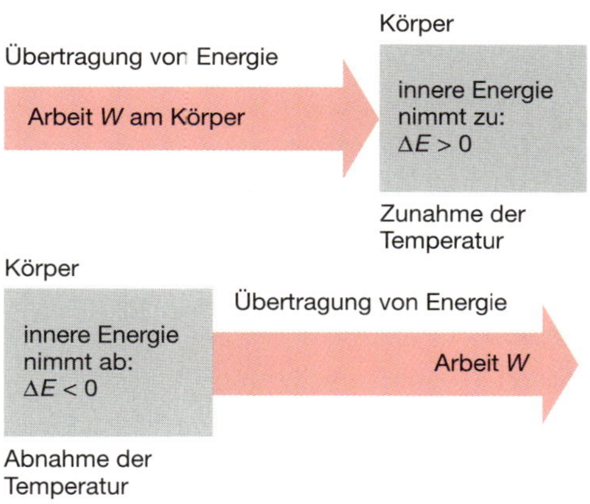

1 Energieumsetzungen mit innerer Energie

Wenn keine Änderung der mechanischen Energie stattfindet, gilt:
Die an einem Körper oder von einem Körper verrichtete mechanische Arbeit ist von einer gleich großen Änderung der inneren Energie begleitet.

Modell zur inneren Energie

Aus der Chemie wissen wir, dass alle Stoffe aus kleinsten Teilchen, Atomen oder Molekülen aufgebaut sind. Eigenschaften wie Farbe, Dichte, Temperatur oder Form eines Körpers entstehen durch das Zusammenwirken vieler Teilchen im Körper. Bei den Teilchen selbst genügt es für die folgenden Erklärungen, wenn wir sie uns als kleine, harte Kugeln vorstellen.
In ***Gasen*** bewegen sich die Teilchen frei im Raum, nur durch Stöße abgelenkt.
In ***Flüssigkeiten*** haften sie eng beieinander, können sich aber noch gegenseitig leicht verschieben.
In ***festen Körpern*** sind die Teilchen mit ihren Nachbarn durch starke Kräfte verbunden, sie können in dieser Lage nur noch um ihren Ort schwingen.
Schmilzt ein fester Körper, so steht den Flüssigkeitsteilchen wegen der geringeren Bindung eine größere Energie als im festen Körper zur Verfügung; die größte Energie haben die Gasteilchen. Alle Teilchen haben auch Energie der Bewegung. Die Summe der Teilchenenergien stellen wir uns als ***innere Energie*** des Körpers vor.

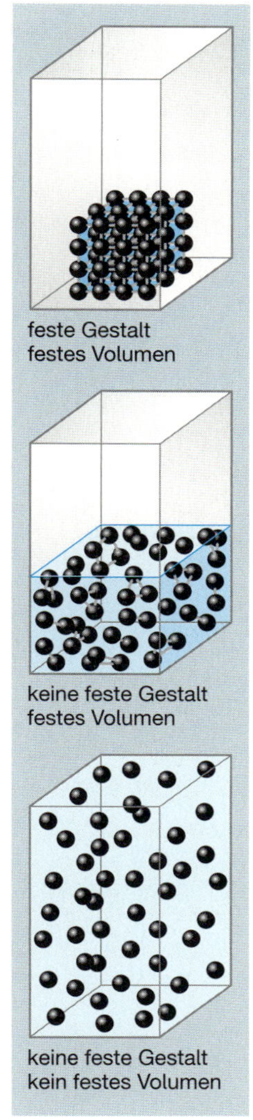

Erhalten die Teilchen eines festen, flüssigen oder gasförmigen Körpers eine höhere Energie der Bewegung, so nimmt seine innere Energie zu und wir können eine höhere Temperatur messen.

? Beschreibe Bewegung und Anordnung der Teilchen beim Abkühlen eines festen Körpers und einer Flüssigkeit.

Die Brown'sche Bewegung

1827 entdeckte der englische Arzt und Botaniker ***Robert Brown*** (1773 – 1858) unter dem Mikroskop eine Zitterbewegung von festen Teilchen in einer Flüssigkeit.
Ihm fiel auf, dass sich diese Teilchen auf unregelmäßigen Bahnen bewegten. Wurde die Temperatur der Flüssigkeit erhöht, so wurde auch die Bewegung der Teilchen heftiger. Diese Bewegung ist auch an Rauchteilchen in einer Kammer unter dem Mikroskop zu beobachten (Abb. ➤ 2). Wir erklären uns das so: In der Kammer befindet sich vor allem Luft. Sie besteht aus kleinen, nicht sichtbaren Teilchen, die in ständiger Bewegung sind. Sie stoßen in unregelmäßiger Folge aus allen Richtungen kommend und verschieden heftig gegen die vergleichsweise riesigen Rauchteilchen. Diese werden dadurch im Zickzack vorangetrieben.

Die Brown'sche Bewegung lässt sich also durch die Vorstellung von den Teilchen der Körper und deren Energie deuten.

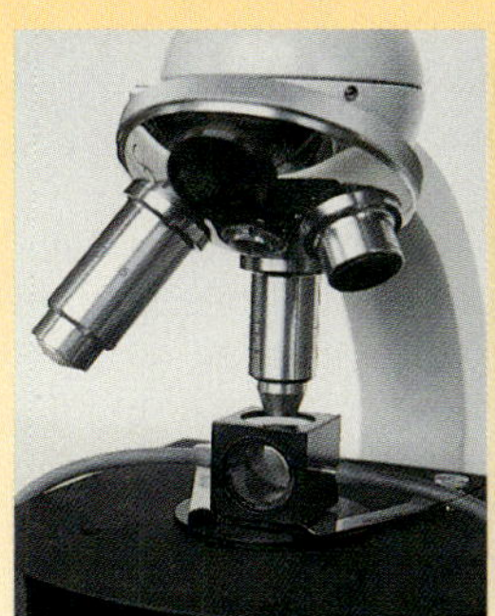

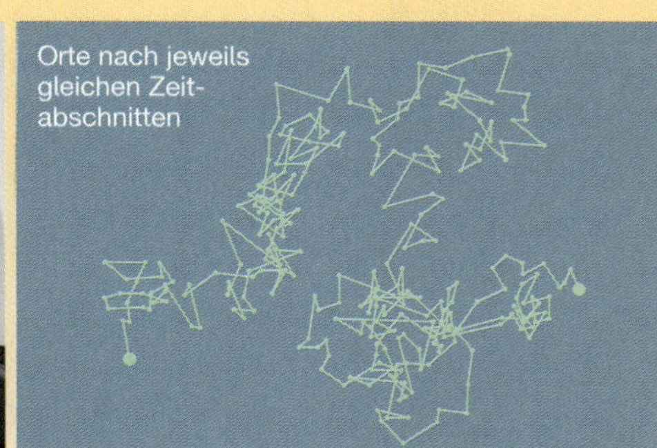

2 Bahn eines Rauchteilchens

Gase bei Änderung der Temperatur

Versuche

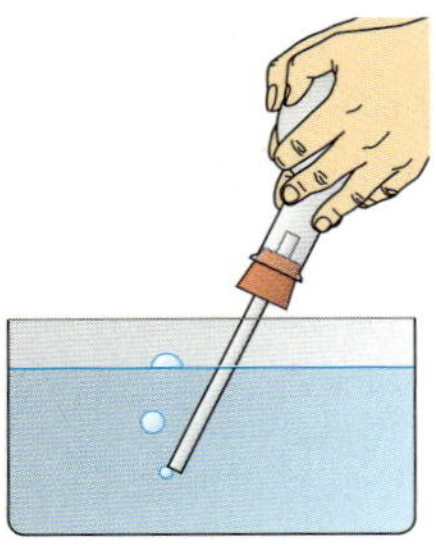

1

V1 Ein mit Luft gefülltes Glasgefäß wird mit einem durchbohrten Stopfen verschlossen. Durch das Loch im Stopfen wird ein Glasrohr gesteckt. Tauche das Glasrohr ins Wasser und umfasse das Glasgefäß mit beiden Händen. Aus dem Glasrohr treten Blasen aus (Abb. ➤ 1).

V2 In einem Glasrohr wird eine Luftmenge von einem Tropfen Quecksilber eingeschlossen. Das obere Ende des Rohres ist luftdurchlässig mit einem Stoff gefüllt, der die Luft im Rohr trocken hält und keine Quecksilberdämpfe nach außen dringen lässt (Abb. ➤ 2a).

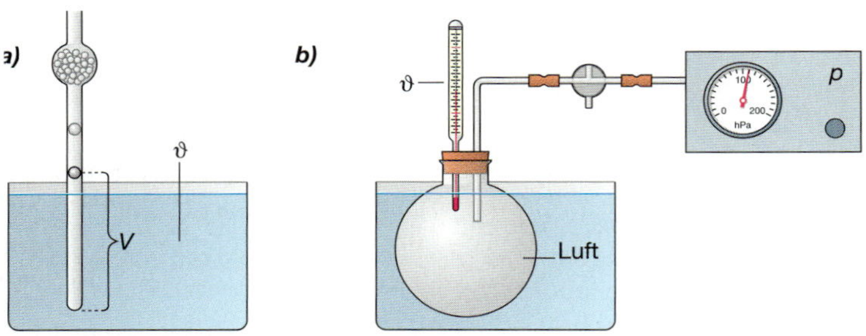

2 Volumen- ***(a)*** und Druckänderung ***(b)*** bei Temperaturänderung

Das untere Ende des Glasrohres wird in Wasser getaucht, das erwärmt wird. Wir messen die immer höher steigende Temperatur ϑ und das Volumen V der eingeschlossenen Luftmenge und erhalten:

ϑ in °C	0	20	40	60	80	95
V in cm³	1,00	1,07	1,15	1,22	1,30	1,35

V3 Ein mit Luft gefülltes Glasgefäß wird mit einem doppelt durchbohrten Stopfen verschlossen. Durch die eine Öffnung ragt ein Thermometer, in die andere wird ein Rohr mit einem Dreiwegehahn gesteckt, an dessen einem Ende ein Druckmesser angebracht ist (Abb. ➤ 2b).

Das Glasgefäß wird in einem Wasserbad erhitzt, bis das Wasser siedet. So lange bleibt die Verbindung zur Außenluft geöffnet. Dann wird der Hahn geschlossen. Wir messen den Druck und die Temperatur der Luft im Gefäß, während sich das Wasser wieder abkühlt. Wir messen:

ϑ in °C	95	80	60	40	30
p in hPa	1010	970	915	855	830

Grundwissen

Die Gasgesetze

Liegt eine nicht ganz aufgepumpte Luftmatratze eine Weile in der Sonne, so ist sie bald prall gefüllt. Dies zeigt, dass Gase auf eine Änderung der Temperatur mit einer Änderung des Volumens oder des Drucks oder mit beidem zugleich reagieren. Ohne Temperaturänderung lassen sich Druck p und Volumen V eines Gases nur so ändern, dass ihr Produkt $p \cdot V$ gleich bleibt. Dieser Zusammenhang heißt ***Boyle-Mariotte'sches Gesetz***:

> Druck p und Volumen V eines Gases sind bei konstanter Temperatur antiproportional zueinander. Es ist:
> $p \cdot V = \text{konstant}$ bei $T = \text{konstant}$

Die Schreibweise „... = konstant" bedeutet, dass der links vom Gleichheitszeichen stehende Term eine Konstante ist.

Wird die Änderung der Temperatur T mit einbezogen, so ergibt sich zwischen den drei Größen ein Zusammenhang, den man als ***allgemeine Gasgleichung*** bezeichnet:

> Die allgemeine Gasgleichung verknüpft zusammengehörige Werte für Druck p, Volumen V und Temperatur T einer bestimmten Gasmenge:
> $$\frac{p \cdot V}{T} = \text{konstant}$$

Diese Gleichung gilt nur, wenn für die Temperatur die Kelvin- und nicht die Celsius-Skala benutzt wird!

Wir prüfen die allgemeine Gasgleichung, indem wir den Zusammenhang zwischen Temperatur und Volumen sowie den zwischen Temperatur und Druck messen. Dabei halten wir jeweils die dritte Größe (Druck oder Volumen) konstant. Die Gasgleichung sagt voraus:

- Ist p konstant, so ist V proportional zu T.
- Ist V konstant, so ist p proportional zu T.

Beim Experiment zur Überprüfung der ersten Proportionalität betrachten wir die Ausdehnung einer Luftmenge, die in einer Glasspritze durch einen leicht verschiebbaren Kolben eingesperrt ist (Abb. ➤ 3). Der Druck der eingesperrten Luft ist konstant und gleich dem der Luft außen.

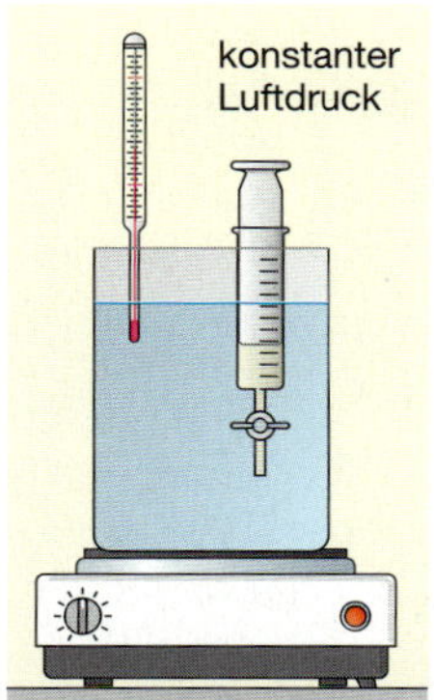

3

Rechnet man die gemessenen Temperaturen von der Celsius- in die Kelvin-Skala um, so ergibt sich z. B. folgende Tabelle:

T in K	273	293	313	333	353	368
V in cm^3	1,00	1,07	1,15	1,22	1,31	1,35

1 Der Mittelwert von *V/T* ist 0,0037 cm^3/K.

Der Quotient aus *V* und *T* ist nahezu konstant, Volumen und Temperatur sind also proportional zueinander. Im Diagramm (Abb. ➤ 2) liegen die Messpunkte daher auch ziemlich genau auf einer Geraden durch den Ursprung.
Wird die Messung von *V* und *T* mit einem anderen Anfangsvolumen durchgeführt, so liegen die Messpunkte wieder auf einer Geraden durch den Ursprung, jedoch mit einer anderen Steigung.
Diese Eigenschaft eines Gases wird als das ***Gesetz von Gay-Lussac*** bezeichnet.

> Bei konstantem Druck *p* ist das Volumen *V* eines Gases proportional zu seiner Temperatur *T*.
> $V = \text{Konstante} \cdot T$ bei $p = \text{konstant}$

Aus diesem Gesetz folgt: Gleiche Temperaturerhöhungen führen zu gleichen Volumenerhöhungen.

Nun betrachten wir die Änderung des Luftdruckes in einem Glasgefäß bei sich ändernder Temperatur. Die Luftmenge im Kolben wird auf eine bestimmte Temperatur erhitzt und anschließend fest eingeschlossen. Das Volumen der Luft bleibt also konstant, während die Temperatur beim langsamen Abkühlen sinkt. Werden die Temperaturen wieder in die Kelvin-Skala umgerechnet, so erhält man z. B. folgende Messwerttabelle:

T in K	368	353	333	313	303
p in hPa	1010	970	915	855	830

3 Der Mittelwert von *p/T* ist 2,7 hPa/K.

Ein Diagramm der Messwerte (Abb. ➤ 4) bestätigt die aus der allgemeinen Gasgleichung gefolgerte Proportionalität. Diese Eigenschaft von Gasen wird als das ***Gesetz von Amontons*** bezeichnet.

> Bei konstantem Volumen *V* ist der Druck *p* eines Gases proportional zu seiner Temperatur *T*.
> $p = \text{Konstante} \cdot T$ bei $V = \text{konstant}$

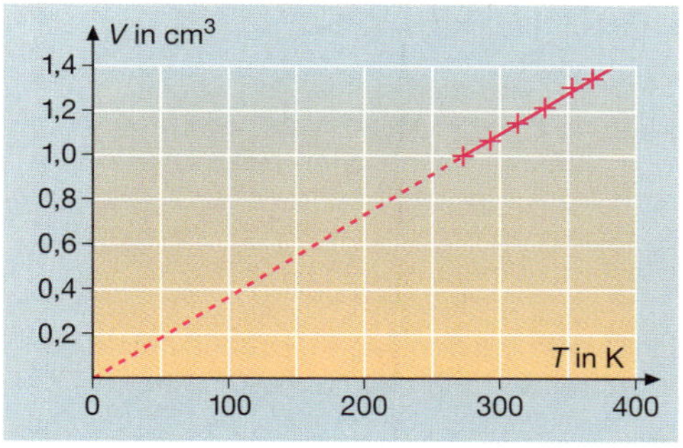

2 Das Volumen einer Luftmenge in Abhängigkeit von der Temperatur

Das ideale Gas

Die Messwerte, die zu den Gesetzen von Gay-Lussac und Amontons führen, erfassen nur einen kleinen Temperaturbereich. Die in den Graphen eingezeichneten Verlängerungen bis zur Temperatur 0 K sind deshalb rein theoretisch. Sie unterstellen, dass alle Gasteilchen zusammen bei $T = 0$ K das Volumen $V = 0$ cm^3 haben bzw. der Druck im Gas bei $T = 0$ K verschwindet. Ein Gas, das diese Eigenschaften hat, heißt ***ideales Gas***. Doch selbst in unserer Modellvorstellung mit den winzig kleinen, sich ständig bewegenden Kügelchen hat ein Gas mindestens das Volumen aller Gasteilchen. Wir erklären den Druck von Gasen als Folge der Stöße der Teilchen bei ihrer ständigen Bewegung. Ein Gas ohne Druck ist kein Gas mehr. ***Reale*** Gase, wie z. B. Luft, verhalten sich nahezu wie ideale Gase, wenn der Druck nicht zu groß, das Volumen nicht zu klein und die Temperatur nicht zu niedrig gewählt werden.

> Anders als feste und flüssige Körper haben alle Gase in bestimmten Grenzen denselben Ausdehnungskoeffizienten.

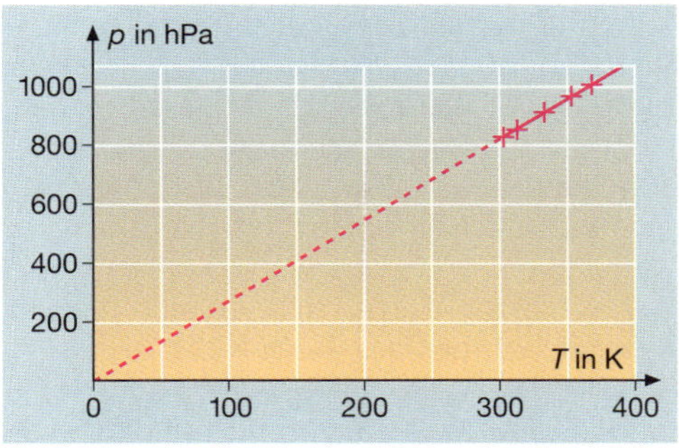

4 Der Druck in einer Luftmenge in Abhängigkeit von der Temperatur

Robert Boyle
(1627 – 1691)
englischer Physiker und Chemiker.

Edme Mariotte
(1620 – 1684)
französischer Prior eines Klosters und Physiker.

Joseph Gay-Lussac
(1778 – 1850)
französischer Chemiker und Physiker.

Guillaume Amontons
(1663 – 1705)
französischer Physiker.

Feste und flüssige Körper bei Änderung der Temperatur

Versuche

V1 Eine Eisenkugel passt gerade noch durch eine Öffnung. Anschließend wird die Temperatur der Kugel erhöht und es wird erneut versucht, sie durch die Öffnung zu stecken. Sie passt nicht mehr hindurch (Abb. ➤ 1).

Lässt man sie dort liegen, so fällt sie nach einiger Zeit plötzlich durch die Öffnung.

1

V2 Ein Rohr aus Aluminium wird an einer Seite fest eingespannt. Die andere Seite liegt auf einem beweglichen Lager, an dem ein Zeiger befestigt ist (Abb. ➤ 2). Nacheinander fließt Wasser mit verschiedenen Temperaturen durch das Rohr.

2

Je höher die Temperatur des Wassers ist, desto stärker schlägt der Zeiger aus.

V3 In zwei gleiche Gefäße mit Steigrohren wird in das eine Wasser, in das andere Alkohol gefüllt (Abb. ➤ 3).
Durch gleichzeitiges Eintauchen der Gefäße in ein Wasserbad wird die Temperatur der Flüssigkeiten in gleicher Weise erhöht. Die Flüssigkeitssäule beim Alkohol steigt wesentlich höher.

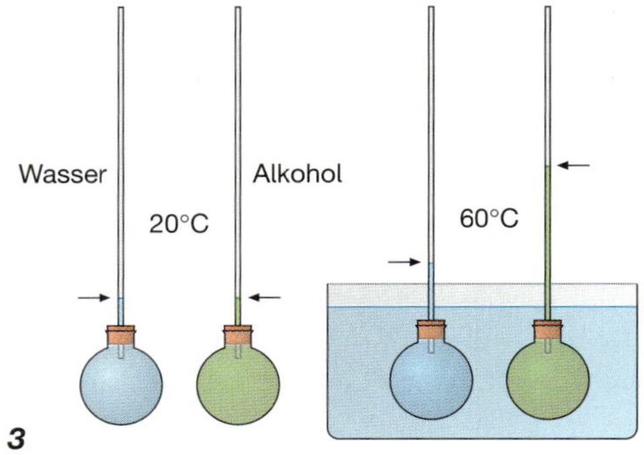

3

V4 Zwei zerschnittene Gummibänder werden in der Mitte verknotet und an den anderen Enden eingespannt (Abb. ➤ 4).
Wird die Temperatur der einen Hälfte vorsichtig erhöht, so zeigt der Knoten in der Mitte, dass sich diese Hälfte zusammenzieht.

4

Grundwissen

Die Änderung der Form von Körpern

Bei flüssigen und festen Körpern beobachten wir, dass sich bei einer Änderung der Temperatur ihre Größe oder Form ändert. Sie ändern sowohl ihre Länge, ihre Breite und ihre Höhe. Durch die Wahl bestimmter Gefäßformen oder durch das feste Einspannen von Rohren an einem Ende lässt sich erreichen, dass die Änderung der Form in einer Richtung gemessen werden kann. Man spricht dann von einer ***Längenänderung*** des Körpers.

> Die meisten Körper dehnen sich bei einer Zunahme ihrer Temperatur aus.

Je nachdem, aus welchem Stoff sie bestehen, ist die Längenänderung größer oder kleiner.

Wird die Temperatur eines Körpers erhöht, so nimmt seine innere Energie zu. In unserer Modellvorstellung heißt dies, dass die Energie der Teilchen des Körpers wächst. Dadurch nimmt vor allem ihre Energie der Bewegung zu. Die Teilchen vergrößern dabei ihren Bewegungsraum, sie beanspruchen mehr Platz. Der Körper dehnt sich aus.
Ein Gummiband zieht sich jedoch bei Erhöhung der Temperatur zusammen. Unsere Modellvorstellung mit der Teilchenbewegung können wir hier nicht mehr anwenden. Dieses Beispiel zeigt die Grenzen dieser Modellvorstellung auf.

? Wie ändert sich der Innendurchmesser eines Metallringes beim Erwärmen?

Die Längenänderung fester Körper

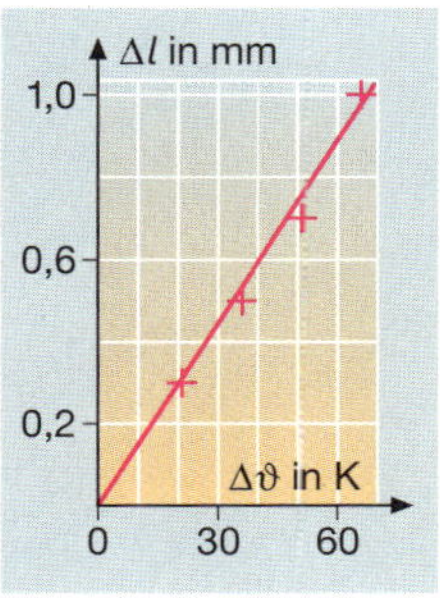

1

Die Änderung der Länge eines festen Körpers in Abhängigkeit von der Änderung seiner Temperatur untersuchen wir mit einem 600 mm langen Rohr aus Aluminium, das an einem Ende fest eingespannt ist. Es ergeben sich folgende Messwerte für die Zunahme der Länge um Δl bei Erhöhung der Temperatur um $\Delta\vartheta$:

ϑ in °C	24	45	60	75	90
$\Delta\vartheta$ in K	0	21	36	51	66
Δl in mm	0	0,3	0,5	0,7	1,0

In einem Diagramm (Abb. ➤ 1) liegen die Messwerte hinreichend genau auf einer Geraden durch den Ursprung. Wir erkennen: Δl ist proportional zu $\Delta\vartheta$.

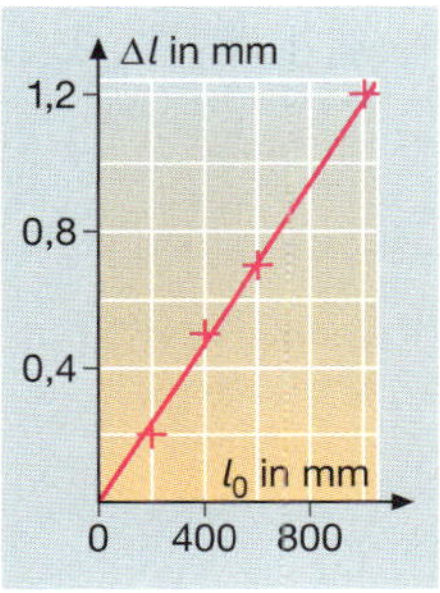

2

Auch die Länge l_0 des Rohres zu Beginn der Messungen spielt eine Rolle. Für die Änderung der Temperatur von 24 °C auf 75 °C findet man bei verschieden langen Aluminiumrohren z. B.:

l_0 in mm	200	400	600	1000
Δl in mm	0,2	0,5	0,7	1,2

Auch hier liegen die Messwerte in einem Diagramm (Abb. ➤ 2) etwa auf einer Geraden durch den Ursprung. Wir erkennen: Δl ist proportional zu l_0.

Beide Ergebnisse lassen sich zu einer Proportionalität zusammenfassen: $\Delta l \sim l_0 \cdot \Delta\vartheta$

Bezeichnet man den Proportionalitätsfaktor mit α, dann lautet das Gesetz:

> Die Längenänderung fester Körper beträgt $\Delta l = \alpha \cdot l_0 \cdot \Delta\vartheta$.

α heißt ***Längenausdehnungszahl***, sie hängt von der Stoffart ab. Tabellen (s. am Ende des Buches) geben den Wert für α meist in $1/(10^6\ \text{K})$ an, manchmal lautet die Einheit auch $\text{mm}/(10^3\ \text{m} \cdot \text{K})$.
α ist nur für begrenzte Temperaturbereiche konstant.

Feste Körper oder Flüssigkeiten können sich in alle Richtungen ausdehnen. Verändert sich ihre Temperatur, so ändert sich ihr Volumen. Messungen zeigen:

> Die Volumenänderung von festen und flüssigen Körpern ist $\Delta V = \gamma \cdot V_0 \cdot \Delta\vartheta$.

γ heißt ***Volumenausdehnungszahl***, sie hängt von der Stoffart ab. In Tabellen wird die Volumenänderung oft in cm^3 bei einem Anfangsvolumen V_0 von 1 dm^3 und bei einer Änderung der Temperatur um 1 K angegeben. γ ist nur für begrenzte Temperaturbereiche konstant.

? Wie lauten die Formeln für Längen- und Volumenänderung, wenn sich der Körper nicht erwärmt sondern abkühlt?

Längen- und Volumenänderung überall

Die elektrischen Fahrleitungen der Bahn müssen bei Sommer- wie bei Wintertemperaturen straff gespannt sein. Dafür sorgen schwere und bewegliche Gewichte (Abb. ➤ 3).
Die Leitungen an den Hochspannungsmasten hängen dagegen im Sommer stärker durch als im Winter.

Auch Brücken dehnen sich im Sommer aus und ziehen sich im Winter zusammen: An den Enden ruhen sie auf Rollenlagern (Abb. ➤ 4). Dehnungsfugen (Abb. ➤ 5) gleichen die Längenunterschiede auf der Fahrbahn aus.
An vielen langen Gebäuden erkennt man Dehnungsfugen am elastischen Kitt.

3

4

5

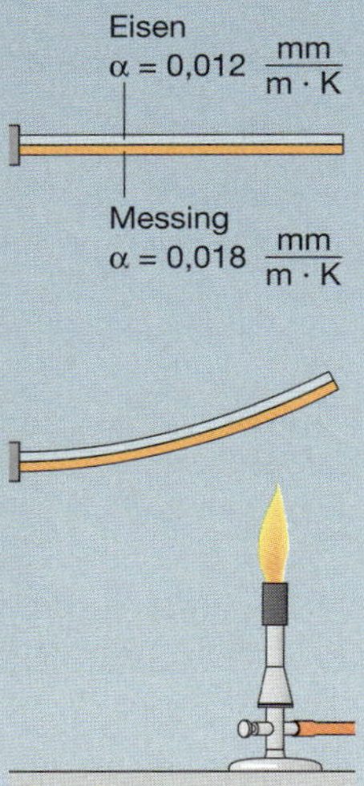

1

Wenn Metalle sich dehnen

Früher konnte es geschehen, dass sich in heißen Sommern die Gleise der Eisenbahn verbogen (Abb. ➤ 2). Temperaturunterschiede von 100 K und mehr zwischen Sommer und Winter haben Längenänderungen von ≈10 cm pro 100 m Gleis zur Folge. Das erzeugt sehr große ***Kräfte***, wenn nicht ausreichend Platz zum Ausdehnen vorhanden ist. Deshalb wurde früher zwischen einzelnen Schienen ein Spalt frei gelassen. Heute werden die Schienen nahtlos verschweißt. Um die Zunahme in der Länge zu verhindern, werden sie fest mit den Betonschwellen verschraubt und im Gleisbett unverrückbar verankert. Sie können sich nun nur noch in der Höhe und Breite ausdehnen.

Schraubt man zwei Metalle zusammen, z. B. Eisen und Messing, dann krümmt sich ein solcher ***Bimetallstreifen*** bei Erhöhung der Temperatur (Abb. ➤ 1), wenn die Metalle verschiedene Längenausdehnungszahlen haben. Damit lassen sich temperaturabhängige elektrische Schalter und Thermometer bauen.

2 Das Schotterbett ist nicht fest genug gewesen und hat den Schienen eine Längenänderung durch ein seitliches Ausweichen ermöglicht.

Keine Regel ohne Ausnahme!

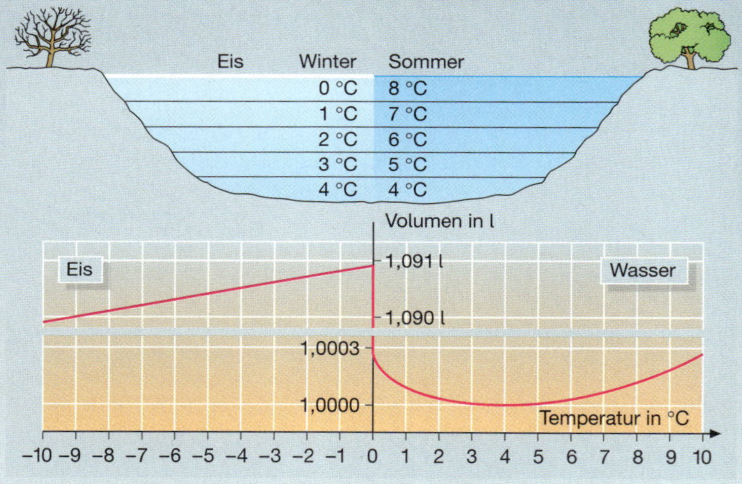

Die Natur hat es fantastisch eingerichtet:
Im Sommer hat das Wasser im See an der Oberfläche die größte Temperatur:
Für's Baden gerade richtig! Im Winter dagegen friert der See an seiner Oberfläche zu: Herrlich zum Schlittschuhlaufen!
Am Boden eines tieferen Sees sinkt die Temperatur aber auch nicht unter 4 °C, was für das Überleben der Tier- und Pflanzenwelt sehr wichtig ist.
Eine Erklärung finden wir, wenn wir den Zusammenhang zwischen Volumen und Temperatur für eine Wassermenge bestimmen. Bei 4 °C hat sie ihr kleinstes Volumen. Das Volumen nimmt von 4 °C an sowohl bei Erhöhung als auch bei Verringerung der Temperatur zu.

Da die Masse des Wassers konstant bleibt, verändert sich mit der Temperatur die Dichte des Wassers. Sie ist bei 4 °C am größten.
In einem See befindet sich das Wasser mit der größten Dichte unten.
Fällt die Temperatur unter 0 °C, so wird das Wasser zu Eis. Das Volumen von Eis ist, verglichen mit derselben Menge Wasser, um $^1/_{11}$ größer. Eis schwimmt also in Wasser.

Weil sich Wasser beim Gefrieren ausdehnt, können bei Frost Wasserleitungen im Garten platzen. Dies geschieht auch mit vollen Getränkeflaschen im Tiefkühlfach.
Dringt Regenwasser in den Straßenbelag ein, so bilden sich beim Gefrieren Beulen. Beim Schmelzen entsteht dort ein Hohlraum und der Belag bricht bei Belastung ein. Es entstehen Frostaufbrüche, die dann zu Schlaglöchern werden.

Die ***Erosion*** (Verwitterung) des Gesteins geschieht auf gleiche Weise: In feinste Spalte dringt Wasser ein, das im Winter gefriert und den härtesten Stein an dieser Stelle abplatzen lässt.
Staub, Sand und Erde sind über Millionen von Jahren auf diese Weise entstanden.

Leitung innerer Energie

Versuche

V1 Berühre Gegenstände aus Eisen, Stein, Holz, Kunststoff, Styropor und Glas, die alle lange im gleichen Raum gelegen haben. Du hast das Gefühl, dass sie verschiedene Temperaturen haben.

V2 In einem mit Wasser gefüllten Reagenzglas ist unten ein Stück Eis festgeklemmt. Das Wasser siedet oben, ohne dass das Eis geschmolzen ist (Abb. ➤ 1).

V3 In einem mit Wasser gefüllten Becherglas wird die Temperatur auf 90 °C gehalten. Daneben wird auf getrennter Unterlage ein zweites Becherglas mit Wasser der Temperatur 20 °C gestellt. Beide Wassermengen werden einmal mit einem dicken Kupferbügel, dann mit einem dicken Kupferdraht und schließlich mit einem Holzstück verbunden (Abb. ➤ 2). Das Wasser im zweiten Glas ändert seine Temperatur verschieden schnell.

V4 Dicht über einem Brenner wird ein engmaschiges Drahtnetz gehalten. Beim Entzünden des Gases brennt die Flamme über dem Netz.
Wird jedoch erst der Brenner entzündet und dann das Drahtnetz darüber gehalten, brennt die Flamme unterhalb des Drahtnetzes (Abb. ➤ 3).

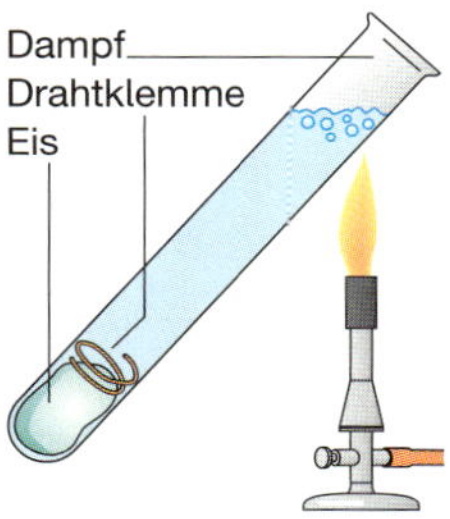

1

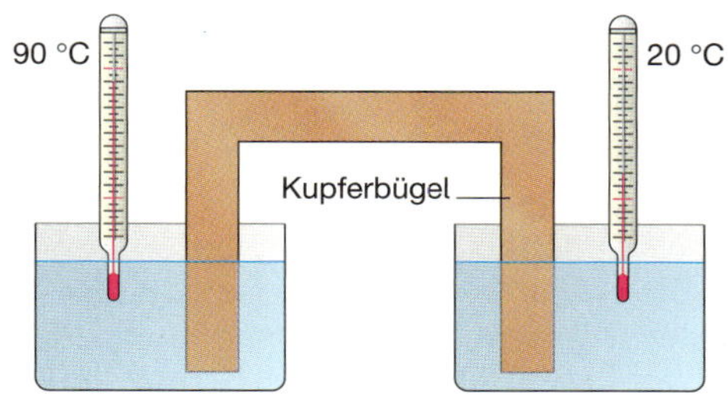

2

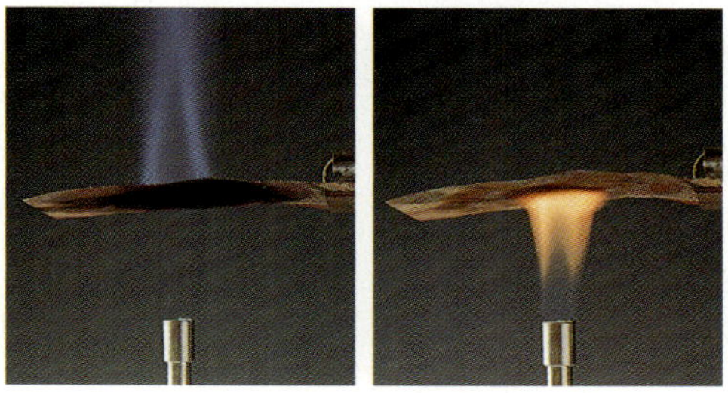

3

Grundwissen

Stoffe leiten Energie verschieden gut

Brennende Streichhölzer können wir ohne Schwierigkeiten eine Zeit lang in der Hand halten. Halten wir einen Silberlöffel in heißen Tee, so merken wir schnell eine Erhöhung der Temperatur. Dies zeigt, dass innere Energie im Körper transportiert wird. Je nach Stoffart des Körpers wird sie verschieden schnell weitergeleitet.
Durch Messungen findet man an Stäben: Je größer die Querschnittsfläche A und je kleiner die Länge l des Stabes ist, umso größer ist der Teil ΔE der Energie, der in der Zeit Δt von einem Ende zum anderen gelangt, und umso größer ist die Temperaturzunahme $\Delta\vartheta$ am anderen Ende. Die Abhängigkeit von der Stoffart wird durch den Proportionalitätsfaktor λ (griech. lambda) erfasst (Tab. ➤ 4). Dieser Faktor heißt ***Wärmeleitfähigkeit***:

$$\Delta E = \lambda \cdot \frac{A}{l} \cdot \Delta\vartheta \cdot \Delta t$$

Stoff	λ in $\frac{\text{W}}{\text{m} \cdot \text{K}}$
Silber	427
Kupfer	384
Eisen	81
Granit	2,9
Beton	2,0
Glas	1,0
Wasser	0,6
Ziegel	0,4
Holz	0,2
Gasbeton	0,14
Benzin	0,12
Styropor	0,04
Luft	0,03

4 Wärmeleitfähigkeit λ einiger Stoffe

> Temperaturunterschied, Zeitdauer, Länge, Querschnittsfläche und Stoffart bestimmen die Größe der Leitung innerer Energie in einem Körper.

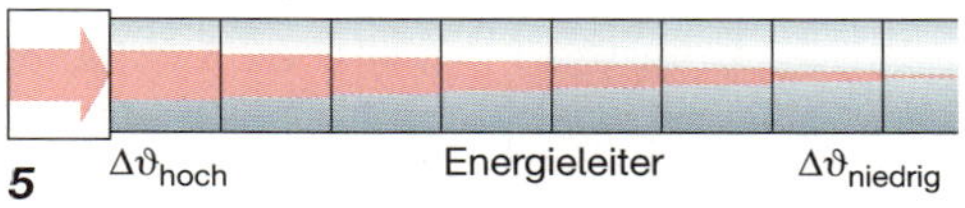

5

Energieleitung findet solange statt, bis kein Temperaturunterschied mehr besteht. Als ***Modell*** ersetzen wir den Körper durch kleine Teilkörper, in denen kein Temperaturunterschied besteht (Abb. ➤ 5). Die Zufuhr von Energie erhöht die innere Energie des ersten Teilkörpers und damit auch dessen Temperatur. Der Temperaturunterschied zum folgenden Teilkörper führt dazu, dass der erste einen Teil der aufgenommenen Energie an den zweiten Teilkörper weitergibt. Die abgegebene innere Energie ist stets kleiner als die aufgenommene, da die Übertragung nur bis zum Temperaturausgleich erfolgt. In jedem Teilkörper verbleibt also ein Teil der empfangenen inneren Energie. Dabei verändern die Teilkörper ihren Ort nicht.

> Leitung innerer Energie findet stets von Stellen höherer zu Stellen niederer Temperatur und ohne Stofftransport statt.

Energiestrahlung

Versuche

V1 Halte deine Hände über eine heiße Kochplatte. VORSICHT! Du spürst, wie die Temperatur deiner Hände steigt. Halte danach die Hände seitlich neben die Kochplatte. Merkst du einen Unterschied?

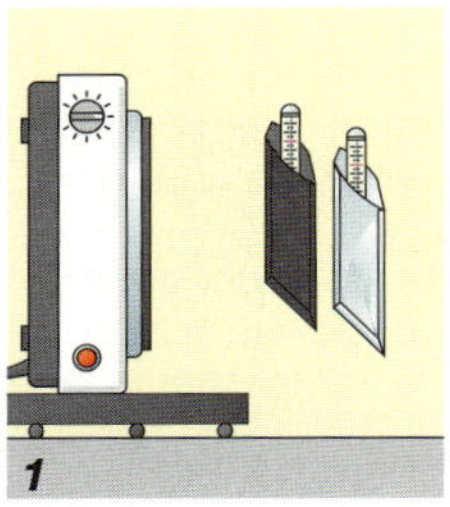

1

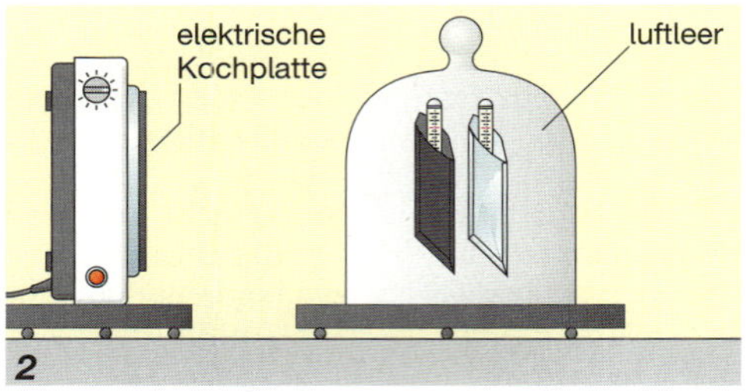

2

V2 Ein Thermometer wird in eine „Tasche" aus schwarzem Papier gesteckt und ein zweites in eine gleich große „Tasche" aus Aluminium. Beide werden in gleichem Abstand vor eine heiße elektrische Kochplatte gehalten (Abb. ➤ 1). Das Thermometer im schwarzen Papier zeigt eine höhere Temperatur an als das im Aluminium.

V3 Beide Thermometer werden in ihren „Taschen" unter eine Glasglocke gestellt. Dann wird die Luft langsam aus der Glasglocke herausgepumpt. Wird nun die heiße Kochplatte davor gestellt (Abb. ➤ 2), so steigt die Temperatur in der schwarzen Papiertasche wieder schneller als in der Aluminiumtasche.

Grundwissen

Energiestrahlung braucht keinen Stoff

Bei unveränderlichem Wetter sind die Temperaturen am Tage höher als in der Nacht. Der Grund ist die Sonne. Sie strahlt uns Energie zu. Diese Energie erhöht die innere Energie der Körper auf der Erde: Die Erhöhung der Temperatur der Luft, von Mauersteinen oder des Wassers im See zeigt dies an.
Zwischen der Sonne und der Erde liegen Millionen Kilometer luftleerer Raum. Die Energiestrahlung der Sonne braucht keinen Körper, der sie an uns weiterleitet. Auch die Energiestrahlung einer heißen Kochplatte gelangt in eine luftleer gepumpte Glasglocke und erhöht dort die innere Energie eines Körpers.

> Gibt ein Körper ohne Vermittlung eines anderen Körpers innere Energie an einen zweiten entfernten Körper ab, so spricht man von Energiestrahlung.

Zwar strahlen beide Körper Energie ab, doch empfängt der Körper mit der niedrigeren Temperatur mehr als der Körper mit der höheren Temperatur. Die Übertragung von Energie zum kälteren Körper erfolgt letztlich wie auf einer „Einbahnstraße":

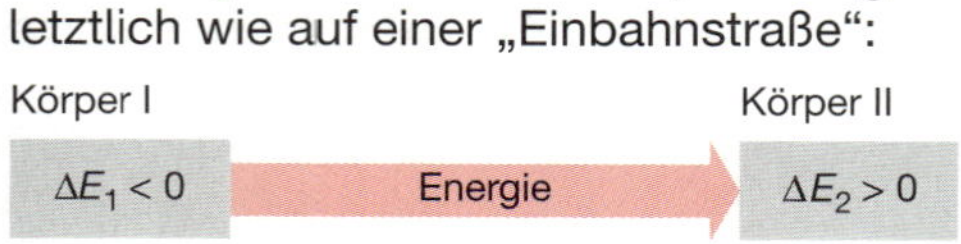

Eine negative Energiedifferenz bedeutet, dass die Energie des Körpers abnimmt. Ein positiver Wert der Energiedifferenz bedeutet eine Zunahme der inneren Energie.

Damit gilt hier: $-\Delta E_1 = \Delta E_2$
Je höher die Temperatur eines Körpers ist, desto stärker wird die von ihm abgegebene Energiestrahlung. Eine heiße Herdplatte strahlt intensiver als eine kalte. Wir spüren den Unterschied durch unterschiedlich starke Temperaturänderungen auf der Haut.
An hellen oder glatten Oberflächen wird die Strahlung stärker reflektiert als an dunklen oder rauen Oberflächen. Daher steigt zum Beispiel bei starker Sonnenstrahlung in Körpern mit dunklen Oberflächen die Temperatur höher als in Körpern mit hellen Oberflächen.

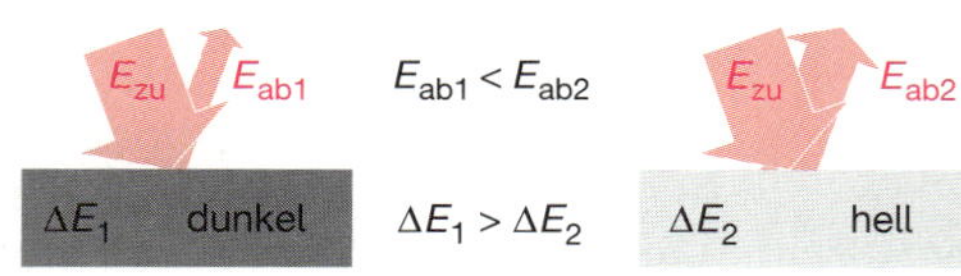

> Bei gleicher Energiestrahlung erhöhen Körper mit dunklen Oberflächen ihre innere Energie schneller als Körper mit hellen Oberflächen.

Die Energiestrahlung einer Landschaft lässt sich mit Infrarot-Filmen sichtbar machen (Abb. ➤ 3). Vegetationsschäden zeigen sich als dunkle Stellen, da die Strahlung bei einem geschwächten Stoffwechsel („Körperwärme") geringer als bei gesunden, rot erscheinenden Pflanzen ist.

? Warum trägt man im Sommer lieber helle Kleidung?

3 Energiestrahlung des Chlorophylls (rot gefärbt) zeigt gesunde Pflanzen.

Energietransport mit Flüssigkeiten und Gasen

Versuche

Im Anschluss an die Nachrichten folgt der Wetterbericht: „Die Ausläufer eines Tiefs über den britischen Inseln bringen Deutschland milde Meeresluft …" Die Satellitenaufnahme (Abb. ➤ 1) zeigt die Wetterlage.
Wie wird hier innere Energie transportiert?

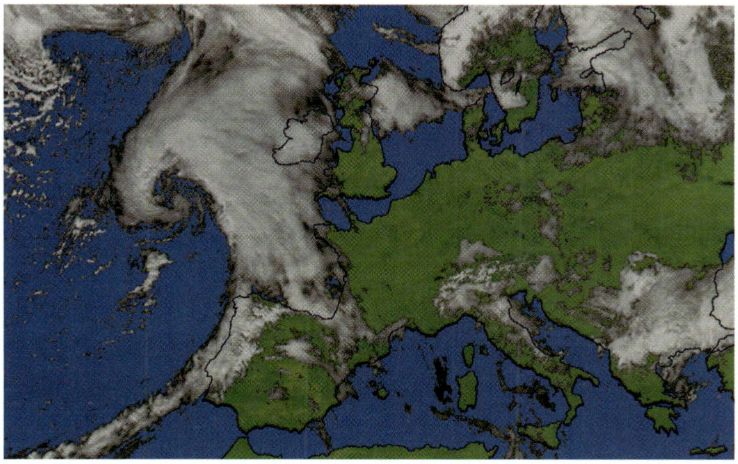

1 Wolken zeigen Luftströmungen an.

V1 Betrachte den Schatten einer brennenden Kerze. Es sind deutlich Schlieren sichtbar. Du siehst heiße Luft aufsteigen.

V2 Fülle einen Rundkolben mit Wasser. Gib etwas Sägemehl hinein und schüttle den Kolben gut. Erhitze ihn in der Mitte mit dem Bunsenbrenner. Das Sägemehl steigt in der Mitte nach oben, wandert zum Rand und sinkt dort wieder herab (Abb. ➤ 2a). Erhitze den Kolben (Abb. ➤ 2b) nun am Rand. Du beobachtest, dass sich das Sägemehl im Kreis bewegt.

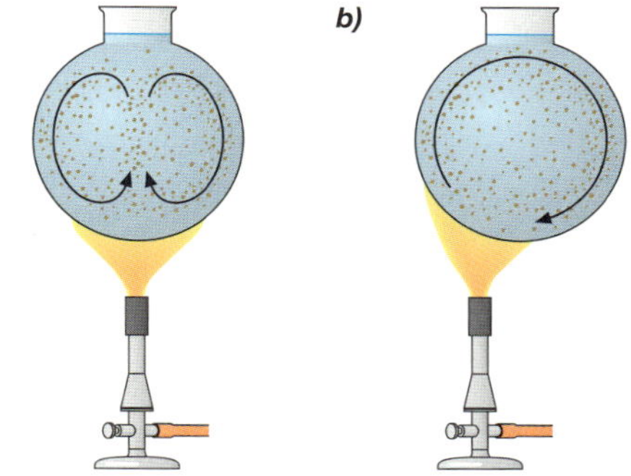

2

Grundwissen

Energietransport durch Konvektion

Der Golfstrom bringt warmes Wasser aus dem Golf von Mexiko bis an die Küsten Europas. Die intensive Sonnenstrahlung erhöht die innere Energie des Wassers. Sie wird mit dem Wasser bis nach Europa transportiert und dort an die kühlere Luft abgegeben. Vergleichbares geschieht bei einem elektrischen Föhn. An der Heizwendel wird die innere Energie der vorbeiströmenden Luft erhöht und mit ihr abtransportiert. Man bezeichnet diese Art von Energietransport als ***Konvektion***.

Bei der Konvektion wird innere Energie zusammen mit einem Stoff transportiert.

Zur Heizung von Häusern (Abb. ➤ 4) wird die Konvektion genutzt, um Energie vom heißen Heizkessel in die Räume zu transportieren. Weil die Dichte von heißem Wasser kleiner als die von kaltem ist, steigt es von selbst auf und sinkt abgekühlt herab. Eine Pumpe treibt diesen Wasserkreislauf schneller an, so dass in gleicher Zeit mehr Energie transportiert wird. An den Heizkörpern gibt das heiße Wasser Energie an die kühlere Raumluft ab; dadurch steigt dessen Temperatur solange, wie die Wassertemperatur höher als die Lufttemperatur ist. Erhitzte Luft ist wieder leichter als kühle, so dass auch hier ein Kreislauf der Luft im Raum stattfindet. Durch Konvektion verteilt sich in ihm die innere Energie. Auch bei der Kerzenflamme (Abb. ➤ 3) lässt sich Konvektion beobachten.

? Weshalb entstehen in Wohnräumen oft oberhalb von Heizkörpern schwarze Stellen an den Wänden?

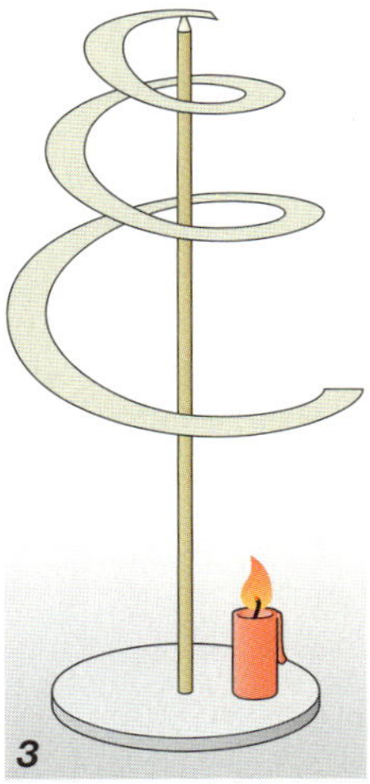

3

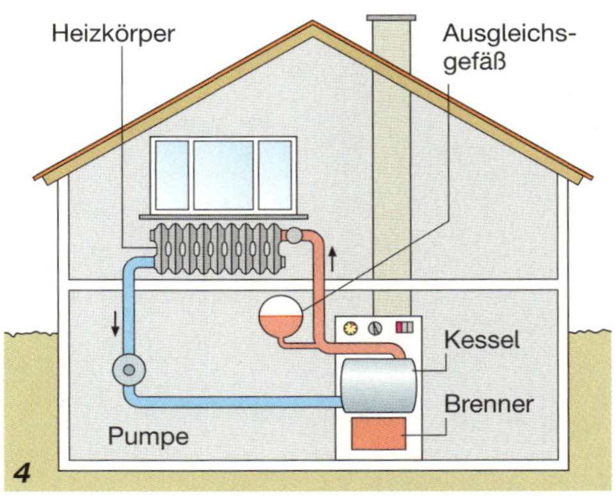

4

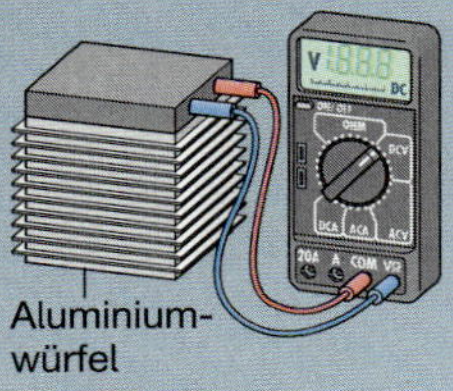

1 Peltierelement

Messung der Sonnenstrahlung

Ein ***Peltierelement*** (Abb. ➤ 1) ist ein elektronisches Bauteil, das eine Spannung liefert, wenn ein Temperaturunterschied zwischen seiner Ober- und Unterseite besteht. Wird die Oberseite berußt und von der Sonnenstrahlung erwärmt, während die Unterseite durch einen Aluminiumwürfel mit Kühlrippen auf konstanter Temperatur gehalten wird, so ist die Spannung nicht nur ein Maß für den Temperaturunterschied, sondern auch für die von der Sonne auf die Oberseite gelieferte Energie.

Bei klarem, sonnigem Wetter im Juni ergeben Messungen in der Mittagszeit zum Beispiel eine Spannung von $U = 0{,}18$ V. Um daraus etwas über die Energie der Sonnenstrahlung aussagen zu können, muss man zuvor die Spannung des Elementes mit einer bekannten Energie eichen. Dazu wird die Sonne durch einen erwärmten Aluminiumklotz auf der Oberseite ersetzt. Ein Isoliergehäuse sorgt dafür, dass der Klotz innere Energie vorwiegend über das Peltierelement abgibt (Abb. ➤ 2).

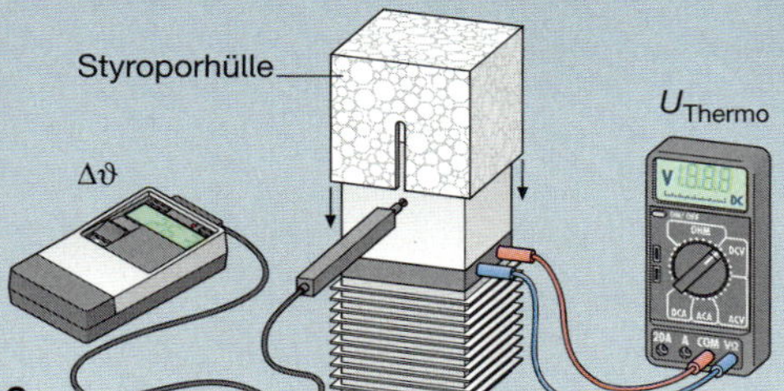

2

Misst man eine Temperaturänderung $\Delta\vartheta$ beim oberen Klotz, so entspricht ihr eine Änderung seiner inneren Energie um $\Delta E = m_{Al} \cdot c_{Al} \cdot \Delta\vartheta$.

Wird die Temperaturänderung im Laufe der Zeit aufgezeichnet, so lässt sich ermitteln, wie viel Energie pro Sekunde durch das Peltierelement transportiert wurde (Abb. ➤ 3). Der mittlere Energietransport je Sekunde ist zur gemessenen Spannung proportional. Der Proportionalitätsfaktor ist 4,8 W/V. Damit ergibt sich: Die Sonne hat in jeder Sekunde die Energie (4,8 J/V) · 0,18 V = 0,86 J eingestrahlt. Hat die Oberseite des Elements 9 cm² Fläche, so erhält man für die senkrecht auf 1 m² Fläche auftreffende Sonnenstrahlung 960 J.

t in s	ϑ in °C	$\Delta\vartheta$ in K	U in V	ΔE in J
0	25,94			
40	23,56	–2,38	0,830	4,06
80	21,91	–1,65	0,584	2,83
100	20,73	–1,18	0,411	2,01
160	19,87	–0,86	0,291	1,46

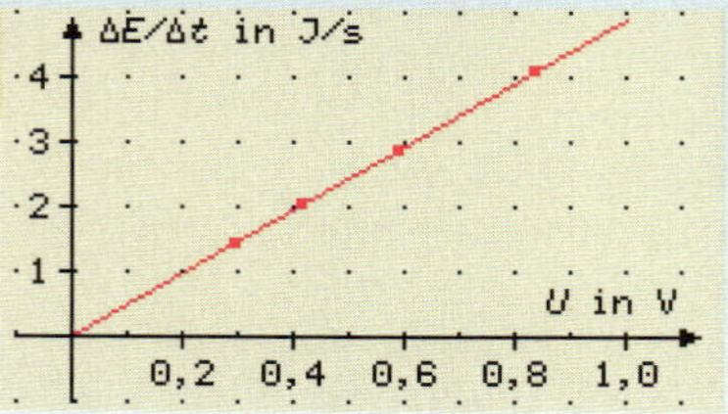

3 Messwerte und Diagramm

Das Kraftwerk „Sonne"

Im Unterschied zu den Planeten leuchtet die Sonne selbst. Aus der Zusammensetzung der Strahlung lässt sich ermitteln, dass die Temperatur an ihrer Oberfläche etwa 6000 K beträgt. Bei diesen Temperaturen sind alle Stoffe gasförmig. Die Sonnenoberfläche erscheint uns deshalb als eine riesige Gaskugel. Infolge des Schweredruckes der Sonnenmaterie nehmen Druck und Temperatur zum Sonneninneren immer mehr zu. Die Temperatur erreicht Werte von über 15000000 K und der Druck steigt bis zu 200000000000 bar. Unter diesen Voraussetzungen kommt es zur Fusion von zwei Protonen und zwei Neutronen zu einem Heliumkern. Stündlich wandelt sie so 400 Milliarden Tonnen Wasserstoff in Helium um und verliert dadurch 11 Milliarden Tonnen Masse. Die freigesetzte Energie heizt die Gaskugel. Dadurch wird der Kollaps unter dem eigenen Gewicht verhindert. Die Strahlung dringt an die Sonnenoberfläche und von dort in den umgebenden Weltraum, wobei auch Gasteilchen mitgerissen und als Sonnenwind registriert werden.

Die Gase der Sonne bestehen vorwiegend aus Wasserstoff (74,0 %), Helium (24,0 %), Sauerstoff (1,2 %) und Kohlenstoff (0,5 %), es kommen aber auch sämtliche anderen „natürlichen" Elemente vor. Sie strahlen Licht aller Farben aus und liefern zusammen das kontinuierliche Spektrum. Außer sichtbarem Licht sendet die Sonne noch infrarote (IR) und ultraviolette (UV) Strahlung sowie γ-Strahlung und Radiowellen aus.

Durch die Sonnenstrahlung wird der Erde ständig Energie zugeführt. An der Obergrenze der Atmosphäre trifft in jeder Sekunde senkrecht auf eine Fläche von 1 m² eine Energie von 1,37 kWs auf. Insgesamt empfängt die Erde pro Stunde $1{,}7 \cdot 10^{14}$ kWh an Energie. Das ist ungefähr das Doppelte der zurzeit von der Menschheit in einem Jahr umgesetzten Energie.
Für eine Kugeloberfläche mit dem Radius der Erdbahn (150 Millionen km) errechnet sich ein Energiebetrag von $3{,}85 \cdot 10^{26}$ Ws, den die Sonne abgibt. Ihre Leistung beträgt somit $3{,}85 \cdot 10^{26}$ W; dieser Wert wird als Leuchtkraft der Sonne bezeichnet.

Im Vergleich zu den Leuchtkräften anderer Fixsterne (Sonnen) ist die Leuchtkraft der Sonne klein. Je mehr Masse ein Stern hat, desto größer ist in der Regel seine Leuchtkraft, und umso größer ist der Verbrauch an fusionsfähiger Materie. Sterne mit hoher Leuchtkraft „leben" daher beträchtlich kürzer als die „kleine" Sonne, die noch für mehrere Milliarden Jahre Wasserstoff zur Fusion zur Verfügung hat.

Sonnenstrahlung und Temperatur der Erde

Auf der Erde herrscht eine mittlere Temperatur von etwa 15 °C. Dies ist der Grund, weshalb auf dem „Wasserplaneten (Abb. ➤ 1)" Leben in der Form existiert, wie wir es kennen. Verantwortlich für die lebensfreundliche Temperatur ist die Sonne. Durch Strahlung sendet sie Energie zu uns. Deshalb müsste die Energie der Erde und damit ihre mittlere Temperatur ständig zunehmen.

In einem Versuch (Abb. ➤ 2) ersetzen wir die Sonne durch eine starke Fotoleuchte. Sie bestrahlt vier quadratische Kupferstücke gleicher Oberfläche und Masse. Die der Lampe zugewandte Seite ist bei einem Stück weiß, bei den anderen mattschwarz gefärbt. Zwei davon befinden sich in einem Schaumstoffgehäuse, so dass nur die Vorderseite frei bleibt. Eines wird zusätzlich mit einer durchsichtigen Folie abgedeckt. Es wird gemessen, wie sich durch Bestrahlung die Temperatur der Kupferblöcke im Laufe der Zeit ändert.

Aus den Messkurven (Abb. ➤ 3) folgt:

1. Alle Kupferblöcke nehmen Energie der Strahlung auf, sie ***absorbieren***. Dadurch erhöht sich ihre Temperatur. Sie geben aber auch durch Strahlung Energie an die Umgebung ab, sie ***emittieren***. Die abgegebene Energie ist umso größer, je höher die Temperatur der Körper ist.
Anfangs absorbieren alle Körper offenbar mehr Energie als sie emittieren, denn ihre Temperatur nimmt zu. Mit der Zeit wird ihre Temperatur so hoch, dass die abgebene Energie genauso groß wie die aufgenommene wird. Nun ändert sich ihre Temperatur nicht mehr.
In einem solchen ***Gleichgewichtszustand*** befindet sich die Erde.

2. Die Endtemperaturen sind verschieden. Eine weiße Oberfläche ***reflektiert*** mehr Energie als eine schwarze. Deswegen ergibt sich bereits bei niedrigerer Temperatur ein Gleichgewichtszustand von absorbierter und emittierter Energie.

1

3. Die Wärmeisolierung lässt Abstrahlung von Energie nur auf der bestrahlten Seite zu. Deshalb entsteht der Gleichgewichtszustand von absorbierter und emittierter Energie erst bei einer höheren Temperatur.

4. Durch eine Folie wird die Einstrahlung auf die schwarze Fläche reduziert, so dass die Temperatur des Kupferstückes langsamer ansteigt. Offenbar behindert die Folie auch die Emission, so dass ein Gleichgewicht erst bei einer nochmals höheren Temperatur erreicht wird. In einem solchen Zustand befindet sich unsere Erde.
Mit Beginn der Industrialisierung im 19. Jahrhundert ist ein Anstieg des Kohlenstoffdioxidgehaltes und der mittleren Temperatur der Luft festzustellen. Als Ursache nimmt man die Anreicherung der Atmosphäre mit Abgasen aus der Verbrennung von Holz, Kohle und Erdöl sowie entweichendes Methan an. Diese ***Treibhausgase*** absorbieren einen Teil der von der Erdoberfläche ausgesandten Energiestrahlung, statt sie in den Weltraum hinaustreten zu lassen. Ein Teil davon erwärmt die oberen Luftschichten oder gelangt zusätzlich zur Sonneneinstrahlung zur Erdoberfläche zurück.

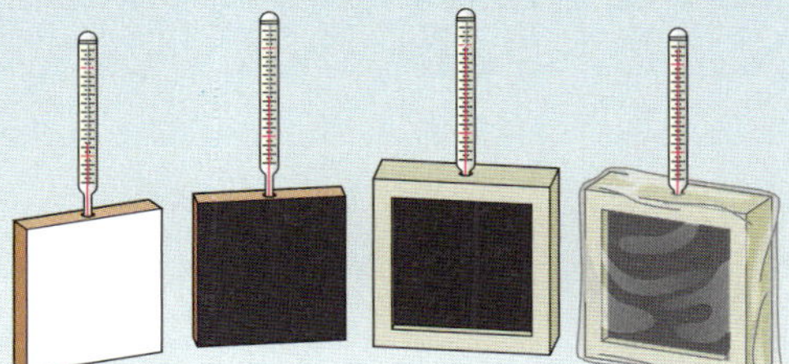

2 Versuch zur Absorption

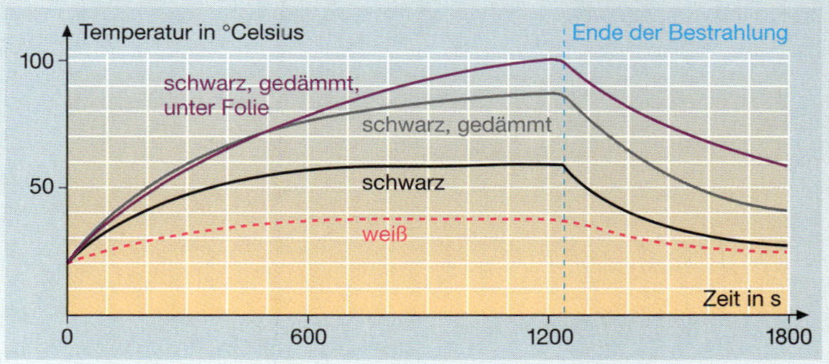

3 Temperaturänderungen gleich stark bestrahlter Flächen

Die Erde ist in den Wintermonaten der Sonne näher als im Sommer, doch fällt auf der Nordhalbkugel die Strahlung wegen der Neigung der Erdachse im Winter flacher als im Sommer ein.

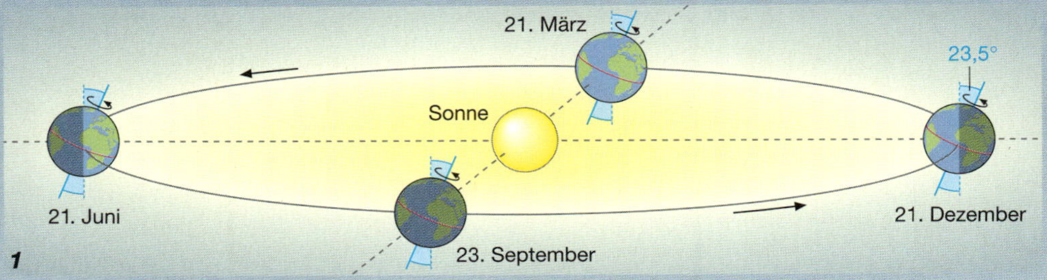

1

Konvektionen in der Atmosphäre

Wettererscheinungen sind Vorgänge in der Lufthülle, der Atmosphäre unserer Erde. Sie haben ihre Ursache in den Temperaturunterschieden, die bei der Umsetzung der Energie der Sonnenstrahlung in Luft, Wasser und Boden entstehen. Die jährliche Bewegung der Erde um die Sonne und die tägliche Drehung um eine geneigte Achse (Abb. ➤ 1) lassen die Sonnenstrahlung ständig mit unterschiedlicher Stärke und unterschiedlichen Winkeln auf die Erde auftreffen: In Polnähe haben wir durch den streifenden Einfall die geringste, am Äquator durch den steilen Einfall der Strahlung die größte Erwärmung. Temperaturunterschiede zwischen großen Gebieten gleichen sich durch gewaltige Konvektionen in der Luft aus. Dabei wird aus dem Meer durch Verdunsten entstandener Wasserdampf mittransportiert.

Im Wetterbericht ist oft von einem Hoch oder Tief die Rede. Erwärmt die Sonne die Luft in einem Gebiet stärker als in der Umgebung, so steigt diese Luft nach oben, da sie gegenüber der kälteren und dichteren Luft der Umgebung leichter ist. Weil die Luft der Umgebung verzögert nachströmt, entsteht am Boden ein Gebiet mit niedrigem Luftdruck, ein ***Tiefdruckgebiet*** (Abb. ➤ 2). Die erwärmte und meist feuchte Luft kühlt sich beim Aufsteigen ab, es bilden sich Wolken. In der Höhe strömt die Luft dorthin, wo der Druck niedriger ist. Hier hat sich die Luft am Boden zu einem Tiefdruckgebiet bewegt. Die absinkende Luft erwärmt sich und bewirkt einen höheren Luftdruck gegenüber dem der Umgebung. Am Boden entsteht ein ***Hochdruckgebiet***. Von dort weht der ***Wind*** als druckausgleichende Luftströmung in ein Tiefdruckgebiet.
Wegen der Erddrehung wird die auf ein Tief zuströmende Luft seitlich abgelenkt und so von der umgebenden Luft abgebremst, dass sie auf der Nordhalbkugel gegen den Uhrzeigersinn hineinströmt; aus dem Hoch entfernt sie sich dagegen im Uhrzeigersinn heraus. Satellitenfotos wie Abb. ➤ 3 zeigen diese Luftwirbel mit ihren Wolken.

Über Deutschland wandern häufig Tiefdruckgebiete hinweg, wobei sich ein bestimmter Wetterablauf erkennen lässt (Abb. ➤ 3). Zuerst wandert über einen die aus dem Hoch kommende wärmere Luft hinweg. Sie erzeugt am kühleren Tief eine ***Warmfront***, es bilden sich Wolken. Nach einiger Zeit beginnt es zu regnen. Die Luft kühlt sich dadurch ab, der Luftdruck sinkt ständig. Die Warmfront zieht ab, es hört auf zu regnen und der Wind dreht sich. Auf der Rückseite des Tiefs hat sich eine ***Kaltfront*** gebildet. Die kältere Luft des Tiefdruckgebietes gerät, weil sie in Bodennähe gebremst ist, unter die wärmere zuströmende Luft des rückwärtigen Gebietes. Es entstehen hohe Wolken mit Schauerregen und Gewittern. Der Luftdruck steigt, während die Temperatur weiter sinkt. Langsam hört der Regen auf.

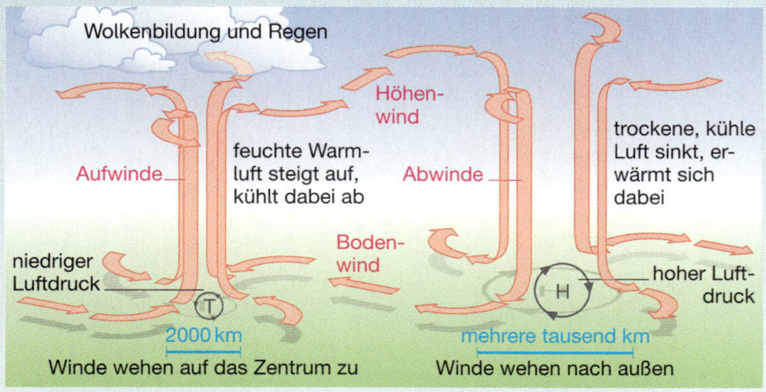

2 Luftströmungen bei Hoch und Tief auf der Nordhälfte der Erdkugel

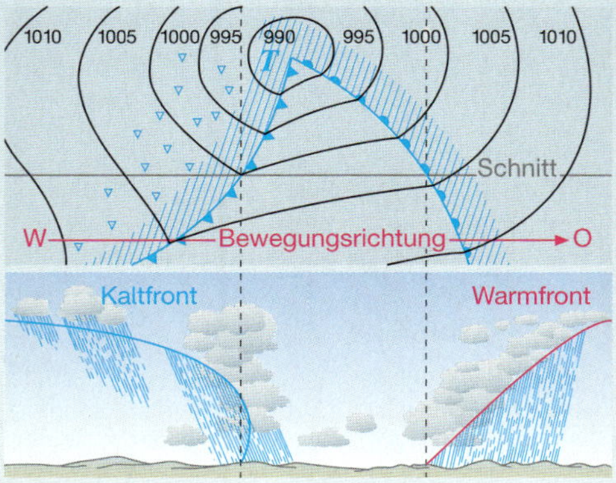

3 Ein Tief wandert über uns hinweg.

Ein Haus gibt ständig Energie ab

An kalten Tagen müssen wir heizen, um in den Wohnräumen eine angenehme Temperatur zu haben. Immer dann, wenn die Temperatur außen niedriger ist als innen, verliert das Haus innere Energie. Das geschieht umso stärker, je größer die Temperaturdifferenz ist. Die Energie verlässt das Haus durch die Außenwände, das Dach und den Fußboden und wird an die Umgebung abgegeben.

Zum Teil geht innere Energie durch ***Leitung*** verloren. Wände, Fensterrahmen und Türen leiten die Energie direkt an die Außenflächen weiter. Isolierungen durch Styropor oder Glasfasermatten verringern die Leitung beträchtlich.
Zum Teil gibt das Haus durch ***Energiestrahlung*** mehr Energie ab, als es von der Umgebung durch Strahlung zurück erhält. Die Wände, das Dach und die Fenster empfangen insbesondere im Winter von der kalten Umgebung viel weniger Energie als im Sommer. Durch geöffnete Fenster und Türen, aber auch durch Ritzen und Fugen, entweicht Luft höherer Temperatur aus dem Haus. So trägt auch die ***Konvektion*** zur Energieabgabe bei.

Die Bauvorschriften fordern bestimmte Maßnahmen zur Isolierung. In einem „Nachweis des Wärmeschutzes" ist für jedes Gebäudeteil, für Außenwände, Fenster, Dach, Fußboden usw., die Energie zu ermitteln, die pro m^2 Fläche bei einer Temperaturdifferenz von 1 K zwischen innen und außen innerhalb einer Sekunde durch das Gebäudeteil transportiert wird. Die so ermittelte Leistung heißt ***k-Wert***.

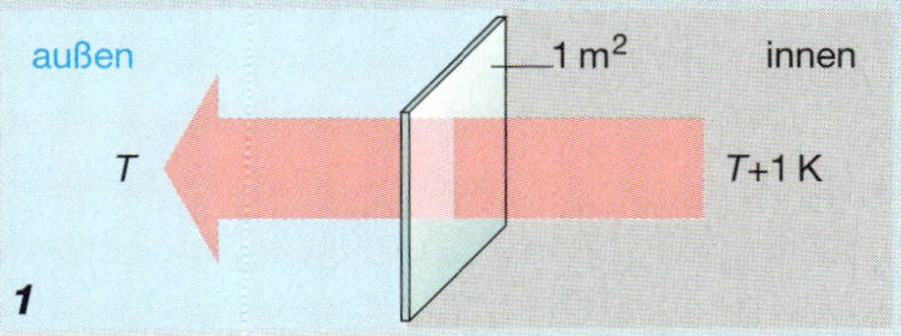

1

Ein hoher *k*-Wert bedeutet eine hohe Abgabe an Energie und damit hohe Kosten für die Heizung. Für die *k*-Werte gibt es verbindliche Höchstwerte.
Die Tab. ➤ 2 zeigt ein Beispiel für die von einem Haus abgegebene Energie. Sie beträgt im Mittel 217 Ws/K. Um den erhöhten Bedarf für ein schnelles Aufheizen des Gebäudes nach längerer Abwesenheit oder für sehr kalte und stürmische Tage sicherzustellen, sollte die Heizung aber mehr als den berechneten Höchstwert leisten.

Zum Heizen werden etwa 50 % der Energie benötigt, die ein privater Haushalt umsetzt. In der Wärmeisolierung liegt daher das größte Energiesparpotenzial der Privathaushalte.

Gebäudeteil	*k*-Wert in $\frac{W}{m^2 \cdot K}$	Fläche in m^2	Energietransport pro s in $\frac{Ws}{K}$
Außenwände	0,2 bis 0,4	120	24 bis 48
Fenster (Isolierglas)	1,5 bis 1,8	40	60 bis 72
Dach	0,15 bis 0,2	140	21 bis 28
Keller	0,3 bis 0,45	240	72 bis 108

Energietransport in 1 Sekunde	
bei 1 K mittlerer Temperaturdifferenz	177 bis 256 Ws
bei 20 K mittlerer Temperaturdifferenz	3540 bis 5120 Ws
bei 40 K mittlerer Temperaturdifferenz	7080 bis 10240 Ws

2 *k*-Werte für ein Einfamilienhaus. Die größte Energieabgabe erfolgt über die Fenster, es gibt daher welche mit $k = 1{,}1$ bis $1{,}3\ W/(m^2 \cdot K)$. Im Keller ist der Temperaturunterschied zur Außenwelt niedriger, unterm Dach meist größer als in den Wohnräumen.

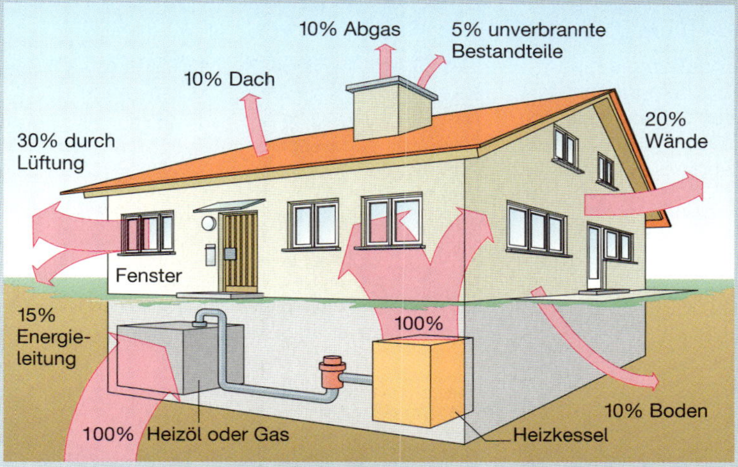

3 Abgabe an Energie beim Einfamilienhaus im Jahresdurchschnitt

Heizungsanlage:	Moderne Steuerungseinrichtungen für die Heizungsanlage, regelmäßige Wartung und Einstellung der Anlage, reduzierte Heizperiode, nicht zu hohe Raumtemperatur.
Außenwände:	Dämmung durch dämmendes Mauerwerk, Styropor oder Glasfasermatten. Die Dämmung sollte außen angebracht sein.
Dach:	Isolierung durch Dämmmatten oder Dämmplatten zwischen den Dachbalken.
Fenster:	Isolierglas, beschichtete Scheiben, Dichtungen zwischen Fensterflügel und Rahmen.
Kellerboden/ Kellerwände:	Verrottungsfreie Isolierplatten zwischen Außenwand und Erdreich, Isolierung gegen Eindringen von Feuchtigkeit.
Fußböden:	Isoliermatten oder Platten unter dem Estrich, besonders dann, wenn direkt über Erdreich oder Durchfahrten, Isoliermatten und isolierte Lufträume über kalten Kellerräumen

4 Maßnahmen zur sinnvollen Einsparung von Heizkosten

Rückblick

Begriffe

Was versteht man unter
- der Temperatur eines Körpers?
- der inneren Energie eines Körpers?
- der Längen-/Volumenausdehnungszahl?
- der Energiestrahlung?
- der Energieleitung?
- Wärmeleitfähigkeit?
- der Konvektion?

Beobachtungen

Was beobachtet man, wenn
- ein Thermometergefäß in heißes Wasser getaucht wird?
- an einem Körper Reibungsarbeit verrichtet wird?
- 100 ml Wasser von 0 °C erwärmt werden?
- zwei Körper deutlich verschiedene Temperaturen haben?

Erklärungen

Wie lässt sich begründen, dass
- die Flüssigkeitssäule im Thermometer die Temperatur anzeigen kann?
- der Luftdruck in einem Autoreifen bei längerer und schneller Fahrt steigt?
- die Temperatur am Grund von tiefen Gewässern nie unter 4 °C fällt?
- eine Heizungsanlage innere Energie in die Wohnräume transportiert?

Gesetzmäßigkeiten

Beschreibe mit eigenen Worten,
- wie sich Flüssigkeiten und feste Körper bei Änderungen ihrer Temperatur verhalten.
- wie sich Gase bei einer Änderung ihrer Temperatur verhalten.
- unter welchen Umständen sich innere Energie ausbreitet.

Erläutere die Erscheinungen in den folgenden Bildern und beantworte die Fragen!

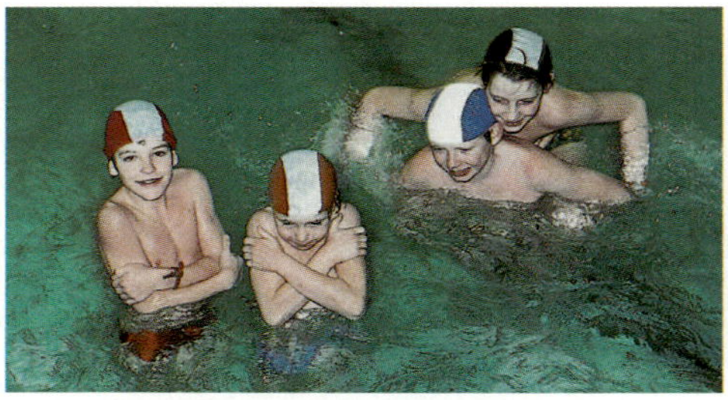
Ist das Wasser links kälter als rechts?

Beschreibe den Vorgang energetisch!

Weshalb haben die Rohre diese Bögen?

Weshalb ragt der Eisberg aus dem Wasser?

Ist der Vogel so rund, weil er fett ist?

Welche Energie soll hier genutzt werden?

Welche Energie soll hier genutzt werden?

Weshalb ist das Gebäude weiß?

Fragen

Berechnung der Volumenänderung durch Änderung ihrer Temperatur

Bei –20 °C sei ein Stein aus Beton 1,00 m lang, 0,20 m hoch und 0,50 m breit.

Es ist: $\alpha_{\text{Beton}} = 0{,}000012\,\frac{1}{\text{K}} = 12 \cdot 10^{-6}\,\frac{1}{\text{K}}$

Bestimme die Volumenänderung bei einer Änderung der Temperatur um 80 K.

Lösung:

Wir berechnen die Änderungen von Länge, Breite und Höhe des Steines nach der Formel $\Delta l = \alpha \cdot \Delta\vartheta \cdot l_0$ und daraus sein vergrößertes Volumen. Die Differenz zum Ausgangsvolumen ist die Volumenänderung. Gegeben ist:

$l_0 = 1{,}00$ m, $b_0 = 0{,}50$ m, $h_0 = 0{,}20$ m

$\alpha_{\text{Beton}} = 12 \cdot 10^{-6}$ 1/K und $\Delta\vartheta = 80$ K

Mit diesen Werten berechnen wir:

$$\Delta l = \alpha \cdot \Delta\vartheta \cdot l_0 = 12 \cdot 10^{-6}\,\frac{1}{\text{K}} \cdot 80\,\text{K} \cdot 1\,\text{m} = 0{,}00096\,\text{m} = 0{,}96\,\text{mm}$$

Entsprechend ergibt sich für die Breite:

$\Delta b = 0{,}00048$ m $= 0{,}48$ mm

sowie für die Höhe:

$\Delta h = 0{,}00019$ m $= 0{,}19$ mm

Das Volumen vergrößert sich somit auf:

$$V = (l_0 + \Delta l) \cdot (b_0 + \Delta b) \cdot (h_0 + \Delta h) = 1{,}00096 \cdot 0{,}50048 \cdot 0{,}20019\,\text{m}^3 = 0{,}1002873\,\text{m}^3$$

Die Volumenzunahme beträgt also:

$$\Delta V = V - V_0 = (0{,}1002873 - 0{,}1)\,\text{m}^3 = 0{,}0002873\,\text{m}^3 \approx 290\,\text{cm}^3$$

Der Stein aus Beton vergrößert sein Volumen um rund 290 cm³, wenn sich die Temperatur um 80 K (von –20 °C im Winter auf +60 °C in der prallen Sonne im Sommer) verändert.

Heimversuche

1. Der lange Draht

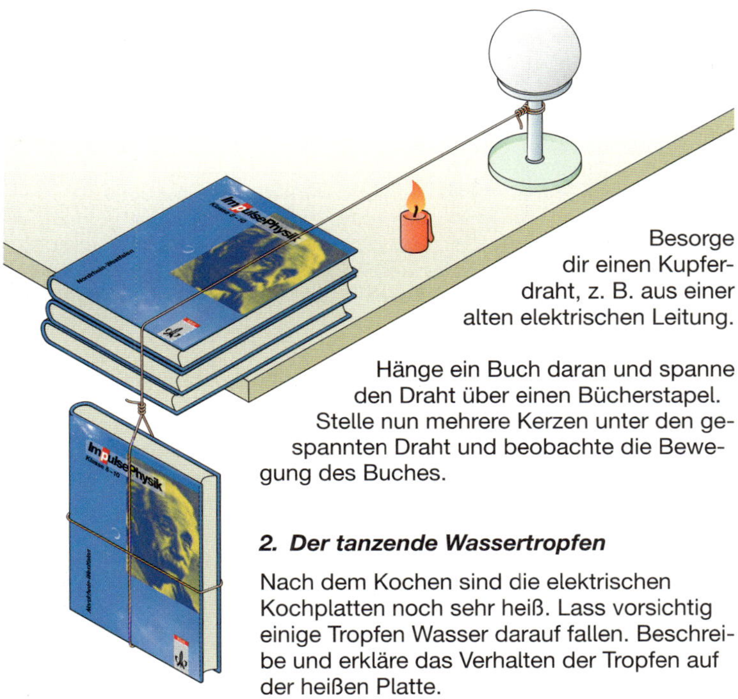

Besorge dir einen Kupferdraht, z. B. aus einer alten elektrischen Leitung.

Hänge ein Buch daran und spanne den Draht über einen Bücherstapel. Stelle nun mehrere Kerzen unter den gespannten Draht und beobachte die Bewegung des Buches.

2. Der tanzende Wassertropfen

Nach dem Kochen sind die elektrischen Kochplatten noch sehr heiß. Lass vorsichtig einige Tropfen Wasser darauf fallen. Beschreibe und erkläre das Verhalten der Tropfen auf der heißen Platte.

3. Die Gardinenstange als Energieleiter

Klebe an eine alte Gardinenstange aus Metall mehrere kleine Kugeln aus Kerzenwachs. Halte anschließend das eine Ende der Stange über eine Kerzenflamme. Nacheinander fallen die Kugeln von der Stange.

4. Der Wettbewerb der Blechdosen

Streiche eine alte Blechdose schwarz und eine weitere weiß an. Stelle beide anschließend in die Mittagssonne oder vor eine Heizsonne. Berühre sie nach einiger Zeit.
Kannst du dir erklären, weshalb man im Sommer helle Kleidung bevorzugt?
Begründe deine Antwort.

5. Auch Milchflaschen lieben Schals!

Fülle zwei Milchflaschen mit heißem Wasser. Wickle die eine Flasche in einen dicken Wollschal ein.
Vergleiche die Temperaturen des Wassers in den Flaschen nach einer halben Stunde.

6. Ein Wassersauger

Kühle eine leere Kunststoffflasche (1,5 l) im Gefrierfach eines Kühlschrankes. Halte anschließend die Flasche, ohne zu drücken, mit der Öffnung nach unten in ein Becken mit Wasser. Was passiert nach einigen Minuten? Versuche, den umgekehrten Effekt zu zeigen.

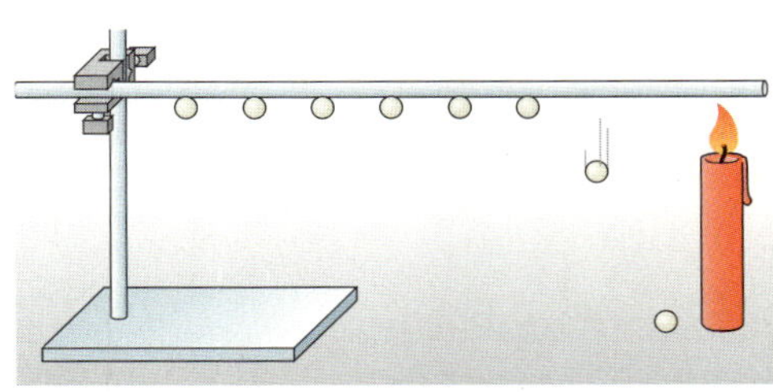

Fragen

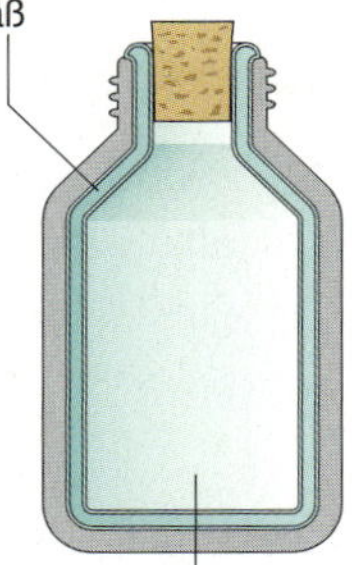

Zu Aufgabe 14

Temperatur und innere Energie

1 Anna will mit der bei ihr wohnenden amerikanischen Austauschschülerin Betty einen Bummel unternehmen. „Wie hoch ist die Temperatur draußen?" fragt Betty. „18 Grad", antwortet Anna.
Als Betty aus ihrem Zimmer kommt, schaut Anna verdutzt: Betty hat Pullover und Mantel angezogen, ihr Gesicht verschwindet hinter einem dicken Schal. Weshalb?

2 Beschreibe eine Methode, mit der ein selbst gebautes Flüssigkeitsthermometer mit einer Celsius-Skala versehen werden kann.

3 Nenne Beispiele, wie sich die innere Energie eines festen, eines flüssigen oder eines gasförmigen Körpers erhöhen lässt.

4 Wie ist die Kelvin-Skala definiert?

Längen- und Volumenänderung

5 Eine Thermoskanne, gefüllt mit heißem Tee, steht auf dem Tisch und ist nicht ganz fest verschlossen. Nach kurzer Zeit ist ein andauerndes Zischen zu hören. Weshalb?

6 Ein aufgeblasener Luftballon zerplatzt in der heißen Sonne. Warum tut er das?

7 In einem Kubikmeter Luft wird die Temperatur von 0 °C auf 120 °C erhöht. Der Druck soll konstant bleiben. Welches Volumen hat das Gas anschließend?

8 Gase verhalten sich bei Änderung der Temperatur anders als feste oder flüssige Körper. Nenne den Unterschied.

9 Eine Stange aus Stahl ist bei 0 °C im Winter 2000 mm lang. Wie viel länger wird sie im Sommer bei 30 °C sein?

10 Bei 0 °C ist eine Betonbrücke genau 400 m lang. Wie lang ist sie bei Abkühlung auf –20 °C bzw. bei Erwärmung auf 40 °C?

11 Das Volumen eines Betonklotzes von genau 0,1 m^3 vergrößert sich beim Erwärmen um 80 K um 290 cm^3. Berechne den Volumenausdehnungskoeffizienten und vergleiche mit dem Längenausdehnungskoeffizienten.

12 a) Nenne Stoffe, die sich bei Temperaturerhöhung besonders stark ausdehnen.
b) Nenne Stoffe, die bei Temperaturabnahme kaum eine Volumenänderung zeigen.

13 Weshalb kann Wasser nicht als Thermometerflüssigkeit für Temperaturen von 1 °C bis 10 °C benutzt werden?

Leitung, Strahlung, Konvektion

14 Thermoskannen bestehen aus einem Glasgefäß mit doppelter Wand und luftleerem Zwischenraum. Das Glas ist nach innen verspiegelt. Warum?

15 Erkläre, warum Kochtöpfe häufig Griffe aus Kunststoff haben. Nenne andere Materialien, die günstig sind.

16 Weshalb schmilzt eine dünne geschlossene Schneedecke in der Landschaft zuerst an den dunklen Stellen des Bodens?

17 a) Wie wirkt das Winterfell bei Tieren? (s. Foto vom Polarfuchs am Rand).
b) Weshalb sollte Kleidung bei Kälte stets locker zu tragen sein?

18 Hinter Heizkörpern werden oft Aluminiumtapeten angebracht. Welchen Sinn haben sie?

19 Beschreibe die Arten des Energietransportes bei einer Heizung vom Brenner bis zum Wohnraum.

20 Neben normalen Glühlampen gibt es auch Energiesparlampen, die bei geringerer Energieaufnahme die gleiche Lichtenergie abgeben. Wo bleibt bei der Glühlampe der zusätzlich aufgenommene Energieanteil?

21 Die Lufttemperatur beträgt 26 °C. Dein Fahrrad steht während des Besuchs im Schwimmbad in der Sonne. Schwungvoll willst du dich zum Nachhausefahren auf den Sattel setzen. Doch er ist unangenehm heiß geworden! Warum ist der Sattel heißer als die Luft?

22 Weshalb wird die Temperatur der Luft nur im Sonnenschatten richtig gemessen?

23 Über Heizkörpern entstehen häufig dunkle Streifen an der Tapete. Nenne und beschreibe einen möglichen Grund.

Schwierigere Probleme

24 Erhöht man die Temperatur eines Thermometers, so vergrößert sich nicht nur das Volumen der Flüssigkeit, sondern auch das Volumen des Thermometergefäßes aus Glas. Weshalb steigt dann die Flüssigkeit trotzdem hoch?

25 Bei einem schwer beladenen Lastwagen erhöht sich die Temperatur der Luft in den Reifen bei konstantem Volumen nach schneller Fahrt von 0 °C auf 30 °C. Um wie viel Prozent erhöht sich dadurch der Reifendruck?

Zu Aufgabe 17

Eis schützt vor Frost!

Bei Frostgefahr besprühen die Obstbauern im Frühjahr die Blüten ihrer Bäume mit Wasser, um sie so vor dem Erfrieren zu schützen!

Bei Nachtfrost oder einem plötzlichen Kälteeinbruch gefriert zuerst das Wasser auf den Blüten. Dabei wird Energie frei, die das gefrierende Wasser für einige Stunden bei einer Temperatur von 0 °C hält. Diese Temperatur vertragen die Blüten gerade noch. Die Energie reicht meist aus, um die kalten Nachtstunden zu überbrücken.

Ein Vorläufer der Dampfmaschine?

Feuchte den Rand einer Flasche mit Wasser an und lege eine Münze darauf. Erwärme die Flasche mit deinen Händen. Kannst du die Münze mehrmals zum Klappern bringen, ohne die Flasche zu bewegen?
Wenn das Wasser kocht, kann man dieses Klappern bei Kochtopfdeckeln hören. Auch der englische Naturwissenschaftler Newcomen soll die Erfindung seiner Dampfmaschine dieser Beobachtung in der Küche verdanken.

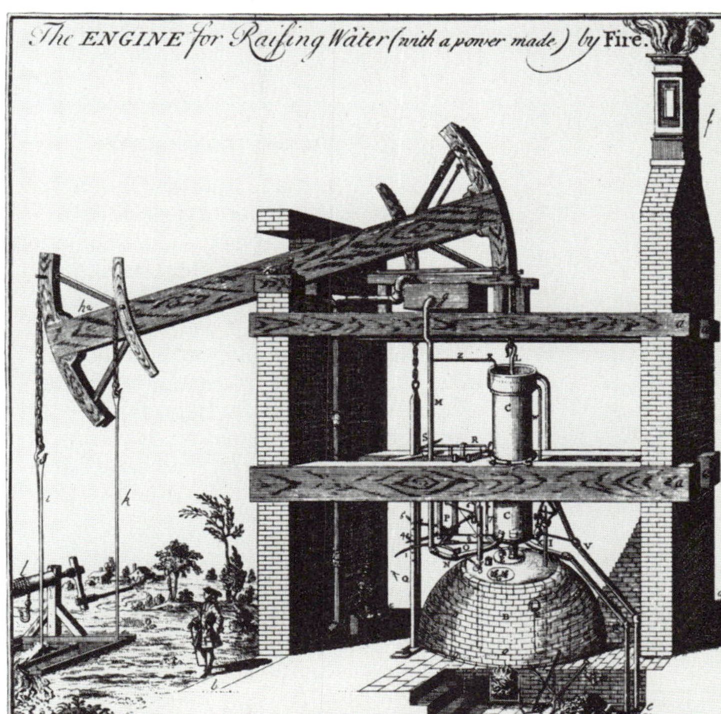

Newcomens atmosphärische Feuermaschine *(Stich von 1717)*
Sie pumpt Wasser aus einem Bergwerksschacht mithilfe einer „durch Feuer erzeugten Kraft“. Das Bild zeigt den Balken, der die Kraft des Zylinderhubs auf die Wasserpumpe überträgt.

Zusammenhang zwischen Arbeit und innerer Energie

Versuche

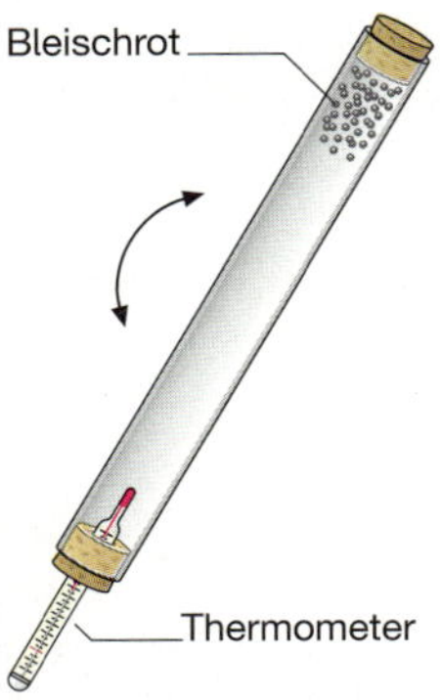

V1 Fülle 500 g Bleischrot in eine Pappröhre von 1 m Länge und verschließe die Öffnung mit einem Korken. Miss die Temperatur des Bleischrotes. Drehe nun die Röhre so, dass das Bleischrot die volle Rohrlänge nach unten fällt. Wiederhole das fünfzigmal rasch hintereinander und miss erneut die Temperatur der Schrotkugeln.
Sie ist um etwa 3,5 K gestiegen.

V2 Ein Aluminiumzylinder mit Kurbel wird wie in Abb. ➤ 1 an einem Tisch befestigt. Ein Band wird um den Zylinder gewickelt und an einen Kraftmesser geknotet. Ein Massestück wird an das andere Ende gehängt, der Kraftmesser zeigt die Gewichtskraft des Massestücks an. Wir drehen die Kurbel so schnell, dass der Kraftmesser 0 N anzeigt.
Nach jeweils 30 Umdrehungen bestimmen wir die Temperatur des Zylinders:

Masse des Zylinders:	$m_{Al} = 75$ g
Umfang des Zylinders:	$s_{Al} = 0{,}14$ m
angehängte Masse:	$m = 5$ kg
Zugkraft der Masse m:	$F = 49$ N

Anzahl der Umdrehungen: n						
0	30	60	90	120	150	180
Änderung der Temperatur: $\Delta\vartheta$ in K						
0	2,9	6,0	8,8	11,8	14,7	17,8

V3 Versuch 2 wird mit einem Kupferzylinder ($m_{Cu} = 75$ g, Umfang $s_{Cu} = 0{,}14$ m, $F = 49$ N) wiederholt. Nach $n = 150$ Umdrehungen hat sich die Temperatur um $\Delta\vartheta = 34$ K erhöht.

V4 Erwärme einen Quader aus Aluminium ($m_{Al} = 30$ g) in Wasser auf 70 °C (d. h. 343 K). Lege ihn dann in Wasser ($m_W = 40$ g), das 20 °C (293 K) hat. Miss die Temperatur des Wassers. Sie steigt bis 27 °C (300 K).

V5 Erhitze Wasser ($m_W = 80$ g) auf 70 °C und mische es mit Glycerin ($m_G = 60$ g) von 20 °C. Für das Gemisch misst du eine Temperatur von 55 °C.

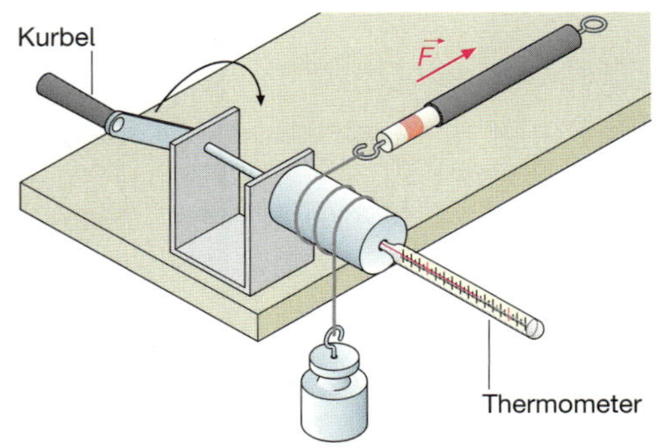

1 Temperaturänderung durch Arbeit

Grundwissen

Die spezifische Wärmekapazität

Fällt ein Gegenstand auf den Boden, so wird dabei Energie der Lage in Energie der Bewegung und beim Aufprall in innere Energie umgesetzt. Der Gegenstand und der Boden erhöhen ihre Temperatur.

Durch Reiben eines Aluminiumzylinders lässt sich dessen Temperatur ebenfalls erhöhen. Dazu wird ein Band um den Zylinder gewickelt, an dem ein Massenstück hängt, um eine Zugkraft F zu erzeugen.

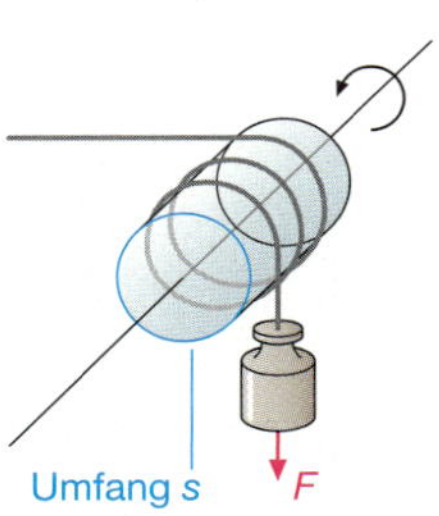

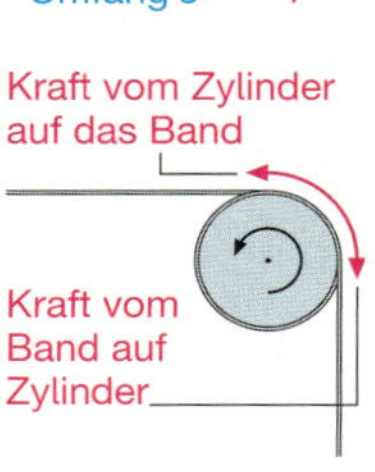

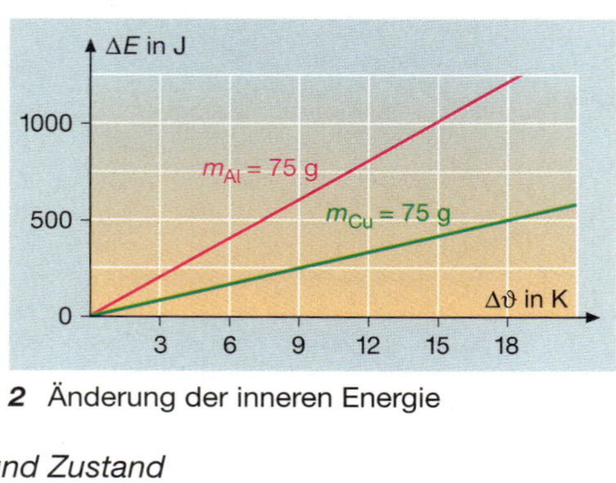

2 Änderung der inneren Energie

Wird der Zylinder gedreht, so wird das Band wegen der Reibung mitgezogen. Beim Drehen entspannt sich der Kraftmesser, so dass das Massenstück allein von der Reibungskraft gehalten wird. Es gilt: $F_R = F_G = F$.
Bezeichnet n die Anzahl der Umdrehungen und s den Umfang des Zylinders, so ist $s \cdot n$ der Weg, auf dem die Reibungskraft wirkt. Die beim Drehen verrichtete Arbeit beträgt dann

$$W = F \cdot s \cdot n.$$

Um diesen Betrag W muss sich die innere Energie des Zylinders ändern: $W = \Delta E$. Abb. ➤ 2 gibt die für verschiedene Arbeiten am Zylinder gemessenen Temperaturänderungen wieder. Die Ursprungsgeraden zeigen an, dass die Temperaturerhöhung $\Delta\vartheta$ proportional zu $W = \Delta E$ ist.

> Die Änderung der inneren Energie eines Körpers ist proportional zur Änderung seiner Temperatur.

Der Quotient aus der Änderung der inneren Energie ΔE und der Temperaturänderung $\Delta\vartheta$ ist also eine Konstante. Sie heißt ***Wärmekapazität*** C des Körpers:

$$C = \frac{\Delta E}{\Delta\vartheta}$$

Der Begriff „Wärmekapazität" bedeutete ursprünglich ein Speichervermögen für „Wärme", die oft mit der Temperatur verwechselt wurde. Wir sprechen hier genauer von der Änderung der inneren Energie ΔE eines Körpers, die mit einer Temperaturänderung $\Delta\vartheta$ des Körpers verbunden ist. Für sie gilt $\Delta E = C \cdot \Delta\vartheta$.

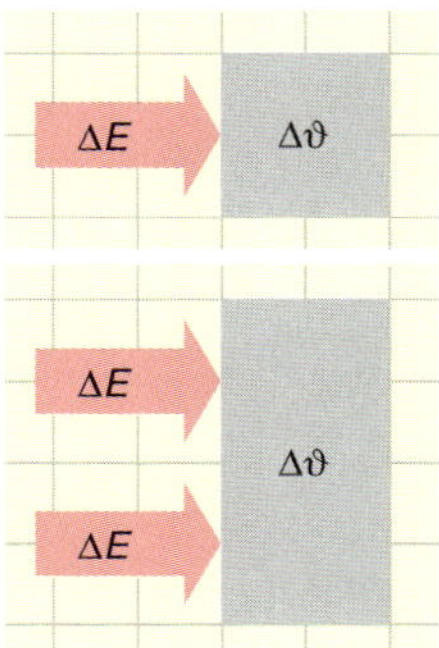

Ein Körper mit doppelter Masse benötigt für die gleiche Temperaturerhöhung die dopplte Energie.

Verschiedene Körper haben meist verschiedene Wärmekapazitäten. Bestehen die Körper aus demselben Stoff, so hängt ihre Wärmekapazität nur von der Masse ab. Hat ein Körper die doppelte Masse wie ein anderer, so benötigt man die doppelte Energie, um eine gleich große Erhöhung der Temperatur zu erreichen.

> Die Wärmekapazität C eines Körpers ist proportional zu seiner Masse m.

Der Quotient C/m ist also eine Stoffkonstante, sie heißt ***spezifische Wärmekapazität*** c (Tab. ➤ 1). Es gilt:

$$c = \frac{C}{m} = \frac{\Delta E}{m \cdot \Delta\vartheta}$$

oder: $\Delta E = c \cdot m \cdot \Delta\vartheta$

> Bei allen Körpern aus demselben Stoff ist die spezifische Wärmekapazität gleich. Sie kennzeichnet die Stoffart des Körpers.

Mit den Messwerten aus unseren Versuchen berechnen wir jetzt die spezifische Wärmekapazität von Aluminium und von Kupfer nach der Formel:

$$c = \frac{\Delta E}{m \cdot \Delta\vartheta} = \frac{n \cdot F \cdot s}{m \cdot \Delta\vartheta}$$

$$c_{Al} = \frac{150 \cdot 49\ \text{N} \cdot 0{,}14\ \text{m}}{75\ \text{g} \cdot 14{,}7\ \text{K}} = 0{,}9\ \frac{\text{J}}{\text{g} \cdot \text{K}}$$

$$c_{Cu} = \frac{150 \cdot 49\ \text{N} \cdot 0{,}14\ \text{m}}{75\ \text{g} \cdot 34{,}0\ \text{K}} = 0{,}4\ \frac{\text{J}}{\text{g} \cdot \text{K}}$$

Die Zufuhr gleicher Energiebeträge erhöht die Temperatur eines Körpers aus Kupfer mehr als doppelt so stark wie die eines Körpers aus Aluminium gleicher Masse.

Stoff	c in $\frac{\text{J}}{\text{g} \cdot \text{K}}$	Stoff	c in $\frac{\text{J}}{\text{g} \cdot \text{K}}$
Aluminium	0,896	Beton	0,879
Blei	0,129	Eis	2,09
Eisen	0,452	Mauerwerk	0,7
Kupfer	0,385	Porzellan	0,846
Messing	0,375	Sand	0,84
Silber	0,237	Plexiglas	1,30
Ethanol	2,40	Petroleum	2,14
Glycerin	2,39	Quecksilber	0,14
Olivenöl	1,97	Wasser	4,19

1 Spezifische Wärmekapazitäten c

Die spezifische Wärmekapazität von Wasser

Taucht man einen erwärmten Aluminiumklotz in kälteres Wasser, so sinkt seine Temperatur und die des Wassers steigt. Der Aluminiumklotz gibt die Energie ΔE_{Al} ab, die Änderung seiner inneren Energie ist also negativ. Das Wasser nimmt die Energie ΔE_{Wa} auf. Es gilt:

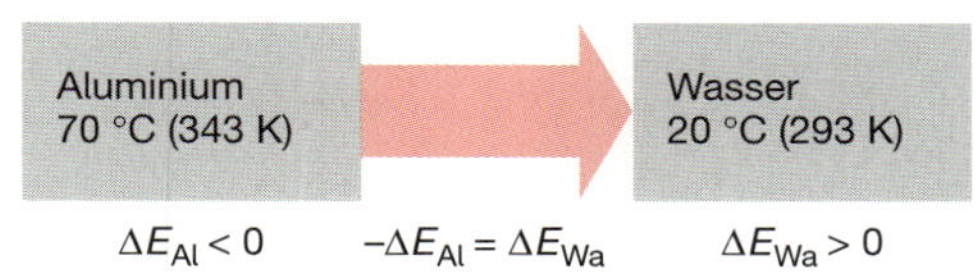

Wir nehmen folgende Messwerte:

$m_{Al} = 30$ g, $\vartheta_{Anfang,Al} = 70$ °C,
$m_{Wa} = 40$ g, $\vartheta_{Anfang,Wa} = 20$ °C,
$\vartheta_{Ende,Al} = \vartheta_{Ende,Wa} = 27$ °C.

Die abgegebene Energie ΔE_{Al} ist:

$$\Delta E_{Al} = c_{Al} \cdot m_{Al} \cdot (\vartheta_{Ende,Al} - \vartheta_{Anfang,Al})$$
$$= 0{,}9\ \frac{\text{J}}{\text{g} \cdot \text{K}} \cdot 30\ \text{g} \cdot (-43\ \text{K})$$
$$= -1{,}2\ \text{kJ}$$

Das Wasser nimmt die Energie 1,2 kJ auf. Die Temperaturänderung beträgt dabei:

$$\Delta\vartheta_{Wa} = \vartheta_{Ende,Wa} - \vartheta_{Anfang,Wa} = 7\ \text{K}$$

Aus $\Delta E_{Wa} = c_{Wa} \cdot m_{Wa} \cdot \Delta\vartheta_{Wa}$ folgt:

$$c_{Wa} = \frac{\Delta E_{Wa}}{m_{Wa} \cdot \Delta\vartheta_{Wa}} = \frac{1200\ \text{J}}{40\ \text{g} \cdot 7\ \text{K}} \approx 4{,}3\ \frac{\text{J}}{\text{g} \cdot \text{K}}$$

Ein genauer Wert ist $c_{Wa} = 4{,}1868$ J/(g · K).

? Weshalb nimmt bei gleicher Temperaturänderung die innere Energie von 1 kg Wasser mehr zu als die von 1 kg Eisen?

Die Bestimmung der spezifischen Wärmekapazität fester Stoffe

Kennt man die spezifische Wärmekapazität einer Flüssigkeit, z. B. die von Wasser, so lässt sich die spezifische Wärmekapazität eines festen Stoffes durch einen Messversuch bestimmen:
Der feste Körper mit der Masse m_1 und der unbekannten spezifischen Wärmekapazität c_1 wird auf die Anfangstemperatur $\vartheta_{A,1}$ erwärmt. Die Flüssigkeit mit der Masse m_2 und der Anfangstemperatur $\vartheta_{A,2}$ hat die bekannte spezifische Wärmekapazität c_2.
Wird der feste Körper ganz in die Flüssigkeit eingetaucht, so haben beide nach einiger Zeit die gleiche Endtemperatur

$\vartheta_{E,1} = \vartheta_{E,2} = \vartheta_E$.

Auch hier gilt für den Energieaustausch:

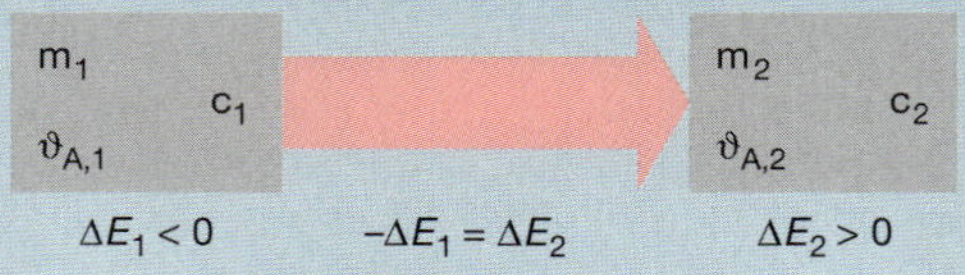

$$-c_1 \cdot m_1 \cdot (\vartheta_E - \vartheta_{A,1}) = c_2 \cdot m_2 \cdot (\vartheta_E - \vartheta_{A,2})$$

Durch Umformen erhält man daraus:

$$c_1 = -\frac{c_2 \cdot m_2 \cdot (\vartheta_E - \vartheta_{A,2})}{m_1 \cdot (\vartheta_E - \vartheta_{A,1})}$$

Mit den Messwerten

$m_1 = m_{Eisen} = 75\ \text{g}$, $\vartheta_{A,1} = 70\ °\text{C}$,
$m_2 = m_{Wasser} = 60\ \text{g}$, $\vartheta_{A,2} = 19\ °\text{C}$,
$\vartheta_E = 25\ °\text{C}$
($c_2 = c_{Wasser} = 4{,}2\ \text{J/(g} \cdot \text{K)}$ ist bekannt!)

ergibt sich für die spezifische Wärmekapazität des Eisens:

$$c_1 = c_{Eisen} = 0{,}45\ \frac{\text{J}}{\text{g} \cdot \text{K}}$$

Die Bestimmung der Mischungstemperaturen

Kennt man die spezifischen Wärmekapazitäten zweier mischbarer Körper, z. B. zweier Flüssigkeiten, so lässt sich die Endtemperatur nach dem Vermischen, die Mischungstemperatur ϑ_E, berechnen.
Wiederum gehen wir davon aus, dass gilt:

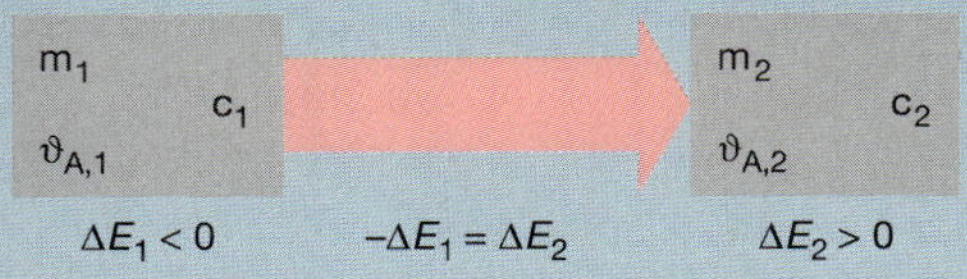

$$-c_1 \cdot m_1 \cdot (\vartheta_E - \vartheta_{A,1}) = c_2 \cdot m_2 \cdot (\vartheta_E - \vartheta_{A,2})$$

$$c_1 \cdot m_1 \cdot \vartheta_{A,1} + c_2 \cdot m_2 \cdot \vartheta_{A,2} = c_1 \cdot m_1 \cdot \vartheta_E + c_2 \cdot m_2 \cdot \vartheta_E$$

$$c_1 \cdot m_1 \cdot \vartheta_{A,1} + c_2 \cdot m_2 \cdot \vartheta_{A,2} = (c_1 \cdot m_1 + c_2 \cdot m_2) \cdot \vartheta_E$$

$$\vartheta_E = \frac{c_1 \cdot m_1 \cdot \vartheta_{A,1} + c_2 \cdot m_2 \cdot \vartheta_{A,2}}{c_1 \cdot m_1 + c_2 \cdot m_2}$$

Die Messergebnisse einer Mischung von Glycerin und Wasser betragen z. B.:

$m_{Wa} = 80\ \text{g}$, $\vartheta_{A,Wa} = 70\ °\text{C}$ ($\hat{=}$ 343 K)
$m_{Gly} = 60\ \text{g}$, $\vartheta_{A,Gly} = 20\ °\text{C}$ ($\hat{=}$ 293 K)

Bekannt sind:

$c_{Wa} = 4{,}2\ \text{J/(g} \cdot \text{K)}$, $c_{Gly} = 2{,}4\ \text{J/(g} \cdot \text{K)}$.

Damit wird die Mischungstemperatur:

$$\vartheta_E = \frac{4{,}2\ \text{J/(g}\cdot\text{K)} \cdot 80\ \text{g} \cdot 343\ \text{K}}{4{,}2\ \text{J/(g}\cdot\text{K)} \cdot 80\ \text{g} + 2{,}4\ \text{J/(g}\cdot\text{K)} \cdot 60\ \text{g}} + \frac{2{,}4\ \text{J/(g}\cdot\text{K)} \cdot 60\ \text{g} \cdot 293\ \text{K}}{4{,}2\ \text{J/(g}\cdot\text{K)} \cdot 80\ \text{g} + 2{,}4\ \text{J/(g}\cdot\text{K)} \cdot 60\ \text{g}}$$

$$= 328\ \text{K}\ (\hat{=}\ 55\ °\text{C})$$

Wir erwarten eine Mischungstemperatur von 55 °C.

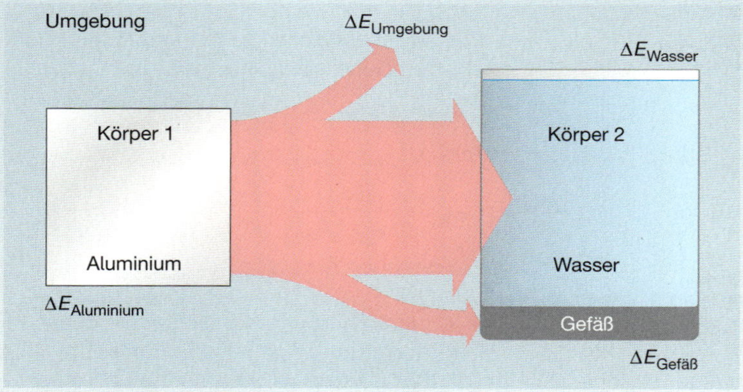

1 Energiebilanz bei Mischungsversuchen

Genauere Betrachtung

Wird ein erwärmter Aluminiumklotz in kälteres Wasser eingetaucht, so wird mit dem Wasser auch das Gefäß erwärmt. Genau genommen müssen wir also die vom Gefäß aufgenommene Energie mit in die Berechnung einbeziehen:

$$-\Delta E_{Al} = \Delta E_{Wa} + \Delta E_{Gefäß}$$

Gleichzeitig wird, solange ein Temperaturunterschied zur Umgebung besteht, ständig Energie an die Umgebung abgegeben. Auch diese Energie müsste bei einer genauen Berechnung berücksichtigt werden:

$$-\Delta E_{Al} = \Delta E_{Wa} + \Delta E_{Gefäß} + \Delta E_{Umgebung}$$

Verdampfen und Kondensieren

Versuche

Beim Kochen nimmt die Wassermenge in einem Topf ab. Eine nasse Tafel trocknet nach einiger Zeit. Wo bleibt das Wasser?

V1 Bringe Wasser zum Sieden. Halte dann eine Glasscheibe über das Wasser. Nach kurzer Zeit sind Wassertropfen zu beobachten.

V2 Erhitze Wasser in einem Becherglas und miss alle 30 Sekunden die Temperatur.
Es entsteht eine Kurve wie in Abb. ➤ 2.

V3 Wir stellen ein isoliertes Gefäß mit 200 g Wasser und der Temperatur 20 °C auf eine Waage (Abb. ➤ 1). Nun wird Wasserdampf in das Wasser eingeleitet. Wir messen Temperatur und Masse des Wassers.
Nach kurzer Zeit hat es eine Masse von 207 g und eine Temperatur von 40 °C.

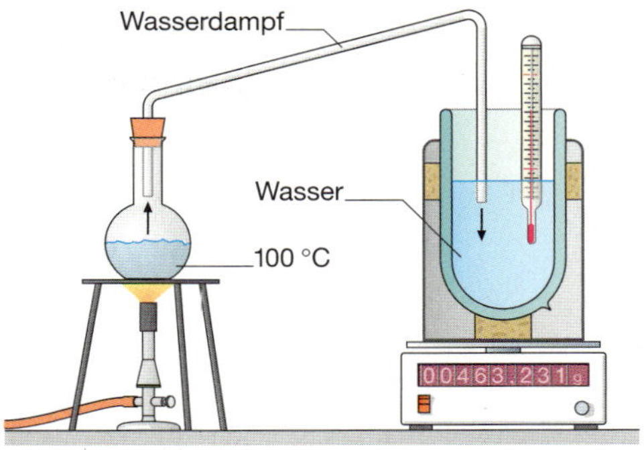

1 Messen der Energie zum Verdampfen

V4 Wir erhitzen ein halb mit Wasser gefülltes Gefäß auf etwa 90 °C, verschließen es und lassen dann kaltes Wasser darüber strömen. Das Wasser beginnt im Gefäß zu sieden.

Grundwissen

Beim ***Verdampfen*** wird ein flüssiger Körper gasförmig, beim ***Kondensieren*** wird ein gasförmiger Körper flüssig.

Flüssiger und gasförmiger Zustand

Wasser wird beim Kochen weniger, Wäsche trocknet auf der Leine, eine beschlagene Brille wird im warmen Zimmer wieder klar. Wasser kann demnach, auch ohne zu sieden, zu Wasserdampf werden. Wir sagen, das Wasser ***verdampft***. Verdampfen tritt bei allen Temperaturen und bei allen Flüssigkeiten auf.
Im Alltag bezeichnet man mit Wasserdampf den Nebel aus kleinen Flüssigkeitströpfchen. In der Physik ist Wasserdampf ein unsichtbares Gas.
Kühlt sich Wasserdampf an kalten Glasflächen oder Fliesen ab, so wird er wieder zu Wasser. Man sagt, er ***kondensiert***.
Das Verdampfen ist am stärksten, wenn die Flüssigkeit siedet. Beim Sieden bleibt die Temperatur konstant (Abb. ➤ 2). Sie heißt ***Siedetemperatur***. Für Wasser beträgt sie bei normalem Luftdruck 100 °C. Die zugeführte Energie wird für das Verdampfen benötigt.

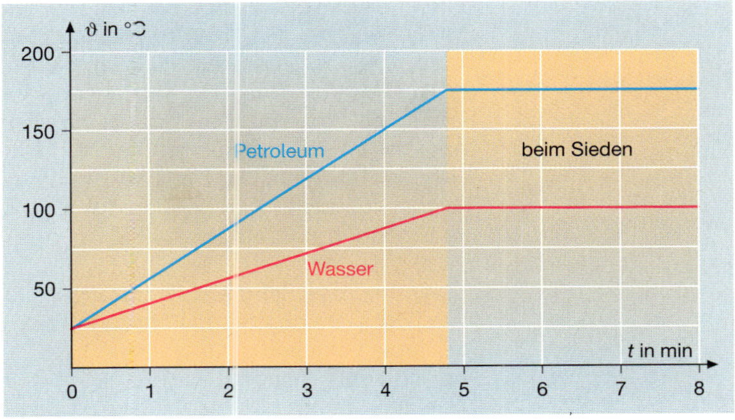

2 Temperaturverlauf in Flüssigkeiten bei Zufuhr von Energie

Zum Verdampfen von 1 g Wasser wird die Energie $E_V = 2257$ J benötigt.

Energie mit dem gleichen Betrag wird frei, wenn 1 g Wasserdampf kondensiert.
Der Quotient aus Verdampfungsenergie und Masse heißt ***spezifische Verdampfungsenergie***. Er kennzeichnet den Stoff.

In der Modellvorstellung für Flüssigkeiten bewegen sich die Teilchen unterschiedlich schnell. Einige haben an der Oberfläche ausreichend Energie, um die Flüssigkeit zu verlassen. Beim Sieden bilden auch im Inneren der Flüssigkeit viele schnelle Teilchen eine Gasblase. Diese steigt in der Flüssigkeit auf und entlässt die Teilchen in die Umgebung.
Bei geringem Druck können die Teilchen leichter entweichen, so dass auch langsamere Teilchen zum Verdampfen beitragen. Deshalb siedet die Flüssigkeit schon bei tieferen Temperaturen.

? Wie kann eine Flüssigkeit auch unterhalb der Siedetemperatur verdampfen?

Schmelzen und Erstarren

Versuche

V1 Erhitze ein Eis-Wasser-Gemisch, rühre das Gemisch ständig um und beobachte die Temperatur. Die Temperatur bleibt, solange Eis vorhanden ist, bei etwa 0 °C stehen.

V2 Tauche ein Reagenzglas mit etwas pulverisiertem Fixiersalz in ein heißes Wasserbad und bringe darin das Salz zum Schmelzen. Miss dabei jede Minute die Temperatur des Fixiersalzes. Lasse anschließend das Fixiersalz unter ständigem Umrühren erstarren und miss erneut jede Minute seine Temperatur.
Es ergeben sich z. B. folgende Messtabellen:

Vorgang bis zum												
Schmelzen	*t* in min	0	1	2	3	4	5	6	7	8	9	10
	ϑ in °C	30	34	38	42	46	48	48	48	51	55	59

Vorgang bis zum												
Erstarren	*t* in min	0	1	2	3	4	5	6	7	8	9	10
	ϑ in °C	57	54	51	49	48	48	48	48	46	43	40

V3 Wir schmelzen Fixiersalz und lassen die Flüssigkeit vorsichtig auf 25 °C abkühlen. Sie erstarrt nicht. Wir werfen einige Fixiersalzkristalle in die Flüssigkeit. Sofort erstarrt die gesamte Flüssigkeit. Dabei steigt die Temperatur an und das Fixiersalz beginnt erneut zu schmelzen.

V4 Erhitze 300 g Wasser auf 90 °C. Gib 300 g trockenes Eis ($\vartheta = 0\,°C$) dazu und miss die Temperatur. Sie sinkt auf $\vartheta = 5\,°C$, nachdem das Eis geschmolzen ist.

V5 Lege um einen Eiswürfel einen dünnen Draht und hänge ein Massestück an den Draht (Abb. ➤ 1).
Der Draht durchschneidet den Eisblock mit der Zeit, ohne ihn dabei in zwei Teile zu trennen.

V6 Stelle ein Glas mit Wasser in ein Gemisch aus einem Teil Salz und zwei Teilen sehr kaltem Wasser. Das Wasser im Glas gefriert zu Eis (Abb. ➤ 2).
(VORSICHT! Das Glas kann zerspringen!)

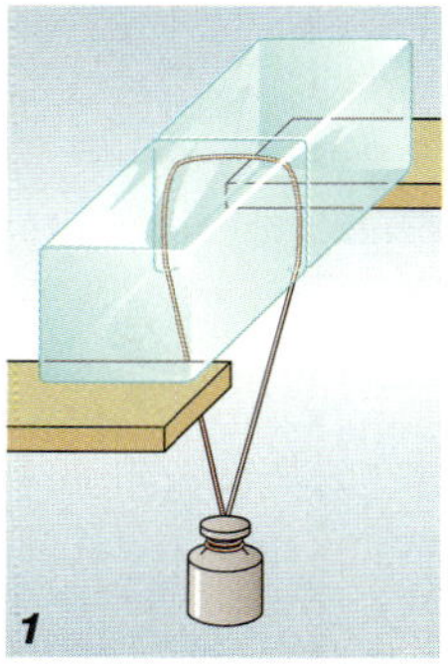

1

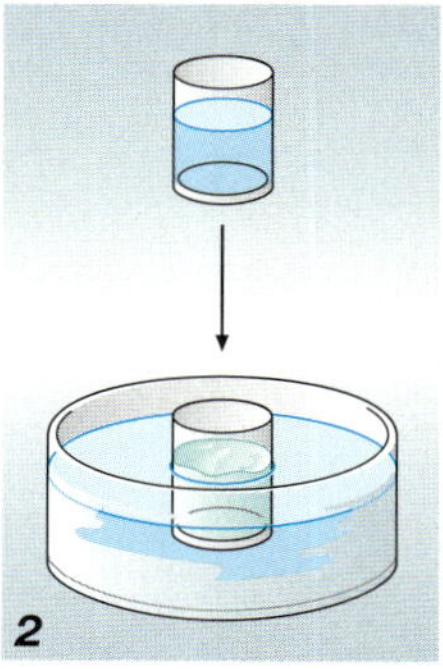

2

Grundwissen

Änderungen der inneren Energie beim Schmelzen und beim Erstarren

Während des Schmelzens bzw. des Erstarrens ändert sich die Temperatur eines Körpers nicht, obwohl ihm dabei Energie zugeführt bzw. entzogen wird (Abb. ➤ 3).
In unserer Modellvorstellung bestehen feste Körper aus Teilchen, die so fest an ihre Plätze gebunden sind, dass sie dort nur schwingen können. Mit steigender Temperatur schwingen die Teilchen immer heftiger. Ab einer bestimmten Temperatur haben die am heftigsten schwingenden Teilchen genügend Energie der Bewegung erhalten, um sich von ihrem festen Platz loszureißen. Der feste Körper beginnt an dieser Stelle zu schmelzen. Die Temperatur von festem Körper und entstehender Flüssigkeit sind gleich, sie heißt ***Schmelztemperatur***. Die zugeführte Energie dient allein zur Überwindung der Bindung der Teilchen im festen Körper. Sie trägt nicht zur Erhöhung der Temperatur bei.

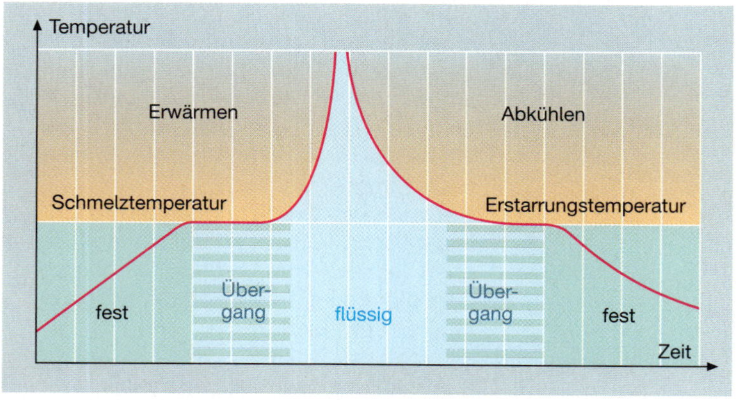

3 Temperaturen beim Schmelzen und Erstarren von Fixiersalz

> Während des Schmelzens bleibt die Temperatur konstant, da die zugeführte Energie vollständig zur Überwindung der Bindung benötigt wird.
> Beim Erstarren gibt die Flüssigkeit den gleichen Betrag an Energie ab.

Gelegentlich kann es vorkommen, dass eine Flüssigkeit nicht erstarrt, obwohl die Schmelztemperatur erreicht oder sogar unterschritten wird. Sie ist unterkühlt. Das liegt daran, dass sich die Teilchen der Flüssigkeit nicht so anordnen können, wie es für den festen Körper nötig ist. Erst eine Erschütterung oder die Zugabe fester Kristalle liefert – beginnend in einem kleinen Bereich – die Möglichkeit zur Energieabgabe und damit den Übergang in den festen Zustand.
Die zum Schmelzen eines Körpers erforderliche Energie ist proportional zu seiner Masse. Der Quotient aus dieser Energie und der Masse heißt spezifische ***Schmelzwärme***, er kennzeichnet den Stoff.
Lässt man trockenes Eis ($\vartheta_{Eis} = 0\,°C$) in Wasser schmelzen, so wird die vom Wasser abgegebene Energie $-\Delta E_{Wasser}$ dazu benutzt, das Eis zu schmelzen und das Schmelzwasser auf die Mischtemperatur mit dem restlichen Wasser zu erwärmen. Die Energie E_S des Eises, die es zum Schmelzen benötigt, ergibt sich aus der Energiebilanz:

$$-\Delta E_{Wasser} = E_S + \Delta E_{Schmelzwasser}$$

Man stellt fest, dass 1 kg Eis zum Schmelzen eine Energie von 334 kJ erfordert. Mit dieser Energie kann die Temperatur von 1 kg Wasser um etwa 80 K erhöht werden. Wasser erfordert im Vergleich zu den meisten anderen Stoffen eine große Energie zum Schmelzen.

Zum Schmelzen von 1 g Eis wird die Energie $E_S = 334$ J benötigt.

? Werden frostempfindliche Blüten mit Wasser besprüht, so schützt die darauf entstehende Eisschicht. Weshalb?

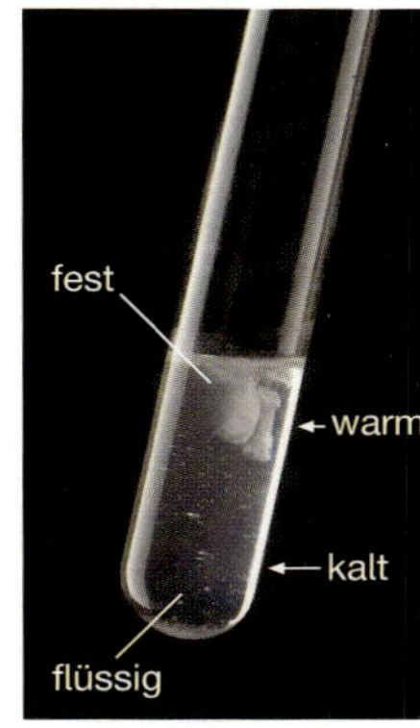

Eine unterkühlte Salzlösung erwärmt sich beim Erstarren.

Lösungen haben eine niedrigere Schmelztemperatur

Im Winter wird die Bildung von Eis auf Straßen durch Streuen von Salz verhindert. Die Salzkörnchen lagern sich zwischen die Wasserteilchen. Der Aufbau von Eiskristallen wird dadurch erschwert, so dass die Lösung bis weit unter der Gefriertemperatur von reinem Wasser flüssig bleibt. Auch in Eis und Schnee dringen die Salzkörnchen ein (Abb. ➤ 1) und bringen sie zum Schmelzen. Die zum Lösen der Salzkristalle und zum Schmelzen des Eises erforderliche Energie wird der Lösung und der Umgebung entzogen, die dadurch deutlich abgekühlt wird. Streusalz sollte nur bei Gefahr eingesetzt werden, da das Salzwasser die Natur belastet. Wird ein Gewichtsteil Kochsalz mit drei Gewichtsteilen zerstoßenem Eis von 0 °C gemischt, so entsteht eine ***Kältemischung***, deren Temperatur bei –15 °C liegt.

1 Eine Salzlösung hält Straßen eisfrei.

Kochen ohne Feuer

In der Natur kommen besondere Minerale, sogenannte Zeolith-Steine (Metall-Aluminium-Silikate) vor. Begießt man diese Steine mit Wasser, so erhitzen sie sich sehr stark. Das Wasser, in dem sich die Steine befinden, beginnt dadurch sofort zu sieden (Abb. ➤ 2).

Die Kristalle dieser Steine haben viele Hohlräume, in die die Wasserteilchen eindringen können. Dabei wird das Wasser regelrecht eingesperrt, wobei es einen großen Teil seiner inneren Energie an den Stein abgibt. Diese Energie erhitzt den Stein so stark, dass er das verbleibende Wasser zum Sieden bringt.

2 Zeolith-Steine erhitzen kaltes Wasser.

Kühlen durch Verdampfen

Versuche

V1 Umwickle ein Thermometer mit einem feuchten Wattebausch. Puste gegen den Wattebausch.
Die angezeigte Temperatur sinkt.

V2 Blase wie in Abb. ➤ 1 Atemluft in eine „Einmalspritze". Verschließe die Öffnung, drücke den Kolben kräftig in die Spritze und lasse wieder los. Beim Hineindrücken entsteht in der Spritze Nebel.

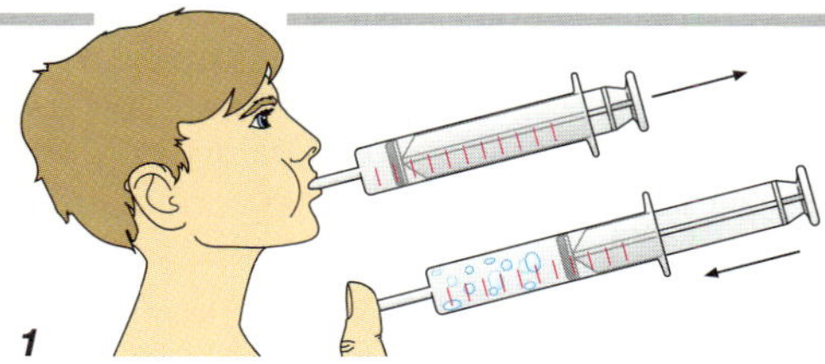

1

Im unteren Teil der Spritze kannst du an den Wänden kleine Wassertröpfchen sehen.

Grundwissen

Was steckt dahinter?

1. Idee: Kühlen durch Verdampfen

2. Idee: Änderung der Siedetemperatur durch Druck

3. Idee: Verflüssigung durch Kühlung

1. Suche von Flüssigkeiten mit geeigneter Siedetemperatur

2. Entwicklung von Verdampfer und Verflüssiger

3. Bau eines Kreislaufes mit Kompressor und Druckminderer

Die Funktion eines Kühlschrankes

Wer mit nassem Körper im Freien steht, beginnt schnell zu frieren. Die Wasserteilchen benötigen beim Übergang in den gasförmigen Zustand Energie. Die notwendige Energie wird dem Wasser und der Haut entzogen. Sie kühlen sich ab. Diese Erscheinung lässt sich zum Betrieb von Kühlschränken nutzen. Aufbau und Prinzip zeigt Abb. ➤ 2.

Im Innenraum eines Kühlschrankes befindet sich ein System von Rohrleitungen, der ***Verdampfer***. In diesem verdampft eine Flüssigkeit, das ***Kühlmittel***. Das Kühlmittel siedet bei normalem Luftdruck (1013 hPa) bei etwa –30 °C. Ist der Druck niedriger, liegt die Siedetemperatur noch tiefer. Beim Verdampfen kühlt sich das flüssige Kühlmittel ab und mit ihm der Verdampfer.
Die wärmere Luft im Innenraum des Kühlschranks gibt Energie an den Verdampfer ab. Dadurch kann das Kühlmittel weiter verdampfen. Im Innenraum wird es kälter.

Das nun gasförmige Kühlmittel wird von einer Pumpe, dem ***Kompressor***, angesaugt. Die Pumpe verrichtet am Gas Arbeit, indem sie es zusammendrückt und weiterleitet. Der Druck wird so stark erhöht, dass nun die Siedetemperatur des Kühlmittels über der Zimmertemperatur liegt.

Das erwärmte, zusammengepresste Kühlmittel wird in außen liegenden Rohren, dem ***Verflüssiger***, abgekühlt. Dabei gibt es soviel Energie an die Umgebung ab, dass es wieder flüssig wird. Über eine Rohrleitung wird die unter Druck stehende Flüssigkeit zum Verdampfer transportiert. Ein Druckminderer verringert den Druck so stark, dass die Siedetemperatur des Kühlmittels wieder bis auf – 30 °C fällt.

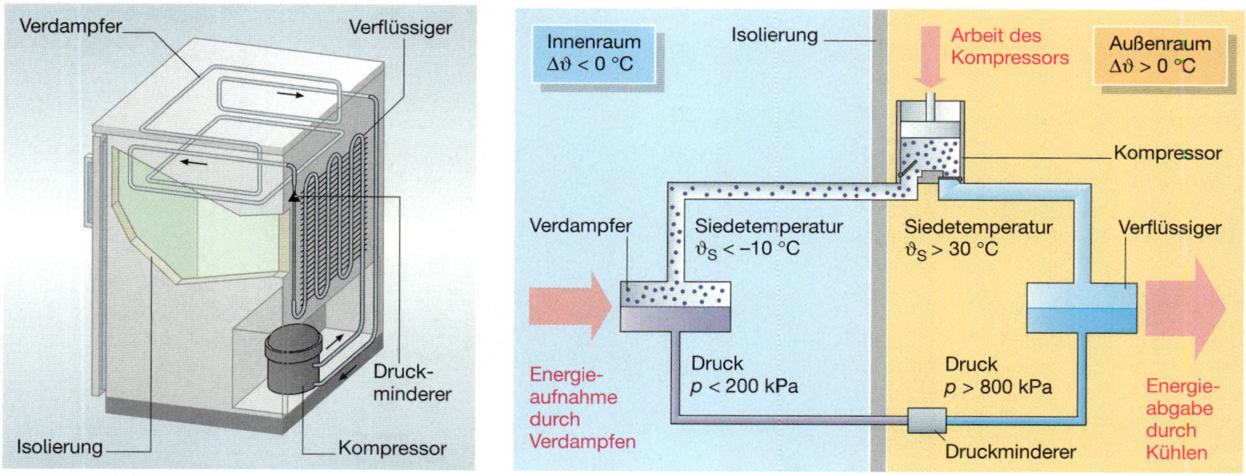

2 Die wichtigsten Bauteile und der Kreislauf beim Kühlschrank

Nun beginnt der Vorgang im Verdampfer von neuem. Das Kühlmittel bewegt sich in einem ***Kreislauf***, bei dem es durch Druckänderungen unterschiedliche Siedetemperaturen hat.
Ein Bimetallschalter als Thermostat schaltet den Kompressor aus, sobald die für den Innenraum eingestellte Temperatur unterschritten wird.

> Beim Kühlschrank wird durch Arbeit einer Pumpe Energie aus dem Innenraum in den Außenraum transportiert.

Das flüssige Kühlmittel wird von einem dünnen Rohr im Inneren eines dicken Rohres zum Verdampfer geführt. Im dicken Rohr strömt das immer noch verhältnismäßig kalte, verdampfte Kühlmittel vom Verdampfer zur Pumpe zurück. Die Flüssigkeit wird dadurch von dem umgebenden Kühlmitteldampf noch weiter abgekühlt. Ihr Druck sinkt, so dass ihre Aufnahmefähigkeit für innere Energie aus dem abzukühlenden Innenraum steigt.

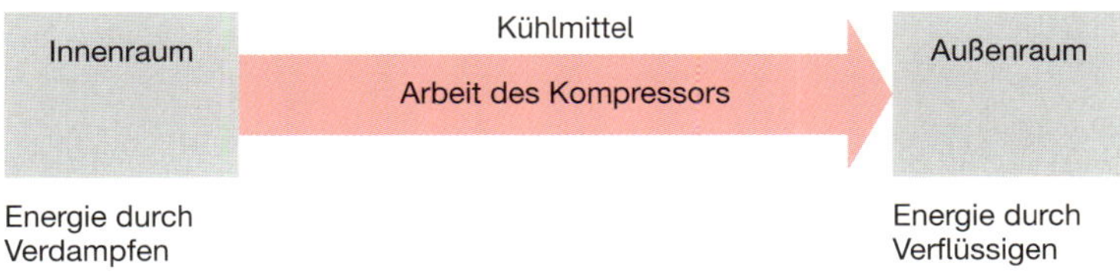

Die Kühlmittel müssen eine mit dem Druck stark veränderliche Siedetemperatur haben. Sie müssen ungiftig sein und dürfen nicht feuergefährlich sein. Die früher eingesetzten Kühlmittel greifen, wenn sie in die Atmosphäre gelangen, die in etwa 10 bis 40 km Höhe befindliche Ozonschicht an, die uns vor krebserzeugender UV-Strahlung schützt. Ein optimales Kühlmittel zu finden ist auch heute noch eine Aufgabe für Chemiker, Techniker und Physiker.

? Wie gelingt es, den gegenüber der Außenluft schon kälteren Innenraum eines Kühlschrankes noch weiter abzukühlen?

Wärmepumpe – mit dem Kühlschrank heizen

Mit demselben Prinzip wie beim Kühlschrank lässt sich Energie aus einem kühleren Bereich entziehen und an einen wärmeren Bereich, etwa zum Heizen, abgeben. Ein solches Gerät heißt ***Wärmepumpe*** (Abb. ➤ 1). Sie entzieht z. B. dem Erdreich oder Grundwasser, der Luft oder dem Abwasser in einem Verdampfer innere Energie. Da dadurch die Siedetemperatur der Flüssigkeit in diesem Bereich überschritten wird, verdampft sie. Das entstehende Gas wird anschließend von einem Kompressor verdichtet und weiter erwärmt. Es gelangt in den Verflüssiger. Bei dem hohen Druck liegt die Siedetemperatur über der des Verflüssigers, wo sich das Gas abkühlt und kondensiert. Die dabei abgegebene Energie kann zum Heizen von Gebäuden oder zur Warmwasseraufbereitung genutzt werden. Wie beim Kühlschrank gilt bei der Wärmepumpe, dass die vom Kompressor aufzubringende Arbeit mit der Differenz der Temperaturen „Innen" und „Außen" steigt. Die Arbeit trägt mit etwa 40 % zu der vom Verflüssiger abgegebenen Energie bei.

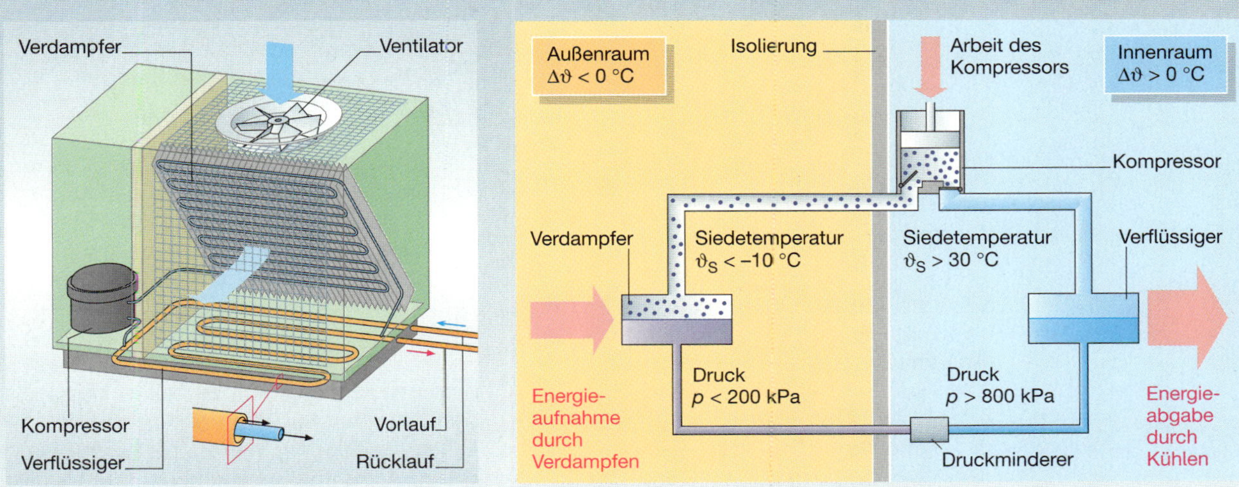

1 Die wichtigsten Bauteile und der Kreislauf bei der Wärmepumpe

Arbeit mit Hilfe innerer Energie

Versuche

V1 Stecke wie in Abb. ➤1 eine Spritze auf eine Glaskugel (V = 1 l). Tauche die Kugel in ein Wasserbad von 40 °C. Der Kolben wird gehoben.

V2 In die Glasspritze vom ersten Versuch führen wir die Sonde eines elektrischen Thermometers ein. Beim Erwärmen im Wasserbad halten wir den Kolben fest. Die Temperatur in der Spritze steigt von 20 °C auf etwa 40 °C. Wir nehmen die Anordnung aus dem Wasserbad und lassen den Kolben los. Vorsicht: Er schnellt nach oben, dabei sinkt die Temperatur in der Spritze um rund 5 °C ab.

V3 Wir tauchen die Glaskugel abwechselnd in ein warmes und ein kaltes Wasserbad. Der Kolben bewegt sich im Wechsel auf und ab.

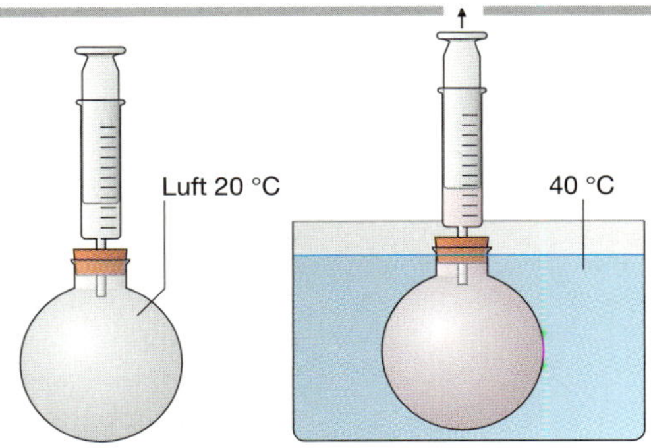

1 Gase verrichten Arbeit.

Überlege dir, wie man aus der Anordnung eine selbstständig arbeitende Maschine entwickeln könnte.

Grundwissen

Die Umsetzung innerer Energie

Die Abb. ➤2 zeigt Beispiele, in denen erwärmte Luft Arbeit verrichtet: Im Dampfboot erhitzt eine Kerze Wasser. Es verdampft, der Druck im Gefäß erhöht sich und der Dampf strömt mit großer Energie der Bewegung aus der Öffnung. Dies treibt das Boot in die Gegenrichtung an. Die im erhitzten Gas vorhandene innere Energie wird durch mechanische Arbeit in Energie der Bewegung umgesetzt. Entsprechendes geschieht bei der Warmluftspirale und beim Verbrennungsmotor .

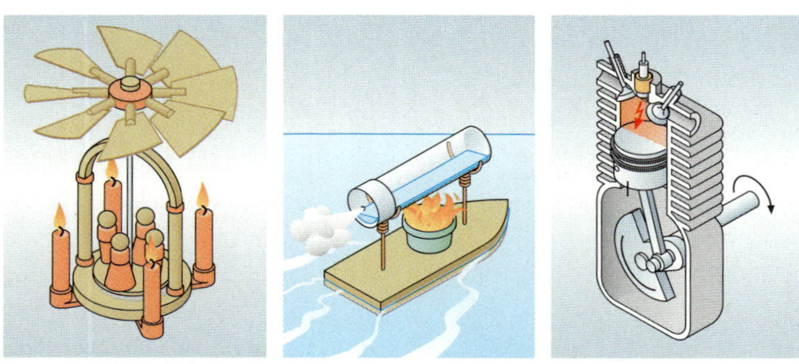

2 Innere Energie ermöglicht mechanische Arbeit.

Wird die Temperatur eines Gases erhöht, so steigt der Druck. Sind die Wände des Gasgefäßes beweglich, so werden sie nach außen verschoben. Vom Gas wird Arbeit verrichtet. Dabei kühlt sich das Gas ab. Seine innere Energie sinkt.
Im Teilchenmodell können wir uns dies so vorstellen, dass die Teilchen die bewegliche Wand beim Aufprall etwas weiter wegstoßen. Wegen dieser Arbeit verlieren sie Energie der Bewegung, das Gas wird kühler.
Bei jedem Vorgang, bei dem sich die innere Energie eines Körpers ändert, bleibt die Summe der Energien aller beteiligten Körper gleich. Die abgeführte Energie wird negativ gerechnet. Zufuhr und Abgabe von Energie können durch mechanische Arbeit ΔE_{mech} oder durch den direkten Übergang ΔE_{therm} von innerer Energie beim Erwärmen oder Abkühlen erfolgen. Dies besagt der ***1. Hauptsatz der Thermodynamik***:

> Die Änderung der inneren Energie eines Körpers ergibt sich aus der infolge von Arbeit, Erwärmen oder Abkühlen zugeführten bzw. abgeführten Energie:
> $\Delta E_{\text{innere}} = \Delta E_{\text{mech}} + \Delta E_{\text{therm}}$

Den Energieänderungen nach dem ersten Hauptsatz sind aber Grenzen gesetzt: Taucht man etwa eine luftgefüllte Glaskugel mit aufgesetzter Spritze in ein warmes Wasserbad, so bewegt sich der Kolben. Dabei wird ein Teil der aufgenommenen inneren Energie in Arbeit umgesetzt. Um dieselbe Temperatur und dasselbe Volumen wie zu Beginn herzustellen, muss dem Gas durch Kühlen weitere innere Energie entzogen werden. Es gelingt nie, die vorher aufgenommene innere Energie vollständig in Arbeit umzusetzen.

Maschinen, die mit Hilfe innerer Energie mechanische Arbeit verrichten können, heißen ***Wärmekraftmaschinen***.

Wärmekraftmaschinen können nie die gesamte zugeführte innere Energie in mechanische Arbeit umsetzen.

In der Technik haben Wärmekraftmaschinen, die die Ausdehnung erwärmter Gase nutzen, eine große Bedeutung. Hierzu zählen Otto- und Dieselmotoren, Dampfturbinen, Dampfmaschinen, Raketenmotoren und anderes mehr.

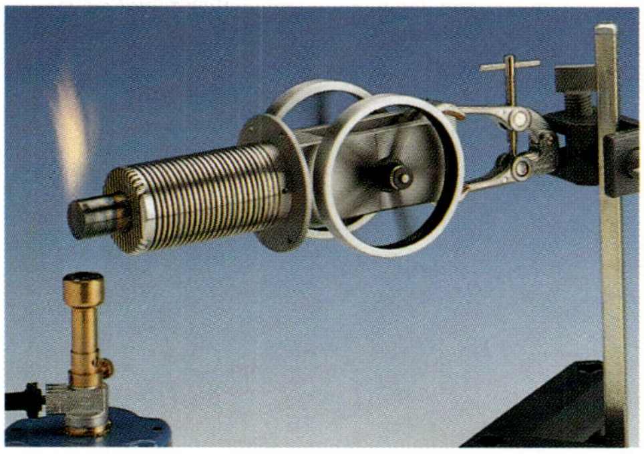

1 Heißluftmotor im Betrieb

Das Prinzip der Wärmekraftmaschine lässt sich am Beispiel eines ***Heißluftmotors*** (Abb. ➤ 1) erläutern: Eine eingeschlossene Luftmenge wird in einem sich ständig wiederholenden Prozess zum Arbeiten genutzt. Es gibt dafür einen kalten und einen heißen Bereich (Abb. ➤ 2). Ein Verdrängerkolben mit einem Luftdurchlass transportiert die Luft jeweils von einem Bereich zum anderen. Daneben gibt es einen Arbeitskolben, an dem erwärmte Luft durch Verschieben Arbeit verrichtet. Ein solcher Motor wurde 1816 von ***Robert Stirling*** zum Patent angemeldet.

1. Phase (Erwärmen):
Der Verdrängerkolben bewegt sich vom warmen zum kalten Bereich. Dabei strömt die eingeschlossene Luft in den warmen Bereich, wird erwärmt und nimmt so Energie auf. Der Druck steigt.

2. Phase (Expansion, Arbeit):
Der Arbeitskolben wird freigegeben. Durch den hohen Druck wird der Kolben nach außen verschoben.
Es wird Arbeit verrichtet. Die innere Energie und damit die Temperatur der eingeschlossenen Luft nehmen ab.

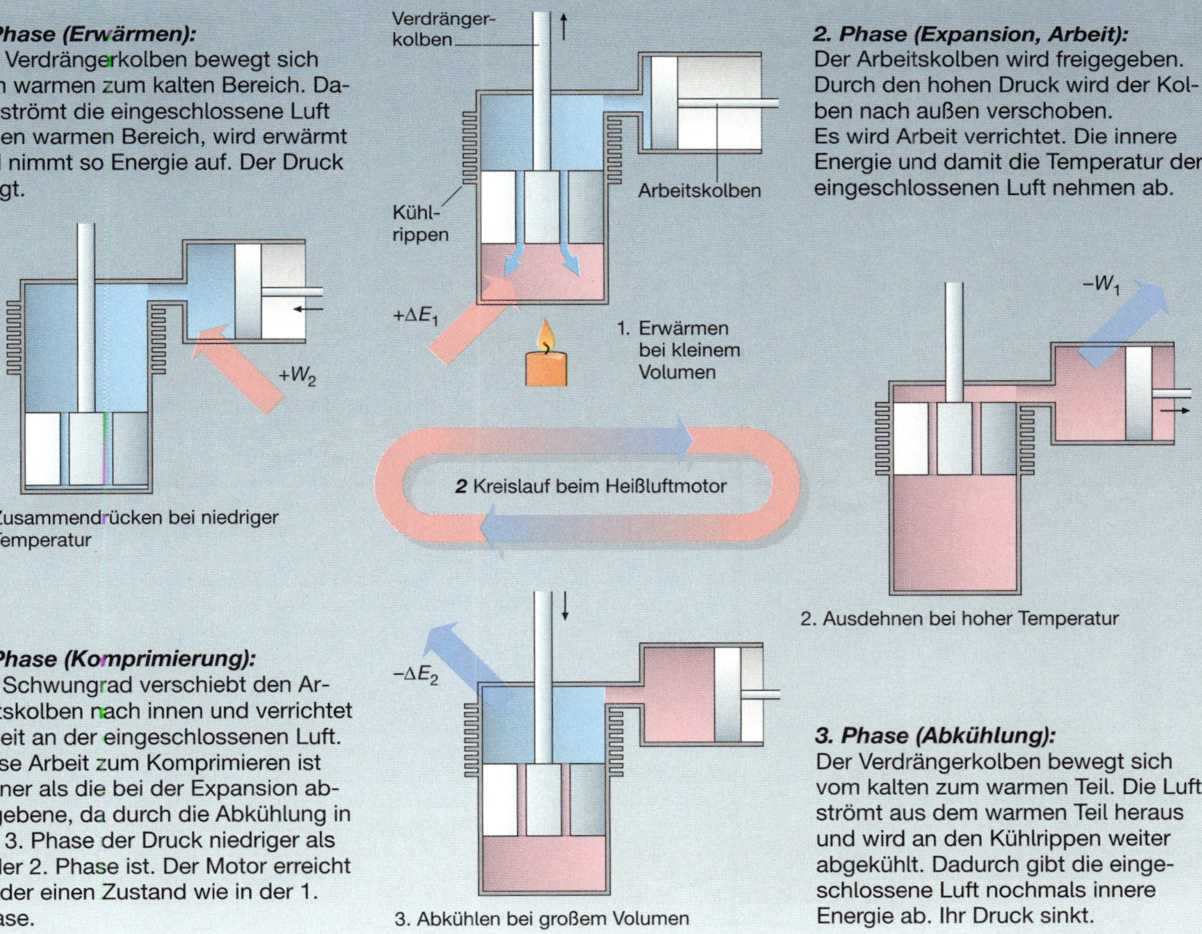

2 Kreislauf beim Heißluftmotor

3. Phase (Abkühlung):
Der Verdrängerkolben bewegt sich vom kalten zum warmen Teil. Die Luft strömt aus dem warmen Teil heraus und wird an den Kühlrippen weiter abgekühlt. Dadurch gibt die eingeschlossene Luft nochmals innere Energie ab. Ihr Druck sinkt.

4. Phase (Komprimierung):
Ein Schwungrad verschiebt den Arbeitskolben nach innen und verrichtet Arbeit an der eingeschlossenen Luft. Diese Arbeit zum Komprimieren ist kleiner als die bei der Expansion abgegebene, da durch die Abkühlung in der 3. Phase der Druck niedriger als in der 2. Phase ist. Der Motor erreicht wieder einen Zustand wie in der 1. Phase.

Arbeit aus heißem Dampf – Die Geschichte der Dampfmaschine

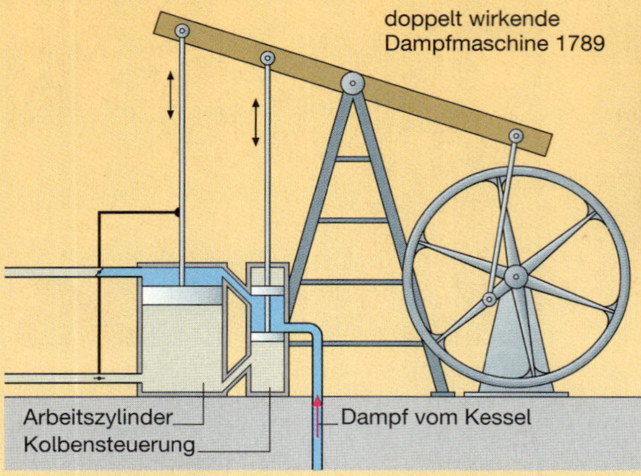

Nachbildung der Dampfmaschine von James Watt

James Watt
(1736 – 1819)

Ende des 17. Jahrhunderts bemühten sich viele Physiker in England um die Entwicklung von Maschinen, die das in die Stollen der Bergwerke einsickernde Grundwasser herauspumpen konnten.
Die erste einsatzfähige Maschine entwickelte Thomas Newcomen 1712. James Watt gelangen 1765 entscheidende Verbesserungen, die zur allgemeinen Verbreitung solcher Dampfmaschinen führten.

Spielzeug-Dampfmaschine mit Hammerwerk

1690 konstruierte ***Denis Papin*** eine Maschine, in der ein Kolben K in einem Zylinder durch heißen Wasserdampf nach oben bewegt wird. In der höchsten Position wird der Kolben durch einen Sperrriegel festgehalten. Das Feuer wird gelöscht. Nach Abkühlung drückt der Luftdruck den Kolben nach unten. Dabei wird das Pumpengestänge gehoben und Arbeit verrichtet.

Denis Papin
1690

1712 verbesserte Thomas Newcomen diese Idee, indem er das Wasser nicht mehr direkt im Zylinder erhitzte. Er ließ heißen Dampf durch ein Dampfventil V_1 in den Zylinder strömen. Der Kolben wurde gehoben. Dann wurde das Ventil V_1 verriegelt. Durch Einströmen von Kühlwasser durch das Ventil V_2 konnte der Wasserdampf schnell gekühlt und kondensiert werden, so dass der Kolben durch den äußeren Luftdruck nach unten bewegt wurde. Es brauchte nicht mehr der gesamte Wasservorrat gekühlt zu werden. Durch Ventil V_3 wurde das kondensierte Wasser abgelassen.

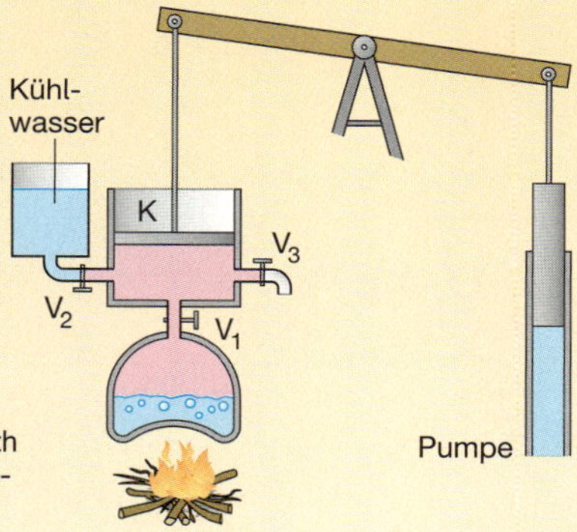

Thomas Newcomen
1712

1765 gelang es James Watt, Ausdehnung und Abkühlung in getrennten Bereichen durchzuführen. Er ließ Auf- und Abwärtsbewegung durch den heißen Wasserdampf ausführen, indem dieser abwechselnd, durch Ventile gesteuert, in den Bereich unter und über dem Kolben strömte. Der im jeweils vorangegangenen Arbeitsgang benutzte Dampf strömte in einen Extrazylinder, den Kondensator, und konnte schnell abkühlen und kondensieren. Dadurch brauchte der Kolben bei der Aufwärtsbewegung nur gegen einen geringeren Druck als den Luftdruck verschoben zu werden.

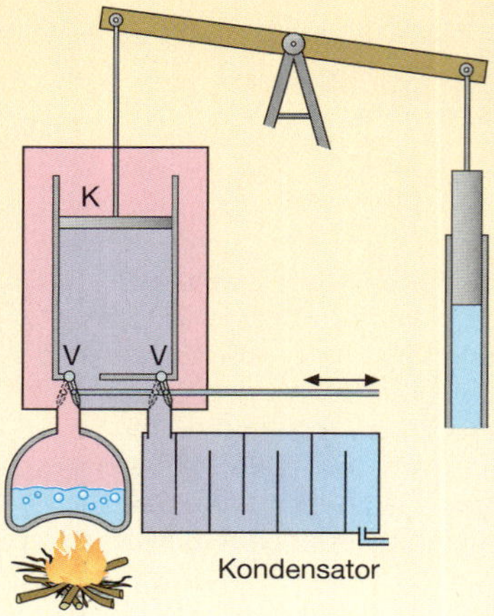

James Watt 1788

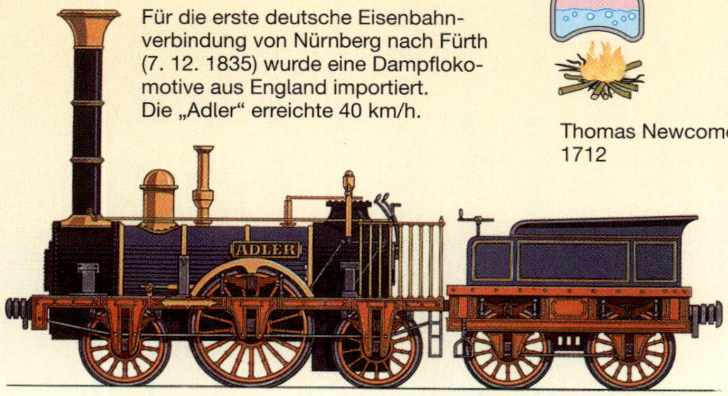

Für die erste deutsche Eisenbahnverbindung von Nürnberg nach Fürth (7. 12. 1835) wurde eine Dampflokomotive aus England importiert.
Die „Adler" erreichte 40 km/h.

Der Vierzylinder-Viertakt-Ottomotor

Nikolaus Otto
(1832 – 1891)

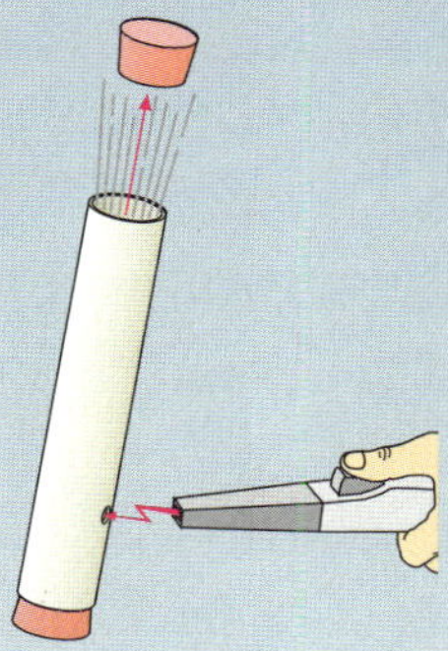

1

Heute werden die meisten Straßenfahrzeuge durch Motoren angetrieben, die auf einer Erfindung des deutschen Ingenieurs ***Nikolaus Otto*** beruhen. Daher werden die Motoren häufig auch Ottomotoren genannt. Das Prinzip, mit denen sie die zum Antrieb notwendige Energie umsetzen, zeigt folgender Versuch (Abb. ➤ 1):
Ein Papprohr wird am unteren Ende fest verschlossen, oben liegt ein Deckel nur lose auf. Seitlich befindet sich im Rohr ein Loch. Einige Tropfen Benzin werden mit einer Pipette ins Rohr getropft, anschließend wird es einige Male mit festgehaltenem Deckel geschüttelt. Danach führt man einen Gasanzünder in das Loch und zündet.
Es kommt zu einer explosionsartigen Verbrennung des Benzin-Luft-Gemisches und der obere Deckel fliegt davon.

Benzinmotoren werden meistens als Viertaktmotoren konstruiert. In Abb. ➤ 2 ist ein Vierzylinder-Viertakt-Ottomotor dargestellt.
Im Motorblock befinden sich zylinderförmige Hohlräume, in denen sich ein durch Kolbenringe abgedichteter Kolben auf und ab bewegen kann. Die Bewegung des Kolbens wird mit Hilfe der Pleuelstange auf die Kurbelwelle übertragen, so dass eine Drehbewegung entsteht.
Jeder Zylinder besitzt für die Zufuhr des Benzindampf-Luft-Gemisches bzw. das Ausstoßen der Verbrennungsgase mindestens ein Ein- und ein Auslassventil. In jeden Zylinder ragt eine Zündkerze, die zum richtigen Zeitpunkt einen Zündfunken erzeugt. Alle Zylinder werden vom Kühlwasser umströmt, da sich der Motor beim Verbrennen des Benzin-Luft-Gemisches stark erhitzt.
Die Arbeitsweise eines Ottomotors erfogt in vier nacheinander ablaufenden Vorgängen, die Takte genannt werden. Man unterscheidet folgende Takte (Abb. ➤ 2):
1. Takt (Ansaugen): Der Kolben bewegt sich in Richtung Kurbelwelle. Durch das geöffnete Einlassventil wird das vom Vergaser erzeugte Benzin-Luft-Gemisch angesaugt.
2. Takt (Verdichten): Der Kolben bewegt sich in Richtung Zündkerze. Da beide Ventile geschlossen sind, wird das Volumen des Gases verkleinert, die Temperatur steigt auf etwa 400 °C.
3. Takt (Arbeiten): Ein elektrischer Funke der Zündkerze löst eine Explosion des Benzin-Luft-Gemisches aus. Die Temperatur steigt auf etwa 2000 °C, der Druck erhöht sich auf etwa 80000 hPa. Da beide Ventile geschlossen sind, treibt das verbrennende Gas den Kolben in Richtung Kurbelwelle.
4. Takt (Ausstoßen): Der Kolben bewegt sich in Richtung Zündkerze und stößt durch das Auslassventil das verbrannte Gas aus.

Danach schließt sich wieder der erste Takt an. Lediglich im dritten Takt verrichtet der Kolben Arbeit an der Kurbelwelle. In den anderen Takten muss dem Motor Energie von außen zugeführt werden. Dazu dient ein mehr oder weniger großes Schwungrad.
Bei einem Vierzylindermotor laufen in den verschiedenen Zylindern gleichzeitig unterschiedliche Takte ab. Dadurch ist garantiert, dass sich immer ein Zylinder im Arbeitstakt befindet, so dass der Motor gleichmäßig Energie abgeben kann.
Die im Benzin chemisch gebundene Energie wird von einem Ottomotor nur zu etwa 30 % in mechanische Energie umgesetzt. Ein ***Dieselmotor*** kann über 40 % erreichen. Die Luft wird sehr viel stärker als beim Ottomotor verdichtet, so dass sich der Kraftstoff beim Einspritzen von selbst entzündet. Der bessere Wirkungsgrad des Dieselmotors liegt am größeren Temperaturunterschied zwischen Verbrennungs- und Abgasen. Die Bewegung des Fahrzeuges wird effizienter (Abb. ➤ 3).

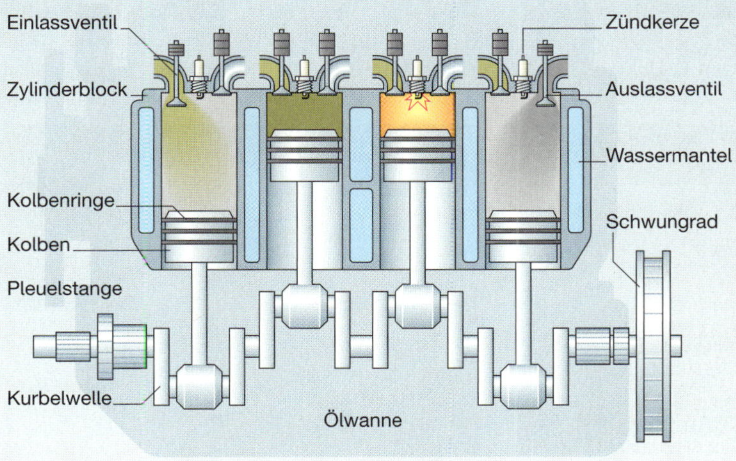

2 Aufbau eines Vierzylinder-Viertakt-Ottomotors

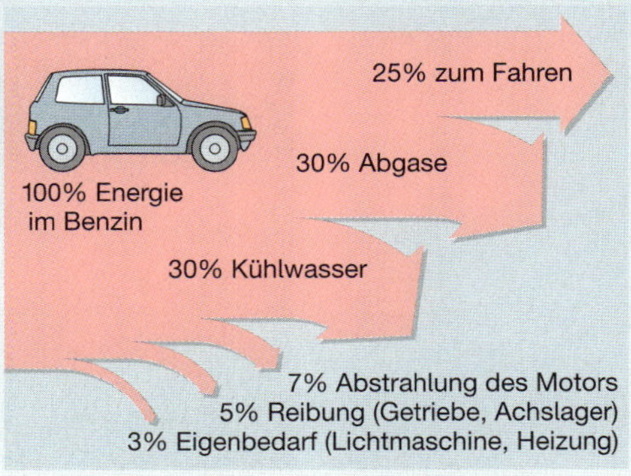

3 Nutzung der Energie beim Benzin-Auto

Rückblick

Begriffe
Was versteht man unter
- der spezifischen Wärmekapazität?
- Siedetemperatur und Schmelztemperatur?
- Verdampfen und Kondensieren?
- Schmelzen und Erstarren?
- einer Wärmepumpe?

Beobachtungen
Was beobachtet man, wenn
- an einem Körper Reibungsarbeit verrichtet wird?
- sich die innere Energie eines Körpers ändert?
- ein Körper schmilzt/verdampft?
- ein heißes Gas mit hohem Druck Arbeit an einem Kolben verrichtet?

Erklärungen
Wie lässt sich begründen, dass
- eine Luftpumpe beim Aufpumpen des Fahrradschlauches heiß wird?
- man bei nasser Haut leicht friert?
- Wäsche umso besser trocknet, je höher die Lufttemperatur ist?
- eine Fensterscheibe von innen beschlägt?

Gesetzmäßigkeiten
Beschreibe mit eigenen Worten, wie
- sich die spezifische Wärmekapazität eines Stoffes bestimmen lässt.
- der Zusammenhang zwischen Arbeit und innerer Energie lautet.
- die Änderung des Aggregatzustandes aus energetischer Sicht verläuft.

Erläutere die Erscheinungen in den folgenden Bildern und beantworte die Fragen!

Welcher Energietransport findet mit den Rohren im Wohngebiet statt?

Weshalb glüht die Bremsscheibe?

Welche Temperatur hat das Wasser?

Welche Energieumsetzungen finden statt?

Was bewirkt die hängende Zunge?

Wie ist der Schotter entstanden?

Weshalb entsteht Eis an der Gasflasche?

Wie entstehen Wolken?

Warum findet Eisschnelllauf nur im Winter statt?

Beispiele

Temperaturänderung – Wärmekapazität

In einer Pappröhre wird 1 kg Bleischrot 50-mal von 1 m Höhe fallen gelassen. Dadurch erhöht sich seine Temperatur um 3,5 K.
a) Weshalb kommt es zu einer Temperaturerhöhung?
b) Berechne die spezifische Wärmekapazität des Bleischrotes.

Lösung:
a) Die Energie der Lage des Bleischrotes wird beim Fallen in Energie der Bewegung und beim Aufprall in innere Energie umgesetzt. Dieses macht sich durch eine Temperaturerhöhung bemerkbar.

b) Das Bleischrot fällt 50-mal die Höhe von 1 m. Dadurch wird Energie der Lage

$\Delta E_{\mathrm{L}} = 50 \cdot F_{\mathrm{G}} \cdot h = 50 \cdot 1\,\mathrm{m} \cdot 10\,\mathrm{N} = 500\,\mathrm{J}$

in innere Energie

$\Delta E_{\mathrm{innere}} = c_{\mathrm{Blei}} \cdot m \cdot \Delta\vartheta$

des Bleischrotes umgesetzt.
Dies zeigt sich als Temperaturerhöhung von 1 kg Blei um 3,5 K. Die spezifische Wärmekapazität von Blei beträgt somit:

$$c_{\mathrm{Blei}} = \frac{\Delta E_{\mathrm{innere}}}{m \cdot \Delta\vartheta} = \frac{500\,\mathrm{J}}{1000\,\mathrm{g} \cdot 3{,}5\,\mathrm{K}} = 0{,}14\,\frac{\mathrm{J}}{\mathrm{g} \cdot \mathrm{K}}$$

Der Tabellenwert ist $c_{\mathrm{Blei}} = 0{,}129\,\mathrm{J/(g \cdot K)}$.

Abschätzung einer Temperatur

Merke:
Nur im Idealfall dient die abgegebene Energie vollständig der Erhöhung der Temperatur eines Körpers. Meist werden andere Körper aus der Umgebung mit erwärmt.

Ein glühender Nagel der Masse $m_{\mathrm{Nagel}} = 4\,\mathrm{g}$ wird in 100 g Wasser mit der Temperatur 18 °C eingetaucht. Das Gefäß hat eine Wärmekapazität, die der von 10 g Wasser entspricht. Nach kurzer Zeit beträgt die Temperatur von Wasser und Gefäß 22 °C. Welche Temperatur hatte der glühende Nagel?

Lösung:
Der Nagel gibt Energie an das Wasser und an das Gefäß ab. Auch die umgebende Luft erhält einen Anteil, der hier jedoch nicht weiter berücksichtigt wird.

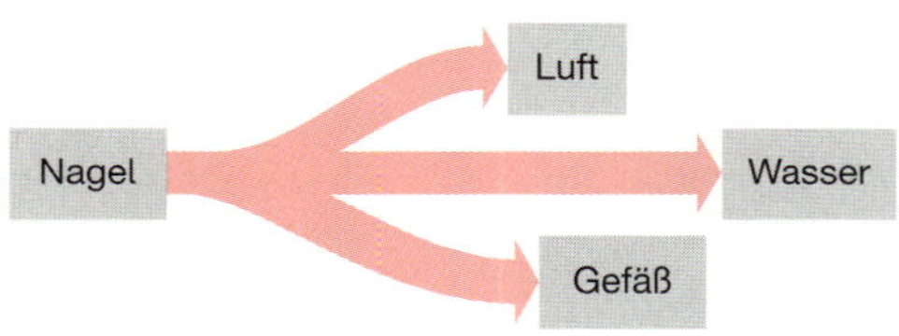

Das Wasser erhält auf Grund der gemessenen Temperaturänderung die Energie:

$$\Delta E_{\mathrm{Wasser}} = c_{\mathrm{Wasser}} \cdot m_{\mathrm{Wasser}} \cdot \Delta\vartheta_{\mathrm{Wasser}}$$
$$= 4{,}19\,\frac{\mathrm{J}}{\mathrm{g} \cdot \mathrm{K}} \cdot 100\,\mathrm{g} \cdot 4\,\mathrm{K} \approx 1676\,\mathrm{J}$$

Das Gefäß nimmt dabei die Energie auf:

$$\Delta E_{\mathrm{Gefäß}} = c_{\mathrm{Wasser}} \cdot m_{10\,\mathrm{g\ Wasser}} \cdot \Delta\vartheta_{\mathrm{Gefäß}}$$
$$= 4{,}19\,\frac{\mathrm{J}}{\mathrm{g} \cdot \mathrm{K}} \cdot 10\,\mathrm{g} \cdot 4\,\mathrm{K} \approx 168\,\mathrm{J}$$

Der Eisennagel gibt mindestens die Energie

$\Delta E_{\mathrm{Wasser}} + \Delta E_{\mathrm{Gefäß}} = 1844\,\mathrm{J}$

ab. Da seine Energie abnimmt, gilt

$\Delta E_{\mathrm{Nagel}} = -1844\,\mathrm{J}$

Bei bekannter spezifischer Wärmekapazität von Eisen lässt sich daraus die zugehörige Temperaturänderung abschätzen:

$$\Delta E_{\mathrm{Nagel}} = c_{\mathrm{Eisen}} \cdot m_{\mathrm{Nagel}} \cdot \Delta\vartheta_{\mathrm{Nagel}}$$

$$\Delta\vartheta_{\mathrm{Nagel}} = \frac{-1844\,\mathrm{J}}{0{,}45\,\mathrm{J/(g \cdot K)} \cdot 4\,\mathrm{g}} \approx -1024\,\mathrm{K}$$

Die Anfangstemperatur muss also mindestens 1024 K höher als die Endtemperatur des Nagels von 22 °C bzw. 295 K gewesen sein. Die Anfangstemperatur des Nagels ergibt sich demnach zu

$T_{\mathrm{Anfang}} = (295 + 1024)\,\mathrm{K} = 1319\,\mathrm{K}$

bzw.

$\vartheta_{\mathrm{Anfang}} = 1046\,°\mathrm{C}$.

Heimversuche

1. Woraus sind 10-Cent-Münzen?

Welche spezifische Wärmekapazität haben 10-Cent-Münzen ($m = 4\,\mathrm{g}$)?
Fülle 100 g warmes Wasser in einen Plastikbecher und lege 10 Münzen hinein. Miss jeweils die Temperaturen, vorher und nachher, und berechne die spezifische Wärmekapazität der Münzen. Aus welchem Stoff können die Münzen sein?

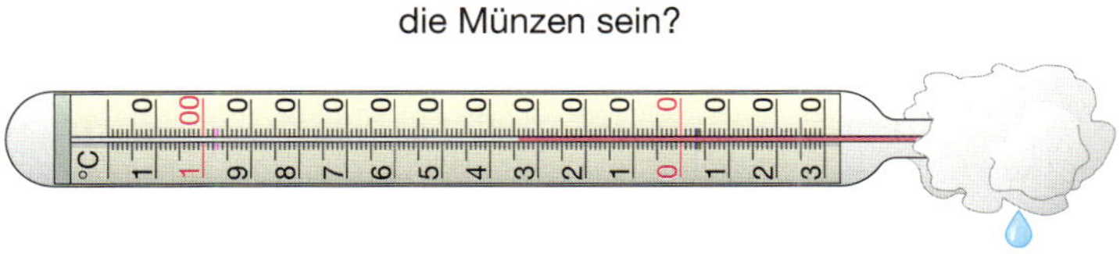

2. Energie zum Lösen von Salz

Fülle Wasser in ein Glas und miss die Temperatur. Gib einen Esslöffel Salz hinzu. Rühre um und beobachte die Temperatur für einige Minuten. Erläutere den Temperaturverlauf!

3. Unerwartete Abkühlung

Umwickle ein Thermometer mit einem feuchten Wattebausch und lies 4 Minuten lang alle 20 s die Temperatur ab. Beschreibe und deute das Ergebnis. Nimm statt Wasser „Kölnisch Wasser" oder Ähnliches und deute den Unterschied.

Fragen

Welche Aufgabe hat das Frostschutzmittel im Wasser für den Scheibenwischer des Autos?

Zur Wärmekapazität

1 Begründe, weshalb man häufig Wasser als Kühlmittel verwendet.

2 Welche Energie ist nötig, um die Temperatur eines Aluminiumzylinders mit der Masse von 100 g von 18 °C auf 32 °C zu erhöhen?

3 Bei einem Kupferzylinder mit der Masse $m_{Zyl} = 100$ g wird die innere Energie um $\Delta E = 250$ J erhöht. Berechne die sich ergebende Temperaturerhöhung.

4 120 g Wasser mit der Temperatur $\vartheta_1 = 18$ °C werden mit 80 g Wasser mit der Temperatur $\vartheta_2 = 42$ °C vermischt. Welche Temperatur ergibt sich?

5 40 g Kupfer mit der Temperatur $\vartheta_1 = 40$ °C werden in 100 g Wasser mit der Temperatur $\vartheta_2 = 20$ °C getaucht. Welche Mischungstemperatur ergibt sich?

6 Ein Einfamilienhaus ohne Keller besteht aus etwa 90 t Steinen ($c_{Stein} = 0{,}71$ kJ/(kg·K).
a) Welche Energie ist nötig, um die Temperatur der Steine von 10 °C auf 20 °C zu erhöhen?
b) Wie lange braucht hierfür eine Heizungsanlage, die pro Sekunde 18 kJ abgeben kann?
c) Welche Menge an Heizöl wird benötigt, wenn beim Verbrennen von 1 *l* Heizöl etwa 33,6 MJ umgesetzt werden und hiervon nur etwa 90 % für die Erwärmung des Heizungswassers zur Verfügung stehen?

7 Ein unbekannter Stoff mit der Masse $m_1 = 200$ g und der Temperatur $\vartheta_1 = 15$ °C wird in 130 g Wasser mit der Temperatur $\vartheta_2 = 45$ °C getaucht. Es ergibt sich eine Mischungstemperatur von $\vartheta_m = 41$ °C. Die Wärmekapazität des Gefäßes entspricht der von 10 g Wasser. Um welchen Stoff könnte es sich handeln?

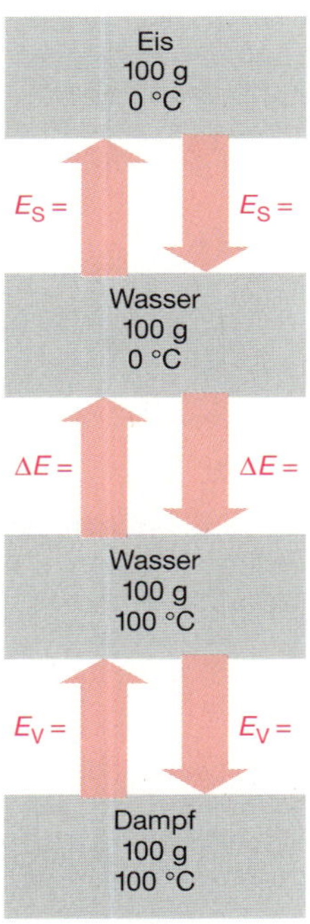

Zu Aufgabe 14

Zur Änderung der Aggregatszustände

8 Weshalb ist bei 100 °C die innere Energie von 1 kg Wasserdampf größer als die von 1 kg Wasser?

9 Weshalb kann man mit Eis von 0 °C besser kühlen als mit Wasser von 0 °C?

10 Wie viel kg Wasser von 100 °C lassen sich mit 334 kJ verdampfen?

11 Weshalb kann man die Energiezufuhr beim Kochen von Kartoffeln drosseln, sobald das Wasser siedet?

12 Bei Hitze oder Anstrengung schwitzt man. Was bewirkt dieses Schwitzen?

13 Erläutere, weshalb sich die Temperatur eines Gemisches aus Eis und Wasser beim Schmelzen bzw. beim Erstarren nicht ändert.

14 ***a)*** Übertrage die am Rand gedruckte Umwandlungskette in dein Heft und ergänze die fehlenden Energie-Angaben.
b) Um welchen Betrag würde sich die Temperatur von 1 g Wasser erhöhen, wenn ihm allein die zum Schmelzen von 1,0 g Eis erforderliche Energie zugeführt wird?

15 ***a)*** Erläutere das folgende Diagramm, das den Verlauf der Temperatur eines Stoffes mit der Masse $m = 100$ g bei gleich bleibender Zufuhr von Energie ($E/t = 10$ J/s) zeigt.
b) Bestimme die spezifische Wärmekapazität des Stoffes in den ersten 4 Minuten.

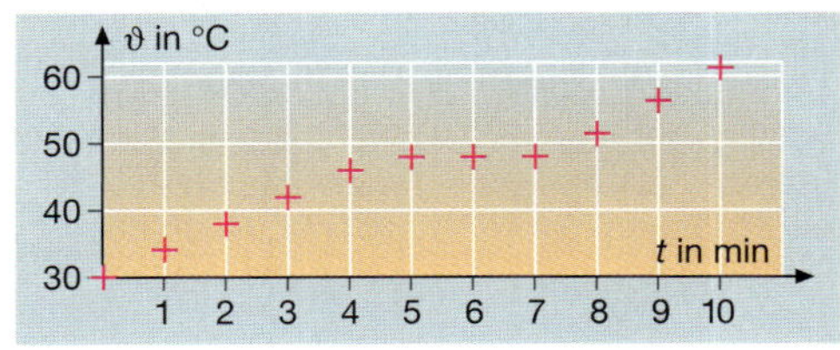

16 Wenn eine gefüllte Gasflasche ein Leck bekommt, strömt Gas aus. Wieso verrichtet das ausströmende Gas Arbeit? Woran kann man die Energieumsetzung erkennen?

Zu Kühlschrank und Wärmepumpe

17 Ein Kühlschrank steht mit geöffneter Tür in einem gut isolierten Raum. Ändert sich bei Betrieb die Temperatur im Raum? Begründe deine Antwort ausführlich.

18 Woher stammt die Energie für den Verdampfer im Kühlschrank?

19 Ein Kühlschrank hält im Innenraum eine konstante Temperatur von 6 °C. Erläutere Unterschiede in der Arbeit des Kompressors, die bei einer Raumtemperatur von 15 °C und von 25 °C entstehen.

Zu den Wärmekraftmaschinen

20 Beschreibe die Arbeitsweise eines Vier-Takt-Ottomotors an einem Zylinder. Erläutere, in welchen Phasen der Zylinder Arbeit verrichtet und in welchen Phasen von außen Energie zugeführt werden muss.

21 Wie wird sich ein falscher Zündzeitpunkt auf den Gang eines Ottomotors auswirken?

22 Woher stammt die Energie für die Heizung im Auto und welchen Weg nimmt sie?

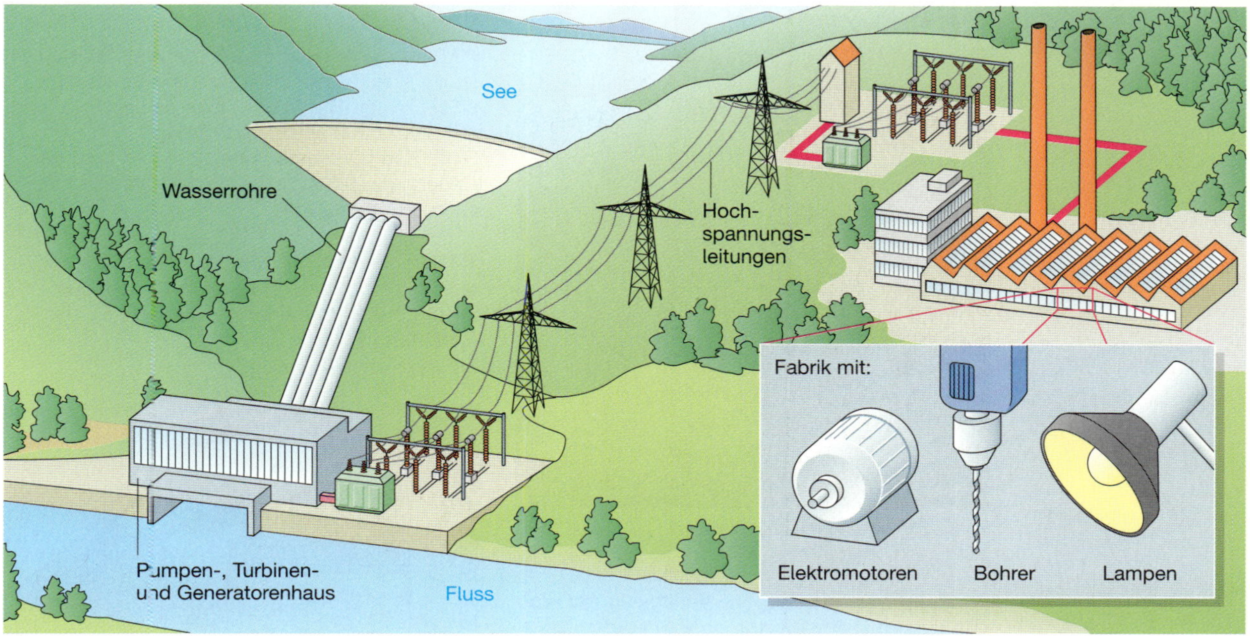

Bildgeschichte Nummer 3

Was geschieht bei den gezeigten Vorgängen? Wie hängen sie zusammen?

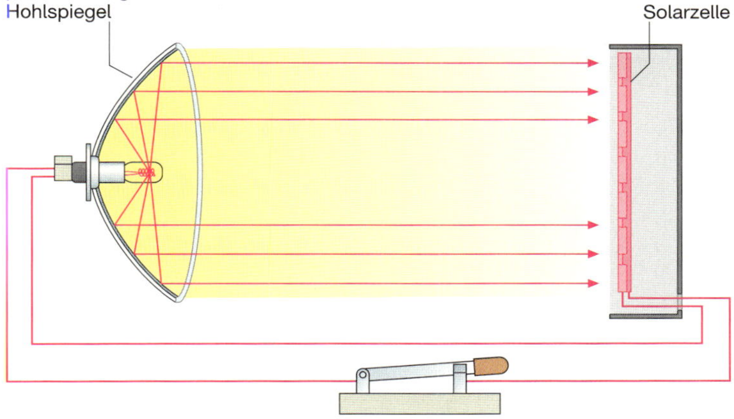

Perpetuum mobile – oder ein Trick?

Mit Hilfe von Solarzellen lässt sich Licht direkt in elektrischen Strom umsetzen. Da liegt der Gedanke nahe, Licht der elektrischen Beleuchtung gleichzeitig wieder zur Erzeugung des hierfür erforderlichen elektrischen Stromes zu nutzen. Das Prinzip zeigt die Abbildung. Kann das funktionieren?

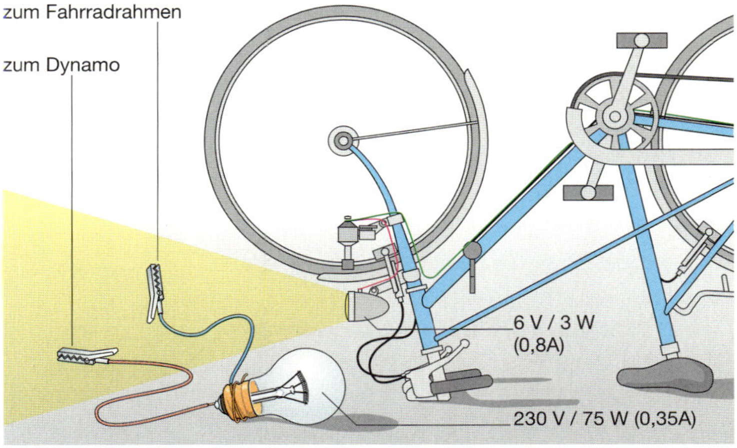

Wo ist die Energie geblieben?

Schließe an den Fahrraddynamo einmal den Scheinwerfer und ein anderes Mal eine 230 V/75 W-Glühlampe an. Beim Drehen des Dynamos leuchtet der Scheinwerfer hell, die große Glühlampe dagegen nicht, obwohl sie eine viel kleinere Stromstärke als die Lampe im Scheinwerfer zum Leuchten benötigt. Woran kann es liegen, dass der Dynamo versagt?

Energie bei elektrischen Vorgängen

Versuche

1 Elektrizität aus dem Wind

Windräder setzen Energie der Bewegung um und lassen sich zum Antrieb von Generatoren nutzen (Abb. ➤ 1).
Wo bleibt die Energie?

V1 Auf die Achse eines Experimentiermotors ist ein Faden gewickelt, an dem ein Massestück hängt. Die Anschlüsse des Motors sind mit einer Glühlampe verbunden.
Sinkt das Massestück herunter, so wird der Faden von der Achse abgewickelt. Die Glühlampe leuchtet.

V2 Stecke je einen Blechstreifen aus Zink und Kupfer in eine Zitrone. Verbinde die Blechstreifen mit einem Messgerät für die Spannung (Abb. ➤ 2).
Es zeigt etwa 0,9 V an.

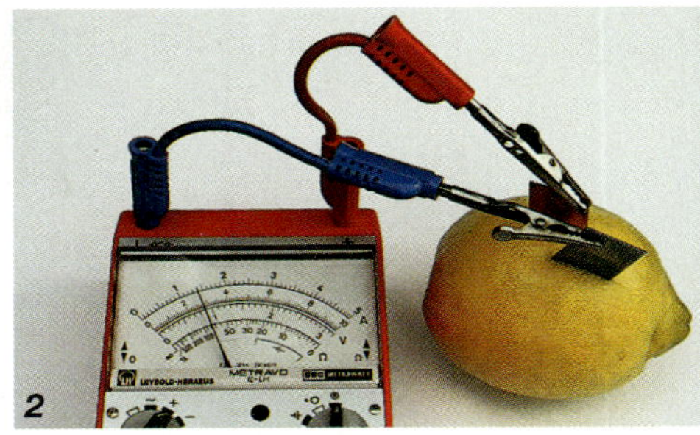

2

Grundwissen

Die Umsetzung in elektrische Energie

Der Elektromotor in Abb. ➤ 3a dreht sich, wenn die Solarzellen beleuchtet werden. Energie des Sonnenlichtes wird in Energie der Bewegung umgesetzt. Der Elektromotor dreht sich, sobald der Stromkreis mit den Solarzellen geschlossen wird. Wir schließen daraus, dass im geschlossenen Stromkreis Energie umgesetzt wird. Die Umsetzung erfolgt mit Hilfe des elektrischen Stromes. Da die Arbeit über die Elektrizität verrichtet wird, sprechen wir von ***elektrischer Energie*** im Stromkreis.

> Energie, die mit elektrischem Strom umgesetzt wird, heißt elektrische Energie.

Die Energie der Sonne wird in mehreren Schritten in Energie der Bewegung der Luft umgesetzt (Abb. ➤ 3b). Man spricht von einer ***Energieumsetzungskette***.
Es ist auch möglich, einen Elektromotor durch ein herabsinkendes Massenstück anzutreiben. Dabei wird Energie der Lage in Energie der Bewegung und diese in elektrische Energie umgesetzt. Der Motor arbeitet nun als Generator und ist eine elektrische Quelle. Eine angeschlossene Glühlampe setzt die elektrische Energie in Energie des Lichtes um.
Die Säure einer Zitrone bildet mit zwei Elektroden aus geeigneten Stoffen wie in Abb. ➤ 2 eine elektrische Quelle. Hier wird chemische Energie in elektrische Energie umgesetzt.

> In elektrischen Quellen wird Energie umgesetzt.

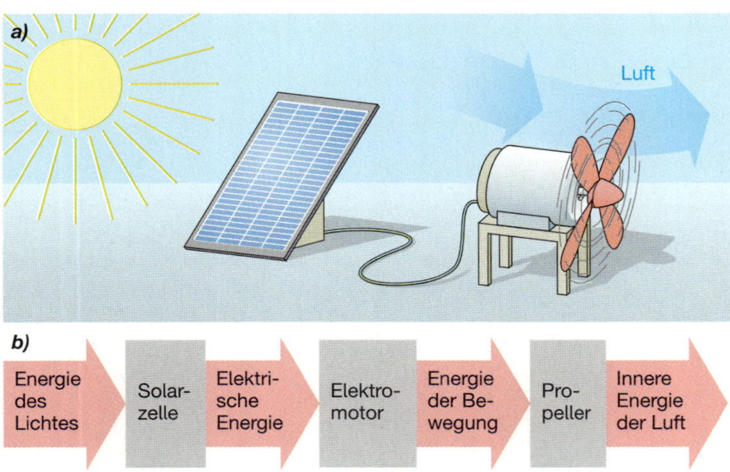

3 Die Energie des Lichtes treibt einen Elektromotor an.

Elektrische Energie und Spannung

Versuche

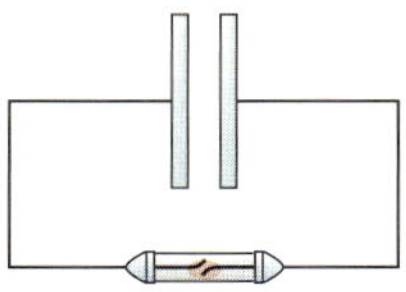

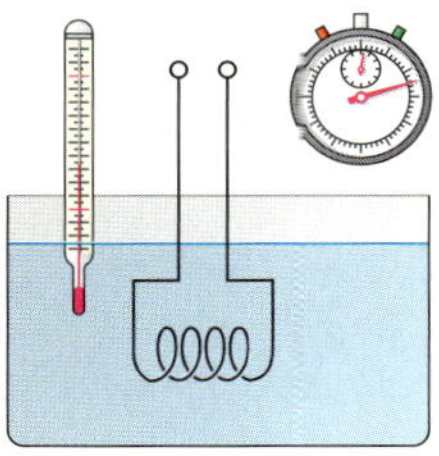

V1 Zwei Metallplatten werden in geringem Abstand parallel zueinander aufgestellt und kurz mit je einem Pol einer elektrischen Quelle verbunden.
Verbindet man anschließend die Platten über eine Glimmlampe, so glimmt diese schwach.

Die Platten werden erneut kurz mit den Polen der Quelle verbunden. Sie werden auseinandergezogen. Jetzt leuchtet die Glimmlampe hell auf!

V2 Wir erwärmen je 400 g Wasser von gleicher Temperatur mit zwei verschiedenen Tauchsiedern. Die Tauchsieder schließen wir so an regelbare elektrische Quellen an, dass die Stromstärke jeweils gleich ist, z. B. I = 3,7 A. Wir messen die Temperaturen des Wassers im Laufe der Zeit:

Temperatur in °C mit	nach der Zeit 0 s	30 s	60 s	90 s
Tauchsieder I	17	32	46	61
Tauchsieder II	17	29	41	53

V3 Wir wiederholen den vorherigen Versuch, schließen jedoch die beiden Tauchsieder an die gleiche elektrische Quelle an. Wir messen:

Temperatur in °C mit	nach der Zeit 0 s	30 s	60 s	90 s
Tauchsieder I	17	32	46	61
Tauchsieder II	17	36	55	74

Die Stromstärken in den Tauchsiedern sind verschieden.
Die Temperaturen im Wasser steigen unterschiedlich rasch an.

Grundwissen

Ladung setzt Energie um

Ein sinkendes Massestück kann einen Generator mit angeschlossener Glühlampe antreiben. Ihr Leuchten zeigt, dass Energie der Lage in elektrische Energie umgesetzt wird. Unterbricht man den Stromkreis, so sinkt das Massestück schneller. Jetzt tritt Energie der Bewegung an die Stelle der elektrischen Energie.
Elektrischer Strom ist bewegte Ladung. Wie man einer Ladung Energie zuführen kann, zeigt ein Versuch (Abb. ➤ 1):
Zwei isolierte, parallel zueinander angeordnete Metallplatten werden an den Anschlüssen einer elektrischen Quelle geladen. Dann öffnet man den Stromkreis und verbindet die Platten kurzzeitig mit einer Glimmlampe. Die Glimmlampe leuchtet kurz auf. Ein erneutes Berühren mit der Glimmlampe zeigt, dass sich die Platten bereits beim ersten Mal entladen haben. Werden die Platten nach dem Laden auseinander gezogen und dann entladen, so leuchtet die Glimmlampe wesentlich heller auf. Offensichtlich setzt nun der Strom in der Glimmlampe mehr Energie um als vorher, als die Platten näher beieinander waren.
Die zusätzliche elektrische Energie der Ladung auf den Platten ist eine Folge der Arbeit, die beim Auseinanderziehen der Platten an ihnen verrichtet wurde. Da beim Laden in beiden Fällen die gleichen Bedingungen vorliegen, nehmen wir an, dass die elektrische Ladung auf den Platten in beiden Versuchen gleich ist.
Die elektrische Energie hängt also nicht nur von der bewegten Ladung bzw. der Stromstärke, sondern auch von einer Eigenschaft der Quelle ab, die wir mit der ***elektrischen Spannung*** kennzeichnen.

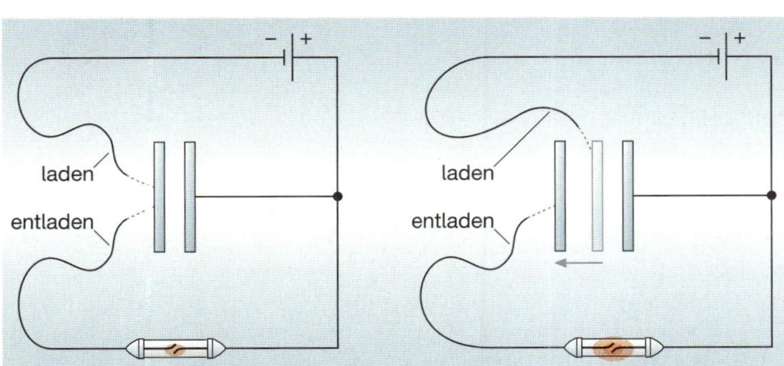

1 Werden die Platten nach dem Laden weiter auseinander gezogen, so leuchtet die Glimmlampe beim Entladen heller!

> Die elektrische Energie einer Ladung wird durch die Spannung beschrieben.

Die Spannung wird in der Einheit Volt (V) gemessen. Bei 1 V kann eine Ladung von 1 C die Energie 1 J umsetzen.

? Wird die Glimmlampe im Versuch nach Abb. ➤ 1 auch aufleuchten, wenn man den Plattenabstand verringert?

Grundwissen

Wir messen elektrische Energie

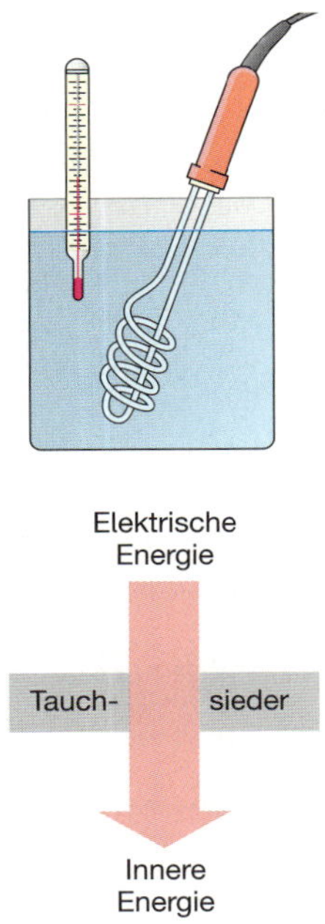

Beim Erwärmen von Wasser mit einem Tauchsieder gibt die bewegte Ladung Energie ab. Dafür nimmt die innere Energie des Wassers zu. Geschieht dies in einem isolierten Wassergefäß, so ist die von der Ladung abgegebene elektrische Energie E_{el} dem Betrag nach gleich der Zunahme der inneren Energie des Wassers ΔE.
Darüber wissen wir:
Eine Temperaturerhöhung von 1 Kelvin hat zur Folge, dass die innere Energie von 1 g Wasser um $\Delta E = 4{,}2$ J zunimmt. Die Energie ΔE ist proportional zur Masse m und zur Temperaturerhöhung $\Delta\vartheta$.
Es gilt also:

$$\Delta E = 4{,}2\ \frac{\text{J}}{\text{g} \cdot \text{K}} \cdot m \cdot \Delta\vartheta$$

Wir vergleichen die Zunahme der inneren Energie mit der durch den Stromkreis geflossenen Ladung $Q = I \cdot t$.
Die Messergebnisse liegen im Diagramm (Abb. ➤ 1) näherungsweise auf einer Geraden durch den Ursprung.

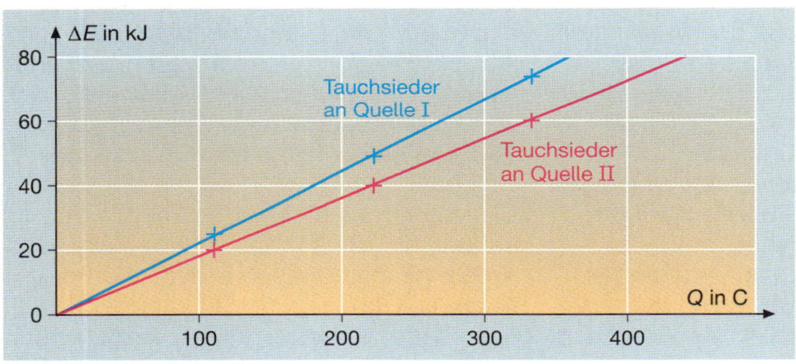

1 Diagramm der Messergebnisse von Ladung und Energie

Werden andere Tauchsieder an die gleiche elektrische Quelle angeschlossen, so hat die Stromstärke im Tauchsieder andere Werte, die Messpunkte liegen aber auf der gleichen Geraden.
Benutzen wir eine andere elektrische Quelle, so erhalten wir eine andere Gerade durch den Ursprung.

Ursprungsgeraden zeigen Proportionalitäten an. Die Zunahme der inneren Energie einer mit dem Tauchsieder erwärmten Wassermenge ist proportional zur umgesetzten elektrischen Energie und diese wiederum proportional zur transportierten Ladung Q. Sind Größen einander proportional, so ist ihr Quotient konstant. Bei verschiedenen elektrischen Quellen unterscheiden sich die Quotienten $\Delta E/Q$.

> Setzt die Ladung Q im Stromkreis die Energie ΔE um, dann kennzeichnet der Quotient aus ΔE und Q die Quelle.

Der Quotient $\Delta E/Q$ ist umso größer, je mehr Energie eine bestimmte transportierte Ladung umsetzen kann. Damit lässt sich die Spannung als Kennzeichen einer Quelle auf die messbaren Größen Energie und Ladung zurückführen.

> Die Spannung U einer Quelle ist der Quotient aus der Energie ΔE, die eine Ladung Q im Stromkreis umsetzt und der Ladung Q:
> $$U = \frac{\Delta E}{Q}$$

Für die Einheit der Spannung gilt also:

$$1\ \frac{\text{J}}{\text{C}} = 1\ \frac{\text{J}}{\text{As}} = 1\ \text{V}$$

Beispiel: Bei der Spannung 12 V kann die Ladung $Q = 2$ C im Stromkreis die Energie von 24 J umsetzen.

Mit einem Generator wie in Abb. ➤ 2 ist die umgesetzte Energie direkt „spürbar“. Zuerst wird eine Lampe, und dann in Reihenschaltung eine zweite, gleiche Lampe mit betrieben. Um gleiche Helligkeit für zwei Lampen zu erzielen, muss beim Drehen deutlich mehr Arbeit verrichtet werden.

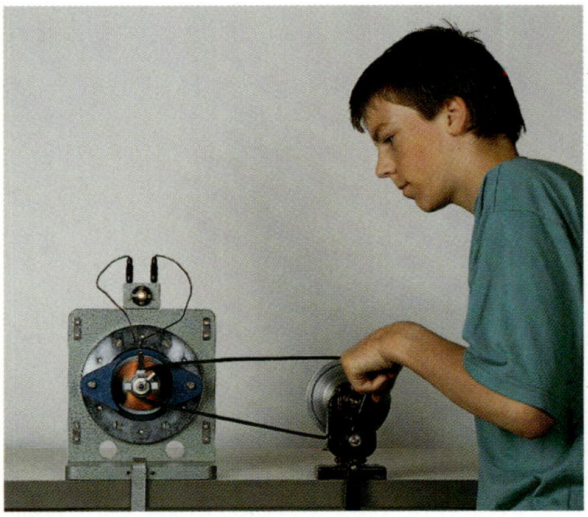

2 Hier wird Energie umgesetzt!

Leistung und elektrische Spannung

Versuche

V1 Bei Glühlampen im Haushalt wird stets die Leistung angegeben, z. B. 25 W. Da alle mit derselben Quelle betrieben werden, können verschiedene Leistungen nur von unterschiedlichen Stromstärken herrühren. Wir messen daher die Stromstärken für verschiedene Glühlampen. Die Leistung entnehmen wir der Aufschrift (VORSICHT! Lehrerversuch!):

P in W	100	60	40	25
I in A	0,44	0,27	0,18	0,11

Wir stellen fest: Höhere Leistung ist mit höherer Stromstärke verbunden.

V2 Das Lämpchen einer Taschenlampe leuchtet mit einer Batterie hell (Abb. ➤ 1a). Werden zwei gleiche Lämpchen in Reihe (Abb. ➤ 1b) geschaltet, so leuchten sie nur noch schwach.

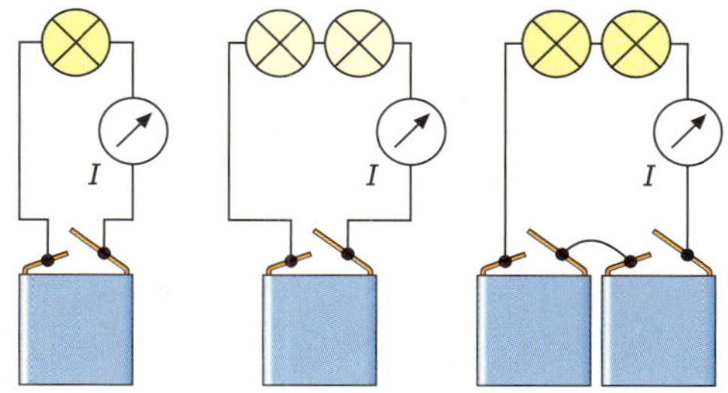

1a) ***b)*** ***c)***

Betreiben wir sie wie in Abb. ➤ 1c mit zwei Batterien, so leuchten sie so hell wie am Anfang. Es herrscht wieder die ursprüngliche Stromstärke. Da zwei Lämpchen leuchten, wird die doppelte Leistung umgesetzt.

Grundwissen

Die elektrische Leistung

Merke:
Spannung ist
$U = \frac{\Delta E}{Q}$
oder
$U = \frac{P}{I}$

Braucht man eine helle Lampe, so wählt man eine 100 W-Lampe. Eine 25 W-Lampe gleicher Bauart leuchtet schwächer, sie setzt weniger Energie im gleichen Zeitraum um. Man sagt, die 100 W-Lampe hat eine höhere elektrische Leistung als die 25 W-Lampe.
Werden Lampen an die gleiche Quelle angeschlossen, so erwartet man bei verschieden hellen Lampen unterschiedliche Stromstärken. Messungen zeigen auch:

> Bei gleicher Quelle sind Leistung P und Stromstärke I zueinander proportional, das heißt, P/I ist konstant.

Trotz unterschiedlicher Quellen kann in Geräten die gleiche Stromstärke vorkommen. In den Schaltungen nach Abb. ➤ 1a und Abb. ➤ 1c ist in allen Glühlampen die gleiche Stromstärke vorhanden. Die Quelle in Abb. ➤ 1c besteht aus zwei in Reihe geschalteten Batterien, bei gleicher Stromstärke hat sie aber die doppelte Leistung. Wir sagen, diese Quelle hat die doppelte Spannung. Dabei hat sich der Quotient P/I verdoppelt. Allgemein:

> Der Quotient aus umgesetzter Leistung und dazu benötigter Stromstärke ist die Spannung U:
> $U = \frac{P}{I}$; für die Einheit gilt: $1\ \text{V} = \frac{1\ \text{W}}{1\ \text{A}}$

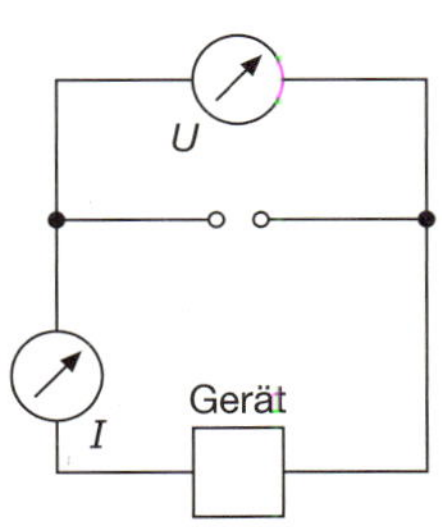

Bestimmung der elektrischen Leistung P:
U und I messen, dann P nach $P = U \cdot I$ berechnen.

Berechnen wir den Quotienten P/I für die Lampen unterschiedlicher Leistung, die wir mit dem Netzgerät betrieben haben, so erhalten wir jeweils die Netzspannung von 230 V.
Nach Definition ist die Leistung P der Quotient aus verrichteter Arbeit $W = \Delta E$ und benötigter Zeit t. Mit $P = \Delta E/t$ und $I = Q/t$ erhält man:

$$U = \frac{P}{I} = \frac{\Delta E}{I \cdot t} = \frac{\Delta E}{Q}$$

Beide Definitionen der elektrischen Spannung $U = P/I$ und $U = \Delta E/Q$ sind also gleichwertig.
Wird die Gleichung $U = P/I$ mit I multipliziert, so ergibt sich die elektrische Leistung in Abhängigkeit von der Spannung U der Quelle und der Stromstärke I im Gerät.

> Die von einem elektrischen Gerät aufgenommene Leistung beträgt $P = U \cdot I$.

Die elektrische Leistung wird deshalb auch gelegentlich in der Einheit VA angegeben.
Wegen $\Delta E = P \cdot t$ folgt für die in der Zeit t bei der Spannung U mit der Stromstärke I umgesetzte Energie: $\Delta E = U \cdot I \cdot t$.

? An einer Herdplatte steht: 230 V/2000 VA. Was bedeutet diese Angabe?

Messgerät für elektrische Leistung

Ein Messgerät für die elektrische Leistung in einem Gerät (Abb. ➤ 1) ist wie ein Drehspulmessgerät aufgebaut, bei dem der Dauermagnet durch einen Elektromagnet ersetzt ist.

Der Elektromagnet wird wie ein Messgerät für die Spannung parallel zum elektrischen Gerät geschaltet. Steigt die Spannung an den Anschlüssen des Leistungsmessgerätes, so steigt die Stromstärke im Elektromagnet und die Drehspule wird im Magnetfeld stärker gedreht.
Die Drehspule ist mit dem elektrischen Gerät, wie ein Messgerät für die Stromstärke, in Reihe geschaltet. Erhöht sich die Stromstärke in der Drehspule, so wird sie stärker gedreht.
Der Zeigerausschlag nimmt deshalb sowohl mit der Spannung als auch mit der Stromstärke zu.
Die gleichzeitige Wirkung von Spannung und Stromstärke auf den Zeiger entspricht dem Produkt $U \cdot I = P$.

Messgerät für elektrische Energie

Ein Elektrizitätszähler ist eine Art Elektromotor. In ihm befindet sich eine waagerecht gelagerte Aluminiumscheibe (Abb. ➤ 2). Sie kann sich zwischen den Polen zweier Elektromagnete drehen, von denen der eine ein Magnetfeld entsprechend der Stromstärke, der andere eines entsprechend der Spannung erzeugt. Zusammenwirkend rufen sie eine Drehung der Scheibe hervor, die schneller wird, wenn mehr Energie umgesetzt wird. Die Anzahl der Umdrehungen hält ein Zählwerk fest. Sie ist proportional zur umgesetzten Energie $E = U \cdot I \cdot t$. Der Zähler im Haushalt gibt die Energie in der Einheit 1 kWh an. Es gilt:

$$1 \text{ kWh} = 1000 \text{ W} \cdot 3600 \text{ s} = 3\,600\,000 \text{ Ws} = 3\,600\,000 \text{ J}$$

Das Elektrizitätswerk stellt die Energie zum Betrieb der elektrischen Geräte zur Verfügung. Die abgenommene Energie wird mit der „Stromrechnung“ berechnet.

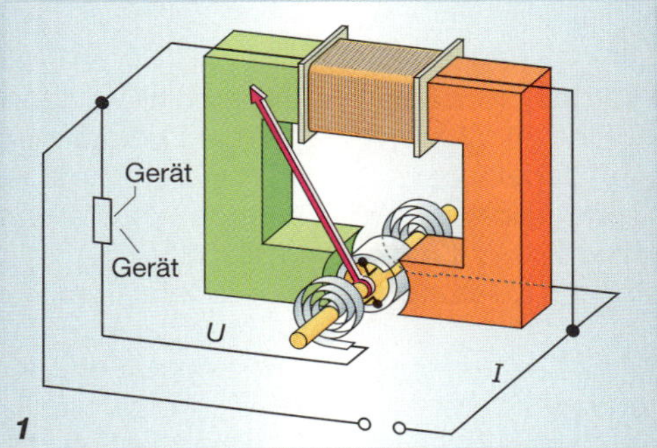

1

2

Die Rechnung des Elektrizitätswerkes

Die jährliche Abrechnung der vom Elektrizitätswerk gelieferten Energie besteht aus dem ***Verbrauchspreis*** für den Energiebezug in kWh und einem ***Grundpreis*** für die Bereitstellung und Messung der Energie aus dem Netz.
Der Verbrauchspreis erhöht sich noch um die Stromsteuer und um Abgaben für erneuerbare Energien (EEG) sowie für die Kraft-Wärme-Kopplung (KWK). Der Grundpreis ergibt sich aus einem festen Verrechnungspreis, der vom gewählten Tarif abhängt, und aus einem von der entnommenen Energie abhängigen Leistungspreis. Zu allem wird noch die Mehrwertsteuer hinzugerechnet.

Zähler-Nr.	120235	
Zählerstand	am 16. 12. 2001:	6164
Zählerstand	am 15. 12. 2002:	9850
Energiebezug		3686
Stromsteuer	1,30 *Cent/kWh*	
EEG und KWK	0,49 *Cent/kWh*	

[1] Der Grundpreis wird für die Dauer eines Abrechnungsjahres in Rechnung gestellt.

Leistung	Preis ohne MwSt.	Betrag in €
Verbrauchspreis	*10,70 Cent/kWh*	*394,40*
mit Stromsteuer, EEG- und KWK-Umlage	*12,49 Cent/kWh*	*460,38*
Verrechnungspreis Eintarifmessung		*27,20*
Grundpreis[1] (365 Tage) mit Leistungspreis fester Anteil und Messpreis		*91,10*
Summe		*578,68*
Mehrwertsteuer	*16 % von 578,68 €*	*92,59*
Rechnungsbetrag		***671,27***

Energieumsetzung bei der Parallelschaltung

Versuche

V1 Wir schalten einen dünnen und einen dicken Konstantandraht gleicher Länge parallel und schließen sie an eine regelbare Quelle (Abb. ➤ 1). Wir erhöhen allmählich die Spannung.
Der dickere Draht glüht hell auf, während der dünnere Draht noch dunkel ist.

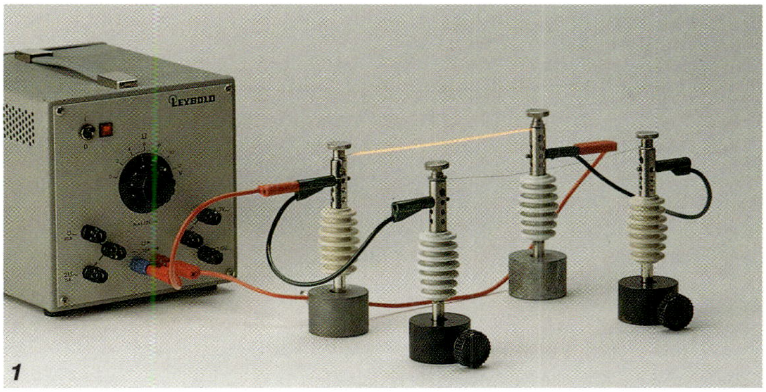

1

V2 Mit zwei parallel geschalteten Glühlampen (Abb. ➤ 2) untersuchen wir den Zusammenhang zwischen Leistung und Widerstand. Wir ermitteln für die einzelnen Lampen und für die gesamte Schaltung Widerstand und Leistung, zum Beispiel:

Spannung der Quelle		Lampe 1	Lampe 2	Gesamt
$U = 4$ V	R in Ω	9,0	0,8	0,7
	P in W	1,8	20	22
$U = 6$ V	R in Ω	12	1,2	1,1
	P in W	3	30	33

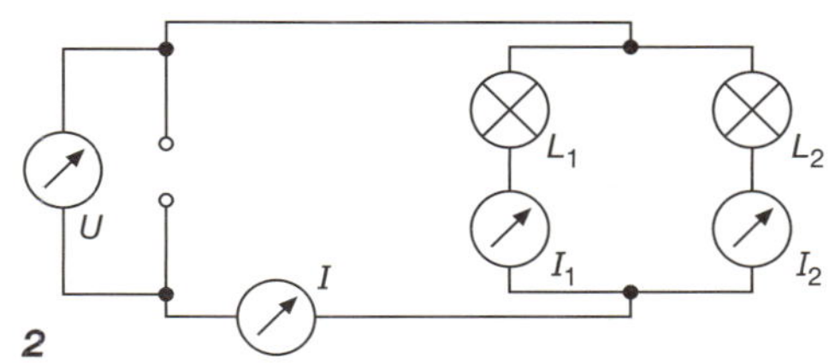

2

Grundwissen

Widerstand und Energie

Im Haushalt sind die elektrischen Geräte parallel geschaltet. Die vom Elektrizitätswerk gelieferte Energie E teilt sich auf die angeschlossenen Geräte auf. Nach welchen Gesetzmäßigkeiten geschieht dies?
Wir betrachten zwei parallel geschaltete Widerstände R_1 und R_2. Die Spannungen an R_1 und R_2 sind gleich der Spannung U der Quelle: $U = U_1 = U_2$.
Wir betrachten zunächst die elektrische Leistung am ***Ersatzwiderstand*** $R_{ers} = R$ von R_1 und R_2. Sie beträgt:

$$P = U \cdot I = U \cdot \frac{U}{R} = \frac{U^2}{R}$$

Aus Leistung und Zeit ergibt sich die umgesetzte Energie, das heißt, es gilt:

$$\Delta E = P \cdot t = \frac{U^2}{R} \cdot t$$

> Die elektrische Leistung und die umgesetzte elektrische Energie sind in einer Parallelschaltung umgekehrt proportional zum Ersatzwiderstand.

Je dicker ein Draht ist, umso kleiner ist sein Widerstand. Werden zwei verschieden dicke Drähte parallel geschaltet, so wird am dickeren Draht mehr Energie als am dünnen umgesetzt. Deshalb fängt der dickere Draht vor dem dünneren zu glühen an. Die Stromstärken in zwei parallel geschalteten Widerständen addieren sich zur Gesamtstromstärke: $I_1 + I_2 = I$. Da an beiden die Spannung gleich ist, folgt:

$$P = U \cdot I = U \cdot (I_1 + I_2)$$
$$= U \cdot I_1 + U \cdot I_2 = P_1 + P_2$$

Die an parallel geschalteten Widerständen verrichtete Leistung ist gleich der Summe der in den einzelnen Widerständen verrichteten Leistungen. Entsprechendes gilt für die Energien. Wegen des Erhaltungssatzes für die Energie muss das auch so sein!
Den Zusammenhang zwischen den einzelnen Widerständen und den zugehörigen Leistungen zeigt der Quotient:

$$\frac{P_1}{P_2} = \frac{U \cdot I_1}{U \cdot I_2} = \frac{I_1}{I_2} = \frac{U/R_1}{U/R_2} = \frac{R_2}{R_1}$$

Entsprechend gilt auch für die umgesetzten Energien: $\Delta E_1/\Delta E_2 = R_2/R_1$.

> Stromstärke und Leistung bzw. umgesetzte Energie teilen sich bei parallel geschalteten Widerständen im umgekehrten Verhältnis wie die Widerstände auf.

Merke:
Bei Parallelschaltung entfällt auf den kleineren Widerstand der größere Anteil der Leistung bzw. der Energie.

Energieumsetzung bei der Reihenschaltung

Versuche

V1 Wir schalten einen dünnen und einen dicken Konstantandraht gleicher Länge in Reihe und schließen sie an eine regelbare Quelle. Wir erhöhen allmählich die Spannung. Der dünnere Draht glüht hell, während der dickere Draht noch dunkel ist.

V2 Ein Schiebewiderstand mit 100 Ω wird an eine Quelle mit $U = 12$ V Spannung angeschlossen. Den Abgriff bringen wir in Mittelstellung. Messen wir die Teilspannung U, so erhalten wir etwa 6 V.

Schalten wir nun wie in Abb. ➤ 1 eine Glühlampe 6 V/3 W parallel zum Messgerät, so leuchtet sie nicht. Das Messgerät zeigt jetzt eine kleinere Spannung an. Wir müssen die Lage des Abgriffes verändern, damit die Lampe leuchtet.

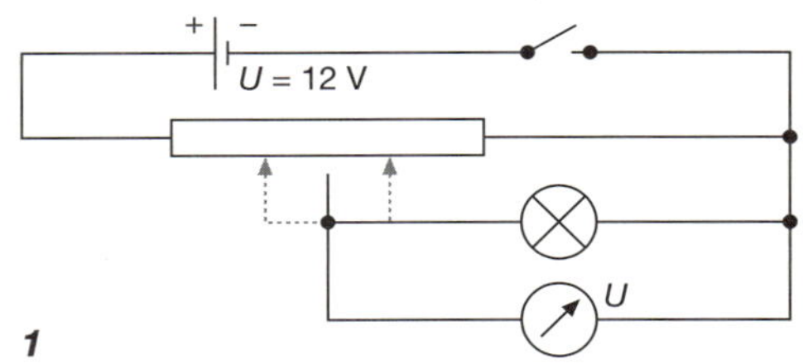

1

V3 An eine Flachbatterie mit 4,5 V Spannung schließen wir verschiedene Glühlampen für die gleiche Spannung an, z. B. 6 V/0,3 W, 6 V/3 W und 6 V/30 W. Dazu messen wir jeweils die Spannung U und die Stromstärke I.
VORSICHT: Verwende immer zuerst den größten Messbereich für die Stromstärke!
Die Spannung an der Batterie sinkt mit wachsender Stromstärke stark ab.

Grundwissen

Widerstand und Energie

Werden mehrere gleiche Glühlampen in Reihe geschaltet, so leuchten alle gleich hell. Dies zeigt z. B. die Christbaumkette. Wird eine dieser Lampen durch eine Glühlampe mit höherer Leistung ersetzt, so leuchten alle bisherigen Lampen, nur die neue Lampe nicht. Wie kommt das?

Die Stromstärke I ist in einer Reihenschaltung wie in Abb. ➤ 2 in beiden Widerständen gleich. Daher gilt für die Leistung an jedem einzelnen Widerstand:

$P_1 = U_1 \cdot I$ und $P_2 = U_2 \cdot I$.

Daraus folgt: $\frac{P_1}{P_2} = \frac{U_1}{U_2}$

Wegen $U = R \cdot I$ gilt weiter:

$$\frac{P_1}{P_2} = \frac{U_1}{U_2} = \frac{R_1 \cdot I_1}{R_2 \cdot I_2} = \frac{R_1}{R_2}$$

Da $\Delta E = P \cdot t$ ist, gilt ferner:

$$\frac{\Delta E_1}{\Delta E_2} = \frac{P_1 \cdot t}{P_2 \cdot t} = \frac{R_1}{R_2}$$

Merke:
Bei Reihenschaltung entfällt auf den größeren Widerstand der größere Anteil der Leistung bzw. der umgesetzten Energie.

> Spannung und Leistung bzw. umgesetzte Energie teilen sich bei der Reihenschaltung von Widerständen im Verhältnis der einzelnen Widerstände auf.

Beispiel: Die Leistung bei der Spannung $U = 6$ V ist für jede der beiden Glühlampen in Abb. ➤ 2 bekannt. Da $P = U \cdot I$ und $I = U/R$ ist, gilt $P = U^2/R$ bzw. $R = U^2/P$.

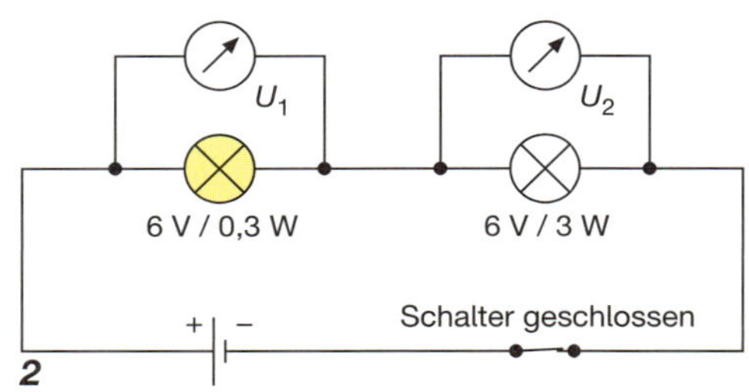

2

Mit den Werten aus Abb. ➤ 2 folgt:
$R_1 = 120\ \Omega$ und $R_2 = 12\ \Omega$
Nun wissen wir, dass in dieser Reihenschaltung

$$\frac{P_1}{P_2} = \frac{R_1}{R_2} = \frac{120\ \Omega}{12\ \Omega} = \frac{10}{1}$$

gelten muss. Die von der Quelle abgebene Leistung wird sich im Stromkreis stets so verteilen, dass auf Lampe 1 gegenüber Lampe 2 die zehnfache Leistung entfällt. Tatsächlich erfordert aber Lampe 2 eine zehnfach höhere Leistung als Lampe 1. In dieser Reihenschaltung kann nur die Lampe 1 korrekt betrieben werden. Leuchtet Lampe 1, dann leuchtet Lampe 2 nicht; soll Lampe 2 leuchten, dann wird Lampe 1 zerstört.

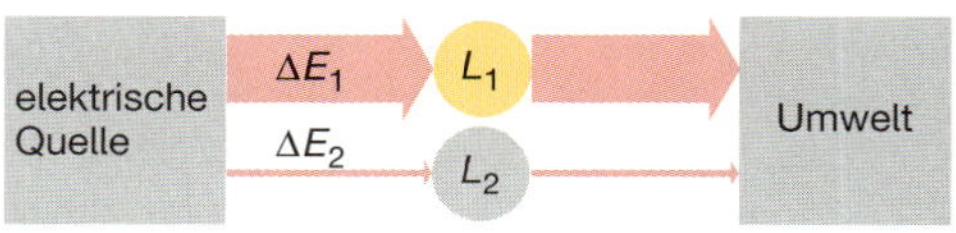

Aufwand und Nutzen: der Wirkungsgrad

Versuche

V1 Bei einer Küchenmaschine wird beim Betrieb am Netz (U = 230 V) die Stromstärke gemessen (VORSICHT!):
- im Leerlauf ist I = 0,7 A,
- beim Teigkneten ist I = 1,2 A.

V2 Mit einem Experimentiermotor werden Gegenstände gehoben. Wir messen jeweils Spannung U, Stromstärke I, Zeit t, Hubhöhe h und Masse m.
Beim Vergleich der Energie der Lage mit der aufgewandten elektrischen Energie stellen wir fest, dass die erhaltene Energie der Lage viel kleiner ist als die dafür eingesetzte elektrische Energie.

V3 Wir untersuchen die Umsetzung von elektrischer Energie bei einer Glühlampe. Dazu tauchen wir eine Glühlampe (12 V/ 40 W) leuchtend so in ein durchsichtiges Gefäß mit m_W = 300 g Wasser, dass die Fassung nicht mit dem Wasser in Berührung kommt (Abb. ➤ 1). Wir messen die Spannung U, die Stromstärke I und die Temperaturen des Wassers in Abhängigkeit von der Zeit.

t in s	0	30	60	90	120	150	180
ϑ in °C	18	18,8	19,5	20,4	21,3	22	22,8

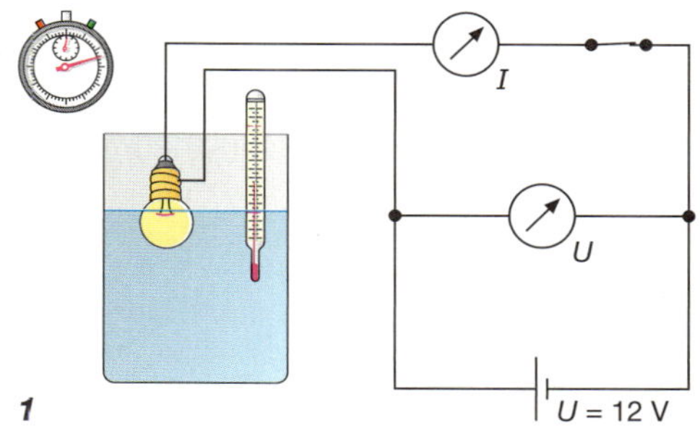

1

Grundwissen

Wie gut arbeitet ein Elektromotor?

Eine Küchenmaschine wird durch elektrische Energie angetrieben und verrichtet mechanische Arbeit, etwa zum Sahneschlagen oder Teigkneten. Wir untersuchen diese Energieumsetzung bei einem arbeitenden Motor, indem wir Stromstärke I, Spannung U und Zeit t messen.

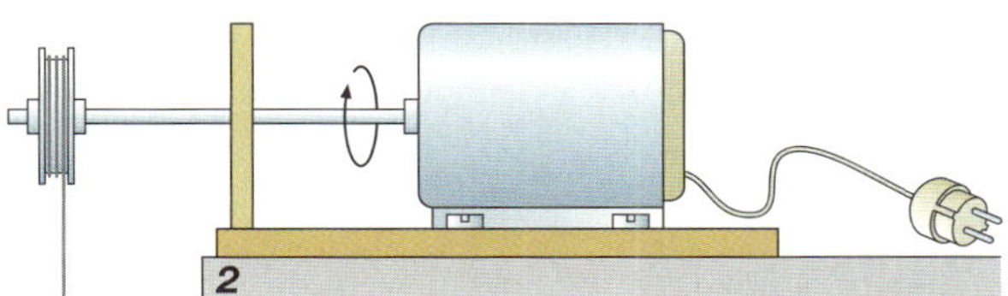
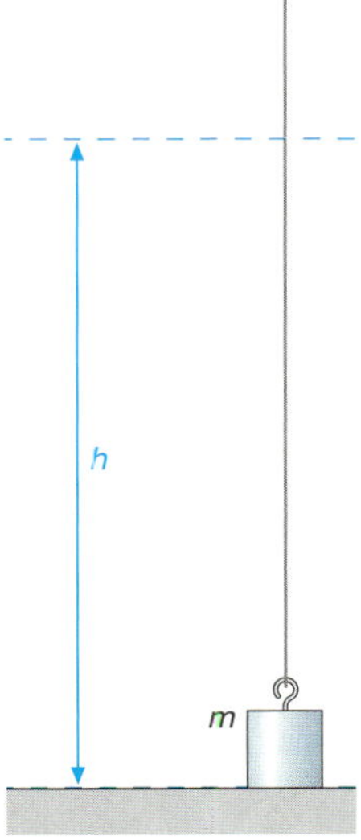

2

Im Leerlauf ist die Stromstärke und damit die umgesetzte elektrische Energie kleiner als bei Belastung, wenn der Motor die erwünschte Arbeit zusätzlich verrichtet, etwa ein Massestück hebt (Abb. ➤ 2).
Die elektrische Energie ergibt sich aus der Beziehung

$$E_{el} = P \cdot t = U \cdot I \cdot t.$$

Die Hubarbeit ist gleich der gewonnenen Energie der Lage des Körpers

$$E_{Lage} = m \cdot g \cdot h.$$

Messungen der elektrischen Energie und der gewonnenen Energie der Lage des Körpers ergeben z. B. folgende Werte:

E_{Lage} in J	E_{el} in J	E_{Lage}/E_{el}
0,2	7,8	0,025 = 2,5 %
0,4	15,8	0,025 = 2,5 %

Unsere Absicht war, das Massestück zu heben. Wir bezeichnen daher E_{Lage} als ***Nutzenergie*** gegenüber E_{el} als aufgewandte Energie. Das Beispiel zeigt:

> Bei einer Energieumsetzung ist in der Regel die Nutzenergie deutlich kleiner als die aufgewandte Energie.

Ein großer Teil der elektrischen Energie wird wegen der Reibung in den Lagern des Motors in innere Energie umgesetzt. Ein anderer Teil führt dazu, dass die elektrischen Leitungen durch den elektrischen Strom ihre innere Energie erhöhen.
Ein Motor ist umso besser, je größer der Anteil der Nutzenergie ist. Der Quotient η aus Nutzenergie E_{Nutz} und aufgewandter Energie $E_{Aufwand}$ beschreibt diesen Anteil:

$\eta = \frac{E_{Nutz}}{E_{Aufwand}}$ heißt ***Wirkungsgrad***.

> Der Wirkungsgrad η beschreibt den Grad der Energienutzung bei einem Umsetzungsprozess.

Wegen der Erhaltung der Energie ist $\eta \leq 1$, in der Realität ist η oft viel kleiner als 1.

Wirkungsgrad bei Tauchsieder und Lampen

Meist ist der Wirkungsgrad von Geräten nicht besonders gut, weil die gewünschte Umsetzung zwangsläufig eine ungewünschte Umsetzung in innere Energie mit sich bringt. Umsetzungen, deren Zweck es ist, die Temperatur von Körpern zu erhöhen, müssten diesen Mangel nicht haben.
Wir betrachten dazu den ***Tauchsieder***, der elektrische Energie in innere Energie von Wasser umsetzt (Abb. ➤ 1). Die Temperaturzunahme der Leitungen im Gerät, die sonst den Wirkungsgrad ungünstig beeinflussen würde, ist hier gerade erwünscht. Wird ein Isoliergefäß benutzt, so verliert das Wasser auch nur wenig Energie an die Umgebung. Messungen zeigen, dass der Wirkungsgrad des Tauchsieders fast ideal $\eta \approx 1 = 100\ \%$ ist.

Bei der ***Glühlampe*** ist die Umsetzung von elektrischer Energie in sichtbare Strahlungsenergie, als Licht, beabsichtigt. Stets ist damit eine Umsetzung in innere Energie verbunden. Der Wirkungsgrad lässt sich bestimmen: Wird eine leuchtende Glühlampe vorsichtig in ein Wasserbad getaucht, so lässt sich die umgesetzte elektrische Energie mit der Zunahme an innerer Energie des Wassers vergleichen (Abb. ➤ 2). Für den Versuch nimmt man ein durchsichtiges Gefäß. Da das Gefäß nicht isoliert ist, wird ein Teil der inneren Energie des Wassers an die Umgebung abgegeben.

Bei einer 40 W-Lampe misst man z. B. $U = 12$ V, $I = 3{,}3$ A. Bei $m_W = 300$ g Wasser ergibt sich nach $t = 180$ s eine Temperaturerhöhung von $\Delta\vartheta = 4{,}8$ K. Daraus folgt:

$$\Delta E_{el} = U \cdot I \cdot t = 12\ \text{V} \cdot 3{,}3\ \text{A} \cdot 180\ \text{s} = 7100\ \text{J}$$

$$\Delta E_{innere} = c_W \cdot m_W \cdot \Delta\vartheta$$

$$= 4{,}2\ \frac{\text{J}}{\text{g} \cdot \text{K}} \cdot 300\ \text{g} \cdot 4{,}8\ \text{K} \approx 6000\ \text{J}$$

Damit wird also höchstens der Anteil

$$\Delta E_{Licht} \le \Delta E_{el} - \Delta E_{innere} \approx 1100\ \text{J}$$

in Licht umgesetzt.
Dies ergibt einen Wirkungsgrad von

$$\eta = \frac{P_{Licht}}{P_{el}} = \frac{\Delta E_{Licht}}{U \cdot I \cdot t} = \frac{1100\ \text{J}}{7100\ \text{J}} \approx 15\ \%.$$

Obwohl die Messungen ungenau sind, zeigt sich, dass der eigentliche Zweck der Lampe, die Lichterzeugung, nur schlecht erfüllt wird. Normale Glühlampen haben einen Wirkungsgrad von 5 %.

Im Gegensatz zur Glühlampe, bei der ein Metalldraht erst bei hoher Temperatur leuchtet, werden bei der ***Energiesparlampe*** schon bei Raumtemperatur Gasatome durch sehr kleine Stromstärken zum Leuchten angeregt. Für die gleiche Lichtenergie benötigt die Energiesparlampe im Vergleich zur Glühlampe nur etwa ein Fünftel an elektrischer Energie. Dementsprechend klein ist auch der Verlust durch innere Energie. Ihr Wirkungsgrad beträgt also etwa 25 %.

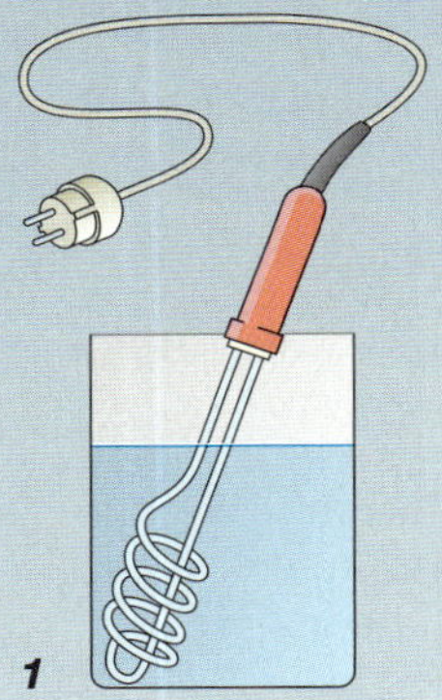
1

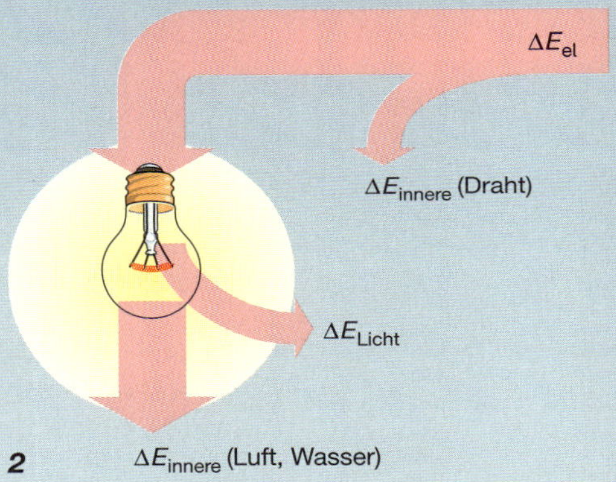

2

Die Energieumsetzung im Transformator

Mit einem Transformator wird elektrische Energie ΔE_1 in der Primärspule in elektrische Energie ΔE_2 in der Sekundärspule umgesetzt. ΔE_2 ist stets kleiner als ΔE_1, denn (Abb. ➤ 3):

- Das ständige Umordnen der Elementarmagnete erhöht die Temperatur des Eisenkerns. Die Zunahme seiner inneren Energie bezeichnen wir mit E_{Eisen}.
- Die Leitungen in den Spulen erhöhen wegen ihres Widerstandes ihre Temperatur. Die Zunahme ihrer inneren Energie bezeichnen wir mit $E_{Widerstand}$.
- Das von der Primärspule erzeugte Magnetfeld gelangt nicht vollständig in die Sekundärspule. Den nicht genutzten Teil bezeichnen wir als $E_{Magnetfeld}$.

Insgesamt gesehen ergibt sich folgende Energiebilanz:

$$\Delta E_1 = \Delta E_2 + E_{Eisen} + E_{Widerstand} + E_{Magnetfeld}$$

Nur im Idealfall, wenn

$E_{Eisen} = 0$ J und $E_{Widerstand} = 0$ J und

$E_{Magnetfeld} = 0$ J sind, wird $\Delta E_1 = \Delta E_2$.

Nur dann gilt:

$$U_1 \cdot I_1 \cdot t = U_2 \cdot I_2 \cdot t \quad \text{bzw.} \quad U_1 \cdot I_1 = U_2 \cdot I_2\ .$$

Man spricht in diesem Fall von einem verlustfreien idealen Transformator. Will man aber z. B. zum Betrieb von Spielzeug die Spannung ändern, muss man den Energieverlust in Kauf nehmen.

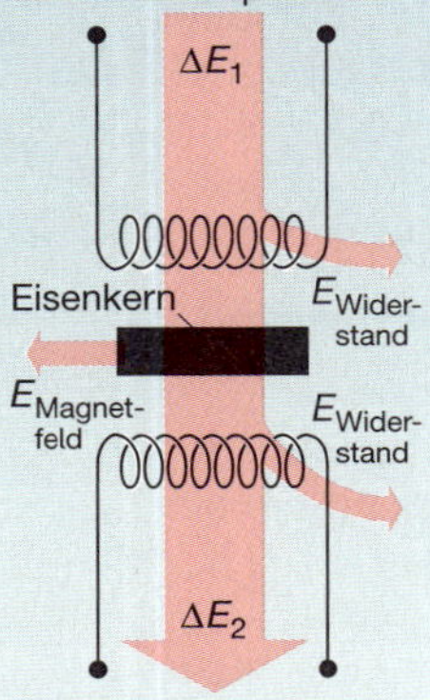

3 Sekundärspule

Rückblick

Begriffe
Was versteht man unter
- elektrischer Energie?
- einer Energieumsetzungskette?
- elektrischer Spannung?
- dem Wirkungsgrad?

Beobachtungen
Was beobachtet man, wenn
- zwei entgegengesetzt geladene Platten auseinandergezogen und dann über eine Glimmlampe entladen werden?
- ein dünner und ein dicker Draht aus demselben Material in Reihe bzw. parallel geschaltet sind und die Spannung anwächst?

Erklärungen
Wie lässt sich begründen, dass
- in einer Parallelschaltung zweier verschieden großer Widerstände die größere Energie beim kleineren Widerstand umgesetzt wird?
- Stromstärke und Spannung zur Leistung bzw. zur Umsetzung der Energie beitragen?

Gesetzmäßigkeiten
Beschreibe mit eigenen Worten
- die Zusammenhänge von Spannung, Energie und Leistung.
- den Zusammenhang von Widerstand und umgesetzter Energie bzw. Leistung bei einer Parallel- und bei einer Reihenschaltung.

Erläutere die Erscheinungen in den folgenden Bildern und beantworte die Fragen!

Welche Energiekette liegt zum Antrieb des Bootes vor?

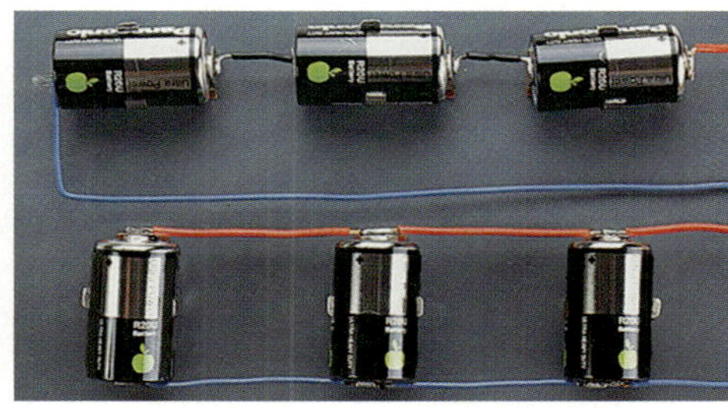
Wodurch unterscheiden sich die elektrischen Daten der Quellen mit drei gleichen Batterien?

Beide Lampen leuchten gleich hell, obwohl die Stromstärken verschieden sind. Weshalb?

Was kann man tun, damit die Glühlampe heller leuchtet?

Schätze nach Angaben im Buch ab, bei welcher Spannung ein Blitz entsteht.

Auf dieser Batterie steht: 12 V / 45 Ah / 360 A. Welche Energie ist ihr zu entnehmen?

Weshalb transportiert man elektrische Energie mit Spannungen bis zu 360 kV?

Beispiele

Leitungswiderstand und Leistung einer Glühlampe

Warum brennt eine 6 V/5 A-Lampe an einer 6 V-Quelle nicht mehr, wenn man eine 50 m-Kabeltrommel dazwischen schaltet? Das Kabel soll aus Kupferdrähten mit dem Durchmesser $d = 0{,}75$ mm bestehen.

Lösung:
Zum Widerstand R_L der Lampe ist der Widerstand R_K der Kupferleitung in Reihe geschaltet. Der Widerstand R_L beträgt:

$$R_L = \frac{6\ \text{V}}{5\ \text{A}} = 1{,}20\ \Omega$$

Die Kupferleitung ist mit Hin- und Rückleitung 100 m lang. Ihr Widerstand R_K ist:

$$R_K = \varrho_{\text{Kupfer}} \cdot \frac{l}{A}$$

$$= \frac{0{,}017\ \Omega \cdot \text{mm}^2}{\text{m}} \cdot \frac{100\ \text{m}}{0{,}44\ \text{mm}^2} = 3{,}85\ \Omega$$

Nehmen wir an, dass der Widerstand der Lampe konstant bleibt, so ergibt sich ein Ersatzwiderstand von

$$R_{\text{Ersatz}} = R_L + R_K = 5{,}05\ \Omega.$$

Daraus errechnet sich die Stromstärke zu

$$I = \frac{U_{\text{gesamt}}}{R_{\text{Ersatz}}} = 1{,}19\ \text{A}\ .$$

Damit wird in der Lampe die Leistung
$P_L = U_L \cdot I = R_L \cdot I^2 = 1{,}7$ W umgesetzt.
Zum richtigen Leuchten wird aber
$P = U \cdot I = 6\ \text{V} \cdot 5\ \text{A} = 30$ W benötigt.

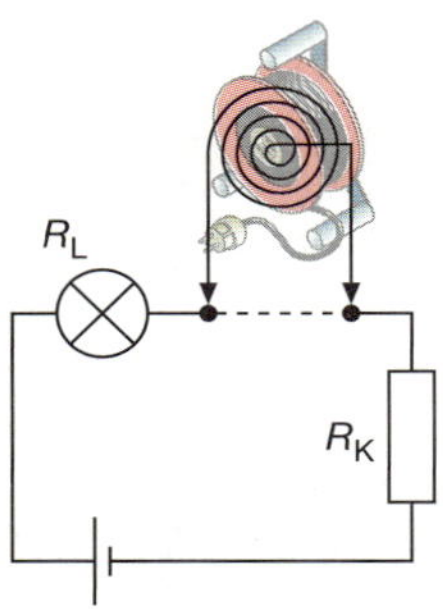

Merke:
Der Widerstand der Leitungen kann die Leistung eines Gerätes beträchtlich verringern.

Innerer Widerstand und Leistung einer Batterie

Eine Autobatterie hat unbelastet eine Spannung von 12,4 V. Wird das Abblendlicht eingeschaltet, so sinkt bei einer Stromstärke von 9,2 A ihre Spannung auf 11,9 V.
a) Wie lässt sich aus dieser Beobachtung auf einen inneren Widerstand der Batterie schließen? Wie groß ist er?
b) Beim Anlassen ist die Stromstärke 90 A. Wie groß sind die Leistungen, die dabei in Batterie und Anlasser umgesetzt werden?

Lösung:
a) Batterie und Abblendlicht sind in Reihe geschaltet. Die Differenz der Spannungen von unbelasteter und belasteter Batterie bedeutet, dass der Strom im Inneren der Batterie diesen Teil der Spannung erfordert:
$U_i = 12{,}4\ \text{V} - 11{,}9\ \text{V} = 0{,}5\ \text{V}$
Die Stromstärken in Batterie und Lampe sind gleich. Der innere Widerstand der Batterie ist:

$$R_i = \frac{U_i}{I} = \frac{0{,}5\ \text{V}}{9{,}2\ \text{A}} = 0{,}054\ \Omega$$

b) Bei 90 A ergibt sich am inneren Widerstand die Teilspannung
$U_i = R_i \cdot I = 0{,}054\ \text{V} \cdot 90\ \text{A} = 4{,}9$ V.
Damit verbleiben für den Anlasser:
$U_A = 12{,}4\ \text{V} - 4{,}9\ \text{V} = 7{,}5\ \text{V}$

Aus $P = U \cdot I$ folgt:
Batterie: $P_i = U_i \cdot I = 441$ W
Anlasser: $P_A = U_A \cdot I = 675$ W
Insgesamt wird im Stromkreis eine Leistung von 1116 W verrichtet.

Heimversuche

1. Elektrische Energie wird gezählt

Schaue auf dem „Elektrizitätszähler“ nach, wie viele Umdrehungen die Scheibe für die Entnahme einer Energie von einer Kilowattstunde ausführt.
Wie viele Umdrehungen führt sie in 10 min aus, wenn eine 100 W-Lampe in Betrieb ist?

2. Wie viel kostet 1 kWh?

Prüfe die letzte Abrechnung des Elektrizitätswerkes. Wie viel kostet 1 kWh elektrische Energie einschließlich aller Abgaben? Schätze, wie lange alle Elektrogeräte im Laufe eines Jahres in Betrieb sind und vergleiche die umgesetzte Energie mit der laut Rechnung.

Fragen

Elektrische Energie und Leistung

1 An einem kleinen Dynamo ist eine Glühlampe angeschlossen. Um die Welle des Dynamos ist ein Faden gewickelt, an dem ein Massestück hängt. Wird es losgelassen, so sinkt es herab und dreht dabei die Achse des Dynamos.
Beschreibe alle auftretenden Umsetzungen an Energie. Wo tritt elektrische Energie auf? Was geschieht, wenn man die Glühlampe losschraubt?

2 Gib den Zusammenhang zwischen elektrischer Spannung und Energie als Satz und als Formel an, der die Stromstärke nicht enthält.

3 Eine Lithium-Batterie hat eine Spannung von 3,5 V. Sie kann für 90 Minuten die Stromstärke 2,0 A in einem Stromkreis hervorrufen. Wie groß ist die gelieferte elektrische Energie?

4a) Beschreibe Durchführung und Auswertung eines Experimentes, mit dem sich die

von einem Tauchsieder umgesetzte Energie bestimmen lässt.
b) In einer Messreihe wurden mit einem Tauchsieder 300 g Wasser erwärmt. Gemessen wurde die Wassertemperatur in Abhängigkeit von der Zeit.

Zeit in s	0	60	120	180	240
Temperatur in °C	17	19	21	23	25

Die Stromstärke im Tauchsieder betrug dabei konstant 4 A.
Berechne die umgesetzte elektrische Energie in Abhängigkeit von der durch den Tauchsieder geflossenen Ladung. Stelle den Zusammenhang graphisch dar. Bestimme aus der Messreihe die Spannung der elektrischen Quelle.
c) In dem Versuch nehmen auch der Tauchsieder, das Thermometer, der Becher sowie die Umgebung Energie auf. Wie beeinflusst das die erreichte Wassertemperatur und die berechnete Energie?

Beide Lampen haben die gleiche Leistung. Worin unterscheiden sie sich?

5 Ersetzt man in der Formel $E_{el} = U \cdot I \cdot t$ die Spannung U durch die Beziehung $U = I \cdot R$, so gilt $E_{el} = I^2 \cdot R \cdot t$. Darf man daraus folgern, dass mit größerem Widerstand die umgesetzte Energie zunimmt? Begründe!

6 Ein elektrischer Wasserkocher trägt die Aufschrift 230 V/2000 W.
a) Wie lange braucht man ungefähr, um 1 l Wasser von Zimmertemperatur (20 °C) zum Sieden (100 °C) zu bringen?
b) Wie groß ist die elektrische Energie, die in einer Sekunde umgesetzt wird?
c) Wie groß ist der elektrische Widerstand der Heizspirale im Wasserkocher?

7 In einer Lampe wird eine 100 W-Glühlampe durch eine 15 W-Energiesparlampe ausgetauscht. Wie viel Geld spart man in einem Jahr, wenn die Lampe täglich 4 Stunden in Betrieb ist? (Der Preis für 1 kWh sei 12 Cent.)

8 Welche elektrische Leistung kann man im Höchstfall der Steckdose (230 V) entnehmen, wenn die Sicherung bei 16 A anspricht?

9 Für kurze Zeit kann die Netzspannung zwischen 210 V und 240 V schwanken. Um wie viel Prozent ändert sich dadurch die Leistung eines Gerätes mit konstantem Widerstand?

10 Eine Heizspirale trägt die Angaben 12 V/30 W. Gib ein Experiment an, mit dem du diese Angaben überprüfen kannst.
Was ist bei der Auswahl der Messbereiche zu beachten?

Ist Strom aus der Batterie so preiswert wie aus der Steckdose?

11 Nimmt die Leistung einer Glühlampe zu, wenn der Glühfaden dünner wird? Begründe.

Energie und Leistung bei Parallel- und Reihenschaltung

12 Die folgenden Stromkreise sind alle aus gleichen Batterien mit $U = 10$ V und gleichen Widerständen aufgebaut. Das Messgerät zeigt im Beispiel ***a)*** die Stromstärke 0,4 A an.

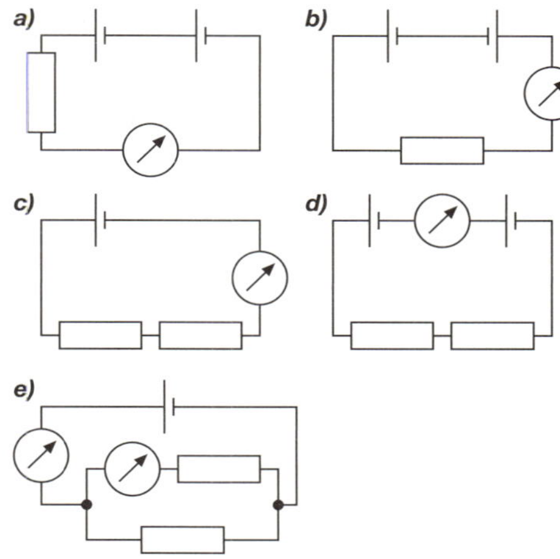

Welche Stromstärken werden dann von den übrigen Messgeräten angezeigt?
Wie groß ist die Leistung der Quellen in den einzelnen Beispielen?

13 Eine elektrische Kochplatte hat zwei Heizwendeln, die aus 18,3 m und 27,5 m langen Drähten bestehen. Die Querschnittsfläche der Drähte ist in beiden Fällen $A = 0{,}200\ \text{mm}^2$, ihr spezifischer Widerstand $\varrho = 0{,}400\ \Omega \cdot \text{mm}^2/\text{m}$.
a) Wie sind die Wendeln zu schalten, damit die größte Leistung erzielt wird?
b) Wie groß ist sie bei 230 V Netzspannung?

14 In der folgenden Schaltung misst man zwischen den Punkten A und B einen Widerstand von 2 Ω.
a) Wie groß muss dann der unbekannte Widerstand R_x sein?
b) In welchem der Widerstände wird die meiste Energie umgesetzt?

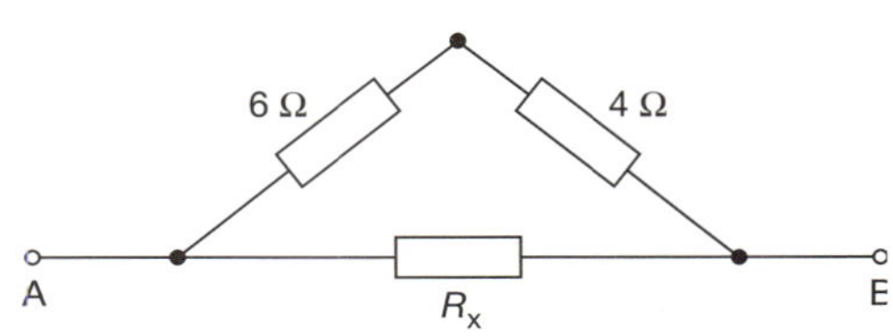

15 Auf einer Kabeltrommel steht:
„Beim Anschluss starker Geräte Kabel ganz abrollen. Überhitzungsgefahr!"
Begründe diese Anweisung.

16 Weshalb brennt der Draht einer Schmelzsicherung früher als die Leitungen durch?

Fragen

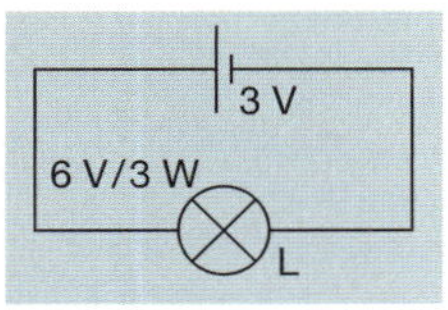

17 Mit einem Verlängerungskabel, das einen Widerstand von 0,5 Ω hat, wird
a) ein Gerät mit 230 V/100 W,
b) ein Gerät mit 12 V/100 W
an eine jeweils passende Quelle angeschlossen. Berechne jeweils die Spannung, die auf das Kabel entfällt, und die elektrische Leistung, die im Kabel umgesetzt wird.

18 Die folgenden Stromkreise sind jeweils aus gleichen Lämpchen und gleichen Batterien aufgebaut.
a) Gib an, welche Helligkeit die Lämpchen A, B und C im Vergleich zum Lämpchen L bei den Schaltungen ① bis ④ haben. Erläutere deine Antwort.

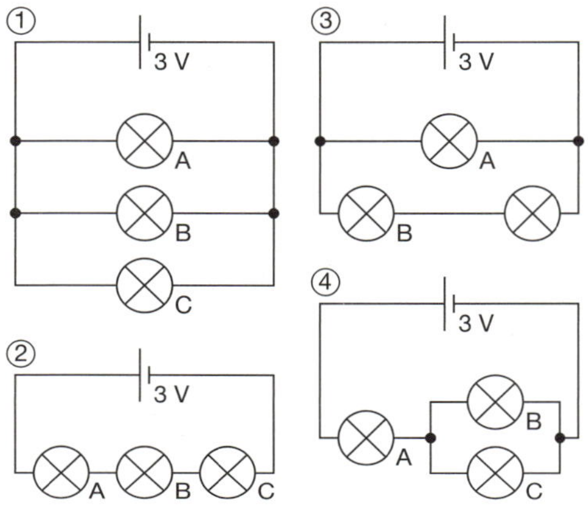

b) Berechne unter der Annahme, dass der Widerstand der Lämpchen gleich bleibt, die bei A, B, C und die insgesamt umgesetzte Leistung.

Aufwand und Nutzen

19 Ein Elektromotor wird von einer 12 V-Batterie angetrieben. Die Stromstärke beträgt 0,75 A.
a) Wie groß ist die elektrische Leistung?
b) Wo bleibt die zugeführte Energie?

20 ***a)*** Der Triebkopf eines ICE 2 hat eine elektrische Leistung von 5000 kW. Die Spannung zwischen Gleis und Fahrleitung beträgt 15 kV. Berechne die Stromstärke im Stromabnehmer des Triebkopfes bei dieser Leistung.
b) Ein Kurzzug hat bei der Höchstgeschwindigkeit von 260 km/h eine Energie der Bewegung von 330 kWh. Beim Bremsen können 50 % dieser Energie wieder als elektrische Energie gewonnen werden. Wie groß ist die mittlere Stromstärke, wenn der Zug in 2,5 Minuten zum Stehen kommt?

21 Worin unterscheiden sich Halogenlampe (12 V) und Glühlampe (230 V) gleicher Leistung?

22 Ein kleiner Elektromotor hebt einen Körper mit der Masse $m = 200$ g in 3,4 s um 1 m hoch. Die Spannung beträgt dabei 4,0 V, die Stromstärke 0,80 A.
Berechne die umgesetzte elektrische Energie und die Hubarbeit. Vergleiche beide Ergebnisse und erkläre den Unterschied.

Teilspannung

23 Wie hängen die Spannung der Quelle und die an den Widerständen einer Reihenschaltung gemessenen Spannungen zusammen?

24 An einem Schiebewiderstand von 320 Ω wird eine Quelle mit 24 V angeschlossen.
a) Welche Teilspannungen erhält man, wenn man den Widerstandsdraht im Verhältnis 120 Ω zu 200 Ω teilt?
b) Parallel zu den 120 Ω wird ein Widerstand mit 40 Ω geschaltet.
Zeichne das zugehörige Schaltbild und bestimme für alle drei Teilwiderstände Spannung, Stromstärke und Leistung.

Der Widerstand in der Quelle

25 Der Strom im geschlossenen Stromkreis muss auch durch die Quelle gehen. Wie deutet man das Absinken der Spannung an ihren Anschlüssen, sobald ein Strom im Stromkreis vorhanden ist?

26 Welchen Widerstand hat eine 6 V-Batterie, wenn der Stromkreis außerhalb von ihr einen Widerstand von 50 mΩ hat und die Stromstärke 26 A beträgt?

27 An eine Flachbatterie werden verschiedene Widerstände angeschlossen. Wir messen jeweils Stromstärke und Spannung.

I in A	0	0,5	1,0	1,5	2,0	2,5
U in V	4,4	3,6	2,9	2,1	1,4	0,7

a) Stelle den Zusammenhang graphisch dar.
b) Erkläre das Messergebnis!
c) Berechne den Widerstand der Flachbatterie.
d) Welche Stromstärke kann höchstens auftreten?

28 Lässt man beim Anlassen eines Autos die Scheinwerfer an, so beobachtet man, dass das Licht während des Anlassens deutlich schwächer wird. Erkläre diese Beobachtung!

29 Eine elektrische Quelle hat unbelastet die Spannung 12 V. Schließt man ein Gerät mit einem Widerstand von 9,0 Ω an, so sinkt die Spannung an der Quelle auf 11,2 V.
a) Bestimme den Widerstand der Quelle.
b) Wie groß sind die Leistungen, die in der Quelle und am Gerät abgegeben werden?

Der Weg von radioaktivem Dünger lässt sich bis ins Blatt verfolgen.

Radioaktive Strahlung ist überall

Radioaktive Strahlung gibt es seit Bestehen der Erde: im Boden, in der Luft und im Wasser. Sie kommt auf ganz natürliche Weise auch in den Pflanzen und Tieren sowie im Menschen vor.
Radioaktive Strahlung ist Teil unserer Umwelt. Wir wissen heute, dass sie an verschiedenen Stellen der Erde unterschiedlich stark ist.
Je höher man z. B. im Gebirge klettert, umso stärker ist die Strahlung.

Radioaktive Stoffe – ein Instrument für die medizinische Diagnose

Um krebsartige Geschwülste ohne operativen Eingriff zu erkennen, injiziert man bestimmte radioaktive Stoffe, die sich besonders schnell und verstärkt in krankhaften Geweben ansammeln. Die von diesen Stellen ausgehende radioaktive Strahlung wird mit empfindlichen Messgeräten erfasst und als Szintigramm dargestellt.

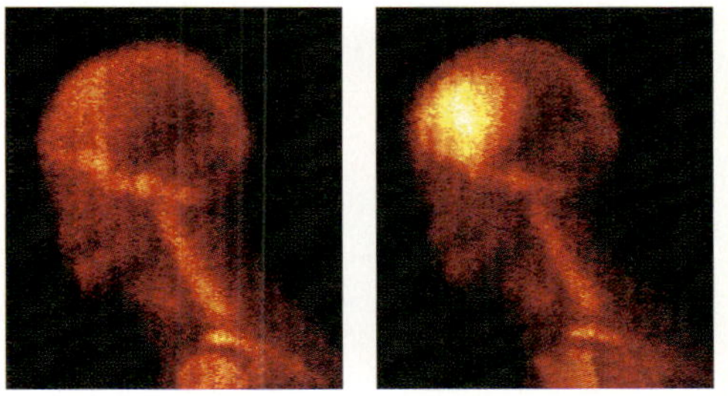

Die Nutzung von Kernenergie

Unser Klima hängt vom Kohlenstoffdioxidanteil in der Atmosphäre ab. Kernkraftwerke erzeugen bei der Umsetzung von Kernenergie kein Kohlenstoffdioxid.

1993 betrug der Anteil der Kernkraftwerke an der Stromerzeugung in Deutschland etwa 34 %. Unfälle wie in Harrisburg in USA (1979) und in Tschernobyl in der Ukraine (1986) haben die Gefahr, dass radioaktive Stoffe in großer Menge unkontrolliert freigesetzt werden können, deutlich gemacht. Über die für viele Jahrtausende notwendige, sichere Endlagerung radioaktiver Abfälle der Kernkraftwerke wird noch gestritten.

Atome

Versuche

1

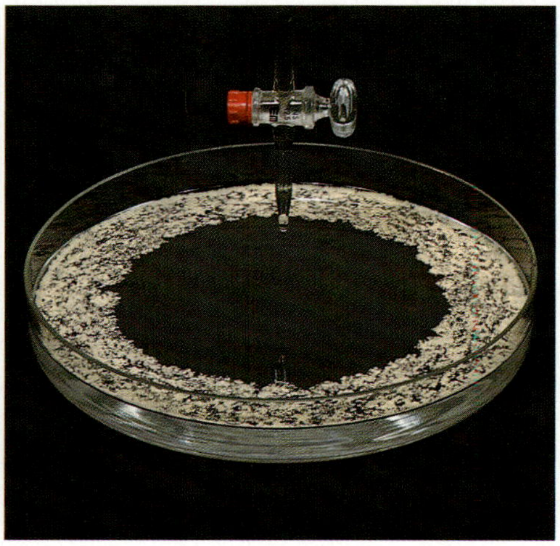

2

Wenn Wasser fest wird, können sich regelmäßige Eiskristalle (Abb. ➤ 1) bilden. Unter dem Mikroskop zeigt sich, dass sie auch im Kleinen regelmäßig sind.

V1 Ein Tröpfchen Öl fällt auf eine Wasseroberfläche, die vorher mit Schwefelpulver bestreut wurde. Das Öl bildet einen kreisförmigen Fleck und schiebt dabei das Schwefelpulver beiseite (Abb. ➤ 2).

Wird der Versuch mit einem gleich großen Tropfen Öl wiederholt, so entsteht wieder ein etwa gleich großer Fleck. Gibt man einen zweiten Tropfen hinzu, so verdoppelt sich die Ölfläche.
Ein Rühren innerhalb des Ölflecks verändert seine Größe nicht.

V2 In einer Röhre trifft ein Elektronenstrahl auf eine sehr dünne Graphitfolie. Auf dem Leuchtschirm ist ein von hellen Ringen umgebener heller Fleck zu sehen (Abb. ➤ 3).

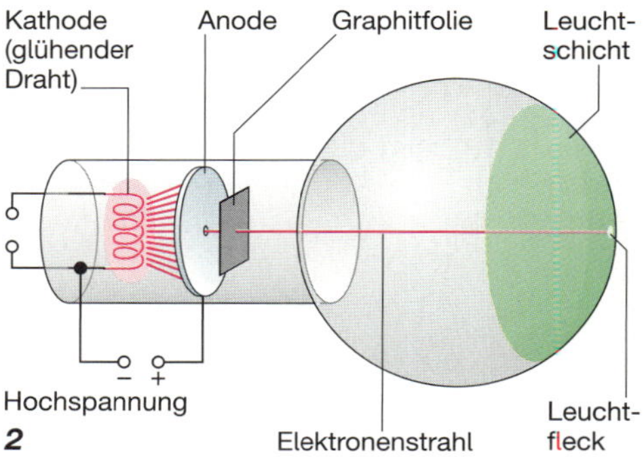

2

Grundwissen

Die Existenz von Atomen

Die Vorstellung, dass feste Körper, Flüssigkeiten und Gase aus kleinen Teilchen aufgebaut sind, hilft uns beim Verständnis vieler Erscheinungen. Wir können damit den Druck in Gasen ebenso deuten wie das Schmelzen und Verdampfen oder die Änderung der Länge eines Körpers in Abhängigkeit von der Temperatur.

Dieses Teilchenmodell wurde in der Chemie entwickelt. Die Chemiker fanden heraus, dass alle Stoffe aus kleinsten Teilchen zusammengesetzt sind, die sich durch chemische Reaktionen nicht weiter zerlegen lassen. Diese Teilchen heißen ***Atome*** (griech. atomos, unteilbar). Die Eigenschaften der Stoffe ergeben sich aus dem Zusammenwirken sehr vieler Atome oder Atomgruppen (Moleküle, Kristalle).

> Atome sind Teilchen, aus denen die Stoffe aufgebaut sind.

Wir kennen heute die Größe eines Atoms: Ein Atom ist etwa ein zehnmillionstel Millimeter groß.
Vergrößert man ein Atom auf die Größe eines Stecknadelkopfes (1 mm), so würde ein 1,80 m großer Mensch im Vergleich 18 000 km hoch werden!

Abschätzen der Größe von Atomen

Aus Versuchen mit Ölflecken lässt sich die Größe von Atomen abschätzen. Öl schwimmt auf der Wasseroberfläche und bildet einen kreisförmigen Fleck. Bei gleicher Ölmenge ergeben sich immer gleich große Flecken. Bei doppelter Ölmenge entstehen Ölflecken mit doppelt so großer Fläche. Die Fläche des Flecks ändert sich auch nicht, wenn sich der Fleck nach Umrühren wieder neu bildet. Daraus schließt man, dass die Schichtdicke bei allen Flecken derselben Ölmenge gleich ist. Wir nehmen an, dass ein Fleck (Abb. ➤ 1) immer nur aus einer Schicht nebeneinander liegender Ölteilchen besteht.

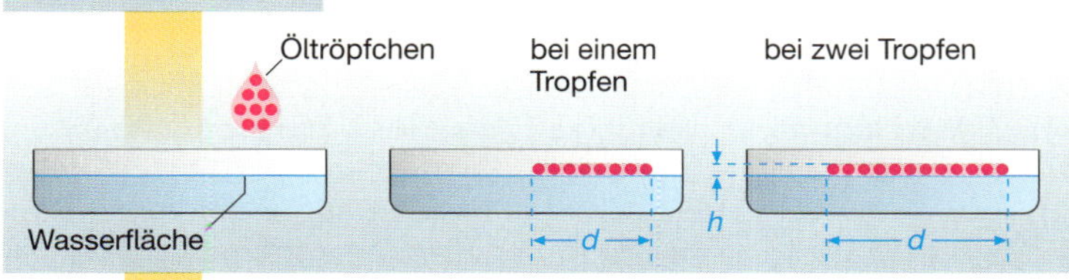

1

Aus dem experimentell bestimmten Volumen eines Öltropfens und der Fläche des Ölfleckes können wir die Größe eines Ölteilchens abschätzen. Man misst z. B.

$V_{\text{Öl}} = 0{,}017\ \text{mm}^3$ und $A_{\text{Fleck}} = 13300\ \text{mm}^2$.

Die Dicke h der Ölschicht ist dann:

$$h = V_{\text{Öl}}/A_{\text{Fleck}} = 0{,}000\,0013\ \text{mm} = 1{,}3 \cdot 10^{-9}\ \text{m}$$

Die Ölteilchen sind Ölmoleküle und aus vielen Atomen aufgebaut. Die Atome selbst müssen daher noch kleiner sein.

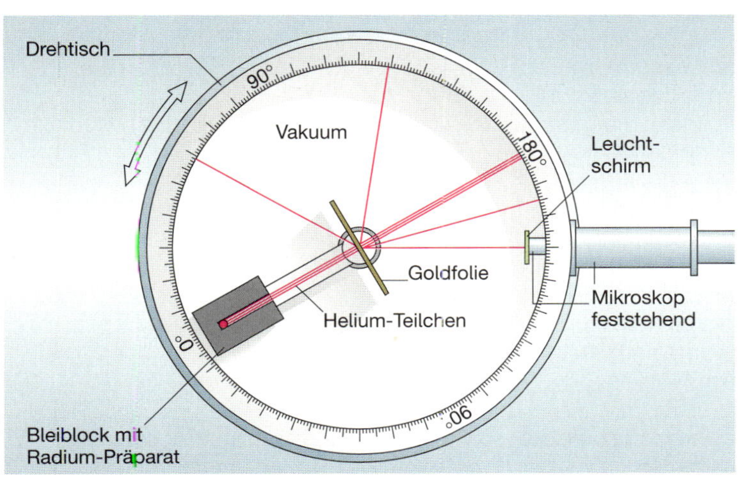

2 Rutherford'sche Versuchsanordnung

Der Aufbau der Atome

Experimente mit geladenen Körpern und mit glühenden Drähten zeigen, dass in den Atomen herauslösbare Elektronen enthalten sein müssen.
Trifft ein Strahl von Elektronen auf eine dünne Graphitfolie, so können die Elektronen die Folie leicht durchdringen, obwohl die „dünne" Folie immer noch mehrere 10000 Atomschichten dick ist. Das Überraschende, dass Elektronen durch eine scheinbar dichte Stoffschicht hindurchtreten können, war für den englischen Physiker ***Ernest Rutherford*** Anlass zur näheren Untersuchung: Er ließ energiereiche positiv geladene Heliumteilchen auf eine Goldfolie treffen und beobachtete, dass der größte Teil der Heliumteilchen ohne Richtungsänderung durch die Folie drang (Abb. ➤ 2). Einige Teilchen wurden stark abgelenkt, wenige prallten sogar zurück. Rutherford schloss daraus:

1. Da sich Gold nicht zusammenpressen lässt, müssen seine Atome in der Folie dicht aneinander gepackt sein. Deshalb können die Heliumteilchen die Folie nur durchdringen, wenn die Atome selbst durchdringbar sind.
2. Da einige Heliumteilchen abgelenkt oder zurückgeworfen werden, muss es im Atom undurchdringliche Bereiche geben. Diese Bereiche müssen wegen der Abstoßung der positiven Heliumteilchen auch positiv geladen sein und eine gegenüber den Heliumteilchen große Masse haben.
3. Da nur wenige Teilchen abgelenkt oder zurückgeworfen werden, müssen die nicht zu durchdringenden Bereiche im Atom sehr klein sein.

Es ergibt sich folgende Vorstellung über den Aufbau der Atome:

> Alle Atome enthalten einen kleinen, undurchdringlichen Teil, den ***Atomkern***. Der Atomkern ist positiv geladen.
> Der große Raumbereich um den Kern des Atoms wird durch die ***Atomhülle*** gebildet. In ihr befinden sich die Elektronen, deshalb ist sie negativ geladen.
> Das ***Atom***, aus positiv geladenem Atomkern und negativ geladener Atomhülle bestehend, ist nach außen hin elektrisch neutral.

? Aus welchen Beobachtungen schließt man auf die Existenz von Atomkernen?

Grundwissen

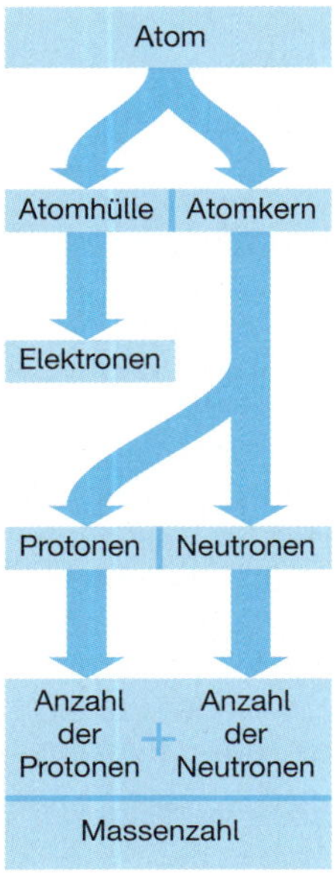

Der Atomkern

Mit vielen Experimenten haben Physiker herausgefunden: Atomkerne, sie werden allgemein auch als Nuklide bezeichnet, bestehen aus ***Protonen*** und ***Neutronen*** (Abb. ➤ 1). Protonen und Neutronen haben fast die gleiche Masse, die 1836-mal größer als die Masse der Elektronen ist. Protonen sind elektrisch positiv geladen. Ihre Ladung hat den gleichen Betrag wie die der Elektronen, nur das Vorzeichen ist positiv. Neutronen sind elektrisch neutral. Protonen und Neutronen werden im Kern durch ***Kernkräfte*** zusammengehalten, die im Kern um ein Vielfaches stärker sind als die elektrischen Abstoßungskräfte zwischen Protonen.
Die Zahl der Protonen im Atomkern heißt ***Kernladungszahl*** Z, die Zahl der Neutronen heißt ***Neutronenzahl*** N. Ihre Summe $Z + N$ heißt ***Massenzahl*** A.

Der Atomkern besteht aus Protonen und Neutronen. Er ist positiv geladen und vereinigt fast die gesamte Masse des Atoms. Für jeden Kern gilt:
$A = Z + N$.

In der Natur kommen etwa 2000 verschiedene Kerne vor. Ihre Zusammensetzung zeigt folgende Schreibweise an:

$^{A}_{Z}X$: A bedeutet die Massenzahl
X steht für das Elementsymbol
Z bedeutet die Kernladungszahl

Beispiel: $^{226}_{88}Ra$ ist ein Radiumkern aus 226 Teilchen, 88 Protonen und $226 - 88 = 138$ Neutronen.

Ein ***chemisches Element*** besteht immer aus Atomen gleicher Kernladungszahl. Untersuchungen zeigen, dass zu einem Element Atome mit verschiedenen Massenzahlen gehören können, sie müssen sich also in der Neutronenzahl unterscheiden. Atome mit gleicher Kernladungszahl aber unterschiedlicher Neutronenzahl heißen ***Isotope***. Die Massenzahl für ein Element, das in der Natur als ein Isotopengemisch vorkommt, ist dann ein Mittelwert. Abb. ➤ 2 zeigt einige Isotope.

Chemische Elemente sind in den meisten Fällen Gemische aus mehreren Isotopen.

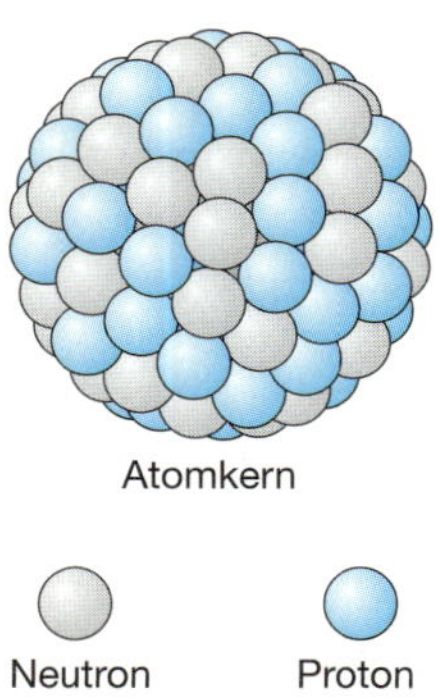

1 Aufbau eines Atomkerns

Beispiel:
Isotope des Wasserstoffs sind
$^{1}_{1}H$, $^{2}_{1}H$, $^{3}_{1}H$

Die Atomhülle

Unter der Atomhülle verstehen wir das Raumgebiet um den Atomkern, in dem sich alle zu einem Atom gehörenden Elektronen aufhalten. Elektronen sind negativ geladen. Damit das Atom nach außen elektrisch neutral erscheint, muss die negative Ladung aller Elektronen in der Hülle den gleichen Betrag wie die positive Ladung aller Protonen im Kern haben.

Bei dem nach außen elektrisch neutralen Atom ist die Zahl der Protonen im Kern gleich der Zahl der Elektronen in der Hülle.

Man kennt heute 112 chemische Elemente. Sie unterscheiden sich voneinander durch die Zahl der Protonen mit positiver Ladung im Atomkern. Die Elemente sind im ***Periodensystem*** in einer bestimmten Reihenfolge angeordnet und nummeriert. Ihre Ordnungszahl entspricht dabei der Kernladungszahl.
Durch Energiezufuhr, etwa durch Stöße von Atomen, können Elektronen aus den Atomhüllen abgetrennt werden. Dadurch entstehen positiv geladene ***Ionen*** und freie Elektronen. Eine Kerzenflamme erzeugt so in heißer Luft Ionen und Elektronen, die ein geladenes Elektroskop entladen können. Es gibt auch negativ geladene Ionen von Atomen, in deren Hüllen zusätzliche Elektronen enthalten sind.
Die Erzeugung von Ionen aus neutralen Atomen durch Abtrennen oder Anlagern von Elektronen nennt man ***Ionisation***.

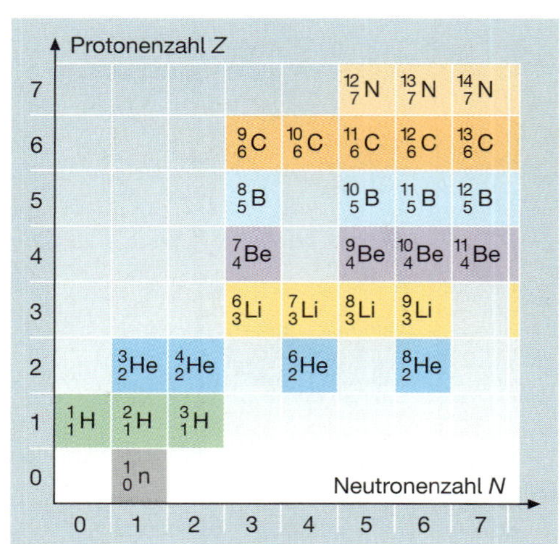

2 Anfang einer Isotopentafel

Unsichtbare Strahlung

Versuche

Gefahrenzeichen für radioaktive Stoffe

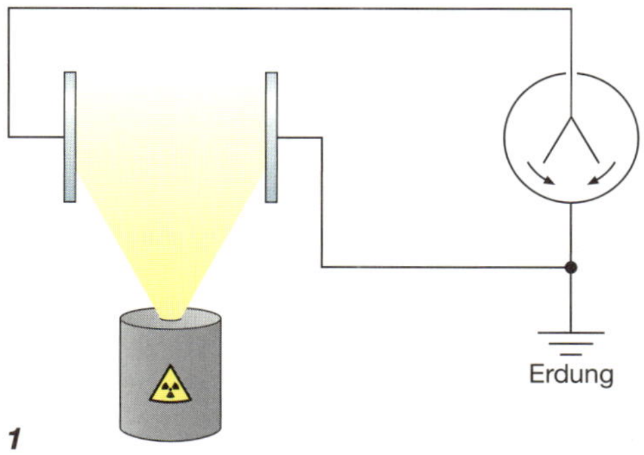

1

V1 Ein Plattenkondensator wird aufgeladen (Abb. ➤ 1). Ein parallel geschaltetes Elektroskop zeigt, dass er sich langsam entlädt. Wird zwischen die Platten ein radioaktives Präparat gebracht, so entlädt sich der Kondensator schneller.

Weil radioaktive Stoffe gefährlich sind, muss man die Stoffproben zum Untersuchen vorbereiten, d.h. ***Präparate*** herstellen.

V2 Wir setzen ein geeignetes radioaktives Präparat in eine Glaskammer, deren Luft mit Wasserdampf gesättigt wird. Zwischen Deckel und Boden der Kammer besteht eine Spannung von 300 V. Wird das Volumen der Kammer plötzlich vergrößert, so werden in der Kammer Nebelspuren sichtbar, die vom Präparat ausgehen (Abb. ➤ 2).

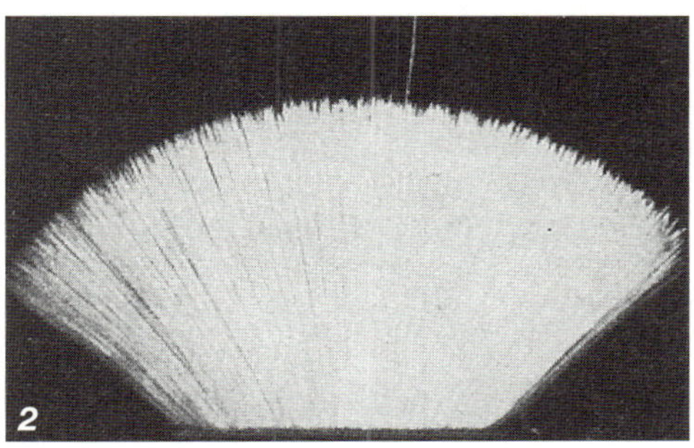

2

V3 Wir nähern das radioaktive Präparat einem Geiger-Müller-Zählrohr, das über einen Verstärker an einem Lautsprecher angeschlossen ist (Abb. ➤ 3).
Je nach Abstand des Zählrohres zum Präparat hören wir ein unterschiedlich häufiges Knacken oder ein Prasseln.

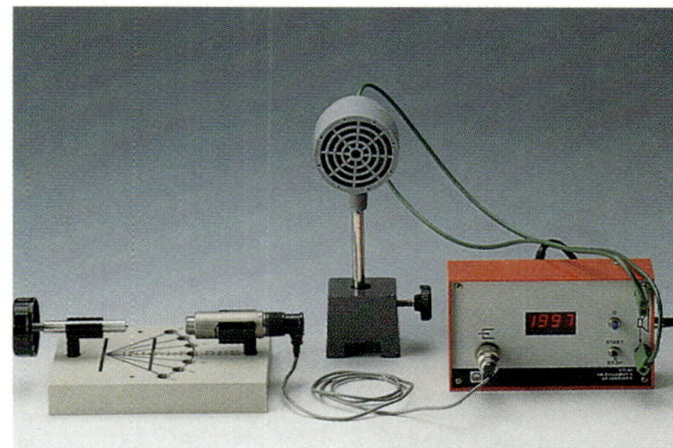

3

V4 Im Klassenzimmer wird ein Zählrohr mit Zähler und Lautsprecher eingeschaltet. Der Zähler addiert die Zahl der Impulse.
Obwohl kein radioaktives Präparat im Klassenzimmer steht, zeigt der Zähler Impulse an. Zum Beispiel lesen wir für jeweils 60 Sekunden ab:

Messung Nr.	1	2	3	4
Zahl der Impulse	15	18	17	16

V5 Vor ein Zählrohr legen wir nacheinander Feuersteine von einem Feuerzeug, alte Leuchtzifferuhren, Glühstrümpfe von Gasleuchten, Kristalle von Kaliumpermanganat, Kaliumchlorid, Natriumchlorid, Sand und Kohlestücke.
Bei fast allen Stoffen knackt es im Lautsprecher, meist jedoch mit einer unterschiedlichen Häufigkeit.

Grundwissen

Radioaktive Strahlung

Henri Becquerel
(1852 – 1908)

1896 entdeckte ***Henri Becquerel*** zufällig, dass ein uranhaltiger Stein lichtdicht verschlossene Fotoplatten schwärzt. Zusammen mit ***Marie*** und ***Pierre Curie*** fand er, dass nicht nur Uran, sondern auch das dabei erst entdeckte Radium und Polonium ständig eine für das menschliche Auge unsichtbare Strahlung aussenden. Das Entstehen der Strahlung lässt sich durch keine Maßnahme beeinflussen oder verhindern. Marie Curie gab dieser Strahlung den Namen ***radioaktive Strahlung***.

Ein geladener Plattenkondensator lässt sich durch radioaktive Strahlung, die durch die Luft zwischen den Platten geht, rasch entladen. Die Strahlung ionisiert die Atome der Luftteilchen. Die entstandenen Ionen und Elektronen bewegen sich zu den Platten der jeweils entgegengesetzten Ladung und entladen sie.

Radioaktive Strahlung hat die Eigenschaft, Atome oder Moleküle der umgebenden Stoffe zu ionisieren.

Nachweis radioaktiver Strahlung

Radioaktive Strahlung können wir nicht sehen, fühlen, hören oder riechen. Deshalb ist der Nachweis dieser Strahlung sehr wichtig. Die ionisierende Wirkung der radioaktiven Strahlung wird in verschiedenen Geräten verwendet. Dazu gehören:

Die Nebelkammer (Abb. ➤ 1)
Radioaktive Strahlung erzeugt in der Nebelkammer Spuren, die den Weg dieser Strahlung wiedergeben. In der Kammer befindet sich Luft, die bis zur Grenze ihrer Aufnahmefähigkeit Alkoholdampf enthält. Wird der Druck plötzlich verringert, kühlt sich die Luft ab und schon die geringste Störung genügt, dass sich in ihr Alkoholtröpfchen bilden. Die von der Strahlung ionisierten Luftteilchen sind solche Störungen; es entstehen etwa 300 000 Ionen auf einer 1 cm langen Strecke. Endet die Spur in der Kammer, so ist ihre Länge ein Maß für die Energie der Strahlung.

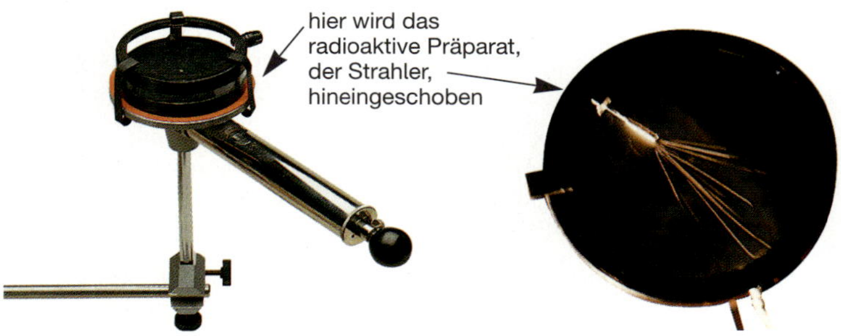

1 Nebelkammer und Blick von oben auf Spuren radioaktiver Strahlung

Die Spuren können verschieden lang und kräftig sein: Ein Hinweis darauf, dass die Strahlung nicht einheitlich zusammengesetzt ist.

Der Geiger-Müller-Zähler (Abb. ➤ 2)
Dieses Gerät wurde 1928 von den deutschen Physikern ***Hans Geiger*** und ***Walter Müller*** entwickelt. Meist wird es kurz Geigerzähler oder Zählrohr genannt. Es besteht aus einem mit Edelgas gefüllten Metallrohr. Am vorderen Ende ist das Rohr durch eine sehr dünne Folie verschlossen, so dass die Strahlung von vorn nahezu ungehindert eindringen kann. In der Längsachse des Rohres ist ein dünner Metalldraht gespannt (Abb. ➤ 3), der über einen Widerstand (1 MΩ) mit dem positiven Pol der Quelle (400 V – 500 V) verbunden ist. Der negative Pol der Quelle ist mit dem Metallgehäuse verbunden.
Zunächst ist kein Strom festzustellen, da das Gas im Zählrohr nicht leitet. Dringt radioaktive Strahlung durch das Fenster in das Zählrohr ein, so werden einige Gasatome ionisiert. Frei gewordene Elektronen werden in Richtung auf den positiv geladenen Draht beschleunigt. Das geschieht so heftig, dass sie mit anderen Atomen des Gases zusammenstoßen und diese dabei ebenfalls ionisieren. Schon auf kurzer Strecke entsteht eine Lawine aus Elektronen, die sich zum Draht bewegt. Die Elektronenlawine erzeugt einen kurzfristigen Strom I durch den Widerstand R. Man spricht von einem Impuls der Stromstärke. Die Anzahl der Impulse pro Zeiteinheit heißt ***Zählrate***. Die Zählrate ist ein Maß für die Stärke einer radioaktiven Quelle.

Durch den Impuls entsteht am Widerstand R die Teilspannung $U_R = I \cdot R$. Über einen Verstärker lässt sich dieser Impuls mit einem Lautsprecher hörbar machen.
Die am Widerstand auftretende hohe Teilspannung verringert die Spannung am Zählrohr. Dadurch werden die Elektronen nur noch wenig beschleunigt und die Lawine hört auf. Das Gas wird wieder zum Isolator. Das Zählrohr kann nun erneut auf radioaktive Strahlung reagieren.

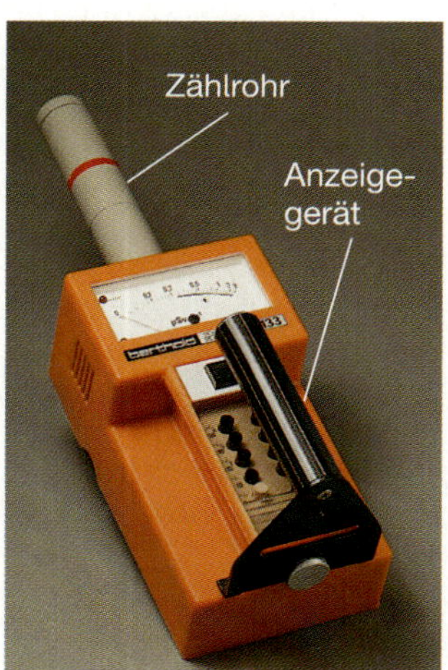

2 Geiger-Müller-Zähler

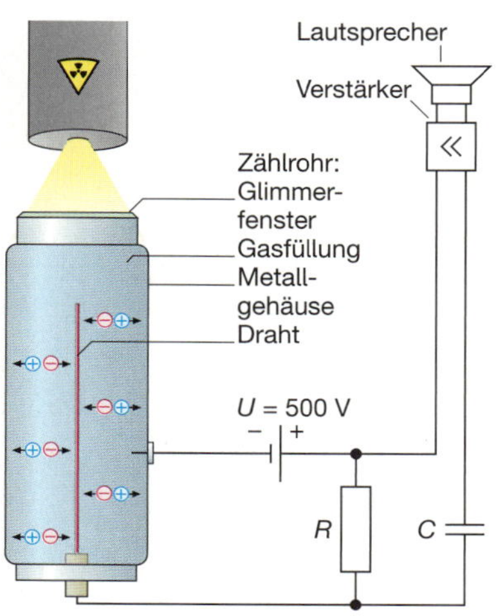

3 Wirkungsweise des Zählrohres

? Erläutere die Funktionsweise eines Zählrohres.

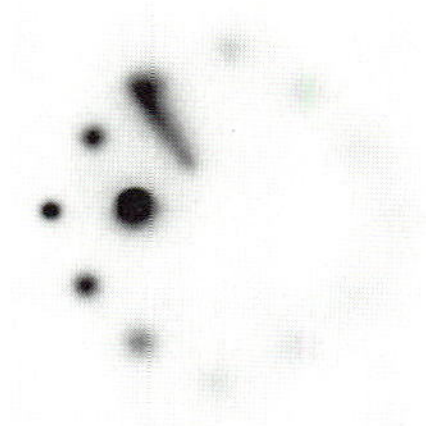

1 Schwärzung des Films durch Leuchtziffern

2 Dosimeterplakette

Der Fotofilm (Abb. ➤ 1)

Der Glühstrumpf einer Gaslampe wird für einige Stunden auf ein Stück lichtdicht verpacktes Fotopapier gelegt. Bei der Entwicklung ist eine Schwärzung des Fotopapiers an der Stelle festzustellen, auf der der Glühstrumpf lag. Auch die Leuchtziffern alter Uhren oder Kaliumsalze ergeben Schwärzungen.
Die Schwärzung der lichtempfindlichen Filmschicht nimmt mit der Stärke der Strahlung zu. Diese Eigenschaft von Fotofilmen wird in ***Dosimeterplaketten*** (Abb. ➤ 2) genutzt. Mit solchen Plaketten wird registriert, wie stark z. B. Beschäftigte in Uranbergwerken, Kernkraftwerken und in der Nuklearmedizin radioaktiver Strahlung ausgesetzt waren.

Die Plaketten enthalten ein Stück eines Films, der in eine Kunststoffhülle eingepackt ist und von verschiedenen Metallstreifen teilweise abgedeckt wird. Das Filmstück wird regelmäßig ausgewechselt und entwickelt. Aus der Schwärzung des Films kann auf die Stärke sowie mit Hilfe der abgedeckten Teile auf die Herkunft der Strahlung geschlossen werden, der diese Plakette ausgesetzt war.

Radioaktivität im Klassenzimmer

Ein Geigerzähler zeigt überall eine schwache radioaktive Strahlung an, auch wenn sich in der Nähe kein radioaktiver Strahler befindet. Offensichtlich ist ständig eine radioaktive Strahlung um uns vorhanden. Man spricht von einem ***Nulleffekt***.
Diese schwache radioaktive Strahlung stammt zum Teil von bestimmten radioaktiven, d. h. strahlenden Stoffen der Erde (terrestrische Strahlung) und zum Teil aus dem Weltraum (kosmische Strahlung). Die terrestrische Strahlung geht von den Gesteinen aus. Deshalb enthalten Baustoffe, Pflanzen und Tiere, sowie über die Nahrungsmittel auch wir Menschen, meist geringe Mengen dieser natürlich vorkommenden Stoffe, etwa von Kohlenstoff, Thorium, Kalium und Radium.
Daneben gibt es noch andere radioaktive Isotope, die in der Lufthülle der Erde vorkommen, z. B. von Wasserstoff, Kohlenstoff und Radon. Sie entstehen durch die starke Sonnenstrahlung in großen Höhen.

Der Nulleffekt entsteht durch die in der Natur stets vorhandenen radioaktiven Stoffe und die kosmische Strahlung.

Die Entdeckung des Radiums durch Madame Curie

Marie Curie wurde am 7. November 1867 in Warschau als Tochter eines Physiklehrers geboren. Aus politischen Gründen musste sie Polen verlassen. 1895 heiratete sie den französischen Physiker Pierre Curie und arbeitete im Labor von Henri Becquerel in Paris. Nach der Geburt ihrer ersten Tochter Irene begann sie die neu entdeckte Strahlung des Urans für ihre Doktorarbeit zu untersuchen. Sie fand zunächst, dass das im Gestein Pechblende enthaltene Uran für die Strahlung verantwortlich ist. Denn die Strahlung ist umso stärker, je mehr Uran im Gestein ist. Außerdem konnte sie nachweisen, dass Gesteine mit Atomen von Thorium ebenfalls strahlen. Danach stellte sie fest, dass neben dem Uran Elemente im Erz sein müssen, deren Radioaktivität viel stärker als die des Urans ist. In der Folge entdeckte das Ehepaar Curie zwei bisher unbekannte Elemente: Radium (das Strahlende) und Polonium (für Polen). Sie brauchten 4 Jahre, um mit Hilfe chemischer Verfahren aus 1 t Pechplende $^1/_{10}$ g Radiumchlorid für ihre Versuche zu gewinnen.
1903 erhielten Marie Curie und ihr Mann zusammen mit Henri Bequerel den Nobelpreis für Physik. 1911 bekam sie zum zweiten Mal einen Nobelpreis, diesmal für Chemie, für die erstmalige Gewinnung reinen Radiums.
Marie Curie hat das Zeitalter der Kernphysik eingeleitet. Sie studierte auch die Wirkungen der radioaktiven Strahlung auf menschliches Gewebe und schuf damit die Grundlagen für deren Nutzung in der Medizin. Am 4. Juli 1934 starb sie, nahezu erblindet, an Leukämie.

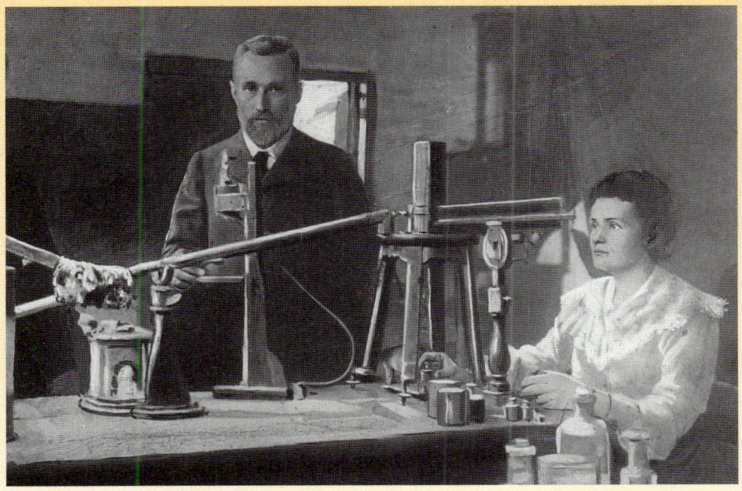

Pierre und Marie Curie im Labor

Weitere Eigenschaften radioaktiver Strahlung

Versuche

V1 Wir bringen ein Radiumpräparat in die Nebelkammer und stellen ein kleines Stück Papier in den Bereich der Strahlung. Abb. ➤ 1 zeigt das Ergebnis.

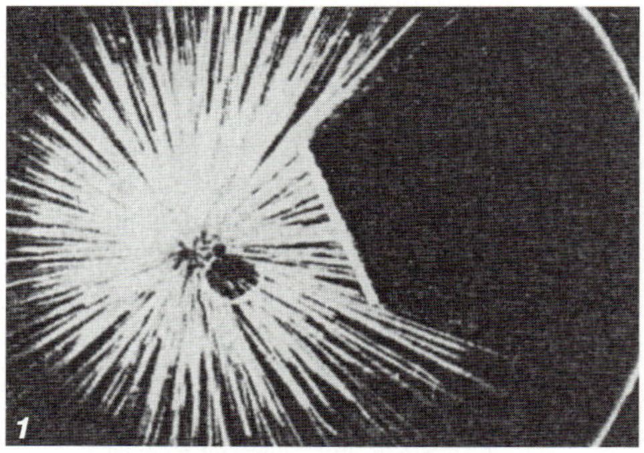

1

V2 Wir halten eine Bleiplatte, in der sich eine kleine Bohrung befindet, vor ein Radiumpräparat. Den ausgeblendeten Strahl untersuchen wir in einer Anordnung wie in Abb. ➤ 2.

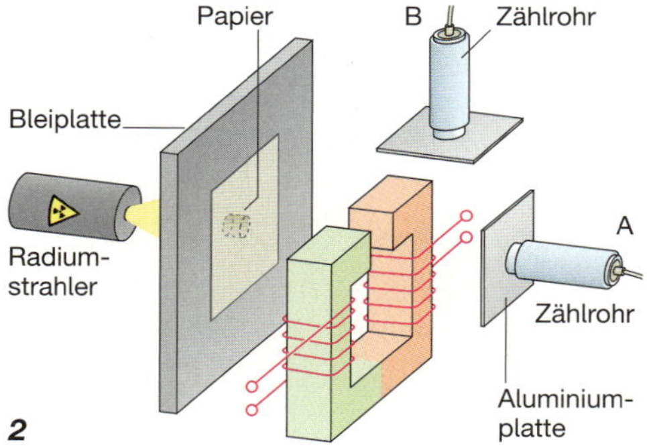

2

Ohne Magnet lässt sich nur bei A eine Strahlung feststellen. Mit Magnet zeigt das Zählrohr bei A und B Strahlung an. Befindet sich Aluminiumblech oder Papier vor dem Zählrohr, so wird bei A eine Schwächung, bei B keine Strahlung mehr beobachtet.

V3 Zwischen ein Strontium-Präparat und Zählrohr stellen wir Aluminium- und Kunststoffplatten unterschiedlicher Dicke (Abb. ➤ 3).

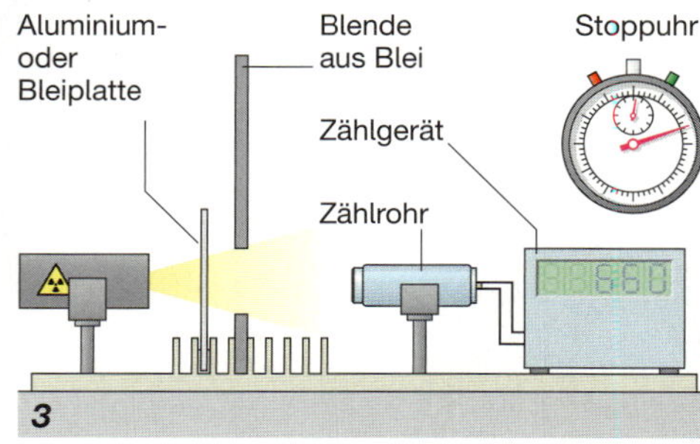

3

Wir bestimmen die Zahl der Impulse pro min:

Dicke in mm	1	2	3	4	5	6
Aluminium	5368	816	72	36	22	–
Kunststoff	11028	5972	2798	1086	294	98

V4 Wir messen die Zahl der Impulse pro min der Strahlung eines Cobalt-Präparates durch Luft und vergrößern den Zählrohrabstand:

Abstand in cm	1	2	3	4	5	6	7
Impulse	3828	2067	1310	824	590	468	354

Grundwissen

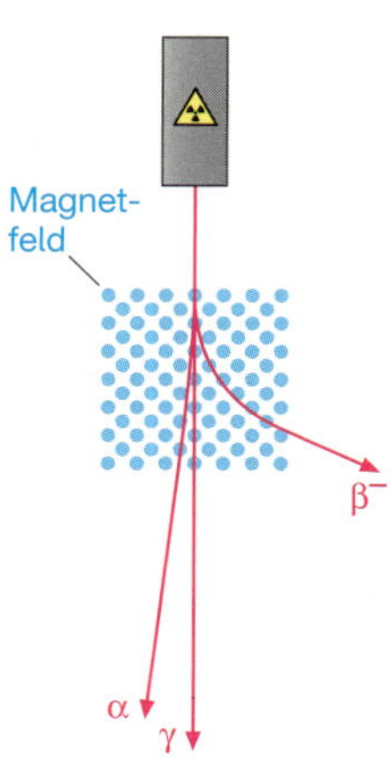

Verschiedene Arten der radioaktiven Strahlung

Genaue Untersuchungen der radioaktiven Strahlung durch die Curies, Rutherford und andere ergaben, dass sie drei verschiedene Arten enthalten kann:

1. Aufnahmen mit der Nebelkammer lassen eine stark ionisierende Strahlung erkennen. Ihre Spuren sind kurz, weil ihre Energie bald aufgezehrt ist. Sie kann Papier nicht durchdringen. Mit dem Zählrohr lässt sich zeigen, dass sie in Luft etwa 4 bis 6 cm weit reicht. In Magnetfeldern wird sie wie eine positive Ladung abgelenkt. Diese Strahlung wird als α-***Strahlung*** bezeichnet.

2. Hält man ein Blatt Papier zwischen ein Radium- oder Strontium-Präparat und ein Zählrohr, so zeigt dieses eine Strahlung an, die Papier durchdringt. Ein Teil dieser Strahlung wird im Magnetfeld wie eine negative Ladung abgelenkt. Im Vergleich zur α-Strahlung ionisiert sie weniger stark, sie heißt β^--***Strahlung***.

3. Bei einem Cobalt-Präparat durchdringt die nach dem Papier noch vorhandene und vom Magnetfeld nicht abgelenkte Strahlung selbst Aluminium- und Bleiplatten. Diese Strahlung heißt γ-***Strahlung***. Weitere Untersuchungen zeigen:

> α-Strahlung besteht aus zweifach positiv geladenen Heliumkernen.
> β^--Strahlung besteht aus Elektronen.
> Die unsichtbare γ-Strahlung verhält sich wie die lichtartige Röntgenstrahlung.

Reichweite und Abschirmung radioaktiver Strahlung

Beim Durchgang radioaktiver Strahlung durch Materie wird Energie umgesetzt. Das Ausmaß hängt von der Art der Strahlung und der Materie ab.
Unter ***Reichweite*** der Strahlung versteht man den größten Abstand vom Strahler, bis zu dem sie noch nachweisbar ist. Für α-Strahlung in Luft beträgt sie 4 bis 6 cm. β^--Strahlung hat in Luft eine Reichweite von mehreren Metern. Für γ-Strahlung lässt sich in Luft keine Reichweite festlegen. Mit zunehmendem Abstand zeigt ein Messgerät immer weniger Strahlung an, aber das liegt daran, dass sich die Strahlung im Raum gleichmäßig verteilt. Die Zählrate sinkt auf ein Viertel, wenn sich der Abstand verdoppelt und auf ein Sechzehntel, wenn der Abstand vervierfacht wird. Von der ***Röntgenstrahlung*** unterscheidet sich die γ-Strahlung nur durch ihre Energie und die Art der Entstehung.

> Je weiter Strahler und Nachweisgerät voneinander entfernt sind, umso weniger radioaktive Strahlung wird angezeigt.

Die Reichweite einer radioaktiven Strahlung ändert sich sehr stark, wenn sich statt Luft andere Stoffe zwischen Nachweisgerät und Strahler befinden. Hinter einem Blatt Papier sinkt die Zählrate der α-Strahlung auf den Nulleffekt ab. Um die Zählrate bei der β^--Strahlung soweit zu senken, reicht Papier nicht aus. Das Diagramm ➤1 zeigt, wie sich die Impulszahl einer β^--Strahlung hinter Folien aus Aluminium oder Kunststoff mit zunehmender Dicke der Folien verringert.

Die Zählrate bei einer γ-Strahlung wird nach dem Durchdringen von Metallen viel weniger verringert als die der β^--Strahlung. Während eine 3 mm dicke Bleiplatte eine β^--Strahlung fast vollständig absorbiert, durchdringt γ-Strahlung diese Bleischicht mit wenig Energieverlust. Sie wird selbst bei viel dickeren Bleiplatten nur langsam schwächer. Eine Faustregel ist: Eine 5 cm dicke Bleischicht verringert die Zählrate der γ-Strahlung auf etwa ein Zehntel ihres Anfangswertes. γ-Strahlung wird nie ganz absorbiert (Abb. ➤2).

Wie groß die Energie einer Strahlung nach Durchdringen eines Stoffes noch ist, hängt von der Anfangsenergie sowie der Dicke und Massenzahl des Stoffes ab. Radioaktive Isotope unterscheiden sich meist in der Energie ihrer Strahlung. So wird z. B. die γ-Strahlung von Caesium-137 durch eine 3,5 cm dicke, die von Cobalt-60 erst durch eine 5,3 cm dicke Schicht aus Aluminium auf die Hälfte geschwächt.

> Je größer die Energie der Strahlung und je kleiner Massenzahl und Dicke des absorbierenden Stoffes sind, umso mehr Strahlung dringt hindurch.

Zum Schutz vor radioaktiver Strahlung umgibt man Strahler mit einer entsprechend dicken Metallschicht. Diese ***Abschirmung*** muss die Energie der Strahlung auf ein gefahrloses Niveau senken.

? Wovon ist die Reichweite radioaktiver Strahlung abhängig?

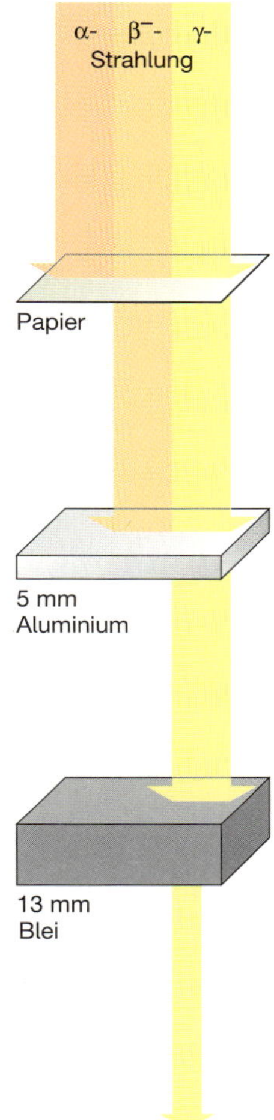

Zur Reichweite radioaktiver Strahlung eines Radium-Präparates in Stoffen

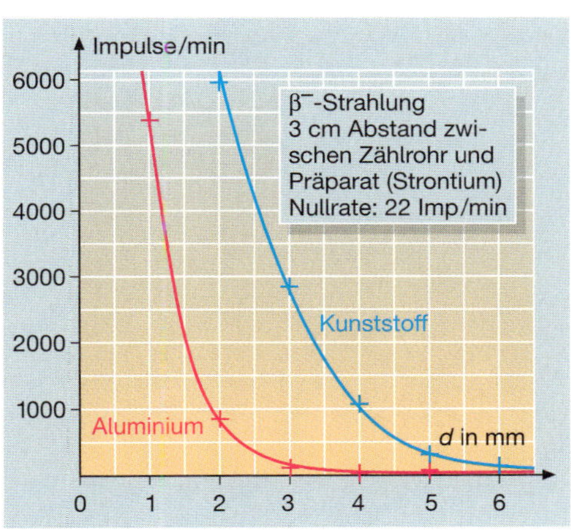

1 Absorption von β^--Strahlung

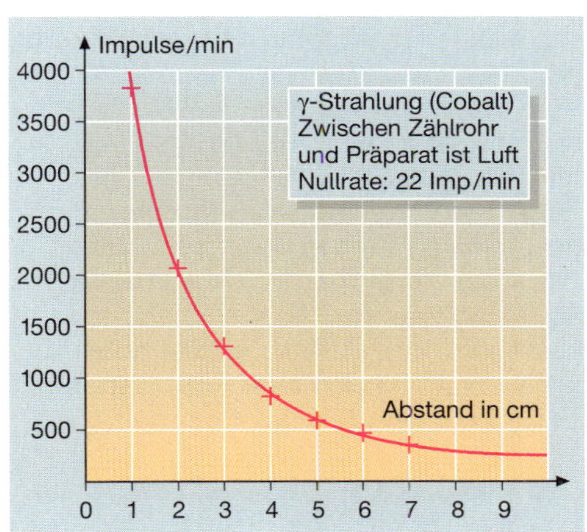

2 Absorption von γ-Strahlung

Kernumwandlung

Versuche

1

Zur Bestimmung des Alters von ägyptischen Königsgräbern nutzen die Archäologen Kenntnisse der Kernphysik. So wird das Alter des Grabes von König Cheops Chufu in seiner Pyramide (Abb. ➤ 1) auf etwa 4 700 Jahre bestimmt. Das Verfahren beruht darauf, dass die Stärke der Strahlung eines radioaktiven Stoffes gesetzmäßig mit der Zeit abnimmt.

V1 In eine Metallkammer pumpen wir radioaktives Radon (Abb. ➤ 2). Dieses Gas entsteht im Laufe der Zeit im radioaktiven Thoriumsalz. Die Metallkammer wird verschlossen und es wird eine elektrische Spannung zwischen Kammerwand und Anode angelegt. Sobald Radon in die Kammer gelangt, können wir einen Strom nachweisen. Mit Hilfe eines Messverstärkers messen wir z. B. alle 25 Sekunden die Stromstärke:

t in s	0	25	50	75	100	125	150
I in pA	62	45	33	24	17	13	8

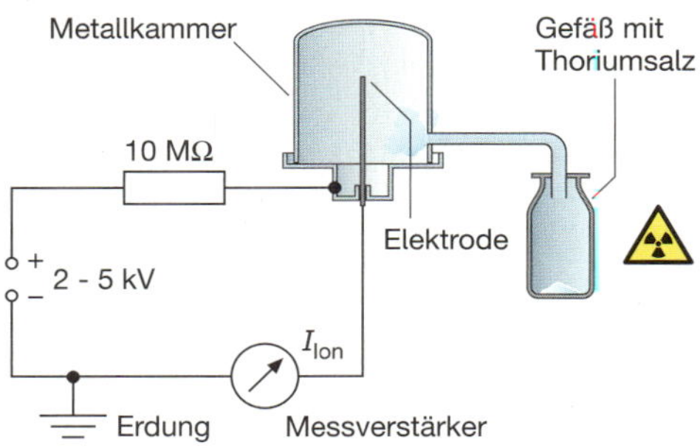

2

Grundwissen

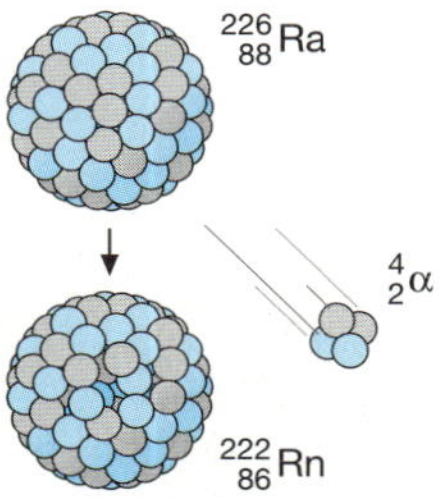

3 Natürliche Kernumwandlung des Radiums

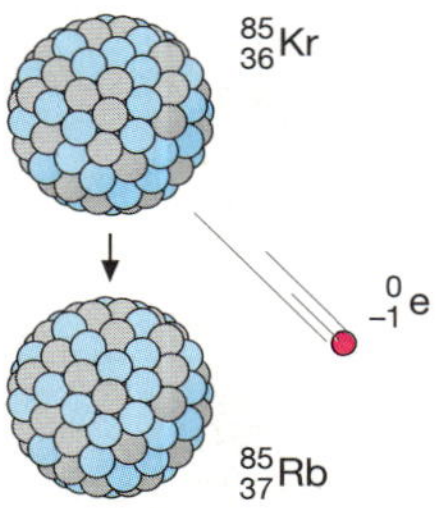

4 Natürliche Kernumwandlung

Neue Stoffe entstehen

Radium ist das Element, mit dem Marie Curie ihre Forschungen über die radioaktive Strahlung begann. Sie fand, dass sich dabei Atomkerne des Radiums in Atomkerne des Radons umwandeln. Die beobachtete Strahlung besteht aus geladenen Teilchen, die sich als Atomkerne des Heliums herausstellten. Man spricht von einem α-***Zerfall*** des Radiums (Abb. ➤ 3).

Bei der β^--Strahlung werden negativ geladene Elektronen aus den Atomkernen geschleudert. Es entstehen neue Atomkerne (Abb. ➤ 4), denn die Elektronen werden im Kern durch Umwandlung von Neutronen in Protonen erzeugt. Man spricht von einem β^--***Zerfall***.

Zerfälle sind ***Kernumwandlungen***, die bei manchen Kernen von selbst stattfinden. Fast immer werden sie von einer γ-Strahlung begleitet. Es gibt auch Atomkerne, die nur γ-Strahlung abstrahlen. Dann entsteht kein neuer Kern, sondern es wird nur seine Energie reduziert.

> α- und β^--Zerfall sind Kernumwandlungen, bei denen Massenzahl und Ladung in der Summe erhalten bleiben.

Zerfallsreihen

Die durch α- oder β^--Zerfall entstehenden neuen Atomkerne sind häufig selbst radioaktiv. Sie wandeln sich dann weiter mit einer α- oder β^--Strahlung um. Dies setzt sich entsprechend folgendem Schema

	α-Zerfall		β^--Zerfall	
Kern	alt	neu	alt	neu
Massenzahl	A	$A-4$	A	A
Kernladungszahl	Z	$Z-2$	Z	$Z+1$

fort, bis ein stabiler Atomkern entsteht. Alle so auseinander entstehenden Kerne bilden eine ***Zerfallsreihe*** (Abb. ➤ 5).

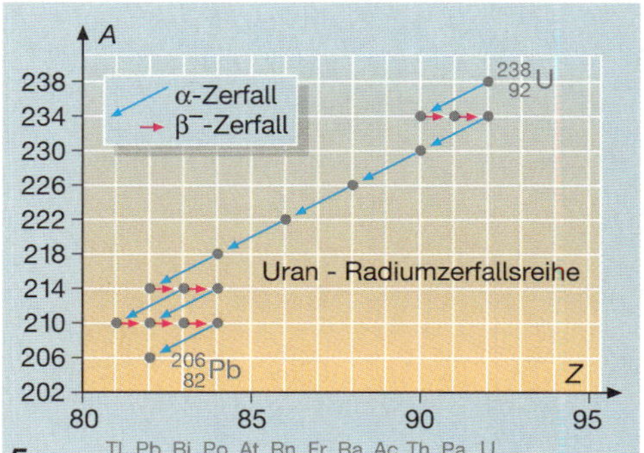

5

Das Gesetz des radioaktiven Zerfalls

Das Radonisotop Rn-220 ist ein α-Strahler. Seine Kerne wandeln sich unter Aussendung von Heliumkernen He-4 in Poloniumkerne Po-216 um. Befindet sich das Radon in einer Kammer, bei der wie in einem Zählrohr eine Spannung zwischen Außenwand und innerer Elektrode besteht, so misst man einen elektrischen Strom. Bei jedem Kernzerfall erzeugt die α-Strahlung eine gleiche Anzahl von Ionen im Gas. Die Bewegung der Ionen führt zu einem elektrischen Strom, dessen Stärke ein Maß für die Zahl der Radonkerne ist, die in der Zeit, während man den Strom misst, zerfallen.
Das Diagramm ➤1 zeigt, dass die Stromstärke nach 55 s auf den halben Wert, nach 110 s auf ein Viertel, nach 165 s auf ein Achtel des Anfangswertes gesunken ist. Die Halbierung der Anzahl der Zerfälle in konstanten Zeitabschnitten ist unabhängig von der Stärke der Radonquelle. Jedes radioaktive Isotop hat eine solche, für sich charakteristische ***Halbwertszeit***.

Unter der Halbwertszeit eines radioaktiven Isotopes versteht man die Zeitspanne, in der die Zahl der Kernumwandlungen auf den halben Wert zurückgeht.

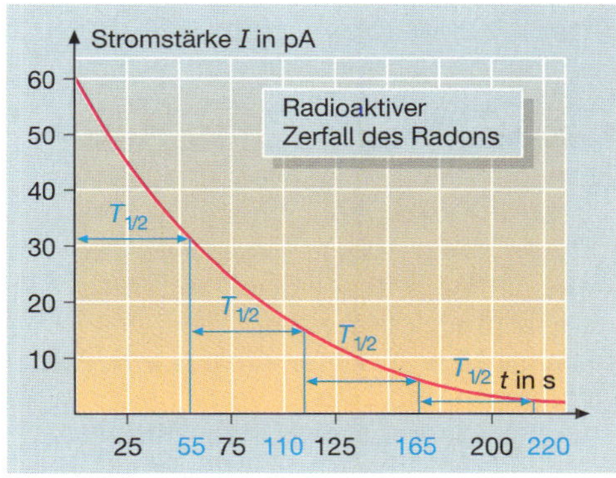

1

Beachte:
Die Halbwertszeit gilt für jeden beliebigen Anfangszeitpunkt!

Es gibt Halbwertszeiten zwischen Bruchteilen von Sekunden und Milliarden von Jahren (Tab. ➤2). Die Halbwertszeit lässt sich nicht beeinflussen. Sie ist ein Mittelwert aus den Zerfällen einer großen Zahl von Kernen, wie sie schon in kleinsten Stoffportionen vorkommen. Von einem einzelnen Atomkern lässt sich nicht angeben, wann genau er zerfällt.

Der Zerfall einzelner Kerne ist nicht vorhersagbar. Die Halbwertszeit ist ein Mittelwert aus sehr vielen Zerfällen.

Atomkern	Halbwertszeit
$^{238}_{92}U$	4,5 Mrd. a
$^{40}_{19}K$	1,3 Mrd. a
$^{14}_{6}C$	5 760 a
$^{226}_{88}Ra$	1 620 a
$^{131}_{53}I$	8,1 d
$^{42}_{19}K$	12,4 h
$^{218}_{84}Po$	3,1 min
$^{220}_{86}Rn$	55 s

2

Altersbestimmung mit Kohlenstoff und mit Blei

Das Alter vieler archäologischer Funde kann bestimmt werden, wenn es sich um organische Überreste handelt. Dazu wird die Strahlung des darin enthaltenen radioaktiven Kohlenstoffisotopes $^{14}_{6}C$ gemessen.
C-14 entsteht in der oberen Atmosphäre bei Kernumwandlungen von Stickstoff in der Luft mit Neutronen aus der von der Sonne kommenden Strahlung. Man spricht von der ***C-14-Methode***.
Das radioaktive C-14-Isotop wird im Kohlenstoffdioxid durch Wind und Meeresströmungen gleichmäßig auf der Erde verteilt. Bei der Assimilation nehmen alle Pflanzen das radioaktive C-14-Isotop wie das normale, nicht radioaktive C-12-Isotop auf. Sie unterscheiden sich chemisch nicht. In allen Lebewesen stellt sich ein festes Verhältnis zwischen den beiden Isotopen ein.
Mit dem Tod ist die C-14-Aufnahme beendet und der Anteil von C-14 am Kohlenstoff des toten Materials nimmt mit der Halbwertszeit von 5760 Jahren ab. Aus dem Mengenverhältnis der Isotope in heute lebenden Organismen lässt sich berechnen, wie lange es dauern würde, um von heute an zum selben Verhältnis wie bei der alten Probe zu kommen. Man unterstellt dabei allerdings, dass sich das heute bekannte Isotopenverhältnis von C-14 zu C-12 gegenüber früher nicht verändert hat.
Beträgt z. B. der C-14-Anteil in der Probe nur noch ein Achtel des heutigen Verhältnisses, so ist dreimal eine Halbwertszeit von 5760 a vergangen; die Probe ist daher etwa 17 280 Jahre alt.
Das Alter von Steinen lässt sich auch mit Hilfe von radioaktiven Isotopen bestimmen. Viele Steine enthalten Uran, dessen Isotope alle radioaktiv sind. U-238 hat eine Halbwertszeit von $4{,}5 \cdot 10^9$ a. Es zerfällt in 13 Stufen zu Pb-206. Die Halbwertszeiten dieser Zerfälle sind im Vergleich zu der des Urans sehr klein. Hat sich das Gestein kurz nach der Aufnahme des Urans gebildet, so gibt die Summe der heute im Gestein gefundenen U-238- und Pb-206-Kerne die ursprünglich in ihm enthaltene Zahl an U-238-Kernen an. Mit Hilfe der Halbwertszeit lässt sich nun das Alter des Gesteins berechnen. Man spricht von der ***Blei-Methode***.

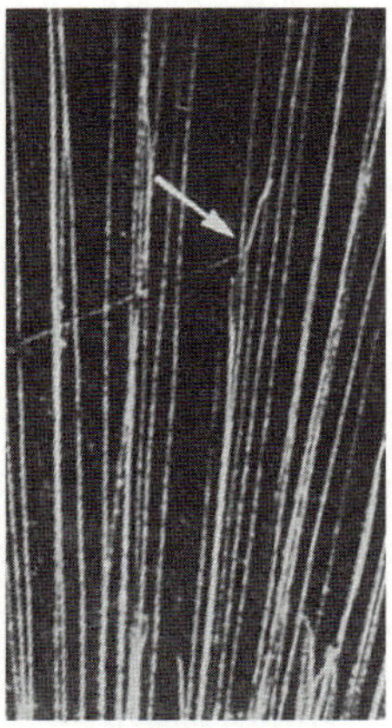

1 Künstliche Kernumwandlung von Stickstoff durch α-Strahlung

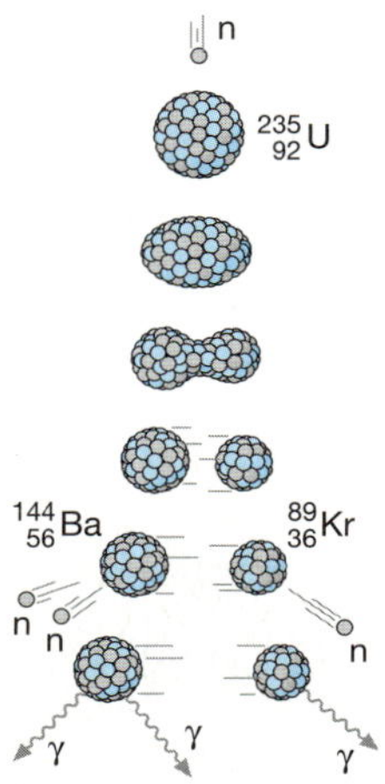

2 Kernspaltung von Uran

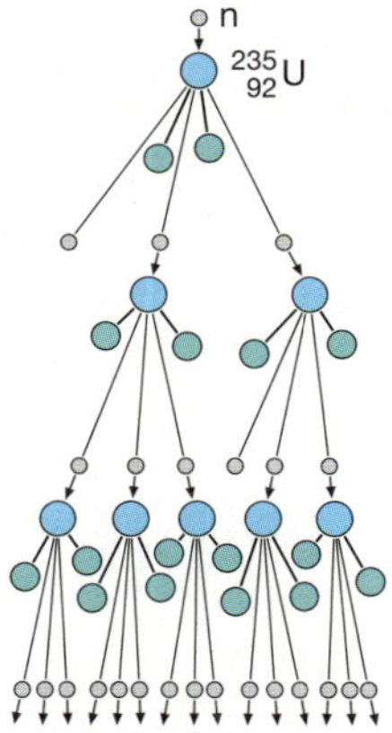

3 Kettenreaktion

Die Kernspaltung

Ernest Rutherford machte 1919 ein Experiment, bei dem er Stickstoff einer α-Strahlung aussetzte. Dabei entstanden Sauerstoffkerne und Wasserstoffkerne. Damit hatte er nachgewiesen, dass man Kernumwandlungen auch künstlich hervorrufen kann. Abb. ➤1 zeigt, wie von der Stelle des getroffenen Stickstoffkerns zwei Teilchen wegfliegen.
Im Jahre 1938 machten ***Otto Hahn***, ***Fritz Straßmann*** und ***Lise Meitner*** bei ihren Untersuchungen zur künstlichen Kernumwandlung eine folgenreiche Entdeckung (Abb. ➤2): Beim Bestrahlen von Uran mit Neutronen werden Kerne des natürlichen Uranisotopes U-235 gespalten. Es entstehen Elemente aus der Mitte des Periodensystems, wie Barium (Ba) und Krypton (Kr). Dabei wird Energie ΔE freigesetzt.

$$^{235}_{92}\mathrm{U} + ^{1}_{0}\mathrm{n} \rightarrow ^{144}_{56}\mathrm{Ba} + ^{89}_{36}\mathrm{Kr} + 3 \cdot ^{1}_{0}\mathrm{n} + \Delta E$$

> Bei der Kernspaltung wird ein schwerer Atomkern in zwei mittelschwere Kerne und zwei oder drei Neutronen zerlegt. Bei dieser Kernumwandlung wird sehr viel Energie frei.

Die bei der Spaltung von Atomkernen freigesetzte Energie wird als ***Kernenergie*** bezeichnet.
Würden alle Atomkerne von 1 kg $^{235}_{92}\mathrm{U}$ gespalten, so würden rund 24 Millionen kWh Energie frei, so viel wie beim Verbrennen von 2 Millionen kg Steinkohle.

Die Kettenreaktion

Die Spaltung eines Uran-235-Kernes gelingt mit Hilfe von Neutronen. Bei der Spaltung eines Kernes werden 2 bis 3 Neutronen frei. Diese können weitere Kernspaltungen auslösen. So wächst die Zahl der Kernspaltungen in sehr kurzer Zeit lawinenartig an (Abb. ➤3). Es entsteht eine Kettenreaktion, wenn:

1. die große Geschwindigkeit der entstandenen Neutronen stark verringert wird. Sie durchdringen sonst die Urankerne, ohne sie zu spalten oder wandeln sie in Kerne der Transurane ($Z > 92$) um.

2. eine bestimmte Mindestmasse an spaltbaren Kernen vorhanden ist, damit die Neutronen nicht wirkungslos nach außen entweichen. Diese Mindestmasse nennt man ***kritische Masse***.

Die Kernfusion

Manche Kerne lassen sich miteinander verschmelzen, wobei Energie freigesetzt wird. Man spricht von Kernfusion. Die Atomkerne müssen sich dabei soweit annähern, dass die anziehenden Kernkräfte die elektrischen Abstoßungskräfte überwinden. Möglich ist dies nur bei Kernen mit kleiner Kernladungszahl. Wird so etwa 1 kg Helium aus Wasserstoff gebildet, dann wird zehnmal soviel Energie frei wie bei der Spaltung von 1 kg Uran. Die Energie der Sonne stammt aus Kernfusionen.

> Bei der Kernfusion verschmelzen leichte Atomkerne zu schwereren. Dabei wird sehr viel Energie frei.

Kernkraftwerke

Kernkraftwerke (s. Abb. ➤1 auf der nächsten Seite) wenden die Kettenreaktion bei der Kernspaltung des Uranisotopes U-235 zur Energiegewinnung an. Durch Abbremsen und Absorbieren der Spaltprodukte, der Neutronen und Elektronen sowie der γ-Strahlung wird die freigesetzte Energie in innere Energie der umgebenden Stoffe umgesetzt. Mit Hilfe eines Kühlsystems wird diese innere Energie als innere Energie eines Kühlmittels abtransportiert und zur Dampferzeugung verwendet.
Je 1 MW Kraftwerksleistung müssen alle Kerne von 1 g U-235 gespalten werden.
Im ***Kernreaktor*** findet die Kettenreaktion so statt, dass sie jederzeit verringert oder beendet werden kann.
Brennstoffstäbe stellen das spaltbare Material in einem Gemisch aus spaltbarem U-235, U-233, Pu-239 sowie nichtspaltbarem U-238 bereit.
Moderatoren bremsen die bei der Kernspaltung frei werdenden schnellen Neutronen ab, so dass sie das Uran-235 spalten können. Als Bremsmittel eignen sich Wasser und Graphit.
Neutronenreflektoren in der Umgebung der Brennstäbe verhindern das Austreten von Neutronen aus dem Reaktorraum.
Regelstäbe bestehen aus Bor oder Cadmium und absorbieren Neutronen. Durch mehr oder weniger weites Einfahren der Regelstäbe in den Reaktor lässt sich die Anzahl der Kettenreaktionen steuern. Zum raschen Beenden lassen sich zusätzlich weitere Stäbe in den Reaktor schieben.

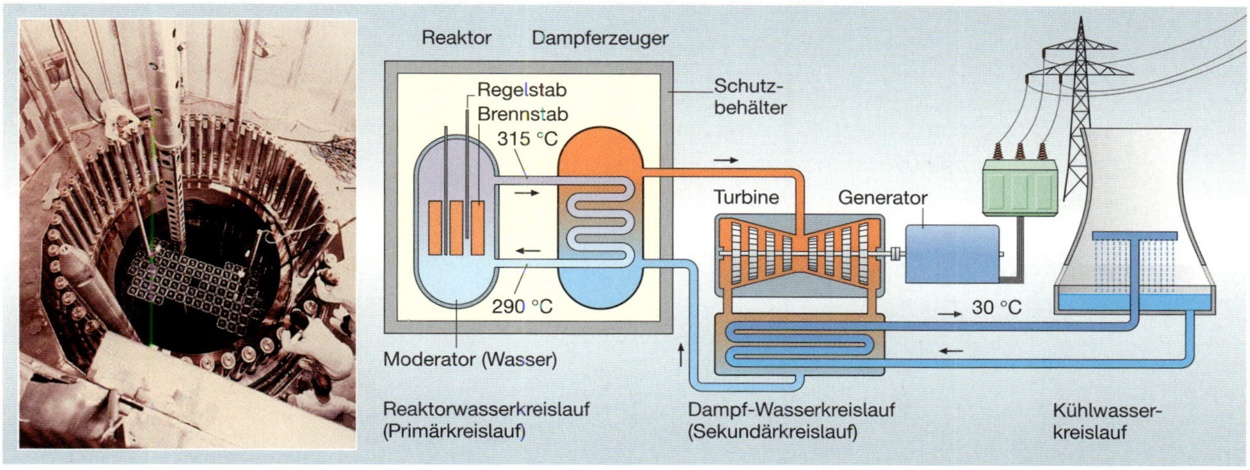

1 Kernkraftwerk mit Druckwasserreaktor und Wasserkreisläufen (links: Blick in das Innere des Reaktors).

Nutzen und Risiken von Kernkraftwerken

Die Nutzung von Kernenergie wird als notwendige Übergangslösung angesehen, da das Verbrennen von Kohle und Erdöl große Mengen von Kohlenstoffdioxid freisetzt. Wissenschaftler vermuten, dass dies eine Erwärmung der Atmosphäre zur Folge hat (Treibhauseffekt); Schadstoffe in den Abgasen belasten die Umwelt (Waldsterben) und greifen die schützende Ozonschicht in der Atmosphäre an (Ozonloch).
Bei Kernkraftwerken werden diese Nachteile vermieden. Doch stehen dem andere Nachteile gegenüber: Unfälle zeigen, dass die Sicherheitsmaßnahmen, um die Freisetzung radioaktiver Stoffe zu verhindern, nicht unbedingt zuverlässig sind. In deutschen Kernkraftwerken wird der nukleare Teil vollständig von einem Sicherheitsbehälter (Abb. ➤ 1) umschlossen. Selbst bei schwerster Störung soll er die radioaktiven Stoffe einschließen. Das Entweichen dieser Stoffe stellt die größte Gefahr dar. Wegen möglicher menschlicher Fehler bei der Konstruktion und im Betrieb des Reaktors ist diese Gefahr nie ganz auszuschließen. Es bleibt ein Risiko für einen extrem großen Schaden.
Fällt z. B. das Kühlsystem einschließlich der Notkühlsysteme aus, dann heizen sich die Brennelemente im Reaktor in wenigen Sekunden so stark auf, dass sie schmelzen und Teile des Reaktorinhalts verdampfen. Es kommt zum ***g**rößten **a**nzunehmenden **U**nfall*, einem ***GAU***. Das Unglück von Tschernobyl (1986) war die Folge eines krassen Bedienungsfehlers. Hier entwichen große Mengen des Reaktorinhalts als Gas und Staub. Eine unsichtbare radioaktive Wolke wurde vom Wind über weite Teile Europas getragen. Auch im 1600 km entfernten Deutschland stieg die Radioaktivität deutlich an. Durch Regen sank die Radioaktivität der Luft, dafür stiegen die des Erdbodens und Wassers. Gemüse und Milch waren für einige Zeit so stark belastet, dass ihr Verzehr für Kinder nicht empfohlen werden konnte.

Auch die ***Entsorgung*** radioaktiver Bauteile und Brennstäbe ist problematisch. Nach etwa 2 Jahren müssen die Brennstäbe im Reaktor ausgewechselt werden, sie sind hochradioaktiv und können zuerst nur in der Nähe des Reaktors in einem Wassertank aufbewahrt werden, bis die stärkste Strahlung nachgelassen hat. In Anlagen zur Wiederaufbereitung werden sie später zerkleinert und chemisch zerlegt. Ein Teil des Urans findet erneut in Brennstäben Verwendung, der Rest wird in Blöcken aus Glaskeramik eingeschmolzen und gelagert. Sie müssen, ebenso wie die radioaktiven Bauteile eines stillgelegten Kraftwerkes, die sich in Betonklötzen oder mit Bitumen aufgefüllten Fässern befinden, für viele zehntausend Jahre sicher gelagert werden. Eine Lagerung in einer mehrere hundert Meter dicken Schicht Steinsalz in etwa 800 m Tiefe (Abb. ➤ 2) ist vorgesehen. Die Sicherheit der Transporte und der Salzschicht (bei Wassereinbruch) ist aber umstritten.

2 Radioaktive Abfälle im Salzbergwerk

Einheiten der radioaktiven Strahlung

Quelleneigenschaft *Aktivität*

Nach dem Reaktorunfall in Tschernobyl am 26. April 1986 stieg die Radioaktivität bei uns stark an. So nahm die Aktivität bei Milch – gemessen am radioaktiven Iod-131 – von normalerweise weniger als 20 Becquerel pro Liter auf 750 Becquerel pro Liter zu. Was heißt das?
Wenn ein Stoff radioaktive Strahlung aussendet, so finden darin Kernumwandlungen statt, deren Anzahl wir z. B. mit dem Zählrohr messen können. Man definiert:

> Die Aktivität A eines Körpers ist der Quotient aus der Anzahl ΔN der Kernzerfälle und der Zeit Δt.
>
> $A = \frac{\Delta N}{\Delta t}$

Die Einheit der Aktivität ist 1 Bq (***1 Becquerel***). Es gilt:

$$1\ \text{Bq} = \frac{1\ \text{Kernumwandlung}}{1\ \text{Sekunde}}$$

Je kürzer die Halbwertszeit eines radioaktiven Isotopes ist, umso größer ist die Aktivität des Strahlers.
Bis 1985 wurde für die Aktivität die Einheit ***Curie*** (Ci) verwendet. Es gilt:

$$1\ \text{Ci} = 37000000000\ \text{Bq} = 3{,}7 \cdot 10^{10}\ \text{Bq}$$

Dieser Wert entspricht etwa der Anzahl der Zerfälle von 1 g Ra in 1 s.

Beispiel: An einer radioaktiven Quelle werden 1200 Kernumwandlungen in 60 Sekunden festgestellt.
Die Aktivität der Quelle beträgt
$A = 1200/(60\ \text{s}) = 20\ \text{Bq}$.

Wechselwirkung mit Materie *Energiedosis*

Radioaktive Strahlung ionisiert Atome. Für jeden einzelnen Ionisierungsvorgang ist eine im Mittel konstante Energie nötig. Die Energie, die 1 kg eines Stoffes durch die Strahlung aufnimmt, ist also ein Maß für ihre ionisierende Wirkung. Man spricht von der Energiedosis durch die Strahlung.

> Die Energiedosis D ist der Quotient aus der von der radioaktiven Strahlung abgegebenen Energie ΔE und der Masse m des Körpers, der die Energie aufnimmt.
>
> $D = \frac{\Delta E}{m}$

Die Einheit der Energiedosis ist 1 Gy (***1 Gray***). Es gilt:

$$1\ \text{Gy} = 1\ \frac{\text{J}}{\text{kg}}$$

Je größer die Aktivität einer Strahlungsquelle ist, desto größer wird auch die Anzahl der durch sie in einem Stoff bewirkten Ionisierungsvorgänge. Die Energiedosis nimmt daher mit der Aktivität zu.

In Wasser oder in tierischem Gewebe bewirkt die Energiedosis 1 Gy eine Änderung der Temperatur um knapp 0,001 K. Diese Temperaturerhöhung stellt nicht die eigentliche Gefahr der radioaktiven Strahlung dar. Sie besteht vielmehr in der Zerstörung von Atomen und Molekülen. Eine den ganzen Körper des Menschen treffende Strahlung mit 6 Gy führt fast sicher zum Tode.

Biologische Bewertung *Äquivalentdosis*

Die biologische Wirkung radioaktiver Strahlung hängt nicht nur von der Energiedosis ab, sondern auch von der Strahlungsart. In der biologischen Wirkung ist 1 Gy einer α-Strahlung mit 20 Gy einer β^-- oder einer γ-Strahlung gleichzusetzen, man sagt äquivalent.
Um die biologische Wirkung unterschiedlicher radioaktiver Strahlungen zu vergleichen, verwendet man eine Äquivalentdosis. Sie beschreibt die Strahlenbelastung unabhängig von der Strahlungsart. Dazu muss die Energiedosis mit einem ***Qualitätsfaktor*** Q bewertet werden.

> Die Äquivalentdosis D_q einer Strahlung ist das Produkt aus der Energiedosis D mit einem Qualitätsfaktor Q.
>
> $D_q = D \cdot Q$

Die Einheit der Äquivalentdosis ist 1 Sv (***1 Sievert***). Es gilt:

$$1\ \text{Sv} = 1\ \frac{\text{J}}{\text{kg}}$$

Der Qualitätsfaktor Q ist ein Erfahrungswert. Man hat festgelegt:

für α-Strahlung:	$Q_\alpha = 20$
für β^--Strahlung:	$Q_\beta = 1$
für γ-Strahlung:	$Q_\gamma = 1$
für langsame Neutronen:	$Q_n = 2{,}3$
für schnelle Neutronen:	$Q_n = 10$

Die Bewertung für sehr kleine, aber über einen langen Zeitraum einwirkende Energiedosen ist noch umstritten.

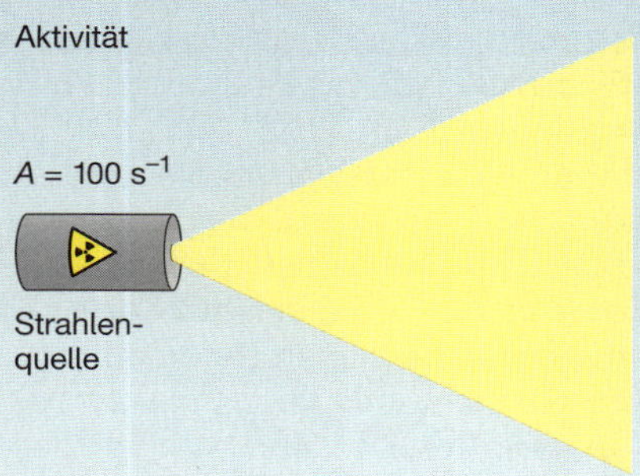

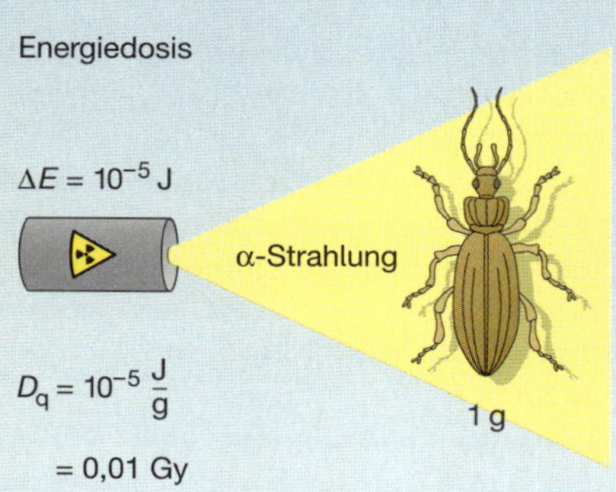

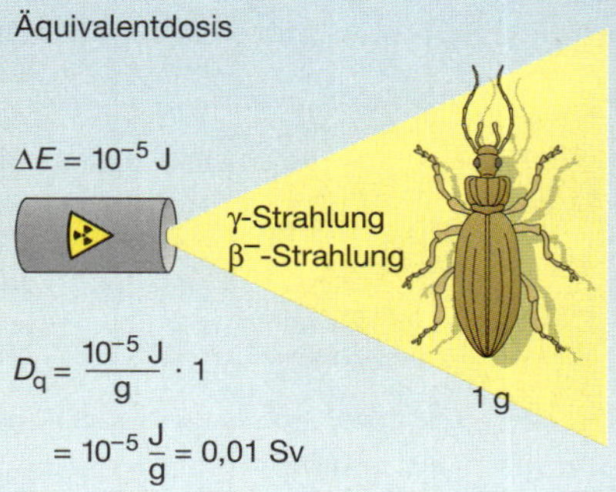

Strahlenschäden hängen von drei Faktoren ab:	– Art und Energie der Strahlung, – Dauer der Strahleneinwirkung, – Empfindlichkeit des Gewebes.

Schützen kann man sich durch:	– Strahlung möglichst vollständig abschirmen, – großen Abstand zur Strahlungsquelle halten, – nur kurze Zeit mit Strahlern arbeiten.

Biologische Strahlenwirkung und Strahlenbelastung des Menschen

Trifft radioaktive Strahlung auf organisches Gewebe, so kann dies unterschiedliche Folgen haben. Man unterscheidet zwei Arten von Strahlenschäden:

- ***Genetische Strahlenschäden*** treten dadurch auf, dass radioaktive Strahlung die Erbanlagen schädigt. Die Schädigungen werden bei jeder Zellteilung weitergegeben. Sie können sich bei den Nachkommen auswirken.
- ***Somatische Strahlenschäden*** können sich auf den Gesundheitszustand des betroffenen Menschen auswirken. Die Schädigung kann wieder ausheilen, doch können die Veränderungen in den Körperzellen auch zu Krebs (Zellwucherung) führen.

kurze Belastung	Strahlenschäden
250 – 500 mSv	Veränderung im Blutbild, Schäden an Embryos
1000 mSv	Beginn der Strahlenkrankheit: Übelkeit, Erbrechen, Haarausfall
2000 mSv	Strahlenkrankheit, Hautschäden
3000 mSv	Blutungen, schwere Veränderungen im Blutbild
4000 mSv	schwere Entzündungen, 50 % Todesfälle
ab 5000 mSv	mehr als 90 % Todesfälle

1 Folgen kurzzeitiger Strahlenbelastung

Künstliche Strahlung

Bei Röntgenaufnahmen und bei der medizinischen Behandlung mit radioaktiven Präparaten setzen wir uns zusätzlich einer Strahlenbelastung aus. Eine Lungendurchleuchtung führt z. B. zu einer Belastung von 0,2 mSv. Für Menschen, die beruflich einer Strahlung ausgesetzt sind, gilt zurzeit ein Grenzwert von 50 mSv pro Jahr. Ihre Strahlenbelastung wird durch Dosimeter laufend kontrolliert. Besonders gefährlich sind kurzzeitige, hohe Strahlenbelastungen (Tab. ➤ 1).

Alle Lebewesen sind einer natürlichen Strahlung ausgesetzt. Diese immer vorhandene Strahlung stammt aus mehreren Quellen:

Kosmische Strahlung, Höhenstrahlung

Aus dem Weltraum trifft sehr energiereiche Strahlung aus Protonen und Heliumkernen auf die Erde. Sie stammt vor allem von der Sonne. Besonders energiereiche Teilchen können bis zu 10 km Höhe vordringen, doch normalerweise wird die kosmische Strahlung in der Ionosphäre, also in 100 bis 400 km Höhe, aufgehalten, indem sie dort die vor allem aus Protonen, Neutronen, Elektronen und einer sehr starken γ-Strahlung bestehende Höhenstrahlung erzeugt. Deren Energie nimmt auf dem Weg zur Erdoberfläche hin wieder ab. Im Hochgebirge ist sie daher intensiver als über dem Meeresspiegel (Abb. ➤ 2).

Terrestrische Strahlung

Diese Strahlung kommt aus Stoffen unserer Umgebung wie z. B. Erdboden und Gestein, Baumaterial, Luft. Sie wird von radioaktiven Isotopen hervorgerufen, die von Natur aus darin enthalten sind. Einige Gesteinsarten enthalten solche Isotope in höherer Konzentration als andere, so dass die Strahlenbelastung je nach Bodenverhältnissen verschieden ist. Außerdem werden in der Atmosphäre durch die kosmische Strahlung ständig radioaktive Kerne wie z. B. Kohlenstoff C-14 und Wasserstoff H-3 (Tritium) neu gebildet. Durch Niederschläge gelangen sie zur Erdoberfläche.

Eigenstrahlung

Mit dem Stoffwechsel kommen ständig radioaktive Kerne in den menschlichen Körper. Das Trinkwasser, die pflanzliche und tierische Nahrung sowie die Luft enthalten radioaktive Kerne wie C-14, K-40 oder Radon. Als Körpersubstanz können sie lange Zeit als Strahlungsquellen wirken. Mehr als die Hälfte der Aktivität im Körper stammt vom K-40-Isotop.

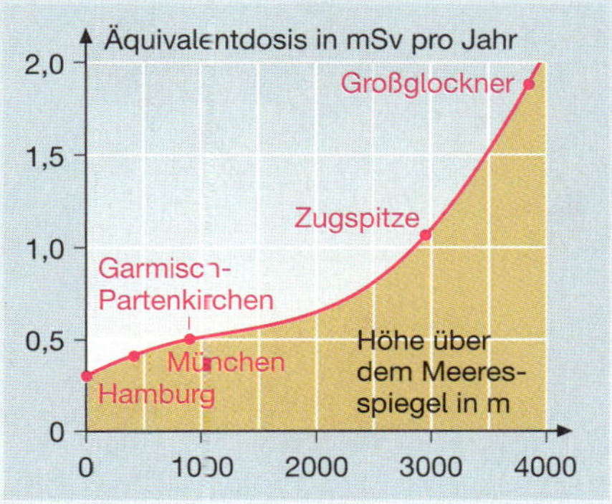

Ort/Land	µSv/Jahr	Belastung durch	
Schleswig-Holstein	140	kosmische Strahlung	280 µSv/Jahr
Weserbergland	580		
Braunschweig	580	terrestrische Strahlung	650 µSv/Jahr
Harz/Spessart	1020		
Bayerischer Wald	1460	Ernährung	250 µSv/Jahr
Katzenbuckel (bei Eberbach, Baden-Württemberg)	6300	medizinische Behandlung	800 µSv/Jahr
		Kernwaffentests	10 µSv/Jahr
Indien (Kerala)	bis 27000	Bildschirm, Fliegen	20 µSv/Jahr
Brasilien (Atlantik)	bis 87000	Kernreaktoren	1 µSv/Jahr

2 Strahlenbelastung durch kosmische und terrestrische Strahlung (Durchschnittswerte)

Rückblick

Begriffe
Was versteht man unter
- Atom, Atomhülle, Atomkern und Isotop?
- radioaktiver Strahlung?
- α-, β^--, γ-Zerfall und Kernumwandlung?
- Halbwertszeit?
- Kernspaltung und Kernfusion?
- Kettenreaktion?

Beobachtungen
Was beobachtet man, wenn
- radioaktive Strahlung zwischen die Platten eines geladenen Kondensators dringt?
- radioaktive Strahlung auf einen lichtdicht verpackten Film trifft?
- zwischen Strahler und Zählrohr nacheinander ein Blatt Papier, eine Aluminiumplatte und eine gleich dicke Bleiplatte gehalten werden?

Erklärungen
Wie lässt sich begründen, dass
- ein Atom nach außen elektrisch neutral ist?
- ein Geigerzähler uns ständig eine schwache radioaktive Strahlung anzeigt?
- ein Kernreaktor kontrolliert Energie freisetzt?
- radioaktive Strahlung unsere Körperzellen schädigt?

Gesetzmäßigkeiten
Beschreibe mit eigenen Worten
- Vorstellungen, die die Existenz von Atomen nahelegen.
- die zeitliche Abhängigkeit der Zählrate eines radioaktiven Isotopes.
- die Abhängigkeit der Zählrate von der Dicke bei Absorption von α-, β^--, γ-Strahlung.
- wie man auf das „Alter" einer organischen Probe zurückschließen kann.

Erläutere die Erscheinungen in den folgenden Bildern und beantworte die Fragen!

Wie funktioniert eine Dosimeterplakette? (Innenansicht)

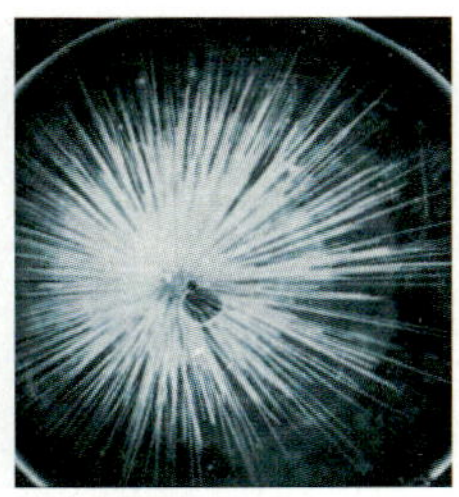
Wie kommt diese Aufnahme zustande und was zeigt sie?

Wie wurden bei diesem Blatt die Gefäße sichtbar?

Was zeigt das Schild auf dem Fass an?

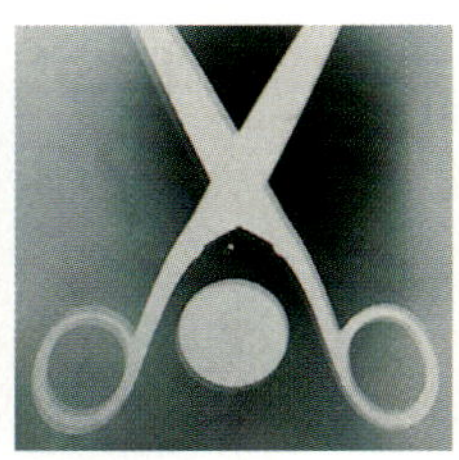
Der Stein enthält Uran, im gelben Umschlag ist ein Fotofilm lichtdicht verpackt. Beschreibe den dargestellten Versuch und deute ihn.

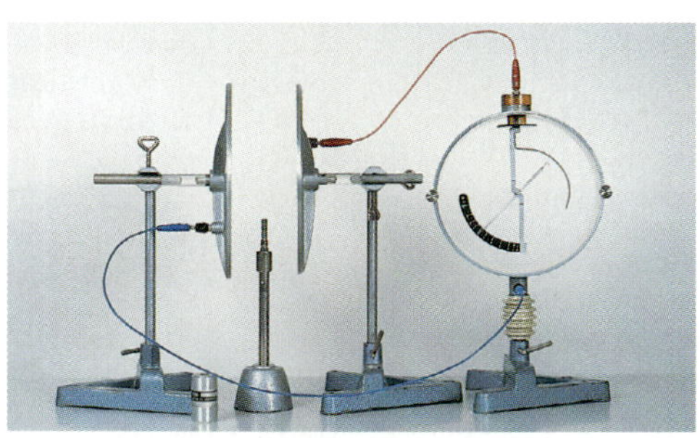
Welche Eigenschaft radioaktiver Strahlung weist dieser Versuch nach?

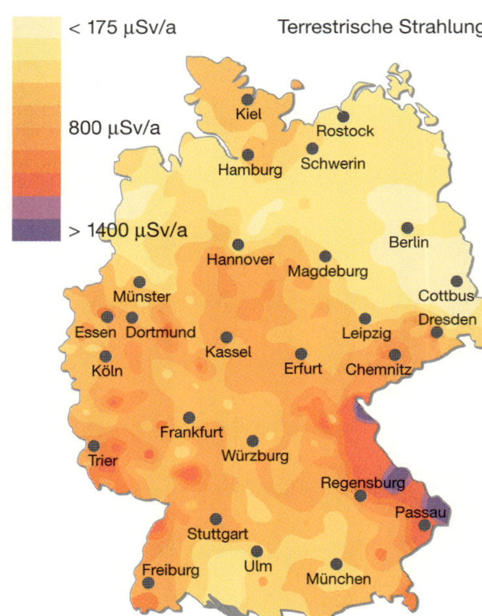

Welche Aussagen kann man dieser Karte entnehmen?

Beispiel

Radioaktivität von Abgasen eines Kernkraftwerkes

In Kernkraftwerken werden über den Kamin schwach radioaktive Gase wie z. B. Iodverbindungen ins Freie gelassen. Bis zu einer bestimmten Grenze ist dies erlaubt! Zur Kontrolle werden in einem abgeschlossenen Behälter Messungen der Radioaktivität dieses Gases über einen längeren Zeitraum vorgenommen. Man stellt nach Abzug des Nulleffektes fest:

t in Tagen	0	5	10	15	20	25	30	35
A in Bq	120	78	50	33	21	14	9	6

a) Zeichne ein Diagramm der Messwerte.
b) Bestimme die Halbwertszeit des radioaktiven Gases.
c) Das Iodisotop $^{131}_{53}\mathrm{I}$ erzeugt eine β^--Strahlung. In welches Isotop verwandelt es sich? Stelle den Zerfall durch eine Reaktionsgleichung dar.

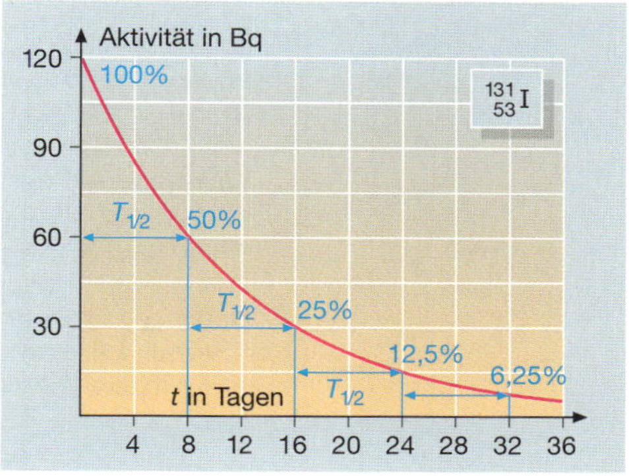

Lösung:
a) Siehe das Diagramm oben.
b) Dem Diagramm entnimmt man eine Halbwertszeit von 8 Tagen.
c) Es entsteht Xenon nach der Gleichung:

$$^{131}_{53}\mathrm{I} \rightarrow {}^{131}_{54}\mathrm{Xe} + e^-$$

Heimversuche

1. Die Kettenreaktion im Modell

VORSICHT! Den Versuch nur im Freien und mit Sicherheitsabstand ausführen!
Nimm neue Streichhölzer und stecke sie aufrecht in Reihen mit gleichen Abständen in einen Streifen aus Styropor. Alle Zündköpfe sollen gleich weit herausragen. Ihr Abstand soll zwischen 0,5 cm und 1 cm betragen. Richte den Streifen senkrecht auf und halte ihn dabei unten fest.
Zünde nun ein Streichholz in der Mitte der unteren Reihe an und verfolge die Wirkung auf die anderen darüber.

2. Hinweise zur Existenz von Atomen

Fülle einen fettfreien Teller oder eine flache Schale mit Wasser. Bestäube die Oberfläche mit fein gemahlenem Pfeffer oder Mehl, so dass eine dünne zusammenhängende Schicht entsteht.
Gib nun einen Tropfen Rasierwasser oder Franzbranntwein in die Mitte der Oberfläche. Beobachte die Pfeffer- oder Mehlschicht, die die Ausbreitung des Tropfens auf dem Wasser anzeigt.
Gib langsam weitere Tropfen hinzu.
Was geschieht mit den Tropfen?

Fragen

Zum Aufbau des Atoms

1 Welche Informationen über den Aufbau der Atome geben uns die Massenzahl und die Kernladungszahl?

2 Stelle die Zahl der Protonen und Neutronen für folgende Atomkerne in einer Tabelle dar:

^{2}H, ^{4}He, ^{17}O, ^{16}O, ^{60}Co, ^{60}Ni, ^{207}Pb, ^{208}Pb, ^{235}U, ^{238}U.

Welche Kerne sind Isotope?

3 In der Mitte eines kugelförmig gewölbten Bildschirmes (R = 5 cm) befindet sich eine Metallspitze (r = 0,2 μm). Zwischen Schirm und Spitze besteht ein so starkes elektrisches Feld, dass Elektronen aus der Metallspitze austreten. Auf dem Schirm entsteht ein Bild der Metallspitze (siehe Rand). Was kann man dem Bild entnehmen?

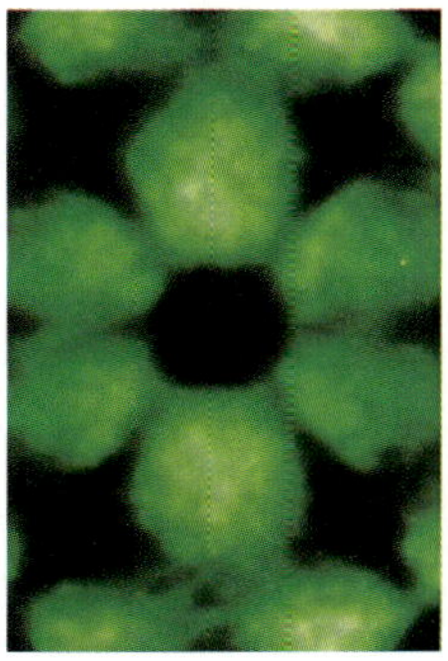

Zu Aufgabe 3

Radioaktive Strahlung

4a) Wie lässt sich experimentell bestimmen, welche Strahlungsart von einem Präparat ausgesandt wird?
b) Wie kann man nachweisen, dass radioaktive Strahlung Luft ionisiert?

5a) Wie lässt sich die Reichweite einer radioaktiven Strahlung bestimmen?
b) Wie hängen Reichweite und Durchdringungsfähigkeit der Strahlung zusammen?

6 Beschreibe Aufbau und Wirkungsweise
a) einer Nebelkammer.
b) eines Zählrohres.
c) einer Dosimeterplakette.

7 Wie kannst du feststellen, ob die Leuchtziffern einer alten Uhr radioaktiv strahlen? Beschreibe zwei Möglichkeiten.

Fragen

8 Im Klassenraum wird an einem Tag ein Nulleffekt von 20 Impulse/min gemessen. An einem anderen Tag (an einer anderen Schule) stellt man mit demselben Zählgerät einen Nulleffekt von 18 Impulse/min fest.
a) Was bedeutet der Begriff „Nulleffekt"?
b) Wodurch können die unterschiedlichen Werte für den Nulleffekt verursacht sein?

9 Deute die Messergebnisse an verschiedenen Stoffen bei einer Untersuchung mit dem Zählrohr (Nulleffekt: 18 Impulse/min).

Strahlenquelle	Impulse/min
Kaliumchlorid	58
Kaliumpermanganat	44
Seesand	26
Kochsalz	20
Kaliumnitrat	46

10 Berichte über die Anwendung radioaktiver Stoffe in Medizin, Technik, Altertumsforschung und Geologie! Erläutere, welche Eigenschaften und Wirkungen der Strahlung dabei genutzt werden.

11 Wovon hängt das Ausmaß der schädigenden Wirkung der radioaktiven Strahlung ab?

12 *a)* Begründe die Grundregeln des Strahlenschutzes mit Hilfe der Eigenschaften und Wirkungen radioaktiver Strahlung.
b) Nenne einige Strahlenbelastungen, denen der Mensch ständig ausgesetzt ist.

Zu den Kernumwandlungen

13 *a)* Das Thoriumisotop $^{227}_{90}\text{Th}$ ist ein α-Strahler. Welcher Kern entsteht beim Zerfall? Beschreibe die Umwandlung mit einer Formel!
b) Was versteht man unter einer Zerfallsreihe?

14 Das radioaktive Kohlenstoffisotop $^{14}_{6}\text{C}$ wandelt sich in Stickstoff (N) um und sendet eine β^--Strahlung aus. Beschreibe diesen Zerfall in einer Formel!

15 Das Poloniumisotop $^{216}_{84}\text{Po}$ zerfällt unter Aussendung radioaktiver Strahlung. Bestimme mit dem Diagramm rechts die Kernumwandlungen und die auftretenden Strahlungsarten der Zerfallsreihe.

16 Die Aktivität einer Bariumverbindung wird nach jeweils einer Minute für 10 Sekunden gemessen und der Nulleffekt abgezogen. Stelle die Messergebnisse grafisch dar und bestimme die Halbwertszeit von Barium (Ba)!

t in min	0	1	2	3	4	5	6
$\frac{\text{Impulse}}{10\text{ s}}$	1050	795	600	460	345	260	220

Wer ist das gewesen und wann etwa hat er gelebt? Was hat er entdeckt?

17 Beschreibe eine Methode zur archäologischen und geologischen Altersbestimmung mit Hilfe der radioaktiven Strahlung.

18 Welchen Grund könnte es haben, dass für junge Bäume an verkehrsreichen Straßen nach der C-14-Methode scheinbar ein Alter von etwa 500 Jahren gemessen wurde?

19 *a)* Was versteht man unter einer natürlichen Kernumwandlung?
b) Erläutere den Unterschied zwischen Kernspaltung und Kernverschmelzung.

20 Warum ist die Kernspaltung zur Energiegewinnung geeignet?

21 Welche Vorgänge führen in einem Kernreaktor zur Umsetzung von Energie?

22 Bei der Explosion einer Atombombe läuft eine unkontrollierte Kettenreaktion ab. Durch welche Bedingungen wird eine solche Reaktion in Kernkraftwerken verhindert?

23 Warum kommt im natürlichen Uranerz fast nie eine Kettenreaktion in Gang?

24 Wodurch belasten Kernkraftwerke, wodurch Kohlenkraftwerke die Umwelt? Stelle eine Liste zum Vergleich auf.

25 Welche Risiken gibt es bei der Entsorgung von Spaltprodukten aus Kernkraftwerken? Informiere dich z. B. im Internet und diskutiere in der Klasse darüber!

26 Beim Reaktorunfall von Tschernobyl wurden radioaktive Stoffe als Gas und feinstem Staub freigesetzt und mit dem Wind über Europa verteilt. Folgende Vorsichtsmaßnahmen wurden empfohlen:
Möglichst oft waschen! Bei Regen nicht im Freien aufhalten! Keine Milch von Weidevieh trinken! Nicht auf staubigen Sportplätzen spielen! Was sollte damit erreicht werden?

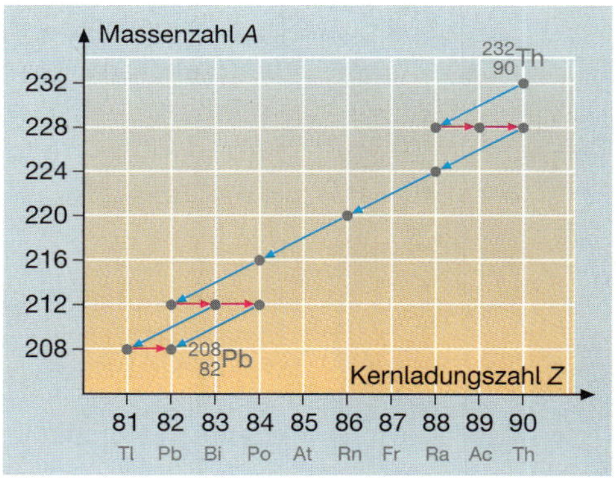

Zu Aufgabe 15: Thorium-Zerfallsreihe

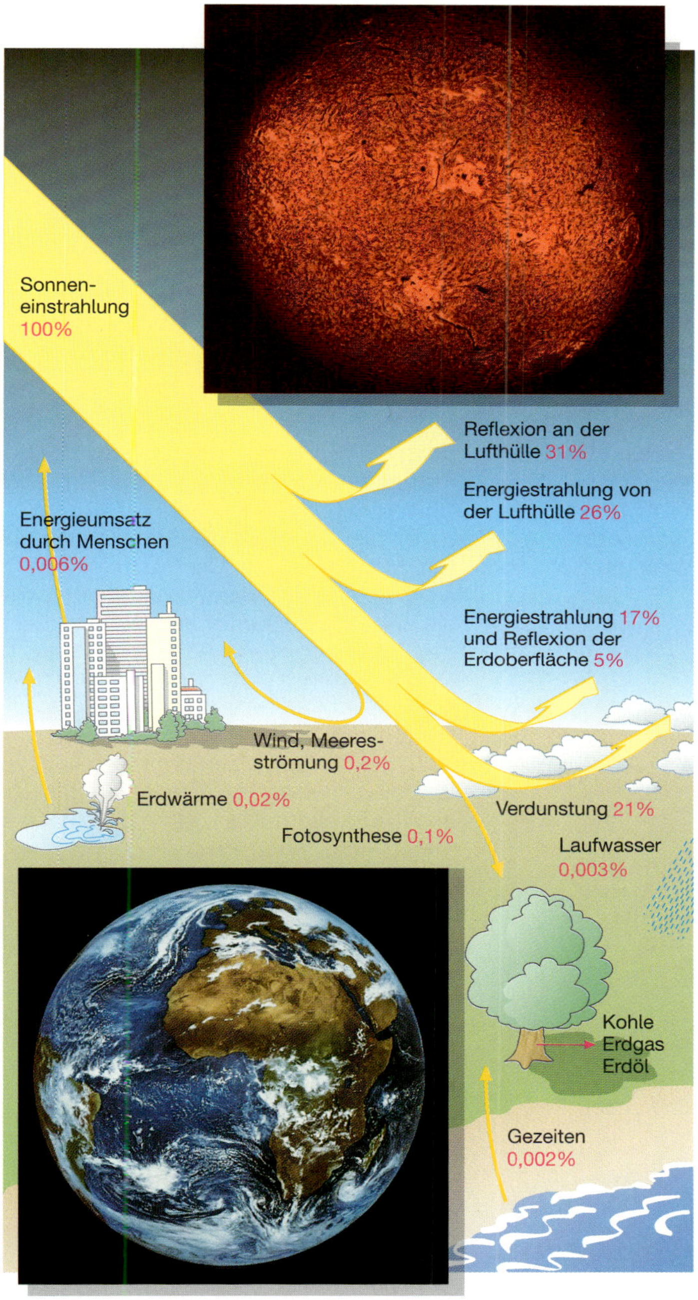

Woher kommt unsere Energie?

Fast die gesamte Energie, die wir auf der Erde umsetzen, stammt ursprünglich von der Sonne. Die Sonne ist eine riesige Gaskugel mit 1,4 Millionen km Durchmesser. Sie besteht zum größten Teil aus Wasserstoff. In ihrem Inneren herrschen eine Temperatur von 15 Millionen K und ein Druck von 20 Millionen hPa. Durch Kernfusion entsteht dort aus Wasserstoff Helium. Dabei wird so viel Energie abgegeben, dass die Erde in 150 Millionen km Entfernung während einer Sekunde noch $1{,}7 \cdot 10^{17}$ J erhält.

Die gesamte Menschheit setzt in jeder Sekunde eine Energie von rund 10^{13} J um; das ist nur 0,006 % dessen, was die Sonne liefert. Gibt es also Energie im Überfluss? Die Erde strahlt genauso viel Energie wieder ab, wie sie empfängt. Deshalb bleibt ihre Temperatur konstant.

Mit der intensiven Nutzung fossiler Brennstoffe begann im 19. Jahrhundert das Industriezeitalter. Heute kommt 90 % der Energie von fossilen Brennstoffen. Diese Brennstoffe sind in vielen Millionen Jahren mit Hilfe der Energie der Sonne entstanden. Wegen der begrenzten Vorräte wird diese Form der Energiegewinnung nur einen kleinen Teil der Menschheitsgeschichte ausmachen, denn: Was über lange Zeiten entstanden ist, wird in wenigen hundert Jahren aufgebraucht sein.

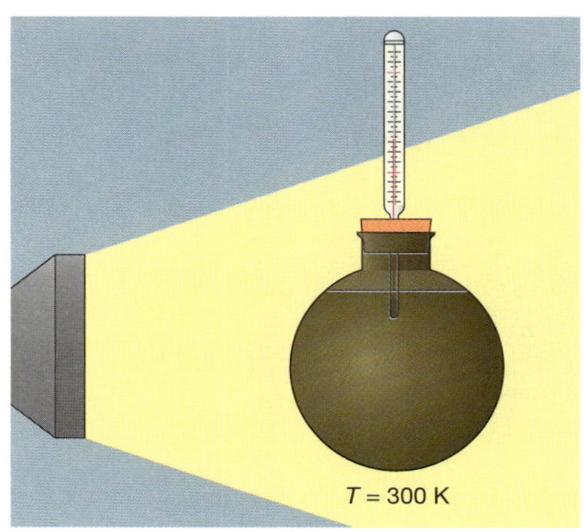

Wir machen es der Sonne nach!

Ein schwarz gefärbter Kolben wird mit Wasser gefüllt. Bestrahlen wir den Kolben mit einer starken Lampe, so steigt die Temperatur des Wassers. Vergleiche die Situation mit Sonne und Erde.

Energieumsetzungen

Versuche

V1 Auf die Achse eines kleinen Generators wickeln wir einen Faden mit angehängtem Gewichtsstück (Abb. ➤ 1).
Das herabsinkende Gewichtsstück treibt den Generator an. Eine angeschlossene Glühlampe leuchtet. Die Lampe leuchtet heller, wenn wir die antreibende Gewichtskraft erhöhen. Schrauben wir die Lampe heraus, so sinkt das Gewichtsstück schneller herab.

V2 Wir ersetzen die Lampe im Versuch 1 durch einen Motor. Er wird beim Herabsinken des Gewichtsstückes angetrieben.

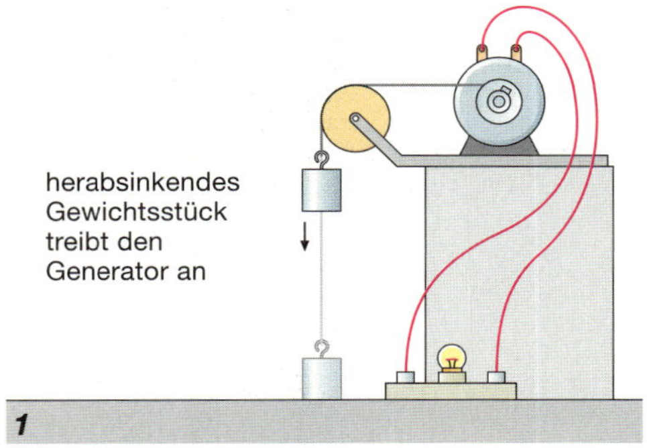

1

Grundwissen

Erhaltung und Nutzung der Energie

Bei einer pendelnden Kugel wird ständig Energie der Lage in Energie der Bewegung umgesetzt und umgekehrt (Abb. ➤ 2). Könnte man die Reibung vermeiden, so würde der Pendelkörper bei jeder Schwingung die gleiche Höhe erreichen, die Summe aus Energie der Lage und Energie der Bewegung bliebe unverändert. Dies würde für alle Zustände der Schwingung gelten. Man sagt dazu: Die Energie eines solchen Pendels bleibt erhalten. Es bildet ein ***abgeschlossenes*** System, weil bei den Schwingungen weder Energie das System verlässt noch zusätzlich dem System von außen zugeführt wird.
Der ***Erhaltungssatz der Energie*** gilt nicht nur für Umsetzungen mechanischer Energien in abgeschlossenen Systemen. In allen Experimenten, auch in solchen, in denen nicht-mechanische Energieumsetzungen stattfinden, wird er bestätigt.

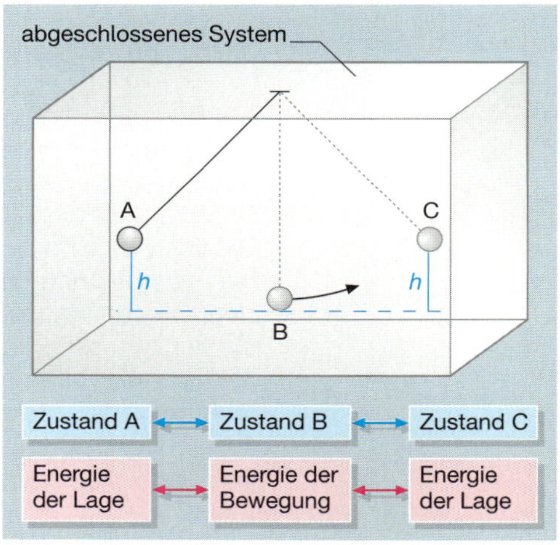

2 Energieumsetzungen beim Pendel

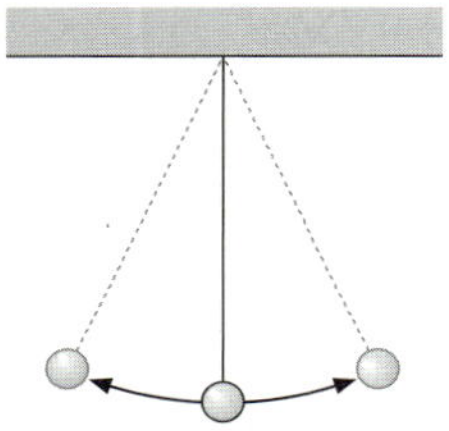

Die Umsetzung von Energie verändert die Summe der vorhandenen Energien nicht.
Die Erhaltung der Energie ist eine Erfahrung und kein ableitbares Gesetz.

Abb. ➤ 3 zeigt die Zusammenhänge einer ***Nutzung*** von Energie am Beispiel der elektrischen Energie. Um Licht zu erzeugen, wird in einer Glühlampe elektrische Energie in Strahlungsenergie umgesetzt. Ein Teil der zugeführten Energie wird aber gleichzeitig in innere Energie von Glas, Glühfaden und Fassung der Glühlampe umgesetzt.

> Jede Nutzung von Energie ist mit der Umsetzung von Energie verbunden.

Die elektrische Energie zum Betrieb der Glühlampe liefert ein Generator. Auch er setzt die etwa von Turbinen zugeführte mechanische Energie nicht vollständig in elektrische Energie um. Stets müssen „Verluste" durch zusätzliche Umsetzungen in innere Energie in Kauf genommen werden. Insgesamt erhöhen diese alle die innere Energie der Umgebung.

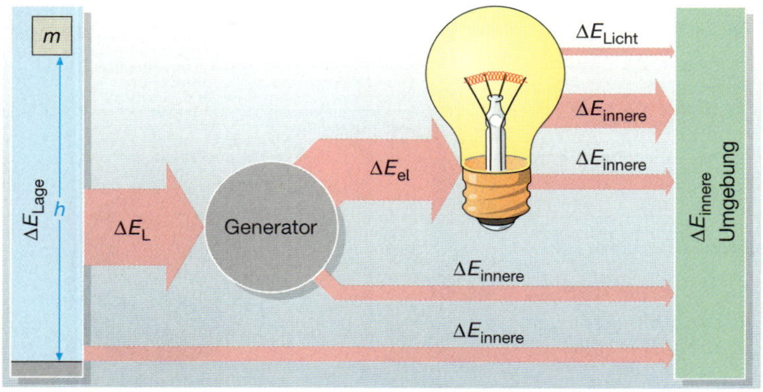

3 Energieumsetzungen bei der Nutzung einer Glühlampe

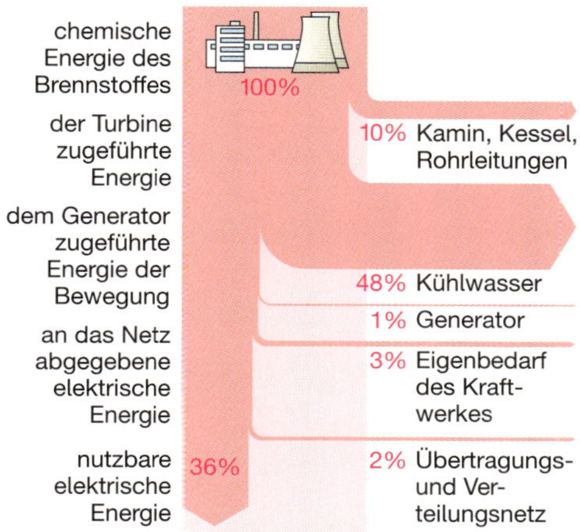

1 Wirkungsgrad bei der Erzeugung elektrischer Energie

zugeführte Energie	Gerät	Wirkungsgrad bis	abgegebene Energie
mechanische Energie	Generator	96 %	elektrisch
	Wasserturbine	90 %	mechanisch
chemische Energie	Dampfmaschine	15 %	
	Benzinmotor	35 %	
	Auto (gesamt)	16 %	
	Dampfturbine	28 %	
	Kohleofen	85 %	erwärmend
	Ölheizung	84 %	
elektrische Energie	Tauchsieder	100 %	
	Kochplatte	90 %	
	Glühlampe	5 %	sichtbar
	Leuchtstoffröhre	15 %	strahlend
	Elektromotor	96 %	mechanisch

2 Wirkungsgrade verschiedener Geräte

Der Wirkungsgrad

Bei der Nutzung von Energie wird die aufgewandte Energie zum Teil in Nutzenergie, zum Teil in andere Energieformen umgesetzt. Meist endet jede Nutzung in einer Umsetzung in innere Energie der Umgebung. Dies bedeutet, dass sich letztlich die innere Energie der Erde erhöht.
Um die zur Verfügung stehende Energie möglichst gut zu nutzen, wird man bemüht sein, den dazu erforderlichen Aufwand möglichst niedrig zu halten. Das bedeutet, dass man auf einen möglichst großen Wert des Quotienten aus genutzter Energie und aufgewandter Energie achtet. Man spricht vom ***Wirkungsgrad*** η der Nutzung:

> Der Wirkungsgrad η gibt an, welcher Bruchteil der aufgewandten Energie bei der Umsetzung genutzt wird:
> $$\eta = \frac{E_{\text{Nutz}}}{E_{\text{Aufwand}}}$$

Nach Definition ist der Wirkungsgrad stets kleiner oder gleich 1 (Abb. ➤2).

Bei der Nutzung von Energie greift man auf unmittelbar in der Natur vorhandene Energiequellen zurück. Man spricht von ***Primärenergie***, die etwa als Energie der Lage des Wassers von hochgelegenen Seen, als Energie der Bewegung im Wind oder als chemische Energie im Brennstoff vorliegt. Meist wird diese Energie in großen Anlagen für bestimmte Verwendungszwecke, für die es weit verbreitete „Energieumsetzer“ wie Motoren, Öfen oder Elektrogeräte gibt, aufbereitet. Sie liefern uns die Energie als ***Sekundärenergie***. Abb. ➤3 zeigt die Nutzungskette. Die elektrische Energie ist die am häufigsten genutzte Sekundärenergie.

? Weshalb kann der Wirkungsgrad nicht größer als 1 sein?

? Als was endet die genutze Energie?

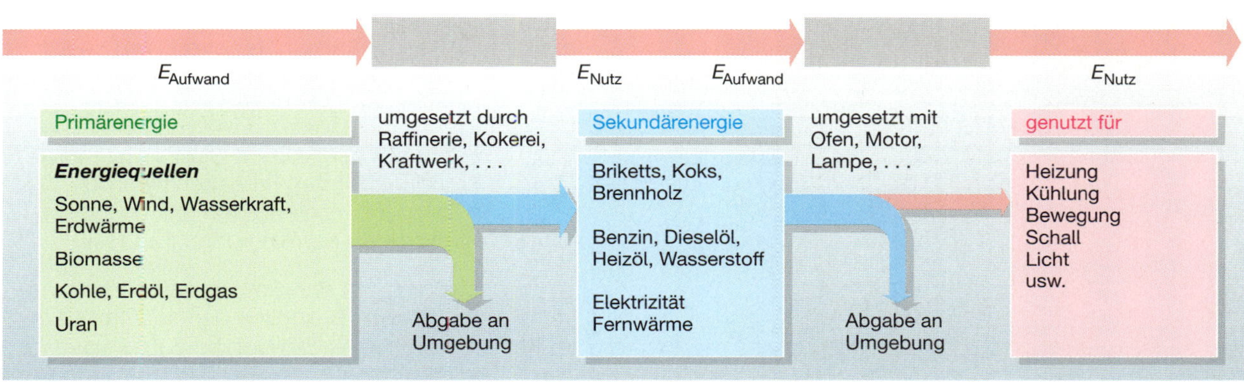

3 Von der Primärenergie zur Sekundärenergie und deren Nutzung

Die Entwertung von Energie

Versuche

V1 Auf einen kalten Metallklotz wird ein Peltier-Element gelegt, darauf ein zweiter Metallklotz, der zuvor im Wasserbad erwärmt wurde (Abb. ➤ 1). Es wird gemessen, wie sich die Temperatur beider Klötze mit der Zeit ändert. An das Peltier-Element ist ein Elektromotor angeschlossen. Er läuft, solange ein hinreichend großer Unterschied zwischen den Temperaturen der beiden Klötze besteht.

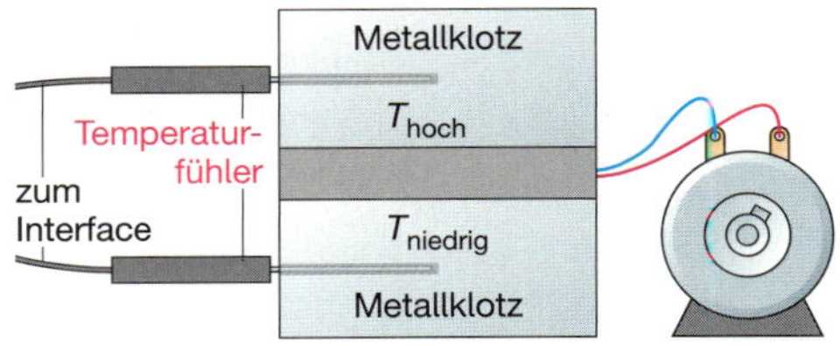

1 Umsetzung von innerer in elektrische Energie

Grundwissen

Grenzen der Nutzung

Wenn ein ICE abbremst, so wirken die Motoren als Bremsen mit. Ein großer Teil der Energie der Bewegung wird in elektrische Energie umgesetzt und kann dadurch an das Netz zurückgegeben werden. Bremst dagegen ein Omnibus ab, so wird die Energie der Bewegung vollständig in innere Energie der Bremsen umgesetzt. Ihre Temperatur erhöht sich. Für die Weiterfahrt des Omnibusses ist diese Energie nicht mehr nutzbar. Sie ist zwar weiterhin vorhanden, aber für den Antrieb wertlos geworden.

> Energie kann bei der Umsetzung in eine andere Form übergehen und dadurch für die weitere Nutzung wertlos werden.

Den ***Wert von Energie*** beurteilt man danach, wieweit ihre Nutzung möglich ist. So kann die Energie der Lage von Wasser im Stausee von einem Wasserkraftwerk über die Energie der Bewegung des Wassers in elektrische Energie mit ihren vielfältigen Nutzungsmöglichkeiten umgesetzt werden. Mechanische, elektrische und chemische Energie haben in diesem Sinne hohen Wert. Stets erfolgt bei der Nutzung auch eine Umsetzung in innere Energie. Mit einem Peltier-Element kann innere Energie in elektrische umgesetzt werden. Verbrennungsmotoren nutzen ebenfalls innere Energie und setzen sie in hochwertige Energie der Bewegung um. ***Robert Stirling*** entwickelte schon 1816 einen Heißluftmotor. Er entzieht der heißen Luft innere Energie, wie das Peltier-Element dem Klotz mit hoher Temperatur. Deren Temperatur sinkt, weil ein Teil der Energie den Motor antreibt und ein Teil die tiefere Umgebungstemperatur erhöht (Abb. ➤ 2). Der Motor bleibt stehen, das Peltier-Element liefert keine Spannung mehr, wenn kein Temperaturunterschied mehr zu Körpern mit niedrigerer Temperatur besteht (Abb. ➤ 3).

> Innere Energie kann nur in andere Energieformen umgesetzt werden, wenn ein Temperaturunterschied zu einem kälteren Bereich (Umgebung) besteht.

Sadi Carnot hat 1824 gezeigt, dass einer Maschine die Umsetzung von innerer Energie in andere Energieformen umso besser gelingt, je größer die Temperaturdifferenz bei der Nutzung ist. Hohe Temperatur eines Körpers bedeutet also im Sinne der Umsetzbarkeit einen hohen Wert seiner inneren Energie. Weil die Umgebung stets eine Temperatur über 0 K hat, folgt:

> Innere Energie kann nicht vollständig in andere Formen umgesetzt werden. Der Temperaturunterschied legt eine Obergrenze für den Wirkungsgrad fest.

Dies ergänzt den Satz von der Erhaltung der Energie bezüglich der Nutzbarkeit innerer Energie. Der nutzbare Energievorrat schwindet im Laufe der Zeit, weil jede Nutzung die Temperatur der Umwelt erhöht.

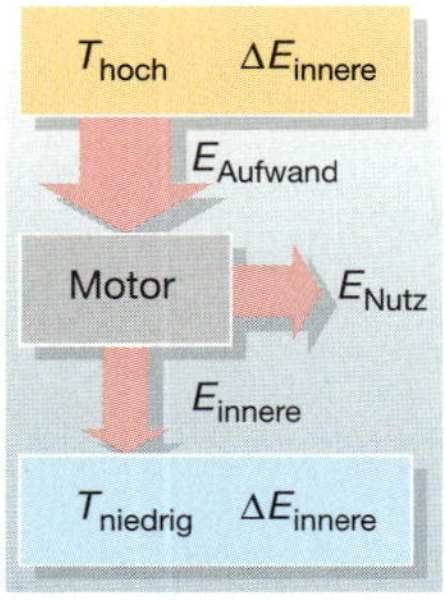

2 Umsetzung von innerer Energie

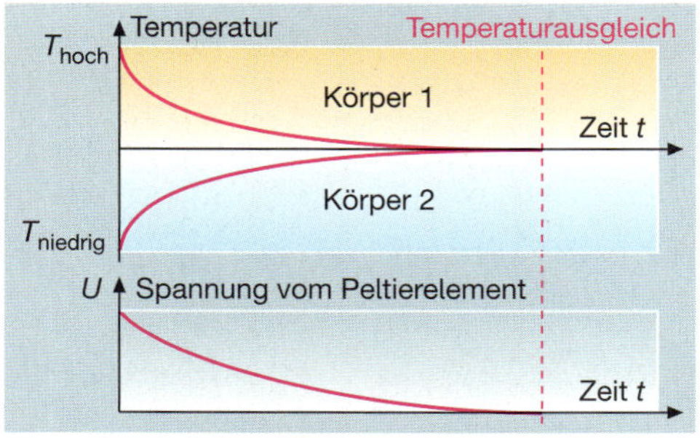

3 Temperaturdifferenz und Spannung beim Peltier-Element

Bei einem festen Körper wie einem Hammer befinden sich die Teilchen nach unserem Modell in einer unveränderlichen Anordnung. Sie können nur an ihren Plätzen hin- und herschwingen.

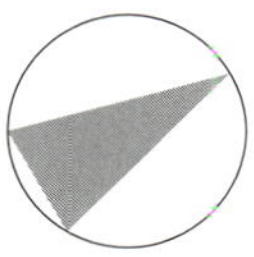

Der Pfeil gibt die momentane Bewegungsrichtung des Teilchens an.

Ordnung und Unordnung

Ein Hammer hat eine bestimmte Temperatur. Sie zeigt uns die innere Energie an. Im Modell können wir uns vorstellen, dass der Hammer aus kleinen Teilchen besteht, die sich ungeordnet bewegen. Wenn wir den Hammer fallenlassen, erhält er zusätzlich Bewegungsenergie. In diesem Fall müssen die Teilchen ***zusätzlich*** eine gemeinsame geordnete Bewegung vollführen (Abb. ➤ 1).

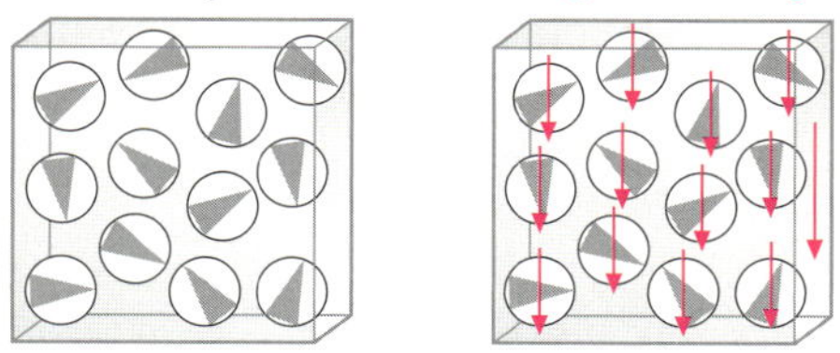

1 Bewegung durch innere Energie und gemeinsamer Fall als Körper

Trifft der Hammer auf ein Metallstück, so werden dessen Teilchen angestoßen. Sie bewegen sich dabei in alle Richtungen, das heißt, ihre unregelmäßige Bewegung wird heftiger, die Temperatur des Metallstückes steigt.
Beim Aufprall werden auch die Teilchen des Hammers angestoßen. Ihre gemeinsame Bewegung durch den Fall wird in die entgegengesetzte Richtung umgelenkt. Das bedeutet, dass der Hammer vom Metallstück abprallt. Zum anderen bewegen sich die Teilchen weiterhin ungeordnet in alle Richtungen, so dass die Rückprallbewegung die ungeordnete Bewegung der Teilchen im Hammer teilweise verstärkt. Das heißt, die Temperatur des Hammers nimmt zu.

> Bei der Umsetzung von Energie der Bewegung in innere Energie wird aus geordneter Teilchenbewegung ungeordnete.

Wir untersuchen die umgekehrte Umsetzung von innerer Energie in Energie der Bewegung:
Aus der ungeordneten Teilchenbewegung müsste dazu ohne äußeren Einfluss eine geordnete Bewegung entstehen. Für den Hammer würde dies bedeuten, dass sich die ungeordnete Bewegung verringern würde. Der Hammer müsste sich abkühlen und gleichzeitig heben. Dies wurde aber noch nie beobachtet!

> Aus geordneter Teilchenbewegung entsteht von allein ungeordnete.
> Aus ungeordneter Teilchenbewegung entsteht nicht von selbst eine geordnete Teilchenbewegung.

Umsetzung der Energie im Organismus

Der menschliche Körper benötigt Energie, um die biologischen Vorgänge aufrechtzuerhalten. Der tägliche Bedarf richtet sich nach Alter und Tätigkeit und liegt zwischen 8500 kJ und 10 000 kJ. Die Energie wird dem Körper über Nahrungsmittel zugeführt (Abb. ➤ 2). Im Körper findet die Umsetzung der Energie statt. Je nach Tätigkeit geschieht dies mit Wirkungsgraden von 5 – 40 %. Der ***Grundumsatz*** – er beträgt etwa 6000 bis 8000 kJ pro Tag – ist die Energieumsetzung, die ohne Tätigkeit allein zur Erhaltung der Lebensfunktionen erforderlich ist.
Unsere Energieversorgung beruht auf den Pflanzen, die wir entweder direkt oder als tierische Nahrungsmittel aufnehmen.
Pflanzen setzen mit der Fotosynthese Energie der Sonne biochemisch in nutzbare „Brennstoffe" um. Der Wirkungsgrad der Energieumsetzungen von der Sonnenenergie, über pflanzliche und tierische Nahrungsmittel bis hin zum menschlichen Körper, ist gering (unter 5 %).
Die Bereitstellung von Nahrungsmitteln erfordert Energie, der zum Teil erheblich über dem Nährwert des Nahrungsmittels liegt:

Erhaltene zu eingesetzter Energie	
primitiver Ackerbau	etwa 50 : 1
Jäger und Sammler	etwa 30 : 1
Reisanbau in China	etwa 30 : 1
Weizen (extensiv)	17 : 1
Weizen (intensiv)	5 : 1
Kartoffeln (intensiv)	4 : 1
freilebendes Weidevieh	2 : 1
Freilandeier	1,5 : 1
Milch von Weidekühen	1 : 1
Küstenfischerei	1 : 1
Batterieeier	1 : 4
Rinderintensivmast	bis zu 1 : 80
Hochseefischerei	bis zu 1 : 250
Gewächshausgemüse	bis zu 1 : 600

Die Versorgung mit elektrischer Energie

Versuche

V1 Wir schließen an einen Schiebewiderstand von 10 Ω eine Flachbatterie an.
Wir verringern den Widerstand, messen Spannung und Stromstärke und berechnen die Leistung in Abhängigkeit von der Stromstärke (Abb. ➤ 1).

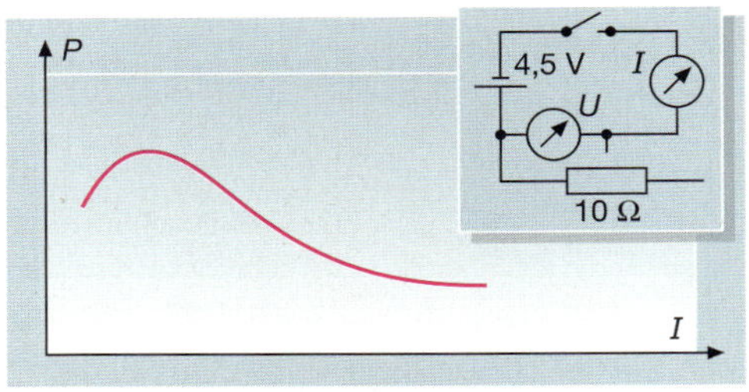

1 Die Leistung einer Flachbatterie

V2 Wir schließen eine Lampe an eine geeignete Quelle für Wechselspannung an.
a) Wir benutzen übliche Anschlusskabel.
b) Wir benutzen lange, dünne Konstantandrähte.
c) Wir benutzen die dünnen Konstantandrähte in Verbindung mit zwei Transformatoren (Abb. ➤ 2).
Die Lampe leuchtet nur bei ***a)*** und ***c)***.

2 Transformatoren ersetzen dicke Leiter.

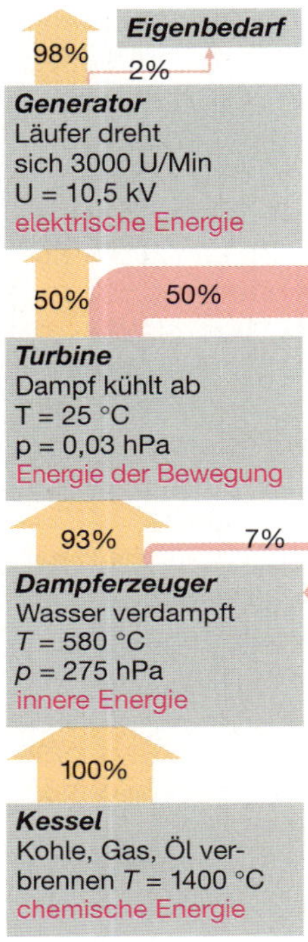

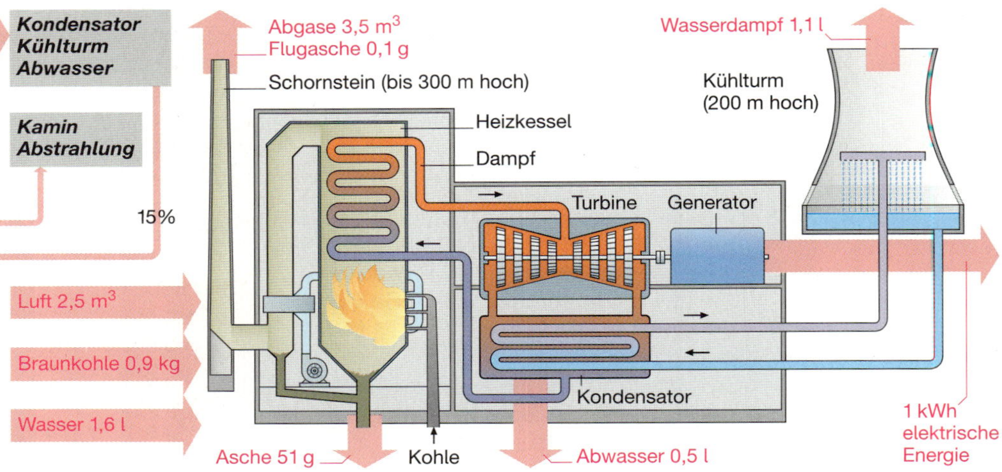

3 Ein Kohlenkraftwerk und die Umweltbelastungen durch Verbrennung der Kohle

Grundwissen

Bereitstellung elektrischer Energie

In Deutschland werden jährlich rund 440 Mrd. kWh elektrische Energie bereitgestellt. Das sind 22 % des Gesamtbedarfs an Energie. Elektrische Energie ist sauber und bequem nutzbar und kann durch Drähte gut überall hin transportiert werden. Der größte Teil wird in Kraftwerken aus fossilen Brennstoffen oder aus spaltbarem Uran gewonnen. Abb. ➤ 3 zeigt den Aufbau eines Kohlenkraftwerkes. Kraftwerke stellen trotz aufwendiger Maßnahmen eine Umweltbelastung dar. Ihr Wirkungsgrad beträgt nur etwa 45 %.
Der Bedarf an elektrischer Energie ändert sich im Laufe des Jahres und an jedem Tag. Es gibt sehr große Kraftwerke für die ***Grundlast***, die ständig mehr als 70 % der benötigten Energie zur Verfügung stellen. Kraftwerke für die ***Mittellast*** liefern den Rest, wobei sie sich langsamen Schwankungen anpassen.
Gasturbinen- oder Pumpspeicherwerke arbeiten für die ***Spitzenlast***, den plötzlich hinzutretenden Bedarf, wenn z. B. in einer Großstadt viele Fernsehgeräte gleichzeitig eingeschaltet werden. Pumpspeicherwerke speichern überschüssige elektrische Energie, indem sie damit Wasser in ein Staubecken hoch pumpen oder Luft in unterirdischen Hohlräumen verdichten.

Transport und Verteilung elektrischer Energie

Der Transport elektrischer Energie erfolgt durch Drähte, die sich dabei erwärmen. Ein Teil der am Generator bereitgestellten Energie wird somit auf dem Transport in innere Energie umgesetzt und steht am Ende nicht mehr zur Verfügung.

> Der Transport von elektrischer Energie ist mit Leitungsverlusten verbunden.

Aus dem Widerstand R_L einer Leitung und der Stromstärke I berechnen wir die für die Leitung erforderliche Leistung:

$P_L = U \cdot I = R_L \cdot I^2$

Die Leistung, also auch die in den Leitungen umgesetzte Energie, ist umso geringer, je kleiner R_L und I sind. Zur Übertragung elektrischer Energie sollte man deshalb immer dicke Kabel aus guten Leitern und möglichst kleine Stromstärken verwenden.
Gleiche Leistung bei kleiner Stromstärke erfordert wegen $P = U \cdot I$ eine höhere Spannung. Wenn die Energie einer Quelle wegen dünner Leitungsdrähte nicht mehr ausreicht, ein Glühlämpchen zum Leuchten zu bringen, so gelingt dies mit Hilfe von ***Transformatoren*** doch noch. Mit einem ersten Transformator wird die Spannung erhöht und die Stromstärke verringert. Bei der Übertragung wird der Verlust an Energie über die Leitungen geringer. Mit einem zweiten Transformator wird am anderen Ende der Leitung die Spannung wieder herabgesetzt und die Stromstärke erhöht. Ein Glühlämpchen kann nun normal leuchten, weil nur wenig Energie auf dem Transport umgesetzt wurde. Bei der öffentlichen Versorgung mit elektrischer Energie gelten diese Überlegungen erst recht (Abb. ➤ 1).

> Die Fernleitung elektrischer Energie erfolgt mit Hilfe von Hochspannung.

Wegen der notwendigen Transformatoren wird Wechselspannung verwendet.
Im europäischen ***Verbundnetz*** überschreiten Fernleitungen Ländergrenzen und sichern so die Versorgung unabhängig von Schwankungen im Bedarf oder bei der Bereitstellung (Abb. ➤ 2).

? Wie gelingt es, die Übertragungsverluste in Fernleitungen klein zu halten?

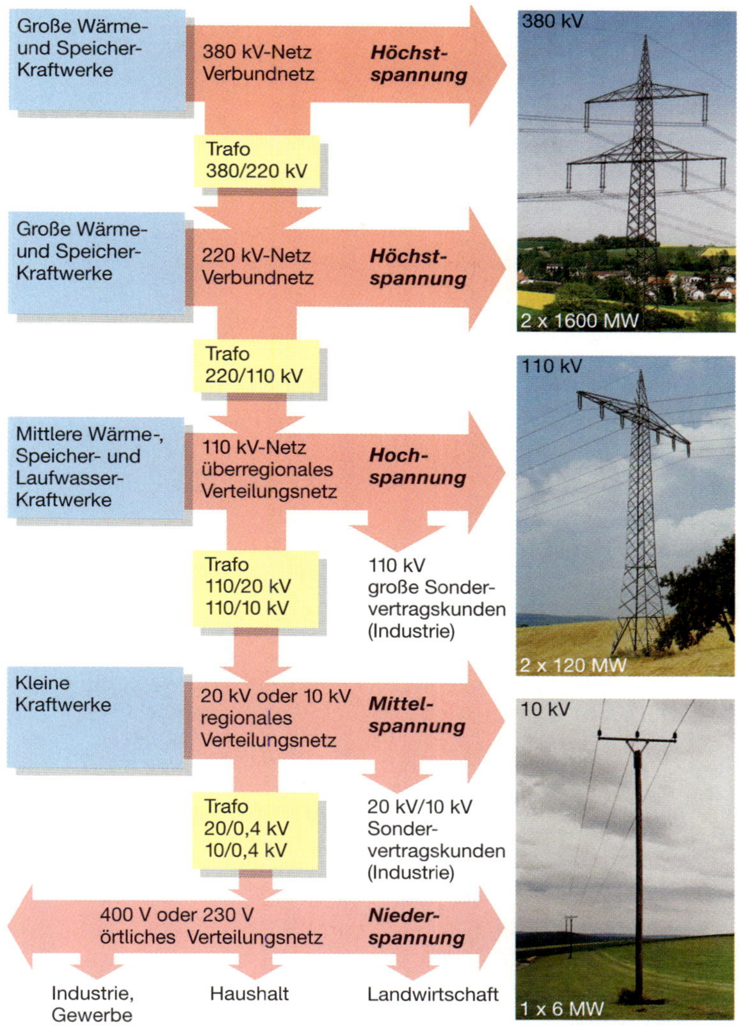

1 Nutzen des Transformators bei der Übertragung elektrischer Energie

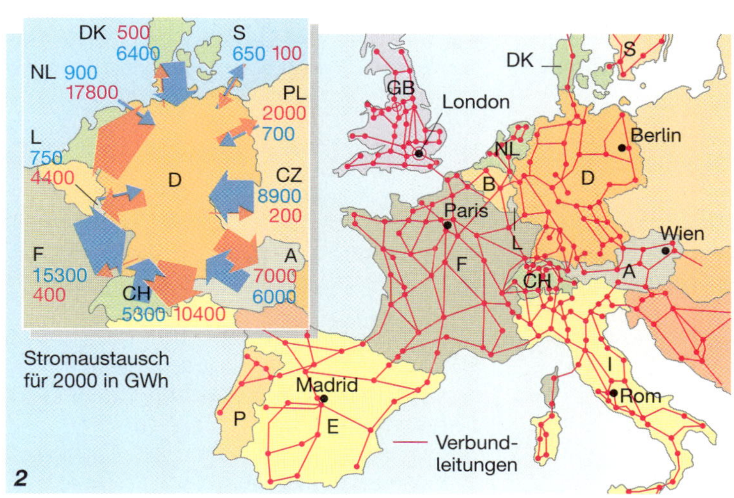

2

Bestimme deinen Energiebedarf

Im täglichen Leben setzen wir alle in vielfältiger Weise Energie um. Um eine Vorstellung davon zu gewinnen, wie viel das ist, kannst du deine eigene Leistung bestimmen. Durch Treppensteigen (Abb. ➤ 1) lässt sie sich z. B. ermitteln. Vergleiche deine Leistung auch mit der von Mitschülern und bilde Mittelwerte. Bedenke, dass du deine Leistung nur kurzzeitig aufbringen kannst.

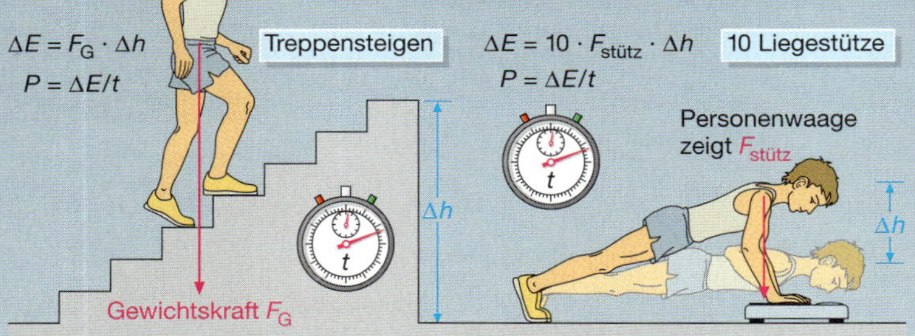

1 Möglichkeiten zur Ermittlung der persönlichen Leistung

> Als Dauerleistung für Menschen gilt ein Durchschnittswert von 100 W.

Führe möglichst für mehrere Tage ein persönliches „Energietagebuch" und ermittle deinen Bedarf. Aus Typenschildern oder Gebrauchsanleitungen kannst du die Leistung P einzelner Geräte entnehmen. Du brauchst noch eine Uhr, um aus $E = P \cdot t$ die umgesetzte Energie zu berechnen. Der Elektrizitätszähler im Haushalt zeigt direkt die umgesetzte elektrische Energie an. Für Heizung und Warmwasser liefert die Jahresabrechnung einen Richtwert für den von dir gewählten Zeitraum.

Vergleiche dein Ergebnis mit dem anderer Mitschüler und ziehe auch Informationen von deinem örtlichen Energieversorgungsunternehmen, der Verbraucherberatung und Veröffentlichungen vom statistischen Landesamt zu Rate.
Setze für Dich einen Stundenlohn an und berechne die Energiekosten, die du dir für deine körperliche Arbeit an einem Tag bezahlen müsstest. Vergleiche mit den Kosten elektrischer Energie.

Beispiel: Mit einem Wasserkocher, der die elektrische Leistung $P = 1800$ W hat, bringt man in etwa 200 s einen Liter Wasser zum Kochen. Die umgesetzte Energie ist also:

$$E = 1800\ \text{W} \cdot 200\ \text{s} = 360\,000\ \text{Ws} = 0{,}1\ \text{kWh}$$

Der Preis dafür beträgt rund 2 Cent. Bei der Durchschnittsleistung von 100 W müsste man 3600 s = 1 h lang für dieselbe Energie arbeiten. Für den Stundenlohn von 2 Cent würde das sicher niemand freiwillig tun. Abb. ➤ 2 zeigt, dass der benötigte Energiebetrag je nach Verfahren sehr unterschiedlich ist.
Der Energiebedarf des Einzelnen kann sehr verschieden sein; er hängt vom Lebensstandard, aber auch der technischen Entwicklung ab. Da sich laufend Änderungen ergeben, gelten Informationen hierzu nur bedingt.

Am besten, du beschaffst sie dir selber, möglichst mit mehreren zusammen in einer Gruppe, damit sich die Arbeit der Informationsbeschaffung verteilen lässt. Denke daran, alle Fakten schriftlich zu sichern, alle Quellen festzuhalten und eine Präsentation des Ergebnisses vorzubereiten.

Suche nach Antwort zu folgenden Fragen:
- Wie viel Energie wird in Deutschland insgesamt in einem Jahr umgesetzt?
  Wie groß ist der Anteil der Haushalte, von Verkehr, Industrie und Sonstigem daran?
- Wie groß ist der Anteil der verschiedenen Träger von Primärenergie?
- Wie groß ist der durchschnittliche Energieumsatz pro Kopf in verschiedenen Ländern der Welt?
- Wie hat sich der Energieumsatz im Laufe der Menschheitsgeschichte verändert?
- Weshalb soll man „Energie sparen" und möglichst viel „alternative Energien" nutzen?

Mache Vorschläge, wie sich zu Hause (Abb. ➤ 3) und in der Schule Energie sparen ließe!

Hinweise zur Informationsbeschaffung

Aktuelles Material zu Energiefragen liefern örtliche Energieversorgungsunternehmen, Verbraucherzentralen oder Umweltschutzverbände.
Schau auch im Statistischen Jahrbuch nach.

Für die Suche im Internet

Benutze verschiedene Suchmaschinen und Suchbegriffe; vergleiche Informationen aus verschiedenen Quellen; notiere dir die Quellen.

Durchsuche Lexika.

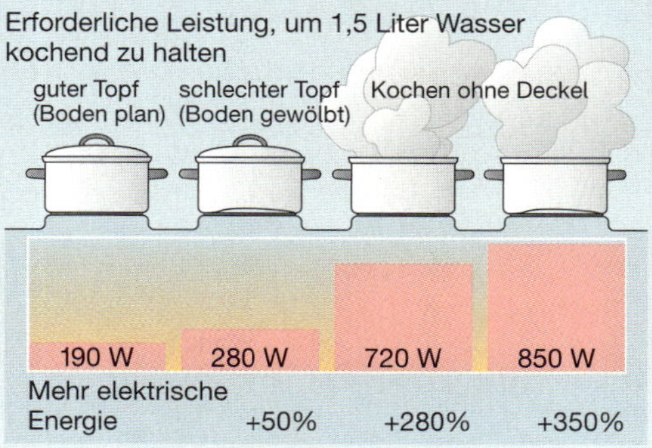

2 Energie nicht vergeuden

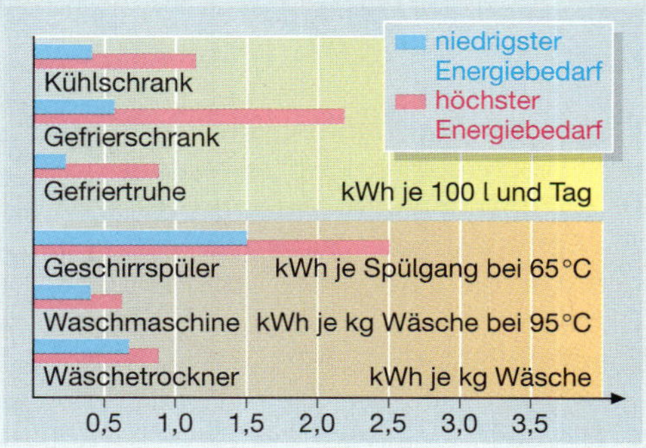

3 Energiesparen und Nutzen

Rückblick

Begriffe
Was versteht man unter
- einem abgeschlossenen System?
- dem Wirkungsgrad?
- Primär- und Sekundärenergie?
- der Entwertung von Energie?
- dem Verbundnetz?

Beobachtungen
Was beobachtet man, wenn
- sich ein schwingendes Pendel nicht als abgeschlossenes System betrachten lässt?
- elektrische Energie in der Glühlampe umgesetzt wird?
- ein Peltier-Element im Kontakt zu zwei Körpern unterschiedlicher Temperatur steht?
- elektrische Energie über lange Leitungen transportiert wird?

Erklärungen
Wie lässt sich begründen, dass
- die Nutzung von Energie begrenzt ist?
- der Wirkungsgrad einer Energieumsetzung nicht größer als 1 sein kann?
- innere Energie nicht vollständig in andere Energieformen umgesetzt werden kann?
- die öffentliche Versorgung mit elektrischer Energie durch Wechselstrom erfogt?

Gesetzmäßigkeiten
Beschreibe mit eigenen Worten
- die Einschränkungen zur Nutzung innerer Energie.
- das Zustandekommen des Gesamtwirkungsgrades einer Energie-Nutzungskette.
- die mit der Entwertung von Energie verbundenen Folgen auf die Umwelt.

Erläutere die Erscheinungen in den folgenden Bildern und beantworte die Fragen!

Welche Energie wird hier wie genutzt?

Welche Energieumsetzungen erkennst du?

Wozu dient diese Umspannanlage?

Welche Energieumsetzungen finden hier statt?

Welche Energie wird hier umgesetzt?

Welche Aufgabe haben die Nahrungsmittel im physikalischen Sinn?

Welche Rolle spielt der Tanklaster in der Kette der allgemeinen Energieversorgung?

Beispiele

Brennstoffeinsatz bei einem Kraftwerk

Ein Kraftwerk hat die Leistung 320 MW. Der Wirkungsgrad sei 36 %. Wie viel Brennstoff wird jeweils pro Stunde benötigt?

Heizwert für	Braunkohle	21 MJ/kg
	Öl	41 MJ/kg
	Erdgas	38 MJ/kg

Lösung:
Aus der abgegebenen Leistung P_{ab} und dem Wirkungsgrad ergibt sich die zuzuführende Leistung P_{zu}:

$$P_{zu} = \frac{320\ \text{MW}}{0{,}36} = 889\ \text{MW} = 889\ \frac{\text{MJ}}{\text{s}}$$

Die Masse m des Brennstoffes ist der Quotient aus der beim Verbrennen freigesetzten Energie für eine Stunde (1 h = 3600 s) und dessen Heizwert:

$$m = \frac{3600\ \text{s} \cdot P_{zu}}{\text{Heizwert}}$$

Somit werden benötigt bei

Braunkohle:	m = 152 400 kg/h
Öl:	m = 78 000 kg/h
Erdgas:	m = 84 200 kg/h.

Fernleitung von elektrischer Energie

Über 100 km Entfernung soll mit einer Spannung von 110 kV die elektrische Leistung P = 50 MW übertragen werden. Es wird ein Kabel aus Aluminium mit der Querschnittsfläche A = 3 cm² benutzt.
Wie groß sind die Leitungsverluste?

Lösung:
Nach $P = U \cdot I$ wird die Stromstärke

$$I = \frac{P}{U} = \frac{50 \cdot 10^6\ \text{W}}{11 \cdot 10^4\ \text{V}} = 455\ \text{A}$$

Der Verlust in der Leitung ist $P_L = R_L \cdot I^2$.
Der Leitungswiderstand berechnet sich nach $R_L = \varrho_{Al} \cdot l/A$.
Mit $\varrho_{Al} = 0{,}027\ \Omega\text{mm}^2/\text{m}$ und einem geschlossenen Stromkreis von der doppelten Länge $l = 2 \cdot 100\ \text{km} = 2 \cdot 10^5$ m wird:

$$R_L = 0{,}027\ \frac{\Omega\text{mm}^2}{\text{m}} \cdot \frac{2 \cdot 10^5\ \text{m}}{300\ \text{mm}^2} = 18\ \Omega$$

$$P_L = 18\ \Omega \cdot (455\ \text{A})^2 = 3\,726\,450\ \text{W} = 3{,}73\ \text{MW}$$

Es werden also 7,5 % der Leistung nutzlos in der Leitung umgesetzt.

Fragen

1 Ein Fernsehgerät setzt eine Leistung von etwa 150 W um. Wie wirkt es sich auf das Netz für die elektrische Energieversorgung aus, wenn zu Beginn einer Übertragung 1 Million Geräte auf einmal eingeschaltet werden?

2 Mit einer Solarzelle kann die Energie des Sonnenlichtes direkt in elektrische Energie umgesetzt werden. In Mitteleuropa treffen auf einen Quadratmeter durchschnittlich 110 J Sonnenenergie je Sekunde. Eine Durchschnittsfamilie setzt im Jahr etwa 6000 kWh an elektrischer Energie um. Wie groß muss eine mit Solarzellen bedeckte Fläche bei einem Wirkungsgrad von 15 % sein, wenn sie alleine die elektrische Energie liefern soll? Aus welchen Gründen wäre eine Versorgung mit elektrischer Energie alleine mit Hilfe der Solarzelle nicht möglich?

Zu Aufgabe 8

3 Zeichne die Kette der Umsetzungen von Energie, die vom Kraftwerk bis zu einer 75 W-Lampe an deinem Schreibtisch führt. Wie viel Primärenergie muss zuvor umgesetzt werden, damit sie als Lichtquelle wirken kann?

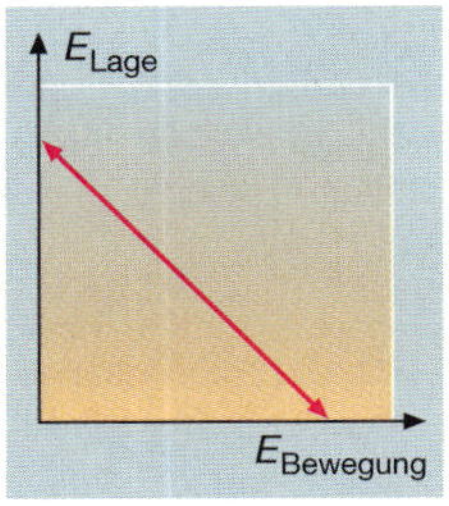

4 Das Diagramm am Rand stellt die Umsetzung von Energie eines Pendels dar.
a) Ordne die Pfeilspitze den unterschiedlichen Stellungen des Pendels zu.
b) Zeichne ein entsprechendes Diagramm unter Berücksichtigung der Reibung.

5 Bei der Verbrennung von einem Liter Benzin wird etwa die Energie 38 · 10⁶ J umgesetzt. Bei einem Pkw stehen 25 % davon für die Bewegung zur Verfügung. Bei Vollgas beträgt die Maximalleistung des Motors 51 kW und die Höchstgeschwindigkeit ist dann 156 km/h. Bei 100 km/h ist die erforderliche Motorleistung nur 17 kW. Berechne für beide Fälle den Benzinverbrauch auf 100 km.

6 Eine Glühlampe setzt etwa 5 % der elektrischen Energie in Energie des Lichtes um, eine Solarzelle hat einen Wirkungsgrad von 15 %. Wie groß ist der Wirkungsgrad einer Kombination aus beiden?

7 Eine Gasheizung hat etwa 90 % Wirkungsgrad. Elektrische Energie kann dagegen vollständig in innere Energie umgesetzt werden. Wäre es sinnvoll, elektrisch zu heizen?

8 In der 1300 km langen Alaska-Pipeline werden pro Sekunde 1440 kg Öl gepumpt. Die elektrischen Pumpen müssen dafür pro kg Öl eine Arbeit von $4{,}7 \cdot 10^4$ J verrichten. Nimm an, sie würden aus einem Ölkraftwerk versorgt, dessen Wirkungsgrad 33 % ist. Wie groß sind die „Leitungsverluste" beim Energietransport?

9 Bei einer Wärmepumpe wird ein Wirkungsgrad von 300 %, bezogen auf die eingesetzte elektrische Energie, angegeben. Erkläre dies!

Töne erzeugen, hören, sehen

Um Töne zu erzeugen, müssen Gegenstände in schnelle Schwingungen versetzt werden. Das geschieht zum Beispiel durch Anblasen, Zupfen oder Anschlagen.

Musikinstrumente sind so gebaut, dass die Töne der schwingenden Teile gut hörbar werden.

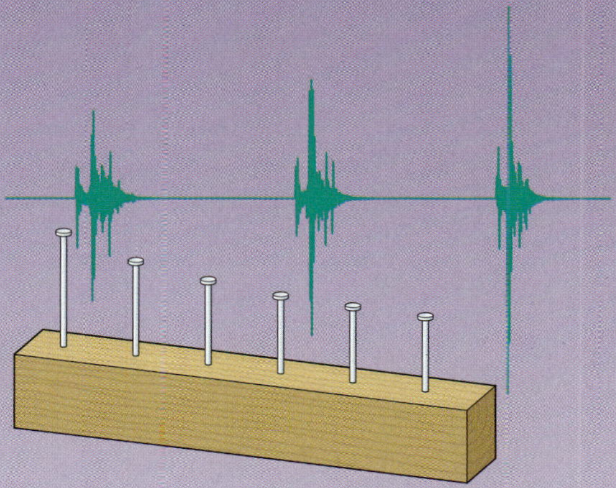

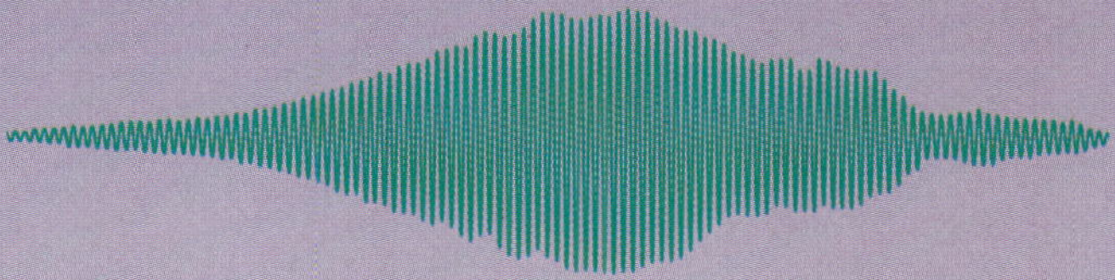

Versuche verschiedene Tonerzeuger zu bauen, die nicht nur laut sind, sondern auch angenehm klingen.

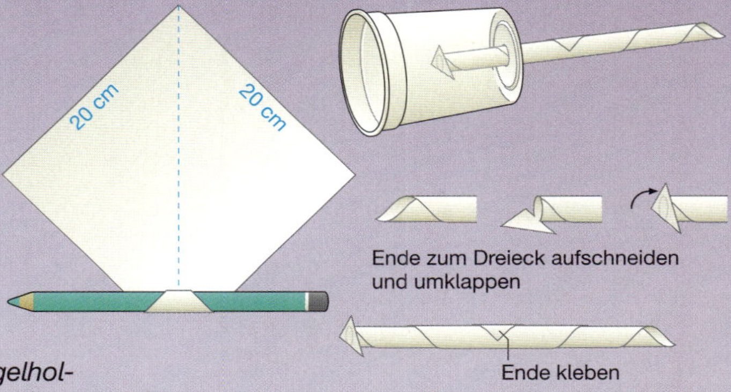

Hilfen:

Zur Konstruktion eines „Nagelholzes" brauchst du nur ein paar lange, nicht zu starke Nägel und ein etwa 1 m langes Kantholz.
Für die „Zungentrompete" genügt kräftiges Papier, das man schneiden, kleben und falzen kann. Ein Joghurtbecher verstärkt das Flattergeräusch, das beim Ansaugen von Luft entsteht.
Wie kannst du verschiedene Töne erzeugen?

Was wird erwartet?

Baue einfache Instrumente und untersuche, welches Bauteil die Ursache für die Entstehung von Tönen ist und wovon Tonhöhe und Lautstärke abhängen.
Vergleiche dein Instrument mit anderen in deiner Klasse gebauten. Am Ende sollte gemeinsam ein Musikstück gespielt werden.

- Formuliere dein Vorhaben genau.
- Plane deine Experimente und führe sie sorgfältig durch.
- Protokolliere zuverlässig.
- Entwickle eine Präsentation und trage sie vor.

Töne erzeugen, hören, sehen

Wichtige Kenntnisse zur Lösung

Was ist Schall und wie nehmen wir ihn wahr?
Manche Töne klingen angenehm, manche nicht. Was unterscheidet sie physikalisch?
Was ist eine Tonleiter?
Wann klingen mehrere Töne gleichzeitig harmonisch?

Informiere dich über folgende Themen an Hand des Lehrbuches:
- *Frequenz und Amplitude einer Schwingung;*
- *Schallentstehung, -ausbreitung;*
- *erzwungene Schwingung und Resonanz;*
- *Hören.*

Wichtige Untersuchungen

- *Untersuche verschiedene Instrumente, bei denen gespannte Drähte, Gummibänder oder Schnüre Schall erzeugen. Was bestimmt ihre Tonhöhe und Lautstärke?*
- *Lege die Instrumente beim Erklingen einmal auf eine weiche, einmal auf eine harte Unterlage, bzw. halte sie einmal fest und einmal locker in der Hand. Was ändert sich?*
- *Nimm die Töne mit dem Mikrofon auf und mache sie mit Hilfe eines geeigneten Programms auf dem Bildschirm eines Computers sichtbar. Was kannst du aus den Bildern ableiten?*
- *Untersuche den Wahrnehmungsbereich des menschlichen Gehörs. Welche Eigenschaften des Ohres entscheiden darüber?*
- *Miss die Lautstärke mit einem Schallpegelmesser und vergleiche die Messwerte für verschiedene Orte und Zeitpunkte.*

Was ändert sich, wenn der Winkel der beiden Holzleisten größer wird?

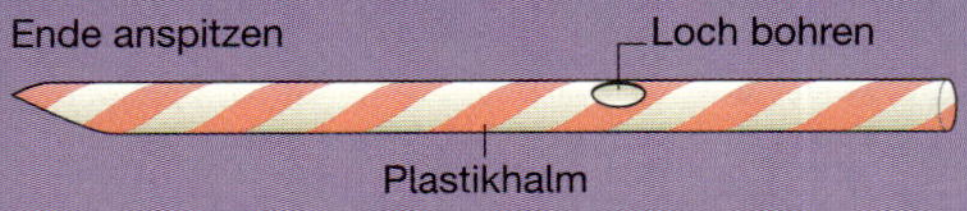

Eine „Zungentrompete“, diesmal zum Blasen.

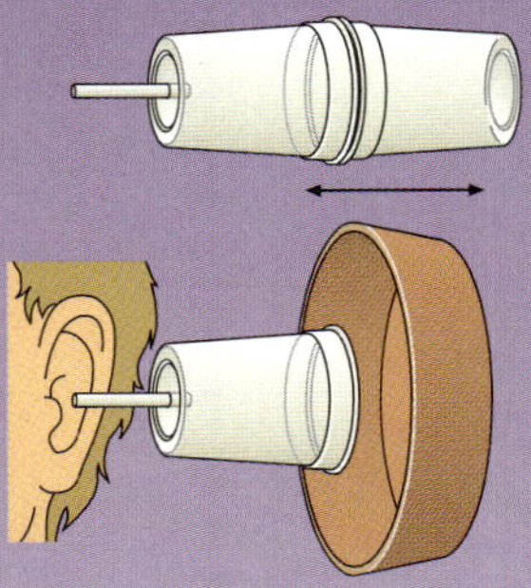

Wie kann man sich das Geräusch erklären, das beim Lauschen zu hören ist. Wie lässt sich seine Höhe ändern?

Was ändert sich, wenn man den unteren Becher schwerer macht?

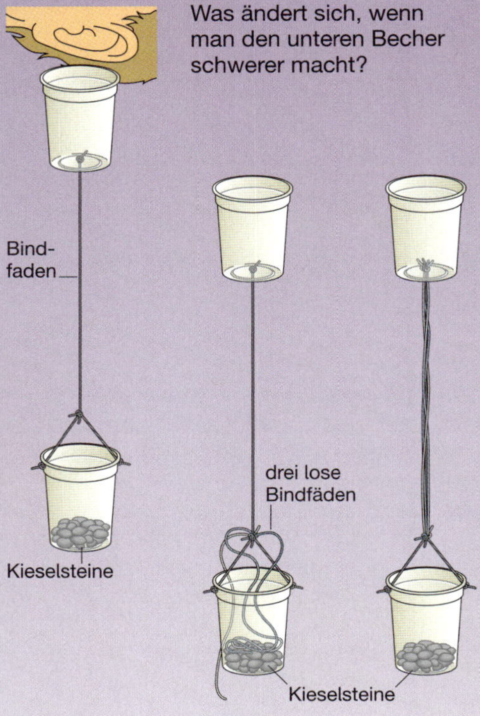

Was ändert sich, wenn man die Aufhängung durch weitere Bindfäden verstärkt?

Zum weiteren Nachdenken:
- Wie erzeugt die menschliche Stimme ihre Töne?
- Wie geschieht die technische Schallaufzeichnung und -wiedergabe ?
- Was versteht man unter einem Raumklang und wie entsteht er?
- Lärm macht krank; was ist Lärm, wie wirkt er und wie kann man sich davor schützen?

Ergebnisbetrachtungen

Vergleiche verschiedene Instrumente in deiner Klasse unter folgenden Gesichtspunkten:
1. *Welches Instrument klingt am schönsten?*
2. *Welches Instrument kann die meisten Töne erzeugen?*
3. *Kann jedes Instrument laut und leise spielen?*
4. *Nenne Beispiele von käuflichen Musikinstrumenten und unterscheide sie nach der Art der Tonerzeugung. Ordne die selbst gebauten Instrumente ein.*

Schall als Droge?

Hunderttausende von Techno-Jüngern pilgern jährlich zu den Mega-Partys Mayday in Dortmund oder Love-Parade in Berlin, wo die Rhythmen mit 280 bpm (beats per minute) keine Ausnahme sind. Welche Wirkungen löst diese Musik im menschlichen Körper aus? Wieso beherrscht die laute Musik so viele Jugendliche?

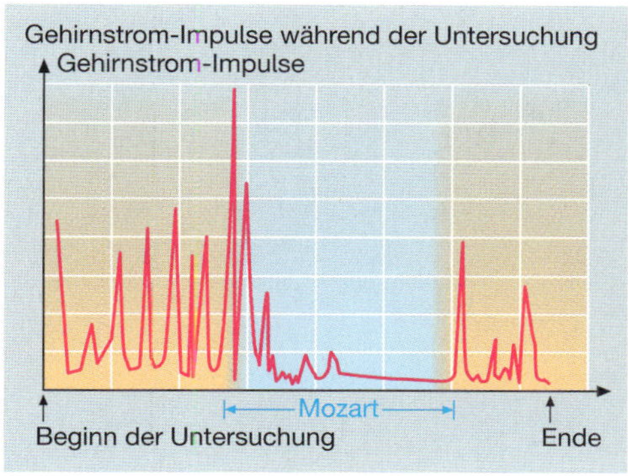

Wilhelm Busch

„Musik wird oft nicht schön gefunden, weil stets sie mit Geräusch verbunden."

Musik kann sehr beruhigend wirken

Klassische Musik soll im Kuhstall die Milchproduktion steigern. In Kaufhäusern rieselt ständig leise Musik auf die Kunden, denn der Verkauf soll durch die beruhigende Atmosphäre gesteigert werden. Seit über hundert Jahren lassen sich Gehirnströme nachweisen. Sie zeigen, dass klassische Musik einen starken Einfluss auf unsere Gehirntätigkeit hat. Amerikanische Wissenschaftler haben sogar entdeckt, dass Musik von Mozart Epileptiker beruhigt.

Die Glasorgel

Es gibt Straßenmusikanten, die mit Wein- oder Wassergläsern Töne erzeugen können. Das kannst auch du. Fülle Gläser teilweise mit Wasser und streiche mit dem feuchten Finger über den Rand oder schlage sie mit einem Holzstab an. Wiederhole dieses mit unterschiedlich hohen Wasserständen. Stelle dir so aus mehreren Gläsern ein Musikinstrument her.

Die Erzeugung von Schall

Versuche

V1 Spanne eine lange Stricknadel oder eine Fahrradspeiche in einen Schraubstock und lasse das obere Ende der Nadel frei schwingen (Abb. ➤ 1). Wiederhole dies mit unterschiedlich tief eingespannter Nadel.
Du hörst jedes Mal einen Ton, allerdings ist die Tonhöhe verschieden.

V2 Schlage eine Stimmgabel an, die eine Schreibspitze an einem Zinken hat, und ziehe die Spitze über eine berußte Glasscheibe. Ihre Spur ist eine Wellenlinie (Abb. ➤ 2).

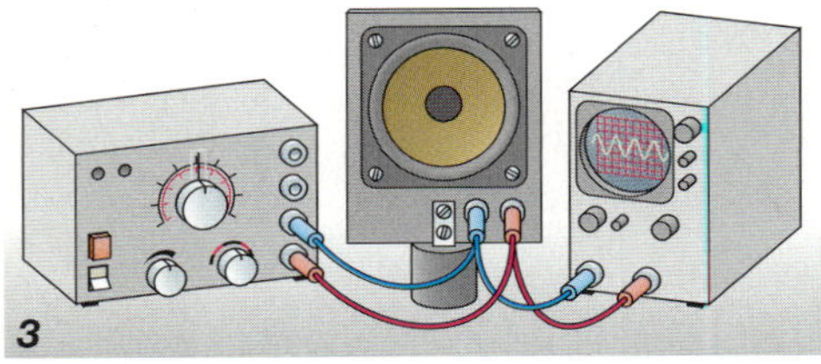
3

V3 An einen Tongenerator werden ein offener Lautsprecher und ein Oszilloskop angeschlossen. Wir beobachten den Lautsprecher und das Oszilloskopbild für unterschiedliche Einstellungen des Tongenerators (Abb. ➤ 3).
Abb. ➤ 4 zeigt die entstehenden Schirmbilder. Bei a) sieht man die Lautsprechermembran schwingen und hört einen tiefen Ton. Bei b) ist der Ton höher, bei c) ist der Ton höher und deutlich lauter als bei a).

1

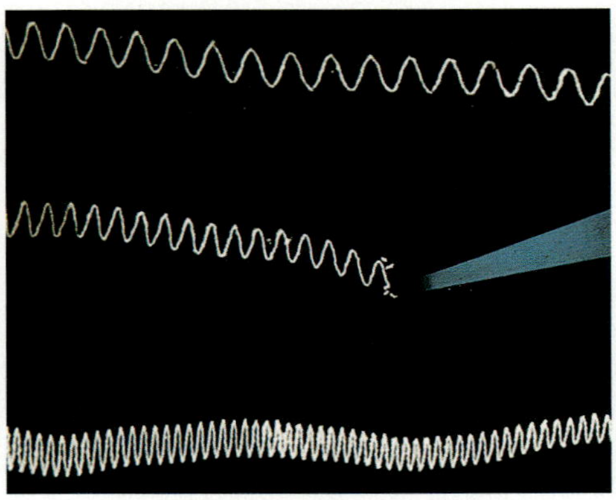
2

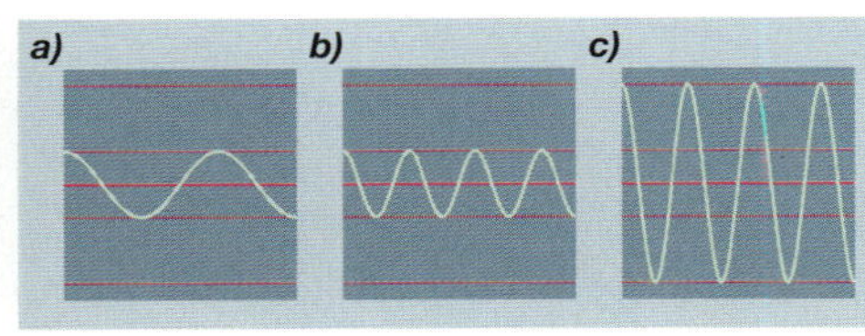

4

Grundwissen

Schallquellen

Hören wir Musik, so erkennen wir viele Instrumente an ihren Klängen. Grillen erzeugen ein für sie typisches Zirpen. Es entsteht durch die Bewegung ihrer Flügel. Auch Bienen, Mücken, Fliegen und andere Insekten (Abb. ➤ 5) erzeugen beim Flug durch die Flügelbewegung charakteristische Geräusche. Wir nehmen alle diese Geräusche über unser Ohr wahr.

5 Der Maikäfer brummt.

Bei einer angeschlagenen Pauke oder Stimmgabel, der Membran eines Lautsprechers, beim Ertönen eines gespannten Seils oder einer Stricknadel lassen sich regelmäßige Hin- und Herbewegungen, ***Schwingungen***, beobachten. Auch die menschliche Stimme hat ihre Ursache in Schwingungen. Du kannst dich davon leicht überzeugen, indem du ein langgezogenes „ahahah . . .“ singst und dabei die Finger an den Kehlkopf hältst.
Bei einem Knall sind die Schwingungen nur kurz und heftig. Ob Knall, Geräusch oder Ton, alle diese Wahrnehmungen mit dem Ohr nennen wir ***Schall***.
Körper, die Schall erzeugen oder mit denen sich Schall erzeugen lässt, heißen ***Schallquellen***.

Die Erzeugung von Schall ist mit Schwingungen von Schallquellen verbunden.

? Nenne verschiedene Schallquellen und gib die Art der Wahrnehmung an.

Aufzeichnung von Schwingungen

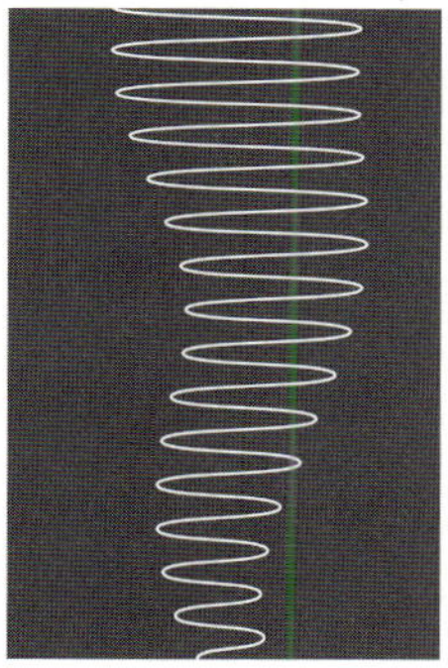

1

Die Schwingungen von Schallquellen verlaufen sehr schnell. Die Schwingungen einer Stimmgabel können wir trotzdem sichtbar machen. Dazu befestigen wir an einem Zinken eine Schreibspitze und ziehen diese über eine berußte Scheibe. Man erhält wie in Abb. ➤ 1 eine gleichmäßige, geschlängelte Linie, deren seitliche Ausschläge zum Ende hin kleiner werden.

Ein ähnliches Bild ergibt sich, wenn eine Schreibmine an einer eingespannten Stricknadel befestigt wird (Abb. ➤ 2). Wird die Nadel zum Schwingen gebracht und an der Mine ein Blatt Papier senkrecht zur Bewegungsrichtung der Mine vorbeigezogen, so entsteht wieder eine gleichmäßige Schlangenlinie. Wir bezeichnen diese Linie als ***Schwingungskurve***. Sie zeigt die sich ständig verändernde Lage der schwingenden Spitze der Mine an.

> Die Schwingungskurve gibt die Lage des schwingenden Körpers in Abhängigkeit von der Zeit wieder.

Die Lage des nicht-schwingenden, ruhenden Körpers heißt ***Ruhelage***. Die unterschiedlichen Entfernungen des schwingenden Körpers zur Ruhelage heißen ***Auslenkung***. Die maximale Auslenkung heißt ***Amplitude*** (Abb. ➤ 3).

Ein schwingender Körper bewegt sich abwechselnd von der Ruhelage aus in die eine und anschließend in die andere Richtung. Diese Hin- und Herbewegung wiederholt sich ständig in gleichen Zeitabständen. Eine vollständige Hin- und Herbewegung des schwingenden Körpers wird als ***Periode*** bezeichnet. Die Zeit, die ein schwingender Körper für genau eine Periode benötigt, ist die ***Dauer der Periode***. Sie hat das Formelzeichen T.

Die ***Frequenz*** gibt die Anzahl der Perioden an, die ein schwingender Körper in einer Sekunde durchläuft. Sie hat das Formelzeichen f. Die Einheit der Frequenz wird nach ***Heinrich Hertz (1855 – 1894)*** mit 1 Hz (Hertz) bezeichnet. Es ist:

$$1\ \text{Hz} = 1\,\frac{1}{\text{s}},\ 1\ \text{kHz} = 10^3\,\frac{1}{\text{s}},\ 1\ \text{MHz} = 10^6\,\frac{1}{\text{s}}$$

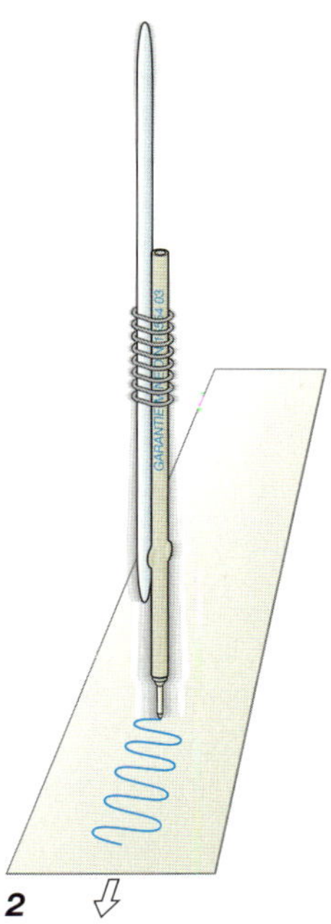

2

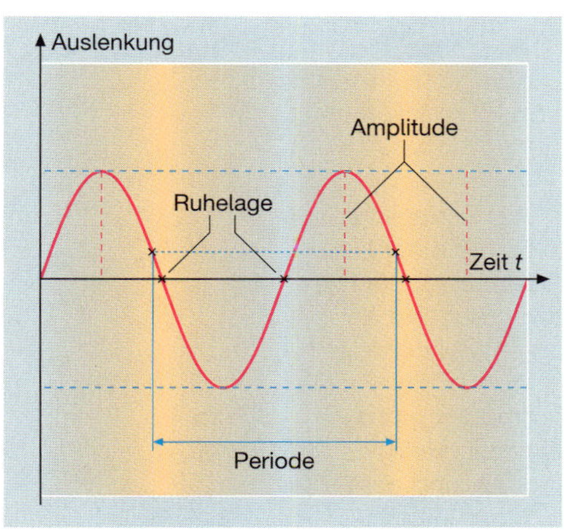

3 Kennzeichnende Größen einer Schwingung

> Eine Schwingung ist durch ihre Amplitude und ihre Frequenz gekennzeichnet.

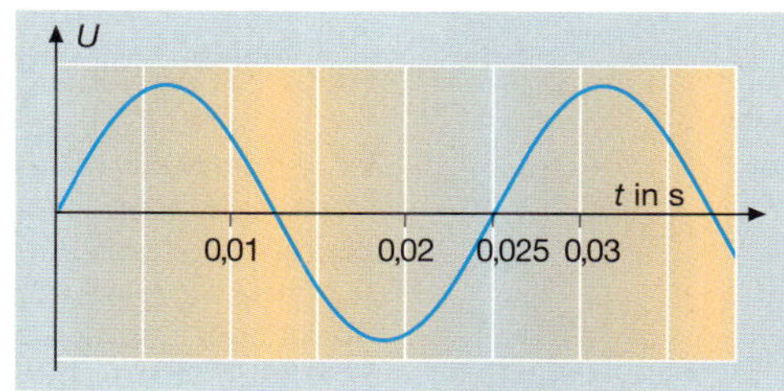

4 Eine Schwingung mit 40 Hz

Abb. ➤ 4 zeigt die im Laufe der Zeit auf dem Oszilloskopschirm zu beobachtende Änderung der Spannung U an einem schwingenden Lautsprecher. Die Schwingungskurve entspricht der Bewegung der Membran im Lautsprecher. Wir entnehmen daraus als Dauer einer Periode T = 0,025 s. In 1 Sekunde würde die Membran daher 1 s/0,025 s = 40 Perioden durchlaufen. Das ist eine Frequenz von 40 Hz. Für den Zusammenhang zwischen Frequenz und Dauer einer Periode T gilt:

$$f = \frac{1}{T} \quad \text{bzw.} \quad T = \frac{1}{f}$$

Abb. ➤ 1 zeigt, dass die Amplitude der Schwingung mit der Zeit abnimmt. Die Abnahme der Amplitude heißt ***Dämpfung***. Die mechanische Energie der schwingenden Stimmgabel wird durch Reibung laufend verringert. Die Frequenz bleibt dabei annähernd konstant. Allgemein gilt:

> Die Frequenz ist nahezu unabhängig von der Amplitude.

? Wie lange dauert eine Periode einer Schwingung mit 50 Hz?

Schallempfänger

Versuche

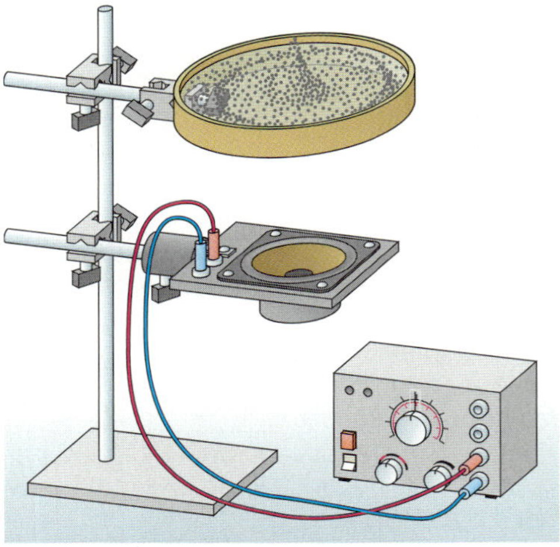

1 Schall bringt Sand zum Tanzen.

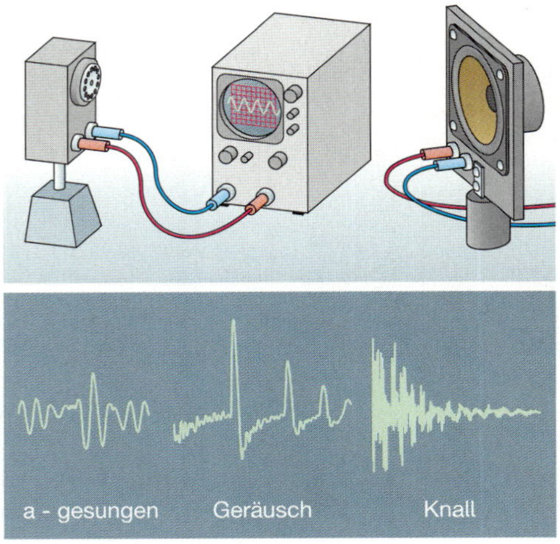

2 Schwingungsbilder von Schall

V1 Spanne eine Membran über einen runden Rahmen. Bestreue die Membran mit Sand und stelle einen Lautsprecher, der mit einem Tongenerator verbunden ist, darunter.
Sobald der Lautsprecher ertönt, tanzt der Sand auf bestimmten Stellen der Membran (Abb. ➤ 1).

V2 In einiger Entfernung von einem Lautsprecher stellen wir ein Mikrofon auf und verbinden es mit einem Oszilloskop. Aus dem Lautsprecher kommen verschiedene Töne, Geräusche und menschliche Sprache. Abb. ➤ 2 zeigt einige Schwingungsbilder auf dem Oszilloskop.

Grundwissen

Merke:
Schallquellen erzeugen Schall.
Schallempfänger reagieren auf Schall.

Schall regt Körper zu Schwingungen an

Eine Membran lässt sich durch Schall zum Schwingen anregen. Auch in ***Schallempfängern*** regt der ankommende Schall einen Körper zu Schwingungen an. Diese Schwingungen werden entweder direkt beobachtet oder lassen sich mit dem Oszilloskop sichtbar machen und auswerten (Abb. ➤ 2).
Das Ohr und das Mikrofon sind ebenfalls Schallempfänger. Im Ohr ist es das Trommelfell, das durch Schall zum Schwingen angeregt wird, im Mikrofon ist es häufig eine Membran.

Die Schwingungskurven von Schallempfängern zeigen, dass die Dauer einer Periode bei tiefen Tönen größer ist als bei hohen Tönen (Abb. ➤ 3). Entsprechend haben tiefe Töne eine niedrige Frequenz und hohe Töne eine große Frequenz.
Bei leisen Tönen beobachten wir auf dem Oszilloskop Schwingungen mit kleinen Amplituden. Bei lauten Tönen sind die Amplituden der Schwingungen groß (Abb. ➤ 3).

Die Tonhöhe steigt mit der Frequenz. Werden die Töne lauter, so nehmen die Amplituden der Schwingungen zu.

Dies gilt auch für Schallschwingungen, die keine regelmäßig verlaufende Perioden haben, z. B. bei der menschlichen Sprache, beim Knall oder Rauschen.

? Was ändert sich beim Lauterwerden?

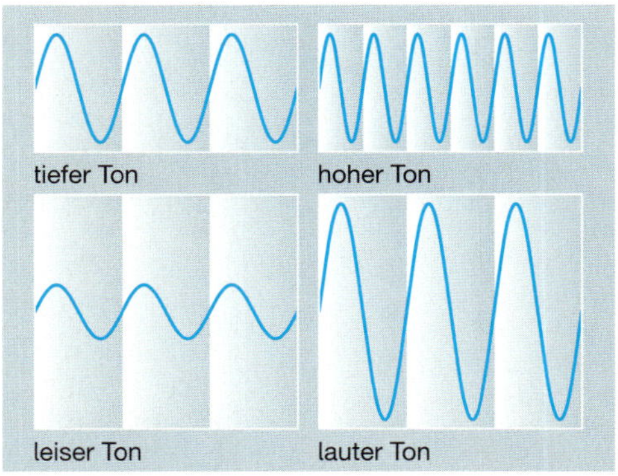

3 Unterschiede der Schwingungskurven

Erzwungene Schwingung

Versuche

1

V1 Halte eine schwingende Stimmgabel dicht vor deinen geöffneten Mund. Finde eine Mundstellung, bei der der Ton besonders laut zu hören ist (Abb. ➤ 1).

V2 Bewege eine Blattfeder mit der Hand hin und her; sie schwingt mit. Wenn du die Hand schneller bewegst, dann wird die Amplitude der schwingenden Feder größer. Wenn die Schwingung der Hand noch schneller wird, nimmt die Amplitude der Feder wieder ab.

V3 Zwei gleiche Stimmgabeln stehen auf Holzkästchen in einem Abstand von 0,3 m (Abb. ➤ 2). Eine Stimmgabel wird angeschlagen und nach kurzer Zeit durch einen Griff am weiteren Schwingen gehindert.
Obwohl die zweite Stimmgabel nicht angeschlagen wurde, ist jetzt auch ein Ton von ihr zu hören.
Wir wiederholen den Versuch mit Stimmgabeln, die verschieden hohe Töne erzeugen. Jetzt schwingt die zweite Stimmgabel nur wenig oder gar nicht.

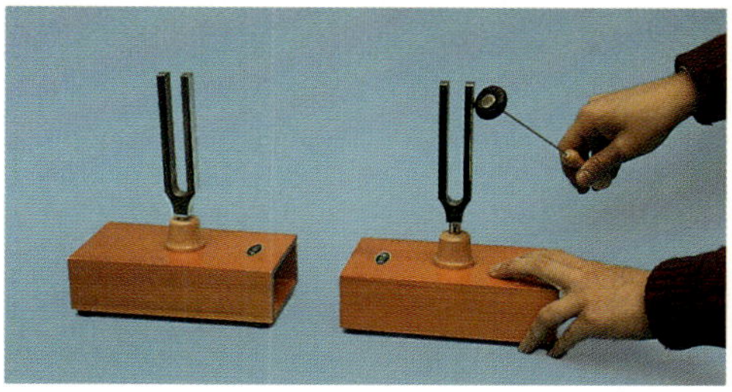

2

Grundwissen

Schwingungen werden übertragen

Eine schwach angeschlagene Stimmgabel ist im Klassenraum kaum zu hören. Der Ton ist dagegen deutlich zu hören, wenn der Stiel der schwingenden Stimmgabel an die Tafel gehalten wird. Der Stiel der tönenden Stimmgabel bewegt sich auf und ab. Er überträgt diese Schwingungen auf die Tafel. Die Tafel wird dadurch in der Frequenz der Stimmgabel zum ***Mitschwingen*** gebracht. Die Schwingungen der Tafel sind erzwungen worden.

> Wird ein schwingungsfähiger Körper durch einen zweiten zum Mitschwingen angeregt, so nennen wir dies eine erzwungene Schwingung.

Ein zum Schwingen gebrachter und dann sich selbst überlassener Körper schwingt mit einer für ihn typischen Frequenz weiter. Diese Frequenz heißt ***Eigenfrequenz*** des Körpers.
Werden Körper mit ihrer Eigenfrequenz zum Mitschwingen angeregt, so gelingt dies besonders gut. Verschieden lange Blattfedern zeigen dies (Abb. ➤ 3). Sie werden durch einen Lautsprecher zum Mitschwingen gezwungen. Je nach Frequenz der Schwingungen des Lautsprechers nimmt die Amplitude einer der Blattfedern besonders stark zu. In diesem Fall sprechen wir von ***Resonanz***.
Das Mitschwingen kann manchmal so stark sein, dass der Körper zerstört wird.

> Wird ein Körper mit seiner Eigenfrequenz zum Schwingen angeregt, so ist die Amplitude am größten. Man spricht von Resonanz.

Beim Singen passen wir die Form und die Größe der Mundhöhle dem Ton an. So kann die Luft bei jeder Frequenz kräftig mitschwingen. Der Rachenraum wirkt als Resonanzraum.
Resonanz kommt überall vor: Jeder Motor erzeugt Schwingungen. Ein vorbeifahrender Lastkraftwagen kann eine Fensterscheibe, der Motor eines Kühlschranks Geschirr zum Klirren bringen.

Manchmal kann es zur ***Resonanzkatastrophe*** kommen. Windstöße haben zum Beispiel 1985 einen Sendemast in der Nähe von Detmold so stark ins Schwingen gebracht, dass er schließlich einstürzte.

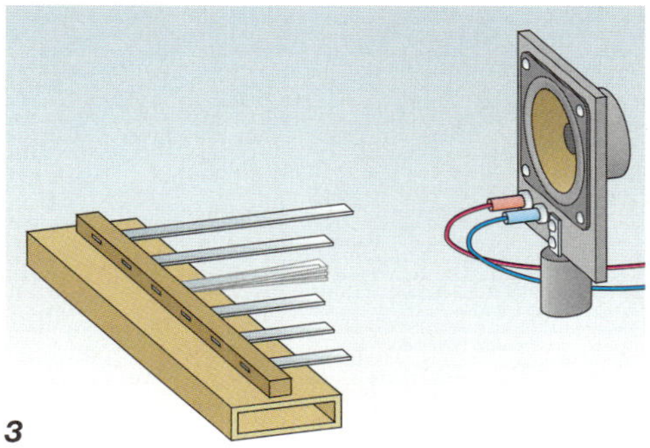

3

Der Klangkörper einer ***Geige*** soll bei allen Tönen, die von den schwingenden Saiten erzeugt werden, stark mitschwingen. Deshalb muss die Geige so gebaut sein, dass ihr Körper keine bestimmte Frequenz bevorzugt, also keine ausgeprägte Eigenfrequenz hat. Dies ist ein Grund für ihre komplizierte Form und Bauweise.

Schall breitet sich aus

Versuche

V1 Vor ein Tamburin stellen wir in einigen Zentimetern Entfernung eine brennende Kerze (Abb. ➤ 1). Schlagen wir das Tamburin an, so flackert die Kerze.

V2 Auf kleine Kartons sind Scheibenmagnete geklebt (Abb. ➤ 2). Die Kartons sind in gleichen Abständen an je zwei Fäden aufgehängt. Lenken wir das eine Ende aus, so pflanzt sich die Auslenkung fort. Wir untersuchen, was geschieht, wenn wir ein Ende in Schwingungen versetzen.

1

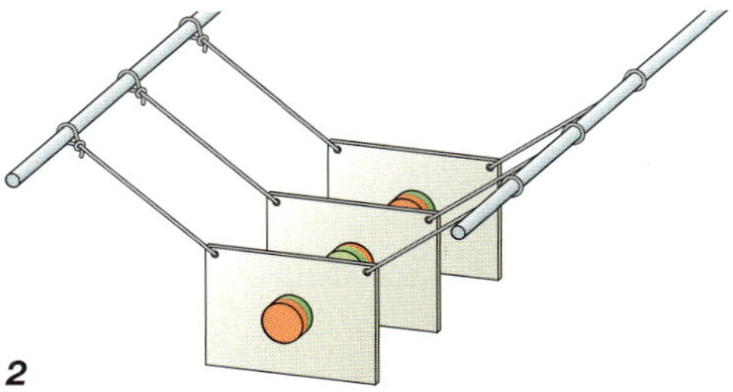

2

V3 Entfernen wir eine tickende Uhr etwa 1 m von unserem Ohr, so hören wir sie nicht mehr. Halten wir eine Stativstange direkt zwischen Ohr und Armbanduhr, so hören wir das Ticken wieder deutlich.

V4 Ein Wecker (Abb. ➤ 3) ist nicht zu überhören. Sein Ton wird leiser, wenn wir ihn auf weiches Schaumgummi legen und eine Glasglo-

3

cke darüber stülpen. Pumpen wir die Luft aus der Glasglocke ab, so wird der Ton immer leiser, bis wir ihn zuletzt gar nicht mehr hören. Am Vibrieren sehen wir, dass er sogar unhörbar klingelt.

V5 Ein Schüler stellt sich weit entfernt von der Klasse auf den Schulhof. Versucht er, den anderen etwas zuzurufen, so ist er nur schlecht zu hören. Hält er seine Hände wie einen Trichter vor den Mund, so hört man ihn wesentlich besser.

V6 Mehrere Schülerinnen und Schüler stellen sich mit Stoppuhren verschieden weit von einem Mitschüler mit einer Starterklappe auf einem Weg auf. Im Augenblick des Zusammenschlagens der Klappen starten sie ihre Stoppuhren. Beim Hören des Knalls stoppen sie die Uhren.
Bei einer Entfernung von zum Beispiel 480 m messen sie als Mittelwert 1,5 s; bei 600 m ergibt sich als Mittelwert 1,8 s.

Grundwissen

Ein Modell zur Ausbreitung des Schalls

Stimmbänder, Saiten, Lautsprecher sind Schallquellen, die schnelle Schwingungen ausführen. Mit einer Schraubenfeder als Modell (Abb. ➤ 4) erklären wir uns, wie solche Schwingungen von der Quelle zum Empfänger übertragen werden:
Die Feder liegt auf einer Tischplatte. Alle Windungen sind gleich weit auseinander. Werden an einem Ende einige Windungen zusammengeschoben und dann losgelassen, so wandert diese Verdichtung der Windungen durch die gesamte Feder. Erfolgt dieses Verdichten am Ende periodisch, so wandern Verdichtungen in regelmäßigen Abständen durch die Feder. Zwischen den Verdichtungen sind die Windungen weiter auseinander (Verdünnung) als im Ruhezustand. Die Ausbreitung des Schalls in der Luft stellen wir uns dementsprechend vor.

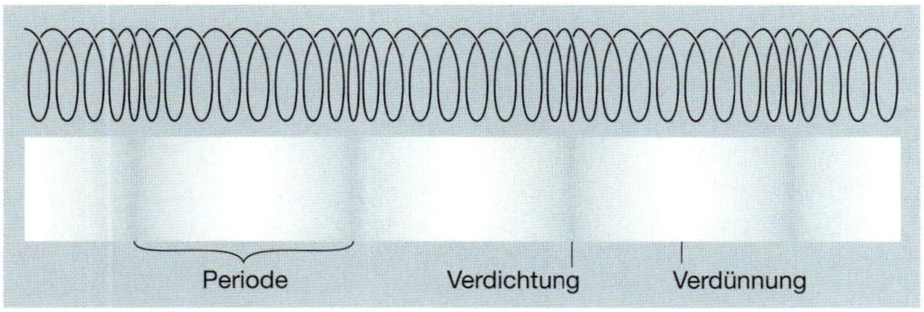

4 Schraubenfeder als Modell für die Schallausbreitung

> Schall breitet sich durch die Luft aus, indem eine Folge von Verdichtungen (erhöhter Luftdruck) und Verdünnungen (erniedrigter Luftdruck) von der Quelle aus weg wandern.

? Wie viele Verdichtungen treffen bei einem 400 Hz-Ton in 1 s zu deinem Ohr?

Schallwellen

Nach dem Modell mit der Schraubenfeder lösen die Schwingungen einer Schallquelle in der sie umgebenden Luft eine Folge von Verdichtungen und Verdünnungen aus. Diese Folge wandert in der Luft von der Schallquelle weg. Die Ausbreitung einer Folge von Verdichtungen und Verdünnungen wird als ***Schallwelle*** bezeichnet.

Nicht nur in Luft, sondern auch in flüssigen und festen Stoffen breiten sich Schallwellen auf diese Weise aus. Ohne einen Stoff als ***Schallträger*** gibt es keine Verdichtungen und Verdünnungen, Schall kann sich also im Vakuum nicht ausbreiten. Bei der Ausbreitung werden die Schallschwingung vom Schallträger gedämpft. Harte Stoffe dämpfen ihn weniger als weiche.

> Ohne Schallträger ist keine Schallwelle und damit keine Ausbreitung von Schall möglich.

Schall wird reflektiert

Schallwellen werden von allen Gegenständen reflektiert. Große Bergwände können den Schall so reflektieren, dass danach ein ***Echo*** zu hören ist.
In Gebäuden oder in Räumen mit glatten Wänden kann das Echo so rasch folgen, dass wir das Echo nur als ***Nachhall*** wahrnehmen. Während er beim Reden sehr stört, ist Nachhall bei Musikveranstaltungen oft erwünscht. Wände und Decken von Konzerthallen, Musikpavillons oder Predigerkanzeln (Abb. ➤ 1) werden als Reflektoren für Schallwellen gebaut.
Raue und poröse Oberflächen reflektieren die Schallwellen in alle Richtungen und absorbieren einen großen Teil des Schalls.

1 Schallwellen werden reflektiert.

Schall braucht Zeit

Die Ausbreitung der Verdichtungen und Verdünnungen im Schallträger braucht Zeit. Aus Erfahrung weiß jeder, dass ein Gewitterblitz immer vor dem Donner bemerkt wird.
Die ***Schallgeschwindigkeit*** ist von der Stoffart und der Temperatur des Schallträgers abhängig.

In Luft von 20 °C und 1000 hPa breitet sich der Schall mit 340 m/s aus. In Flüssigkeiten und festen Stoffen breitet er sich meistens wesentlich schneller aus (Tabelle ➤ 2 und Abb. ➤ 3).

Gummi	150
Luft	340
Kork	540
Alkohol	1180
Wasserstoff	1330
Wasser	1480
Silber	2640
Eis	3300
Buchenholz	3400
Glas	5100
Eisen	5170

2 Schallgeschwindigkeit in m/s bei 20 °C

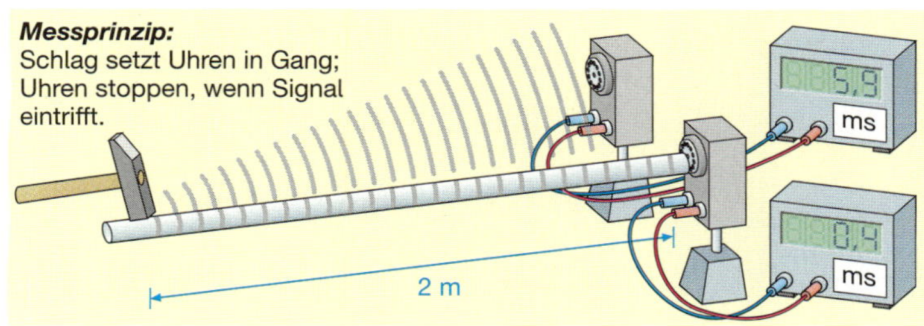

3 In der Schiene sind Schallwellen 15-mal schneller als in Luft.

Schall geht um die Ecke

Anja sucht ihren Hund. Kräftig bläst sie in die Hundepfeife. Nach kurzer Zeit hört sie ihn freudig aus der Seitenstraße bellen. Sie hört ihren Hund und er kann ihre Pfiffe hören, obwohl die Schallwellen nicht von gegenüberliegenden Hauswänden reflektiert werden.
Abb. ➤ 4 zeigt, dass die Schallwellen nicht nur geradeaus weiterlaufen, sondern um die Ecke des Hauses gelenkt werden. Der Schall wird ***gebeugt***.

? Wie kommt es in großen Räumen zum Nachhall?

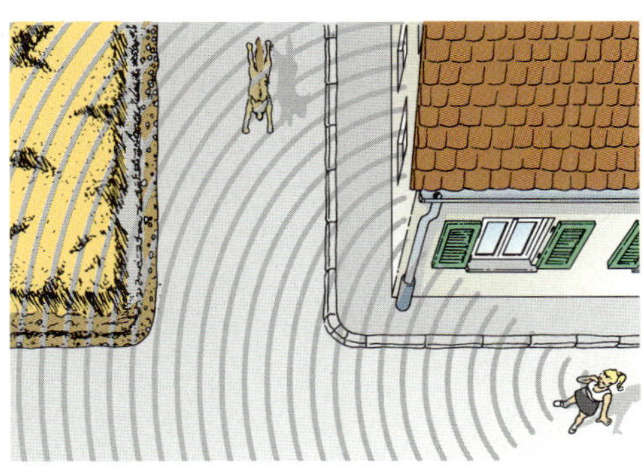

4 Schallwellen werden gebeugt.

Wasserwellen – Schallwellen: eine Analogie

Schallwellen kann man nicht sehen. Wasserwellen geben uns aber eine Vorstellung vom Verhalten von Wellen. Sie breiten sich aus, können reflektiert und gebeugt werden. Indem wir die Eigenschaften des Schalls mit Wasserwellen vergleichen, erkennen wir, dass die Ausbreitung des Schalls in Form von Wellen beschrieben werden kann.
Wasserwellen und Schallwellen verhalten sich analog.

Ausbreitung

Bei der Wasserwelle

Die auf einer Wasseroberfläche in regelmäßigen Abständen verursachten Störungen wandern als Wasserwellen von der Quelle weg. Die Welle besteht aus einer Folge von Wellenbergen und Wellentälern. Der Abstand zwischen zwei aufeinanderfolgenden Wellentälern oder -bergen heißt ***Wellenlänge*** der Wasserwelle.

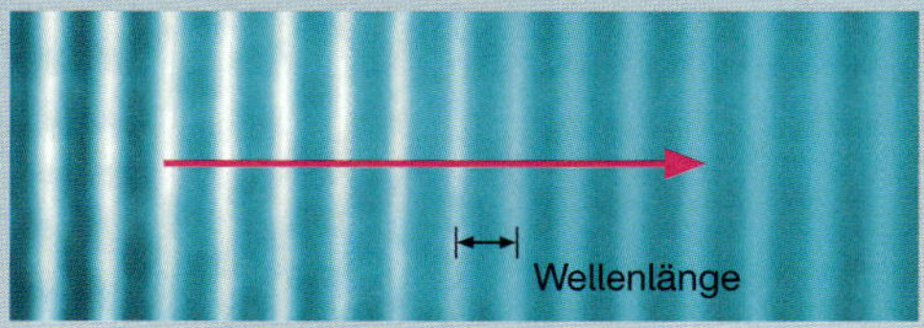

Bei der Schallwelle

Von der Schallquelle werden periodisch Verdichtungen und Verdünnungen der Luft erzeugt. Die Folge der Verdichtungen und Verdünnungen breitet sich als Schallwelle von der Quelle in den Raum aus. Der Abstand zwischen zwei aufeinanderfolgenden Verdichtungen oder Verdünnungen heißt ***Wellenlänge*** der Schallwelle.

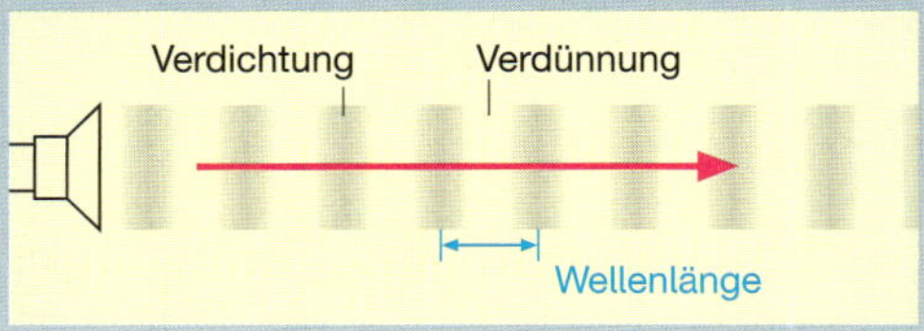

Reflexion

Bei der Wasserwelle

Treffen Wasserwellen auf eine Wand, so werden sie dort reflektiert. Ihre neue Richtung, in die sie weiterwandern, erfüllt ein ***Reflexionsgesetz***: Der Einfallswinkel zum Lot (auf die reflektierende Wand) ist gleich dem Reflexionswinkel zum Lot.

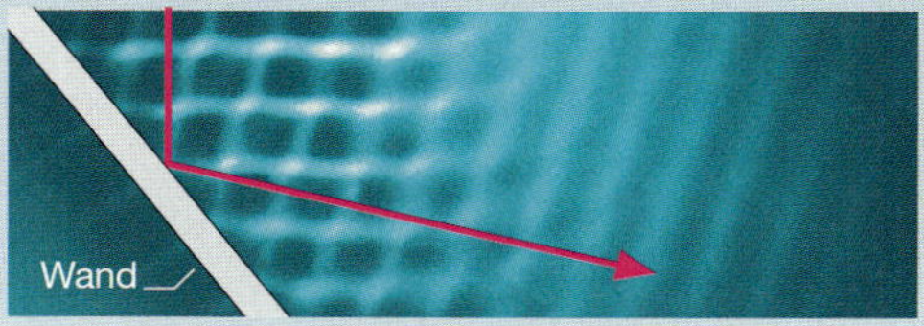

Bei der Schallwelle

Treffen Schallwellen auf eine Wand, so werden sie dort reflektiert. Ihre neue Richtung, in die sie weiterwandern, erfüllt ein ***Reflexionsgesetz***: Der Einfallswinkel zum Lot (auf die reflektierende Wand) ist gleich dem Reflexionswinkel zum Lot.

Beugung

Bei der Wasserwelle

Treffen Wasserwellen – aus einer Richtung kommend – auf eine kleine Öffnung, so dringen sie durch und breiten sich hinter der Öffnung in alle Richtungen aus. An den Kanten eines Körpers geschieht dasselbe. Dort entstehen ebenfalls Wasserwellen, die in alle Richtungen gehen. Die Wellen werden ***gebeugt*** und gelangen in „Schatten"-Bereiche hinter den Körper.

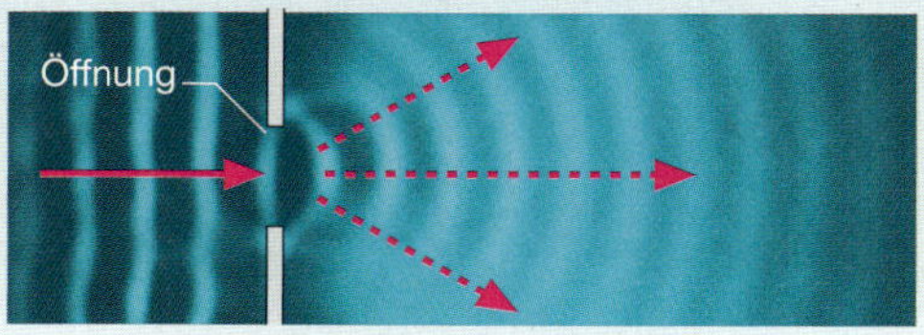

Bei der Schallwelle

Treffen Schallwellen auf eine Öffnung in der Wand (z. B. ein offenes Fenster), so breitet sich der Schall hinter der Öffnung in alle Richtungen (z. B. im ganzen Zimmer) aus. Auch an den Kanten eines Gebäudes werden die Schallwellen in alle Richtungen umgelenkt, ohne dass eine Reflexion erfolgt. Der Schall wird ***gebeugt*** und gelangt so auch um die Ecke weiter.

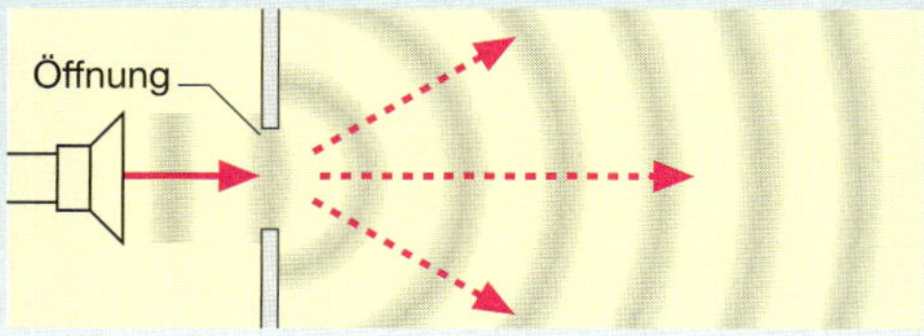

Musikinstrumente

Bei jedem Musikinstrument lassen sich zwei Grundfunktionen wiederfinden:
1. Die Erzeugung von verschiedenen Tönen.
2. Die Verstärkung des Tones.

Bei ***Saiteninstrumenten***, wie der Gitarre oder der Geige erzeugen gespannte Saiten Töne, wenn sie durch Anzupfen oder seitliches Anstreichen mit einem rauen Bogen in Schwingung versetzt werden. Papierreiter auf einer Saite eines Kontrabasses machen sie sichtbar. Man erkennt, dass bei manchen Tönen bestimmte Stellen der Saite in Ruhe bleiben, während sich andere bewegen.
Zum Stimmen von Saitenistrumenten wird meist die Spannung der Saite verändert, indem man einen Wirbel verdreht, auf dem ein Saitenende aufgewickelt ist.

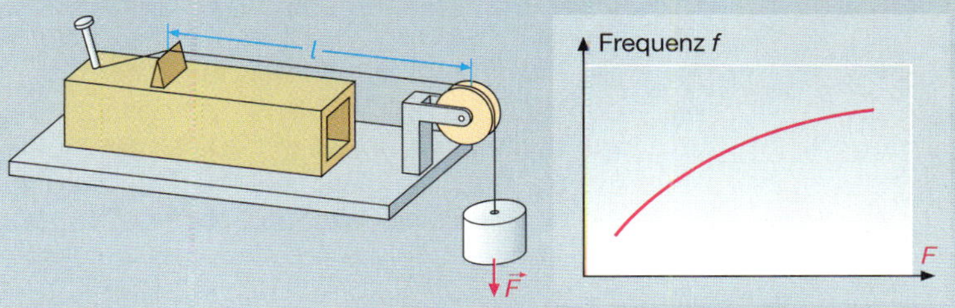

1 Messungen an einer eingespannten, schwingenden Saite

Mit einer Anordnung wie in Abb. ➤1 lassen sich Schwingungen von Saiten näher untersuchen. Man findet: Ein Ton, also auch die Frequenz der schwingenden Saite, ist umso höher, je stärker sie gespannt ist und je kleiner Saitenlänge, Querschnittsfläche und Dichte des Saitenmaterials sind.
Bei ***Blasinstrumenten*** schwingt eine Luftsäule. Orgelpfeifen zeigen, dass auch hier die Länge für die Tonhöhe wichtig ist. Kurze Orgelpfeifen erzeugen hohe Töne.

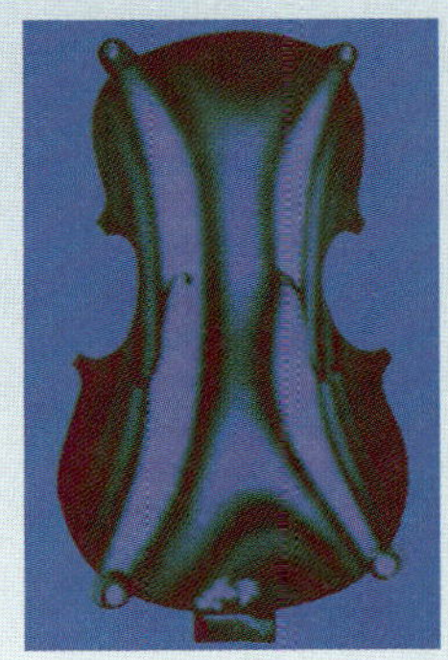

2 Sichtbar gemachte Schwingungen des Klangkörpers einer Geige. Er wird von den Schwingungen der Saite zum Mitschwingen angeregt.

Der Ton einer schwingenden Saite wie im Versuch Abb. ➤1 lässt sich auf der Gitarre oder Geige mit gleicher Tonhöhe erzeugen. Seine Lautstärke ist jedoch stärker und die Saite klingt anders. Offenbar verursacht der Körper der Gitarre oder Geige eine Verstärkung des Tones. Dazu muss er mit gleicher Frequenz wie die Saite schwingen (Abb. ➤2).

Zum Stimmen wird häufig eine Stimmflöte mit fester Tonhöhe benutzt. Ein geübtes Ohr kann wahrnehmen, wann Flöte und Saite gleiche Tonhöhe haben. Aber auch bei gleicher Tonhöhe lassen sich Saiten- und Flötenton voneinander unterscheiden. Der unterschiedliche Schalleindruck, den verschiedene Musikinstrumente bei gleicher Tonhöhe hervorrufen, nennt man ***Klang***. Mit Mikrofon und Oszilloskop aufgezeichnete Schwingungsbilder zeigen, dass sich die Schwingungskurven der bei gleicher Tonhöhe erklingenden Musikinstrumente in ihrer Form unterscheiden. Auch die bei gleicher Tonhöhe gesungenen Vokale lassen sich so unterscheiden.

Musiker spielen nach Noten, die bestimmte Töne einer ***Tonleiter*** bezeichnen. Werden mit dem Tongenerator von einem beliebigen Anfangston aus nach Gehör die acht Töne einer Tonleiter erzeugt, so lassen sich deren Frequenzen bestimmen. Wird der Schritt von einem Ton zum anderen als ***Intervall*** bezeichnet, so findet man: Die Töne der sieben Intervalle haben ein festes Frequenzverhältnis. Bei Intervallen kommt es also nicht auf die Differenz, sondern auf den Quotienten ihrer Frequenzen an. Die Intervalle haben eigene Namen wie z. B. Terz oder Quinte.
Wohlklang empfinden wir, wenn das Verhältnis der Frequenzen zweier Töne durch kleine ganze Zahlen ausgedrückt werden kann, z. B. 1:2, 2:3, 4:5 . . . Verhältnisse wie 13/15 oder 13/17 werden im Allgemeinen nicht als wohlklingend empfunden.
Die Töne einer Tonleiter sind durch Buchstaben gekennzeichnet. Mit dem 8. Ton wiederholen sich die Intervalle erneut. Tab. ➤3 gibt die Bezeichnungen für eine Dur-Tonleiter wieder. Sollen die Freqenzverhältnisse für die Intervalle von anderen Anfangstönen aus gleich bleiben, muss man für einige Intervalle Töne verwenden, die zwischen zwei bisher in der Tonleiter vorhandenen Tönen liegen. Intervalle mit diesen ***Halbtönen*** zum nächsten Ton haben Frequenzverhältnisse von 16/15 oder 25/24. Dabei stellt man fest, dass bei einer Dur-Tonleiter die Intervalle zwischen dem 3. und 4. bzw. 7. und 8. Ton dieses Frequenzverhältnis haben müssen, damit sie dem subjektiven Eindruck nach angenehm klingen. Demgegenüber befinden sich entsprechende Intervalle bei Moll-Tonleitern stets zwischen dem 2. und 3. bzw. 5. und 6. Ton.

Ton	Frequenz	Intervall	Verhältnis	
c'	264 Hz	Grundton	1	
cis'	278 Hz			9/8
d'	297 Hz	Sekunde	9/8	
dis'	313 Hz			10/9
e'	330 Hz	Terz	5/4	
f'	352 Hz	Quarte	4/3	16/15
fis'	374 Hz			9/8
g'	396 Hz	Quinte	3/2	
gis'	418 Hz			10/9
a'	440 Hz	Sexte	5/3	
ais'(b')	467 Hz			9/8
h'	495 Hz	Septime	15/8	
c"	528 Hz	Oktave	2	16/15

3 Intervalle einer Dur-Tonleiter zum Grundton

Unser Ohr, ein Schallempfänger

Grundwissen

Die Wirkungsweise des Ohres

Der Schall wird von der Ohrmuschel wie von einem Trichter aufgefangen und von dort durch den Gehörgang zum Trommelfell geleitet. Das Trommelfell wird von der Schallwelle zum Mitschwingen angeregt. Die mit ihm verbundenen Gehörknöchelchen (Hammer, Amboss und Steigbügel) wirken wie ein Hebelsystem. Sie übertragen die Schwingungen auf ein dünnes Häutchen in der Wand des Innenohres, das ovale Fenster (Abb. ➤ 1).

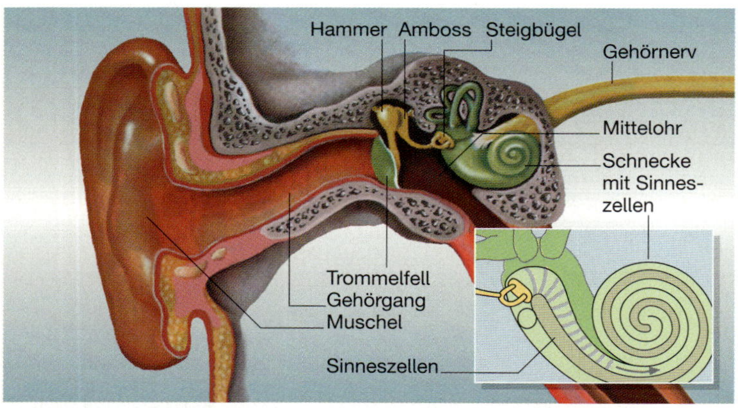

1 Der Aufbau des menschlichen Ohres

Hinter dem ovalen Fenster befindet sich die Gehörflüssigkeit, die die Schwingungen auf den Schneckengang und die dort auf einer Membran befindlichen 16 000 Sinneszellen überträgt.
Jede Sinneszelle reagiert nur auf eine bestimmte Frequenz. Deshalb werden für verschiedene Frequenzen unterschiedliche Sinneszellen angeregt. Die hohen Töne werden in der Nähe des ovalen Fensters registriert, die tiefen dagegen in der Spitze der Schnecke. Die Nervensignale werden über den Gehörnerv an das Gehirn weitergeleitet.
Die im Schall übertragene Energie empfinden wir als ***Lautstärke***. Als Maß wird das Dezibel (dB) verwendet. An der Hörschwelle wird die Leistung 10^{-12} W verrichtet, sie wird mit 0 dB gleichgesetzt; der Schmerzschwelle mit einer Schallleistung von 10 W entsprechen 140 dB (Abb. ➤ 4). Sehr große Lautstärken können Trommelfell und Teile des Innenohres beschädigen oder sogar zerstören.

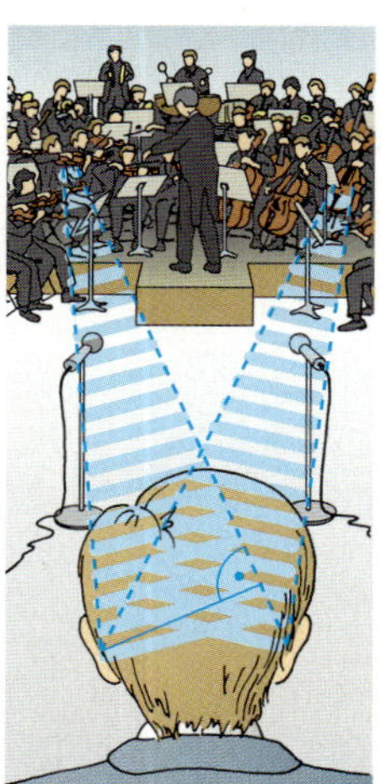

2 Räumliches Hören durch zwei Ohren

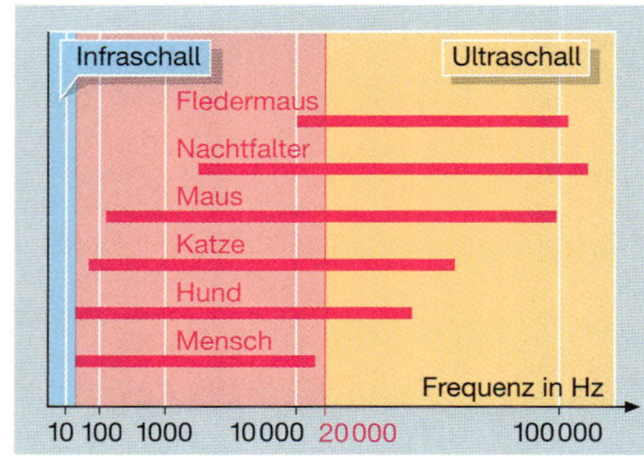

3 Hörbereiche verschiedener Lebewesen

Unser Ohr kann Schall mit Frequenzen zwischen 16 Hz und 20000 Hz wahrnehmen. Der obere Wert ist vom Alter abhängig, er sinkt mit zunehmendem Alter bis auf 5 000 Hz ab (Abb. ➤ 3). Mit der Stimme können wir Schall mit 100 Hz bis 5000 Hz erzeugen. In diesem Bereich liegt auch die größte Empfindlichkeit unseres Ohres. Wir können auch feststellen, von welcher Seite der Schall kommt. Zum weiter entfernten Ohr benötigt der Schall etwas länger. Unser Gehirn kann aus dem Zeitunterschied den Ort der Schallquelle bestimmen, es kann noch Zeitunterschiede von $^{1}/_{34000}$ s feststellen. Dies nutzen ***Stereoanlagen*** für einen räumlichen Höreindruck (Abb. ➤ 2) aus. Zwei Mikrofone, die im Abstand der Ohren aufgestellt sind, nehmen z. B. ein Konzert auf. Der linke Lautsprecher der Stereoanlage gibt dann die Aufnahme des linken Mikrofons und der rechte Lautsprecher die Aufnahme des rechten Mikrofons wieder.

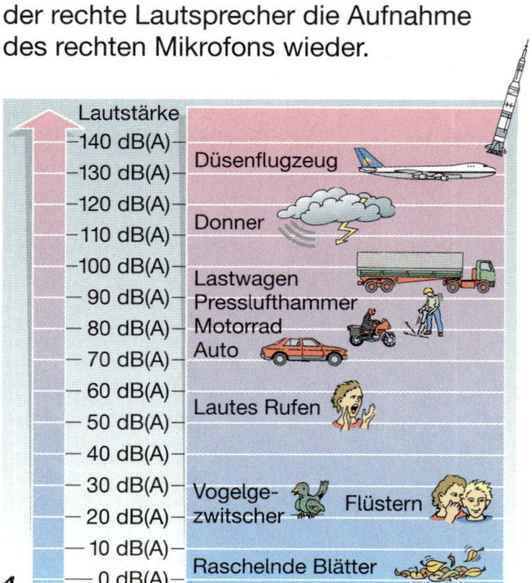

4

Rückblick

Begriffe
Was versteht man unter
- Amplitude?
- Dauer einer Periode?
- Frequenz?
- Eigenfrequenz und Resonanz?
- einer gedämpften Schwingung?
- einer erzwungenen Schwingung?

Beobachtungen
Was beobachtet man, wenn
- die Amplitude einer Schallschwingung zunimmt?
- die Frequenz einer Schallschwingung abnimmt?
- eine Schallquelle im luftleeren Raum steht?
- Schall reflektiert wird?

Erklärungen
Wie lässt sich begründen, dass
- Schall durch Schwingungen entsteht?
- ein Körper unter dem Einfluss von Schall bestimmter Frequenz mitschwingen kann?
- sich Schall nur in Stoffen ausbreitet?
- zu lauter Schall Gehörschäden erzeugt?
- man räumlich hören kann?

Gesetzmäßigkeiten
Beschreibe mit eigenen Worten
- wie die Dauer der Periode und die Frequenz einer Schwingung zusammenhängen.
- den Einfluss von Amplitude und Frequenz auf die Schallwahrnehmung.
- ein Modell für die Ausbreitung des Schalls in Form von Wellen.

Erläutere die Erscheinungen in den folgenden Bildern und beantworte die Fragen!

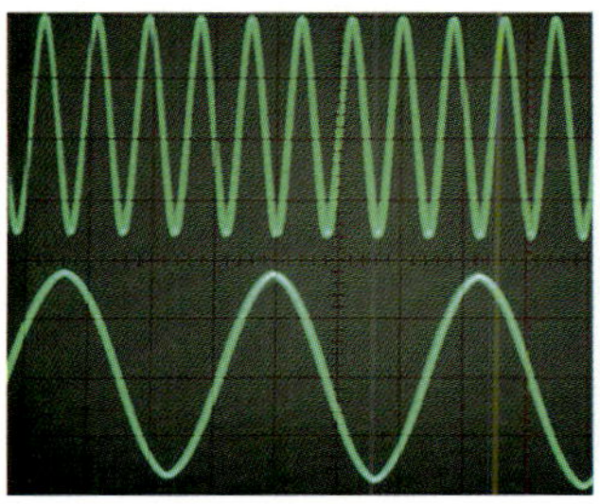
Was lässt sich über die so aufgezeichneten Töne sagen?

Welche der Nadeln schwingt mit der größten Frequenz?

Was demonstriert diese tönende Stimmgabel?

Wie entstehen verschiedene Töne?

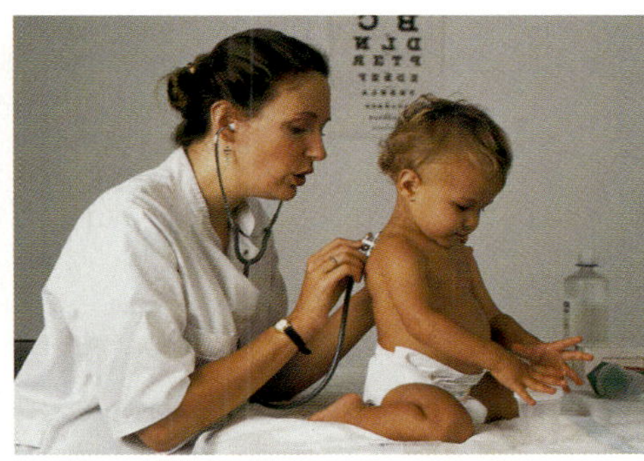
Welche Eigenschaft des Schalls wird beim Abhören mit dem Stethoskop angewandt?

Warum klingt hier alles so gedämpft?

Wie entsteht hier Schall?

Was soll dieser Versuch mit zwei gleichen Stimmgabeln zeigen?

Heimversuche

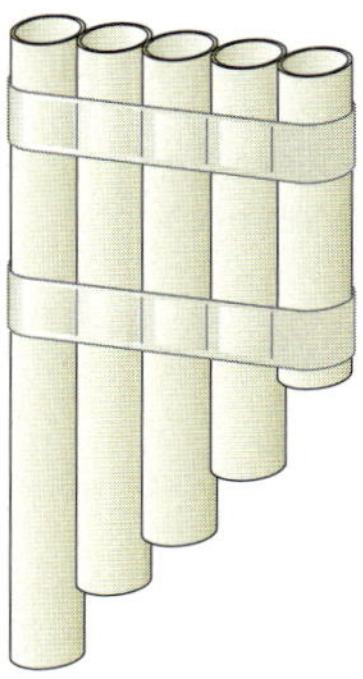

1. Eine Panflöte

Blase die Öffnung eines Strohhalms von der Seite aus an. Du hörst einen Ton. Wenn du das untere Ende zuhältst, so ändert sich die Frequenz.
Kürze jetzt weitere Strohhalme so, dass sich bei offenem Ende eine angenehme Folge von Tönen, eine Tonleiter, ergibt.
Lege die Strohhalme der Länge nach geordnet mit einem Ende auf gleicher Höhe nebeneinander und befestige sie mit Tesafilm aneinander.
Bestimme die Längen der Strohhalme. Lässt sich eine Regelmäßigkeit zwischen den gemessenen Längen erkennen?

2. Das Schnurtelefon

Zwei leere Plastikbecher werden am Boden durchbohrt. Durch die Löcher wird jeweils ein Ende eines langen Bindfadens gezogen und am Ende innen durch einen dicken Knoten gehalten. Wenn du in einen der Becher sprichst, so ist der Ton auch bei einer Fadenlänge von 10 m im anderen Becher noch gut zu hören.
a) Welche Rolle spielt die Fadenspannung?
b) Werden höhere Töne (große Frequenz) oder tiefere (kleine Frequenz) schlechter geleitet?

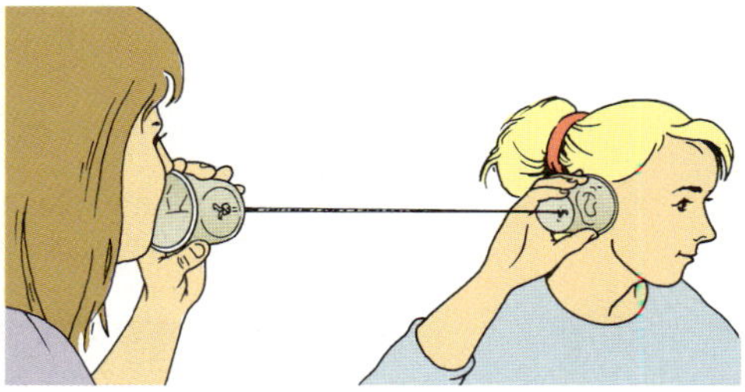

Fragen

Zu Schallschwingungen

1 Eine Kreissäge hat 40 Zähne und dreht sich mit 3600 Umdrehungen pro Minute. Welche Frequenz hat der von ihr erzeugte Ton? Wie ändert sich ihr Ton beim Abschalten?

2 Die Membran eines mit einer bestimmten Frequenz schwingenden Tieftonlautsprechers scheint still zu stehen, wenn sie mit 100 Lichtblitzen pro Sekunde beleuchtet wird. Mit welcher Frequenz wird der Lautsprecher dann schwingen?

3 Woran erkennt man eine gedämpfte Schwingung?

4 Warum hört man Schall in einem leeren Zimmer viel stärker als in einem möblierten?

5 Erläutere die Begriffe Eigenfrequenz und Resonanz. Nenne Beispiele dafür!

6 Ein kleiner Junge zieht am Seil einer schweren Kirchenglocke und bringt diese zum Schwingen. Wie ist das möglich?

7 Mit der Länge der schwingenden Saite sinkt deren Eigenfrequenz. Erläutere die Erzeugung verschieden hoher Töne mit der Harfe.

8 Welche physikalische Bedeutung hat bei einer Gitarre der Klangkörper? Warum ist die Bezeichnung Resonanzkörper für ihn nicht sinnvoll?

9 Beim Anblasen einer leeren Flasche wird ein Ton hörbar. Wie ändert sich der Ton, wenn man die Flasche teilweise mit Wasser füllt?

Um was für ein Instrument handelt es sich hier?

Zu Schallausbreitung und Ohr

10 Warum formt man beim Zurufen über große Distanz die Hände zu einem Trichter?

11 Welche Beobachtungen im täglichen Leben unterstützen die Aussage, dass die Geschwindigkeit des Schalls unabhängig von dessen Frequenz ist?

12 Indianer sollen Eisenbahnschienen abgehört haben, um sich über das Herannahen eines Zuges zu informieren. Erläutere dies.

13 Welchen Frequenzbereich kann das menschliche Ohr wahrnehmen? In welchem Bereich ist es am empfindlichsten?

14 Warum hört man eine Mücke fliegen, einen Schmetterling dagegen nicht?

15 Nur dann, wenn zwischen zwei Lauten eine Pause von etwa 0,1 s liegt, kann das Ohr sie getrennt wahrnehmen.
Bei welcher kürzesten Entfernung ist daher ein Echo möglich?

16 Warum können wir räumlich hören?

17 Erläutere, wie die Schallaufzeichnung für eine Stereowiedergabe zu erfolgen hat.

18 Ältere Menschen können häufig das Zirpen einer Grille oder das Piepen eines eingeschalteten Fernsehgerätes nicht hören. Woran liegt das?

19 Welche Nachteile hat einer, dessen Trommelfell ein Loch hat?

Halbleiter

Anfänge des Radios

1923 begannen in Deutschland regelmäßige Rundfunksendungen. Die ersten Empfänger arbeiteten mit Kristalldetektoren. Vorsichtig wurde eine gefederte Drahtspitze auf ein Bleisulfidkristall gedrückt. Oft musste man lange suchen, um eine geeignete Stelle auf dem Kristall zu finden.
Das abgebildete Radio ist bereits eine Weiterentwicklung als Röhrengerät mit einer großen, starken Batterie zum Betrieb. Heute werden Halbleiterbauteile wie Dioden oder Transistoren anstelle von Röhren verwendet.

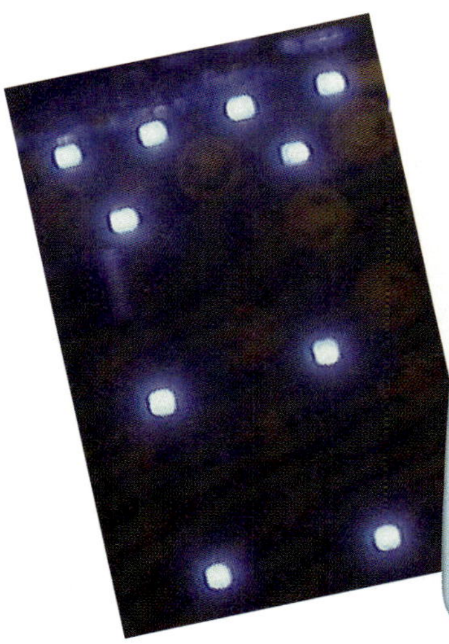

Dioden informieren uns

Kleine Leuchtdioden informieren uns, ob Haushaltsgeräte, Stereoanlagen, Computer und anderes mehr eingeschaltet sind. Leuchtdioden gibt es in vesrschiedenen Farben.
Handys sind allgegenwärtig – wie selbstverständlich erscheint uns die ständige Erreichbarkeit über Funk. Schrift und Bilder auf den kleinen Bildschirmen bestehen aus vielen winzigen Punkten, die jeder für sich elektronisch zum Erscheinen oder Verschwinden gebracht werden können.

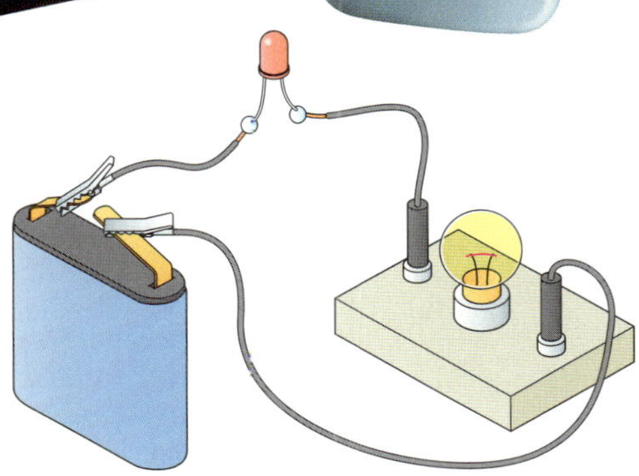

Achtung:
Halbleiterbausteine benötigen in der Regel einen Schutzwiderstand!

Einbahnstraße für Elektronen

Nimm eine Flachbatterie (4,5 Volt) und schließe ein Glühlämpchen (für 3,5 bis 6 Volt) an.
Besorge dir eine Siliciumdiode und schalte sie in Reihe mit der Lampe.
Was beobachtest du, wenn die Anschlüsse zur Batterie vertauscht werden?

Widerstände metallischer Leiter und Halbleiter

Versuche

1 Heißleiter (NTC) verringern ihren Widerstand, wenn ihre Temperatur steigt.

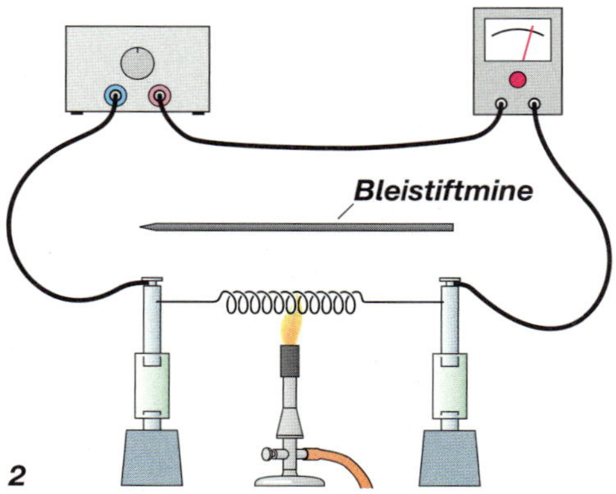

2

V1 Wir wickeln eine Spule mit etwa 20 Windungen aus 50 cm Eisendraht (Drahtstärke 0,5 mm) und verbinden sie mit einer elektrischen Quelle (U = 2 V).

Ein Messgerät im Stromkreis zeigt die Stromstärke an (Abb. ➤ 2).
Wir erhitzen die Spule vorsichtig mit einer Flamme und beobachten die Stromstärke, ohne die Spannung zu ändern. Die Stromstärke nimmt beim Erwärmen ab.

V2 Wir ersetzen in Versuch 1 den Eisendraht durch eine Bleistiftmine (Graphit) oder einen Bleistiftstrich auf Papier. Bei Zimmertemperatur ist die Stromstärke viel kleiner als beim Eisendraht.
Anders als beim Eisen beobachten wir beim Erwärmen des Graphits eine Zunahme der Stromstärke.

V3 In einem Stromkreis, der einen NTC-Widerstand (Abb. ➤ 1) enthält, wird die Stromstärke gemessen. Wir wiederholen den Versuch und fassen dabei den NTC-Widerstand mit der Hand an. Die Stromstärke steigt.

Grundwissen

Schaltzeichen eines

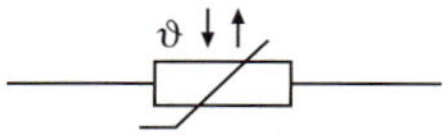

Heißleiters

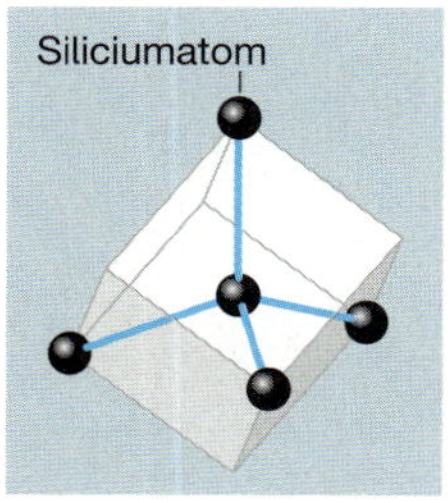

Halbleiter

Der elektrische Widerstand von gleichartigen Bauteilen kann je nach verwendetem Stoff sehr verschieden sein:
Metalle sind gute elektrische Leiter. Sie finden deshalb als Leitungsmaterial Verwendung.
Porzellan und Glas haben einen extrem hohen Widerstand, sie werden deshalb als Nichtleiter eingesetzt.
Bauteile aus Germanium oder Silicium sind bessere elektrische Leiter als Porzellan, aber viel schlechtere als Metalle. Diese Stoffe heißen ***Halbleiter***.

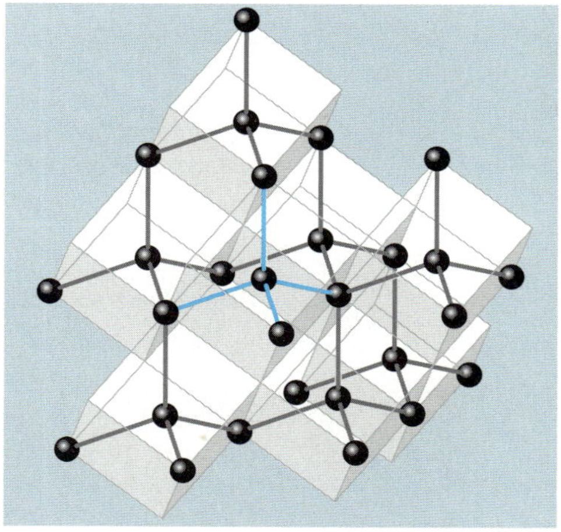

3 Aufbau des Siliciumkristalls im Modell

Wird ein Bauteil aus Metall erhitzt, so erhöht sich in der Regel der Widerstand. Halbleiter verhalten sich dagegen meistens umgekehrt:

> Der Widerstand eines Halbleiters nimmt bei steigender Temperatur ab.

Das elektrische Verhalten der Halbleiter lässt sich sehr stark durch eine etwas andere Zusammensetzung des Kristalls ändern. Darauf beruht die große Bedeutung der Halbleiter für die Elektronik.

Aufbau eines Siliciumkristalls

Zum Verständnis dieser Eigenschaften benutzen wir im Folgenden ein ***Modell*** des Kristalls (Abb. ➤ 3):
Ein Silicium-Atom hat vier für eine Bindung zur Verfügung stehende Elektronen. Bei der Bindung zwischen zwei Silicium-Atomen steuert jedes ein Elektron bei. Deshalb ist ein Silicium-Atom im Inneren des Kristalls mit vier anderen Silicium-Atomen über gemeinsame Elektronenpaare verbunden. So entsteht ein räumliches Gitter, ein ***Kristallgitter*** (Abb. ➤ 3).
Zum Verständnis der Leitungsvorgänge genügt es, wenn wir uns die Silicium-Atome in einer Ebene angeordnet vorstellen.

Elektrizitätsleitung in Halbleitern

Eigentlich müsste Silicium ein Nichtleiter sein, weil keine bewegliche Ladung im Kristall vorhanden ist. Bei Zimmertemperatur hat der Kristall jedoch eine so große innere Energie, dass dadurch einzelne Elektronen aus ihrer Bindung mit einem anderen Silicium-Atom gelöst werden (Abb. ➤ 1). Sie können sich im Kristall „frei“ bewegen.
Diese ***freien Elektronen*** ergeben eine geringe Leitfähigkeit des Kristalls. Jedes Elektron, das die Bindung verlässt, hinterlässt eine Elektronenfehlstelle. Der Bereich um ein Atom mit einer ***Elektronenfehlstelle*** ist positiv geladen, da ein Elektron fehlt. Die negative Ladung befindet sich mit dem Elektron an anderer Stelle im Kristall. Der Kristall als Ganzes bleibt aber nach außen neutral (Abb. ➤ 1).
Eine Fehlstelle kann durch ein Elektron eines Nachbaratoms besetzt werden. Die Fehlstelle und damit die positive Ladung geht dabei auf das Nachbaratom über. So können Elektronenfehlstellen im Kristall wandern (Abb. ➤ 2).

> Freie Elektronen und Elektronenfehlstellen ermöglichen eine elektrische Leitfähigkeit des Siliciums.

Ein freies Elektron kann auf eine Elektronenfehlstelle treffen. Die Ladungen neutralisieren sich. Man spricht von ***Rekombination***.
Beim Erwärmen erhöht sich die innere Energie des Kristalls. Dadurch können sich mehr Elektronen aus ihrer Bindung lösen; die Zahl der freien Elektronen und Fehlstellen wächst. Damit nimmt bei Erwärmung die Leitfähigkeit des Siliciums zu, sein Widerstand nimmt ab. Silicium ist ein ***Heißleiter*** (NTC).
In der Schaltung nach Abb. ➤ 3 ist die Spannung konstant. Der Widerstand des Heißleiters und damit die Stromstärke ändern sich mit der Temperatur. Das Messgerät zeigt diese Temperatur an, indem es diese Stromstärke durch die Teilspannung an einem Festwiderstand bestimmt. Thermometer mit Heißleitern sind ungefährlicher und zeigen die Temperatur viel rascher an als Quecksilberthermometer.

? Wodurch unterscheidet sich das Leitungsverhalten der Halbleiter von dem der Metalle?

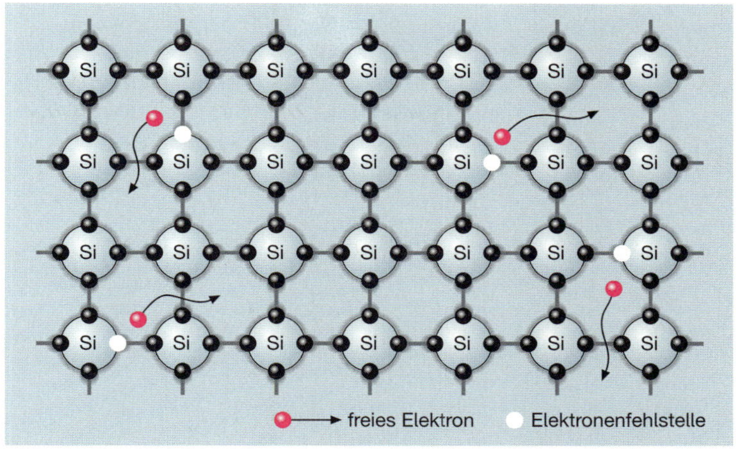

1 Durch die innere Energie des Kristalls lösen sich Elektronen aus ihrer Bindung, es entstehen Elektronenfehlstellen.

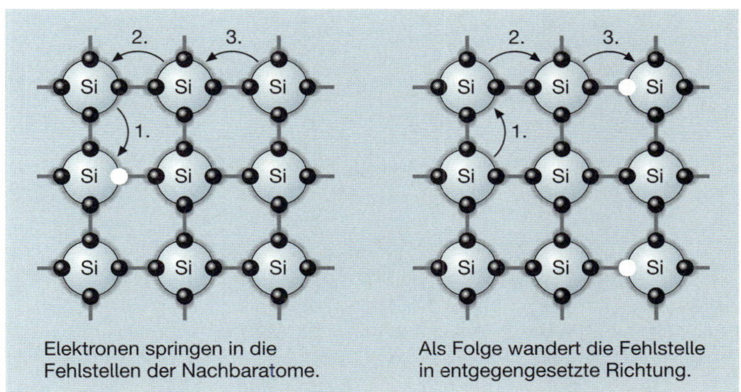

2 Wanderung einer Elektronenfehlstelle durch wiederholtes Besetzen mit Elektronen von Nachbaratomen

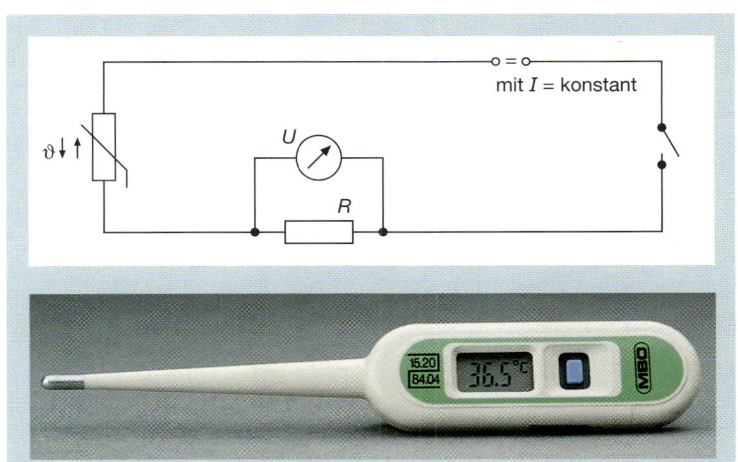

3 Die Abnahme des Widerstandes eines Halbleiters mit der Temperatur wird zur Temperaturmessung herangezogen.

Dotierte Halbleiter

Wird die stoffliche Zusammensetzung eines Siliciumkristalls gestört, indem an Stelle von Silicium-Atomen einige geeignete Atome anderer Stoffe eingefügt werden, so lässt sich die Leitfähigkeit des Kristalls beträchtlich steigern. Diese Veränderung des Kristalls durch Einbau von Fremdatomen heißt ***Dotieren***.
Silicium gehört, ebenso wie das sich ähnlich verhaltende Germanium, zur vierten Hauptgruppe des Periodensystems (Abb. ➤ 1).

Perioden	Hauptgruppen II	III	IV	V	VI	VII	VIII
1							4,0 He 2
2	9,0 Be 4	10,8 B 5	12,0 C 6	14,0 N 7	16,0 O 8	19,0 F 9	20,2 Ne 10
3	24,3 Mg 12	27,0 Al 13	28,1 Si 14	31,0 P 15	32,1 S 16	35,5 Cl 17	39,9 Ar 18
4	40,1 Ca 20	69,7 Ga 31	72,6 Ge 32	74,9 As 33	79,0 Se 34	79,9 Br 35	83,8 Kr 36
5	87,6 Sr 38	114,8 In 49	118,7 Sn 50	121,8 Sb 51	127,6 Te 52	126,9 I 53	131,3 Xe 54
6	137,3 Ba	204,4 Tl	207,2 Pb	209,0 Bi	209 Po	210 At	222 Rn

1 Ausschnitt aus dem Periodensystem der Elemente

Wird ein Siliciumkristall mit Atomen eines Elements der V. Hauptgruppe, z. B. mit Arsen, dotiert, so bleibt jeweils ein Elektron des Arsens ungebunden, da Arsen über fünf äußere Elektronen verfügt. Dieses übrig gebliebene Elektron kann viel leichter als eines der an der Paarbindung beteiligten äußeren Arsen- bzw. Silicium-Elektronen vom Arsen-Atom abgelöst werden.

An den Stellen der Arsenatome entstehen ortsfeste positive Ladungen. Das abgelöste Elektron ist im Kristall beweglich und steht für die elektrische Leitung zur Verfügung (Abb. ➤ 2). Weil die beweglichen Ladungen negativ geladen sind, sagen wir, das so dotierte Silicium ist ***n-leitend***.

> Wird ein Kristall aus Silicium oder Germanium mit Atomen von Elementen der fünften Hauptgruppe dotiert, so entsteht ein n-leitender Halbleiter.

Wird ein Siliciumkristall mit Atomen der III. Hauptgruppe, z. B. mit Indium, dotiert, so kann zwischen dem Indiumatom und einem der vier benachbarten Siliciumatome keine vollständige Paarbindung entstehen (Abb. ➤ 3). Springt ein benachbartes Elektron an diese Stelle, so entsteht eine ortsfeste negative Ladung. Gleichzeitig erhalten wir eine bewegliche Elektronenfehlstelle. Die beweglichen Elektronenfehlstellen wirken wie positive Ladungen. Bei einem so dotierten Kristall sagen wir, er ist ***p-leitend*** (Abb. ➤ 3).

> Wird ein Kristall aus Silicium oder Germanium mit Atomen von Elementen der dritten Hauptgruppe dotiert, so entsteht ein p-leitender Halbleiter.

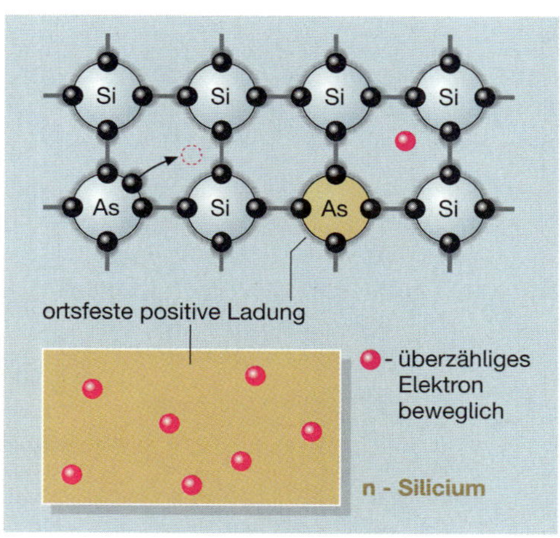

2 Ein n-leitender Siliciumkristall

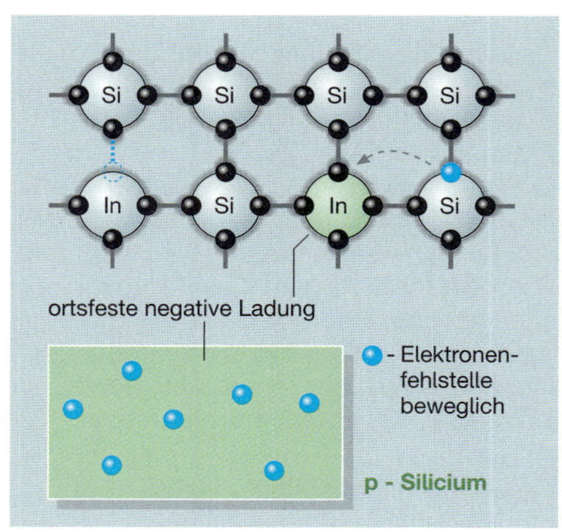

3 Ein p-leitender Siliciumkristall

Vom Sand zum Chip

Der Siliciumkristall ist der Halbleiter, der am häufigsten in der Elektronik verwendet wird. Silicium ist das zweithäufigste Element der oberen Erdrinde. Als Siliciumdioxid (SiO_2) oder Quarz ist es in fast allen Gesteinen und im Sand enthalten. Damit ist Quarz zum wichtigsten Ausgangsmaterial der Halbleiterproduktion geworden.

1 Der Stab ist ein Siliciumkristall.

Zuerst wird auf chemischem Weg aus Quarz pulverförmiges Silicium gewonnen. Für die Halbleiter wird Silicium von höchster Reinheit benötigt. Deshalb schließt sich ein besonderes Schmelzverfahren an, bei dem Reste fremder Stoffe ausgeschieden werden.

Das Ergebnis ist ein einzelner, stabförmiger, metallisch glänzender Kristall aus Silicium von extremer Reinheit (Abb. ➤1). Es darf nur 1 Fremdatom auf etwa 10 Milliarden Siliciumatome kommen.

Mit dem Reinkristall ist der Grundstoff geschaffen, aus dem elektronische Halbleiterbausteine wie Dioden, Transistoren bis hin zum Computerchip gefertigt werden können (Abb. ➤3). Die Entwicklung begann mit Dioden (1942) und Transistoren (1948). Heute ist es möglich, auf kleinen dünnen Siliciumscheiben umfangreiche elektronische Schaltungen unterzubringen, zu integrieren. Sie benötigen wenig Energie und die Schaltvorgänge laufen sehr schnell ab.

Die Entwicklung solcher Chips macht immer noch große Fortschritte. Elektronische Geräte werden deshalb immer leistungsfähiger und kleiner. Es gibt kaum einen Lebensbereich, der von der Halbleitertechnik unberührt geblieben ist.

Die Herstellung von Chips

Zur Herstellung von integrierten Schaltkreisen, sogenannten ICs, werden dünne Scheiben von reinen Siliciumkristallen verwendet (Abb. ➤2):

a) Die Kristalle haben bis zu 30 cm Durchmesser. Die davon abgesägten Scheiben sind hauchdünn.
b) Die Oberfläche der Scheiben wird bei 1200 °C zu Siliciumdioxid oxidiert.
c) Auf die Oxidschicht wird ein lichtempfindlicher Fotolack aufgetragen.
d) Auf einer Maske sind die elektronischen Schaltelemente der integrierten Schaltung wie in einem Dia eingezeichnet. Durch die Maske wird ultraviolettes oder Röntgen-Licht auf die Oberfläche mit dem Fotolack gelenkt.
e) An den belichteten Stellen ändert sich der Fotolack so, dass er leicht weggeätzt werden kann. Die darunter liegende Oxidschicht wird dabei ebenfalls entfernt.
f) Nun wird die restliche Fotolackschicht abgetragen, ohne dabei die isolierende Oxidschicht zu beseitigen.
g) Auf das freigelegte Silicium werden Fremdatome aufgedampft, die den Halbleiter an diesen Stellen dotieren. Es entstehen n- oder p-leitende Schichten.
Das Verfahren ***c)*** bis ***g)*** kann mit unterschiedlichen Masken wiederholt werden. Auf diese Weise entstehen winzig kleine Widerstände, Dioden und Transistoren, die mit Leiterbahnen zu Schaltkreisen verbunden sind.
h) Integrierte Schaltungen sind sehr klein. Bis zu 30 Transistoren passen auf 1 mm^2. Auf einer Scheibe lassen sich dieselben Schaltkreise mehrfach nebeneinander unterbringen. Die Scheiben werden am Ende in ihre gleichartigen Schaltungen zersägt.
i) Jeder IC wird mit Anschlüssen versehen und in ein Gehäuse aus Kunststoff eingeschlossen. Es ist ein Chip entstanden.

Chips sind heute überall zu finden, in Geldkarten, Handys, Autos, Haushaltsgeräten und in vielem anderen mehr.

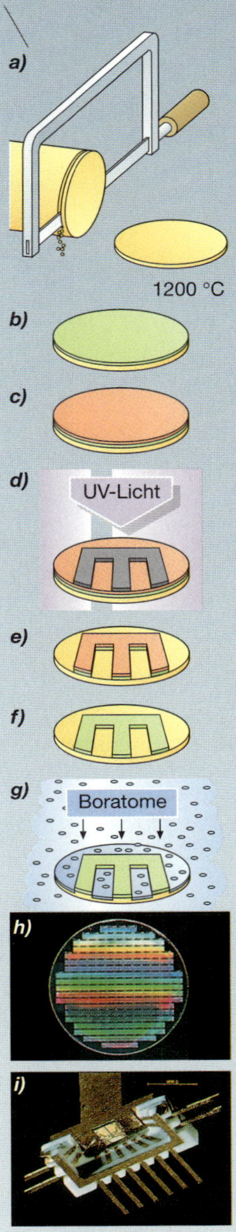

2 Die Entstehung eines Chips

3 Von der Elektronenröhre zum IC, Röhren- und Transistorradio

Temperatursensoren

Versuche

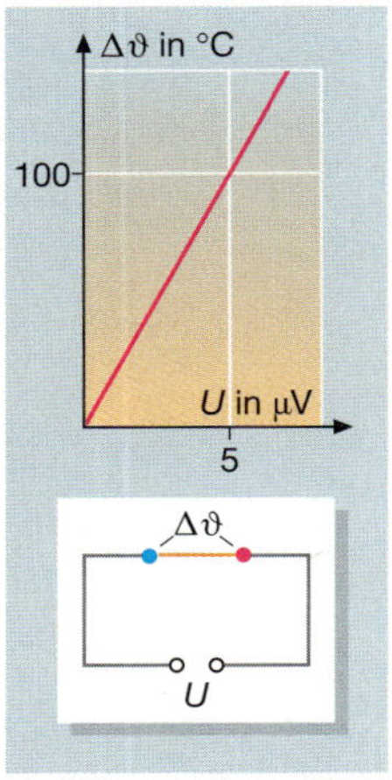

1 Spannung durch Temperaturunterschied

V1 Wir nehmen ein Lämpchen, das an einer Quelle mit der Spannung 6 V hell leuchtet. Wir messen dabei eine Stromstärke von z. B. 50 mA. Betreiben wir dasselbe Lämpchen mit 1 V, so leuchtet es nicht, obwohl wir noch eine Stromstärke von 20 mA messen. Der Widerstand des Lämpchens ändert sich von $R = 120\ \Omega$ auf $R = 50\ \Omega$.

V2 Ein Thermometer und einen NTC-Widerstand stecken wir in Sand, den wir zunächst erhitzt haben. Während der Abkühlung des Sandes messen wir den Widerstand des NTC-Widerstandes. Wir erhalten z. B. das Diagramm ➤ 2.

V3 Wir messen die Stromstärke in einer Germaniumdiode, die in Durchlassrichtung betrieben wird. Wir erwärmen die Diode mit den Fingern und bestimmen erneut die Stromstärke.

V4 Ein Konstantandraht wird an seinen Enden fest mit zwei Eisendrähten verdrillt und damit an ein empfindliches Messgerät für die Spannung angeschlossen. Wird die Temperatur eines der beiden Enden durch Eintauchen in ein Wasserbad gegenüber dem anderen Ende erhöht, so zeigt das Messgerät eine Spannung an. Sie ist proportional zum Temperaturunterschied zwischen den Enden (Abb. ➤ 1).

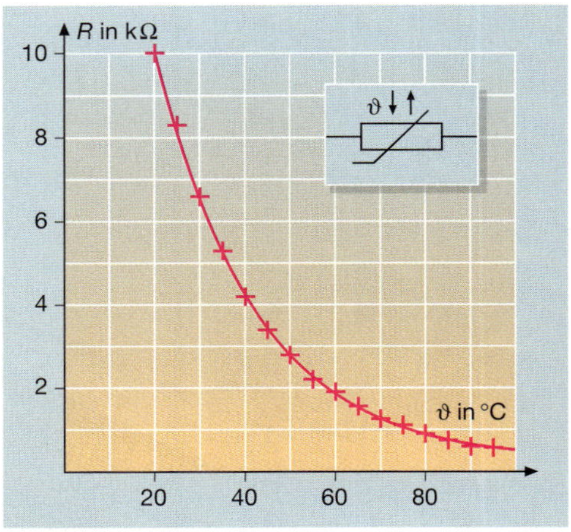

2 NTC-Widerstand

Grundwissen

Elektrische Temperaturmessung

Heizungsthermostate, Personenwaagen mit Digitalanzeige, Temperaturfühler in Kühlschränken und Waschmaschinen, auf Bewegung reagierende Lampenschalter und vieles mehr enthalten Messfühler, die nichtelektrische Messgrößen, hier die Temperatur, in elektrische umsetzen. Solche Messfühler nennt man ***Sensoren***. Ihre Arbeitsweise lässt sich mit einem NTC-Widerstand in einer Brückenschaltung (Abb. ➤ 3a) verdeutlichen.

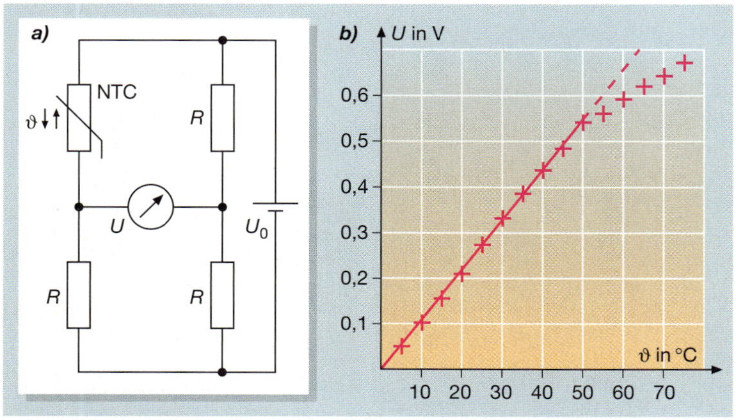

3a) Messschaltung und ***b)*** Eichung des Temperatursensors

Das Messgerät für die Spannung wird so eingestellt, dass es z. B. für 0 °C oder für die Zimmertemperatur die Spannung 0 V anzeigt. Ändert sich die Temperatur, so zeigt das Messgerät eine Spannung an. Der NTC-Widerstand kann als ***Temperatursensor*** verwendet werden.
Die Messreihe in Abb. ➤ 3b zeigt, dass der Zusammenhang von Temperatur und Spannung nicht über alle Messwerte proportional bleibt. Nur für den Temperaturbereich bis 50 °C erhalten wir eine Proportionalität mit der Spannung. Hier gilt ungefähr:

$$\vartheta \approx 93\ \frac{°\text{C}}{\text{V}} \cdot U$$

Mit Hilfe einer Messtabelle können wir unser Messgerät eichen und direkt mit einer Temperaturskala versehen.
Werden die Enden eines Drahtes fest mit Drähten aus einem anderen Metall verbunden, so führen Temperaturunterschiede an den Kontaktstellen auch zu einer Spannung (Abb. ➤ 2). Solche ***Thermoelemente*** wandeln ebenso wie NTC-Widerstände Temperaturwerte in elektrische Spannungswerte um.

Ein Lichtsensor

Versuche

V1 In einer Schaltung nach Abb ➤ 1 messen wir die Stromstärke.
Wir stellen deutliche Änderungen der Stromstärke fest, wenn wir den Fotowiderstand mit der Hand abdunkeln oder mit einer Lampe zusätzlich beleuchten.

V2 In der Schaltung nach Abb. ➤ 2 sind acht Fotowiderstände parallel geschaltet. Messen wir bei jedem Einzelnen die Stromstärke, so können wir wieder sagen, bei welchem Fotowiderstand Licht auftrifft. Wir wählen nun die Widerstände R_1 bis R_8 alle verschieden groß, so dass sich die Widerstände aller einzelnen Zweige sowie die Ersatzwiderstände aller möglichen Kombinationen in der Parallelschaltung voneinander unterscheiden.

Die Stromstärke messen wir jetzt in der gemeinsamen Zuleitung.
Daraus können wir ableiten, bei welchem Fotowiderstand Licht auftrifft.

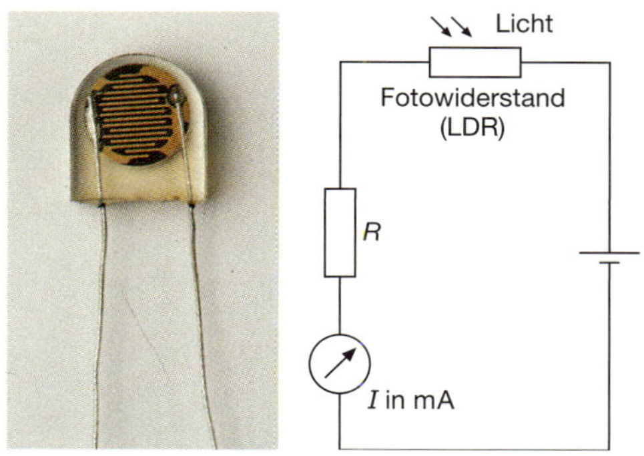

1 Licht: Ja oder nein?

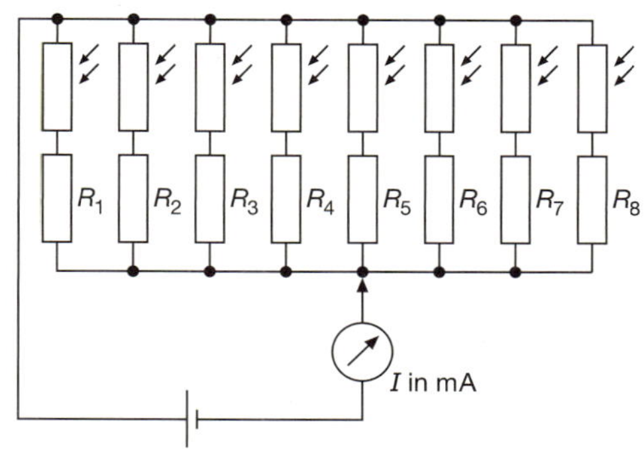

2 An welcher Position ist Licht vorhanden?

Grundwissen

Ein Sensor für die richtige Stelle

Es gibt Halbleiter, die ihren Widerstand stark verringern, wenn Licht auf sie trifft. Solche als ***Fotowiderstände*** (LDR) bezeichneten Bauteile sind damit in der Lage, ein elektrisches Signal zu erzeugen, sobald sich der Lichteinfall ändert.
Ordnet man mehrere solcher Fotowiderstände über- und nebeneinander an, so kann in diesem Bereich sogar die Stelle bestimmt werden, deren Belichtung sich im Verhältnis zur Umgebung verändert hat.
In der Industrie werden ***Positionssensoren*** verwendet, deren lichtempfindliche Schicht als schmaler Streifen ausgebildet ist (Abb. ➤ 3). Er wirkt wie ein Stromteiler, bei dem die Teilströme ein Maß für den Ort des Lichteinfalls auf der Sensoroberfläche sind.
Trifft Licht an einer Stelle auf die lichtempfindliche Schicht, verringert sich an dieser Stelle ihr Widerstand so, dass hier der Stromkreis über die Schicht zum rückwärtigen Anschluss C geschlossen wird. Die Länge des Leiters von C nach A bzw. B ist vom Auftreffpunkt des Lichtes abhängig. Die Widerstände R_A und R_B bestimmen die Stromstärken I_A und I_B.
Zwischen der rückwärtigen Metallschicht mit dem Anschluss C und den Kontakten A und B besteht die Spannung U. Wegen $U = I_A \cdot R_A = I_B \cdot R_B$ folgt: $I_A : I_B = R_B : R_A$.
Damit ergibt sich:

$$\frac{a}{l} = \frac{R_A}{R_A + R_B} = \frac{1}{1 + R_B/R_A} = \frac{1}{1 + I_A/I_B} = \frac{I_B}{I_A + I_B}$$

$$a = l \cdot \frac{I_B}{I_A + I_B}$$

Damit kann die Position a aus l und den Stromstärken I_A und I_B berechnet werden.

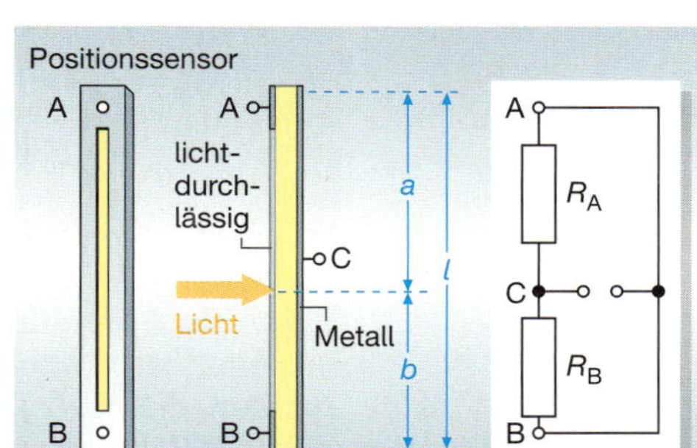

3

Dioden

Versuche

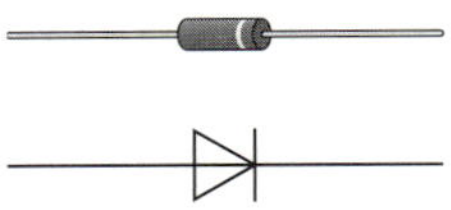

Diode mit Schaltzeichen

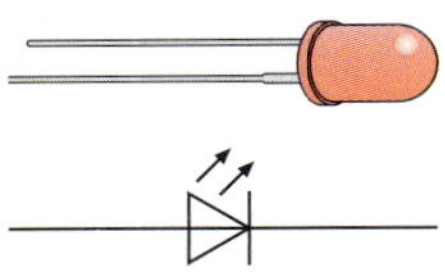

Leuchtdiode mit Schaltzeichen

V1 Baue eine Schaltung mit einer Diode wie in Abb. ➤1 auf. Beim Schließen des Schalters bleibt die Lampe dunkel. Nun werden die Anschlüsse zur Quelle vertauscht. Wird der Schalter geschlossen, so leuchtet die Lampe.

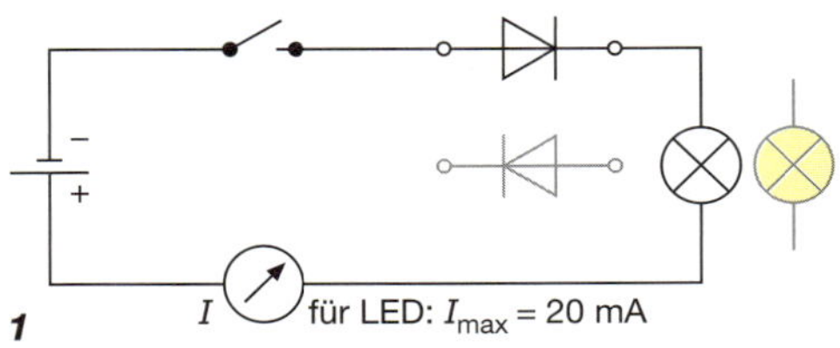

1

V2 Ersetze in Versuch 1 die Diode durch eine Leuchtdiode (LED) und wiederhole den Versuch. Nur in einem Fall leuchten Lampe und Diode.

V3 Schließe zwei verschiedenfarbige Leuchtdioden so an eine Quelle für Wechselspannung an, wie es Abb. ➤2 zeigt. Die Abgreifpunkte A und B bzw. A' und B' führen zu einem Oszilloskop. Wenn die Leuchtdioden vor dem Auge hin- und herbewegt werden, so sieht man, dass in jedem Moment nur eine von ihnen leuchtet.

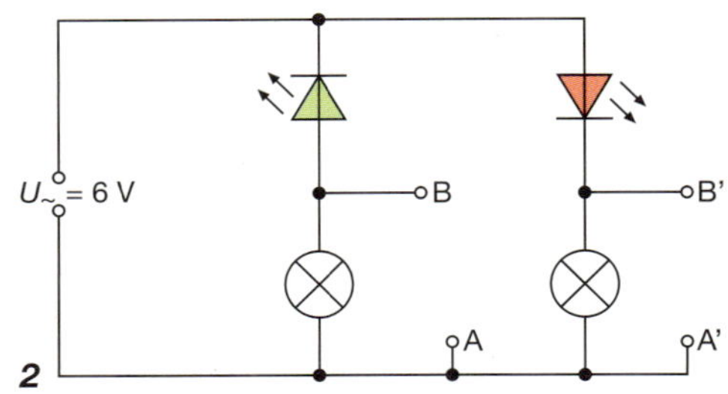

2

Grundwissen

Die Diode – ein elektrisches Ventil

Wird eine Diode an eine Quelle für Gleichstrom angeschlossen, so lässt sie nur bei einer bestimmten Polung einen Strom im Stromkreis zu. Bei umgekehrter Polung verhindert sie einen Strom, man sagt sie sperrt. Die Diode wirkt wie ein elektrisches Ventil.

Bei einer Quelle für Wechselstrom ändern die Elektronen ständig ihre Bewegungsrichtung. Da die Diode sie nur in einer Richtung durchlässt, entsteht ein ***pulsierender Gleichstrom*** (Abb. ➤3). Dioden sind ***Gleichrichter***.

Wird eine Schaltung mit zwei Dioden und Glühlampen wie in Abb. ➤2 betrieben, so zeigt Abb. ➤3 den Verlauf der Spannung an der Quelle und an den Glühlampen.

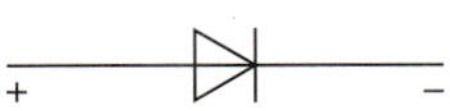

Strom ist vorhanden. Die Diode ist in ***Durchlassrichtung*** gepolt.

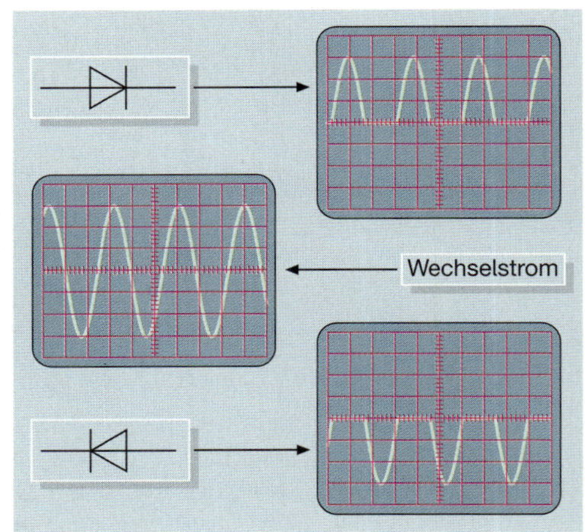

3 An den Dioden wird jeweils nur die „halbe" Spannung angezeigt.

Häufig wird eine Schaltung aus vier Dioden nach Abb. ➤4 benutzt. Je nach Polung der Quelle bewegen sich die Elektronen entweder durch die erste und vierte Diode (grüne Pfeile) oder durch die zweite und dritte Diode (blaue Pfeile). Die jeweils anderen Dioden sperren. Damit wird erreicht, dass die Elektronen bei jeder Polung in die gleiche Richtung durch die Lampe fließen. Diese Anordnung der vier Dioden wird Brückengleichrichter oder ***Zwei-Weg-Gleichrichter*** genannt.

In Spannungs- oder Stromstärke-Messgeräten, die sowohl für Gleichstrom als auch für Wechselstrom geeignet sind, werden solche Gleichrichter eingesetzt.

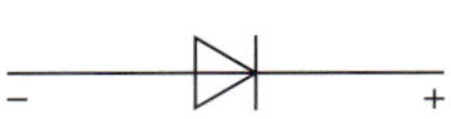

Kein Strom ist vorhanden. Die Diode ist in ***Sperrrichtung*** gepolt.

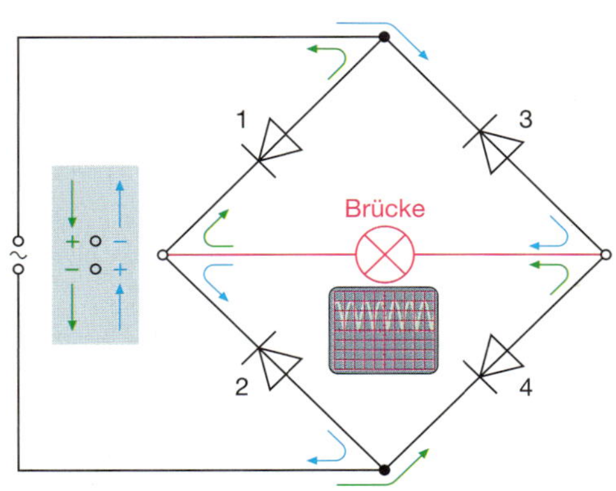

4 Zwei-Weg-Gleichrichter mit Elektronenflussrichtung

Die Kennlinie einer Diode

Versuche

V1 Wir untersuchen bei einer Diode mit einer Schaltung nach Abb. ➤ 1 die Stromstärke in Abhängigkeit von der Spannung.
Als Messwerte erhalten wir bei Polung in Durchlassrichtung z. B.:

U in V	0,50	0,60	0,70	0,75	0,80
I in mA	0,070	0,81	8,9	32	111

Bei Polung in Sperrrichtung stellen wir nahezu keine Stromstärke fest.

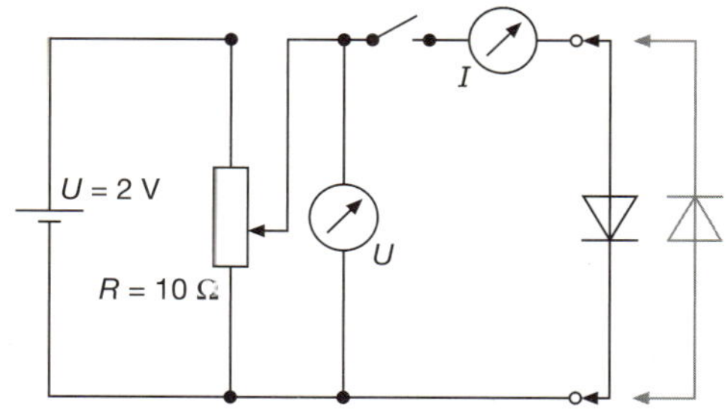

1

Grundwissen

Beiderseits eines pn-Überganges bildet sich eine dünne, nichtleitende Schicht, die ***Sperrschicht.***

Bei einer in ***Sperrrichtung*** gepolten Diode ist die Sperrschicht breiter

Bei einer in ***Durchlassrichtung*** gepolten Diode verliert die Sperrschicht ihre Wirkung.

Der pn-Übergang

Die Eigenschaften von Halbleiterdioden entstehen durch das Zusammenwirken einer p- und einer n-leitenden Schicht. Die Grenzfläche zwischen beiden Schichten heißt ***pn-Übergang***.

Im n-leitenden Teil des Kristalls gibt es frei bewegliche Elektronen und ortsfeste positive Ladungen. Im p-leitenden Teil sind die Elektronenfehlstellen beweglich und die negativen Ladungen ortsfest (Abb. ➤ 2 a).
Im Bereich der Grenzfläche rekombinieren die beweglichen Elektronen der n-Schicht mit den beweglichen Elektronenfehlstellen der p-Schicht. Auf der vorher p-leitenden Seite bleiben die ortsfesten negativen, auf der n-leitenden Seite die ortsfesten positiven Ladungen zurück (Abb. ➤ 2 b).

Die ortsfesten negativen Ladungen verhindern ein weiteres Eindringen von Elektronen aus der n-Schicht und die ortsfesten positiven Ladungen verhindern das weitere Eindringen von Elektronenfehlstellen aus der p-Schicht. Der pn-Übergang sperrt, man sagt, er bildet eine ***Sperrschicht*** (Abb. ➤ 2 c).

Wird die Diode an eine elektrische Quelle angeschlossen, so werden freie Elektronen zum Pluspol und Elektronenfehlstellen zum Minuspol gezogen. Wenn die n-Schicht mit dem Pluspol und die p-Schicht mit dem Minuspol der Quelle verbunden ist, wird dadurch die Sperrschicht breiter. Die Diode sperrt (Abb. ➤ 2 d).
Wird stattdessen die p-Schicht der Diode an den Pluspol und die n-Schicht an den Minuspol der Quelle angeschlossen, so dringen freie Elektronen und Elektronenfehlstellen in die Sperrschicht ein. Sie verliert ihre Wirkung und die Diode leitet (Abb. ➤ 2 e).
Die Kennlinie der Diode (Abb. ➤ 3) zeigt, dass zur Überwindung der Sperrschicht einer Si-Diode eine Spannung von etwa 0,7 V erforderlich ist.

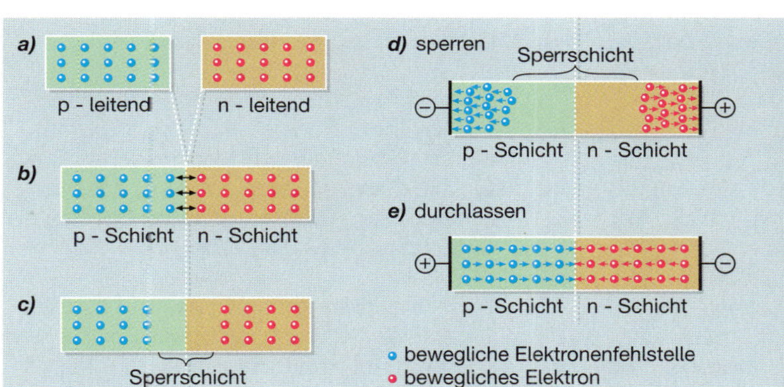

2 Entstehung und Änderung der Sperrschicht (pn-Übergang)

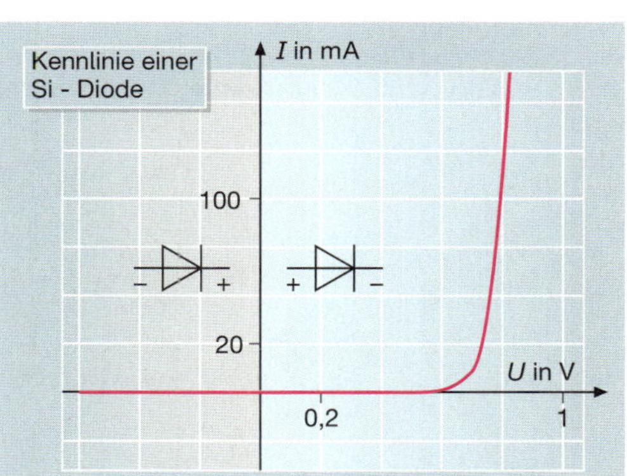

3 Kennlinie einer Diode

Transistoren

Versuche

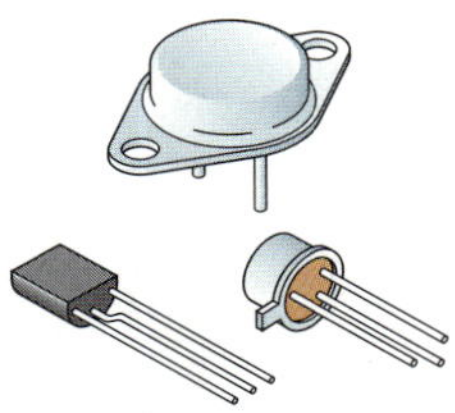

Die drei Anschlüsse eines Transistors heißen Emitter (E), Basis (B) und Kollektor (C).

V1 Baue eine Schaltung mit einem Transistor wie in Abb. ➤ 1 auf. Das Lämpchen leuchtet nicht, wenn die Elektroden in reines Wasser tauchen, es leuchtet aber mit Salzlösung.

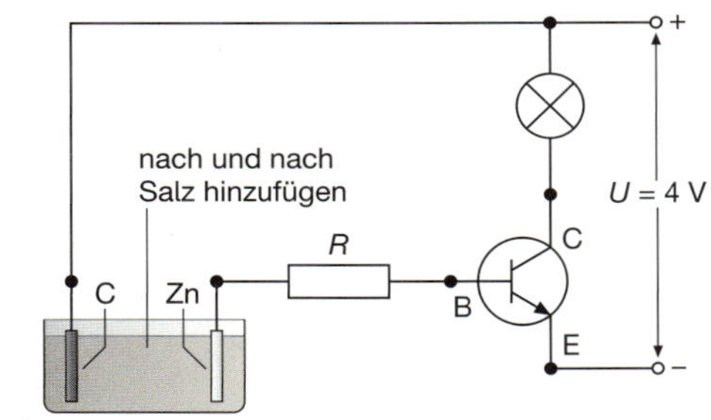

1

V2 Wir schließen einen npn-Transistor mit den Anschlüssen B, C und eine Glühlampe in Reihe an eine Quelle mit Gleichspannung. Die Lampe leuchtet nur, wenn der Pluspol der Quelle mit B verbunden ist (Abb. ➤ 2 a).

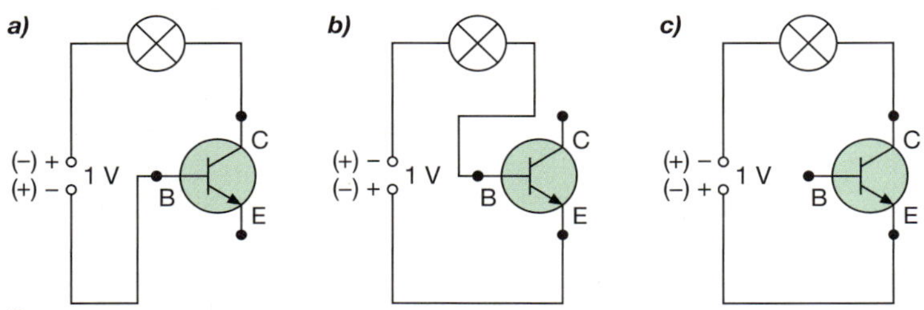

2

Wiederholen wir den Versuch mit den Anschlüssen B und E, so leuchtet die Lampe ebenfalls nur, wenn der Pluspol mit B verbunden ist (Abb. ➤ 2 b).
Schließlich wiederholen wir den Versuch mit den Anschlüssen E und C des Transistors. Die Lampe bleibt bei jeder Polung dunkel (Abb. ➤ 2 c).

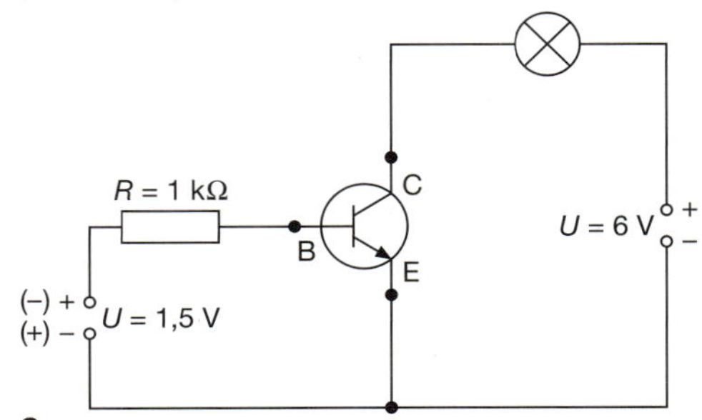

3

V3 Benutze die Transistorschaltung aus Versuch 2 und schließe zusätzlich eine Quelle mit 1,5 V über einen Schutzwiderstand (1 kΩ) zwischen Basis (B) und Emitter (E) an. Pole die Spannung um (Abb. ➤ 3).
Nur wenn der Pluspol am Anschluss B liegt, beobachten wir, dass die Lampe leuchtet.

V4 Wir ändern den Versuch 3 so ab, dass wir die zusätzliche Quelle weglassen und den Widerstand zwischen Anschluss B und Pluspol legen. Auch jetzt leuchtet die Lampe.

Grundwissen

Die Funktionsweise des Transistors

Neben npn-Transistoren gibt es noch pnp-Transistoren. Sie unterscheiden sich in ihrem Verhalten im Prinzip nicht.

Ein Transistor ist ähnlich wie eine Diode aufgebaut. Er besteht aus einem Siliciumkristall mit drei verschieden dotierten Schichten (Abb. ➤ 4).
Wir betrachten hier nur Transistoren mit der Schichtfolge n-p-n. Die Anschlüsse der drei Schichten heißen ***Emitter*** E, ***Basis*** B und ***Kollektor*** C (Abb. ➤ 4).

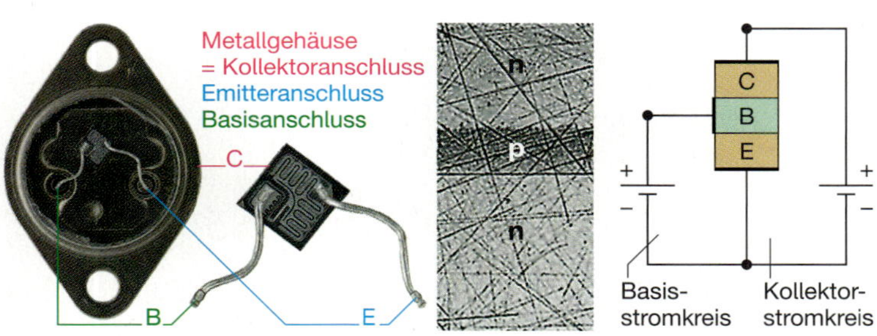

4 npn-Transistor, Aufbau und Bezeichnungen

Emitter und Basis haben wie Basis und Kollektor paarweise die Eigenschaften einer Diode. Wird der Anschluss zur Basis offen gelassen, so gelingt es nicht, zwischen Emitter und Kollektor einen Strom zu erzeugen. Stets ist eine der beiden Dioden in Sperrrichtung gepolt.

Durchlässig vom Emitter zum Kollektor wird ein npn-Transistor erst dann, wenn eine zusätzliche Spannung zwischen Emitter und Basis so angelegt wird, dass der Emitter-Basis-Übergang in der Durchlassrichtung gepolt ist (Abb. ➤ 4).

> Ein Transistor enthält zwei pn-Übergänge. Er leitet, wenn zwischen Emitter und Basis eine Spannung mit dem Pluspol an der Basis von mindestens 0,7 Volt besteht.

Der Transistoreffekt

Wird der Emitter-Basis-Übergang in Durchlassrichtung gepolt, so bewegen sich Elektronen vom Emitter zur Basis und die Sperrschicht wird leitend. Die Basisschicht ist sehr dünn. Deshalb geraten viele Elektronen, die vom Emitter in die Basis gelangt sind, in den Bereich des folgenden Kollektor-Basis-Überganges. Hier werden sie durch starke elektrische Kräfte in den Bereich des positiv geladenen Kollektors gezogen.
Durch geeignete Bauweise lässt sich erreichen, dass die meisten Elektronen, die vom Emitter kommen, zum Kollektor gelangen, und nur ein geringer Anteil (etwa 1 %) über den Anschluss der Basis abfließt. Man spricht vom ***Transistoreffekt*** (Abb. ➤ 1).
Wenn der Basisstromkreis unterbrochen wird, wird auch die Sperrschicht zwischen Basis und Emitter wieder wirksam. Der Transistor sperrt.

> Der Transistor wirkt wie ein elektronischer Schalter, bei dem ein kleiner Basisstrom einen großen Kollektorstrom schaltet.

Mit zwei einzelnen Dioden (Abb. ➤ 1b) ist der Transistoreffekt nicht erreichbar, erst eine gemeinsame p-Schicht ermöglicht ihn. Folgende Maßnahmen erhöhen die Wahrscheinlichkeit dafür, dass Elektronen aus der Basis die angrenzende Kollektor-Basis-Sperrschicht überwinden, so dass der Transistoreffekt möglich wird:
- Die Basisschicht wird sehr dünn gemacht (etwa 0,005 mm).
- Die p-Schicht der Basis wird nur wenig dotiert, damit nicht zu viele Elektronen durch Rekombination verloren gehen.
- Der Weg vom Emitteranschluss zum Basisanschluss ist möglichst lang.
- Die Berührungsfläche zwischen Emitter und Basis ist viel kleiner als die zwischen Kollektor und Basis. Die beiden n-Schichten des Transistors sind also nicht gleichwertig. Dies zeigt sich, wenn der Transistor umgekehrt angeschlossen wird, d. h. Emitter und Kollektor vertauscht werden. Der Transistoreffekt ist dann kleiner.

? Warum ist in Schaltungen wie Abb. ➤ 1b und 1d die Basis über einen großen Widerstand mit der Quelle verbunden?

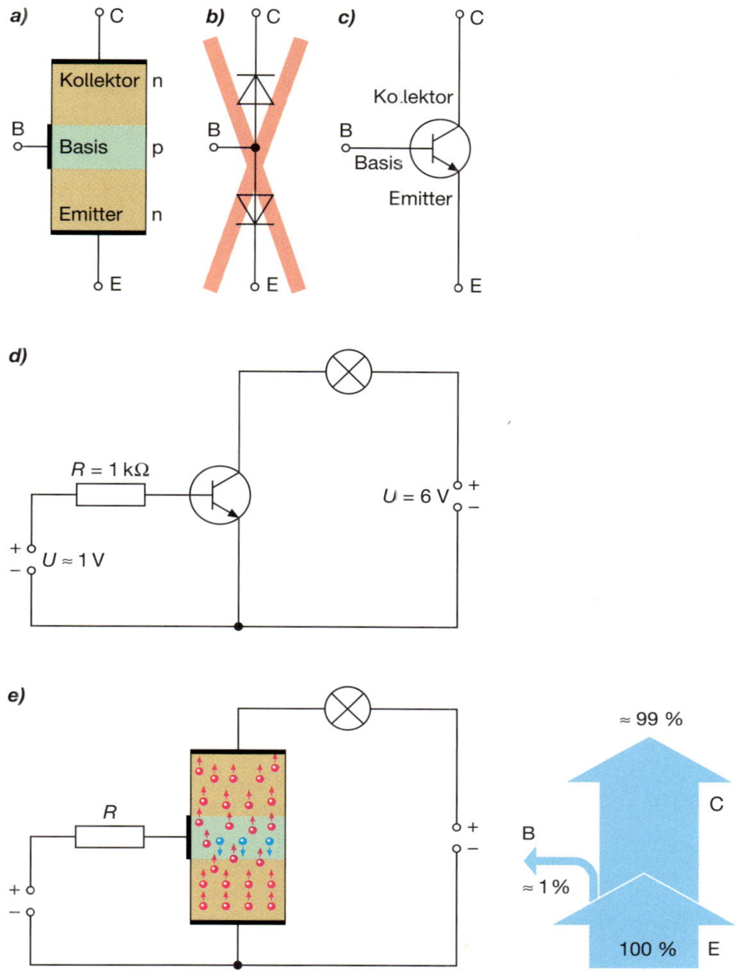

1 Der npn-Transistor und seine Wirkungsweise

Modell für die Wirkungsweise eines Transistors

Elektrisches Verhalten:
Ein npn-Transistor besteht aus zwei pn-Übergängen, die durch eine dünne p-Schicht verbunden sind. Eine kleine Spannung zwischen Emitter und Basis ruft einen großen Strom vom Emitter zum Kollektor hervor.

Mechanisches Verhalten (Abb. ➤ 2):
Eine große Wasserleitung vom „Emitter" zum „Kollektor" hat eine kleine Abzweigung zur „Basis". Diese Basisleitung hat eine Sperrvorrichtung. Wird sie entriegelt (analog zum Anlegen der Spannung), so öffnet ein Hebelmechanismus die Absperrung der großen Wasserleitung zum „Kollektor".

Basisstrom bedeutet: Strom über den Basisanschluss; ***Kollektorstrom*** heißt: Strom über den Kollektoranschluss.

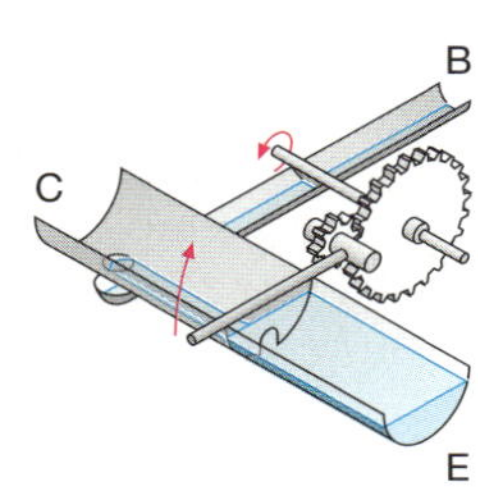

2

Transistorschaltungen

Versuche

V1 Verbinde wie in Abb. ➤ 1 a einen Transistor über eine Lampe mit einer elektrischen Quelle von 6 V. Die Spannung zwischen Basis und Emitter kommt nicht von einer zweiten Quelle, sondern wird mit einem Spannungsteiler aus der vorhandenen Quelle gewonnen.
Das Lämpchen leuchtet bei geeigneter Wahl der Widerstände.

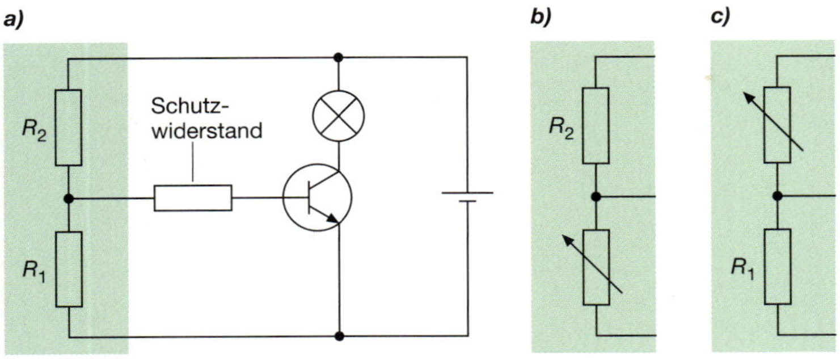

1 Welchen Einfluss hat der Widerstand im Basisstromkreis?

V2 Ersetze in Versuch 1 den Widerstand R_1 durch einen veränderlichen Widerstand. Du kannst ihn so einstellen, dass die Lampe gerade ausgeht (Abb. ➤ 1 b).
Ersetzt du statt R_1 den Widerstand R_2 durch einen veränderlichen Widerstand, so kannst du auch mit diesem die Lampe steuern (Abb. ➤ 1 c).

V3 Baue eine Schaltung wie in Abb. ➤ 1 a auf. Verwende einen veränderbaren Widerstand anstelle von R_1 und einem Fotowiderstand anstelle von R_2. Stelle den Widerstand so ein, dass die Lampe gerade nicht leuchtet. Decke den Fotowiderstand mit der Hand ab. Die Lampe leuchtet.

Ersetze den Fotowiderstand durch einen Heißleiter, den du vorsichtig mit der Hand oder einer Glühlampe erwärmst und den du mit Eiswasser oder mit dem kalten Luftstrom aus einem Föhn abkühlst.

Grundwissen

Warnschaltungen

Halbleitersensoren reagieren mit Änderungen einer Messgröße (Temperatur, Beleuchtungsstärke usw.) durch Änderungen ihres Widerstandes. Mit dem Transistoreffekt lassen sich diese Änderungen in Stromkreisen nutzen.
Transistorschaltungen kommen mit einer einzigen elektrischen Quelle aus, wenn die Spannung zwischen Basis und Emitter durch einen Spannungsteiler erzeugt wird (Abb. ➤ 2). Der Transistor wird zum Leiter, wenn der Emitter-Basis-Übergang durchlässig wird, bei Siliciumkristallen also bei etwa 0,7 V. Dementsprechend ist der Spannungsteiler zu berechnen. Ist der andere Widerstand von der Temperatur oder Beleuchtungsstärke oder einer anderen physikalischen Größe abhängig, so kann die Änderung dieser Größe zum Öffnen und Schließen des Transistors dienen.

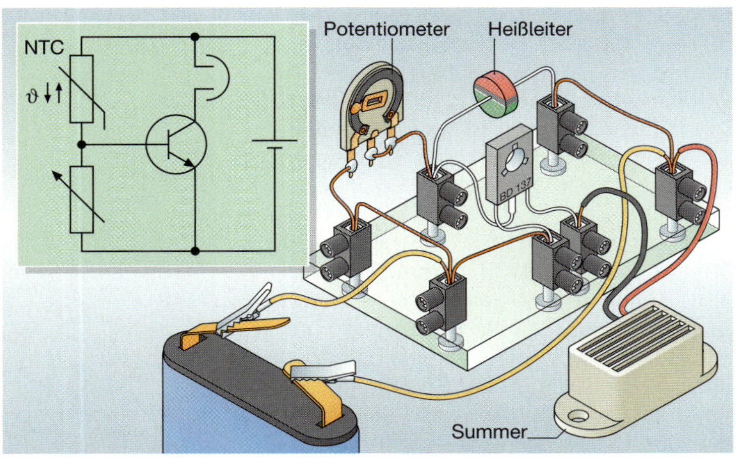

2 Warnanlage, die die Temperatur am Heißleiter überwacht.

Will man beispielsweise die Temperatur eines Kessels überwachen, so ersetzt man den oberen Widerstand durch einen Heißleiter (Abb. ➤ 2). Dessen Widerstand verringert sich beim Erwärmen, so dass die Teilspannung am Heißleiter sinkt und die Teilspannung am unteren Widerstand steigt. Es besteht eine größere Spannung zwischen Basis und Emitter. Da dieser untere Widerstand vorher so eingestellt war, dass der Transistor gerade noch sperrt, wird er nun schalten. Der Kollektorstrom betätigt einen Summer.

Wird der NTC-Widerstand durch einen LDR ersetzt, so entsteht ein Wecker, der bei Helligkeit den Summer ertönen lässt.

? Wie ist die Schaltung in Abb. ➤ 2 zu verändern, damit sie etwa als Eiswarner im Auto Alarm auslösen kann?

Die Notbeleuchtung

Fällt die normale Beleuchtung aus, so muss z. B. im Krankenhaus für eine Notbeleuchtung gesorgt sein. Ein lichtempfindlicher Halbleiter wie die ***Fotodiode*** kann einen Stromkreis einschalten, wenn es dunkel wird (Abb. ➤ 1). Der Widerstand einer beleuchteten Fotodiode nimmt zu, wenn sie abgedunkelt wird. Dadurch steigt die Basisspannung an und der Transistor schließt den Stromkreis mit der Notbeleuchtung.
Damit der Transistor beim Spannungsanstieg durch Dunkelheit nicht zerstört wird, braucht man einen Schutzwiderstand an der Basis.

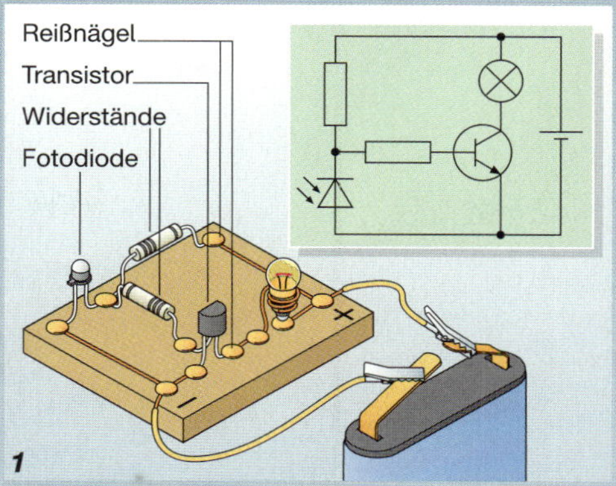

1

Die Lichtschranke

Solange die Fotodiode in der Schaltung von Abb. ➤ 2 beleuchtet wird, ist ihr Widerstand und damit die Spannung an der Basis des Transistors klein. Geht eine Person durch die Lichtschranke, wird die Fotodiode abgedunkelt, die Basisspannung steigt und der Motor der Rolltreppe wird angeschaltet.
Eine Schaltuhr lässt den Motor eine gewisse Zeit laufen; wird die Fotodiode in der Zwischenzeit durch einen weiteren Passanten abgedunkelt, beginnt sie von neuem abzulaufen.

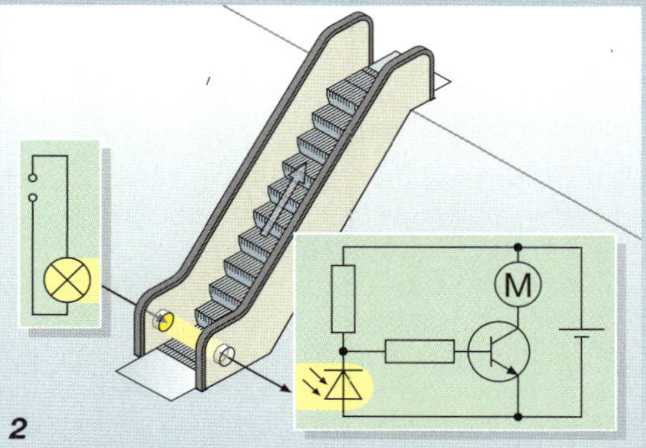

2

Die Flip-Flop-Schaltung

Viele Informationen wie Texte, Messdaten oder auch Musik werden durch elektrische Impulse übertragen. Vor ihrer Verarbeitung müssen die Impulse in geeigneten Speichern gesammelt werden. Ein elektronisches Gedächtnis, das auch wieder gelöscht werden kann, übernimmt diese Aufgabe. Es besteht im einfachsten Fall aus zwei Transistoren und heißt ***Flip-Flop*** (Abb. ➤ 3).

Das Flip-Flop hat zwei Eingänge, die mit S (set = setzen) und R (reset = zurücksetzen) bezeichnet werden.
Drückt man den Taster S, so öffnet der Transistor T_1 den Stromkreis mit der Lampe L_1, sie leuchtet nicht. Die Reihenschaltung aus L_1 und T_1 ist ein Spannungsteiler, in dem L_1 ein sehr kleiner Widerstand ist. Daher besteht zwischen Emitter und Basis des Transistors T_2 eine Spannung, die größer als 0,7 V ist, und T_2 schließt den Stromkreis (in Abb. ➤ 3 gelb markiert) mit der Lampe L_2, sie leuchtet. In diesem Zustand beträgt die Spannung zwischen Kollektor und Emitter nur etwa 0,1 V. Diese kleine Spannung besteht auch über R_1 zwischen Emitter und Basis von T_1. Selbst wenn man den Taster S wieder frei gibt, so leuchtet L_1 weiterhin nicht, weil erst eine Spannung zwischen Basis und Emitter von mindestens 0,7 V den Transistor T_1 schließt.

Die Zustände „L_1 leuchtet nicht" und „L_2 leuchtet" werden vertauscht, wenn nun der Taster R gedrückt wird. Danach kann nur ein Drücken des Tasters S die Zustände wieder vertauschen. Die FLIP-FLOP-Schaltung kann sich also Impulse merken.

Werden R und S elektrisch über Spannungen gesteuert, so erhält man einen elektronischen Speicher. Die Digitaltechnik beruht auf FLIP-FLOP-Schaltungen. Es werden die in Ereignissen enthaltenen Informationen in eine Folge von EIN/AUS-Werten umgewandelt.

Die Digitaltechnik beruht auf Flip-Flop-Schaltungen. Die zu verarbeitenden Signale werden in eine Folge von EIN-/AUS-Werten umgewandelt.

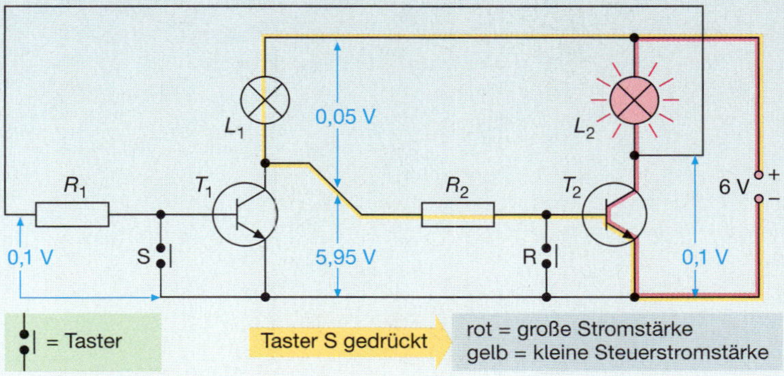

3 FLIP-FLOP-Schaltung

1

Logische Schaltungen

Die Informationstechnik nutzt die Möglichkeit, logische Verknüpfungen wie UND, ODER und NICHT durch Transistorschaltungen auszuführen und die Ergebnisse in elektronischen Bausteinen, wie etwa die Speicherchips für Computer (Abb. ➤ 1), festzuhalten. Heute lassen sich viele zigtausend Einzelfunktionen auf wenigen mm^2 der Halbleiterfläche eines sogenannten Prozessors unterbringen. So ein Chip kann sehr komplexe Steuerungsaufgaben lösen.

Die NOT-Schaltung

Eine Alarmanlage soll anzeigen, ob ein elektrischer Kontakt unterbrochen ist. Diese Aufgabe löst eine Schaltung, die das Vorhandensein bzw. Fehlen einer Eingangsspannung U_B durch eine unterschiedliche Ausgangsspannung U_T anzeigt (Abb. ➤ 2).
Ist die Spannung $U_B < 0{,}7$ V, so sperrt der Transistor ($R_T >> R_1$). Zwischen Anschluss T und Minuspol der Quelle besteht dann die Spannung $U_T >> U_1$. Ist $U_B > 0{,}7$ V, so leitet der Transistor ($R_T << R_1$). Zwischen T und dem Minuspol der Schaltung besteht dann die kleinere Spannung $U_T << U_1$. Die Schaltung erzeugt mit den Werten für U_T eine ***Negation*** der Eingangsspannung U_B.

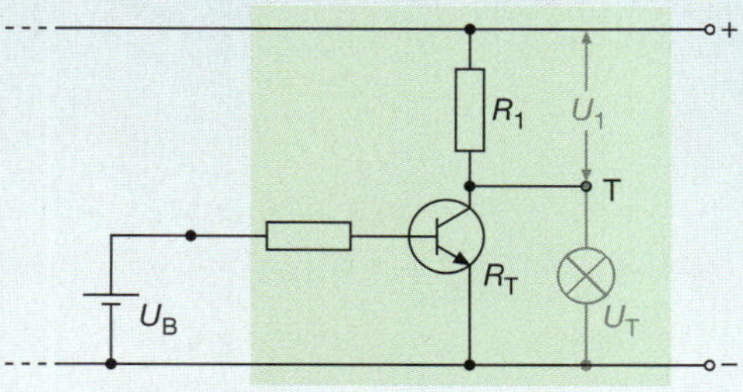

2 NOT-Schaltung

Die NAND-Schaltung

In einem Auto soll die Zündkontrolllampe während der Fahrt genau dann aufleuchten, wenn
- Lichtmaschine oder Batterie oder
- beide Geräte zugleich defekt sind.

Die Schaltung muss also am Ausgang T eine Spannung $U_T > 0$ haben, wenn entweder beim Eingang A von der Lichtmaschine oder beim Eingang B von der Batterie oder von beiden keine Spannung vorhanden ist. Die Schaltung nach Abb. ➤ 3 löst das Problem.

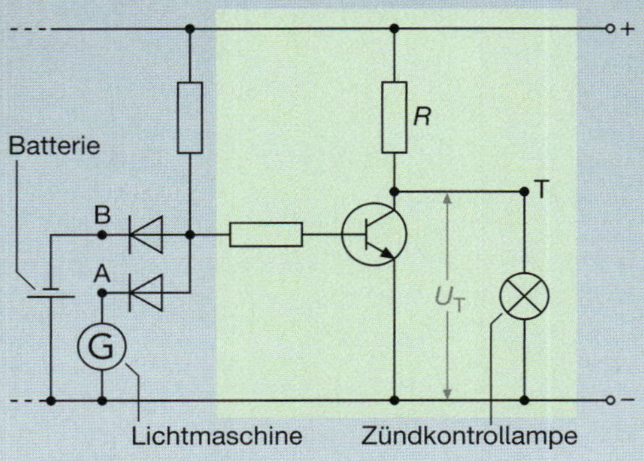

3 NAND-Schaltung

Besteht an den Anschlüssen A und B durch einen Defekt keine Spannung mehr gegenüber dem Minuspol, so sind die Dioden in Durchlass-Richtung geschaltet. Am Eingang der NOT-Schaltung besteht ebenfalls keine Spannung, also leuchtet die Kontrolllampe auf.
Diese Schaltung heißt NAND-Schaltung. Durch Reihenschaltung von NAND und NOT entsteht das logische AND (UND).

Die NOR-Schaltung

Bei der NOR-Schaltung (Abb. ➤ 4) besteht zwischen dem Minuspol und T nur dann eine Spannung, wenn sowohl zwischen A und dem Minuspol als auch zwischen B und dem Minuspol keine Spannung vorhanden ist.

Eine Kombination von NOR- und NOT-Schaltung liefert das logische OR (ODER).

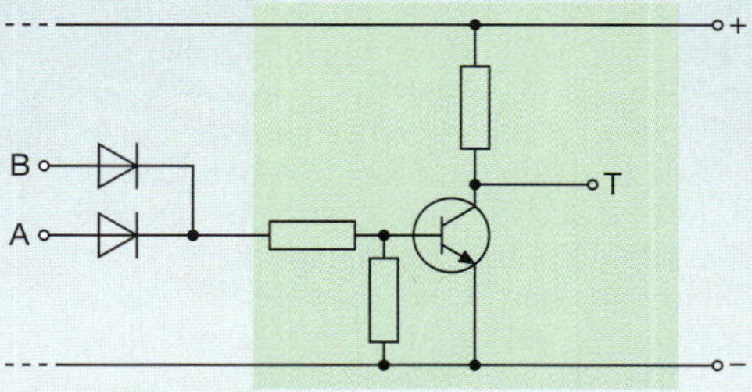

4 NOR-Schaltung

Der Transistor als Verstärker

In einer Schaltung entsprechend Abb. ➤1 wird durch Verstellen des Widerstandes R_1 die Basisstromstärke I_B des Transistors geändert. Das Diagramm zeigt die dabei gemessene Änderung der Kollektorstromstärke I_C. In den bisherigen Beispielen haben wir Transistoren als Schalter benutzt. Neben dem Schalten von Strömen ist aber das Verstärken von Strömen eine wichtige Aufgabe.

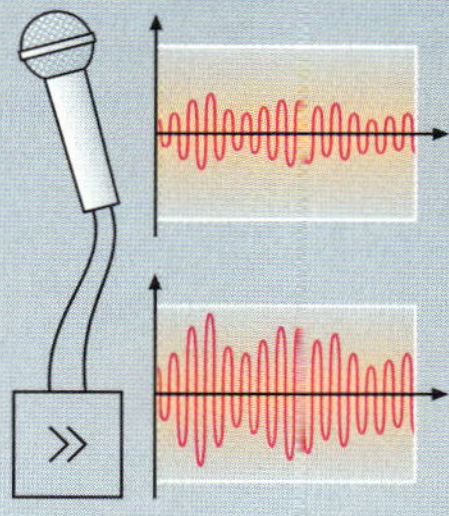

Die im Mikrofon durch den Schall hervorgerufenen Schwankungen der Stromstärke sind so schwach, dass sie zuerst verstärkt werden müssen, bevor sie im Lautsprecher Schwingungen erzeugen können. Wichtig ist dabei, dass leise und laute Töne in gleichem Maße verstärkt werden.
Das Diagramm in Abb. ➤1 zeigt, dass die Kollektorstromstärke I_C proportional zur Basisstromstärke I_B ist. Das Verhältnis von I_C zu I_B hat Werte zwischen 30:1 und 300:1. Es wird ***Verstärkungsfaktor*** genannt.

Kleine Schwankungen der Basisstromstärke I_B bewirken große Schwankungen der Kollektorstromstärke I_C. Der Basisstrom wird verstärkt.

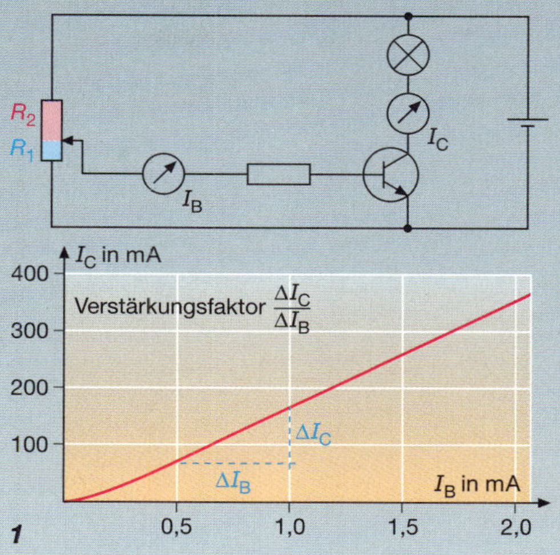

1

Das Selbstbau-Radio für Mittelwelle

Aufbau und Betrieb
Grundlage ist ein Brett mit Lüsterklemmen oder eine Lochplatine.

Für guten Kontakt bei Antenne A und Erdung E sorgen. Nur von Sendern, die sich in der Nähe befinden, erhält man eine befriedigende Lautstärke.

Material für den Radioempfänger

C_1	Drehkondensator mit 500 pF
F	Ferritstab mit etwa 10 – 15 cm Länge
L	Spule mit 60 Windungen aus feinem Kupferdraht, bei 14 Windungen eine Anzapfung
D	Germanium-Diode, z. B. AA 119
R_1	Widerstand mit etwa 300 kΩ
C_2	Kondensator mit etwa 200 pF

Material für den Verstärker

C_3	Kondensator mit etwa 30 nF
R_2	Widerstand mit etwa 200 kΩ
R_p	Drehwiderstand mit etwa 150 kΩ
T	Transistor, z. B. BC 108
H_2	Kopfhörer als Lautsprecher, 2000 Ω
B	Batterie 4,5 V

So wirken die Teile zusammen

Die Antenne erzeugt aus dem Signal des Senders elektrische Schwingungen.
Spule und Drehkondensator wählen eine bestimmte Sendefrequenz aus.

Die Diode erzeugt aus dem Signal des Senders einen pulsierenden Gleichstrom entsprechend dem gesendeten Schallsignal.
Der Kondensator C_3 verhindert, dass ein konstanter Gleichstrom den Lautsprecher bzw. Transistor erreicht.
Widerstand R_2 und Drehwiderstand R_p stellen die Verstärkung des Transistors ein. Der Transistor verstärkt die Änderung der Basisstromstärke und erzeugt eine entsprechend starke Änderung der Kollektorstromstärke.

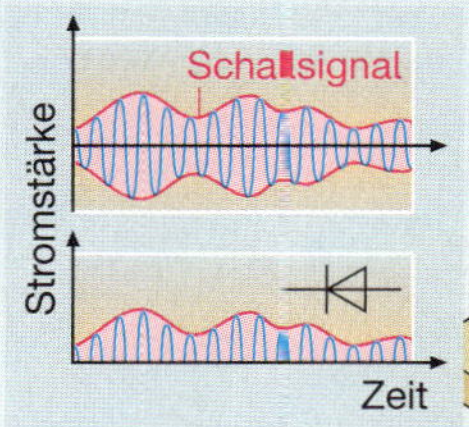

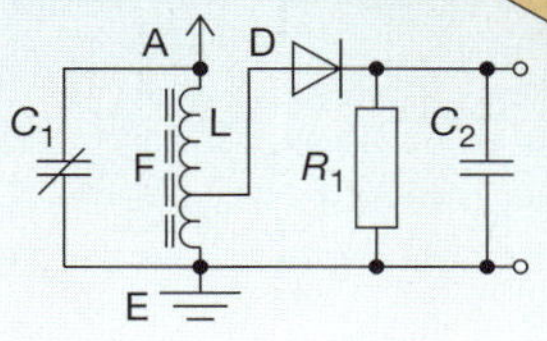

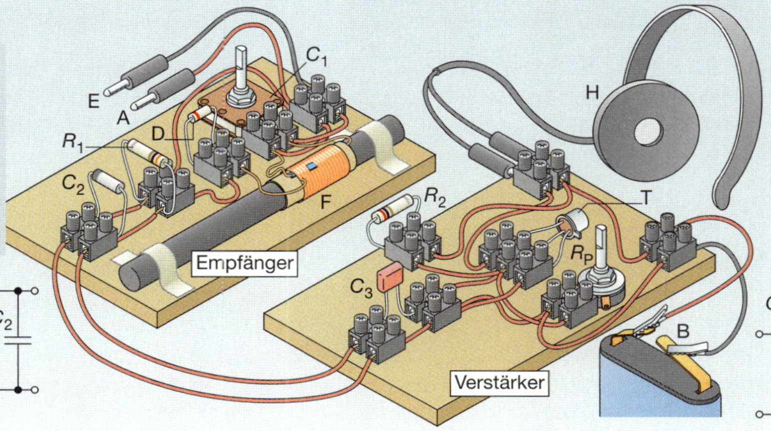

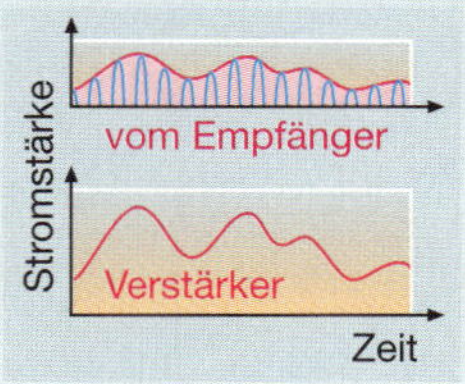

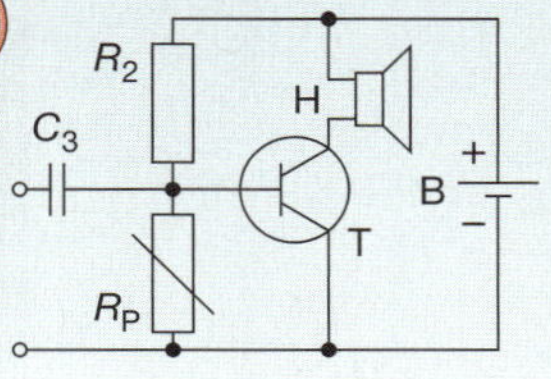

Rückblick

Begriffe

Was versteht man unter

- Dotieren?
- einer p-Schicht?
- p-leitend?
- pn-Übergang?
- einer Diode?
- LED und LDR?
- Elektronenfehlstelle?
- einer n-Schicht?
- n-leitend?
- einer Sperrschicht?
- einem Heißleiter (NTC)?
- einem Sensor?

Beobachtungen

Was beobachtet man, wenn

- in einem Stromkreis eine Siliciumprobe erwärmt wird?
- Licht auf einen LDR fällt?
- eine Diode mit der p-Schicht am Pluspol, mit der n-Schicht am Minuspol einer Quelle angeschlossen ist?
- der Basisanschluss eines Transistors mit dem Pluspol einer Quelle verbunden wird?

Erklärungen

Wie lässt sich erklären, dass

- ein Halbleiter auf Temperaturänderungen anders als ein Metall reagiert?
- aus zwei Dioden kein Transistor entsteht?
- der Leitungsvorgang in einem Halbleiter durch Dotieren erheblich verbessert wird?

Gesetzmäßigkeiten

Beschreibe mit eigenen Worten,

- in welchem Verhältnis Basis- und Kollektorstromstärke eines Transistors stehen.
- wie es zu einer Spannung beim Kontakt von p- mit n-leitendem Material kommt.
- wie eine Diode beim Anschluss an eine Quelle für Wechselspannung reagiert.
- wie für Lichteinfall oder Temperaturänderung empfindliche Halbleiter verwendet werden können.

Erläutere die Erscheinungen in den folgenden Bildern und beantworte die Fragen!

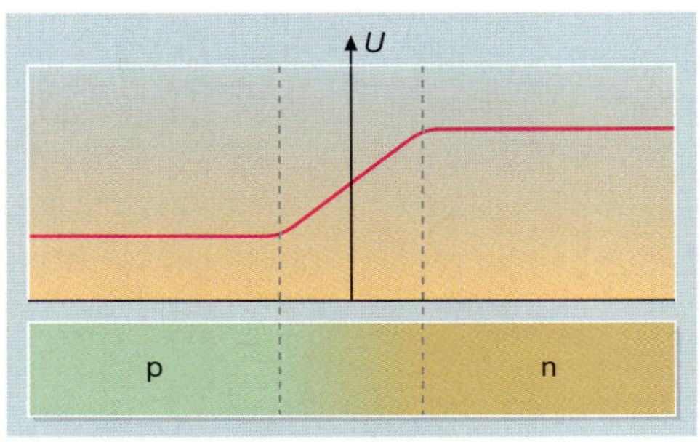

Erkläre den Verlauf der Spannung in einem pn-Übergang.

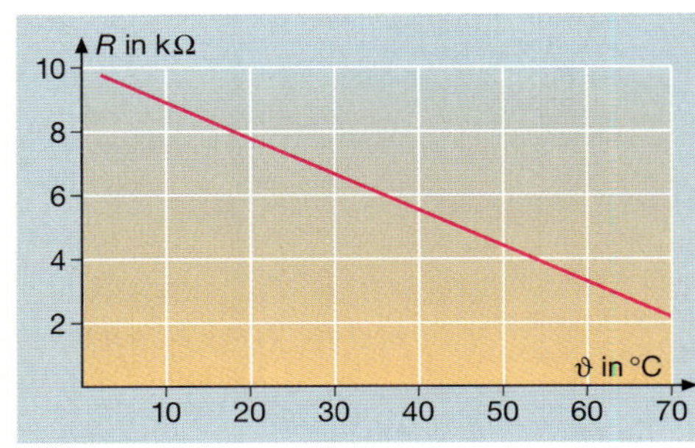

Interpretiere den Graphen eines hier dargestellten NTC-Widerstandes.

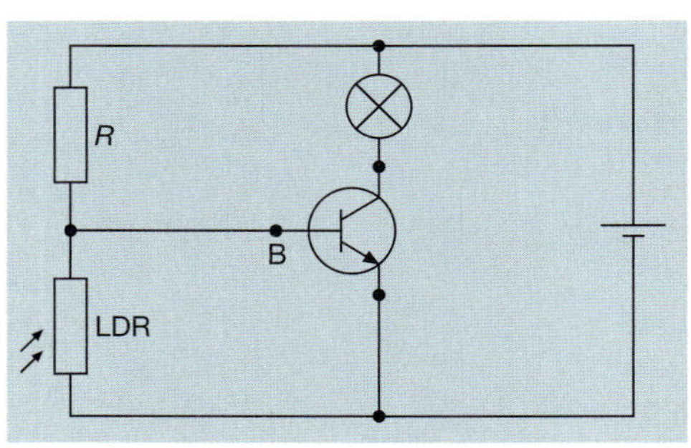

Leuchtet die Lampe bei Dunkelheit oder bei Helligkeit? Erkläre!

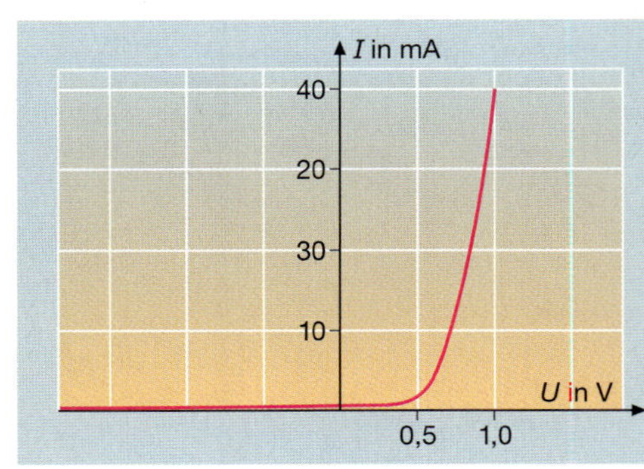

Interpretiere den Graphen und ordne ihm ein passendes Bauteil zu.

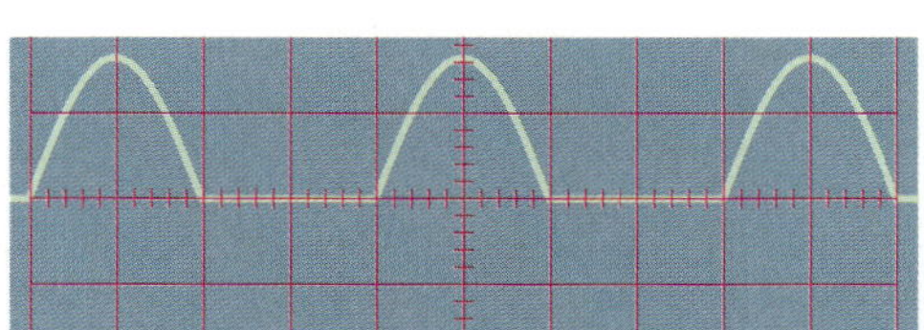

Beschreibe eine Schaltung, die dieses Bild auf dem Oszilloskopschirm erzeugt.

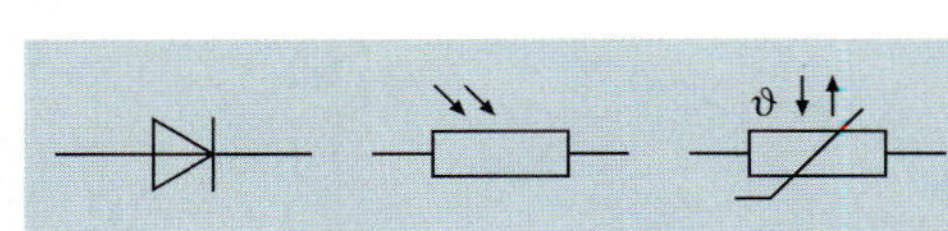

Für welche elektronischen Bauteile stehen diese Schaltzeichen?

Heimversuche

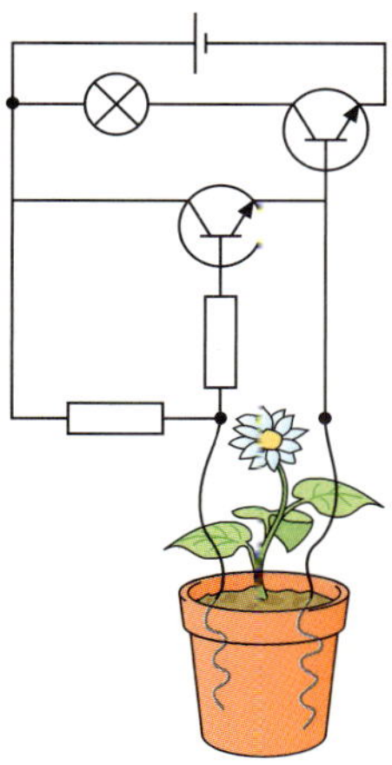

Zu Versuch 2

1. Spannungsprüfer, Polaritätsanzeiger

Mit einem Widerstand und zwei Leuchtdioden kannst du feststellen, ob eine Batterie funktioniert und wie sie gepolt ist.
Aus der Helligkeit der Dioden lässt sich im Bereich von 3 V bis 25 V auf die anliegende Spannung schließen.
Baue die Schaltung nach und teste verschiedene Batterien. Der Widerstand bewahrt die Dioden vor zu großen Strömen.
ACHTUNG: Die Schaltung darf auf keinen Fall zum Testen der Netzspannung benutzt werden!

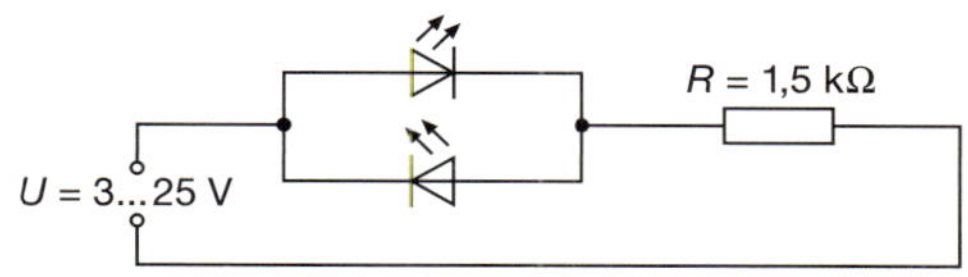

2. Der Blumentopfwächter

Topfblumen mögen es nicht gerne, wenn sie zu selten gegossen werden. Hier kann eine Schaltung helfen, die ein Signal gibt, wenn es im Topf zu trocken geworden ist. Die beiden Drähte, die im Boden stecken, bilden mit dem Boden zusammen einen elektrischen Widerstand, der sich mit der Feuchtigkeit ändert.

Man benötigt einen Widerstand von etwa 10 kΩ, einen veränderlichen Widerstand von etwa 100 kΩ, einen npn-Transistor und ein Glühlämpchen. Baue die Schaltung auf.
Was ändert sich, wenn man die Drähte unterschiedlich tief, mit unterschiedlichem Abstand in verschieden feuchte Erde steckt?

3. Das Zauberlämpchen

Ein Lämpchen (3,5 V/0,2 A) hängt an zwei dünnen Drähten nach unten und leuchtet. Wenn jemand dagegen bläst, erlischt es wie eine Kerze. Noch merkwürdiger ist, dass man es mit einem Streichholz wieder anzünden kann.
Dahinter steckt eine Transistorschaltung mit Fotowiderstand. Der veränderbare Widerstand muss so eingestellt werden, dass das Lämpchen bei Raumbeleuchtung gerade nicht leuchtet.

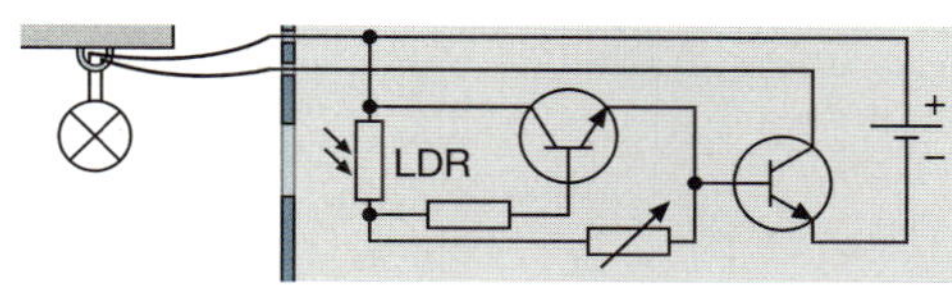

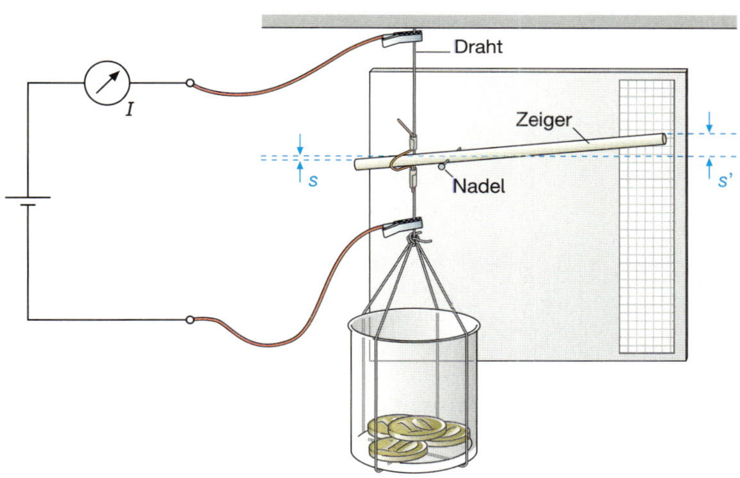

4. Eine Waage mit Dehnungssensor

Baue das Messgerät der links stehenden Zeichnung entsprechend auf. Der Zeiger soll sich gut um die Nadel drehen können; sein kurzes Ende wird mit dem Draht verbunden.

Erforderliches Material:
50 cm bis 2 m Draht (0,5 mm Durchmesser);
Gefäß für Wasserportionen oder Tüte für Massenstücke (eine 10-Cent-Münze hat die Masse $m = 4{,}1$ g);
Stecknadel und Trinkhalm als Zeiger;
Streifen Millimeterpapier.
Belaste den Draht zunehmend mit der Gewichtskraft von z. B. je 50 ml Wasser und lies die Verlängerungen s und die Stromstärke I ab.
Zeichne die s-F- und I-F-Diagramme (Einheit auf der F-Achse ist die Gewichtskraft der benutzten Massen). Eiche damit die Skala.

Fragen

Zu Halbleitern und Dioden

1 a) Welche Elemente eignen sich zum Dotieren von Silicium oder Germanium?
b) Wie entstehen p-Leiter und n-Leiter?

2 Warum sollten Heißleiter stets mit einem Vorwiderstand betrieben werden?

3 Ist ein dotierter Halbleiter nach außen elektrisch neutral? Begründe!

4 Lassen sich Wechselspannungen unter 0,7 V mit Silicium-Dioden gleichrichten?

5 Drei Silicium-Dioden sind in Reihe geschaltet. Welche Spannung ist ungefähr nötig, damit es zu einem Strom kommt?

6 Welche Eigenschaften hat die Diode mit einem Fahrradventil gemeinsam?

Fragen

7 Was geschieht, wenn an eine Diode eine Spannung von 6 V in Durchlassrichtung ohne Vorwiderstand angelegt wird?

8 Warum findet man Zwei-Weg-Gleichrichter häufig auf Kühlblechen befestigt?

9 Zwischen den Anschlüssen eines Heißleiters besteht die Spannung von 6 V. Wie groß ist sein Widerstand bei den Temperaturen
a) 20 °C, ***b)*** 40 °C, ***c)*** 50 °C?
Entnimm die erforderlichen Werte aus dem folgenden ϑ-I-Diagramm.

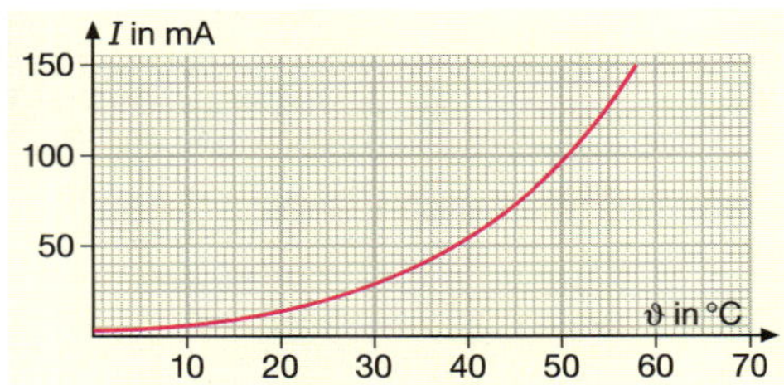

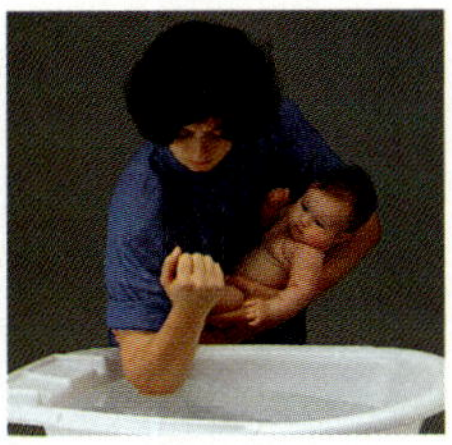

Wie würde man das Verhalten dieser Mutter „elektronisch" nachvollziehen?

10 Erläutere, weshalb beim Messen von Temperaturen mit Halbleiterwiderständen die Stromstärke möglichst klein sein soll.

11 Welches Bild ist am Oszilloskop zu sehen, wenn in der Schaltung am Rand die Diode
a) überbrückt wird? ***b)*** umgepolt wird?

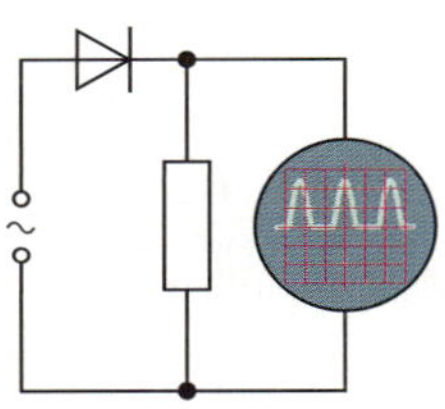

Zu Aufgabe 11

12 Informiere dich anhand von Bedienungsanleitungen darüber, in welchen Temperaturbereichen Taschenrechner, Quarzuhren, Radios und Fernsehgeräte eingesetzt werden dürfen. Begründe die Begrenzungen!

Zu Transistoren

13 ***a)*** Wie ist ein pnp-Transistor aufgebaut?
b) Warum muss die Basisschicht eines Transistors sehr dünn sein?

14 Welche Lampe wird nach nebenstehender Schaltung leuchten?

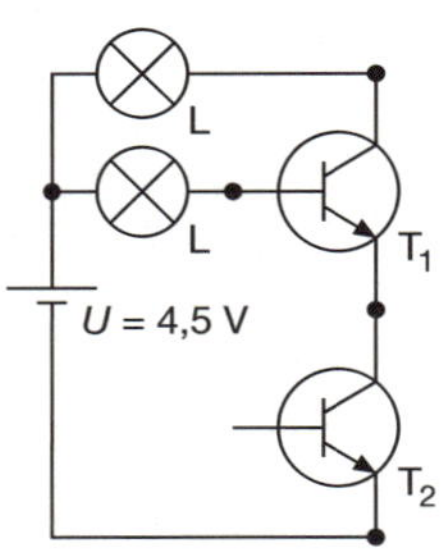

Zu Aufgabe 14

15 Eine Lampe, die für einen Betrieb bei $U = 3{,}8$ V und $I = 0{,}07$ A vorgesehen ist, wird – wie unten gezeigt – in verschiedenen Schaltungen eingesetzt. In welchen Fällen ***a)*** bis ***c)*** schaltet der Transistor die Lampe?

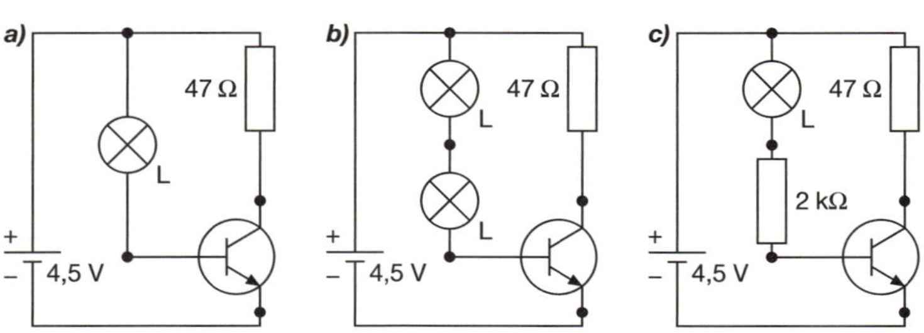

16 Welche Vorteile hat ein Transistor gegenüber einem Relais? Gibt es auch Nachteile?

17 Wie lässt sich mit einem Widerstandsmessgerät der Basisanschluss eines Transistors finden?

18 Die Bauteile der folgenden Schaltung sind so gewählt, dass die Transistoren schalten können.

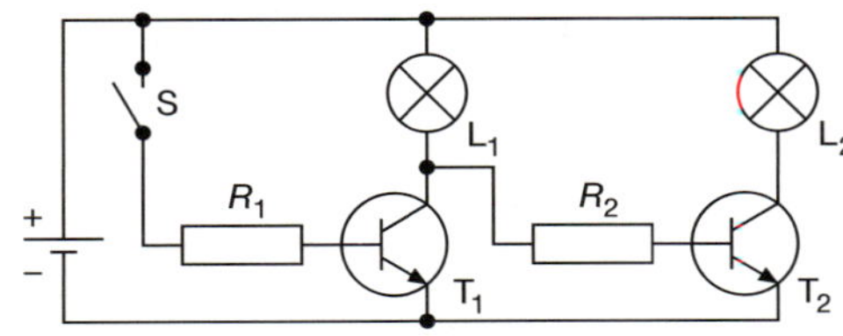

a) Welche Lampe leuchtet, wenn der Schalter S geöffnet ist?
b) Welche Lampe leuchtet, wenn S geschlossen ist?
c) Unter welchen Voraussetzungen können beide Lampen leuchten?

Zu Anwendungen von Sensoren

19 Beim Haarföhn ist ein automatischer Schalter eingebaut, der ihn vor Überhitzung schützen soll und der auch die Wahl einer Temperatur erlaubt. Diskutiere, ob dieser Schalter ein Sensor ist.

20 Konstruiere für dein Zimmer eine Alarmanlage, damit ungebetene Gäste dich nicht bei den Hausaufgaben stören. Welche Sensoren sind dafür geeignet?

21 Ein Positionssensor hat eine Länge von $l = 20$ cm. In welcher Entfernung vom linken Rand A trifft ein Lichtstrahl auf, wenn $I_a = 3\,\text{mA}$ und $I_b = 7\,\text{mA}$ gemessen werden?

Schwierigere Probleme

22 In Telefonhörern findet man antiparallelgeschaltete Dioden. Welche Aufgabe haben sie? (Denke an den Gesprächsteilnehmer.)

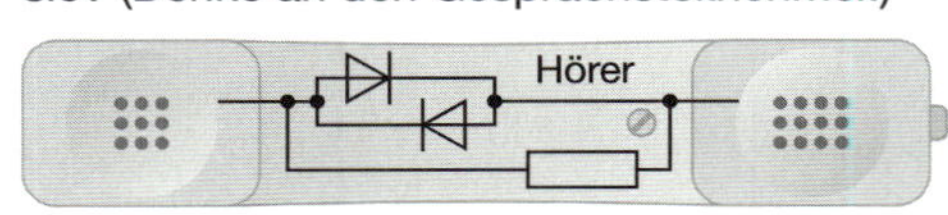

23 Warum ist die Spannung hinter einem Zwei-Weg-Gleichrichter um etwa 1,4 V kleiner als davor?

24 Ein Transistor habe den Verstärkungsfaktor 200. Wie groß ist die Kollektorstromstärke bei einem Basis-Emitter-Widerstand von 10 kΩ und der Spannung 5 V?

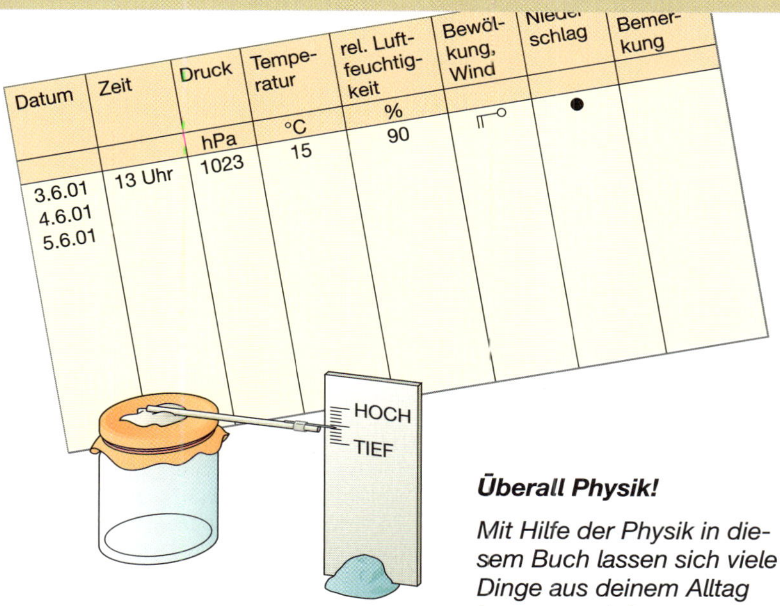

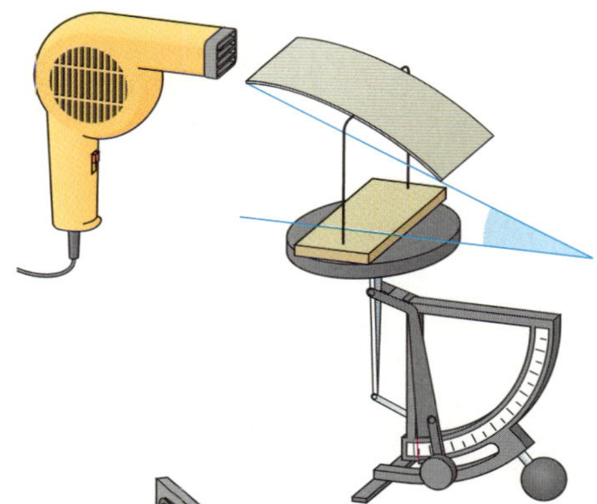

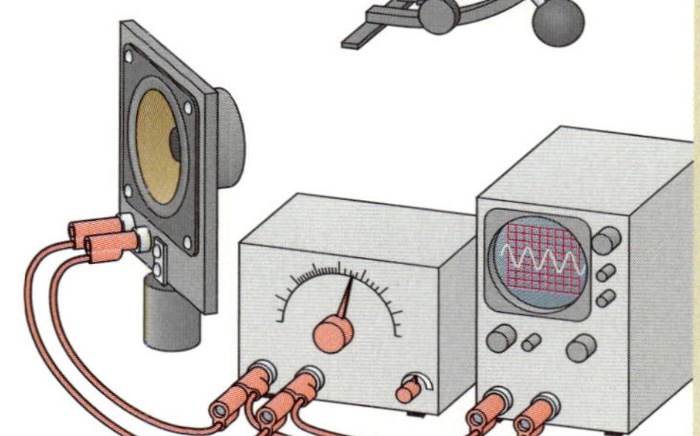

Überall Physik!

Mit Hilfe der Physik in diesem Buch lassen sich viele Dinge aus deinem Alltag besser verstehen.
Die folgenden Projektthemen sind Beispiele dafür.

Im Unterschied zu den vorhergehenden Seiten des Buches findest du hier keine vollständigen Erklärungen, sondern nur knappe Hinweise zu den Themen. Sie sollen als Anregungen für die Erforschung der angesprochenen Probleme verstanden werden. Besorge dir selber weitere Informationen und untersuche weitere Fragen in einem Team.

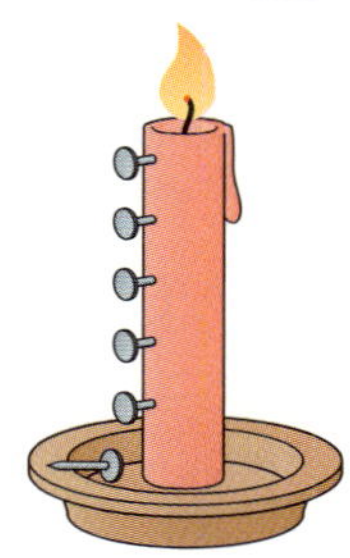

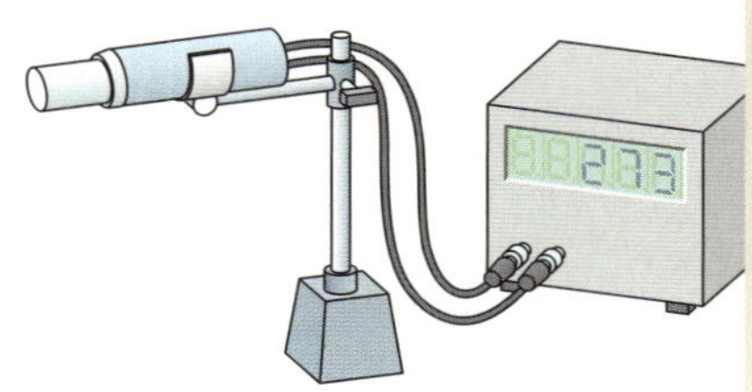

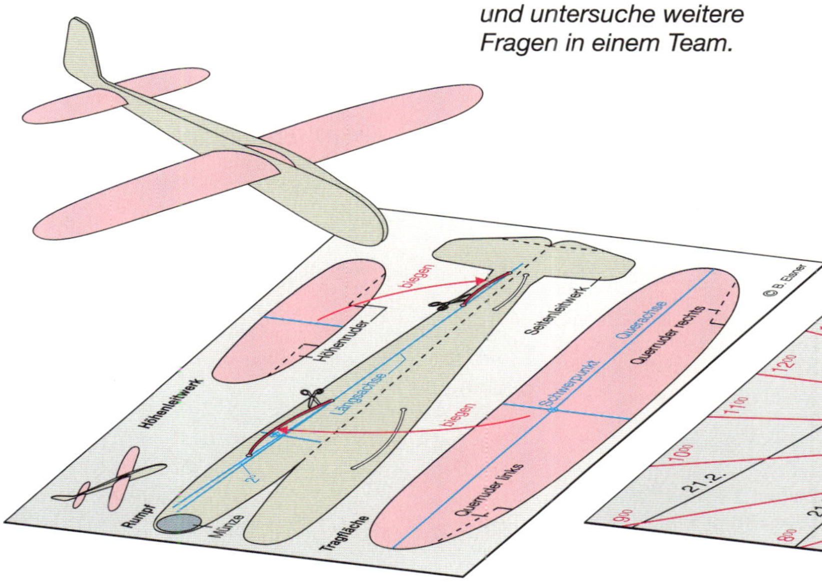

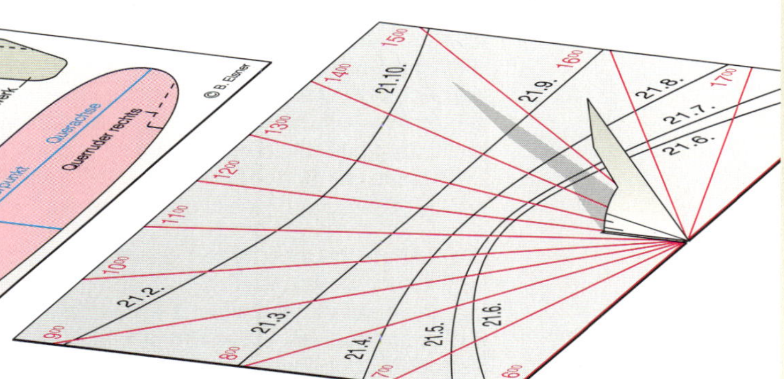

Erde – Mond – Planeten

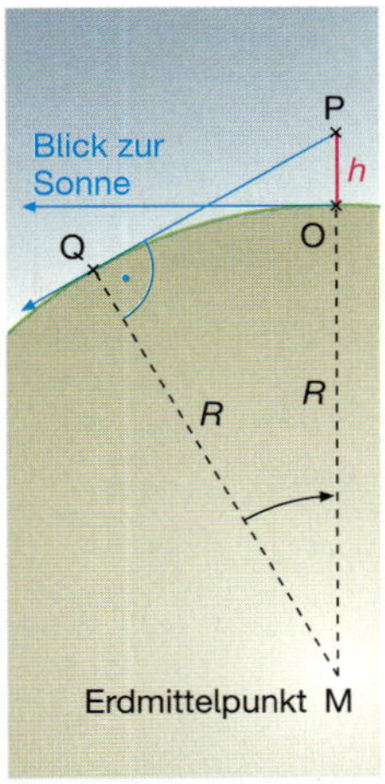

Zum Erdradius

Die Größe der ***Erde*** lässt sich unter der Annahme, dass sie eine Kugel ist, mit Hilfe einer Beobachtung am Äquator abschätzen. Wird dort der Sonnenuntergang vor einem ebenen Horizont, z. B. am Meer, von zwei verschieden hohen Punkten aus betrachtet (Abb. ➤ 1), so geht die Sonne für den um h höher stehenden Beobachter P später unter als für den Beobachter O.
Steht P zum Beispiel $h = 5$ m höher als O, so sieht er den Sonnenuntergang $t = 17$ s später. Ist R der Erdradius, so bewegt sich ein Beobachter auf dem Äquator mit der Erde gegenüber der Sonne in 24 Stunden auf einem Kreis mit der Länge $2\pi R$. Der Kreisbogen $\overset{\frown}{OQ}$ hat nur den Bruchteil $t/24$ h $= t/86400$ s der Länge des Äquatorumfanges.
Damit gilt:

$$\overline{PQ} \approx \overset{\frown}{OQ} = 2\pi R \cdot \frac{t}{86\,400\text{ s}} \qquad (1)$$

Im Dreieck MPQ gilt nach Pythagoras:

$$\overline{PQ}^2 + R^2 = (R + h)^2 = R^2 + 2\,Rh + h^2$$

Da h^2 gegenüber R^2 und $2\,Rh$ vernachlässigbar klein ist, gilt:

$$\overline{PQ}^2 \approx 2\,Rh$$

Mit Gleichung (1) ergibt sich:

$$\left(\frac{2\pi R \cdot t}{86\,400\text{ s}}\right)^2 = 2\,Rh$$

Daraus erhält man für $R \approx 6500$ km. Exakt gilt für den Äquatorradius $R = 6378{,}137$ km.

Die Drehung der Erde um sich selbst führt dazu, dass wir ***Tag und Nacht*** haben. Die Drehachse verläuft durch Nord- und Südpol. Die von der Sonne beschienene Hälfte wandert in 24 Stunden einmal um die Erde. Zugleich bewegt sich die Erde im Laufe eines Jahres fast kreisförmig um die Sonne. Um die Sonne an derselben Stelle vor dem – tagsüber nicht sichtbaren – Sternenhimmel wie am Vortag stehen zu sehen, muss sich die Erde an jedem Tag um 1/365 Drehung weiterdrehen. Der 86400 s lange ***Sonnentag*** dauert deshalb 3 min 56 s länger als ein auf den Fixsternhimmel bezogener Sterntag.
Die Erdachse bildet mit der Bahnebene einen Winkel von 23,5° (Abb. ➤ 2). Neigung und Lage der Drehachse behält sie bei ihrem Umlauf um die Sonne wie ein Kreisel bei. Dadurch ist im Winter die Südhalbkugel der Sonne zugewandt, im Sommer die Nordhalbkugel. So entstehen ***Jahreszeiten*** mit unterschiedlichen Tageslängen und Temperaturen.
Ein ***Jahr***, also ein vollständiger Umlauf um die Sonne, dauert 365,242199 Sonnentage bzw. 366,242 199 Sterntage.

Der ***Mond*** kreist in 384 000 km Entfernung um die Erde. Für einen Umlauf benötigt er 1 Monat = 27,3 Tage. Da er sich in dieser Zeit genau einmal um die eigene Achse dreht, zeigt immer dieselbe Mondseite zur Erde.

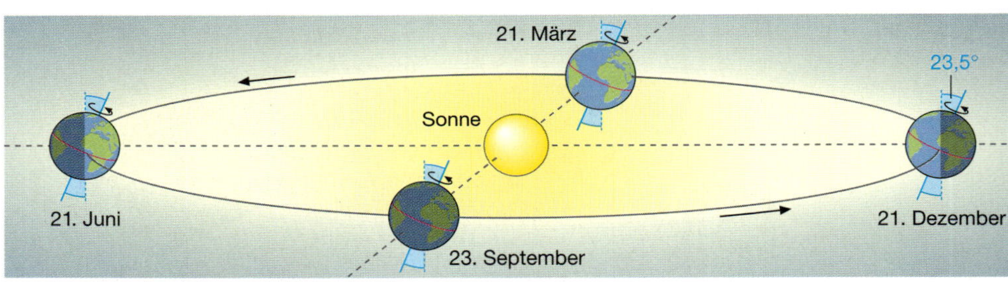

Die Erde ist Teil des ***Planetensystems*** der Sonne. Bis ins 15. Jahrhundert glaubte man, dass die Erde Mittelpunkt des Weltalls sei und Sonne, Mond und Sterne um die Erde kreisen würden. Seit ***Kopernikus*** (1473 – 1543) gilt, dass die Sonne Mittelpunkt mehrerer um sie kreisender Planeten ist. Der Planet Erde wird seinerseits vom Mond umkreist. Die Massenanziehung hält alle Planeten auf ihrer Bahn. Die Masse der Sonne beträgt $2 \cdot 10^{30}$ kg. Sie ist 330 000-mal größer als die Masse der Erde.

Die Planetenbahnen haben verschieden große Radien zur Sonne (Tab. ➤ 3). Ihre Entfernungen werden als Vielfache des Erdbahnradius angegeben. Diese Entfernung heißt Astronomische Einheit (AE). Es gilt:
1 AE = 150 000 000 km.

Die großen Planeten der Sonne
Mittlere Entfernungen als Bahnradius in AE, Umlaufszeit in Jahren a, Masse als Vielfache der Erdmasse $m_E = 5{,}974 \cdot 10^{24}$ kg

Planet	Radius in AE	Umlaufszeit in a	Masse in m_E
Merkur	0,39	0,24	0,05
Venus	0,72	0,62	0,82
Erde	1	1	1
Mars	1,52	1,88	0,11
Jupiter	5,20	11,9	318
Saturn	9,54	29,5	95
Uranus	19,2	84	15
Neptun	30,1	165	17
Pluto	39,4	248	0,11

Die Sterne drehen sich scheinbar um einen Pol am Himmel.

Fixsterne

Neben der Sonne gibt es im Weltall viele andere „Sonnen“, die wir als Fixsterne leuchten sehen. Sie heißen so, weil sie im Gegensatz zu den Planeten, scheinbar unveränderlich an ihrem Ort unter den anderen Sternen bleiben. Versuche mit einer Sternkarte verschiedene bekannte Sterne und Sternbilder zu finden.
Von alters her werden bestimmte Sterngruppen als Bilder von Göttern und Sagengestalten angesehen und als Sternbilder bezeichnet. In Sternkarten werden die Hauptsterne mit dünnen Linien verbunden.
Im Laufe eines Jahres wandert der sichtbare Himmelsausschnitt infolge der Erdbewegung um die Sonne, so dass nicht alle Sterne zu jeder Jahreszeit zu sehen sind. Die Nachtseite bietet uns den Anblick des Sternenhimmels, der der Sonne gerade gegenüber steht.

Das Foto oben zeigt Lichtspuren von Fixsternen, die sich auf dem länger belichteten Foto um den Polarstern, den Himmelspol, zu drehen scheinen. Aufnahmen, die die Erddrehung durch eine ihr entgegengerichtete Bewegung des Fernrohres kompensieren, zeigen die Fixsterne als Lichtpunkte unterschiedlicher Helligkeit (Leuchtkraft) und Farbe.
Viele Fixsterne sind in Größe und Leuchtkraft mit der Sonne vergleichbar (Wega, Sirius). Die Leuchtkraft eines Sternes ist die pro Sekunde abgestrahlte Energie. Neben den „normalen“ Sonnen gibt es auch Riesen (Aldebaran, Rigel), Überriesen (Beteigeuze) und Zwerge (Begleiter des Sirius).
Heute wissen wir: Fixsterne ändern ihren Ort doch. Vergleiche von in größeren Zeitabständen gemachten Fotografien zeigen, dass sich alle Sterne uns gegenüber bewegen. Ihre Entfernung ist aber so groß, dass wir diese Ortsänderungen in der „kurzen Zeit“ eines Menschenlebens nicht sehen.
Fixsterne verändern auch ihre Leuchtkraft. Nach ihrem Entstehen aus Gaswolken verbleiben sie in einem stabilen Zustand. Sehr massereiche Sterne existieren so nur wenige hunderttausend Jahre, sonnenähnliche bis zu 10 Milliarden Jahre, bevor sie sich zum Riesen aufblähen. Die Sonne wird einmal die Planeten Merkur, Venus, Erde und Mars verschlucken. Danach fällt sie in sich zusammen und erkaltet als kleine unsichtbare Kugel. Größere Sterne mit mehr als zehnfacher Sonnenmasse explodieren am Ende und leuchten als Nova oder Supernova auf.

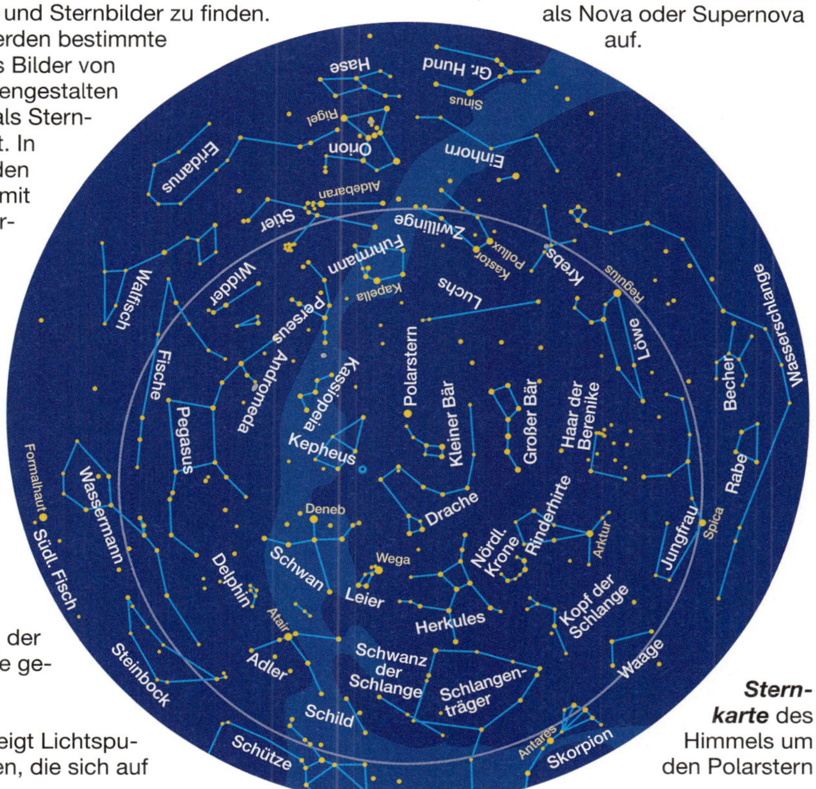

Sternkarte des Himmels um den Polarstern

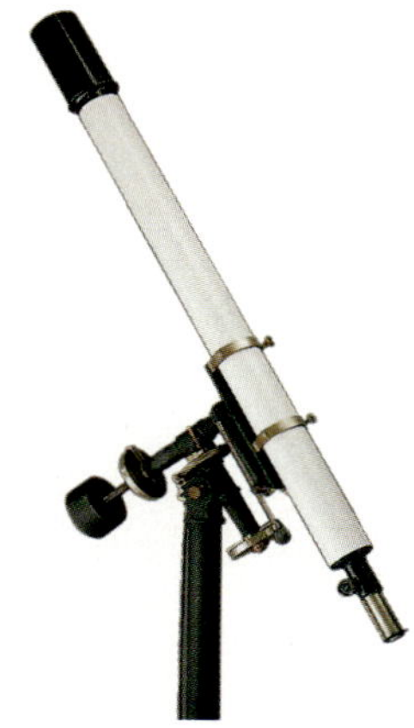

Beschreibe Konstruktion und Funktionsweise eines solchen Fernrohres.

Beobachtungen am Himmel

1 Peile mit einem Auge ein am ausgestreckten Arm gehaltenes Lineal an. 1 cm entspricht dann etwa 1° Blickwinkel. Miss so den Durchmesser x des Vollmondes in Grad. Berechne den Monddurchmesser d mit der Entfernung $s = 384000$ km nach der Formel:
$d = (2\pi/360) \cdot x \cdot s$

2 Bestimme die Winkelabstände eines Planeten zu bekannten Sternen und trage diese über längere Zeit in eine Sternkarte ein. Es zeigt sich die Schleifenbahn des Planeten.

3 Betrachte den Mond mit dem Fernglas. Du siehst Krater. Betrachte den Jupiter mit dem Fernglas. Du siehst Monde.

4 Welche Sternbilder helfen, den Polarstern zu finden?

Am 20. Mai 1927 startete Charles Lindbergh mit seiner Spirit of St. Louis auf der Insel Long Island in New York zum ersten Alleinflug über den Atlantik. Nach 5810 km und 33,5 Stunden landete er am 21. Mai in Le Bourget bei Paris. Dieses Ereignis war einer der großen Höhepunkte bei der Erfüllung des Menschheitstraumes, es den Vögeln gleich zu tun.

Lindbergh hat jedoch nicht als erster den Atlantik überquert; bereits 1919 ist der Amerikaner Albert Read mit fünf Mann Besatzung in einem Flugboot von Neufundland über die Azoren nach Lissabon geflogen. Eine Ost-West-Überquerung, wegen der üblichen Gegenwinde viel schwieriger, gelang erstmals den Deutschen Hermann Köhl und Günther von Hünefeld zusammen mit dem Iren James Fitzmaurice im April 1928.

Noch immer übt Fliegen eine Faszination auf Menschen aus, die neben der Abenteuerlust auch ihre Ursache in dem scheinbaren Widerspruch hat, dass „Schweres" fliegt.

Besorge dir den ***Videofilm***: „Flug in die Natur" vom Institut für Film und Bild in Wissenschaft und Unterricht, Bavaria-Film-Platz 3, 82031 Grünwald.

Was muss ich wissen?

- Die Dichte der Luft nimmt mit zunehmender Höhe in der Atmosphäre ab.
- Die Dichte von Luft nimmt mit steigendem Druck zu. Welchen Einfluss haben Temperatur und Volumen auf die Dichte von Luft?
- Der Auftrieb eines Körpers ist abhängig von der Dichte der Umgebung und dem darin vom Körper verdrängten Volumen.
- Jede Kraft erzeugt eine gleich große Kraft entgegengesetzter Richtung.
- Welche Vorteile hat ein stabiles Gleichgewicht?
- Was lässt sich über Kräfte und Drehmomente aussagen, wenn ein Körper in einem stabilen Gleichgewicht ist?

Bauanleitung für ein Modellflugzeug (Maßstab 1 : 3)

Übertrage die Skizzen in dreifacher Größe auf eine nicht zu starke Pappe.
Schneide die Bauteile aus und stecke alle Teile zusammen. Hänge das Modell mit einem Faden an einer Stecknadel im Schwerpunkt auf. Bringe es mit Hilfe von Holzstücken oder Nägeln ins Gleichgewicht. Entwirf ein eigenes Modell.

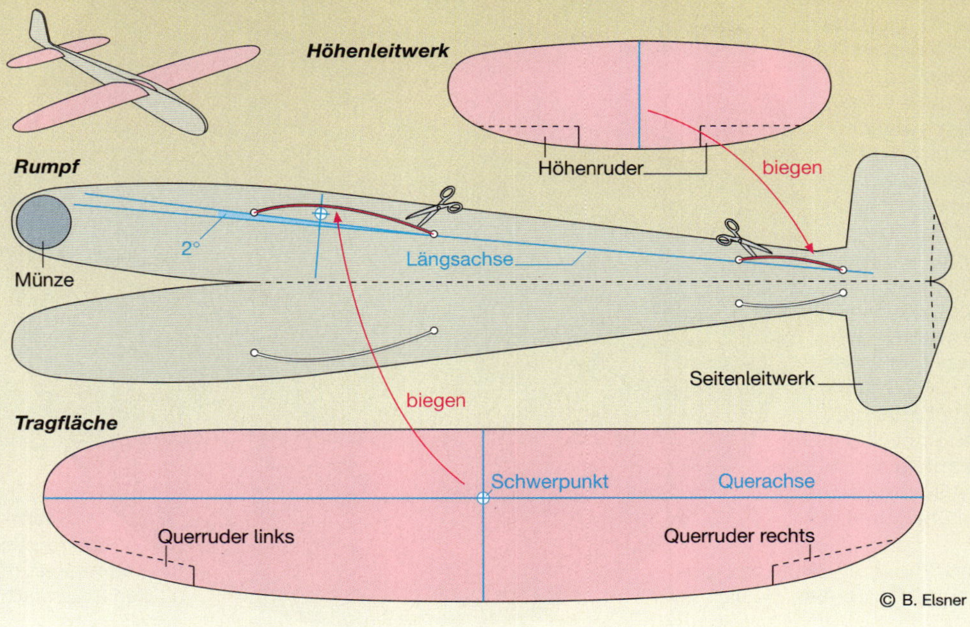

Literatur

N. Francis: „Und dann hebt der Strohhalm ab ... Papierflugzeug und andere Flugobjekte zum Selberbauen", Arena Verlag, Würzburg 1990.

„Fliegen und Flugzeuge" in Naturwissenschaft im Unterricht - Physik, Ausgabe 4/90, Friedrich Verlag, Velber.

Mander, J., u. a.: „Papierflieger Modelle zum Selberfalten", dtv 10050, München 1982.

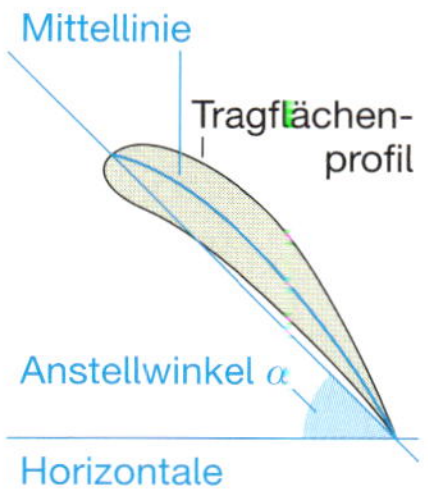

Schwerer als Luft – aber es fliegt!

Wie kommt es, dass sich ein schweres Flugzeug in die Luft erheben kann?
Es sind seine Tragflächen, die es fliegen lassen. Durch ihre besondere Form lenken sie vorbeiströmende Luft nach unten, so dass auf die Tragflächen eine Kraft nach oben wirkt.
Die besondere Form der Tragflächen zeigt sich in ihrem Querschnitt, dem Profil.

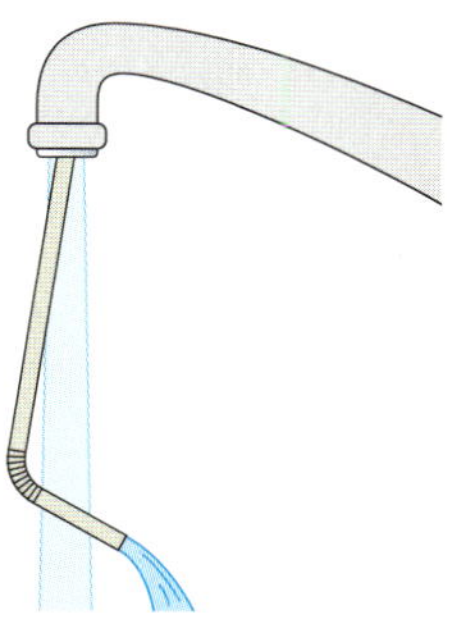

Ein abgeknickter Trinkhalm, der sich im Wasserstrahl unter einem Wasserhahn befindet, macht die Wirkungsweise der Tragflächen deutlich. Das Wasser, das durch den Halm strömt, wird von ihm umgelenkt. Der Trinkhalm übt dabei eine Umlenkkraft auf das bewegte Wasser aus und erfährt dadurch seinerseits vom Wasser am Knick eine entgegengesetzt gerichtete Kraft. Diese Kraft macht sich als Rückstoß bemerkbar. Je schneller das Wasser fließt, desto stärker wird die Ablenkung.

Durch ihre Form lenkt eine Tragfläche die Luft nach unten um. Die Tragfläche erfährt dadurch eine Kraft nach oben, eine Auftriebskraft. Diese Wirkung wird in gewissen Grenzen noch verstärkt, wenn sie mit der Vorderkante etwas schräg nach oben gegen die Luftströmung gestellt wird.
Die Grafik in der Mitte zeigt eine Versuchsanordnung, mit der sich die Auftriebskraft eines schräg im Luftstrom stehenden, gebogenen Flügelmodells nachweisen lässt.

Im Unterschied zum Auftrieb eines Holzklotzes in Wasser setzt der Auftrieb der Tragfläche immer eine Bewegung zwischen ihr und der Luft voraus. Man spricht deshalb von einem dynamischen Auftrieb.
Entscheidend für die Größe des dynamischen Auftriebs sind Strömungsgeschwindigkeit und Anstellwinkel gegenüber der Horizontalen. Die gebogene Form sorgt für unterschiedliche Strömungsgeschwindigkeiten an der Ober- und Unterseite. Den Einfluss des Anstellwinkels auf die Auftriebskraft gibt das folgende Diagramm wieder.
Um den Luftwiderstand gering zu halten, wird der Flügel an der Ober- und der Unterseite in Stromlinienform ausgeführt. Durch den Hohlraum kann der Flügel stabiler gebaut werden und bietet zusätzlich Platz für die Tanks u. a.

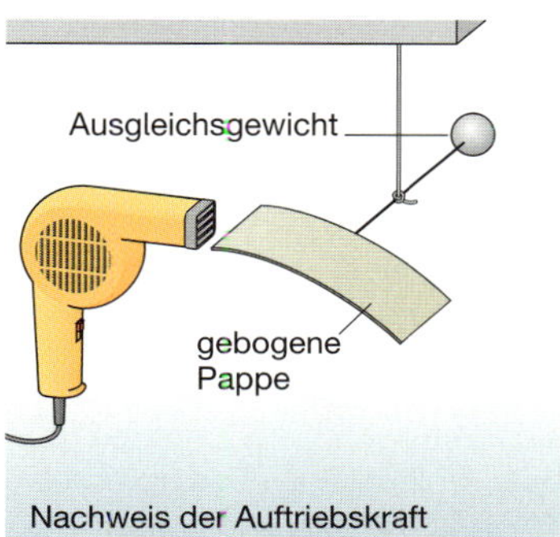

Nachweis der Auftriebskraft

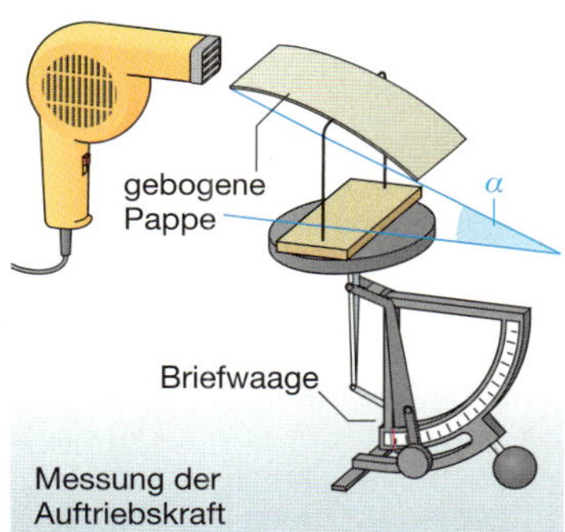

Messung der Auftriebskraft

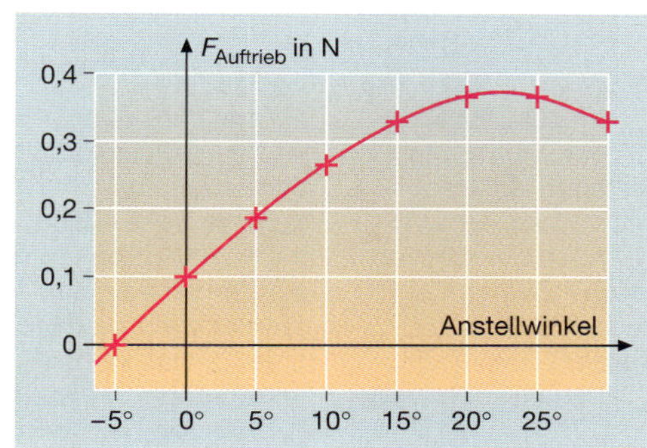

Kräfte am Flugzeug

Ein Flugzeug kann nur ruhig fliegen, wenn alle Kräfte und alle Drehmomente ausgeglichen sind: Die Antriebskraft kompensiert die Reibungskraft, die Auftriebskraft die Gewichtskraft. Folgende Abbildung verdeutlicht dies.

Weitere Fragen

1 Warum braucht jedes Flugzeug eine Mindestgeschwindigkeit für den Start?

2 Untersuche die Flügelformen an Windrädern, Propellern, Schiffsschrauben und vergleiche sie mit Tragflächen.
Baue ein Modellwindrad aus Pappe und erkläre die Wirkungsweise.

3 Lasse einen aufgeblasenen Luftballon los. Erkläre die Beobachtungen. Hänge einen laufenden Föhn frei auf und vergleiche mit dem Luftballon. Warum funktionieren Raketenantriebe im Weltall?

4 Was bedeuten die Begriffe Luftwiderstand und c_W-Wert? Welche Körperform bremst am meisten, welche am wenigsten?

Informationsübertragung

Wie übermittle ich schnell eine Nachricht von Hoffmannstal nach Hermannsthal?
Heute ist das für uns kein Problem mehr: Telefon, Telefax, Richtfunk heißen die Lösungsworte. Doch diese Hilfsmittel hat es vor 150 Jahren noch nicht gegeben. Dennoch wusste man sich zu helfen:
Der bekannteste Nachrichtenüberbringer ist wohl der Marathonläufer. Nach dem Sieg des Atheners Miltiades über die Perser (490 v. Chr.) soll ein Läufer die Siegesnachricht der Legende nach im Dauerlauf über eine Strecke von von knapp 40 Kilometer nach Athen überbracht haben und danach vor Erschöpfung tot zusammengebrochen sein.

Was muss ich wissen?

- Wie funktionieren Stromkreise?
- Was unterscheidet ein Mikrofon von einem Lautsprecher?
- Wie funktioniert eine Verstärkerschaltung?
- Warum ist Schall nur bedingt zur Informationsübertragung geeignet?
- Wie funktioniert ein Lichtleiter?
- Was bedeutet eine Angabe im binären Zahlensystem?

Vom Postreiter zum Radio

Jodeln soll ursprünglich eine Form der Nachrichtenübermittlung im Gebirge gewesen sein, bevor es zum Singen „zweckentfremdet“ wurde.

Vor mehr als 500 Jahren ist in Deutschland ein Postnetz zwischen den Städten eingerichtet worden. Nachrichtenübermittler waren damals die Postreiter.
Erst 1791 wurde mit dem optischen Zeigertelegrafen eine schnellere Nachrichtenübertragung eingeführt. Durch das damalige Preußen führte in Ost-West-Richtung eine Kette von Zeigertelegrafen, die in Sichtabstand errichtet wurden. Die Nachricht, ein Telegramm, musste erst codiert, d. h. in die Zeichenfolge umgewandelt werden, die die Zeigerstellungen bedeuteten. In der Empfangsstation wurde der Zeiger mit dem Fernrohr beobachtet, die Folge der Zeichen notiert und wieder dechiffriert. Das war sehr schwerfällig und jeder konnte „mitlesen“. Trotzdem baute man diese Signalstrecken quer durch Europa, wobei versucht wurde, die Information zu verschlüsseln, d. h. die Zeichenfolgen mit einem geheimen Code unleserlich zu machen.
1809 gelang Sömmering der Bau eines elektrolytischen Telegrafen über eine kurze Distanz. Durch den elektrischen Telegrafen von Morse (1837) begann der Siegeszug der Telegrafie. Sein Morsealphabet hat noch heute Gültigkeit. Es beruht auf den beiden Zuständen: „Strom“ oder „nicht Strom“ in der Übertragungsleitung.

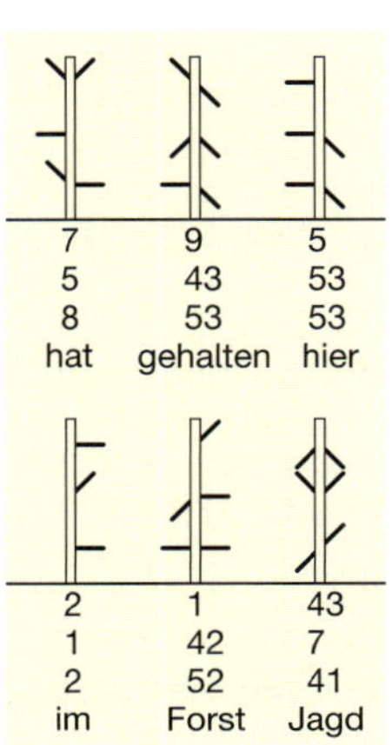

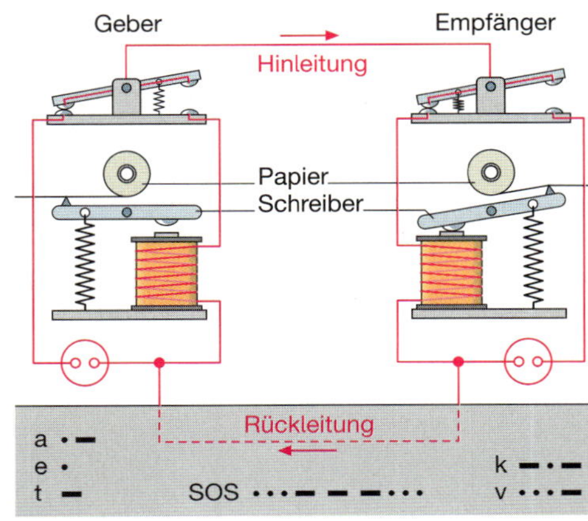

Von nun an wurden alle Länder mit Kabeln verbunden. Seit 1956 ist Europa mit Nordamerika durch ein 3600 Kilometer langes Transatlantikkabel verbunden.
Die elektrische Übertragung von Sprache gelang 1861 Johann Philipp Reis. Das kommerzielle Telefon folgte durch die Erfindungen von Bell und Edison 1876/77.

Die drahtlose Übertragung von Informationen mit Hilfe elektrischer und magnetischer Felder gelang 1886 Heinrich Hertz. Sie wurde 1896 von Marconi verbessert. Erst ab 1913 konnten nach Erfindungen durch Meißner stärkere Sender gebaut werden.
Mit dem ersten Sendemast in Königs Wusterhausen bei Berlin begann 1920 der Deutsche Rundfunk.

Geheime Briefe

Wenn du einer Freundin oder einem Freund einen Brief schreiben willst, den keine fremde Person lesen darf, dann kannst du ihn mit einer Geheimschrift schreiben:
Nimm dazu statt Tinte mit Wasser verdünnten Zitronensaft. Auf dem Papier ist nach kurzer Zeit nichts mehr zu erkennen. Jeder denkt, dies wäre ein weißer unbeschriebener Brief-

Unsichtbare Schrift

bogen. Erst wenn das Blatt über einer Kerzenflamme erwärmt wird, erscheint langsam die Nachricht. Statt mit Zitronensaft geht es auch mit Eiweiß. Weißt du warum?
Denke dir andere Geheimschriften aus: Verschiebe alle Buchstaben um eine Geheimzahl im Alphabet oder schreibe alles in Spiegelschrift, ...

Digitale Informationsübertragung

Das Ein- und Ausschalten eines Senders, etwa einer Spannungs- oder Lichtquelle, ist die einfachste Art, ein Signal zu erzeugen. Das geschieht z. B. beim Morsen oder beim Bestrahlen der pixelartig aufgerauten Oberfläche einer CD mit Laserlicht. Der Empfänger erkennt nur zwei Zustände, ein bit: Strom-/Lichtsignal ja oder nein. Man spricht von binärer Codierung. Müssen feinere Unterschiede gemacht werden, so vereinbart man längere „ja oder nein"-Zeichenketten (Bytes) als zusammengehörige Information. Mit einem Byte aus 8 bits entstehen maximal $2^8 = 254$ Stufen. Damit lassen sich etwa die Auslenkungen einer Schallschwingung genauer in der Höhe unterscheiden.

Das elektronische Linienmuster

Auf den Verpackungen von Konsumgütern sind merkwürdige Linienmuster mit darunter liegenden Zahlen aufgedruckt. Dies ist eine europäische Artikel-Nummer (EAN). Computerkassen können diese automatisch lesen und wissen dann sofort Preis und Art des Artikels. Gleichzeitig weiß das Lager, wie viele Stücke des Artikels nun noch übrig sind.
Die vollständige EAN besteht aus 13 Ziffern: Die erste Ziffer, hier: 9, gibt die Codierungsart an. Die folgenden Ziffern 7 und 8 nennen den Artikeltyp, hier: Buch. Die nächsten drei Ziffern geben Land und Hersteller an, hier: 3 für Deutschland, 12 für Ernst Klett Verlag. Die nächsten 5 Ziffern nennen Artikelnummer des Herstellers und die letzte ist eine Prüfziffer.

Die Prüfziffer ergibt sich aus der Summe der abwechselnd mit 1 und 3 multiplizierten vorangehenden Ziffern. Die Differenz zwischen der Summe und dem nächst höheren Zehner ergibt dann die Prüfziffer. Sie soll Fehler beim Ablesen aufdecken.

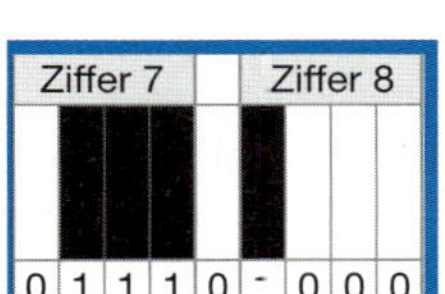

Elektrisches Kopieren

Nimm eine glasklare Kunststofffolie, z. B. vom Hefter und reibe sie an deinem Pullover. Halte sie anschließend über Papierschnipsel. Sie springen an deine Folie. Genauso bleibt feiner Ruß auf der Folie haften.
Wenn du bestimmte Bereiche der Folie vorher entlädst, z. B. durch Beschreiben mit einem Metallstab, dann kannst du ein Muster im Ruß erzeugen.

Im Fotokopiergerät geschieht Ähnliches: Elektronen werden auf eine durch Fotohalbleiter lichtempfindlich gemachte Trommel „gesprüht". Bei der Belichtung wird der Halbleiter an den hellen Stellen leitend, die Elektronen fließen ab. An den dunklen Stellen, z. B. der Schrift, bleiben die Elektronen und ziehen den vorher positiv geladenen, aus Rußteilchen bestehenden Toner an. Rollt die Trommel über weißes Papier ab, so wird Toner mustergetreu auf das Papier übertragen. Durch kurzes Erhitzen auf 170 °C brennt sich der Toner ins Papier. Die Trommel wird anschließend von Resten des Toners befreit und steht für eine neue „Aufnahme" zur Verfügung.

Weitere Fragen

1 Stelle eine Tabelle über verschiedene Träger (Vermittler) von Information auf, wie z. B. Luft für Schall. Welche physikalischen Prinzipien werden beim Senden, Übertragen und Empfangen mit diesen Trägern genutzt?

2 Welche Formen kann Information haben? Worin besteht sie?

3 Was bedeuten Fax, Satellitenfernsehen, Kabelfernsehen, Telegramm?

4a) Baue eine Schaltung mit einem Glühlämpchen, so dass du das Morsealphabet anwenden kannst.
b) Baue die auf der vorhergehenden Seite angegebene Morse-Schaltung nach.

5 Wie kann man mit Glasfasern Informationen übertragen? Welche Vorzüge haben Glasfasern gegenüber elektrischen Leitungen?

Was ist Lärm

Lärm ist Schall der unangenehmen Art. Lärm in der Umwelt beschäftigt die Menschen heute immer mehr: Automatisierung und Motorisierung haben die Zahl der energiereichen Schallquellen ständig erhöht, so dass in den Großstädten zu keiner Tageszeit mehr Ruhe einkehrt. Lärm kann verschiedene schädliche Auswirkungen auf die Gesundheit haben, z. B. Schlafstörungen, Lärmschwerhörigkeit und Störungen der Herz- oder der Magentätigkeit. Daher werden gesetzliche Vorschriften erlassen, die den Umgang mit lauten Schallquellen regeln und Grenzwerte vorschreiben.

Wir suchen nach Lärmbeispielen

Mit einem einfachen Tonbandgerät können wir an verschiedenen Orten die Geräusche der Umgebung aufnehmen:
- an einer Hauptverkehrsstraße,
- an der Eisenbahnstrecke mit vorbeifahrendem Güterzug, IC-Zug, . . . ,
- in einer Nebenstraße im Wohngebiet,
- auf dem Schulhof während des Unterrichts und während der großen Pause,
- auf einer Brücke über der Autobahn.

Stelle eine „Hitliste" für die größten Verursacher von Lärm auf!

„Nur wen Lärm quält, kann die Ruhe schätzen."

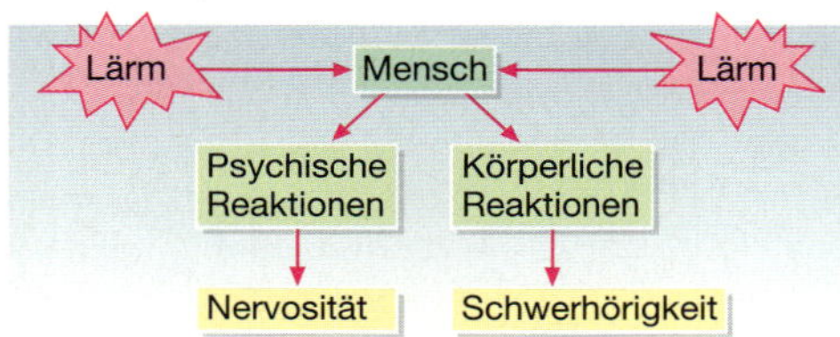

Was muss ich wissen?

- Was versteht man in der Physik unter einer Schwingung, der Frequenz, einer Schallwelle und der Lautstärke?
- Wie ist das menschliche Ohr aufgebaut und wie funktioniert es?
- Welche gesetzlichen Bestimmungen zum Schallschutz bestehen für dein Bundesland?

Was ist ein Dezibel?

Mit der Ausbreitung des Schalls wird nicht nur Information, sondern auch die Energie der Schallschwingungen übertragen. Diese Energie nehmen wir mit unserem Ohr als Lautstärke wahr. Die Lautstärke ist keine physikalische Größe, sondern ein Maß für eine subjektive Empfindung.
Messgeräte geben Schall mit gleicher Energie immer mit gleichen Messwerten an und machen keine Unterschiede bezüglich der Frequenz wie unser Ohr. Das Ohr empfindet jedoch Töne gleicher Energie mit der Frequenz 1000 Hz viel lauter als Töne mit 100 Hz. Eine Verdopplung der Energie wird vom Ohr auch nicht als doppelt so laut empfunden.
Die Lautstärke wird in Dezibel ***dB(A)*** angegeben. Das A bedeutet, dass die Frequenzabhängigkeit der Lautstärkeempfindung berücksichtigt wird. Den Anfangspunkt der Skala mit 0 dB(A) bildet die Energie eines Signals, das gerade unter der Hörschwelle liegt. Angaben in Dezibel bedeuten, dass eine Erhöhung der Dezibelzahl um 10 einer Verzehnfachung der Energie entspricht. Dabei empfindet man den Schall etwa doppelt so laut.

Wie messen wir Lautstärken?

Nicht nur Töne, erzeugt durch periodische Schwingungen, sondern auch Klänge, Geräusche und der Knall lassen sich durch die Lautstärke charakterisieren. Mit der am Rand gezeigten einfachen Schaltung mit Transistor und Mikrofon lässt sich die Spannung messen, die Schall bei bestimmten Lautstärken erzeugt.

Mit Hilfe eines Messverstärkers kann man das Signal von einem Mikrofon auch auf dem Bildschirm eines Oszilloskops sichtbar machen (Bild unten).
Ein Vergleich der Amplituden erlaubt Aussagen über die Lautstärke.
Ton, Klang, Geräusch und Knall zeigen dabei charakteristische Kurven.

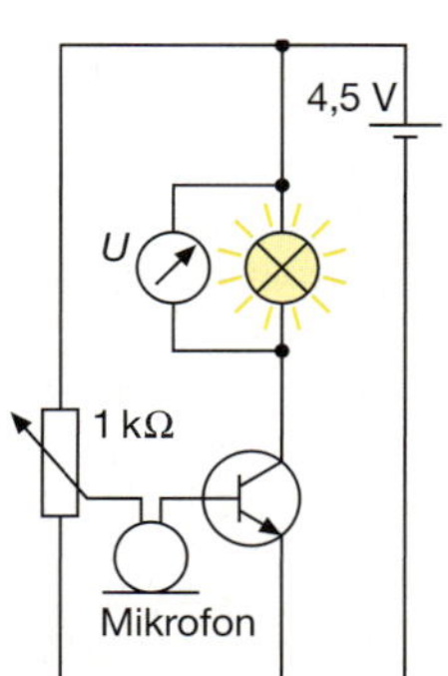

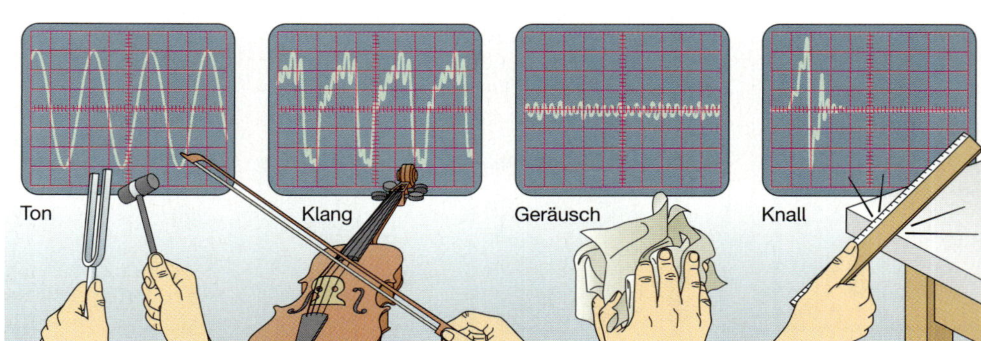

Wir nehmen eine Hörkurve auf

Unser Ohr kann leise Geräusche recht gut wahrnehmen. Trotzdem ist physikalisch eine Mindestlautstärke nötig, damit wir etwas hören. Diese Mindestlautstärke lässt sich für verschieden hohe Töne (Frequenzen) finden: Baue den unten gezeigten Versuch auf. Trage Tabelle und Diagramm (ohne die Messkurve) in dein Heft, um die Messwerte darin eintragen zu können. Da lautere Töne eine größere Amplitude als leisere haben, geben wir die Lautstärke durch die Amplitude der Schwingungen auf dem Oszilloskop in cm an. Die Amplitude wird nach unten aufgetragen, weil eine größere Mindestlautstärke schlechteres Hören bedeutet.

1. Lautstärke auf Null drehen,
2. Frequenz des Prüftones einstellen,
3. Lautstärke ganz langsam erhöhen,
4. Versuchsperson hebt die Hand, sobald sie einen Ton hört,
5. Lautstärke auf dem Oszilloskop ablesen,
6. Lautstärke bei der richtigen Frequenz in die Tabelle eintragen.

Diese sechs Punkte werden für alle acht in der Tabelle genannten Frequenzen wiederholt. Die Kurve, die sich bei einem gesunden Menschen ergibt, ist hier eingetragen worden. Vergleiche sie mit deiner eigenen und versuche Unterschiede zu begründen.

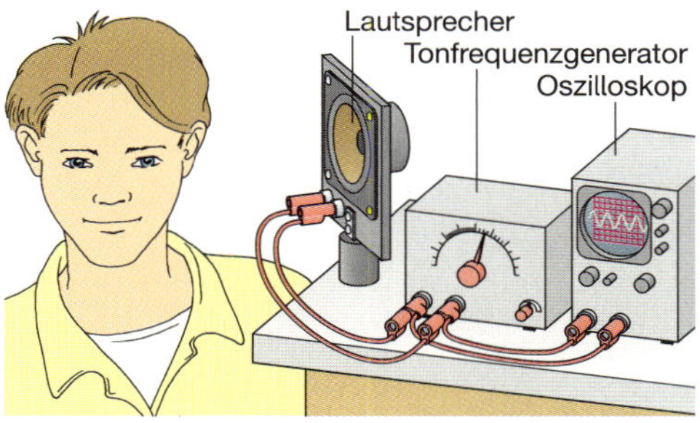

Frequenz	Amplitude
125 Hz	
250 Hz	
500 Hz	
1 kHz	
2 kHz	
4 kHz	
8 kHz	
16 kHz	

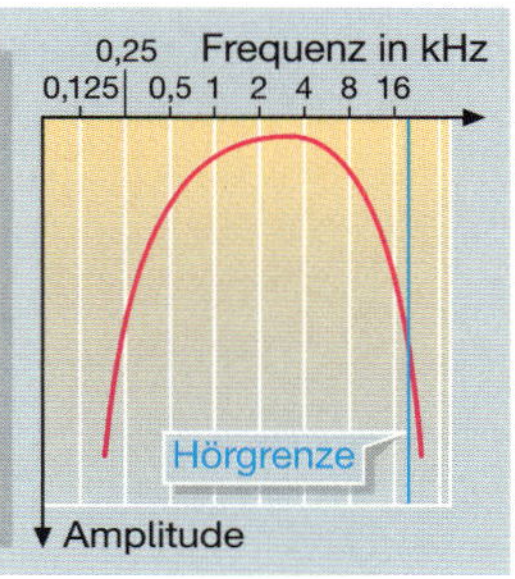

Literatur

G. Fleischer: „Lärm – der tägliche Terror; Verstehen – bewerten – bekämpfen“, TRIAS, Suttgart 1990.

Schallschutz – wie schaffen wir das?

Entlang vieler Bundesstraßen, Autobahnen und Eisenbahnstrecken, die durch dicht besiedelte Wohngebiete führen, stehen hohe Wände oder Wälle. Sie sollen den Lärm dieser Verkehrswege verringern.
Wenn du solche Beispiele in der Nähe der Schule findest, dann prüfe mit dem Lautstärkeanzeiger eines Tonbandgerätes nach, wie groß die Unterschiede des Schalls mit und ohne Schutzwall sind.

Auch im Experimentierraum der Schule lassen sich solche Tests durchführen:
Ein an einen Tonfrequenzgenerator angeschlossener Lautsprecher wird mit einer konstanten Frequenz zum Schwingen gebracht (z. B. 3000 Hz). Über ein an das Oszilloskop angeschlossenes Mikrofon wird die Amplitude des Schalls bestimmt.

V1 Setze einen bestimmten Wert der Amplitude gleich 1. Vergrößere den Abstand zwischen Schallquelle und Schallempfänger. Trage das Maß für die Amplitude in Abhängigkeit von der Entfernung auf.

V2 Lass nun den Abstand zwischen Schallquelle und Schallempfänger unverändert. Bringe dazwischen verschiedene Gegenstände aus Stein, Holz, Glas, Metall, Styropor. Probiere auch eine Dämmmatte, Eierkartons, ... Notiere dazu das Maß für die Amplitude. Du kannst die Anordnung auch so aufbauen, dass du die Verringerung des Schalls durch den menschlichen Körper bestimmst.

V3 Untersuche den Einfluss der Dicke des Materials zwischen Schallquelle und Schallempfänger. Stelle eine Messtabelle auf und trage die Werte in ein Diagramm ein. Du kannst das Verfahren für mehrere Materialien oder verschiedene Frequenzen wiederholen.

Radioaktivität in der Umwelt

Als unsere Erde vor etwa 4,5 Milliarden Jahren entstand, gab es sehr viele radioaktive Nuklide. In der heutigen Zeit existieren davon nur noch wenige mit sehr großen Halbwertszeiten. Von Bedeutung sind z. B. Uran 238, Kalium 40, Rubidium 87 und Uran 235. Diese strahlen von außen auf unseren Körper ein. Infolge der Aufnahme (Inkorporation) von radioaktiven Nukliden durch die Atemluft und die Nahrung finden im Körper unter Normalbedingungen allein durch Kalium 40 über 4000 Zerfälle pro Sekunde (4000 Bq) statt.

Weitere natürliche Strahlungsquellen sind die Höhenstrahlung unserer Sonne und das Edelgas Radon 222. Dazu kommt die zivilisatorische Strahlung durch medizinische Geräte und Maßnahmen, aus kerntechnischen Anlagen und vom Bergbau.

Für einen durchschnittlichen Bundesbürger ergibt sich daraus eine mittlere Äquivalentdosis von rund 4 mSv pro Jahr.

Was muss ich wissen

- Wodurch entsteht radioaktive Strahlung, welche Strahlenarten gibt es?
- Welche Eigenschaften und Wirkungen hat radioaktive Strahlung?
- Wie kann man sich vor radioaktiver Strahlung schützen?
- Welche Möglichkeiten gibt es zur Messung radioaktiver Strahlung?
- Wozu kann man radioaktive Strahlung nutzen?
- Welche gesetzlichen Strahlenschutzbestimmungen bestehen in deinem Bundesland?

Die Strahlenbelastung des Menschen

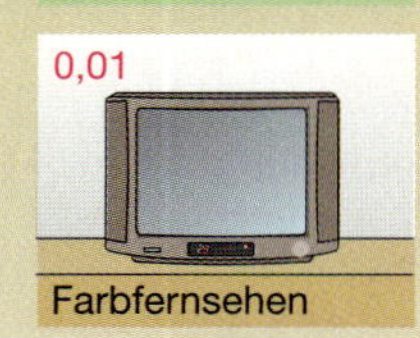

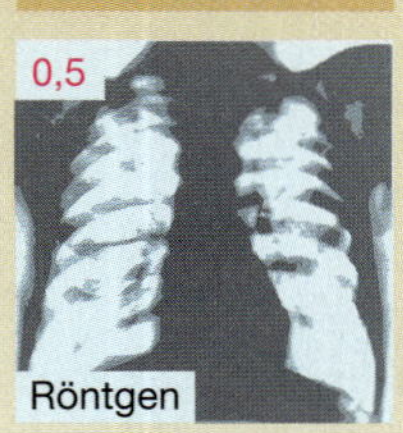

Beispiele für die mittlere jährliche Äquivalentdosis, Angaben in mSv/a

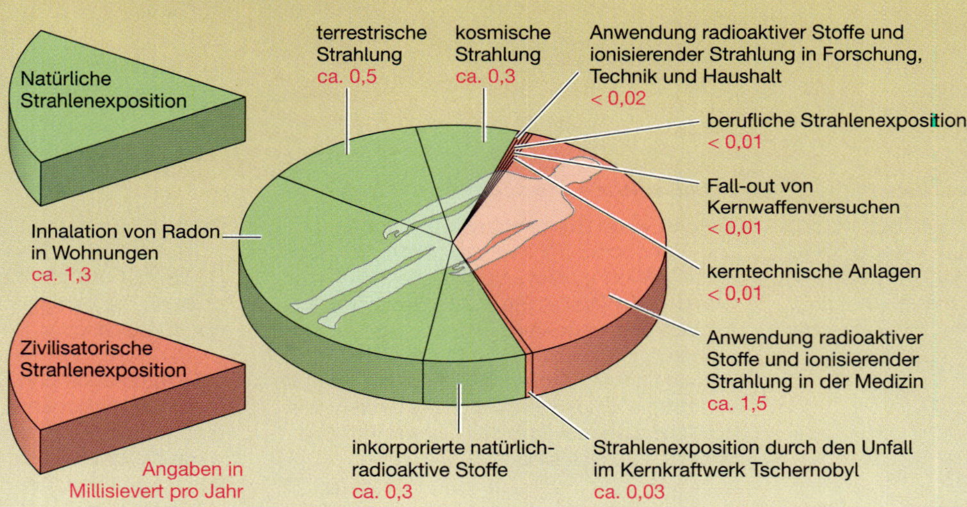

Das Eindringen des radioaktiven Edelgases Radon in Wohnräume

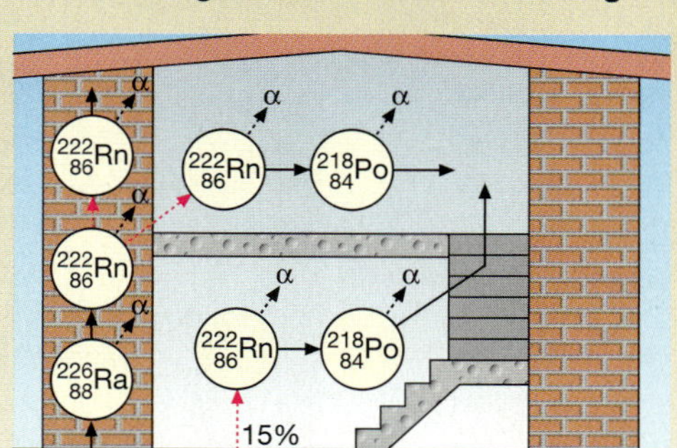

45,5 % der durchschnittlichen natürlichen Strahlenexposition kommt durch Einatmen von Radon 222 und dessen Zerfallsprodukte zustande.

Radon 222 entsteht durch Zerfälle im Erdinneren und kommt mit den Gesteinen auch in Baumaterialien unserer Häuser vor. Durch Risse in Fundamenten dringt es aus dem Erdreich in die Kellerräume ein.

In der Umgebung von Schneeberg (Sachsen) werden in unbelüfteten Kellerräumen bis zu 100 000 Zerfälle pro Kubikmeter Luft gemessen (100 000 Bq/m^3).

Wir messen die Radioaktivität unserer Umgebung

Bei der Messung radioaktiver Strahlung von Proben ist der ***Nulleffekt*** zu beachten. Darunter versteht man die Strahlung, die das Messgerät ohne Präparat oder Untersuchungsprobe anzeigt. Sie entsteht durch die Umweltradioaktivität. Eine Möglichkeit den Einfluss des Nulleffekts zu verringern, ist das Messen in einer Bleikammer. Da jeder Messwert statistischen Schwankungen unterliegt, ist eine genaue Messung der Aktivität von Proben nicht möglich.

1 Ermittle wie im folgenden Bild gezeigt die Größe des Nulleffekts über einen Zeitraum von 15 min. Lies die Impulsraten pro Minute ab. Wiederhole den Versuch mit dem Zählrohr in einer Bleiabschirmung.

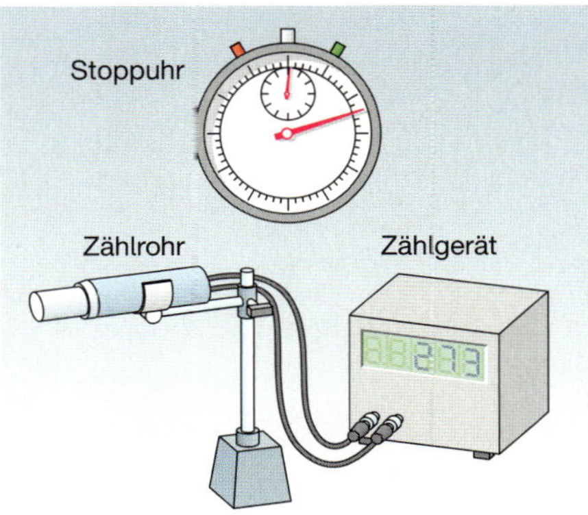

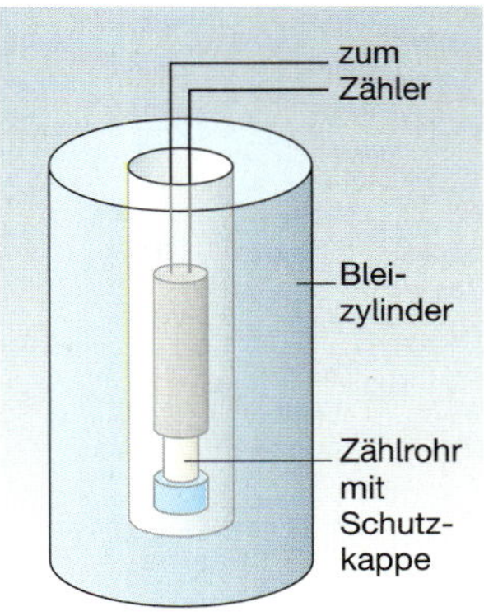

2 Miss die Aktivität von Hausstaub. Spanne dazu einen etwa 10 m langen blanken Draht in einem unbelüfteten Kellerraum deiner Schule für ein bis drei Stunden auf. Verbinde ihn an einem Ende mit dem negativen Pol eines Hochspannungsgerätes. Schalte es nach 2 bis 3 Stunden aus und wische anschließend den Draht mit Filterpapier ab, so dass der Staub auf engstem Raum konzentriert wird. Die Messung muss sofort beginnen, da die Aktivität des Staubes sehr schnell abnimmt.

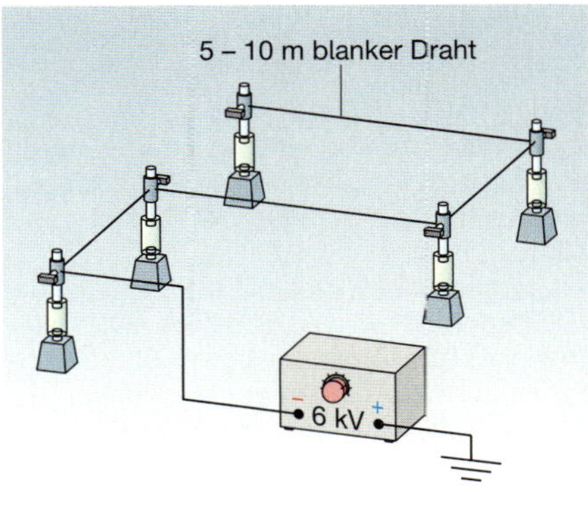

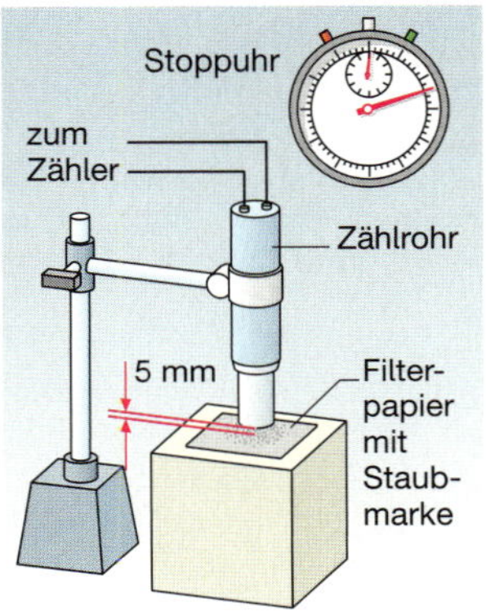

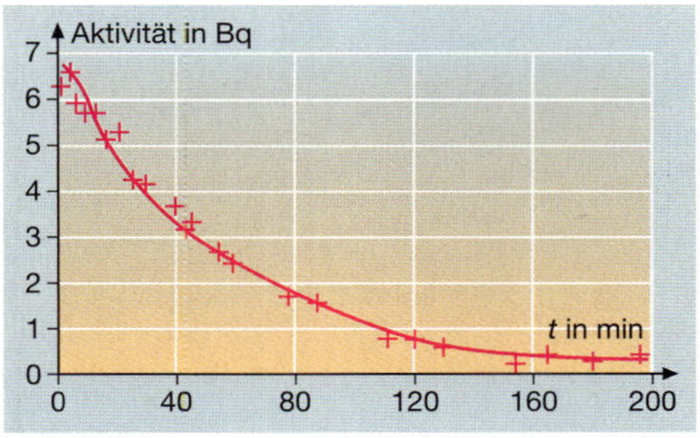

Das obige Diagramm zeigt die Veränderung der Zählraten bei Hausstaub.

3 Miss die Aktivität von Gegenständen aus deiner Umwelt: Zifferblatt einer alten Uhr, Glühstrümpfe von einer Campinglampe, rote Klinkersteine, alte schwarze Porzellanschalter, Maronenpilze, Kaliumsalz, Leuchtfarbe von Kellerwänden, Paranussasche usw.
Die folgenden Tabellen geben Messwerte und zugehörige Normwerte einiger Proben an.

Baustoff	***Aktivität***
Gips, Holz, Kunststoff	sehr niedrig
Kalkstein, Sandstein	niedrig
Ziegel, Beton	mittel
Natürliches Gestein	hoch
Schlackenstein, Bimsstein	sehr hoch

Klassifizierung von Baustoffen

spezifische Aktivität in $Bq \cdot kg^{-1}$	Klassifizierung
bis 370	frei verwendbar
370 bis 925	anzeigepflichtig
über 925	zulassungspflichtig

Cäsium-137-Aktivität in Speisepilzen
(Messung an drei Standorten in Südbayern zwischen 1987 und 1993)

Pilzart	Aktivität in Bq Mittelwert	Minimum	Maximum
Semmelstoppelpilz	3400	2420	15000
Maronenröhrling	2000	1320	4365
Butterpilz	1325	515	1200
Frauentäubling	440	245	1390
Pfifferling	440	175	840
Steinpilz	220	115	395
Parasolpilz	60	29	130
Waldchampignon	8	2	20

Wetterbeobachtungen

Wetterwarte mit verschiedenen Messgeräten

Wie wird das Wetter morgen? Eine Antwort versucht täglich der Wetterbericht zu geben. Dazu werden mit Hilfe von Computern Daten von vielen Wetterstationen und Satelliten ausgewertet. Ein Blick zum Wetterfrosch genügt da nicht.

Was muss ich wissen?

Die Entwicklung des Wetters hängt von Veränderungen bestimmter Größen ab.
Sie müssen regelmäßig gemessen und in einem Wettertagebuch, am besten in Tabellenform, festgehalten werden.

Wie werden der Grad der Bewölkung, die Windstärke und Windrichtung, die Niederschlagsmenge, die Temperatur, der Luftdruck und die Luftfeuchtigkeit gemessen?

○ wolkenlos	◔ heiter	◑ halbbedeckt
◕ wolkig	● bedeckt	
≡ Nebel	∞ Dunst	
● Regen	∗ Schneefall	
◎ Windstille	Nordostwind, Stärke 5	
⩓ starke Böen	╓─○ Westwind, Stärke 4	

Symbole für Wind und Niederschäge

Datum	Zeit	Druck	Temperatur	rel. Luftfeuchtigkeit	Bewölkung, Wind	Niederschlag	kurze Bemerkung
		hPa	°C	%			
3.6.01	13 Uhr	1023	15	90	╓─○	●	
4.6.01							
5.6.01							

Wettertagebuch

Was ist Luftfeuchtigkeit?

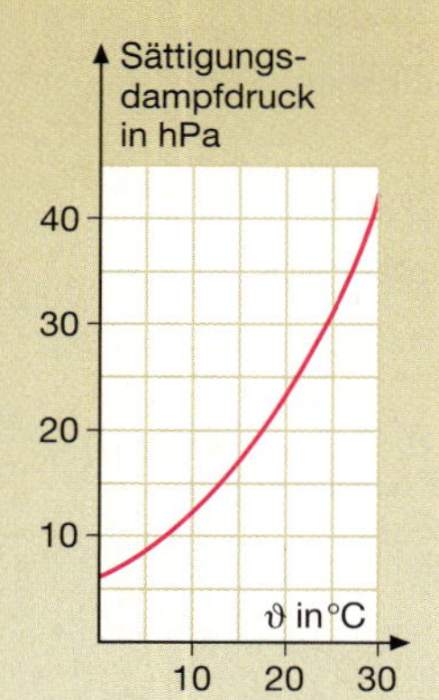

Verdunstet Wasser, so entsteht Wasserdampf. Wie jedes Gas, hat der Wasserdampf einen Druck; er ist Teil des Luftdruckes. Der Dampfdruck kann nicht beliebig groß werden. Zu jeder Temperatur gibt es einen Höchstwert, er heißt ***Sättigungsdampfdruck***. Wird der Wert überschritten, so kondensiert der Dampf wieder aus der Luft, und es kommt zu Wolkenbildung und Niederschlägen. Ist der Dampfdruck kleiner als der Sättigungswert, dann kann die Luft noch weiteren Wasserdampf aufnehmen. Der Sättigungsdampfdruck steigt mit zunehmender Temperatur. Bei 100 °C beträgt er 1000 hPa, d. h. Wasser kann vollständig verdampfen.
Der Quotient aus dem gemessenen Dampfdruck und dem Sättigungsdampfdruck – also dem maximal bei der herrschenden Temperatur enthaltenen Wasserdampf – heißt ***relative Luftfeuchtigkeit***. Wird bei 20 °C der Dampfdruck 15 hPa gemessen, dann kann die Luft noch weiteren Wasserdampf aufnehmen.
Die relative Luftfeuchtigkeit beträgt dann;

$$\frac{15\ \text{hPa}}{23\ \text{hPa}} = 65{,}2\ \%$$

Die relative Luftfeuchtigkeit lässt sich mit zwei Thermometern bestimmen, eines davon wird mit einer nassen Mullbinde umwickelt. Beide Thermometer werden dann in den Luftstrom eines Ventilators gehalten:
- Das trockene Thermometer misst die Lufttemperatur.
- Am feuchten Thermometer verdunstet Wasser. Die dazu notwendige Energie wird dem Wasser entzogen. Dieses Thermometer zeigt daher einen tieferen Wert an.

Die Temperaturdifferenz ist ein Maß für die relative Luftfeuchtigkeit. Aus Tabellen, wie sie links in einem Ausschnitt zu sehen ist, kann die relative Luftfeuchtigkeit abgelesen werden. Zeigen beide Thermometer die gleiche Temperatur an, dann beträgt die relative Luftfeuchtigkeit 100 %.

		Temperaturunterschied $\Delta\vartheta$ der Thermometer				
		2 °C	4 °C	6 °C	8 °C	10 °C
Lufttemperatur	10 °C	77 %	55 %	34 %	15 %	6 %
	15 °C	80 %	62 %	44 %	28 %	13 %
	20 °C	83 %	67 %	52 %	38 %	25 %
	25 °C	85 %	70 %	57 %	45 %	33 %
	30 °C	86 %	73 %	61 %	50 %	40 %

Wir beobachten und messen

- Die Bewölkung kann in Vierteln der Bedeckung des Gesamthimmels angegeben werden.
- Für die Windstärke genügt die Abstufung leicht, mäßig bzw. stark.
- Die Niederschlagsmenge wird mit einem Regenmesser bestimmt. Sie kann aber auch einfach mit leicht bzw. stark beschrieben werden.
- Die Lufttemperatur wird mit einem Thermometer im Schatten bestimmt, weil es völlig frei hängen muss.
- Der Luftdruck wird mit einem Barometer gemessen.
- Die relative Luftfeuchtigkeit wird mit Hilfe von zwei Thermometern gemessen und aus Tabellenwerten berechnet.

Alte Wetterregeln

„Morgenrot mit Regen droht, Abendrot – Schönwetter Bot'."

„Grünt die Esche vor der Eiche, gibt es eine Bleiche (heißer Sommer); grünt die Eiche vor der Esche, gibt es eine Wäsche (nasser Sommer)."

„Die Ameise läuft schnell, wenn das Barometer steigt."

Wetterregeln

Wenn du das Wetter längere Zeit beobachtest, dann findest du einige einfache Regeln:

1. Eine Wetterlage mit unverändertem Luftdruck ändert sich auch nicht.
2. Steigt die relative Luftfeuchtigkeit, ohne dass die Temperatur steigt, dann kommt meist Regen. Dies gilt auch, wenn die Temperatur sinkt, ohne dass die relative Luftfeuchtigkeit abnimmt.
3. Sinkt der Luftdruck auf niedrige Werte und kommt der Wind aus nördlicher oder westlicher Richtung, dann folgt häufig kühleres und regnerisches Wetter.
4. Regnet es, dann sinkt meist die Temperatur. Ausnahmen gibt es besonders im Winter.
5. Die Niederschlagsneigung ist am größten, wenn der Wind aus westlicher Richtung kommt.
6. Die relative Luftfeuchtigkeit ist bei tiefem Luftdruck häufig hoch, bei hohem Druck dagegen niedrig.

Selbstgebaute Messgeräte

Mit einem einfachen ***Barometer*** kannst du Änderungen des Luftdruckes feststellen. Den Luftballon musst du durchschneiden und fest

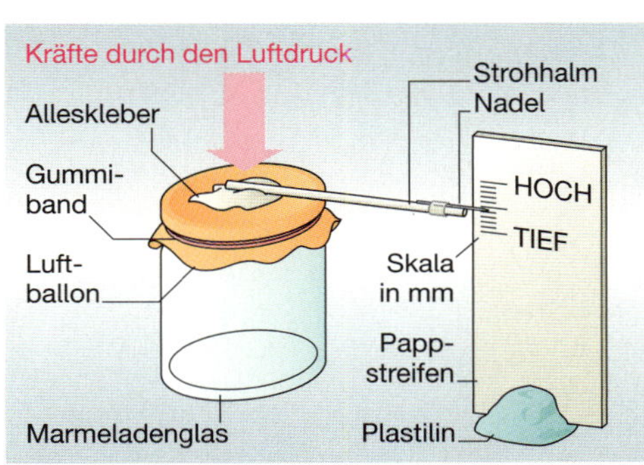

über die Öffnung eines Marmeladenglases ziehen. Die Lufttemperatur im Gefäß darf sich nicht schnell ändern. Du solltest es gut isolieren, z. B. mit Holzwolle. Achte darauf, dass das Messgerät nie in der Sonne steht.

Die Niederschlagsmenge kann mit einem ***Regenmesser*** bestimmt werden. Der Regen fällt durch einen weiten Trichter in einen engen Messzylinder und wird dort angesammelt.

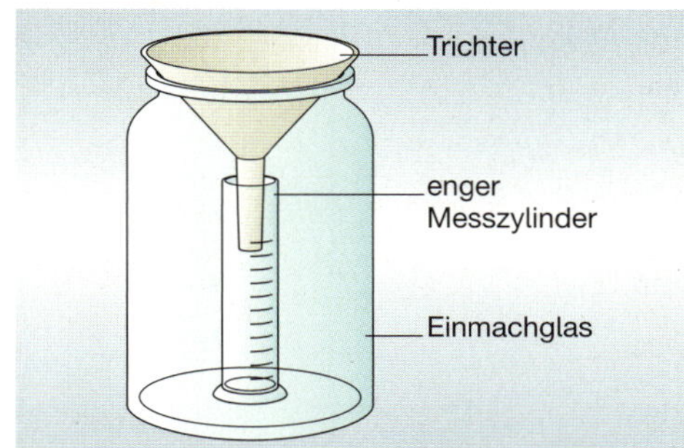

Stelle den Regenmesser nie unter einen Baum oder in die Nähe einer Wand.

Damit der Messwert durch Verdunstung nicht zu stark verfälscht wird, solltest du gleich nach dem Niederschlag ablesen.
Miss den Durchmesser *d* des Trichters und berechne seine Öffnungsfläche nach der Formel $A = 3{,}14 \cdot (d/2)^2$.
Hat dein Trichter z. B. die Öffnungsfläche 80 cm^2, so ergibt ein Niederschlag von 8 ml im Messzylinder einen Niederschlag von 1 mm Höhe pro Quadratmeter.

Haare verändern mit der Luftfeuchtigkeit ihre Länge. Diese Eigenschaft wird in vielen ***Feuchtigkeitsmessern*** (Hygrometer) ausgenutzt. Sie geben die ***relative Luftfeuchtigkeit*** an.
Das Haar wird mit zunehmender Feuchtigkeit länger. Verwende zum Bau ein etwa 20 cm langes Haar.

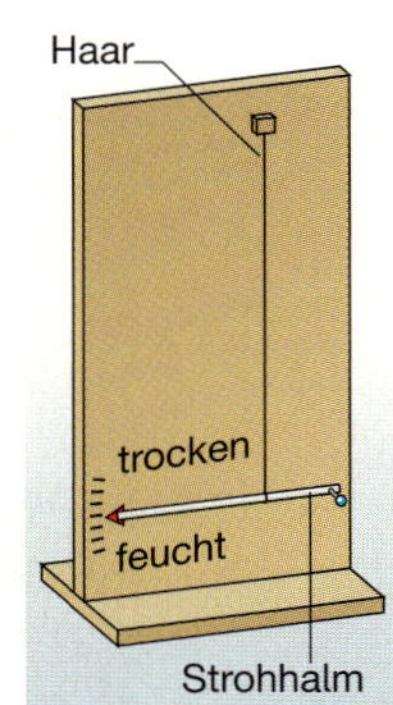

Weitere Fragen

1. Verfolge die Wettervorhersage in der Tageszeitung oder im Fernsehen und vergleiche mit deinen Beobachtungen.
2. Weshalb gibt es bei uns Jahreszeiten?
3. Wie entstehen Regen, Schnee, Hagel, Gewitter? Welche Wolkenarten kennst du und wie wirken sie sich auf das Wetter aus?
4. Wie kommt es zum Treibhauseffekt?
5. Wie ist die Atmosphäre aufgebaut?

Wichtige Größen und ihre Einheiten

Größe	Zeichen	Einheitenname	Zeichen	Festlegung
Länge	s, l	Meter	1 m	Lichtgeschwindigkeit c_0 mal Zeit
Fläche	A	Quadratmeter	1 m^2	1 m^2 = 1 m · 1 m
Volumen	V	Kubikmeter	1 m^3	1 m^3 = 1 m · 1 m · 1 m
Masse	m	Kilogramm	1 kg	Grundeinheit, festgelegt durch ein Normal
Dichte	ϱ		$1\,\frac{kg}{m^3}$; $1\,\frac{g}{cm^3}$	Masse durch Volumen
Stoffmenge	n	Mol	1 mol	Grundeinheit, festgelegt durch ein Normal
Zeit	t	Sekunde	1 s	Grundeinheit, festgelegt durch ein Normal
Geschwindigkeit	v		$1\,\frac{m}{s}$; $1\,\frac{km}{h}$	Weglänge durch Zeit
Frequenz	f	Hertz	1 Hz	1 Hz = $1\,\frac{1}{s}$; Anzahl Perioden durch Sekunde
Kraft	F	Newton	1 N	Grundeinheit, festgelegt durch ein Normal
Druck	p	Pascal	1 Pa	1 Pa = $1\,\frac{N}{m^2}$; Kraft durch Fläche
Arbeit	W	Joule, Wattsekunde	1 J, 1 Ws	Kraft mal Weg in Kraftrichtung
Energie	E	Joule, Wattsekunde	1 J, 1 Ws	1 J = 1 Ws = 1 N · 1 m
Leistung	P	Watt	1 W	1 W = $1\,\frac{J}{s}$; Arbeit durch Zeit
Temperatur	ϑ	Grad Celsius	1 °C	festgelegte Skala } Temperaturunterschied:
	T	Kelvin	1 K	festgelegte Skala } 1 °C = 1 K
Ladung	Q	Coulomb	1 C	1 C = 1 A · 1 s; Stromstärke mal Zeit
Stromstärke	I	Ampere	1 A	Grundeinheit, festgelegt durch ein Normal
Spannung	U	Volt	1 V	1 V = $1\,\frac{Ws}{C}$; Arbeit durch Ladung
Widerstand	R	Ohm	1 Ω	1 Ω = $1\,\frac{V}{A}$; Spannung durch Stromstärke

Vorsilben für dezimale Vielfache und Teile von Einheiten

Vorsilbe	Exa (E)	Peta (P)	Tera (T)	Giga (G)	Mega (M)	Kilo (k)	Hekto (h)	Deka (da)
bedeutet	10^{18}	10^{15}	10^{12}	10^{9}	10^{6}	10^{3}	10^{2}	10^{1}
Vorsilbe	Dezi (d)	Zenti (c)	Milli (m)	Mikro (μ)	Nano (n)	Piko (p)	Femto (f)	Atto (a)
bedeutet	10^{-1}	10^{-2}	10^{-3}	10^{-6}	10^{-9}	10^{-12}	10^{-15}	10^{-18}

Spezielle Einheiten, ausländische Einheiten

1 geographische Meile	= 7420 m
1 Seemeile (sm)	= 1852 m
1 Knoten (kn) = 1 sm/h	= 0,5144 m/s
1 Faden	= 1,829 m
1 Registertonne	= 2,832 m^3
1 internat. Karat	= 0,2051 g
1 Feinunze (troy ounce)	= 31,1035 g
1 inch (in, Zoll)	= 2,54 cm
1 foot (ft) = 12 in	= 30,48 cm
1 yard (yd) = 3 ft	= 91,44 cm
1 mile = 1760 yd	= 1609 m
1 acre	= 4047 m^2

	englisch	amerik.
1 pint (liq. pt.)	= 0,5683 l	0,4732 l
1 quart = 2 pints	= 1,1365 l	0,9464 l
1 gallon = 4 quarts	= 4,5460 l	3,7854 l
1 petroleum barrel	= 159,11 l	158,99 l
1 °Fahrenheit (°F)	= $^5/_9$ °C (0 °C ≙ 32 °F)	
	x °C = ($^9/_5\,x$ + 32) °F	
1 ounce (oz)	=	28,35 g
1 pound (lb) = 16 oz	=	453,6 g
1 quarter (qu) = 28 lbs	=	12,70 kg
1 short ton = 2000 lbs	=	907,2 kg
1 long ton = 2240 lbs	=	1016 kg

Veraltete Einheiten

Druck	
1 at	= 98 066,5 Pa
1 atm	= 101 325 Pa
1 Torr	= 133 Pa

Energie	
1 kcal	= 4 186,8 J
1 kp m	= 9,80665 J

Leistung	
1 PS	= 736 W
1 kcal/h	= 1,16 W
1 kp m/s	= 9,80665 W

Eigenschaften verschiedener Stoffe

ϱ = Dichte bei 20 °C, für Gase bei 0 °C und 1013 hPa;
α = Längenausdehnungszahl bei 18 °C;
γ = Volumenausdehnungszahl bei 20 °C;
c = spezifische Wärmekapazität;
v = Schallgeschwindigkeit in Gasen bei 0 °C;
ϑ_f = Schmelztemperatur, bei Gasen bei konstantem Druck;
ϑ_d = Siedetemperatur;
s = spezifische Schmelzenergie;
r = spezifische Verdampfungsenergie

Feste Stoffe	ϱ g/cm³	α 1/(10⁶ K)	c kJ/(kg · K)	ϑ_f °C	s kJ/kg	ϑ_d °C	r kJ/kg
Aluminium	2,70	23,8	0,896	660	404	2400	10539
Beton	2,2 – 2,5	12	0,879				
Blei	11,35	29,4	0,129	327	24,7	1750	871
Cobalt	8,8	12,6	0,419	1493	260	2880	4815
Eis (–4 °C)	0,92	37	2,09	0	334	100	257
Eisen (Stahl)	7,86	11,5 – 12	0,452	1535	270	2800	6322
Glas	2,23	3,2	0,799	815			
Gold	19,3	14,2	0,129	1063	64,5	2660	1578
Graphit	2,25	19	0,711	3800		4400	
Iod	4,93	64,1	0,214	114	124	183	163
Kochsalz	2,16	48	0,854	808	519	1461	2789
Kupfer	8,93	16,8	0,385	1083	205	2582	4798
Messing (MS 7,2)	8,6	18,5	0,375	~320		1160	
Natrium	0,97	71	1,23	98	113	890	4600
Paraffin	0,8 – 0,9	150	2,51	50			
Platin	21,45	9,1	0,134	1769	111	4300	2470
Plexiglas	1,16	75	1,30	~110			
Porzellan	2,3	4	0,846	1670			
Quarzglas	2,20	5,6	0,712	1585			
Schwefel	2,06	56,5	0,720	113	50,2	445	293
Silber	10,5	19,3	0,237	961	105	2180	2361
Silicium	2,4	2,5	0,703	1423	166	2350	12561
Wolfram	19,27	4,5	0,142	3390	192	5500	4354
Zink	7,13	26,3	0,389	420	111	907	1754
Zinn	7,30	27	0,226	232	59,5	2680	2387

Flüssigkeiten	ϱ g/cm³	γ 1/(10³ K)	c kJ/(kg · K)	ϑ_f °C	s kJ/kg	ϑ_d °C	r kJ/kg
Aceton	0,791	1,43	2,22	–95	82,1	56	519
Benzol	0,879	1,23	1,70	6	126	80	394
Ethanol, Brennspiritus	0,789	1,10	2,40	–114	105	78	854
Ether	0,714	1,62	2,26	–116		34,6	356
Glycerin	1,260	0,50	2,39	18	201	291	
Petroleum	0,847	0,96	2,14			150	
Quecksilber	13,546	0,181	0,138	–39	11,8	357	285
Schwefelsäure (rein)	1,834	0,22	1,42	10,4	109	338	
Wasser	0,998	0,21	4,19	0	334	100	2257

Gase	ϱ g/dm³	v m/s	c kJ/(kg · K)	ϑ_f °C	s kJ/kg	ϑ_d °C	r kJ/kg
Ammoniak	0,771	415	2,16	–77,7	332	–33,4	1374
Chlor	3,214	206	0,486	–101,5	90,4	–34,7	289
Helium	0,179	965	5,23	–273,2		–268,98	20,5
Kohlenstoffdioxid	1,977	266	0,837	–78,5	181	–57	574
Kohlenstoffmonooxid	1,25	337	1,05	–204	29,7	–191,5	216
Luft	1,293	332	1,005	–213		–193	
Propan	2,010	260	1,63	–187,7	80,0	–42,1	427
Sauerstoff	1,429	315	0,917	–219	13,8	–182,97	214
Stickstoff	1,251	334	1,04	–210,5	25,5	–195,8	201
Wasserstoff	0,0899	1286	14,32	–259,5	58,2	–252,8	448
Xenon	5,897	170	0,126	–111,8	17,6	–108,1	99,2

Dichten von Gebrauchsstoffen in g/cm³

Stoff	Dichte	Stoff	Dichte
Benzin	0,70 – 0,74	Koks	0,9 – 1,2
Bernstein	1,0 – 1,1	Kork	0,22 – 0,29
Braunkohle	1,3	Marmor	2,5 – 2,8
Diamant	3,25	Mauerwerk	2,1 – 2,5
Erde	1,3 – 2,0	Mehl	0,6
Erdgas L	0,00083	Papier	0,8 – 1,1
Essig, wasserfrei	1,05	Polystyrol (Styropor)	0,03
Fette	0,9	Polyvinylchlorid (PVC)	1,3
Gas (Haushalt)	2,4 – 2,9	Polyethylen (PE)	0,95
Gummi	0,9 – 1,1	Stahl	7,6 – 7,8
Heizöl EL	0,86	Steinkohle	1,4
Holz (Buche, Eiche)	0,7	Terpentin	0,85
Holz (Kiefer, Tanne)	0,5	Tetrachlorkohlenstoff	1,59
Holz (Balsa)	0,1 – 0,3	Zement	3,1
Keramik	2,0	Ziegel	1,4 – 1,8
Kerzenwachs	0,9	Zucker	1,6

Schüttdichten in kg/dm³

Äpfel	0,3
Braunkohle	0,7
Hafer	0,5
Heu	0,1
Holzscheite	0,4
Kartoffeln	0,7
Kies	1,8 . . . 2,0
Koks	0,4
Roggen	0,7
Sand, trocken	1,6 – 1,8
Sand, nass	1,9 – 2,1
Schnee, frisch	0,1
Schnee, nass	0,5 – 0,9
Torf, gepresst	0,2
Stroh	0,04 – 0,07
Weizen	0,8

Haftreibungszahlen f_h

	auf	f_h
Stahl	Holz	0,6 – 0,7
	Stahl	0,15 – 0,3
	Eis	0,027
Holz	Holz	0,3 – 0,6
	Stein	0,7
Leder	Grauguss	0,6 – 0,8
Autoreifen	Asphalt	0,4 – 0,8
	Beton	0,6 – 1
	Makadam	0,6 – 0,9

Werte gelten für trockene Flächen, bei nassen sind sie rund 30 % niedriger.

Gleitreibungszahlen f_{gl}

	auf	f_{gl}
Holz	Holz	0,2 – 0,4
	Stein	0,3 – 0,4
	Metall	0,4 – 0,5
Stahl	Stahl	0,15 – 0,25
	Eis	0,01
Bremsbelag	Stahl	0,5 – 0,6
Autoreifen	Asphalt	0,3 – 0,6
	Beton	0,35 – 0,7
	Eis	0,05 – 0,2

Werte gelten für trockene Flächen, bei gefetteten sind sie rund 30 % niedriger.

Rollreibungszahlen f_r/r (r in cm)

	auf	f_r/r
Stahl	Stahl	0,005
	Stahl, gehärtet	0,001
Zahnrad	Zahnrad	0,01 – 0,05
Autoreifen	Asphalt	0,010
	Beton	0,015
	Pflaster	0,015
	Schotter	0,022
	Erdweg	0,05 – 0,15
	Sand	0,15 – 0,3

Werte sind stark geschwindigkeitsabhängig, mit steigender Geschwindigkeit abnehmend.

Widerstandbeiwert c_w verschiedener Körperformen (mit gleicher Querschnittsfläche)

Körperform	c_w	Körperform	c_w	Körperform	c_w
Kreisscheibe	1,11	Kegel (30°)	0,34	Kleinwagen	0,4
Kugel	0,4	Kegel (60°)	0,51	großer Pkw	0,35
Halbkugel	1,33	Walze	0,85	Sportwagen	0,28
Halbkugel	0,34	Stromlinienform	0,1	Fallschirm	0,9

Luftwiderstandskraft: $F_L = {}^1\!/_2\, c_w \cdot \varrho_L \cdot A \cdot v^2$ (ϱ_L = Dichte der Luft; A = Querschnittsfläche; v = Geschwindigkeit)

Beaufort-Skala und Windgeschwindigkeit (International festgelegt: Messhöhe 10 m über Grund im freien Gelände)

Windstärke	Auswirkungen	Geschwindigkeit in m/s
0	Rauch steigt senkrecht hoch	0 – 0,2
1	nur durch Rauch angezeigt	0,3 – 1,5
2	Blätter säuseln, Windfahne zeigt an	1,6 – 3,3
3	Blätter und dünne Zweige bewegen sich	3,4 – 5,4
4	Zweige und dünne Äste bewegen sich	5,5 – 7,9
5	kleine Laubbäume beginnen zu schwanken	8,0 – 10,7
6	starke Äste in Bewegung	10,8 – 13,8
7	fühlbare Hemmung beim Gehen	13,9 – 17,1
8	bricht Zweige von den Bäumen, erschwert erheblich das Gehen im Freien	17,2 – 20,7
9	kleine Schäden an Häusern (Dachziegel werden abgeworfen)	20,8 – 24,4
10	entwurzelt Bäume, bedeutende Schäden an Häusern	24,5 – 28,4
11	verbreitete Sturmschäden (sehr selten im Binnenlande)	28,5 – 32,6
12	schwerste Verwüstungen	32,7 – 36,9

Dichte und Wärmeleitzahl von Baustoffen

Baustoff	Dichte	Wärmeleitzahl
Ziegel	1400 kg/m³	0,58 W/(m·K)
Kalksandstein	1600 kg/m³	0,79 W/(m·K)
Beton	2400 kg/m³	2,10 W/(m·K)
Gasbeton	600 kg/m³	0,19 W/(m·K)

Baustoff	Dichte	Wärmeleitzahl
Mineralfaser	110 kg/m³	0,041 W/(m·K)
Hartschaum	30 kg/m³	0,041 W/(m·K)
Kork	160 kg/m³	0,044 W/(m·K)
Fichte	800 kg/m³	0,20 W/(m·K)

Heizwert (Endprodukte gasförmig bei 1013 hPa auf 20 °C abgekühlt) in MJ/kg

Anthrazit	32,3
Braunkohle (roh)	7,6 – 11,6
Braunkohlebrikett	21
Holz frisch/trocken	10,0/15,5
Hüttenkoks	29,0
Ruß	34
Torf (trocken)	15,5
Trockenspiritus	19,0
Steinkohle	32,5

Benzin	44 – 53
Benzol	40
Brennspiritus	39
Dieselkraftstoff	41 – 44
Erdöl	42 – 48
Ethanol	27
Heizöl (EL)	43
Methanol	20
Petroleum	50

Acetylen	48,2
Butan	45,7
Erdgas	38,2
Kohlenstoffmonooxid	10,1
Methan	50,0
Propan	46,5
Schwefelwasserstoff	15,2
Steinkohlegas	36,0
Wasserstoff	120,0

Sättigungsdampfdruck und Dichte von Wasser

ϑ in °C	0	10	20	30	40	50	60	70	80	90	100
ϱ in kg/dm³	0,99984	0,9997	0,9982	0,9957	0,9922	0,9881	0,9832	0,9778	0,9718	0,9653	0,9584
p_s in Pa	613	1227	2293	4240	7313	12332	19865	31197	42329	70127	101325

Maximale Feuchte (Dichte von Wasserdampf)

ϑ in °C	ϱ_d in g/m³	ϑ in °C	ϱ_d in g/m³	ϑ in °C	ϱ_d in g/m³	ϑ in °C	ϱ_d in g/m³	ϑ in °C	ϱ_d in g/m³
−20	0,88	−8	2,53	4	6,37	16	13,65	28	27,27
−18	1,06	−6	2,99	6	6,80	18	15,40	30	30,40
−16	1,27	−4	3,52	8	8,28	20	17,31	32	33,82
−14	1,52	−2	4,14	10	9,41	22	19,45	34	37,58
−12	1,81	0	4,85	12	10,68	24	21,80	36	41,62
−10	2,14	2	5,57	14	12,09	26	24,40	38	46,11

Schallgeschwindigkeit

Luft (trocken)	c in m/s
0 °C	331
10 °C	337
15 °C	340
20 °C	349

für die Temperatur T in K gilt:

$$c_T = 331 \cdot \sqrt{\frac{T}{273\ \text{K}}}\ \text{m/s}$$

bei 18 °C	c in m/s
Aluminium	5100
Glas	5200
Eisen (Stahl)	5170
Beton	4000
Ziegelstein	3600
Messing	3500
Eichenholz	3400

bei 15 °C	c in m/s
Petroleum	1330
Wasser (rein)	1468
Meerwasser	1500
Ethanol	1150
Quecksilber	1400
Glycerin	1900
Benzin	1130

bei 0 °C	c in m/s
Kohlenstoffdioxid	260
Stadtgas	490
Helium	981
Sauerstoff	315
Ammoniak	415
Wasserstoff	1270
Eis	3250

Schwingungsfrequenzen der Tonleiter in Hz

Ton	c'	cis'	d'	dis'	e'	f'	fis'	g'	gis'	a'	ais'	h'	c''
rein	264	278	297	313	330	352	374	396	418	440	467	495	528
temperiert *	262	277	294	311	330	349	370	392	415	440	466	494	524

* temperierte (gleichschwebende) Stimmung mit gleich großen Halbtonschritten des $\sqrt[12]{2} \approx 1{,}509$fachen der Frequenz des vorherigen Tones

Spezifischer Widerstand bei 18 °C

Reinstoffe	Ω mm²/m
Silber	0,016
Kupfer	0,017
Gold	0,020
Aluminium	0,027
Wolfram	0,049
Nickel	0,07
Quecksilber	0,958
Eisen, Stahl	0,1 – 0,5
Kohle	50 – 100

Legierungen	Ω mm²/m
Messing	0,08
(66 % Cu, 34 % Zn)	
Nickelin	0,42
(58 % Cu, 41 % Ni, 1 % Mn)	
Manganin	0,43
(84 % Cu, 4 % Ni, 12 % Mn)	
Konstantan	0,49
(60 % Cu, 40 % Ni)	
Chromnickelstahl	1,10

Nichtleiter	Ω mm²/m
Wasser (dest.)	10^{10}
Glas	$10^{16} – 10^{19}$
Polystyrol	$5 \cdot 10^{18}$
Porzellan	$10^{19} – 10^{20}$
Glimmer	$10^{19} – 10^{21}$
Hartgummi	$10^{19} – 10^{21}$
Paraffin	$10^{20} – 10^{22}$
Siegellack	10^{22}
Bernstein	$> 10^{22}$

Ausgewählte Isotope

Angegeben sind in Spalte *1* – Element, *2* – Kernladung, *3* – Massenzahl, *4* – Kernmasse in u (1 u = $1{,}66053873 \cdot 10^{-27}$ kg), *5* – Halbwertszeit bzw. Häufigkeit im natürlichen Isotopengemisch

1	*2*	*3*	*4*	*5*
H	1	1	1,0078250	stabil, 99,985 %
	1	2	2,0141018	stabil, 0,015 %
	1	3	3,0160493	β^-/12,346 a
He	2	3	3,0160293	stabil, 0,00013 %
	2	4	4,0260325	stabil, 99,99987 %
	2	6	6,0188807	β^-/0,8067 s
Li	3	6	6,0151223	stabil, 7,4 %
	3	7	7,0160040	stabil, 92,6 %
Be	4	9	9,0121821	stabil, 100 %
B	5	10	10,012937	stabil, 20 %
	5	11	11,009305	stabil, 80 %
C	6	12	12,000000	stabil, 98,89 %
	6	13	13,003355	stabil, 1,11 %
	6	14	14,003242	β^-/5730 a
O	8	16	15,994915	stabil, 99,756 %
K	19	39	38,963707	stabil, 93,2 %
	19	40	39,963999	β^-/$1{,}277 \cdot 10^9$ a
	19	41	40,961826	stabil, 6,7 %
Fe	26	56	55,934942	stabil, 91,8 %
Co	27	60	59,933822	β^-,γ/5,271 a
Kr	36	82	81,913485	stabil, 11,6 %
	36	83	82,914136	stabil, 11,5 %
	36	84	83,911507	stabil, 57,0 %
	36	85	84,912527	β^-/10,779 a
	36	86	85,910610	stabil, 17,3 %

1	*2*	*3*	*4*	*5*
I	53	123	122,9055979	γ/13,27 h
	53	127	126,9044684	stabil, 100 %
	53	128	136.9058053	β^-/25 min
	53	131	130,9061242	β^-/8,02070 d
Cs	55	137	136,9070835	β^-,γ/30 a
Ba	56	137	136,9058214	stabil, 11,2 %
	56	138	137,9052413	stabil, 71,9 %
	56	144	143,9229405	β^-/11,5 s
Pb	82	206	205,9744490	stabil, 24,1 %
	82	207	206,9758806	stabil, 22,1 %
	82	208	207,9766359	stabil, 52,4 %
Po	84	210	209,9828574	α/138,376 d
	84	218	218,0089658	α/3,10 min
Rn	86	219	219,0094745	α/3,96 s
	86	220	220,0113841	α/55,6 s
	86	222	222,0175705	α/3,835 d
Ra	88	224	224,0202020	α/3,66 d
	88	226	226,0254026	α/1600 a
	88	228	228,0310641	β^-/5,75 a
U	92	233	233,0396282	α/$1{,}592 \cdot 10^5$ a
	92	234	234,0409456	α/$2{,}455 \cdot 10^5$ a
	92	235	235,0439231	α/$7{,}04 \cdot 10^6$ a
	92	236	236,0455619	α/$2{,}342 \cdot 10^7$ a
	92	237	237,0487240	β^-/6,75 d
	92	238	238,0507826	α/$4{,}468 \cdot 10^9$ a
	92	239	239,0542878	β^-/23,45 min
Pu	94	239	239,05215653	α/$2{,}4110 \cdot 10^4$ a

Transurane (Beispiel mit einem Isotop und seiner Halbwertszeit)

Neptunium ($^{237}_{93}$Np; $2{,}1 \cdot 10^6$ a)	Berkelium ($^{247}_{97}$Bk; 1400 a)	Mendelevium ($^{258}_{101}$Md; 55 d)	Dubnium ($^{262}_{105}$Db; 40 s)
Plutonium ($^{244}_{94}$Pu; $8 \cdot 10^7$ a)	Californium ($^{251}_{98}$Cf; ≈800 a)	Nobelium ($^{259}_{102}$No; 59 min)	Seaborgium ($^{263}_{106}$Sg; 0,9 s)
Americium ($^{243}_{95}$Am; $7{,}4 \cdot 10^3$ a)	Einsteinium ($^{254}_{99}$Es; 276 d)	Lawrencium ($^{260}_{103}$Lr; 3 min)	Bohrium ($^{262}_{107}$Bh; 102 ms)
Curium ($^{247}_{96}$Cm; $1{,}6 \cdot 10^7$ a)	Fermium ($^{257}_{100}$Fm; 100 d)	Rutherfordium ($^{261}_{104}$Rf; 65 s)	Hassium ($^{265}_{108}$Hs; 1,8 ms)
			Meitnerium ($^{266}_{109}$Mt; 3,4 ms)

Nuklide mit $Z > 109$ sind bereits entdeckt; Namensgebung ab $Z = 104$ noch nicht endgültig

Radioaktive Zerfallsreihen

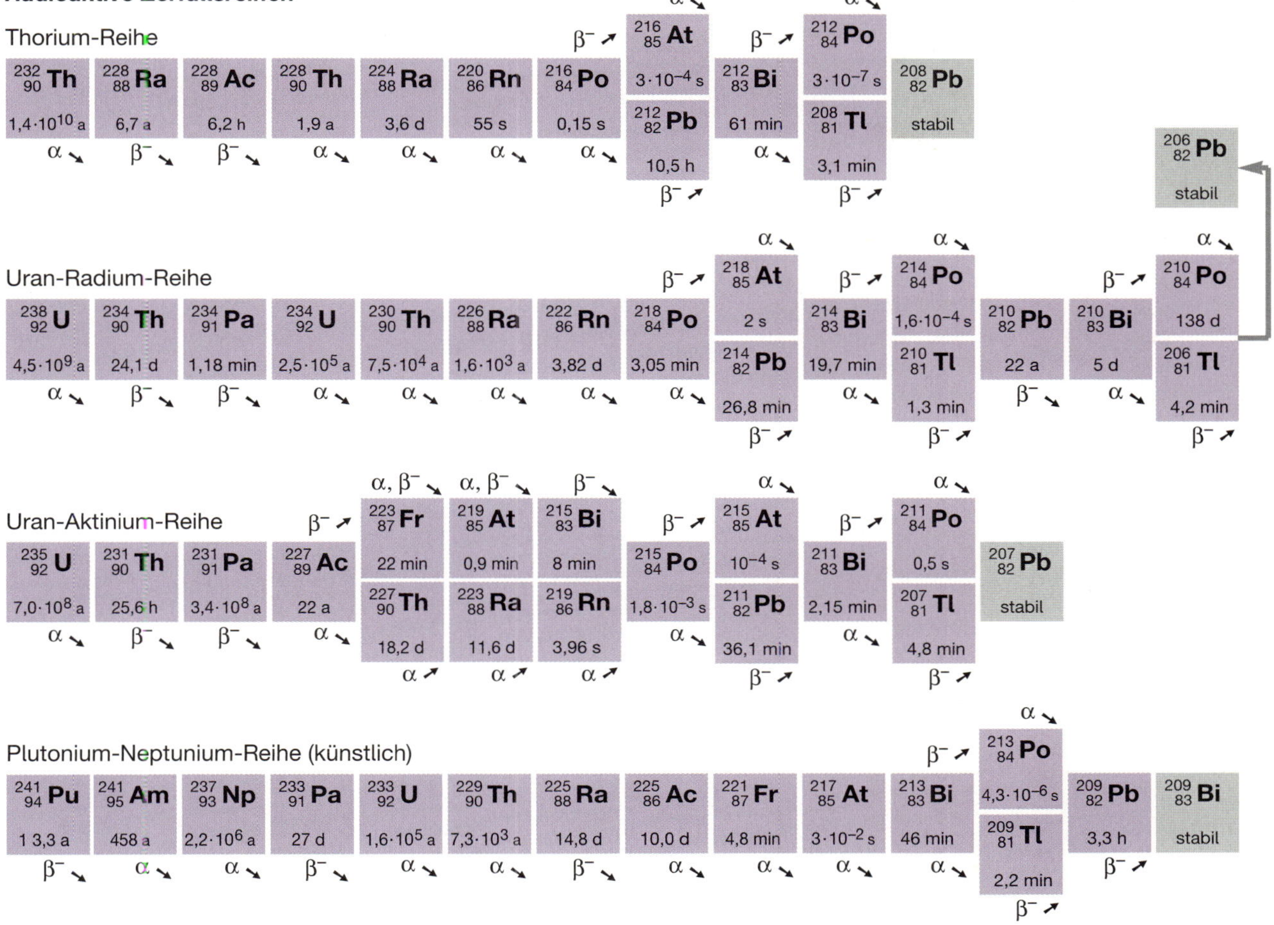

Naturkonstanten

absoluter Nullpunkt*	$\vartheta = -273{,}15\ °C \mathrel{\hat{=}} 0\ K$
Avogadro'sche Konstante	$N_A = 6{,}02214 \cdot 10^{23}$ 1/mol
Faraday'sche Konstante	$F = 9{,}6485309 \cdot 10^{4}$ C/mol
Lichtgeschwindigkeit* (Vakuum)	$c_0 = 2{,}99792458 \cdot 10^{8}$ m/s
Solarkonstante	$S = 1{,}368 \cdot 10^{3}$ W/m²
Molvolumen idealer Gase	$V_{m0} = 22{,}4140$ dm³/mol
Normdruck*	$p_0 = 101\,325$ Pa = 1013,25 hPa
Elementarladung	$e = 1{,}60217733 \cdot 10^{-19}$ C
Masse des Elektrons	$m_e = 9{,}1096 \cdot 10^{-31}$ kg
Masse des Protons	$m_p = 1{,}67262 \cdot 10^{-27}$ kg
Masse des Neutrons	$m_n = 1{,}67492 \cdot 10^{-27}$ kg

* . . . Zahlenwert ist durch Definition festgelegt

Spezielle Einheiten

atomare Masseneinheit	1 u = $1{,}66053873 \cdot 10^{-27}$ kg
Elektronvolt	1 eV = $1{,}60217733 \cdot 10^{-19}$ J
Lichtjahr	1 LJ = $9{,}4605 \cdot 10^{15}$ m
1 Parsec	1 pc = $3{,}086 \cdot 10^{16}$ m =3,262 LJ
1 mittlerer Sonnentag	1 d = 24 h = 1440 min = 86400 s
1 tropisches Jahr	= 365,242199 mittlere Sonnentage

Astronomische Konstanten

Sonne	Masse	$m_S = 1{,}989 \cdot 10^{30}$ kg
	Radius	$r_S = 6{,}96 \cdot 10^{8}$ m
	Oberflächentemperatur	$T = 5780$ K
	Leuchtkraft	$L_S = 3{,}86 \cdot 10^{26}$ W
	Abstand zum nächsten Fixstern (Proxima Centauri)	$d = 4{,}24$ LJ
Mond	Masse	$m_M = 7{,}349 \cdot 10^{22}$ kg
	Radius	$r_M = 1{,}738 \cdot 10^{6}$ m
	Abstand zur Erde (mittlerer)	$d = 3{,}844 \cdot 10^{8}$ m
	Umlaufzeit um Erde[1]	1 Monat = 29,53051 d
Erde	Masse der Erde	$m_E = 5{,}974 \cdot 10^{24}$ kg
	Erdradius (mittlerer)	$r_E = 6{,}378 \cdot 10^{6}$ m
	Äquatorradius	$= 6{,}35680 \cdot 10^{6}$ m
	Polradius	$= 6{,}37820 \cdot 10^{6}$ m
	Abstand zur Sonne	1 AE = $1{,}4959787 \cdot 10^{11}$ m
	Umlaufzeit um Sonne[2]	1 a = 365,2564 d
	mittlere Dichte	$\varrho_E = 5{,}520 \cdot 10^{3}$ kg/m³

1 . . . synodisch: von Neumond zu Neumond
2 . . . siderisch: Umrundung der Sonne um 360°

Periodensystem der Elemente

Periode	Hauptgruppen		Nebengruppen											Hauptgruppen						Periode
↓	I (1)	II (2)	IIIa (3)		IVa (4)	Va (5)	VIa (6)	VIIa (7)	VIIIa (8)	VIIIa (9)	VIIIa (10)	Ia (11)	IIa (12)	III (13)	IV (14)	V (15)	VI (16)	VII (17)	VIII/0 (18)	↓
1	[1] 1,008 H 1 Wasserstoff																		[–] 4,002 He 2 Helium	1
2	[1] 6,94 Li 3 Lithium	[2] 9,01 Be 4 Beryllium												[3] 10,81 B 5 Bor	[4] 12,01 C 6 Kohlenstoff	[5] 14,00 N 7 Stickstoff	[6] 16,00 O 8 Sauerstoff	[7] 19,00 F 9 Fluor	[–] 20,18 Ne 10 Neon	2
3	[1] 22,99 Na 11 Natrium	[2] 24,31 Mg 12 Magnesium												[3] 26,98 Al 13 Aluminium	[4] 28,09 Si 14 Silicium	[5] 30,97 P 15 Phosphor	[6] 32,07 S 16 Schwefel	[7] 35,45 Cl 17 Chlor	[–] 39,95 Ar 18 Argon	3
4	[1] 39,10 K 19 Kalium	[2] 24,31 Ca 20 Calcium	[3] 44,96 Sc 21 Scandium		[4] 47,87 Ti 22 Titan	[5] 50,94 V 23 Vanadium	[6] 52,00 Cr 24 Chrom	[7] 54,94 Mn 25 Mangan	[8] 55,85 Fe 26 Eisen	[9] 58,93 Co 27 Cobalt	[10] 58,69 Ni 28 Nickel	[11] 63,55 Cu 29 Kupfer	[2] 65,39 Zn 30 Zink	[3] 69,72 Ga 31 Gallium	[4] 72,61 Ge 32 Germanium	[5] 74,92 As 33 Arsen	[6] 78,96 Se 34 Selen	[7] 79,90 Br 35 Brom	[–] 83,80 Kr 36 Krypton	4
5	[1] 85,47 Rb 37 Rubidium	[2] 87,62 Sr 38 Strontium	[3] 88,91 Y 39 Yttrium		[4] 91,22 Zr 40 Zirconium	[5] 92,91 Nb 41 Niob	[6] 95,94 Mo 42 Molybdän	* [7] 97,91 Tc 43 Technetium	[8] 101,1 Ru 44 Ruthenium	[9] 102,9 Rh 45 Rhodium	[10] 106,4 Pd 46 Palladium	[11] 107,9 Ag 47 Silber	[2] 112,4 Cd 48 Cadmium	[3] 114,8 In 49 Indium	[4] 118,7 Sn 50 Zinn	[5] 121,8 Sb 51 Antimon	[6] 127,6 Te 52 Tellur	[7] 126,9 I 53 Iod	[–] 131,3 Xe 54 Xenon	5
6	[1] 132,9 Cs 55 Caesium	[2] 137,3 Ba 56 Barium	[3] 138,9 La 57 Lanthan	Lantha-noide	[4] 178,5 Hf 72 Hafnium	[5] 180,9 Ta 73 Tantal	[6] 183,8 W 74 Wolfram	[7] 186,2 Re 75 Rhenium	[8] 190,2 Os 76 Osmium	[9] 192,2 Ir 77 Iridium	[10] 195,1 Pt 78 Platin	[11] 197,0 Au 79 Gold	[2] 200,6 Hg 80 Quecksilber	[3] 204,4 Tl 81 Thallium	[4] 207,2 Pb 82 Blei	[5] 209,0 Bi 83 Bismut	* [6] 209,0 Po 84 Polonium	* [7] 210,0 At 85 Astat	* [–] 222,0 Rn 86 Radon	6
7	* [1] 223,0 Fr 87 Francium	* [2] 226,0 Ra 88 Radium	* [3] 227,0 Ac 89 Actinium	Acti-noide	* [4] 261,1 Rf 104 Rutherfordium	* [5] 262,1 Db 105 Dubnium	* [6] 266,1 Sg 106 Seaborgium	* [7] 264,1 Bh 107 Bohrium	* [8] 269,1 Hs 108 Hassium	* [9] 268,1 Mt 109 Meitnerium	* 273,1 ? 110	* 272,2 ? 111	* 277 ? 112		* 289 ? 114					7

Lanthanoide

6	[4] 140,1 Ce 58 Cer	[5] 140,9 Pr 59 Praseodym	[6] 144,2 Nd 60 Neodym	* [7] 144,9 Pm 61 Promethium	[8] 150,4 Sm 62 Samarium	[9] 152,0 Eu 63 Europium	[10] 157,3 Gd 64 Gadolinium	[11] 158,9 Tb 65 Terbium	[12] 162,5 Dy 66 Dysprosium	[13] 164,9 Ho 67 Holmium	[14] 167,3 Er 68 Erbium	[15] 168,9 Tm 69 Thulium	[16] 173,0 Yb 70 Ytterbium	[3] 175,0 Lu 71 Lutetium

Actinoide

7	* [4] 232,0 Th 90 Thorium	* [5] 231,0 Pa 91 Protactinium	* [6] 238,0 U 92 Uran	* [7] 237,0 Np 93 Neptunium	* [8] 244,1 Pu 94 Plutonium	* [9] 243,1 Am 95 Americium	* [10] 247,1 Cm 96 Curium	* [11] 247,1 Bk 97 Berkelium	* [12] 251,1 Cf 98 Californium	* [13] 252,1 Es 99 Einsteinium	* [14] 257,1 Fm 100 Fermium	* [15] 258,1 Md 101 Mendelevium	* [16] 259,1 No 102 Nobelium	* [3] 262,1 Lr 103 Lawrencium

* [3] 238,0 U 92 Uran — Elementsymbol

* Alle Isotpe dieses Elements sind radioaktiv; es wird das langlebigste Isotop angegeben.

Im Kästchen rechts oben ist die Zahl der für chemische Bindungen in Frage kommenden Elektronen angegeben. Links oben am Elementsymbol steht die Atommasse in u ($1\ u \approx 1{,}661 \cdot 10^{-27}$ kg) der natürlichen Isotopenmischung, die untere Zahl ist die Kernladungs- bzw. Ordnungszahl.

Stichwortverzeichnis

J

K

L

M

N

O

P

Q

R

S

Personenverzeichnis

Bildquellenverzeichnis

Einband: Albert Einstein (Ullstein Bilderdienst, Berlin) verfremdet.
8.1 Schott, Mainz; – 8.2, 32.5 Klaus Stolzenburg, Calw; – 9.1 Renate Lehning, Presseamt Kassel; – 9.2 Mauritius, Ravenswaay, Mittenwald; – 9.3b Astrofoto, NOAO/NSO, Sörth; – 11.1, 269.1 Mauritius, Malaun; – 11.2 u. Osram GmbH, München; – 13.4b Astrofoto, Bouillon; – 16.1 Mauritius, Rossenbach; – 16.2 Globus Press Int. DVAG, Köln; – 16.3a IVB Report, Kappelrodeck; 18.2 Astrofoto, Akira Terunuma; – 19.1 IFA Bilderteam, München; – 25.3b Dr. Vehrenberg, Düsseldorf; – 30.3 Getty Images Bavaria, Füllenbach, München; – 31.1 Schott; – 31.3, 4 K. Storz GmbH, Tuttlingen; – 31.5 ANT, Nachrichtentechnik, Backnang; – 31.7 Philips AG, Köln; – 32.3 Mauritius, K. W. Gruber; – 32.4 Okapia, U. Saponutsis, Frankfurt; – 32.6, 236.6 Dt. Aerospace AG, München; – 33.3 Leitz, Wetzlar; – 34.R. Mauritius, Fotofile; – 34.1 IFA Bilderteam; – 37.1 H. P. Arnaud, Soulac-Sur-Mer, Frankreich; – 45.3 AGA Optronik GmbH, Oberursel; – 46.1 Mauritius, Albinger; – 46.5 Roebild, Röhrich; – 48.R. Picture Press, Hamburg, Galen Rowell, Corbis; – 53.5 Carl Zeiss, Oberkochen; – 59.1 CANON Euro-Photo, Willich; – 61.1 Image Bank, München; – 62.1 Bonnier Alba, L. Nilsson, Stockholm, Schweden; – 62.3 Bonnier Alba, L. Nilsson; – 65.1, 4 Universitätsbibliothek, Leipzig; – 65.2, 6 Deutsches Museum, München; – 65.3, 5 Sächsische Landesbibliothek, Dresden; 66.3 Lowell Observatorium, Flagstaff, Arizona, USA; – 67.1 H. Janus; – 67.2 H. Reinhard; – 67.5 Angermayer, Holzkirchen; 67.6 Helga Lade; Fischer, Frankfurt; – 68.R. IFA Bilderteam, BCI; – 70.1 Mt. Wilson Observatorium, Kalifornien, USA; – 73.2 Museum für Hamburgische Geschichte, Hamburg; – 81.1 TU, H. Beierl, München; – 81.2 AKG, Berlin; – 87.1 Schott; – 92.3 G. Hartwich, Leybold-Didactic GmbH, Hürth; – 93.1, 2 AKG; – 93.3, 4 Universitätsbibliothek, Leipzig; – 97.R. Philips AG; – 97.1 OPEL, Rüsselsheim; – 100.2a Dt. Museum; – 101.1, 2 IFA Bilderteam; – 101.3 (Phototake) 104.3 (Schmidt-Luchs) Mauritius; – 104.4 Silvestris, P. Genson, Kastl; – 107.1 EnBW; – 112.1 Leybold-Didactic GmbH, Hürth; – 113.1 Daimon, Köln; – 115.3 Dt. Museum; – 117.4 Leybold-Didactic GmbH; – 125.1 Mauritius, Schön; – 125.5 Silvestris, D. Nill; – 129.1 Superbild, München; – 133.1a Leybold Heraeus Köln; – 136.1b M. Volkmer, Hamburg; – 138.4 Dt. Museum; – 143.2 Leybold-Didactic GmbH; – 143.3 Braun GmbH, P. P. Volkmer, Kronberg; – 148.2 Superbild, Schmidbauer; – 148.3 Creative Color, Frankfurt; – 148.4 Getty Images Stone; – 149.1 Pressefoto GES, Karlsruhe; – 156.4 Helga Lade, L. Reupert; – 157.1 dpa, Frankfurt; – 157.3 BAM, Berlin; – 162.1 (G. Penny) 165.1 dpa; – 165.3 USIS, Bonn; – 167.2 Physikalisch Technische Bundesanstalt, E. Claus, Braunschweig; – 167.4 USIS; – 168.1 DaimlerChrysler, Stuttgart; – 169.3 AKG; – 172.1 dpa, R. Jensen; – 174.1 Pressefoto Baumann, Ludwigsburg; – 174.2 Helga Lade, R. Binder; – 174.3 IFA Bilderteam, Brintzer; – 174.4 AKG; – 174.6 Bongarts Sportfotografie, M. Sandten, Hamburg; – 174.7 Mauritius, R. Mayer; – 174.8 Rainer Schönherr, Oberteuringen; – 174.9 Pressefoto Baumann; – 176.1 Transglobe Agency, Hamburg; – 176.2 Silvestris, D. Bühler; – 177.1 USIS; – 177.2, 3 (Dr. Sauer) Getty Images Bavaria; – 183.2 Deutscher Wetterdienst, Offenbach; – 183.4 Dt. Museum; – 187.1 Medical Times, New York, USA; – 188.1 Okapia; – 188.2 H. Reinhard; – 188.4 Das Fotoarchiv, D. Howard, Essen; – 188.5 Helga Lade, Mula; – 188.6 (Weinhäupl) 191.1 (Hubatka) 2 Mauritius; – 194.6a Angermayer, G. Ziesler; – 197.3 Getty Images, Bavaria, Dr. Sauer; – 197.4 Mauritius; – 198.1 Spear u. Jackson GmbH, Wuppertal; – 199.1 Ejnar Bisgard, Dänemark, Silvestris; – 202.5 Schäfer, München; – 202.7 dpa, Wihs; – 202.8 Bongarts Sportfotografie, A. Rentz; – 208.1 (Fichtl) 210.2 Mauritius; – 213.2 H. Geissler, U. Weng, F. H. Darmstadt; – 214.2 Mauritius, Hubatka; – 215.1 RWE, Essen; – 216.1 dpa, Haid; – 216.3 Mauritius, West Studios; – 216.4 ZEFA, Reinhard, Düsseldorf; – 216.5 DaimlerChrysler; – 216.7 AKG, J. Schilgen; – 216.8 Image Bank, Steven E. Sutton; – 218.2 Mauritius; – 219.2 Phywe Systeme GmbH, Göttingen; – 228.2 (W. Weihs) 4 (J. P. Kasper) dpa; – 230.3 Hansa Luftbild; Münster; – 231.1 Dt. Wetterdienst; – 233.1 Silvestris, Telegraph Colour, Library; – 234.4, 295.5 (Consolidated N) dpa; – 236.3 BASF, Ludwigshafen; – 236.4 Franz Lazi Archiv, Stuttgart; – 236.5 Save-Bild, K. Wothe, Augsburg; – 236.7 Dt. Aero Club, Calw; – 236.8 Fotoarchiv, M. Cristofori; – 238.2 Okapia KG, Lummer; – 239.1 Angermayer; – 239.3 Dt. Museum; – 249.1 Phywe Systeme GmbH; – 250.2 Historia Photo, Bad Sachsa; – 250.7 BPK, Berlin; – 251, Dt. Museum; – 252.1 Ostkreuz, J. Rötzsch, Berlin; – 252.2 Motor Presse Int. Stuttgart; 252.4 AKG; – 252.5 Save Bild, K. Skogstad; 252.6 Ursula Walter, Frankfurt; – 252.7 H. J. Dorn, Stuttgart; – 252.8 Mauritius, Grafica; – 252.9 Agence Temp Sport, Francotte; 256.1 dpa; – 265.5 (Müller) 6 (age) 8 (Mitterer) Mauritius; – 265.7 Varta, Isernhagen; – 268.6 Deutsche Bundesbahn, Mainz; – 269.2 Philips GmbH, Hamburg; – 269.4 dpa, Hesse; – 270.1 Carl Zeiss, Oberkochen; – 270.4 Dt. Museum; – 275.3 AKG; – 278.1 Dr. Backmann, Berlin; – 279.3 BPK; – 281.1a Kraftwerk Union, Frankfurt; – 281.2 Gesellschaft für Strahlen- und Kernforschung, München; – 284.3 Universität Hohenheim, Schreiber, Stuttgart; – 285.3 Leybold Heraeus; – 286.1 Dt. Museum; – 287.1 P. Riepe, Bochum; – 287.3 CDZ, Stuttgart; – 293.1b-d (ASF, E. Bach, ASF) Superbild; – 295.1 RWE, Essen; – 295.2 Okapia, H. Reinhard; – Helga Lade, G. Gerst; – 295.4 Mauritius, Schmidt-Luchs; – 295.7 NWS; – 296.1 dpa; – 297.1, 299.3 (Rawi) Mauritius; 299.1 Helga Lade, G. Schneider; – 300.5 Angermayer; – 309.1 Geoerg Trendel; – 309.4 Helga Lade, W. Krecichwost; – 309.5. Mauritius, AGE; 309.6 – Angermayer, E. Elfner; – 310.3 Mauritius, AGE; – 311.1 Dieter Busch, Bremen; – 311.2 BPK, Berlin; – 311.3,4 Nokia GmbH, Bochum; – 315.1 Wacker-Chemie, München; – 315.2-5, 324.1 IBM Deutschland; – 324.2 Siemens, München; – 331.1 Dieter Sporenberg, Bochum; – 332.1 AP, Frankfurt; – 340.1 Mauritius, Mittenwald.

Matthias Müller, Böbingen: 143.1, 5; 284.7
Silberzahn: 27.3; 46.2a,b
Jens Werlein, Schwäbisch Gmünd: 32.1, 2; 104.1; 125.6; 202.4; 216.6; 265.3,4; 309.7
Peter Wessels, Bremen: 12.1a, b, 22.2, 45.3 ; 82.5; 188.7

Alle übrigen Fotografien stammen von Ginger Neumann und Thomas Zörlein, Werkstatt Fotografie, Stuttgart, und aus dem Archiv des Ernst Klett Verlages.